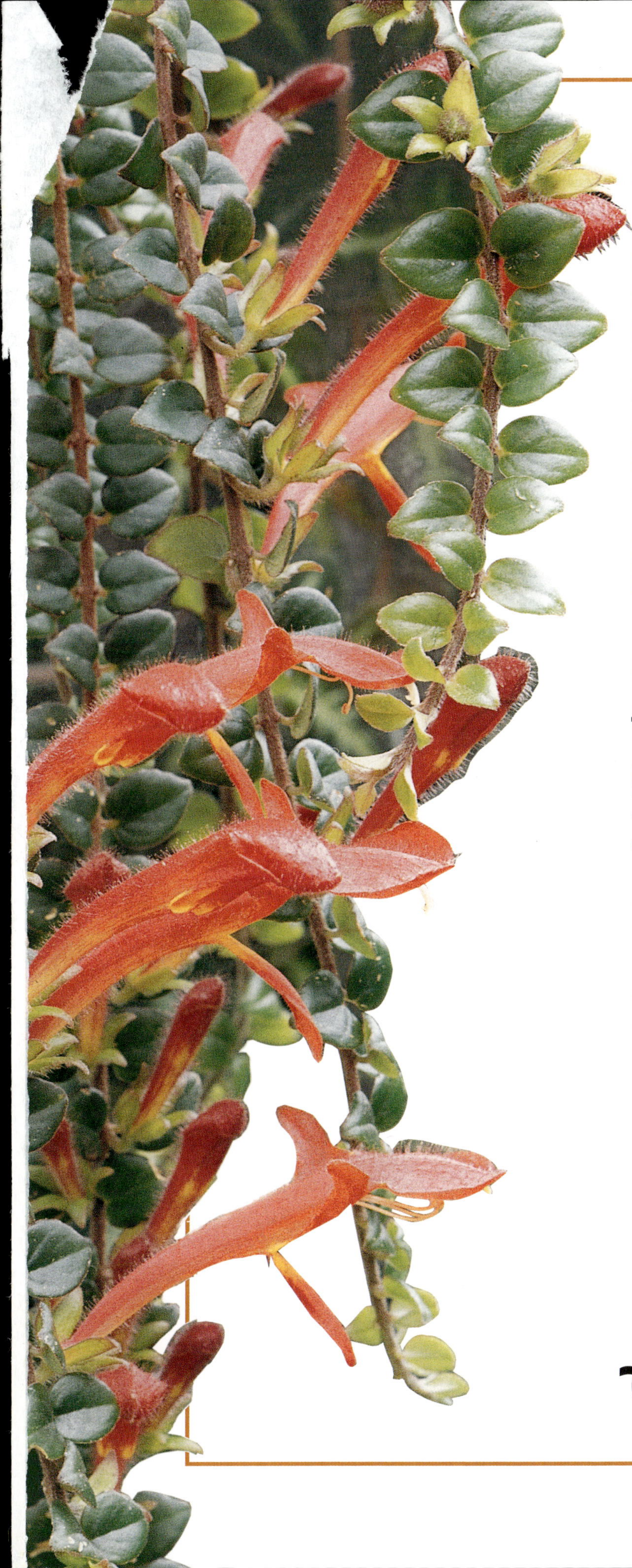

Karlheinz Rücker

Die Pflanzen im Haus

Ein Handbuch
für die erfolgreiche
Pflege aller
Zimmerpflanzen

3. Auflage

638 Farbfotos
320 Zeichnungen

4

Titelfoto: Gloriosa superba 'Rothschildiana' (S. 294)
Rückseite: Zantedeschia-Hybride 'Pacific Pink' (links, s. auch S. 471),
Zygopetalum intermedium 'Aachen' (rechts, s. auch S. 472)
Einband-Innenseiten: Monstera deliciosa
Seite 2/3: Columnea × kewensis

Bibliografische Information der Deutschen Bibliothek
Die Deutsche Bibliothek verzeichnet diese Publikation in der Deutschen Nationalbibliografie;
detaillierte bibliografische Daten sind im Internet über http://dnb.ddb.de abrufbar.

ISBN 3-8001-4905-2

© 1982, 2005 Eugen Ulmer KG
Wollgrasweg 41, 70599 Stuttgart (Hohenheim)
E-Mail: info@ulmer.de
Internet: www.ulmer.de
Umschlagentwurf: Atelier Reichert, Stuttgart

Vorwort

Noch nie gab es so viele verschiedene Pflanzen für die Pflege im Haus oder Wintergarten zu kaufen. Und dennoch kann es schwierig sein, eine gewünschte Art zu erhalten. Der Zierpflanzenmarkt ist unberechenbar. Ständig suchen Gärtnereien und Versuchsanstalten nach neuen Topfpflanzen, denn mit ihnen lassen sich die besten Geschäfte machen. An manchen altbewährten Arten dagegen verlieren sie – aus wirtschaftlichen Gründen – das Interesse.

Neuzeitliche Vermehrungsmethoden führen zu einer Entwicklung, die in der Landwirtschaft als »Schweinezyklus« bekannt wurde. Durch Gewebekultur lassen sich innerhalb kürzester Zeit große Mengen produzieren, und wenn diese verkauft sind, kann es vielleicht wieder Jahre dauern, bevor eine Gärtnerei erneut ihr Glück versucht.

Für Pflanzenfreunde ist die Vielfalt erfreulich. Es lohnt sich, in den Gärtnereien und Gartencentern regelmäßig nach Interessantem Ausschau zu halten. Eine bestimmte Art suchen sie dagegen oft lange vergebens – selbst wenn es sich um keine Rarität handelt. Die Suche der Gärtner nach Neuheiten bringt eine wertvolle Bereicherung des Sortiments, aber oft auch Topfpflanzen von zweifelhaftem Wert. Freilandstauden beispielsweise, die uns im Garten über viele Jahre erfreuen, überleben als Topfpflanzen im warmen Zimmer nur wenige Wochen oder gar Tage. Sie sind wie die vielen bunten Frühjahrsprimeln Wegwerfartikel. Wer Glück hat, päppelt sie im Garten wieder auf.

Dieser Trend deckt sich mit der verbreiteten Mentalität: Zimmerpflanzen beleben für wenige Wochen die eigenen vier Wände und werden anschließend umweltfreundlich in der Biotonne entsorgt. Lediglich bei den kostspieligen Erwerbungen wie Palmen oder großen »Benjaminas«, wie die kleinblättrigen Gummibäume gern genannt werden, erwartet der Käufer eine längere Haltbarkeit.

Dem wirklichen Pflanzenfreund blutet bei dieser Einstellung zu Topfpflanzen das Herz. Ihm bereitet es die größte Freude, seine Fertigkeiten zu erproben und zu sehen, wie der Pflegling von Jahr zu Jahr schöner wird. Pflanzen bedeuten ihm mehr als Dekorationsartikel, sie erlauben vielmehr eine intensive Beschäftigung mit der Natur.

Natürlich kostet die Anzucht von Pflanzen in den Gärtnereien Energie und belastet damit die Umwelt. Kritiker sollten aber den Gegenwert nicht übersehen: Wer sich intensiv mit Pflanzen auseinandersetzt, kann die Beziehung zur Natur und damit das Verständnis für ihre Belange nicht völlig verlieren. Das mag besonders für den Städter lehrreich sein, der keine Vorstellung besitzt, welche

Die Vielfalt der Pflanzen für die Pflege im Haus reicht von robusten Gewächsen, die auf der Fensterbank gedeihen, bis zu empfindlicheren wie diese Episcia-Sorte 'Star of Bethlehem', die einen Platz im warmen Wintergarten bevorzugt.

Leistungen ein Landwirt oder Gärtner erbringen muß, damit der Weizen oder die Gurken richtig gedeihen. Daß Zimmerpflanzen darüber hinaus zahlreiche positive Wirkungen besitzen, wird an anderer Stelle deutlich.

Im Vorwort zur ersten Auflage dieses Buches ermunterte ich dazu, Erfolge oder Mißerfolge nicht auf einen mysteriösen »grünen Daumen« zu schieben, den man eben besitzt oder nicht. Pflanzen wachsen dann, wenn Standort und Pflege ihren Ansprüchen entsprechen. Diese Ansprüche bleiben bei der Mehrzahl der Pflanzen für Haus oder Wintergarten bescheiden und lassen sich leicht erfüllen. Es bedarf keiner geheimnisvollen Rezepte, sondern vor allem der Bereitschaft, regelmäßig nach den grünen Mitbewohnern zu schauen.

Dieses Buch versucht, alte Erfahrungen, die Gärtner in mehreren hundert Jahren sammelten, mit neuen Erkenntnissen zu verbinden. Die überaus erfreuliche Aufnahme der ersten Auflage zeigt, daß dieses Konzept richtig ist. Für die zweite Auflage wurden einige Kapitel völlig neu geschrieben, zahlreiche Pflanzengattungen und -arten kamen hinzu. Dies hat mehr Zeit gekostet als zunächst vermutet. Ich hoffe, daß sich für all jene, die immer wieder vertröstet wurden, das Warten lohnte. Meinem Verleger habe ich für die große Geduld zu danken.

Karlheinz Rücker
Sommer 1998

Inhalt

Linke Seite:
Hohenbergia stellata, ein prächtiges, leider selten angebotenes Ananasgewächs.

Nächste Seite:
Bis zu 10 cm lange Ähren entwickelt Justicia brandegeana, der Zimmerhopfen.

Grundlagen der Zimmergärtnerei

Auswahl der Zimmerpflanzen

Zu den »zartfühlendsten« Geschenken gehört der Gummibaum. Die Beschenkten wissen häufig nicht, wohin mit dem »Ungetüm«. Dennoch hat der Gummibaum gegenüber anderen als Mitbringsel üblichen Zimmerpflanzen den Vorteil, daß er nahezu nicht totzupflegen ist. Er verträgt ein mäßig und auch ein stark geheiztes Zimmer, ist gegenüber geringer Luftfeuchte wenig empfindlich und nimmt nur allzu üppige Wassergaben übel. Viel schlimmer ist es mit einer Azalee. Im Wohnzimmer mit 22 °C und 40% Luftfeuchte ist sie zum baldigen Tod verurteilt, besonders dann, wenn mit hartem Wasser gegossen wird. Auch die beliebten Alpenveilchen sind für derartige Räume wenig geeignet.

Wer Zimmerpflanzen verschenkt, sollte wissen, unter welchen Bedingungen die Pflanzen künftig stehen müssen – oder er sollte in Kauf nehmen, daß die Pflanzen ein nur kurzfristiges Vergnügen sind. Leichter ist es, Pflanzen für die eigenen vier Wände auszusuchen. Wer wahllos vorgeht, ist selbst schuld, wenn der Erfolg später ausbleibt. Jede Pflanze stellt bestimmte Ansprüche an Licht, Temperatur und Luftfeuchtigkeit. Erfahrene

Pfleger wählen daher die Pflanzen nach den Gegebenheiten zu Hause aus. Zu bedenken ist, daß Zimmerpflanzen der regelmäßigen Pflege bedürfen – die einen mehr, die anderen weniger. Wer schon einmal das Gießen vergißt, ist mit einem Kaktus oder einem *Sedum* besser bedient als mit einer blühenden Azalee oder Cinerarie. Wer kalkempfindliche Pflanzen halten will, muß in Kauf nehmen, ständig Leitungswasser aufzubereiten, es sei denn, er kann auf Leitungswasser mit weniger als 10 °d (Deutsche Härte) zurückgreifen.

Das Fazit: Wer sich vor dem Erwerb einer Zimmerpflanze informiert und rechtzeitig überlegt, vermeidet Enttäuschungen und spart Geld.

Wer sich mit Zimmerpflanzen abgibt, gerät leicht in Gefahr, daß dies zu einer »Krankheit« wird. Vom Erfolg beflügelt, entdeckt man immer mehr reizvolle Stubengenossen, die es zu besitzen lohnt. Der Platz auf der Fensterbank und das Wohlwollen auch der geduldigsten Ehe-

frau (oder auch des Ehemannes) sind irgendwann erschöpft. Dann ist es Zeit, Schwerpunkte zu setzen. Man entdeckt eine Vorliebe für Orchideen, Kakteen oder auch für ausgefallene Gruppen wie etwa sukkulente Euphorbien und Begonien. Der Phantasie sind keine Grenzen gesetzt. Die Schwierigkeiten beginnen damit, besondere Pflanzen zu finden. Das Angebot im Gartencenter, Blumengeschäft oder auch in der Gärtnerei ist begrenzt. Als fortgeschrittener Pflanzenfreund entdeckt man die Spezialbetriebe, die viele Wünsche erfüllen können. In diesem Stadium des Pflanzensammelns benötigen »Experten« kein Buch mehr über Zimmerpflanzen. Sie wissen meist mehr über ihre Pflanzen als der Gärtner, der sie ihnen verkauft.

Der gewöhnliche Pflanzenfreund aber steht inzwischen noch vor der Frage, wo man am billigsten die schönsten Pflanzen erwirbt. Die drei traditionellen Verkaufsstätten wurden bereits genannt. Hinzu kommen der Wochenmarkt, aber auch Versandfirmen, Supermärkte und Kaufhäuser. Die Preise muß man, unter Berücksichtigung der Qualität, vergleichen. Es gibt zuweilen günstige Angebote auf Märkten, im Blumengeschäft und Supermarkt. Wichtig ist, daß man sich im Laufe der Zeit einen Blick für die Qualität der Ware aneignet. Dies lohnt sich, denn es gibt riesige Unterschiede.

Wie kann man Qualität erkennen? Wenn man weiß, wie gesunde Pflanzen aussehen, ist es ganz leicht. Man muß die Augen aufmachen und ständig vergleichen. Stand eine »Geranie«, richtig Pelargonie, längere Zeit im dunklen, warmen Geschäft, so ist sie leicht als Ladenhüter zu überführen: Sie hat lange, dünne Triebe entwickelt, ist nicht mehr so kräftig und kompakt, wie man es von Pelargonien gewohnt ist. Die Pflanze ist »vergeilt«, wie der Gärtner sagt, oder »etioliert«, wenn man sich wissenschaftlich ausdrücken will.

> Wer Pflanzen kauft, sollte wissen, unter welchen Bedingungen sie später stehen müssen, um gezielt auszuwählen.

Cinerarien (Pericallis-Hybriden) bevorzugen helle, nicht zu warme Räume.

Trotz ihres attraktiven Blütenstands wird Aphelandra sinclairiana nur selten in Blumengeschäften und Gartencentern angeboten.

Neben den langen, dünnen Trieben ist auch die Beschaffenheit der Blätter ein Indiz. Eine grau-fahle Verfärbung und vertrocknete Blattränder lassen erkennen, daß sich die Pflanze nicht wohl fühlt. Kommt es gar zum Blattverlust, verkahlt die Pflanze von unten, dann ist vom Kauf abzuraten. Es gibt allerdings Pflanzen, die ihre unteren Blätter auch bei bester Pflege schon bald verlieren. Hierzu gehören *Dieffenbachia*, *Ardisia*, die Zimmerlinde (*Sparmannia*) und die meisten Kletterpflanzen.

Es ist eine alte Gärtnerweisheit, daß ein Alpenveilchen (*Cyclamen*) so hart sein muß, daß es umgedreht auf den Blättern stehen kann. Zu hohe Temperaturen verweichlichen die Pflanzen, die Blätter und Blattstiele können sie nicht halten. Bei einer blühenden Pflanze ist diese Probe leider nicht durchführbar.

Es verlangt viel Erfahrung zu sehen, ob eine Pflanze schnell auf Verkaufsreife getrimmt oder qualitätsbewußt herangezogen wurde. Mit viel Stickstoff und Wärme sind Kakteensämlinge in kurzer Zeit zu achtbaren Pflanzen herangewachsen. Das Gewebe ist schwammig, weich und wenig widerstandsfähig. Die Lebenserwartung dieser Kakteen ist bescheiden. Wer dies feststellen will, muß den Habitus der Pflanze, ihr äußeres Erscheinungsbild kennen.

Noch schwieriger wird es, kranke Pflanzen auszulesen. Manche Schädlinge sind so winzig, daß sie mit dem bloßen Auge nicht oder kaum sichtbar sind. Welche Symptome die Schadorganismen verraten, ist auf den Seiten 141 bis 152 beschrieben.

Als Beispiel seien noch einmal die Kakteen genannt. Noch immer werden zu einem hohen Prozentsatz Pflanzen angeboten, die von Wurzelläusen befallen sind. Wurzelläuse lassen sich oft identifizieren, wenn man die Erde betrachtet und ein wenig herauskratzt: Bei Befall wird weiße »Watte« sichtbar. Werden Sie deshalb zu einem kritischen Kunden! Schauen Sie die Pflanzen genau an, sammeln Sie Erfahrungen und wählen Sie sorgfältig aus! Und wenn Sie die Pflanzen nicht kennen, dann verlangen Sie den genauen Namen, am besten die botanische Bezeichnung, denn nur die ist eindeutig. Nur wenn Sie den Namen wissen, können Sie nachschlagen, um Hinweise auf die erforderliche Pflege zu finden. Im Supermarkt kann der Verkäufer meist nicht helfen.

Ein Aspekt des Pflanzenkaufs wurde noch nicht angesprochen: die Beratung. Erfahrungsgemäß ist die fachliche Beratung in der Gärtnerei, im Gartencenter und im Blumengeschäft am besten, es sei denn, man erwischt eine Aushilfskraft. Von nicht ausgebildetem Personal im Supermarkt oder Kaufhaus darf man nicht viel Rat erwarten. Es gibt aber auch im Kaufhaus vorbildliche Blumenabteilungen, die von Fachkräften geleitet werden.

Wer bestimmte Arten oder Sorten sucht und vor Ort nicht findet, dem sei das Buch »PPP-Index – Pflanzen-Einkaufsführer für Europa« von Anne und Walter Erhardt empfohlen. Es nennt Bezugsquellen für etwa 60 000 verschiedene Pflanzenarten und -sorten in Deutschland und dem benachbarten Ausland.

Mit dem Kauf einer Pflanze wollen wir uns an deren Schönheit und Gedeihen erfreuen, das Heim verschönen und den Kontakt zur Natur intensivieren, wir wollen keinesfalls der Natur schaden und selbstverständlich nicht gegen Gesetze verstoßen. Wenn die Wahl stets auf Pflanzen fällt, die aus gärtnerischer Kultur stammen, kann man nicht viel falsch machen.

Werden die Pflanzen dagegen der Natur entnommen, ist der Fortbestand dieser Art möglicherweise gefährdet. Wenn auch in den meisten Fällen die Vernichtung der natürlichen Standorte für die Gefährdung von Pflanzenarten verantwortlich ist und nicht die Pflanzenliebhaberei, so sollte es selbstverständlich sein, das Risiko nicht zusätzlich zu erhöhen.

Für die Ausfuhr und den Import von Pflanzen bestehen exakte gesetzliche Regelungen, an die sich nicht nur Gärtner und Händler zu halten haben. Besonderen Schutz genießen die Pflanzen, die in ihrer Heimat bereits selten geworden sind. Sie unterliegen dem Washingtoner Artenschutzübereinkommen (WA), dessen Anhang I (WA I) und II (WA II) auflistet, welche Pflanzenfamilien und -arten darunterfallen.

Bei allen Arten, die im WA I stehen, sollte der Käufer nachweisen können, daß es sich um kultivierte und somit rechtmäßig erworbene Exemplare handelt. Dies ist nur möglich, wenn er mit den Pflanzen die erforderlichen Bescheinigungen erhält, die CITES-Papiere (CITES = Convention on International Trade of Endangered Species).

Im WA I genannt sind die Wildarten vieler Kakteen, Orchideen, Sukkulenten wie Euphorbien und *Pachypodium* sowie Palmfarngewächse (Cycadaceae oder Zamiaceae). Bei all diesen ist Vorsicht angebracht.

Alle gärtnerischen Züchtungen, ob selektierte Sorten oder Kreuzungen aus verschiedenen Arten oder Gattungen, stammen bis auf ganz seltene Ausnahmen (den Naturhybriden) aus dem Anbau, was dem Pflanzenkäufer besonders bei Orchideen Sicherheit gibt.

Von Nadeln, Klebstoff und sonstigen Mißständen

Die Produktion und der Verkauf von Pflanzen ist ein Geschäft wie jedes andere. Die Produzenten und der Handel müssen sehen, ihre Ware an den Mann beziehungsweise die Frau zu bringen. Dazu sind oft einige »Verrenkungen« nötig. Eine *Senecio kleinia* ist eine sukkulente Pflanze, die meist nur Sammler anspricht. Mit einem kleinen Affen drapiert wird sie zu einem Massenartikel.

Dagegen ist im Grunde nichts einzuwenden. Wenn der Kunde derartige Accessoires wünscht, soll er sie haben. Nicht mehr zu akzeptieren ist offensichtlicher Betrug. Und Kritik ist anzumelden, wenn Vermarktungsmethoden nicht berücksichtigen, daß es sich bei Pflanzen um lebende Organismen handelt, mit denen wir aus ethischen Erwägungen nicht alles anstellen dürfen, was dem Umsatz dient.

Wer Schnittblumen ins Zimmer holt, akzeptiert dies als ein kurzes Vergnügen. Mit einer ausdauernden Topfpflanze dagegen will sich der wahre Pflanzenfreund länger beschäftigen. Es ist sein Ziel, seinen Pflegling so zu betreuen, daß er wächst und gedeiht, denn die Freude und die Befriedigung liegen nicht nur in dem ästhetischen Anblick, sondern vielmehr in der Bestätigung, alles richtig gemacht zu haben.

Es widerspricht somit der ursprünglichen Absicht bei der Pflege von Topfpflanzen, wenn deren baldiges Ableben bewußt in Kauf genommen wird. Nicht alle im Topf angebotenen Pflanzenarten eignen sich auch für die Zimmerkultur. Immer häufiger finden sich darunter Pflanzen, die bereits nach mehrwöchigem Aufenthalt im Zimmer solche Schäden erleiden, daß sie kaum mehr zu retten sind.

Das Angebot in ungeeigneten Gefäßen gehört ebenfalls hierher. Ein Beispiel sind

Unser Ziel sollte es sein, die Pflanzen unter Bedingungen zu halten, die ihren Ansprüchen weitestgehend entsprechen. Da Zimmerpflanzen mehr sind als nur billige Dekorationsartikel, lehnen wahre Pflanzenfreunde Gewächse in Mini-Töpfen ebenso ab wie auf Kieselsteine geklebte Tillandsien.

die sogenannten Mini-Pflanzen. Bei ihnen handelt es sich um kleinbleibende, zum Teil aber auch um normalwüchsige Sorten, die in einem nur 4 oder 5 cm großen Topf so gehalten werden, daß sie ihre normale Größe nicht erreichen können. (Dies hat nichts mit Bonsai zu tun.) Ob Alpenveilchen (*Cyclamen persicum*), Drehfrucht (*Streptocarpus*) oder andere – das Gießen und die Nährstoffversorgung sind so schwierig, daß die Lebenserwartung gering bleibt. Ohne die Bewässerungsmatten auf den Gewächshaustischen hätte auch der Gärtner Schwierigkeiten, Mini-Pflanzen richtig mit Wasser zu versorgen.

Mini-Pflanzen sehen nett aus, und deshalb werden sie produziert und gekauft, ganz gleich, ob es praktisch ist oder nicht. Aber wer hat schon einmal alte Minis gesehen? Wer ausprobieren möchte, wie Mini-*Cyclamen* sich unter günstigeren Bedingungen entwickeln, nimmt eine Schale, füllt den Boden mit einer Schicht Bimskies, gibt eine Mischung aus Einheitserde und Bimskies darauf und setzt mehrere Minis hinein.

Die kleinen Alpenveilchen finden Bedingungen ähnlich wie ihre Eltern in der Natur: Mit ihren Wurzeln haben sie bald Erde und Kies durchwurzelt und halten sich trotz der geringen Substratschicht unlösbar fest. Zwischen die Alpenveilchen kann man das Bubiköpfchen (*Soleirolia soleirolii*) setzen und regelmäßig mähen, damit es die *Cyclamen* nicht überwuchert. Es breitet sich dann darunter aus.

In der Schale finden die Wurzeln ideale Bedingungen: Wasser und – bei regelmäßiger Düngung – Nährstoffe sowie eine optimale Durchlüftung. Die Alpenveilchen können so mehrere Jahre leben ohne umgepflanzt zu werden und entwickeln sich von Jahr zu Jahr prächtiger.

Wenn Trockenblumen auf die Stacheln kleiner Kakteen geklebt werden, ohne dies zu kennzeichnen, dann grenzt dies an Betrug. Seriöse Firmen müssen diesen Trend mitmachen, aber sie weisen zumindest auf die zweifelhafte Dekoration hin.

Viel schlimmer ist es, wenn der Gärtner die falschen Blüten mit einer Nadel in den fleischigen Körper der Kakteen spießt. Dies ist ebenso inakzeptabel wie das Aufkleben von Tillandsien auf Steinen oder Rindenstücken mit Hilfe einer Klebepistole, selbst dann, wenn ein spezieller Kleber keine pflanzenschädlichen Substanzen abgibt. Jeder Pflanzenkäufer muß für sich entscheiden, ob er derartige Methoden ablehnt oder gedankenlos als modische Dekoration oder witzige Spielerei akzeptiert.

Die Helligkeit läßt sich mit Hilfe eines Belichtungsmessers hinlänglich genau ermitteln.

Dazu muß die Diffusorkalotte vor die Meßöffnung geschoben und in Pflanzennähe gemessen werden.

Licht

Neben der Temperatur ist das Licht der wichtigste bestimmende Faktor für die Auswahl der Zimmerpflanzen. Wer einen Frauenhaarfarn (*Adiantum*) am Südfenster der grellen Mittagssonne aussetzt, hat nicht lange Freude an ihm. Andererseits wird die Blühbereitschaft lichthungriger Pflanzen wie *Abutilon* oder Passionsblume (*Passiflora*) am Nordfenster nur gering sein.

Düstere Wintertage schwächen die Aasblume (*Stapelia*) so sehr, daß, hervorgerufen von einem Schwächepilz, die gefürchteten schwarzen Flecken auftreten und die Pflanzen absterben.

Vereinfacht dargestellt, geht die Sonne im Osten auf, erreicht im Süden ihren höchsten Stand über dem Horizont und geht im Westen unter. Das Südfenster ist somit das sonnigste, gefolgt vom West- und Ostfenster. Die Dauer der direkten Besonnung ist abhängig von der geographischen Lage und der Jahreszeit. Gebäude in unmittelbarer Nähe, größere Bäume oder ein Balkon direkt über dem Fenster verringern den Lichtgenuß erheblich. Am besten ist es, selbst Beobachtungen anzustellen.

Direkt hinter der Scheibe ist die Helligkeit am größten; sie nimmt zum Raum zu ständig ab. Viele Pflanzen, die im Laufe der Zeit eine beachtliche Größe erreichen, werden zuerst von der Fensterbank verbannt und schließlich immer weiter vom Fenster weggerückt. Dies ist ein Grund dafür, warum zum Beispiel Zimmerlinden nur spärlich oder gar nicht blühen. Wer denkt schon daran, daß auch Gardinen oder Stores den Lichtgenuß der Pflanzen im Zimmer beeinflussen?

Probleme kann es hinter Scheiben mit Sonnenschutzbeschichtung geben. Sie filtern ebenso wie nachträglich aufgeklebte Wärme- und Sonnenschutzfolien bestimmte Spektralbereiche des Lichts heraus. Den Pflanzen fehlen die für die Assimilation erforderlichen Wellenlängen des Lichts. Sie kümmern und gehen schließlich ein. Und das, obwohl wir es als hell empfinden.

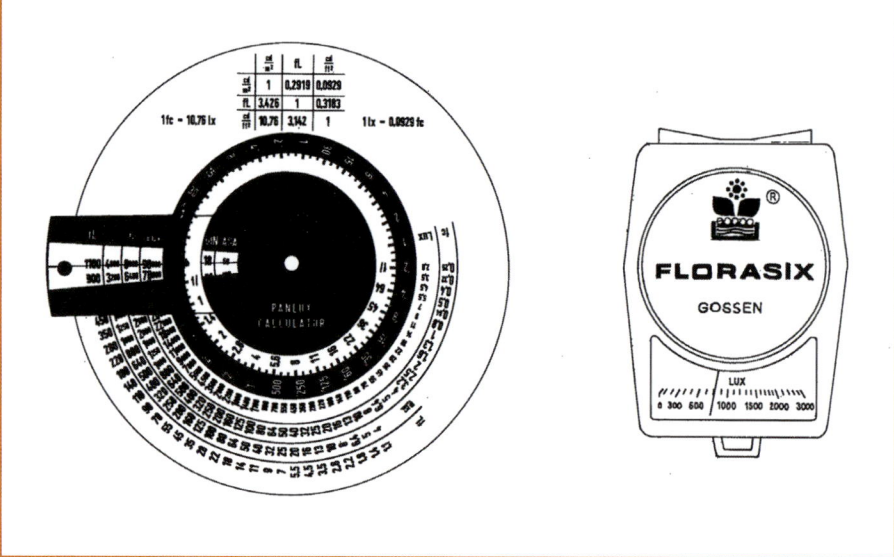

	fc	lx
fc	1	0,2919	0,0929
fL	3,426	1	0,3183
lx	10,76	3,142	1

1fc = 10,76 lx   1lx = 0,0929 fc

PANLUX CALCULATOR

FLORASIX ®
GOSSEN

LUX
0 300 600 1000 1500 2000 3000

Die Umrechnung der Verschlußzeit-Blende-Kombination in Luxwerte ist mit Hilfe des Panlux-Calculators einfach. Das Ergebnis entspricht annähernd der tatsächlichen Helligkeit. Exakter messen Luxmeter wie der Florasix.

Lichtmessung

Die Temperatur ist leicht meßbar. Außerdem fühlen wir, ob es warm oder kalt ist. Dieses subjektive Empfinden ist für Helligkeit weniger stark ausgeprägt. Die Helligkeit oder Beleuchtungsstärke wird in Lux (lx) angegeben. Der Wert gibt die Intensität an, mit der eine Fläche beleuchtet wird. Als untere Grenze für normales Wachstum gelten 2000 bis 3000 lx. Dies ist jedoch nach Pflanzenart verschieden (siehe Seite 20 und 21).

Zur Ermittlung der Beleuchtungsstärke bedient man sich eines Luxmeters. Für den Pflanzenfreund ist es unnötig, sich ein teures Gerät anzuschaffen, denn er kann sich leicht behelfen. Mit einem Belichtungsmesser kann man die ungefähre Helligkeit feststellen.

Zu beachten ist, daß Belichtungsmesser mit Selenzellen weniger empfindlich sind als die heute gebräuchlichen CdS (Cadmiumsulfit)-Fotowiderstände. Diese benötigen allerdings eine Stromquelle (Quecksilberoxid-Batterie). Bei der fotografischen Belichtungsmessung unterscheidet man zwischen der Objektmessung, bei der vom Fotoapparat aus das vom Objekt reflektierte Licht gemessen wird (in Candela je Quadratmeter = cd/m²), und der Lichtmessung, bei der man das auffallende Licht ermittelt (in Lux = lx).

Für unseren Zweck bedient man sich der Lichtmessung, denn es interessiert uns ja, wieviel Licht auf eine Pflanze an einem bestimmten Ort fällt.

Zur Lichtmessung schiebt man vor die Meßöffnung des Belichtungsmessers eine Diffusorkalotte, die jedes Lichtmeßgerät hat. Als Meßergebnis erhält man eine Verschlußzeit-Blende-Kombination für die eingestellte Filmempfindlichkeit. Dieser Wert läßt sich umrechnen in Lux. Bei 18 DIN (= 50 ASA) Filmempfindlichkeit und 1/30 Sekunde Verschlußzeit errechnen sich folgende Werte:

Blende	Lux	Blende	Lux
1,4	= 360	8	= 11500
2,8	= 1450	11	= 23000
4	= 2900	16	= 45000
5,6	= 5700	22	= 90000

Zur Umrechnung bei verschiedenen Filmempfindlichkeiten kann man sich auch einer Belichtungsrechenscheibe bedienen, wie sie zum Beispiel von der Firma Gossen mit der Bezeichnung »Panlux Calculator« über den Fotohandel angeboten wird.

Der Belichtungsmesser kann einen Luxmeter nicht vollwertig ersetzen, denn der Luxmeter mißt das auf die waagerechte Fläche auffallende Licht, der Belichtungsmesser dagegen das auf die annähernd halbkugelförmige des Diffusors. Für unsere Wünsche sind diese Meßwerte hinlänglich genau.

Weniger gut geeignet zur Ermittlung der Beleuchtungsstärke sind Fotoapparate mit eingebautem Belichtungsmesser und Belichtungsmesser ohne Diffusor. Mit beiden ist nur die Objektmessung möglich.

Will man sich behelfen, kann man nur vom Standplatz aus eine etwa mittelstark reflektierende Fläche, am besten eine graue, anpeilen. Man erhält aber auf diese Weise nur sehr grobe Anhaltswerte, die abhängig sind von der Reflexion der gemessenen Fläche.

Die Abbildung auf Seite 16 zeigt, wie unterschiedlich die Helligkeit an den verschiedenen Fenstern ist. Gemessen wurde an einem bewölkten Tag Anfang Mai um 13 Uhr direkt hinter der Scheibe. Die Helligkeit im Freien betrug über 30 000 lx, hinter dem Westfenster 22 000 lx. Ein in die gleiche Richtung zeigendes Fenster, das aber durch zwei Bäume und einen hinausragenden Balkon beschattet wurde, erwies sich als die dunkelste Stelle der ganzen Wohnung mit nur 2500 lx, noch dunkler als hinter den Ostfenstern mit 4500 beziehungsweise 5500 lx. Die differierenden Werte an diesen beiden Fenstern kommen durch die Schattenwirkung eines etwa 20 m entfernt stehenden mehrstöckigen Hauses zustande. Noch günstige Werte mit rund 10 000 lx ergeben sich hinter den Nordfenstern.

Falsch wäre es, mit Hilfe eines Belichtungsmessers verschiedene Lichtquellen miteinander vergleichen zu wollen, also etwa Tageslicht mit einer Leuchtstoffröhre oder einer Glühbirne. Dabei blieben die unterschiedlichen Spektralbereiche unberücksichtigt. Die Zusammensetzung des von verschiedenen Lampentypen ausgestrahlten Lichtes differiert stark. Die Empfindlichkeit des Belichtungsmessers kann dies nicht erfassen, auch nicht inwieweit die Pflanze das angebotene Licht verwerten kann. In diesem Zusammenhang interessiert nur der Bereich des Lichtes, den die Pflanze nutzen kann, das »physiologisch wirksame« Licht.

Einfluß des Lichtes auf die Pflanzen

Daß die Pflanzen auf das Licht reagieren, sieht man schon an ihrem zielgerichteten Wachstum der Sonne entgegen. Der Botaniker bezeichnet dies als Phototropismus oder Lichtwendigkeit. Die Wurzeln reagieren negativ phototrop, wachsen also vom Licht weg. Am Fenster läßt es sich nicht vermeiden, daß die Pflanzen schräg werden und die Blätter dem Licht zuwenden.

Dem Betrachter im Zimmer zeigen sie die weniger attraktive Rückseite. Es wird gelegentlich empfohlen, die Töpfe regelmäßig zu drehen, zum Beispiel jeden zweiten Tag um einen Viertelkreis. Dies ist umständlich, außerdem vergißt man es leicht. Das Drehen sollte man auf ein Minimum beschränken und ganz unterlassen, wenn sich Blüten zeigen. Am wenigsten beeinträchtigt es die Pflanze nach einem Rückschnitt oder am Ende der Ruhezeit. Ansonsten stellt man die Pfleglinge immer mit der gleichen Seite dem Licht zu. Eine Markierung am Topf hilft dabei. Bei umfangreichen Sammlungen läßt sich das Etikettieren nicht umgehen, ganz besonders, wenn man ein schlechtes Gedächtnis hat.

Wer sich angewöhnt, die kleinen, wenig störenden Kunststoffetiketten immer an den linken Topfrand zu stecken, kann den richtigen Stand immer überprüfen.

Ideal ist es, wenn Pflanzen Licht von zwei Seiten erhalten. Solche Plätze, wie sie zum Beispiel in manchen Treppenhäusern zu finden sind, sind ideal, besonders für groß werdende Pflanzen, bei denen es auf einen guten »Aufbau« ankommt: für Zimmertanne (*Araucaria*) und Schraubenbaum (*Pandanus*).

Licht wirkt sich jedoch nicht nur auf die Wachstumsrichtung aus. Auch das gesamte Aussehen der Pflanze wird beeinflußt. Pflanzen, die viel Licht mit hohem ultraviolettem Anteil erhalten, bleiben kürzer und kompakter. Blüten, die sich im nur mäßig beleuchteten Zimmer öffnen, färben sich weniger stark. Auch die Ausfärbung des Pflanzenkörpers oder des Laubes wird durch reichen Sonnengenuß intensiver. *Sedum rubrotinctum* hat grüne Blätter an einem dunklen Platz, bei hellem Stand rötlich getönte. Die Bestachelung der Kakteen ist bei starkem Licht kräftiger. Interessant ist auch der Einfluß des Lichtes auf die Blattform des Fensterblatts (*Monstera*): Ausgewachsene Pflanzen bilden im dunklen Raum weitgehend ganzrandige Blätter, während das Laub an hellem Platz eine Vielzahl »Fenster« aufweist.

In diesem Zusammenhang sei auch an den Einfluß des Lichtes auf den Samen erinnert. Wer Kakteensamen aussät und mit Erde abdeckt, wird über schlechte Keimergebnisse klagen. Licht ist für diese Sukkulenten und viele andere Pflanzen zur Keimung unerläßlich.

Seit einiger Zeit weiß man, daß auch die Dauer der Belichtung wichtig ist. Es gibt Pflanzen, die auf die Abnahme der Tageslänge mit der Blütenbildung reagieren, und solche, die dazu den langen Sommertag verlangen. Die Stundenzahl, bei der es zur Umstimmung – von der Blatt- zur Blütenbildung oder umgekehrt – kommt, bezeichnet man als kritische Tageslänge. Pflanzen, die bei einer Tageslichtdauer unterhalb der kritischen Tageslänge zur Blüte kommen, nennt man Kurztagpflanzen, solche, die mehr Stunden Licht wollen, Langtagpflanzen. Dies erklärt, warum bei uns Weihnachtssterne (*Euphorbia pulcherrima*) etwa zu Weihnachten blühen, und dies jedes Jahr ohne Ausnahme. Diese Erkenntnis gibt uns bei einigen Pflanzen die Möglichkeit, den Blütezeitpunkt zu manipulieren. Auf Seite 118 stehen hierzu weitere Angaben.

Die eben besprochene Reaktion der Pflanzen auf die Tageslänge erfolgt bei bestimmten Temperaturen oder verschiebt sich je nach der herrschenden Wärme.

Licht und Temperatur stehen in einem engen Zusammenhang. Dies wird häufig übersehen. Unglücklicherweise müssen wir Wohnräume gerade zur lichtarmen Zeit heizen, zu einer Zeit also, in der viele Pflanzen niedrige Temperaturen verlangen (siehe auch Seite 23).

Dieser Zusammenhang zwischen Licht und Temperatur sei an einem weiteren Beispiel erläutert: Jede Pflanze benötigt eine bestimmte Menge Licht, um wachsen und sich entwickeln zu können. Mit Hilfe des Lichts wird das aus der Luft aufgenommene Kohlendioxid in pflanzeneigene Substanzen umgewandelt, ein Vorgang, der Photosynthese oder Assimilation genannt wird. Da er lichtabhängig ist, kann er nur am Tag erfolgen. Nachts werden die gebildeten organischen Substanzen zur Aufrechterhaltung der Lebensvorgänge zum Teil wieder abgebaut (Dissimilation). Um wachsen zu können, muß die Pflanze am Tag mehr produzieren, als nachts verbraucht wird. Steht sie im Zimmer relativ dunkel, so kann sie auch nur wenig produzieren. In diesem Fall ist es notwendig, daß die Temperatur besonders nachts im unteren Bereich dessen liegt, was für die Pflanze zuträglich ist.

Dies hat folgenden Grund: Der nächtliche Abbau ist ein biochemischer Prozeß und damit wie jeder chemische Vorgang in seiner Geschwindigkeit von der Temperatur abhängig. Je wärmer es ist, umso schneller erfolgt er. Wollen wir also vermeiden, daß nachts mehr abgebaut wird als am Tag produziert wurde – was nach geraumer Zeit zum Absterben unseres Pfleglings führt –, so muß die Nachttemperatur niedrig sein. (Auf eine Einschränkung ist allerdings zu verweisen, über die auf Seite 118 nachzulesen ist.) Welche Temperatur hoch und welche niedrig ist, ist für jede Pflanzenart verschieden. Deshalb stehen auch im speziellen Teil dieses Buches bei jeder Art Temperaturangaben.

> **Ideal sind Plätze mit Lichteinfall von mehreren Seiten. Dort entwickeln Pflanzen ihre natürliche Wuchsform.**

Diese Phalaenopsis-Orchidee erhielt immer nur Licht von einer Seite. Alle Blätter sind zum Fenster gewachsen.

Die Pflanze beginnt zu kippen. Erst beim nächsten Umtopfen läßt sich dies vorsichtig korrigieren.

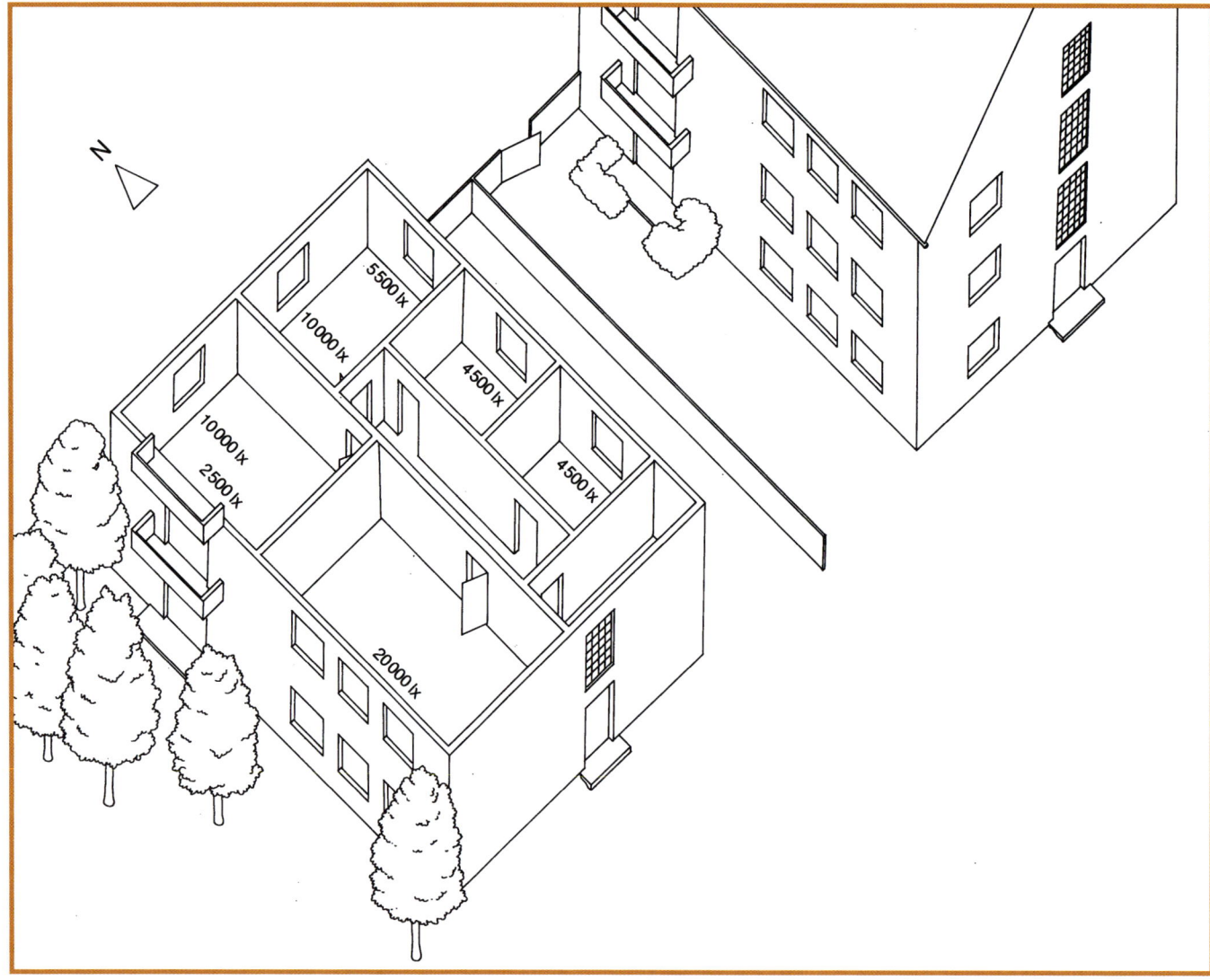

5500 lx
10000 lx
10000 lx
2500 lx
4500 lx
4500 lx
20000 lx

Das Südfenster muß nicht zwangsläufig das hellste, das Nordfenster nicht das dunkelste sein. Nahestehende Häuser, Bäume oder Balkone mindern den Lichteinfall oft erheblich, wie dieses Beispiel zeigt. Die im Freien ermittelte Helligkeit betrug über 30 000 Lux (lx). Alle anderen Werte wurden direkt hinter der Scheibe gemessen.

Dieser kleine theoretische Exkurs war nötig, um eine der wichtigsten Regeln der Zimmerpflanzenpflege zu verstehen: Je heller eine Pflanze steht, umso höher darf die Temperatur sein. An dunklen Standorten sind niedrigere Temperaturen zuträglich. Dies trifft auch auf die lichtarmen Wintermonate zu. Weiterhin wurde deutlich, daß die optimale Nachttemperatur in der Regel niedriger ist als die Tagestemperatur.

Licht und Schatten

Das Blumenfenster an der Südseite des Hauses bedarf einer Schattiervorrichtung. Das Südfenster erhält die längste und intensivste Sonneneinstrahlung.

Selbst sonnenhungrige Pflanzen wie Kakteen vertragen dies nicht ohne Schäden, es sei denn, sie sind durch eine besonders dichte Bestachelung geschützt. Die Schäden werden in der Regel nicht durch ein Zuviel an Licht, sondern durch zu große Wärme verursacht. Ausnahmen stellen die Schattenpflanzen wie *Maranta* dar, die eine geringe Lichtverträglichkeit besitzen.

Der Grund für die starke Erwärmung ist der sogenannte Glashauseffekt: Kurzwellige Lichtstrahlen dringen durch die Scheiben und erwärmen Pflanzen und Boden. Die von ihnen abgestrahlten langwelligen Wärmestrahlen können dagegen die Scheiben nicht ungehindert passieren. Der Pflanzenkörper erhitzt sich stark; die Pflanze verdunstet viel Wasser, um sich abzukühlen. Dennoch kann die Pflanzen-

temperatur weit über die umgebende Lufttemperatur ansteigen. Zu hohe Temperaturen und Wassermangel können die Folge sein.

Ein deutlicher Zusammenhang besteht zwischen der Lichtverträglichkeit und der Luftfeuchte. Je höher die Luftfeuchte ist, umso mehr Sonne kann die Pflanze ohne Nachteile aushalten. Das gilt es zu bedenken, wenn wir die heimatlichen Bedingungen einiger Pflanzen zum Maßstab der gärtnerischen Kultur machen. Ist die Pflanze im maritimen Klima zu Hause, wird man ihr in unserer »kontinentalen« Wohnzimmerluft weniger Sonne zumuten können.

Vor zuviel Sonne schützt am Blumenfenster eine Schattiervorrichtung; andere Maßnahmen wie das Auftragen von

Schattierfarbe oder das Aufstellen von Matten, bei Gewächshäusern früher häufig praktiziert, scheiden im Wohnbereich aus. Die Schattierung muß zwei Voraussetzungen erfüllen: sie muß beweglich sein, also zugezogen und geöffnet werden können, und die Schattierwirkung muß regulierbar sein. Diese Ansprüche erfüllen nur Jalousien mit verstellbaren Lamellen. Man sollte sie vor dem Fenster anbringen. Hinter dem Fenster nehmen sie Platz weg oder beschädigen die Pflanzen beim Schließen.

Außerdem kommt es zwischen Scheibe und Jalousie zu einem Wärmestau, wenn nicht ausreichende Lüftungsmöglichkeiten bestehen. Die geringere Lebensdauer der außen montierten Jalousie und die größere Verschmutzung muß man notgedrungen hinnehmen.

Schattiert werden muß in der Regel nur vom späten Frühjahr oder Sommer bis zum Herbst, und zwar jeweils zu den Mittags- und Nachmittagsstunden. Morgen- und Abendsonne sind weniger gefährlich. Zu lange belassener Schatten läßt die Pflanzen lang und dünn werden und beeinträchtigt das Wachstum, da die Stoffproduktion durch den Lichtmangel reduziert ist.

Für das Kleingewächshaus ist ebenfalls eine Außenschattierung zu empfehlen. Sie ist zwar teurer als einfache Springrollos im Innern des Hauses, der Effekt ist jedoch aus den beschriebenen Gründen (Wärmestau) besser. Die kostengünstigste Lösung ist das Schattieren mit Farbe. Schattierfarben werden nur noch selten angeboten; man kann sich aber selbst eine Mischung aus 2 kg Kreide, 25 g Leim und 4 l Wasser für diesen Zweck herstellen. Der Nachteil des durch Farbe erzeugten Dauerschattens ist, daß er auch bei bewölktem Himmel vorhanden ist, also der Helligkeit nicht angepaßt werden kann. Vor dem Winter muß man die Farbe wieder abwaschen.

Licht aus der Steckdose

Wie die Abbildung auf Seite 16 zeigt, sind die Lichtverhältnisse an Blumenfenstern sehr unterschiedlich. Nur selten sind sie so, wie wir uns dies für unsere Zimmerpflanzen wünschen. An dem einen Fenster ist es so hell, daß wir ohne Schatten nicht auskommen, an einem anderen so dunkel, daß selbst wenig lichtbedürftige Pflanzen nicht gedeihen wollen. Solche finsteren Stellen sind aber als Standort nicht verloren, wenn wir den Mangel mit Hilfe künstlicher Beleuchtung ausgleichen.

Große Pflanzgefäße werden heute gerne als Raumteiler verwendet. Sie stehen inmitten des Zimmers unter sehr ungünstigen Lichtverhältnissen. Für Pflanzen in Blumenvitrinen gilt dies auch. Ohne Zusatzlicht ist ihr Schicksal schnell besiegelt. Aber auch an den hellen Fenstern kann eine zusätzliche Beleuchtung vonnöten sein. Im Winter, wenn wir die Sonne an vielen Tagen nur erahnen können, helfen Lampen über die kritische Jahreszeit.

Eine noch weitgehend unbeachtete Gefahrenquelle für Zimmerpflanzen stellen moderne Wärme- oder Sonnenschutzgläser dar. Diese Scheiben reduzieren den Lichtgenuß um mehr als 10%, was im Winter zu einem Problem wird.

Wir müssen unseren Pflanzen soviel Licht zukommen lassen, daß sie weiterhin wachsen können, also mehr pflanzeneigene Stoffe produzieren als nachts abgebaut werden. Die dazu notwendige Beleuchtungsstärke differiert je nach Pflanzenart.

Bei den meisten Zimmerpflanzen dürfte bei einer achtstündigen Beleuchtung mit 2000 lx ein gutes Wachstum möglich sein. Für Orchideen wird ein Zusatzlicht von über 7000 lx für 9 bis 12 Stunden empfohlen. Bei *Philodendron scandens* und Dieffenbachien sind selbst 1000 lx noch ausreichend. *Epipremnum*, *Vriesea*, *Aechmea* und *Yucca* zeigen bei 1000 lx bereits einen Abbau. Bei *Cordyline* 'Red Edge' und auch *Ficus pumila* reichen

Die früher so beliebten Blumenkrippen wurden inzwischen weitgehend durch die pflegeleichten Hydrokultur-Anlagen abgelöst. Tische und größere Pflanzgefäße haben den Nachteil, daß sie nicht in unmittelbarer Nähe des Fensters stehen können. Sehr lichtbedürftige Pflanzen verlangen deshalb eine Zusatzbelichtung.

10 Stunden bei 2000 lx nicht aus. Die genannten Werte wurden mit Quecksilberdampf-Hochdrucklampen ermittelt. Zum Vergleich: Ein gut ausgeleuchteter Büroraum soll 750 bis 1000 lx aufweisen; manche Zimmerbeleuchtung bringt es nur auf 200 lx oder noch weniger! Zur Ermittlung der ungefähren Beleuchtungsstärke einer künstlichen Lichtquelle können wir uns wieder eines Belichtungsmessers bedienen. Wir können die Beleuchtungsstärke auch ausrechnen, doch ist das kompliziert. Verschiedene Faktoren wie der Reflexionsgrad, die Aufhänghöhe, die zu belichtende Fläche, Leistungsrückgang durch Alterung der Lampe und andere sind zu berücksichtigen. Genaue Werte kann ein Beleuchtungstechniker errechnen.

Man gewinnt auch eine Vorstellung von der erreichbaren Beleuchtungsstärke, wenn man die installierte Lampenleistung (in Watt) auf den Quadratmeter umrechnet. In Abhängigkeit von der Aufhänghöhe lassen sich mit den üblichen Leuchtstoffröhren bei 40 W/m² rund 750 lx, bei 70 W/m² etwa 1500 lx und bei 150 W/m² etwa 5000 lx erzielen. Für 7000 bis 10 000 lx braucht man schon rund 250 bis 300 W/m², wobei die Röhren nicht höher als 25 cm über den Pflanzen hängen dürfen.

Hier noch ein Wort zur Begriffsbestimmung: »Lampe« und »Leuchte« werden ständig verwechselt. Unter Lampe versteht man die künstliche Lichtquelle, also die Glühbirne oder Leuchtstoffröhre. Die Leuchte ist das Gerät, das der Halterung und Stromversorgung der Lampe dient und die Verteilung des von der Lampe ausgestrahlten Lichtes beeinflußt.

Welche Lampen eignen sich?

Im Zimmer verwenden wir vorwiegend Glühbirnen, Leuchtstoffröhren oder Halogenglühlampen. Glühbirnen sind zwar billig, auch die Installationskosten sind gering, sie haben jedoch mehrere Nachteile. Die Lichtausbeute (lm/Watt) ist gering (zwischen 9 und 14 lm/Watt), das heißt, daß von der aufgenommenen Energie ein erheblicher Teil in die unerwünschte Wärmestrahlung umgewandelt wird. Das Licht der Glühbirnen unterscheidet sich vom Tageslicht und ist für Pflanzen nicht optimal. Lange, unansehnliche Triebe sind die Folge. Hinzu kommt eine Brenndauer von nur etwa 1000 Stunden, während Leuchtstofflampen um 7500 Stunden erreichen. Die längere Lebensdauer rechtfertigt neben der besseren Lichtausbeute den höheren Preis der Leuchtstoffröhre.

Leuchtstoffröhren gibt es in verschiedenen Lichtfarben und Anschlußleistungen. Die Lichtausbeute der Leuchtstoffröhren reicht von etwa 60 bis 90 lm/Watt (je höher die Lampenleistung in Watt, umso höher die Lichtausbeute). Für eine ausreichende Beleuchtungsstärke benötigt man meist 36- oder 58-Watt-Lampen, die 120 oder 150 cm lang sind. Je nach der benötigten Lichtmenge wählt man Leuchten, in denen zwei oder mehr Lampen nebeneinander angeordnet sind. Für das geschlossene Blumenfenster, Pflanzenvitrinen oder Kleingewächshäuser empfehlen sich aus Sicherheitsgründen nur spritz- oder strahlwassergeschützte Leuchten. Die Montage muß so erfolgen, daß die Röhren 25 bis 50 cm, maximal 150 cm über den Pflanzen hängen.

Nicht alle Lichtfarben sind auf die Pflanzen gleich wirksam. Die für den Wohnbereich üblichen Standardausführungen von Hellweiß (21), Weiß de Luxe (22), Neutral- oder Universalweiß (25) bis zu Warmton (31) und Warmton de Luxe (32) sind brauchbar. Ihre Lichtfarben reichen von etwa 4000 bis 3000 Kelvin (K). Das natürliche Tageslicht entspricht je nach Sonnenstand und Bewölkung rund 5000 bis 6000 K. Diesen Wert erreichen die Lichtfarben Tageslicht (11) und Daylight, die man deshalb beispielsweise für die farbechte Betrachtung von Dias verwendet. »True-Light« heißt eine aus den USA stammende Röhre, die ebenfalls eine Lichtfarbe nahe dem Tageslicht, aber eine schlechte Lichtausbeute von knapp 55 lm/Watt hat. Alle Tageslichtlampen sind aber teurer als die Standard-Lichtfarben. Mit der Farbnummer 77 werden spezielle Pflanzenlampen unter der Bezeichnung »Osram-Fluora« angeboten; auch »Sylvania Gro-Lux« wurde

Mit einer Pflanzenleuchte (hier von Philips) lassen sich auch Pflanzen an schlecht belichteten Stellen im Wohnraum in Trögen oder Vitrinen aufstellen.

für diesen Zweck entwickelt und ist inzwischen jedem Aquarianer bekannt. Pflanzenlampen sind erheblich teurer als die zuvor genannten Leuchtstoffröhren. Diese Speziallampen erweisen sich zudem als unnötig. Das Pflanzenwachstum ist, gleiche elektrische Leistung vorausgesetzt, bei Lichtfarbe 77 nicht besser als bei 32, die Lichtfarben 22 und 30 sind sogar doppelt so wirksam wie 77.

Da wir in unseren Wohnräumen nur wenige Röhren benötigen, wirken sich die Preisunterschiede nicht so stark aus, aber ein anderer Aspekt ist auch zu bedenken: Wer sich für die Speziallampen entscheidet, muß die optische Wirkung akzeptieren. Viele mögen das rosaviolette Licht dieser Röhren nicht. Die Blütenfarben verändern sich unschön.

Wer auf möglichst naturgetreue Farben wert legt, achte auf die Farbwiedergabe-Eigenschaften (Farbwiedergabe-Index, Ra) einer Lampe. Die Farben sind erstklassig bei der Farbwiedergabestufe 1 A (Ra 90–100; in der Regel die »de Luxe«-Lampen), sehr gut auch bei 1 B (Ra 80–89), noch gut bei 2 A (Ra 70–79) und 2 B (Ra 60–69). Für den Wohnbereich empfehlen sich die Stufen 1 B und 1 A, wobei die Lampen der letztgenannten Stufe eine deutlich geringere Lichtausbeute besitzen.

Eine Reflektorleuchte sorgt dafür, daß das Licht gezielt zu den Pflanzen gelangt. Im Blumenfenster sollte die Leuchte so montiert werden, daß eine blendfreie Betrachtung der Pflanzen vom Zimmer aus möglich ist. Eine Blende ist meist unumgänglich. Blumenvitrinen besitzen Lichtstreuscheiben oder ähnliches für eine blendfreie Beleuchtung.

Über einer Fensterbank genügt es, nur eine Leuchte zu montieren. Bei einer größeren zu beleuchtenden Fläche reicht eine nicht aus. Um eine gleichmäßige Helligkeit zu erzielen, sind bestimmte Abstände von Lampe zu Lampe erforderlich: bei 30 cm Aufhänghöhe über den Pflanzen 30 cm, bei 50 cm etwa 35 cm, bei 70 cm Aufhänghöhe rund 50 cm. Diese Werte treffen für Lampen mit Reflektor zu. Kürzere Abstände sind natürlich möglich, wenn eine größere Beleuchtungsstärke benötigt wird. Bei Lampen ohne Reflektor betragen die Abstände bei den genannten Aufhänghöhen 50 cm, 80 cm und 115 cm, jedoch wird man meist mehr Lampen benötigen, um die erforderliche Helligkeit zu erreichen.

Die modernen Kompakt-Leuchtstofflampen sind in jeder Hinsicht den Glühlampen vorzuziehen. Sie erreichen eine gute Lichtausbeute bis über 70 lm/Watt, eine gute Farbwiedergabe (1 B) und Lebens-

Mit einer Reflektorlampe von 100 W, zum Beispiel Comptalux PAR 38 EC flood, läßt sich im Zentrum des Lichtkegels in 1 m Entfernung eine Helligkeit von 1800 lx, in 1,50 m Entfernung nur noch von 800 lx erzielen. Zum Rand des Lichtkegels nimmt die Helligkeit deutlich ab, was bei der Wahl der Beleuchtungsstärke und der Pflanzen zu beachten ist.

dauer (etwa das Zehnfache der Glühlampen). Zur guten Ausleuchtung eines Blumenfensters oder eines Pflanzkübels müßten allerdings zahlreiche Kompakt-Leuchtstofflampen nebeneinander aufgehängt werden, so daß andere Lampentypen vorzuziehen sind.

Ob UV-Leuchtstoffröhren einmal Bedeutung für die Kultur sehr lichtbedürftiger Pflanzen wie Kakteen erlangen werden, läßt sich noch nicht absehen. Es gibt bislang kaum Erfahrungen. Wer Versuche anstellen will, sollte die UV-Röhren in Kombination mit anderen verwenden. Allerdings dürfen UV-Röhren nicht in Räumen eingesetzt werden, in denen sich Personen längere Zeit aufhalten.

Gelegentlich werden auch Punktstrahler für die Pflanzenbeleuchtung eingesetzt, häufig aus dekorativen Erwägungen. Die hierfür vorgesehenen Reflektorlampen entsprechen den Glühlampen; es wird also ein Draht (»Wendel«) elektrisch aufgeheizt. Die Lichtausbeute ist mit etwa 15 lm/Watt kaum besser als die der Glühlampen. Ein aufgetragener Metallbelag als Reflexschicht sorgt für die gerichtete Lichtabstrahlung. Die Breite des Lichtbündels ist nach Lampentyp verschieden (»Spot«-, »Flood«- oder »Wide-

flood«-Lampen). Außerdem unterscheidet man zwischen Reflektorlampen mit geblasenem Glaskolben und solchen aus Preßglas. Preßglaskolben haben den Vorteil, bei Temperaturschocks (Wassertropfen) nicht zu platzen. Reflektorlampen mit geblasenem Kolben gibt es ab 40 Watt bei E 27-Sockel für übliche Fassungen, mit E 14-Sockel aber schon ab 25 Watt. »Flood«-Lampen (Breitstrahler) mit Preßglaskolben und einem Ausstrahlungswinkel von 40° dürften für unsere Zwecke am besten geeignet sein. Sie sind unter der Bezeichnung »Comptalux PAR 38 EC flood« (Philips) und »Concentra PAR 38-EC Flood« (Osram) im Handel.

Das Lichtbündel hat bei 1 m Abstand von der Lampe eine Breite von 73 cm, bei 2 m 146 cm, bei 3 m 219 cm. Die Beleuchtungsstärken nehmen entsprechend ab: von 1800 lx über 450 zu 200 lx bei einer 100-Watt-Lampe im Zentrum des Lichtbündels; am Rande beträgt die Helligkeit nur etwa die Hälfte. Für eine 150-Watt-Lampe betragen die Werte bei 1 m 3050 lx, bei 2 m 760 lx und bei 3 m 335 lx.

> **Nur Lampen mit der Farbwiedergabestufe 1 A bis 2 A empfehlen sich für die Pflanzenbelichtung in Wohnräumen, sonst wirken Farben unnatürlich.**

Geschätzte Mindestbelichtungsstärken einiger Zimmerpflanzen (in Lux)

Art	500–700	700–1000	1000–2000
Abutilon-Hybriden			•
Acalypha hispida			•
Achimenes-Hybriden			•
Adiantum raddianum		•	
Aechmea fasciata		•	
Aeschynanthus radicans		•	
Aglaonema commutatum	•		
Allamanda cathartica			•
Ananas comosus		•	
Anthurium-Arten		•	
Aphelandra squarrosa			•
Araucaria heterophylla			•
Ardisia crenata			•
Asparagus-Arten			•
Aspidistra elatior	•		
Asplenium nidus		•	
Aucuba japonica	•		
Begonia (Blattbegonien)			•
Begonia-Elatior-Hybriden			•
Billbergia nutans	•		
Bougainvillea-Arten			•
Brunfelsia pauciflora			•
Cactaceae			•
Caladium-Bicolor-Hybriden			•
Calathea makoyana		•	
Calathea zebrina		•	
Campanula isophylla			•
Chamaedorea elegans	•		
Chlorophytum comosum	•		
Chrysalidocarpus lutescens		•	
Cissus rhombifolia	•		
× *Citrofortunella microcarpa*			•
Clerodendrum thomsoniae			•
Clivia miniata		•	
Cocos nucifera		•	
Codiaeum variegatum			•
Coffea arabica			•
Columnea microphylla		•	
Cordyline terminalis			•
Crossandra infundibuliformis			•
Cyclamen persicum			•
Cyperus alternifolius		•	
Dieffenbachia maculata		•	
Dracaena-Arten	•	•	
Ensete ventricosum			•
Epipremnum pinnatum	•		
Euphorbia (sukkulente)			•
Euphorbia milii			•
Euphorbia pulcherrima			•

Geschätzte Mindestbelichtungsstärken … Fortsetzung

Art	500–700	700–1000	1000–2000
Euterpe edulis	•		
× *Fatshedera lizei*		•	
Fatsia japonica	•		
Ficus benghalensis		•	
Ficus benjamina			•
Ficus deltoidea			•
Ficus elastica	•		
Ficus lingua			•
Ficus lyrata	•		
Ficus pumila		•	
Fittonia verschaffeltii		•	
Gardenia augusta			•
Grevillea robusta			•
Guzmania-Hybriden		•	
Gynura aurantiaca			•
Harpephyllum caffrum		•	
Hedera helix	•		
Hibiscus rosa-sinensis			•
Howeia forsteriana	•		
Hoya lanceolata ssp. *bella*		•	
Hoya carnosa		•	
Hydrangea macrophylla			•
Hypoestes phyllostachya			•
Justicia brandegeana			•
Kalanchoe blossfeldiana			•
Mandevilla sanderi			•
Maranta leuconeura		•	
Medinilla magnifica			•
Microcoelum weddelianum		•	
Monstera deliciosa	•		
Neoregelia carolinae		•	
Nephrolepis exaltata	•		
Nerium oleander			•
Nolina recurvata			•
Orchidaceae			•
Pachypodium-Arten			•
Pachystachys lutea			•
Pandanus-Arten			•
Passiflora caerulea			•
Pavonia multiflora		•	
Peperomia-Arten		•	
Philodendron-Arten	•	•	
Phoenix canariensis		•	
Pilea cadierei			•
Piper-Arten	•		
Pisonia umbellifera			•
Platycerium bifurcatum		•	
Polyscias scutellaria			•
Pseuderanthemum atropurpureum			•

Geschätzte Mindestbelichtungsstärken ... Fortsetzung			
Art	500–700	700–1000	1000–2000
Pteris cretica			•
Radermachera sinica			•
Rhapis excelsa		•	
Saintpaulia ionantha		•	
Sansevieria trifasciata	•		
Saxifraga stolonifera			•
Schefflera actinophylla	•		
Schefflera arboricola	•		
Schefflera elegantissima			•
Soleirolia soleirolii		•	
Solenostemon scutellarioides		•	
Sparmannia africana			•

Geschätzte Mindestbelichtungsstärken ... Fortsetzung			
Art	500–700	700–1000	1000–2000
Spathiphyllum-Arten	•		
Stephanotis floribunda			•
Streptocarpus-Hybriden			•
Syngonium podophyllum		•	
Tetrastigma voinieranum		•	
Tillandsia lindenii			•
Tradescantia-Arten		•	•
Vriesea splendens			•
Washingtonia filifera			•
Yucca elephantipes			•
Zantedeschia aethiopica			•

Da nicht nur Licht, sondern auch Wärme abgestrahlt wird, ist ein Abstand zwischen Pflanzen und Lampe von möglichst 1 m einzuhalten. Ist dies nicht möglich, bieten sich »Comptalux PAR 38 EC cool flood« oder »Concentra cool PAR 38-EC Flood« an, die mit einer für Wärmestrahlen durchlässigen Reflektorschicht ausgestattet sind. Hiermit sollen Abstände bis zu 30 cm ohne Pflanzenschäden möglich sein. Noch ein Hinweis zur ästhetischen Wirkung dieser Lampen: »Comptalux« ist einschließlich Sockel 13,3 cm lang und hat einen Durchmesser von 12,2 cm. Sie ist also nicht gerade unauffällig, und man muß sie geschickt installieren, damit es nicht wie auf einem Messestand aussieht.

Die beliebten Halogen-Glühlampen weisen kleinere Dimensionen und hübschere Leuchten auf. Ihre Farbtemperatur liegt zwischen 2800 und 3000 K, somit im Bereich der Warmton-Leuchtstofflampen. Ihre Lichtausbeute dagegen ist schlecht und nicht besser als die der Glühlampen. Sie eignen sich deshalb nur für eine dekorative Effektbeleuchtung.

Die wirtschaftlichsten Wachstumsleuchten sind Entladungslampen. Dieser Lampentyp erzeugt Licht durch einen Entladungsvorgang in einem ionisierten Gas, dem meist zusätzlich Leuchtstoffe beigefügt wurden. Es handelt sich um Hochdruck-Quecksilberdampflampen mit der Abkürzung HQL und HPL, Metallhalogendampflampen (HQI) und Hochdruck-Natriumdampflampen (SON, NAV).

Die hohen Kosten für die Anschaffung dieser Leuchten und Lampen schrecken zunächst ab. Je länger die Lampen brennen, um so günstiger fallen sie aber im Vergleich zu anderen Typen aus. Die Lichtausbeute liegt bei etwa 30 bis 45 lm/Watt (HQL), 55 bis 80 lm/Watt (HQI) beziehungsweise 70 bis 80 lm/Watt (SON, NAV). Mit höheren Nennleistungen steigt die Ausbeute nochmals, doch sind derartige Ungetüme kaum für Wohnräume geeignet. Nicht immer ist es einfach, ansehnliche Leuchten für Hochdrucklampen zu finden. Wer geeignete Lampen und Leuchten im Elektrohandel vergeblich sucht, schaue einmal in einem Zoofachgeschäft vorbei. Große Zoofachgeschäfte sind meist bestens bei derartigen Beleuchtungsgeräten sortiert, da die Aquarianer nicht ohne sie auskommen. Für die genannten Hochdrucklampen sollte man sich entscheiden, wenn eine lange tägliche Beleuchtungsdauer erwünscht ist, weiterhin eine große Helligkeit oder aber ein Abstand zwischen Lampe und Pflanze so groß gewählt werden muß, daß andere Typen eine zu geringe Helligkeit ergäben. Letzteres ist schon bei einer Entfernung von 70 cm zu bedenken.

Wann müssen wir belichten?

Wir belichten Zimmerpflanzen, weil sie entweder »lichthungrig« sind und im Winter in unseren Breiten nicht genügend Sonne erhalten oder weil wir sie an einem dunklen Platz aufstellen. Die zusätzliche Belichtung der »Sonnenkinder« ist nur von Oktober bis März erforderlich; beim zweiten Fall dürfen wir notgedrungen das ganze Jahr über nicht sparen. Die tägliche Beleuchtungsdauer ist von den jeweiligen Lichtverhältnissen (natürliches Licht und Kunstlicht) abhängig. Bei einem zehnstündigen Lichtgenuß mit 500 lx erhält die Pflanze die gleiche Energie wie bei 5 Stunden mit 1000 lx. In der Regel wird man mit 6 bis 8 Stunden auskommen. Wenn wir schon bei 3 oder 4 Stunden Zusatzlicht gesunde, gut wachsende Pflanzen bemerken, brauchen die Lampen nicht länger zu brennen.

> Entladungslampen besitzen die beste Lichtausbeute. Ihr hoher Preis amortisiert sich bald, wenn intensiv belichtet werden muß.

Eine optimale Helligkeit dient dem Pflanzenwachstum nicht, wenn die Temperatur zu niedrig ist. Wärmebedürftige Pflanzen können schon bei 10 °C ihr Wachstum einstellen. Eine intensive Belichtung sollte daher mit optimalen Temperaturen einhergehen.

Mit Hilfe einer Zeitschaltuhr läßt sich die Belichtung automatisieren. Solche Zeitschaltuhren gibt es schon für weniger als 25 DM. Sie werden zwischen Stecker und Steckdose angebracht. Soll die Zeitschaltuhr direkt in einem Blumenfenster, einer Vitrine oder einem Kleingewächshaus hängen, muß sie für solche feuchten Räume geeignet sein. Auf das Wetter kann die Zeitschaltuhr nicht reagieren. Dies vermag nur ein Dämmerungsschalter, der die Lampen bei einer zu wählenden minimalen Helligkeit ein- und nach Überschreiten des Grenzwerts wieder ausschaltet. Für diesen Luxus müssen wir schon rund 300 DM oder mehr investieren.

Temperatur

Zimmerpflanzen sind der Mode unterworfen. Das Pflanzensortiment, das wir vor 50 oder gar 100 Jahren in den Wohnräumen fanden, unterscheidet sich von dem heutigen. Viele früher sehr verbreitete Topfpflanzen sind inzwischen völlig von der Bildfläche verschwunden. Die Ursache liegt nicht nur im wechselnden Geschmack und den Absatzbemühungen eines cleveren Produktionszweiges, es gibt vielmehr ganz handfeste Gründe, die diesen Wechsel zwingend bestimmten: Das Klima in unseren Wohnräumen hat sich geändert. Früher thronte in der Wohnstube ein großer Kohleofen, der entweder tagsüber brannte oder nur fürs Wochenende eingeheizt wurde, während sich an den übrigen Tagen die Familie in der Küche aufhielt. Das Schlafzimmer wurde nicht geheizt. Die Pflanzen in diesen Räumen mußten mit Temperaturen vorlieb nehmen, die kaum über 5 °C im Winter hinauskamen. Im Wohnzimmer schwankte die Temperatur extrem.

Heute sorgt die Zentralheizung für eine gleichmäßige Zimmertemperatur, die meist zwischen 19 °C und 23 °C liegt. Erst die deutliche Verteuerung der Heizmaterialien brachte uns in Erinnerung, daß wir nachts den Thermostat um einige Grad herunterstellen können.

Auch die Temperaturunterschiede im Zimmer – nicht zeitlich, sondern räumlich gesehen – sind geringer geworden. Die Heizkörper sind thermodynamisch günstig unter dem Fenster plaziert und nicht, wie früher der Kachelofen, in der entgegengesetzten Zimmerecke. Damals war der Platz am Fenster viel kühler als der nahe des Ofens.

Den veränderten Bedingungen hat das Angebot der Gärtner zum Teil Rechnung getragen. Es macht uns heute weniger Schwierigkeiten, wärmebedürftige Pflanzen zu kultivieren als solche, die niedrigerer Temperaturen bedürfen. Azaleen (*Rhododendron simsii*), Kamelien (*Camellia japonica*), Alpenveilchen (*Cyclamen persicum*), Clivien (*Clivia miniata*), Myrten (*Myrtus communis*), Fliederprimeln (*Primula malacoides*) und Pantoffelblumen (*Calceolaria*-Hybriden) – um nur einige zu nennen – fühlen sich in den heutigen Wohnstuben nicht mehr wohl. Sie führen ein kümmerliches Dasein und haben eine ausgesprochen niedrige Lebenserwartung. Knospig oder blühend gekaufte Azaleen, Alpenveilchen oder Fliederprimeln überstehen oft nur mühsam die Blütezeit. Wann sieht man heute schon einmal solche riesigen, vieljährigen Prachtexemplare von Alpenveilchen, wie man sie früher häufiger auf der Fensterbank fand? Der erfolglose Pfleger rätselt, warum sein Alpenveilchen verschied, ob er doch lieber von unten statt von oben hätte gießen sollen, was völlig gleich ist, wenn man nicht gerade ins »Herz« gießt. An das naheliegende, die zu hohe Temperatur, denkt er nicht.

Am problemlosesten sind alle die Pflanzen, die man als tolerant bezeichnen könnte, also jene, die sowohl bei niedrigeren als auch bei höheren Temperaturen gedeihen. Zu diesen »Zimmerhelden« gehören so bekannte Pflanzen wie Calla (*Zantedeschia aethiopica*), Zimmerlinde (*Sparmannia africana*), Aralie (*Fatsia japonica*), Efeuaralie (× *Fatshedera lizei*), »Philodendron« oder Fensterblatt (*Monstera deliciosa*), Russischer Wein und Känguruhwein (*Cissus antarctica* und *C. rhombifolia*), Grünlilie oder »Fliegender Holländer« (*Chlorophytum comosum*) und Passionsblume (*Passiflora caerulea*), aber auch weniger bekannte wie die reizende *Ledebouria socialis*, die sich sowohl in einem warmen als auch in einem kaum geheizten Raum prächtig entwickeln kann.

Leider sind auch die geheizten Räume nicht – wie man nach dem bisher Gesagten meinen könnte – ideal für alle wärmeliebenden Pflanzen. Das »Flammende Käthchen« (*Kalanchoë blossfeldiana*), die Sansevierien (*Sansevieria trifasciata* mit ihren Sorten) und viele andere sukkulente Pflanzen sind leicht zufriedenzustellen, aber schon Mimosen (*Mimosa pudica*), Dieffenbachien (*Dieffenbachia*-Arten und -Sorten) und Rhoeo (*Tradescantia spathacea*) zeigen durch Blattfall, gelbe Blätter oder braune Blattspitzen an, daß neben der Temperatur auch die Luftfeuchtigkeit stimmen muß. Doch hierauf wollen wir erst später eingehen.

> **Pflanzen stellen individuelle Ansprüche an die Umgebungstemperatur. Nur wenige Arten wie die Sansevierien und Efeuaralien sind tolerant und deshalb leicht zu pflegen.**

Der Gärtner hat die Pflanzen nach ihren Temperaturansprüchen unterteilt in solche für das Kalthaus, für das temperierte Haus und für das Warmhaus. Hierzu gehören die Heiztemperaturen: für das Kalthaus bis 12 °C, etwa 14 bis 17 °C für das temperierte Haus und 18 °C für das Warmhaus. Kalthauspflanzen sind, bis auf einige Ausnahmen wie der einheimische Efeu (*Hedera helix*) und die Hirschzunge (*Asplenium scolopendrium*), nicht winterhart, überstehen also keine Frostperiode. Exakt können wir die Temperatur nicht auf die Bedürfnisse der Pflanzen einstellen. Wir temperieren die Wohnräume schließlich nach unseren eigenen Bedürfnissen. Aber wir können die für die jeweilige Temperatur geeigneten Pflanzen aussuchen und haben damit schon etwas Wesentliches zu deren Gedeihen getan.

Die Temperatur läßt sich relativ leicht mit Hilfe eines Thermometers ermitteln. Einige Dinge sind bei der Temperaturmessung allerdings zu berücksichtigen. Da uns die Temperatur in Pflanzennähe interessiert, nutzt es wenig, wenn das Thermometer in einer ganz entgegengesetzten Ecke hängt. Es sollte sich vielmehr in unmittelbarer Pflanzennähe und auch -höhe befinden. Ein Schutz vor direkter Wärmestrahlung, ob Sonne oder Heizung, kann erforderlich werden. Dazu eignet sich gut die im Haushalt gebräuchliche Aluminiumfolie, aus der man einen Schutzschild formt, der in einem geringen Abstand zum Thermometer montiert wird. Das Thermometer sollte auch nicht in der hintersten Ecke aufgehängt werden, wo kaum eine Luftbewegung stattfindet.

Wollen wir die höchsten oder niedrigsten herrschenden Temperaturen wissen, dann verwenden wir ein »Minimum-Maximum-Thermometer«. Es sind entweder Quecksilber- oder Bimetallthermometer, die nicht sehr genaue Werte liefern, für unsere Zwecke jedoch ausreichen. Die Quecksilbersäule oder das Bimetall schiebt einen »Reiter« beziehungsweise Zeiger bis zum höchsten oder niedrigsten Wert. Nach dem Ablesen holt man die Reiter mit Hilfe eines kleinen Magneten, den Zeiger durch Knopfdruck zurück. Wichtig sind solche Mimimum-Maximum-Thermometer zum Beispiel zur Überprüfung der Eignung eines Überwinterungsraums. Wollen wir etwa Kakteen in einem Kellerraum überwintern, so sollten wir wissen, wie weit die Temperatur nachts absinken kann. Zeigt das Thermometer nach einer kalten Nacht einen Minimumwert von 0 oder weniger als 0 °C an, dann kann dieser Raum für empfindliche Arten ungeeignet sein.

Die richtige Temperatur zur richtigen Zeit

Auf Seite 15 wurde schon beschrieben, daß nahezu alle Pflanzen nachts niedrigere Temperaturen als tagsüber benötigen (siehe auch Seite 118). Die Temperaturdifferenz kann 2 bis 5 °C betragen. Dies entspricht auch den Bedingungen, denen die Pflanzen in der Natur ausgesetzt sind. An den Heimatstandorten einiger Kakteen ist die nächtliche Abkühlung noch viel stärker; als Beispiel seien die aus dem Hochland der Anden stammenden Lobivien genannt. Extreme Hitze am Tag wechselt ab mit Nachttemperaturen, die oft nur wenige Grad über dem Gefrierpunkt liegen oder zu bestimmten Jahreszeiten sogar darunter absinken können. Diese hübsch blühenden Kakteen dürfen wir auch bei uns nicht verweichlichen, sondern müssen sie ähnlich wie in ihrer Heimat halten. Einen Stand im Freien im Sommer und Herbst mit den entsprechenden Temperaturdifferenzen belohnen sie mit einer attraktiven Bestachelung und besonderer Blühwilligkeit.

Moderne thermostatgesteuerte Zentralheizungen machen es leicht, die um wenige Grad niedrigere Nachttemperatur zu schaffen. Auch im Kleingewächshaus und im Blumenfenster ist dies kein Problem. Der zweimal täglich notwendige Schaltvorgang läßt sich relativ leicht automatisieren. Entweder koppelt man zwei Thermostaten, von denen der eine auf Tages-, der andere auf Nachttemperatur programmiert ist, mit einer Zeitschaltuhr, oder man bedient sich statt der Zeitschaltuhr eines Dämmerungsschalters. Daneben werden auch mehrstufige Temperaturregler angeboten, die die Verwendung von mehreren Thermostaten erübrigen. Solche Steuergeräte erhält man für die Zentralheizung über den Heizungsfachhandel, für Blumenfenster, Vitrinen oder Wintergärten durch die Hersteller und Lieferanten von Kleingewächshäusern.

Die Temperatur muß nicht nur der Tageszeit angepaßt werden, auch die Jahreszeit ist zu berücksichtigen. Da aber gerade im Winter die Zimmertemperaturen noch über denen der übrigen Jahreszeiten liegen können, müssen wir Ausweichquartiere suchen. Das kann mindestens zweimal im Jahr zu einem großen Umräumen führen, wie folgendes Beispiel zeigt: Das helle Wohnzimmerfenster, das vom Frühjahr bis Herbst die Kakteen und anderen Sukkulenten beherbergt, wird freigeräumt für die wärmebedürftigen tropischen und subtropischen Blatt- und Blütenpflanzen, die die Zeit zuvor im ungeheizten Schlafzimmer zubrachten. Dieser Raum wird nun gebraucht für die Zimmerpflanzen, die es im Winter kühler wollen.

Die Kakteen kommen eher ans Kellerfenster. Orchideen wie *Pleione* und Zwiebelgewächse wie *Sprekelia*, die alle im Herbst ihr Laub verlieren, haben nun kein Anrecht mehr auf einen hellen Fensterplatz. Sie kommen ebenfalls in den Keller, der mit seinen niedrigen Tempera-

turen noch dafür sorgt, daß auch im nächsten Jahr mit Blüten zu rechnen ist. Im Frühjahr darauf werden wieder die angestammten Plätze eingenommen.

In diesem Beispiel wird nicht die Temperatur den Pflanzenwünschen angepaßt, was in Wohnräumen schwerlich möglich ist, hier wandern die Pflanzen zu jenen Plätzen, die ihnen der Jahreszeit entsprechend am besten zusagen. Haben wir keinen kühlen Raum zur Verfügung, dann dürfen wir uns nicht wundern, wenn viele Kakteen nicht blühen wollen oder etwa der Blütenstand der Clivie jedes Jahr zwischen den Blättern stecken bleibt. Da dies die Freude an den Pflanzen schmälert, müssen wir notgedrungen auf sie verzichten, denn wer kann schon aus diesem Grund eine neue Wohnung mit Überwinterungsraum suchen?

Das häusliche Kleinklima

Bei dem einen Pflanzenfreund wachsen Kamelien und Azaleen hervorragend, der andere »hat Glück« mit den doch so heik-

len *Calathea* und *Adiantum*. Vielfach sind es ganz simple Dinge, die den Erfolg oder Mißerfolg bedingen. Abgesehen von Pflegemaßnahmen wie dem Gießen, ist in vielen Fällen die Temperatur entscheidend. Vielleicht hat der erfolgreiche Azaleengärtner eine Heizquelle dem Fenster entgegengesetzt. Dem anderen aber, der sich schon lange vergeblich um blühende Azaleen bemüht, gelingt es deshalb nicht, weil die Töpfe auf der Fensterbank stehen, unter denen sich die Heizkörper der Zentralheizung befinden.

Auch die Beschaffenheit der Fenster selbst ist nicht unwichtig. In der Nähe eines älteren, einfachen Fensters ist es kühl und zieht es womöglich. An einer modernen Isolierverglasung mit doppelten Scheiben mißt man fast die gleichen Temperaturen wie inmitten des Zimmers. Die steinerne Fensterbank leitet die Kälte hervorragend, ist somit – von keinem Heizkörper erwärmt – um viele Grade kälter als die umgebende Luft. Die Erde in den darauf stehenden Töpfen kühlt sich ab, was fatale Folgen hat, denn eine niedrige Bodentemperatur beeinträchtigt oder verhindert die Wasser- und Nährstoffaufnahme durch die Wurzeln und

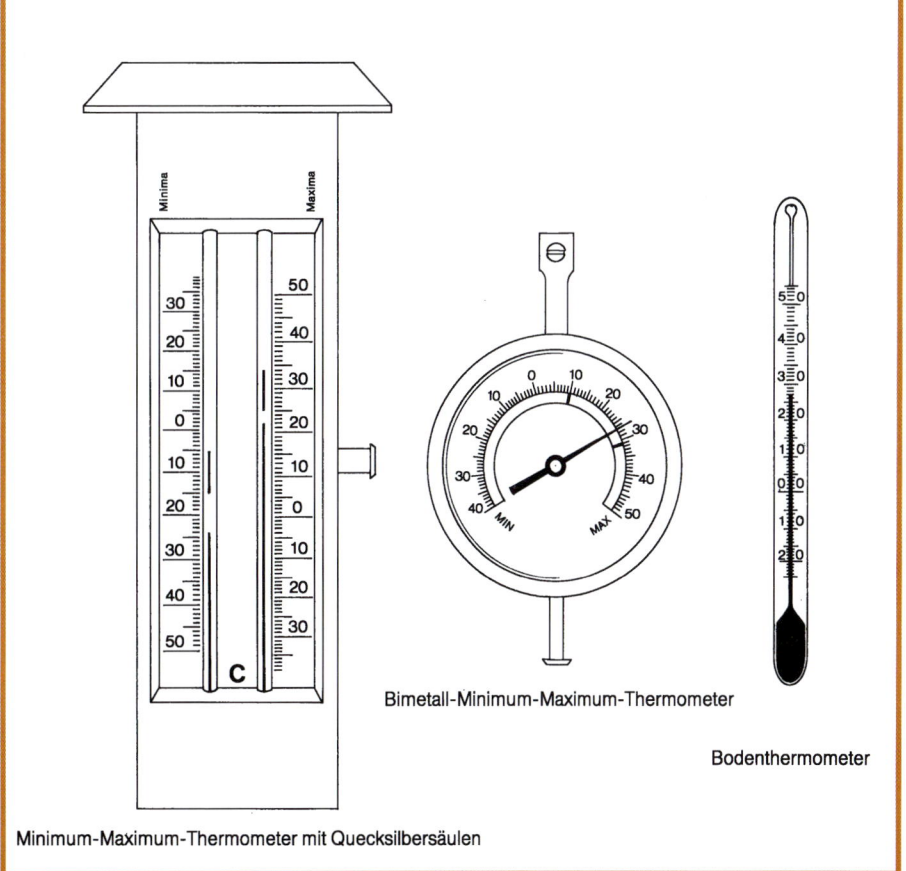

Minimum-Maximum-Thermometer mit Quecksilbersäulen

Bimetall-Minimum-Maximum-Thermometer

Bodenthermometer

Zur Ermittlung der Temperaturextreme verwenden wir Minimum-Maximum-Thermometer.

Ein Bodenthermometer sollte bei keinem Zimmergärtner fehlen.

begünstigt das Auftreten von Wurzelkrankheiten. Hängende Blätter zeigen an, daß es mit der Wasseraufnahme nicht stimmt. Einfache Abhilfe läßt sich mit Styroporplatten schaffen. Es sieht zwar nicht sonderlich schön aus, wenn alle Töpfe auf dem weißen Schaumstoff stehen, aber dieses Material isoliert ausgezeichnet. Ideal ist für empfindliche Pflanzen ein elektrisches Heizkabel oder eine Heizmatte, wie sie beispielsweise für Hydrokulturpflanzen angeboten wird. Solche Hilfsmittel ermöglichen auch unter ansonsten ungünstigen Bedingungen die Pflege empfindlicher Pflanzen. Denken wir daran, daß zum Beispiel die optimale Bodentemperatur der Flamingoblume (*Anthurium*-Scherzerianum-Hybriden) bei 22 °C liegt, genau wie die der robusten Efeutute (*Epipremnum pinnatum* 'Aureum'), der Dieffenbachie (*Dieffenbachia*-Arten und -Sorten) und des Wunderstrauchs (*Codiaeum*-Hybriden). Haben sie »kalte Füße«, dann währt die Freude an ihnen nicht lang. Im Gegensatz dazu haben die Pantoffelblume (*Calceolaria*-Hybriden), die Fliederprimel (*Primula malacoides*) und die Aschenblume (*Pericallis*-Hybriden, syn. *Senecio*-Hybriden) nur geringe Ansprüche: Sie sind bereits mit 15 °C Bodentemperatur vollauf zufrieden.

Viele Pflanzenfreunde sind zu Recht unzufrieden mit den Temperaturangaben in der Fachliteratur, da es schwer fällt, diese Ratschläge zu befolgen. Dennoch sind diese Angaben nötig und stehen auch im speziellen Teil dieses Buches, um Anhaltspunkte zu geben. Mit diesem Kapitel sollte angeregt werden, die eigenen vier Wände auf die Möglichkeiten der Zimmerpflanzenpflege hin zu untersuchen. Man findet dann sicherlich Standplätze, die unter anderem recht unterschiedliche Temperaturen aufweisen. Nutzt man diese Unterschiede, kann man schon viele der Ratschläge befolgen, selbst wenn dies mit mehrmaligem Umräumen verbunden ist. Können spezifische Temperaturansprüche überhaupt nicht erfüllt werden, so muß man letztlich auf diese Pflanzenart verzichten.

> **Dicke, glänzende Blätter lassen erkennen, daß die Pflanzen unempfindlich gegen niedrige Luftfeuchte in Wohnräumen sind.**

Luftfeuchtigkeit

Wenn wir Zimmerpflanzen danach auswählen, welche Ansprüche sie stellen und was wir davon erfüllen können, dann dürfen wir nicht nur an die Helligkeit

Pflanzen, die wie diese Masdevallien keine hohen Temperaturen vertragen, kann man in eine mit Moos oder Perlite gefüllte Schale stellen. Das Füllsubstrat wird ständig feucht gehalten und sorgt durch die Verdunstungskälte für zuträglichere Temperaturen während der Sommermonate.

und die Temperatur denken. Von ähnlicher Bedeutung ist die Luftfeuchtigkeit. Sie ist in unseren Wohnräumen abhängig von der Luftfeuchte im Freien und davon, ob geheizt wird oder nicht.

Agaven und *Yucca* kommen in Strauchsavannen, viele Kakteen in wüstenähnlichen Gebieten vor. Dort ist die Luftfeuchtigkeit sehr niedrig. Diesen Bedingungen haben sich die Pflanzen angepaßt. An eine hohe Luftfeuchte dagegen haben sich die Mimose (*Mimosa pudica*), Farne wie *Adiantum*, Blütenpflanzen wie *Medinilla magnifica* oder *Aeschynanthus* sowie Blattpflanzen wie *Calathea* gewöhnt. Kakteen vertragen die trockene Zimmerluft; mit *Adiantum*, *Calathea* und vielen anderen wird man unter diesen Bedingungen weniger erfolgreich sein. »Zimmerhelden« wie der Gummibaum (*Ficus elastica*) und Fensterblatt (*Monstera deliciosa*) sind aus dem immergrünen tropischen Regenwald zu uns gekommen. Dort kann die Temperatur und damit die Luftfeuchte stark schwanken. Die ledrigen, derben Blätter sind die Konsequenz: Nach dem Schluß der Spaltöffnungen auf der Blattunterseite

verdunstet nur noch wenig Wasser. Trockene Luft während der winterlichen Heizperiode kann ihnen nicht viel anhaben.

Man kann es vielen Pflanzen ansehen, ob sie trockene Luft vertragen oder nicht. Große, weiche Blätter, die von keiner dicken Wachsschicht (Kutikula) geschützt sind, deuten auf starke Verdunstung und hohen Anspruch an die Luftfeuchte hin. Ledrige Blätter mit einer glänzenden Oberfläche, zum Beispiel die des Gummibaums, lassen eine größere Widerstandsfähigkeit erkennen. Ähnliches gilt für stark behaarte Blätter. Sind die Blätter reduziert oder fehlen sie ganz, dann darf man mit einer guten Verträglichkeit auch trockenster Luft rechnen.

Trockene Luft führt zu einer starken Verdunstung (Transpiration) durch die Pflanzen, wenn sie nicht durch eine besondere Beschaffenheit davor geschützt sind. Die Transpiration ist kein unerwünschter Vorgang, sondern für die Pflanze lebensnotwendig. Durch die Transpiration entsteht eine Saugspannung, die erst den Transport von Wasser und darin gelösten Nährstoffen in der Pflanze ermöglicht. Die Verdunstung erfolgt einmal durch die gesamte Pflanzenoberfläche, in weitaus stärkerem Maße aber durch die sogenannten Spaltöffnungen (Stomata), die sich meist an der Blattunterseite befinden. »Schlappt« die Pflanze, hat sie also mehr Wasser verloren als sie durch die Wurzeln nachliefern kann, dann schließen sich die Spaltöffnungen. Geschlossene Spaltöffnungen haben aber den Nachteil, daß der Stofftransport und die Kohlendioxid-Aufnahme reduziert sind und damit auch das Wachstum stockt. Die gleiche Auswirkung hat eine völlig mit Wasser gesättigte Luft. Dann ist ebenfalls eine Verdunstung nicht mehr möglich.

In unseren Wohnräumen ist die Luft fast immer zu trocken. Dadurch ist die Transpiration schon recht hoch, sie wird aber noch gesteigert durch eine hohe Blatt-Temperatur, zum Beispiel bei Sonneneinstrahlung oder direkt unter einer Lampe, und durch Luftbewegung (Zugluft!).

Wieviel Wasser enthält die Luft?

Bei der Luftfeuchtigkeit unterscheiden wir zwischen zwei Einheiten: der absoluten und der relativen Luftfeuchtigkeit. Die absolute Luftfeuchtigkeit (aF) gibt an, wieviel Gramm Wasser 1 m³ Luft enthält. Viel mehr interessiert uns aber die relative Luftfeuchte (rF), die uns verdeutlicht, wieviel Prozent der maximal aufnehmbaren Wassermenge die Luft enthält. Diese maximal aufnehmbare Wassermenge, die Sättigungsmenge, ist je nach Temperatur verschieden:

5 °C =	6,8 g/m³	20 °C =	17,3 g/m³
10 °C =	9,4 g/m³	25 °C =	23,1 g/m³
15 °C =	12,9 g/m³	30 °C =	30,4 g/m³

Die Unterschiede sind also sehr erheblich. Machen wir uns die Auswirkungen anhand einiger Beispiele klar. Bei 15 °C (Sättigung = 12,9 g/m³) sind bei 40% relativer Feuchte 5,16 g Wasser je Kubikmeter Luft enthalten, bei 80% rF schon 10,32 g/m³. Bei 25 °C (Sättigung 23,1 g/m³) dagegen enthält die Luft bei 40% rF bereits 9,24 g/m³, bei 80% rF sogar 18,48 g/m³.

Beziehen wir das nun auf einen gewöhnlichen Wohnraum mit 50 m³ Rauminhalt (4 m breit, 5 m lang, 2,5 m hoch). Die mit Wasser gesättigte Luft enthält bei 15 °C 645 g Wasser, bei 25 °C 1155 g. Aus diesen Zahlen wird der Zusammenhang zwischen Temperatur und Luftfeuchte deutlich, und wir können uns nun auch klarmachen, welche Wassermengen verdunstet werden müssen, um die Luftfeuchte zu erhöhen. Angenommen, ein ungeheiztes Zimmer (50 m³) mit 15 °C hat die hohe Luftfeuchte von 90% rF. Wenn wir nun auf 25 °C aufheizen, ohne Wasser zu verdunsten, dann sinkt die Luftfeuchte auf gut 50% ab. Wollen wir bei 15 °C die Luftfeuchte von 40% rF auf 80% rF erhöhen, so müssen wir 258 g Wasser verdunsten, bei 25 °C gar 462 g Wasser.

Andererseits wird Wasser in beachtlicher Menge flüssig ausgeschieden, wenn die Temperatur sinkt. Beträgt in dem Raum mit 50 m³ die Luftfeuchte 90% und sinkt die Temperatur von 25 °C auf 15 °C ab, dann schlagen annähernd 395 g Wasser als Tau nieder. Diesen Niederschlag bemerken wir an den kühlsten Stellen des Raums, in der Regel an den Fenstern. Die Temperatur in der Nähe der Scheiben ist, ganz besonders bei einfacher Verglasung, um einige Grad niedriger als die Zimmertemperatur; beim Abkühlen wird der Taupunkt unterschritten, und Wassertropfen schlagen sich an der Scheibe nieder. Da dies meist im Winter geschieht, wenn es ohnehin nicht sehr hell ist, führt das Beschlagen der Scheibe zu einer sehr unerwünschten weiteren Reduzierung des Lichtgenusses. Abhilfe läßt sich nur durch intensive Luftbewegung schaffen. Ideal sind in dieser Hinsicht Konvektoren direkt unter dem Fenster. Konvektoren sind moderne Heizkörper mit Lamellen zur Vergrößerung der Abstrahlung.

Die Rechenbeispiele machen uns auch deutlich, wie wenig wirkungsvoll zum Beispiel die Verdunster an Heizkörpern sind, da die Wassermenge viel zu gering ist. Auch das sporadische Besprühen der Pflanzen ist wohl eher geeignet, das Gewissen zu beruhigen als eine spürbare Verbesserung des Raumklimas zu bewirken.

In modernen Wohnräumen haben wir heute nicht selten eine gegenteilige Situation: Die vorgeschriebene wirkungsvolle Wärmeisolierung mit absolut dichten Fenstern verhindert den Luftaustausch und führt zu einer überhöhten Luftfeuchte mit der Folge von Nässeschäden an Gebäude und Einrichtung. Als die Fenster noch undicht waren, kam der erforderliche Luftwechsel ganz automatisch zustande. Ohne Luftwechsel steigt die Luftfeuchte kontinuierlich, denn alle lebenden Bewohner, ob Mensch, Tier oder Pflanze, verdunsten Wasser.

Für ein gesundes Raumklima fordern Experten einen Luftwechsel von 80% des Raumvolumens pro Stunde. Wer dies durch häufiges kurzes Lüften (Stoßlüften von 5 bis maximal 10 Minuten) sicherstellt, hat in beheizten Räumen nie Probleme mit einer zu hohen Luftfeuchte und auch nicht mit Luftschadstoffen, doch dazu mehr auf Seite 31. Um Gebäudeschäden zu vermeiden, sollten auch unbewohnte Räume so beheizt werden, daß die Oberflächentemperaturen nicht unter 16 °C sinken. Als Überwinterungsräume für Kakteen oder viele Kübelpflanzen lassen sie sich dann nicht mehr gebrauchen. Wie so oft im Leben, bereitet es Schwierigkeiten, alle Wünsche gleichzeitig zu erfüllen.

Die von empfindlichen Pflanzen geschätzte hohe Luftfeuchte liegt oberhalb der Werte, die für Gebäude und uns zuträglich sind. Die anzustrebende Luftfeuchte sollte sich also im sogenannten »Behaglichkeitsbereich« bewegen, den eine relative Feuchte von 35 bis 65% bei Temperaturen von 19 bis 22 °C kennzeichnen. Bei 65% rF lassen sich jedoch die meisten der üblichen Zimmerpflanzen ohne Probleme halten.

Bereits vor rund 150 Jahren versuchte man, das Klima der Wohnräume pflanzenfreundlicher zu machen. Blumentische mit Springbrunnen sollten eine hohe Luftfeuchte gewährleisten. Diese sinnvolle Konstruktion kam ohne Pumpe aus. Das Wasser aus dem oben im Tisch befindlichen Behälter wurde durch Luftdruck versprüht und lief in den unteren Behälter. War der obere leer, ließ man durch einen Hahn das Wasser aus dem unteren Behälter ab und füllte es oben wieder ein.

Die Luftfeuchtigkeit erhöhen

Ein Hygrometer gehört zu den unentbehrlichen Utensilien des Zimmerpflanzengärtners. Es zeigt uns an, ob die Luftfeuchtigkeit ausreicht oder ob wir – in der Regel während der Heizperiode im Winter – etwas zur Verbesserung unternehmen müssen. Am gebräuchlichsten sind Haarhygrometer. Haare – heute allerdings meist Kunststoff-Fäden – verändern aufgrund ihrer hygroskopischen Eigenschaften ihre Länge und übertragen diese Veränderung über ein Hebelsystem

auf einen Zeiger. Ein neues Haarhygrometer muß zuerst geeicht werden. Dazu umwickelt man es mit einem feuchten Lappen oder gibt es in eine Kiste, in der man durch Sprühen eine gesättigte Atmosphäre schafft. Nach einiger Zeit muß der Zeiger einen Wert von 96% rF anzeigen. Ist dies nicht der Fall, wird an einer Stellschraube korrigiert. Das Eichen muß in größeren Abständen wiederholt werden.

Wie ein Thermometer muß auch ein Hygrometer vor direkter Sonneneinstrahlung geschützt aufgehängt werden. Sehr exakte Werte zeigen Hygrometer nicht

an. Im Bereich von 30 bis 90% rF ist die Genauigkeit ± 2%, darüber und darunter sogar nur ± 5%. Wem dies nicht ausreicht, der muß ein Psychrometer verwenden.

Das Psychrometer besteht aus zwei Thermometern, wovon eine Quecksilbersäule durch ein feuchtgehaltenes Gewebe gekühlt wird. Aus der Temperaturdifferenz läßt sich auf einer Tabelle die relative Luftfeuchte bestimmen.

Nur mit elektrischen Luftbefeuchtern ist das Klima in den Wohnräumen nachhaltig zu verbessern. Es gibt zwar eine Viel-

Im geschlossenen Blumenfenster oder der Vitrine, dort, wo sich eine hohe Luftfeuchte schaffen läßt, kann der Blumenfreund aus dem vollen schöpfen.

Hier gedeihen Orchideen wie × Vuylstekeara (Cambria) 'Plush' und die weiße Calanthe, dort entwickeln sich auch Buntlaubige wie Calathea,

Cordyline oder der Wunderstrauch (Codiaeum) besonders üppig.

Auf Fensterbänken, unter denen Heizkörper warme und trockene Luft schaffen, leisten diese Verdunsterschalen gute Dienste.

Die Pflanzen stehen auf Gitterrosten und kommen mit dem Wasservorrat in der Schale nicht in Berührung.

zahl von anderen Rezepten, aber sie sind alle nicht sehr effektiv. Eine Ausnahme mögen die flachen Schalen für Fensterbänke sein, in die Wasser gefüllt wird. Die Töpfe stehen in den Schalen auf Rosten, kommen mit dem Wasser somit nicht in Berührung, was sonst zu einem Vernässen der Erde führen würde. Bei Orchideen wurden mit dieser Methode gute Erfolge erzielt. Der beste Effekt ist dann zu erwarten, wenn sich unter der Fensterbank Heizkörper befinden.

Regelmäßig muß Wasser nachgefüllt werden, und auch die Schalen sind häufig zu reinigen, da sich schnell Algen ansiedeln und Salze ablagern. Die Luftfeuchtigkeit des Raumes läßt sich auf diese Weise nur geringfügig verbessern, aber offensichtlich wird in Pflanzennähe ein Kleinklima geschaffen, das sich positiv auswirkt.

Bei den elektrischen Luftbefeuchtern gibt es drei verschiedene Systeme: Zerstäuber, Verdampfer und Verdunster. Der Zerstäuber zerreißt mittels einer rotierenden Scheibe das Wasser, und die Zentrifugalkraft wirbelt die 0,005 bis 0,02 mm feinen Tröpfchen in den Raum. Diese Geräte sind ziemlich laut, außerdem kommt es auf Möbeln und anderen Dingen zu Kalkablagerungen. Es gibt auch Luftbefeuchter, die den Nebel durch Ultraschall erzeugen.

Ein Verdampfer ist nichts anderes als ein thermostatisch gesteuerter Wasserkocher. Das Wasser wird erhitzt, und Wasserdampf entweicht durch die Austrittsöffnung. Kalkablagerung im Wohnraum tritt bei diesem Prinzip nicht auf, dafür verkalkt der Verdampfer und muß häufig gereinigt werden, wenn wir nicht ausschließlich entkalktes Wasser verwenden.

Verdampfer verbrauchen viel Strom. Familien mit kleinen Kindern sollten sich nicht für diese Geräte entscheiden, denn Kinder können sich leicht an dem heißen Wasserdampf verbrühen. Der Verdampfer enthält einige Liter nahezu kochendes Wasser und ist somit eine potentielle Gefahrenquelle. Besonders in kleineren Räumen macht sich bemerkbar, daß Verdampfer Wärme entwickeln, was im Sommer sicher unerwünscht ist. Nicht zuletzt ist diese Art der »Heizung« recht kostspielig.

Für große Räume ungeeignet sind die Geräte des dritten Systems, die Verdunster. Für kleinere und mittelgroße Räume allerdings sind sie ideal. Bei diesen Luftbefeuchtern bläst oder saugt ein Ventilator Luft durch einen ständig feucht gehaltenen Filter. Die Verdunstungsintensität steht in Abhängigkeit zur herrschenden Luftfeuchte. Ist die Luft feucht genug, kann nichts mehr verdunsten. Zu einem »Sprühregen« kann es nicht kommen.

Verdunster sind sehr sparsam im Unterhalt und leise. Die Stromkosten sind niedrig; von Zeit zu Zeit muß der Filter gewechselt werden, sonst blasen die Geräte nicht nur feuchte Luft, sondern auch Pilzsporen durch den Raum.

Leider sind die Dimensionen der Luftbefeuchter so, daß sie nicht schamhaft in einer kleinen Ecke versteckt werden können. Ein Verdunster zum Beispiel für einen 40 m³ großen Raum mit einem Wasservorrat von 10 l hat Außenmaße von rund $45 \times 25 \times 30$ cm.

Mit einem Luftbefeuchter tun wir nicht nur unseren Zimmerpflanzen etwas Gutes. Die höhere Luftfeuchte (bis 65% rF) soll auch die Empfindlichkeit gegen Erkältungskrankheiten verringern. Hölzerne Möbel und Musikinstrumente sind ebenfalls sehr dankbar. Bilder nehmen keinen Schaden. Die Kosten für die Luftbefeuchtung sollte man daher nicht nur dem Konto Zimmerpflanzen zurechnen.

Richtige Lichtverhältnisse, geeignete Temperatur und Luftfeuchtigkeit, damit haben wir das Wichtigste für das Wohlbefinden unserer Zimmerpflanzen getan. Wir haben nun die Alternative, entweder unsere Auswahl auf die Arten zu beschränken, die bei den herrschenden Bedingungen gedeihen, oder aber ei-

Für empfindliche Pflanzen, die unter trockener Zimmerluft leiden, bietet sich diese Pyramide an. Halt verschafft ihr eine Konstruktion, wie sie für Lampenschirme angeboten wird. Darauf kommt ein feines Drahtgeflecht, das mit Moos **oder einem gut saugfähigen Kunststoffvlies zu verkleiden ist. Die Pyramide steht in einer wasserdichten Wanne, deren Boden mit Bimskies, Perlite oder Hygromull bedeckt ist. Dieses Material hält man ständig feucht.**

nige Mühen und Kosten auf uns zu nehmen, um so die Voraussetzungen für die Anspruchsvolleren zu schaffen.

Blumenspritzen

Die Rechenbeispiele auf Seite 25 haben gezeigt, welche Wassermengen notwendig sind, um die relative Luftfeuchte nachhaltig zu erhöhen. Welchen Wert haben dann die beliebten Blumenspritzen, die nahezu jeder Zimmerpflanzengärtner besitzt? Zur Erhöhung der Luftfeuchte können sie nur wenig beitragen, aber ganz nutzlos sind sie nicht. Mit ihnen läßt sich ein feiner Tau auf den Pflanzen erzeugen. Tau ist für viele Pflanzen aus niederschlagsarmen Gebieten die wichtigste Wasserquelle. Blätter und Stengel können, mit einigen Ausnahmen, zwar nur geringe Mengen Wasser aufnehmen, aber der Tau benetzt auch den Boden, und die nahe der Oberfläche liegenden Wurzeln saugen die Feuchtigkeit begierig auf.

Diesen morgendlichen Niederschlag können wir mit der Blumenspritze imitieren.

Dies empfiehlt sich besonders, wenn wir Pflanzen am Ende der Ruhezeit zu neuem Wachstum anregen wollen. Sukkulente Pflanzen wie Kakteen, die während des Winters trocken standen, würden es übel nehmen, erhielten sie übergangslos eine kräftige Wassergabe aus der Gießkanne. Aus dem darauffolgenden langsamen Abtrocknen der Erde sehen wir, daß die Wurzeltätigkeit noch nicht völlig in Gang gekommen ist. Feine Saugwurzeln sind abgestorben und neue müssen entstehen. Der Tau aus der Blumenspritze, mehrere Tage lang verabreicht, regt das Wachstum an und erleichtert so den Übergang. Die Blumenspritzen sollten für diesen Zweck das Wasser möglichst fein zerstäuben.

Es gibt Orchideenfreunde, die ihre Pfleglinge nahezu ausschließlich per Blumenspritze mit Feuchtigkeit versorgen. Jeden Morgen erhalten die Orchideen eine Dusche und gedeihen dabei prächtig. Grundsätzlich sprühen wir nur morgens, bei großer Hitze zur Abkühlung von Pflanzen wie Alpenveilchen auch mehr-

mals täglich. Die Pflanzen sollten jeweils abends abgetrocknet sein, sonst würde dies die Krankheitsgefahr erhöhen.

Regelmäßiges Sprühen ist unentbehrlich für solche Pflanzen, die an ihren heimatlichen Standorten den Tau als Quelle des lebensnotwendigen Wassers nutzen, wie zum Beispiel die »grauen« Tillandsien. Der Pflanzenkörper ist bei ihnen übersät mit kleinen Saugschuppen (daher die Färbung), die das Wasser rasch aufnehmen. Im Sommer sprühen wir jeden Morgen und Abend taunaß, an trüben Tagen nur einmal. Im Winter ist Vorsicht angebracht: Zuviel Feuchtigkeit führt zu Fäulnis, daher nur sporadisch oder gar nicht sprühen.

Sind Zimmerpflanzen gefährlich?

Wenn hier Auswahlkriterien für Zimmerpflanzen diskutiert werden, darf nicht unberücksichtigt bleiben, daß einige in dem Ruf stehen, giftig zu sein. Dies ist ein wichtiger Aspekt nicht nur für diejenigen, die kleine Kinder im Haus haben und sie vor Schaden bewahren wollen.

Leider sind unsere Kenntnisse über die Bedenklichkeit der Zimmerpflanzen noch unvollkommen, zum Teil sogar widersprüchlich. 1919 wurde aus Hawaii gemeldet, ein Kind sei nach dem Genuß eines einzigen Blattes des Weihnachtssterns (*Euphorbia pulcherrima*) gestorben. Auch wurde berichtet, der Milchsaft dieser Pflanze könne, in die Augen gelangt, zu Blindheit führen. Versuche in den USA haben aber weder diese extreme Giftigkeit noch die Gefahr für die Augen bestätigen können.

Andererseits weiß man von vielen Vertretern dieser Familie (der Wolfsmilchgewächse), darunter auch Zimmerpflanzen wie dem Christusdorn (*Euphorbia milii*) und *Euphorbia tirucalli*, daß der Milchsaft zu starken Reizungen der Haut und der Augen führt. Die hautreizende Wirkung von *Euphorbia tirucalli* ist besonders intensiv. Mit diesem Wolfsmilchgewächs pflanzt man deshalb in tropischen Ländern unbewehrte, aber doch wehrhafte Hecken gegen Eindringlinge.

Noch eine weitere Eigenschaft des Milchsaftes exotischer Wolfsmilchgewächse sei erwähnt, weil sie besonderes Aufsehen

> **Blumenspritzen eignen sich nicht für die Verbesserung der Luftfeuchte, können jedoch den von manchen Pflanzen geschätzten Tau erzeugen.**

erregte: Es hieß, bestimmte Inhaltsstoffe könnten Krebs auslösen. Zutreffender ist, daß der Milchsaft die krebsauslösende Wirkung anderer Stoffe verstärken kann. Dies gilt aber keinesfalls für alle Arten, offensichtlich nicht für jene, deren Milchsaft besonders starke Hautreizungen verursacht.

Wer mit Wolfsmilchgewächsen hantiert, sollte Handschuhe anziehen. Mit der Wüstenrose (*Adenium*) sollte man ähnlich vorsichtig umgehen. Die Korallenranke (*Euphorbia fulgens*) kann während der Blütezeit allergische Reaktionen hervorrufen. Außerordentlich giftig sind weitere sukkulente Pflanzen: *Tylecodon wallichii* (syn. *Cotyledon w.*), ein Dickblattgewächs aus Südafrika, und Verwandte.

Wenn von giftigen Zimmerpflanzen die Rede ist, muß an erster Stelle der Oleander (*Nerium oleander*) genannt werden. Dringend ist darauf zu achten, daß Kinder keine Pflanzenteile verzehren. Sowohl Stiel und Blätter als auch Blüten und Früchte sind giftig. Der Genuß von Pflanzenteilen kann zu Erbrechen, Schmerzen im Unterleib, Schwindel, Störungen des Herzrhythmus, erweiterten Pupillen, blutigem Durchfall und Atemlähmung führen. Es sollte auch vermieden werden, daß Pflanzensaft in die Wunden gelangt.

Noch giftiger und unbedingt von Kindern fernzuhalten ist *Ricinus communis*, der jedoch nur während der Anzucht im Zimmer stehen kann. Zu Atembeschwerden, Erbrechen und Schwäche soll der Genuß von *Sedum morganianum* führen. Auch ein Liliengewächs ist bei den giftigen Zimmerpflanzen zu nennen: *Gloriosa superba* (syn. *G. rothschildiana*), die Ruhmeskrone. Die walzenförmigen Knollen enthalten das aus den Herbstzeitlosen bekannte Alkaloid Colchicin. In Indien und Ceylon hat man Knollen schon in selbstmörderischer Absicht gegessen.

Viele haben es schon erfahren müssen, daß der Kontakt mit Pflanzen nicht nur Freude bereitet. Berührungen der Pflanzen können entzündliche Reaktionen der Haut nach sich ziehen. Derartige Hautentzündungen (Dermatitiden) können beispielsweise entstehen, wenn man den winzigen »Stacheln« einer *Opuntia microdasys* zu nahe kommt. Diese Stacheln – Glochidien genannt – dringen leicht in die Haut ein und lassen sich wegen ihrer heimtückischen Widerhaken kaum mehr entfernen. Darauf kann die Haut mit einer lokalen Entzündung reagieren; der Stachel »eitert heraus«.

Voraussetzung für Hautentzündungen ist immer der direkte Kontakt mit einer Pflanze, weshalb man dann auch von einer Kontaktdermatitis spricht. Bei den Opuntien genügt eine einmalige Berührung. Andere Pflanzen kann man mehrmals berühren, ohne daß Symptome auf der Haut zu erkennen wären. Erst nach einiger Zeit machen sich die Folgen bemerkbar. Die Reaktionsweise ist sehr viel komplizierter. Genau genommen handelt es sich auch nicht um eine Hautkrankheit, sondern um eine Reaktion des Immunsystems. Diese bezeichnet man als Allergie. Der mehrmalige Kontakt mit einem die Allergie verursachenden Stoff führt zu einer zunehmenden Sensibilisierung, bis sich die Symptome zeigen.

Nach erfolgter Sensibilisierung kann ein einmaliger Kontakt genügen, um die allergischen Reaktionen hervorzurufen. Ja es kann sogar ein ähnlicher Stoff genügen. Derartige Kreuzreaktionen kommen häufig bei Vertretern der Korbblütler (Compositae oder Asteraceae) vor. Wer beispielsweise durch mehrfachen Kontakt mit Chrysanthemen gegen deren Inhaltsstoffe, sogenannte Sesquiterpenlaktone, sensibilisiert wurde, reagiert nicht nur allergisch, wenn er eine Chrysantheme berührt, sondern auch, wenn er einer Aster, einer Dahlie, einer Schafgarbe oder einer Sonnenblume zu nahe kommt.

Glücklicherweise reagiert nicht jeder allergisch, und oft reicht es für eine Sensibilisierung nicht aus, nur gelegentlich mit einer bestimmten Pflanze in Kontakt zu kommen. Deshalb zeigen sich Kontaktallergien vorwiegend bei Personen, die aus beruflichen Gründen regelmäßigem Kontakt mit dem Allergen ausgesetzt sind.

Ein besonders wirkungsvolles Allergen enthalten bestimmte Primelarten wie die Becherprimel (*Primula obconica*) und die Chinesenprimel (*Primula sinensis*). Das Allergen, Primin, ist in anderen Arten wie der Fliederprimel (*Primula malacoides*) nicht zu finden. Durch Züchtung ist es gelungen, auch von der Becherprimel priminfreie Sorten zu erzielen.

In der Tabelle auf Seite 34 und 35 sind unter anderem Pflanzen aufgeführt, die als Verursacher von Kontaktdermatitiden bekannt sind. Darunter befinden sich viele Aronstabgewächse (Araceae) wie die Flamingoblume (*Anthurium*), die Zimmercalla (*Zantedeschia aethiopica*), *Monstera* und *Philodendron* sowie die Dieffenbachie.

Bei vielen dürften Calciumoxalate verantwortlich sein, die in Kristallform (zum Beispiel Nadeln = Rhaphiden) in den Pflanzen enthalten sind. Gelangen solche Pflanzenteile in den Mund, führt dies zu einem Brennen und Anschwellen der Schleimhäute von Mund und Hals sowie zum Brechreiz. Als besonders gefährlicher Vertreter aus der Familie der Araceae gilt die Dieffenbachie. Sie verursacht ebenfalls Hautreizungen, Entzündungen der Schleimhaut bis hin zu Lähmungen des Halses. Der Pflanzensaft soll sogar Strychnin enthalten. Zumindest weiß man, daß die Wirkung der Calciumoxalatkristalle durch ein toxisches Protein verstärkt wird. Man berichtet, daß Rhizome von Dieffenbachien sogar zur Folter verwendet wurden. Das Opfer mußte auf den Pflanzenteilen kauen. Unter Brennen schwollen daraufhin Zunge und Schleimhäute so stark an, daß der Bedauernswerte kein Wort mehr sprechen konnte.

Andererseits gibt es Aronstabgewächse, die als Nutzpflanzen Verwendung finden. Alocasien und Colocasien entdecken wir vorwiegend in botanischen Gärten als Zierpflanzen. Beide Gattungen enthalten Arten, die genießbare Knollen produzieren. Und wer stolzer Besitzer der schönblättrigen *Caladium lindenii* (syn. *Xanthosoma lindenii*) ist, weiß wohl kaum, daß aus ihr und anderen Arten eine in Südamerika angebaute Kulturpflanze entstand.

Die Früchte unseres weitverbreiteten Fensterblatts (*Monstera deliciosa*) gelten trotz der schleimhautreizenden Wirkung als besonders köstlich. Verzehren sollte man aber nur calciumoxalatarme oder gar -freie Typen.

Besonders heimtückisch ist die Wirkung einiger *Citrus*- und *Ficus*-Arten. Sie verursachen nicht direkt Entzündungen der Haut, erhöhen aber deren Lichtempfindlichkeit, so daß die Folgen sich nur nach einem anschließenden Sonnenbad in Form eines massiven Sonnenbrands bemerkbar machen (Photo-Kontaktdermatitis).

Schließlich gibt es auch Zimmerpflanzen, die ihr Allergen durch die Luft zu uns transportieren. Alle, die an Heuschnupfen leiden, wissen, wovon die Rede ist. Diese Form der Allergie wird durch den Blütenstaub (Pollen) der Pflanzen ausgelöst. Unter den Zimmerpflanzen sind die Korallenranke (*Euphorbia fulgens*) sowie die Birkenfeige (*Ficus benjamina*) als Verursacher von Pollenallergien bekannt.

Selbst wenn die Birkenfeige nicht blüht, wird sie Allergikern gefährlich. Die Pflanzen scheiden Latexpartikel über Poren aus. Die Symptome sind ähnlich ei-

> **Aronstabgewächse enthalten giftige Calciumoxalatnadeln. Kinder sollten wissen, daß sie keine Pflanzenteile in den Mund stecken dürfen.**

**Harmlos sehen die weißen Polster auf den Gliedern
von Opuntia microdasys aus.**

ner Stauballergie und äußern sich bei
empfindlichen Personen auch in akuter
Atemnot.

Nutzpflanzen zweifelhaften Werts sind
jene, die halluzinogene (rauscherzeugen-
de) Inhaltsstoffe enthalten. Die bekannteste Zimmerpflanze in diesem Kreis ist
Lophophora williamsii, der Schnapskopfkaktus oder Payote. Archäologische
Grabungen zeigten, daß die Wirkung dieser unbewehrten Kakteen schon vor rund
3000 Jahren bekannt war und bei religiö-
sen Handlungen Verwendung fand. Der
Kult um diese »Pflanze der Götter« hielt
sich bis in unsere Tage.

Der Mescalin genannte Wirkstoff löst
schon in geringen Dosen von 0,2 bis
0,4 g Rauschzustände aus. Mescalin und
ähnliche Alkaloide finden sich noch in einigen anderen, zum Teil falsche Payote
genannten Kakteen, darüber hinaus in
vielen Pflanzen aus anderen Familien, so
im Samen von *Cytisus canariensis*, *Brugmansia aurea* und anderen Arten, *Oncidium cebolleta* sowie in Früchten einer in
Neuguinea verbreiteten *Pandanus*-Art.
Selbst unsere Buntnesseln (*Solenoste-

mon scutellarioides*, syn. *Coleus blumei*
und *C. pumilus*) stehen im Verdacht, wegen ihrer berauschenden Wirkung in Mexiko gekaut zu werden.

Ein Versuch mit den genannten halluzi-
nogenen Pflanzen, die bei uns auf der
Fensterbank stehen, dürfte nicht die gewünschte Wirkung auslösen. Die Wirkstoffe entstehen unter den lichtarmen Bedingungen Mitteleuropas nur in geringer
Konzentration.

Von vielen Nachtschatten- und Rosenge-
wächsen ist bekannt, daß zwar die
Früchte eßbar, die übrigen Pflanzenteile
jedoch schädlich sind. Andererseits unterscheiden sich die Inhaltsstoffe in manchen Zierpflanzen von denen in verwandten Nutzpflanzen. Die meist roten
Früchte des Zierpaprikas (*Capsicum annuum*) steckt man besser nicht in den
Mund, denn sie sind scharf und verursachen ein bemerkenswertes Brennen. Unser Zierpaprika unterscheidet sich damit
von anderen Auslesen der gleichen Art,
deren bis zu 15 cm große Früchte man in
vielen Ländern auch wegen des gesund-
heitlichen Wertes schätzt.

Diese Aufzählung sollte nun nicht dazu
führen, daß besorgte Mütter und Väter
alles Grüne aus der Umgebung ihrer Kinder verbannen. Wichtiger ist es, frühzeitig auf die Gefahren hinzuweisen. Die
giftigsten Vertreter wie Oleander sollte
man allerdings von Kleinkindern fernhal-
ten. Und haben Kinder wirklich einmal
das Blatt einer Zimmerpflanze gegessen,
so muß man nicht sofort das Schlimmste
annehmen. Viele Pflanzen werden nur in
höheren Dosen gefährlich. Ernsthafte
Vergiftungserscheinungen zeigen sich bei
einem 25 Pfund schweren Kind beispielsweise erst dann, wenn es 1/4 bis 1/2
Pfund Azaleenblätter geschluckt hat. Einen geschmacklichen Anreiz, soviel davon zu essen, gibt es sicher nicht. Der
Kontakt mit einer in der Tabelle aufge-
führten Pflanze muß nicht zwangsläufig
zu einer Hauterkrankung führen. Einmal
muß eine subjektive Empfindlichkeit
dafür vorhanden sein, zum anderen ist
bei einigen Arten ein ständiger Kontakt
über längere Zeit hinweg nötig, um die
Symptome hervorzurufen.

Mit Sicherheit ist die Liste noch unvollständig. Weitere Arten besonders aus

den Familien der Wolfsmilchgewächse und der Aronstabgewächse werden noch hinzukommen.

Wenig bekannt sind die Wirkungen der Zimmerpflanzen auf Haustiere. Wer Stubenvögel hält, kennt deren Vorliebe für Blätter von Tradescantien und Zebrina. Auch den Katzen scheinen sie zu munden. Das reizvolle bambusähnliche Gras *Pogonatherum paniceum* erhielt seinen deutschen Namen Katzengras eben wegen der Vorliebe dieser Vierbeiner für das frische Grün. Viele Leser werden von weiteren eigenmächtigen Versuchen der Haustiere zur Bereicherung der Speisekarte berichten können.

Bei vielen Pflanzen, die in der Tabelle auf Seite 34 und 35 als stark giftig für den Menschen genannt werden, muß man davon ausgehen, daß auch manche Haustiere, besonders Warmblüter, ähnlich darauf reagieren. Über die individuelle Empfindlichkeit ist aber in den wenigsten Fällen Konkretes bekannt.

Von einigen unserer Zimmerpflanzen wissen wir allerdings mehr über ihre Toxizität, da sie in ihrer Heimat beispielsweise für die Herstellung von Pfeilgiften herangezogen wurden. Dazu zählen die *Adenium*-Arten, allen voran *Adenium obesum*. Für die Herstellung von Pfeilgift wurden in der Regel Teile verschiedener Pflanzenarten gemischt und durch Kochen konzentriert. Auch Wolfsmilchgewächse wie *Synadenium grantii* sind als Pfeilgiftlieferant bekannt. *Synadenium grantii* erwies sich als hochtoxisch besonders für Kaltblüter wie Schnecken und

Erst die starke Vergrößerung des Elektronenmikroskops offenbart, welche Ansammlung von heimtückischen Spießen mit gefährlichen Widerhaken die Opuntienpolster darstellen.

Fische. Solche Eigenschaften wurden gezielt ausgenutzt, beispielsweise zum Fischfang. Mit den Pflanzenextrakten vergifteten die Naturvölker das Wasser und brauchten dann nur noch die Fische aufzusammeln. *Adenium obesum*, *Cassia didymobotrya*, *Dioscorea bulbifera*, *Euphorbia*-Arten, *Scadoxus multiflorus* und andere fanden hierfür Verwendung. Mit dem Saft von *Euphorbia*-Arten wie *E. arborescens* wurden häufig Wasserstellen vergiftet, um größeres Wild zu erlegen. Zebras erwiesen sich als besonders empfindlich, ebenfalls Kühe und Pferde, die aber wohl unfreiwillige Opfer wurden. Diese Tiere halten wir zwar nicht als Haustiere, die Toxizität der Pflanzenextrakte gibt jedoch einen deutlichen Warnhinweis.

Können Pflanzen schädlich oder gar gefährlich werden, selbst wenn wir keine Teile davon verzehren oder berühren? Empfindliche Personen reagieren auf den intensiven Duft einiger Arten mit Kopfschmerzen, zum Beispiel auf *Jasminum* oder *Hoya*. Andererseits schätzen wir die ätherischen Pflanzenöle zum Inhalieren bei Erkrankungen der Bronchien oder des Nasenraumes. *Eucalyptus* sollen so viele Stoffe in die umgebende Luft abgeben, daß eine spürbare Wirkung auf Erkältete zu erwarten ist. Leider eignen sich diese schnellwachsenden Gehölze nur für größere Anlagen wie Wintergärten.

Am häufigsten beschäftigt die Frage, ob Pflanzen im Schlafzimmer stehen dürfen oder ob man sie besser nachts herausräumt. Tagsüber produzieren sie Sauerstoff, nachts dagegen verbrauchen sie das lebensnotwendige O_2 und geben dafür das unerwünschte Kohlendioxid ab. In Tübingen ermittelte man diese Werte in einem Gewächshaus, das der Innenarchitekt Dieter Schempp zu Wohnung und Büro umfunktioniert hatte. Im Laufe des Tages, so stellte man fest, steigt der Sauerstoffgehalt über den der Außenluft. Nachts dagegen sinkt er langsam ab, jedoch nie wesentlich unter den Außenwert. Auch der CO_2-Gehalt stieg nachts – obwohl nahezu die Hälfte der Grundfläche bepflanzt war – nie annäherungsweise auf einen bedenklichen Wert an. Gesundheitliche Beeinträchtigungen sind somit auszuschließen.

Die amerikanische Raumfahrtbehörde NASA lieferte ein zusätzliches Argument für das Halten von Zimmerpflanzen. Sie untersuchte, welchen Einfluß die Pflanzen auf Schadstoffe in geschlossenen Räumen besitzen. Die Ergebnisse sind bemerkenswert: Unter den rund 100 identifizierten organischen Verbindungen befinden sich zahlreiche, die Allergien oder gar Krebs verursachen können. Pflanzen, die wie jedes tierische Lebewe-

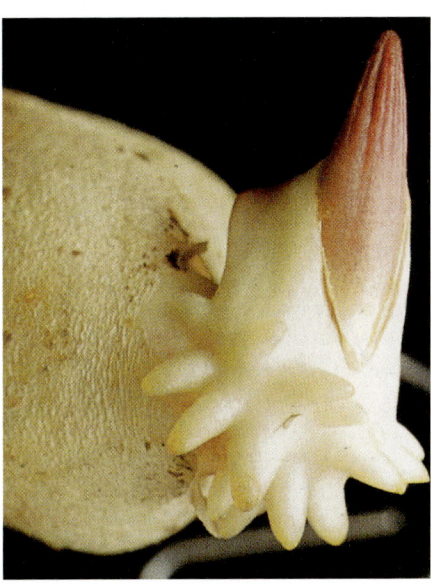

Die Knollen der Ruhmeskrone (Gloriosa superba), hier mit einem jungen Austrieb, enthalten den gleichen giftigen Inhaltsstoff wie die Herbstzeitlose.

sen atmen, filtern die Schadstoffe aus der Luft. Substanzen wie Formaldehyd, Trichlorethylen und Benzol nahmen innerhalb von 24 Stunden um bis zu 70% ab. Dabei war die Wirkung von Pflanzenart zu Pflanzenart unterschiedlich intensiv, unterschiedlich auch die Reduktion je nach Schadstoff.

Zwar sind unsere Wohnräume nicht so dicht wie Raumfahrzeuge, die immer bessere Wärmeisolierung macht die Bedingungen jedoch annähernd vergleichbar. Warnungen vor den gestiegenen Schadstoffgehalten in gutisolierten Räumen wurden mehrfach geäußert. Pflanzen sind sicher kein Mittel, um dieses Problem zu lösen, wohl aber, um die Auswirkungen zu begrenzen. Dabei gilt als Grundregel, daß solche Pflanzen umso wirkungsvoller sind, je größer die Blattmasse ist, über die sie verfügen, und je intensiver sie wachsen.

Für übliche Wohnräume ist es kaum sinnvoll, spezielle Pflanzgefäße zur Entgiftung der Raumluft aufzustellen. Diese Gefäße enthalten Blähton und Holzkohle als Substrat und ziehen mit Hilfe eines Ventilators die Raumluft durch diese Mischung. Das Beimpfen des Substrats mit bestimmten Bodenbakterien steigert die Wirkung erheblich, da die Schadstoffe diesen Bakterien als Nahrung dienen. In Räumen, die nachgewiesenerweise stark belastet sind, könnten solche grünen Luftreinigungsanlagen die Entgiftung unterstützen. Ansonsten emp-

> **Pflanzen kann man ohne Bedenken auch ins Schlafzimmer stellen. Sie erhöhen nachts den Kohlendioxidgehalt nur unwesentlich.**

fiehlt sich das regelmäßige Lüften als noch effizientere Methode. In Großraumbüros zeigte sich, daß Pflanzen den Schall in geringem Umfang absorbieren. Diese im wahren Sinn des Wortes beruhigende Wirkung des Grüns ist allerdings nur mit größeren Zimmerpflanzen wie stattlichen Exemplaren des kleinblättrigen Gummibaums (*Ficus benjamina*) zu erwarten.

Die positiven Wirkungen von Pflanzen im Haus wiegen mögliche Risiken bei weitem auf. Die Liste der giftigen Zimmerpflanzen auf Seite 34 und 35 sollte man nicht so interpretieren, daß man von diesen Arten unbedingt die Finger lassen sollte. Sie soll nur helfen, Vergiftungen besonders bei Kindern zu vermeiden, indem diese auf potentielle Gefahren hingewiesen, beziehungsweise Kleinkinder nicht in Kontakt mit Pflanzen gebracht werden, die als stark giftig bekannt sind. Nicht zuletzt gibt die Liste auch Anhaltspunkte dafür, ob Zimmerpflanzen als Verursacher allergischer Reaktionen in Frage kommen. Mindergiftige Arten sind nicht »gefährlicher« als viele andere Stoffe, die wir ohne Bedenken in jedem Haushalt lagern, von den gebräuchlichen Reinigungsmitteln über Gewürze wie Muskat bis hin zum Kochsalz.

Was ist zu tun, wenn Kontakt mit giftigen Pflanzen erfolgte oder gar Teile verzehrt wurden? Nach Kontakt ist die Haut schnellstmöglich mit warmem Wasser und Seife abzuwaschen. Verbrennungsähnliche Symptome verlangen die Behandlung durch den Arzt.

Nach dem Verzehr giftiger Pflanzenteile empfiehlt sich das Trinken von Medizinal-Kohle-Pulver in wäßriger Suspension. Die Kohle bindet die giftigen Substanzen, bevor sie resorbiert werden können. Ist keine Kohle zur Hand, so kann man durch Erbrechen zumindest einen Teil der giftigen Substanzen entfernen. Dazu ist zunächst der Magen mit viel Flüssigkeit zu füllen (Wasser oder andere alkoholfreie Getränke, aber keine Milch). Danach übt das Reizen der Rachenhinterwand einen Brechreiz aus, wobei der Kopf tiefer als der Oberkörper zu halten ist.

Dieser Vorgang ist mehrmals zu wiederholen, bis keine Pflanzenteile mehr erbrochen werden. Keinesfalls Milch trin-

An den abgeblühten Kolben der Monstera entwickeln sich genießbare Früchte.

Allerdings sind nur calciumoxalatarme Typen für den Verzehr geeignet.

ken, wie immer wieder geraten wird, denn Milch begünstigt die Aufnahme fettlöslicher Gifte. Anschließend ist möglichst rasch ein Arzt zu konsultieren. Wenn er weiß, welche Giftpflanzen in Frage kommen, ist eine gezielte Therapie möglich. Allein nach den Symptomen ist das Gift nicht zu identifizieren. Für Familien mit kleinen Kindern empfiehlt sich, die Telefonnummern der Informationszentren für Vergiftungsfälle zu notieren, die es in mehreren großen Städten wie München und Berlin gibt. Auf Vergiftungsfälle mit Kindern sind die Informationszentren und Beratungsstellen in Berlin, Bonn, Freiburg, Göttingen und Homburg/Saar spezialisiert. Die aktuellen Telefonnummern sind über die Gesundheitsbehörden in Erfahrung zu bringen.

Auf einen triftigen Grund, keine Zimmerpflanzen zu halten, machte das Bun-

> **Nach dem Verzehr von giftigen Pflanzenteilen keinesfalls Milch trinken. Milch begünstigt die Aufnahme fettlöslicher Gifte.**

desgesundheitsamt 1987 aufmerksam: In jeder Topferde finden sich zahlreiche Pilzarten, darunter verschiedene *Aspergillus*. Von diesen sowie auch anderen Pilzarten ist bekannt, daß sie allergische Atemwegserkrankungen verursachen können. Empfindlich reagierende Menschen kommen durch das Halten von Zimmerpflanzen verstärkt mit den sensibilisierenden Pilzen in Kontakt. Da derartige Erkrankungen der Atemwege zu den häufigen Komplikationen bei Personen mit geschwächtem Immunsystem zählen, sollten diese grundsätzlich auf Zimmerpflanzen und selbstverständlich auch auf Haustiere verzichten.

Allergikern kann empfohlen werden, Pflanzen in Hydrokultur und nicht in Erde zu halten, da in Hydrokultur beispielsweise *Aspergillus* nicht nachgewiesen werden konnte.

Links: Große Palmen wie Archontophoenix cunninghamiana lassen sich einige Zeit im hellen, im Winter nicht zu warmen Zimmer halten.

Giftige Zimmerpflanzen

Name	Gefähr-lichkeit	Giftige Pflanzenteile	Wirkung/ Symptome
Acalypha hispida	+	?	Magenreizung
Adenium spp.	++	Milchsaft	Vergiftung; Pfeilgift
Aechmea fasciata	(+)	bes. Blätter	Hautreizung
Agapanthus africanus	+	Zwiebel	?
Agave americana	(+)	bes. Saft	Kontaktdermatitis
Aglaonema commutatum	+++	ganze Pflanze	Hautreizung, Herzrhythmusstörungen, Schädigung des zentralen Nervensystems
Allamanda cathartica	(+)	ganze Pflanze	Kontaktdermatitis
Aloe ferox	+	ganze Pflanze	Darmbluten, Uterusbluten, Abort
Aloe variegata	+	ganze Pflanze	wie Aloe ferox
Alstroemeria spp.	(+)	bes. Blüten	Kontaktdermatitis
Amaryllis belladonna	++	bes. Zwiebel	Erbrechen, Durchfall, Nierenschäden; Pfeilgift
Ampelopsis brevipedunculata	(+)	bes. Beeren	Kontaktermatitis
Ananas comosus	(+)	?	Kontaktdermatitis
Anthurium spp.	+	bes. junge Blätter	Erbrechen, Durchfall, Kontaktdermatitis
Aphelandra squarrosa	(+)	ganze Pflanze	Kontaktdermatitis
Arachniodes adiantiformis	(+)	ganze Pflanze	Kontaktdermatitis
Areca catechu	+	Blätter	anregende Wirkung, Herz- und Atemlähmung
Aucuba japonica	+	ganze Pflanze	Magen-Darm-Entzündungen, Durchfall, Harnbluten
Begonia spp.	(+)	ganze Pflanze	Schleimhautreizung, Erbrechen
Bowiea volubilis	++	bes. Zwiebel	Hautreizung, Erbrechen, Durchfall, Herzstillstand
Brunfelsia pauciflora	+	bes. Wurzeln	Atemstillstand
Caladium-Hybriden	+	ganze Pflanze	Darmentzündung
Capsicum annuum	(+)	Früchte	Magenreizung, Pollenallergie
Catharanthus roseus	++	bes. Wurzeln	Kolik, Krämpfe, blutiger Durchfall, Atemlähmung
Chlorophytum comosum	+?	bes. Samen	?
Citrus spp.	(+)	ganze Pflanze	Photo-Kontaktdermatitis
Clivia miniata	+	Blätter	Erbrechen, Durchfall, Kollaps
Codiaeum variegatum	++	ganze Pflanze	Erbrechen, Durchfall, Kontaktdermatitis
Coffea arabica	(+)	ganze Pflanze?	Kontaktdermatitis
Cotyledon orbiculata	++	bes. Blätter	Krämpfe, Lähmung
Cycas revoluta	+	Samen, Wurzeln	Erbrechen, blutige Durchfälle
Cyclamen persicum	+	bes. Knolle	Erbrechen, Durchfall, Krämpfe
Dahlia-Hybriden	(+)	ganze Pflanze	Kontaktdermatitis
Dendranthema indicum	(+)	ganze Pflanze	Kontaktdermatitis
Dieffenbachia spp.	+++	bes. Samen	Schleimhautreizung, Herzrhythmusstörungen, Lähmung, Haut- und Hornhautschäden
Dioscorea spp.	+++	bes. Knollen	Atemnot, Tod
Drosera spp.	(+)	ganze Pflanze	Kontaktdermatitis
Epipremnum pinnatum 'Aureum'	(+)	ganze Pflanze	Kontaktdermatitis
Euonymus japonicus	++	ganze Pflanze	Übelkeit, blutiger Durchfall, Krämpfe, Lähmung
Euphorbia fulgens	(+)	Pollen	Pollenallergie
Euphorbia milii	+	Milchsaft	Kopfschmerzen, Nierenschäden
Euphorbia pulcherrima	+	bes. Milchsaft	Erbrechen, Magenreizung, Durchfall, Kotaktdermatitis, Pollenallergie
Euphorbia resinifera, E. tirucalli u. a.	+	bes. Milchsaft	starke Kontaktdermatitis
Fatsia japonica	+	ganze Pflanze	?
Ficus spp. *F. benjamina*	(+)	ganze Pflanze	Photo-Kontaktdermatitis, Erbrechen, Bauchschmerzen, Allergie
Freesia-Hybriden	(+)	ganze Pflanze?	Kontaktallergie, Pollenallergie
Gardenia augusta	(+)	bes. Früchte	Durchfall
Gloriosa superba	++	bes. Knolle	Kolik, Krämpfe, Atemlähmung, Aborte
Gossypium herbaceum	++	bes. Samen	Krämpfe, Atemnot, Kontaktallergie
Gynura aurantiaca	+	ganze Pflanze	?
Hedera helix	+	Blätter, Früchte	Magen-Darm-Reizung, Erbrechen, Delirium, Herzstillstand, Kontaktdermatitis
Hoya carnosa	(+)	Blätter	Kontaktdermatitis
Hippeastrum-Hybriden	++	bes. Zwiebel	Erbrechen, Durchfall, Nierenschäden

Hyacinthus-Orientalis-Hybr.	(+)	bes. Zwiebel	Kontaktdermatitis
Hydrangea macrophylla	(+)	Blätter	Kontaktdermatitis
Iris spp.	(+)	?	Kontaktdermatitis
Isotoma ssp.	+	Milchsaft	Haut- und Augenreizungen
Jatropha spp.	++	ganze Pflanze?	Erbrechen, Durchfall, Kollaps
Justicia brandegeana	(+)	?	Kontaktdermatitis?
Lantana camara	+	bes. Beeren	Pupillenerweiterung, Erbrechen, Durchfall, Lichtempfindlichkeit, Gelbsucht
Laurus nobilis	(+)	Blätter, Früchte	Kontaktdermatitis
Lophophora williamsii	++	ganze Pflanze	Halluzinationen, Lähmung des zentr. Nervensystems, Leberschäden
Mandevilla spp.	+	ganze Pflanze?	?
Monstera deliciosa	+	ganze Pflanze	Magen-Darm-Bluten, Kontaktdermatitis, Schleimhautschäden
Musa × paradisiaca	(+)	ganze Pflanze?	Kontaktallergie
Myrtus communis	(+)	Blätter	Kopfschmerzen, Übelkeit
Narcissus pseudonarcissus	(+)	bes. Zwiebel	Kontaktdermatitis
Nerium oleander	++	ganze Pflanze	Erbrechen, Krämpfe, Atemlähmung, Herzrhythmusstörung, Hautreizung
Nertera granadensis	+?	bes. Beeren	Erbrechen, Bauchschmerzen
Opuntia microdasys	(+)	»Stacheln«	Kontaktdermatitis
Pachypodium lamerei	+	ganze Pflanze	Erbrechen, Durchfall, Krämpfe, Atemlähmung
Paphiopedilum spp.	(+)	ganze Pflanze	Erbrechen, Durchfall, Kontaktdermatitis
Passiflora incarnata	+	außer Frucht	Halluzinationen, Lähmungen
Pedilanthus tithymaloides	+	bes. Milchsaft	Haut- und Augenreizungen, Erbrechen, Durchfall
Pelargonium spp.	(+)	ganze Pflanze	Kontaktdermatitis
Pericallis-Hybriden	++?	ganze Pflanze	Leberstörungen
Plumeria spp.	(+)	ganze Pflanze?	Kontaktdermatitis
Polyscias spp.	(+)	ganze Pflanze?	Kontaktdermatitis
Primula obconica, P. sinensis u. a.	(+)	bes. Drüsenhaare	Kontaktdermatitis
Punica granatum	+	außer Frucht	Erbrechen, Magenbluten, Krämpfe, Kollaps
Rhododendron simsii	+	ganze Pflanze	Übelkeit, Durchfall, Krämpfe
Rosmarinus officinalis	(+)	bes. Blätter	Kontaktdermatitis
Sansevieria trifasciata	+	ganze Pflanze	Erbrechen, Blutzersetzung
Sauromatum venosum	+++?	ganze Pflanze	Entzündungen, Herzrhythmusstörung, Lähmungen, Kontaktdermatitis
Schefflera arboricola	(+)	ganze Pflanze	Kontaktdermatitis
Scindapsus pictus	(+)	ganze Pflanze	Kontaktdermatitis
Sedum morganianum	(+)	ganze Pflanze	Magenreizung, Erbrechen, Atembeschwerden?
Selenicereus grandiflorus	+	bes. Saft	Erbrechen, Durchfälle, Herzrhythmusstörungen, Hautreizung
Senecio spp.	++	ganze Pflanze	Leberzirrhose, Leberkrebs
Tradescantia pallida	(+)	ganze Pflanze	Hautreizung?
Tradescantia spathacea	(+)	ganze Pflanze	Kontaktdermatitis
Solanum pseudocapsicum	+	ganze Pflanze	Übelkeit, Atemlähmung
Solenostemon scutellarioides	(+)	Blätter	Halluzinationen?
Sparmannia africana	(+)	Blätter	Kontaktdermatitis
Spathiphyllum spp.	+	ganze Pflanze	Entzündungen, Lähmungen, Herzrhythmusstörungen
Streptocarpus rexii	(+)	ganze Pflanze	Kontaktdermatitis
Synadenium grantii	++	ganze Pflanze	Kontaktdermatitis
Trichocereus spp.	++?	ganze Pflanze	Halluzinationen, Lähmung des zentr. Nervensystems, Leberschäden
Tulipa spp.	(+)	bes. Zwiebel	Kontaktdermatitis
Tylecodon wallichii≠	++	bes. Blätter	Krämpfe, Lähmung
Urginea maritima	++	bes. Zwiebel	Durchfälle, Magen-Darm-Entzündung, Herzlähmung
Zantedeschia aethiopica	+	ganze Pflanze	Schleimhautreizung, Erbrechen, Hautreizung

+++ = sehr stark giftig (erhebliche bis tödlich verlaufende Vergiftungen auch bei Einnahme geringer Pflanzenmengen)

++ = stark giftig (erhebliche bis tödlich verlaufende Vergiftungen bei Einnahme größerer Pflanzenmengen möglich)

+ = giftig (kann zu Beschwerden führen, aufgrund der geringen Konzentration des Giftes oder seiner geringen Toxizität jedoch zu keinen lebensbedrohenden Vergiftungen)

(+) = geringe Giftigkeit (nur bei hoher Dosierung Beschwerden möglich) oder Hautschäden (Kontaktdermatitis) meist nur bei häufigerer Berührung

spp. = species pluralis; mehrere Arten bzw. Sorten einer Gattung

Die richtige Pflege ist kein Geheimnis

Kann man Zimmerpflanzen »naturgemäß« pflegen, wie einige Autoren in den letzten Jahren behaupteten? Die Antwort ist vor allen Dingen davon abhängig, wie man »naturgemäß« interpretiert. Es ist selbstverständlich, daß wir die Ansprüche an Licht und Temperatur weitgehend zu erfüllen versuchen. Zur Bekämpfung einiger Schädlinge stehen uns heute naturgemäßere Methoden zur Verfügung als der Einsatz von Chemikalien. Von einer naturgemäßen Pflege der Zimmerpflanzen zu sprechen, ist dennoch kaum mehr als ein werbewirksamer Etikettenschwindel.

Wenn Pflanzen nicht im freien Erdreich, sondern in einem Gefäß wachsen, das kaum mehr als 10% des ihnen in der Natur zur Verfügung stehenden Volumens bietet, so sind das kaum natürliche Verhältnisse. Unser Ziel ist es deshalb, alle gärtnerischen Erfahrungen zu nutzen, um ein optimales Wachsen und Gedeihen zu ermöglichen.

Auch in der Natur stehen den Pflanzen ohnehin nicht immer die besten Wachstumsbedingungen zur Verfügung. Sie behaupten sich vielmehr an einem Platz, an dem sie konkurrenzstärker sind als ihre »Mitbewerber«. Und das muß nicht zwangsläufig der optimale sein.

Substrate

Früher ging man mit einem Eimer ausgerüstet zum nächsten Gärtner, um »Praxiserde« für die Zimmer- und Balkonpflanzen zu holen. Mit dieser versehen, konnte dann das jährliche Umtopfen beginnen. Was man mit nach Hause brachte, wußte man nicht genau. Man kannte weder den Kalk- noch den Nährstoffgehalt der Erde. Aber wenn es ein guter Gärtner war, der sein Handwerk verstand und der nicht einen Erdhaufen mit minderwertiger Erde für seine Kunden bereithielt, kaufte man eine Erdmischung, in der viele Pflanzen gediehen. Ideal war es, wenn der Gärtner eigens eine be-

stimmte Mischung, beispielsweise für Alpenveilchen oder Azaleen, anbieten konnte.

Heute sieht dies etwas anders aus. Man geht entweder in das Blumen- oder Gartenfachgeschäft, den Supermarkt oder das Kaufhaus und erwirbt eine der vielen »Tütchenerden«. In vielen Fällen weiß man genauso wenig wie früher, wie gut oder schlecht diese Erde ist. Diese sogenannte Blumenerde gehört zu den unerfreulichsten Kapiteln der Zimmerpflanzenpflege.

Jeder, der Lust dazu verspürt, kann eine beliebig zusammengestellte Mischung in Tüten füllen und für gutes Geld verkaufen. Auf der anderen Seite gibt es sehr gute Erden. Wie aber soll der Blumenfreund erkennen, ob die angebotene Erde geeignet ist, das Leben seiner Pfleglinge zu verlängern oder zu verkürzen? Bleibt ihm, nachdem nur noch wenige Gärtner Erde abgeben, nichts anderes übrig, als selbst etwas zurechtzumischen?

Nun, dies ist zum Glück nicht so. Woher sollte man auch die vielen Bestandteile für die Erdmischungen bekommen? Neben Sand, Lehm, Torf und Kompost hatte der Gärtner früher Heide-, Nadel-, Laub-, Mistbeet-, Moor- und Rasenerde. Die Rezeptur etwa für Alpenveilchen (*Cyclamen persicum*) war Betriebsge-

heimnis. Rezepte findet man noch heute in alten oder veralteten Büchern. Diese mehr oder weniger kunstvollen Mischungen sind in Gartenbaubetrieben überholt. An die Stelle dieser Praxiserden sind sogenannte Industrieerden getreten.

Man spricht heute meist nicht mehr von Erden, sondern von »Substraten«. Das Wort Substrat bedeutet Nährboden oder auch Unterlage. Man versteht hierunter alles, worin Pflanzen wurzeln – von Erdmischungen auch mit Kunststoff-Anteilen über Rindenstücke für Orchideen bis zum Blähton für die Hydrokultur. Das Substrat hat die Aufgabe, den Pflanzen Halt zu verschaffen und ihnen Wasser und darin gelöste Nährstoffe anzubieten. Darüber hinaus muß das Substrat genügend Luft enthalten, um die Sauerstoffversorgung der Wurzeln sicherzustellen.

Hieraus ist abzuleiten, welche Anforderungen an ein für die Zimmerpflanzenpflege geeignetes Substrat zu stellen sind: Es muß einmal alle für die Pflanzen notwendigen Nährstoffe in zuträglicher Menge enthalten. Damit in Zusammenhang steht der pH-Wert, der ein Maß darstellt für das Verhältnis der sauren zu den alkalischen oder basischen Bodenbestandteilen. Saure Böden haben einen niedrigen pH-Wert unter 7, alkalische einen über 7; pH 7 kennzeichnet den Neutralpunkt.

Linke Seite: Zu den empfehlenswertesten Palmen gehört die Goldfruchtpalme (Chrysalidocarpus lutescens).

Nicht nur Kalkmangel ist die Folge eines zu niedrigen pH-Wertes. Der pH-Wert des Substrats hat Einfluß auf die Löslichkeit verschiedener

Nährstoffe. Obwohl Gardenien eine saure Erde schätzen, reagieren sie mit starken Blattschäden auf zu niedrige Werte.

Führen wir einem Boden, zum Beispiel durch Gießen mit hartem Wasser, ständig Kalk zu, so erhöhen wir damit langsam den pH-Wert. Ein hoher pH-Wert hat zur Folge, daß bestimmte Nährstoffe im Boden gebunden werden und damit für die Pflanzen wertlos sind. Dies führt zu Mangelerscheinungen, wobei aber nicht jede Pflanzenart gleich empfindlich reagiert. »Kalkfliehende« Pflanzen wie Azaleen schätzen einen stark sauren Boden unter pH 5; andere sind mit einem schwach sauren von pH 5 bis 6 zufrieden, wie zum Beispiel Alpenveilchen, Gardenien und die meisten Palmen. »Kalkholde« Pflanzen wie die Zimmercalla (*Zantedeschia aethiopica*) und die Passionsblumen (*Passiflora*) vertragen auch ein neutrales oder leicht alkalisches Substrat bis pH 8.

Wie mißt man den pH-Wert?

Will man von einer fertigen Blumenerde oder einer selbst hergestellten Mischung den pH-Wert wissen, so läßt sich dies recht einfach ermitteln. Am billigsten wäre es – wie oft empfohlen wird –, Indikatorpapier zu verwenden. Doch Indikatorpapier ist für die Untersuchung von

Erden ungeeignet. Es kommt zu keiner Verfärbung; man sieht jeweils nur die Eigenfarbe des Papiers. Besser eignen sich Indikatorstäbchen, wobei man beim Kauf darauf achten sollte, daß sie den interessierenden pH-Bereich anzeigen und daß sie nicht »bluten«. Bei nichtblutenden Stäbchen tropft die Farbe nicht gleich aus dem Indikatorträger heraus, so daß man sie einige Minuten in der Flüssigkeit liegen lassen kann. Beim Untersuchen der Erden kann dies nötig sein, da sich der Farbumschlag oft nicht gleich einstellt. Hieraus geht hervor, daß nur Flüssigkeiten mit Hilfe dieser Teststäbchen zu messen sind. Man muß also die Erde mit etwas destilliertem Wasser anrühren und etwa 10 Minuten stehen lassen.

Einfach ist die Verwendung des Hellige-Pehameters. Dieses Gerät, das vom Samenfachhandel und in Garten-Centern angeboten wird, besteht aus einer Platte mit einer Mulde zur Aufnahme der Bodenprobe. Auf die Erde gibt man wenige Tropfen einer Indikatorflüssigkeit. Je nach Bodenreaktion ändert sich die Farbe der Flüssigkeit. Durch das Neigen der Platte läuft die Flüssigkeit in eine Rinne und kann hier mit der Farbskala verglichen werden. Auch dieses Ergebnis ist nicht exakt, reicht aber für die gewünschten Zwecke.

Einheit statt Vielfalt?

Die Bedeutung des pH-Wertes wurde lange Zeit überschätzt. Heute weiß man, daß – von einigen Spezialisten abgesehen – die Mehrzahl der Pflanzen in einem Bereich um pH 6 gut gedeiht, vorausgesetzt, die anderen Merkmale des Substrates stimmen. Viel wichtiger als der pH-Wert ist die Struktur. Das Substrat sollte über eine gute Mischung grober und feiner Poren verfügen, um für die Wurzeln Luft und Wasser bereitzuhalten.

Die beste Struktur nutzt nichts, wenn sie von kurzer Dauer ist. Viele Mischungsbestandteile der Substrate unterliegen dem biologischen Abbau, was stets mit einer Verschlechterung der Struktur verbunden ist. Das ist einer der Gründe, weshalb Zimmerpflanzen von Zeit zu Zeit ein neues Substrat verlangen.

Neben Luft und Wasser benötigen die Wurzeln einen möglichst gleichmäßigen und der Wachstumsgeschwindigkeit angepaßten Strom aller Nährstoffe. Das Substrat soll die Eigenschaft besitzen, möglichst viele der mit der Düngung verabreichten Nährstoffe festzuhalten und bei Bedarf abzugeben. Der Bodenkundler bezeichnet dies als Austauschkapazität oder Sorptionsvermögen. Je höher die Austauschkapazität, umso besser für die Pflanzen.

Der pH-Wert sollte auch dann nicht zu stark ansteigen, wenn regelmäßig mit kalkhaltigem Wasser gegossen wird: Das Substrat soll pH-Veränderungen abpuffern.

Damit sind die wichtigsten Ansprüche an das Topfpflanzensubstrat genannt: eine dauerhaft gute Struktur mit daraus resultierender hoher Luft- und Wasserkapazität, eine hohe Austauschkapazität sowie ein zuträglicher pH-Wert, der aufgrund guter Pufferung lange erhalten bleibt. Daß das Substrat keine pflanzenschädigenden Substanzen abgeben darf und der Gehalt an löslichen Salzen in verträglichen Konzentrationen liegen muß, versteht sich von selbst.

Nichts, was wir als Topfsubstrat verwenden könnten, besitzt alle diese guten Eigenschaften. Erst durch das Mischen verschiedener Komponenten nähern wir uns dem Ideal. Nur ein Rohstoff ist in seinen Verwendungsmöglichkeiten nahezu universell: der Torf.

Torf wird vorwiegend in Hochmooren abgebaut. Die oberen, noch wenig zersetzten Schichten, der Weißtorf, besitzt eine ideale Struktur, die relativ lange er-

Indikatorpapier ist zur Bestimmung der Bodenreaktion nicht geeignet. Brauchbar sind Indikatorstäbchen oder Flüssigindikator wie der Hellige-Pehameter.

halten bleibt. Der Salzgehalt des Weiß-
torfs ist äußerst gering. Lediglich sein
pH-Wert liegt sehr niedrig, doch der läßt
sich durch Kalkzugabe einfach auf den
gewünschten Wert einstellen. Seine Austauschkapazität ist recht ordentlich, seine pH-Pufferung ebenfalls.

Vor rund 50 Jahren gelang es Prof. Fruhstorfer, aus 60 bis 70% Weißtorf und 30
bis 40% Ton oder Unter-
grundlehm eine Mischung
herzustellen, die mit einem
pH-Wert zwischen 5,3 und
5,8 für eine große Zahl von
Topfpflanzen bestens geeignet ist. Diese Einheitserde,
auch Fruhstorfer Erde oder
auf den Tüten »frux« ge-
nannt, machte die bis dahin
gebräuchlichen unzähligen
Spezialmischungen überflüssig. Dieses
Standardsubstrat, das die Kennung ED
73 trägt, enthält schnellwirkende Nährstoffe sowie Langzeitdünger, die eine
Nachdüngung erst nach 6 bis 8 Wochen
erforderlich machen.

Der hohe Tonanteil verbessert die Austauschkapazität und sorgt für einen guten
Nährstofffluß. Wer beim Nachdüngen
einmal zu kräftig dosiert, kann bei einem
Substrat mit dieser hohen Austauschkapazität weniger Unheil anrichten.

Der Tongehalt erleichtert darüber hinaus
die Benetzbarkeit trockenen Torfs. Wer
einmal versucht hat, trockenen Torf an-
zufeuchten, kennt diese Schwierigkeit.
(Substrathersteller behelfen sich damit,
dem Torf Tenside beizumischen, also
»waschaktive Substanzen«. Welche dies
sind und in welcher Konzentration, ist
Betriebsgeheimnis.)

Die Eigenschaften der Fruhstorfer Erde
sind damit noch besser als die von Torf-
kultursubstrat (TKS), das ausschließlich
aus Weißtorf besteht mit einem pH-Wert
zwischen 4,8 und 5. Der Nährstoffgehalt
von TKS II entspricht etwa der Einheitserde ED 73, während TKS I mit seinem
geringeren Salzgehalt für die Jungpflan-
zenanzucht gedacht ist (etwa Einheitserde Typ P).

Mit der Entwicklung dieser Standardsub-
strate schienen alle Probleme gelöst, bis
wir erkennen mußten, daß der Abbau
der Hochmoore aus ökologischer Sicht
nicht unbegrenzt weitergehen darf und
die Torfvorräte nur noch begrenzte Zeit
zur Verfügung stehen. Bereits seit mehreren Jahren muß Torf gefördert oder importiert werden, dessen Qualität nicht
mehr befriedigt.

Somit begann die Suche nach einer Alternative, die bis heute nicht abgeschlos-

> **Beim Kauf von Blu-
> menerden sollte
> niemand sparen. Nur
> hochwertige Sub-
> strate garantieren
> gutes Wachstum für
> mehr als ein Jahr.**

sen ist. Zunächst wurde der Weißtorf mit
dem im Moor darunter lagernden, stärker zersetzten Schwarztorf gestreckt.
Schwarztorf besitzt eine noch höhere
Austauschkapazität, jedoch eine schlech-
tere Struktur. Mischungen mit Schwarztorf haben gute Eigenschaften bei allerdings kürzerer »Lebensdauer«. Eine derartige Mischung ist beispielsweise
»Compo Sana«, die darüber hinaus zur
Verbesserung der Luft-
führung rund 8% Hygro-
mull, einen offenporigen
Kunststoff, enthält.

Inzwischen bieten Garten-
center und Blumenfachge-
schäfte eine große Zahl unterschiedlicher Substrate an,
die diverse Torfersatzstoffe
beinhalten. Natürlich be-
hauptet jeder Hersteller, daß seine Erde
genau so gut wie die Torfsubstrate ist
oder gar noch besser. Doch ehrlicherwei-
se muß man feststellen, daß noch kein
Ersatzstoff den Torf wirklich völlig ersetzen kann. Wer empfindliche Pflanzen mit
minimalem Risiko kultivieren möchte, ist
nach wie vor mit einer Einheitserde am
besten bedient, selbst wenn diese nicht
mehr zeitgemäß zu sein scheint.

Der Weg zur Einheitserde reduzierte die
unnötige Vielfalt an Mischungen und
machte das Angebot übersichtlich. Die
Abkehr von Torfprodukten führt zwangsläufig zu einer neuen Vielfalt, was die
Auswahl erschwert. Die Entwicklung ist
noch in vollem Gang, so daß die folgende Übersicht nur eine Zwischenbilanz
sein kann. Die Ziffern von 1 bis 18 finden sich bei den Substratempfehlungen
im speziellen Teil des Buches wieder.
Grundsätzlich gilt, daß man bei Topf-
erden nicht sparen sollte. Markenprodukte von gleichbleibender Qualität bieten ein geringeres Risiko. Eine weitere
Sicherheit bieten Gütesiegel, beispielsweise das RAL-Testat bei Rindenprodukten. Grundsätzlich sollte man darauf
achten, daß der Inhalt der Tüten möglichst klar deklariert ist.

Leider bietet der Fachhandel, besonders
die preisbewußten modernen Großflä-
chenmärkte, oft nur billige Substrate an.
Sie reichen für einige kurzlebige Pflanzen
wie den Balkonkastenflor in der Regel
aus. Für alle Pflanzen jedoch, die man
länger kultivieren möchte, lohnt die Suche nach hochwertigen Produkten. Sicher hilft der nächste Gärtner, wenn das
Gartencenter nur Billigware bereithält.

1. Einheitserde: Diese Mischung aus 60
bis 70% Weißtorf und 30 bis 40% Ton
oder Untergrundlehm mit einem pH-
Wert von 5,3 bis 5,8 wurde bereits beschrieben. Im Fachhandel ist dieses

versell einsetzbare, leider nicht ganz billige Substrat auch unter der Bezeichnung
ED 73 und dem Markennamen »frux« erhältlich. Es ist mindestens zwei oder drei
Jahre einsetzbar, bevor ein Umtopfen
nötig wird.

2. Torf-Kultur-Substrat (TKS): Reiner
Weißtorf, der auf einen pH-Wert von 5
aufgekalkt und mit Nährstoffen versetzt
wurde. TKS I mit einer geringeren Nährstoffkonzentration empfiehlt sich für die
Anzucht und salzempfindliche Pflanzen,
TKS II für »normal« nährstoffbedürftige
Arten. Die nährstoffhaltenden Eigenschaften (Sorptionskapazität) sind im
Vergleich zur Einheitserde wegen des
fehlenden Tons geringer. Deshalb sollte
der Dünger regelmäßig und in nicht zu
hohen Dosen verabreicht werden. Da der
Torf in der Regel sehr fein gemahlen ist,
befriedigt die Struktur nicht länger als
zwei Jahre; danach topfen wir sicher-
heitshalber in ein frisches Substrat um.

**3. Mischungen aus Schwarztorf und Weiß-
torf:** Hochpreisige Markenprodukte wie
»Compo Sana« und Billigerden bestehen
aus diesen Komponenten. Schwarztorf
besitzt viele gute Eigenschaften und nur
den Nachteil, daß er stärker zersetzt ist
als Weißtorf und wegen seiner schlechte-
ren Struktur die Sauerstoffversorgung
der Pflanzenwurzeln zumindest nach einiger Zeit nicht optimal ist. Dieser Nachteil läßt sich durch Beimischungen ver-
mindern. Dennoch empfiehlt es sich, alle
ein bis zwei Jahre umzutopfen. »Compo
Sana für Grünpflanzen« enthält zusätzlich Ton, nähert sich damit den Eigenschaften der Einheitserde.

**4. Weißtorf oder Weißtorf-Schwarztorf-
Mischungen mit reduziertem Nährstoffgehalt:** Dieser Substrattyp, der beispielsweise unter Namen wie TKS I oder Aussaaterde im Handel ist, entspricht den
beiden vorigen, enthält aber weniger
Nährstoffe. Dies empfiehlt sich für Aus-
saaten oder die Stecklingsvermehrung.
Ist der verwendete Torf hochwertig, eignen sich diese Substrate auch für salzempfindliche Pflanzen
wie Farne. Leider enthal-
ten viele Aussaaterden
stark zersetzten Schwarz-
torf, so daß sie sich nur
für eine kurze Kulturdau-
er wie eben die Anzucht
bis zum ersten Pikieren
oder bis zur Wurzelbil-
dung von Stecklingen
empfehlen.

> **Die Zusammenset-
> zung einer Blumen-
> erde sollte auf den
> Packungen eindeu-
> tig deklariert sein.
> Nur so kann der
> Käufer ihre Eignung
> abschätzen.**

**5. Substrate aus Weißtorf oder Weiß- und
Schwarztorf mit Beimischungen:** Zur Verbesserung der Strukturstabilität enthalten einige Mischungen Zusätze wie Reisspelzen (»Risano«) oder Kokosfasern.

Sind diese Komponenten einwandfrei (keine zu hohen Salzgehalte und keine chemischen Rückstände) und die Torfqualitäten gut, handelt es sich um hochwertige Substrate, die für viele Pflanzen zu empfehlen sind. Der pH-Wert liegt in der Regel um 6. Nicht alle Pflanzen scheinen allerdings Reisspelzen zu vertragen. Usambaraveilchen beispielsweise reagieren auf sie mit Blattaufhellungen (Chlorosen). Gemahlene Kokosfasern scheinen dann brauchbar zu sein, wenn ihr Salzgehalt nicht zu hoch liegt. Erfahrungen mit der Kultur in reinen Kokosfasern, die zum Teil in gepreßter Form als »Brickets« angeboten werden, sind zu gering, um eine Empfehlung zu rechtfertigen. Die Wasserkapazität ist gut, die Luftführung auch, wenn die Fasern nicht zu fein gemahlen werden. Der pH-Wert schwankt ohne Kalkzusatz zwischen etwa 4 und 5, liegt bei den angebotenen Kokossubstraten jedoch höher. Für salzempfindliche Pflanzen scheinen Kokosfasern nicht ratsam zu sein.

6. Rindenkultursubstrat: Kompostierte Nadelholzrinde ist derzeit der wichtigste Torfersatzstoff. Allerdings ist das einzige für Topfpflanzen geeignete Produkt, das Rindenkultursubstrat (RKS), nicht torffrei, sondern enthält zwischen 33 und 50% Torf. Rindenhumus und besonders Rindenmulch dürfen dagegen nicht für Topfpflanzen verwendet werden. Sie gehören in den Garten. RKS besitzt eine gute Struktur und eine gute Luftführung, allerdings eine geringere Wasserkapazität. Daraus resultieren häufigere Wassergaben. Zersetzt sich die Rinde, was sehr langsam vor sich geht, entziehen die daran beteiligten Bakterien dem Substrat Stickstoff. Auf die regelmäßige flüssige Nachdüngung ist deshalb sorgfältig zu achten. RKS 1 enthält weniger Nährstoffe als RKS 2 und verlangt deshalb schon früher Düngegaben, dennoch ist dieser Substrattyp vorzuziehen. Leider enthalten nicht alle RKS für den privaten Einsatz diese Kennzeichnung. Der pH-Wert von RKS liegt zum Teil recht hoch (5,5 bis 7). Probleme bei kalkempfindlichen Pflanzen können die Folge sein. Um ein zuverlässiges Substrat mit standardisierten Eigenschaften zu erhalten, ist auf Rindenprodukte mit RAL-Gütezeichen zu achten.

> Je länger die Pflanzen in einem Substrat wachsen müssen, umso höhere Anforderungen sind an dessen Qualität zu stellen. Gute Belüftung der Wurzeln garantieren nur mineralische Bestandteile für mehrere Jahre.

7. Kompost: Unter diesem Namen können sich Produkte mit sehr unterschiedlichen Eigenschaften verbergen. So positiv die Verwertung organischer Abfälle ist, das Ergebnis dieser Bemühungen ist für die Zimmerpflanzenkultur doch nicht immer brauchbar. Nährstoff- und Salzgehalte sowie der pH-Wert, schließlich auch die Konzentration unerwünschter Schwermetalle können in einem breiten Bereich schwanken. Empfehlenswert für die Topfkultur sind ausschließlich Grüngutkomposte, die etwa den selbst hergestellten Komposten aus Gartenabfällen entsprechen. Bioabfallkomposte oder gar Müllkomposte kommen wegen hoher Salz- und Schadstoffgehalte nicht in Frage. Wegen relativ hoher pH-Werte zwischen 6 und 7 sind alle Komposte für kalkempfindliche Pflanzen ungeeignet. Mischungen aus kompostierter Rinde und Grüngutkompost lassen sich erfolgreich bei weniger empfindlichen Pflanzen einsetzen. »Ausreißer« lassen sich weitgehend ausschließen, wenn man Komposte mit RAL-Gütezeichen kauft.

8. Mischungen mit Holzfasern: Neben Rindenprodukten sollen Holzfasern den Torf ablösen. Sie entstehen durch mechanisches Auffasern von Holzspänen und anderen Holzabfällen. Die Wasserkapazität der Fasern ist geringer als die des Torfs, die Luftkapazität gut. Der pH liegt zwischen 4,5 und 6 und ist weniger gut gegen Schwankungen abgepuffert als beim Torf. Das größte Problem bei Verwendung von Holzfasern ist deren Eigenschaft, bei der Zersetzung dem Substrat Stickstoff in erheblichem Umfang zu entziehen. Damit Pflanzen darin überhaupt existieren können, müssen entsprechende Mengen Nährsalze zugesetzt werden. Dies wiederum beschleunigt den Abbau, so daß es innerhalb von nur ein bis einundhalb Jahren zu einem Masseverlust von 50% und mehr kommen kann. Der ursprünglich volle Topf ist plötzlich halbleer; die Struktur verschlechtert sich. Deshalb empfiehlt es sich, bei Holzfasersubstraten mit zweifelhafter Qualität zunächst Versuche nur mit einzelnen robusten Pflanzen durchzuführen und das regelmäßige Nachdüngen nicht zu vergessen. Die Erfahrungen mit der Präparation von Holzfasern wachsen kontinuierlich. In neuen Produkten wie »Toresa spezial« scheint das Problem der Stickstoffbindung weitestgehend gelöst zu sein. Mit diesen Holzfaserprodukten wurden einige ganz erstaunliche Ergebnisse erzielt. So wuchsen empfindliche Pflanzen wie heimische Erdorchideen ausgezeichnet. Stickstoffbindung und massiver Volumenverlust in kurzer Zeit sollen nicht mehr auftreten. Es empfiehlt sich, selbst zu experimentieren und Holzfasern als Mischungskomponenten zu erproben. Vielleicht bieten sie ganz neue Möglichkeiten.

9. Palmenerde: Unter diesem Namen verbergen sich nicht exakt definierte Substrate. Gute Palmenerden entsprechen etwa der Einheitserde und haben zur sicheren und dauerhaften Nährstoffversorgung der Pflanzen einen etwas höheren Anteil Ton oder Lehm. Da besonders ältere Palmen nur in größeren Zeitabstän-

Rein mineralische Substrate wie Lavagrus sind für einige Kakteen wie Melocactus neryi eine gute Voraussetzung für zuträgliche Wasserversorgung und gesundes Gedeihen.

den umzupflanzen sind, ist bei Palmenerden auf eine möglichst lang anhaltende Strukturstabilität zu achten. Substrate mit Schwarztorf empfehlen sich deshalb nicht.

10. Bonsaierde: Auch für Bonsaierden gibt es verschiedene Rezepturen. Empfehlenswerte Mischungen ähneln den Palmenerden, enthalten aber weniger Nährstoffe, um das Wachstum nicht zu stark anzuregen. Häufig liegen die Nährstoffe in einer organischen Form vor.

11. Azaleenerde: Auch Rhododendronerde genannt. In der Regel sind das Substrate aus Weiß- und/oder Schwarztorf mit einem niedrigen pH-Wert von 4 bis 5. Sie sind auch für andere kalkempfindliche Pflanzen geeignet, wenn diese den recht hohen Nährstoffgehalt vertragen.

12. Bromelienerde: Substrate aus Weiß- und/oder Schwarztorf, häufig mit lockernden Zusätzen wie Styromull oder Perlite. Früher wurde häufig Sphagnum (Torfmoos) zugesetzt. Der Nährstoffgehalt sollte niedrig liegen, der pH-Wert zwischen 5 und 6. Die Wurzeln vieler Bromelien reagieren empfindlich auf Vernässen und Sauerstoffmangel. Deshalb sind hohe Schwarztorfanteile nicht empfehlenswert.

13. Orchideenerde: Mischungen aus sehr unterschiedlichen Bestandteilen. Im Gartencenter oder Blumengeschäft finden sich unter diesem Namen häufig Substrate mit einem hohen Anteil Schwarztorf und geringem Anteil Styromull. Sie sind nicht empfehlenswert, da die Haltbarkeit begrenzt ist; Schäden durch Vernässen und Sauerstoffmangel an den empfindlichen Orchideenwurzeln sind die Folge. Gute Mischungen behalten über viele Jahre ihre Struktur. Sie bestehen zum Teil aus nicht oder nur schwer verrottbaren Bestandteilen, wie Korkschrot, groben Stücken spezieller Rinde, Styromull, Blähton, Seramis und Schaumstoffschnitzeln. Die nötige Austauschkapazität für die Nährstoffe stellen Weißtorf und in geringerem Umfang auch Vermiculite und Kokosfasern sicher. Sphagnum (Torfmoos) und Osmunda (Baumfarnwurzeln) sind kaum mehr erhältlich, da diese Pflanzen strengem Schutz unterliegen. Jeder Orchideenfachmann schwört auf seine eigene Rezeptur. Wichtig ist, die Wasser- und Nährstoffversorgung auf die Eigenschaften des Pflanzstoffs, wie Orchideensubstrate auch genannt werden, abzustimmen. Je mehr lüftende und je weniger wasserspeichernde Bestandteile, umso häufiger ist zu gießen; je weniger Bestandteile mit hoher Austauschkapazität, umso niedriger sollten Düngemittel dosiert, dafür aber häufiger verabreicht werden. Grundsätzlich

Orangenbäumchen in Seramis gepflanzt. Das mineralische Substrat garantiert eine gute Belüftung und gleichmäßige Wasserversorgung.

sollten Orchideensubstrate einen geringen Salzgehalt aufweisen und einen pH-Wert von 5 bis 5,5. Nur wenige Orchideen bevorzugen einen höheren pH-Wert. Mischungen aus lange haltbaren Bestandteilen bietet in der Regel nur der Orchideengärtner oder der spezialisierte Fachhandel an. Die Komponenten sind nicht billig, weshalb die Pflanzstoffe zu Recht ihren Preis haben.

14. Kakteenerde: Billige Kakteensubstrate bestehen aus Schwarztorf und Sand, zum Teil noch mit einem geringen Anteil Styromull. In ihnen wachsen robuste Kakteen, wenn nicht zu häufig gegossen wird. Entscheidend für alle Pflanzen, die an Trockenheit angepaßt sind, ist ein durchlässiges Substrat mit vielen groben Poren und einer nicht zu hohen Wasserkapazität. Deshalb kann grober (scharfer) Quarzsand ein wichtiger Bestandteil einer Kakteenerde sein. Gut eignen sich auch Lava- (Lavalit) und Urgesteinsgrus ohne staubförmige Feinbestandteile sowie grob zerstoßener Blähton oder Seramis. Je feiner die Wurzeln der Kakteen sind, umso höher darf der Torfanteil sein. Kakteen mit fleischigen oder rübenähnlichen Wurzeln stehen sicherer in einem rein mineralischen Substrat. Grundsätzlich sollte der pH-Wert zwischen 5 und etwa 6,5 liegen. In der Regel unterscheiden die Substrathersteller nicht zwischen Kakteen und Pflanzen aus der Gruppe

der anderen Sukkulenten, wie Echeverien, *Sedum* und Stapelien. Die Mehrzahl der anderen Sukkulenten wächst auch ohne Probleme in den üblichen Kakteenerden. Ist der Wasserbedarf höher, mischen wir stark mineralischen Substraten noch etwas Einheitserde, TKS oder ähnliches bei. Epiphytische Kakteen wie *Rhipsalis, Hatiora*, Weihnachts-, Oster- und Phyllokakteen stehen am besten in Substraten der Gruppe 1 und 2, empfindlichere Arten in Bromelienerde (Nr. 12). Sie alle sind mehr oder weniger empfindlich gegen hohe Salzgehalte.

15. Torfgranulat: Neu ist ein Granulat, das aus einer Mischung von Weiß- und Schwarztorf unter Verwendung von Tonmineralien hergestellt wird (»Blühvit«). Es läßt sich als trockenes Granulat bequem verarbeiten, ist aber relativ teuer. Der pH liegt zwischen 5,5 und 6,5. Die Granulatform bewirkt, daß zwischen den einzelnen »Körnchen« ein Luftraum verbleibt, der eine optimale Luftversorgung der Wurzeln gewährleistet. Überschüssiges Wasser läuft ab. Das Granulat quillt nach dem Angießen; den Topf darf man deshalb beim Einpflanzen nicht ganz füllen, damit nach dem Quellen noch ein Gießrand bleibt. Im Gegensatz zu dem Pflanzgranulat Seramis wird dieses weitgehend organische Granulat biologisch abgebaut; es verliert also nach einiger Zeit seine günstige Struktur. Dafür sind die Austauschkapazität und die Pufferung sehr gut. Bislang fehlt es noch an längeren Erfahrungen.

16. Seramis-Pflanzgranulat: Durch Brennen eines zuvor verflüssigten Westerwälder Tons entsteht dieses poröse, stabile Tongranulat, das nach Empfehlung des Herstellers anstelle anderer Substrate beim Umtopfen in Erde herangezogener Pflanzen zu verwenden ist. Die Methode entspricht damit einem Dauerbewässerungssystem und ist deshalb dort näher beschrieben (Seite 126). Das Granulat besitzt jedoch so günstige Eigenschaften, daß es auch vorteilhaft als Mischungskomponente dienen kann. In Weiß- und Schwarztorf ist Seramis ein strukturstabilisierender Faktor; es verbessert die Benetzbarkeit und die Durchlüftung, ohne die Wasserkapazität zu reduzieren (die Wasseraufnahmefähigkeit beträgt 100 Gewichts-% bzw. 35 Volumen-%). Der Salzgehalt liegt erfreulich niedrig, der pH-Wert allerdings bei 6,2 bis 7,5.

Durch Zugabe von Seramis zu Torfsubstraten sinken die Pufferung und die Austauschkapazität, so daß sorgfältig, das heißt nicht zu hoch dosiert und regelmäßig zu düngen ist. Es hat sich gezeigt, daß Seramis in hohem Maße Phosphor bindet und damit für die Pflanzen unbrauchbar macht. Deshalb sollten bevorzugt phosphorreiche Düngemittel eingesetzt werden, die im Handel als sogenannte »Blühdünger« oder Dünger für Blütenpflanzen zu finden sind.
Ein Nachteil von Seramis ist das geringe Gewicht. Je höher der Anteil von Seramis in einer Mischung ist, umso geringer ist die Standfestigkeit besonders schwergewichtiger Pflanzen.

17. Kübelpflanzenerde: Dabei handelt es sich um ein nicht näher definiertes Substrat, das im günstigen Fall einer Einheits- oder Palmenerde entspricht. Es sollte eher Weißtorf als Schwarztorf enthalten und möglichst nicht weniger als 20% Ton oder Lehm. Dies erhöht auch das Gewicht und damit die Standfestigkeit der Kübel. Nur solche Kübelpflanzen, die jährlich umgetopft und in frische Erde gesetzt werden, nehmen auch mit einem weniger hochwertigen Substrat vorlieb, beispielsweise mit Typ 18. Für viele Kübelpflanzen ist eine Erde sehr gut zu verwenden, die es leider nicht im üblichen Einzelhandel zu kaufen gibt: Dachgartensubstrate. Unter diesem Namen verbirgt sich kein einheitliches Produkt, doch gibt es inzwischen Richtlinien über die Zusammensetzung, so daß eine gewisse Standardisierung gewährleistet ist. Sie enthalten einen erheblichen Anteil mineralischer Bestandteile wie Lava oder gebrochenen Blähton, so daß sie über mehrere Jahre ihre Struktur gut behalten. Das macht sie interessant für alle Kübelpflanzen, die längere Zeit nicht umgepflanzt werden. Allerdings reduzieren diese Bestandteile die Wasserkapazität, so daß man häufiger zur Gießkanne greifen muß. Für sehr durstige Kübelpflanzen wie Engelstrompeten (*Brugmansia*, syn. *Datura*) ist das ein wesentlicher Nachteil.

18. Balkonkasten- oder Geranienerde: Unter diesem Namen verbergen sich meist weniger hochwertige Mischungen mit einem hohen Anteil Schwarztorf. Sie bleiben nicht länger als eine Saison stabil und sind deshalb nur für Topfpflanzen zu verwenden, die länger als ein Jahr nicht umgetopft werden. Der Nährstoffgehalt liegt meistens sehr hoch, was dem Bedarf der meisten Balkonpflanzen entspricht. Aus Rindenkompost hergestellte Balkonkastenerden bleiben länger strukturstabil, haben aber eine geringere Wasserkapazität, so daß im Sommer häufiger zu gießen ist.

Topfsubstrate selbst herstellen

Ist es bei der Fülle handelsüblicher Topfpflanzenerden sinnvoll oder gar nötig, Substrate selbst herzustellen? Wenn, wie wir oben festgestellt haben, ein Einheitssubstrat für die Mehrzahl aller Topfpflanzen ausreicht, besteht wohl keine zwingende Notwendigkeit, es sei denn, man findet die gewünschte Mischung nicht im örtlichen Fachhandel.

Es spart auch keine Kosten, die Mischungen selbst herzustellen, abgesehen davon, daß uns kaum die Möglichkeiten zur Verfügung stehen, um die Nährstoffgehalte genau zu bestimmen. Abgelagerter Kompost aus dem Garten ist im günstigen Fall so gut wie der beschriebene Grünkompost aus dem Handel (Nr. 7).

Der anspruchsvolle Pflanzenfreund mischt dennoch ganz gerne Substrate, um diese den Ansprüchen der jeweiligen Pflanze, mehr aber noch seinen Gieß- und Düngegewohnheiten exakter anzupassen. Dabei sind die käuflichen Industrieerden, ganz besonders die Einheitserde ED73 oder TKS, ein gutes Ausgangsmaterial. Krümeliger Lehm frischer Maulwurfshügel erhöht die Austauschkapazität – es darf aber nicht zuviel sein, damit die Durchlüftung noch funktioniert. Außerdem darf die Erde nicht zu kalkhaltig sein.

Tonminerale wie Bentonit erhöhen ebenfalls die Nährstoffhaltekraft, allerdings auch die Wasserkapazität. Nie mehr als 10 g je Liter Torf oder TKS zugeben. Sinnvoll ist die Zugabe nur bei rein organischen Substraten wie Torf.

Grober (scharfer) Quarzsand reduziert die Wasserkapazität und erleichtert das Wiederbefeuchten von Torfsubstraten. In Substraten mit groben Bestandteilen wie manchen Rindenkultursubstraten füllt beigemischter Sand einen Teil der großen Poren und reduziert die Durchlüftung.

Unbehandelter Weißtorf, der unter dem irreführenden Namen Düngetorf angeboten wird, eignet sich zur Streckung nährstoffreicher Substrate, um diese salzempfindlichen Pflanzen wie Farnen besser anzupassen. Allerdings dürfen wir dabei den pH-Wert nicht aus den Augen verlieren. Torf ist mit pH 2,5 bis 4 sehr sauer. Um ihn auf pH 6,5 anzuheben, benötigen wir 6 bis 10 g kohlensauren Kalk je Liter.

Strukturstabilisierende und die Belüftung verbessernde Bestandteile sind für viele Pflanzen sehr willkommen. Dazu eignen sich Styromull (zerkleinertes Styropor) und mineralische Stoffe wie Bimskies, Perlite, Lavagrus (Lavalit), zerstoßener Blähton oder Seramis. Alle Komponenten sollen frei von Feinbestandteilen sein, sonst tritt nicht der erwünschte Effekt ein. Notfalls sind die Feinbestandteile vor dem Einsatz auszuwaschen.

Eine Standardmischung für Kakteen könnte so aussehen: 1/3 Einheitserde oder TKS, 1/3 grober Sand, 1/3 Lava- oder Urgesteinsgrus, Bimskies oder Seramis. Für Sukkulenten mit vielen feinen Faserwurzeln erhöhen wir den Anteil Einheitserde auf maximal 50%. Von Lava- oder Urgesteinsgrus sind unbedingt alle Feinbestandteile abzusieben oder besser auszuspülen, sonst sammeln sie sich in der unteren Topfhälfte und führen zum Vernässen. Lavagrus und ähnliche grobe mineralische Materialien verleiten zum zu häufigen Gießen, da die oberen Steinchen völlig trocken aussehen, wenn es unten im Topf noch naß ist. Wurzelschäden sind die Folge, besonders bei niedrigen Bodentemperaturen. Am besten eignet sich Lavagrus, wenn die Pflanzen über der Heizung stehen und einen »warmen Fuß« haben.

Analysen von Lavagrus ließen einen pH-Wert von 7 bis 7,5 sowie einen Salzgehalt von 0,1% erkennen. Von den Pflanzennährstoffen war Phosphor im Vergleich zu den anderen etwas schwach vertreten. Um dem abzuhelfen, übergoß man im Botanischen Garten Tübingen den Lavagrus mit einer Superphosphatlösung (690 g Superphosphat in Wasser aufgelöst auf 1 m³ Lava). Der sauer wirkende Dünger senkt den pH-Wert ab, was sehr günstig ist, da ein Wert über 7 für viele Pflanzen relativ hoch ist.

Lavagrus hat eine geringe Sorptionskapazität. Das heißt, er hält nur in geringem Umfang Nährstoffe fest. Die puffernde Wirkung ist ebenfalls niedrig. Man sollte somit lieber häufiger und weniger konzentriert düngen, je höher der Anteil Lavagrus oder ähnlicher Bestandteile in der Mischung ist. Salzablagerungen auf der Oberfläche sind ebenfalls die Ursache der geringen Sorptionskapazität und kein Indiz für die Versalzung des Substrats.

Entgegen der früher verbreiteten Ansicht, Kakteen benötigten ein stark kalkhaltiges Substrat, damit die Stachelbildung gefördert wird, zeigten Messungen an Naturstandorten, daß viele Böden dort sauer sind. Vom Beimischen eines Kalkdüngers ist daher abzuraten, es sei denn, man hat eine sehr kalkarme Mischung. In diesem Fall kann Gips (etwa 5 bis 10 g/l Substrat) dem Kalkmangel vorbeugen, ohne den pH-Wert zu erhöhen. Gips reagiert in wäßriger Lösung sogar sauer. Der pH-Wert bewegt sich unerwünschter Weise durch kontinuierliches Gießen mit kalkhaltigem Wasser ohnehin meist nach oben.

Für eine Kakteengruppe gilt das bisher Gesagte nicht: die epiphytischen Kakteen. Epiphyten oder Aufsitzer wachsen auf Bäumen oder anderen großen Pflanzen. Sie wurzeln in der mehr oder weniger vorhandenen organischen Substanz (»Mulm«). Auch die Kakteenfamilie enthält Epiphyten: Oster- und Weihnachtskakteen, *Hatiora* und *Schlumbergera,* Phyllokakteen und *Rhipsalis.* Sie alle schätzen mehr Feuchtigkeit und ein humusreiches Substrat. Geeignet sind die verschiedenen Torfsubstrate mit erhöhtem Styromullanteil.

Ein brauchbares Orchideensubstrat könnte aus 30% TKS I, 30% Korkschrot, 30% spezieller Orchideenrinde und 10% Vermiculite bestehen, oder aus 20% TKS I oder Einheitserde P (alternativ Torf, dessen pH-Wert mit 3 bis 10 g kohlensaurem Kalk auf pH 5 bis maximal 6 angehoben und der mit 0,5 g Volldünger je Liter gedüngt wurde), 20% Styromull, 30% Orchideenrinde, 20% Seramis und 10% Vermiculite. (Alle genannten Anteile sind Volumenprozente.) Diese und weitere Mischungskomponenten halten Orchideengärtner oder der spezialisierte Versandhandel bereit. Statt Styromull können die gröberen Orchid-Chips oder Korkschrot zum Einsatz kommen, statt der Orchideenrinde Holzstücke von Harthölzern wie Meranti.

Orchideen wie Laelia anceps verlangen ein durchlässiges, gut belüftetes Substrat, das seine Struktur möglichst lange behält.

Eine neue, noch zu erprobende Möglichkeit sind die Holzfasern wie »Toresa spezial«.

Diese Orchideensubstrate bestehen aus vielen nicht oder nur langsam zersetzbaren Stoffen, so daß sie über mehrere Jahre stabil bleiben. Dies erkaufen wir allerdings mit einer geringen Austauschkapazität und Pufferung. Orchideen in diesen Pflanzstoffen dürfen keinesfalls überdüngt und auch nicht mit hartem Wasser gegossen werden. Am Anfang müssen wir die Pflanzen genau beobachten, bis wir das richtige Gefühl für die erforderlichen Gießintervalle bekommen haben. Die schwach dosierten Nährstoffgaben müssen wegen des geringen Speichervermögens natürlich häufiger verabreicht werden.

Die meisten Orchideen, die als Zimmerpflanzen in Frage kommen, sind Epiphyten oder Aufsitzer. Ausnahmen sind zum Beispiel die bekannten Frauenschuhorchideen (*Paphiopedilum*) und *Pleione*, die zu den terrestrischen Orchideen gehören, also im Boden wurzeln. Für solche Orchideen kann beispielsweise der

Torfanteil erhöht, also der Anteil grober Bestandteile reduziert werden.

Bromeliensubstrate können ähnlich wie Substrate für epiphytische Orchideen aussehen, aber mehr Torf, versuchsweise auch Toresa spezial oder Rindenkultursubstrat enthalten, wenn es sich um robustere Arten handelt.

Sukkulente Pflanzen können oft über viele Jahre in einem rein mineralischen Substrat gehalten werden, beispielsweise in Urgesteins- oder Granitgrus oder in Seramis. Diese Materialien verändern ihre Struktur während dieser Zeit kaum. Die vielen groben Poren verhindern, daß es zu Wurzelschäden kommt, wenn einmal zu reichlich gegossen wurde. Um die Sorptionskapazität von Seramis zu verbessern, kann man die gebrannten Tongranulate mit einem geringen Teil Vermiculite mischen. Vermiculite ist ein Gestein aus der Gruppe der Schichtsilikate. Durch starkes Erhitzen wird es auf-

> Je höher der Anteil leichtzersetzlicher Bestandteile in Orchideenpflanzstoffen ist, umso weniger Dünger erhalten die Pflanzen.

Im Vergleich zu unseren nüchternen
Pflanzgefäßen heute waren die Töpfe früher
mehr oder weniger kunstvoll gestaltet.
Dies galt besonders für Ampeln, die sogar mit
einer Glasglocke für empfindliche Gewächse
versehen sein konnten.

gebläht, ist dann leicht (80 bis 130 g/l)
und grobkrümelig. Es kann besonders
gut Phosphor binden und bewirkt somit
in Seramis eine ausgeglichenere Versorgung mit diesem Nährstoff. Sukkulente
Pflanzen mit sehr dicken Blättern haben
aufgrund des großen Wassergehalts ein
hohes Gewicht und sind in Töpfen mit
reinem Seramis oder einem hohen Anteil
dieses Tongranulats nicht standfest.

Wer die Eigenschaften der diversen Materialien kennt, hat viele Möglichkeiten
zum Experimentieren. Stets ist zu beachten, daß die Pflegemaßnahmen wie Gießen, Düngen und Umtopfen auf die Merkmale eines Substrats abzustimmen sind.

Töpfe und sonstige Gefäße

Der »gute alte Tontopf« verlor in den
letzten Jahren immer mehr an Bedeutung.
Daß manche Pflanzenfreunde ihn bevorzugen, dafür sprechen sicher nicht nur
sachliche Gründe. Man hat sich an den
Tontopf gewöhnt. Vielen Blumenfreunden ist der Kunststofftopf unsympatisch.
Brauchbar sind beide, man muß nur die
besonderen Eigenschaften des jeweiligen
Materials berücksichtigen. Der Haupt-

unterschied: gebrannter Ton ist wasser-
durchlässig, Kunststoff nicht. Pflanzen in
Kunststofftöpfen brauchen daher weniger Wasser als solche in Tontöpfen. Dies
ist ganz wichtig und wohl ein Grund
dafür, weshalb viele nach wie vor den
Tontopf bevorzugen. Gerade die Anfänger unter den Blumenfreunden neigen
dazu, zuviel zu gießen aus Angst, die
Pflanze könnte vertrocknen. Dieses Zuviel an Wasser hat im Kunststofftopf die
dramatischeren Folgen. Daher der Rat:
Jeder sollte den Topf verwenden, mit dem
er am besten zurechtkommt.

Die Verdunstung durch die Tontopfwand
ist eigentlich nicht erwünscht. Einmal
wird Wasser unproduktiv verbraucht,
zum anderen erzeugt die Verdunstung
Kälte. Die Erde im Tontopf ist bei glei-
chem Standort meßbar kühler als die im
Kunststofftopf – ein Nachteil besonders
dann, wenn die Topfpflanzen auf einer
Fensterbank stehen, unter der sich keine
Heizkörper befinden. Neue Tontöpfe, so
heißt es überall, sind vor Gebrauch 24
Stunden zu wässern, um schädliche Stoffe aus der Tonwand zu entfernen, die zu
Wurzelschäden führen könnten. Das ist
schwer nachzuweisen, zumindest bei
empfindlichen Pflanzen aber nicht auszuschließen. Mit Sicherheit entzieht ein
trockener Tontopf der Erde Feuchtigkeit,
so daß das Wässern schon seine Bedeutung hat.

Mit dem Wasser dringen auch Salze durch
die Topfwand und lagern sich dort ab
(»blühen aus«). Schön sieht deshalb nur
ein neuer Tontopf aus. Die Wasserdurchlässigkeit der Tonwand hat aber auch einen Vorteil, nämlich dann, wenn man die
Töpfe in wasserhaltendes Material wie
Torf »einfüttert« und dieses feucht hält.
Das Wasser dringt von außen in den Topf
ein und sorgt so für gleichmäßige Feuchtigkeit. Noch besser als Torf eignen sich
Bimskies oder Perlite zum Einfüttern der
Töpfe.

Bei hohen, schweren Pflanzen erweist
sich das größere Gewicht des Tontopfs
als vorteilhaft: das Ganze kippt nicht so
leicht. Kunststofftöpfe haben weniger
schräge Wände, somit eine größere Standfläche, um diesen Nachteil etwas auszugleichen. Dadurch ergibt sich bei gleicher Topfgröße beim Kunststofftopf ein
größeres Volumen. Heute findet man fast
ausschließlich Töpfe aus Hartplastik; die
Styroportöpfe haben sich nicht bewährt.
Sie sind viel zu leicht und werden bei
dem leichtesten Wurzeldruck gesprengt.
Sansevierien führen die Nachteile dieses
Topfes am ehesten vor Augen. Töpfe aus
Hartplastik halten dagegen viele Jahre.

Kunststofftöpfe sind sofort verwendbar;
auch ältere Töpfe sind leicht zu reinigen
und auch zu desinfizieren. Salze blühen
nicht aus.

Interessant ist es, die Wurzelbildung im Ton- und Kunststofftopf zu vergleichen. Im Tontopf wachsen alle Wurzeln zur Wandung und täuschen so beim Austopfen eine bessere Wurzelbildung vor. Anders im Kunststofftopf: Die Wurzeln wachsen gleichmäßig durch das Substrat und nutzen es besser aus. Ein dichter Wurzelfilz am Rand kann sich so kaum bilden.

Wer von der Sammelwut gepackt ist, wird bald zu schätzen wissen, daß es quadratische Kunststofftöpfe gibt. Auf der gleichen Standfläche lassen sich von ihnen mehr unterbringen als von runden.

Was macht man mit einem alten, »ausgeblühten« Tontopf, den man reinigen und von Schadorganismen befreien will? In Gartenbaubetrieben gab es vor vielen Jahren Topfbrennöfen, in denen alle alten Töpfe gestapelt und auf 700 °C erhitzt wurden. Sie waren dann absolut steril, und der Kalk platzte von selbst ab. Der Backofen in der Küche erreicht diese hohen Temperaturen nicht. Die maximal 250 bis 300 °C reichen aber zum Desinfizieren gut aus. Nur die Kalkrückstände muß man mit einer Drahtbürste entfernen. Wem dies zu mühsam ist, der werfe die alten Töpfe weg und kaufe neue. Beim Brennen im Herd ist darauf zu achten, daß langsam aufgeheizt und langsam wieder abgekühlt wird, sonst gibt es Bruch. Die Hausfrau wird gegen diesen Mißbrauch des Küchenherdes kaum etwas einzuwenden haben, denn unangenehme Gerüche entstehen dabei kaum. Anders ist es, wenn man auf diese Weise Erde desinfizieren will. Sie stinkt ganz beachtlich.

Den Kalkrückständen kann man auch mit verdünnten Säuren wie zum Beispiel Oxalsäure oder auch Essig zu Leibe rücken. Beim Umgang mit Säuren ist jedoch größte Vorsicht geboten!

Wie groß soll der Topf sein?

Wenn man gelegentlich den Hinweis findet, manche Zimmerpflanzen nähmen einen zu großen Topf übel, so werden hier Ursache und Wirkung verwechselt. Mißerfolge haben andere Gründe, wie zu hohe Feuchtigkeit durch ungeeignetes Substrat oder falsches Gießen. In einem großen Topf ist natürlich mehr Erde als in einem kleinen, und mehr Erde bedeutet ein größeres Wasservolumen. Allein aus Platzgründen wird man den Blumentopf nicht größer wählen als er sein muß. Die

Wurzeln müssen ausreichend Platz darin finden, dürfen keinesfalls mit wenig Erde hineingezwängt werden.

Häufig stehen Zimmerpflanzen in zu kleinen Töpfen. Besonders bei Kakteen ist dies eine Unsitte. Der Grund hierfür ist allein die bessere Platzausnutzung beim Gärtner; auf 1 m² stehen in 5-cm-Töpfen viel mehr Kakteen als in 10-cm-Töpfen. Der fortgeschrittene Kakteenpfleger setzt darum jede Neuerwerbung erst einmal in einen größeren Topf. Manche vertreten die Auffassung, kleiner als 10 cm dürfe auch für Kakteen kein Topf sein. Übrigens wird die Größe des Topfes oben gemessen, und zwar innen (lichte Weite). Kakteen und auch andere Sukkulenten stecken oft gar in 4-cm-Töpfen. Der Sproßdurchmesser ist dann nicht viel geringer, Erde kann man noch vermuten.

Pflanzen in zu kleinen Töpfen sind erheblichen Feuchtigkeitsschwankungen unterworfen. Nach dem Gießen ist die Erde feucht, aber das Wasser ist schnell aufgenommen oder verdunstet. Bis zum nächsten Wässern herrscht Wassermangel.

Die Höhe der Töpfe ist meist einheitlich. Früher hatte man noch die Auswahl zwischen »Halbtöpfen«, die etwas niedriger sind und besonders für Azaleen Verwendung fanden, und dem »Langtopf«, der ideal für Palmen mit ihren Pfahlwurzeln ist. Hat man das Glück, solche flachen oder hohen Töpfe zu finden, sollte man sofort zugreifen, denn sie sind leider selten geworden. Gerade die flachen Töpfe könnte man vielfältig verwenden: für sukkulente Pflanzen mit flachen, weitstreifenden Wurzeln oder für Orchideen. Viele Ausläufer bildende Pflanzen stehen ideal in solchen Gefäßen, zum Beispiel *Sansevieria trifasciata* 'Hahnii', 'Silver Hahnii' und 'Golden Hahnii'. Ein Kakteensammler schneidet alle seine Kunststofftöpfe oben ab, weil er mit flachen Töpfen bessere Erfahrungen gemacht hat: Die Kontrolle der Feuchtigkeit ist viel einfacher. Orchideenfreunde versuchen gelegentlich, die Substratdurchlüftung zu verbessern, indem sie die Topfwandung durchlöchern.

Schalen, Kästen, Übertöpfe

Für manche Pflanzen, wie die soeben erwähnten kleinen Sansevierien oder auch Orchideen wie *Pleione*-Arten, bieten sich Schalen an. Die geringe Tiefe im Verhältnis zum oberen Durchmesser reicht aus,

> **Im Kunststofftopf ist die Wurzeltemperatur höher als im Tontopf, was viele Pflanzen besser wachsen läßt.**

Ein Vorteil des Tontopfes ist seine Wasserdurchlässigkeit. Sukkulente Pflanzen in Tontöpfen können während der Wintermonate, wenn ihr Wasserbedarf gering ist, indirekt bewässert werden. In eine Schale mit Bimskies oder Perlite gestellt, dringt genügend Feuchtigkeit durch die Tonwand, wenn das Füllsubstrat regelmäßig Wasser erhält. Zu reichliche Wassergaben, die für Sukkulenten gefährlich wären, sind auf diese Weise ausgeschlossen.

dem Drang, Wurzeln oder Ausläufer in die Breite zu schicken, Rechnung zu tragen. Schalen gibt es sowohl aus Kunststoff als auch aus Ton. Tonschalen sind häufig in mehreren Größen erhältlich und preiswerter. Schalen eignen sich besonders gut als »Kinderstube«, denn Jungpflanzen sitzen zu mehreren besser in einer Schale als allein in einem kleinen Topf. Es ist viel einfacher, die Erde in einer Schale gleichmäßig feucht zu halten als in einem kleinen Topf.

In größeren Schalen oder Kästen lassen sich auch kleine Gruppen zusammenstellen. Natürlich sind hierfür nur Pflanzen mit gleichen Ansprüchen geeignet. Und in Konkurrenz zueinander dürfen sie auch nicht treten, weder um das Licht, noch um Wasser und Nährstoffe.

Alle bisher beschriebenen Gefäße – Töpfe, Schalen und Kästen – haben unten eine oder mehrere Öffnungen, damit überschüssiges Wasser abfließen kann. Was ist von solchen zu halten, die »dicht« sind? Für die Hydrokultur ist dies Voraussetzung, doch hierauf soll später eingegangen werden. Herkömmlich kultivierte Pflanzen müssen in solchen Gefäßen sehr exakt gegossen werden, was Neulingen oft Schwierigkeiten bereitet. Weniger gefährlich wird es, wenn unten im Gefäß eine Schicht Kieselsteine oder Styromull das Abtropfen aus der Erde zuläßt. Natürlich muß vor jedem Gießen abgewartet werden, bis das »Reservoir« weitgehend leer ist. Dies erfordert anfangs ein wenig Aufmerksamkeit und Fingerspitzengefühl, bis man den richtigen Gießrhythmus gefunden hat.

Geeignet sind hierfür Glas- und Steingutgefäße, Porzellan und bedingt auch Kera-

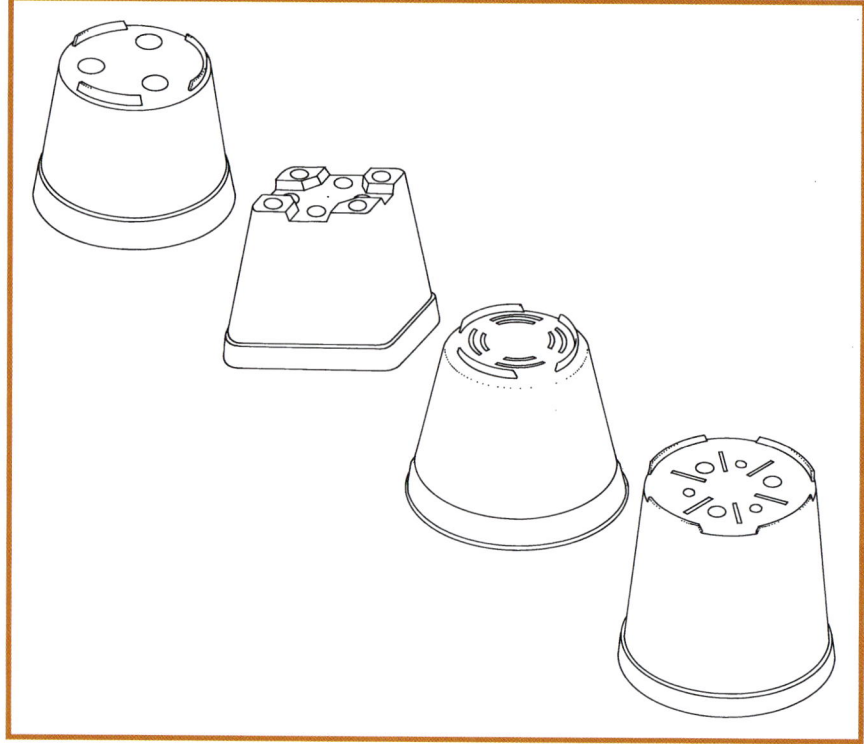

Die Böden der Kunststofftöpfe können sehr unterschiedlich geformt sein. Dies beeinflußt die Wasseraufnahme stark, wenn beispielsweise über den Untersetzer gegossen wird. Die Standfestigkeit ist bei dem Topf, dessen Boden unten abgerundet ist (zweiter von rechts), gering.

mik. Das Glas sollte eingefärbt und somit lichtundurchlässig sein. Zumindest bei einigen Pflanzenarten hat man nämlich gesehen, daß sich durch das Licht die Wurzeln nicht mehr normal entwickeln können. Vom Haushaltsgeschirr her weiß man, daß Keramik nicht gleich Keramik ist. Die eine Schüssel sieht nach drei Jahren noch wie neu aus, bei der an-

deren ist schon nach einem Jahr die Glasur gesprungen. Auch die Widerstandsfähigkeit gegen chemische Einflüsse differiert. Bei der Hydrokultur wurde beobachtet, daß aus der Glasur minderwertiger Keramikgefäße Schwermetalle in so hoher Konzentration gelöst werden, daß Wurzelschäden auftreten. Dabei ist die Aggressivität der Bodenlösung umso höher, je saurer sie ist und je höher der Salzgehalt liegt. Leider sieht man es den Keramiktöpfen nicht an, ob sie gut oder schlecht sind.

Kakteen und andere Sukkulenten setzt man gerne in flache rechteckige Schalen. Mancher Blumenfreund zimmert sie sich aus Holz selbst zusammen und verkleidet sie innen mit verzinktem Blech. Dies ist gefährlich, denn Zink wird durch Säure- und Düngereinwirkung gelöst und verursacht Schäden. Bei einem sauren Substrat (Moorbeetpflanzen wie Azaleen und Eriken) ist die Gefahr größer. Bleche mit einem einfachen Zinkanstrich sind angreifbarer als feuerverzinkte, aber die sollte man lieber nicht verwenden. Edelstahl ist sicher ideal, aber teuer und in den erforderlichen Maßen kaum erhältlich. Ist man sich über die Eignung bestimmter Metalle nicht klar und will sicher gehen, so kann man innen einen Anstrich mit einem pflanzenunschädlichen Kunstkautschuk für Wasserbecken auftragen.

Tontöpfe

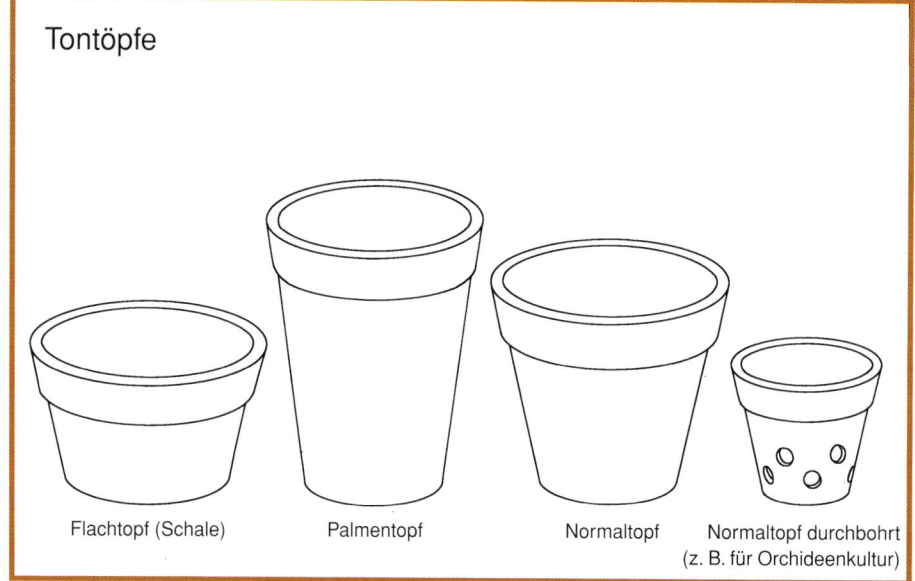

Flachtopf (Schale)   Palmentopf   Normaltopf   Normaltopf durchbohrt (z. B. für Orchideenkultur)

Körbe und Rindenstücke

Epiphyten gedeihen hervorragend in speziell für diesen Zweck hergestellten Körben aus dünnen Kanthölzern. Es gibt sie aus Fichte und auch aus hochwertigen, haltbaren, dafür aber teuren Hölzern wie Mahagoni. Nahezu unbegrenzt haltbar sind solche Pflanzkörbe aus Kunststoff; über deren Schönheit läßt sich allerdings streiten. Die Pflanzkörbe sind nicht nur für Orchideen geeignet. In botanischen Gärten findet man Beispiele dafür, was sonst noch alles darin wächst, von Farnen wie *Platycerium bifurcatum* über die insektenfangenden Kannenpflanzen (*Nepenthes*), Flamingoblumen (*Anthurium*), aber auch die lange Ausläufer bildenden Sansevierien (zum Beispiel *Sansevieria grandis, S. pinguicula*), hübsche Ampelpflanzen wie Episcien und Schlinger und Kletterer wie Passionsblumen. Sie alle können in Pflanzkörben gehalten werden, wenn man die geeigneten Räumlichkeiten dazu hat.

Für die Gute Stube braucht man sich keine Pflanzkörbe anzuschaffen, denn sie müssen gegossen oder getaucht werden, und dann läßt sich ein leichter Regenschauer nicht vermeiden. In einem großen Blumenfenster oder Kleingewächshaus spielt dies keine Rolle.

Die gleichen Schwierigkeiten gibt es, wenn wir epiphytische Orchideen oder Kakteen (*Rhipsalis*) auf Rinden- oder Baumfarnstücken aufbinden. Sie wachsen dort hervorragend, wenn die Luftfeuchte hoch genug ist und die Pflanzen mehrmals täglich gesprüht werden. Das trifft auch auf die beliebten »grauen« Tillandsien zu, die man auf Aststücke oder – was allerdings scheußlich aussieht – Styropor binden und unter den genannten Bedingungen erfolgreich pflegen kann, doch geht dies eben nur im Kleingewächshaus.

Umtopfen

Wenn Palmen, Clivien (*Clivia miniata*), Grünlilien (*Chlorophytum comosum*) oder Zierspargel (*Asparagus*) langsam die Erde über den Topfrand hinaus anheben oder Sansevierien gar den Topf sprengen, dann ist es höchste Zeit, in einen größeren Topf umzupflanzen. Soweit sollte man es aber nicht kommen lassen. Um den richtigen Zeitpunkt fürs Umtopfen zu erkennen, bedarf es ein wenig Erfahrung. Die Pflanze braucht einen größeren Topf, wenn die Erde völlig durchwurzelt ist. Dies kann jährlich notwendig werden bei sehr stark wachsenden Zimmerpflanzen; langsame Wachser würden diese häufige Störung übelnehmen. Nach dem Austopfen erkennt man den Durchwurzelungsgrad. Feinwurzelige Pflanzen täuschen im Tontopf eine stärkere Durchwurzelung vor, als dies tatsächlich der Fall ist. Die Wurzeln wachsen zielstrebig zum Rand, während sie im Kunststofftopf das Substrat gleichmäßig durchziehen.

Es gibt aber auch andere Gründe, die ein Umpflanzen erforderlich machen. Im Kapitel »Substrate« ist bereits beschrieben, daß die Erde je nach ihrer Zusammensetzung im Laufe der Zeit ihre Struktur verändert. Minderwertige Erden verdichten sich vielleicht schon nach einem Jahr, während ein weitgehend aus grobem Weißtorf bestehendes Substrat nach drei oder vier Jahren genauso gut durchlüftet ist wie zu Beginn. Auch bei den Orchideenpflanzstoffen wurde darauf hingewiesen. Leider ist es heute üblich geworden, den Torf bei der Substratherstellung fein zu mahlen. Das macht häufigeres Umtopfen erforderlich.

> Regelmäßiges Umtopfen ist erfoderlich, da sich die Blumenerde im Laufe der Zeit verändert und die Pflanzen dann nicht mehr gut wachsen.

Ein weiterer Grund für das Umsetzen in ein frisches Substrat ist das »Versauern« der Erde. Das Gießen mit hartem Wasser führt dem Substrat ständig kalkhaltige Verbindungen zu, die sich anreichern und so den pH-Wert anheben. Die Blumenerde versauert also nicht, im Gegenteil: sie wird alkalisch. Kalkrückstände überziehen die Substratoberfläche wie ein heller Schleier. Algen finden auf dieser Kruste ideale Lebensbedingungen, und sie verursachen einen muffig-sauren Geruch, der zur falschen Bezeichnung »versauern« führte.

Die alte Erde wird soweit wie möglich abgeschüttelt, ohne jedoch die Wurzeln zu sehr in Mitleidenschaft zu ziehen. Überhaupt ist beim Umtopfen grundsätzlich darauf zu achten, daß die Wurzeln nicht beschädigt werden. Vor allem dicke und fleischige Wurzeln sind sehr schonend zu behandeln. Nur abgefaulte Wurzeln werden entfernt, aber solche Faulstellen sind ein Zeichen dafür, daß irgend etwas nicht stimmt. Ein sehr dichter Topfballen aus feinen Wurzeln kann dagegen mit einem Hölzchen vorsichtig aufgelockert werden. Das Umtopfen nutzen wir gleich zum Teilen oder Verjüngen der Pflanzen. Näheres hierzu steht auf den Seiten 101 bis 115.

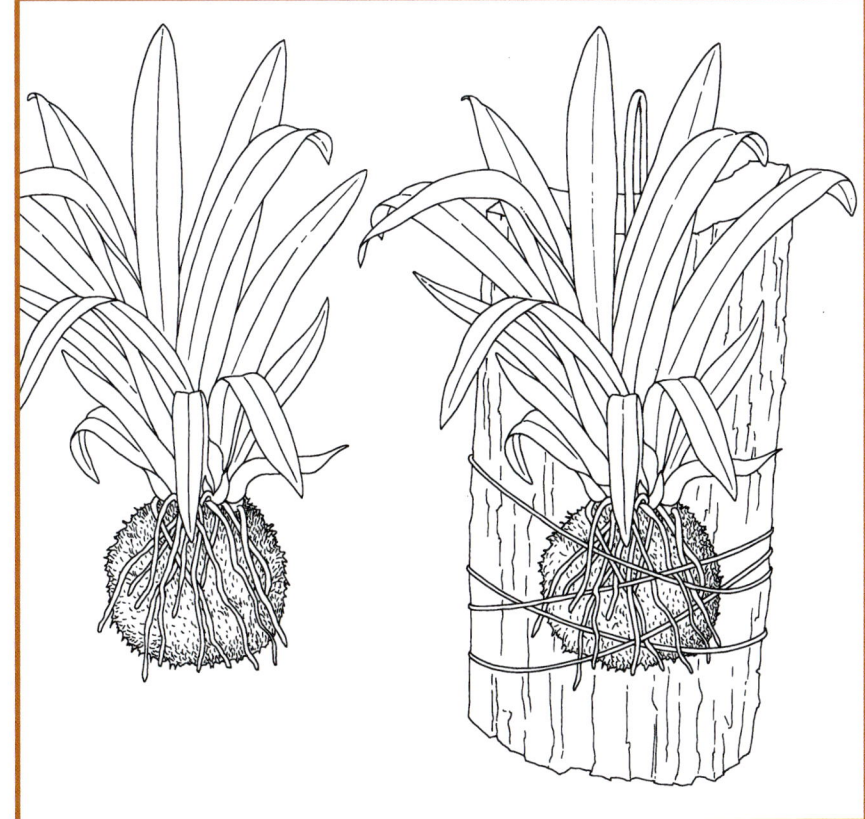

Pflanzen mit empfindlichen Wurzeln wie diese Orchideen werden nicht in Töpfe gepflanzt, sondern mit wenig Substrat an ein Stück Korkrinde oder ähnliches gebunden.

Austopfen

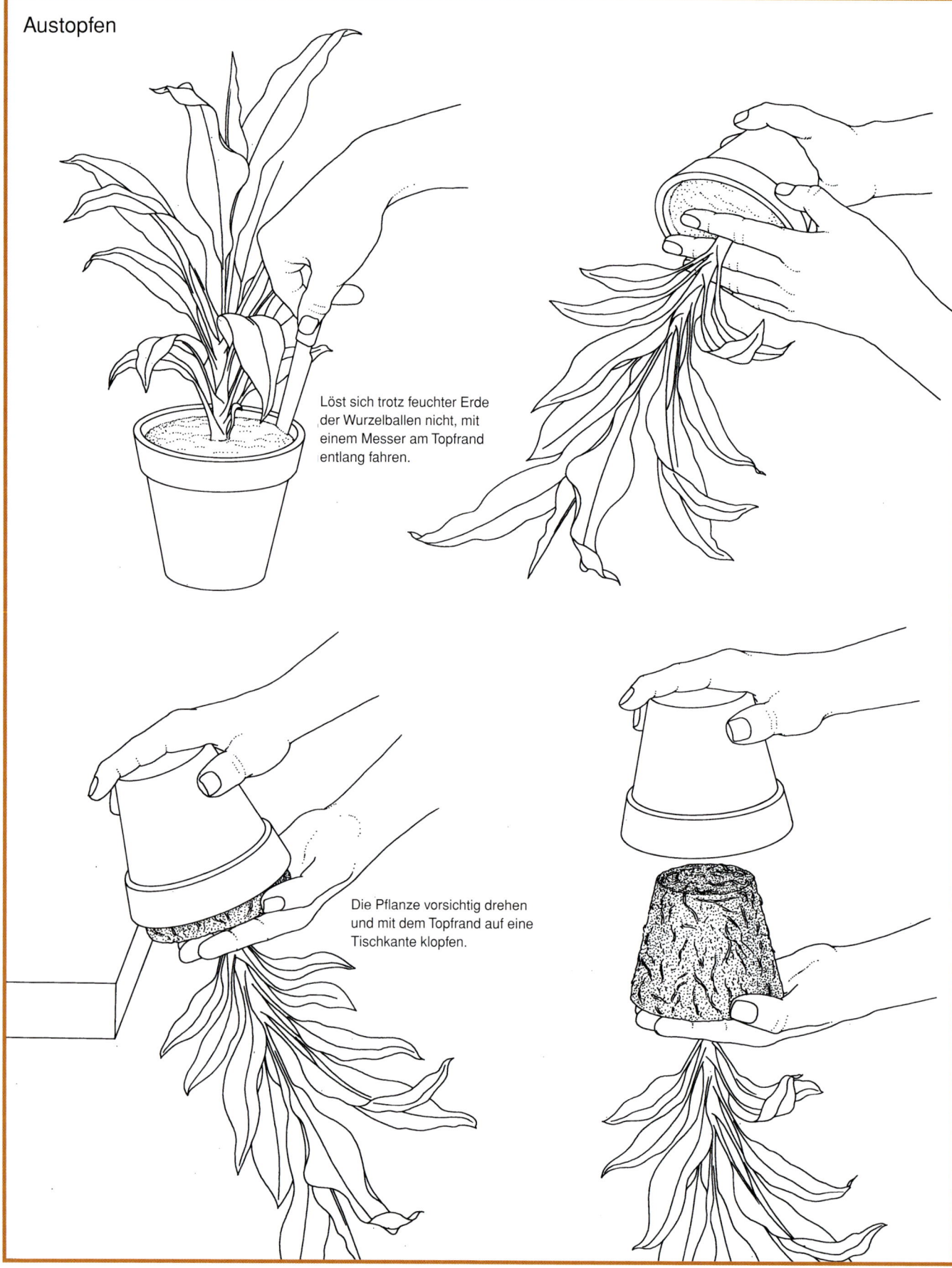

Löst sich trotz feuchter Erde
der Wurzelballen nicht, mit
einem Messer am Topfrand
entlang fahren.

Die Pflanze vorsichtig drehen
und mit dem Topfrand auf eine
Tischkante klopfen.

Welche Jahreszeit wählt man fürs Umtopfen? Als Regel gilt, daß dies am besten am Ende der Ruhezeit mit Beginn
des Wachstums erfolgt. Dies wird meist
im Frühjahr ab März der Fall sein. Nur
wenige Arten haben ihre Ruhezeit im
Frühjahr und Sommer. Hierzu gehören
die verbreitete Zimmercalla (*Zantedeschia aethiopica*), das zu den Mittagsblumengewächsen gehörende *Conophytum*,
die sukkulenten Pelargonien und auch einige Orchideen, etwa aus den Gattungen
Odontoglossum und *Phalaenopsis*. Man
muß die Pflanzen beobachten, dann erkennt man ohne Schwierigkeiten, wann
das Wachstum beginnt und die Zeit für
das Umtopfen gekommen ist.

Bei sehr stark wachsenden Pflanzen,
die keine strenge Ruhe brauchen, ist die
Jahreszeit nicht von wesentlicher Bedeutung. Bei einigen Orchideen dagegen
konnte man feststellen, daß sie nur zu
bestimmten Jahreszeiten Wurzeln bilden.
Werden die Arten während der Ruhezeit
verpflanzt und ihre Wurzeln dabei beschädigt, was sich nie ganz vermeiden
läßt, können sie die Verletzungen nicht
mehr ausgleichen.

Die Handgriffe des Umtopfens zeigt am
besten ein Gärtner. Zuerst muß man die
Pflanzen aus dem alten Gefäß herausbe-
kommen. Dies geht am einfachsten und
wurzelschonendsten bei feuchtem Ballen.
Kleinere Töpfe dreht man um und klopft
den Rand auf eine Tischkante auf. Bei
großen Töpfen geht dies nicht mehr. Man
löst die Wurzeln von der Topfwand, indem man mit einem Messer zwischen
Ballen und Topf entlangfährt. Anschließend hebt man die Pflanze vorsichtig
heraus. Aus Töpfen mit glatten und un-
durchlässigen Wänden (aus Kunststoff,
Keramik) lassen sich die Wurzeln leicht
lösen. Schwieriger ist es bei Tontöpfen.
Stark durchwurzelte Tontöpfe zerschlägt
man am besten mit einem Hammer, um
die Wurzeln zu schonen. Wachsen Orchideen in Holzkörbchen, so schmiegen sich
ihre Wurzeln so eng an das Holz, daß sie
kaum zu lösen sind. Am besten besprühen wir die Wurzeln mehrmals hintereinander, bis sie sich richtig vollgesogen haben. Dann ist die Chance größer, sie heil
vom Holz trennen zu können.

Oben: Haben die Wurzeln den Topf völlig ausgefüllt, dann bereitet das Austopfen nicht selten Schwierigkeiten. In diesen Fällen ist es besser, den Verlust eines Topfes in Kauf zu nehmen
als Wurzelschäden zu verursachen.

Unten: Alpenveilchen topft man so ein, daß die
Knolle mindestens ein Drittel über der Erde
steht. Nur die Knöllchen der Sämlinge sind völlig mit Erde bedeckt.

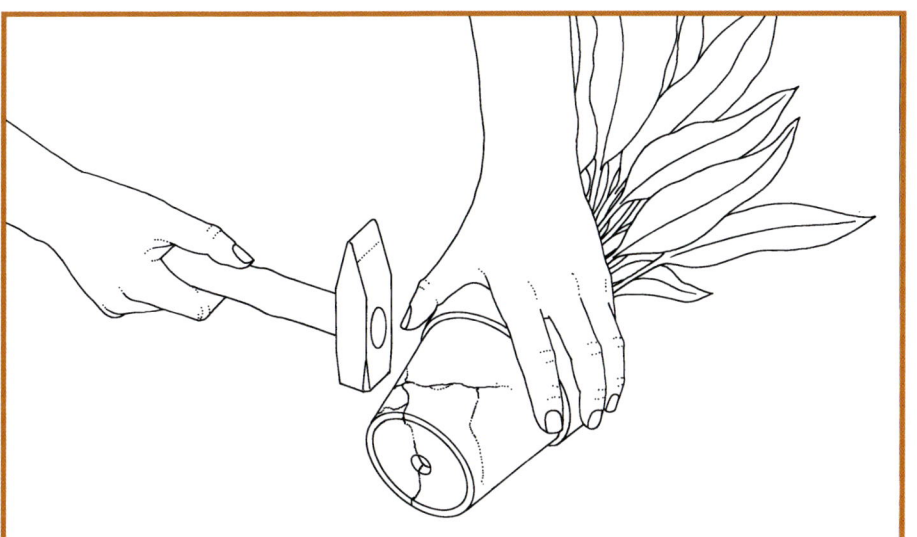

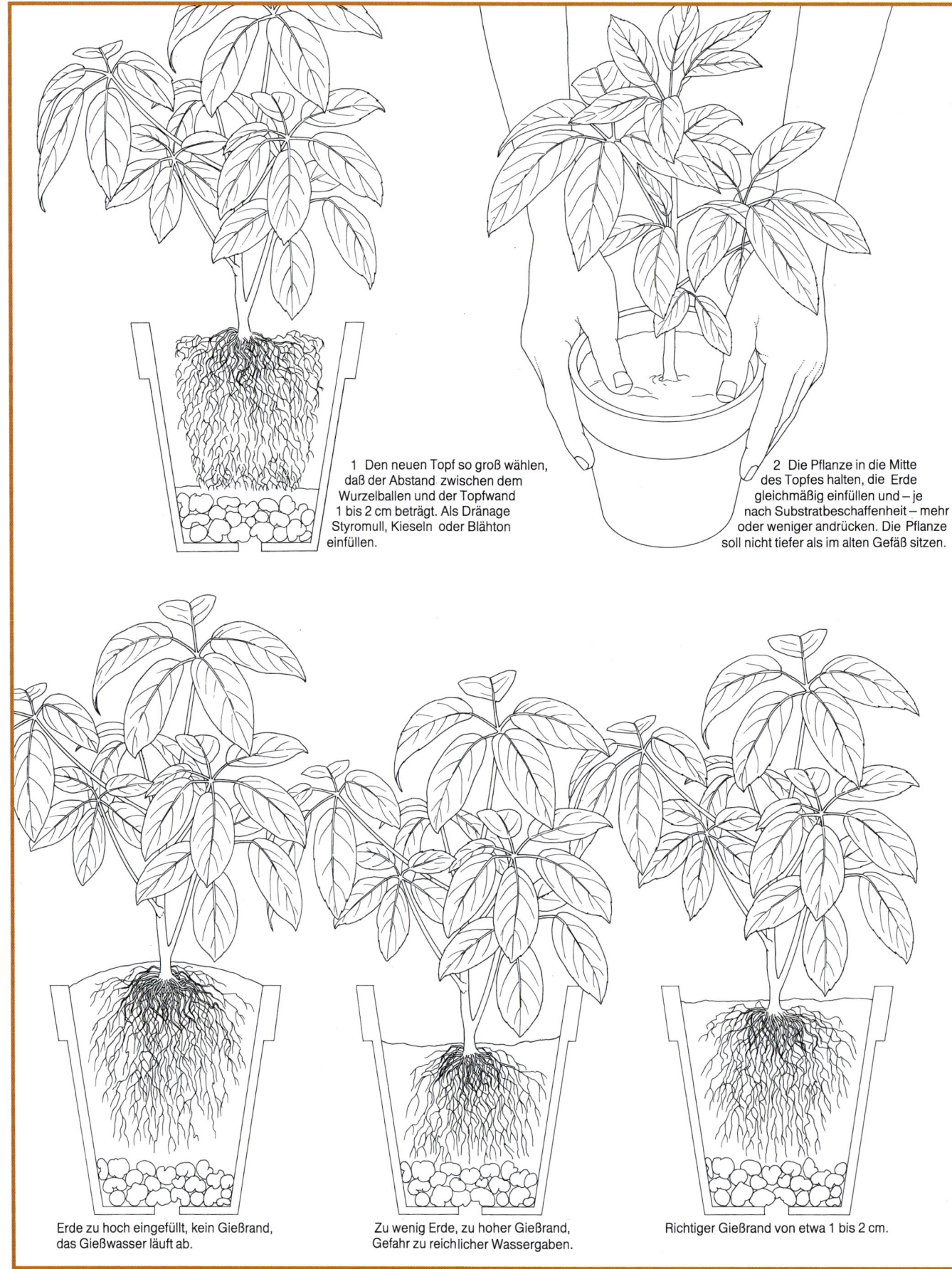

1 Den neuen Topf so groß wählen, daß der Abstand zwischen dem Wurzelballen und der Topfwand 1 bis 2 cm beträgt. Als Dränage Styromull, Kieseln oder Blähton einfüllen.

2 Die Pflanze in die Mitte des Topfes halten, die Erde gleichmäßig einfüllen und – je nach Substratbeschaffenheit – mehr oder weniger andrücken. Die Pflanze soll nicht tiefer als im alten Gefäß sitzen.

Erde zu hoch eingefüllt, kein Gießrand, das Gießwasser läuft ab.

Zu wenig Erde, zu hoher Gießrand, Gefahr zu reichlicher Wassergaben.

Richtiger Gießrand von etwa 1 bis 2 cm.

Oben: Monopodiale Orchideen haben eine mehr oder weniger senkrechte durchgehende Sproßachse mit unbegrenztem Längenwachstum. Bei sympodialen Orchideen (rechts) endet der Sproß beispielsweise in einer beblätterten Pseudobulbe, während ein Seitentrieb das Wachstum fortsetzt. Hierdurch entsteht eine waagrechte Achse. Der Sproß scheint über das Substrat zu kriechen.

Unten: Beim Umpflanzen der sympodialen Orchideen sind Besonderheiten zu beachten: Die Achse wird schon einige Zeit vor dem Umpflanzen durchtrennt. Die ältesten, oft schon unbeblätterten Pseudobulben, die Rückbulben, dienen der Vermehrung. Der vordere Teil ist mit der ältesten Pseudobulbe so in eine Ecke zu setzen, daß die Triebspitze zur Mitte zeigt.

Um wieviel größer der neue Topf sein soll, ist abhängig von der Wachstumsgeschwindigkeit der Pflanze. Langsamwachsende erhalten ein nur wenig größeres Gefäß. Als Richtschnur gilt, daß zwischen Ballen und neuem Topf 2 cm breit Erde sein soll.

Früher wurde das Abzugsloch des Topfes mit Scherben abgedeckt. Bei Torfsubstraten ist dies in der Regel überflüssig. Nur bei Pflanzen mit empfindlichen Wurzeln, die sofort auf zu hohe Feuchtigkeit mit Fäulnis reagieren (zum Beispiel Stapelien, Weihnachtskakteen), deckt man den Topfboden mit grobem Blähton ab. Ist ein höheres Gewicht erwünscht, um die Standfestigkeit zu verbessern, nimmt man Kieselsteine anstelle des Blähtons. Gefäße ohne Abzugsloch benötigen diese Dränage auf jeden Fall.

Nun setzt man die Pflanze in den neuen Topf, und zwar möglichst in die Mitte und so hoch, wie dies bisher der Fall war. Die meisten Pflanzenarten würden es übelnehmen, steckte man sie zu tief in die Erde. Das Alpenveilchen überlebt es nur kurze Zeit, wenn die Knolle völlig mit Erde bedeckt ist. Bei vielen Kakteen

ist der Wurzelhals, also die Stelle, wo der oberirdische Pflanzenkörper in die Wurzeln übergeht, die empfindlichste Stelle. Das zu tiefe Einpflanzen führt dort mit Sicherheit zu Fäulnis.

Es ist selbstverständlich, daß unser Pflegling in der Mitte des neuen Topfes plaziert wird. Aber es gibt auch Ausnahmen von dieser Regel: Bei Orchideen unterscheidet man zwischen monopodial und sympodial wachsenden. Der monopodiale Wuchs ist der »übliche« mit einer mehr oder weniger aufrechten, durchgehenden Sproßachse. Solche Orchideen wie *Angraecum*, *Phalaenopsis* oder *Vanda* werden wie beschrieben in die Mitte gesetzt.

Sympodiale Orchideen wachsen vorwiegend in die Breite. Der Sproß kriecht gewissermaßen über die Erdoberfläche, weshalb man auch von Bodentrieben spricht. Diese Wuchsform ist typisch für *Cattleya*, *Coelogyne*, *Dendrobium*, *Laelia*, *Lycaste*, *Miltonia* und *Oncidium*. Ihre

Sprosse sind im Spitzenwachstum begrenzt. Der Sproß besteht oft nur aus Bulbe und Blatt. Nach einiger Zeit setzt ein Seitentrieb das Wachstum fort. Hierdurch entsteht diese waagrechte Scheinachse. Beim Umtopfen setzen wir nun den ältesten Trieb, die Rückbulbe, nicht in die Mitte, sondern an den Rand, damit die sich neu bildenden Seitensprosse das charakteristische Wachstum fortsetzen können, ohne gleich über den Topf hinaus zu müssen.

> **Im neuen Topf dürfen die Pflanzen nicht tiefer sitzen als im alten. Besonders sukkulente Arten reagieren sehr empfindlich, wenn der Wurzelhals mit Erde bedeckt und feucht ist. Es kommt zwangsläufig zu Fäulnis und Pflanzenverlusten.**

So wie die Erde einer umzusetzenden Zimmerpflanze nie trocken sein darf, so soll auch das neue Substrat – mit Ausnahme der Sukkulenten – stets feucht sein. Dies gilt besonders für die vorwiegend aus Torf bestehenden Standarderden. Die Erde drückt man nach dem Einfüllen nur schwach an, mineralische Substrate, zum Beispiel lehmige für Palmen, etwas fester. Stets muß ein Gießrand von 1 bis 2 cm Höhe zwischen Erdoberfläche und Topfrand verbleiben, sonst läuft das Wasser beim Gießen sofort ab, ohne in die Erde einzudringen.

Wenn die Kulturhinweise für die Pflanzen auch Angaben zur Umpflanzhäufigkeit enthalten, so sind diese nur als Hinweis für den unerfahrenen Pflanzenfreund zu verstehen. Ein Exemplar, das nicht wachsen will und wenig Wurzeln hat, wird selbstverständlich nicht umgetopft, auch wenn dies »jährlich« empfohlen wird. Jungpflanzen, die schnell ihren kleinen Topf durchwurzeln, lassen wir nicht darin hungern, nur weil das Jahr noch nicht verstrichen ist. Den sichersten Aufschluß über den richtigen Zeitpunkt gibt ein Blick auf die Wurzeln.

Vor der Kontrolle der Wurzeln sollte man sich nicht scheuen. Wollen die Pflanzen nicht wachsen oder entwickeln sie sich anders als sie sollen, so empfiehlt sich das Austopfen und ein Blick auf die Wurzeln (siehe auch Seite 142). Das Austopfen schadet in der Regel nicht. Nur bei einigen Arten ist erwähnt, daß man sie möglichst selten stören sollte.

Frische Erde bietet nur Vorteile, auch wenn die Wurzeln braun sind und faulen. In diesem Fall wählt man, wie schon gesagt, einen kleineren oder gleichgroßen, niemals einen größeren Topf. Kranke Wurzeln erholen sich am schnellsten in einem durchlässigen, gut belüfteten Substrat mit eher niedrigem Nährstoffgehalt. Da die Funktionsfähigkeit des Wurzelsystems eingeschränkt ist, gießt man zunächst sehr vorsichtig.

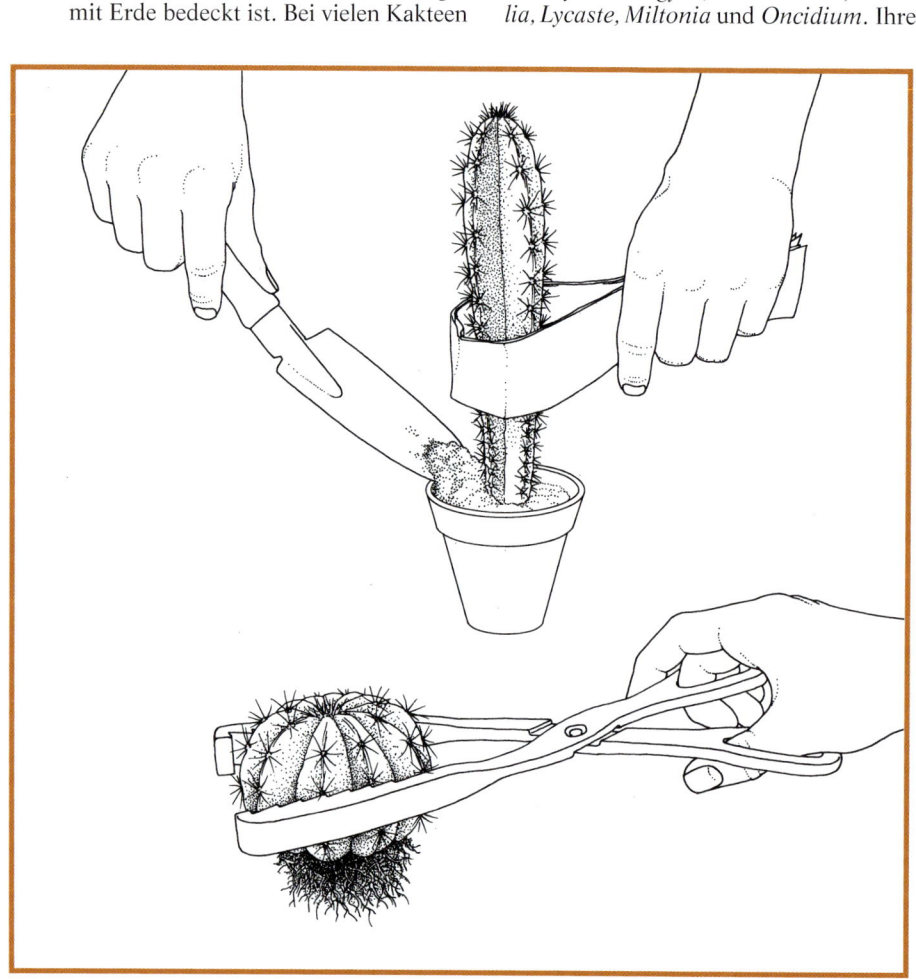

Um Verletzungen beim Umtopfen bedornter Pflanzen zu vermeiden, bedient man sich einer zusammengefalteten Zeitung oder einer Wurstzange.

Gießen

»Wie oft soll ich diese Pflanze gießen?«, häufig wird diese Frage beim Kauf gestellt und bringt den Gärtner in Verlegenheit. Sie ist nämlich nicht mit einem Rezept zu beantworten: man nehme eine Kanne und gieße täglich oder jeden zweiten Tag. Dies kann bei dem einen dazu führen, daß der Pflegling »totgegossen« wird, bei dem anderen, daß wegen zu geringer Feuchtigkeit die Entwicklung stockt oder gar Knospen abgeworfen werden. Einem solchen Rezept steht entgegen, daß zu viele Faktoren die Häufigkeit der Wassergaben beeinflussen. Das beginnt schon mit den individuellen Gießgewohnheiten. Wer das Wasser fast tropfenweise verabreicht, muß bei Azaleen, Cinerarien oder *Hibiscus* vielleicht zweimal am Tag zur Gießkanne greifen. Nutzt man dagegen die Wasserkapazität der Erde voll aus, dann genügt es, bei großem Topfvolumen ein- oder zweimal pro Woche zu gießen.

Nun reicht es aber immer noch nicht aus, die Rezeptur um eine Mengenangabe zu erweitern, etwa auf »täglich 100 cm³«. Pflanzen mit großen, weichen Blättern verbrauchen mehr Wasser als solche mit kleinem, ledrigem Laub, das durch eine dicke Wachsschicht noch geschützt sein kann. Fehlen die Blätter vollständig, wie dies bei vielen sukkulenten Pflanzen der Fall ist, dann weist dies auf einen geringen Wasserbedarf hin.

Während des Hauptwachstums ist der Wasserbedarf größer als zur Ruhezeit. Selbst Kakteen schätzen es während des Wachstums und der Blüte nicht, wenn die Erde völlig austrocknet. Im Winter dagegen stehen die meisten von ihnen am besten über mehrere Monate völlig trocken. Es wurde auch schon darauf hingewiesen, daß die Verdunstung in einem lufttrockenen Raum größer ist als in einem luftfeuchten.

Der erfahrene Blumenfreund beobachtet seine Pflanzen genau. Er sieht, wenn sie kräftig wachsen, bemerkt, wenn die Ruhezeit beginnt und reagiert darauf, wenn nach der Ruhe der neue Austrieb einsetzt. Das Anpassen der Wassergaben an den Wachstumsrhythmus ist beispielsweise bei Orchideen sehr wichtig. Ruhe, Austrieb und Blüte sind zwar auch von der Jahreszeit abhängig, doch können sie sich um mehrere Monate verschieben. Hinweise auf Blüte und Austrieb sind somit nur ein Anhaltspunkte. Ohne genaue Beobachtung läßt sich das Gießen dem Wachstumsrhythmus nicht anpassen.

Doch damit sind noch nicht alle Schwierigkeiten genannt. Es tauchte eben schon der Begriff »Wasserkapazität« auf. Darunter versteht man die Menge Wasser, die ein Substrat aufzunehmen in der Lage ist. Die Unterschiede sind beachtlich: 1 l Sand ist mit 100 g Wasser bereits gesättigt, 1 l Lehm erst mit 350 g Wasser, und 1 l Torf hat erst mit 900 g Wasser genug. Es liegt also auf der Hand, daß wir das Gießen diesen Substrateigenschaften anpassen müssen. Viel wichtiger noch als die Wasserkapazität ist der Anteil Wasser, der von der Pflanze verwertet werden kann. Einen Teil des Wassers hält das Substrat so fest, daß die Saugleistung der Wurzeln nicht ausreicht. Im Sand sind 70% des vorhandenen Wassers für die Pflanze erreichbar, im Lehm nur noch rund 55% und im Torf sogar nur etwa 45%. Von den 900 g Wasser in 1 l Torf sind also rund 500 g nicht nutzbar.

Damit wird verständlich, warum ein Torfsubstrat nie austrocknen darf. Denn 100 g Wasser in 1 l Sand bedeuten optimale Wasserversorgung, in Lehm und Torf bereits gefährlichen Mangel. Wir können nun folgende Regel festhalten: Je mehr Torf ein Substrat enthält und je mehr Feinbestandteile (Lehm und Ton), umso höher muß der Feuchtigkeitsgehalt stets sein. In einem mineralischen Substrat mit groben Bestandteilen (Sand, Grus) reicht eine geringere Feuchtigkeit aus, aber es muß häufiger gegossen werden, da die Wasserkapazität geringer ist. Noch ein weiteres ist zu bedenken: Der Tontopf verdunstet Wasser über die gesamte Oberfläche; der Wasserverbrauch ist damit höher als in Kunststofftöpfen.

Zimmerpflanzen werden, dies ist eine alte Erfahrung, im allgemeinen zuviel gegossen. Wurzelschäden sind die Folge. Die Pflanze kann trotz reichlichen Angebots nicht genügend Wasser aufnehmen und »schlappt«. Häufig wird dann noch mehr gegossen und der Schaden verstärkt. Trockenheitsschäden sind viel seltener und meist weniger gravierend. Wer unsicher ist, gieße erst einmal vorsichtig und beobachte die Reaktion. Wenn Menge und Intervalle nicht stimmen, wird man dies schnell merken. Wer aufmerksam gießt, hat bald den richtigen Rhythmus gefunden. Falsch wäre es, ein- oder zweimal am Tag einen Fingerhut voll Wasser zu geben. Besser ist es, in größeren Abständen das Substrat kräftig zu durchfeuchten.

Die Sorge um das richtige Gießen wäre man mit einem Schlag los, wenn man die Feuchtigkeit im Boden messen und den Wassernachschub nach den Meßwerten ausrichten könnte. Solche Feuchtigkeitsmesser gibt es tatsächlich. Sie waren bisher aber nur für den Einsatz in Gartenbaubetrieben gedacht und für den Pflanzenfreund auch viel zu teuer. Nun findet man aber sporadisch Kleingeräte, die, aus »Billigländern« importiert, um 20 DM kosten. Den Feuchtigkeitsgehalt geben diese Geräte in abstrakten Werten von 1 bis 4 oder 10 an. Für einige verbreitete Topfpflanzen wird in den Bedienungsanleitungen der optimale Bereich genannt. Die Ergebnisse aus der Prüfung von zwei verschiedenen Fabrikaten konnten wenig begeistern. Das beginnt bereits damit, daß ein Fühler in den Topf gespießt werden muß. In einem stark durchwurzelten oder in einem mineralischen Substrat mit groben Bestandteilen ist das nahezu unmöglich. Viel schwerer wiegt die Tatsache, daß diese Meßgeräte die spezifischen Eigenschaften der Substrate nicht berücksichtigen können. Die Feuchtigkeitsmesser können somit Fingerspitzengefühl und Routine beim Gießen nicht ersetzen. Das gilt auch für den Anzeiger von Seramis, der nicht in jedem Fall den richtigen Gießzeitpunkt anzeigt; außerdem ist sein Einsatz nur auf das Seramis-System beschränkt.

In der Regel stehen die Blumentöpfe auf der Fensterbank in Untersetzern, damit sich beim Gießen kein Sturzbach auf Fensterbank oder Teppich ergießt. Diese praktischen Untersetzer verleiten dazu, zu reichlich zu gießen und Wasser im Untersetzer stehen zu lassen. Das vertragen nur wenige Pflanzen wie die Zimmercalla (*Zantedeschia aethiopica*), das Cypergras (*Cyperus alternifolius* und andere) oder die Palmen der Gattung *Microcoelum* (syn. *Lytocaryum*, *Syagrus*). Darum sei all jenen, die noch nicht das richtige Gefühl für die notwendige Wassermenge je Topf besitzen, empfohlen, kurze Zeit nach dem Gießen die Untersetzer zu kontrollieren und darin stehendes Wasser wegzuschütten.

Wie gießen?

Es ist eine alte Streitfrage, ob man Alpenveilchen »von oben« oder »von unten« gießen soll. Jede Partei schwört auf ihre Methode. Was ist besser? Wie wirkt es sich auf die Pflanze aus? Gießen wir in den Untersetzer, dann saugt die Erde das Wasser auf – wenn wir reichlich gießen bis zur Oberfläche. Knolle und Blätter des Alpenveilchens bleiben dabei trocken, was die Fäulnisgefahr reduziert. Das Wasser bewegt sich immer nur von unten nach oben: Es wird von unten nach oben gesaugt, um schließlich an der Erdoberfläche zu verdunsten. Hierbei reichern sich die Nährsalze an der Oberfläche an und fehlen möglicherweise im

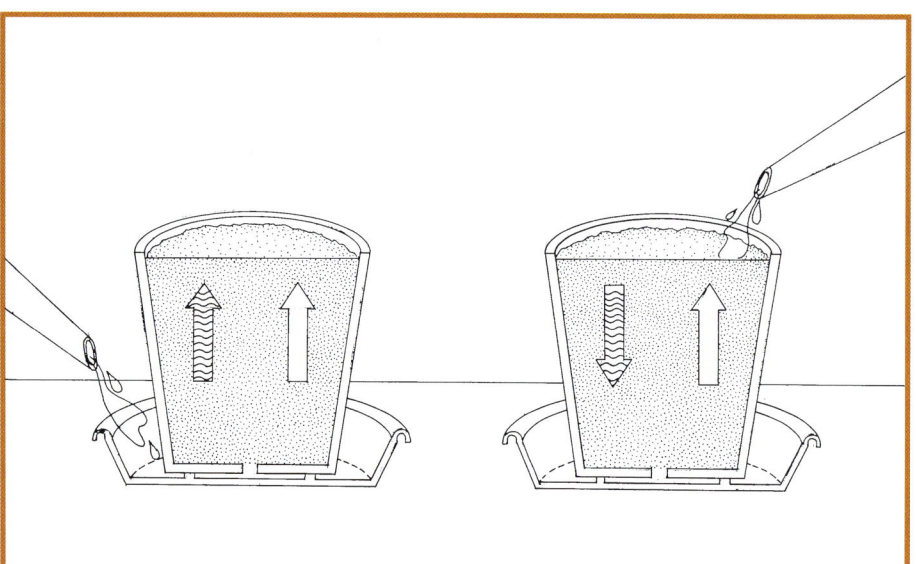

Wird über den Untersetzer gegossen, dann saugt die Erde das Wasser von unten nach oben auf. Die Verdunstung über die Substratoberfläche bewirkt einen Wasserstrom ebenfalls von unten nach oben.

Die Erde im oberen Teil des Topfes reichert sich mit Salzen stärker an als beim Gießen von oben. Das von oben eindringende Wasser wäscht die Salze aus und transportiert sie nach unten.

unteren Topfbereich, wo sich die meisten Wurzeln befinden.

Gießen wir von oben ins »Herz«, dann brauchen wir uns nicht zu wundern, wenn die Blätter und Knospen abfaulen. Gießen wir aber von oben so, daß nur die Erde, nicht aber das »Herz« benetzt wird, dann kann nichts Nachteiliges passieren. Beim Eindringen bewegt sich das Wasser von oben nach unten, beim Verdunsten von unten nach oben. Eine Salzanreicherung in der oberen Erdschicht wird auf diese Weise vermieden.

Der Streit um das richtige Gießen ist somit leicht zu schlichten: Beide Methoden sind erfolgversprechend. Beim Gießen von oben soll möglichst nur die Erde naß werden. Schüttet man das Wasser in den Untersetzer, dann sollte man von Zeit zu Zeit seinem Prinzip untreu werden und von oben kräftig gießen, damit keine Salzanreicherung an der Oberfläche erfolgt.

> **Beim Gießen sollte man nur die Erde, nicht aber Pflanzenteile benetzen. Bleibt Wasser im »Herz« stehen, ist Fäulnis die Folge.**

Noch eine Besonderheit ist zu erwähnen: In der Familie der Ananasgewächse (Bromeliaceae) gibt es viele Arten, deren Blätter einen Trichter, auch Zisterne genannt, bilden. Wie werden sie gegossen, in den Trichter, oder wird die Erde benetzt? Der Trichter hat die Aufgabe, Wasser aufzufangen und zu speichern. Dies ist aber nur sinnvoll, wenn die Bromelien auch in der Lage sind, dem »Vorratsbehälter« Wasser zu entnehmen. Tat-

sächlich befinden sich vornehmlich an der Basis der Blätter besonders ausgebildete Zellen, die das vermögen. Bei manchen Arten haben die Wurzeln nur noch Haltefunktion, während die Wasseraufnahme fast ausschließlich auf dem beschriebenen Weg erfolgt. Bei den als Topfpflanzen verbreiteten Ananasgewächsen kann man grundsätzlich Wasser in den Trichter gießen, auch wenn dies bei manchen wie dem Zimmerhafer (*Billbergia nutans*) keine merklichen Vorteile bringt. Zunächst sollte aber auch die Erde durchfeuchtet werden, denn dadurch erreichen wir ein schnelleres Wachstum.

Selbstverständlich kann auch über die Zisterne gedüngt werden. Man gießt einfach die schwach konzentrierte Düngerlösung hinein (übliche Blumendünger in der halben angegebenen Konzentration). Gelegentlich erneuern wir das Wasser im Trichter, damit sich keine Algen ansiedeln können. Am wirkungsvollsten ist die Düngung sowohl über den Trichter als auch das Substrat.

Wann gießen?

Nicht unwichtig ist auch die Tageszeit, zu der gegossen wird. Ein schwerwiegender Fehler wäre es, bei intensiver Sonneneinstrahlung zu gießen. Einmal können sich die Pflanzen unter der Einstrahlung erhitzen und werden durch das erheblich kältere Wasser geschockt.

Das Usambaraveilchen (*Saintpaulia ionantha*) reagiert hierauf besonders empfindlich mit einer irreparablen Schädigung des Blattgrüns. Sehr hell stehende Pflanzen sind oft übersät von solchen gelben Flecken. Zum anderen läßt sich kaum vermeiden, daß Wassertropfen auf den Blättern bleiben und die Sonnenstrahlen wie ein Brennglas fokusieren. Auf den Blättern, selbst auf den fleischigen Körpern sukkulenter Pflanzen, entstehen dadurch häßliche Flecken, die zusätzlich Ausgangspunkt von Pilzinfektionen sein können. Wer solche Schäden vermeiden will, gieße deshalb nicht bei direkter Sonne. Am besten gießt man am zeitigen Morgen: Bis die Sonne kommt, ist das Wasser wieder abgetrocknet.

Muß man ausnahmsweise doch während der Mittagsstunden gießen, weil die Pflanze »schlappt«, dann füllt man das Wasser in den Untersatz oder – noch besser – nimmt den Topf aus der Sonne. Wir machen es damit der Pflanze leichter, den Wasserverlust auszugleichen.

Besonders Vorsichtige könnten auf die Idee kommen, nur abends zu gießen. Empfindliche Zimmerpflanzen können dies aber ebenfalls übel vermerken. Sie trocknen während der Nacht nicht mehr ab, und Pilze und Bakterien haben es leichter, Schaden anzurichten.

Während der lichtarmen Zeit des Winterhalbjahres sind sukkulente Pflanzen wie Kakteen oder Stapelien besonders empfindlich. Erfahrene Pfleger warten mit dem Gießen bis zu einem sonnigen Tag, damit das rasche Abtrocknen gewährleistet ist.

Warmes oder kaltes Wasser?

Wie muß das ideale Gießwasser beschaffen sein? Zunächst sollten wir auf die Temperatur des Wassers achten. Es ist nicht gleichgültig, ob wir frisch aus der Leitung entnommenes Wasser von 5 °C, temperiertes von 15 oder 20 °C oder angewärmtes von 30 °C verwenden. Wir verändern dadurch die Temperatur der Topferde. Eine niedrige Bodentemperatur aber behindert die Wasser- und Nährstoffaufnahme und kann zu Wurzelfäule führen. Wer es beson-

Rechts: Bromelien erhalten Wasser nicht nur über das Substrat, sondern auch den Blatttrichter. Das Foto zeigt die attraktive Vriesea-Hybride 'Poelmannii'.

ders gut meint und das Wasser auf 30 °C oder mehr aufwärmt, schadet den Pflanzen ebenfalls.

Hat das Wasser eine Zimmertemperatur von etwa 20 °C, dann werden wir den Ansprüchen der meisten Zimmerpflanzen gerecht. Besonders empfindlich auf kaltes Wasser reagieren zum Beispiel Gesneriengewächse wie das Usambaraveilchen (*Saintpaulia ionantha*), die Gloxinien (*Sinningia*-Hybriden), die Drehfrucht (*Streptocarpus*-Hybriden), *Smithiantha* und Wolfsmilchgewächse wie der Weihnachtsstern (*Euphorbia pulcherrima*). Im günstigsten Fall verzögert dies nur das Wachstum, aber das liegt nicht in unserer Absicht.

Einen Anhaltspunkt für die optimale Gießwassertemperatur geben die im speziellen Teil genannten Bodentemperaturen. Wenn Pantoffelblumen (*Calceolaria*-Hybriden) und Fliederprimeln (*Primula malacoides*) mit 15 °C Bodentemperatur vorlieb nehmen, dann reicht auch Wasser von dieser Temperatur aus.

Die Temperatur des Leitungswassers ist jahreszeitlich recht unterschiedlich und auch abhängig davon, wie lange wir den Hahn aufgedreht haben. 5 °C im Winter und über 20 °C im Sommer sind nicht ungewöhnlich. Wenn wir das Wasser im Zimmer aber abstehen lassen, allerdings nicht auf einer kühlen Unterlage, dann erreicht es die gewünschte Zimmertemperatur. Im allgemeinen läßt man es in der Gießkanne stehen.

Hierzu noch einige Hinweise: Sowohl in Fachgeschäften als auch in Kaufhäusern findet man die unmöglichsten Kannen. Mehr oder weniger »künstlerisch« gestaltet, vermögen sie aber ihre Funktion kaum noch zu erfüllen. Die häufigsten Fehler sind zu geringes Volumen, unpraktische Form (Wasser läuft beim Kippen auch aus der Einfüllöffnung heraus) und rostendes Material. Am besten eignet sich eine Gießkanne aus hochwertigem Kunststoff, die mindestens 1 l Wasser faßt. Beträgt der Inhalt genau 1 l oder ein Mehrfaches davon, dann vereinfacht dies die Dosierung beim Düngen. Eine Nährsalzlösung läßt man besser nicht in der Kanne stehen, da pflanzenschädliche Stoffe gelöst werden könnten.

Muß es Regenwasser sein?

Steigende Wasserpreise lassen die Verwendung von Regenwasser wieder interessant werden. Eignet sich Regenwasser zum Gießen der Zimmerpflanzen? In dichtbesiedelten Räumen ist die Luftverschmutzung so stark, daß der Regen viele unerwünschte Substanzen mitbringt. Wer Regenwasser sammeln will, sollte dies nicht nach einer längeren Trockenperiode tun, sondern abwarten, bis Luft und Dach sauber gewaschen sind. Erst dann beginnt man mit dem Auffangen. Die Abzweigung am Regenfallrohr benötigt daher eine spezielle Konstruktion, die den ersten Niederschlag in die Kanalisation, den nachfolgenden in die Regentonnen gelangen läßt. Wer nur Leitungswasser hat, braucht nicht zu verzagen. Es ist in vielen Fällen brauchbar.

Die Eignung zum Blumengießen wird im wesentlichen von der Wasserhärte bestimmt. Dies ist sehr wichtig, weshalb wir uns damit etwas näher befassen müssen.

Magnesium- und Calciumverbindungen sind die Ursache für die Wasserhärte. Ihr Gehalt, die »Gesamthärte«, wird beziffert in Deutschen Härtegraden (°dH, neuerdings nur noch °d). Zwar ist diese Einheit nach DIN nicht mehr zulässig – sie schreibt mmol/l vor –, doch hält sie sich hartnäckig. Sehr weiches Wasser hat bis 7 °d, sehr hartes über 21 °d.

Die Gesamthärte setzt sich zusammen aus der Carbonathärte, die aus den Verbindungen der Kohlensäure mit Calcium und Magnesium herrührt, und der Nichtcarbonathärte, worunter alle nicht auf Kohlensäure zurückzuführenden Salze zu verstehen sind (alle Sulfate, Nitrate, Chloride und andere). Die Carbonathärte läßt sich auf einfache Weise durch Erhitzen des Wassers entfernen (Calcium- und Magnesiumbicarbonate zerfallen in Kohlendioxid, das in die Luft entweicht, und Carbonate, die sich absetzen). Die Rückstände finden wir als Kesselstein in Boilern und Kaffeemaschinen. Die Carbonathärte läßt sich also recht leicht entfernen, weshalb sie auch vorübergehende (»temporäre«) Härte genannt wird. Anders ist dies mit der Nichtcarbonathärte, die man ihrer Beständigkeit wegen auch bleibende (»permanente«) Härte nennt. Sie läßt sich durch Kochen nicht beseitigen. In der Regel macht die Carbonathärte $^2/_3$ der Gesamthärte aus. Allerdings gibt es auch Wasser mit einer anderen chemischen Zusammensetzung.

Zur Beurteilung der Eignung als Gießwasser interessiert uns erst einmal die Gesamthärte. Ein Wasser bis zu 10 °d kann unbedenklich für alle Zimmerpflanzen verwendet werden. Ist das Wasser härter, so muß man bei empfindlichen Pflanzen wie den Orchideen schon an eine Aufbereitung denken. Ab 15 °d ist grundsätzlich nur enthärtetes Wasser zu verwenden. Eine durstige Pflanze, die im Sommer täglich 300 cm³ Wasser braucht, erhält mit 15 °d hartem Wasser pro Monat immerhin 1,5 g Salze. Die Wasserhärte kann man beim jeweiligen Wasserversorgungsunternehmen erfragen. Ohne großen Aufwand läßt sich die Härte auch selbst ermitteln. Es gibt dazu flüssige Indikatoren, die dem Aquarianer bekannt und in jeder Zoohandlung zu finden sind. Noch einfacher ist der »Merckoquant-Gesamthärte-Test« der Firma Merck, Darmstadt. Es sind kleine Teststäbchen, die kurz in das Wasser getaucht werden. Die Färbung der Testzone läßt die Gesamthärte in einem Bereich von etwa 3 bis 23 °d erkennen. Diese Teststäbchen sind nur im Chemiefachhandel erhältlich.

Gärtnern ist eine Regel bekannt: Bilden sich auf den Blättern nach dem Benetzen Kalkringe, so hat das Wasser eine Härte um 10 °d. Ist dagegen das Blatt von einer dünnen, weißen Schicht überzogen, so kann man von einer Härte über 15 °d ausgehen.

Wasseraufbereitung

Was machen wir mit Leitungs- oder Brunnenwasser, das mehr als 15 °d aufweist? Schon seit langer Zeit wird das Abkochen des Wassers praktiziert. Auf diese Weise läßt sich, wie bereits beschrieben, die Carbonathärte reduzieren. Damit ist schon viel erreicht, denn die Carbonathärte stört am meisten, da sie den pH-Wert anhebt. Das Abkochen des Wassers ist aber weder bequem noch billig. Außerdem muß es immer im voraus geschehen, damit es wieder abkühlt.

Der Gartenfachhandel bietet zur Wasserenthärtung einige Produkte, zum Beispiel Aquisal an. Aquisal enthält eine Mischung organischer und auch anorganischer Säuren, Salze sowie Konservierungsmittel. Ein Indikator zeigt durch Farbumschlag an, wenn dem Wasser ausreichende Mengen des Enthärters beigemischt wurden. Daß Aquisal auch Stickstoff, Phosphor und Kali enthält (0,28 g N, 0,27 g P_2O_5 und 0,46 g K_2O je 100 cm³), ist beim Düngen zu berücksichtigen. Bei einer mittleren Wasserhärte reduziert man daher die Düngung um die Hälfte. Bei sehr hartem Wasser müßte noch weniger zusätzlich gedüngt werden, doch dann sind andere Enthärtungsmethoden empfehlenswerter.

> Wasser mit einer Gesamthärte bis zu 10 °d eignet sich für alle Pflanzen. Härteres Wasser sollte man für empfindliche Arten entsalzen.

Wer mit Chemikalien umzugehen versteht, kann die Carbonathärte auch mit Hilfe von Schwefelsäure reduzieren. Um sie um 1 °d zu verringern, brauchen wir je Kubikmeter Wasser 10 cm³ konzentrierte Schwefelsäure. Doch Vorsicht beim Umgang mit Schwefelsäure! Säurefeste Gefäße, am besten aus Kunststoff, verwenden! Bei höheren Salzgehalten ist Oxalsäure besser geeignet. Mit ihr lassen sich nämlich alle Calciumverbindungen, also nicht nur die Carbonate, in das weitgehend unlösliche Calciumoxalat verwandeln. Dieses setzt sich als weißer Satz am Boden des Gefäßes ab. Um 1 m³ Wasser um 1 °d zu reduzieren, benötigt man 22,5 g der im Chemiefachhandel erhältlichen technischen Oxalsäure.

Oberhalb 25 °d empfiehlt sich die Entsalzung des Wassers. Auch hier bieten sich verschiedene Möglichkeiten an: die Verwendung von Ionenaustauschern und die Entsalzung mit Hilfe der Umkehrosmose. Beide Verfahren sollen hier nur kurz erläutert werden, denn sonst müßten wir tiefer in Physik und Chemie eindringen.

Sehr bequem ist die Verwendung des Brita-Filters. Er enthält eine Kartusche mit Ionenaustauschern und Holzkohlestückchen. Ionenaustauscher sind im Haushalt vielfach gebräuchlich, zum Beispiel, um das Wasser für Dampfbügeleisen zu entkalken. Es sind kleine Kunstharzkügelchen, die aus einer Lösung bestimmte Stoffe entnehmen und dafür andere abgeben, eben austauschen. Die vielleicht schon vorhandenen Ionenaustauscher können wir für die Gießwasseraufbereitung nicht verwenden, wenn sie mit Kochsalz regeneriert werden. Sie entnehmen dem Wasser zwar Calcium und Magnesium, dennoch erhöht sich hierbei der pH-Wert. Brauchbar sind nur Ionenaustauscher, die speziell für die Trinkwasseraufbereitung angeboten werden. Sie lassen sich nicht regenerieren, so daß sie nach einiger Zeit ausgewechselt werden müssen. Die Ionenaustauscher in den Brita-Filterkartuschen entziehen dem Wasser die Calcium- und Magnesiumcarbonate, eliminieren also die Carbonathärte und reduzieren den Salzgehalt des Wassers.

Der Begriff Osmose ist vielleicht noch aus der Schule bekannt. Hierunter verstehen wir folgendes: Sind zwei unterschiedlich konzentrierte Flüssigkeiten durch eine halbdurchlässige Membran voneinander getrennt, dann saugt die stärker konzentrierte durch die Membran hindurch das Lösungsmittel, in diesem Fall das Wasser, nicht aber die darin gelösten Salze an. Die Konzentrationen der Lösungen gleichen sich an.

Vollständig entsalztes Wasser ist zum Gießen unbrauchbar und für den Menschen als Trinkwasser gesundheitsschädlich.

Bei der Umkehrosmose wird dieser Vorgang durch das Erzeugen eines Drucks umgekehrt: Das aus der Leitung kommende Wasser mit seinen verschiedenen darin gelösten Stoffen wird durch eine Membran gepreßt, wobei alle Stoffe zurückgehalten werden. Auf der einen Seite der Membran kommt sauberes Wasser heraus, auf der anderen wird das mit Salzen angereicherte in den Ausguß geleitet. Nach dieser Methode arbeitende Geräte gibt es ebenfalls für den Hausgebrauch. Sie wurden für Aquarianer entwickelt, sind aber nicht nur dem Fisch-, sondern auch dem Blumenpfleger nützlich. Allerdings sind diese Apparate nicht billig. Zudem ist die Leistung der kleinsten Geräte nicht hoch und nur für kleine Pflanzenbestände ausreichend.

Ganz gleich, welches Verfahren der Gießwasseraufbereitung man auch anwendet, auf eines sollte stets geachtet werden: Das Wasser braucht und darf auch nicht total enthärtet werden. Es reicht völlig aus, wenn wir die Härte auf 5 °d senken. Keinesfalls sollte sie niedriger als 3 °d liegen. Total entsalztes Wasser ist also zu vermeiden.

Nur am Rande sei erwähnt, daß sich entsalztes Wasser nicht für die Zubereitung von Getränken und Speisen eignet. Die im Wasser gelösten Salze sind lebensnotwendig. Salzarmes Wasser erhöht die Gefahr von Herzerkrankungen.

Düngen

Fragt man einmal nach den Todesursachen von Zimmerpflanzen, dann kommen Fehler beim Düngen – wenn überhaupt – ziemlich an letzter Stelle. Einmal halten viele Pflanzen diesbezüglich eine Menge aus, zum anderen ist eine einigermaßen hinlängliche Ernährung mit den bereits gedüngten Erden sowie den üblichen Blumendüngern relativ problemlos. Es kommt dem Pflanzenfreund ja auch nicht so sehr auf ein maximales Wachstum und die dafür erforderliche optimale Nährstoffversorgung an. Manchmal wäre es sogar ganz angenehm, wenn der Gummibaum und die Zimmerlinde nicht gar so schnell wachsen oder das Fensterblatt nicht solchen Durchmesser erreichen würde, daß man entweder an das Köpfen oder gar Ausquartieren des Zöglings denken muß.

Pflanzen, die jahrelang keinen Tropfen Nährlösung erhielten, können noch immer ganz leidlich aussehen. Mit einem Wachstumsrekord wird man allerdings nicht rechnen dürfen. Dies ist nicht zu verallgemeinern. Schnellwachsende Arten wie Cinerarien, Azaleen oder Buntnesseln zeigen schon bald durch Gelbwerden der Blätter an, daß sie »Hunger« haben. Andererseits ist das Gelbwerden – der Gärtner nennt dies Chlorose – nicht immer ein Zeichen dafür, daß Nährstoffe fehlen. Häufig hat es eine andere Ursache.

Die empfindliche Mimose bildet zum Beispiel im Winter nur noch gelbe Blätter, wenn die Bodentemperatur zu niedrig ist. Unterhalb einer je nach Art verschiedenen Temperatur ist nämlich die Nährstoffaufnahme durch die Wurzeln gehemmt oder völlig blockiert. Sehr empfindlich reagiert hierauf auch die Gardenie. Bei ihr kann Chlorose aber auch ein Symptom für zuviel Kalk im Boden sein. Bei der Brunfelsie, bei der man so viel falsch machen kann, spielt ebenfalls der pH-Wert eine große Rolle. Liegt er zu hoch, ist das lebenswichtige Eisen kaum noch aufnehmbar. Dieser Schaden ist noch zu beheben. Nach einer speziellen Düngung und einem neuen, sauren Substrat erkennt man bald, daß sich der Patient auf dem Weg der Besserung befindet. Haben die gelben Blätter ihre Ursache in zu intensivem Licht, kann man anstellen was man will, die Blattaufhellungen sind irreparabel.

Zeigen Zimmerpflanzen in der beschriebenen Weise an, daß sie mit etwas unzufrieden sind, dann sollten wir uns überlegen, wann zuletzt gedüngt wurde, auf jeden Fall aber prüfen, welche anderen Faktoren noch für die Blattschäden verantwortlich sein könnten.

Für die Düngung der Zimmerpflanzen gibt es die unmöglichsten Hausrezepte. Wasser, in dem wochenlang Eierschalen lagen, ist noch relativ harmlos, es stinkt nur ein bißchen. Kaffeesatz erfreut sich diesbezüglich ebenfalls erstaunlicher Beliebtheit. Manche Pfleger schwören auf die Wirkung von Bier zur Azaleendüngung. Selbst von guten Erfolgen mit in Wasser gelösten Kopfschmerztabletten wird berichtet. Dafür läßt sich sogar eine Erklärung finden: Die wirksame chemische Substanz im Aspirin, die Salicylsäure, findet sich auch in Pflanzen. Dies erklärt, warum früher Weidenrinde

Gelbe Blätter haben verschiedene Ursachen. Zu kalkhaltige Erde und niedrige Temperaturen behindern die Nährstoffaufnahme.

als fiebersenkendes Mittel zum Einsatz kam. Von der Salicylsäure vermutet man, daß sie einen Einfluß auf die Blütenbildung besitzt und den Pflanzen hilft, den Streß durch Trockenheit und Virusinfektionen besser zu verkraften. Dennoch – Aspirin ist kein Düngemittel. Solche zweifelhaften Experimente sind nicht empfehlenswert. Genauso unnötig ist es, mit Schaufel und Handfeger Reitwege und Weiden nach Mist abzusuchen.

Organische Dünger wie Kompost, gut verrotteter Mist, Hornspäne und ähnliche, auch der getrocknete Kuhfladen und Jauche sind für die modernen Torfsubstrate wenig geeignet. Mikroorganismen müssen die Nährstoffe aus den organischen Substanzen erst aufschließen und verwertbar machen. Die vorwiegend aus Torf bestehenden Substrate sowie andere stark saure Erden weisen einen sehr geringen Bakteriengehalt auf. Mineralische, direkt verwertbare Dünger sind darum vorzuziehen.

Welche Blumendünger?

Bis auf wenige Ausnahmen kommt der Blumenfreund sehr gut mit einem oder zwei der üblichen Blumendünger aus. Da wären zunächst die »normalen« wie Mairol, Substral oder Compo Blumendünger. Daneben empfiehlt sich die Verwendung eines Kakteendüngers. Er zeichnet sich aus durch einen höheren Anteil Phosphor und Kali im Verhältnis zu Stickstoff. Weitere Spezialdünger sind etwas für den schon weit fortgeschrittenen Hobbygärtner oder Profi.

Beim Düngen müssen wir notgedrungen Kompromisse machen. Die Flamingoblume (*Anthurium*) schätzt während des Blattwachstums ein relatives Nährstoffverhältnis der lebenswichtigen Elemente Stickstoff (N) zu Phosphor (angegeben in P_2O_5) zu Kali (K_2O) von 6:1:2. Das bedeutet, daß sie sechsmal mehr Stickstoff als Phosphor braucht und an Kalium nur ein Drittel der Stickstoffmenge. Bei Azaleen soll ein Verhältnis von 3:1:2 besonders günstig sein. Den Gloxinien wäre bei der Blütenentwicklung 1:5:8 gerade recht. Alle diese Wünsche kann und muß der Blumenfreund nicht erfüllen. Aber selbst die Wissenschaftler sind sich da nicht immer einig und kommen bei Versuchen zu unterschiedlichen Ergebnissen. Für uns reicht es, wenn wir wissen, ob die jeweilige Pflanze einen hohen oder niedrigen Nährstoffbedarf hat

> **Langzeitdünger erleichtern die regelmäßige Nährstoffversorgung der Pflanzen, lassen sich aber weniger exakt dosieren.**

und ob wir stickstoffbetont (also mit Blumendünger) oder phosphor- und kalibetont (also mit Kakteendünger) düngen sollen.

Im speziellen Teil dieses Buches wurde für alle erwähnten Pflanzen der Versuch unternommen, Düngehinweise zu geben. Da nicht bei allen ausführliche Untersuchungen bekannt sind, müssen hier Erfahrungswerte genügen. Es wird nicht ausbleiben, daß andere Blumenpfleger auf andere Rezepte schwören.

Können wir Hydrokulturdünger für in Erde wurzelnde Pflanzen verwenden oder übliche Blumendünger für die Hydrokultur? Hydrokulturdünger enthalten neben den Hauptnährstoffen Stickstoff, Phosphor und Kali noch Magnesium und alle lebensnotwendigen Spurenelemente. Sie können bedenkenlos auch für die Erdkultur eingesetzt werden. Gute Blumendünger enthalten ebenfalls alle lebensnotwendigen Nährstoffe und sind damit ebenfalls für die Hydrokultur geeignet. Allerdings liegen in speziell für diesen Zweck hergestellten Düngern die Nährstoffe in einer Form vor, die die Aufnehmbarkeit aus der Lösung erleichtert.

»Dauerdünger« stellen über eine längere Zeit hinweg die Nährstoffversorgung sicher. Damit sind nicht die Ionenaustauscher für die Hydrokultur gemeint, sondern Nährstoffkonzentrate, die über eine bestimmte Frist die Pflanzen zumindest mit den Hauptnährstoffen versorgen. Es gibt zwei verschiedene Typen. Die einen, wie zum Beispiel Nitrophoska permanent, Plantosan 4D und Triabon, geben einen Teil ihrer Nährstoffe erst nach einem chemischen Umwandlungsprozeß frei. Dies gilt allerdings nur für Stickstoff und in gewissem Umfang auch für Phosphor und Kali, wenn diese beiden in schwerlöslichen Verbindungen vorliegen.

Der zweite Typ umfaßt Düngemittel, deren einzelne Granulatkügelchen von einem Kunststoffmantel umhüllt wurden. Durch diese Hülle fließt ein kontinuierlicher Strom aller Nährstoffe, die im Granulat enthalten sind. Ein Beispiel für den zweiten Typ ist Osmocote, auch als »Balkonkastendünger Osmocote« angeboten, oder Plantacote. Die Versorgung mit Spurenelementen ist zusätzlich zu sichern, zum Beispiel durch den Mikronährstoffdünger Radigen. Neue kunststoffummantelte Dünger enthalten auch Spurenelemente.

Zu beachten ist, daß diese Düngemittel mit langsamfließender Nährstoffversorgung erst nach 1 bis 2 Wochen ihre volle Wirkung erreichen. Kunststoffummantel-

te Dünger dürfen nicht der Erde aufgestreut, sondern müssen untergemischt werden, um die Nährstoffe abgeben zu können. Der Nährstofffluß ist bei ihnen von der Temperatur abhängig: Je wärmer es ist, umso mehr Nährstoffe dringen durch die Kunststoffhülle. Das kann bei hoher Dosierung und extremen Sommertemperaturen zu Problemen führen, wenn sich beispielsweise ein dunkler Topf und die darin enthaltene Erde stark erwärmt.

Auch die häufig angebotenen Düngestäbchen sind brauchbar, vorausgesetzt, ihre Anzahl pro Topf entspricht dem Nährstoffbedürfnis der jeweiligen Pflanze. Alle Langzeitdünger empfehlen sich besonders für robuste Zimmerpflanzen mit hohem Nährstoffbedarf. Die Dosierung liegt je nach Dünger und Pflanzenart zwischen 2 und 5 g/l Erde.

Ob man Langzeitdünger einsetzen will, bleibt jedem überlassen. Sie garantieren nicht automatisch ein besseres Pflanzenwachstum. Wer seine Pflanzen sorgfältig pflegt und aufmerksam beobachtet, kann mit herkömmlichen Düngern die Versorgung sogar besser dem jeweiligen Bedarf anpassen. Wer aber das Düngen als lästige Pflicht betrachtet, es häufig vergißt, dem seien die Langzeitdünger angeraten.

Wer Wert darauf legt, seine Pflanzen mit einem Dünger auf organischer Grundlage zu ernähren, kann flüssigen Guano verwenden, der aus Vogelexkrementen gewonnen wird. Seine Nährstoffkonzentration ist geringer als die üblicher mineralischer Blumendünger. Bei seiner Verwendung ist zu bedenken, daß er phosphorbetont (N:P:K-Verhältnis etwa 1:2:1) ist. Sehr stickstoff- und kalibedürftige Pflanzen verlangen eine zusätzliche Versorgung mit diesen beiden Elementen. Guano ist aber reich an Spurenelementen und sonstigen Wirkstoffen, was sich recht günstig auswirken kann. Ähnliches gilt für Produkte wie Algen- und Fischemulsion, die besonders bei Orchideen Verwendung finden. Angenehm ist die Arbeit mit Fischemulsion aber nicht, denn dieses klebrige Zeug stinkt recht unangenehm.

Die Entscheidung für einen Dünger hängt nicht zuletzt von seiner Preiswürdigkeit ab. Wir können sie beurteilen, wenn wir die Nährstoffgehalte miteinander vergleichen. Leider ist es bei den Kleinpackun-

Rechts: Attraktiv blühendes Exemplar des Sommerefeus (Delairea odorata, syn. Senecio mikanioides).

gen noch nicht obligatorisch, die Nährstoffgehalte anzugeben. Kostet eine Flasche Dünger mit 14% N, 12% P_2O_5 und 14% K_2O sowie allen wichtigen Spurenelementen genau so viel wie die gleiche Menge eines Düngemittels mit 7% N, 6% P_2O_5 und 7% K_2O, dann entscheiden wir uns selbstverständlich für den ersten.

Unseriös ist es, die Nährstoffgehalte eines flüssigen Konzentrats »im Feststoff« anzugeben, denn wieviel dieses Feststoffs in dem Konzentrat enthalten ist, bleibt offen.

Organische Düngemittel enthalten meist die Hauptnährstoffe in vergleichsweise geringer Konzentration. Sie sind somit relativ teuer, doch ist zu bedenken, daß sie weit mehr Spurenelemente und andere Vitalstoffe enthalten als rein mineralische Gemische, so daß zumindest sporadisch Gaben dennoch empfehlenswert sein können. So eignet sich zum Beispiel Guano flüssig gut für sukkulente Pflanzen zu Jahreszeiten, in denen sie nur langsam wachsen und darum nur wenig Stickstoff erhalten sollen.

Teurer als herkömmliche Mineraldünger sind auch alle Langzeitdünger. Der Luxus, die Nährstoffversorgung für einige Zeit vergessen zu können, kostet Geld. Von Zeit zu Zeit tauchen Dünger in anderen Angebotsformen auf, beispielsweise in Portionspackungen oder als Brausetabletten. Sie sind nicht nur sehr teuer, sondern auch absolut überflüssig.

Wann und wie düngen?

Es gibt einige sehr leicht zu befolgende Regeln: Die Lösung nur auf den feuchten Wurzelballen gießen, nie auf den trockenen. Blätter dabei nicht benetzen; wenn dies doch passiert, Laub mit klarem Wasser abwaschen. Nicht in praller Sonne stehende Pflanzen düngen, den Nachmittag abwarten oder den nächsten Morgen oder aber den Topf in den Schatten stellen. Die auf der Packung angegebene Dosierung nicht überschreiten, sondern lieber häufiger und schwächer konzentriert düngen. Frühestens 6 bis 8 Wochen nach dem Umtopfen düngen, denn fast alle Erden enthalten einen Nährstoffvorrat. Nur wenn dies ausgeschlossen werden kann, darf schon nach 1 Woche gedüngt werden. Die Häufigkeit der Düngegaben ist dem Wachstumsrhythmus der Pflanzen anzupassen. Während ihrer

Alle Pflanzen erhalten nur während ihrer Wachstumszeit Düngemittel. Im Winter wird weniger oder gar nicht gedüngt.

Ruhezeit grundsätzlich keine Nährlösung verabreichen.

Der letzte Hinweis bedarf einer ausführlichen Erläuterung: Nehmen wir als Beispiel *Pleione*, jene reizenden kleinen Erdorchideen, die ausgesprochen einfach zu pflegen sind und hervorragend gedeihen, wenn der ausgeprägte Wachstumsrhythmus eingehalten wird. Während des Winters machen sie eine strenge Ruhe durch. Blatt und Wurzeln sterben ab. Die Knolle treibt erst im Frühjahr wieder aus. Während der Ruhezeit, wenn weder Blatt noch Wurzeln funktionsfähig sind, wäre es völlig unsinnig zu düngen. Als erstes entwickelt sich im Frühjahr die Blüte. Zu diesem Zeitpunkt existieren nur Wurzelansätze. Das Blatt entfaltet sich erst nach der Blüte. Dann sind auch Wurzeln in ausreichender Menge vorhanden, um die Nährstoffe aufzunehmen. Jetzt wird regelmäßig gedüngt, denn die Orchidee muß Reservestoffe in die neu zu bildende Knolle einlagern, um für den kommenden Winter vorzusorgen. Im Spätherbst sterben Blatt und Wurzeln wieder ab. Schon eine Weile vorher stellen wir das Düngen ein, denn der Stickstoff würde den Übergang in die Ruhe stören.

Ähnlich ist dies bei Kakteen. Sie haben ebenfalls eine strikte Ruhezeit, während der sie nicht gegossen und natürlich auch nicht gedüngt werden. Während ihrer Wachstumsperiode reagieren sie dagegen sehr positiv auf Düngegaben. Auch bei Pflanzen mit einer nicht so ausgeprägten Ruhezeit ist entsprechend zu verfahren: Wachsen sie nicht oder nur langsam, so wird selten oder gar nicht gedüngt. In der Regel wird dies im Winter sein. In dieser Zeit ist die Energiezufuhr durch das Sonnenlicht im Minimum. Energie ist unerläßlich, um die Nährstoffe auch zu verwerten. Schon aus diesem Grund wäre es unsinnig, im Winter so viel wie im Sommer zu düngen.

Wie ist nun vorzugehen? Während des Wachstums gießt man die salzverträglichen und weniger salzempfindlichen Zimmerpflanzen mit einer Konzentration wie auf der Düngerpackung angegeben. Für salzempfindliche wird die Dosierung mindestens um die Hälfte reduziert. Salzempfindlich sind die meisten Orchideen, viele Ananasgewächse (Bromelien), besonders aber folgende Pflanzen: Frauenhaarfarn (*Adiantum*-Arten und -Sorten), Zierspargel (*Asparagus setaceus* 'Plumosus'), Flamingoblume (*Anthurium*-Scherzerianum-Hybriden), Kamelie (*Camellia japonica*), Cattleyen, Dendrobien, Eriken (*Erica gracilis*), Gardenien (*Gardenia augusta*, syn. *G. jasminoides*), *Phalaenopsis*, Becherprimeln (*Primula obconica*), Azaleen (*Rhododendron simsii*) und

Vriesea splendens. Etwas vereinfacht dargestellt, ist Vorsicht bei allen Orchideen, Farnen, Erikengewächsen, Gesnerien- und Aronstabgewächsen angebracht.

Bei der Häufigkeit der Düngergaben hält man sich während der Wachstumszeit an die Angaben des Düngerherstellers. In der Regel werden wöchentliche Gaben empfohlen. Den Salzempfindlichen und Langsamwachsenden genügen Düngegüsse in Abständen von 14 Tagen oder 3 Wochen. Diese Intervalle werden schon vor Beginn der Ruhezeit größer. Und noch einmal der Rat: Lieber etwas zurückhaltend düngen als zuviel!

Auf einen zu hohen Salzgehalt deuten Wurzelschäden, besonders das Absterben der Wurzelspitzen, Blattrandschäden und bei einigen Pflanzen auch Kümmerwuchs hin. Leider läßt es sich nicht vermeiden, daß durch ständiges Gießen und Düngen der Salzgehalt im Substrat erhöht wird. Nicht immer können wir in eine frische Erde umtopfen, wenn der Salzgehalt ein zuträgliches Maß überschritten hat, denn bestimmte Pflanzen nehmen häufige Störungen übel. Wir behelfen uns in anderer Weise: Jährlich einmal durchspülen wir das Substrat mit Wasser. Hierzu genügt Leitungswasser. Wir gießen nach und nach mit einer dem dreifachen Topfvolumen entsprechenden Wassermenge. Dazu einige Beispiele: Ein 10-cm-Tontopf faßt rund 300 cm³. Wir müßten somit 900 cm³ Wasser, das sind fast 1 l, langsam auf das Substrat gießen. Bei einem 13-cm-Tontopf sind dies bei etwa 815 cm³ Inhalt etwa 2,5 l Wasser. Das auf Kubikzentimeter genaue Ausrechnen des Topfinhalts ist überflüssig; die Zahlen dienen nur dazu, sich die benötigte Menge an Wasser leichter vorzustellen. Mehr schadet natürlich nicht. Nach dem Durchspülen dürfen wir das regelmäßige Düngen nicht vergessen, da das Substrat nun kaum noch lösliche Nährstoffe enthält.

Bei allen Blumendüngern ist der Deckel gleichzeitig Meßbecher. Wer Dünger in größeren Packungen kaufen will, kann für die Zimmerpflanzen jeden vollöslichen, chloridfreien Volldünger verwenden. Je Liter Wasser gibt man 2 g des Düngers, für salzempfindliche Pflanzen 1 g oder nur 0,5 g, für nährstoffbedürftige wie Pelargonien, Hortensien oder Chrysanthemen auch 3 g/l Wasser.

Besonderheiten der Düngung

Der Leser wird vielleicht Hinweise vermissen, wie die Düngung zu modifizieren ist, je nachdem, ob die Pflanze gerade

Blätter und Sprosse oder Blüten bildet. In älteren Büchern ist nämlich zu lesen, daß während der Blattentwicklung (vegetatives Wachstum) stickstoffbetont zu düngen sei, zur Blütezeit (generatives Wachstum) aber phosphorbetont. Der Gärtner verwendet zu letzterem bestimmte »Blühdünger« wie Fertisal.

Dies würde das Düngen unserer Zimmerpflanzen nur komplizieren und ist außerdem in vielen Fällen unnötig. Es gibt zwar Pflanzen, die zur Blütenbildung und -entwicklung einen geringeren Stickstoffbedarf haben, bei anderen ist es aber gerade umgekehrt. Bei ein und derselben Pflanze ist es sogar je nach Entwicklungsstadium verschieden. Die pauschale Behauptung »für das vegetative Wachstum mehr Stickstoff, für das generative mehr Phosphor« ist somit falsch.

Folgendes ist wichtig: Für die Blütenbildung sind in der Regel andere Faktoren verantwortlich als das Düngen. Machen wir keine schwerwiegenden Fehler, die Schäden durch Nährstoffmangel oder Überkonzentration verursachen, kann das Düngen die Blütenbildung kaum behindern. Nur dann, wenn ein blühfauler Geselle mit sehr dunkel, intensiv grün gefärbten Blättern eine überoptimale Stickstoffversorgung anzeigt, wäre der Versuch angebracht, durch verminderte Stickstoffdüngung, zum Beispiel durch Verwendung eines Kakteendüngers in halber Konzentration nach vorheriger kurzer Hungerperiode, die Blühfaulheit zu beseitigen. Noch einmal sei aber betont, daß für die Blühfaulheit meist andere Gründe verantwortlich sind.

Daß wir Ananasgewächse auch über den Trichter düngen können, wurde bereits erwähnt. Was tun wir bei den Arten, die keinen Trichter bilden und deren Wurzeln nur der Verankerung dienen? Das beste Beispiel sind die beliebten »grauen« Tillandsien. *Tillandsia usneoides* verzichtet sogar ganz auf Wurzeln. Sie erhalten während des Sommers mit dem täglich zu versprühenden Wasser (s. Seite 28 und 29) die notwendigen Nährstoffe. Von Blumendüngern genügt etwa $1/4$ der angegebenen Menge je Liter Wasser. Ansonsten 0,05 bis 0,1%ige (0,5 bis 1 g/l Wasser) Volldüngerlösungen verwenden. Übrigens können auch Pflanzen ohne Saugschuppen Nährstoffe über das Blatt aufnehmen. Der Gärtner nutzt dies mit der Blattdüngung aus. Auch der Zimmergärtner kann sich dieser Methode bedienen, wenn es gilt, akuten Mangel zu beseitigen oder wenn die Wurzeln gelitten haben. Wir dosieren dazu wie bei

den Tillandsien beschrieben. Die Blattdüngung darf aber nie bei direkter Sonne vorgenommen werden. Vorsicht ist auch bei Pflanzen mit behaarten Blättern, zum Beispiel Gesneriengewächsen wie dem Usambaraveilchen (*Saintpaulia ionantha*), angebracht. Zur ausschließlichen Ernährung reicht die Blattdüngung auf Dauer nicht aus. Sie kann nur eine zusätzliche Nährstoffquelle sein.

Per Blattdüngung läßt sich Eisenmangel beheben oder lindern. Eisenmangel tritt meist auf, wenn durch einen zu hohen pH-Wert (über 6,5) das Eisen im Substrat nicht mehr pflanzenverfügbar ist. In nur schwach mit Eisen versorgten Erden ist Eisenmangel gelegentlich im Sommer zu beobachten. Die jüngsten Blätter sind dann gelb verfärbt, wobei die Blattadern grün bleiben. Schnelle Abhilfe schafft eine Blattdüngung mit Eisenpräparaten wie Fetrilon, Gabi Mikro Fe, Sequestren oder Optifer.

Auf eine Besonderheit der Ernährung von Orchideen ist noch hinzuweisen. Auf den Seiten 41 und 43 wurde beschrieben, welche verschiedenen Rezepturen es für Orchideenpflanzstoffe gibt. Wenn eine gute Durchlüftung und ausreichende Wasserversorgung gewährleistet ist, sind alle brauchbar. Zu beachten ist nur der Einfluß des Substrates auf die Gießhäufigkeit und die Düngung. Verwenden wir Torf und Sphagnum, dann zersetzt sich dieses organische Material innerhalb eines Jahres, maximal in zwei Jahren so stark, daß wir umtopfen müssen. Osmunda und Baumfarn halten länger; noch dauerhafter ist Rinde, während Styroporschnitzel wie Orchid Chips nicht verrotten. Beim Verrotten zerfallen die Substratbestandteile, die ja nichts anderes als abgestorbene Pflanzenteile sind, in die Stoffe, aus denen sich der Pflanzenkörper aufbaut. Diese Elemente sind genau die Nährstoffe, die wir mit den Düngemitteln zuführen.

Je schneller sich ein Pflanzstoff zersetzt, umso mehr Nährstoffe werden frei. Diese wichtige Erkenntnis ist beim Düngen der salzempfindlichen Orchideen zu beachten. Der bei Orchideen genannte Düngerhythmus kann nur die Grundregel sein, die je nach den Gegebenheiten zu variieren ist: Bei sich schnell zersetzenden Pflanzstoffen weniger, bei stabilen häufiger, aber nur schwach konzentriert düngen. Bei kurzlebigen Substratmischungen empfehlen Orchideengärtner ein Nährstoffverhältnis von 1:1:1, bei den langlebigen wie Rinde und Styromull ein solches von 3:1:1.

Auf den Seiten 41 und 43 wurde beschrieben

> **Nährstoffmangel ist oft die Folge einer falschen Bodenreaktion. Eisenmangel tritt bei empfindlichen Pflanzen dann auf, wenn der Boden zuviel Kalk enthält.**

Hydrokultur

Will man den Herstellern von Hydrokulturgefäßen glauben, dann ist es mit Hilfe dieses Kulturverfahrens möglich, alle Schwierigkeiten bei der Zimmerpflanzenpflege zu überwinden. Tatsächlich gelingt es mit seiner Hilfe selbst Leuten ohne »grünen Daumen«, beachtliche Kulturerfolge zu erzielen. Ein Wundermittel, mit dem plötzlich alles gelingt, ist es allerdings nicht. Bestimmte Voraussetzungen müssen geschaffen werden.

Was ist unter Hydrokultur zu verstehen? Übersetzt müßte man von »Wasserkultur« sprechen. Darüber hinaus gibt es die Bezeichnung »erdelose Pflanzenkultur«. Wie der Name sagt, wachsen die Pflanzen nicht wie üblich in einer Erdmischung, sondern in Wasser, das mit Nährsalzen angereichert wurde.

Die ersten Versuche, Pflanzen auf diese Weise heranzuziehen, liegen rund 300 Jahre zurück. Lange Zeit war die Hydrokultur nur eine Domäne der Wissenschaft. Sie konnte auf diese Weise leicht die Auswirkungen einer variierten Nährstoffversorgung untersuchen. Heute gibt es eine Vielzahl anderer Einsatzgebiete, von der Pflanzenanzucht in geschlossenen Räumen wie Raumfahrzeugen bis hin zum Hydrotopf auf der Fensterbank.

Kleine Hydrotöpfe für den Hobbygärtner gibt es schon lange. Die Hydrokultur im Zimmer oder Kleingewächshaus spielte jedoch bis vor wenigen Jahren keine große Rolle. Sie blieb vielmehr den experimentierfreudigen Pflanzenfreunden vorbehalten. Das hat sich inzwischen geändert.

Das Angebot an Hydrokulturtöpfen ist heute kaum noch zu überblicken. Mit der Verbreitung wuchsen auch die Erfahrungen. Die Wasserkultur ist heute bei Zimmerpflanzen ohne besondere Probleme möglich.

Der wesentliche Vorteil der Hydrokultur liegt darin, daß den Pflanzen ein größerer Wasservorrat zur Verfügung steht. Die Pflanzen können somit über eine längere Zeit stehen, ohne gegossen zu werden, was sich besonders bei kurzen Reisen als vorteilhaft erweist. Damit wird auch deutlich, daß die Wasserkultur von sukkulenten Pflanzen wie Kakteen wenig Vorteile bietet. Dennoch findet man immer wieder auch Kakteen in Hydrokulturtöpfen. Es wird auch gelegentlich behauptet, Kakteen würden in einer Nährlösung besser wachsen als in den üblichen Kakteenerden. Die Ursache für solche Erfahrungen mag jedoch in erster Linie in Fehlern bei der herkömmlichen Pflege von Kakteen zu suchen sein. Andererseits sollte jeder Zimmerpflanzengärtner die Kulturmethode bevorzugen, mit der er für sich die besten Ergebnisse erzielt.

Alle anderen »Vorteile«, die noch im Zusammenhang mit der Hydrokultur genannt werden, sind nicht unumstritten. Es ist keinesfalls so, daß Pflanzen in einer Nährlösung vor dem Befall mit Krankheiten und Schädlingen geschützt sind. Die Larven der Trauermücken beispielsweise können sich sehr unangenehm bemerkbar machen. Werden Pflanzen in Erde sachgerecht gepflegt, sind diese mit Sicherheit nicht anfälliger. Die Erdkultur hat sogar den Vorteil, daß sich Fehler bei der Düngung wegen der sogenannten Pufferung des Bodens weitaus weniger stark auswirken.

Geeignete Gefäße

Es gibt die verschiedensten Gefäße für die Hydrokultur im Wohnbereich. Das Angebot hat in den letzten Jahren sehr zugenommen, und die meisten heute auf dem Markt befindlichen Gefäße sind auch für unsere Zwecke geeignet. Fast alle Gefäße bestehen aus einem Übertopf und einem Einsatz oder Kulturtopf. Die ersten Gefäße besaßen einen sehr kleinen Kulturtopf. Schnell wachsende Pflanzen hatten das Topfvolumen bald ausgefüllt, ein Umpflanzen war jedoch fast unmöglich. Ein erheblicher Nachteil war, daß die Übertöpfe aus durchsichtigem Glas oder Kunststoff bestanden. Man weiß aus vielen Versuchen, daß eine Belichtung der Wurzeln nachteilig ist. Deshalb nur lichtundurchlässige verwenden! Ob man sich für ein Gefäß aus

Kunststoff, Keramik oder Naturstein entscheidet, ist eine Frage des Geschmacks und des Geldbeutels. Auf folgende Dinge sollte man aber unbedingt achten:

1. Das Gefäß muß absolut wasserdicht sein. Es gibt Gefäße, die ein Fenster zur Kontrolle der Wasserstandshöhe besitzen. Bei einzelnen Fabrikaten tritt an dieser Stelle Wasser aus.

2. Der Wasservorrat muß ausreichend groß sein, damit die Vorteile der Hydrokultur genutzt werden können. Ganz besonders dann, wenn großblättrige, viel Wasser verdunstende Pflanzen gepflegt werden sollen, ist dies sehr wichtig.

3. Schließlich soll das Material widerstandsfähig gegen chemische Einflüsse sein. Auf diesen Punkt wurde bereits auf Seite 46 hingewiesen.

Grundsätzlich sollte man Kulturtöpfe verwenden, denn es bringt Nachteile mit sich, wenn man das Haltesubstrat direkt in das Gefäß schüttet. Es ist dann nicht möglich, die Pflanze herauszunehmen, den Topf zu reinigen und – vorausgesetzt, daß sich kein Rohr im Topf befindet – die alte Nährlösung gegen eine neue auszutauschen. In den Kulturtöpfen sind meist Halterungen oder Bohrungen für den Wasserstandsanzeiger vorgesehen.

Der Kulturtopf darf nicht zu klein sein, damit die Pflanzen ausreichend Platz haben, sich im Haltesubstrat zu verankern. Bei größeren Trögen setzt man die Pflanzen mit dem Kulturtopf in die Wanne. Dieses »Topf-in-Topf-System« bietet den Vorteil, daß das Auswechseln von nicht mehr schönen Pflanzen relativ leicht möglich ist.

Haltesubstrate

Heute verwendet man im allgemeinen Blähton, der sich gut bewährt hat. Es sind braune Kügelchen verschiedener Durchmesser. Bevorzugt werden Körnungen von 4 bis 16 mm. Wie der Name schon sagt, wird dieses Material aus Ton hergestellt. Bei Temperaturen von rund 1000 °C wird der Ton in einem Ofen gebrannt und dabei Preßluft eingeblasen.

Für die Hydrokultur hat Blähton verschiedene Vorteile: Er hat ein geringes Gewicht und wird von der Nährlösung nicht angegriffen. Nährsalze können sich nur an der Oberfläche ablagern (was man besonders bei den oberen Kügelchen sehen kann). Die Oberflächenbeschaffenheit garantiert eine gute Luft-Wasser-Führung. Nicht zuletzt ist das

Schematische Darstellung der Hydrokultur: Die Pflanze wurzelt in einem mit Blähton gefüllten Kulturtopf, der in dem wasserdichten Mantelgefäß steht. Der Wasserstandsanzeiger ermöglicht die Kontrolle der Anstauhöhe (Leni-Hydrokultur).

Als Haltesubstrat wird derzeit fast ausnahmslos Blähton verwendet. Die runden, harten Kügelchen sollen aus einem nur wenige Salze enthaltenden Ton gebrannt sein. Das Bild zeigt im Hintergrund die weißgestreifte Dracaena deremensis, davor Epipremnum pinnatum 'Aureum', rechts eine Begonia-Rex-Hybride, ganz vorn Ficus pumila.

Hantieren mit diesem Material problemlos, im Gegensatz zu den in den Anfängen der Hydrokultur verwendeten Materialien wie scharfkantigem Splitt oder Kunststoffborsten.

Leider ist nicht jeder Blähton gleich gut geeignet. Entscheidend für seine Qualität ist der verwendete Ton. Ein kalkhaltiger Ton mit hohem Salzgehalt kann keinen brauchbaren Blähton ergeben. Darum empfiehlt es sich, keinen billigen Blähton aus der Baustoffhandlung zu kaufen, sondern nur solchen, der für die Hydrokultur ausgewiesen ist. Wer die Möglichkeit hat, den Salzgehalt zu messen, kann das wie folgt tun: 100 g Blähton staubfein zerklopfen, mit 1 l destilliertem Wasser übergießen, einige Tage stehen lassen und währenddessen mehrfach schütteln; anschließend mit einem Leitfähigkeitsmesser prüfen. Ein guter Blähton hat einen Wert von nicht mehr als 200 Mikro-Siemens.

Grundsätzlich empfiehlt es sich, neuen Blähton vor der Verwendung gründlich durchzuspülen. Spätestens wenn nach einigen Jahren das Umpflanzen erforderlich wird, tauscht man auch das Füllsubstrat aus. Eine Aufbereitung mit einer schwach konzentrierten Säure ist zwar denkbar, aber zu umständlich. Nützlich ist es, von Zeit zu Zeit den Einsatz aus dem Übertopf herauszunehmen und den Blähton mit zimmerwarmem Wasser gründlich durchzuspülen.

Wasserstandsanzeiger

Zur Kontrolle der Wasserstandshöhe werden sogenannte Wasserstandsanzeiger eingesetzt. Ein Wasserstandsanzeiger besteht aus einem Rohr, in dem sich ein Stab mit einem Schwimmer bewegt. Markierungen an dem Rohr, die sich natürlich außerhalb des Haltesubstrates befinden müssen, ermöglichen eine genaue Kontrolle der Füllhöhe. Manche Gefäße sind so konstruiert, daß eine bestimmte Füllhöhe nicht überschritten werden kann, weil sonst das Wasser ausläuft.

Wasserstandsanzeiger sind anfällig. Eindringende Wurzeln oder Mikroorganismen setzen sie außer Gefecht. Neue Modelle fallen in ihrer Funktion zwar seltener aus, dennoch empfiehlt es sich, die Wasserstandsanzeiger von Zeit zu Zeit herauszunehmen und gründlich zu reinigen. Zumindest sind sie regelmäßig auf einwandfreie Funktion zu überprüfen, denn steckengebliebene Wasserstandsanzeiger haben »ertrunkene« oder vertrocknete Pflanzen zur Folge.

Umstritten ist, ob die Pflanzen besser wachsen, wenn der Pegel stark schwankt, also ob erst dann nachgefüllt wird, wenn das Wasser verbraucht ist, oder ob man den Wasserstandsanzeiger besser auf »Optimum« hält. Letzteres macht den Vorteil der Hydrokultur, nicht täglich gießen zu müssen, weitgehend zunichte und ist erfahrungsgemäß auch nicht erforderlich.

Eine andere Möglichkeit, die Wasserstandshöhe zu kontrollieren, ist das Vorhandensein eines kleinen Fensters am ansonsten undurchsichtigen Hydrokulturgefäß. Dies ist sehr praktisch, vorausgesetzt, das Gefäß ist an dieser Stelle nicht undicht. Ein schwerwiegender Fehler wäre es, den Wasserstand auf einem zu hohen Niveau zu halten. Die Wurzeln würden unweigerlich ersticken.

Wasser- und Nährstoffversorgung

Die Nährlösung, die wir unseren Pflanzen anbieten, entscheidet im wesentlichen über deren Gedeihen. Die Qualität des verwendeten Wassers, die Konzentration der Nährstoffe sowie deren Verhältnis zueinander sind bestimmende Faktoren. Früher mußte man sich nach bestimmten Rezepten recht aufwendig Nährlösungen zusammenstellen. Heute gibt es eine Reihe von Hydrokultur-Düngern im Handel, die alle notwendigen Elemente in geeigneter Zusammensetzung und leicht aufnehmbarer Form enthalten. Auch Volldünger wie Wuxal sind gut geeignet. Mit den Düngern wird die Nährlösung in der angegebenen Konzentration hergestellt. Im Winter und bei salzempfindlichen Pflanzen wie Orchideen empfiehlt es sich, die Konzentration zu verringern.

Schwierigkeiten bereitet bei der Hydrokultur häufig die Eisenversorgung. Das Eisen wird bei zu hohen pH-Werten festgelegt. Dies geschieht bereits bei einem Wert über pH 6. Bei Verwendung von Volldüngern sollte zusätzlich ein Eisenpräparat verabreicht werden. Geeignet sind Fetrilon oder Sequestren 138, die man während des Sommers in einer Konzentration von 0,02 bis 0,05%, im Winter 0,01 bis 0,02% der Nährlösung zusetzt.

> Wasserstandsanzeiger versagen oft ihren Dienst. Deshalb empfiehlt es sich, sie regelmäßig zu reinigen und ihre Funktion zu kontrollieren.

Die geringe Menge, die für die Nährlösung nötig ist, ist schwierig abzuwiegen. Es empfiehlt sich daher, eine »Stammlösung« anzusetzen. Hierbei ist der Begriff Stammlösung nicht exakt, da sich die Eisenpräparate im Wasser nicht lösen. Man geht folgendermaßen vor: Man wiegt von dem Eisenpräparat eine geringe Menge ab, die gerade noch annähernd genau zu ermitteln ist. Diese wird mit Wasser gemischt, und von dieser Stammlösung gibt man nun jeweils soviel der anzusetzenden Nährlösung zu, daß die oben angegebene Konzentration erreicht wird. Die Stammlösung kann etwa ein halbes Jahr lang verwendet werden. Dabei ist nur zu beachten, daß vor der Verwendung jeweils gründlich umgerührt werden muß. Einfacher ist die Dosierung der in kleinen Flaschen gehandelten flüssigen Präparate wie Gabi Mikro-Fe.

Die Nährlösung wird alle 4 bis 6 Wochen ausgetauscht. Der vollständige Wechsel empfiehlt sich, da die Wurzeln Stoffe ausscheiden, die ab einer bestimmten Konzentration unverträglich sind. Bei großen Anlagen reicht ein vollständiger Wechsel in weiteren Abständen. Zum Absaugen der verbrauchten Lösung gibt es einfache Pumpen, die der Fachhandel bereithält. Zwischenzeitlich wird nur Wasser nachgefüllt. Bei Pflanzen mit hohem Nährstoffbedürfnis reicht dies nicht aus. Darum gießen wir gelegentlich mit einer Nährlösung nach. Eine bestimmte Regel läßt sich hierfür nicht aufstellen. Auch bei der die Arbeit reduzierenden Hydrokultur dürfen wir die Pflanzen nicht ganz vergessen, sondern müssen deren Entwicklung beobachten.

Auf die Frage der Wasserqualität muß hier nicht mehr eingegangen werden. Alles was dazu bereits gesagt wurde, gilt auch für die Hydrokultur.

Ionenaustauscher

Wem die Zubereitung einer geeigneten Nährlösung zu umständlich ist, hat die Möglichkeit, sich die Arbeit mit Hilfe eines Ionenaustauschers zu erleichtern. Unter Bezeichnungen wie Lewatit HD 5 oder Hydrokulturdünger mit Langzeitautomatik wird speziell für die Hydrokultur ein unlösliches Kunstharz angeboten, das mit allen für die Pflanzenernährung notwendigen Makro- und Mikronährstoffen »belegt« ist. Die Nährstoffionen sind an dem Kunstharz gebunden und werden kontinuierlich freigesetzt, wobei aus dem Wasser gleichzeitig Ionen aufgenommen werden. Aufgrund dieses Vorgangs ist es überflüssig, ja sogar falsch, eine Wasserenthärtung durchzuführen. Die Nährstoffionen werden durch die Ausscheidungen der Pflanzenwurzeln und die Salze des Gießwassers freigesetzt und damit für die Pflanze verfügbar.

In sehr weichem Wasser geben Ionenaustauscher zu wenig Nährstoffe ab. Eine Prise Gips hineingestreut, löst das Problem.

Lewatit HD 5 enthält je Liter 18 g Stickstoff, 7 g Phosphor und 15 g Kali, darüber hinaus die Spurenelemente Eisen, Kupfer, Mangan, Bor, Molybdän und Zink. Pro Topfpflanze gibt man je nach Nährstoffbedürftigkeit eine Menge von 25 bis 50 cm³ Lewatit HD 5. Die Pflanze ist damit über einen Zeitraum von 4 bis 6 Monaten mit allen Nährstoffen versorgt. Es ist während dieser Zeit nur noch notwendig, die jeweils verdunstete Wassermenge nachzufüllen. Nach 6 Monaten wechselt man den Ionenaustauscher aus oder schwemmt neuen in den Wurzelbereich ein. Bei Verwendung eines weniger geeigneten Blähtons oder sehr harten Wassers steigt nach etwa 4 Monaten der pH-Wert der Lösung langsam an. Dann warten wir die genannten 6 Monate nicht ab, sondern wechseln den Ionenaustauscher schon früher aus.

Sehr weiches Wasser mit einem Salzgehalt unter 100 mg/l ist in vielerlei Hinsicht erfreulich, da Boiler und Waschmaschine nicht so schnell verkalken. Bei der Verwendung von Ionenaustauschern bereitet dieses salzarme Wasser Schwierigkeiten. Da im Wasser nicht viel zum Austauschen enthalten ist, werden auch nicht genügend Nährstoffe frei. Findet man im Handel keinen Ionenaustauscher speziell für weiches Wasser, kann man versuchen, dem Wasser eine Messerspitze Gips beizumischen oder die Menge Lewatit pro Pflanze auf 15 g zu reduzieren, dafür aber bereits nach 3 Monaten zu wechseln.

Mit Hilfe einfacher Teststäbchen ist es möglich zu kontrollieren, ob der Ionenaustauscher noch genügend Nährstoffe freigibt. Wir verwenden dazu den Merckoquant-Nitrat-Test, messen also den Gehalt an Nitratstickstoff. Das Stäbchen tauchen wir mit seiner Testfläche in die Lösung. Je nach Nitratgehalt verfärbt sich die Testfläche rosa bis violett. Ist der Nährstoffgehalt unter 30 mg/l, bei nährstoffbedürftigen Pflanzen unter etwa 50 mg/l abgesunken, so wechseln wir den Ionenaustauscher aus.

Eine zweite Testfläche am Stäbchen verfärbt sich, wenn die Lösung Nitrit enthält, das für alle Pflanzen hochgiftig ist. In diesem Fall ist die Nährlösung sofort auszuwechseln. Nitrit entsteht in der Regel nur unter ungünstigen Bedingungen, besonders bei zu niedrigen Temperaturen der Nährlösung. Es empfehlen sich Werte zwischen 18 und maximal 25 °C. Niemals darf die Temperatur der Nährlösung unter 15 °C absinken. Mit diesem zuletzt angesprochenen Punkt, der Temperatur der Nährlösung, haben wir eine der häufigsten Ursachen für Fehlschläge bei der Hydrokultur. Gute Erfahrungen mit Orchideen in Hydrokultur konnte man

nur dann gewinnen, wenn die Nährlösungstemperatur hoch genug lag. So verwundert es nicht, daß sich in erster Linie wärmebedürftige Orchideen für dieses Kulturverfahren anbieten.

Was ist mit Kalthausorchideen und anderen Pflanzen zu tun, die im Winter kühl stehen sollen? Einmal ist es möglich und meist auch vorteilhaft, die Lufttemperatur besonders nachts weiter absinken zu lassen als die Temperatur der Nährlösung. Letztere kann um 2 bis 4 °C höher liegen. Dies empfiehlt sich für alle Arten, die noch »im Wuchs« bleiben, also keine strenge Ruhe durchmachen und nur Temperaturen bis zu 15 °C fordern. Kalthausorchideen, die im Winter noch kühler stehen wollen, schränken in der Regel ihre Aktivitäten ohnehin so sehr ein, daß wir keine Nährlösung, sondern nur Wasser einfüllen müssen und auch das nur bis zu einem sehr niedrigen Pegel. Auf diese Weise ist die Gefahr der Nitritbildung ausgeschaltet.

Probleme bei der Hydrokultur

Noch eines ist bei der Hydrokultur zu bedenken: Werden Fehler bei der Nährstoffversorgung gemacht, so wirken sie sich schlagartig aus. Ist der Wasserstand im Gefäß zu hoch oder vergißt man, rechtzeitig Wasser nachzufüllen und der Wurzelbereich trocknet aus, so kommt es zu Wurzelfäule. Pilze breiten sich aus, die Pflanzen sind kaum noch zu retten.

Relativ häufig treten in Hydrokulturen Springschwänze (Collembolen) auf. Diese winzigen Insekten sind zwar selbst nicht schädlich, können aber zur Ausbreitung von Wurzelfäule beitragen. Mit Hilfe der gebräuchlichen Insektenbekämpfungsmittel (Insektizide), die man mehrmals durch das Füllsubstrat laufen läßt, kann man versuchen, der Plage Herr zu werden. Gelegentlich wird behauptet, Pflanzen in Hydrokultur würden nicht von Krankheiten und Schädlingen befallen. Dies ist insoweit richtig, als optimal ernährte Pflanzen widerstandsfähiger und weniger anfällig sind, andererseits Fehler durch unregelmäßiges, falsch dosiertes Gießen ausgeschlossen sind. Gerade zu vieles Gießen ist die Hauptsache für Wurzelschäden und Wurzelfäule.

Pflanzenanzucht

Für die Hydrokultur verwendet man am besten Pflanzen, die nicht in Erde herangezogen wurden. Man erwirbt entweder im Fachhandel Hydrokulturpflanzen oder vermehrt selbst durch Stecklinge. Hierzu schneidet man die Stecklinge und bewurzelt diese in einem Glas mit Wasser, noch besser in feinkörnigem Blähton (2 bis 4 mm Körnung). Haben die Pflanzen ausreichend Wurzeln gebildet, kommen sie in die Hydrokulturgefäße.

Es ist natürlich auch möglich und wird häufig empfohlen, Pflanzen aus Erde auf Hydrokultur umzustellen. Untersuchungen haben jedoch gezeigt, daß sich Wurzeln von in Hydrokultur gewachsenen Pflanzen morphologisch von jenen unterscheiden, die in Erde heranwachsen. Die Wurzelhaare von Hydrokulturpflanzen sind länger und dünner, auch die am Ende befindliche Wurzelhaube (Kalyptra) ist anders ausgebildet.

Wird eine in Erde herangewachsene Pflanze auf Hydrokultur umgestellt, so tritt ein gehöriger Wachstumsschock ein. Die Pflanze ist in den ersten Tagen nicht in der Lage, Wasser und Nährstoffe in ausreichender Menge aufzunehmen. Die alten Wurzeln faulen; neue müssen sich bilden, die dann die Ernährung der Pflanze übernehmen. Die oben erwähnte Bewurzelung im Wasserglas bietet daher erhebliche Vorzüge, denn so ist es möglich, Pflanzen unter hydrokulturähnlichen Bedingungen heranzuziehen.

Im Erwerbsgartenbau bewurzelt man Pflanzen für die Hydrokultur meist in sehr feinkörnigem Blähton oder einer Steinwolle. Statt feinem Blähton ist zerschlagener grober brauchbar oder auch grober Sand ohne Feinbestandteile sowie feiner Kies, wie er für Aquarien angeboten wird. Sogar Aussaaten sind auf solch feinem Material möglich. Zur Aussaat auf Blähton legt man auf ihn ein dünnes Filterpapier, das sich bis zur Keimung auflöst, so daß die Wurzeln dann in das Substrat wachsen können.

Wer von Erde auf Hydrokultur umstellen will, sollte bedenken, daß dies bei jungen Pflanzen leichter ist als bei großen Exemplaren. Die Erde muß in nicht zu kaltem Wasser gründlich ausgewaschen werden. Erdreste können zu Fäulnis und damit zum Absterben der ganzen Pflanze führen. Jeder, der dies versucht, stellt bald fest, wie schwierig das vollständige Auswaschen ist. Die feinen Wurzeln umschließen die Erdpartikel sehr innig und lassen sich nur unter Wurzelverlusten lösen. Besonders Torf wird unlösbar festgehalten. Zur Not weicht man den Wurzelballen über Nacht ein.

Vor dem Einsetzen in den Hydrotopf sind unbedingt alle beschädigten oder faulenden Wurzeln zurückzuschneiden. Eine schwach konzentrierte Chinosol-Lö-

Hier füllt das Wurzelwerk den ganzen Topf aus und die Pflanze muß dringend in ein größeres Gefäß gesetzt werden. Dazu müssen die Wurzeln sehr sorgfältig aus dem alten Topf gelöst werden, damit sie nicht verletzt werden. Der neue Topf sollte deutlich größer sein als der alte.

sung (0,5 g je Liter Wasser), in die man die Wurzeln für einige Minuten taucht, kann zusätzlich der Fäulnisgefahr vorbeugen. Chinosol ist im Gartenfachhandel oder auch in Drogerien erhältlich.

Das Eintopfen ist etwas schwieriger als in Erde. Schwach bewurzelte Pflanzen kippen leicht. Sie brauchen möglicherweise einen zusätzlichen Halt, bis sich die neugebildeten Wurzeln verankern. Lassen wir uns hierdurch nicht verleiten, die Pflanzen tiefer als ursprünglich zu setzen.

Zum Anwachsen füllen wir nun Wasser oder eine sehr schwache Nährlösung ein, etwa $1/10$ der angegebenen Konzentration. Die alten Wurzeln sollen nicht bis ins Wasser reichen, da sie sonst faulen. Je nach Pflanzenart haben sich bei genügend Wärme nach 14 Tagen bis 4 Wochen so viele neue Wurzeln gebildet, daß stärker gedüngt wird.

Durch vorsichtiges Umhüllen der Pflanze mit einer Folientüte erleichtern wir das Anwachsen. Dies schafft eine höhere Luftfeuchte und verhindert das »Schlappen«. Kakteen und alle anderen Sukkulenten erhalten diese Hilfe nicht.

Trotz aller Hilfestellung wird das Umstellen von Erd- auf Hydrokultur nicht immer gelingen. Bei allen Pflanzen, die auch bei der Stecklingsvermehrung Schwierigkeiten machen, ist Vorsicht vonnöten. So gelingt es nur selten, eine Zimmertanne oder einen größeren Wunderstrauch (*Codiaeum*) an die Hydrokultur zu gewöhnen. Auch bei Palmen muß man geduldig sein, denn es dauert einige Zeit, bis sie den mit der Umstellung verbundenen Schock überwunden haben.

Selbstverständlich ist, daß sich die Pflanzen während ihrer Wachstumszeit – meist im Frühjahr und Frühsommer – am besten umstellen lassen. Während der winterlichen Ruhe sind die Ausfälle um vieles größer. Wer sich das Umstellen ersparen, aber auf die Vorteile einer guten Wasserbevorratung nicht verzichten will, kann sich anstelle der Hydrokultur für ein System wie Seramis entscheiden (siehe Seite 42).

Bei der Wahl des Gefäßes sollte man noch beachten, daß das spätere Umpflan-

Nicht alle Pflanzen lassen sich leicht auf Hydrokultur umstellen. Empfindliche sollte man besser gleich in Wasser vermehren.

In Hydrokultur dominieren Grünpflanzen wie Aglaonema commutatum.
Sie sind nicht anspruchsvoll und langlebig.

zen in der Regel mit Schwierigkeiten verbunden ist. Je nachdem, um welche Art Hydrotopf es sich handelt, steht man vor dem Problem, die Wurzeln möglichst ohne Verluste aus dem Einsatz herauszubekommen. Es gibt Gefäße, die Gittertöpfe als Einsatz haben. Hier kann man nur mit Gittertopf umsetzen oder ihn zerschneiden. Aber auch bei anderen Systemen wachsen die Wurzeln aus den Öffnungen der Einsätze heraus. Das Umpflanzen ist also auf ein Minimum zu beschränken. Deshalb wählen wir ausreichend große Töpfe, auf die Wachstumsgeschwindigkeit und die erreichbare Größe der Pflanze abgestimmt.

Welche Pflanzen für die Hydrokultur?

Wer mag, kann in Nährlösung alle Pflanzen heranziehen, von Tomaten und Kopfsalat über Weinreben bis hin zum Gummibaum und Fleißigen Lieschen. Dem Experimentierfreudigen eröffnet sich ein weites Feld. Stellen wir darum die Frage nach der Zweckmäßigkeit. Die Hydrokultur ermöglicht es, Pflanzen über längere Zeit ohne großen Aufwand und ohne tägliches Gießen zu pflegen. Diese Vorteile nutzen wir am besten bei langlebigen Pflanzen mit mittlerem und höhe-

rem Wasserverbrauch. Wer Spaß daran hat, mag die Wasserkultur auch für Sukkulenten sowie kurzlebige Blütenpflanzen nutzen. Es bringt ihm nur gegenüber der herkömmlichen Anzucht in Erde kaum Vorteile.

Hier mögen die empörten Aufschreie all derer kommen, bei denen dieser Kaktus, jene Euphorbie und Gasterie sowie auch manche Blütenpflanze in Hydrokultur um vieles besser als in Erde gedieh. Noch einmal sollen alle ermuntert werden, die Methode anzuwenden, mit der sie am besten zurecht kommen. Wie bei jedem Hobby, so macht auch die Beschäftigung mit Pflanzen dann besonderen Spaß, wenn man vom Stadium des puren Nachahmens, der strikten Befolgung eines mehr oder weniger guten Rezeptes zum Stadium des Experimentierens vordringt.

Natürlich wird eine Warmhauspflanze Schaden nehmen, wenn man sie zur Kalthausbewohnerin machen will. Aber man kann bestimmte Substrate, Düngerhythmen und vieles andere erproben, und eines dieser Experimentierfelder ist die Hydrokultur. So darf man sich auch nicht wundern, wenn zwei subjektive Ansichten, die recht entgegengesetzt klingen, beide zum Erfolg führen. Die Schwierigkeit besteht nur darin, die Ursachen für Erfolg oder Mißerfolg zu erkennen.

Es gibt ein Standardsortiment für die Hydrokultur. Es enthält all jene Pflanzen, mit denen die besten Erfahrungen gesammelt wurden. Unentbehrlich sind darunter Vertreter der Gattungen *Aglaonema*, *Dieffenbachia*, *Cissus*, *Dracaena*, *Epipremnum*, × *Fatshedera* und *Fatsia*, *Ficus*, *Monstera*, *Philodendron* und *Schefflera* sowie *Syngonium*. Neben *Schefflera actinophylla* und der Efeuaralie (× *Fatshedera lizei*) sind es vor allen Dingen die Gummibaumarten (*Ficus*) sowie Fensterblatt (*Monstera*) und Baumfreund (*Philodendron*), die als hochwachsende Pflanzen, als »Gerüstbildner«, in größeren Gefäßen Verwendung finden.

Es ist ein weiterer Vorteil der Hydrokultur, daß wir verschiedene Arten in ein großes Gefäß zusammenpflanzen können. Auf unterschiedliche Ansprüche an Substrat und Gießrhythmus brauchen wir ja keine Rücksicht zu nehmen. Natürlich dürfen wir keine ausgeprägte Warmhauspflanze mit einer Kalthauspflanze vergesellschaften. Je nach Standort wird die Lebenserwartung der einen oder der anderen sehr bescheiden sein. Die Anforderungen an Temperatur, Licht und Luftfeuchtigkeit müssen wir bei der Hydrokultur wie bei der Erdkultur erfüllen.

Die Aufzählung der Standardpflanzen enthält auch einige Kletterpflanzen: den

Russischen Wein (*Cissus antarctica*) und den Königswein (*Cissus rhombifolia*), die Efeutute (*Epipremnum pinnatum* 'Aureum'), unter den Gummibäumen den kleinblättrigen *Ficus pumila* sowie als Vertreter der Baumfreunde *Philodendron scandens*. Für diese Kletterpflanzen – sie »klettern« zwar nicht alle, aber wir wollen sie doch unter diesem Begriff hier zusammenfassen – bietet sich die Hydrokultur besonders an. Wer nämlich zum Beispiel eine Efeutute über mehrere Jahre pflegt und mit ihren meterlangen Trieben eine ganze Wand verziert, steht vor kaum lösbaren Problemen, wenn sich das Auswechseln der Erde nicht mehr vermeiden läßt. In der Hydrokultur lassen sich solche Aktionen auf ein Minimum beschränken. Ein ausreichend großes Einzelgefäß und regelmäßiges Durchspülen des Füllsubstrats vorausgesetzt, wächst die Kletterpflanze viele Jahre auch ohne Umpflanzen. Auch die regelmäßige Pflege wird vereinfacht: Die Kontrolle der Substratfeuchtigkeit ist bei über Sichthöhe hängenden Kletterpflanzen schwierig. Mit dem Hydrotopf entfällt dieses Problem wegen des Wasserstandsanzeigers.

Neben den genannten Standardpflanzen bereichert noch eine Reihe weiterer gut gedeihender Grünpflanzen das Hydrosortiment. Als Beispiele seien die Peperomien genannt, besonders *Peperomia obtusifolia* 'Variegata', aber auch *Polyscias*, die hübsche *Tradescantia spathacea* (syn. *Rhoeo spathacea*), *Cordyline*, *Pisonia* und auch *Codiaeum*, der Wunderstrauch. Bei den beiden letztgenannten ist die Umstellung von Erd- auf Wasserkultur nicht einfach. Dies trifft auch auf die beliebte Zimmertanne (*Araucaria heterophylla*) zu. Sind solche Problemkinder aber eingewachsen, dann halten sie in der Regel sehr gut. Mit den Palmen wird man die gleichen Erfahrungen machen. Darum, will man nicht gleich Hydropflanzen aus Samen heranziehen, stelle man nur junge Pflanzen um. Alle diese heiklen Kandidaten erhalten bis zum Anwachsen einen Verdunstungsschutz in Form einer Folientüte.

Es gibt einige Pflanzen, die in Hydrokultur gedeihen, sich aber dennoch nicht besonders dafür eignen. Sie bilden in der Nährlösung ein besonders üppiges Wurzelwerk, so daß ihnen das Einzelgefäß entweder zu klein wird oder sie im Gemeinschaftstrog den Nachbarn bedrängen. Ein Beispiel ist das Zypergras (*Cyperus alternifolius*).

Auch bei einigen *Spathiphyllum*-Hybriden wird man dies bemerken sowie beim Zierspargel (*Asparagus densiflorus* 'Sprengeri') und dem »Fliegenden Holländer« (*Chlorophytum comosum* 'Variegatum').

In Wasserkultur herangezogene *Chlorophytum*-Pflanzen haben außerdem oft häßliche braune Blattspitzen.

Mit *Spathiphyllum* wurde bereits eine blühende Topfpflanze genannt. Die kleinerbleibenden Arten und Sorten sind neben den Flamingoblumen (*Anthurium*-Andreanum- und -Scherzerianum-Hybriden) die für Gemeinschaftspflanzungen am besten geeigneten Blütenpflanzen. *Spathiphyllum* nimmt zudem noch mit relativ wenig Licht vorlieb.

Viel zu selten sieht man Begonien in Hydrokultur. Die vielen vom Gärtner als »Blatt- und Strauchbegonien« bezeichneten Arten und Hybriden könnten das Sortiment bereichern. Der Name Blattbegonie kennzeichnet diese Gruppe nur unvollkommen. Neben den zierenden Blättern sind auch die Blüten nicht zu verachten. Sie sind nicht so auffällig wie die der Elatior-, Lorraine- oder auch Knollenbegonien, aber nicht minder hübsch. Leider werden diese Begonien nur sporadisch in Blumengeschäften angeboten.

In Hydrokultur haben sich die *Euphorbia*-Lomi-Hybriden bewährt, besonders die Sorte 'Gabriela', die unentwegt ihre rosa oder roten Scheinblüten entwickelt.

Ansonsten werden in Hydrogefäßen nur wenige blühende Topfpflanzen gehandelt wie das Flammende Käthchen (*Kalanchoë*-Blossfeldiana-Hybriden), *Crossandra infundibuliformis* oder das Usambaraveilchen (*Saintpaulia ionantha*). Hält man sie gemeinsam mit anderen Pflanzen, empfiehlt sich die Verwendung von Ionenaustauschern. Nicht unerwähnt bleiben sollen die Ananasgewächse. Mit *Billbergia nutans* und *Aechmea fasciata* hat man lange haltbare Pflanzen für die Hydrokultur. Gelegentlich wurde beobachtet, daß bei dieser Kulturmethode die Kindel, das sind die sich bildenden Seitentriebe, leichter zur Blüte kommen.

Überraschend gute Erfolge wurden auch mit Orchideen erzielt, zum Beispiel mit *Cattleya*- und *Cymbidium*-Hybriden, *Dendrobium*-, *Lycaste*- und *Paphiopedilum*-Arten. Voraussetzung ist eine ausreichend hohe Temperatur der Nährlösung. Sie sollte im Winter nicht unter 18 °C, bei sehr wärmebedürftigen nicht unter 20 °C absinken. Befindet sich unter dem Standplatz kein Heizkörper, wird man ohne Zusatzheizung nicht auskommen.

Es wurde bereits darauf hingewiesen, daß die Vorteile der Wasserkultur für sukkulente Pflanzen nicht so hoch zu bewerten sind. Dennoch hierzu einige Hinweise. Kakteenfreunde kennen ein Kulturverfahren, das eigentlich zwischen der Hydro- und der Erdkultur liegt: die Pfle-

ge der Kakteen in Bimskies. Statt einer bestimmten Erdmischung stehen die Pflanzen in reinem Bimskies, der, je nach Jahreszeit unterschiedlich oft, durchfeuchtet und auch mit Nährstoffen angereichert wird. Einige, die es erprobten, berichten begeistert von der günstigen Entwicklung der Pflanzen. Doch führen mehrere Wege nach Rom.

Bei der Hydrokultur sukkulenter Pflanzen wie Kakteen, Euphorbien, Gasterien und vielen anderen sind, wie auch bei der Anzucht in Erde, die besonderen Nährstoffansprüche (weniger Stickstoff im Verhältnis zu Phosphor und Kali) zu beachten. Es wird empfohlen, die Nährlösung nie bis zur oberen Markierung, sondern nur bis zur Hälfte anzustauen. Die Konzentration der Lösung wird dem Wachstum angepaßt. Während der Ruhezeit wird kein Wasser angestaut, sondern nur sporadisch das Haltesubstrat angefeuchtet oder ganz trocken gehalten.

Die Umstellung von der Erd- auf Hydrokultur erfolgt bei sukkulenten Pflanzen am besten vor Beginn der Wachstumsperiode. Die trocken stehenden Pflanzen haben ohnehin kaum noch funktionsfähige Wurzeln. Aus der Erde herausgenommen, entfernt man alles Abgestorbene. Es macht nichts, wenn nur noch wenig Wurzelreste verbleiben. Nun darf man die Pflanzen keinesfalls zu tief in das Haltesubstrat stecken. Der empfindliche Wurzelhals würde sonst faulen.

Es bleibt noch, auf Zwiebel- und Knollengewächse hinzuweisen. Alle zur Ruhe einziehenden Arten wie die als Amaryllis bekannten *Hippeastrum*-Hybriden pflegt man wie die Kakteen. Wenn die Blätter gelb geworden sind, wird kein Wasser mehr angestaut, sondern nur noch von Zeit zu Zeit das Haltesubstrat durchfeuchtet. Bei allen anderen wird die Konzentration der Nährlösung der Wachstumsintensität angepaßt, bis hin zum Wasser ohne jegliche Nährsalzzugabe im Winter. Beim Einpflanzen ist darauf zu achten, daß der Zwiebelboden, von dem die Wurzeln ausgehen, nicht in die Nährlösung reicht, sondern mindestens 2 cm darüber liegt. Bei Zwiebelgewächsen sowie bei sukkulenten Pflanzen ist auch in Hydrokultur auf Befall mit Trauermücken zu achten.

Diese Grundregeln der Hydrokultur lassen sich sinngemäß bei allen Zimmerpflanzen anwenden. Vielleicht gewinnen durch diese Kulturverfahren wieder einige Pflanzen an Bedeutung, die derzeit zu Unrecht nicht angeboten werden.

Während ihrer Ruhezeit stehen Pflanzen in Hydrogefäßen trocken oder nur in reinem Wasser mit einem niedrigen Pegel.

Aus Urwald und Wüste ins Wohnzimmer: der Standort

So unterschiedlich wie die Herkunft der Zimmerpflanzen, so sehr differieren auch ihre Ansprüche an Licht, Temperatur und Luftfeuchte. In den vorigen Kapiteln ist dies ausführlich beschrieben. Wenn wir die Ansprüche kennengelernt haben, dann können wir uns daran machen, entsprechende Plätze in den eigenen vier Wänden auszuwählen oder, falls sich keine geeigneten finden, mit möglichst geringem technischem Aufwand welche zu schaffen. Aber bevor wir an größere Um- oder Einbauten denken, nehmen wir zunächst das Vorhandene genau unter die Lupe, denn Fensterbank ist nicht gleich Fensterbank und Blumenfenster nicht gleich Blumenfenster. Mit Hilfe von großen Flaschen oder Gläsern, mit Aquarien oder nur malerischen Baumstämmen lassen sich nahezu ideale Wuchsorte für bestimmte Pflanzen schaffen.

Blumen auf der Fensterbank

Nahezu alle Zimmerpflanzenfreunde beginnen ihr Hobby mit ersten Versuchen auf der Fensterbank. Bei den meisten bleibt es dabei, denn nur wenige haben die Möglichkeit, sich ein Kleingewächshaus zuzulegen. Die Fensterbank ist somit der wichtigste Standplatz für Zimmerpflanzen. Die Motive, Pflanzen dorthin zu stellen, sind unterschiedlich. Für den einen hat die Pflanze nur dekorativen Charakter. Es geht ihm nicht primär darum, die Pflanze zu pflegen, sondern um die Verschönerung seines Heims. Der Pflanze kommt der gleiche Stellenwert zu wie einer Porzellanfigur oder einem Bild, nur daß sie der regelmäßigen Pflege bedarf. Der andere hat Spaß an der Pflanze und holt sie sich deswegen nach Hause. Die damit verbundene ästhetische Bereicherung nimmt er erfreut als Dreingabe. Allerdings leidet nicht selten der Anblick, wenn sich die Sammelleidenschaft einstellt und der letzte Quadratzentimeter der Fensterbank ausgenutzt werden muß.

Links:
Sorten von Codiaeum variegatum var. pictum bringen tropische Üppigkeit ins Haus.

Beide Motive der Pflanzenpflege sind zu respektieren. Dem ersten ist zu empfehlen, mit den sogenannten Zimmerhelden vorlieb zu nehmen, wie Gummibaum, Fensterblatt, Sansevierie oder Schusterpalme, die keine diffizilen Ansprüche stellen und auch eine falsche Behandlung nicht gleich mit einem Totalschaden quittieren. Ein Mindestmaß an Kenntnis der Pflegebedingungen und an Einfühlvermögen ist aber auch bei diesen erforderlich.

Der Pflanzenfreund dagegen wagt sich mit zunehmenden Erfolgen und wachsender Erfahrung auch an immer heiklere Pfleglinge. Er wird überrascht sein, wie umfangreich das Sortiment der Pflanzen ist, die auf der Fensterbank gedeihen. Allerdings ist Fensterbank nicht gleich Fensterbank, und was hier wächst, ist vielleicht dort zu langsamem Siechtum verurteilt. Schauen wir uns darum diesen Standort für die Zimmerpflanzen etwas näher an.

Bei manchen Fensterbänken beginnt der Ärger schon mit der zu geringen Breite, die nicht einmal für einen 10-cm-Topf ausreicht. Dem läßt sich mit nicht allzu komplizierten Konstruktionen abhelfen. Kunststoff-furnierte Bretter, die an eingedübelten Stahlblechkonsolen befestigt werden, eignen sich gut. Für Heizkörper gibt es anschraubbare Halterungen. Ein Weg findet sich immer, eine zu schmale Fensterbank auch ohne große Umbauten und für wenig Geld zu verbreitern. Einfache Verglasungen sind kaum mehr anzutreffen. An einer Einfachscheibe ist es relativ kühl und die Luft feuchter als in der Mitte des Zimmers. Hier gedeihen zum Beispiel Alpenveilchen und Fliederprimeln prächtig. Mit Orchideen dagegen wird man wenig Freude haben. Sie empfehlen sich für Isolierfenster, an denen es nicht wesentlich kühler als im Zentrum des Raumes ist. Für Alpenveilchen wäre dieser Platz weit weniger günstig, es sei denn, das gesamte Zimmer hat die gewünschte Temperatur.

An Fenstern in Altbauwohnungen zieht es oft sehr stark. Wer kennt nicht die mit Roßhaar vollgestopften »Würste«, die den Kaltlufteinfall bremsen sollen? Auf einer mit Pflanzen bestandenen Fensterbank ist diese Form der Wärmedämmung nicht brauchbar. Einmal dichtet sie nicht genügend ab, zum anderen saugt

sich die Füllung mit Wasser voll, das beim Gießen daneben tropft oder an der kalten Scheibe kondensiert. Da es an solchen Fenstern kalt ist, empfiehlt sich die schon auf Seite 24 beschriebene Verwendung von Styroporplatten. Sie sollten nicht zu dünn sein, mindestens 1 cm, besser 2 cm stark, um ausreichend zu isolieren. Das Styropor wird so zugeschnitten, daß sich eine Bodenplatte von der Tiefe der Fensterbank ergibt, sowie eine weitere, die rechtwinklig auf die Bodenplatte geklebt wird. Hierzu benötigt man einen speziellen Styroporkleber, denn die üblichen Klebstoffe lösen das Styropor auf. Nun könnte man noch einen weiteren Streifen vorn ankleben, um die nicht immer sehr dekorativen Töpfe zum Betrachter hin abzudecken. Dies empfiehlt sich aber nur dann, wenn sich unterhalb der Fensterbank ein Heizkörper befindet, der die erwünschte Bodenwärme und Luftbewegung schafft, aber auch sehr trockene Luft zur Folge hat. Ansonsten bleibt die Styroporabdeckung nach vorne offen, damit die Warmluft vom Zimmer für eine nicht zu niedrige Bodentemperatur sorgt.

Der unerfahrene Pflanzenfreund kann sich nur schwer vorstellen, welch großen Einfluß die Bodentemperatur hat. Nur selten wird man so nachhaltig daran erinnert wie im folgenden Beispiel: Zum Ende des Winters wurden in zwei Blumentöpfe je eine Zwiebel des Schönhäutchens (*Hymenocallis narcissiflora*) gesteckt, und es war Zufall, daß der eine Topf auf einer Fensterbank ohne Heizkörper, der andere auf einer mit sehr dicht darunter befindlichem Heizkörper landete. Schon nach vier Wochen war es kaum zu glauben, daß die Zwiebeln zur gleichen Zeit gesteckt worden waren. Die Blätter der Pflanze auf der beheizten Bank hatten schon etwa 25 cm Länge erreicht, während sie bei der anderen gerade 4 cm aus der Zwiebel spitzten.

Bei der Zwiebeltreiberei werden solche Unterschiede besonders offenkundig. Aber auch bei langsamwachsenden

> Fensterbänke sind oft kalt und haben niedrige Temperaturen im Topf zur Folge. Eine Isolierung beispielsweise mit Hilfe einer Styroporplatte verbessert bei tropischen Pflanzen das Wachstum.

Ein Blumenerker aus der Mitte des vorigen
Jahrhunderts. Die Pflanzen standen auf breiten
Simsen unter optimalen Lichtverhältnissen.
Die niedrige Temperatur gestattete auch die

Überwinterung von Kübelpflanzen wie
Agave americana, für die wir in unseren
heutigen Wohnräumen meist vergeblich
nach einem geeigneten Platz suchen.

Viel einfacher als der Bau beheizter Wannen ist die Verwendung von Heizmatten, die einfach unter die Töpfe gelegt werden und auch für Hydrogefäße ideal sind.

Bei einer Fensterbank mit Heizkörpern darunter haben wir mit ganz anderen Problemen zu kämpfen. Die Bodentemperatur ist, je nachdem wie weit der Heizkörper von der Fensterbank entfernt ist, gut bis optimal. Hydrokulturen gelingen hier besonders gut. Leider ist die aufsteigende Warmluft sehr trocken, was viele Pflanzen übelnehmen und im günstigsten Fall mit braunen Blattspitzen quittieren.

Abhilfe läßt sich mit einer Schale schaffen, in die wir Wasser zum Verdunsten füllen. Nur dürfen wir die Pflanzen keinesfalls ins Wasser stellen, sondern sie kommen auf eine Erhöhung, die über den maximalen Wasserspiegel hinausreicht. Es gibt eine Vielzahl von Möglichkeiten, dies zu bewerkstelligen. Solche Schalen mit einlegbaren Rosten gibt es auch zu kaufen. Sie verdunsten soviel Wasser, daß sich zwar nicht die Luftfeuchte des gesamten Raumes merklich erhöht, wohl aber die im unmittelbaren Bereich der Pflanzen. Voraussetzung ist, daß immer Wasser in der Schale steht, und nicht nur dann nachgefüllt wird, wenn wir uns gerade einmal daran erinnern. Daß tiefe Schalen besser sind als flache, zeigt sich schnell.

Diese wenigen Beispiele mögen genügen, um zu zeigen, wie ohne großen Aufwand eine Fensterbank »pflanzenfreundlicher« gemacht werden kann. Was einer Verbesserung bedarf, entscheiden die jeweilige bauliche Situation sowie die Ansprüche der Pflanzen, die hier wachsen sollen. Für handwerklich Begabte gibt es sicher keine unüberwindlichen Schwierigkeiten.

Pflanzen kann sich das Aussehen ändern. Die kleinbleibenden, sehr robusten *Sansevieria trifasciata* 'Hahnii', 'Silver Hahnii' und 'Golden Hahnii' beispielsweise strecken sich merklich, wenn sie von einer unbeheizten Fensterbank auf eine warme kommen.

Was können wir tun, wenn wir Pflanzen pflegen wollen, die »kalte Füße« übelnehmen, wir aber nur eine kühle Fensterbank zu bieten haben? Eine Bodenheizung kann diesen Mangel beseitigen. Als erstes brauchen wir dazu eine Pflanzenwanne oder -schale, die den Maßen der Fensterbank entspricht und eine Höhe von mindestens 10 cm hat. In dieser Schale legen wir nun ein Heizkabel schlangenförmig aus. Die Bodenheizkabel sind schutzgeerdet, so daß sie auch beim Gießen der Pflanzen mit Wasser in

Kontakt kommen können. Andere Heizkabel, die nicht für diesen Zweck vorgesehen sind, sind möglicherweise nicht gefahrlos zu verwenden oder aber erhitzen sich zu stark, so daß sie nicht infrage kommen.

Bodenheizkabel gibt es in verschiedenen Längen. Auf dieses Kabel streuen wir nun eine Schicht Sand und stellen darauf unsere Topfpflanzen. Welche Bodentemperatur erreicht wird, ist abhängig davon, wieviel Kabel in der Schale liegt. Die gewünschte Temperatur läßt sich nach einigen Versuchen leicht erzielen. Wer es perfektionieren will, schließt einen elektronischen Temperaturregler an. Mit Hilfe eines Fühlers, den wir in den Sand der Schale stecken, läßt sich der gewünschte Wert exakt einhalten. Solche technische Perfektion ist nicht billig.

Besonders in alten Bauernhäusern waren Fenstersimse verbreitet, die durch Scheiben nach außen und nach innen abgeschlossen waren. Hier wuchsen besonders subtropische Pflanzen hervorragend.

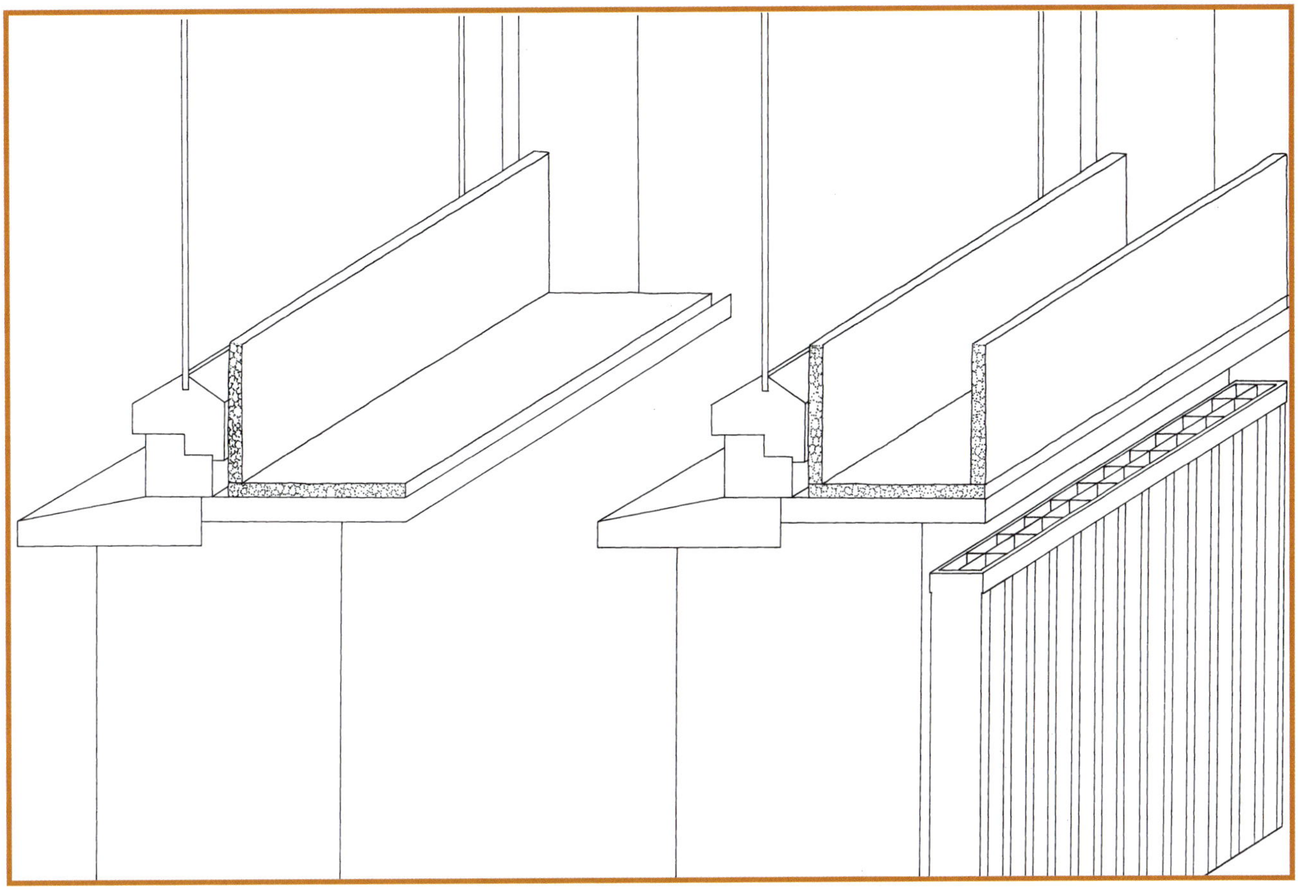

Oben links:
Vor Zugluft und »kalten Füßen« schützen
auf einer Fensterbank ohne Heizkörper
zwei Styroporplatten, von denen die eine
senkrecht auf die andere geklebt wird.

Oben rechts:
Eine weitere, vorn angeklebte Styroporplatte
ist vonnöten, wenn die vom Heizkörper
strömende trockene Luft den Pflanzen nicht
bekommt.

Unten:
Die ideale Lösung für kalte Fenstersimse:
Die Pflanzen stehen in einem wasserdichten,
sandgefüllten Kasten. Auf dem Boden des
Kastens liegt in Schlangenlinien ein Heizkabel.
Ein Temperaturfühler mißt die Boden-
temperatur. Der Thermostat hält exakt den
gewünschten Wert. Die Styropor-Chips auf
dem Sand reduzieren die unproduktive
Wärmeabstrahlung.

Das englische Blumenfenster aus der Mitte
des vorigen Jahrhunderts besaß schon eine
größere Pflanzwanne. Dies gestattet, die
Pflanzen nicht nur nebeneinander aufzustellen,
sondern nach ästhetischen Aspekten zu
gruppieren, zu gestalten.

Blumenfenster

Der Schritt von der Pflege der Zimmerpflanzen auf der Fensterbank hin zum
ausgebauten Blumenfenster ist nicht so
groß, wie dies vielleicht den Anschein
haben mag. Zumindest muß die Einrichtung eines Blumenfensters nicht mit hohen Kosten verbunden sein. Der handwerklich Begabte kann vieles selbst tun,
besonders wenn es sich um ein zum Zimmer hin offenes Blumenfenster handelt.

Ein offenes Blumenfenster ist nichts anderes als eine Fensterbank, die sich, zum
Beispiel wegen ihrer Tiefe, besonders für
das Aufstellen von Topfpflanzen eignet.
Wir können dort alle die Pflanzen pflegen, die gewöhnlich auf der Fensterbank
gedeihen. Wollen wir uns an heiklere Gewächse heranwagen, ist der Einbau eines
geschlossenen Blumenfensters zu erwä-
gen. Bei ihm stehen die Pflanzen zwischen zwei Scheiben; eine zweite trennt
also die Pflanzen zum Wohnraum zu ab
und schafft somit einen geschlossenen,
relativ kleinen Raum, der sich leichter
nach Wunsch klimatisieren läßt als der
gesamte Wohnraum.

Das alte Doppelfenster mag die Idee zum
geschlossenen Blumenfenster geliefert
haben. Diese doppelten Fenster, nur
durch ein wenig tiefes Simsbrett voneinander getrennt, sieht man gelegentlich
noch in alten Bauernhäusern. Mit der
Verbreiterung des Simsbretts entstand
das geschlossene Blumenfenster. Aufmerksamen Beobachtern war nicht ent-
gangen, daß sich die Pflanzen in diesem
abgeschlossenen Raum besonders üppig
entwickeln. Leider wird bei Neubauten
oft nicht daran gedacht, durch nur ge-
ringfügige Änderungen den nachträgli-
chen Einbau eines Blumenfensters zu ermöglichen.

Die oft ausgesprochen hübschen Blumenerker gehören der Vergangenheit an. Und
obwohl unter Slogans wie »Grün bringt
Leben ins Haus« nie mehr über Pflanzen
in Wohnräumen geschrieben wurde als
heute, lassen gerade die populären Archi-
tekturzeitschriften erkennen, mit welcher
Hilflosigkeit die Architekten an diese
Dinge herangehen. Als vordergründiges
Dekorationselement stellen sie die Pflanzen an Plätze im Wohnraum, die einem
Zeitungsständer zukommen mögen, die
Lebenserwartung der Zimmerpflanzen
aber auf ein Minimum reduzieren – ein
Wegwerfartikel, dem nur ein »Mindest-
haltbarkeitsdatum« fehlt.

Mit dem Blumenfenster aber wollen wir
gerade das Gegenteil erreichen: einen

Platz schaffen, an dem viele Pflanzenarten prächtig gedeihen können. Damit gilt es, zunächst einmal die Ansprüche der Pflanzen zu bedenken und diese schließlich mit unseren ästhetischen Vorstellungen in Einklang zu bringen. Wie schon bei der Auswahl der Zimmerpflanzen (Seite 10), gilt unsere Aufmerksamkeit als erstes den Lichtverhältnissen. Dabei ist die Himmelsrichtung von entscheidender Bedeutung (siehe Seite 16). Die Ostseite wird meist als ideal bezeichnet, aber mit entsprechenden Hilfsmitteln wie Schattierung oder Beleuchtung lassen sich an allen anderen Seiten brauchbare Bedingungen schaffen. Die Einzelheiten sind schon in den vorhergehenden Kapiteln besprochen, so daß hier nur noch die baulichen Besonderheiten des Blumenfensters interessieren.

Eine Tiefe von 50 bis 60 cm ist in der Regel ausreichend. Da lassen sich schon viele Pflanzen unterbringen, auch größer werdende. Die maximale Tiefe ist abhängig von der Reichweite der Arme, denn wir müssen gelegentlich an die Pflanzen heran oder aber das Fenster putzen, ohne die gesamte Anlage auszuräumen. Eine Tiefe über 80 cm läßt sich kaum noch bewältigen.

Da die Außenwand mit 25 bis 35 cm um einiges dünner ist, müssen wir entscheiden, ob das Blumenfenster in den Raum hinein oder über die Außenwand hinausragen soll oder aber beides. Das mit der Außenwand bündige Fenster läßt sich in der Regel nachträglich einfacher und billiger einbauen. Das überkragende Fenster, der Erker, verändert die Fassade des Hauses und bedarf der Genehmigung durch die Baubehörde.

In der Regel haben wir eine Brüstung und kein bodentiefes Fenster. Eine zu hohe Brüstung erschwert das Betrachten der Pflanzen und sieht unschön aus. 50 bis 60 cm sind gut, 80 bis 90 cm schon zu hoch. Eingeschlossen ist hierin die Höhe der Pflanzwanne, die nicht unter 20 cm liegen soll. Je größer die Anlage, um so höher muß auch die Pflanzwanne sein, dementsprechend große Pflanzen werden benötigt.

Ein großes Fenster mit nur kleinbleibenden Pflanzen bestückt, sieht nicht gerade begeisternd aus. Und die Höhe eines Blumentopfes ist nur wenig geringer als der obere Durchmesser (ein 16-cm-Topf zum Beispiel ist etwa 14 cm hoch). Eine kräftig wachsende *Phoenix*-Palme ist bald mit einem 20-cm-Topf nicht mehr zufrieden. Außerdem werden in großen Fenstern auch gerne Epiphytenstämme eingebaut,

Auch im geschlossenen Blumenfenster muß die Belüftung garantieren, daß sich Scheiben nicht beschlagen und den Lichteinfall hindern.

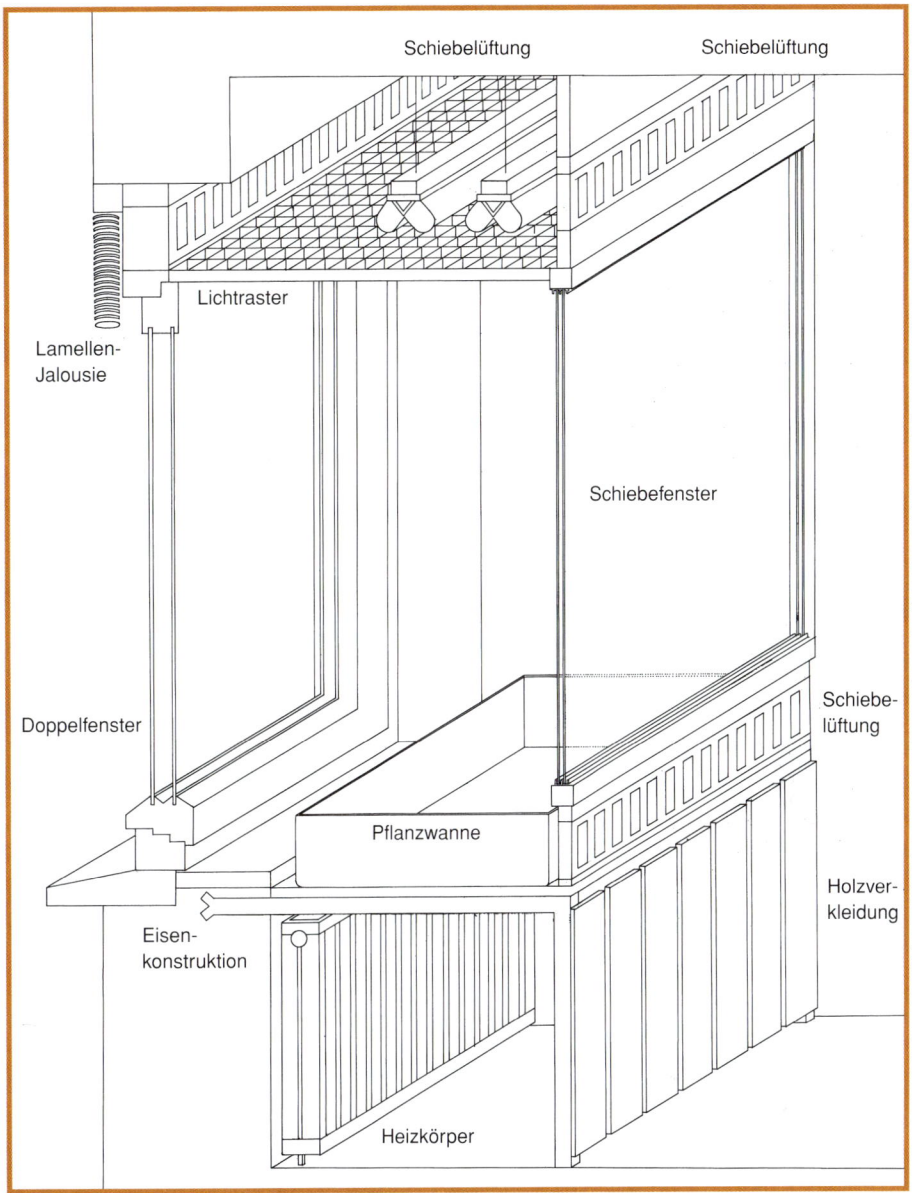

die bei einer Höhe von über 1 m eine ausreichende Verankerung in der Pflanzwanne erfordern.
Bei kleineren Pflanzwannen in offenen Blumenfenstern reicht es, sie auf einfache Winkeleisen-Kernrollen mit einer Auflageplatte zu stellen. Größere Wannen bedürfen einer aufwendigeren Standkonstruktion, denn die Belastung ist nicht unerheblich. Einmal hat die Wanne ein erhebliches Gewicht, besonders solche aus Beton oder Kunst- beziehungsweise Naturstein. Hinzu kommt die Füllung. Füllen wir eine 20 cm hohe, 70 cm tiefe und 200 cm lange Pflanzwanne mit Blähton, so macht

dies knapp 2 Zentner aus – ohne das noch einzufüllende Wasser und die Pflanzen! Die Konstruktion muß dieses Gewicht tragen können. In der Regel wird man die Konstruktion mit dem unter dem Fenster befindlichen Heizkörper verbinden.

Auf die Konstruktion kommt nun direkt die Pflanzwanne oder zuerst ein Auflageboden. Von größter Wichtigkeit ist, daß Öffnungen im Auflageboden in unmittelbarer Nähe des Außenfensters den Durchtritt der Warmluft ermöglichen. Zum einen, um ausreichend hohe Temperaturen im Blumenfenster zu erreichen, zum anderen, um den Einfall von Kaltluft und die Kondenswasserbildung an der Scheibe zu unterbinden.

Beispiel für ein geschlossenes Blumenfenster, wie es sich nachträglich ohne allzu großen Aufwand einbauen läßt.

Ideal ist es, anstelle der herkömmlichen Radiatorheizkörper die leistungsfähigeren und dabei weniger voluminösen Konvektoren zu verwenden. Konvektoren sind Lamellenrohre, deren Blechrippen die Wärmeabstrahlung und die Luftbewegung erhöhen. Selbstverständlich muß auch die Verkleidung von Konstruktion und Heizkörper, sei sie aus Holz oder einem anderen Material, die Luftzufuhr gestatten.

Für die Außenfront wählt man am besten, nicht zuletzt zur Heizkostenersparnis, eine Isolierverglasung. Die Kippfenster-Ausführung ist gut für das offene Blumenfenster, das geschlossene erfordert eine etwas aufwendigere Lösung. Für Wohnungen im Parterre ist eine feste Verglasung erwägenswert. Ob beweglich oder nicht, auf jeden Fall ist eine Schiebelüftung oberhalb des Fensters vorzusehen. Und daß der Lamellenstore vor der Frontscheibe die ideale Schattierung ist, wurde bereits erwähnt.

Das geschlossene Fenster trennt man zum Wohnraum am besten mit zwei Schiebefenstern ab, wozu man 4 bis 6 mm starkes Spiegelglas wählt. Glasschiebetüren sind viel praktischer als Fensterflügel. Man kann zum Beispiel die Tür einen Spalt offen lassen, wenn dies zum Erreichen eines bestimmten Klimas im Blumenfenster wünschenswert ist. Erfahrungen zeigen, daß unter bestimmten Bedingungen eine zu hohe Luftfeuchte herrschen kann.

Auch als Seitenabschluß empfiehlt sich eine Glasscheibe, damit die Pflanzen auch von der Seite und nicht nur direkt von vorn betrachtet werden können. Grenzt oben oder seitlich Mauerwerk an das Blumenfenster, so ist für eine ausreichende Isolierung zu sorgen, damit die Feuchtigkeit keinen Schaden anrichten kann. Dies gilt gleichermaßen für die Fensterlaibung und den Fenstersturz.

> **Geschlossene Blumenfenster verlangen eine gute Isolierung des Mauerwerks, damit es nicht zu Feuchteschäden kommt. Leuchten und andere elektrische Installationen müssen für Feuchträume zugelassen sein.**

Beleuchtung und Klimatisierung des Blumenfensters

An der Decke des Blumenfensters darf man Aufhängevorrichtungen nicht vergessen. Wir brauchen sie sowohl zur Befestigung einer Zusatzbeleuchtung als auch zum Aufhängen von Ampelpflanzen, Orchideenkörben und ähnlichem. Ein sehr angenehmes Licht schafft ein

zwischen Lampen und Pflanzen befindliches Lichtraster. Eine Blende zum Raum ist selbstverständlich.

Auch wenn wir eine zusätzliche Belichtung beim Ausbau des Blumenfensters zunächst nicht planen, sollten wir dennoch die elektrische Zuleitung vorsehen. Steckdosen – unbedingt in für Feuchträume geeigneter Ausführung – brauchen wir für eine Zusatzheizung und für den elektrischen Luftbefeuchter auf jeden Fall.

Die Zusatzheizung wird erforderlich, wenn der Heizkörper eine zu geringe Wärmeabgabe hat oder die Luftführung so ungünstig ist, daß die Frontscheibe im Winter beschlägt. Abhilfe schafft ein in unmittelbarer Nähe aufgestellter Rohrheizkörper. Ein Bodenheizkabel oder eine Heizmatte erhöht eine zu niedrige Bodentemperatur in der Wanne.

Der Perfektionierung des Blumenfensters sind keine Grenzen gesetzt. Thermostat und Hygrostat steuern die Temperatur und die Luftfeuchte. Den elektrischen Luftbefeuchter versorgt direkt die Wasserleitung. Eine Zeitschaltuhr hält exakt die Belichtungszeit ein. Und sogar das Gießen läßt sich in gewissem Umfang automatisieren, zum Beispiel durch einen Tensioschalter, durch Tröpfchenbewässerung oder ähnliches. Schon die Hydrokultur vereinfacht die Bewässerung. Und eine wasserdichte Pflanzwanne bietet sich ja geradezu für die Hydrokultur an.

Es liegt nahe, daß diese Automatisierung nicht billig ist und sich nur für größere Anlagen empfiehlt.

Pflanzen im Blumenfenster

Die automatische Bewässerung ist am ehesten möglich, wenn alle Zimmerpflanzen ohne Topf in eine Wanne gesetzt werden. Wir können dann aber nur solche Pflanzen gemeinsam pflegen, die annähernd die gleichen Ansprüche an die Wasserversorgung stellen. Ein Nachteil ist auch, daß das Auswechseln der Pflanzen umständlich ist. Alteingesessene Pflanzen sind so stark verwurzelt, daß wir sie nicht herausnehmen können, ohne die Nachbarn in Mitleidenschaft zu ziehen. Und nicht zuletzt ist zu bedenken, daß wir die ausgepflanzten Zimmerpflanzen der gegenseitigen Konkurrenz aussetzen, was nicht der Fall ist, wenn alle einen für sich abgeschlossenen Wurzelbereich im Blumentopf haben.

Wer auf blühende Pflanzen besonderen Wert legt, dem sei nachdrücklich empfohlen, alle im Blumentopf zu lassen. Er kann ohne Schwierigkeiten austauschen und hat so immer etwas Blühendes im Fenster stehen. Auch relativ kurzlebige Blütenpflanzen wie Cinerarien oder die Fliederprimel können für einige Wochen das Blumenfenster bereichern und werden nach dem Abblühen weggeworfen. Für das geschlossene Blumenfenster mit relativ hohen Temperaturen und hoher Luftfeuch-

> **Im geschlossenen Blumenfenster bietet die Hydrokultur Vorteile, weil sich die Pflege der Pflanzen und der Austausch vereinfacht.**

te ist aber der Platz fast zu schade für solche recht anspruchslosen Gewächse, denen auch ein »gewöhnlicher« Platz auf der Fensterbank recht ist. Ja, diesen beiden Pflanzen des Kalthauses würden wir mit dem Tropenklima sogar einen schlechten Dienst erweisen und ihr Dasein wesentlich verkürzen.

Belassen wir die Pflanzen in ihren Töpfen, dann füttern wir sie in Torf, Blähton, Bimskies oder ein ähnliches Material ein. Pflanzen im Tontopf erhalten durch die poröse Topfwand Feuchtigkeit, wenn wir den umgebenden Torf stets feucht halten. Das Feuchthalten des Torfs hat noch den Vorteil, daß sich Bodendecker wie etwa die Stachelspelze (*Oplismenus hirtellus*), *Pellionia repens* oder die verschiedenen Fittonien ausbreiten und so ein sehr hübsches, naturähnliches Bild bewirken. Auch bei ausläuferbildenden Farnen haben wir bald um den Topf eine Kinderstube versammelt, die bisweilen schon lästig werden kann. Umgibt die Pflanzen nur trockenes Füllmaterial, dann verspüren die Pflanzen keine Neigung sich auszubreiten, und die ganze Anlage wirkt steril.

Diesen Nachteil haben übrigens Hydrokultur-Anlagen. Der in der Regel verwendete Blähton ist in den obersten Schichten trocken und bietet Ausläufern keine Chance einzuwurzeln. Bodendecker sind aus diesem Grund in Hydrokultur nicht zu finden oder nur in Einzelexemplaren, die zudem erbarmungswürdig aussehen. Es ist nicht auszuschließen, daß es in Zukunft durch Verwendung anderer Füllsubstrate gelingen mag, diesen Nachteil zu überwinden.

Andererseits darf der Vorteil der Hydrokultur gerade im Blumenfenster nicht übersehen werden: Neben dem geringeren Aufwand für Gießen und Düngen können wir – ausgepflanzt oder in Einzeltöpfen (Kulturtöpfen) – Pflanzen mit unterschiedlichen Feuchtigkeitsansprüchen gemeinsam in der Wanne halten, ohne daß die einen durch zuviel Wasser, die anderen wegen Wassermangel Schaden erleiden. Es sei noch einmal daran erinnert, daß die Pflanzwanne aus einem Material sein muß, das den Einwirkungen der gelösten Salze und Huminsäuren standhält. Andernfalls ist die Wanne mit einer stabilen Folie auszukleiden oder sie erhält einen pflanzenunschädlichen Anstrich (Kunststoffsiegel, Kunstkautschuk).

Pflanzenvitrinen

Wenn wir wollen und über Platz und nötiges Kleingeld verfügen, dann können wir ein Blumenfenster auch mitten im Zimmer aufstellen. Allerdings nennen wir das Ganze nicht mehr Blumenfenster, sondern Vitrine oder – ein wenig hochtrabend – Zimmergewächshaus. Es besteht aus einer Metall- oder Holzkonstruktion, vier Seitenwänden aus Glas, einer Pflanzwanne und einem »Dach«, in dem die Beleuchtung untergebracht ist. Diese Beleuchtung ist unumgänglich, denn die Vitrine steht ja nicht an einem Fenster, so daß die Pflanzen nicht genügend Tageslicht erhalten.

Solche Pflanzenvitrinen gibt es einschließlich der Installationen fertig zu kaufen, allerdings kosten sie mehrere hundert bis mehrere tausend DM. Sie sind ausgestattet mit Heizung, Luftbefeuchtung und der schon erwähnten Belichtung. Von der recht- und vieleckigen Form bis hin zur runden sind alle Außenmaße vertreten. Für die Konstruktion hat sich das dauerhafte und leichte Aluminium bewährt. Holzrahmen bestehen meist aus dem widerstandsfähigen Redwood.

Bei größeren Vitrinen ist mindestens eine Seite als gläserne Schiebetür ausgebildet, bei kleineren läßt sich das Dach hochklappen. Seit einiger Zeit gibt es Vitrinen, deren untere Hälfte als Aquarium, die obere als Zimmergewächshaus zu nutzen sind. Dies ist zwar sehr nett anzuschauen, doch bleibt für Pflanzen in der Regel nicht allzu viel Raum übrig. Ein begeisterter Blumenfreund ist damit kaum zufrieden.

Bei dem vielfältigen Angebot wird nur der unentwegte Bastler an das Selberbauen einer Vitrine denken. Eine Ausnahme kann dann notwendig werden, wenn die Vitrine an einer besonderen Stelle eingepaßt werden soll. Hier gilt entsprechend das, was zum Bau eines Blumenfensters im vorigen Kapitel gesagt wurde.

Je nach ihrer Größe bieten Zimmergewächshäuser unterschiedliche Möglichkeiten der Nutzung. Besonders bieten sie sich für die Pflege von Ananasgewächsen (Bromeliaceae), Orchideen oder auch Kakteen an. Eine mittelgroße Vitrine kann schon eine beachtliche Sammlung von Pflanzen aus diesen Familien beherbergen. Nicht zu vergessen sind auch die schön gefärbten tropischen Blattpflanzen. Wer erst einmal Gefallen daran gefunden hat, dem wird auch die größte Vitrine bald zu klein.

Wer sich eine Vitrine anschaffen will, sollte sich vorher darüber klar sein, welche Pflanzen er darin halten will. Wer beispielsweise epiphytische Bromelien oder Orchideen schätzt, benötigt eine ausreichend hohe, damit sich der Epiphytenstamm auch unterbringen läßt. Außerdem werden hohe Anforderungen an Lichtintensität und Temperatur gestellt.

Wintergärten

Vom Gummibaum auf der Fensterbank zum Wald unter dem schützenden Dach des Wohnhauses ist es kein so großer Schritt, wie es den Anschein haben mag. Das ausgebaute, überkragende Blumenfenster führt schnurgerade zum Wintergarten, mit fließenden Übergängen. Dabei war die Entwicklung umgekehrt. Orangerien entstanden, weil hochherrschaftliche Gastgeber ihre nicht minder hochgestellten Gäste zu ungewöhnlicher Jahreszeit mit Obst aus südlichen Gefilden überraschen wollten. 1336 gilt als das Geburtsjahr der Orangerien.

Aus dem luftigen, hellen Überwinterungsraum entstand der repräsentative

Pflanzenvitrinen aus der zweiten Hälfte des vorigen Jahrhunderts waren besonders kunstvoll aus Gußeisen gefertigt und sind nicht zu vergleichen mit den funktionellen, mit allen technischen Raffinessen ausgestatteten Vitrinen unserer Tage.

Vorwiegend im 19. Jahrhundert entstanden Wintergärten von großem architektonischem Reiz. In ihnen läßt sich je nach Klimatisierung eine große Zahl subtropischer oder tropischer Pflanzen kultivieren.

Wintergarten mit dekorativen Pflanzen wie Palmen und Cycadeen (Zamiaceae). Die Lust an der Kultur subtropischer und tropischer Pflanzen spielte meist nur eine untergeordnete Rolle. Viel wichtiger waren die repräsentativen Räume für allerlei Festlichkeiten. Die Natur fand Eingang in die Innenräume; die Unterschiede zwischen Innen und Außen verwischten sich, zunächst durch illusionistische Kuppelfresken und Landschaftsbilder an den Wänden. Der Wintergarten war vergleichbar mit der Bühne; die Pflanzen stellten die lebende Kulisse dar. Das beste Beispiel hierfür ist der Wintergarten in der Münchner Residenz Ludwigs II.

Wintergärten waren aber auch eine technische Herausforderung. Gigantische Anlagen entstanden, in denen ausgewachsene Bäume Platz fanden, so der Kristallpalast in London zur 1. Weltausstellung 1850–1851. Wiederum fließend sind die Übergänge zu dem, was wir heute schlicht Gewächshaus nennen. Mitte des vorigen Jahrhunderts entstanden die ersten bemerkenswerten Anlagen, zum Beispiel im Botanischen Garten in Berlin, im Palmengarten zu Frankfurt am Main oder im Kölner Botanischen Garten.

Vor der Jahrhundertwende gehörte der – allerdings viel bescheidenere – Wintergarten zum festen Bestandteil der Häuser des wohlhabenden Bürgertums. Es waren mit Glas umgebene Terrassen oder auch Balkone. Je kleiner sie wurden, um so weniger waren sie ein »Garten«, also ein bewohnbarer Raum, sondern schließlich nur noch Abstellplatz für Pflanzen, wobei wir wieder beim ausgebauten Blumenfenster angelangt sind. Mit den Anlehngewächshäusern – Kleingewächshäuser, die aussehen wie der Länge nach durchgeschnitten und mit dieser Seite an die Hauswand gestellt – schließt sich der Kreis.

So unterschiedlich Wintergärten sind, so verschieden sind Technik und Nutzung. Grundsätzliches läßt sich dazu kaum sagen. Am besten werden solche Pläne mit einem Architekten durchgesprochen. Zu bedenken ist, daß Wintergärten feuchte Räume sind, also einer entsprechenden Isolierung und elektrischen Installation bedürfen.

Die Heizung muß nach der angestrebten Temperatur und dem Wärmedurchgang des Bedachungsmaterials ausgelegt sein. Die gestiegenen Heizkosten verlangen heute selbstverständlich eine sogenannte Mehrfachbedachung, etwa Isolierglas oder Plexiglas-Stegdoppelplatten. Inzwischen gibt es bereits Dreifachplatten. Achtung, Wärmeschutzgläser können den Durchgang von Wellenlängen des Lichtes behindern, die für Pflanzen lebensnotwendig sind!

Beim Wintergarten im Erdgeschoß ist im besonderen Maße die Temperaturverteilung zu beachten. Den Pflanzen bekommt es gar nicht, wenn sie einen »heißen Kopf« haben, dafür aber »kalte Füße«, weil die Heizkörper ausschließlich den Luftraum erwärmen. Gegebenenfalls ist eine Bodenheizung unumgänglich.

Werden die Pflanzen nicht mit Töpfen oder Kübeln aufgestellt, sondern in ein Grundbeet ausgepflanzt, dann ist für eine ausreichend hohe Bodenschicht zu sorgen. Je nach Größe der Pflanzen sollte sie 30, 40 cm oder mehr betragen. Die statische Belastung des Bodens ist zu beachten! Aus statischen Erwägungen, aber auch wegen der langfristig stabilen Bodenstruktur wählen wir vorteilhaft ein spezielles Dachgartensubstrat.

Je größer die lichtdurchlässige Fläche ist, um so mehr heizt die Sonne den Innenraum auf. Die Lüftung muß entsprechend bemessen sein unter Berücksichtigung der kultivierten Pflanzen. Bei der Konzeption der Lüftung werden die meisten Fehler begangen. Sowohl Architekten als auch Metall- und Holzbaufirmen

haben auf diesem Gebiet die größten Wissensdefizite. Sicherheit bietet nur der Rat von Fachleuten, die auf den Bau derartiger Anlagen spezialisiert sind. Die typischen Pflanzen für Wintergärten schätzen es kühl und luftig, zum Beispiel Palmen wie *Trachycarpus*, *Chamaerops* und *Howea*, Palmfarngewächse (Cycadaceae oder Zamiaceae) oder die »Neuholländer« – das sind australische Pflanzen wie die schönen Proteus- (Proteaceae) und Myrtengewächse (Myrtaceae). Viele Orchideen und Bromelien vertragen im Sommer hohe Temperaturen, so daß die Lüftung weniger wirkungsvoll sein kann. Viele Orchideen verlangen aber eine deutliche nächtliche Abkühlung. Allerdings wollen sie im Winter wärmer stehen, und das strapaziert den Geldbeutel.

Je nach Lage des Wintergartens ist eine Schattierung in Erwägung zu ziehen. Es sind damit die gleichen Details zu bedenken wie beim Blumenfenster. Je größer ein Wintergarten ist, um so intensiver können wir ihn auch als Wohnraum nutzen, als grünes Zimmer, auch wenn es draußen friert und schneit.

Wer ein Gewächshaus besitzt, kennt das Problem: Bei Sonneneinstrahlung heizt es sich schnell und häufig über das gewünschte Maß auf, während es im Winter bei trübem Wetter und nachts viel Wärme nach außen abstrahlt und somit hohe Heizkosten verursacht. Könnte man die überschüssige Energie vom sonnigen Tag bis zur Nacht speichern, entstünden nahezu keine Heizkosten. Ja, der Wärmegewinn ist sogar so hoch, daß sich die Energie für das Wohnhaus nutzen läßt. Leider gibt es bislang keine leistungsfähigen technisch ausgereiften Speicher. Aber bereits Wasser als Wärmespeicher und gegebenenfalls Wärmepumpen zeigen interessante Möglichkeiten.

Einen großen Wintergarten kann man dem Wohnhaus so vorlagern, daß er als Wärmefalle dient. Besonders wärmespeicherndes Mauerwerk oder ein Wasserspeicher werden auf diese Weise bei Sonne erwärmt und beheizen das Wohnhaus. Es entsteht ein grüner, vielfältig nutzbarer Wohnraum. Wer möchte nicht gerne seinen Frühstückskaffe in subtropischer

Die einfachste Form des Wintergartens ist ein Erker mit bodentiefen Fenstern und Gefäßen oder Wannen, die das Aufstellen der Pflanzen auf dem Boden gestatten. Der Stahlstich zeigt ein Beispiel aus dem 19. Jahrhundert.

Pracht einnehmen oder beim Duft der Engelstrompeten (*Brugmansia*) nach Feierabend genüßlich die Zeitung lesen? Dann, wenn es kalt ist und keine Sonne scheint, trennen dichte Wände den Wintergarten vom übrigen Haus, damit er nicht zu viel Energie verbraucht. Die Temperatur im Wintergarten kann bis auf 5 °C absinken. Voraussetzung ist, daß nur solche Pflanzen dort wachsen, die diese niedrigen Werte aushalten. Die subtropische Flora hat viele hierfür geeignete Arten zu bieten.

Weiterhin ist zu bedenken, daß der Wintergarten nur dann seine Funktion als Lichtfalle während der kalten Jahreszeit erfüllen kann, wenn die Sonnenstrahlen möglichst ungehindert in das Gewächshaus eindringen können. In unmittelbarer Nähe der Scheiben dürfen demnach nur solche Pflanzen sitzen, die im Winter ihr Laub verlieren oder einen kräftigen Rückschnitt dulden.

Macht ein solcher Wintergarten nicht furchtbar viel Arbeit? Je nach Größe sind, dies haben Versuche gezeigt, pro Tag im Durchschnitt nicht mehr als 10 bis 20 Minuten erforderlich. Dies ist ein vertretbarer Aufwand in Anbetracht der Möglichkeiten, die ein Wintergarten bietet. Wer seinen Wintergarten häufig für mehrere Tage allein lassen muß, sollte auf die automatische Klimatisierung und Bewässerung nicht verzichten.

Blumenfenster und Vitrinen schön gestalten

Entsteht eine Sammlung nicht zufällig, sondern wählen wir die Pflanzen bewußt aus, so wird das Ergebnis in jedem Fall dem Ideal näherkommen. Wir können die Arten nach ihren jeweiligen Ansprüchen zusammenstellen: Lichthungrige für sonnige Plätze, Wärmebedürftige für beheizte Fenster, Kalthauspflanzen für nur mäßig warme Räume, gegen Lufttrockenheit Empfindliche für die Vitrine. Es bleibt nicht aus, daß wir Kompromisse eingehen müssen. Wir wählen dann eine Temperatur, die für alle im Blumenfenster oder der Vitrine stehenden Pflanzen zuträglich, wenn auch nicht optimal ist. So will eine Art im Winter vorzugsweise bei 6 bis 8 °C, die nächste bei 8 bis 12 °C, eine weitere bei 12 bis 15 °C stehen. Alle drei sind zufrieden, wenn wir als Kompromiß 10 °C einstellen.

Es bestehen keine Zweifel daran, daß die Pflanzenwahl vorrangig nach den Kul-

turansprüchen zu erfolgen hat. Aber es wäre schade, beschränkten wir uns nur auf dieses Auswahlkriterium. Die vielerlei Gestalten bieten uns die Möglichkeit, Formen und Farben zusammenzustellen, um einer bestimmten ästhetischen Vorstellung zu entsprechen. Voraussetzung ist, sich die Pflanzen unter diesen Gesichtspunkten einmal genau anzuschauen: Da gibt es aufrechte, strenge Formen, da gibt es elegant überhängende, schwingende; wir unterscheiden Arten mit vielen kleinen oder wenigen großen Blättern, mit hellem oder dunklem Laub, mit auffälligen, kräftig gefärbten Blüten und reine Blattpflanzen. Jede Art stellt einen bestimmten Typ dar, der zu einem anderen harmoniert oder kontrastiert.

Wir müssen lernen, mit den Pflanzencharakteren wie der Künstler mit seinen Farben zu malen. Die gekonnte Zusammenstellung verlangt eine klare künstlerische Absicht, ein bestimmtes Thema. Die Rangstufen sind festzulegen, die Aufgaben zu verteilen.

Sechs Beispiele sollen dies verdeutlichen. Mit Unterstützung des Botanischen Gartens in Tübingen wurden sie vom Stuttgarter Floristmeister Herbert Rühle zusammen mit dem Autor gestaltet. Es handelt sich um Beispiele für kühle und warme Räume, jeweils unter sonnigen und schattigen Bedingungen, um ein Blumenfenster für Sukkulentenfreunde und ein geschlossenes Blumenfenster mit hoher Temperatur und Luftfeuchte (Seite 79 bis 84).

Unter kühlen Räumen verstehen wir solche, deren Temperatur im Winter nachts um 10 °C liegt. Am Tag kann besonders bei Sonneneinstrahlung das Thermometer ansteigen, sollte jedoch nicht über 18 °C hinausgehen.

Die Pflanzen für warme Räume schätzen es im Winter nachts nicht unter 16 bis 18 °C.

Im geschlossenen Blumenfenster können wir schließlich auch heikle Pflanzen halten, die noch ein wenig wärmer, nicht unter 18 bis 20 °C, stehen sollten.

Das »Sukkulentenfenster« ist ein gutes Beispiel dafür, daß man bei Pflanzensammlungen Kompromisse eingehen muß. Als Temperaturrichtwert für dieses Fenster wurden 10 °C im Winter sowohl tagsüber als auch nachts angenommen. Natürlich kann bei Sonneneinstrahlung am Tag die Temperatur um einige Grade ansteigen.

Diese Temperaturen sind nicht für alle Pflanzen optimal, die in diesem Fenster stehen. Euphorbien zum Beispiel würde

man für sich stehend ein wenig wärmer halten. Manche Kakteen dagegen schätzen Wintertemperaturen, die noch deutlich unter dem genannten Wert liegen. Doch als Kompromiß sind 10 °C richtig, und es ist davon auszugehen, daß alle gut über den Winter kommen.

Bei der Pflanzenauswahl für diese Beispiele wurde das übliche Zimmerpflanzensortiment zugrunde gelegt, lediglich beim geschlossenen Blumenfenster und beim Sukkulentenfenster finden sich auch Arten, die nur in Spezialitätenbetrieben erhältlich sind. Solche Fenster sind ohnehin etwas für fortgeschrittene Zimmergärtner, die sich mit dem üblichen Sortiment nicht mehr zufrieden geben.

Das Sukkulentenfenster zeigt, daß Gruppierungen dann an Ausdruckskraft gewinnen, wenn wir versuchen, unterschiedliche Pflanzengestalten zu vereinen. Eine Aufreihung säulenförmiger oder runder Kakteen wirkt langweilig.

Die kerzengerade in die Höhe zeigende *Dracaena* in Beispiel 5 bestimmt und dominiert das ganze Fenster. Sie duldet nichts Gleichwertiges neben sich. Sowohl die *Ardisia* auf der linken Seite als auch die *Dieffenbachia* rechts im Fenster bilden Gegengewichte, ohne der *Dracaena* ihren dominierenden Rang streitig zu machen. Verbindungen schaffen die weichen, schwingenden Formen der Begonie, der Anthurie und des Farns am rechten Bildrand. Alles andere ordnet sich unter: die Fittonie, selbst das großblättrige *Philodendron*. Weniger eindeutig ist die Dominanz im vierten Beispiel. Der Gummibaum im Zentrum läßt sich von seinem Gattungsgenossen im linken Bildrand sowie von der *Dracaena* auf der rechten Seite den Rang streitig machen. Die Spannung in diesem Fenster entsteht nicht durch die Rangordnung.

Nur Pflanzen mit relativ kleinen Blättern wurden hier verwendet. Die Formen sind nicht streng und starr, sondern abgemildert, schwingend. Eine wichtige Funktion übernehmen die reichlich verwendeten überhängenden Pflanzen. Seinen besonderen Reiz erhält dieses Fenster durch die Farbe. Spannungsvoll sind hier grünblättrige und buntlaubige Pflanzen verwendet. Grün und Gelbgrün geben sich ein Stelldichein. Auch die gelben Früchte des Orangenbäumchens passen in dieses Spiel. Die Andersartigkeit der roten Peperomien weist geradezu auf die Gestaltungsabsicht hin.

»Licht und Dunkel« könnte man das Thema des geschlossenen Blumenfensters (Beispiel 6) nennen. (*Fortsetzung Seite 85*).

1. Pflanzen für sonnige, im Winter kühle Blumenfenster

Geeignet sind alle oben abgebildeten Pflanzen sowie die Sukkulenten von Seite 81; außerdem:

Abutilon-Arten und -Hybriden*
Acorus gramineus ◑
Amaryllis belladonna — Belladonnalilie
Araucaria heterophylla u.a. — Zimmertanne
Asparagus densiflorus 'Sprengeri'* — Zierspargel
Bougainvillea-Arten und -Sorten
Calceolaria-Arten und -Sorten — Pantoffelblumen
Callistemon citrinus — Zylinderputzer
Camellia japonica — Kamelie
Campanula isophylla — Hängende Glockenblume
Chamaerops humilis ◑ — Zwergpalme
Citrus-Arten — Orangen-, Zitronen-bäumchen

Clivia miniata — Clivie
Cyrtanthus elatus — Vallota
Cytisus × spachianus
Dionaea muscipula ◑ — Venusfliegenfalle
Duchesnea indica — Scheinerdbeere
Ensete ventricosum (Jungpflanzen)* — Bananen
Erica-Arten und -Hybriden — Eriken
Gardenia augusta* — Gardenie
Grevillea robusta*
Hebe-Arten, H.-Andersonii-Hybriden — Strauchveronika
Hibiscus rosa-sinensis* — Roseneibisch
Hoya carnosa* — Wachsblume
Hydrangea macrophylla — Hortensie
Impatiens walleriana, I.-Hybriden* — Fleißiges Lieschen
Laurus nobilis — Lorbeer
Lysimachia nummularia — Pfennigkraut
Orchideen des Kalthauses wie
Cymbidium und Rossioglossum grande ◑

◑ = leichter Schatten
* = auch für wärmere Plätze

Passiflora caerulea* — Passionsblume
Pelargonium graveolens, P. radens u.a.* — Duftgeranien
Phoenix canariensis, P. dactylifera* — Dattelpalmen
Pittosporum tobira — Klebsame
Primula malacoides, P. vulgaris u.a. — Fliederprimeln u.a.
Rhododendron simsii ◑ — Azaleen
Sansevieria-Arten* — Sansevierien
Solanum pseudocapsicum — Korallenstrauch
Tillandsia-Arten (nur »graue«)*
Yucca aloifolia u.a.*
Zantedeschia aethiopica* — Zimmercalla

Pflanzen im sonnigen, im Winter kühlen Blumenfenster:

1 Pelargonium tomentosum (Duftgeranie), 2 Grevillea robusta,
3 Carex brunnea 'Variegata', 4 Sparmannia africana 'Variegata'
(Zimmerlinde), 5 Cyclamen persicum (Alpenveilchen), 6 Carex brunnea
'Variegata', 7 Rosmarinus officinalis, 8 Solenostemon scutellarioides,
9 Eriobotrya japonica (Wollmispel), 10 Chlorophytum comosum
(Grünlilie), 11 Myrtus communis.

2. Pflanzen für schattige, im Winter kühle Fenster

Geeignet sind alle oben abgebildeten Pflanzen, außerdem:

*Aspidistra elatior**	Schuster-, Metzgerpalme
Asplenium scolopendrium	Hirschzungenfarn
Aucuba japonica	Goldorange
Begonia grandis ssp. *evansiana* u.a.	Begonie
*Billbergia nutans**	Zimmerhafer
Brunfelsia pauciflora var. *calycina*	
*Camellia japonica**	Kamelie
Chlorophytum comosum,	Grünlilie
*Cissus rhombifolia, C. antarctica**	Klimme, Russischer Wein
Cleyera japonica	
Cyclamen persicum	Alpenveilchen
Duchesnea indica	Scheinerdbeere
Farfugium japonicum	
× *Fatshedera lizei**	Efeuaralie
*Fatsia japonica**	Aralie
Ficus-Arten wie *F. pumila**	Kletternder Gummibaum
Fuchsia-Arten und -Sorten	Fuchsien
Nerium oleander	Oleander
Ophiopogon-Arten	Schlangenbart
Orchideen wie *Coelogyne cristata*	
*Parthenocissus henryana**	
*Pellaea rotundifolia**	Pellefarn
*Pilea cadierei, P. microphylla**	Kanonierblume
*Piper nigrum**	Schwarzer Pfeffer
*Platycerium bifurcatum**	Geweihfarn
Plectranthus fruticosus	Mottenkönig
Polystichum-Arten	Tüpfelfarne
Rubus reflexus	
Ruscus-Arten	Mäusedorn
Scirpus cernuus	Frauenhaar

Selaginella kraussiana	Mooskraut
Stenotaphrum secundatum	
*Tibouchina urvilleana**	
Trachycarpus fortunei	Hanfpalme
Tradescantia-Arten und -Sorten*	
Viburnum tinus	Laurustinus, Schneeball

Pflanzen im beschatteten, im Winter kühlen Blumenfenster:

1 Saxifraga stolonifera (Judenbart), 2 Pteris cretica 'Wimsettii'
(Saumfarn), 3 Pteris tremula (Saumfarn), 4 Tolmiea menziesii
(Henne und Küken), 5 Paphiopedilum Ashburtoniae und P. Leeanum,
6 Delairea odorata (Sommerefeu), 7 Schefflera arboricola,
8 Ophiopogon japonicus (Schlangenbart), 9 Soleirolia soleirolii
(Bubiköpfchen), 10 Saxifraga stolonifera (Judenbart),
11 Paphiopedilum St. Albans, 12 Hedera helix (Efeu), 13 Blechnum
gibbum, 14 Cyrtomium falcatum 'Rochfordianum'.

* = auch für wärmere Plätze

3. Sukkulente Pflanzen für kühle, sonnige Fenster

Geeignet sind alle oben abgebildeten Pflanzen, außerdem:

Adromischus-Arten
Agave-Arten
Aloë-Arten
Bowiea volubilis
Callisia navicularis
Cotyledon-Arten
Crassula-Arten
Cyphostemma juttae
Echeveria-Arten
Euphorbia (die meisten Arten)
Gasteria-Arten
Haworthia-Arten
Huernia-Arten
Kalanchoë-Arten
Kleinia-Arten
Orostachys-Arten
Pachyphytum-Arten
Sedum-Arten
Senecio-Arten
Stapelia-Arten

Die meisten Kakteen mit Ausnahme zum Beispiel der *Rhipsalis* und verwandter Gattungen.
Viele Mittagsblumengewächse.

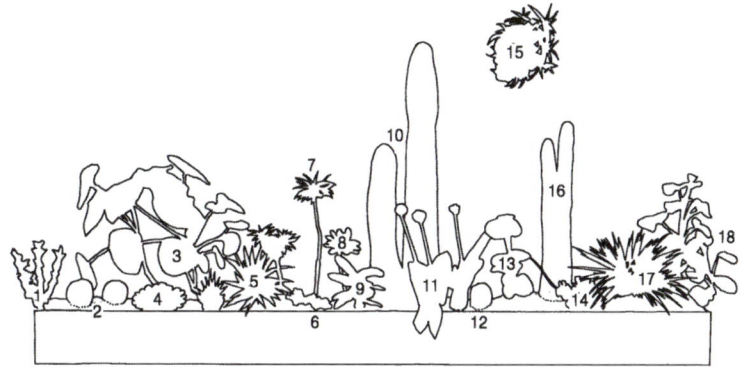

Das Sukkulentenfenster:

1 Euphorbia grandicornis, 2 verschiedene Mammillaria-Arten,
3 Begonia peltata, 4 Aeonium tabuliforme, 5 Dyckia altissima,
6 Greenovia aurea, 7 Euphorbia atropurpurea, 8 Aeonium arboreum
'Atropurpureum', 9 Crassula perfoliata var. falcata,
10 Cereus hexagonus und C. peruvianus, 11 Haemanthus albiflos,
12 Mammillaria haageana, 13 Begonia venosa, 14 Kalanchoë pumila,
15 Orthophytum vagans, 16 Cleistocactus hyalacanthus und C. strausii,
17 Yucca aloifolia 'Tricolor', 18 Begonia venosa.

4. Pflanzen für warme, sonnige Blumenfenster

Geeignet sind alle oben abgebildeten Pflanzen, außerdem:

Acalypha hispida, *A.*-Wilkesiana-Hybriden	Fuchsschwanz
Achimenes-Hybriden	
Aechmea fasciata	
Allamanda cathartica ○	
Bifrenaria harrisoniae	
Browallia speciosa	
Cocos nucifera	Kokospalme
Coffea arabica	Kaffeestrauch
Cymbidium-Hybriden (Mini-C.)	
Cyperus-Arten	Cypergräser
Euphorbia pulcherrima	Weihnachsstern
Ficus elastica, *F. lyrata* u.a.	Gummibaum
Gardenia augusta	Gardenie
Gloriosa superba	
Gynura aurantiaca 'Purple Passion'	
Hibiscus rosa-sinensis	Roseneibisch
Jacaranda mimosifolia	
Justicia brandegeana	Zierhopfen
Mandevilla-Arten	
Microcoelum weddelianum	»Kokospälmchen«
Mimosa pudica	Mimose, Sinnespflanze
Monstera-Arten	Baumfreund, »Philodendron«
Neoregelia-Arten	
Pachystachys lutea	
Pandanus-Arten ○	Schraubenbaum

Obwohl lichtbedürftig, vertragen die wenigsten Arten, besonders während der Sommermonate und zur Mittagszeit, volle Sonne.

○ = Ungewöhnlich sonnenverträgliche Arten.

Sansevieria-Arten ○	Sansevierien
Solenostemon scutellarioides ○	Buntnessel
Stephanotis floribunda	Kranzschlinge
Tillandsia-Arten (graue T.) ○	

Im Winter wärmetolerante Sukkulenten wie *Ceropegia linearis* ssp. *woodii*, einige *Huernia*-Arten, *Haworthia*, *Gasteria*, viele *Euphorbien*, *Pachypodium*-Arten sowie Kakteen aus den Gattungen *Astrophytum*, *Discocactus*, *Echinocactus*, *Ferocactus*, *Melocactus*, Phyllokakteen und einige Mammillarien (alle ○).

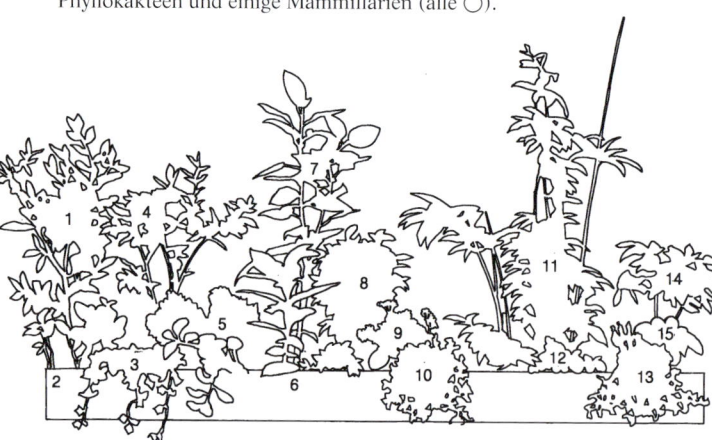

Pflanzen im warmen, sonnigen Blumenfenster:

1 Ficus microcarpa, 2 Peperomia obtusifolia 'Variegata',
3 Senecio macroglossus 'Variegatus', 4 × Citrofortunella microcarpa,
5 Peperomia metallica, 6 Ficus cyathistipula, 7 Ficus rubiginosa,
8 Hoya carnosa 'Variegata', 8 Kalanchoë-Blossfeldiana-Hybride,
10 Kalanchoë manginii, 11 Dracaena surculosa 'Punctata',
12 Peperomia glabella 'Variegata', 13 Kalanchoë manginii,
14 Ficus benjamina, 15 Peperomia argyreia.

5. Pflanzen für warme, schattige Blumenfenster

Geeignet sind alle oben abgebildeten Arten, außerdem:

Adiantum-Arten und -Sorten	Frauenhaarfarn
Ananas comosus, A. bracteatus	Ananas
Aphelandra squarrosa u.a.	Ganzkölbchen
Ardisia crenata, A. crispa	
Asparagus setaceus	Zierspargel
Asplenium nidus	Nestfarn
Begonia-Arten und -Sorten	
(mit Ausnahme besonders empfindlicher)	Begonien, Schiefblatt
Blechnum gibbum	
Chamaedorea-Arten	Bergpalme
Chlorophytum comosum	Grünlilie
Cissus-Arten	Klimme, »Wein«
Coelogyne massangeana	
Cordyline terminalis	
Coussapoa microcarpa	
Crossandra infundibuliformis	
Cryptanthus-Arten und -Sorten	
Didymochlaena truncatula	
Dracaena fragrans, D. surculosa	
Ficus-Arten	Gummibaum
Geogenanthus poeppigii	
Nephrolepis-Arten und -Sorten	
Nidularium-Arten	
Phalaenopsis-Hybriden	
Philodendron-Arten	Baumfreund
Phlebodium aureum	
Piper-Arten	Pfeffer
Pisonia umbellifera	
Platycerium bifurcatum	Geweihfarn
Polyscias-Arten und -Sorten	
Rhipsalis-Arten	
Schefflera-Arten	
Sinningia cardinalis	

Sinningia speciosa	Gloxinie
Spathiphyllum-Arten und -Sorten	
Sprekelia formosissima	Jakobslilie
Streptocarpus-Hybriden	Drehfrucht
Tradescantia-Arten und -Sorten	

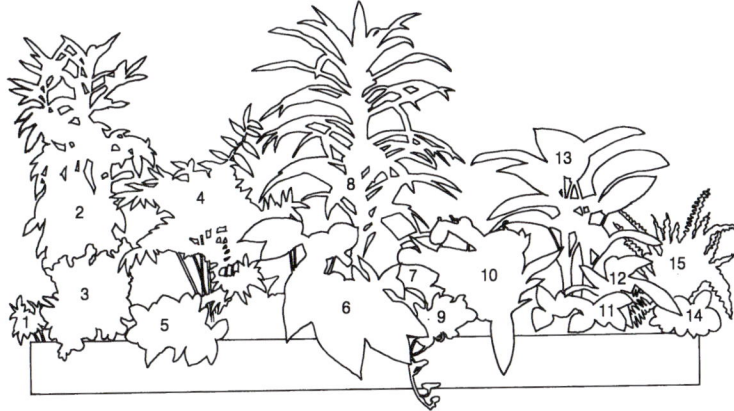

Pflanzen im warmen, beschatteten Blumenfenster:

1 Pellionia repens 'Argentea', 2 Ardisia humilis, 3 Begonia-Elatior-Hybride, 4 Begonia albopicta, 5 Fittonia verschaffeltii 'Argyroneura', 6 Philodendron mamei, 7 Aglaonema commutatum, 8 Dracaena deremensis, 9 Epipremnum pinnatum 'Aureum', 10 Anthurium-Scherzerianum-Hybride, 11 Aglaonema costatum, 12 Dieffenbachia maculata 'Rudolf Roehrs', 13 Dieffenbachia-Hybride 'Exotica', 14 Fittonia verschaffeltii 'Pearcei', 15 Nephrolepis exaltata.

6. Pflanzen für warme, geschlossene Blumenfenster

Geeignet sind alle oben abgebildeten Pflanzen, außerdem:

Aeschynanthus-Arten
Begonia-Arten und -Sorten
Bertolonia-Arten
Caladium-Arten und -Hybriden
Calathea-Arten
Cissus discolor
Columnea-Arten
Ctenanthe-Arten
Dracaena goldieana
Episcia-Arten und -Sorten
Maranta-Arten und -Sorten
Medinilla magnifica u.a.
Peperomia-Arten
Pteris argyraea
Sanchezia speciosa
Stromanthe-Arten

Daneben viele Orchideen, die meisten Ananasgewächse
(Bromelien), alle Pflanzen, die für das warme, schattige Blumenfenster empfohlen wurden sowie viele andere Bewohner tropischer Gebiete.

Pflanzen im geschlossenen Blumenfenster:

1 Ctenanthe lubbersiana, 2 Siderasis fuscata, 3 Episcia reptans,
4 Triolena pustulata, 5 Selaginella spec., 6 Guzmania-Hybride,
7 Dichorisandra reginae, 8 Calathea makoyana, 9 Trichostigma peruvia-
num, 10 Hoffmannia bullata, 11 Piper ornatum 'Crocatum',
12 Nepenthes alata, 13 Sonerila margaritacea 'Argentea', 14 Caladium
lindenii 'Magnifica', 15 Cissus amazonica, 16 Hoffmannia bullata.

Oberseits dunkelgrün, unterseits tief weinrot sind die Blätter von *Tricho-stigma*. Dieser dunkelgrüne, rötlich überhauchte Farbton setzt sich rechts bis zu *Piper crocatum* und *Cissus amazonica* fort. Im linken Bildteil übernehmen die hängende *Episcia* und *Siderasis fuscata* am unteren Rand diese Aufgabe. Die Gegengewichte sind links *Ctenanthe lubbersiana*, *Sonerila margaritacea* 'Argentea', *Caladium lindenii* 'Magnifica' sowie die hängende Kannenpflanze. Die Blütenfarben wurden bei den genannten drei Beispielen sparsam, aber bewußt eingesetzt. Der rote Farbton der Blätter setzt sich im geschlossenen Blumenfenster in der Farbe des Blütenstands der Guzmanien fort. Das Gelb der Blattpanaschur im Beispiel 4 ist nicht nur in den Orangen, sondern auch in den Blüten der *Kalanchoë* zu finden. Anders im zweiten Fenster, wo farbige Schwerpunkte erst durch die Blüten der Flamingoblume und der Elatiorbegonien entstehen.

In den Listen sind die wichtigsten Pflanzenarten für die jeweiligen Bedingungen genannt. Dies kann nur eine kleine Auswahl sein. Der Kreativität sind keine Grenzen gesetzt.

Wer noch einen Schritt weiter gehen will, kann Pflanzen nach ihrer geographischen Herkunft auswählen, zum Beispiel Gewächse Neuseelands. Dort kommen herrliche Fuchsien vor wie *Fuchsia procumbens*, *F. excorticata* und andere. Einige *Pittosporum*-Arten könnten hinzukommen, die herrliche Teufelskralle *Clianthus puniceus*, eine ganze Fülle von *Hebe*-Arten, Farne wie das bei uns winterharte *Blechnum penna-marina* und noch manch anderes. Denken wir auch an die Flora Teneriffas. Euphorbien und viele schöne *Aeonium*-Arten geben allein eine umfangreiche Sammlung ab. Hinzu kommen reizvolle kleine Gewächse wie *Monanthes laxiflora*.

Von dieser Pflanzenauswahl nach der geographischen Herkunft ist es nur noch ein kleiner Schritt zu der noch kleineren Einheit, der Pflanzengesellschaft, zum Beispiel dem tropischen immergrünen Regenwald. Für die hohen, schattenwerfenden Gehölze haben wir natürlich keinen Platz. Aber Gummibäume, *Philodendron* und manche andere verbreitete Topfpflanzen vermitteln einen ähnlichen Eindruck. Viele buntblättrige Topfpflanzen entstammen ja der schattenertragenden Krautflora dieses Gebiets. Nicht zu vergessen sind die Epiphyten wie Orchideen und Bromelien.

Die Epiphyten sind aber auch ein Beispiel dafür, daß wir ein ganz natürliches Bild nicht schaffen können. Viele Gummibäume zum Beispiel kommen in ihrer

Heimat epiphytisch vor, das heißt, die Vögel tragen die Samenkörner auf die Gipfel der hohen Urwaldbäume. Dort keimt der Gummibaum, wächst und gedeiht und treibt mit seinen Wurzeln so lange, bis er den Boden erreicht. Auch *Ficus elastica*, unser »Standardgummibaum«, kommt in seiner Heimat oft epiphytisch vor, ebenso der kleinblättrige *Ficus benjamina*.

Aber so weit können wir den natürlichen Standort nicht nachahmen. Ohnehin sind solche natürliche Pflanzenbilder etwas für Spezialisten, die sich intensiv mit der Flora eines bestimmten Gebietes befassen. Nicht zuletzt wird es oft schwierig sein, alle Pflanzen zu erhalten.

Es gibt zwar einige Gärtnereien, die auch ausgefallene Gewächse bereithalten, aber oft nur in geringer Stückzahl. Außerdem muß man sich die Pflanzen häufig selbst abholen, da dem Gärtner der Versand zu umständlich ist. So bleibt nur der Weg, durch Kontakt mit Gleichgesinnten, mit botanischen Gärten oder mit Pflanzenfreunden im Ausland sich Jungpflanzen zu beschaffen oder Samen, aus denen man dann im Laufe der Zeit seine Sammlung aufbaut.

Wer seltene Pflanzen sucht, sollte sich das Buch »PPP-Index – Pflanzeneinkaufsführer für Europa« von Anne und Walter Erhardt zulegen. Dieser Einkaufsführer gibt für über 80 000 verschiedene Pflanzenarten und -sorten, darunter auch zahlreiche Zimmer- und Kübelpflanzen, Bezugsquellen an.

Urlaubsreisen in ferne Länder ermöglichen es, die Flora dieses Gebietes zu studieren. Vieles läßt sich zu Hause weder im Blumenfenster noch im Kleingewächshaus nachvollziehen. Aber die Beobachtung bislang unbekannter Pflanzengesellschaften gibt mehr Sicherheit bei der Pflanzenwahl zu Hause und der Gestaltung.

Eine Hilfe bieten auch die botanischen Gärten. Sie versuchen vielfach, in ihren Gewächshäusern natürliche Vegetationsbilder zu schaffen, die einen Eindruck beispielsweise von der Flora der Kanaren oder dem tropischen Regenwald vermitteln.

Reisen sollten wir nicht zu »Plündertouren« nutzen, was leider in der Vergangenheit oft geschah. Wenn man nur auf diese Weise zu einer begehrten Art kommen kann, genügen Samen oder Stecklinge.

Pflanzen in Flaschen und Aquarien

Flaschengärten sind eine beliebte Methode, auch empfindliche exotische Pflanzen im Haus zu halten. Allerdings muß man den Begriff »Flaschengarten« schon recht weit fassen, soll all das dazu gehören, was unter diesem Namen heute zu finden ist: bis hin zu überdimensionalen Cognacgläsern und oben offenen Halbkugeln.

Vor rund 150 Jahren erkannte man, daß empfindliche Pflanzen wie einige Farne in hermetisch abgeschlossenen Kästen ausgezeichnet gedeihen.

In großen Wardschen Kästen lassen sich ganze Landschaften nachempfinden, wie dieses Beispiel aus dem Jahr 1861 zeigt.

**Pellionia
pulchra in einem
kleinen unverschlossenen Glas.**

Wie ist dieses Phänomen zu erklären, daß Pflanzen in einem abgeschlossenen, beschränkten Luftraum über längere Zeit hinweg gedeihen können? Die Pflanze braucht wie alle Lebewesen zur Aufrechterhaltung ihrer Lebensfunktionen Sauerstoff. Diesen entnimmt sie der Luft und gibt dafür Kohlendioxid ab. Dieser Vorgang wird jedoch am Tag durch einen anderen überdeckt: Bei der Assimilation oder Photosynthese werden aus Wasser und Kohlendioxid mit Hilfe der Sonnenenergie organische Stoffe aufgebaut. Hierbei wird Sauerstoff frei. Wir haben also zwei entgegengesetzte Vorgänge: Bei der ständig stattfindenden Atmung oder Dissimilation wird Sauerstoff verbraucht und Kohlendioxid abgegeben, bei der das Tageslicht bedürfenden Photosynthese wird Kohlendioxid aufgenommen und Sauerstoff frei.

Dieser Kreislauf sorgt dafür, daß die Pflanze in dem geschlossenen Gefäß nicht »erstickt«. Auch an Wasser fehlt es nicht, denn es kann ja nicht entweichen. Das aus der Erde aufgenommene Wasser wird an die Luft abgegeben. Diese ist immer völlig oder nahezu mit Wasserdampf gesättigt. An den Scheiben kondensiert das Wasser und tropft auf die Erde zurück. Damit haben wir einen weiteren Kreislauf. Und neue Nährstoffe werden durch sich zersetzende alte Blätter auch wieder zugeführt.

Hier wird auch ein Nachteil der Pflanzenkultur in geschlossenen Gefäßen deutlich: Die Scheiben sind immer mehr oder weniger beschlagen, was die Betrachtung der Pflanzen behindert. Diesem Nachteil stehen aber so viele Vorteile gegenüber, daß wir ihn gern in Kauf nehmen sollten. Wir können in geschlos-

Mit den »richtigen« Flaschengärten, die völlig geschlossen sind, hat dies wenig zu tun. Die Pflanzenkultur in solchen geschlossenen Glasgefäßen hatte ihren Ursprung in den »Wardschen Kästen«. Im Jahr 1830 machte der englische Arzt Dr. Nathaniel Ward eine interessante Beobachtung: In ein Glas hatte er Erde mit einer Schmetterlingspuppe gefüllt und anschließend verschlossen, damit ihm der erwartete Schmetterling nicht entwischen konnte. Nach einer Weile bemerkte er, daß sich ein kleiner Farn und Gräser in dem Glas offensichtlich gut entwickelten, obwohl weder Wasser nachgefüllt wurde noch ein Luftwechsel stattfinden konnte. Sogleich begann er mit Experimenten, die das Gleiche bestätigten: Pflanzen können sich in abgeschlossenen Glasgefäßen über längere Zeit hinweg entwickeln. Ward erkannte auch sofort die Nutzanwendung seiner Entdeckung, der »Wardschen Kästen«: Mit ihrer Hilfe war der Transport von Pflanzen auf dem Seeweg von Kontinent zu Kontinent möglich, ohne Verluste befürchten zu müssen.

Neben völlig geschlossenen Kästen gab es auch solche, die gelüftet und auch schattiert werden konnten.

Schon bald erfreuten sich solche geschlossenen Pflanzenkulturräume, »Salon-Pflanzenhaus« sowie »Fenster- oder Zimmergewächshaus« genannt, großer Beliebtheit. Besonders Farne, aber auch viele andere Pflanzen wurden um die Mitte des 19. Jahrhunderts auf diese Weise erfolgreich gepflegt.

Nicht alle Glasgefäße sind für einen Flaschengarten geeignet. Grün eingefärbte und weit geöffnete Gefäße wie das Cognacglas sind nicht zu empfehlen, wohl aber alle ungefärbten Gläser mit kleiner oder verschließbarer Öffnung.

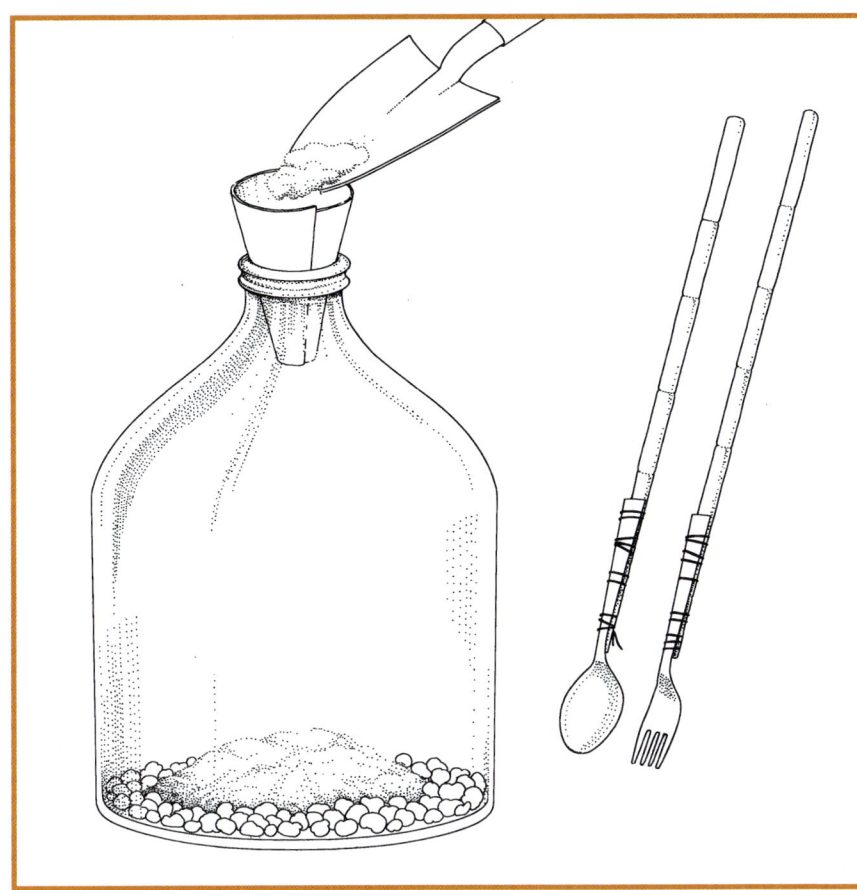

Einfache Hilfsmittel erleichtern das Bepflanzen einer enghalsigen Flasche: ein Papiertrichter sowie Gabel und Löffel, die zur Verlängerung an Stäben festgebunden werden.

senen Glasgefäßen Pflanzen kultivieren, die sonst im Zimmer nicht überleben würden, da sie die trockene Luft nicht vertragen. Denken wir nur an empfindliche Farne oder *Selaginella.* Andererseits müssen wir den begrenzten Raum berücksichtigen und entsprechend schwachwüchsige und kleinbleibende Pflanzen auswählen. Glücklicherweise kommt uns das insgesamt schwächere Wachstum in geschlossenen Gefäßen zugute. Der Gasaustausch der Pflanze ist wegen der mit Wasserdampf gesättigten Luft gering und der Kohlendioxidgehalt nicht optimal.

Ganz anders sind die Verhältnisse in einem offenen Glasgefäß. Je größer die Öffnung ist, umso mehr gehen die Vorteile des Flaschengartens verloren. Die erwähnten Cognacschwenker haben keine funktionelle, nur noch ästhetische Aufgabe. Man wähle daher die Gefäße kritisch aus. Gefäße mit einem engen Hals sind leicht zu verschließen, aber nur mit einigen Schwierigkeiten zu bepflanzen.

Zuunterst kommt eine Dränageschicht aus Blähton oder Kieseln. Anschließend muß die Erde eingefüllt werden, ohne das Glas zu verschmieren. Am besten

eignen sich Substrate wie Nr. 1, 2 und 5 (siehe Seite 39). Zum Einfüllen rollen wir ein Stück Papier zu einem Trichter zusammen. Die Erde rutscht nur mühsam an ihren Bestimmungsort, denn wir müssen sie zuvor anfeuchten. Im Glas läßt sich dies nicht gut nachholen. Nach einem leichten Andrücken des Substrats wird bepflanzt. Die Pflanzen werden in Zeitungspapier möglichst »schlank« eingewickelt und durch den Flaschenhals geschoben. Mit an Stöcken befestigten Löffeln und Gabeln bringen wir sie an ihren endgültigen Platz, was ein wenig Geschicklichkeit erfordert.

Viel einfacher geht die Bepflanzung eines Vollglasaquariums. Bequem gelangt alles da hin, wo wir es haben wollen. Auch kleine Aststücke oder Wurzeln lassen sich einbauen, was recht reizvoll wirkt.

Falsch wäre es, ein Gefäß direkt nach dem Bepflanzen zu verschließen. Besser ist es, eine Weile zu warten, bis die Pflanzen angewachsen sind. Dann besteht die Möglichkeit, den Deckel zu schließen, wenn die richtige Feuchtigkeit herrscht. Eine mittlere Feuchtigkeit, nicht zu trocken und nicht zu naß, entscheidet wesentlich über den Erfolg.

Direkt nach dem Pflanzen müssen wir leicht angießen, weshalb es zu diesem Zeitpunkt im Gefäß auch viel zu naß ist.

Für das Aquarium benötigen wir zum Verschließen eine passende Glasscheibe. Sie wird am besten mit Silicon befestigt. Die Befestigung sollte nicht für die Ewigkeit gedacht sein, denn es kann irgendwann notwendig werden, das Gefäß wieder zu öffnen. Schon bald ist dies erforderlich, wenn unbemerkt eine kleine Schnecke mit hineingelangt ist, die sich nun an den Pflanzen gütlich tut. Nach einer Weile können sich auf der feuchten Innenseite des Glases Algen ansiedeln, die den Lichtgenuß erheblich mindern und entfernt werden müssen. Doch Flaschengärten machen, sind sie erst einmal bepflanzt, viel weniger Arbeit als Zimmerpflanzen in Töpfen.

Pflanzen für Flaschengärten

Gut bepflanzte Flaschengärten sind im Handel eine Seltenheit. Die ungeeignetsten Pflanzen werden häufig in solche Gefäße gesteckt. Hierzu gehören zum Beispiel Sämlinge der Flamingoblume (*Anthurium*-Andreanum-Hybriden) oder der Nestfarn (*Asplenium nidus*). Sie werden bald zu groß. Das gleiche gilt für die Ananasgewächse *Vriesea* und *Guzmania.* Solche Arrangements bereiten nur kurze Zeit Freude, werden bald zum wahren Dickicht.

Wenig sinnvoll ist es, Kakteen und andere Sukkulenten in Flaschen zu setzen, ganz gleich, ob in offene oder geschlossene. Ein solcher Behälter ohne Wasserabzug führt bald zu Ausfällen. Eine Ausnahme stellen die epiphytischen Kakteen wie *Rhipsalis* dar, die hervorragend für Flaschengärten geeignet sind.

Das Beschaffen geeigneter Pflanzen ist die größte Schwierigkeit, wollen wir uns einen Flaschengarten anlegen. Die idealen Bewohner gehören nämlich nicht zum üblichen Sortiment unserer Gärtner und sind somit nur nach längerem Suchen erhältlich, manchmal auch nur durch die Freundlichkeit eines botanischen Gartens.

Ohne Probleme erhält man zum Beispiel den kletternden Gummibaum *Ficus pumila*, einige kleinbleibende Peperomien oder *Pilea*-Arten. Auch die kleinblättrige *Fittonia verschaffeltii* 'Minima' wird gelegentlich angeboten sowie der auch kühle Temperaturen vertragende Farn *Pellaea rotundi-*

> **Nur weitgehend geschlossene Flaschengärten bieten den Vorteil einer höheren Luftfeuchte und guter Wachstumsbedingungen.**

folia. Besonders hübsch sind die buntblättrigen Begonien, die unter dem Sammelnamen »Mexicross« bekannt sind und die sicher jedes Blumengeschäft besorgt. Auf diese Weise wird man wohl auch die Farne *Pteris ensiformis* in den Sorten 'Victoriae' und 'Evergemiensis' sowie *Didymochlaena truncatula* erhalten.

An Spezialitätengärtnereien muß man sich wenden, sucht man die aufrechtwachsenden epiphytischen Kakteen *Rhipsalis mesembryanthoides* oder *Hatiora salicornioides.* Übrigens darf man sich nicht wundern, wenn die baumbewohnenden Kakteen nach kurzer Zeit in der Flasche statt der kräftig rot getönten Triebe nur noch »gewöhnliche« grüne ausbilden. Daran ist der schwächere Lichtgenuß schuld. Der mit verschiedenen Zimmerpflanzen besetzte Flaschengarten soll ja keinen Standort mit direkter Sonneneinstrahlung erhalten, denn der Luftraum im geschlossenen Gefäß würde sich alsbald zu stark erhitzen. Ein heller bis halbschattiger Platz ist besser geeignet. In der Mehrzahl wählen wir ja auch Pflanzen aus, die ohnehin nicht mehr Licht wollen.

Schon erwähnt wurde *Ficus pumila,* der trotz naher Verwandtschaft nur wenig an unseren Gummibaum erinnert. Es gibt auch noch weitere kleinblättrige Vertreter dieser Gattung, die sich für Flaschengärten anbieten. Besonders zierend sind die buntblättrigen. »Buntblättrig« ist eigentlich etwas hochgestapelt, denn

außer Grün weist das Blatt nur noch gelbe, grüngelbe oder weißgelbe Farbtöne auf; der Gärtner spricht von panaschierten Blättern. *Ficus sagittata* 'Variegata' ist besonders hübsch, leider nicht leicht erhältlich. Nur für große Gefäße eignet sich *Ficus aspera* 'Parcellii'.

In größeren Behältern dürfen die sogenannten Bodendecker nicht fehlen, also die Pflanzen, die über den Boden kriechend die Oberfläche mehr oder weniger dicht bedecken. Das altbekannte Bubiköpfchen (*Soleirolia soleirolii*) ist solch ein Bodendecker, hätte allerdings in kleinen Behältnissen bald alles andere überwuchert. Ideale Pflanzen für diesen Zweck sind *Selaginella*-Arten. Das Mooskraut, das in Wohnräumen sonst nur schwer am Leben zu erhalten ist, gedeiht in der feuchten Luft der Flaschengärten ausgezeichnet. Als Beispiele seien *Selaginella uncinata* und *S. kraussiana* genannt. Weniger dicht wird ein Teppich aus kleinblättrigen Peperomien.

Tradescantien sind bei Blumenfreunden zu Recht weit verbreitet, da sie auch unter widrigen Verhältnissen noch zu wachsen vermögen. Besonders *Tradescantia albiflora* und *T. cerinthoides* (syn. *T. blossfeldiana*) sind häufig neben dem Zebrakraut (*Tradescantia zebrina,* syn. *Zebrina pendula*) anzutreffen. Für Flaschengärten sollte man auf sie verzichten, nicht nur, weil sie zu rasch wachsen und häufig zurückgeschnitten werden müssen. Für sie ist der Platz in den Glas-

behältern eigentlich zu schade. Dort können wir es mit weniger robusten Verwandten wie *Callisia elegans* versuchen, die ein wunderschön gestreiftes Blatt hat und nicht so wuchsfreudig ist.

Ähnlich wie die Tradescantien vermögen auch die *Pellionia*-Arten über den Boden zu kriechen. Leider findet man sie meist nur in botanischen Gärten als hübsche Ampelpflanzen. Sie wachsen zunächst aufrecht, hängen dann aber über. *Pellionia pulchra* wird zur Zierde jedes Flaschengartens, *P. repens* einschließlich der Sorte 'Argentea' steht ihr kaum nach, wächst aber stärker.

Schaut man sich unter den niedrig bleibenden Pflanzen um, dann ist man überrascht, wieviele schönblättrige Arten und Sorten es gibt, die sich für die Bepflanzung von Gefäßen eignen. Darum sollte man Geduld haben und die Suche nach ihnen nach den ersten Mißerfolgen nicht gleich aufgeben. Gerade die Familie der Acanthusgewächse (Acanthaceae), zu der zum Beispiel das Ganzkölbchen (*Aphelandra squarrosa*) und der Zimmerhopfen (*Justicia brandegeana,* syn. *Beloperone guttata*) gehören, ist eine sehr reichhaltige, aber bisher kaum genutzte Quelle. Hierher passende Vertreter dieser Familie sind *Dipteracanthus portellae, Hemigraphis repanda, Stenandrium lindenii* und *Xantheranthemum igneum,* um nur einige zu nennen. Etwas höher wird *Pseuderanthemum reticulatum.* Ähnlich zu verwenden ist die den Acanthusgewächsen zugehörende *Alternanthera ficoidea* var. *amoena.*

Während wir auf die Ananasgewächse *Vriesea* und *Guzmania* verzichten sollten, da sie für Flaschen zu groß werden, dürfen wir die kleinbleibenden *Cryptanthus*-Arten und -Sorten aus der gleichen Familie keinesfalls vergessen.

Diese Aufzählung ließe sich noch mit vielen anderen Pflanzen wie *Plectranthus oertendahlii* oder *Mikania dentata* (syn. *M. ternata*) fortsetzen. Für die Auswahl entscheidend bleibt letzten Endes, was man erhält. Alle diese Pflanzen gedeihen in geschlossenen oder weitgehend geschlossenen Gefäßen im geheizten Wohnraum. Wo es im Winter kühler wird, müssen wir auf andere Pflanzen zurückgreifen, zum Beispiel auf »Henne und Küken« (*Tolmiea menziesii*) oder Sorten von *Liriope muscari,* die sich besonders in den USA großer Beliebtheit erfreuen und bei uns von einigen Staudengärtnereien angeboten werden. Andere *Liriope*-Arten und auch *Ophiopogon jaburan* eignen sich der starken Ausläuferbildung wegen nicht so gut. Sie breiten sich zu stark aus und bedrängen die Nachbarn.

Für die Bepflanzung der Flaschengärten wählt man vorrangig kleinblättrige Pflanzen wie den grün-weiß panaschierten Gummibaum, Ficus sagittata 'Variegata', und Pellionia repens 'Argentea'.

Ein großer Epiphytenstamm, bepflanzt
mit verschiedenen Bromelien, Rhipsalis und
Epipremnum pinnatum 'Marble Queen'.

Bei den Mooskräutern gibt es Arten, die sich für den mäßig geheizten Raum eignen wie *Selaginella apoda*. Der bereits genannte Farn *Pellaea rotundifolia* hat keine allzu großen Temperaturansprüche, ebenso wie der altbekannte Judenbart (*Saxifraga stolonifera*). Die kleinen einheimischen Farne wie die Mauerraute (*Asplenium ruta-muraria*) oder der Braunstielige Streifenfarn (*Asplenium trichomanes*) sind einen Versuch wert. Insgesamt ist die Pflanzenauswahl für Flaschengärten in kühlen Räumen deutlich geringer.

Ob im kühlen oder warmen Raum, der Standort des Flaschengartens will mit Bedacht ausgesucht werden. Direkte Sonneneinstrahlung verursacht in Kürze Temperaturen, die auch die robustesten Arten nicht überleben. Hell, doch ohne direkte Sonne, so sollte der ideale Platz sein.

An kühlen Fenstern sind geschlossene Behälter regelmäßig zu kontrollieren. Dort schlägt sich das Wasser stets an der Innenseite des Glases nieder, die zum Fenster zeigt, weil diese Seite am kühlsten ist. Das Wasser rinnt die Scheibe hinab und führt der Erde das Wasser wieder zu, das durch die Pflanzen oder Verdunstung entzogen wurde. An der entgegengesetzten Seite funktioniert dieser Kreislauf allerdings nicht, weil sich das Wasser hier nicht niederschlägt. Somit trocknet die Erde auf dieser Seite langsam aus, obwohl kein Wasser aus dem geschlossenen Behälter entweichen kann. Man wundert sich, wenn die Pflanzen auf dieser Seite des Flaschengartens plötzlich nicht mehr gedeihen.

Abhilfe läßt sich auf ganz einfache Weise schaffen. In regelmäßigen Abständen wird der Flaschengarten gedreht. Wie oft dies geschehen muß, zeigt die Erfahrung.

Pflanzen auf Pflanzen

Daß es Pflanzen gibt, die sich nicht den Boden als Standort ausgesucht haben, ist bei den Orchideen und Bromelien oder Ananasgewächsen (Seiten 162 bis 166) nachzulesen. Diese Gewächse bezeichnet man als Epiphyten, das heißt wörtlich übersetzt »Auf-Pflanzen«; in dem verzweifelten Bemühen, einen deutschen Begriff hierfür zu finden, werden sie auch »Aufsitzer« genannt. Diese Aufsitzer haben sich höher werdende Pflanzen als Sitzplatz ausgewählt.

Epiphyten sind keinesfalls nur etwas Exotisches. Auch unsere einheimische Flora kennt einige Epiphyten, zum Beispiel viele Moose und Flechten, Farne wie den Engelsüß (*Polypodium vulgare*) und versehentlich auch einmal eine höhere Pflanze, die sich auf einer anderen angesiedelt hat. Normalerweise sind höhere Pflanzen bei uns keine Epiphyten.

Bei der Pflege im Zimmer halten wir viele in ihrer Heimat epiphytisch wachsende Pflanzen der Einfachheit halber im Topf. Sie wachsen dort meist genauso gut. Epiphyten sind aber vor allem sehr willkommen, wenn es um die Gestaltung eines Blumenfensters oder einer Vitrine geht.

Die größte Schwierigkeit bei der Pflege von epiphytischen Pflanzen ist die Wasserversorgung. Deshalb möglichst viel Substrat zur Verfügung stellen und für eine nicht zu geringe Luftfeuchtigkeit sorgen.

Ein Nylonstrumpf, ein Drahtkörbchen oder ein Korkrindenstück hält die Pflanze samt Substrat am Epiphytenstamm. Der Draht rostet nach einiger Zeit und muß erneuert werden. Die Rinde nagelt oder schraubt man an den Stamm. Anstelle des Strumpfes läßt sich auch Kupferdraht verwenden.

Wir bauen einen Epiphytenstamm, der ein gutes gestalterisches Element abgibt. Er schafft Höhe, er wirkt raumgliedernd.

Man wählt eine Holzart, die über viele Jahre beständig ist und nicht so schnell fault. Bewährt haben sich alte Rebstöcke, die aber nicht leicht zu haben sind. Sehr gute Erfahrungen konnte man mit Robinienstämmen sammeln. Das Holz erwies sich als sehr dauerhaft, nur die Rinde löste sich nach einer Weile. Daß wir reich verzweigte, malerisch geformte Äste auswählen, versteht sich von selbst. Erwünscht sind möglichst viele Astgabeln, denn dort hinein setzen wir unsere Aufsitzer.

Der Ast muß nun in irgendeiner Form im Fenster oder in der Vitrine befestigt werden. Eine alte Methode ist es, den Ast in einen großen Blumentopf zu stellen und diesen mit Beton oder Montagemörtel, der sehr schnell abbindet, auszugießen. Dieser Klotz am Fuß des Stammes muß geschickt kaschiert werden, damit er nicht als Fremdkörper in unserem Stück gestalteter Natur steht. Natürlich kann man den Ast auch mit Draht fixieren oder verschrauben.

Sollen kleine Pflanzen auf den Ästen befestigt werden, so genügt es, die Wurzeln mit einer Handvoll grobem Torf oder Moos zu umwickeln und diesen Wurzel-Substrat-Ballen mit dünnem Kupferdraht am Ast festzubinden. Je größer die Pflanzen sind und je mehr Wurzelraum sie beanspruchen, um so aufwendiger ist die Befestigung. Die Pflanzen brauchen dann eine künstliche Substratnische. Am einfachsten ist sie mit einem feinen, engmaschigen Drahtgeflecht zu bilden. Auch ein Nylonstrumpf leistet gute Dienste. Rindenstücke der Korkeiche kann man so um einen Stamm befestigen, daß eine Nische entsteht. Auf diesen Korkstücken lassen sich Epiphyten wie einige Orchideen und graue Tillandsien ganz ohne Substrat befestigen. Die Wurzeln krallen sich im Laufe der Zeit an dieser Unterlage fest. Voraussetzung hierfür ist eine hohe Luftfeuchte und möglichst ein regelmäßiger morgendlicher tauähnlicher Niederschlag, etwa mit Hilfe eines Zerstäubers und Verwendung möglichst von Regenwasser.

Mit Hilfe von Korkstücken können wir auch einen Epiphytenbaum basteln, ohne daß uns irgendwelche Äste zur Verfügung stehen. Wir benötigen dazu einen kräftigen Eisenstab, um den wir Kunststoff-Abflußrohre stecken. Diese Konstruktion, die von einem Zementgewicht gehalten wird, kaschieren wir mit Korkrindenstücken (siehe Abbildung unten).

Einige Pflanzen für Epiphytenstämme wurden bereits angesprochen: die Orchideen und Ananasgewächse. Mit Ausnahme der Orchideenarten, die im Boden oder auf Felsen wachsen, sind nahezu alle Angehörigen dieser Familie für Epiphytenstämme geeignet. Allerdings ist es bei den größer werdenden Arten nicht selten ein Platzproblem. Auch die Zahl der Ananasgewächse oder Bromelien für diesen Zweck ist riesig. Weiterhin empfehlen sich Farne wie die ebenfalls groß werdenden *Phlebodium*, *Platycerium* und *Asplenium*. Selbst Kakteen wie *Hatiora* und *Rhipsalis* eignen sich. Kleinblättrige Peperomien sollten genau wie *Ceropegia linearis* ssp. *woodii* nicht fehlen. Aronstabgewächse kommen in ihrer tropischen Heimat häufig epiphytisch vor. Leider sind die für Epiphytenstämme besonders gut geeigneten *Anthurium*-Arten wie *A. friedrichsthalii* und *A. gracilis* bei uns nicht leicht erhältlich. Nicht vergessen darf man Gesneriengewächse wie *Aeschynanthus*, *Codonanthe*, *Columnea* und *Nematanthus* sowie *Episcia*.

Ein Epiphytenstamm wirkt dann erst, wenn sich einige Kletterpflanzen um ihn ranken. Die ideale Pflanze für diesen Zweck ist *Ficus pumila*, aber auch die empfindlicheren *F. sagittata* und *F. villosa*. Zu nennen sind noch die verschiedenen *Piper*-Arten, *Cissus discolor*, *Rubus reflexus* und *Dioscorea*-Arten. Aber mit einigen der letztgenannten Pflanzen sind wir schon in die Hohe Schule der Zimmergärtnerei eingedrungen. Daß es unzählige Experimentiermöglichkeiten gibt, wurde vielleicht anhand der wenigen Beispiele deutlich. Voraussetzung sind jeweils hohe Temperatur und für die meisten Pflanzen hohe Luftfeuchte. Die gemäßigten Klimaten beherbergen nun einmal – wie eingangs betont – sehr viel weniger Epiphyten als die Tropen mit ihrer üppigen Vegetation.

Das regelmäßige Befeuchten der geringen Substratmengen ist selbstverständlich, ebenfalls das regelmäßige flüssige Düngen. Dem Substrat bereits Mineralsalze beizumischen, empfiehlt sich nicht, denn jede Stickstoffgabe beschleunigt die Zersetzung. Hinzu kommt, daß diejenigen Pflanzen, die sich stark an das epiphytische Leben angepaßt haben, ohnehin ihre Wurzeln vorwiegend zum Festhalten verwenden. Wasser und Nährstoffe nehmen sie über die Blätter auf. Wir düngen, wie auf Seite 61 beschrieben.

Oben: Die geringe Substratmenge an den Epiphytenstämmen trocknet leicht aus und ist dann nur schwer zu befeuchten. Sehr praktisch sind kleine Tontöpfe, die bis auf die obere Öffnung vom Substrat umgeben sind.
Der Boden des Topfes ist mit einer Dichtungsmasse verschlossen. Das in den Topf gefüllte Wasser dringt langsam durch die Tonwand und sorgt für eine gleichmäßige Feuchtigkeit.

Unten: Wer keinen ansehnlichen Stamm zur Verfügung hat, kann sich einen für diesen Zweck geeigneten »Baum« selbst basteln. Für Festigkeit sorgt ein im Topf oder Eimer einzementierter Stahlstab. Darüber werden Kunststoff-Abflußrohre ineinander gesteckt. Damit der Epiphytenbaum auch hübsch anzusehen ist, schraubt man zuletzt Rindenstücke der Korkeiche auf die Rohre. Auf diese Weise erhält man auch Nischen zur Aufnahme von Pflanzen und Substrat.

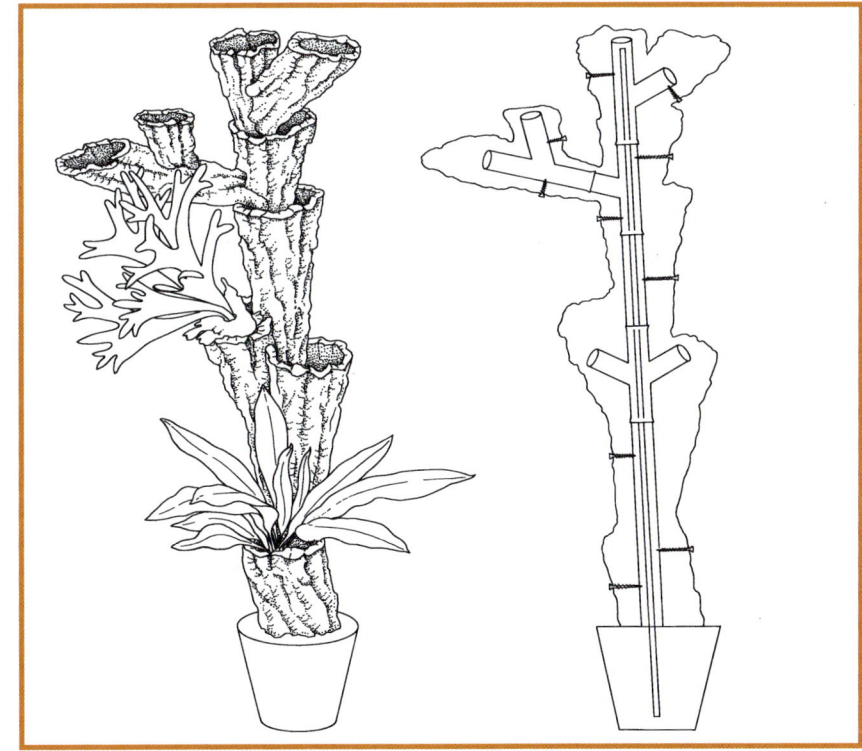

Sumpf im Zimmer

Wen reizt es nicht, im Zimmer auch Sumpf- und Wasserpflanzen zu halten? Voraussetzung dazu ist zunächst nicht mehr als ein Aquarium oder ein ähnliches Glasbecken. Je größer es ist, um so leichter ist es, Pflanzengesellschaften darin am Leben zu erhalten. Doch selbst die einzelne Pflanze, etwa ein Cypergras, ist eine nette Bereicherung unseres Gärtchens im Zimmer. Und für eine einzelne Pflanze reicht schon ein normaler Blumentopf mit Untersetzer, damit das Wasser darin stehen kann, oder ein größeres Marmeladen- oder Gurkenglas.

Leider ist das Pflanzensortiment für ein Sumpfgärtchen, auch Paludarium genannt, im Zimmer bislang sehr mager. Der Blumenhandel bietet nur *Acorus gramineus*, verschiedene *Cyperus*-Arten, *Carex brunnea*, *Houttuynia cordata*, *Scirpus cernuus* (syn. *Isolepis cernua*) und *Stenotaphrum secundatum*. Um *Houttuynia* zu erhalten, müssen wir uns an eine Staudengärtnerei wenden, die

diese am geschützten Standort weitgehend winterharte Pflanze vermehrt. Mit ein wenig Phantasie wird das Sortiment erheblich größer. Wir müssen uns nur überlegen, welchen Platz das Sumpfgärtchen finden soll und welche Licht- und Temperaturverhältnisse es dort erwarten.

Doch wenden wir uns zunächst der Anlage des Sumpfgärtchens zu. Es wurde bereits gesagt, daß es auf Dauer einfacher ist, ein größeres Becken in Ordnung zu halten als ein kleines. Für Aquarienfreunde ist das nichts Neues, denn für ein Warm- oder Kaltwasseraquarium gilt gleiches. Ob der Behälter rechteckig oder rund ist, spielt keine Rolle. Er muß nur wasserdicht sein und aus Glas oder nicht eingefärbtem Kunststoff, damit er genügend Licht durchläßt. In der Regel nehmen wir ein übliches Aquarium, wenn möglich, nicht unter 100 l Inhalt.

Den Boden bedecken wir zunächst 2 cm hoch mit Kieseln. Darauf wird die Pflanzenerde geschichtet. Es ist vorteilhaft, keine übliche Blumenerde zu verwenden, sondern ein Substrat wie für den Boden des Aquariums. Das kann im wesentlichen aus grobem Flußsand bestehen,

dem wir etwa 1/5 alten, abgelagerten, krümeligen Lehm oder Ton beimischen, gegebenenfalls noch feinen Kies. Spezielle Aquariensubstrate bestehen aus einem Gemisch aus Sand, Lehm oder Laterit sowie feinem Kies. Ideal für die Mehrzahl der Pflanzen ist ein pH-Wert um 6 und ein relativ niedriger Salzgehalt. Wie hoch die Erde angefüllt wird, ist von der Beckengröße und den zu verwendenden Pflanzen abhängig. Die Substrathöhe sollte möglichst 8 bis 10 cm nicht unterschreiten.

Zu bedenken ist, daß viele Pflanzen, die wir in das Sumpfgärtchen setzen, nicht im Wasser stehen wollen. Der Wurzelhals sollte, zum Beispiel bei *Scirpus cernuus* (syn. *Isolepis cernua*), immer oberhalb des Wasserspiegels liegen. Um Pflanzen mit unterschiedlichen Ansprüchen Lebensraum zu schaffen, füllen wir ohnehin die Erde nicht gleichmäßig hoch an. Auch aus optischen Gründen lassen wir im Vordergrund einen kleinen Teil ganz frei, so daß die Kiesel zu sehen sind. Hier entsteht eine kleine Wasserfläche, die wir, sofern das Becken groß genug ist, für Schwimmpflanzen nutzen können. Die Sumpfpflanzen aber kom-

Die herzblättrige, rotstengelige Houttuynia cordata ist eine ausgezeichnete Staude für das Sumpfgärtchen, hier umgeben von verschiedenen Gräsern und Verwandten.

men auf die umgebende »Uferzone«, sitzen also oberhalb des Wasserspiegels. Nur bei sehr großen Anlagen ist es möglich, auch Pflanzen – die es vertragen – mehrere Zentimeter tief ins Wasser zu setzen. Dies kann ein sehr schönes, natürliches Bild abgeben.

Bei der Bepflanzung bereits zeigt es sich, daß es einfacher ist, ganz junge Exemplare zu verwenden. Einmal ist dies leichter, weil der Topfballen kleiner ist und sich gut im Becken unterbringen läßt, ohne ihn verkleinern zu müssen. Zum anderen wachsen Jungpflanzen leichter an. Kriechende Arten, die an ihren Stengelknoten wurzeln, können auch ohne Vorkultur als Steckling in die feuchte Erde gedrückt werden.

Für übliche Zimmertemperaturen, die auch im Winter nicht unter 18 °C absinken, bieten sich an erster Stelle die auf Seite 255 genannten Cyperus-Arten mit Ausnahme von C. albostriatus an. Auch Stenotaphrum secundatum, Carex brunnea, Acorus gramineus und Scirpus cernuus (syn. Isolepis cernua) halten bei diesen Temperaturen aus, wenngleich sie mit niedrigeren vorlieb nehmen. Alle sind Gräser oder Grasähnliche. Breite, runde Blattformen fehlen. Houttuynia cordata, ein Unkraut aus dem temperierten südostasiatischen Raum mit wechselständigen herzförmigen Blättern und kleinen weißen, im Sommer erscheinenden Blütchen, kann die Lücke füllen, doch sollten die Temperaturen im Winter 18 °C nicht überschreiten, eher niedriger liegen. Fühlt sich Houttuynia wohl, dann wird sie mit ihren langen, recht unangenehm riechenden Rhizomen lästig und bedrängt die zierlicheren Nachbarn. Eine besondere Zierde ist die Sorte 'Chameleon' mit gelb-rot gezeichnetem Laub.

Eine Quelle wurde bislang für Sumpfgärtchen viel zu wenig erschlossen: die Aquarienpflanzen. Dem Aquarianer sind sie mehr oder weniger bekannt, dem Zimmergärtner kaum. Viele Aquarienpflanzen sind ja keine echten Wasserpflanzen, die ihr ganzes Leben untergetaucht (= submers, außerhalb des Wassers = emers) verbringen, sondern entstammen sumpfigen Standorten, wo sie während der Regenzeit eine begrenzte Zeit überflutet werden. Ein Beispiel dafür ist der bereits genannte Zwergkalmus (Acorus gramineus). Nicht wenige Aquarianer haben mit ihm schon schlechte Erfahrungen gemacht, weil er unter Wasser nur begrenzte Zeit aushält. In offenen, nicht zu hohen Becken wachsen Aquarienpflanzen wie Hygrophila corymbosa (syn. Nomaphila stricta) über die Wasserfläche hinaus und lassen sich dann schön abtrennen, bewurzeln und für Paludarien verwenden. Allerdings

Aquarienpflanzen für das Sumpfgärtchen im Haus		
Art	Lichtanspruch	Mindesttemperatur (°C)
Alternanthera reineckii	○	17
- sessilis	○ - ●	15
Anubias barteri	●	20
Bacopa caroliniana	○	15
- madagascariensis	○	22
- monnieri	○	18
Crassula helmsii	○	15
Cryptocoryne albida	○ - ●	22
- cordata	○ - ●	22
- undulata (syn. C. willisii)	○ - ●	22
- wendtii	●	22
Elocharis acicularis	○	15
Heteranthera reniformis	○	20
Hygrophila corymbosa	○	20
Lindernia parviflora	○	20
Ludwigia brevipes	○	20
Rotala rotundifolia	○	20

schafft sie nur dann den Übergang vom feuchten Naß ins Trockene, wenn die Luftfeuchte hoch genug ist. Keinesfalls können wir eine bislang im Wasser gewachsene Pflanze einfach in ein Sumpfgärtchen setzen. Im Wasser haben die Blätter keinen ausreichenden Verdunstungsschutz entwickelt. Wir greifen daher am besten auf emerse, also über dem Wasser gewachsene Exemplare (oder Stecklinge davon) zurück. Am einfachsten ist es, den Zeitpunkt abzuwarten, wenn Zoohandlungen eine neue Lieferung ihres Wasserpflanzengärtners erhalten. Einigen Pflanzen sieht man an ihrem relativ festen Laub an, daß sie nicht unter Wasser heranwuchsen. Diese lassen sich am besten für die Bepflanzung von Paludarien verwenden. Allerdings haben sie meist keine Wurzeln, brauchen deshalb zum Anwachsen hohe Luftfeuchtigkeit – am besten, indem man einen Deckel auf das Becken legt.

Empfindliche Arten wie die aus der Gattung Cryptocoryne verlangen auch nach dem Anwachsen stets eine hohe Luftfeuchte. Die Mehrzahl der wachsenden Aquarienpflanzen bevorzugen einen hellen Stand. Im Winter ist das oft nur mit Hilfe einer Zusatzbeleuchtung zu realisieren. Bei Temperaturen zwischen 20 und 25 °C fühlen sich die meisten Aquarienpflanzen für Sumpfgärtchen wohl. Die Tabelle oben nennt geeignete Arten.

In kühlen Räumen fällt die Pflanzenwahl anders aus. Von den anfangs genannten Gräsern wurde bereits gesagt, daß sie sich auch mit niedrigeren Temperaturen zufriedengeben. Auch Houttuynia cordata steht hier richtig. Hinzu können einige einheimische Gewächse kommen, an erster Stelle Lysimachia nummularia, das Pfennigkraut. Es ist ausführlich auf Seite 334 beschrieben. Aus dem Sortiment der

Aquarienpflanzen kommen Hydrocotyle verticillata und H. vulgaris (Wassernabel) sowie Saururus chinensis (Eidechsenschwanz) infrage. In Mitteleuropa wachsen einige Süß- und Sauergräser, die sich für das Sumpfgärtchen eignen. Allerdings soll dies nicht dazu verleiten, diese Pflanzen am natürlichen Standort auszugraben. Gerade die Flora unserer Feuchtbiotope ist in hohem Maße gefährdet.

Es ist ein Grundsatz jedes wahren Pflanzenfreundes, nur Pflanzen aus der Gärtnerei zu verwenden oder ausnahmsweise, wenn eine Art nicht auf diese Weise zu beschaffen ist, Samen am Standort zu suchen und die Anzucht auszuprobieren. Dies mag in manchen Fällen schwierig sein, aber solch ein Sumpfgärtchen ist ohnehin nur dem Erfahrenen zu raten. Man braucht etwas mehr Fingerspitzengefühl als bei den unverwüstlichen Sansevierien oder Gummibäumen. Unumgänglich ist ein luftiger, kühler Platz um 5 bis 10 °C im Winter und, wie bei den wärmebedürftigen Arten, viel Licht ohne Prallsonne.

Natürlich müssen die Sumpfpflanzen auch ernährt werden. Das genannte Substrat enthält kaum Nährstoffe, es sei denn, wir mischen Torf bei und wählen hierzu TKS. Die Nährstoffarmut hat für das Anwachsen große Vorteile. Aber wenn sich die Pflanzen etabliert haben, darf der Dünger nicht ausbleiben. Bei sehr empfindlichen Gewächsen mischen wir einen Blumendünger in Salzform mit feinem Lehm und stecken Kügelchen davon in die Erde. Bei robusten Arten drücken wir den Dünger direkt einige Zentimeter tief in den Boden, wobei wir uns dann vorzugsweise eines granulierten Volldüngers bedienen. Es ist nur darauf zu achten, daß er chloridfrei, also blau, keinesfalls rot eingefärbt ist.

Pflanzen erhalten – Pflanzen vermehren

Das Vermehren von Topfpflanzen ist nicht nur für den Gärtner interessant, wie mancher Zimmerpflanzenfreund zunächst vermuten mag. Es geht nicht nur darum, aus eins zwei oder mehrere zu machen, obwohl dies auch von Zeit zu Zeit notwendig werden kann, etwa um dem guten Nachbarn zu einer Pflanze zu verhelfen, die dieser schon lange sucht. Vermehren muß man vielmehr auch, um bestimmte Pflanzen am Leben zu erhalten. Sie werden nach einiger Zeit unansehnlich oder zu groß. Sind die Triebe über den Topf hinausgewachsenen, wird es höchste Zeit, sie zurückzuschneiden, denn einmal hat der Topf nicht mehr die erforderliche Standfestigkeit, zum anderen sieht die Pflanze nicht mehr schön aus. Schneidet man solchen Pflanzen nun die Triebspitzen ab, dann treiben die meisten zwar aus den verbliebenen Stümpfen wieder aus, aber kräftigere Pflanzen lassen sich aus den abgeschnittenen Spitzen ziehen.

So ist es auch mit dem Fensterblatt (*Monstera deliciosa*). Es wird immer länger, und irgendwann muß man ihm mit dem Messer zu Leibe rücken. Stand das Fensterblatt an einem ihm zusagenden Platz und wurde gut gepflegt, dann ist der »Stamm« ständig dicker, die Blätter sind zunehmend größer und schöner geworden. Es wäre nun jammerschade, das schöne Oberteil wegzuwerfen und die schmächtige Basis zu behalten.

Damit sind wir schon mittendrin in den Methoden der Pflanzenvermehrung. Das eben Beschriebene gehört zu den Verfahren der vegetativen Vermehrung, wie dies der Gärtner nennt. Teilen, Abmoosen, Bewurzeln von Blattstecklingen und ähnliches rechnen wir ebenfalls dazu. Die Alternative dazu ist die generative Vermehrung, die Vermehrung durch Samen oder bei Farnen durch Sporen.

Anzucht aus Samen

Es ist erstaunlich, wieviele Pflanzen sich im Zimmer erfolgreich aus Samen heranziehen lassen. Selbst weitgehend Unerfahrenen gelingt es, Mimosen, Passionsblumen, Kakteen und sogar Palmen aus Samenkörnern heranzuziehen. Einige Grundregeln gilt es zu beachten.

Zunächst brauchen wir ein Aussaatgefäß und geeignete Erde. Ein nicht zu großer Blumentopf eignet sich, ebenso flache Schalen. Es empfiehlt sich, nur neue Gefäße zu verwenden, da sie keine pflanzenschädlichen Bakterien oder Pilze enthalten. Gebrauchte Kunststofftöpfe lassen sich leichter reinigen als Tontöpfe, was bei wiederholter Verwendung von Vorteil ist. Seit einigen Jahren werden sehr preiswerte »Mini-« oder »Zimmer-Gewächshäuser« angeboten. Sie bestehen aus einer eingefärbten Kunststoffschale und einer glasklaren Haube. Verschiedene Größen werden zum Beispiel im »Jiffy«-Programm angeboten. Einige Modelle haben eine verstellbare Lüftungsklappe oder Haube. Ich halte dies nicht für unbedingt erforderlich, zumal der Lüftungseffekt nur beschränkt ist. Durch Unterlegen eines Holzes oder ähnlichem läßt sich gleiches bewirken.

Mit ein bißchen Phantasie findet man im Haushalt eine Menge brauchbarer Kunststoffschalen. Für die Farnanzucht haben sich zum Beispiel Kästen, in denen Diarahmen geliefert werden, hervorragend bewährt. Ein Freund kultiviert seit geraumer Zeit Moose in glasklaren Kunststoffschalen, in denen Salzbrezeln angeboten werden. Ideal sind die in verschiedenen Größen und Formen erhältlichen Gefrierdosen.

Torfpreßtöpfe in verschiedenen Formen und Größen ersetzen bei der Aussaat und der Stecklingsvermehrung die herkömmlichen Gefäße. Der Vorteil ist, daß später die Jungpflanze mitsamt dem Torftopf eingepflanzt werden kann und der noch lockere Wurzelballen nicht zerfällt. Noch praktischer sind die Torfquelltöpfe (Jiffy 7, unten).

Diese wenigen Beispiele lassen sich beliebig erweitern. Entscheidend ist nur, daß der Behälter wasserdicht und möglichst aus Kunststoff, die Schale möglichst 5 cm hoch ist und ein nicht eingefärbter Deckel einerseits ein Austrocknen des Samens verhindert, andererseits Licht durchläßt. Letzteres ist für die Samenkeimung mancher Arten unerläßlich.

Gebrauchte Gefäße sind vor einer erneuten Verwendung zu desinfizieren. Gebräuchlich sind hierzu Mittel wie Delegol. Leider ist Delegol nicht überall ohne Schwierigkeiten zu bekommen. Durchaus bewährt hat sich auch das in Drogerien, Apotheken und selbst in Supermärkten käufliche Sagrotan. Pflanzenschäden von den am Gefäß verbleibenden Mittelresten waren selbst bei hoher Konzentration der Lösung nicht zu beobachten.

Die zweite wichtige Voraussetzung für die erfolgreiche Anzucht aus Samen ist ein geeignetes Aussaatsubstrat. Es sollte möglichst frei sein von pflanzenschädlichen Mikroorganismen und nur wenig Dünger enthalten. Für viele Pflanzen ideal ist das Torfsubstrat TKS I, das auch in Kleinpackungen erhältlich ist.

Sehr praktisch sind auch Torfquelltöpfe, die unter der Bezeichnung »Jiffy-7« angeboten werden. Es ist schwach aufgedüngter Torf, der zu Tablettenform gepreßt wurde. Vor Gebrauch legt man die »Tabletten« in möglichst lauwarmes Wasser. In kurzer Zeit quellen sie auf. Ein feines Kunststoffnetz sorgt für die gewünschte Form.

Die meisten Kakteen lassen sich ohne Schwierigkeiten aus Samen heranziehen. In unseren Breiten kultivierte Pflanzen sind in der Regel wüchsiger als Importpflanzen. Bereits in wenigen Jahren können sich Sämlinge zu stattlichen Exemplaren entwickeln.

Wenn wir Schalen und Erde beisammen haben, können wir schon mit der Aussaat beginnen, vorausgesetzt, die gewünschten Sämereien stehen zur Verfügung. Dies ist bei Zimmerpflanzen nicht immer einfach. Gelegentlich werden Samen von Buntnessel (*Solenostemon scutellarioides*, syn. *Coleus*-Blumei-Hybriden), Mimosen (*Mimosa pudica*), der Schwarzäugigen Susanne (*Thunbergia alata*), Passionsblumen (*Passiflora caerulea*) und anderen Topfpflanzen angeboten. Auch Kakteensamen ist meist ohne Schwierigkeiten erhältlich. Nach vielen anderen wird man vergeblich suchen. Wer Datteln im Feinkostgeschäft kauft, kann aus den großen Samen in einigen Jahren stattliche Palmen heranziehen. Um die Keimung zu beschleunigen, empfiehlt es sich, die harte Schale vor der Aussaat ein wenig anzufeilen.

Im Feinkostladen ist noch mehr zu holen. Avocados keimen ohne Probleme, ganz gleich, ob man sie zur Hälfte in Erde oder ähnlich wie Hyazinthen in ein Glas steckt. Die Kerne von Orangen und Zitronen keimen zwar auch sicher, aber man wird an den daraus hervorgegangenen Pflänzchen nur wenig Freude haben. Die Pflanzen sind sparrig und empfindlich gegen verschiedenerlei Ungeziefer. In der Regel wandern diese Orangen- oder Zitronenbäumchen schon bald auf den Müll.

Auch Bananensamen wird seit geraumer Zeit angeboten, allerdings meist der von ungenießbaren Zierbananen (*Ensete ventricosum*). Es ist schon ein Erlebnis, die Entwicklung dieser Pflanzen vom Sämling bis zur kräftigen Pflanze zu ver-

Weibliche Blüte

Männliche Blüte

Viele Pflanzenarten setzen auch im Zimmer Samen an. Allerdings muß man gelegentlich etwas nachhelfen. Bei den Begonien zum Beispiel sitzen die weiblichen und die männlichen Organe auf verschiedenen Blüten. Mit Hilfe eines Pinsels muß man den Blütenstaub von einer männlichen Blüte auf den Stempel der weiblichen übertragen.

folgen. Die Freude wird bei den Bananen nach wenigen Jahren getrübt, wenn sie mehrere Meter Höhe erreicht haben.

Bei Datteln und Bananen wird man bemerken, daß nicht alle Samen keimen. Dies weist keinesfalls auf eine mindere Qualität des Saatguts hin. Bei den Palmen zum Beispiel liegt je nach Art die mittlere Keimfähigkeit bei 40 bis 80%. Dies heißt, daß im ungünstigsten Fall von zehn Samen nur vier keimen. Je älter der Samen wird, umso geringer ist die Keimfähigkeit. Kein Pflanzenfreund sollte verzweifeln, wenn sich nach 8 Tagen noch nichts in der Aussaatschale »rührt«. Bei Datteln kann man es erleben, daß nach einem Jahr noch Samen auflaufen, während die ersten bereits nach wenigen Wochen Leben zeigen. Ganz unterschiedlich keimen auch viele Kakteen, zum Beispiel Opuntien. Man hüte sich deshalb, die Schale zu früh wegzukippen. Bei Kakteen ist es wichtig, wie bei fast allen anderen Pflanzen auch, möglichst frisches Saatgut zu verwenden.

In einigen wenigen Fällen wird man von den eigenen Zimmerpflanzen Samen ernten können. Beim Zierpaprika (*Capsicum annuum*), dem Korallenstrauch (*Solanum pseudocapsicum*) oder der Ardisie ist dies regelmäßig der Fall.

Kann der Samen nicht frisch verbraucht werden, so bewahrt man ihn kühl und trocken auf. Eine Schicht Kiesel- oder Blaugel in der dichtschließenden Flasche entzieht der Luft die Feuchtigkeit. Das Kieselgel zeigt durch Verfärbung von Blau nach Rosa, wenn es kein Wasser mehr aufnehmen kann. Im Backofen läßt es sich regenerieren.

Gelegentlich findet man an Clivien (*Clivia miniata*) oder Blutblumen (*Scadoxus multiflorus*, syn. *Haemanthus katharinae*) nach der Blüte rote Beeren. Die Früchte lassen wir möglichst lange an der Pflanze, einmal, weil sie eine besondere Zierde sind, zum anderen, um sicher zu sein, daß der Samen ausgereift ist. Nach der Ernte reinigen wir den Samen gründlich vom Fruchtfleisch und säen ihn gleich aus.

Bei manchen Zimmerpflanzen muß man ein wenig nachhelfen, damit sie auch sicher Samen ansetzen. An Begonien sitzen männliche und weibliche Blüten. Letzte sind an ihrem großen geflügelten Fruchtknoten leicht zu erkennen.

Mit einem feinen Haarpinsel übertragen wir den Blütenstaub von einer männlichen Blüte auf die Narbe der weiblichen Blüte einer zweiten Pflanze. Nach wenigen Wochen ist der Samen reif und wird umgehend ausgesät.

Wie wird richtig ausgesät?

Bei der Aussaat von Begoniensamen kann jeder Pflanzenfreund seine Geschicklichkeit beweisen: Die Körner sind winzig. Bei manchen Sorten braucht man 50 000 Korn, um 1 g aufzuwiegen.

Wie verteilen wir den staubfeinen Samen gleichmäßig auf das Substrat? Zunächst muß die Schale richtig hergerichtet werden. Die Erde brauchen wir nur wenig anzudrücken, an den Rändern der Schale etwas kräftiger. Für die oberste Schicht ist die Erde fein abzusieben, beispielsweise mit einem groben Küchensieb, das man dafür mißbraucht. Anschließend wird mit einem Brett oder einem ähnlichen Gegenstand leicht geglättet.

Die feinen Begoniensamen können nun nicht mehr in die Spalten zwischen grobe Substratpartikel fallen. Solch feine Samen müssen nämlich auf der Oberfläche liegen bleiben, dürfen nicht abgedeckt werden.

Dies gilt ebenso für die »Lichtkeimer«. Das sind Arten, die im Dunkeln nicht oder nur schlecht keimen. Von den Zimmerpflanzen gehören die Kakteen, Ananasgewächse (Bromelien), das »Flammende Käthchen« (*Kalanchoë*), die Flamingoblume (*Anthurium*-Andreanum-Hybriden) und Aralie (*Fatsia japonica*), die Pantoffelblume (*Calceolaria*-Hybriden), Petunien, Gloxinien (*Sinningia*-Hy-

> **Die Samen der Lichtkeimer unter den Zimmerpflanzen dürfen nicht mit Erde, sondern nur mit einer Scheibe abgedeckt werden.**

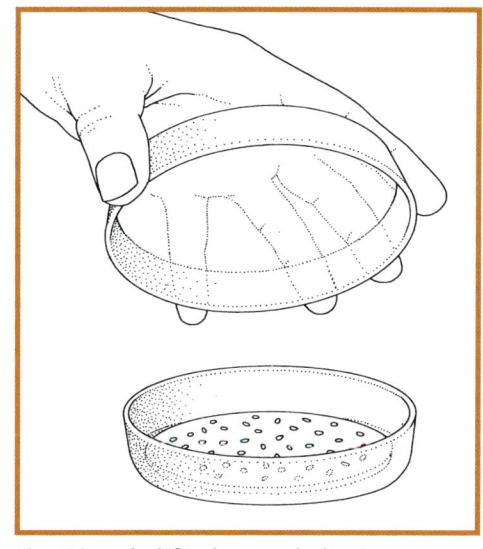

Eine Keimprobe läßt erkennen, ob alter Samen noch keimfähig ist. Der Samen wird dazu in eine Schale auf Filterpapier gestreut, das immer feucht zu halten ist.

briden), *Smithiantha* und die Drehfrucht (*Streptocarpus*-Hybriden) dazu. Sie alle werden nicht mit Erde abgedeckt.
Ein Gegensatz, ein »Dunkelkeimer«, sind viele Zierspargel (*Asparagus*) und unser Alpenveilchen. Bei ihm sowie allen indifferent reagierenden Arten übersieben wir die Samenkörner etwa so hoch mit Erde wie die Körner dick sind. Die Alpenveilchensamen decken wir zusätzlich mit einer schwarzen Folie oder einer Glasscheibe und einem schwarzen Tuch ab.

Das Abschirmen mit einer Glasscheibe, mit Folie oder ähnlichem ist auch bei allen nicht mit Erde abgedeckten Samen unerläßlich. Die Gefahr, daß sie austrocknen, ist sonst zu groß. Nach dem Keimen wird die Abdeckung umgehend entfernt.

Erst wenn die Samen keimen, erkennen wir, ob gleichmäßig ausgesät wurde oder ob die Pflanzen an einigen Stellen zu dicht stehen. Am gleichmäßigsten läßt sich feiner Samen so aussäen: Wir schneiden die Samentüte auf und knicken eine Seite in der Mitte ein. Dieser Knick wird zur »Rutschbahn«. Die Tüte hält man nun mit vier Fingern ziemlich weit unten fest, während gleichmäßig schnell mit dem Zeigefinger an die Tüte geklopft wird. Dadurch rieseln die Körner langsam durch den Knick aus der Tüte heraus (s. Seite 98).

Das gleichmäßige Verteilen größerer Samenkörner bereitet keine Schwierigkeiten. Bei Verwendung von Torfquelltöpfen werden sie einfach in den Torf hineinge-

Aussaat feinkörniger Samen

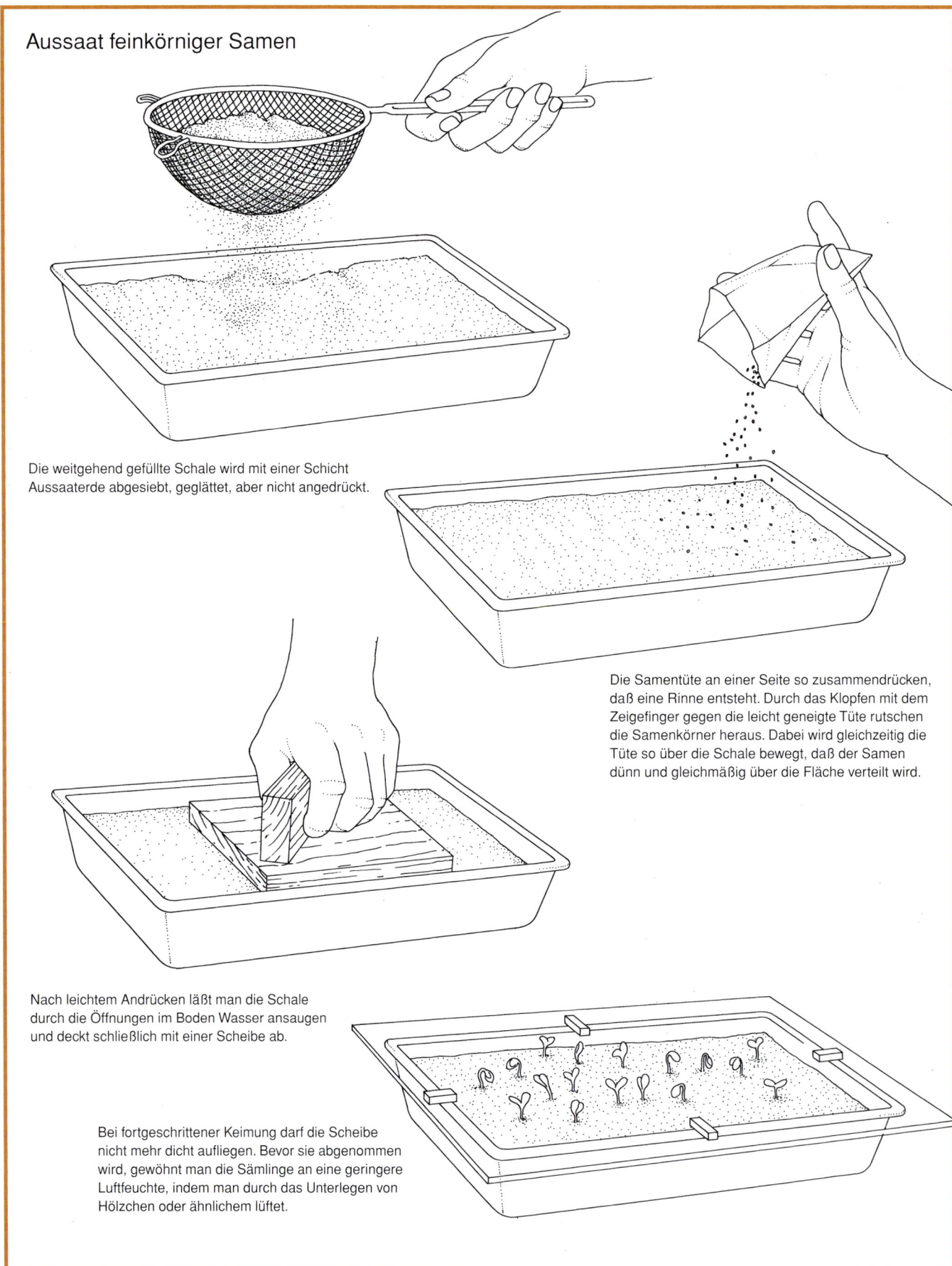

Die weitgehend gefüllte Schale wird mit einer Schicht Aussaaterde abgesiebt, geglättet, aber nicht angedrückt.

Die Samentüte an einer Seite so zusammendrücken, daß eine Rinne entsteht. Durch das Klopfen mit dem Zeigefinger gegen die leicht geneigte Tüte rutschen die Samenkörner heraus. Dabei wird gleichzeitig die Tüte so über die Schale bewegt, daß der Samen dünn und gleichmäßig über die Fläche verteilt wird.

Nach leichtem Andrücken läßt man die Schale durch die Öffnungen im Boden Wasser ansaugen und deckt schließlich mit einer Scheibe ab.

Bei fortgeschrittener Keimung darf die Scheibe nicht mehr dicht aufliegen. Bevor sie abgenommen wird, gewöhnt man die Sämlinge an eine geringere Luftfeuchte, indem man durch das Unterlegen von Hölzchen oder ähnlichem lüftet.

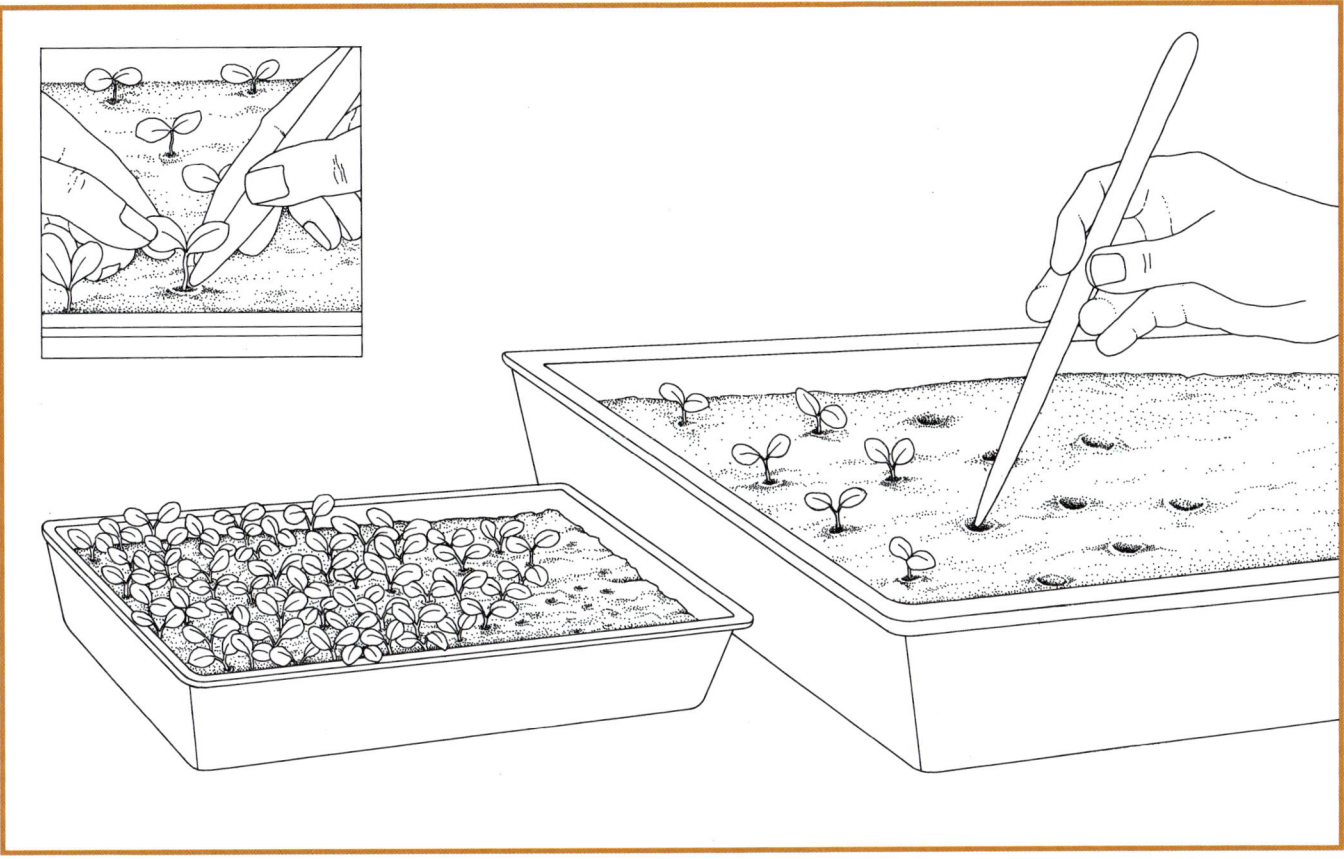

Bleiben die Sämlinge zu lang in der Aussaat-schale und stehen sie dort zu dicht, so kommt es rasch zu Pilzkrankheiten. Daher rechtzeitig durch Pikieren für einen freien, luftigen

Stand sorgen. Beim Einsetzen in das vorge-bohrte Loch die Keimlingswurzel nicht umbiegen. Längere Wurzeln lieber etwas einkürzen. Mit dem Pikierholz die Erde

anschließend leicht andrücken (oben links) und jede Schale gießen, damit die Wurzeln Boden-schluß haben.

drückt. Solche Torfquelltöpfe (Jiffy-7) empfehlen sich besonders für schnell-wachsende Sämlinge wie die »Schwarz-äugige Susanne« (*Thunbergia alata*), die nach kurzer Zeit mitsamt Torftopf in das endgültige Gefäß gesetzt werden. Die Wurzeln wachsen ungehindert durch das Kunststoffnetz des Torftopfes hindurch. Langsame Wachser wie Kakteen und die »Lebenden Steine« sät man nach meiner Erfahrung besser in das Substrat einer Aussaatschale. Sie stehen dort besser bis zum Vereinzeln und lassen sich auch leichter aus der Erde herausnehmen.

Doch noch einmal zurück zu den Aus-saaten: Die Samen jeder Pflanzenart for-dern einen ganz bestimmten Temperatur-bereich für die optimale Keimung. Im Zimmer können wir diesen Ansprüchen nicht immer entsprechen. Das Fleißige Lieschen (*Impatiens*) ist zum Beispiel schon mit 15 bis 18 °C zufrieden. Das Alpenveilchen (*Cyclamen persicum*) will 18 °C und die Gloxinie (*Sinningia*-Hybri-den) sogar 25 °C. So warm wird es auf der Fensterbank in den seltensten Fällen sein. Auf der Heizung ist auch nicht der richtige Platz, weil dort das Licht fehlt. Wer sich mit der Aussaat solch wärmebe-

dürftiger Sämereien beschäftigen will, kommt ohne eine Bodenheizung nicht aus, zum Beispiel in Form von Wärme-matten, die unter die Schale gelegt wer-den.

In England kennt man seit vielen Jahren Anzuchtkästen mit einer thermostatge-steuerten Heizung. Sie sind sehr prak-tisch, aber nicht ganz billig. Außerdem benötigen sie mehr Platz als eine kleine Schale. Aufwendig ausgestattete An-zuchtkästen sind mit einer Beleuchtung und einem Luftbefeuchter versehen. Wer sich solche zweifellos hervorragenden »Mini-Anzuchtgewächshäuser« kaufen will, sollte bedenken, daß nur Pflanzen mit gleichen Ansprüchen gleichzeitig darin gedeihen können. Wer den Ther-mostat auf 25 °C einstellt und neben den Warmhauspflanzen Kalthausbewohner plaziert, darf keine optimalen Ergebnisse erwarten.

Pikieren nennt der Gärtner das Verein-zeln der Pflanzen. Sie werden mit einem spitz zulaufenden Holz- oder Kunststoff-stäbchen aus der Erde herausgehoben und in einem größeren Abstand zueinan-der in eine neue Schale gesetzt. Unter-

läßt man das Pikieren, werden die Pflan-zen lang und anfällig gegen Bodenpilze. Solche Sämlingskrankheiten können zum Beispiel bei Begonien, Stapelien oder Ananasgewächsen zu ho-hen Ausfällen führen. Um die Erkrankungsgefahr zu reduzieren, können die Aussaaten mit einer Chi-nosol-Lösung (1 g auf 2 l Wasser) überbraust wer-den. Chinosol ist im Gar-tenfachhandel oder in Apotheken und Drogerien erhältlich. Feine Samen dürfen übrigens nicht überbraust werden, um sie nicht in die Erde einzuschwemmen. Man läßt die Saaterde stattdessen von unten durch die Öffnungen der Schale Wasser ansaugen.

> **Wichtig für die er-folgreiche Keimung ist frisches Saatgut und die für jede Art richtige Bodentem-peratur.**

Auch Farne lassen sich »aussäen«

Farne gehören nicht zu den samenbilden-den Pflanzen, lassen sich aber trotzdem »aussäen«. Statt des Samens streuen wir die Sporen aus, die sich auf der Un-

Dekorativ angeordnete Sporenlager (Sori) an der Unterseite der Farnwedel: linear bei Asplenium nidus, dem Nestfarn, und in kleinen Tupfen bei Phlebodium aureum.

terseite der Wedel bilden. Während der Geweihfarn recht groß werden muß, bevor die ersten sporentragenden Wedel erscheinen, erleben wir dies schon nach kurzer Zeit bei dem kleinen *Pteris ensiformis*, der in den Sorten 'Evergemiensis' und 'Victoriae' im Handel zu finden ist. Die Sporen sind reif, wenn sie sich braun gefärbt haben. Zur Ernte schneiden wir am besten den ganzen Wedel ab und stecken ihn in einen Briefumschlag oder

eine Tüte und kleben sie gründlich zu. An einem warmen, luftigen Ort fallen die Sporen innerhalb einer Woche aus. Durch Abstreifen von den Blättern helfen wir besser nicht nach, da dies den Anteil an Verunreinigungen vergrößert. Solche Verunreinigungen faulen nach der Aussaat und können den Erfolg in Frage stellen.

Auch bei der Farnanzucht aus Sporen ist Hygiene entscheidend für den Erfolg.

Nur neue oder desinfizierte Schalen sind zu verwenden. Sehr gut haben sich, wie bereits erwähnt, Diakästen oder Tiefkühldosen mit Deckel aus Kunststoff bewährt. Das Substrat – Torf oder TKS I – wird vor Verwendung mit kochendem Wasser überbrüht. Anschließend läßt man es abtropfen, füllt es noch warm in den Behälter und verschließt ihn. Alternativ kann man den angefeuchteten Torf auch in der Mikrowelle erhitzen. Nach dem Abkühlen hebt man den Deckel nur soweit an, daß man die Sporen aussäen kann und verschließt ihn umgehend wieder. Nun stellt man die Aussaatschale an einen warmen, hellen Platz. Vor greller Sonne schützt ein Seidenpapier. Nach wenigen Wochen bildet sich ein feiner, grüner Rasen. Dies sind die Vorkeime oder Prothallien. Haben wir es mit der Hygiene nicht so genau genommen, dann sind Schimmelpilze, Moose oder Algen schneller als die Farnsporen und behindern deren Entwicklung. Auf den Vorkeimen befinden sich männliche und weibliche Organe, und dort findet erst, wenn es ausreichend feucht ist, die Befruchtung statt. Den Erfolg sehen wir an den ersten sich bildenden Farnblättchen. Wenn Prothallien oder die Farnpflänzchen zu dicht stehen, muß wie bei den Sämlingen pikiert werden. Dazu entnehmen wir der Schale etwa pfenniggroße Rasenstücke. Je nach Art dauert es nun Monate, bis ansehnliche Farnpflanzen herangewachsen sind. Ein wenig Geduld ist erforderlich, aber wer Spaß am Experimentieren hat, findet gerade mit der Farnvermehrung eine reizvolle und interessante Beschäftigung.

Nach der Aussaat der Farnsporen bilden sich zunächst grüne Rasen aus Vorkeimen (Prothallien).

Aus den Sporen von Pteris ensiformis ist ein dichter Rasen aus Vorkeimen (Prothallien) herangewachsen.

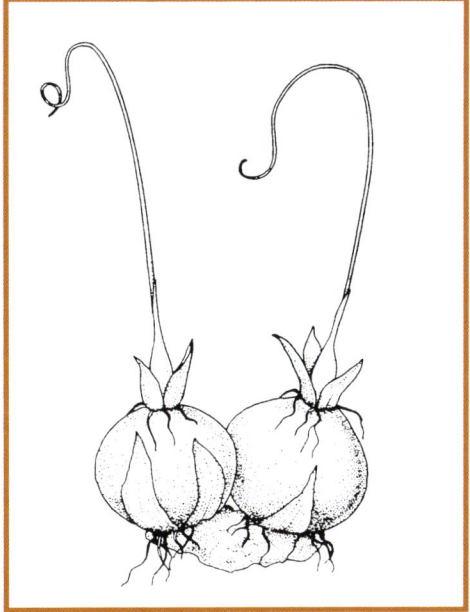

Auf den Knollen der Pleione können nach dem Abfallen des Blattes kleine Pflänzchen entstehen (Bulbillen), die bereits Wurzeln haben.

Der Goldtüpfelfarn (*Phlebodium aureum*) beweist, daß die Farnvermehrung ganz einfach sein kann. Fallen seine reichlich gebildeten Sporen auf einen stets etwas feucht gehaltenen Blumentopf, so sorgt er ohne unser Zutun selbst für Nachwuchs.

Das geht am einfachsten: Teilen

Ganz einfach ist es beim Zierspargel (*Asparagus densiflorus*): Wenn er sich nach ein paar Jahren aus dem Topf herausgehoben hat, nimmt man ein großes Brotmesser und schneidet die ausgetopfte Pflanze senkrecht in zwei Teile. Dabei wird zwar eine ganze Menge der knollenähnlichen Wurzeln zerschnitten, aber dies nimmt der Zierspargel nicht übel, er wächst nach dem Verpflanzen deutlich besser als zuvor.

So rabiat wird man mit den meisten Arten nicht umgehen können. Dennoch ist das Teilen die einfachste Methode, aus einer Pflanze zwei oder mehr zu machen oder ein zu groß geratenes Exemplar auf einen erträglichen Umfang zu reduzieren.

Die berühmte Ausnahme von der Regel sind die Marantengewächse *Maranta, Calathea* und *Stromanthe*. Bei ihnen bedarf es Fingerspitzengefühls, um die Teilung zum Erfolg werden zu lassen. Reißen wir die Pflanzen zu gewalttätig aus-

einander und schädigen das Wurzelwerk zu stark, dann ist kaum mit dem Anwachsen der Teilstücke zu rechnen.

Von unseren verbreitetsten Zimmerpflanzen läßt sich eine ganze Menge durch Teilung vermehren. Dazu gehören die altbekannte Schuster- oder Metzgerpalme (*Aspidistra elatior*), das Frauenhaargras (*Scirpus cernuus,* syn. *Isolepis cernua*), das Cypergras (*Cyperus*-Arten), der Schlangenbart (*Ophiopogon jaburan*), das Bubiköpfchen (*Soleirolia soleirolii*), *Acorus gramineus*, Farne wie *Adiantum* und *Pteris ensiformis* sowie die bereits genannten Zierspargel und Marantengewächse.

Der große Vorteil der Vermehrung durch Teilung liegt darin, daß keine besonderen Vermehrungseinrichtungen vonnöten sind, die Pflanzen vielmehr sofort wieder eingetopft und an ihren ursprünglichen Platz gestellt werden können. Man führt sie mit Beginn der Wachstumsperiode, bei Marantengewächsen im Frühsommer durch. Anschließend wird vorsichtig gegossen. Die Pflanzen haben nun mehr Erde zur Verfügung, die mehr Wasser speichern kann. Leicht kommt es daher zu Vernässung und Fäulnis der ohnehin etwas in Mitleidenschaft gezogenen Wurzeln.

Keikis heißen die kleinen Pflanzen, die sich am Blütenstiel einiger Phalaenopsis bilden. Haben sie genügend Wurzeln, werden sie mit einem Stück des Stiels abgetrennt und zum Anwachsen mit einem Drahthaken auf dem Pflanzstoff befestigt.

Die unfreiwillige Vermehrung: Kindel

Wer gärtnert, lernt es mit der Zeit, eine Pflanze wegzuwerfen, die nicht gesund ist oder anderweitig in Mitleidenschaft

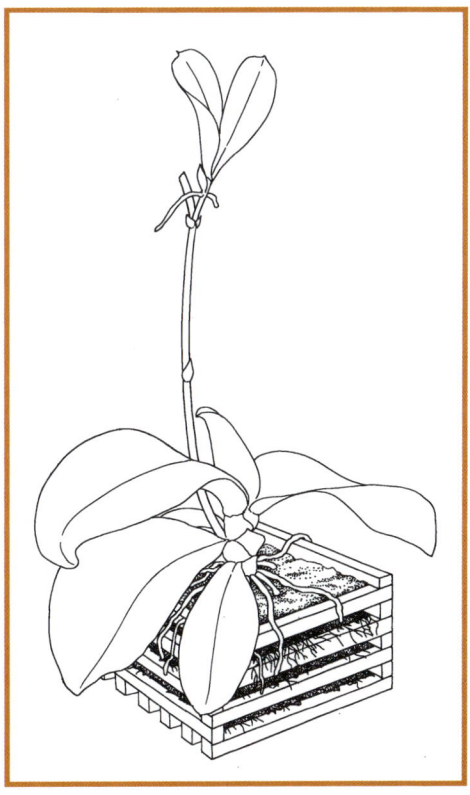

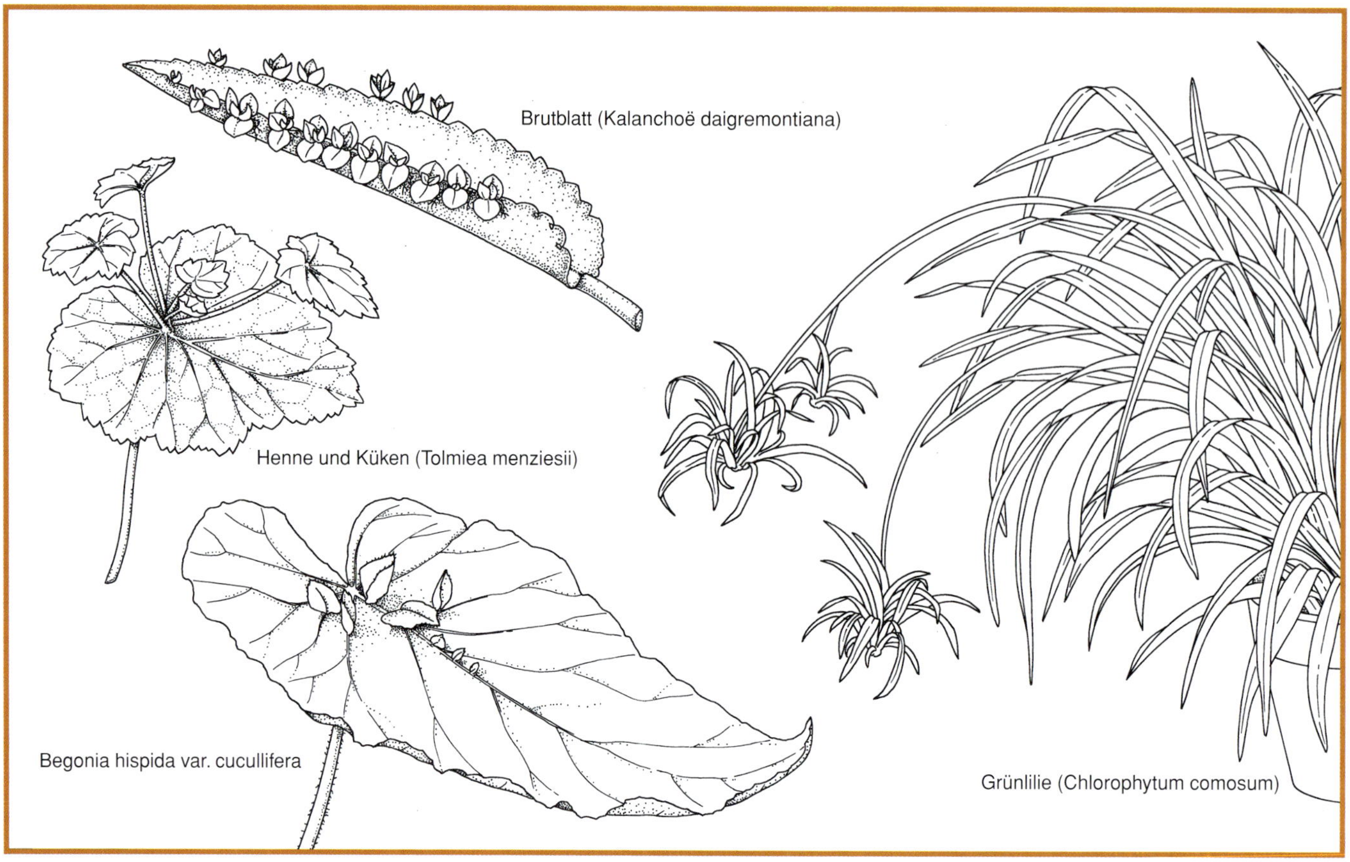

Brutblatt (Kalanchoë daigremontiana)

Henne und Küken (Tolmiea menziesii)

Begonia hispida var. cucullifera

Grünlilie (Chlorophytum comosum)

Manche Pflanzen sorgen bei der Zimmerkultur auch ohne unser Zutun für genügend Nachwuchs. Diese als lebendgebärend bezeichneten Arten bilden auf Blättern oder Stielen kleine Brutpflänzchen mit Wurzeln. Bei einer bestimmten Größe können die Brutpflanzen abfallen und auf der Erde anwachsen. Die blattähnlichen Auswüchse auf den Adern der Begonie lassen sich allerdings nicht zur Vermehrung nutzen.

Die Vermehrung der Zwiebel- und Knollengewächse ist dann einfach, wenn sie regelmäßig Brutzwiebeln oder -knollen bilden. Cyrtanthus elatus (syn. Vallota speciosa) beispielsweise sorgt reichlich für Nachkommen, die in wenigen Jahren zu blühfähigen Pflanzen heranwachsen.

gezogen wurde. Aber selbst dem »abgebrühten« Gärtner fällt es schwer, ein kräftiges Exemplar auf den Kompost zu kippen. Es geht oft nicht anders bei Pflanzen, die sich ohne unser Zutun vermehren, die Kindel bilden. Unter Kindel versteht der Gärtner die an der Mutterpflanze entspringenden Seitensprosse.

Ursprünglich nannte man nur die Erneuerungssprosse der Ananasgewächse Kindel. Sie haben bei diesen Pflanzen eine wichtige Bedeutung: Jedes Exemplar blüht nur einmal und stirbt danach ab. Zuvor aber entstehen diese Erneuerungssprosse, die den Fortbestand auch ohne Samenansatz sicherstellen.

Ist die Kindelbildung so stark, daß die Pflanzen sich im Topf drängen, leiden sie Mangel und kommen oft nicht zur Blüte. Deshalb rechtzeitig teilen und umtopfen.

Heute wird der Begriff Kindel auch für Seitentriebe von Arten anderer Familien verwendet. Als Beispiele seien sukkulente Pflanzen wie *Aloë aristata, Gasteria carinata* var. *verrucosa, Haworthia glabrata, Sansevieria trifasciata,* aber auch Zwiebel- und Knollengewächse wie »Amaryllis« (*Hippeastrum*-Hybriden), *Cyrtanthus elatus* (syn. *Vallota speciosa*) und *Ledebouria socialis* genannt.

Die Kindelbildung kann bei manchen Arten so stark sein, daß sie die Entwicklung einer großen und damit attraktiven oder blühfähigen Pflanze verhindert, beispielsweise beim Zimmerhafer (*Billbergia nutans*). Es bleibt uns dann nichts anderes übrig, als die Pflanze auszutopfen und die Kindel mit einem scharfen Messer abzutrennen. Die kräftigste Pflanze kommt wieder in den Topf und erhält bei dieser Gelegenheit frische Erde. Da bei den Ananasgewächsen oder Bromelien jede Rosette nur einmal blüht, werden bei dieser Gelegenheit alle »abgeblühten« mit einem scharfen Messer abgetrennt und entfernt. Die vielen Kindel kann man leider nicht alle behalten. Nur bei raren Arten oder Sorten topft man die Kindel ebenfalls ein, und sei es, um etwas zum Tauschen mit einem Gleichgesinnten zu haben. Bei Sansevierien, *Aloë, Billbergia nutans* und anderen wandern notgedrungen viele auf den Müll. Da man vom Zimmerhafer immer Exemplare für gute Freunde parat hat, heißt die Pflanze in England »Friendship Plant«.

In den meisten Fällen ist uns die Kindelbildung willkommen. Pflanzenverluste treten beim Abtrennen nur selten auf. Je mehr Wurzeln das Kindel hat, umso leichter wächst es an. Bei Aechmeen zum Beispiel kommt es vor, daß das Kindel noch gar keine Wurzel besitzt. Dann sind bis zur Bewurzelung ein warmer Platz und vorsichtiges Gießen vonnöten. Kindel von sukkulenten Pflanzen wie *Haworthia* läßt man zunächst einige Stunden liegen, bis die Wundfläche abgetrocknet ist. Erst dann wird eingetopft und die nächsten Wochen nur vorsichtig gegossen. Manche Pflanzen brauchen 4 oder 5 Wochen, bis sie richtig angewachsen sind.

Die ansonsten so robusten *Ledebouria-socialis*-Zwiebeln tun sich etwas schwer damit. Dann gilt die Regel: Ein Zuviel an Wasser nutzt nicht der Wurzelbildung, sondern begünstigt die Fäulnis.

Grundsätzlich wird man das Abtrennen und die Bewurzelung von Kindeln während der Wachstumszeit, also meist im Frühjahr bis Sommer, und nicht während der Ruhe durchführen.

Das Bewurzeln vor dem Schnitt

Bevor wir uns der Pflanzenvermehrung durch Stecklinge zuwenden – einer Methode, die schon gewisse Anforderungen an den Zimmerpflanzengärtner stellt –, sei zunächst ein Verfahren beschrieben, das sehr viel leichter auch beim Ungeübten zum Erfolg führt. Es klingt ein wenig verrückt, aber im Grunde ist es nichts anderes als eine Umkehrung der Reihenfolge: Zunächst läßt man die Pflanze an gewünschter Stelle Wurzeln bilden, dann wird der Steckling geschnitten. Als Abmoosen ist dies vielen Pflanzenfreunden bekannt.

In den Tropen ist das Abmoosen eine der verbreitetsten Vermehrungsmethoden bei Pflanzen mit hartem, verholzendem Stengel.

Im Wohnraum ist das Abmoosen besonders bei großblättrigen Pflanzen von Vorteil. Sie verdunsten wegen der großen Blattfläche viel Feuchtigkeit, was durch die trockene Zimmerluft noch zusätzlich gesteigert wird, so daß Stecklinge von ihnen schrumpfen und nicht die gewünschten Wurzeln bilden. Hat die abgeschnittene Triebspitze schon Wurzeln, besteht die Gefahr des Vertrocknens nicht mehr.

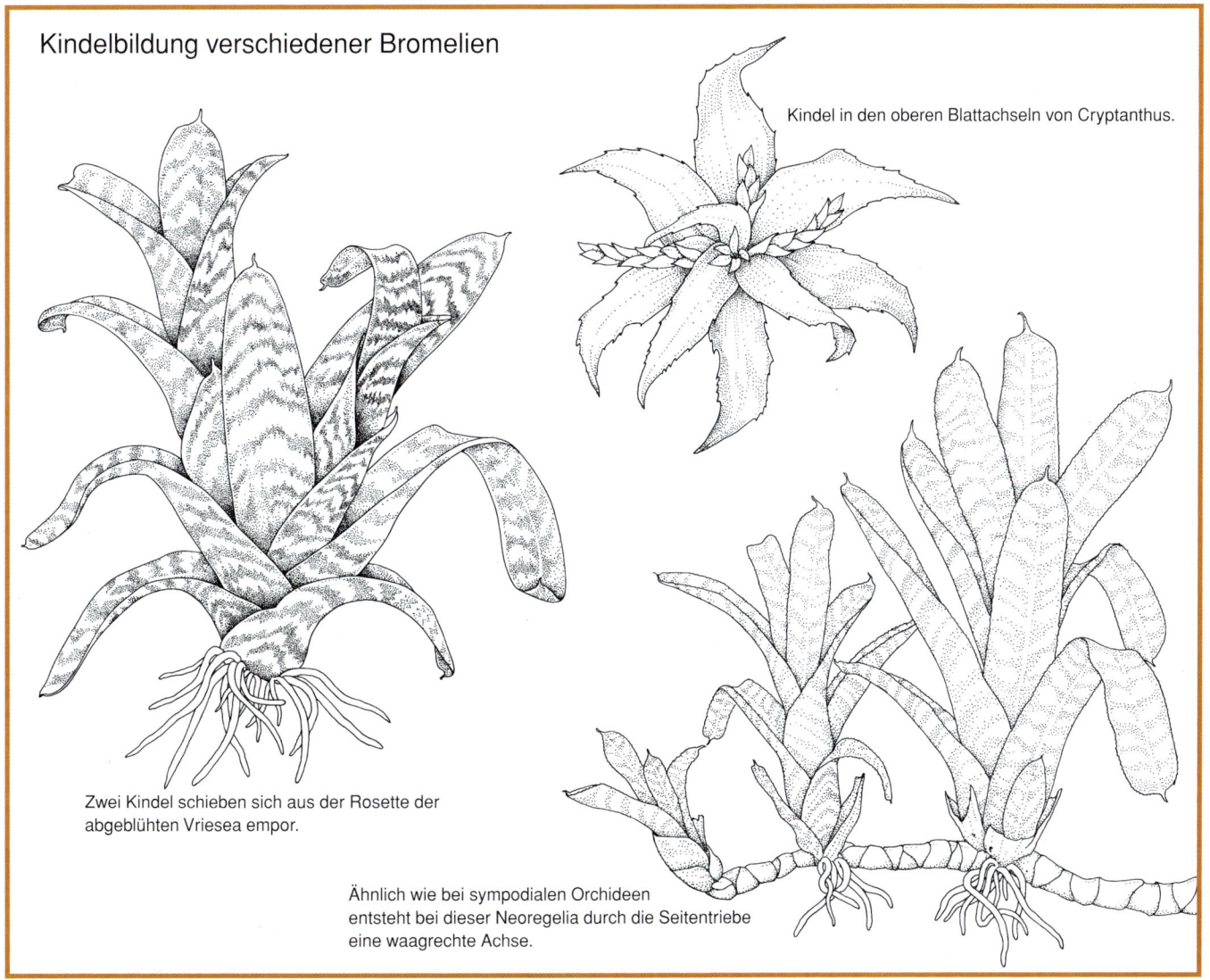

Kindelbildung verschiedener Bromelien

Kindel in den oberen Blattachseln von Cryptanthus.

Zwei Kindel schieben sich aus der Rosette der abgeblühten Vriesea empor.

Ähnlich wie bei sympodialen Orchideen entsteht bei dieser Neoregelia durch die Seitentriebe eine waagrechte Achse.

Ananasgewächse (Bromelien) blühen nur einmal. Bevor die Pflanzen absterben, sorgen sie für den sicheren Fortbestand, indem sie sogenannte Kindel bilden.

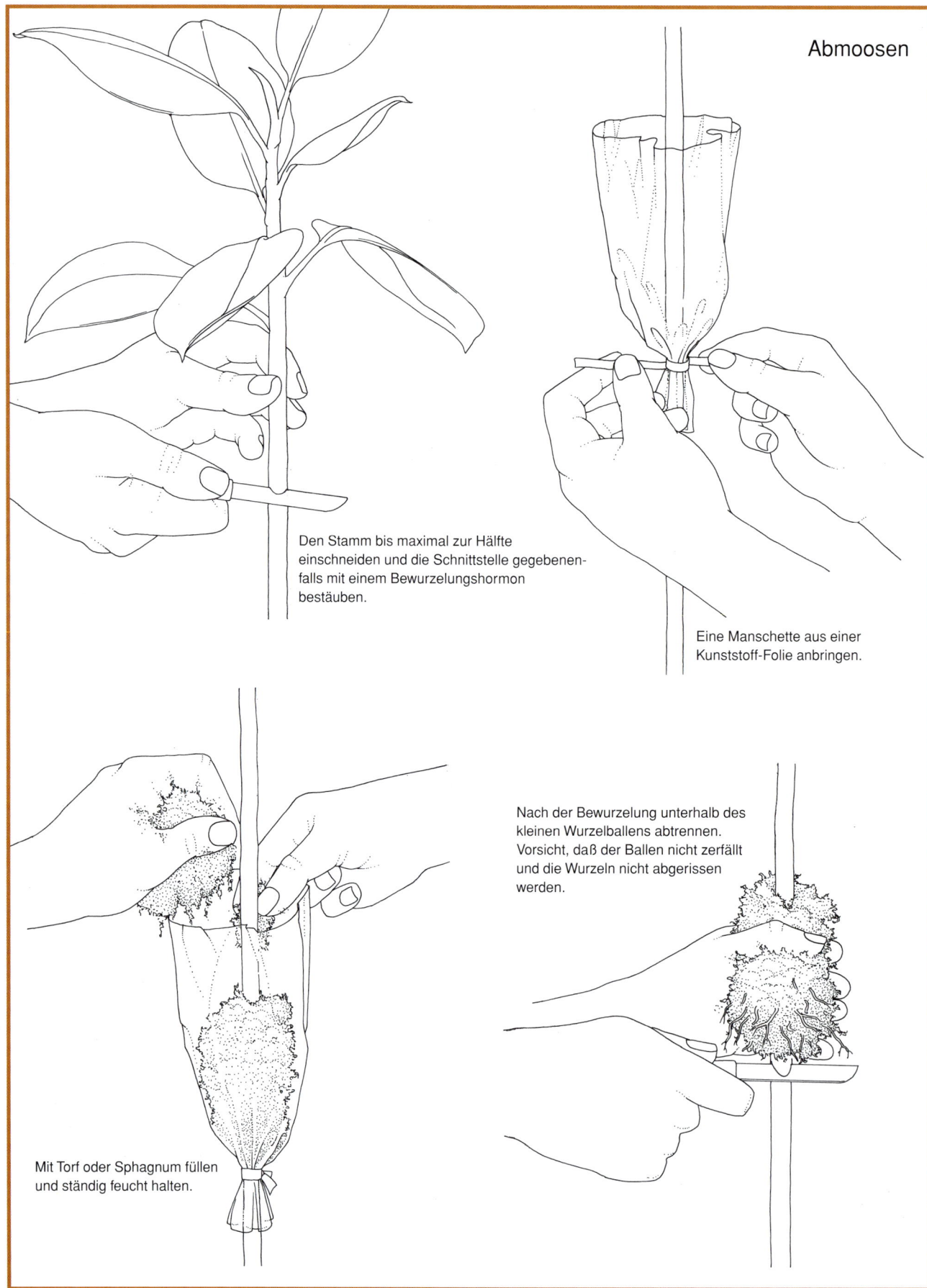

Abmoosen

Den Stamm bis maximal zur Hälfte
einschneiden und die Schnittstelle gegebenenfalls mit einem Bewurzelungshormon
bestäuben.

Eine Manschette aus einer
Kunststoff-Folie anbringen.

Nach der Bewurzelung unterhalb des
kleinen Wurzelballens abtrennen.
Vorsicht, daß der Ballen nicht zerfällt
und die Wurzeln nicht abgerissen
werden.

Mit Torf oder Sphagnum füllen
und ständig feucht halten.

Pflanzen mit einem verholzten Stamm bilden meist nur recht langsam und meist nur bei hohen Temperaturen Wurzeln. Darum sind es vorwiegend verholzende Pflanzen wie die verschiedenen Gummibäume, die auf diese Weise vermehrt werden. Nahezu alle Gummibäume, die in Gärtnereien und Blumengeschäften im Angebot sind, wurden abgemoost. Die früher übliche Vermehrung des Gummibaums durch ein Stammstück mit einem »Auge« führt zu kleinen Pflanzen, die erst in einigen Jahren zu dekorativen Exemplaren heranwachsen. Darum werden die abgemoosten (»markottierten«) aus südlichen Ländern importiert. Sie sind schon nach wenigen Wochen im Topf eingewurzelt, schnell verkaufsfertig und damit preisgünstig.

Wenn auch der Gummibaum (Ficus elastica ʻDecoraʼ) nebst anderen Ficus-Arten das Paradebeispiel für das Abmoosen ist, so empfiehlt es sich ebenfalls für viele andere Zimmerpflanzen wie den Wunderstrauch (Codiaeum-Hybriden), die Dracaenen und Cordylinen, für viele Aronstab- und Araliengewächse wie Aglaonema, Anthurium, Dieffenbachia, Monstera, Philodendron, Syngonium sowie × Fatshedera, Fatsia und Schefflera. Selbst von Palmen wie Chamaedorea und blühenden Topfpflanzen wie Camellia und Hibiscus lassen sich auf diese Weise Nachkommen heranziehen.

Wie wird abgemoost? In vielen Fällen wird man zunächst in der Höhe des Stamms, in der er später abgetrennt werden soll, einen schräg nach oben führenden Schnitt bis zu $1/3$ oder $1/2$ der Stammdicke vornehmen. Zur rascheren Bewurzelung pudern wir die Schnittfläche mit einem Bewurzelungshormon wie »Wurzelfix« ein. Umstritten ist es, ob man in den Schnitt etwas einklemmen soll, zum Beispiel einen kleinen, flachen Stein, ein Stück Folie oder ein Streichholz, um das Verwachsen der Schnittstellen zu verhindern. Schaden kann es zumindest nicht. Um die Schnittstelle befestigen wir zunächst unten eine Manschette aus einer Kunststoffolie. In diese stopfen wir feuchten Torf oder Perlite. Dann wird die Manschette auch oben zugebunden. Aus der geschlossenen Manschette verdunstet kaum Wasser, so daß die Feuchtigkeit nur sporadisch zu kontrollieren ist. Je nach Wachstumsbedingungen und Pflanzenart bilden sich innerhalb von drei bis mehreren Wochen die ersten Wurzeln.

Bald darauf können wir die Manschette entfernen. Dabei darf der kleine Torfballen nicht auseinanderfallen, sonst können die Wurzelansätze mit abgerissen werden. Etwa 1 cm unterhalb der Bewurzelungsstelle trennen wir nun den Stamm durch. Das bewurzelte Oberteil kommt gleich in einen Topf mit einem der Pflanze zusagenden Substrat. Das kopflose Unterteil wird entweder weggeworfen, oder wir warten den Durchtrieb ab. Die Neuaustriebe sind dann auf die gleiche Weise zu bewurzeln.

> **Beim Abmoosen ist die Folie nach der Wurzelbildung sehr vorsichtig zu entfernen, damit die noch zarten Wurzeln nicht abreißen.**

Das Einschneiden des Stammes ist nicht bei allen Arten erforderlich. Viele bilden ohnehin kurze oder auch längere Luftwurzeln aus, die eine solche Behandlung überflüssig machen. Als Beispiel seien Anthurien, Monstera, Pandanus, Philodendron und Syngonium genannt. Bei ihnen genügt es, die mit feuchtem Torf gefüllte Manschette um solche Luftwurzeln herum anzubringen. Dazu kann es notwendig werden, ein oder auch mehrere Blätter vorher zu entfernen. Dies sollte dann schon einige Tage vor Anbringen der Manschette geschehen, um keine Fäulnis an der noch frischen Schnittstelle aufkommen zu lassen.

Stecklinge in vielen Varianten

Es ist schon eine wunderbare Sache: wir schneiden ganz bestimmte Teile einer Pflanze ab, und diese sind dann in der Lage, das Fehlende neu zu bilden. Solches Regenerationsvermögen ist den meisten Tieren nicht zu eigen. Die Stecklingsvermehrung ist neben der Aussaat für den Gärtner die wichtigste Methode, um Pflanzen in großer Stückzahl zu erhalten. Durch Teilung, Kindel und ähnliches kann man nur mit Geduld zu größeren Beständen kommen. Sorten, die möglicherweise durch langwierige Kreuzung verschiedener Ausgangsformen entstanden, lassen sich in der Regel ohnehin nur vegetativ vermehren, da aus einer Aussaat die verschiedensten Varianten hervorgehen würden. In diesem Fall ist meist die Stecklingsvermehrung das Verfahren der Wahl.

Für den Zimmerpflanzenfreund ist die Stecklingsvermehrung ein wenig aufwendiger als Teilung oder Abmoosen. Er braucht eine praktisch sterile Schale, ein Vermehrungssubstrat, möglicherweise Bewurzelungshormone, eine Abdeckhaube, um eine »gespannte« Luft zu erzeugen, und nicht zuletzt einen ausreichend

hellen und warmen Platz. In einigen Fällen wird er ohne eine Bodenheizung nicht auskommen.

Das klingt schlimmer, als es in Wirklichkeit ist. Auf geeignete Schalen, am besten aus Kunststoff, wurde bereits hingewiesen: entweder kleine »Zimmer-« oder »Mini-Gewächshäuser«, die eine Haube besitzen, oder beliebige andere Kunststoffschalen, wie man sie in jedem Haushalt findet. Wer nur einen oder zwei Stecklinge bewurzeln will, wird natürlich keine riesige Schale aufstellen, sondern einen kleinen Kunststofftopf verwenden. Solche kleinen Kunststofftöpfe haben den Vorteil, daß die Pflänzchen nach der Bewurzelung einen festen Wurzelballen haben und leichter umzusetzen sind. Das »klassische« Substrat für die Stecklingsbewurzelung ist eine Mischung aus $1/2$ Torf und $1/2$ grobem Sand. Auch TKS I ist brauchbar. Sehr praktisch sind bei der Stecklingsvermehrung Torfquelltöpfe, wie sie auf Seite 95 beschrieben wurden. Nach dem Aufquellen bohren wir mit einem spitzen Gegenstand ein Loch in die Mitte des Torftopfes, und schon können wir den Steckling hineinsetzen. Eine Abdeckhaube läßt sich, wenn nicht schon bei der Schale vorhanden, mit Hilfe einer Kunststoffolie leicht selbst basteln.

Am schwierigsten ist es, für eine ausreichende Bodentemperatur zu sorgen. Nur wenige Pflanzen bewurzeln bei niedrigen Temperaturen. Die hübsche Glockenblume (Campanula isophylla) ist schon mit 10 bis 15 °C zufrieden. Ab 10 °C werden auch grünblättrige Efeu Wurzeln bilden; die buntlaubigen Sorten dagegen verlangen schon mindestens 16 °C. Mindestens 18 °C brauchen Stecklinge von Topfchrysanthemen, Echeverien, Fuchsien, Hortensien, Edelpelargonien, Azaleen und Sansevierien. Wer dagegen auf die Bewurzelung von Brunfelsien, Kamelien, dem Wunderstrauch (Codiaeum), Philodendron erubescens, Stephanotis oder die Blattstücke von Rex-Begonien hofft, sollte schon für mindestens 25 °C sorgen. Wo kein Heizkörper für so hohe Temperaturen sorgt, hilft eine Bodenheizung wie auf Seite 70 beschrieben. Noch besser sind die mit Heizung, Belichtung und Luftbefeuchtung ausgestatteten Vermehrungskästen.

> **Stecklinge besonders von verholzenden Pflanzen wurzeln leichter, wenn der Stengel noch nicht zu hart ist und die Schnittfläche vor dem Stecken mit einem Bewurzelungshormon eingestäubt wird.**

Doch nun von den Produktionsmitteln zur Produktion selbst. In den meisten Fällen wird man Kopfstecklinge schneiden. Das sind die beblätterten Spitzen

der einzelnen Triebe. Ein solcher Kopfsteckling hat meist die Länge von 6 bis 8 cm und etwa vier Blätter, doch dafür kann es keine Regel geben. Bei Pflanzen wie *Scindapsus, Epipremnum, Hoya* oder *Stephanotis* sind die Abstände zwischen den Blattansatzstellen am Stengel ziemlich lang, so daß ein Steckling mit zwei Blättern, von denen das untere dann sogar noch entfernt wird, ausreichend ist. Die Stellen am Stengel, aus denen die Blätter entspringen, heißen übrigens Knoten (Nodien), die Stengelstücke dazwischen Zwischenknotenstücke (Internodien, s. Seite 158). Jeder Steckling

Oben: Ein Steckling mit einer Sproßspitze wird als Kopfsteckling, jedes weitere Stengelstück ohne Spitze als Teilsteckling bezeichnet. Zur Vermehrung sind sie gleichermaßen gut geeignet, wenn der Stengel nicht zu weich und nicht zu sehr verholzt ist. Bis zur Wurzelbildung muß die Verdunstung des Stecklings gebremst werden, indem man mit Hilfe einer Kunststofftüte oder ähnlichem für hohe Luftfeuchte sorgt.

Unten: Fleischige, nicht stark verholzende Sprosse ergeben gute Stammstecklinge. Jedes Stammstück braucht mindestens ein »Auge«. Bis zur Hälfte in die Vermehrungserde gelegt, bewurzelt es bei hohen Bodentemperaturen.

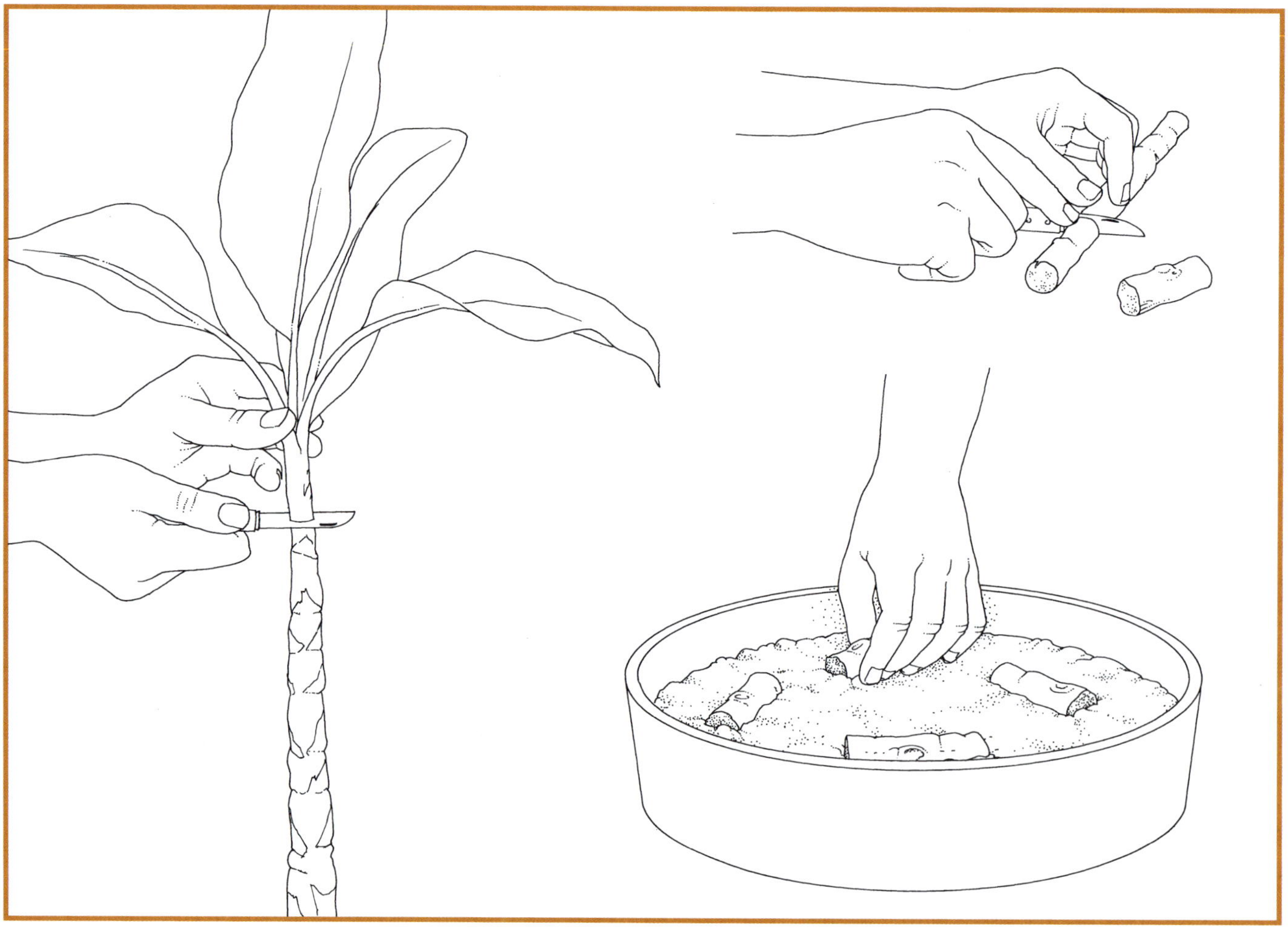

Hohe Bodentemperaturen sind Voraussetzung für die Bewurzelung der Stammstecklinge. Doch nicht immer gelingt die Vermehrung. Die Verfärbung zeigt an, daß die Pflanzen zu faulen beginnen.

muß über eine ausreichende Blattfläche verfügen, denn diese produziert die für die Wurzelbildung benötigten Stoffe. Andererseits darf die Blattfläche nicht zu groß sein, da sonst die Verdunstung zu stark wird, der Steckling schrumpft und sich nicht mehr erholen kann. Dies gilt insbesondere für weichblättrige Pflanzen wie die Buntnessel (*Solenostemon,* syn. *Coleus*). Letzten Endes entscheidet auch die Härte des Stengels, wo der Stecklingsschnitt erfolgen soll.

Bei *Hibiscus* und Hortensien (*Hydrangea*) zum Beispiel kann man gut sehen, daß die Triebspitzen ziemlich weich sind, die Stengel nach unten zunehmend härter werden und verholzen. Je weicher der Steckling ist, umso leichter bewurzelt er, umso leichter fault er aber auch. Wir entscheiden uns dann in der Regel für einen »halbweichen« Steckling, für einen Steckling also, der nicht mehr so weich ist wie die Spitze, aber auch nicht völlig verhärtet. Mit ein wenig Übung wird man diese Stelle sehr rasch erkennen. Ist das Stengelstück unterhalb des entnommenen Kopfstecklings nicht verhärtet, dann können wir auch noch »Teilstecklinge« schneiden.

Sofern wir eine Auswahl haben, suchen wir die kräftigste, gesündeste Pflanze für den Stecklingsschnitt aus. Hungrige Pflanzen mit gelben Blättern haben zu wenig Reservestoffe für die Regeneration. Auch kranke oder schädlingsbefallene Pflanzen sind ungeeignet. Beschränkt sich die Infektion nur auf die Wurzeln, kann die Stecklingsvermehrung ein Weg sein, die Pflanze zu retten. Die Mutterpflanze sollte in der Regel zur Zeit der Stecklingsentnahme nur Blätter bilden und keine Blüten angesetzt haben.

Zum Stecklingsschneiden unerläßlich ist ein scharfes Messer. Ein ausgedientes Küchenmesser ist meist nicht geeignet, eine Schere völlig falsch. Das Messer muß einwandfrei scharf sein, darf nicht quetschen. Rasier- oder Skalpellklingen eignen sich gut. Den Schnitt nehmen wir etwa $1/2$ cm unter dem Knoten vor. Das daraus entspringende Blatt – oder wenn es zwei sind, alle beide – schneiden wir ebenfalls direkt am Stengel ab. Die Schnittfläche – bei Teilstecklingen nur die untere, die Wurzeln bilden soll – tauchen wir nun in ein Bewurzelungshormon, zum Beispiel »Wurzelfix«. Bei leicht bewurzelnden Arten wie Buntnessel (*Solenostemon,* syn. *Coleus*), Fleißiges Lieschen (*Impatiens*) oder Efeu (*Hedera*) erübrigt sich dies. Leider haben die Bewurzelungshormone nur eine begrenzte Haltbarkeit.

Von dem Bewurzelungshormon bleibt eine geringe Menge auf der Schnittfläche haften, und so stecken wir den Steckling in das vorbereitete Vermehrungssubstrat. Mit einem angespitzten Holz bohren wir ein Loch vor, damit der Steckling nicht beim In-die-Erde-Drücken verletzt wird.

Bei Zimmerpflanzenfreunden beliebt ist die Stecklingsvermehrung im Wasserglas. Kein Aussaatgefäß ist erforderlich, kein Vermehrungssubstrat. Ist die Wassertemperatur ausreichend, ist auch bei vielen Pflanzen mit einem Bewurzelungserfolg zu rechnen. Der Nachteil dieser Methode: Die Pflanzen erleiden nach dem Umpflanzen in Erde zunächst einen »Schock«, was bei der Stecklingsbewurzelung in Erde entfällt. Wer Stecklinge im Wasserglas bewurzeln will, sollte deshalb möglichst früh in Erde umsetzen, nicht erst dann, wenn die Wurzeln schon das halbe Glas ausfüllen.

Im Wasserglas bewurzelt der Blattquirl des Cypergrases ideal und bildet bald seine ersten kleinen Halme. Auch mit Blättern des Usambaraveilchens (*Saintpaulia*

> **Grundvoraussetzung für eine erfolgreiche Stecklingsvermehrung ist Hygiene. Stets nur saubere Gefäße verwenden und Messer oder sonstige Gerätschaften regelmäßig desinfizieren.**

Rechts oben: Begonien besitzen ein hohes Regenerationsvermögen. Aus einem Blatt kann gleich eine ganze Anzahl Nachkommen entstehen. Die Adern des Blattes werden an einigen Stellen durchtrennt. Mit kleinen Steinchen beschwert, bilden sich an den Schnittstellen die Jungpflanzen.

Oben: Ein Blattquirl des Cypergrases bewurzelt sich im Wasserglas sehr rasch.

Unten: Das Usambaraveilchen bewurzelt leichter, wenn der Stiel gekürzt wird. Die Blätter wachsen sowohl in Erde als auch im Wasser an.

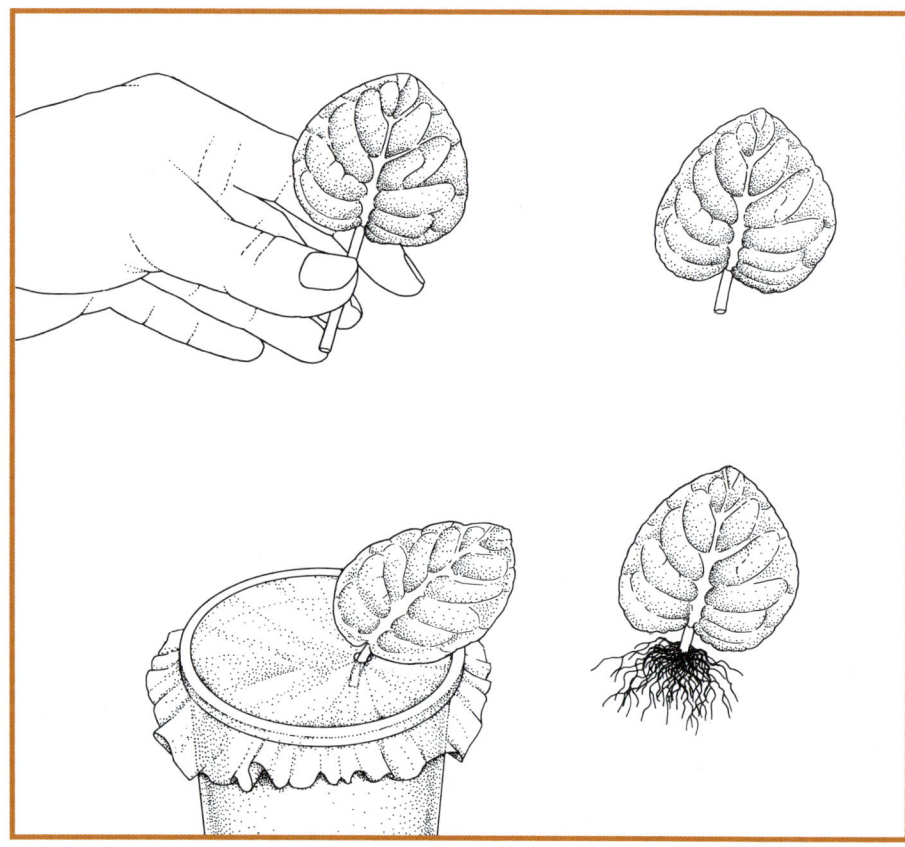

ionantha) kann man es versuchen. Damit sind wir schon bei der nächsten Gruppe, den Blattstecklingen angelangt.

Durch Blattstecklinge lassen sich viele Zimmerpflanzen vermehren. Man muß aber bedenken, daß es wesentlich länger dauert, eine ansehnliche Pflanze aus einem Blatt heranzuziehen als aus einer Triebspitze, also aus einem Kopfsteckling.

Unfreiwillig vermehren sich oft einige sukkulente Pflanzen durch Blätter, die abgebrochen wurden. Bei vielen *Sedum*-Arten wie *Sedum rubrotinctum* und *S. morganianum* fallen die Blätter schon bei der leichtesten Berührung ab. Wenn man ein *Sedum rubrotinctum* aus einem eng stehenden Bestand herausholt, sind einzelne Stiele nahezu unbeblättert. Wo die Blätter hinfallen, bilden sie Wurzeln. Auf der Fensterbank vertrocknen sie nach einiger Zeit, aber auf Erde entsteht bald ein neues Pflänzchen. Dies können wir nutzen, wenn wir von einer Art oder Sorte mehrere Pflanzen wollen. Leicht bewurzeln auch die Blätter einiger anderer sukkulenter Pflanzen wie *Aloë, Cotyledon, Crassula, Echeveria, Gasteria, Kalanchoë, Pachyphytum, Sansevieria* und *Senecio.*

Auch die wasserspeichernden Blätter der Peperomien lassen sich bewurzeln, doch kommt es bei ihnen häufiger zur Fäulnis. Grundsätzlich gilt bei der Vermehrung sukkulenter Pflanzen durch Blätter, daß die Schnitt- oder Abbruchfläche zunächst abtrocknen muß, bevor sie in die Erde gesteckt wird.

Geradezu klassisch ist die Vermehrung von Begonien durch Blätter. Diese Pflanzen sind für ihr phänomenales Regenerationsvermögen berühmt. Wenn wir das Blatt in Stücke von nur 2 × 2 cm zerschneiden und auf die Erde legen, entsteht bei ausreichender Bodentemperatur (24 bis 25 °C) und vorausgesetzt, sogenannte Vermehrungspilze treiben nicht ihr Unwesen, aus jedem Stückchen eine neue Pflanze. Wenn wir das ganze Blatt

Rechts unten: Das Blatt der Drehfrucht (Streptocarpus) läßt sich zur Vermehrung längs oder quer teilen. Bei der ersten Variante wird die Blattader herausgetrennt, bei der zweiten verwirft man die Spitze und die Basis.

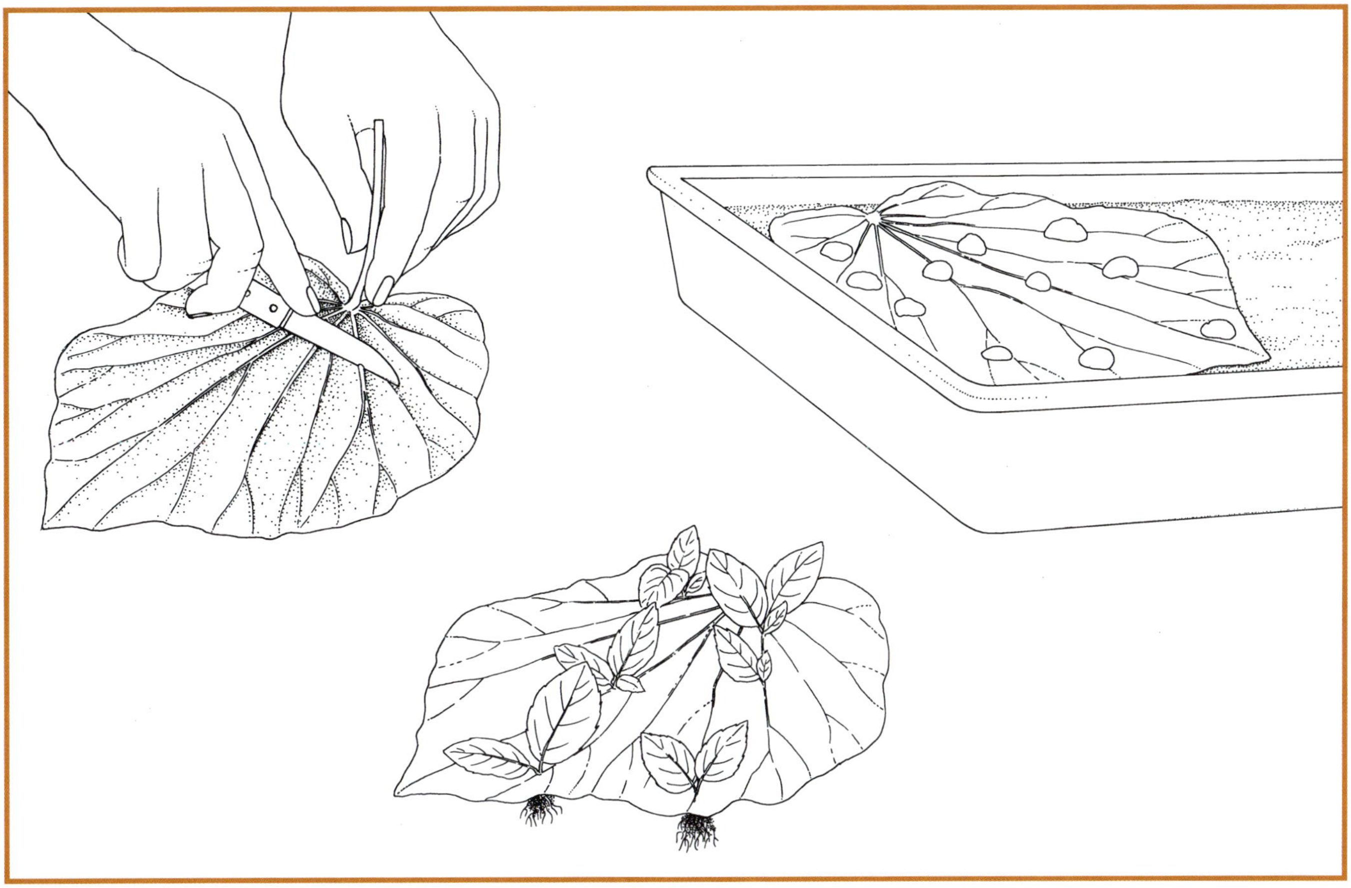

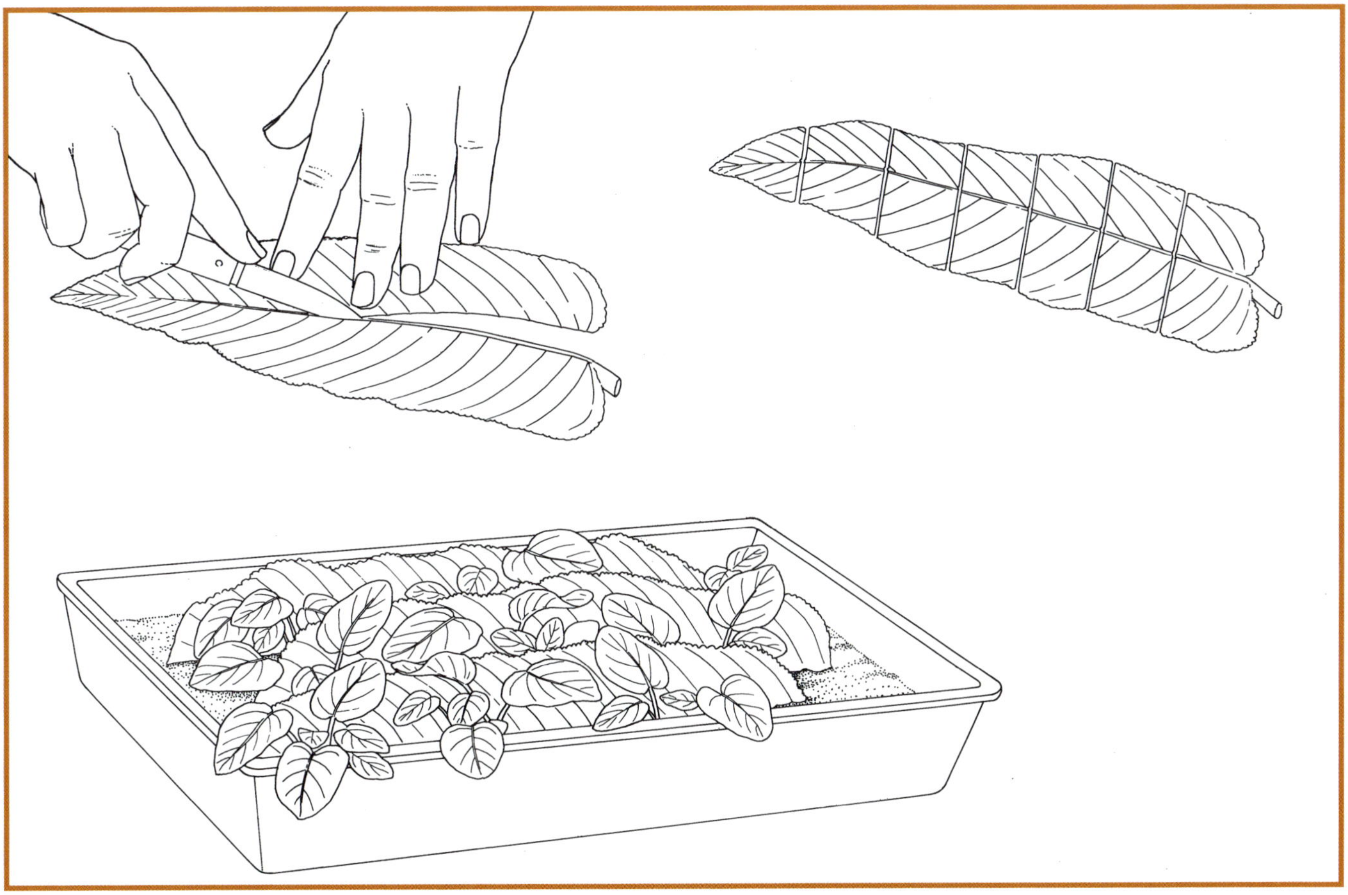

Nach der Bewurzelung das Stutzen nicht vergessen! Die linke Pflanze wurde zu spät gestutzt. Die Verzweigung erfolgt erst oben; das kann zu keinem schönen Pflanzenaufbau führen. Richtig ist es in den meisten Fällen, die Spitze direkt nach der Bewurzelung herauszukneifen. In der Regel wird weich gestutzt, das heißt, nur bis zu dem noch nicht verholzten Sproßabschnitt. Eine Ausnahme ist der starke Rückschnitt älterer, verkahlter Pflanzen. Beim Stutzen keinen langen Stumpf stehenlassen.

waagerecht auf die Erde legen und nur kleine Schnitte quer durch die Blattadern machen, entstehen an diesen Stellen jeweils ganze Pflanzen. Auch die Drehfruchtblätter (*Streptocarpus*) lassen solche Gewaltakte über sich ergehen. Bei ihnen können wir das Blatt entweder entlang der Ader in zwei Hälften schneiden oder aber quer in viele Stücke. Auf die Blätter des Usambaraveilchens haben wir schon hingewiesen. Hier ist darauf zu achten, daß der Blattstiel nur so kurz sein soll, daß sich das Blatt noch gut stecken läßt. Je länger der Blattstiel ist, umso länger dauert es, bis sich Wurzeln und Blätter bilden. Die Stecklinge kommen alle wie schon vorher beschrieben in ein Vermehrungssubstrat oder in Torfquelltöpfe und erhalten eine Haube aus Kunststoff oder Glas, um den Wasserverlust zu beschränken. Bei den Blättern sukkulenter Pflanzen ist dies nicht erforderlich.

Nach der Bewurzelung ist darauf zu achten, daß wir schöne Pflanzen erhalten. Mancher Zimmerpflanzengärtner wird sich schon gewundert haben, daß aus seinem Usambarablatt keine gleichmäßig aufgebaute Rosette, sondern ein rechtes Durcheinander wurde. Dies liegt daran, daß immer mehrere Rosetten gleichzeitig aus einem Blatt entstehen und diese sich dann gegenseitig bedrängen, werden sie nicht vereinzelt.

Mit der Bewurzelung eines Stecklings ist noch nicht alles getan, um schließlich auch eine dekorative Zimmerpflanze zu erhalten. Wir müssen die Jungpflanze »formieren«, sie in die gewünschte Form bringen. Dazu ist in vielen Fällen etwas vonnöten, was Pflanzenfreunde nur schwer übers Herz bringen: Der gerade

Die Blätter von Tacitus bellus haben sich bewurzelt und kleine Rosetten gebildet.

Auch von Dionaea muscipula, der Venusfliegenfalle, bewurzeln Blätter bei 20 °C in einem geeigneten Substrat.

bewurzelte und nun fröhlich mit dem Sproßwachstum beginnende Steckling muß »geköpft« werden. Die Gärtner sprechen vom »Stutzen« oder »Pinzieren«. Dieses Stutzen ist unumgänglich, wollen wir keine »Bohnenstange«, sondern eine reich verzweigte Pflanze erzielen. Verzweigt sich der Pflegling ohnehin, so erübrigt sich jede Nachhilfe. Bei anderen Arten wiederum ist das Stutzen zwecklos, denn es bildet sich nur ein Neutrieb. Vielleicht sind es auch zwei Triebspitzen, aber ein Busch wird es nicht. Beispiele dafür sind *Ardisia*, *Monstera* und *Philodendron* sowie Avocado. Sie stutzen wir lieber nicht, denn es gäbe nur einen Trieb mit einem »Knick«.

Bei vielen weichstieligen, nicht oder kaum verholzenden Pflanzen wie dem Flammenden Käthchen (*Kalanchoë*), dem Fleißigen Lieschen (*Impatiens*), der Buntnessel (*Solenostemon*, syn. *Coleus*) und *Iresine* ist Stutzen obligatorisch. Auch viele Pflanzen mit verholzenden Stielen verlangen diesen Eingriff. So zum Beispiel die Zimmerlinde (*Sparmannia africana*), der Roseneibisch (*Hibiscus*

Damit die Stecklinge nicht austrocknen, kann man in die Erde einen kleinen Tontopf stecken, dessen Abzugsloch verschlossen wurde. Mit Wasser gefüllt, dringt nun kontinuierlich Feuchtigkeit durch die Tonwand.

rosa-sinensis), *Coussapoa* und auch die Lianen wie *Allamanda*. Azaleen und Eriken müssen mehrmals geköpft werden, doch wird sie der Zimmerpflanzengärtner kaum selbst heranziehen.

Wichtig ist, mit dem Stutzen nicht allzu lange zu warten. Aus dem jungen, noch nicht verholzten Stiel treiben die Augen williger aus. Außerdem ist die Chance größer, daß nicht nur das oberste Auge,

Ist der Blattschopf auf der Ananasfrucht
noch frisch und grün, so läßt er sich abtrennen,

vom Fruchtfleisch reinigen und bei hohen
Bodentemperaturen bewurzeln.

Acacia dealbata wird häufig
durch Veredlung auf Acacia floribunda
vermehrt.

sondern noch weiter darunter liegende austreiben und so zu dem gewünschten buschigen Wuchs führen. Zudem sieht es hübscher aus, wenn die Verzweigung möglichst weit unten beginnt. Wir wollen ja kein »Hochstämmchen« wie bei Fuchsien oder Rosen erziehen. Darum möglichst bald stutzen, auch wenn man es noch so schwer übers Herz bringt. Köpfen ist hier nichts Gewalttätiges.

Fremde Wurzeln für Empfindliche

Für die meisten Zimmerpflanzen spielt das Veredeln keine Rolle. Die Fingeraralie (Schefflera elegantissima, syn. Dizygotheca elegantissima) wird heute fast nur noch »wurzelecht« angeboten; es

sind aus Samen herangezogene Pflanzen. Dies ist ein Beispiel dafür, daß die Veredlung bei zahlreichen Zimmerpflanzen an Bedeutung verloren hat. Früher wurde die Fingeraralie durch seitliches Einspitzen auf Meryta denhamii vermehrt.
Ein Beispiel gibt es aus jüngerer Zeit, daß Pflanzen durch Veredlung Eingang in das Topfpflanzensortiment gefunden haben. Es sind die phantasievoll als »Wüstenrosen« bezeichneten Adenium obesum und A. obesum ssp. swazicum. Nur in Botanischen Gärten kannte man sie, bis man auf die Idee kam, sie auf junge Triebe von Oleander zu veredeln. Das Ergebnis ist eine gut haltbare, herrlich blühende Pflanze.

Allerdings muß man in Kauf nehmen, daß die Pflanze ansonsten nicht an Schönheit gewonnen hat, im Gegenteil: Der kräftige sukkulente Stamm der Wüstenrose sieht etwas seltsam aus auf der viel dünneren Oleander-Unterlage.

Veredelt wird wie folgt: Während der Wachstumszeit von Oleander werden junge Triebe abgeschnitten und bewurzelt. Nach einem Jahr hat er die erforder-

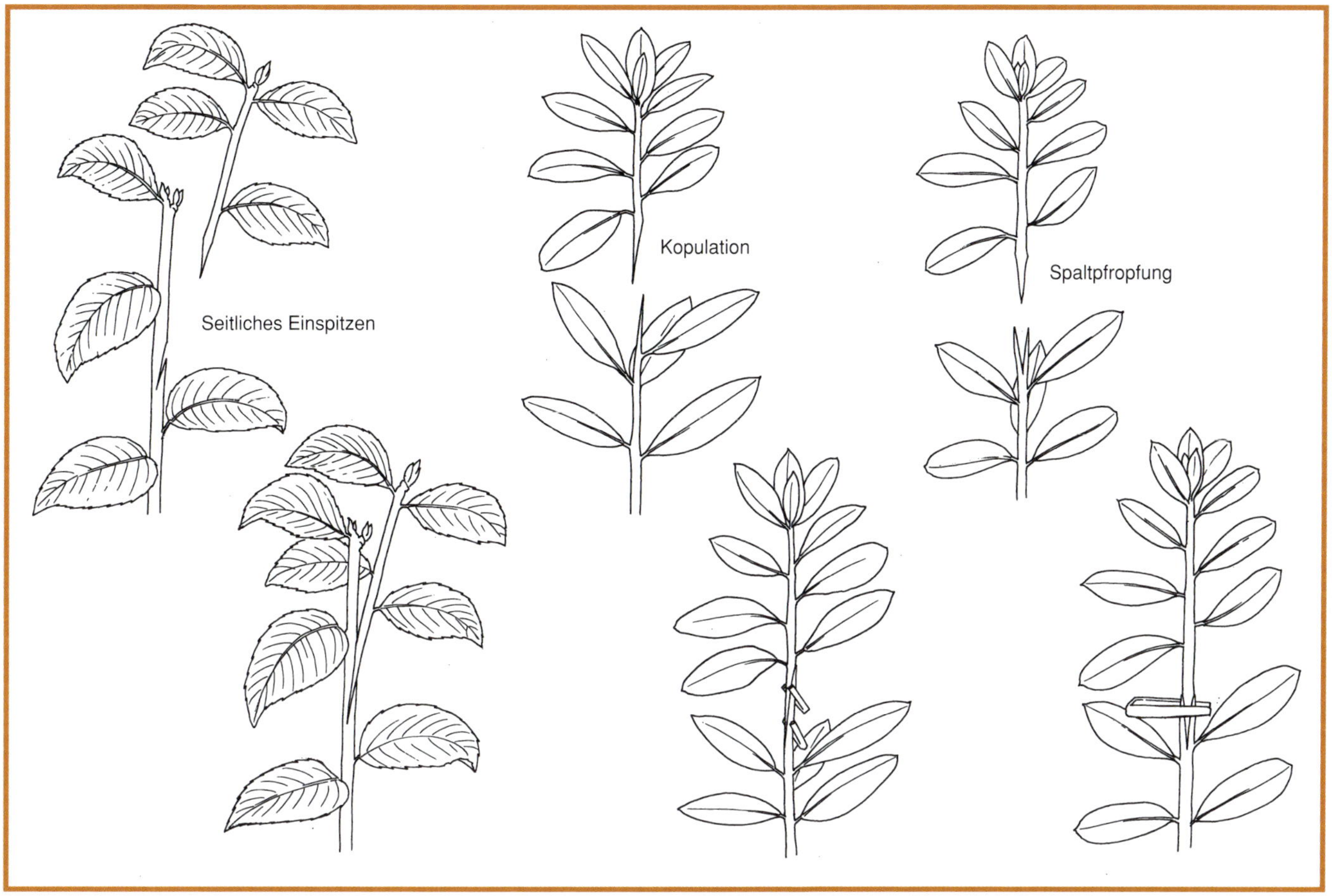

Seitliches Einspitzen

Kopulation

Spaltpfropfung

Schwachwachsende, empfindliche Kamelien- und Azaleensorten veredelt man auf

robustere. Verschiedene Veredlungsmethoden bieten sich an. Durch Klammern oder ein

Gummiband für guten Kontakt der Schnittflächen sorgen.

liche Dicke erreicht. Er wird wenige Zentimeter über dem Boden schräg abgeschnitten. Nun schneidet man das *Adenium* ebenfalls schräg ab, und zwar so, daß es genau auf die Unterlage paßt. Die Stengeldurchmesser von beiden sollten in etwa gleich sein. Mit einem Kakteenstachel oder einer Stecknadel wird die Wüstenrose auf dem Oleander fixiert. Das Frühjahr ist die beste Zeit.

Am häufigsten findet man veredelte oder, wie es auch genannt wird, gepfropfte Kakteen. Sie sind sehr beliebt und werden für wenig Geld angeboten, zum Teil unter Namen wie Bananen- oder Erdbeerkaktus. Bei diesen »bunten« Formen handelt es sich um blattgrünfreie Mutanten von *Gymnocalycium mihanovichii, Echinopsis chamaecereus* (syn. *Chamaecereus silvestrii*) und anderen, die wegen des fehlenden Blattgrüns (Chlorophyll) nicht lebensfähig wären.

Während sich über die Schönheit dieser grellfarbigen Kakteen streiten läßt, ist die Beurteilung der Unterlage eindeutig. Leider werden die meisten Kakteen auf Unterlagen aus der Gattung *Hylocereus*

Adenium obesum, die Wüstenrose, wird meist auf Oleander veredelt. Erst dadurch ist sie zu einer robusten Zimmerpflanze geworden. Der wesentlich dünnere Oleanderstamm gibt der Pflanze allerdings ein etwas unharmonisches Aussehen, anders als dieses Exemplar mit seinem kräftigen sukkulenten Stamm.

Verbreitete Kakteen-Pfropfunterlagen

Trichocereus spachianus   Trichocereus pachanoi   Eriocereus jusbertii   Hylocereus

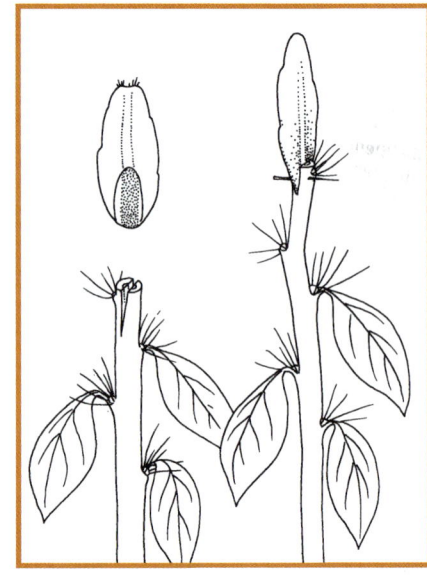

Blattkakteen lassen sich mittels Spaltpfropfung auf Pereskia veredeln. Die Basis des Blattes wird beidseitig schräg angeschnitten. Pfröpfling und Unterlage fixiert man mit einem Dorn oder einer Nadel.

Kakteen pfropfen

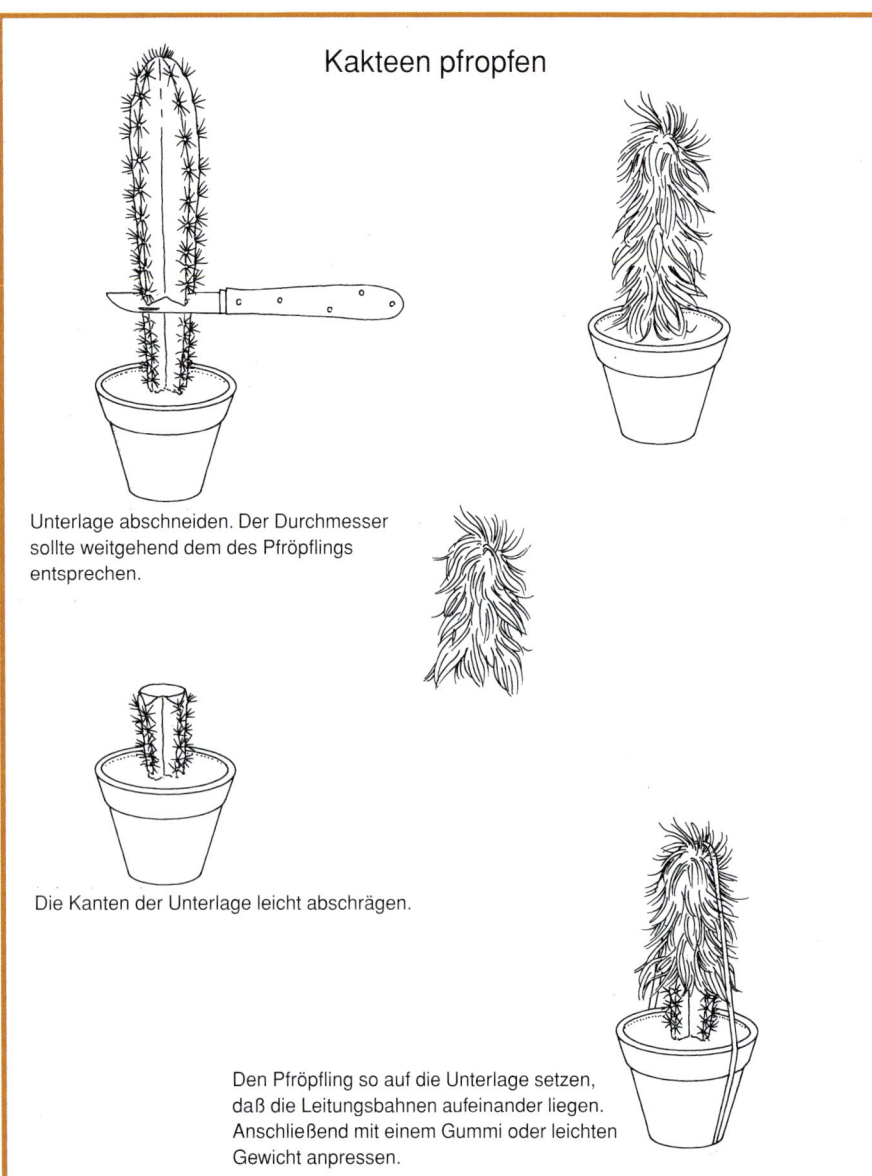

Unterlage abschneiden. Der Durchmesser sollte weitgehend dem des Pfröpflings entsprechen.

Die Kanten der Unterlage leicht abschrägen.

Den Pfröpfling so auf die Unterlage setzen, daß die Leitungsbahnen aufeinander liegen. Anschließend mit einem Gummi oder leichten Gewicht anpressen.

veredelt. Dies sind Pflanzen von tropisch-feuchten Standorten, die keine niedrigen Temperaturen und keine Trockenheit vertragen. Diese Ansprüche stehen im Gegensatz zu denen der aufgepfropften Kakteenart. Daß diese ungeeignete Ehe nach kurz oder lang in die Brüche geht, ist nicht verwunderlich. Darum sollte man lieber keine auf *Hylocereus* veredelten Kakteen kaufen. Glücklicherweise kann auch der Laie Hylocereen an deren annähernd dreieckigem Querschnitt leicht erkennen.

Bestens bewährt haben sich als Pfropfunterlagen folgende Arten: *Eriocereus jusbertii, Opuntia bergeriana, Trichocereus macrogonus, T. pachanoi* und *T. schickendantzii.* Für Blattkakteen wie Weihnachtskaktus (*Schlumbergera*) und Osterkaktus (*Hatiora,* syn. *Rhipsalidopsis*) finden vorwiegend *Pereskia aculeata* und *Pereskiopsis dignetii* (syn. *P. velutina*) als Unterlage Verwendung. Diese Unterlagen werden entweder aus Samen herangezogen, was einige Zeit dauert, bis die Sämlinge ausreichend stark sind, oder als Steckling bewurzelt. Das Pfropfen erfolgt während der Wachstumszeit zwischen spätem Frühjahr und Sommer. Man wählt am besten einen hellen, warmen Tag aus. Unterlage und Pfröpfling sollen schon am Tag zuvor nicht trocken stehen, damit sie schön »saftig« sind.

Mit einem sehr scharfen Messer werden beide waagerecht durchtrennt. Dann setzt man den Pfröpfling so auf die Unterlage, daß die Leitbündel möglichst aufeinander liegen. Die Leitbündel sind als deutlicher Ring im Querschnitt zu erkennen. Nun muß man den Pfröpfling schwach auf die Unterlage pressen, bis das Verwachsen erfolgt. Dazu kann man entweder Gummiringe verwenden oder irgendeine selbstgebastelte Vorrichtung. Gummiringe springen oft unkontrolliert weg und mit ihnen der Pfröpfling. Viel einfacher ist es, einen Stab dicht an die Unterlage zu stecken und an diesen quer dazu eine Klammer anzubringen, die ihrerseits auf den mit Watte gepolsterten »Kopf« des Pfröpflings drückt. Zum Anwachsen stellen wir den Topf an einen warmen Platz mit mindestens 20 °C.

Noch eine weitere Veredlung sei hier genannt: die der Aasblumen wie *Stapelia*, *Trichocaulon* oder *Hoodia* auf *Ceropegia*-Knollen. *Ceropegia linearis* ssp. *woodii*, die Leuchterblume, ist als hübsche Ampelpflanze bekannt. Sie bildet Knollen aus, die als Unterlage dienen können. Die Leuchterblumen werden dazu kräftig ernährt. Zwischen Frühjahr und Sommer nimmt man die kräftigsten Knollen heraus und trennt die Triebe ab. Dann steckt man die Knolle wieder $^2/_3$ in die Erde und läßt sie gut anwachsen. Danach wird die Knollenspitze so abgetrennt, wie es dem Querschnitt der Aasblume entspricht. Wie bei den Kakteen wird die Aasblume auf der Unterlage fixiert. Nach wenigen Wochen ist sie angewachsen. Die neuen *Ceropegia*-Austriebe werden immer bis auf einzelne entfernt.

Die Veredlung wird man nur bei schwerwachsenden Aasblumen anwenden, um zum Kulturerfolg zu kommen. Auch bei Kakteen sollte die Veredlung nur ein Hilfsmittel sein, wenn man anderweitig keinen Erfolg hat oder die Veredlung unumgänglich ist, weil die Kakteen zum Beispiel kein Blattgrün ausbilden. Besonders auf starkwachsenden Unterlagen verlieren manche Kakteen ihr ursprüngliches Aussehen und werden mastig, sind nur noch schlecht bestachelt. Ansonsten macht es Spaß, das Veredeln einmal auszuprobieren. Auch der Neuling wird feststellen, wie leicht die Pflanzen anwachsen.

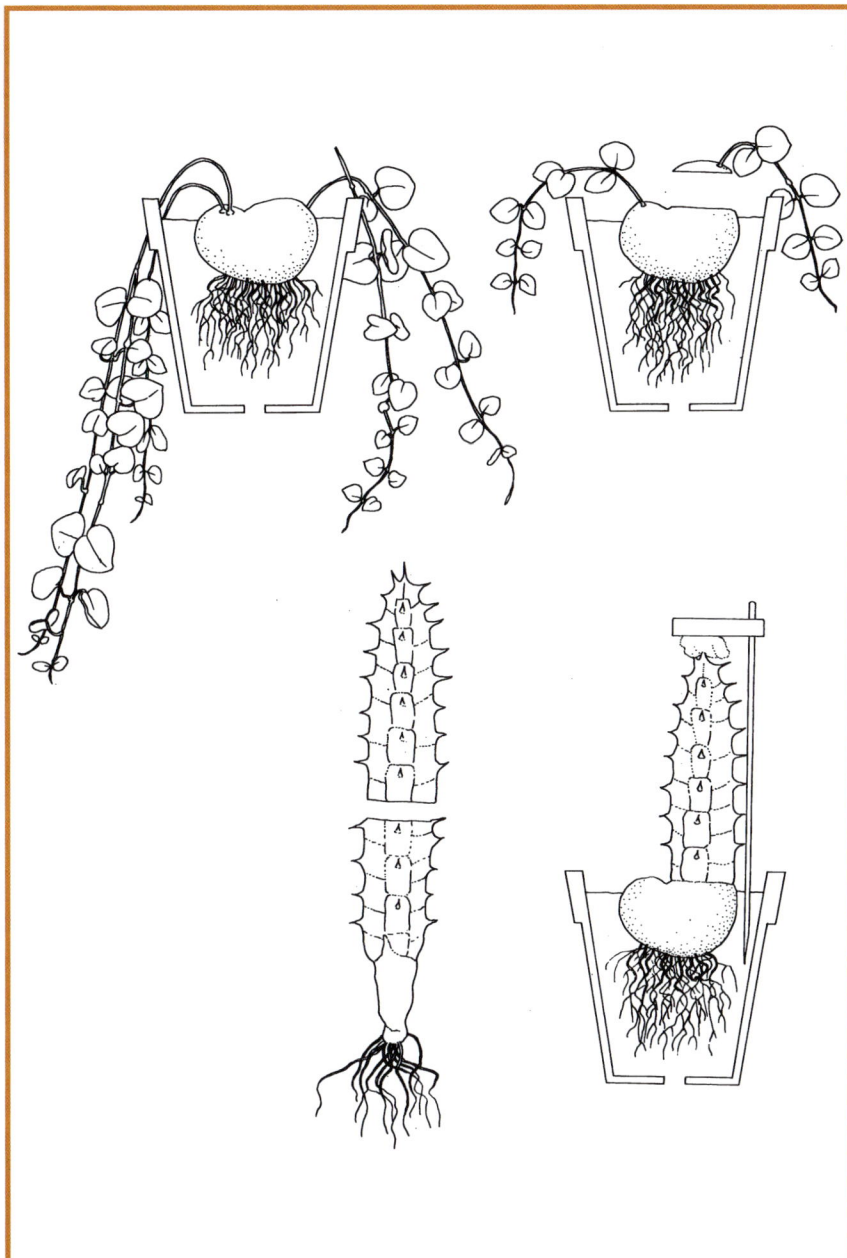

Schwachwachsende, empfindliche Aasblumen (Stapelia und Verwandte) sind leichter am Leben zu erhalten, wenn statt eigener Wurzeln eine Knolle der Leuchterblume (Ceropegia linearis ssp. woodii) als Amme dient.

Zimmerpflanzenpflege für Fortgeschrittene

Es ist bei jedem Hobby so: Wer die einführenden Lektionen erlernt hat, den drängt es, die höheren Weihen zu erringen. Wem es gelingt, selbst heikle Pflanzen am Leben zu erhalten, der ist nur noch zufrieden, wenn er ein wahres Prachtexemplar vorzuweisen hat, das über und über mit Blüten bedeckt ist. Mit dem richtigen Standort und zuträglichem Gießen ist es dann nicht mehr getan. Alle denkbaren gärtnerischen Tricks sind in Erwägung zu ziehen, angefangen mit dem regelmäßigen Verjüngen der Pflanzen über die Manipulation des Längenwachstums bis hin zur sicheren Blütenbildung.

Wenn Riesen Zwerge bleiben

Es ist ein wenig übertrieben, daß Überraschungen an der Tagesordnung sind, wenn man sich mit Pflanzen beschäftigt. Unerwartetes gibt es aber immer wieder. Mancher Zimmerpflanzenfreund wird sich schon gewundert haben, wenn er einen schönen kompakten Roseneibisch (*Hibiscus rosa-sinensis*) erworben hatte, der nach einem Jahr plötzlich unerwartet lange Triebe ausbildete. Auch aus Weihnachtssternen sind schon nach einiger Zeit annähernd Bohnenstangen geworden. Ähnliche Erfahrungen kann man auch mit *Clerodendrum thomsoniae*, mit Dipladenien und *Allamanda*, mit dem Spornbüchschen (*Justicia brandegeana*, syn. *Beloperone guttata*) und mit der Gelben Dickähre (*Pachystachys lutea*) sammeln. Hier des Rätsels Lösung: Die Pflanzen waren mit Wuchshemmstoffen behandelt, deren Wirkung nun nachließ. Sie fingen an, wieder »natürlich« zu wachsen. Die Pflanze täuschte als Ergebnis gärtnerischer Tricks nur vor, Fensterbankformat zu besitzen.

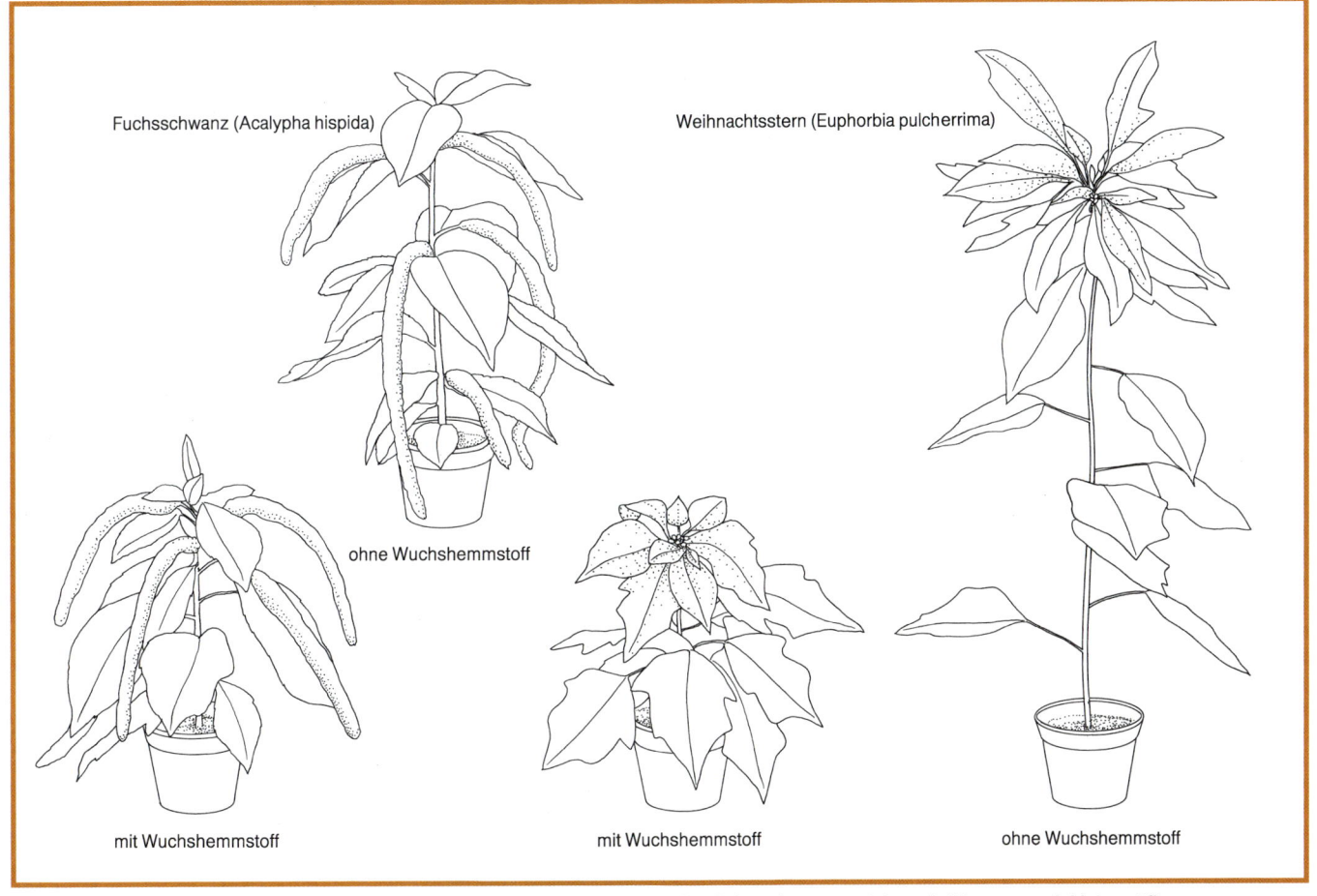

Fuchsschwanz (Acalypha hispida)

Weihnachtsstern (Euphorbia pulcherrima)

ohne Wuchshemmstoff

mit Wuchshemmstoff

mit Wuchshemmstoff

ohne Wuchshemmstoff

Linke Seite:
Allamanda cathartica entwickelt meterlange Triebe mit prächtigen gelben Blüten.

Wuchshemmstoffe sorgen dafür, daß starkwüchsige Pflanzen kurz und kompakt bleiben. Sie verhindern die Zellstreckung, so daß die Indernodien kurz bleiben. Ein Effekt läßt sich nur bei jungen, noch kleinen Pflanzen erzielen, denn lange Exemplare haben sich bereits gestreckt und können nicht mehr zum »Schrumpfen« veranlaßt werden.

Solche Wachstumsregulatoren werden vom Gärtner angewandt, wenn die Arten oder Sorten keine schönen Pflanzen ergeben würden, keine »Marktware« wären. Diese Wuchshemmstoffe greifen in den Stoffwechsel der Pflanzen ein. Die meisten bewirken, daß die Stücke zwischen den Blattknoten, die Internodien, sich nicht so sehr strecken, sondern kürzer bleiben. Die Wirkung läßt nach einer bestimmten Zeit nach, die von dem verwendeten Wirkstoff und der Pflanzenart abhängig ist.

Diese Behandlung der Pflanzen läßt sich nur im großen Maßstab im Gewächshaus durchführen. Die Wuchshemmstoffe sind auch nur in größeren Packungen erhältlich und zudem nicht billig. Außerdem treten bei nicht sachgerechter Anwendung Schäden an den Pflanzen auf. Nicht zuletzt muß man wissen, welche Pflanzen auf welchen Wirkstoff ansprechen, sonst war die Behandlung umsonst. Ein Mittel reicht nicht aus, um alle gewünschten Pflanzenarten zu behandeln.

Gärtner wie Pflanzenfreunde bemühen sich zunehmend, den Einsatz chemischer Präparate bei der Pflanzenkultur auf ein unvermeidbares Minimum zu reduzieren. Die Wirkung von Wuchshemmstoffen läßt sich allerdings nur durch ein Bündel verschiedener Maßnahmen ersetzen, und

das bei manchen Pflanzenarten auch nicht vollständig.

Es versteht sich von selbst, daß Pflanzen nur bei optimalen Licht- und Temperaturverhältnissen ihren typischen Wuchs entwickeln. Stehen sie zu warm oder zu dunkel, sind lange, »vergeilte« (etiolierte) Sprosse die Folge.

Zu den Maßnahmen zur Reduzierung der Wuchslänge zählt zuerst die Wahl einer niedrigbleibenden Sorte. Züchter bemühen sich verstärkt, solche Sorten zu erzielen. Mit diesen und geeigneten Temperaturen lassen sich beispielsweise ansehnliche Weihnachtssterne (*Euphorbia pulcherrima*) ohne den Einsatz von Wuchshemmstoffen heranziehen. Zu bedenken ist, daß eine übermäßige Düngung mit Stickstoff die Pflanzen in die Höhe treibt.

In Gärtnereien regeln Computer in listiger Weise die Temperatur, um das Längenwachstum zu reduzieren. Wie auf Seite 15 beschrieben, ist der mögliche Zuwachs einer Pflanze das Resultat der Stoffproduktion mit Hilfe des Lichts (Assimilation) abzüglich des Stoffabbaus zur Energiegewinnung (Atmung, Dissimilation). Am Tag überwiegt bei hinlänglichen Lichtverhältnissen die Stoffproduktion, nachts erfolgt wegen des fehlenden

Lichts nur noch ein Stoffabbau. Niedrige Nachttemperaturen reduzieren den Abbau und gestatten der Pflanze einen maximalen Zuwachs. Es gehört deshalb zu den Grundregeln der Pflanzenkultur in geschlossenen Räumen, daß die Nachttemperatur um mindestens 2 bis 5 °C unter der Tagestemperatur liegen sollte. Viele Kakteen fühlen sich nur dann wohl, wenn diese nächtliche Temperaturabsenkung noch stärker ausfällt. Das Ausbleiben der Blüte kann in fehlenden kalten Nächten seine Ursache haben.

Heute gilt diese Grundregel der Pflanzenkultur nicht mehr uneingeschränkt. Durch Umkehrung dieses Prinzips versucht man, den Längenzuwachs einzuschränken. Höhere Nachttemperaturen dürfen allerdings die Stoffbilanz nicht ins Negative verkehren, sonst verlieren die Pflanzen nach und nach ihre Blätter und gehen ein. Dieser Trick ist somit nur anwendbar bei Pflanzen, die tagsüber unter günstigen Lichtverhältnissen und nicht in einem dunklen Zimmer weitab des Fensters stehen.

Natürlich läßt sich diese Methode ohne Klimacomputer nur schwer und in einem Wohnraum vielleicht gar nicht praktizieren. Noch weniger ist es durchführbar, die Pflanzen bei beginnender Morgendämmerung durch Öffnen des Fensters so weit abzukühlen, daß es einige Stunden dauert, bis sich die Innentemperatur wieder angleicht. Auch das begünstigt kompakte Pflanzen.

Somit bleibt dem Pflanzenfreund in der Regel nur die Möglichkeit, für einen günstigen Platz zu sorgen und auf jene Pflanzen zu verzichten, die sich nur mit Hilfe von Wuchshemmstoffen zu Zimmerbewohnern trimmen lassen.

Und wenn der Pfleger jedesmal, wenn er am Blumenfenster vorbeikommt, alle Pflanzen kräftig schüttelt, dann führt dies zu einer derart starken Irritation, daß das normale Längenwachstum für 1 bis 3 Stunden gestört ist. Zumindest bei einigen Pflanzen ist dieser Thigmomorphogenese genannte kuriose Effekt nachzuweisen.

Viele Kakteen wie diese Echinopsis und Lobivien kommen nur dann zur Blüte, wenn sie im Winter kühl stehen. Wer diese Pflanzen das ganze Jahr im warmen Zimmer stehen hat, braucht sich über den ausbleibenden Flor nicht zu wundern.

Sie blühen, sie blühen nicht...

Es ist das Ziel jedes Zimmerpflanzengärtners, seine Topfpflanzen mit Ausnahme der sogenannten Blattgewächse zur Blüte zu bringen. Bei manchen Arten gelingt dies regelmäßig, bei anderen nicht. Es gibt eine Reihe von Hausrezepten,

Einige Pflanzen bilden nur dann Blüten, wenn die Tage kurz werden. Bereits eine Straßenlaterne nahe dem Fenster kann sie so irritieren, daß die Blüten ausbleiben. Wer unter solchen Bedingungen einen Weihnachtsstern möchte, muß ein bereits blühendes Exemplar kaufen.

Haben Pflanzen die Blühreife erreicht, dann sind in vielen Fällen noch bestimmte Bedingungen erforderlich, um die Blütenbildung auszulösen. Das können hohe oder niedrige Temperaturen, das kann eine bestimmte tägliche Belichtungsdauer oder aber das Zusammenwirken von Temperatur und Belichtung sein. Wen überrascht es, daß lichtbedürftige Pflanzen wie der Roseneibisch (*Hibiscus rosasinensis*) an einem sehr hellen Platz besonders üppig blühen? Hier ist die hohe Lichtintensität von Vorteil. Unter ungünstigen Lichtverhältnissen werden immer noch einzelne Blüten erscheinen. Selbst bei Pflanzen, die wir intensiver direkter Sonne nicht aussetzen dürfen wie die Drehfrucht (*Streptocarpus*-Hybriden), wirkt sich viel, wenn auch diffuses Licht günstig auf den Blütenreichtum aus.

Für den beliebten Weihnachtsstern spielt nicht die Lichtintensität die entscheidende Rolle. Warum kommt diese Pflanze immer im Winter zur Blüte, dann, wenn die Tage kürzer werden? Der Weihnachtsstern reagiert auf die Länge der Tage, und zwar so, daß die Blüte ausgelöst wird, wenn eine bestimmte Tageslänge unterschritten ist. Gärtner und Botaniker sprechen von einer Kurztagpflanze.

Seit die Reaktionsweise des Weihnachtssterns bekannt ist, kann der Gärtner den genauen Blühtermin festlegen. Wenn er will, kann er blühende Weihnachtssterne auch zu Ostern, mitten im Sommer oder im Herbst anbieten. Läßt man die natürliche Lichtquelle, die Sonne, auf die Weihnachtssterne einwirken, dann blühen sie in unseren Breiten schon zur Adventszeit. Wollen wir die Blüte erst zu Weihnachten, dann müssen wir für eine Verlängerung der natürlichen Belichtungsdauer sorgen.

Die »kritische Tageslänge«, die den Blühimpuls auslöst, liegt bei üblichen Zimmertemperaturen von etwa 21 °C bei 12 Stunden Licht am Tag. Von Mitte September bis etwa 10. Oktober sorgen wir mit Hilfe von Lampen für eine Belichtung von insgesamt mindestens 14 Stunden pro Tag. Sehr hell muß das Kunstlicht gar nicht sein. Lampen mit einer Stromaufnahme von 25 Watt, maximal 1 m über den Pflanzen aufgehängt, reichen aus, um eine Fläche von 1 m² mit genügend Licht zu versorgen.

Die Blütenbildung zahlreicher Pflanzen ist von der Tageslänge abhängig. Die beste Pflege nutzt nichts, wenn die Beleuchtungsdauer nicht stimmt.

Diese sehr hohe Empfindlichkeit für das Licht kann auch zum Problem werden. Stehen die Pflanzen in einem beleuchteten Blumenfenster oder an einem Fen-

die mehr oder – in den meisten Fällen – weniger nützlich sind. Zum Beispiel hat die Trockenperiode der Zimmerkalla (*Zantedeschia aethiopica*) oder des Weihnachtskaktus (*Schlumbergera × buckleyi*) keinen Einfluß auf die Blütenbildung, auch wenn viele darauf schwören und dies auch in manchen Büchern nachzulesen ist. Auch das reichliche Düngen mit phosphorbetonten Düngemitteln verhindert nur einen möglichen Nährstoffmangel, denn während der Blüte kann das Phosphorbedürfnis der Pflanze besonders hoch sein. Als ein die Blüte auslösender Faktor dürfen wir das Düngen nicht auffassen.

Wir wissen heute bei einigen Pflanzen, welche Bedingungen die Blüten bewirken. Zunächst müssen wir uns aber überlegen, wann eine Pflanze überhaupt blühen kann. Ein Sämling kann dies noch nicht; er muß gewissermaßen erst in die Pubertät kommen, er muß die »Blühreife« erreichen. Dies kann bei schnellwachsenden Pflanzen, besonders bei Einjährigen, schon nach wenigen Wochen der Fall sein, es kann aber auch bei Orchideen oder Ananasgewächsen mehrere Jahre dauern. Wenn wir von einer blühfähigen Pflanze einen Steckling schneiden, dann

kann die so gewonnene neue Pflanze viel schneller zur Blüte kommen als ein Sämling.

Dies ist für den Zimmerpflanzenfreund sehr wichtig: Aus einem Samenkorn einer Passionsblume zum Beispiel wird man im ersten Jahr keine blühende Pflanze erzielen können, wohl aber von dem Steckling eines älteren Exemplars. Beim Stecklingsschnitt können wir übrigens schon viel dafür tun, später reichblühende Zimmerpflanzen zu erhalten. Wenn wir den Steckling von blühfaulen Mutterpflanzen schneiden, dürfen wir nicht erwarten, daß sich die Nachkommen zu ihrem Vorteil verändern.

Immer wieder hört man Klagen, daß Zimmerlinden (*Sparmannia africana*) nicht blühen wollen. Stehen sie nicht an zu dunklen Plätzen, dann wurden sicherlich die Stecklinge von Pflanzen geschnitten, die blühfaul waren, oder aber von Bodentrieben. Bodentriebe entwickeln sich an größeren Exemplaren unten am Stamm. Selbst von reichblühenden Zimmerlinden sind diese Bodentriebe ausgesprochen blühfaul. Besser ist es, Stecklinge aus der oberen Region zu schneiden.

Reifende Äpfel scheiden das Gas Ethylen aus. Wirkt es einige Zeit auf blühreife Ananas- gewächse ein, so kann es die Blütenbildung auslösen.

ster, das nachts Licht von einer Straßen-laterne erhält, dann müssen wir den Pflanzen eine ungestörte, das heißt absolut dunkle Nachtruhe von mehr als 12 Stunden verschaffen, indem wir sie mit einem schwarzen Tuch oder ähnli-chem abdecken. Dieses Verdunkeln soll-te mindestens 30 Tage lang erfolgen.

Sehr ähnlich wie der Weihnachtsstern reagiert das Flammende Käthchen (*Kalanchoë blossfeldiana* und *K.*-Hybri-den). Sollen sie blühen, müssen wir für kurze Tage sorgen. Kurz heißt hier weni-ger als 10 Stunden, denn die kritische Tageslänge liegt je nach Sorten zwischen etwa 10 und 12 Stunden. Ebenfalls 30 Kurztage genügen für einen reichen Blütenan-satz.

Ganz anders reagieren bei-spielsweise einige Fuchsi-ensorten. Sie blühen nur, wenn die Tage länger als 12 oder 13 Stunden sind. Dazu ist unsere Hilfe nicht nötig, dafür sorgt die Son-ne von allein. Es gibt noch andere, kom-pliziertere Reaktionstypen, zum Beispiel unser Brutblatt (*Kalanchoë daigremontia-na* und *K. delagonensis*, früher *Bryophyl-lum* genannt), das zunächst für einige Wochen Langtage und dann Kurztage

braucht, um zur Blüte zu kommen, oder die Englischen Geranien oder Edelgera-nien (*Pelargonium*-Grandiflorum-Hybri-den), die erst Kurz- und dann Langtage wollen. Aber dies braucht uns nicht wei-ter zu kümmern. Es wurde nur zum bes-seren Verständnis der unterschiedlichen Reaktionsweisen erwähnt.

Von praktischer Bedeutung dagegen ist die Notwendigkeit von bestimmten, meist niedrigen Temperaturen zur Auslö-sung des Blühimpulses. Bei manchen Pflanzen ist die kühle Periode nur erfor-derlich, damit sich die bereits angelegten Blüten entfalten können. Ein gutes Bei-spiel dafür ist das Riemenblatt (*Clivia miniata*). Viele kennen das: der schöne Blütenstand erscheint, bleibt aber mitten zwischen dem Laub stecken und blüht nicht völlig auf. Die Ursache ist, daß die Pflanzen im Winter zu warm standen. Clivien wollen während des Winters für möglichst 4 Wochen Temperaturen knapp unter 10 °C. Dann erst entfaltet sich der Blütenstand zu seiner eindrucks-vollen Größe.

Von der Flamingoblume (*Anthurium*-Scherzerianum-Hybriden) kennen wir ähnliches. Als wärmeliebende Pflanze schätzt sie Temperaturen über 20 °C. Bei diesen Temperaturen setzt sie auch ihre Blüten an, aber es entwickeln sich immer

nur einzelne, wenn nicht niedrige Tempe-raturen von etwa 15 °C über 6 Wochen geradezu einen Blütenschub auslösen. Nicht jeder Zimmergärtner wird den er-forderlichen kühlen und doch hellen Platz finden. Ein Kellerraum ist meist zu dunkel oder aber zu kalt. Ein mäßig ge-heiztes Schlafzimmer ist besser geeignet. Wer auch dort Temperaturen um 20 °C schätzt, wird bei manchen Topfpflanzen vergeblich auf Blüten warten. Ein gutes Beispiel dafür ist die leuchtendrot blü-hende, sehr hübsche Sukkulente *Crassula coccinea* (syn. *Rochea coccinea*). Sie blüht nicht, wenn die Temperatur nicht für etwa 6 Wochen unter 10 °C liegt. Auch viele Kakteen sind bekannt dafür, daß nur eine kühle Ruheperiode zur Blü-te führt. Meist reichen Temperaturen um 10 °C aus, zum Beispiel bei *Gymnocaly-cium baldianum*, *Notocactus scopa* und *N. tabularis*, einigen Mammillarien wie *M. zeilmanniana*, *Lobivia aurea* und *Rebutia marsoneri*. *Parodia ayopayana* nimmt sogar mit 15 bis 20 °C vorlieb.

Nicht nur sukkulente Pflanzen bedürfen einer Kühlperiode. Auch die herrlich blau blühende Brunfelsie will zwischen 9 und 12 °C für etwa 8 Wochen. Ganz anders reagiert die Kamelie (*Camellia japonica*). Sie erhält den Blühimpuls im Sommer bei Temperaturen über 15 °C. Die Hortensie (*Hydrangea macrophylla*) ist dagegen sehr genügsam. In dem wei-ten Bereich zwischen 9 und 25 °C setzt sie Blüten an. Erst über 25 °C wird man vergeblich darauf warten.

Dies sind nur einige Beispiele dafür, daß es in vielen Fällen ganz konkrete Gründe hat, wenn die Blüte unserer Topfpflanzen ausbleibt. Leider wissen wir noch nicht sehr viel; das Verhalten vieler Arten ist noch unbekannt. Häufig reagieren auch verschiedene Sorten einer Art unter-schiedlich. Das, was bis heute in Erfah-rung gebracht werden konnte, ist im spe-ziellen Teil berücksichtigt, sofern es von praktischem Interesse ist. Die Angaben sollen nicht dazu anregen, unsere Wohn-räume in Klimakammern umzufunktio-nieren. Sie sollen vielmehr Aufschluß ge-ben, warum die Blüte ausbleibt und dar-über hinaus die Auswahl geeigneter Zim-merpflanzen erleichtern.

Zum Abschluß sei noch ein recht lustig klingender Trick verraten: Wer seine Ananasgewächse aus Kindeln herangezo-gen hat, wird oft auf eine Geduldsprobe gestellt, denn die Blüte läßt sich jahre-lang Zeit. Wenn die Pflanzen blühreif ge-worden, also annähernd ausgewachsen sind, können wir die Blüte auf eine ganz einfache Weise auslösen. Das Ananasge-wächs wird mitsamt einiger reifer Äpfel in eine farblose Kunststofftüte gesteckt und für einige Tage dort belassen. Die

Äpfel scheiden das Gas Ethylen aus, das bei Bromelien die Blüte anregt. Je nach Pflanzenart und Jahreszeit dauert es 2 bis 4 Monate, bis die Pflanze in voller Blüte steht.

Überprüfen wir die Gründe, warum Pflanzen in Wohnräumen nicht blühen wollen, so ist in der Mehrzahl der Fälle ein zu dunkler Stand dafür verantwortlich. Der zweithäufigste Grund für eine ausbleibende Blüte ist die zu warme Überwinterung. Die so begehrte neuentdeckte Sukkulente *Tacitus bellus* wird auch bei bester Pflege im warmen Wohnzimmer nicht blühen. Ein kühler Raum im Winter löst alle Probleme.

Blüten mitten im Winter

Seitdem es Gärtner gibt, existiert auch der Wunsch, Pflanzen zu einer Jahreszeit blühen zu lassen, zu der sie es üblicher-weise nicht tun. In der Regel ist das der Winter, wenn uns draußen höchstens eine Christrose, ein Winterjasmin oder ein vorwitziges Schneeglöckchen mit Blüten erfreut. Tatsächlich lassen sich viele Pflanzen derartig manipulieren. Das reiche Angebot der Blumengeschäfte auch im Winter ist ein beredtes Zeugnis.

Schauen wir uns das Angebot an, so bemerken wir, daß zu dieser Jahreszeit besonders viele Blüten von Zwiebelgewächsen wie Tulpen und Narzissen angeboten werden. Dies hat seinen Grund. Bereits im Sommer haben diese Pflanzen im Innern der Zwiebel die Blütenorgane für das kommende Jahr vollständig ausgebildet, wenn auch winzig klein. Sie warten nur noch auf bestimmte Temperaturen, um die Blüten zur Entwicklung und Entfaltung zu bringen. Wärme läßt sich ohne Schwierigkeiten schaffen. Der Gärtner heizt seine Gewächshäuser – noch heute spricht man von »Treibhäusern« –, in unseren Wohnstuben ist es bereits warm. Doch so einfach, wie es nach diesen wenigen Sätzen den Anschein hat, ist es nicht. Wir können erst dann mit der

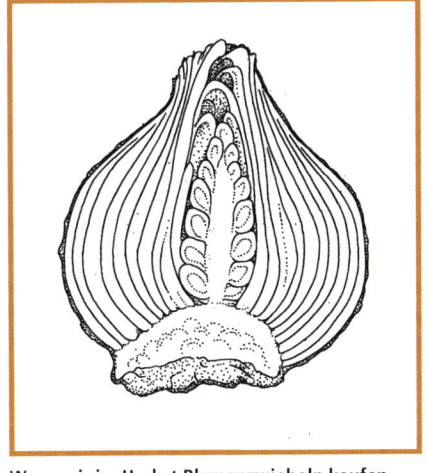

Wenn wir im Herbst Blumenzwiebeln kaufen, so sind im Innern die Blütenanlagen schon vollständig ausgebildet. Sie benötigen nun bestimmte Temperaturen, um sich strecken und entfalten zu können.

Treiberei beginnen, wenn die Blütenorgane zum Austrieb bereit sind. Manche Pflanzen machen eine Ruhezeit durch, während der sie sich auch durch höhere

121

Im »doppelten Hyazinthenglas«, das in alten Zimmerpflanzen-Büchern abgebildet ist, entwickelte sich ein Blütenstand nach oben, der zweite nach unten im Wasser.

Blumenzwiebeln eignen sich hervorragend für die Treiberei im Topf. Am einfachsten sind die Hyazinthen, aber auch niedrige Tulpen und viele andere sind geeignet. Im Bild: eine Hyacinthus-Orientalis-Hybride.

Die unbewurzelte und unbeblätterte Knolle der Eidechsenwurz (Sauromatum venosum) schiebt im warmen Zimmer ihre attraktive, aber unangenehm duftende Blüte empor. Erst wenn sie welkt, entwickelt sich das langgestielte einzige Blatt.

Temperaturen nicht zum Wachsen animieren lassen, ja, höhere Temperaturen erschweren sogar das Überwinden der Ruhezeit. Erst wenn diese innere Ruhe beendet ist, kann die Treiberei mit Wärme beginnen. Im Garten ruhen die Maiglöckchen dann immer noch, aber nicht freiwillig. Die innere Ruhe haben sie überwunden, aber es folgt dann eine aufgezwungene Ruhe, eine »Zwangsruhe«, weil die niedrigen Temperaturen das Wachstum noch nicht zulassen. Die gärtnerische Kunst liegt nun darin, den Zeitpunkt zu erwischen, wenn die Pflanze zum Austrieb bereit ist und nur durch zu niedrige Temperaturen daran gehindert wird. Das ist je nach Pflanzenart, ja sogar je nach Sorte verschieden.

Um sich nicht gar zu lange gedulden zu müssen, haben die Gärtner bestimmte Temperaturabfolgen entwickelt, mit denen sich der Zeitpunkt der Treibreife vorverlegen läßt. Die auf diese Weise be-

> **Blumenzwiebeln nach dem Eintopfen kühl stellen. Nur bei niedrigen Temperaturen bilden sie Wurzeln und entwickeln später ihre Blüten.**

handelten Zwiebeln sind als »präparierte Zwiebeln« im Handel erhältlich. Wer Tulpen zum Treiben haben möchte, sollte präparierte Zwiebeln kaufen, auch wenn sie ein wenig teurer sind. Für den Garten genügen die unbehandelten. Die Präparation ist kompliziert und muß direkt nach der Ernte einsetzen. Wir können sie nicht selbst durchführen, sondern überlassen sie den Blumenzwiebelproduzenten.

Bleiben wir bei den Tulpen. Ist die Präparation abgeschlossen, dann sollten sie möglichst bald in die Erde gesteckt und in einem kühlen, dunklen Raum aufgestellt werden. Die beste Zeit ist von Anfang Oktober bis Mitte November. Liegen sie noch lange im Laden, dann kann sich das nachteilig auswirken. Im Dezember oder noch später Treibzwiebeln zu kaufen, ist unsinnig.

Die richtige Temperatur zum Auslösen des Streckungswachstums in der Zwiebel liegt zwischen 5 und 10 °C. Wenn wir nicht gleich zum Einpflanzen kommen, bewahren wir die Zwiebeln bei etwa 17 °C auf. Erst dann, wenn die Tulpen

ausreichend Wurzeln gebildet haben und der Sproß sich weit genug aus der Zwiebel gestreckt hat, darf man die Tulpen hell und warm aufstellen. Als grober Anhaltspunkt gilt eine Sproßlänge von etwa 5 cm. Je niedriger dann die Treibtemperaturen sind, um so länger dauert es bis zur Blüte, um so haltbarer ist sie auch.

Am hübschesten ist es, wenn wir gleich mehrere Tulpenzwiebeln in einen Topf oder in eine Schale stecken. Der spitz zulaufende Zwiebelhals muß aus der Erde herausschauen; so kommt es nicht so leicht zum Faulen. Geeignet ist jede Blumenerde, die noch nicht für diesen Zweck Verwendung fand und einen pH-Wert zwischen 6 und 7,5 aufweist. Für die Treiberei im Topf eignen sich niedrige Tulpen am besten.

Die dankbarsten Zwiebelgewächse für die Treiberei sind die Hyazinthen. Auch bei ihnen unterscheidet man zwischen den unbehandelten und den präparierten. Wie die Tulpen steckt man sie bis spätestens Ende November in die Erde und läßt ebenfalls den Zwiebelhals herausschauen. Die beste Bewurzelungstemperatur liegt bei 10 °C; sie sollte nicht unter 7 °C absinken.

Seit vielen Jahren werden Hyazinthen in mit Wasser gefüllten Gläsern getrieben. In jüngster Zeit ist es ein wenig aus der Mode gekommen, so daß man oft Mühe hat, Hyazinthengläser zu erhalten. Die Gläser werden so weit mit Wasser gefüllt, daß die Wasseroberfläche knapp unter dem Zwiebelboden endet, sonst faulen die Hyazinthen sofort.

Früher gab es sogar doppelte Hyazinthengläser, in die gleichzeitig zwei Hyazinthen hineinwuchsen, und zwar eine in üblicher Manier, die andere aber entgegengesetzt, so daß die Wurzeln nach oben zeigten. Die Blüte der unteren steckte völlig im Wasser. Es klingt zwar etwas unglaubwürdig, doch berichten mehrere Gärtner von dieser Methode.

Bei den Hyazinthen kommt es häufig vor, daß bereits die ersten Wurzelansätze abfaulen. Um die Gefahr zu reduzieren, kann man den Zwiebelboden in Holzkohlepulver tauchen und auch dem Wasser im Glas Holzkohle beifügen.

Wenn die Hyazinthen kühl bei etwa 10 °C stehen, sollte es dunkel sein. Kann man sie nicht in den Keller bringen, behilft man sich mit dem bekannten Hütchen. Sie bleiben so lange im Dunkeln, bis der Austrieb etwa 10 cm Höhe erreicht hat. Der Blütenstand ist dann schon gut zu sehen. Ist es zu feucht, faulen Knospen oder Blüten. Dagegen hilft nur ein luftiger, lufttrockener Stand. Beim Treiben sollte es im Zimmer nicht wärmer als 20 °C sein.

Natürlich gibt es Unterschiede, zum Beispiel beim spätesten Pflanztermin und dem frühesten Treibbeginn, je nachdem, ob es präparierte Zwiebeln sind oder nicht. Am einfachsten ist es, wie beschrieben zu verfahren und dann zu treiben, wenn die genannte Austriebshöhe erreicht ist.

Narzissen steckt man von Anfang Oktober bis Anfang Dezember in gleicher Weise wie bei Tulpen beschrieben in die Erde. Die Töpfe müssen, je nach Sorte, größer bemessen sein. Zur Wurzelbildung sind wiederum 9 °C optimal, als Treibtemperatur 15 °C. Mit dem Treiben kann begonnen werden, wenn die Zwiebeln gut bewurzelt sind. Die Austriebe sind dann etwa 10 cm lang. Auch bei Narzissen achten wir auf kleinbleibende Sorten. Krokusse werden ähnlich wie Narzissen behandelt. Wenn die Knospen Farbe zeigen, stellen wir sie ins warme Zimmer. *Iris*-Hollandica-Hybriden sind nicht zum Treiben im Zimmer zu emp-

> **Der richtige Zeitpunkt für den Schnitt von Zweigen ist der Barbaratag am 4. Dezember. Dann sind die Knospen bereit für die Treiberei.**

fehlen. Besser eignen sich einige kleine *Iris* wie *I. danfordiae, I. histrioides, I. reticulata* sowie deren Sorten. Ab Anfang Februar kommen sie aus dem Frühbeet und können bei 12 bis 15 °C in etwa 14 Tagen blühen. Genauso behandelt man *Scilla mischtschenkoana* (syn. *S. tubergeniana*).

Für die Treiberei nicht geeignet sind die ähnlichen *Chionodoxa* sowie Schneeglöckchen (*Galanthus*). Die Traubenhyazinthen, *Muscari botryoides* und *M. armeniacum*, vertragen ab Mitte Februar etwas höhere Temperaturen um 15 °C.

Hübsch ist es anzusehen, Herbstzeitlosen (*Colchicum*) und die Eidechsenwurz (*Sauromatum venosum*, auch als *S. guttatum* oder *Arum cornutum* angeboten) im Zimmer zur Blüte zu bringen. Sie lassen sich ohne Erde völlig trocken treiben. Allerdings gelingt dies nicht immer. Voraussetzung ist, daß die Knollen kräftig genug sind. Offensichtlich scheint bei allzu trockener Luft der Feuchtigkeitsverlust so hoch zu sein, daß die Knollen schrumpfen und die Blüten nicht zur Entfaltung kommen.

Statt die Knollen einfach an einen hellen, zimmerwarmen Platz zu legen, drücken wir sie leicht in eine Schale mit einem Torf-Sand-Gemisch, das nur mäßig feucht zu halten ist. Auf diese Weise mag auch der Erfolg haben, dem die Trockentreiberei bislang nicht gelang.

Besonders viel Freude macht es, Gehölzzweige im Winter zur Blüte zu bringen. In den Knospen dieser Gehölze sind im Winter – wie bei den Zwiebelgewächsen – die Blütenanlagen bereits vorhanden. Sie warten nach der Überwindung der inneren Ruhe nur auf höhere Temperaturen. Der Tag, an dem viele Gehölze ihre innere Ruhe überwunden haben und getrieben werden können, ist allgemein bekannt: es ist der Barbaratag am 4. Dezember, weshalb man auch von Barbarazweigen spricht. War der Herbst und Winter zuvor recht warm, kann sich der Termin noch etwas hinauszögern. Nicht nur Forsythien eignen sich dazu, sondern auch Kirschen, Pflaumen, Pfirsiche und Aprikosen, Kornelkirschen (*Cornus mas*), Scheinhasel (*Corylopsis*), Geißklee (*Cytisus*), Falscher Jasmin (*Deutzia*), Zaubernüsse (*Hamamelis*), Echter Jasmin (*Jasminum nudiflorum*), Äpfel einschließlich der Zieräpfel, Spiersträucher (*Spiraea*), Flieder und *Viburnum*.

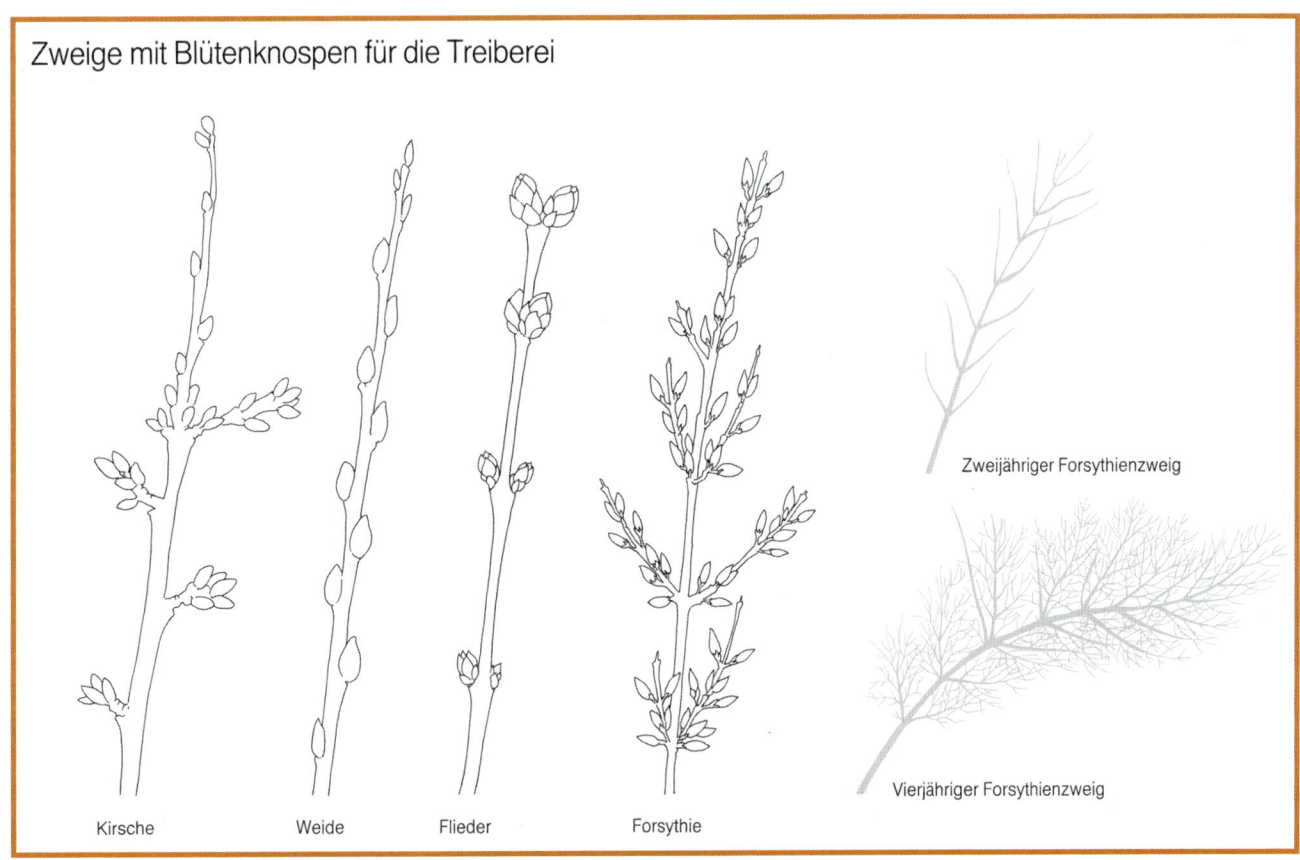

Zweige mit Blütenknospen für die Treiberei

Zweijähriger Forsythienzweig

Vierjähriger Forsythienzweig

Kirsche   Weide   Flieder   Forsythie

Nur jene Zweige können Blüten hervorbringen, die bis zum Herbst Blütenknospen gebildet haben. Die dickeren Blütenknospen unterscheiden sich meist sehr deutlich von den schlanken Blattknospen. Sehr gut erkennt man die Unterschiede bei Forsythien. Ihre Zweige tragen um so mehr Blütenknospen, je älter sie sind. Einjährige Zweige besitzen nur Blattknospen.

124

Die Zweige werden somit frühestens am Barbaratag geschnitten. Dabei achten wir darauf, daß wir Triebe mit Blütenknospen erwischen. Von den Obstbäumen wissen wir, daß nicht aus jeder Knospe Blüten entstehen, sondern daß einige nur Blätter hervorbringen. Wer seine Obstbäume genau beobachtet hat, kennt die Unterschiede. Bei den Forsythien sind sie besonders deutlich. Die Blütenknospen sind dick und kürzer als die langen, spitzen Blattknospen.

Die geschnittenen Zweige stellen wir zunächst in warmes Wasser von etwa 30 °C. An einem hellen Platz direkt am Fenster bei Zimmertemperatur treiben sie bald aus. Nicht zu trockene Luft begünstigt den Austrieb. Gegebenenfalls sprühen wir sie täglich mit einer Blumenspritze einmal kurz an. Schon bald erfreuen uns Blüten mitten im Winter.

Zimmerpflanzen im Urlaub gut versorgt

In jedem Jahr taucht zumindest einmal die Frage auf, was mit den Zimmerpflanzen während unserer Abwesenheit geschehen soll. 2 bis 3 Tage sind bei den meisten Pflanzen unproblematisch. Die schlimmsten Säufer erhalten ausnahmsweise den Untersetzer aufgefüllt, nachdem sich die Erde bereits vollsaugen konnte. So läßt sich auch ein verlängertes Wochenende überbrücken. Die Pflanzen in unseren Büros müssen diese Prozedur jedes Wochenende über sich ergehen lassen. Bei 4 und mehr Tagen be-

mit Styromull gemischte Blumenerde

Vlies

Dränplatte oder Blähton

Dauerbewässerungssysteme sind keine Erfindung unserer Tage. Der »Levetzkowsche Patent-Culturtopf« besaß einen inneren Tontopf. In den Raum zwischen Innen- und Außengefäß wurde Wasser eingefüllt, das langsam durch die Tonwand nach innen diffundierte.

Oben: Die einfachste automatische Wasserversorgung: Der Streifen eines Vliesstoffes saugt das Wasser aus dem Vorratsbehälter. Bei Pflanzen, die viel Wasser verbrauchen, faltet man das Vlies ein- oder mehrmals. Ein Kieselstein hält den Stoffstreifen immer im Wasser.

Unten: In eine Wanne oder einen Trog gesetzt, überstehen Zimmerpflanzen jeden Kurzurlaub. Die Dränplatte speichert viel Wasser, das nach und nach an die Erde abgegeben wird.

ginnt es, problematisch zu werden. Eine so lange Bevorratung ist besonders im Sommer nicht möglich.

Das Ideale in einem solchen Fall ist der gute Nachbar. Seine bereitwillige Hilfe ist durch nichts zu ersetzen. Und gegenseitige Hilfsbereitschaft sollte unter Nachbarn eigentlich selbstverständlich sein. Auch den Ungeübten kann man so weit einweisen, daß Schäden nicht zu befürchten sind. Da der hilfsbereite Nachbar aus Angst, ja nichts vertrocknen zu lassen, dazu neigt, zuviel zu gießen, sollten wir bei feuchtempfindlichen Pflanzen die Gießhäufigkeit festlegen. So kann man zum Beispiel während des Urlaubs alle Sukkulenten zusammenstellen, die mit einer einmaligen Wassergabe pro Woche vorlieb nehmen. Ist es während dieser Zeit einmal ungewöhnlich sonnig und der Wasserverbrauch liegt höher als erwartet, dann nehmen dies die robusten Sukkulenten auch nicht übel – weniger, als wenn sie 14 Tage im »Sumpf« stehen müssen.

Läßt sich die Nachbarschaftshilfe nicht realisieren, dann müssen wir notgedrungen nach anderen Lösungen suchen. Die Pflanzen, die während des Sommers im Freien stehen können, topfen wir aus und graben sie im Garten ein – natürlich nicht im Regenschatten des Hauses oder dichter Gehölze, aber vor direkter Sonne geschützt. Nach gründlichem Gießen kommen sie auf diese Weise einige Zeit auch ohne Regen aus. Wenn wir den Boden um die Topfpflanzen durch eine Mulchdecke aus Kompost, Rasenschnitt oder eine Kunststoff-Folie vor unproduktiver Verdunstung schützen, läßt sich diese Zeit noch verlängern. Darüber hinaus können wir nur auf Regen hoffen.

Fahren wir im Herbst oder Winter in Urlaub oder kultivieren wir empfindliche Gewächse der Tropen, dann verbietet sich der Gartenaufenthalt. Vergleichbar mit dem Aussetzen im Garten ist eine Methode, die von der BASF im Limburgerhof erprobt wurde. Wir benötigen dazu einen wasserdichten Behälter von mindestens 30 bis 40 cm Höhe. Auf den Boden legen wir zwei Styropor-Dränplatten von je 6,5 cm Stärke übereinander. Solche Dränplatten sind in Baustoffhandlungen erhältlich. An ihrer Stelle läßt sich auch Blähton verwenden, der als Haltesubstrat für die Hydrokultur in jedem Blumengeschäft zu kaufen ist. Auf diese Dränageschicht legen wir einen Vliesstoff, am besten ein Bewässerungsvlies, wie es im Gartenbau gebräuchlich ist. Die Ränder des Vlieses schlagen wir soweit um, daß sie bis zum Boden des Gefäßes reichen. Auf das Vlies füllen wir eine übliche Blumenerde, der wir zuvor rund $1/4$ Styromull untermischen.

Eine zentrale Pumpe versorgt bei der Gardena-Urlaubsbewässerung über

Schläuche und Tropfer jeden einzelnen Topf.

Dort hinein kommen die Topfpflanzen. Sitzen sie in Tontöpfen und brauchen sie nicht so viel Wasser wie Buntnesseln (Solenostemon, syn. Coleus) oder Hortensien (Hydrangea), dann stellen wir sie mitsamt dem Topf soweit hinein, daß die Oberkante mit der Substratoberfläche abschließt. Aus Kunststofftöpfen nehmen wir die Pflanzen am besten heraus. Dies macht nur dann Schwierigkeiten, wenn sie noch nicht durchwurzelt sind und der Ballen auseinander fällt. Daß die ausgetopften Pflanzen während des Urlaubs in das umgebende Substrat hineinwurzeln und diese neuen Wurzeln beim späteren Herausholen beschädigt werden, ist nicht schwerwiegend.

Das Gefäß können wir bis auf die Höhe des Vlieses mit Wasser bevorraten. Die Anstauhöhe läßt sich am leichtesten mit einem für die Hydrokultur gebräuchlichen Wasserstandsanzeiger, der lang genug sein muß, kontrollieren. In der Regel reicht dies für 3 oder mehr Wochen. Das Wasser steigt aus der Dränplatte auf kapillarem Weg bis in das Substrat.

Kapillarkräfte, also das Ansteigen des Wassers in feinen Röhren, wirken auch bei den anderen Bevorratungsmethoden. Altbekannt ist der dicke Wollfaden, der das Wasser aus einem Vorratsbehälter in den Topf saugt. Wirkungsvoller sind Dochte aus Glasfasern. Wieviel Wasser transportiert wird, ist vom Durchmesser jeder Kapillare – ein Faden ist ein ganzes Kapillarbündel – und von deren Länge abhängig. Wir müssen also vor dem Urlaub ausprobieren, ob mehrere Dochte nötig sind und wo der Vorratsbehälter stehen muß. Steht er unter den Pflanzen, fließt weniger Wasser, als wenn er über ihnen befestigt wird. Mehr Wasser als Wollfäden leiten Streifen eines dünnen Vliesstoffes. Auch mit ihm müssen wir zuvor Erfahrungen sammeln.

Nicht anders funktionieren die verschiedenen Dauerbewässerungssysteme, die als Alternative zum täglichen Gießen, aber auch zur Hydrokultur angeboten werden. Von der Hydrokultur unterscheiden sie sich darin, daß die Pflanzen in Erde sitzen und mit ihren Wurzeln – normalerweise – nicht in den Wasservor-

rat hineinwachsen. Es sind demnach Töpfe, die einen Wasservorratsraum aufweisen und einen davon getrennten Behälter zur Aufnahme der Erde und der Pflanze. Aus dem Vorratsbehälter saugen je nach Fabrikat Dochte oder Vliese das Wasser in die Erde.

Wieviel Wasser transportiert wird, ist wiederum von der Beschaffenheit des Dochtes oder Vlieses abhängig, nicht aber vom tatsächlichen Bedarf der Pflanzen. Beides läßt sich nur durch die Wahl des saugenden Materials möglichst weit annähern. Um die Pflanzen nicht vertrocknen zu lassen, sind die Dauerbewässerungssysteme in der Regel so konstruiert, daß mehr als reichlich Wasser in die Erde gelangt. Die Erde ist ständig nahezu gesättigt. Nicht alle Pflanzen mögen dies auf Dauer, schon gar nicht, wenn sie in

einer schlecht belüfteten Erde sitzen. Der längere Einsatz von Dauerbewässerungssystemen empfiehlt sich somit nur für Pflanzen, die einen hohen Wasserbedarf haben und empfindlich gegen das Austrocknen sind. Zum anderen muß das Substrat trotz des hohen Sättigungsgrades den Wurzeln noch ausreichend Sauerstoff zuführen. Gebrochener Blähton oder Seramis, bis zur Hälfte mit grober Blumenerde gemischt, erfüllt diese Anforderungen. Auch Perlite oder Lavagrus läßt sich als Mischungskomponente gebrauchen.

Eine spezielle Form der Dauerbewässerung stellen Systeme dar aus einem relativ großen wasserdichten Gefäß, in das man die in Erde kultivierten Pflanzen hineinsetzt. Den Topfballen umgibt ein Granulat aus gebranntem Ton (Seramis oder ähnliches) beziehungsweise gebrochener Blähton. Das funktioniert bei der Mehrzahl der Zimmerpflanzen, wenn die Gießwasser-Anstauhöhe einen geringen Pegel nicht überschreitet, was – wie bei der Hydrokultur – ein Wasserstandsanzeiger kontrolliert, und wenn die verwendete Erde nicht zu schnell abbaut. Gegenüber der Hydrokultur hat diese Methode allerdings nur Nachteile bis auf die Möglichkeit, die in Erde sitzenden Pflanzen ohne Umstellung für einen längeren Zeitraum mit Wasser zu versorgen.

Diese Methode ist nicht zu verwechseln mit der Verwendung von Seramis in einem üblichen, unten mit Bohrungen versehenen Topf. In diesem Fall sorgt das größere Topfvolumen und die daraus resultierende größere Wasserkapazität für einen größeren Wasservorrat, auch ohne daß Wasser im Topf oder Untersetzer steht. Die gute Durchlüftung zwischen den groben Seramiskrümeln gewährt trotz ihrer Wassersättigung eine optimale Belüftung der Wurzeln.

Übernimmt während des Urlaubs nicht der Nachbar das regelmäßige Gießen, erfüllt auf Wunsch eine Pumpe diese Funktion. Sie fördert das Wasser aus einem Vorratsbehälter und verteilt es über Schläuche mit einem Tropfer am Ende auf eine beliebige Anzahl Töpfe. Das sollte man unbedingt vor Urlaubsbeginn testen, damit sich die Wasserzufuhr auch dem tatsächlichen Bedarf anpassen läßt. Dasselbe gilt für die kleinen Tonzylinder zur Wasserverteilung (Blumat), deren Wasserdurchlässigkeit allerdings nach längerem Gebrauch stark abnimmt.

Die Dochtbewässerung gibt es in vielen Varianten. Dicke und Länge des Dochtes entscheiden über die transportierte Wassermenge. Die Dochte müssen demnach dem Bedarf der Pflanzen und den Eigenschaften der Erde angepaßt sein. Durch einen Tonzylinder, der in die Erde gesteckt wird, dringt das Wasser beim »Blumat«. Ein dünner Schlauch verbindet den Zylinder mit dem Vorratsbehälter.

Rechts: Pflanzen fühlen sich im Sommer an einem geschützten Platz im Freien besonders wohl. Für das recht große Exemplar der Hanfpalme, Trachycarpus fortunei, muß der Überwinterungsraum erheblich Ausmaße besitzen.

Zimmerpflanzen in der Sommerfrische

Die Kübelpflanzen bedürfen im Winter des Schutzes unserer vier Wände, weil sie sonst erfrieren müßten. Für manche Zimmerpflanzen ist eine Standortveränderung im Laufe des Jahres nicht zwingend notwendig, aber doch der gesunden Entwicklung dienlich. Gemeint ist der sommerliche Aufenthalt auf Balkon und Terrasse oder im Garten. Viele Zimmerbewohner reagieren darauf mit besonders gutem Wachstum – die Pflanzen sind gesund und nicht anfällig gegenüber Schwächeparasiten.

Die Zahl der Zimmerpflanzen, die auf eine Sommerfrische positiv reagiert, ist groß. Erfolg wird man mit allen Arten haben, die aus subtropischen Gebieten stammen und keine allzu großen Temperaturansprüche stellen. Denken wir an die Kamelien (*Camellia japonica*) aus Japan, Korea und Nordchina, an die Myrte (*Myrtus communis*) vom Mittelmeer und die Azaleen (*Rhododendron simsii*), deren Ausgangsarten eine ähnliche Verbreitung haben wie die Kamelien. Erfahrene Zimmerpflanzengärtner bringen sie im Sommer an einen Platz im Garten mit

> **Zimmerpflanzen im Freien langsam an die Sonne gewöhnen, sonst kommt es auch bei sonnenverträglichen Arten zu Schäden.**

diffusem Licht und guter Luftbewegung. Auch das Alpenveilchen (*Cyclamen persicum*), im Mittelmeerraum zu Hause, übersteht so diese Jahreszeit am besten. Anders ist es zum Beispiel mit den Gästen aus tropischen Gebieten, zum Beispiel aus den tropischen Regenwäldern. Sie sind besonders wärmebedürftig und vertragen die kühlen Nächte und auch einige Tage mit schlechtem Wetter nicht.

Dazu gehören zum Beispiel die meisten Schwarzmundgewächse (Melastomataceae) wie *Medinilla magnifica* aus Südbrasilien und den Philippinen, aber auch Aronstabgewächse (Araceae) wie die wunderschönen *Caladium,* deren Ausgangsarten im tropischen Amerika zu Hause sind, und Gesneriengewächse (Gesneriaceae) wie *Aeschynanthus speciosus* aus Java und Borneo sowie die beliebten Columneen, die ebenfalls aus dem tropischen Amerika stammen. Sie sind alle etwas heikle Zimmerpflanzen, die sich im geschlossenen Blumenfenster, der Vitrine oder im Kleingewächshaus wohler fühlen als im Wohnzimmer. Es wäre falsch, sie im Sommer ins Freie zu stellen.

Ganz besonders zu empfehlen ist die Sommerfrische für viele sukkulente Pflanzen wie Kakteen, Aeonien, Echeverien und viele andere. In regenreichen Jahren brauchen sukkulente Pflanzen unbedingt einen Regenschutz, der aber den

Lichtgenuß nicht wesentlich behindern soll. Dagegen wirkt sich die im Vergleich zum Wohnraum viel stärkere Temperaturdifferenz zwischen Tag und Nacht positiv aus. Kakteen aus höheren Lagen wie Lobivien finden so Verhältnisse, die denen ihrer Heimat in den Anden in über 3000 m Höhe etwa entsprechen. Selbstverständlich ist, daß allen Sommerfrischlern die Lichtverhältnisse wie im Zimmer zu bieten sind. Die lichthungrigen Kakteen erhalten nach einigen Tagen der Eingewöhnung volle Sonne. Den Schatten eines Baumes brauchen dagegen Orchideen oder Ananasgewächse. Auch Vertretern dieser Familien bekommt der Aufenthalt im Freien gut. Die beliebten »grauen« Tillandsien, die von vielen Pflanzenfreunden begeistert gesammelt werden, hängen wir mitsamt ihren Kork- oder Aststücken in einen Baum und besprühen sie regelmäßig. Von den Orchideen eignen sich besonders die Arten des temperierten Hauses für einen Freilandaufenthalt, aber auch Kalthausorchideen. Beispiele sind *Bifrenaria, Coelogyne,* einige *Odontoglossum* und Verwandte wie *Rossioglossum grande*, *Vanda* und *Zygopetalum.*

Ein Quartier für den Winter

Es gibt Pflanzen, die nur während weniger Monate im Jahr den Schutz des Hauses in Anspruch nehmen. Es sind die Kübel- und Balkonpflanzen. In vielen Fällen handelt es sich um Arten, die nicht winterhart und vor Frost zu schützen sind. Aber auch als frosthart bekannte Gewächse trotzen im Kübel keinesfalls allen Kältegraden. Im Garten reichen ihre Wurzeln in Bodenschichten, die selbst nach mehreren sehr kalten Tagen nur wenig Frostgrade aufweisen oder gar frostfrei sind. Dies gilt besonders unter einer Schneedecke.

Im Kübel herrschen ganz andere Bedingungen. Der nur kleine Erdraum friert schon in der ersten Frostnacht durch und erreicht nach mehreren kalten Tagen Werte, die der Lufttemperatur entsprechen. Solchen Beanspruchungen widerstehen auch einige Frostharte nicht. Als Beispiel seien Rosen, Hortensien, *Aucuba* und *Euonymus* genannt. Daß Passionsblumen und Feigen erfrieren, wundert dagegen kaum, und doch sind auch sie an günstigen Stellen in der Nähe des Hauses und in nicht gerade extremen Wintern frosthart. Aber wer weiß schon vorher, ob der Winter extrem wird? Wer sich auf solche Experimente einläßt, muß

Werden Zimmerpflanzen ins Freie gestellt, sind sie zunächst sehr empfindlich gegen die ungewohnt intensive Strahlung und reagieren wie diese Fatsia japonica rasch mit »Sonnenbrand«.

also im voraus Verluste einplanen. Dies gilt ebenfalls für die Kamelien, die als winterhart angeboten werden (siehe Seite 218). Sie überleben in der Regel sogar strenge Winter, erleiden dann aber erhebliche Laubschäden oder frieren bis zum Boden zurück.

Ein Überwinterungsraum nimmt uns alle Sorgen. Für viele subtropische Gewächse, die ja die Mehrzahl unserer Kübelpflanzen ausmachen, ist der frostfreie Überwinterungsraum unerläßlich. Die Engelstrompete (*Brugmansia*, syn. *Datura*), der Korallenstrauch (*Erythrina cristagalli*), der Erdbeerbaum (*Arbutus unedo*) oder auch der Granatapfel (*Punica granatum*) würden es ausgesprochen übelnehmen, müßten sie den Winter im Freien verbringen.

Bei den Balkonpflanzen ist es nicht anders. Wer nicht jedes Jahr neue Pflanzen kaufen oder selbst heranziehen will, braucht einen geeigneten Überwinterungsraum. Wie sollte dieser Raum beschaffen sein? Ein feuchter, dunkler Keller ist zwar für die Lagerung von Kartoffeln und Weinflaschen hervorragend geeignet, als Winterquartier bietet er sich nicht an. Auch ein Raum neben dem Heizkeller, wo Temperaturen über 15 °C herrschen können, ist ungeeignet, ganz besonders, wenn er auch noch ziemlich dunkel ist.

Der ideale Überwinterungsraum hat Temperaturen zwischen 4 und 8 °C, aber keinesfalls über 10 °C, ist hell und gut durchlüftet. Stickige, feuchte Luft führt zu verstärktem Befall mit krankheitserregenden Pilzen. Dies kann man besonders bei Kakteen feststellen, von denen viele im Winter ähnliche Ansprüche stellen wie die Kübel- und Balkonpflanzen. Zur Kontrolle der Temperatur sollte im Überwinterungsraum ein Minimum-Maximum-Thermometer hängen. Es zeigt an, wenn nachts die Temperatur möglicherweise zu stark absinkt, was bei Kontrollen am Tag verborgen bliebe.

Wer hat schon das Glück, über solch einen Raum zu verfügen? Meist müssen wir irgendwelche Kompromisse eingehen. Auf dem Dachboden ist es zu kalt oder zu dunkel oder beides. Im Treppenaufgang ist es oft zu warm, aber häufig noch vertretbar für viele Pflanzen wie Oleander und andere Subtropengewächse. Für große Agaven reicht der Platz nur selten. Ist der Keller weder feucht und stickig noch zu warm oder zu kalt, dann fehlt in der Regel das Licht. Wer seine Pelargonien oder Oleander im Dunkeln überwintert, darf nicht mit gesunden, kräftigen Pflanzen im nächsten Jahr rechnen. So muß jeder suchen, wo er einen geeigneten Überwinterungsraum findet.

Manche Eigenheimbesitzer haben zwischen Garage und Haus einen kleinen, teilweise verglasten, ansonsten gemauerten Durchgang vorgesehen, der geradezu ideal ist für diesen Zweck.

Mit künstlicher Beleuchtung lassen sich Kellerräume herrichten. Bis heute gibt es aber zu wenig Erfahrungen, wie hell es sein muß und wieviel Watt je m^2 zu installieren sind. Jeder mag Versuche anstellen, muß aber schon im voraus die Stromkosten bedenken.

Die Bedingungen des Überwinterungsraums beeinflussen die Pflege der dort aufgestellten Pflanzen wesentlich. Je wärmer es ist, um so öfter muß gegossen werden, denn die Aktivität der Pflanzen bleibt größer und die Verdunstung ist stärker. Insgesamt gießen wir aber sehr vorsichtig, um keine Wurzelfäule aufkommen zu lassen. Keinesfalls wird gewässert, wenn der Wurzelballen noch feucht ist.

Schon vor dem Einräumen ins Winterquartier sind alle Kübel- und Balkonpflanzen auf Schädlingsbefall zu kontrollieren und gegebenenfalls zu behandeln. Die Pflanzensauger und -fresser fühlen sich ebenfalls im Winterquartier wohl und vermehren sich reichlich. Dies zeigt sich zum Beispiel bei den Weißen Fliegen an Fuchsien.

Viele Kübelpflanzen verlangen einen kräftigen Rückschnitt. Das gilt für die Bleiwurz (*Plumbago auriculata*) ebenso wie für die Engelstrompeten (*Brugmansia*, syn. *Datura*) und den Korallenstrauch (*Erythrina cristagalli*). Bei letzterem müssen alle einjährigen Triebe daran glauben, so daß die verbleibenden Stümpfe anschließend wie eine Kopfweide aussehen. Wann ist die beste Zeit für den Rückschnitt? Vor dem Einräumen im Herbst oder vor dem Ausräumen im Mai? Dies hängt vorrangig vom Überwinterungsraum ab. Der Rückschnitt verringert das Volumen und spart Platz. Ist der Raum jedoch zu warm und zu dunkel, treiben die Pflanzen schon wieder durch, und die Sprosse werden dünn und lang. Dann wäre im Frühjahr ein erneutes Formieren erforderlich, und das schwächt die Pflanze deutlich. Deshalb ist es besser, im Herbst nicht oder nur ein wenig einzukürzen und den Schnitt vor dem Ausräumen nachzuholen. Die abgetrennten Spitzen eignen sich vielleicht noch zur Vermehrung, so etwa bei den Engelstrompeten.

Für alle Kübelpflanzen gilt, daß sie nach der Überwinterung erst wieder vorsichtig an die Sonne gewöhnt werden müssen. Also nie an einem vollsonnigen Tag ausräumen oder zunächst leicht schattieren.

Falsche Zimmerpflanzen

Soll man es als eine Unart bezeichnen oder als redliches Bemühen um Erweiterung des Sortiments, wenn in den letzten Jahren mit immer mehr Freilandpflanzen der Versuch unternommen wurde, sie zur Zimmerpflanze umzufunktionieren? Bei einigen war es ja schon traditionell üblich, beispielsweise bei den Topfrosen. Wer aber einmal den Versuch unternahm, sie das ganze Jahr im warmen Zimmer zu halten, weiß, daß dies auch bei noch so sorgfältiger Pflege nicht funktioniert. Den Rosen ist es einfach zu warm und zudem in der Regel viel zu dunkel. Und Chrysanthemen ergeht es nicht viel besser.

Es ist sicher kompletter Unsinn, *Ginkgo*-Sämlinge in den Topf zu stecken. Wenn sie wirklich einige Zeit gedeihen, dann sprengen sie sämtliche Dimensionen. Was soll man auch von einem Baum anderes erwarten, der unter normalen Bedingungen eine Höhe von 40 m erreicht?

Bei den geschätzten niedrigen Glockenblumen des Staudengartens ist ein derart übermäßiges Wachstum nicht zu erwarten. Aber sie fühlen sich im Zimmer nicht wohl, werden lang und anfällig.

Neben den Glockenblumen wie *Campanula carpatica* und *C. poscharskyana* werden ähnliche Versuche auch mit der Bitterwurz (*Lewisia*-Hybriden), *Limonium* und anderen Stauden unternommen. Natürlich kann man Lewisien und viele andere im Topf auch im Haus kultivieren, Voraussetzung ist allerdings, daß es während der Wintermonate kühl ist und die übrige Zeit luftig. Aber wer käme schon auf die Idee, seine Lewisie für etwa drei Wochen in den Kühlschrank zu stellen, weil sie im warmen Zimmer nicht blühen will? Lewisien finden einen idealen Platz im Alpinenhaus, wo im Winter niedrige Temperaturen herrschen.

> **Gartenpflanzen sind nicht zwangsläufig brauchbare Zimmerpflanzen. Meist ist es ihnen im Haus zu warm und sie überleben nicht lange.**

Doch langfristiger Kulturerfolg ist bei diesen Pflanzen ohnehin nicht vorgeplant. Sie sind vom Gärtner als kurzlebiger Zimmerschmuck gedacht, den man – wie die einjährigen *Senecio*-Hybriden – nach der Blüte wegwirft oder aber in den Garten setzt. Dort können sie sich wieder erholen, vorausgesetzt, sie haben das Intermezzo im Haus halbwegs lebend überstanden.

Zimmerbonsai

Als Bonsai in Europa populär wurden, bestand das für diesen Zweck angebotene Pflanzensortiment zunächst vorwiegend aus mehr oder weniger winterharten Pflanzen, die nur während des Winters in einem geschlossenen Raum stehen dürfen. Die Eiben, Kiefern, Tannen, Lärchen, Scheinzypressen, Ahorne, Kirschen, Hainbuchen, Buchen und *Zelkova* würden es übelnehmen, müßten sie das ganze Jahr im Zimmer zubringen.

Das führte zu vielen Mißerfolgen, denn die meisten Pflanzenliebhaber nahmen an, es handele sich bei Bonsai um Zimmerpflanzen. Viele Bonsai-Pfleger mußten feststellen, daß sie für ihre Zwergbäumchen keinen geeigneten Platz besitzen und verzichteten auf diese reizvollen, aber auch nicht ganz billigen Gewächse.

Inzwischen dominieren Pflanzenarten, die sich weitaus besser für die Zimmerkultur eignen, ja, manche verlangen sie sogar während des gesamten Jahres. Diese wirklichen Zimmerbonsai fassen Fachleute unter dem Sammelnamen »Indoors« zusammen im Gegensatz zu den »Outdoors« wie den genannten Kiefern und Buchen. Mit den Indoors wuchsen die Kulturerfolge.

Bonsai fanden stets nicht nur Freunde. Kritiker nannten es widernatürlich, ständig an den Bäumen herumzuschnipfeln, und manche Erziehungsmethoden muten in der Tat ein wenig brutal an, beispielsweise das künstliche Altern durch Entfernen der Rinde und möglicherweise noch den Einsatz von Chemikalien. Wenn ein stattlich gewachsenes junges Bäumchen zu einem Bonsai werden soll und mit Hilfe von Säge, Schere und Draht in einen Krüppel verwandelt wird, dann regt sich Widerspruch.

Bei Zimmerbonsai war der Widerstand zunächst noch größer. Warum soll man eine bewährte Topfpflanze zu einem Bonsai umfunktionieren? Wodurch wird eine Topfpflanze überhaupt erst zu einem Bonsai? Diese Frage ist nicht leicht zu beantworten. Die Übersetzung von Bonsai in Topf und Baum bringt nicht viel weiter. Wie die japanischen und chinesischen Gärten sind Bonsai ein Abbild der Landschaft im kleinen. Sie vermitteln als Miniatur eine Vorstellung von der Schönheit und Majestät der Natur. In dem Garten oder der kleinen Landschaft im Topf ist alles eingefangen, was das große Original auszudrücken vermag.

Eine Topfpflanze wird demnach nicht dadurch zum Bonsai, daß man ihren Wurzelballen verkleinert und sie in ein schönes Keramikgefäß pflanzt, sondern nur durch den Willen, die kleine Pflanze zu einem Abbild der großen, eben zu einer Miniatur zu machen und ihre charakteristischen Merkmale herauszuarbeiten.

Bonsai verlangt damit nicht nur kulturtechnische Fertigkeiten, sondern vorrangig gute Beobachtungsgabe und ästhetisches Empfinden.

Der China-Besucher ist überrascht, welche Pflanzen dort als Bonsai dienen. Das sind nicht nur die malerischen Kiefern und Wacholder oder Sageretien und wie sie alle heißen. In China kann fast jede Pflanze zum Bonsai oder – wie es dort heißt – Penjing werden, indem ihr der gebührende Platz und damit die entsprechende Aufmerksamkeit zuteil wird. Ein *Asparagus*, im passenden Topf richtig plaziert, überrascht auch den, der diese Pflanze eigentlich zu kennen glaubt. Der Zierspargel verwandelt sich in ein äußerst graziles Gebilde, dem eine Ähnlichkeit mit dem Habitus großer Zedern nicht abzusprechen ist.

Besonderer Wertschätzung erfreuen sich ganze Landschaften. Mehrere Bäumchen lassen ein Gefäß zum Wald werden.

Rechts: Wie ein mächtiger Urwaldbaum wirkt diese Ficus benjamina 'Starlight'.

Kronenbäumchen von Sageretia thea, zu einer malerischen Gruppe angeordnet.

Häufig als Zimmerbonsai gehaltene Arten

Art	abweichende Handelsnamen	deutsche Namen	Licht	Aufenthalt im Freien sinnvoll	Winter- temperatur in °C
Abelia floribunda			s	j	5–10
Acacia spp.		Akazien, »Mimosen«	s	j	5-10
Acca sellowiana		Feijoa	s	j	8–12
Albizia lophantha		Seidenbaum	s	j	5–10
Arbutus unedo		Erdbeerbaum	s	j	5–12
Bougainvillea spp.			s	j	5–14
Brachychiton spp.		Flaschenbaum	s-h	j	10–18
Buddleja indica	*Nicodemia diversifolia*	Stubeneiche	h	n	10–15
Buxus harlandii		Buchsbaum	s-h	j	10–15
Camellia spp.		Kamelie	h	j	5–10
Carmona retusa	*Carmona heterophylla, C. microphylla, Erethia buxifolia*	Fukien-Tee	h	j	10–20
Casuarina equisetifolia		Strandkasuarine	s	j	5–10
Ceratonia siliqua		Johannisbrotbaum	s	j	8–15
× *Citrofortunella microcarpa*	*Citrus mitis*	Calamondin	s-h	j	5–10
Commiphora spp.		Myrrhenstrauch	s	n	15–20
Coprosma × *kirkii*	*Coprosma kirkii*		h	n	5–15
Corokia cotoneaster		Zickzackstrauch	h	j	5–10
Crassula spp.		Geldbaum u.a.	s	n	5–15
Cuphea hyssopifolia			s-h	j	5–12
Cupressus spp.		Zypresse	s	j	5–15
Cycas revoluta		Palmfarn	s-h	n	15–20
Dovyalis caffra		Tropische Aprikose	s	n	15–20
Eucalyptus spp.		Eukalyptus	s	j	8–12
Euonymus japonicus			h	j	8–12
Ficus spp.		Gummibaum, Feige	s-h	n	18–22
Fortunella spp.		Kumquat	s-h	j	5–10
Fraxinus griffithii	*Fraxinus formosana*		s-h	j	5–10
Fuchsia spp.		Fuchsien	h	j	5–10
Gardenia augusta	*Gardenia jasminoides*	Gardenie	h	n	10–16
Grewia occidentalis			s	j	10–15
Hibiscus spp.		Hibiscus	s	j	15–20
Holarrhena pubescens	*Holarrhena antidysenterica*	Osterbaum	h	n	15–20
Ixora spp.			h	n	15–20
Justicia rizzinii	*Jacobinia pauciflora*		s-h	j	10–15
Lafoensia punicifolia			s-h	j	5–10
Lagerstroemia spp.		Kreppmythe	s-h	j	5–10
Lantana-Camara-Hybriden	*Lantana camara*	Wandelröschen	s	j	5–10
Leptospermum scoparium		Teebaum	s	j	5–10
Leucadendron argenteum		Silberbaum	s-h	n	5–10
Ligustrum japonicum		Liguster	h	j	8–17
Liquidambar formosana			s-h	j	5–10
Lonicera nitida			s-h	j	5–10
Malpighia coccigera		Barbadoskirsche	s-h	n	15–20
Melaleuca spp.		Myrtenheide	h	j	8–12
Muntingia calabura		Panamabeere	s-h	n	12–18
Murraya paniculata		Orangenraute	h	n	15–20
Myricaria cauliflora			h	j	10–15
Myricaria myriophylla	*Eugenia myriophylla*		s-h	j	12–20
Myrsine africana			s-h	j	8–12
Myrtus communis		Brautmyrte	h	j	5–10
Nandina domestica		Himmelsbambus	s-h	j	5–15
Nolina recurvata		Elefantenfuß	s	j	10–15

Häufig als Zimmerbonsai gehaltene Arten (Fortsetzung)

Art	abweichende Handelsnamen	deutsche Namen	Licht	Aufenthalt im Freien sinnvoll	Wintertemperatur in °C
Olea europaea		Ölbaum	s-h	j	5–15
Operculicaria decaryi			s-h	n	10–15
Phillyrea angustifolia		Steinlinde	s-h	j	10–15
Pinus pinea		Pinie	s	j	5–10
Pistacia lentiscus		Mastixstrauch	s	j	5–10
Pithecellobium dulce		Manila-Tamarinde	h	j	15–20
Pittosporum spp.		Klebsame	s-h	j	5–10
Podocarpus macrophyllus		Steineibe	s-h	j	5–15
Poncirus trifoliata		Bitterorange	s-h	j	5–10
Portulacaria afra		Elefenatenbusch	s	n	5–15
Rhaphiolepis spp.			s	n	15–20
Rhapis excelsa		Steckenpalme	h	n	5–10
Rhododendron simsii		Azalee	h	j	5–12
Rhus lancea		Karoo-Baum	s	n	10–15
Rosmarinus officinalis		Rosmarin	s	j	5–15
Sageretia thea	*Sageretia theezans*	Falscher Tee	h	n	10–20
Sarcocaulon vanderietiae			s	j	10–15
Schefflera arboricola			h	n	10–20
Schinus molle		Roter Pfeffer	s	j	10–15
Serissa foetida		Junischnee	h	j	10–15
Sophora japonica		Schnurbaum	s-h	j	5–10
Trachelospermum jasminoides		Sternjasmin	s-h	j	5–10
Trichodiadema stellatum			s	n	5–15
Ulmus parvifolia		Chinesische Ulme	s-h	j	5–15

h = hell, aber vor direkter Sonne geschützt; s = sonnig; j = ja; n = nein.

Pflanzen unterschiedlicher Größe – vielleicht noch mit Zutaten wie Steinen und Miniaturpagoden – schaffen ganze Landschaften.

Es ist somit nicht die Pflanzenart, die entscheidet, ob Bonsai oder »nur« Topfpflanze, sondern allein deren Gestalt, deren Präsentation und deren kunstvolle Formierung. Die Auswahl der Art kann nach der Eignung für die Zimmerkultur erfolgen. Natürlich ist ein hohes Regenerationsvermögen von Vorteil, damit die Pflanze den häufigen Schnitt verträgt. Großblättrige Gehölze lassen kaum den Eindruck einer Miniatur entstehen. Deshalb dominieren zu Recht kleinblättrige im Bonsai-Sortiment. Ein *Eucalyptus polyanthemos* mit seinen großen runden Blättern wirkt als Bonsai schon ein wenig kurios. Auch *Casuarina equisetifolia* mit ihren langen »Nadeln« entspricht nicht dem Idealbild eines Miniaturbaums.

Wie von Zimmerpflanzen nicht anders zu erwarten, handelt es sich bei den Indoor-Arten in der Regel um immergrüne Pflanzen. Allerdings können einige unter bestimmten Bedingungen das Laub abwerfen, zum Beispiel *Sageretia thea* bei niedrigen Wintertemperaturen unter etwa 8 °C.

Unsere Zimmerpflanzen rekrutieren sich aus den tropischen und subtropischen Gebieten der Welt. Dort gedeihen sie unter klimatischen Bedingungen, die unseren Wohnräumen mehr oder weniger entsprechen – von der Luftfeuchte einmal abgesehen. Indoors unterscheiden sich insoweit nicht von den üblichen Zimmerpflanzen. Subtropische Gewächse finden jedoch nicht nur als (ganzjährige) Zimmerpflanzen Verwendung, sondern auch als Kübelpflanzen, wie der Oleander und viele andere. Die Kübelpflanzen überdauern unsere kalten Winter in frostfreien und – je nach Art – mehr oder weniger hellen Räumen.

Die Kultur der Zimmerbonsai weicht davon nur wenig ab. Viele von ihnen stehen während der warmen Jahreszeit vorteilhaft nicht im Zimmer, sondern im Garten oder auf der Terrasse. Im Gegensatz zu den Outdoors ist allerdings der ganzjährige Zimmeraufenthalt möglich und führt, einen hellen und luftigen Platz vorausgesetzt, zu keinen Schäden. Während des Winters bevorzugen die meisten Indoors genau wie die Kübelpflanzen einen nicht zu warmen, aber hellen Raum. Sie überstehen auch die lichtarme Jahreszeit im warmen Wohnzimmer, aber in der Regel leidet darunter ihre Schönheit. Die Grundregel der Pflanzenkultur: je heller desto wärmer, gilt auch für Bonsai.

Die tropischen Arten des Sortimentes, wie die verschiedenen Gummibäume, vertragen ganzjährig höhere Temperaturen, doch auch bei ihnen ist die Temperatur den winterlichen Lichtverhältnissen anzupassen. Genaue Angaben zur richtigen Wintertemperatur und den Lichtansprüchen finden sich in der Tabelle.

Pflanzen aus der Gruppe der »anderen Sukkulenten« vertragen die im Winter recht trockene Zimmerluft ohne Probleme und sind damit bessere Zimmerpflanzen als die ebenfalls sukkulenten Kakteen, deren Mehrzahl im Winter niedrige Temperaturen verlangt.

Der aus China stammende Buchsbaum Buxus harlandii läßt sich innerhalb weniger Jahre
zu attraktiven Bäumchen heranziehen.

Als Bonsai eignen sich sukkulente Pflanzen, wenn ihre Wuchsform und -eigenschaft die Gestaltung eines Miniaturbäumchens erlaubt. Das ist bei den meisten nur sehr begrenzt möglich, doch wenn man einige Abstriche macht, dann finden sich in dieser Pflanzengruppe einige Arten, die ganzjährig hervorragend im Zimmer zu halten und weniger anspruchsvoll im Hinblick auf regelmäßige Wassergaben sind. Die Tabelle weist nur wenige sukkulente Pflanzen aus. Dies bedeutet nicht, daß nicht viele andere noch für diesen Zweck in Frage kommen. Jeder mag seine eigenen Erfahrungen sammeln.

Die Pflege der Sukkulenten unterscheidet sich von der anderer Bonsai. Einmal ist je nach Vegetationsrhythmus erst nach mehrtägiger Trockenheit zu gießen. Zum anderen wachsen die meisten Sukkulenten langsamer und sind deshalb auch seltener zu schneiden. Leider verzweigen sie sich auch weniger, so daß jeder Schnitt mit Bedacht auszuführen ist.

Das Schwierigste bei der Pflege der Bonsai ist nicht der Schnitt und die Formierung der Pflanzen, sondern die angemessene Wasserversorgung. Wer nicht täglich überprüfen will, ob gegossen werden muß, sollte sich erst gar nicht mit Bonsai befassen, es sei denn mit sukkulenten. Je nach Topfgröße, Substratvolumen und individuellem Wasserbedarf der Pflanze ist täglich oder alle zwei oder drei Tage zu gießen. Die Erde darf nie völlig austrocknen.

Bonsai weisen in der Regel keinen Gießrand wie Topfpflanzen auf. Vielmehr hebt sich die Erde über den Gefäßrand hinaus. Bewässern ist somit kaum möglich, ohne daß ein »Fußbad« entsteht. Die flachen Untersetzer helfen da nur wenig. Besser ist es, die Bonsai zum Gießen von ihrem Standplatz zu nehmen und beispielsweise über ein Becken zu halten oder aber das Gefäß zur Hälfte in das Wasser zu stellen, bis sich die Erde vollgesaugt hat.

Leider gibt es bis heute kein perfektes Bewässerungssystem für Bonsai. Zwar bietet der Markt kleine Gefäße mit Wasservorrat an oder Untersetzer mit einem saugenden Tonkegel, der das Wasser in das Gefäß transportiert. Der Vorrat des letztgenannten ist jedoch so klein, daß kein großer Nutzen zu erwarten ist. Nicht zuletzt ist zu bedenken: jedes solche Bewässerungssystem transportiert Wasser unabhängig vom tatsächlichen Bedarf und kann deshalb die Aufmerksamkeit des Pflegers nicht ersetzen.

Während einiger Tage Abwesenheit kann ein Wasservorratsbehälter mit Docht allerdings gute Dienste leisten.

Pflanzen, die sehr empfindlich auf Feuchtigkeitsschwankungen im Wurzelbereich reagieren, scheiden eigentlich für Bonsai aus. Sie finden sich, wie *Polyscias fruticosus*, im Sortiment, sind aber nicht zu empfehlen. Die Erfahrungen sind schlecht. Auch bei Azaleen und Brautmyrten ist Sorgfalt geboten. Als Substrat eignet sich eine spezielle Bonsai-Erde. Der Markt hält brauchbare Mischungen bereit (s. Seite 41). Gute Bonsai-Erden verfügen über eine hohe Austauschkapazität, was durch Zugabe von Mineralien wie Bentonit oder Zeolithe erreicht wird.

Zur Nährstoffversorgung ist jeder übliche flüssige Blumendünger geeignet. Besonderer Bonsai-Dünger bedarf es nicht. Allerdings ist vorsichtig zu dosieren (etwa die Hälfte der angegebenen Konzentration) und lieber häufiger und dafür schwächer konzentriert zu gießen. Die Gefahr, daß sich hohe Salzgehalte in der geringen Substratmenge anreichern, ist sonst groß. Viele Bonsai-Experten schwören auf organische Düngemittel, die schwächer dosiert sind und »milder« wirken. Durch bedarfsgerechte Dosierung lassen sich jedoch mit mineralischen Flüssigdüngern vergleichbare Ergebnisse erzielen.

Das Formieren der Bonsai erfordert Erfahrung und einen geschulten Blick. Wer seine Pflanze streng nach japanischem Vorbild erziehen will, muß sich zuerst über die klassischen Formen informieren und dann für eine entscheiden: einstämmig, gerade, schief, windgepeitscht, in Kaskaden herabhängend, mehrstämmig, auf einem Stein wachsend – für jede Pflanzenart und jeden Geschmack ist das richtige dabei. Für schräge Wuchsformen oder abweichende Aststellungen bedient man sich eines festen Kupfer- oder Aluminiumdrahtes, der um Stamm oder Zweige gewickelt wird. Danach läßt sich die Pflanze in die gewünschte Form bringen. Manche sind allerdings so brüchig, daß sehr behutsam vorzugehen ist.

Nach wenigen Wochen wird der Draht entfernt. Keinesfalls darf er in das Holz einwachsen.

Junge Bonsais werden jährlich, ältere alle drei bis vier Jahre umgepflanzt. Dies geht einher mit dem Einkürzen der Wurzeln. Das bringt die ober- und unterirdischen Pflanzenorgane wieder ins Gleichgewicht und bremst gleichzeitig die Wuchsge-

> **Mit Bonsai sollte sich nur derjenige beschäftigen, der bereit ist, seine Pflanzen täglich zu kontrollieren und sorgfältig mit Wasser zu versorgen.**

schwindigkeit. Dabei erhalten die Pflanzen frische Erde.

Neben der pflanzenbaulichen Notwendigkeit des Umtopfens hat die Aufmerksamkeit stets auch ästhetischen Aspekten zu gelten. Immer sollen Pflanze und Gefäß in harmonischen Proportionen zueinander stehen. Ist das Bäumchen zu groß geworden, wird ein größeres Gefäß nötig.

Insgesamt ist die Arbeit für ein Bonsai deutlich höher als für eine herkömmliche Topfpflanze. Wer aber einmal eine alte *Sageretia thea* mit herrlich entwickelter Krone oder eine markant geformte Steineibe sah, braucht nicht lange zu überlegen, ob sich dieser Aufwand lohnt.

Zimmerpflanzen als Patienten

Selbst unter günstigsten Wachstumsbedingungen können Zimmerpflanzen von Krankheiten und Schädlingen befallen werden. Dennoch reduzieren geeigneter Standort und gute Pflege die Gefahr deutlich.

Schädlinge gelangen in der Regel mit einer Neuerwerbung ins Haus. Wird der Befall nicht erkannt, vermehren sich die unerwünschten Gäste und gehen häufig auf benachbarte Pflanzen über. Deshalb sollte man nie versäumen, eine neue Zimmerpflanze zu untersuchen.

Die modernen Kulturmethoden in den Gewächshäusern mit automatischen Bewässerungsmethoden dienen nicht unbedingt der Gesundheit der Topfpflanzen. Substrate sind diesen Bedingungen angepaßt und weniger auf lange Lebensdauer sowie einfache Handhabbarkeit beim Pflanzenkäufer ausgelegt. Haben die Zimmerpflanzen zudem noch den mehr oder weniger langen Weg durch den Groß- und Einzelhandel absolviert, wo sie entweder zu warm oder zu kalt und zudem meist zu dunkel stehen bei einer ungewohnt niedrigen Luftfeuchtigkeit, lassen sich nicht selten bereits die ersten Symptome einer Indisposition erkennen. Deshalb noch einmal die Empfehlung, Pflanzen sorgfältig auszuwählen und – wenn möglich – beim Gärtner aus dem Gewächshaus und nicht im Supermarkt zu kaufen.

Tierische Schädlinge lassen sich in der Regel einfacher diagnostizieren als Erkrankungen, die auf Befall mit Pilzen, Bakterien oder gar Viren zurückzuführen sind. Allerdings sind einige Schädlinge

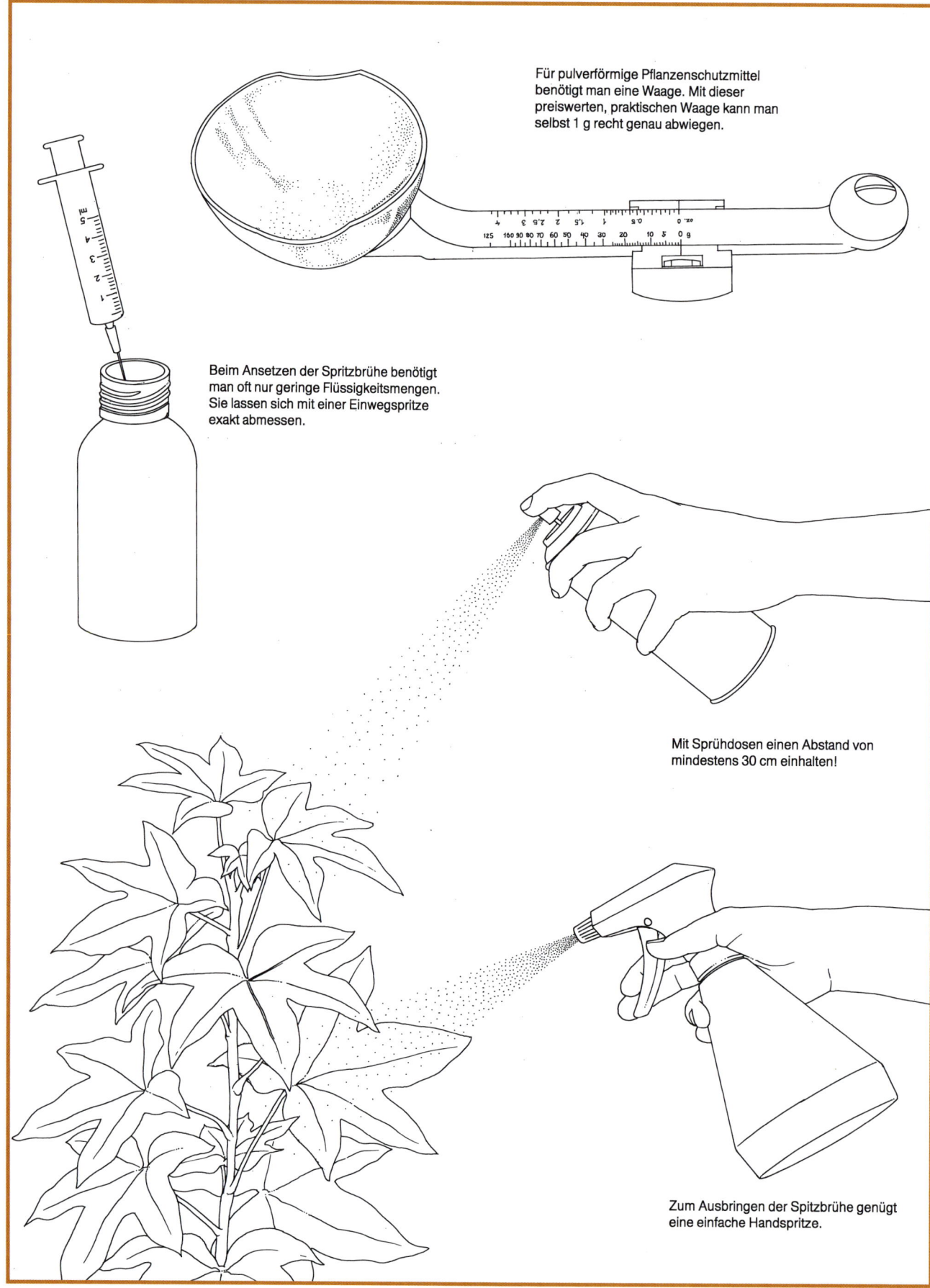

Für pulverförmige Pflanzenschutzmittel benötigt man eine Waage. Mit dieser preiswerten, praktischen Waage kann man selbst 1 g recht genau abwiegen.

Beim Ansetzen der Spritzbrühe benötigt man oft nur geringe Flüssigkeitsmengen. Sie lassen sich mit einer Einwegspritze exakt abmessen.

Mit Sprühdosen einen Abstand von mindestens 30 cm einhalten!

Zum Ausbringen der Spitzbrühe genügt eine einfache Handspritze.

winzig oder leben versteckt, so daß sie lange übersehen oder erst erkannt werden, wenn die Pflanze unrettbar geschädigt ist. Ein Diagnoseschema zum Erkennen von Schädlingen und Krankheiten findet sich auf den Seiten 141 bis 146.

Die Schädlinge an den Pflanzen möchte man am liebsten ohne Einsatz giftiger Präparate loswerden. Das Absprühen mit kaltem Wasser in einem gerade noch für die Pflanze erträglichen scharfen Strahl mag die übermäßige Vermehrung, beispielsweise von Blattläusen oder Spinnmilben, behindern, kann diese aber nicht restlos beseitigen. Daneben existieren diverse zweifelhafte Hausrezepte.

Aus dem biologischen Gartenbau sind wäßrige Lösungen von Schmierseife und Spiritus zur Blattlausbekämpfung bekannt. Große Erfolge sind damit nicht zu erzielen. Der Fachhandel bietet jedoch einige Substanzen an, die unbedenklich im Haus einzusetzen sind und eine zuverlässige Wirkung zumindest bei einigen Schadorganismen erwarten lassen.

Gegen Blattläuse und einige andere Schädlinge hilft der Einsatz von Kaliseife (»Neudosan«). Es heißt, der Wirkstoff wirke nur gegen schwarze, nicht aber gegen grüne Blattläuse, aber das läßt sich sicher nicht pauschal behaupten. Zeigt sich keine Wirkung, dann bewirkt oft das Beimischen eines Mittels zur Verbesserung der Benetzbarkeit wahre Wunder, beispielsweise wenige Tropfen eines Spülmittels. Gegen Spinnmilben empfiehlt sich ein bis zu fünfmaliger Einsatz im Abstand von etwa 7 Tagen.

Die Spinnmilben (Rote Spinne, *Tetranychus urticae*) sowie Thripse (Blasenfüße) sind weit verbreitete Schädlinge an Zimmerpflanzen. Die Spinnmilben fühlen sich bei warm-trockener Luft außerordentlich wohl und vermehren sich deshalb gerade im Winterhalbjahr rasend schnell an Pflanzen, die nahe an Heizkörpern stehen. Die Spinnentiere mit ihren acht Beinen (Larven sechs) erkennt man nur mit Hilfe einer Lupe. Bei starkem Befall können Blätter von einem feinen Gespinst umgeben sein.

Die Bekämpfung der Spinnmilben ist nicht einfach. Sie sind unempfindlich gegen manche Wirkstoffe, die Eier werden selbst von vielen wirksamen Präparaten nicht erfaßt, und nicht zuletzt entwickeln die Tiere vergleichsweise rasch Resistenzen. Gegen diese lästigen Schädlinge helfen ölhaltige Präparate wie Para-Sommer, Elefant-Sommeröl, Schädlingsfrei Naturen oder Promonal AF. Allerdings müssen die Tiere von der Lösung völlig umgeben sein. Eine große Birkenfeige so gründlich von allen Seiten zu besprühen,

macht im Zimmer einige Umstände. Häufig tritt Erfolg erst nach mehrmaliger Behandlung ein. Mehr als fünfmal innerhalb von drei bis vier Wochen sollte man diese Emulsionen allerdings nicht versprühen, um keine Blattschäden zu verursachen. Ohnehin reagieren besonders weichblättrige Pflanzen empfindlich auf die Öle. Problemloser ist der Einsatz bei hartblättrigen Zimmergewächsen.

Ähnliches wie für Spinnmilben gilt für die Thripse. Diese in verschiedenen Arten vorkommenden flugfähigen Insekten lassen sich mit einer Lupe anhand ihrer borstenförmigen Flügel erkennen (Fransenflügler). Eine besonders schwer zu bekämpfende Art, der Kalifornische Blütenthrips (*Frankliniella occidentalis*), fliegt wie magisch angezogen auf blaue Blüten. Die blaublühenden Usambaraveilchen (*Saintpaulia ionantha*) lassen oft als erste einen Befall erkennen. Andere Arten sitzen bevorzugt auf den Blattunterseiten hartblättriger Pflanzen. Die Blattfläche verfärbt sich unter der Saugtätigkeit der Tiere silbrig. Zusätzlich weisen winzige braune Kottröpfchen auf den Schädling hin.

Gegen die Thripse kann man eine Behandlung mit den bei Spinnmilben genannten ölhaltigen Präparaten versuchen. Als überraschend wirkungsvoll erwiesen sich die diversen im Handel angebotenen Blattglanzsprays. Mit ihnen läßt sich das Blatt und der Schädling mit einem Ölfilm überziehen, der die Tiere – meist nach mehrmaliger Behandlung – zum Absterben bringt. Allerdings darf die Behandlung nicht zu oft erfolgen, um keine Blattschäden hervorzurufen, und bei weichen sowie stark behaarten Blättern ist Vorsicht geboten.

Woll- und Schmierläuse gehören zu den ebenfalls nur schwer zu bekämpfenden Schädlingen und sitzen oft sehr versteckt. Das gilt auch für die Schildläuse. Gegen sie empfiehlt sich ebenfalls ein Versuch mit öligen Substanzen.

Die Weiße Fliege, auch Mottenschildlaus genannt, kann zahlreiche Zimmerpflanzen befallen. Die weißen Insekten sind leicht zu erkennen, da sie auffliegen, wenn man an den Blättern rüttelt. Auf den Blattunterseiten sitzen die durchsichtigen, an Schildläuse erinnernden Larven. Während die Kalifornischen Blütenthripse von der Farbe Blau angelockt werden, fühlen sich Weiße Fliegen von Gelb angezogen. Im Handel findet man kleine gelbgefärbte Leimtafeln, die zwischen den Pflanzen anzubringen sind. Sie helfen, den Befall zu reduzieren. Gelegentliches Rütteln erhöht die Fangresultate, da die Weißen Fliegen recht träge und wenig flugaktiv sind. Auf den Tafeln

kleben stets auch winzige schwarze Fliegen, die Trauermücken heißen und deren Larven in humosen, feuchten Substraten leben. Sie ernähren sich von Pflanzenwurzeln und anderen absterbenden Teilen, richten aber in der Regel keinen großen Schaden an. Nur Sämlinge empfindlicher Pflanzen sollte man kontrollieren, wenn man Trauermücken herumfliegen sieht.

Wenn alle »giftfreie« Schädlingsbekämpfung nichts hilft, muß man wohl oder übel zu den in Spraydosen oder flüssigen Konzentraten angebotenen Pflanzenschutzmitteln greifen. Auf den Packungen ist genau deklariert, gegen welche Schadorganismen eine Wirkung zu erwarten ist.

Die Zahl der in Kleinpackungen angebotenen Wirkstoffe ist nicht sehr groß. Am häufigsten findet man den aus einer Chrysanthemenart gewonnenen oder synthetisch hergestellten Wirkstoff Pyrethrum, zur Verbesserung der Wirkung mit einem Synergisten (Piperonylbutoxid) kombiniert. Pyrethrum ist gegen diverse saugende Schädlinge zugelassen, zeigt die beste Wirkung aber gegen Blattläuse. Selbst bei mehrmaliger Bekämpfung kann die Wirkung gegen Spinnmilben oder Thripse nicht immer befriedigen.

Nur gegen Blattläuse wirkt das einfach zu applizierende Croneton-Granulat: Mit einem kleinen Löffel streut man die Körnchen über die Blumentopferde. Genauso einfach ist die Verwendung von Kombi-Düngekegeln mit Pflanzenschutzmitteln oder spezielle »Pflanzenzäpfchen«. Alle diese Mittel wirken über die Wurzeln (»systemisch«), das heißt, der Wirkstoff muß aufgenommen und über den Saftstrom in der Pflanze verteilt werden. Es ist leicht verständlich, daß nur in gutem Wachstum befindliche Pflanzen den Wirkstoff auch in die letzte Blattspitze transportieren und damit die gewünschte Wirkung hervorrufen.

In Hydrokultur gehaltene Pflanzen können ebenfalls blattlauswirksame Wirkstoffe über die Wurzeln aufnehmen. Das Mittel Systemschutz D wird dazu der Nährlösung beigemischt.

Die Pflanzenschutzmittel liegen vorwiegend in flüssiger, einige auch in pulvriger Form vor. Hilfreich sind Packungen, die eine Dosierhilfe enthalten, beispielsweise Tropfpipetten, oder fertig portionierte Dosen. Geringe Mengen eines Konzentrats lassen sich ansonsten mit einer Ein-

Schädlinge wie Schildläuse oder Thripse lassen sich mit den ungiftigen Blattglanzmitteln bekämpfen, wenn mehrmals gesprüht wird.

Nützlinge zur biologischen Bekämpfung von Schädlingen an Zimmerpflanzen

Schädling	Nützling	Einsatzbedingungen	Menge/Häufigkeit
Blattläuse	Florfliege (*Chrysoperla carnea*)	ab 6 °C; ggf. Ameisen mit Duftstoffen vertreiben	20–50 Larven/Pflanze; bei Bedarf wiederholen
	Gallmücke (*Aphidoletes aphidimyza*)	ab 14 Stunden Tageslänge; nur im Wintergarten mit offenem Boden	5–10 Puppen/Pflanze
	Schlupfwespe (*Aphidius matricariae*)	ab 15 °C	2–10 Puppen oder Imagines/Pflanze; einmal wiederholen
Dickmaulrüßler	Bakterium (*Bacillus thuringiensisis var. tenebrionis*)	mit viel Wasser ausbringen	Töpfe tropfnaß gießen, bei Bedarf wöchentlich wiederholen
	Fadenwurm/Nematode (*Steinernema* spp. oder *Heterorhabditis* spp.)	ab 12 °C Bodentemperatur	0,5 Mio Nematoden/m^2 bzw. 20–40 Mio Nematoden/m^3 Substrat
Schmierläuse/ Wolläuse	Australischer Marienkäfer (*Cryptolaemus montrouzieri*)	ab 20 °C und 70% rel. Luftfeuchte; Februar–Oktober; Fenster schließen	3–10 Käfer/Pflanze
	Schlupfwespe (*Leptomastidea abnormis*)	ab 20 °C; März–Oktober; nur gegen Larven	5–10 Imagines/Pflanze
	Schlupfwespe (*Leptomastix dactylopii*)	ab 20 °C; März–August	5–10 Imagines/Pflanze
	Florfliege	ab 6 °C	s.o.
Spinnmilben	Raubmilbe (*Phytoseiulus persimilis*)	ab 20 °C und 70% rel. Luftfeuchte	10–25 Milben/Pflanze
Thripse	Florfliege	nur begrenzt wirksam	s.o.
	Raubmilbe (*Amblyseius* spp.)	ab 15 ° C und 70 rel. Luftfeuchte	50–100 Milben/Pflanze (= 1–2 Tüten)
	Raubwanze (*Orius insidiorus*)	ab 18 °C; Februar–Oktober; nur im Wintergarten	1–2 Imagines/m^2
Trauermücken	Bakterium (*Bacillus thuringiensis var. israelensis*)	mit viel Wasser ausbringen; möglichst über 15 °C	Töpfe tropfnaß gießen; bei Bedarf wiederholen
	Fadenwurm/Nematode (*Steinernema* spp.)	ab 12 °C Bodentemperatur	0,5 Mio Nematoden/m^2 bzw. 20–40 Mio Nematoden/m^3 Substrat
Weiße Fliegen/ Mottenschildlaus	Raubwanze (*Macrolophus caliginosus*)	Februar–Juli; nur im Wintergarten	1 Imago/2 Pflanzen
	Schlupfwespe (*Encarsia formosa*)	ab 18 °C und 50% rel. Luftfeuchte	5–10 Puppen/Pflanze; ggf. wiederholen

Die lebenden Raubmilben werden auf Blättern, hier Bohnenblätter, angeliefert, die man sofort auf den befallenen Pflanzen auslegt.

Die sehr beweglichen Raubmilben suchen auf den befallenen Pflanzen ihre Opfer, die Spinnmilben und ihre Eier, und saugen sie aus.

Der Australische Marienkäfer ist ein eifriger Jäger, der die schwer zu bekämpfenden Woll- oder Schmierläuse dezimiert.

Die vergleichsweise große Raubwanze Macrolophus caliginosus saugt die Larven der Weißen Fliege aus.

wegspritze exakt abmessen, Pulver mit speziellen Waagen. Auf die exakte Dosierung ist peinlichst zu achten.

Grundsätzlich sollte man beim Hantieren mit Pflanzenschutzmitteln Gummihandschuhe tragen, die undurchlässig für die Konzentrate sind, beispielsweise aus Polychloropren. Gartenhandschuhe aus textilem Gewebe oder Leder eignen sich nicht für diesen Zweck.

Spritzen sollte man nach Möglichkeit nicht im Haus, sondern im Freien an einem windgeschützten Platz. Muß im Haus gespritzt werden, dann ist auf Haustiere zu achten und ein Aquarium gegebenenfalls abzudecken.

In Gewächshäusern spielt die Schädlingsbekämpfung mit Hilfe nützlicher Lebewesen, der sogenannte Biologische Pflanzenschutz, eine immer größere Rolle. Lassen sich die Nützlinge auch in Wohnräumen einsetzen? Es mag eine für manchen Pflanzenfreund unangenehme Vorstellung sein, sich irgendwelches »Viehzeug« ins Haus zu holen. Dazu kann man gleich sagen, daß Nützlinge in keiner Weise lästig werden können. Bei einigen in der Tabelle auf Seite 138 genannten Nützlingen ist vermerkt, daß sie sich nur für den Wintergarten empfehlen. Bei ihnen handelt es sich meist um größere Tiere wie Raubwanzen, die man nicht gerne in Wohnräumen herumfliegen läßt. Die Nützlinge fressen die Schädlinge auf, rühren die Pflanzen nicht an und sterben in der Regel, wenn ihre Nahrung aufgebraucht ist. Nur in größeren Anlagen, beispielsweise großflächigen Wintergärten oder Gewächshäusern, kann sich unter günstigen Bedingungen ein Gleichgewicht zwischen Schädlingen und Nützlingen einstellen. Es bleiben stets Schädlinge am Leben, doch nicht so viele, daß sie einen spürbaren Schaden verursachen könnten. Damit ist die Nahrungsgrundlage für die Nützlinge sichergestellt. Ändern sich die Bedingungen, steigen beispielsweise im Sommer die Temperaturen in den Glashäusern aufgrund fehlender Schattierung oder unzureichender Lüftung stark an, kann dies die Balance durcheinanderbringen. Schädlinge wie Spinnmilben gewinnen die Oberhand. Dann hilft nur noch das Aussetzen weiterer Nützlinge als Verstärkung. Grundsätzlich müssen Nützlinge ausgebracht werden, wenn der Befall noch nicht sehr stark ist. Entdeckt man die Schädlinge zu spät, kann es hilfreich sein, die Pflanzen zurückzuschneiden und die am meisten befallenen Teile zu entfernen.

Schädlinge brauchen zu ihrer Entwicklung bestimmte Bedingungen, Nützlinge ebenfalls. Wenn sich Schädlinge nicht wohlfühlen, fällt das nicht oder nur positiv durch gesunde Pflanzen auf. Passen den Nützlingen die Bedingungen nicht, führt das zum Mißerfolg einer Bekämpfungsmaßnahme. Die biologische Schädlingsbekämpfung ist aus diesem Grund in einem gewöhnlichen Wohnraum problematisch, in einem beheizten Wintergarten dagegen erfolgversprechend.

Temperatur und Luftfeuchte entscheiden über den Erfolg. Raubmilben, die den gefürchteten Spinnmilben nach dem Leben trachten, entwickeln sich nur bei Temperaturen ab 20 °C und einer Luftfeuchte von optimal 70 bis 80%. Unter 60% Luftfeuchte braucht man gar keinen Versuch zu starten. Das schließt in vielen Fällen bereits den Einsatz im Zimmer aus. Einzelne Pflanzen steckt man in einen durchsichtigen Foliensack, in dem die Luftfeuchte schnell ansteigt. Die Sonne sollte allerdings nicht darauf scheinen.

Raubmilben sind zwar sehr aktive Fußgänger, bleiben aber relativ standorttreu an den zu schützenden Zimmerpflanzen. Andere Nützlinge wie der Australische Marienkäfer (*Cryptolaemus montrouzieri*) oder die heimischen Florfliegen entwischen schnell durch das offene Fenster. Auch an den kleinen Gallmücken und Schlupfwespen hat man meist nicht sehr lange Freude. Haben sie vor ihrer »Flucht« nicht alle Schädlinge beseitigt, breiten sich diese wieder aus und verlangen einen Nachschub an Nützlingen.

Daraus wird deutlich, daß die Voraussetzung für den Einsatz von Nützlingen nicht nur die Schaffung geeigneter Bedingungen ist, sondern auch die Bereitschaft, die Pflanzen und die Tierpopulationen regelmäßig gründlich zu kontrollieren. Welche Nützlinge in Frage kommen, zeigt die Tabelle auf Seite 138.

Am bequemsten ist die Beschaffung von Nützlingen bei der Firma Neudorff organisiert. Der Fachhandel hält Gutscheine für die Tiere bereit. Man braucht somit nur die Gutscheine zu erwerben und kann mit dieser Karte die Nützlinge anfordern. Bevorraten lassen sie sich im Handel leider nicht. Nur die nützlichen Fadenwürmer gegen Bodenschädlinge wie Dickmaulrüßler stehen – versetzt in einen Ruhezustand – in den Regalen und überdauern diese Prozedur rund ein halbes Jahr.

Um den Bekämpfungserfolg nicht zu gefährden, ist es wichtig, eingetroffene Nützlinge sofort nach Anweisung auszubringen. Je nach Art kommen sie in verschiedener Weise an: die Raubmilben, beispielsweise, versteckt in einem streu-fähigen Granulat, Schlupfwespen als Larven in parasitierten Schädlingen, die auf kleinen Pappekärtchen sitzen, Fadenwürmer in Wasser, aufgesogen in einem Stück Schaumstoff. Nur dann, wenn die Nützlinge richtig verteilt und in der erforderlichen Stückzahl ausgebracht werden, darf man mit einem Erfolg rechnen. Läßt die Wirkung nach einiger Zeit nach, was sich in zunehmenden Schädlingspopulationen offenbart, müssen weitere Nützlinge ausgebracht werden. Florfliegen, beispielsweise, vermehren sich nicht in den Pflanzenbeständen, verlangen somit regelmäßig Nachschub. Das ist natürlich teurer als der Einsatz eines Pflanzenschutzmittels.

Krankheiten lassen sich leider noch nicht wirkungsvoll biologisch bekämpfen, sieht man einmal von »pflanzenstärkenden« Maßnahmen ab. Dazu dienen beispielsweise Kräuterauszüge, wie sie im biologischen Gartenbau gebräuchlich sind. Ansonsten ist man auf chemische Präparate angewiesen, wie Kupfer und Schwefel oder organische Verbindungen. Sie wirken mehrheitlich nur gegen Pilze und auch gegen diese nur vorbeugend. Von Bakterien oder Viren befallene Pflanzen lassen sich in der Regel nicht mehr retten. Glücklicherweise spielen Krankheiten bei der Zimmerpflanzenkultur keine so große Rolle, sieht man einmal von Wurzelkrankheiten ab. Diese Wurzelkrankheiten treten aber meist nach Pflegefehlern wie zu häufiges Gießen, verdichtetes Substrat oder krasser Temperaturwechsel auf. Gelingt es, diese Fehler zu vermeiden, stellen Krankheiten kein großes Problem dar.

Bestimmungshilfe Krankheiten und Schädlinge

1 Veränderungen oder Schadorganismen auf oder in dem Substrat

	Schadbild	Schadursachen und Abhilfe
1.1	Weiße bis graue Ablagerungen auf der Oberfläche	Bei der Verdunstung des Wassers auf dem Substrat zurückgebliebene Salze. Dies zeigt sich besonders schnell bei trockener Zimmerluft, sehr hartem Gießwasser und Substraten wie Blähton oder Lavagrus. Nachteile für die Pflanzen sind hierdurch nicht zu befürchten. Stehen die Pflanzen schon recht lange in diesem Substrat, ist umzutopfen. Ansonsten nur wegen des besseren Aussehens die oberste Erdschicht entfernen. Gießt man meist von unten, zum Beispiel über den Untersetzer, sollte gelegentlich mit reinem Wasser von oben gegossen werden.
1.2	Pilzrasen auf der Erdoberfläche	Kann schon kurz nach dem Umtopfen auf humusreichen Substraten auftreten, ist aber nicht weiter schlimm. Verliert sich meist bald von selbst. Gegebenenfalls mit einem organischen Dünger wie Guano flüssig oder einem Kräuterpräparat gießen. Gefahr besteht nur bei feinen Aussaaten oder Farn-Vorkeimen (Prothallien).
1.3	Algen, Moose, Lebermoose auf der Erdoberfläche	Deuten auf hohe, möglicherweise zu hohe Feuchtigkeit hin. Soweit möglich, trockener halten und oberste Erdschicht erneuern. Hat sich die Erde durch ständiges Gießen mit hartem Wasser aufgekalkt, kann sich ein schleimiger, unangenehm riechender Überzug bilden. Umtopfen! Bei Lebermoosen in größeren Pflanzenbeständen Pflanzenschutzamt um Rat fragen. Für Aussaaten nur entseuchte (gedämpfte) Erde verwenden.
1.4	Kleine, 1 bis 4 mm lange, farblose Tiere, die, gießen wir auf die Erde, in die Höhe springen	Springschwänze (Collembolen). Kleine Urinsekten, die nur in feuchtem Milieu leben und sich von verrottenden Pflanzenteilen ernähren. Sie werden meist nicht schädlich und brauchen nicht bekämpft zu werden. Erde wenn möglich trockener halten.
1.5	Kleine schwarze Mücken fliegen auf, wenn wir die Pflanze oder den Topf berühren oder gießen	(nur bei Torf- und anderen humusreichen Substraten) Trauermücken (siehe 1.9 und 7.5).
1.6	Kothäufchen auf der Erde oder im Untersetzer	Im Topf sind Regenwürmer. Topf für einige Zeit in lauwarmes Wasser stellen, bis der Regenwurm herauskriecht.
1.7	Weißbehaarte, watteähnliche Tiere an den Wurzeln	Wurzelläuse. Lästige Schädlinge, die vorwiegend bei sukkulenten Pflanzen wie Kakteen weit verbreitet sind. Ihr Auftreten wird durch torfreiche Substrate und Trockenheit begünstigt. Mindestens zweimal im Abstand von 14 Tagen mit Insektiziden gießen. Bei starkem Befall empfiehlt es sich, zuvor die Erde zu erneuern. Vorsicht, daß hierbei die Schädlinge nicht verbreitet werden!
1.8	Raupen oder engerlingähnliche Tiere in der Erde	Werden in der Regel nur mit neuen Pflanzen eingeschleppt oder treten auf, wenn wir die Töpfe während der warmen Jahreszeit ins Freie stellen. Die grau- oder braungefärbten Raupen verschiedener Eulenfalter fressen die Knospen von Alpenveilchen (Cyclamen) und anderen ab. Tagsüber verstecken sie sich in der Erde. Die bis 12 mm langen, weißen, braunköpfigen, wie kleine Engerlinge aussehenden Larven des Dickmaulrüßlers, eines 1 cm langen schwarzen Käfers, werden meist nur in Balkonkästen und Trögen auf der Terrasse und im Garten zu einer Plage. Das Wachstum der Pflanzen stockt; sie welken und gehen schließlich ein. Aus den im Freien stehenden Töpfen können die Larven abgesammelt werden. Eine Bekämpfung, beispielsweise mit Bacillus thuringiensis, ist in der Regel nicht erforderlich. Bei einer Invasion auf Balkon oder Terrasse das nächstgelegene Pflanzenschutzamt um Rat fragen.

Schadbild	Schadursachen und Abhilfe
1.9 Weiße, schwarzköpfige, bis 7 mm lange Maden in der Erde, die sich besonders in sukkulente Pflanzen und Orchideen hineinfressen und dadurch Fäulnis verursachen	Trauermücken (siehe 7.5).

2 Pflanzen wachsen nicht während der üblichen Wachstumsperiode

2.1 Wurzeln sind braun verfärbt	Siehe 3.
2.2 Wurzeln zeigen Mißbildungen oder sind mit stecknadelkopfgroßen zitronenförmigen Gebilden besetzt	Befall mit Älchen (Nematoden). Bei vielen Sukkulenten wie Kakteen und Euphorbien leider sehr häufig. Die zitronenähnlichen Zysten der Nematoden sieht man nach dem Austopfen sowohl an den Wurzeln als auch in der Erde mit Hilfe einer Lupe. Ihre regelmäßige Form unterscheidet sich gut von Sandkörnchen. Die Bekämpfung der Älchen ist nur mit hochgiftigen Präparaten möglich, was sich im Wohnraum verbietet. Daher alle infizierte Erde vernichten; Töpfe wegwerfen! Vorsicht, die winzigen Zysten werden leicht verschleppt! Kranke Wurzeln abschneiden; danach Messer abflammen Bei Kakteen ist eine Temperaturbehandlung möglich: Nach dem Auswaschen der Erde und dem Abtrennen der stark befallenen Wurzeln werden die verbleibenden für 30 Minuten in Wasser getaucht, das exakt 55 °C warm sein muß. Anschließend nach dem Abtrocknen eintopfen und bis zur Bewurzelung nur sehr vorsichtig mit Wasser versorgen.

3 Wurzeln sind braun verfärbt und faulen

(Die Wurzeln gesunder Pflanzen sind, wie man nach vorsichtigem Austopfen leicht feststellen kann, hell und weitgehend farblos. Es gibt einige Ausnahmen, zum Beispiel epiphytische Bromelien, deren Wurzeln drahtig und braun sind, sowie die rötlichen Wurzeln von Dracaenen und verschiedenen Commeliengewächsen wie *Geogenanthus*. Auch alte Wurzeln holziger Pflanzen verlieren ihre helle Farbe. Doch sind zumindest während der Wachstumsperiode junge, helle Wurzeln zu erkennen. Kranke Wurzeln färben sich braun und faulen. Einzelne braune Wurzeln sind unbedenklich.)	3.1 Wird in den meisten Fällen durch zuviel Wasser verursacht, nicht selten in Verbindung mit zu niedrigen Bodentemperaturen. Sparsamer und der Wachstumsintensität angepaßt gießen. Am besten umtopfen in frische Erde, aber keinen größeren, vielleicht sogar einen kleineren Topf wählen.
	3.2 Die Erde ist verdichtet (»zusammengepappt«) und muß erneuert werden.
	3.3 Pflanzen erhielten Düngemittel in zu hoher Konzentration. Hinweise bei den Pflanzenbeschreibungen beachten. Bei empfindlichen Arten keine Substrate verwenden, die zu stark aufgedüngt sind.
	3.4 Aus dem Kulturgefäß sind schädliche Stoffe in Lösung gegangen, zum Beispiel bei Metallgefäßen sowie Töpfen aus minderwertigem Kunststoff oder Keramik. In bessere Töpfe setzen. Erde mit Wasser gründlich durchspülen.

4 Schäden an oder in Zwiebeln und Knollen

4.1 Ruhende Zwiebeln oder Knollen weisen mehr oder weniger dunkel verfärbte, eingesunkene, trocken- oder naßfaule Stellen auf. Der Zwiebelboden kann verfärbt und weich sein.	4.1.1 Die Zwiebeln oder Knollen sind von Pilzen oder Bakterien befallen. Sind die Schäden weit fortgeschritten und ist der Zwiebelboden faul, gleich wegwerfen. Nur bei kleinflächigen Infektionen vorsichtig ausschneiden und versuchsweise für etwa 1 Stunde in eine Fungizidlösung zum Beispiel von Grünkupfer oder Kaliumpermanganat legen. Vor dem Eintopfen Wunde mehrere Tage abtrocknen lassen.

Schadbild	Schadursachen und Abhilfe
	4.1.2 Zwiebeln oder Knollen sind von Schädlingen befallen, zum Beispiel Narzissen von den Maden der Narzissenfliegen oder von Milben. Schädlinge lassen sich nur identifizieren, wenn die befallene Zwiebel oder Knolle durchgeschnitten und gegebenenfalls mit einer Lupe untersucht wird. Befallene Zwiebeln und Knollen wegwerfen.
4.2 Zwiebeln weisen rote Punkte und Flecken auf	Roter Brenner (siehe 6.25).

5 Veränderungen des Sprosses

Schadbild	Schadursachen und Abhilfe
5.1 Sproß streckt sich ungewöhnlich, wird dünn und lang	5.1.1 Pflanzen stehen zu dunkel. Näher ans Fenster rücken oder Zusatzbeleuchtung installieren.
	5.1.2 Die Wirkung von Wuchshemmstoffen läßt nach, mit denen der Gärtner die Pflanzen behandelte, um sie kurz und kompakt zu halten. Hinweise bei den einzelnen Arten beachten.
5.2 Sproß ist verkrüppelt	5.2.1 Blattläuse (siehe 7.1).
	5.2.2 Pflanzen sind von Stengelälchen befallen, zum Beispiel Hortensien (*Hydrangea*). Am besten wegwerfen. Darauf achten, daß die winzigen Fadenwürmer nicht auf gesunde Pflanzen übertragen werden. Blätter und Sprosse nicht mit Wasser benetzen.
5.3 Sproß ist geplatzt	Die Wasserversorgung war unregelmäßig. Nach einer langen Trockenperiode wurde zu kräftig gegossen. Besonders häufig bei sukkulenten Pflanzen.
5.4 Spitze des Sprosses vertrocknet oder fault ab	5.4.1 Pflanzen stehen im Winter unter ungünstigen Lichtverhältnissen. Sie verlangen eine intensivere, vor allen Dingen eine längere Belichtung. Zusatzbelichtung erwägen.
	5.4.2 Die Pflanzen stehen feucht, es fehlt an Luftbewegung. Gießwasser trocknet bis abends nicht ab (besonders bei Orchideen). Grauschimmel (*Botrytis*) – ein Pilz – breitet sich aus. Pflanzen besser belüften. Nur morgens gießen. Gegebenenfalls mit Fungiziden wie Euparen spritzen.
5.5 Sproß fault vom Grund her	5.5.1 Die Feuchtigkeit im Wurzelbereich war zu hoch und/oder die Bodentemperatur zu niedrig. Die Pflanzen sind in der Regel nicht mehr zu retten.
	5.5.2 Befall mit verschiedenen Pilzen oder Bakterien. Hat häufig seine Ursache in ungünstigen Kulturbedingungen wie unter 5.5.1. Je besser die Pflanzen gepflegt werden, um so widerstandsfähiger sind sie. Erde mit richtigem pH-Wert verwenden. Nicht in zu hoher Konzentration düngen. Stark befallene Pflanzen wegwerfen. Nur bei sehr wertvollen Exemplaren und frühem Krankheitsstadium lohnt sich folgender Versuch: Erde überprüfen und Gießen reduzieren. Mit schwacher (hellrosa) Kaliumpermanganat-Lösung gießen. Meist wird man nicht viel ausrichten können. Selbst die hochwirksamen Fungizide der Gärtner bleiben oft ohne Wirkung.
	5.5.3 Befall mit Trauermücken (besonders an Orchideen, Sukkulenten und Farnen; siehe 7.5).
5.6 Dickfleischige Triebe sind verkorkt (korkähnlicher Überzug), gesprenkelt oder zeigen Flecken, die nicht eingesunken sind	Sofern dies bei sukkulenten Pflanzen nicht art- oder sortentypisch ist, sind meist Spinnmilben die Ursache (siehe 7.7).

Schadbild	Schadursachen und Abhilfe
5.7 Dickfleischige Triebe sind grau, braun bis schwarz verfärbt und mehr oder weniger eingesunken	Infektion durch verschiedene Pilze. Sie werden in ihrem Auftreten zumindest begünstigt durch engen Stand, mangelnde Belüftung und hohe Luftfeuchte, besonders im Winterquartier. Eine gezielte Bekämpfung ist in der Regel nicht möglich, da der Erreger nicht ohne weiteres zu identifizieren ist. Der Nutzen einer Fungizidbehandlung ist somit zweifelhaft und kann im günstigsten Fall ohnehin nur die Ausbreitung verhindern. Kleine Befallstellen ausschneiden und mit Holzkohlepulver oder einem Aluminium-Puder (zum Beispiel Medargal-Puder aus der Apotheke) bestäuben. Im fortgeschrittenen Stadium die noch gesunde Spitze abschneiden und bewurzeln, während man das kranke Unterteil wegwirft. Für luftigen Stand sorgen!
5.8 Die Pseudobulben der Orchideen verfärben sich braun bis schwarz	Durch verschiedene Pilze verursachte Schwarzfäule, die vornehmlich an geschwächten Pflanzen auftritt. Macht sich häufig nach dem Umpflanzen bemerkbar. Beim Umtopfen Verletzungen weitgehend vermeiden. Schnittstellen wie unter 5.7 beschrieben einstäuben. Für optimalen Stand und gute Pflege sorgen. Verfärbte Pseudobulben abtrennen, so daß nur gesunde verbleiben. Vor jedem Schnitt Messer desinfizieren, zum Beispiel über einer Flamme.

6 Schäden und Veränderungen an den Blättern

6.1 Blätter fallen ab	6.1.1 Ist bei allen Pflanzen mit strenger Ruhezeit üblich, wobei während der Ruhezeit entweder niedrige Temperatur oder Trockenheit herrscht (zum Beispiel Hortensien oder *Amaryllis belladonna*).
	6.1.2 Alle Pflanzen verlieren nach individuell verschiedener Zeit die ältesten Blätter, während sich an der Spitze neue bilden. Wenn die Pflanzen dadurch an Schönheit verlieren, müssen sie entweder zurückgeschnitten oder abgemoost werden.
	6.1.3 Lichtmangel bewirkt vorzeitiges Gelbfärben und Blattfall.
	6.1.4 Wurzelschäden (siehe unter 3).
	6.1.5 Wassermangel. Ist nur selten die Ursache von Blattfall. Vornehmlich bei Pflanzen mit hohem Wasserbedarf in kleinen Gefäßen wie Balkonkästen und Kübeln.
	6.1.6 Mangelnde Versorgung besonders mit Stickstoff führt dazu, daß die unteren Blätter bald abfallen. Die ganze Pflanze wirkt gelblichgrün anstelle der üblichen kräftigen Grünfärbung. Düngen (siehe 6.8.1.1).
	6.1.7 Pflanzen sind von Schädlingen, besonders Spinnmilben befallen (siehe 7.7).
6.2 Blätter »schlappen« (sind schlaff, hängen) trotz feuchter Erde	6.2.1 Wurzelschäden (siehe unter 3).
	6.2.2 Pflanze wurde aus dunklem Stand oder luftfeuchter Umgebung plötzlich in die Sonne oder ein Zimmer mit trockener Luft gestellt. Sie verdunstet mehr, als die Wurzeln nachliefern können. Langsam durch Schattieren oder Umhüllen mit einer Folientüte (mit nur wenigen Luftlöchern) an die neue Umgebung gewöhnen.
6.3 Blätter von ursprünglich buntlaubigen Pflanzen vergrünen	6.3.1 Lichtmangel. Pflanzen heller stellen, wobei die individuellen Ansprüche zu berücksichtigen sind.
	6.3.2 Nur in seltenen Fällen sind allzu reichliche Stickstoffgaben die Ursache.

Grauschimmel (Botrytis) kann Sprosse, Blätter und sogar Blütenknospen befallen.

Echter Mehltau ist auf den Blättern der Kalanchoë als weißer Belag erkennbar.

Verschiedene Pilze verursachen auf den Blättern sich konzentrisch ausbreitende Flecken.

Mitte links: Durch den Pilz Exobasidium hervorgerufene Mißbildungen an Azaleenblättern (»Ohrläppchenkrankheit«).
Unten links: Nährstoffmangel verursachte diese Blattschäden an Rhododendron.

Mitte rechts: Eisenmangel führt zu gelben Blättern, hier bei Hortensien. Nur die Adern bleiben grün.
Unten rechts: Gut ernährtes Usambaraveilchen (rechts) und Pflanze mit Stickstoffmangel.

Schadbild	Schadursachen und Abhilfe
6.4 Blätter sind klebrig (nicht arttypisch)	6.4.1 Es handelt sich in der Regel um Ausscheidungen von Läusen, besonders Blatt-, aber auch Schildläusen und Weißen Fliegen (siehe unter 7).
	6.4.2 Die Blüten bestimmter Pflanzen sondern so viel Nektar ab, daß dieser auf die Blätter tropft, was ähnlich aussehen kann, zum Beispiel *Hoya carnosa* und Sansevierien.
6.5 Aus den Blättern treten am Rand oder an der Spitze Wassertropfen hervor	Eine normale Erscheinung (Guttation) bei bestimmten Arten, zum Beispiel einigen *Philodendron*. Die Guttation kann zunehmen, wenn sowohl die Erde naß als auch die Luftfeuchtigkeit sehr hoch ist. Vorsicht, die ausgeschiedene Flüssigkeit kann an Glasscheiben blinde Flecken hinterlassen, die kaum mehr zu beseitigen sind!
6.6 Blätter rollen sich ein	6.6.1 Wurzelschäden (siehe unter 3).
	6.6.2 Die Luftfeuchtigkeit ist zu gering. Hinweise bei den einzelnen Arten beachten.
6.7 Blätter sind gekräuselt und mehr oder weniger deformiert	6.7.1 Befall mit Schädlingen (siehe unter 7).
	6.7.2 Infektion mit Viren und ähnlichem. Schädlinge sind auch mit der Lupe nicht zu finden. Pflanzen sofort vernichten, um Übertragung zu verhindern.
6.8 Blätter färben sich meist über die gesamte Blattfläche – oft ohne die Adern – gelb. Erst später kann die Farbe beim Vertrocknen in Braun übergehen	Mangel an bestimmten Nährstoffen, der meist verursacht wird durch Erde mit falschem pH-Wert, auch durch ständiges Gießen mit hartem Wasser. Am besten ist es in solchen Fällen – zumal es nicht leicht ist, genau zu ermitteln, welcher Nährstoff fehlt –, die Erde auszutauschen. Zum Düngen können die üblichen Blumen- und Hydrodünger verwendet werden.
6.8.1 Symptome zunächst an den alten Blättern	6.8.1.1 Stickstoffmangel. Typisch ist, daß die alten Blätter von der Spitze her gelb bis braun werden, die Pflanzen nicht oder nur wenig wachsen und sich schlechter verzweigen, jedoch gesunde, lange Wurzeln besitzen. Gießen mit Hydrodünger, Ammoniumnitrat (1 bis 2 g/l Wasser) oder Blattdünger (s. Seite 57).
	6.8.1.2 Kaliummangel. Die älteren Blätter verfärben sich gelb bis weiß, anschließend braun, vorwiegend vom Blattrand her. Das Blatt kräuselt sich leicht oder rollt sich leicht, ist manchmal etwas welk. Die Wurzeln sind lang und gesund. Düngen mit 0,1%iger Kaliumsulfat- oder Kalimagnesia- (Patentkali-) Lösung.
	6.8.1.3 Magnesiummangel. Die älteren Blätter verfärben sich gelb zwischen den Blattadern, die selbst mit mehr oder weniger großem Saum grün bleiben. Die Wurzeln sind gesund, aber kurz. Tritt häufig in Hydrokulturen auf bei Verwendung von Wasser mit geringem Magnesiumgehalt und Ionenaustauschern. Dem Wasser Magnesiumnitrat oder Magnesiumsulfat etwa 0,3 g/l Wasser (über Stammlösung dosieren) beimischen. Pflanzen in Erde mit 1 g/l Wasser gießen, wobei auch Kalimagnesia Verwendung finden kann.
6.8.2 Symptome zunächst an jungen Blättern	Eisenmangel. Die jungen Blätter sind zwischen den Adern hellgelb bis fast weiß verfärbt. Die Adern bleiben grün. Die Wurzeln sind kurz und braun verfärbt. Tritt häufig in Hydrokulturen auf, vorwiegend im Sommer und dann, wenn der pH-Wert der Lösung über 6 ansteigt. Der Nährlösung beimischen bzw. Pflanzen in Erde gießen mit Eisenchelat-Düngern wie Gabi Mikro Fe, Fetrilon, Sequestren (bis 0,5 g/l Wasser) oder Optifer. Schnell wirkt das Besprühen mit schwach dosierter Eisenlösung.

Schadbild	Schadursachen und Abhilfe
6.9 Blätter haben unregelmäßige, nur stecknadelkopfgroße, mehr oder weniger vertiefte Aufhellungen	Befall mit Spinnmilben, Thripsen (Blasenfüßen), Blattläusen, Zikaden (siehe unter 7).
6.10 Blätter haben unregelmäßige, größere gelbe Flecken (nicht sortentypische Panaschur)	Gießen mit kaltem Wasser auf die durch Sonne erwärmte Blattfläche. Empfindlich sind besonders Pflanzen mit weichen, behaarten Blättern, zum Beispiel Gesneriengewächse wie Usambaraveilchen (*Saintpaulia*). Morgens gießen mit zimmerwarmem Wasser.
6.11 Blätter verfärben sich von Blattspitzen her braun	6.11.1 In den meisten Fällen ist zu trockene Luft die Ursache. Die Hinweise bei den einzelnen Arten beachten. Empfindlich sind zum Beispiel *Chlorophytum*, *Cyperus* und *Tradescantia spathacea*.
	6.11.2 Besonders beim Cypergras werden braune Blattspitzen nicht selten durch Kupfermangel verursacht. In diesem Fall mit dem Spritzpulver »Grünkupfer« (maximal 1/2 Messerspitze auf 2 l Wasser) gießen.
6.12 Blätter verfärben sich an den Blatträndern braun	6.12.1 Die Konzentration der Nährsalze ist über das zuträgliche Maß hinaus angestiegen, entweder durch zu hoch konzentriertes oder zu häufiges Düngen oder aber durch ständiges Gießen mit zu hartem Wasser. Besonders bei salzempfindlichen Pflanzen treten diese Schäden auf (Seite 60). Umtopfen oder Erde mit Wasser durchspülen.
	6.12.2 Befall mit Blattflecken verursachenden Pilzen (siehe 6.17).
6.13 Blätter verfärben sich von der Basis her braun	6.13.1 Bei Ananasgewächsen wie *Aechmea* deutet dies auf eine Infektion mit dem Pilz *Fusarium* hin. Pflanzen sind nicht mehr zu retten, daher wegwerfen. Durch optimalen Stand und gute Pflege für widerstandsfähige Pflanzen sorgen. Beim Ein- und Umtopfen nur neue Töpfe verwenden sowie desinfizierte (gedämpfte) Erde.
	6.13.2 Bei Orchideen wie *Paphiopedilum* läßt dies auf Befall mit Bakterien schließen. Eine direkte Bekämpfung ist nicht möglich. Im Anfangsstadium kann mehrmaliges Gießen im Abstand von 1 bis 2 Wochen mit einer schwachen Kaliumpermanganat-Lösung (Übermangansaures Kali) nützlich sein. Die Lösung sollte nur leicht gefärbt sein. So gießen, daß auch die Basis der Orchidee benetzt wird. Ein Versuch mit dieser Lösung empfiehlt sich auch bei anderen Krankheitserregern, die Wurzel- und Gefäßinfektionen verursachen. Im Anfangsstadium lassen sich oft überraschende Erfolge erzielen.
6.14 Die braunen Verfärbungen sind nicht nur auf Blattränder, -basis und -spitzen konzentriert, sondern mehr oder weniger über die Blattfläche verteilt	
6.14.1 Die Schäden treten unmittelbar nach der Behandlung der Pflanzen mit bestimmten Präparaten auf	6.14.1.1 Behandlung mit einem unverträglichen oder falsch dosierten Pflanzenschutzmittel. Stark geschädigte Blätter entfernen.
	6.14.1.2 Kälteschäden durch das Treibmittel in Sprühdosen. Abstand von 30 cm von der Pflanze einhalten.
	6.14.1.3 Zu häufiges Behandeln mit Blattglanzmitteln oder ölhaltigen Pflanzenschutzmitteln. Kalkflecken lassen sich durch sorgfältiges Gießen vermeiden. Sprühen nur mit weichem Wasser. Pflanzen mit weichen, behaarten Blättern sind oft empfindlich gegen diese Mittel, besonders, wenn sie nicht fein zerstäubt werden. Grundsätzlich erst die Verträglichkeit an einzelnen Blättern testen.
6.14.2 Die Schäden treten nicht nach dem Einsatz von Pflanzenbehandlungsmitteln auf	Pflanzen sind zu intensiver direkter Sonneneinstrahlung ausgesetzt. Hinweise bei den einzelnen Arten beachten. Gießen und Düngen nicht bei direkter Besonnung und aufgeheizten Blättern.

Schadbild	Schadursachen und Abhilfe
6.15 Die bräunlich verfärbten Blätter sind naßfaul und bei hoher Luftfeuchte mit einem grauen Pilzrasen überzogen	Grauschimmel (*Botrytis*). Der Pilz tritt in der Regel nur an geschwächten Pflanzen auf bei zu engem Stand, mangelnder Belüftung, zu hoher Luftfeuchte oder an Pflanzen, an denen Gießwasser auf den oberirdischen Pflanzenteilen nicht bis zum Abend abgetrocknet ist. Für luftigen Stand sorgen. Am besten morgens gießen. Alte Blätter und Blüten vollständig entfernen, da sich der Pilz zunächst auf absterbenden Pflanzenteilen ansiedelt. Eine Bekämpfung ist in der Regel nicht erforderlich. Nur in Ausnahmefällen mit Fungiziden wie Euparen spritzen.
6.16 Die Blätter haben trockenfaule bräunliche Flecken. Auf der Blattunterseite befindet sich bei hoher Luftfeuchte ein weißer, mehliger Belag.	Befall mit Falschem Mehltau, zum Beispiel an Rosen, Cinerarien (*Pericallis*) und Primeln. Dem Befall vorbeugen wie bei 6.15 beschrieben. Eine Bekämpfung des im Innern des Blattes lebenden Pilzes ist derzeit dem Zimmergärtner nicht möglich. Infizierte Blätter entfernen, gegebenenfalls Pflanze wegwerfen, um Übertragung auf andere zu verhindern. Anfällige Pflanzen vorbeugend behandeln mit Fungiziden wie Dithane Ultra oder Euparen.
6.17 Die Blätter haben trockenfaule Flecken. Ein Pilzrasen ist meist nicht erkennbar. Die Flecken weisen mehr oder weniger deutliche Zonen auf ähnlich Jahresringen. Um die graubraunen bis schwarzen Flecken kann ein gelblicher oder anderweitig verfärbter Hof sein. Die Flecken vergrößern sich.	Befall mit Erregern von Blattfleckenkrankheiten. Da es sich um verschiedene Pilze handelt, ist eine gezielte Bekämpfung meist nicht möglich. Es bleiben nur Versuche mit Fungiziden wie Dithane Ultra oder Grünkupfer und andere. Vorsicht, besonders Grünkupfer wird nicht von allen vertragen! Befallene Blätter entfernen. Für luftigen Stand und angemessene Nährstoffzufuhr sorgen. Gefährdet sind zum Beispiel Anthurien, Azaleen (*Rhododendron*), *Camellia*, Chrysanthemen, Cinerarien (*Pericallis*), Gummibäume (*Ficus*) und Hortensien (*Hydrangea*).
6.18 Blätter haben trockene, bräunliche, auch verkorkte Flecken, die sich in der Regel nicht ausbreiten	Nichtparasitäre, durch ungeeigneten Stand verursachte Schäden, zum Beispiel an Cissus antarctica, Gummibäumen (*Ficus*) und *Hoya carnosa*. Was sie hervorruft, ist nicht immer genau zu erkennen. Möglicherweise zu häufiges Gießen und ständig nasse Erde bei hoher Luftfeuchte.
6.19 Blätter haben braunschwarze Flecken, die meist deutlich durch Blattadern begrenzt sind	Befall mit Blattälchen (Nematoden), zum Beispiel an Begonien, Chrysanthemen, Farnen wie *Asplenium*, Gloxinien (*Sinningia*), Primeln und Usambaraveilchen (*Saintpaulia*). Befallene Pflanzen sofort wegwerfen, um eine Übertragung der mikroskopischen Fadenwürmer zu verhindern. Vorsicht, die Übertragung ist auch mit den Händen möglich! Dafür sorgen, daß die oberirdischen Pflanzenteile immer trocken sind. Eine Bekämpfung erfordert hochgiftige Präparate, was dem Fachmann vorbehalten ist.
6.20 Blätter haben zunächst punktförmige helle, später verkorkte braune Flecken. Das Blatt kann mißgestaltet sein. An den befallenen Blättern sind winzige braunschwarze Kottröpfchen zu erkennen.	Blasenfüße (Thripse, s. 7.6).
6.21 Blätter werden an mehr oder weniger großen Stellen glasig-durchscheinend	Durch Bakterien verursachte Blattfäule zum Beispiel an Orchideen und Begonien. Eine direkte Bekämpfung ist nicht möglich. Auf ausgewogene Ernährung der Pflanzen, besonders auf gute Kaliversorgung achten. Befallene Blätter abtrennen. Vorsicht, Bakterien werden sowohl mit dem Messer als auch den Händen übertragen! Für gute Belüftung sorgen und darauf achten, daß nebeneinander stehende Pflanzen sich nicht berühren. Morgens gießen, damit Pflanzen bis abends abgetrocknet sind.
6.22 Blätter sind auf der Ober- und Unterseite mit einem mehlartigen Pilzbelag überzogen, der sich abwischen läßt	Echter Mehltau. Diese Pilze befallen verschiedene Zierpflanzen wie Begonien (besonders Elatiorbegonien!), Rosen, Hortensien (*Hydrangea*) und Sukkulenten wie *Kalanchoë* und verschiedene Euphorbien. Durch luftigen, hellen Stand dem Befall vorbeugen. Befallene Blätter entfernen. Gegen Neuinfektion mit Fungiziden wie Netzschwefel, lecithinhaltige Fungizide, Saprol oder anderen Mehltaumitteln behandeln. Schwefel vertragen nicht alle Zierpflanzen, besonders bei Temperaturen über 25 °C. Mehltauanfällige Arten müssen regelmäßig gespritzt werden!

Mißbildungen durch Stengelälchen an Hortensie.

Weiße Fliege an Fuchsie.

Schildläuse auf der Unterseite eines Euphorbienblattes.

Wolläuse an Hoya carnosa.

Wolläuse sitzen häufig versteckt.

Spinnmilben auf Blättern von Camellia sinensis.

Blütenschäden an Alpenveilchen durch Weichhautmilben.

Thripse auf der Blattunterseite einer Schefflera.

Schadbild	Schadursachen und Abhilfe
6.23 Blätter färben sich mehr oder weniger gleichmäßig über die ganze Blattfläche rot	Zu intensive Sonneneinstrahlung. Auch die Sprosse färben sich rot. Schattieren; Hinweise bei den einzelnen Arten beachten.
6.24 Blätter färben sich vornehmlich an den Batträndern rot	Phosphor- oder Kupfermangel, besonders häufig bei Orchideen wie *Phalaenopsis*. Kupfermangel zeigt sich zunächst an jungen, Phosphormangel an alten Blättern. Mit Blumendüngern wie Mairol oder Hydrodüngern gießen. Gegen Kupfermangel mit dem Spritzpulver »Grünkupfer« (maximal 1/2 Messerspitze auf 2 l Wasser) gießen.
6.25 Blätter, aber auch Zwiebeln und Blütenschäfte weisen rote Striche oder Flecken auf, die bis mehrere Zentimeter Länge erreichen können	Befall mit dem Pilz Roter Brenner. Nur an verschiedenen Amaryllisgewächsen wie *Hippeastrum*, *Nerine* und *Sprekelia*. Zwiebeln vor dem Einpflanzen 15 Minuten in eine 0,75%ige Grünkupferlösung tauchen. Die befallenen Blätter können mit diesem Fungizid gespritzt werden, doch hinterläßt es häßliche Spritzflecken.

7 Tiere auf den Pflanzen

7.1 Blattläuse	Vornehmlich an jungen Blättern und Sprossen, aber auch an Knospen und Blüten sitzen die bis 4 mm großen grünen bis schwarzen Insekten. In der Regel ab Mai treten geflügelte Blattläuse auf. Gelegentlich entdeckt man die leeren, farblosen Körperhüllen sowie die klebrigen Ausscheidungen der Läuse (Honigtau), noch bevor man die Schädlinge ausmacht. Die Läuse stechen in die Gewebe und saugen den Pflanzensaft aus. Besonders junge Blätter werden unter dem Einfluß der Läuse mißgestaltet. Die Blattläuse werden mit Pflanzen eingeschleppt, fliegen aber auch im späten Frühjahr und Sommer aus dem Garten zu. Befallen werden sowohl kräftige als auch schwache Pflanzen. Bekämpfung am einfachsten durch Croneton-Granulat, das auf die Erde gestreut wird, oder Insektizidstäbchen in die Erde stecken. Die Wirkung ist bei allen Pflanzen nur mäßig, die sich in einem Ruhestadium befinden und nicht wachsen. Diese besser mit Kaliseife (Nendosan) sprühen oder mit den üblichen Insektiziden aus der Sprühdose behandeln. Blattläuse lassen sich auch biologisch bekämpfen (s. Seite 137).
7.2 Schildläuse	Auf den Blättern und Trieben festsitzende, unbewegliche, schuppen- bis schildförmige Gebilde von 1 bis 9 mm Größe. Schildläuse sind auf den ersten Blick nicht als lebende Tiere zu identifizieren. Sie lassen sich abkratzen oder zerquetschen. Nur die sehr kleinen Larven, die man meist übersieht, sind beweglich und setzen sich auf neuen Pflanzenteilen fest. Dort entwickeln sie ihren je nach Art mehr oder minder kräftigen Schild, der sie gegen Pflanzenschutzmittel ziemlich widerstandsfähig macht. Wie die Blattläuse scheiden sie Honigtau aus. Die klebrigen Tröpfchen sind oft der erste Hinweis auf den Befall. Neben weichblättrigen Pflanzen sind auch hartlaubige nicht vor Schildläusen sicher. Häufig findet man sie an Gummi- und Lorbeerbäumen. Die Bekämpfung der noch beweglichen und ungeschützten Larven ist am einfachsten. Bei nicht zu großen Pflanzen empfiehlt es sich deshalb, vor dem Spritzen die alten Schildläuse abzukratzen. Giftfrei lassen sich Schildläuse mit ölhaltigen Blattglanzmitteln behandeln, die die Tiere mit einem Film überziehen, so daß sie ersticken. Wirksam sind darüber hinaus ölhaltige Präparate wie Para-Sommer, Elefant-Sommeröl, Schädlingsfrei Naturen und Promonal. Behandlung nach 1 bis 2 Wochen wiederholen.
7.3 Woll- oder Schmierläuse	Ähnlich wie Schildläuse und diesen nahe verwandt sind die Woll- oder Schmierläuse. Sie haben keinen »Deckel«, sondern sind mit weißen, watteähnlichen Fäden überzogen. Sie sitzen bevorzugt in Blattachseln und an anderen versteckten Plätzen, so daß man sie leicht übersehen kann. Die Bekämpfung entspricht der von Schildläusen. Biologische Bekämpfung siehe Seite 137.

Schadbild	Schadursachen und Abhilfe
7.4 Mottenschildläuse oder Weiße Fliege	Auf der Blattunterseite sitzen versteckt die bis 1,5 mm großen weißen Insekten mit den relativ großen, ebenfalls weiß gefärbten Flügeln. Beim Berühren der Pflanze fliegen sie auf. Auf den Blattunterseiten findet man auch die schuppenähnlichen, an junge Schildläuse erinnernden Larven, die zunächst farblos aussehen, dann gelblichgrün werden, weiß überpudert sind und am Rand feine Wachsfortsätze tragen. Besonders häufig sind sie an Fuchsien zu finden, aber auch an vielen anderen Zimmerpflanzen. Mit diesen schleppt man sie ein, oft auch mit Schnittblumen wie *Gerbera*! In den Gewächshäusern sind sie eine große Plage, am Blumenfenster glücklicherweise weniger. Im Kleingewächshaus sollte man besonders aufmerksam sein, wenn man neben Fuchsien Gemüsepflanzen wie Tomaten kultiviert. An Tomaten sind Weiße Fliegen fast regelmäßig zu finden. Wie bei Schildläusen weist Honigtau auf den Befall hin. Die Bekämpfung ist mit ölhaltigen Substanzen möglich (siehe unter 7.2). Weiße Fliegen werden von der Farbe Gelb angelockt. Man kann sie mit gelben Leimtafeln fangen oder mit gelben Schalen, in die man Wasser einfüllt. Einige Tropfen Spülmittel sorgen dafür, daß die Tiere ertrinken. Weiße Fliegen sind allerdings sehr träge und fliegen selten. Deshalb gelegentlich an die Pflanzen klopfen, um sie aufzuscheuchen.
7.5 Trauermücken	Beim Berühren der Pflanzen oder beim Gießen fliegen die 3 mm kleinen, zarten Mücken mit schwarzem Körper und ebenfalls schwarzen Flügeln auf. Sie treten nur auf, wenn sie feuchte, torfreiche Substrate vorfinden. Mit diesen werden sie eingeschleppt. Darin entwickeln sich die bis 7 mm langen, weißen, schwarzköpfigen Maden. Sie fressen auch an den Wurzeln und an der Stengelbasis vieler Pflanzen, besonders von Sukkulenten, Orchideen und Farn-Jungpflanzen sowie -Vorkeimen. Wenn möglich, trockener halten. Bei Sukkulenten mineralische Substrate verwenden ohne Torfbeimischung. Gegen die Mücken gelbe Leimtafeln direkt bei den Pflanzen aufhängen. Biologische Bekämpfung siehe Seite 137.
7.6 Blasenfüße (Thripse)	Auf den Blättern, vornehmlich den Unterseiten, sitzen 1 mm große, schlanke, braunschwarze Insekten. Mit einer starken Lupe erkennt man die typischen gefransten Flügel. Die ungeflügelten Larven findet man nicht leicht. Typisch für den Befall mit Blasenfüßen sind die dunklen Kottröpfchen und die zunächst silbrigen, später verkorkenden Flecken auf den Blättern, die von den ausgesaugten Zellen herrühren. Auch Blüten werden geschädigt. Thripse treten unter anderem auf an Anthurien, Alpenveilchen (*Cyclamen*) und Passionsblumen. Der Kalifornische Blütenthrips befällt bevorzugt blaue Blüten beispielsweise von Usambaraveilchen (*Saintpaulia*) und ruft dort Mißbildungen hervor. Die Bekämpfung ist nur durch mehrmalige Behandlung mit ölhaltigen Substanzen (siehe unter 7.2) möglich. Der Kalifornische Blütenthrips läßt sich mit blauen Leimtafeln fangen. Biologische Bekämpfung siehe Seite 137. Stark befallene Pflanzen am besten vernichten, um die Ausbreitung zu verhindern.
7.7 Spinnmilben oder Rote Spinne	Diese wohl gefährlichsten Schädlinge unserer Zimmerpflanzen sind nicht leicht zu erkennen. Zunächst sind auf den Blättern nadelstichgroße Aufhellungen zu bemerken. Bei starkem Befall sind Blätter und Blüten mit einem feinen Gespinst überzogen. Die Tiere selbst sind nur bis 0,5 mm groß, gelblich bis orangerot oder grünlich gefärbt und nur mit einer Lupe genau zu erkennen. Bei entsprechender Vergrößerung sieht man die für Spinnentiere typischen acht Beine (die sonst gleichen Larven besitzen nur sechs!). Spinnmilben sind vornehmlich auf den Blattunterseiten zu finden. Sie bewegen sich nur Spinnenmilben treten besonders stark auf bei hohen Temperaturen und trockener Luft. Da die winzigen Tiere meist zu spät entdeckt werden, sind die Pflanzen schon mehr oder weniger in Mitleidenschaft gezogen, bevor man Gegenmaßnahmen einleiten kann. Gefährdet sind viele Zimmerpflanzen, besonders Dieffenbachien, *Hibiscus*, Aralien (*Fatsia*), Efeu (*Hedera*), Cypergras, Rosen und *Asparagus*.

Schadbild	Schadursachen und Abhilfe
7.7 Fortsetzung Spinnmilben	Sobald Blätter feingesprenkelt aussehen, die Unterseiten mit einer Lupe kontrollieren. Bei Befall die stark in Mitleidenschaft gezogenen Blätter entfernen und mit Sprühdosen gründlich behandeln, die zur Bekämpfung von Spinnmilben ausgewiesen sind, oder ölhaltigen Substanzen (siehe unter 7.2). Nach 8 bis 10 Tagen wiederholen. Weitere Behandlungen können erforderlich werden, um die hartnäckigen Schädlinge zu beseitigen. Bei empfindlichen Pflanzen kann dies jedoch zu Schäden führen. Bei hoher Luftfeuchte ist die biologische Bekämpfung sehr wirkungsvoll (siehe Seite 137). Wichtig ist, daß die Pflanzen stets ausreichend mit Wasser versorgt werden und die Luft nicht zu trocken ist.
7.8 Zikaden	Befallen werden nur Pflanzen, die wir während der warmen Jahreszeit ins Freie stellen, besonders Rosen. Die grünen, 4 mm langen, flugfähigen Tiere sitzen auf der Blattunterseite und springen blitzschnell weg, wenn wir das Laub berühren. Sie verursachen eine weißgelbe Sprenkelung der Blätter. Eine Bekämpfung mit Sprühdosen ist erfolgreich, doch kommen ständig neue Zikaden aus dem Garten hinzu. Ähnliche Symptome verursachen auch Blattwanzen, die bis 1 cm groß werden, grün oder braun gefärbt sind und oft eine hübsche Zeichnung auf den Flügeln aufweisen. Sie sitzen nicht nur auf den Unterseiten der Blätter und lassen sich beim Berühren der Pflanze fallen.

8   Schäden an Knospen und Blüten

Schadbild	Schadursachen und Abhilfe
8.1 Knospen und Blüten werden abgeworfen	8.1.1 Kommt häufig bei neu erworbenen Pflanzen vor als Reaktion auf die Änderung der Umweltbedingungen (Licht, Temperatur und auch Luftfeuchte), besonders dann, wenn sie beim Gärtner vor dem Verkauf nicht abgehärtet wurden. Knospige Pflanzen sollte man nicht an gänzlich andere Plätze stellen. Das kurze Wegrücken, etwa zum Fensterputzen, schadet nicht, wenn die Pflanze gleich wieder an ihren angestammten Platz kommt.
	8.1.2 Zum Knospenwurf kommt es durch ungenügende Wasserversorgung. Wassermangel erleidet die Pflanze auch, wenn trotz feuchter Erde aufgrund fauler Wurzeln nicht genügend Wasser aufgenommen werden kann!
8.2 Blütenstiele platzen	Unregelmäßige Wasserversorgung führt zu Spannungen in den Geweben. Häufig zum Beispiel bei Pelargonien. Nicht austrocknen lassen, sondern dem Bedarf gemäß gießen.
8.3 Blütenschäfte weisen rote Striche und Flecken auf	Roter Brenner (siehe 6.25).
8.4 Knospen oder Blüten faulen	*Botrytis* oder Grauschimmel (siehe 6.15)
8.5 Blüten sind mißgestaltet. Blütenblätter können stark mit Blütenstaub bedeckt sein. Auch braune, eingesunkene Stellen.	Kalifornischer Blütenthrips (siehe unter 7.6). Gefährdet sind besonders blaue Blüten (*Saintpaulia, Streptocarpus*).

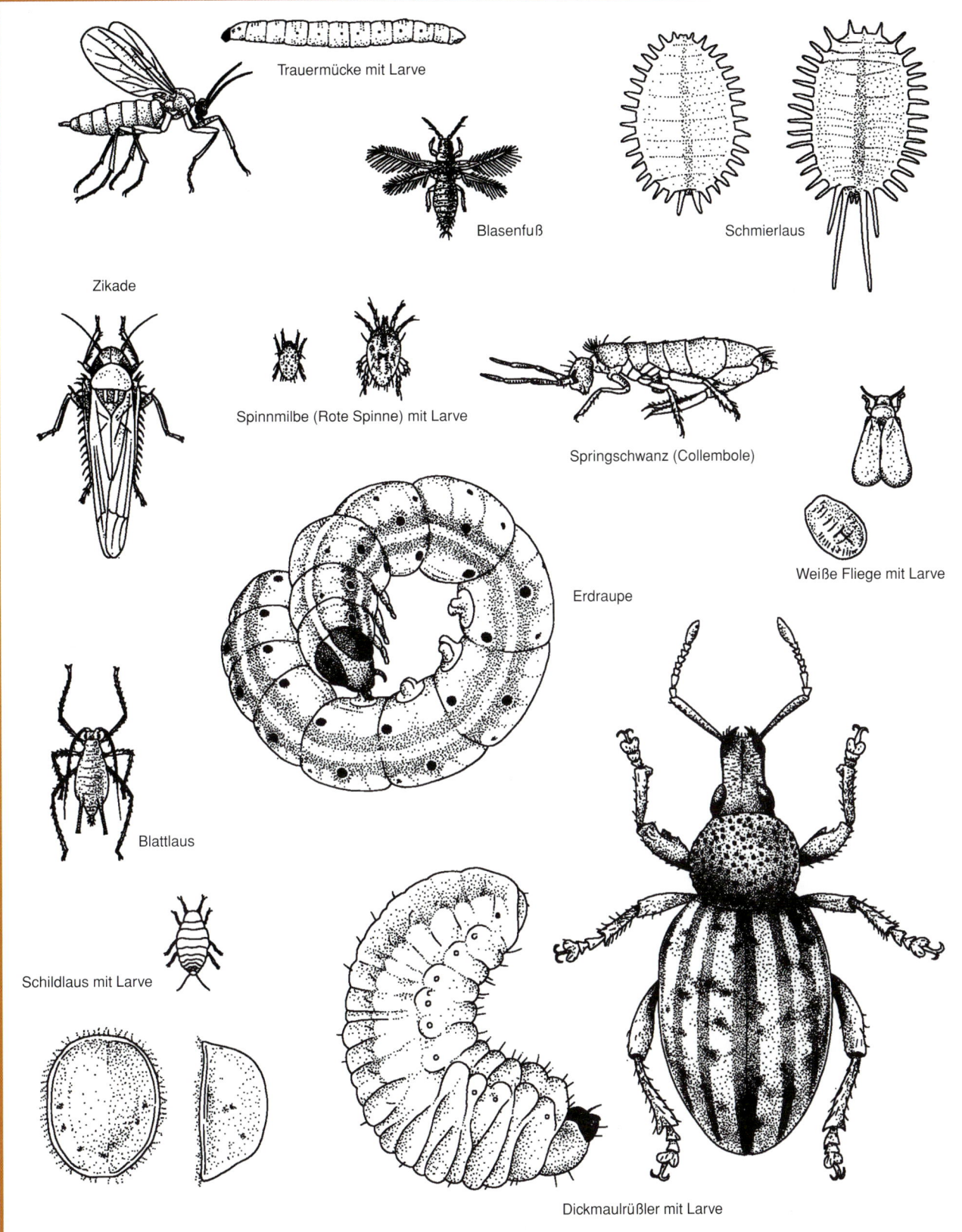

Trauermücke mit Larve

Blasenfuß

Schmierlaus

Zikade

Spinnmilbe (Rote Spinne) mit Larve

Springschwanz (Collembole)

Weiße Fliege mit Larve

Erdraupe

Blattlaus

Schildlaus mit Larve

Dickmaulrüßler mit Larve

Lexikon der Pflanzen im Haus

Die wichtigsten Pflanzengruppen

Es gibt nahezu keine Pflanzengruppe, die nicht einige für die Pflege im Haus geeignete Arten enthält. Meist wird es sich um höhere, also in Wurzel, Sproß und Blätter gegliederte Pflanzen handeln. Ein Freund kultiviert seit Jahren die zu den niederen Pflanzen zählenden Lebermoose und hat viel Freude dabei. Im Zimmer gedeihen einjährige Gewächse wie die Cinerarien (*Pericallis*-Hybriden, syn. *Senecio*-Hybriden), die in weniger als 12 Monaten vom Samenkorn zum blühenden Exemplar heranwachsen, um anschließend abzusterben. Manche Zimmerpflanzen werfen wir nach der Blüte weg, obwohl sie ausdauernd sind, da sich die Weiterkultur nicht lohnt oder schwierig ist, beispielsweise bei der Sinnespflanze (*Mimosa pudica*), der Schwarzäugigen Susanne (*Thunbergia alata*) oder *Catharanthus roseus*.

Bei den mehrjährigen Gewächsen sind sowohl die unverholzten Stauden wie auch die holzige Triebe bildenden Sträucher und Bäume im Sortiment vertreten. Die Palette reicht von der Insekten erhaschenden Venusfliegenfalle (*Dionaea muscipula*) bis zur Kokospalme (*Cocos nucifera*), vom einheimischen Efeu (*Hedera helix*) bis zu der tropischen *Maranta*, vom schönblättrigen *Caladium* bis zur herrlich blühenden Frauenschuhorchidee (*Paphiopedilum*).

Formschöne und farbenfrohe Blattpflanzen

Wer glaubt, nur blühende Gewächse seien attraktiv, kennt die Blattpflanzen nicht. In den Formen und Farben der Laubblätter offenbart die Natur einen verschwenderischen Reichtum.

Die Blätter enthalten das Blattgrün (Chlorophyll), die unzähligen Kraftwerke

Bild Seite 154/155:
× Odontioda (Salam) 'La Tuillerie'

Bild oben: An Blattpflanzen sind nicht nur die Blätter bemerkenswert. Als wahres Kunstwerk erweist sich bei näherer Betrachtung dieser Stamm von Philodendron bipinnatifidum mit den großen Narben der abgefallenen Blätter und den Luftwurzeln.

Die Gestalt der Blätter

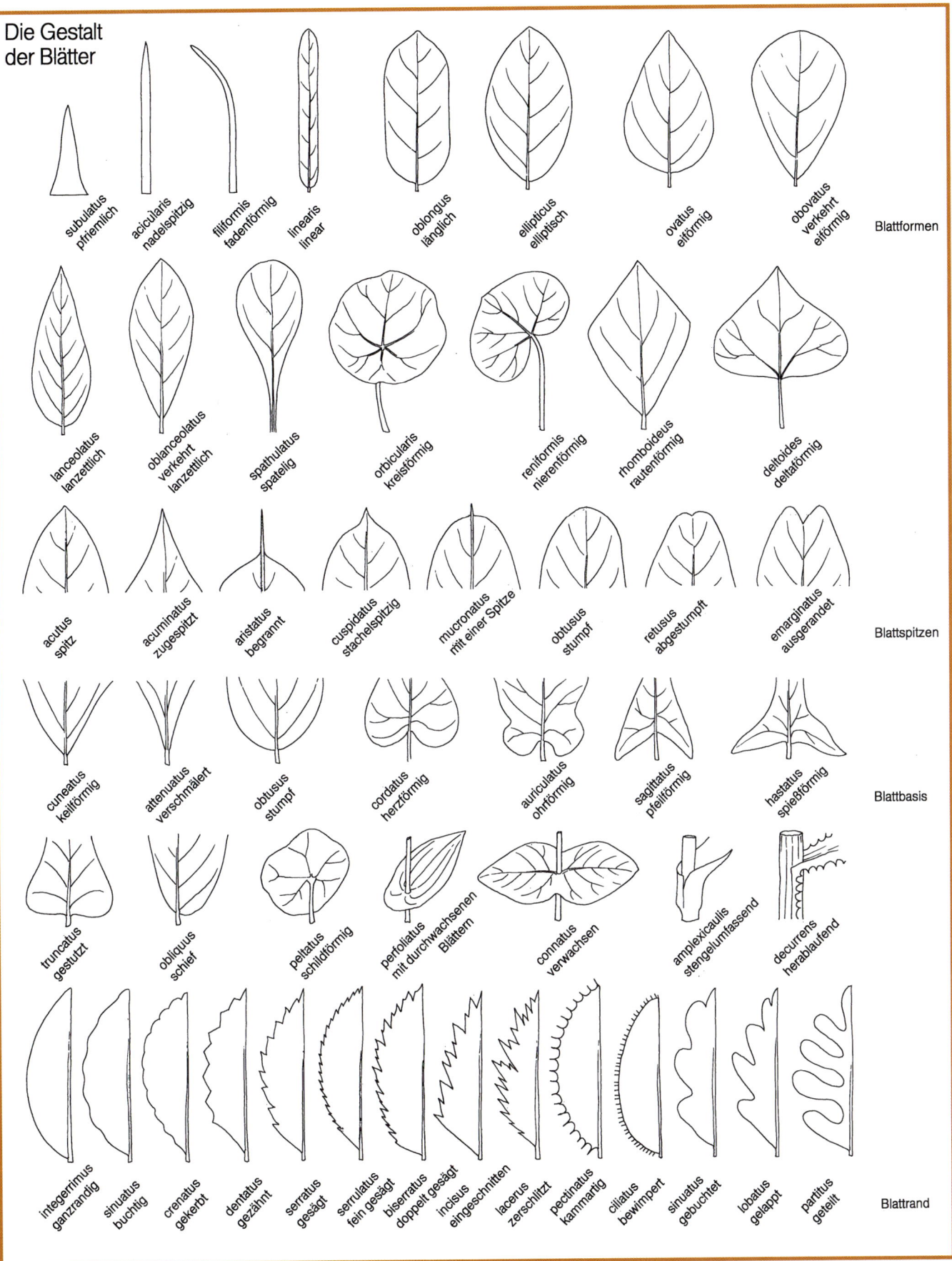

Blattformen

subulatus pfriemlich · acicularis nadelspitzig · filiformis fadenförmig · linearis linear · oblongus länglich · ellipticus elliptisch · ovatus eiförmig · obovatus verkehrt eiförmig

lanceolatus lanzettlich · oblanceolatus verkehrt lanzettlich · spathulatus spatelig · orbicularis kreisförmig · reniformis nierenförmig · rhomboideus rautenförmig · deltoides deltaförmig

Blattspitzen

acutus spitz · acuminatus zugespitzt · aristatus begrannt · cuspidatus stachelspitzig · mucronatus mit einer Spitze · obtusus stumpf · retusus abgestumpft · emarginatus ausgerandet

Blattbasis

cuneatus keilförmig · attenuatus verschmälert · obtusus stumpf · cordatus herzförmig · auriculatus ohrförmig · sagittatus pfeilförmig · hastatus spießförmig

truncatus gestutzt · obliquus schief · peltatus schildförmig · perfoliatus mit durchwachsenen Blättern · connatus verwachsen · amplexicaulis stengelumfassend · decurrens herablaufend

Blattrand

integerrimus ganzrandig · sinuatus buchtig · crenatus gekerbt · dentatus gezähnt · serratus gesägt · serrulatus fein gesägt · biserratus doppelt gesägt · incisus eingeschnitten · lacerus zerschlitzt · pectinatus kammartig · ciliatus bewimpert · sinuatus gebuchtet · lobatus gelappt · partitus geteilt

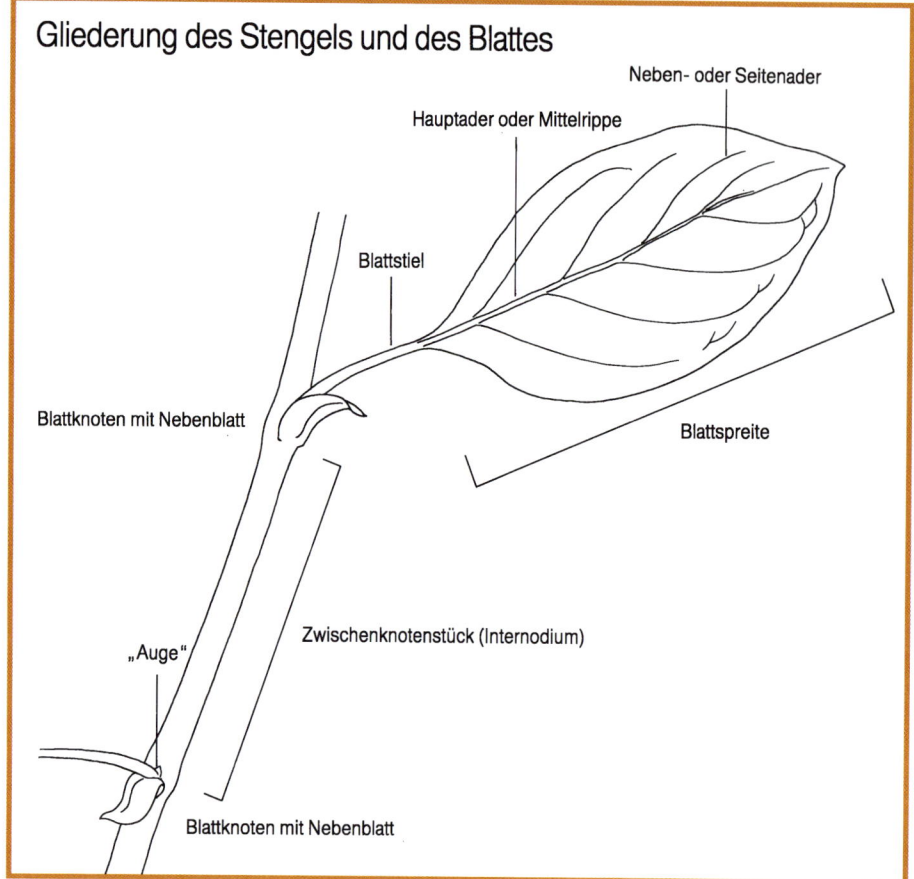

Gliederung des Stengels und des Blattes

Neben- oder Seitenader

Hauptader oder Mittelrippe

Blattstiel

Blattknoten mit Nebenblatt

Blattspreite

„Auge"

Zwischenknotenstück (Internodium)

Blattknoten mit Nebenblatt

Gliederung des Blattes heißt: Stiel, Rippen und Blattgewebe«.

Der Botaniker unterteilt das Blatt in Blattgrund, der kleine Nebenblättchen tragen kann, Blattstiel und Blattspreite. Die Form des Blattes ist für manche Arten so charakteristisch, daß sie als wesentliches Bestimmungsmerkmal herangezogen wird. Es kann ungeteilt sowie zusammengesetzt oder gefiedert sein. Die Blattspreiten erreichen eine nur geringe, nadelähnliche Ausdehnung oder bilden große eiförmig, rhombisch oder sonstwie geformte Flächen. Der Blattrand ist glatt (ganzrandig) gesägt, gewimpert oder gebuchtet. Die wichtigsten Merkmale zeigen die Abbildungen Seite 157. Dort sind auch die lateinischen Bezeichnungen wiedergegeben, die sich häufig im Artbegriff finden. Liest man den Namen *Echeveria cuspidata*, so weiß man, daß es sich um eine Pflanze mit stachelspitzigen Blättern handelt.

Zu den Blattpflanzen zählen so wichtige Zimmerbewohner wie Palmen, Farne, *Philodendron* und Gummibäume sowie Begonien. Dazu gehören somit auch Blütenpflanzen, aber deren Blüten sind entweder unscheinbar wie bei den Kanonierblumen (*Pilea*) oder erscheinen während der Pflege im Zimmer nicht, zum Beispiel bei vielen Palmen oder der Zimmertanne.

jeder Pflanze. Fehlt das Chlorophyll an einigen Stellen, so erscheint das Blatt dort weiß, das heißt, es ist panaschiert, oder ein eingelagerter gelber oder roter Farbstoff kommt zum Vorschein. Durch Dosierung, Verteilung und Überlagerung der Farbstoffe sind unzählige Schattierungen möglich.

Der Maler Paul Klee schreibt: »Ein Blatt ist ein Teil vom Ganzen. Ist der Baum Organismus, so ist das Blatt Organ. Diese kleinen Teile vom Ganzen sind in sich wieder gegliedert. Es walten in dieser Gliederung Ideen und Verhältnisse der Gliederung, die im Kleinen ein Abbild der Gliederung des Ganzen sind … Die

Palmen

Die Pflanzenfamilie der Palmen (Palmae oder Arecaceae) blickt auf eine lange Geschichte zurück. Fossile Palmen gab es bereits in der oberen Kreide, also vor nahezu 100 Mio Jahren. Unter einer Palme stellen wir uns einen hohen Baum vor mit schlankem, unverzweigtem Stamm und einem endständigen Schopf großer Blattwedel. Dieses Bild trifft auf die Mehrzahl der Palmen zu, aber es gibt auch Ausnahmen. Einige der 2800 Arten, die zu etwa 210 Gattungen zählen, bleiben niedrig und wachsen nicht zu einem Baum heran (beispielsweise *Chamaedorea*). Der Stamm kann bis auf ein knollenähnliches Gebilde reduziert sein (*Geonoma*) oder teilweise unterirdisch im Verborgenen wachsen (*Serenoa*). Selten gabelt sich der Stamm (*Hyphaene*), und bei manchen bleibt er nicht schlank, sondern entwickelt die Form einer dicken Flasche (*Hyophorbe*).

Am kahlen Stamm sind die Ansatzstellen der längst abgeworfenen Blätter als Ringe oder regelmäßig verteilte Narben er-

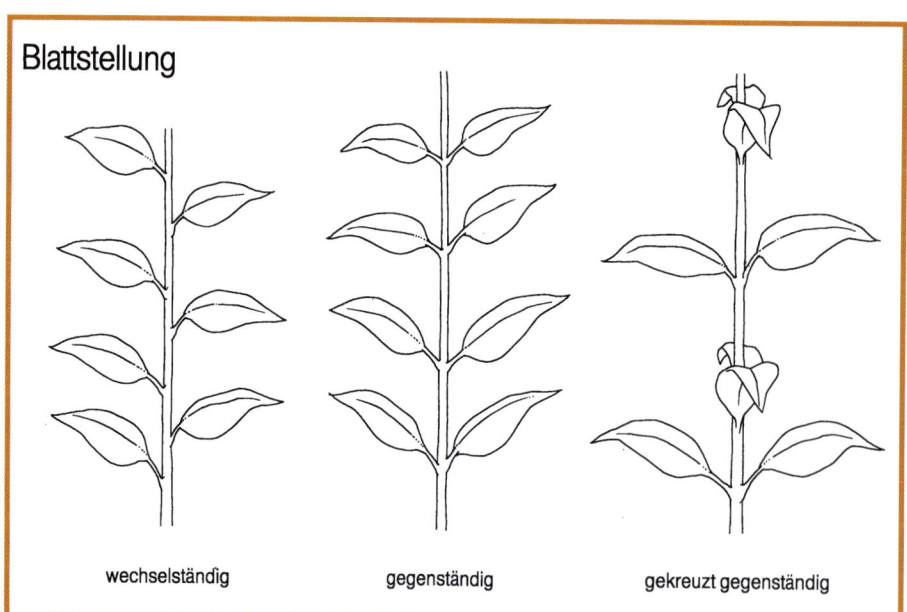

Blattstellung

wechselständig

gegenständig

gekreuzt gegenständig

Man unterscheidet Fieder- und Fächerpalmen. Hier ein Fächerblatt von Livistona chinensis (links) und ein Fiederblatt von Archontophoenix cunnighamiana (rechts).

kennbar. Oder die Blattbasen bleiben nach dem Absterben der Wedel auf Dauer am Stamm zurück. Bei einigen Arten ist der Stamm mit einem faserigen Bast (*Coccothrinax*) oder mit zahlreichen Dornen bedeckt (*Ceratolobus*).

Neben einstämmig wachsenden Palmen existieren Arten, die Ausläufer und auf diese Weise kleine oder größere Gruppen bilden.

Den größten Zierwert besitzen die Wedel, denn Blüten sind in Kultur unter hiesigen Bedingungen bei der Mehrzahl der Arten nicht zu erwarten. Bevor die Pflanzen das reproduktionsfähige Alter erreicht haben, passen sie in kein Gewächshaus oder keinen Wintergarten mehr. Das ist schade, denn die Blütenstände können beeindruckende Ausmaße annehmen. Einige Gattungen wie *Phoenix*, die Dattelpalmen, sind zweihäusig, das heißt, es gibt männliche und weibliche Pflanzen.

Doch zurück zu den Blättern: Wichtig ist die Unterscheidung in Fiederpalmen und Fächerpalmen je nach ihrer Blattform. Fiederblätter setzen sich aus dem Blattstiel und in dessen Fortsetzung einer Mittelrippe zusammen, an der rechts und links die Blattfiedern sitzen. Diese Blätter können mehrere Meter Länge erreichen.

Das Laub der Fächerpalmen ist bei der Entfaltung oft noch geschlossen, bevor sich die Spreite von der Spitze zu einem hand- oder fächerförmigen Gebilde teilt. Die Fächerstrahlen hängen oft locker nach unten. Die Wedel der Fächerpal-

men können kompakter bleiben als die der Fiederpalmen, aber es gibt auch Arten mit meterlangen Blattstielen und einem Spreitendurchmesser von über 10 m.

Gärtnerei und Blumengeschäfte bieten vorwiegend noch sehr junge Sämlingspflanzen, die ihre charakteristische Blattform noch nicht zeigen. Sie sind deshalb nicht leicht zu unterscheiden. Mit zunehmendem Alter entwickeln sie ihren typischen Wuchs und gewinnen Jahr für Jahr an Attraktivität. Deshalb sollte man sich vor dem Kauf einer Palme genau informieren, welche Dimensionen diese Art erreicht und wie schnell sie wächst. Sonst muß man sich aus Platzgründen von ihr trennen, wenn sie beginnt, ihre wahre Schönheit zu entfalten.

Die Mehrzahl der Palmen braucht einen hellen bis sonnigen Platz. Die Temperaturansprüche während des Winters unterscheiden sich stark. Stehen die Palmen während dieser Jahreszeit zu warm, verlieren sie ihren typischen Wuchs, kümmern und werden unweigerlich von Schädlingen befallen. Stehen sie zu kalt, ist mit baldigem Ableben zu rechnen.

Wegen ihrer Langlebigkeit an zusagenden Standorten und der Empfindlichkeit der Wurzeln gegen Störungen sind hohe Anforderungen an das Substrat zu stellen. Es soll nahrhaft, in der Regel lehmhaltig, aber durchlässig und lange strukturstabil sein. Mehr dazu auf Seite 40.

Viele Palmen bilden lange, tiefreichende Wurzeln aus. Je älter sie werden, um so schwieriger lassen sie sich verpflanzen,

was besonders für Gattungen wie *Bismarckia* gilt. Die Kultur der Palmen im Topf oder Kübel verlangt immer große Sorgfalt. Man kann den Pflanzen keinen größeren Dienst erweisen, als sie in einem Gewächshaus oder Wintergarten in dem gewachsenen Boden auszupflanzen. Dort schicken sie im Laufe der Jahre die Wurzeln viele Meter tief in den Boden.

Die Vermehrung der Palmen, die meist durch Samen erfolgt, verlangt Geduld. Bei zahlreichen Arten dauert es Monate, bevor sich das Saatgut regt. Oft keimt nur ein kleiner Teil der ausgesäten Samen, während sich der Rest erst nach 1, 2 oder gar 3 Jahren bequemt. Man darf die Hoffnung nicht so früh aufgeben.

Je frischer das Saatgut ist, um so größer ist die Chance auf rasche Keimung. Ältere, trockene Samen sollte man vor der Aussaat für 48 Stunden in warmes Wasser von 25 bis 30 °C legen.

Die wichtigsten Palmengattungen sind ausführlich beschrieben: *Archontophoenix, Areca, Bismarckia, Brahea, Butia, Caryota, Chamaedorea, Chamaerops, Chambeyronia, Chrysalidocarpus, Coccothrinax, Cocos, Cyrtostachys, Elaeis, Howea, Hyophorbe, Jubaea, Latania, Livistona, Microcoelum, Neodypsis, Phoenix, Pritchardia, Rhaphidophyllum, Rhapis, Sabal, Serenoa, Syagrus, Thrinax, Trachycarpus* und *Washingtonia*.

Achtung, nicht alle Pflanzen, die einen schlanken Stamm mit einem Blattschopf besitzen, gehören zu den Palmen! Häufig werden ganz andere Gewächse wie *Cordyline, Dracaena, Yucca, Cycas* oder selbst Sukkulenten wie *Pachypodium* als Palmen bezeichnet, nur weil deren Gestalt eine entfernte Ähnlichkeit besitzt. Die Ansprüche dieser Pflanzen können jedoch ganz anders sein.

Blütenpflanzen – vom Mauerblümchen zur Tropenschönheit

Nicht nur ein spannendes Fußballspiel im Fernsehen, sondern auch eine interessante Pflanze vermag den Enthusiasten um seine nächtliche Ruhe zu bringen. Welcher Blumenfreund läßt es sich schon entgehen, wenn die Königin der Nacht

(*Selenicereus grandiflorus*) gegen 24 Uhr ihre prächtigen Blütensterne öffnet? Schon am nächsten Morgen hängen sie schlaff herab. Zum Glück sind nicht alle Blütenpflanzen auf nachts aktive Bestäuber angewiesen und entfalten zu angenehmeren Zeiten ihre Pracht. Die Mittagsblumen wie *Lampranthus* sind sogar wahre Sonnenanbeter, die beleidigt die Blütenblätter zusammenfalten, wenn Regenwolken aufziehen.

Wenn hier von Blütenpflanzen die Rede ist, so versteht sich das nicht im botanischen Sinn. Die Zimmergärtner lassen diesen Begriff nur jenen Arten und Sorten zukommen, die vorwiegend wegen ihrer Blütenpracht im Haus stehen. Doch wer wollte hier eine eindeutige Grenze ziehen? Blütenpflanzen sind schließlich auch die Unscheinbaren, die Mauerblümchen, die wie *Ceropegia linearis* ssp. *woodii* nur wenig über 1 cm hinauskommen, sich bei näherer Betrachtung je-

doch als wahre Wunderwerke erweisen. Die wissenschaftliche Gliederung des Pflanzenreichs basiert auf Unterschieden und Gemeinsamkeiten der Blütenorgane. Damit ist die Blüte das wichtigste Bestimmungsmerkmal. Manche in Kultur befindliche Pflanze konnte bislang nicht eindeutig identifiziert werden, da sie nicht zur Blüte kam.

Daß Blüten aus Kelch- und Kron- (oder Blüten-) blättern, aus Staubgefäßen und Stempel bestehen, ist in jedem Lehrbuch nachzulesen. Dort finden Interessierte die Kennzeichen jeder Pflanzenfamilie erläutert.

Wichtig ist für den Zimmergärtner, daß die Schauwirkung nicht immer von den Blüten-, sondern auch von Kelchblättern, ja sogar von blütenblattähnlich ausgebildeten Laubblättern herrühren kann, die man Spatha und Brakteen nennt. Auf den Seiten 119 bis 121 ist beschrieben,

Die Blüten von Hoya lanceolata ssp. bella verströmen einen feinen, sehr angenehmen Duft.

Bougainvillea spectabilis 'Variegata'. Hier ist neben
der prächtigen Farbe der Hochblätter auch das Laub
außerordentlich zierend.

daß sich Blüten nur unter bestimmten Bedingungen bilden. Sie färben sich am hellen, nicht zu warmen Platz am besten aus. Auch kleine Blütchen können eine große Wirkung erzielen, wenn sie in großer Zahl an der Pflanze erscheinen. Sie können in Blütenständen unterschiedlicher Form beisammen stehen. Bei einigen Orchideen sind die Blütenstände so groß, daß der Platz auf der Fensterbank nicht mehr ausreicht. Bei anderen entwickeln sich die Blüten nach unten, so daß wir sie nicht in Töpfen kultivieren können. Aber wer verzichtet schon wegen einer besonders interessanten Blüte auf solch eine Pflanze?

Zimmerpflanzen für die Nase

Gardenia augusta (syn. *G. jasminoides*) ist ein besonders eindrucksvolles Beispiel dafür, daß Zimmerpflanzen nicht nur etwas fürs Auge, sondern auch für die Nase zu bieten haben. Manchen ist der Duft dieser Pflanze zu intensiv. Läßt sich bereits über Geschmack nicht streiten, so über Duft schon gar nicht. Für viele ist die Gardenie geradezu der Inbegriff einer wohlriechenden Pflanze.

Dies wußte man früher noch mehr zu schätzen als heute. In der ersten Hälfte des vorigen Jahrhunderts kultivierten die Gärtner besonders angelsächsischer Länder Gardenien in großer Stückzahl, da geschnittene Blüten äußerst haltbar sind und im Knopfloch getragen dem köstlichsten Parfüm Konkurrenz machen. Nach einem langen Schattendasein findet man sie in jüngster Zeit wieder häufiger im Blumenhandel.

Die kleine Wachsblume *Hoya lanceolata* ssp. *bella* zählt ebenfalls zu den wohlriechenden Zimmerpflanzen. Die wachsähnlichen Blüten verströmen einen feinen Duft. Allerdings muß man die Nase dicht an die Blüten halten. Sie duften nicht so intensiv wie die bekanntere *Hoya carnosa*, die dann das ganze Zimmer mit ihrem schweren, süßen Duft erfüllt, wenn sich der Tag zu neigen beginnt.

Weitgehend unbekannt ist, daß auch die Blütenstände von *Spathiphyllum wallisi* und der großblumigeren Hybriden während eines bestimmten Entwicklungsstadiums ein zarter, köstlicher Duft auszeichnet. Die Zahl der duftenden Pflanzen im Haus ist so groß, daß sie hier

nicht alle aufzuzählen sind. Man kann nur anregen, mit der Nase »Ausschau« zu halten.

Nehmen wir als Beispiel die Orchideen. Von ihnen sind besonders viele mit betörendem Duft gesegnet. *Lycaste aromatica* ist eine solche. Es gibt alle Duftvarianten vom zimtig Aromatischen bis zum aufdringlich Süßen. Der Duft unserer einheimischen Orchideen ist ähnlich vielfältig. »Schokoladenblümchen« nennt man in manchen Gebieten das Schwarze Kohlröschen (*Nigritella nigra*) Tatsächlich ähnelt der Duft jenem von Bitterschokolade. Ganz anders, aber gleich intensiv die Händelwurz (*Gymnadenia odoratissima*) oder die Strandvanille (*Epipactis atrorubens*). Welche Duftvarianten müssen da erst bei den exotischen Orchideen zu finden sein!

Duftende Blüten finden sich auch bei sukkulenten Pflanzen wie der Königin der Nacht (*Selenicereus grandiflorus*), bei Kübelpflanzen wie Oleander (*Nerium oleander*) und Engelstrompete (*Brugmansia suaveolens*), bei den zum Treiben ins Zimmer geholten Zwiebelgewächsen wie Hyazinthen, Narzissen und Schönhäutchen (*Hymenocallis narcissiflora*).

Großer Beliebtheit erfreuen sich die vielen leicht zu kultivierenden »Rosengeranien«. Bei ihnen duften allerdings die Blätter, nicht die Blüten. Am häufigsten findet man Hybriden aus *Pelargonium graveolens* und *P. radens* auf den Fensterbänken. An Rosen erinnert der Duft ihrer Blätter aber nur entfernt. Einige Pelargonienarten werden allerdings angebaut, um »Falsches Rosenöl« für die Parfümindustrie zu gewinnen. Duftende Blätter finden wir auch beim Rosmarin, der zudem als Gewürz nützlich ist.

> Nicht alle Zimmerpflanzen duften angenehm. Eidechsenwurz und Stapelien muß man während ihrer Blüte aus dem Zimmer verbannen.

Wegen seines Blattduftes fand der Mottenkönig (*Plectranthus fruticosus*) Eingang in die Wohnstuben. Der Duft ist nicht angenehm, soll aber – wie der deutsche Name sagt – Motten vertreiben.

Leider kennen wir auch eine Reihe attraktiv aussehender, aber »anrüchiger« Zimmerpflanzen. Der Name Aasblumen für Stapelien und Verwandte sagt bereits genug. Unangenehm riechen auch Blüten der Eidechsenwurz (*Sauromatum venosum*) und der Kannenpflanzen (*Nepenthes*). Die für Sumpfgärten wertvolle *Houttuynia cordata* besitzt recht unangenehm duftende Rhizome. Aber dies stört uns nur, wenn wir sie umpflanzen oder teilen. Daß es auch Pflanzen gibt, die gut

duftende Wurzeln besitzen, beweisen einige Dracaenen.

Häufig gibt die Artbezeichnung einen Hinweis darauf, daß es sich um eine duftende Pflanze handelt, beispielsweise *aromaticus* = aromatisch, *fragrans* = duftend und *fragrantissimus* = stark duftend, *glycocosmus* = süßduftend, *graveolens* = stark duftend, *odoratus* und *odorifer* = wohlriechend, *odorus* = duftend und *odoratissimus* = äußerst wohlriechend. Oder der Name weist auf eine andere wohlriechende Pflanze hin: *anisatus* und *anisodorus* = nach Anis duftend, *citriodorus* und *citrosmus* = nach Zitronen duftend, *jasminoides* = dem Jasmin ähnlich und *myrsinites* = nach Myrte duftend. Im Gegensatz dazu heißt *inodorus* nicht duftend, während *foetidus* und *foetidissimus* einen mehr oder weniger kräftigen Gestank erwarten lassen.

Orchideen

Für viele Pflanzenfreunde sind Orchideen etwas Besonderes, obwohl sie heute im Blumenfachgeschäft keine Seltenheit mehr sind. Ihnen haftet der Reiz des Exotischen, des Kostbaren an. Aber sie gelten auch als besonders schwer zu pflegende Gewächse. Dies trifft aber nur sehr bedingt zu. Einmal gibt es nicht nur exotische, sondern auch einheimische Orchideen, wenn auch die Mehrzahl dieser mit über 750 Gattungen und annähernd 20000 Arten größten Familien des Pflanzenreichs in exotischen Ländern beheimatet ist, zum Beispiel in Südamerika oder im ostasiatischen Raum. Die einheimischen Orchideen sind für die Pflege im Zimmer ungeeignet. Hybriden der Gattungen *Dactylorhiza* (Knabenkraut) und *Epipactis* (Stendelwurz) werden allerdings für den Garten angeboten.

Die Kultur der exotischen Orchideen stellt keine unlösbaren Probleme, aber einige Besonderheiten sind zu berücksichtigen. Sie ergeben sich aus der Anpassung der Orchideen an ihren jeweiligen Standort. Viele Orchideen sind Epiphyten, das heißt, sie wachsen vom Boden losgelöst auf Bäumen oder anderen höher werdenden Pflanzen. Sie sind damit nicht dem hohen Konkurrenzdruck am Boden ausgesetzt, müssen aber auf dessen wasserspeichernde Eigenschaften verzichten. Schon hieraus läßt sich ableiten, daß epiphytische Orchideen in Gebieten vorkommen, wo sie in großer Regelmäßigkeit mit Wasser versorgt werden, und sei es nur in Form von Tau.

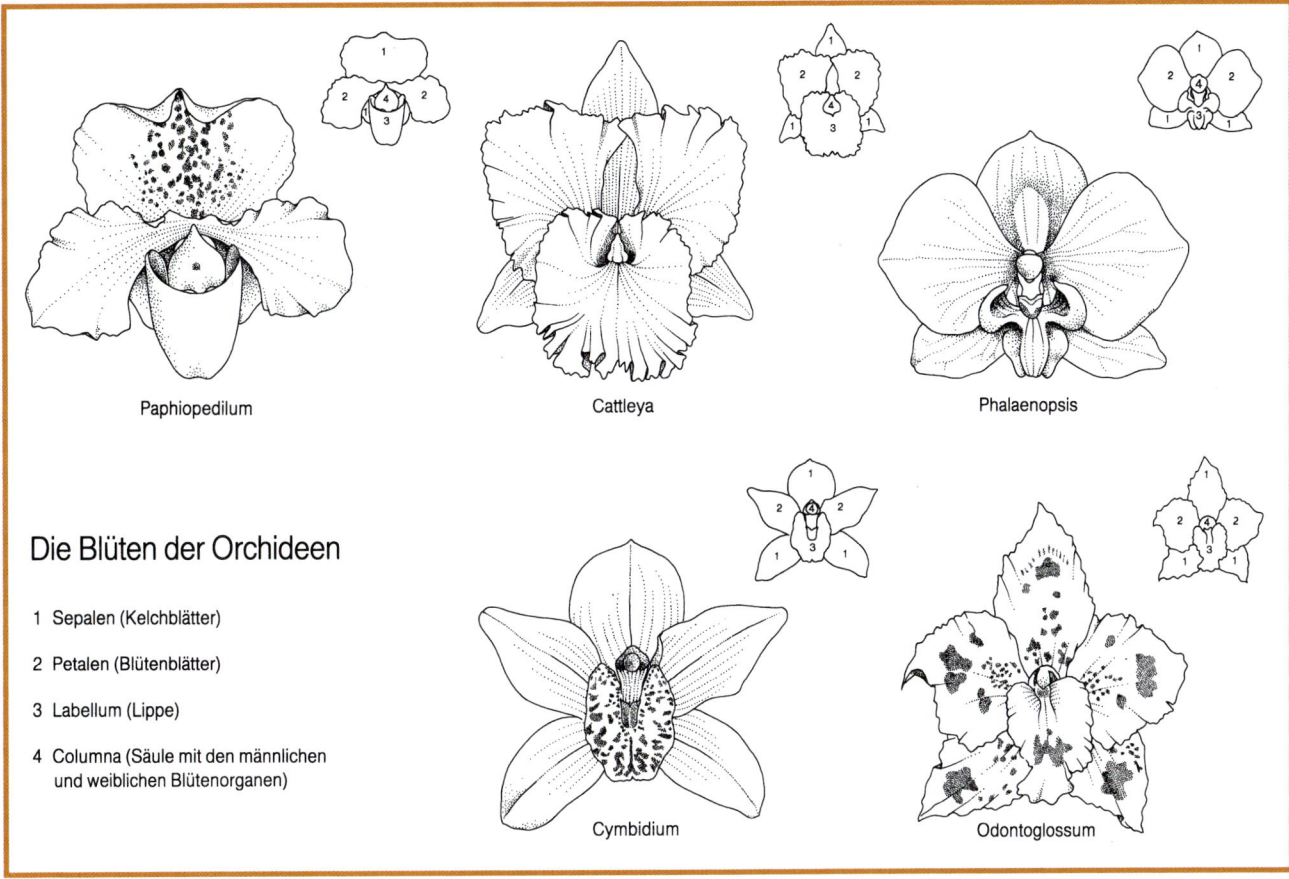

Paphiopedilum

Cattleya

Phalaenopsis

Die Blüten der Orchideen

1 Sepalen (Kelchblätter)

2 Petalen (Blütenblätter)

3 Labellum (Lippe)

4 Columna (Säule mit den männlichen und weiblichen Blütenorganen)

Cymbidium

Odontoglossum

Das epiphytische Leben verlangt einige Anpassungen. Die meisten epiphytischen Orchideen schützen sich vor allzu starkem Austrocknen mit dickfleischigen, derben Blättern. Viele haben Teile des Sprosses oder des Blattstiels zu knollenähnlichen Gebilden, den sogenannten Pseudobulben umgebildet, die Wasser und Nährstoffe zu speichern vermögen. Die ältesten, oft schon unbeblätterten Pseudobulben nennt der Gärtner Rückbulben oder auch Rückstücke.

Einer besonders raffinierten Einrichtung bedienen sich die Orchideen, um das von ihren erhöhten Standorten rasch abfließende Niederschlagswasser schneller aufzunehmen: des sogenannten Velamens. Es ist eine die Wurzel umgebende Schicht abgestorbener, luftgefüllter Zellen, die auftreffendes Wasser sowie Tau sofort aufsaugen und festhalten, bis die lebenden Wurzelzellen es aufgenommen haben.

Freiliegende Wurzeln geben Wasserdampf an die Atmosphäre ab und verlangen deshalb eine hohe Luftfeuchte, um nicht abzusterben. Die Wurzeln sind nicht selten sehr lang und schmiegen sich so eng dem Holz an, daß sie davon nicht abzulösen sind. Eine Besonderheit ist auch, daß die Wurzeln blattgrün oder

Chlorophyll enthalten und wie bei *Phalaenopsis* flach ausgebildet sein können, somit neben den Blättern der Assimilation dienen. Daß diese Wurzeln ein besonderes Kultursubstrat verlangen, ist bereits auf Seite 41 beschrieben.

Der Boden speichert für die in ihm wurzelnden Pflanzen neben Wasser auch Nährstoffe. Auch von diesem Reservoir sind die epiphytischen Orchideen abgeschnitten. Ein verbreiteter Irrtum ist es, Orchideen seien Schmarotzer, die ihrer Wirtspflanze Nährstoffe entziehen. Dazu sind Orchideen nicht in der Lage. Sie müssen sich ihre Nahrung anderweitig beschaffen. Einmal ist dies zufliegender Staub, zum anderen verwitternde organische Abfälle, der »Mulm«. Die Konzentration der Nährstoffe ist in keinem Fall hoch, was uns den für die Kultur wichtigen Hinweis gibt, daß Orchideen salzempfindlich sind (Seite 60).

Verbreitet ist auch die fälschliche Annahme, Orchideen seien ausschließlich Bewohner ganzjährig heißer, zumindest warmer Gebiete. Selbst in solchen heißen Gegenden wachsen manche Orchideen in so großen Höhenlagen – etwa der Anden –, daß die Temperatur nicht übermäßig hoch ist, zumindest aber eine extreme nächtliche Abkühlung aufweist.

Dieser zum Gedeihen der Pflanzen nicht unwesentliche Temperaturwechsel ist es, der besonders bei der Kultur auf der Fensterbank nur schwer nachvollziehbar ist und häufig die größten Schwierigkeiten bereitet. Bei der starken Abkühlung erreicht die Luft den Taupunkt. Dies stellt für einige Orchideen während bestimmter Jahreszeiten die einzige Feuchtigkeitsquelle dar.

In diesem Buch werden die Orchideen beschrieben, die am häufigsten kultiviert werden. Daneben existiert eine große Zahl weiterer Arten, die in spezialisierten Orchideenbetrieben erhältlich sind. Für den Orchideenfreund immer wichtiger werden die Hybriden, also Züchtungen, die oft besonders willig gedeihen. Darunter sind auch Kreuzungen aus verschiedenen Gattungen. An diesen Hybriden können zwei, drei, vier oder gar mehr Gattungen beteiligt sein. Da sich die Züchter um günstige Eigenschaften beispielsweise für die Pflege auf der Fensterbank – man denke nur an die Größe der Pflanzen – bemühen, andererseits um attraktive sowie regelmäßig oder sogar mehrmals im Jahr erscheinende Blüten, sollte jeder Orchideenliebhaber das Angebot der spezialisierten Gärtnereien prüfen und sich fachkundig beraten lassen. Jährlich kommt eine große Zahl neu-

Während der Blüte werden manche Orchideen zum Problem: Der Blütenstand kann meterlang werden oder – wie bei dieser Coelogyne mas- sangeana – herabhängen, so daß die Pflanze nicht mehr auf der Fensterbank stehen kann.

er Hybriden hinzu, entstanden aus bislang unbekannten Kombinationen. Die Adressen von Spezialgärtnereien sind dem Pflanzeneinkaufsführer (PPP-Index) zu entnehmen, der über jede Buchhandlung zu beziehen ist.

Nicht selten beginnt das Orchideenhobby mit einem geschenkten Frauenschuh. Diese sind für den Anfang besonders geeignet. Es sind keine Epiphyten, sondern in der Erde wachsende, terrestrische oder geophytische Orchideen. Es gibt übrigens noch eine dritte Gruppe, die Lithophyten. Darunter verstehen wir Pflanzen, die sich auf Gestein ohne jegliche Erdschicht entwickeln können, zum Beispiel *Paphiopedilum bellatulum*, *P. niveum* und verschiedene Oncidien. In der Kultur brauchen wir das zum Glück nicht zu imitieren.

> **Orchideenblüten können empfindlich auf Tabakrauch reagieren. Um die Pracht nicht zu verkürzen, auf das Rauchen verzichten!**

Eine Besonderheit vieler Orchideen wurde bereits auf Seite 51 und 52 erwähnt: der sympodiale Wuchs, das heißt die Fortsetzung des Wachstums durch einen Seitentrieb, so daß es keine durchgehende Sproßachse gibt und die Pflanzen mehr in die Breite wachsen. Das »Übliche«, den monopodialen Wuchs, finden wir bei wenigen Gattungen wie *Phalaenopsis* und *Vanda*. Beim Umtopfen und der Vermehrung spielt diese Wuchsform eine wichtige Rolle: Die waagrechte Sproßachse der sympodialen Orchideen läßt sich ohne Schwierigkeiten in Stücke mit einzelnen oder mehreren Pseudobulben teilen. Bei monopodialen Orchideen sind wir meist darauf angewiesen, daß sich irgendwann einmal ein Seitentrieb bildet, doch geschieht dies leider sehr selten. Dennoch ist der Orchideenfreund auf die vegetative Vermehrung angewiesen, denn nur Profis sind in der Lage, Orchideen aus Samen heranzuziehen. Dies beginnt schon damit, daß viele Orchideen Fremdbestäuber sind, also eine zweite blühende Pflanze zur Bestäubung vonnöten ist. Der Blütenbau ist so kompliziert, daß der Laie Schwierigkeiten hat, die Narbe und den Blütenstaub, der in ganzen Paketen vorliegt (Pollinien), zu finden.

Das größte Problem aber ist der staubfeine Samen. Er enthält keinerlei Nährgewebe. Die Samenhülle birgt nur den winzigen Embryo, der auf eine fertig aufbereitete Nahrung angewiesen ist. In der Natur liefern diese Nahrung bestimmte Pilze, mit denen die Orchideen eng zusammenleben (Symbiose). Der Gärtner bereitet alles Lebensnotwendige zu einem künstlichen Nährboden auf und sät darauf unter sterilen Bedingungen den staubfeinen Samen. Solche Nährböden gibt es inzwischen zu kaufen, doch verlangt allein das sterile Arbeiten einige Erfahrung. Aber vielleicht entwickelt sich aus der Freude über die blühende Orchidee auf der Fensterbank eine solche Begeisterung, daß die zweifelsohne erforderliche Mühe vor der Anzucht aus Samen nicht abschreckt. Eine interessante Sache ist es auf jeden Fall.

Wer sich mit Orchideen abgibt, sollte nicht rauchen. Die Blüten, zum Beispiel von Cattleyen, haben sich als überaus empfindlich gegen Tabakrauch erwiesen und zeigen schon nach kurzer Einwirkung deutliche Schäden. Die Haltbarkeit wird erheblich reduziert.

Bromelien

In der Gärtnersprache sind Ananasgewächse »Bromelien«. Dies ist streng botanisch gesehen nicht korrekt. Man könnte fälschlich hierunter nur die Gattung *Bromelia* verstehen, die jedoch nur eine von etwa 45 innerhalb dieser Familie darstellt. Aber nachdem die eingedeutschte Form des Familiennamens Bromeliaceen recht umständlich klingt und *Bromelia*-Arten in Kultur keine Rolle spielen, können wir getrost diese Ungenauigkeit hinnehmen und weiterhin von Bromelien sprechen.

Die rund 2000 Bromelienarten stammen bis auf eine einzige Ausnahme vom amerikanischen Kontinent. Somit dauerte es eine Weile, bis sie in Europa Eingang in die gärtnerischen Sortimente fanden. Ihren Verbreitungsschwerpunkt haben sie in tropischen Gebieten. Allerdings steigen einige Arten hinauf bis in große Höhen von 4000 m. Solche Hochgebirgspflanzen unter den Ananasgewächsen verlangen einen kühlen, luftigen Stand, keine Wärme, wie man es von tropischen Pflanzen erwartet. Sie sind hierin zu vergleichen mit manchen Orchideen.

Zu den Orchideen gibt es weitere Parallelen. Wie diese galten Bromelien lange Zeit als Schmarotzer. Dies hat seinen Grund darin, daß die Mehrzahl der Bromelien Epiphyten sind, also auf hochgewachsenen Pflanzen sitzen. Wie die

Orchideen haben sie sich dem Konkurrenzkampf am Boden entzogen. An die Besonderheiten des Standortes haben sie sich mit einigen raffinierten Einrichtungen angepaßt. Die Blätter stehen zu einer Rosette zusammen, die einen Trichter bilden, der viel Wasser festhalten kann. Man nennt diese Gruppe der Ananasgewächse Trichter- oder Zisternenbromelien. Viele als Zimmerpflanzen wichtige Bromelien zählen hierzu, wie *Aechmea, Guzmania, Neoregelia* und *Vriesea*. Man sollte die Pflanzen einmal von oben begießen und anschließend die Zisterne ausleeren – es ist verblüffend, wie viel Wasser hinein paßt. Aus diesem Vorratsbehälter können die Ananasgewächse auch Wasser und darin gelöste Nährstoffe entnehmen. Die Wurzeln sind von dieser Aufgabe entlastet und dienen vorwiegend dazu, die Pflanze an ihrem exponierten Standort zu verankern. Entsprechend sind die Wurzeln auch drahtig fest ausgebildet.

Eine andere Lösung haben die sogenannten atmosphärischen Bromelien gefunden. Während die Zisternenbromelien in Gebieten mit hohen Niederschlägen vorkommen und den Regenguß nur auffangen müssen, leben die atmosphärischen in Trockengebieten. Niederschläge sind selten, jedoch ist die Luftfeuchte hoch und erreicht beim nächtlichen Abkühlen den Taupunkt. Die Tautropfen werden von Schuppen, die den gesamten Pflanzenkörper bedecken, blitzschnell aufgesaugt. Ist die Pflanze trocken, so sind die Saugschuppen mit Luft gefüllt, und die Oberfläche leuchtet grauweiß. Man spricht deshalb auch von den »grauen« Tillandsien. Benetzen wir die Blätter, so erscheinen sie sofort grün.

Auch die atmosphärischen Bromelien benötigen ihre Wurzeln vorwiegend zur Verankerung, ja es gibt sogar Arten, die völlig auf Wurzeln verzichten wie die bekannte *Tillandsia usneoides*, die lange, von Bäumen herabhängende Bärte bildet. Gießen und Düngen sind bei solchen Pflanzen ganz anders zu handhaben als bei den in der Erde wurzelnden Geophyten. Dies ist ausführlich auf den Seiten 54 und 61 beschrieben.

Eine dritte Gruppe der Ananasgewächse hat weniger mit Orchideen, sondern mehr mit Kakteen und anderen Sukkulenten gemein. Mit diesen kommen sie auch zusammen auf trockenen Standorten vor. Sie sind als xerophytische (trockenheitsverträgliche) Bromelien bekannt. Es sind keine Epiphyten; sie wurzeln vielmehr mit einem oft recht kräftigen Wurzelwerk im Boden. Diese Vielfalt der Ananasgewächse auch im Hinblick auf ihren heimatlichen Standort macht eine hierauf abgestimmte Pflege erforderlich: Zisternenepiphyten schätzen es in der Regel warm und feucht; die atmosphärischen Arten wollen es luftiger und im Winter kühler, aber die Luft darf nicht

Mit Bromelien lassen sich großartige Arrangements gestalten.

Im Foto Aechmea chantinii mit Anthurium scherzerianum links hinten und

Neoregelia carolinae 'Tricolor', einer weiteren Bromelie, vorne rechts.

Schuppenhaare, hier in der starken Vergrößerung des Rasterelektronenmikroskops, umgeben den Körper der grauen Tillandsien und saugen begierig jeden Wassertropfen auf.

trocken sein. Die xerophytischen Bromelien wie *Dyckia* und *Hechtia* halten wir schließlich ziemlich trocken und im Winter kühl, so wie dies bei vielen Sukkulenten erforderlich ist.

Bei guter Pflege haben wir lange Freude an den Bromelien, denn es sind ausdauernde Pflanzen. Zwar blüht eine Rosette nur einmal, aber bevor sie sich verabschiedet, hat sie in der Regel für Nachkommen gesorgt: Meist an der Basis der Pflanzen entstehen Seitentriebe, sogenannte Kindel. Daneben ist die allerdings langwierige Anzucht aus Samen möglich.

Ausführlich beschrieben sind *Aechmea*, *Ananas*, *Billbergia*, *Cryptanthus*, *Dyckia*, *Guzmania*, *Neoregelia*, *Nidularium*, *Tillandsia* und *Vriesea*.

Kakteen

Vom Aussehen wie von der Pflege her nimmt die Familie der Kakteen (Cactaceae) innerhalb der Zimmerpflanzen keinesfalls eine Sonderstellung ein. Sukkulente Vertreter gibt es in vielen Familien. Unter Sukkulenz verstehen wir die Eigenschaft, Wasser in besonders dafür geeigneten Geweben zu speichern. Sukkulenten sind damit sowohl die Peperomien und Sansevierien mit ihren dickfleischigen Blättern als auch die Wüstenrose (*Adenium*) und die Madagaskarpalme (*Pachypodium*) mit den kräftigen Stämmen. Auch die vielen Agaven, *Sedum-*, *Echeveria-*, *Aloë-*, *Haworthia-* und *Gasteria*-Arten sowie die Mittagsblumengewächse (Aizoaceae) zählen hierzu – und eben die Kakteen.

Der Wasservorrat macht sukkulente Pflanzen von einer kontinuierlichen Wasserversorgung unabhängig. Fällt im Laufe eines Jahres nur wenig Niederschlag, dann muß Vorsorge für den sparsamen Umgang mit dem kostbaren Naß getroffen werden. Die Wasserabgabe ist auf ein Minimum zu reduzieren. Die Kakteen haben dies sehr elegant gelöst. Sie haben, mit wenigen Ausnahmen, die Blätter zu Dornen umgebildet, botanisch falsch meist als Stacheln bezeichnet. Damit haben sie die Verdunstungsfläche erheblich reduziert. Die Dornen sowie bei manchen Arten ein dichtes Haarkleid wie beim bekannten Greisenhaupt (*Cephalocereus senilis*) schützen vor Sonneneinstrahlung und damit auch vor Verdunstung. Sie verhindern auch, daß sich die Pflanzen unter der erbarmungslosen Sonne heimatlicher Standorte zu sehr aufheizen und Schaden nehmen. Der weiße Überzug des Pflanzenkörpers wie bei *Copiapoa*-Arten hat die gleiche Funktion.

Die Dornen entspringen den Areolen, die häufig ein feines Haarkissen tragen. Diese Areolen entsprechen den Seitenknospen oder Augen der anderen Pflanzen. Aus ihnen kommen auch die Blüten hervor. Die Areolen sitzen meist auf Erhebungen, die zusammenhängen können, was wir dann als Rippen bezeichnen, oder einzeln stehen, den Warzen oder Mamillen. Die Areole kann sich auch aufspalten zwischen der Spitze der Warze und der Vertiefung zwischen zwei Warzen; die auf diese Weise entstehende Furche nennt man dann Axille.

Bei der Bewehrung lassen sich die Rand- und die Mittel- oder Zentraldornen unterscheiden. Die Mitteldornen sind oft besonders kräftig entwickelt und beispielsweise hakenförmig ausgebildet. Sie können auch völlig fehlen. Anzahl und Form aller Dornen sind wichtige Indizien zur Bestimmung einer Art. Allerdings kann die Variabilität sehr groß sein.

Die Dornen können noch eine weitere Funktion übernehmen: In manchen Heimatstandorten ist der nächtliche Tau über bestimmte Zeiten die einzige Feuchtigkeitsquelle. Bei einigen Kakteen wie *Discocactus* und *Neolloydia* (syn. *Turbinicarpus*) hat man nachgewiesen, daß ihre Dornen Tautropfen aufsaugen und weiterleiten können. In Kultur machen wir uns dies zunutze. Nach der winterlichen Trockenruhe sind die Wurzeln zunächst nicht voll funktionsfähig. Wir sprühen daher die Pflanzen über einige Tage ein, bevor wir zum ersten Mal vorsichtig gießen.

Die Wurzeln streichen meist flach unter der Erdoberfläche. Kakteen schätzen daher keinen allzu kleinen Topf. Die Wurzel kann aber auch als Wasserspeicher dienen und rübenförmig aussehen. Die Rübenwurzler sind besonders empfindlich gegen allzu viel Feuchtigkeit und faulen schnell. Sie sollten eine Erdmischung mit vielen groben, wasserdurchlässigen Bestandteilen erhalten. Solche Substrate haben eine geringe Wasserkapazität und vernässen weniger.

Damit sind wir beim Gießen der Kakteen, jener Pflegemaßnahme, die dem Unerfahrenen die größten Probleme bereitet. Dabei ist es gar nicht so schwer. Es kommt nur darauf an, die Pflanzen genau zu beobachten. Wenn sie wachsen, können sie einen erheblichen Wasserbedarf haben. Dann wird jeweils gegossen, wenn die gesamte Erde – nicht nur an der Oberfläche – weitgehend abgetrocknet, aber noch nicht völlig trocken ist. Würde das Substrat für einige Zeit völlig austrocknen, müßten die feinen Saugwurzeln zugrunde gehen. Kakteen können zwar sehr rasch neue Saugwurzeln bilden, aber das Wachstum wäre doch gestört. Die größte Wachstumsintensität ist meist im Frühjahr oder auch im Herbst zu beobachten, während sie im Hochsommer ein wenig nachläßt.

Ist kein deutliches Wachstum erkennbar, dann gilt die Regel: im Zweifelsfall nicht gießen! Ein Zuviel an Wasser ist immer schädlicher als das Gegenteil. Dies gilt ganz besonders für den Winter, während dem wir die meisten Kakteen völlig trokken halten. Voraussetzung ist allerdings, daß die Kakteen kühl stehen. Die niedrigen Temperaturen sind für viele Kakteen unerläßlich, sollen sie in der anschließenden Vegetationsperiode zur Blüte kommen.

Diese kühle, aber helle Überwinterung bereitet nicht selten bei der Zimmerkultur die größten Schwierigkeiten. Mit einem kühlen, aber dunklen Kellerraum ist es nicht getan. Viele Kakteen, besonders die Frühjahrsblüher, verlangen auch während der Ruhezeit maximalen Lichtgenuß.

Trotz kühler Überwinterung gelingt es nicht, manche Kakteenarten zur Blüte zu bringen. Dies liegt daran, daß wir von diesen Arten stets Jungpflanzen pflegen, die noch nicht die Blühreife erreichten. Bestimmte Kakteen wie *Melocactus*, *Espostoa* und *Cephalocereus* bilden ihre Blüten nur in einer Blühzone oder Cephalium. Die Blühzonen sind mit dichten, meist gelben oder braunen Borsten versehen und sitzen haubenartig dem Kakteenkörper auf oder sind nur auf einer Seite der Säulen zu finden (Lateralcephalium).

Die Blüten können weiterhin entweder in der Scheitelregion oder an der Basis der Pflanzenkörper erscheinen – ein wichtiges Bestimmungsmerkmal. Nicht zuletzt haben einige Kakteenarten die Eigenschaft, nachts aufzublühen, da sie in ih-

rer Heimat von Nachtfaltern oder Fledermäusen bestäubt werden. Die Haltbarkeit der Blüten ist nur gering, oft nur wenige Stunden. Die Blüten verdunsten viel Wasser, so daß sich die Pflanze diesen Luxus nicht lange leisten kann.

Wegen der Bedornung sind viele Kakteen auch in nichtblühendem Zustand attraktiv. Sie haben nur geringe Ansprüche und machen wenig Mühe. Bedenken wir, daß viele Kakteen im Gebirge vorkommen und daher nicht verweichlicht, sondern »hart« kultiviert werden wollen, so bleibt der Erfolg nicht aus. Starke Temperaturdifferenzen zwischen Tag und Nacht schätzen viele Arten und reagieren darauf mit kräftiger Bedornung und reicher Blüte. Beim Kauf der Pflanzen empfiehlt es sich, nach besonders schön bedornten Typen zu suchen.

Kakteen ermöglichen es, selbst auf kleiner Fläche stattliche Sammlungen anzulegen.

Das Bild zeigt die sehr variablen Astrophytum-Hybriden.

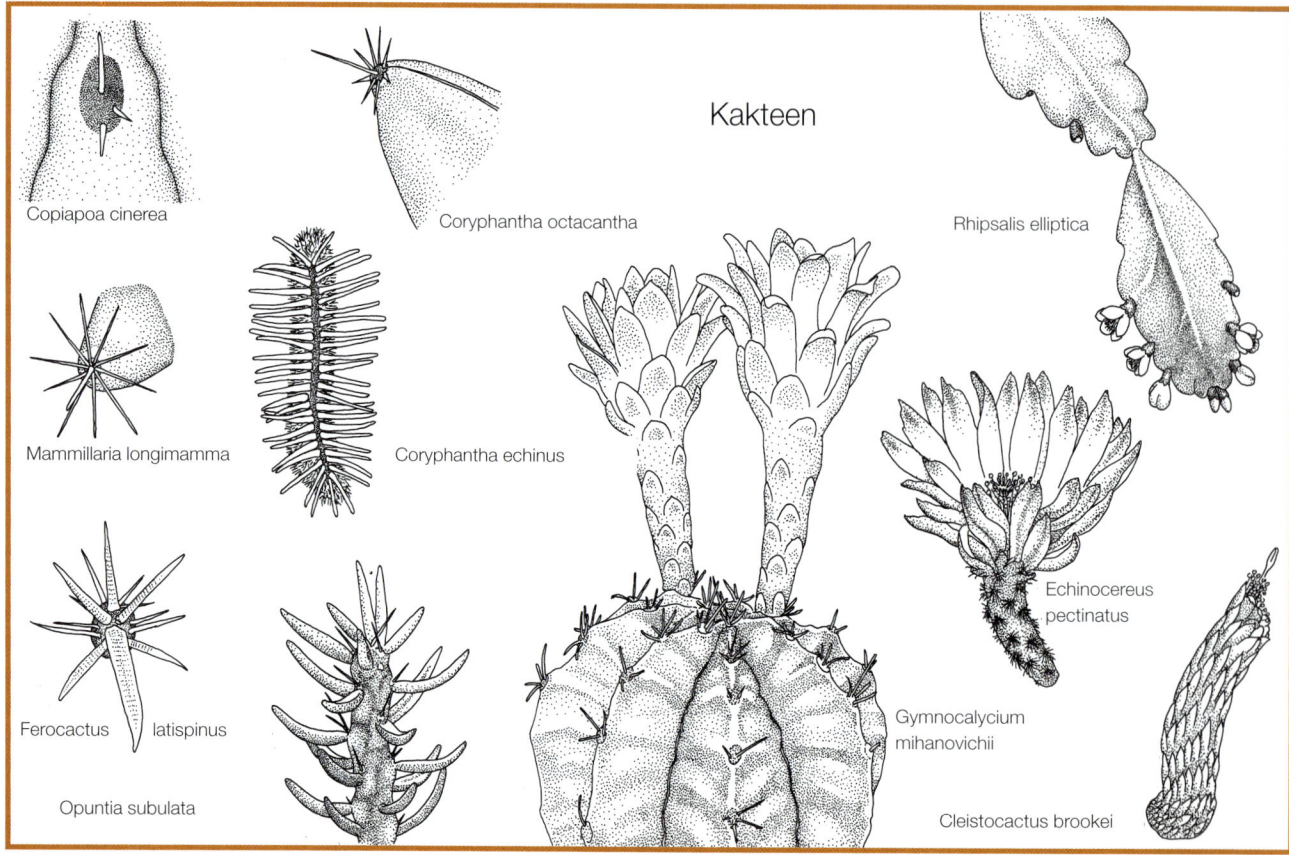

Kakteen

Copiapoa cinerea

Coryphantha octacantha

Rhipsalis elliptica

Mammillaria longimamma

Coryphantha echinus

Echinocereus pectinatus

Ferocactus latispinus

Gymnocalycium mihanovichii

Opuntia subulata

Cleistocactus brookei

Die Dornen der Kakteen sind wichtige Merkmale zur Bestimmung der einzelnen Arten. Sie entspringen den Areolen, die rund bis langgestreckt, kahl (Copiapoa) oder mit Borstenhaaren versehen sein können. Die Dornen können unterschieden sein in Rand- und Zentraldornen (Ferocactus, Coryphantha, Mammillaria longimamma), wobei letztere oft besonders kräftig entwickelt sind (Ferocactus). Daß Dornen umgewandelte Blätter sind, wird bei Arten wie Opuntia subulata deutlich.

Eine Besonderheit sind kammartig (pectinat) angeordnete Dornen (Coryphantha echinus). Die Blüten können an der Spitze der Warzen oder in der Achsel erscheinen. Gattungen wie Coryphantha weisen auf der Warze eine Längsfurche auf, der die Blüten entspringen. Die Blüten der höheren Kakteen bilden eine lange Röhre (Pericarpell), die in der Regel mit Areolen und Dornen versehen (Echinocereus), nur selten glatt ist (Gymnocalycium). Die Blütenblätter öffnen sich meist zu einem Trichter, bilden aber

beispielsweise bei Cleistocactus eine nur wenig geöffnete Röhre. Daß sich die Blattkakteen (z. B. Rhipsalis) nicht aus Blättern, sondern aus Sproßgliedern zusammensetzen, wird offenkundig, wenn sie Blüten bilden, denn Blüten können bei keiner Pflanze an Blättern entstehen.

Die Namen der Pflanzen

In einem Buch über Zimmerpflanzen sind, so sehr dies auch manchen ärgern mag, botanische Namen unumgänglich. Einmal gibt es eine Reihe von Pflanzen, die keinen deutschen Namen tragen, zum anderen sind die deutschen Bezeichnungen nicht immer eindeutig. »Astern« zum Beispiel können sowohl *Callistephus chinensis, Aster novi-belgii* oder *Dendran-*

thema × grandiflorum (syn. *Chrysanthemum indicum*) sein. Das erste sind Sommerastern, das zweite Glattblattastern und das dritte Herbstastern. Herbstastern sind identisch mit Chrysanthemen, unabhängig davon, ob die Stiele viele kleine oder nur eine große Blüte tragen. Unter »Apfelblütchen« versteht man in Hessen *Begonia*-Semperflorens-Hybri-

den. Man könnte noch viele Beispiele für solche regional gebräuchlichen Pflanzennamen nennen.

Es gab bereits mehrere Versuche, die botanischen Namen einzudeutschen. Nehmen wir als Beispiel die sukkulente Pflanzen beinhaltende Gattung *Adromischus*. Der Name leitet sich vom griechischen hadrós = gedrungen oder kurz und mischos = Stiel ab. Die Art *Adromischus clavifolius* wäre dann der »Knüppelblättrige Kurzstiel« (clava = Knüppel, -folius = -blättrig), *Adromischus trigynus* der »Dreiweibische Kurzstiel« (von tri- = drei- und gyne = Frau). Da solche Wortungetüme weder hilfreich noch leichter zu merken sind als der botanische Begriff, waren diese Versuche erfolglos. Wer sich ein wenig mit der wissenschaftlichen Pflanzenbenennung vertraut machte, wird bald sehen, daß dieses System gar nicht so schwer ist.

Seit Carl von Linné hat sich die binäre Nomenklatur eingebürgert. Das heißt, zwei Begriffe (ein Binom) definieren jede Pflanzenart. Der erste, groß geschriebene ist der Gattungsname (Genus), der zweite, im deutschen Sprachraum heute grundsätzlich klein geschriebene, ist die Artbezeichnung (richtiger: das spezifische Epitheton).

Euphorbia pulcherrima ist der Weihnachtsstern. Der großen Gattung *Euphorbia* gehören noch viele weitere Arten an, darunter auch der Christusdorn *Euphorbia milii*. Steigen wir die Rangstufe weiter nach oben, dann gelangen wir zur Familie (Familia), die nahe verwandte Gattungen einschließt. Die Gattung *Euphorbia* gab der Familie ihren Namen Euphorbiaceae oder Wolfsmilchgewächse. Die Endung -aceae kennzeichnet die Rangstufe der Familie. Zu dieser Familie gehören zum Beispiel auch *Acalypha hispida*, der Fuchsschwanz, und *Codiaeum variegatum*, der Wunderstrauch oder »Kroton«.

Im wissenschaftlichen Gebrauch erhält das Binom noch das Kürzel jenes Mannes, der Gattung und Art als erster korrekt beschrieb, zum Beispiel *Euphorbia* L. sowie *Euphorbia milii* Desmoulins. Das »L.« steht für Carl von Linné. Desmoulins war ein französischer Botaniker, der von 1797 bis 1875 lebte. Im gärtnerischen Gebrauch kann man in der Regel auf die Nennung der Namensurheber verzichten und ihn nur in seltenen Zweifelsfällen nennen.

Gibt es innerhalb einer Pflanzenart abweichende Typen, so können wir noch Unterarten (Subspezies = ssp.) oder Varietäten (Varietas = var.) unterscheiden, zum Beispiel von der im Mittelmeerraum verbreiteten *Euphorbia characias* die Unterarten *characias* und *wulfenii*. Die vollständigen Namen lauten *Euphorbia characias* ssp. *characias* und abgekürzt *E.c.* ssp. *wulfenii*.

Wenn wir uns mit einer Pflanzenart beschäftigen, dann tun wir das, weil sie uns entweder nützlich ist, wie etwa Getreide und Gemüse, oder weil sie uns gefällt. Die Merkmale, auf die wir es abgesehen haben, etwa die Größe der Frucht oder die Farbe und Füllung der Blüte, suchen wir nach unseren Vorstellungen zu beeinflussen. Wir lesen die uns angenehmen Typen aus und verwerfen die unerwünschten. Durch Kreuzen innerhalb einer Art oder zwischen verschiedenen suchen wir neue Varianten zu erzielen. Solche in Kultur entstandenen Formen nennen wir Kulturvarietäten, Kulturform (cultivated variety = Cultivar, cv.) oder einfach Sorte. Die Sorte erhält einen Phantasienamen, den wir zur Kennzeichnung in einfache Anführungszeichen setzen: *Euphorbia pulcherrima* 'Annette Hegg' oder 'Pink Ecke'.
Um eine Arthybride, also eine Kreuzung zweier verschiedener Arten, kenntlich zu machen, setzt man vor den neu zu schaffenden Namen das Malzeichen ×. Aus *Euphorbia lophogona* und dem Christusdorn, *Euphorbia milii*, entstand ein Bastard, der den Namen *Euphorbia* × *lomi* erhielt. Die Namen der Kreuzungsprodukte aus zwei oder drei Arten oder Gattungen entstehen, wie wir an diesem Beispiel sahen, durch Verbindung der elterlichen Namen: *lophogona* und *milii* = *lomi*. Bei Kreuzungen von Arten verschiedener Gattungen ist es nicht anders: *Fatsia japonica* (Aralie) × *Hedera helix* (Efeu) = × *Fatshedera lizei* (Efeuaralie). Gibt es mehr als zwei oder drei Elternteile, was bei Orchideen gar nicht so selten ist, dann schafft man einen Kunstbegriff, um kein Wortungetüm zu erhalten. Beispiele dafür sind × *Vuylstekeara*, die aus *Cochlioda*, *Miltonia* und *Odontoglossum* entstand, und × *Wilsonara*, die aus *Cochlioda*, *Odontoglossum* und *Oncidium* hervorging.

Damit sind wir bei den Orchideen gelandet. Für diese Familie hat man einige Sonderregelungen getroffen. Kreuzt man zwei verschiedene Orchideen miteinander, so erhält man als Ergebnis eine Fülle unterschiedlicher Kinder, die sich mehr oder weniger ähneln. Diesem Kreuzungsprodukt gibt man einen einheitlichen Phantasienamen und bezeichnet diese nomenklatorische Rangstufe als »grex« (= Hybridengruppe, Schwarm). Kreuzt man die Frauenschuhorchidee *Paphiopedilum glaucophyllum* mit *Paphiopedilum praestans*, so erhält man eine Hybridgruppe, der man den Namen *Paphiopedilum* (Jogjae) – in der Regel ohne Klammer geschrieben – gegeben hat.

Innerhalb dieser Hybridgruppe aus einer Kreuzung kann man eine bestimmte, besonders schöne Pflanze herausgreifen, mit einem Sortennamen versehen und durch Teilung oder andere Methoden der ungeschlechtlichen Vermehrung vervielfältigen. Eine Orchideensorte ist immer auf eine einzige Pflanze zurückzuführen; alle Exemplare einer Sorte sind völlig identisch, ein Klon. Erwerbe ich eine *Paphiopedilum* (Jogjae) 'Holland', so ist dies eine exakt definierte Pflanze, die genau dem Typ entsprechen muß.

Diese Ausnahmeregelung wurde bei Orchideen erforderlich, da diese Familie entwicklungsgeschichtlich jung ist und sich noch in einem starken Entwicklungsprozeß befindet. Orchideen bastardieren aus diesem Grund sehr stark. Während innerhalb anderer Familien aus der Kreuzung verschiedener Arten nur in wenigen Fällen fertile Pflanzen hervorgehen, lassen sich bei Orchideen sogar aus Vertretern unterschiedlicher Gattungen fortpflanzungsfähige Nachkommen erzielen. Um diese Vielfalt überschaubar zu machen, entschied man sich für die genannten Sonderregelungen. Eine ähnlich junge Familie sind die Kakteen. Sie bastardieren ebenfalls sehr stark, sind sehr variabel, so daß Abgrenzungen der Gattungen und Arten schwerfallen. Es kommt darum immer wieder zu neuen Einteilungen und Umbenennungen.

Wenn sich ein Name ändert, so ist das immer ärgerlich. Die Ursache kann sein, daß die Pflanze einer anderen Art oder gar Gattung zugeordnet wurde oder aber, daß man einen älteren Namen gefunden hat, der dann in der Regel Vorrang hat. Die nicht mehr gültigen Namen kann man als Synonym (syn. = sinnverwandtes Wort) hinter dem jetzt gebräuchlichen aufführen, zum Beispiel *Euphorbia pulcherrima* (syn. *Poinsettia pulcherrima*).

In einer Aufzählung kann man Gattungsnamen dann abkürzen, wenn klar ist, welcher gemeint ist. Bei uns hat sich eingebürgert, grundsätzlich nur den Anfangsbuchstaben zu verwenden, beispielsweise *Abutilon pictum*, *A. megapotamicum* und so fort. Wiederum machen die Orchideen eine Ausnahme. Um die vielen ähnlich klingenden Gattungen und Gattungshybriden besser auseinanderhalten zu können, hat man sich international auf Abkürzungen aus meist mehreren Buchstaben geeinigt, beispielsweise Paph. für *Paphiopedilum*, L. für *Laelia*, C. für *Cattleya* und Slc. für × *Sophrolaeliocattleya*.

Die folgende Beschreibung der wichtigsten Zimmerpflanzen mag verdeutlichen, daß es ohne die wissenschaftliche Pflanzenbenennung nicht geht. Selbst die in diesem Buch wiedergegebene Fülle ist letztendlich nur ein kleiner Ausschnitt dessen, was in Wohnräumen, in Vitrinen oder Kleingewächshäusern kultiviert werden könnte.

Pflanzen von A bis Z

Abutilon, Schönmalve

Diese rund 150 Arten umfassende Gattung aus der Malvenfamilie (Malvaceae) ist in tropischen und subtropischen Gebieten zu Hause. Nur wenige Arten und Kulturformen haben als Zimmerpflanzen Bedeutung. Im Winter geheizte, nicht sonderlich helle Wohnräume behagen ihnen wenig. Wer einen sonnigen, temperierten Raum mit 6 bis 10 °C bieten kann, wird viel Freude an dieser schönblättrigen und hübsch blühenden Pflanze haben.

Bei den meisten angebotenen Pflanzen handelt es sich um Hybriden aus

Bild linke Seite:
Cordyline australis 'Aureostriata'

Abutilon darwinii (orangerot blühend mit dunkelroter Aderung) und *A. pictum* (syn. *A. striatum*, gelborange blühend mit roter Aderung): Man faßt sie unter dem Namen Darwinii-Gruppe zusammen. Sie tragen meist fünf- bis siebenlappige Blätter und weiße, gelbe oder rote Blüten.

Die zweite Gruppe läßt deutlich die Verwandtschaft zu *Abutilon megapotamicum* erkennen, eine Art mit hängenden Trieben und hängenden kleinkronigen Blüten mit rotem Kelch und gelben, sich wenig öffnenden Blütenblättern. Sie eignen sich besonders zur Ampelpflanze. Die Hybriden der Megapotamicum-Gruppe tragen ungelappte oder mehr oder weniger deutlich dreigelappte Blätter. Die Sorte 'Patrick Synge' besitzt einen roten Kelch und ziegel-rote Blütenblätter, 'Boule de Neige' einen grünen Kelch mit weißen Blütenblättern.

Abutilon megapotamicum

Sowohl unter den Arten als auch den Hybriden existieren Sorten mit panaschierten Blättern, wie *A. pictum* 'Thompsonii'. Deren Blattzeichnung ist die Folge einer – in diesem Fall nicht unerwünschten – Virusinfektion.

Licht: Während des ganzen Jahres ein heller, sonniger Platz, besonders in der lichtarmen Jahreszeit. Bei dunklem und zu warmem Stand werden die unteren Blätter abgestoßen.

Temperatur: *Abutilon* nehmen auch im Sommer mit Temperaturen um 15 °C vorlieb, weshalb ihnen ein Aufenthalt im Freien, auf Terrasse oder Balkon, gut bekommt. Etwas wärmer wünscht es *A. megapotamicum*. Im Winter sind Temperaturen nicht über 10 °C anzustreben.

Substrat: Des kräftigen Wachstums wegen eine nährstoffreiche Erde, zum Beispiel Nr. 1, 5, 9 oder 17 (s. Seite 39 bis 41); pH etwa 6.

Feuchtigkeit: Während der Wachstumszeit kräftig gießen. Auch während der Ruhezeit im Winter nie ganz austrocknen lassen.

Düngen: Ab Frühjahr bis Herbst wöchentlich mit Blumendünger.

Umpflanzen: Am besten im Frühjahr (nach dem Rückschnitt).

Pflanzenschutz: Ausgesprochen lästig kann ein Befall mit der Weißen Fliege sein, da die Schädlinge nur schwer zu bekämpfen sind.

Vermehren: Im Frühjahr durch Kopfstecklinge, die bei Bodentemperaturen um 22 °C leicht wurzeln. Mit einem Glas oder

Abutilon-Hybride 'Orange Vein'

Abutilon-Hybride 'Lemon Queen'

Acacia dealbata, siehe auch Seite 112

Spalt und bindet ihn zusammen. Eine Plastiktüte erleichtert das Anwachsen.
Besonderheiten: *Abutilon*-Hybriden und *A. pictum* verlangen jährlichen Rückschnitt bis in verholzte Triebe, am besten am Ende der Ruhezeit. Um die Pflanzen kürzer zu halten, verwenden die Gärtner Wuchshemmstoffe.

Acacia, Känguruhdorn

Etwa 800 Arten mag die zu den Hülsenfrüchtlern (Leguminosae) zählende Gattung enthalten. Nur wenige von ihnen eignen sich als Topfpflanze, nicht zuletzt weil sie zu groß werden. *Acacia paradoxa* (syn. *A. armata*) wird regelmäßig im Frühjahr blühend angeboten. Sie erreicht zwar in ihrer australischen Heimat – deshalb der Name »Känguruhdorn« – über 3 m Höhe. Dies ist aber noch bescheiden im Vergleich zu den baumartigen, 30 m hohen Arten wie der ebenfalls aus Australien stammenden Silberacacie (*A. dealbata*). Australische Acacien zeichnen sich alle durch sogenannte Phyllodien aus; das sind derbe, blattähnliche Gebilde, die aus verbreiterten Blattstielen hervorgingen. Sie ent-

einer Kunststofftüte für hohe Luftfeuchte sorgen. Von einigen Sorten werden auch Samen angeboten. Sie ermöglichen, jährlich neue Pflanzen heranzuziehen, so daß das Problem der Überwinterung nicht besteht. Die Samen keimen bei 20 °C in etwa 2 Wochen, und die Sämlinge blühen bereits nach 4 Monaten.
Als Unterlage für Hochstämmchen ist *A. pictum* geeignet. Wenn der Haupttrieb lang genug ist, wird er geköpft, kurz gespalten, und die keilförmig angespitzten Edelreiser steckt man in den

sprechen damit nicht dem Bild, das man sich von Acacien mit dem aus vielen Fiederblättchen bestehenden Laub macht. Diese fiederblättrigen Acacien haben ihren Verbreitungsschwerpunkt in Afrika sowie – in geringerem Umfang – in tropischen und subtropischen Gebieten des amerikanischen Kontinents. Sie werden oft fälschlich als »Mimosen« bezeichnet und unter diesem Namen auch geschnitten im Blumengeschäft angeboten.

Zur Gattung *Mimosa* zählt die zart rosaviolett blühende Sinnespflanze (*Mimosa pudica*, s. Seite 345). Als Acacien bezeichnet man oft fälschlich die Laubbäume unserer Alleen und Parks, bei denen es sich richtig um Robinien oder Scheinacacien handelt (*Robinia pseudoacacia*). Die richtigen Acacien sind also die gelbblühenden »Mimosen«.

Als kleine Sträucher oder Hochstämme gezogen, geben Acacien attraktive Kübelpflanzen ab. Es handelt sich meist um Sorten von *Acacia dealbata*, die ihre gelben Blüten im Winter öffnen. Im Winter wie auch im Sommer blüht die mit breiten Phyllodien versehene *A. floribunda* mit ihren Sorten. Sie dient auch als Veredlungsunterlage für die Sorten von *A. dealbata*.

Alle Acacien lassen sich ganzjährig nur dann im Zimmer halten, wenn ihnen ein kühler, luftiger und sonniger Raum zur Verfügung steht. Da sie zu kleinen Bäumchen heranwachsen, ist ein Wintergarten ideal. Ansonsten verbringen sie die frostfreien Monate im Freien.

Licht: Heller, sonniger Platz.
Temperatur: Stets kühl und luftig, von April bis September/Oktober bei frostfreiem Wetter im Freien. Im Winter Temperaturen zwischen 5 und 12 °C.
Substrat: Mischungen wie Nr. 1, 5, 9 oder 17 (siehe Seite 39 bis 42), pH von 5 bis 6.
Feuchtigkeit: Acacien mit feinem »Laub« benötigen viel Wasser und müssen

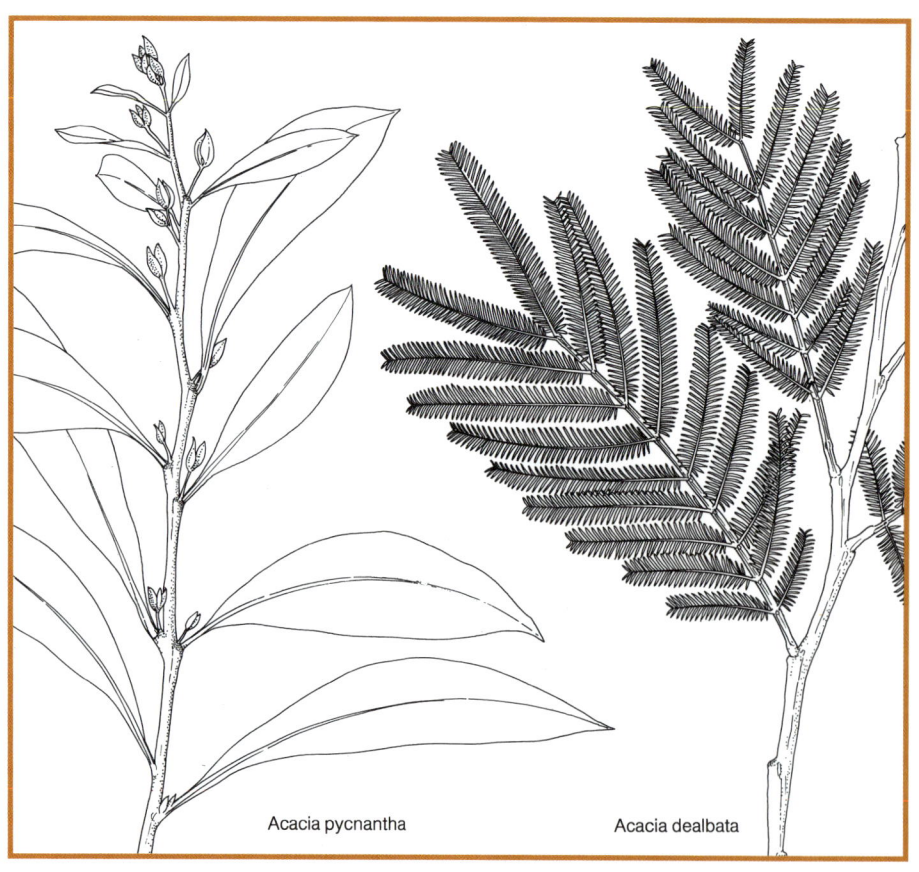

Acacia pycnantha   Acacia dealbata

Bei Australischen Acacien ist das Laub bis auf blattähnlich ausgebildete Blattstiele, die Phyllodien, reduziert. Phyllodien können dreieckig, breit wie ein Blatt oder nadelförmig wie bei Acacia dealbata sein.

besonders bei sonnigem Freilandstand täglich gegossen werden. Auch im Winter nicht völlig austrocknen lassen. Arten mit Phyllodien sind genügsamer.

Düngen: Acacien leben symbiontisch mit einem Wurzelbakterium und verlangen deshalb nur sparsame Düngergaben. Während der Sommermonate etwa wöchentlich mit üblichem Blumendünger in halber Konzentration gießen.

Umpflanzen: Jährlich, größere Pflanzen alle 2 bis 3 Jahre im Frühjahr.

Vermehren: Arten am einfachsten durch Absenker. Zweige werden dazu heruntergebogen und mit einem Stengelteil in einen Topf gesteckt, wo sie nach einigen Wochen bewurzeln. Sorten werden meist veredelt durch seitliches Anplatten auf die Wildart, Sorten von *A. dealbata* auf *A. floribunda*. Steht frisches Saatgut zur Verfügung, gleich bei 20 bis 25 °C keimen lassen. Älterer Samen keimt nur unregelmäßig und sollte vor der Aussaat kurz in kochendes Wasser getaucht werden.

Acalypha hispida 'Alba'

Acalypha, Fuchsschwanz, Katzenschwanz, Nesselblatt

Von den über 400 Arten dieser Gattung aus der Familie der Wolfsmilchgewächse (Euphorbiaceae) sind nur wenige Topfpflanzen geworden: *Acalypha hispida*, der Fuchsschwanz, die Sorten von *A. wilkesiana*, dem Nesselblatt, und seit wenigen Jahren *A. hispaniolae* (fälschlich auch als *A. pendula* angeboten), eine reizende Ampelpflanze. Sie stammen aus den wärmeren Gebieten der Erde und haben entsprechende Ansprüche. Die Zierde des Fuchsschwanzes sind die bis 50 cm langen kätzchenartigen Blütenstände, die kräftig rot, bei der Sorte 'Alba' cremefarben sind. Die Blüten der *Acalypha*-Wilkesiana-Hybriden sind dagegen recht unscheinbar. Die Sträucher gefallen vielmehr durch die lebhaft gefärbten Blätter. *Acalypha* können ohne Gefahr berührt werden; der Name Nesselblatt ist nicht wörtlich zu nehmen.

A. hispaniolae, in der Sorte 'Bodes Feuerzauber' im Handel, blüht das ganze Jahr über unentwegt mit dicken roten Blütenständen an den dünnen überhängenden Trieben.

Licht: Hell, aber keine direkte Sonne während der Sommermonate.

Temperatur: Während der Wachstumszeit übliche Zimmertemperatur, nicht unter 20 °C. Im Winter nicht unter 16 bis 18 °C. *A. hispaniolae* nicht unter 12 bis 15 °C. Bei zu hohen Temperaturen werden die Pflanzen lang und unansehnlich.

Substrat: Gedeiht gut in üblichen Fertigsubstraten wie Nr. 1, 2, 3, 5, 8, 9 oder 17 (s. Seite 39 bis 42), *A. hispaniolae* am besten Nr. 11; pH um 6,5; *A. hispaniolae* nicht höher als 5,5, sonst kommt es zu Eisenmangel.

Feuchtigkeit: Gießen mit Fingerspitzengefühl ist während des ganzen Jahres vonnöten. *A. hispida* und *A. wilkesiana* reagieren empfindlich auf stauende Nässe, aber auch auf Trockenheit. Das Schwierigste bei der Zimmerkultur ist die geforderte hohe Luftfeuchtigkeit. Trockene Luft vertragen die Pflanzen nicht. Daher ist das geschlossene Blumenfenster oder die Vitrine der ideale Standort. *A. hispaniolae* ist weniger anspruchsvoll, hat allerdings besonders im Sommer einen hohen Wasserbedarf.

Düngen: *Acalypha* brauchen viele Nährstoffe und gedeihen nur optimal, wenn von Frühjahr bis Herbst wöchentlich mit einem Blumendünger gegossen wird.

Während der lichtarmen Jahreszeit reichen Gaben im Abstand von 4 Wochen.

Umpflanzen: Jährlich im Frühjahr.

Pflanzenschutz: Besonders bei trockener Luft treten gelegentlich Spinnmilben auf, die nur durch mehrmaliges Spritzen zu bekämpfen sind.

Vermehren: Im Frühjahr geschnittene Kopfstecklinge bewurzeln sich bei mindestens 20 °C Bodentemperatur und hoher Luftfeuchte (Plastiktüte). Von *A. hispaniolae* ergeben acht bis zehn Stecklinge pro Topf schöne Ampeln.

Besonderheiten: Von *A. hispida* und *A. wilkesiana* nur ältere Pflanzen und auch diese nicht zu kräftig zurückschneiden. *Acalypha hispida* wird in Gärtnereien mit Wuchshemmstoffen behandelt, deren Wirkung nach einiger Zeit nachläßt. Pflanzen verlieren dann ihren kompakten Wuchs. *A. hispaniolae* verträgt einen kräftigen Rückschnitt, wenn die Triebe zu lang geworden sind.

Acalypha hispida

Acalypha hispaniolae

Achimenes-Hybride 'Viola Michelsen'

Achimenes, Schiefteller

In Südamerika ist diese 25 Arten zählende Gattung zu Hause, die wie das beliebte Usambaraveilchen zu den Gesneriengewächsen gehört. Die weichen Triebe der Pflanze hängen je nach Sorte mehr oder weniger über. Früher stützte man die Triebe – die Pflanzen wurden »gestäbelt«. Neue, kompakter wachsende Sorten und die Verwendung von Wuchshemmstoffen machen dies nicht mehr erforderlich. Der Farbspiegel der großblumigen Hybriden reicht von Rosa bis zu Blauviolett. Eine über und über blühende Pflanze mit ihren asymmetrischen Blütentellern ist ein herrlicher Anblick.

Die Pflanzen bilden kleine beschuppte Rhizome aus; das sind knollenähnliche Gebilde, die kleinen Fichtenzapfen ähnlich sehen. Diese Rhizome werden zur Überwinterung ähnlich wie Dahlienknollen gelagert.

Licht: Hell, aber keine direkte Sonne. Während des Antreibens der Rhizome etwas schattieren und langsam an mehr Licht gewöhnen. Bei zu dunklem Stand sind auch kompakte Sorten nicht standfest.

Temperatur: Die Pflanzen gedeihen gut bei üblicher Zimmertemperatur von 18 bis 25 °C. Diese Temperatur ist auch zum Antreiben der frisch gelegten Rhizome geeignet. Das Antreiben erfolgt ab Mitte Februar. Ab September läßt man die Pflanzen langsam einziehen und lagert anschließend die aus der Erde genommenen Rhizome trocken in Torf oder Sand bei etwa 20 bis 22 °C. Man kann die Rhizome auch bis zum Frühjahr in der Erde belassen.

Substrat: Fertigerde wie Nr. 1, 2, 3, 5, 6 oder 8 (s. Seite 39 bis 40); pH 5,5 bis 6.

Feuchtigkeit: Während des Wachstums stets für ein feuchtes, aber nicht nasses Substrat sorgen. Ab September Gießen reduzieren, damit die Pflanzen langsam einziehen. Ruhende Rhizome ganz trocken halten.

Bei Überwinterung an einem sehr lufttrockenen Platz kann es sinnvoll sein, den Torf oder Sand mit den Rhizomen sporadisch leicht zu besprühen. Nie mit kaltem Wasser gießen! Der Schiefteller reagiert darauf genau wie das Usambaraveilchen mit Blattschäden. Das Wasser sollte Zimmertemperatur haben. Besonnte Pflanzen nicht gießen, sondern frühe Morgen- oder aber Abendstunden wählen. Allzu trockene Luft behagt dem Schiefteller nicht. Die ungünstigste Zeit – die Heizperiode – überdauert er jedoch unbeschadet als Rhizom.

Die Blütenform gab dem Schiefteller (Achimenes) seinen Namen. Der Sproß entspringt einem tannenzapfenähnlichen Rhizom.

Acorus gramineus 'Ogon'   Adenium obesum

Düngen: Etwa 6 Wochen nach dem Austrieb der Rhizome mit wöchentlichen Gaben eines üblichen Blumendüngers beginnen. Ab August einstellen.

Umpflanzen: In jedem Frühjahr, etwa ab Mitte Februar, werden die knollenähnlichen Rhizome so in die Erde gelegt, daß sie etwa 2 cm hoch bedeckt sind. Die schönsten Pflanzen erhält man, wenn in jeden etwa 10 cm großen Topf etwa fünf Rhizome gesteckt werden.

Pflanzenschutz: Die Flecken auf den Blättern werden meist durch Gießen mit kaltem Wasser verursacht. Nur selten sind Viren die Ursache; in solchen Fällen Pflanzen wegwerfen.

Vermehren: Im Frühjahr leicht möglich durch Teilen der Rhizome. Von März bis Juni geschnittene Kopfstecklinge bewurzeln bei mindestens 20 °C Bodentemperatur und feuchter Luft. Die samenvermehrbaren Sorten keimen bei 20 bis 22 °C.

Besonderheiten: Mit Wuchshemmstoff behandelte Pflanzen wachsen dann stärker, wenn die Wirkung nachläßt. Möglichst solche Sorten für die Zimmerkultur verwenden, die auch ohne Behandlung kompakt bleiben.

Acorus, Zwergcalmus

Der Zwergcalmus (*Acorus gramineus*) – ein Aronstabgewächs (Araceae, auch in eine eigene Familie Acoraceae gerechnet) – ist als Topfpflanze recht unbekannt, obwohl er hübsch und ausgespro-

chen anspruchslos ist. Aquarianern ist er schon geläufiger, aber die meisten haben schlechte Erfahrungen gemacht. Auf Dauer hält *Acorus* völlig untergetaucht nicht aus. Dennoch wird er immer wieder für diesen Zweck angeboten. Als Pflanze feuchter, sumpfiger Standorte in Japan, Indien und China ist er prädestiniert für Sumpfgärtchen (s. Seite 92). Eine erhebliche Härte läßt den Zwergcalmus auch im Garten in Wassernähe Verwendung finden. Am schönsten sind die Sorten 'Variegatus' mit gelbgestreiften Blättern und 'Ogon' in Chartreuse-Gelb. Sie sieht man häufiger als die weißgestreifte 'Albovariegatus' (auch 'Argenteostriatus' genannt). Das Blatt weist keine Mittelrippe auf und entspringt einem über die Erde kriechenden Sproß. *Acorus* wächst auf diese Weise wie manche Orchideen aus dem Topf heraus und ist deshalb rechtzeitig zu teilen.

Licht: Nimmt sowohl mit hellem als auch halbschattigem Platz vorlieb. Vor direkter Sonne zumindest während der Mittagsstunden schützen.

Temperatur: Eignet sich nur für kühle Räume, die im Winter kaum über 0 °C liegen müssen. Wintertemperaturen bis 15 oder 18 °C werden aber auch vertragen. Während der übrigen Zeit übliche Zimmertemperatur.

Substrat: Lehmige Erde, auch Einheitserde (Nr. 1 oder 17, s. Seite 39 und 42) mit Lehmzusatz; pH 6 bis 7.

Feuchtigkeit: Als Sumpfpflanze immer ausreichend feucht halten; nie austrocknen lassen. Ideal sind Dauerbewässerungssysteme.

Düngen: Während der Hauptwachstumszeit im Frühjahr und Sommer alle 2 Wochen, sonst nur alle 4 Wochen mit Blumendünger gießen.

Umpflanzen: Im Frühjahr, dabei die Pflanzen teilen und so einpflanzen, daß der kriechende Sproß nicht gleich aus dem Topf herauswächst.

Vermehren: Teilung des Erdsprosses im Frühjahr.

Adenium, Wüstenrose

Noch vor wenigen Jahren war *Adenium* nur in botanischen Gärten als schwierig zu pflegende, nur sporadisch blühende Pflanze bekannt. Durch die Veredlung auf Oleander ist es den Gärtnern gelungen, aus ihm eine haltbare, reichblühende Topfpflanze zu machen. Dafür muß man in Kauf nehmen, daß der Stamm aus dem stets dünner bleibenden Oleander und dem wesentlich dickeren *Adenium* besteht, was nicht gut aussieht (Bild Seite 113). Die giftigen Milchsaft enthaltenden Pflanzen gehören wie der Oleander zu den Hundsgiftgewächsen (Apocynaceae) und sind vom Osten Afrikas bis zum südlichen Arabien zu Hause. Im Handel findet man zwei Formen: *Adenium obesum* und *A. obesum* ssp. *swazicum*. Sie sind in erster Linie anhand ihrer Blätter zu unterscheiden. *A. obesum* besitzt eiförmige und dunkelgrüne, *A. obesum* ssp. *swazicum* längliche und hellgrüne Blätter. Die Pflanzen variieren jedoch sehr stark. Die Blütenfarbe reicht von Rosa über Dunkelpurpur bis Violett.

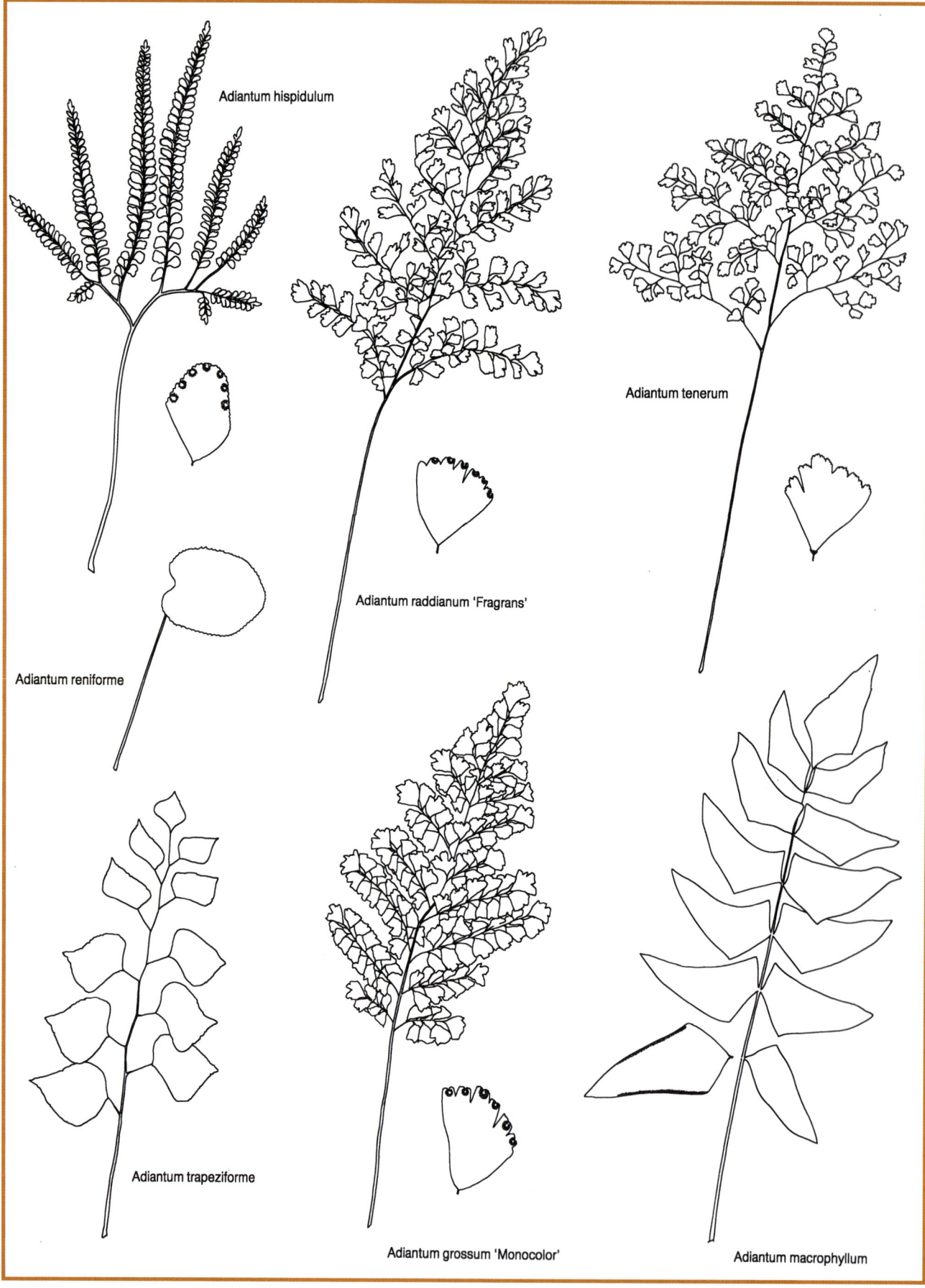

Adiantum hispidulum

Adiantum tenerum

Adiantum raddianum 'Fragrans'

Adiantum reniforme

Adiantum trapeziforme

Adiantum grossum 'Monocolor'

Adiantum macrophyllum

Licht: Während des ganzen Jahres volle Sonne.

Temperatur: Mit Ausnahme des Winters übliche Zimmertemperatur; bis zu 35 °C. Nachts kann sie bis auf 12 °C absinken, so daß auch Aufenthalt an geschützter, sonniger Stelle im Freien möglich ist. Im Winter hält man die Pflanzen bei 18 °C und viel Licht im Wachstum oder läßt sie bei 13 °C eine Ruhezeit durchmachen.

Substrat: Die auf Oleander veredelten Pflanzen wachsen in jeder für diesen geeigneten Erde, z. B. Nr. 1, 5, 9 oder 17 (s. Seite 39 bis 42); pH um 6. Wurzelechte Pflanzen brauchen ein mineralisches Substrat wie Urgesteins- oder Lavagrus.

Feuchtigkeit: Veredelte Pflanzen mit Ausnahme des Winters stets mäßig feucht halten, jedoch vor dem Gießen oberflächlich abtrocknen lassen. Im Winter besonders ruhende Pflanzen weniger gießen, jedoch Wurzeln nicht absterben lassen.

Düngen: Während der Hauptwachstumszeit alle 14 Tage abwechselnd mit Blumen- und Kakteendünger gießen. Im Winter nicht düngen.

Umpflanzen: Während der Wachstumszeit bei Bedarf.

Pflanzenschutz: Neben Woll- oder Schmierläusen können besonders Spinnmilben zur Plage werden.

Vermehren: *Adenium*-Kopfstecklinge im Frühjahr auf etwa gleich dicke, rund 1 ½ Jahre alte Oleander veredeln (s. Seite 112). Wurzelechte Pflanzen durch Samen oder Kopfstecklinge. Dabei ist zu beachten, daß Stecklingspflanzen nicht die für *Adenium* typische Sproßknolle ausbilden.

Besonderheiten: Pflanzen sind giftig!

Adiantum, Frauenhaarfarn

Mit rund 200 vorwiegend im tropischen Amerika beheimateten Arten und einer ebenfalls stattlichen Anzahl Kulturformen ist die Gattung *Adiantum* aus der Familie der Frauenhaarfarngewächse (Adiantaceae) sehr umfangreich. Es sind meist reizvolle Farne mit braunschwarzen Stielen und zierlichen Fiederblättchen. Schon vom Aussehen her schließt man zu Recht, daß sie nicht zu den härtesten Zimmerpflanzen gehören.

Die meisten verhalten sich in üblichen Wohnräumen geradezu mimosenhaft. Besonders die niedrige Luftfeuchte macht ihnen zu schaffen. Sprichwörtlich ist auch die Empfindlichkeit gegen Trockenheit und gegen einen hohen Salzgehalt.

Angeboten werden vorwiegend Sorten von *Adiantum raddianum* (syn. *A. cuneatum*) und *A. tenerum*. Von *A. raddianum* haben sich besonders

Adiantum raddianum 'Elegans', eine 1885 in England entstandene Sorte

die Sorten 'Fritz Lüthi' und 'Decorum' als Zimmerpflanzen bewährt, von *A. tenerum* die bekannteste Sorte 'Scutum Roseum' mit in der Jugend hübsch rotbraun gefärbten Fiederblättchen. Zu *A. raddianum* zählt die als *A. tinctum* angebotene Auslese, Möglicherweise auch *A. grossum*. *Adiantum* sind besonders dem erfahrenen Zimmerpflanzengärtner für das warme Blumenfenster mit hoher Luftfeuchte zu empfehlen. Er kann auch die sehr schönen Arten mit großen Fiederblättern wie das im Austrieb auffallend rote *A. macrophyllum* und *A. trapeziforme* oder das rundblättrige *A. reniforme* erfolgreich kultivieren. Sehr wüchsig und etwas robuster ist *A. hispidulum*.

Als Ampelpflanze empfiehlt sich der Geschwänzte Frauenhaarfarn (*A. caudatum*), der bis 60 cm lange Blätter bildet, die an der Spitze in Wurzeln entwickelnde Ausläufer übergehen.

Licht: Keine direkte Sonne, halbschattiger Platz. Stehen die Pflanzen zu dunkel, sehen die Fiederblättchen fahlgrün aus.

Temperatur: Im Winter 18 bis 20 °C (*A. hispidulum* und *A. caudatum* bis minimal 15 °C), sonst 20 bis 25 °C. Eine kalte Fensterbank ist ungeeignet, da auch die Bodentemperatur nicht viel niedriger liegen darf.

Substrat: Fertigerden mit niedrigem Nährstoffgehalt verwenden, z. B. Nr. 4, 12 oder Orchideenerde auf Torfbasis (s. Seite 39 bis 42); pH um 6.

Feuchtigkeit: Das Gießen verlangt Fingerspitzengefühl. Nie austrocknen lassen. Auch im Winter stets feucht, doch nie naß halten. Wasser über 10 °d enthärten. Sehr trockene Luft wird schlecht vertragen.

Düngen: Nur während der Hauptwachstumszeit im Frühjahr und Sommer alle 14 Tage mit Blumendünger in halber Konzentration gießen.

Umpflanzen: Alle 1 bis 2 Jahre im Frühjahr; Jungpflanzen häufiger.

Pflanzenschutz: *Adiantum* werden in Zimmerkultur nur selten von Schädlingen befallen. Gegen viele Pflanzenschutzmittel sind *Adiantum* sehr empfindlich, daher am besten darauf verzichten.

Vermehren: Durch Sporen (s. Seite 100) bei 22 bis 24 °C. Teilung beim Umtopfen. *A. caudatum* läßt sich leicht durch Blattausläufer vermehren.

Adromischus

Die etwa 26 Arten umfassende Gattung aus der Familie der Dickblattgewächse (Crassulaceae) bietet einige hübsche, leicht zu pflegende Zimmerpflanzen. Es sind kurzstämmige, kleine Pflanzen mit dickfleischigen Blättern, die sich bei einigen Arten durch ihre schöne braunrote Fleckung auszeichnen. Die Intensität dieser Blattzeichnung ist umso größer, je heller die Pflanzen stehen. Im Handel werden gelegentlich die Arten *A. cooperi, A. cristatus, A. maculatus, A trigynus* und andere angeboten. Sie alle sind in Südafrika beheimatet und leicht zu pflegen.

Licht: Heller, vollsonniger Platz.
Temperatur: Übliche Zimmertemperatur, im Sommer auch wärmer. Im Winter sollte die Temperatur nicht wesentlich über 15 °C liegen. Pflanzen sind jedoch so anpassungsfähig, daß sie auch ein normal geheiztes Zimmer vertragen. In Ruhe befindliche Pflanzen halten auch 5 °C aus.
Substrat: Durchlässige Fertigerden wie Nr. 14 und 16 (s. Seite 41 bis 42) oder Mischung aus Torfsubstraten mit Sand oder Lavagrus; pH 6 bis 7.
Feuchtigkeit: Keine Nässe, aber auch keine Trockenzeiten während der Wachstumsperiode, da sonst die Haut der Blätter aufreißen kann. Darum jeweils nach dem Abtrocknen gießen. Im Winter bei kühler Überwinterung nicht gießen.
Düngen: Während der Wachstumsperiode alle 2 bis 3 Wochen mit Kakteendünger.

Umpflanzen: In der Regel nur alle 2 Jahre erforderlich (Ausnahmen sind Jungpflanzen), erfolgt am Ende der Ruhezeit im Frühjahr.
Vermehren: Die fleischigen Blätter abbrechen, einige Tage die Wunde abtrocknen lassen und auf die Erde legen oder mit der Bruchstelle flach hineinstecken. In wenigen Monaten bildet sich ein junges Pflänzchen.

Aechmea fulgens var. discolor

Aechmea, Lanzenrosette

Unter den Ananasgewächsen (Bromeliaceae) ist die Lanzenrosette zu Recht sehr beliebt. Während die Ananasgewächse als anspruchsvoll im Hinblick auf Temperatur und Luftfeuchte gelten, gedeiht *Aechmea fasciata* hervorragend in jedem Wohnraum und nimmt es auch nicht übel, wenn die Luftfeuchte nicht über einen mittleren Wert hinauskommt. Das lassen schon ihre derben, ledrigen Blätter vermuten. Gleiches gilt auch für andere Arten mit ähnlich derbem Laub, etwa die schön gebänderte *Aechmea chantinii* (Bild Seite 165).

Insgesamt mag es an die 170 Arten geben, die im tropischen Amerika zu Hause sind. Vorwiegend leben sie epiphytisch, also auf Bäumen, und haben ihre rosettig stehenden Blätter so angeordnet, daß sich Wasser und Staub darin sammeln können. Tatsächlich läßt sich die Lanzenrosette am Leben erhalten, wenn ausschließlich in die Zisterne gegossen, die Topferde aber trocken gelassen wird. Allerdings entwickelt sich die Pflanze am besten, wenn sie Wasser und Nährstoffe auf beiden Wegen erhält.

Viele *Aechmea*-Arten sind als Zimmerpflanzen ungeeignet, da sie zu groß werden. Diesen Nachteil haben *A. fulgens* und die ihr sehr ähnliche *A. miniata* nicht. Sie bleiben mit nur selten länger

Adromischus maculatus

als 50 cm werdenden Blättern im Rahmen. Ihre Blätter sind auch weniger gefährlich als die von *A. fasciata* und *A. chantinii*, deren Ränder recht kräftige Stachelspitzen aufweisen.

Die besondere Zierde der Aechmeen sind ihre Blütenstände, zum Teil mit kräftigen, hübsch gefärbten Hochblättern versehen. Die Haltbarkeit der Blüten ist ungewöhnlich gut. Und wenn die Blüten schon längst vertrocknet sind, zieren noch lange – zum Beispiel bei *A. fasciata* – die Hochblätter.

Licht: Hell, nur während der lichtreichen Jahreszeit mit Ausnahme der Morgen- und Abendstunden vor direkter Sonne schützen.
Temperatur: Zimmertemperatur oder wärmer; auch im Winter nicht unter 20 °C, um die Blütenbildung und -entwicklung nicht zu beeinträchtigen.
Substrat: Torfsubstrate wie Nr. 2 oder 12 (s. Seite 39 und 41); pH um 5.
Feuchtigkeit: Ganzjährig mäßig feucht halten, doch keine Nässe aufkommen

Aechmea fasciata

lassen. Wasser auch in die Blattrosette gießen. Steht dort das Wasser, dann schadet auch gelegentliches Austrocknen der Erde nicht. Die empfindlichen, weniger derbblättrigen Arten verlangen eine Luftfeuchte nicht unter 60%.
Düngen: Von Frühjahr bis Herbst alle 1 bis 2 Wochen mit Blumendünger gießen, im Winter nur alle 4 bis 6 Wochen.
Umpflanzen: Alle 1 bis 2 Jahre von Frühjahr bis Herbst möglich. Dabei alle abgeblühten Rosetten abtrennen.
Vermehren: Die Rosetten bilden Kindel, die man möglichst so lange an der Mutterpflanze beläßt, bis sie Wurzelansätze haben. Ansonsten bei Bodentemperaturen um 25 °C bewurzeln. Samen keimt gut bei etwa 25 °C, wenn er nicht mit Erde abgedeckt wird (Lichtkeimer).

Aeonium

Die zu den Dickblattgewächsen (Crassulaceae) gehörenden *Aeonium*-Arten enthalten einige sehr dekorative Zimmerpflanzen.

Sie bilden Rosetten aus dicken, fleischigen Blättern, die an einem kurzen oder mit zunehmendem Alter auch annähernd meterhohen Stamm sitzen. Am verbreitetsten ist das etwas höher werdende, einen verzweigten Stamm bildende *Aeonium arboreum*.

Besonders beliebt ist die Sorte 'Atropurpureum' mit dunkelroten Blättern. Im Kontrast dazu stehen die hellgelben Blüten, die in reicher Zahl an bis 30 cm langen Rispen erscheinen. Allerdings erreichen die Pflanzen beachtliche Ausmaße, so daß sie nicht allzu lange ins Blumenfenster passen. Einen vorsichtigen Rückschnitt nehmen sie aber nicht übel.

Die interessanteste Art dürfte *A. tabuliforme* sein, die auf den Kanarischen Inseln beheimatet ist. Die stammlosen Rosetten schmiegen sich ganz flach dem Untergrund an. Sie passen kaum in einen Blumentopf und entwickeln sich am besten ausgepflanzt auf einem Beet. Andere Arten, die sich besser für das Zimmer eignen, erhält man gelegentlich in Kakteengärtnereien.

Licht: Sonniger Standort während des ganzen Jahres; nur bei Prallsonne zu den Mittagsstunden empfiehlt sich leichter Schatten.
Temperatur: Übliche Zimmertemperatur oder darüber; im Winter kühlen Platz mit Temperaturen um 10 °C. Im Sommer ist Freilandaufenthalt empfehlenswert.
Substrat: Gedeihen gut in einer Mischung aus Nr. 1 oder 2 (s. Seite 39) mit krümeligem Lehm und Sand, Seramis oder Lavagrus; pH um 6,5.
Feuchtigkeit: Während der Wachstumszeit erst nach oberflächlichem Abtrocknen gießen. Im Winter Wassergaben reduzieren, aber Pflanzen nicht schrumpfen lassen. Bei wärmerem Winterstand – der durchaus vertragen wird – ist häufiger zu gießen.
Düngen: Im Frühjahr und Herbst alle 2 Wochen mit Kakteendünger gießen.
Umpflanzen: Alle 2 Jahre im Frühjahr oder Herbst.
Vermehren: Durch Samen, Kopf- oder Blattstecklinge. Zur vegetativen Vermehrung Sproßspitzen abschneiden – der Stumpf treibt anschließend wieder durch – oder Blätter abbrechen und nach dem

Aeonium arboreum 'Atropurpureum'

Abtrocknen der Wunde flach in die Erde stecken. *A. tabuliforme* läßt sich nur durch Aussaat vermehren.
Besonderheiten: *A. tabuliforme* stirbt nach der Blüte ab.

Aeschynanthus

Wer ein geschlossenes Blumenfenster, eine Vitrine oder ein Kleingewächshaus besitzt, dem seien als Ampelpflanzen *Aeschynanthus* wärmstens empfohlen. Es sind epiphytisch lebende Halbsträucher oder Kletterpflanzen mit gegenständigem, immergrünem, ledrigem Laub und schönen Blüten. An die 100 Arten dieses Gesneriengewächses (Gesneriaceae) kommen von Indien über das südliche China bis nach Neu-Guinea vor. Als Besiedler feuchtwarmer Standorte sind sie nur bedingt für das Zimmer zu empfehlen. Auf der kühlen Fensterbank leben sie nicht lange oder sind blühfaul.

Aeschynanthus speciosus

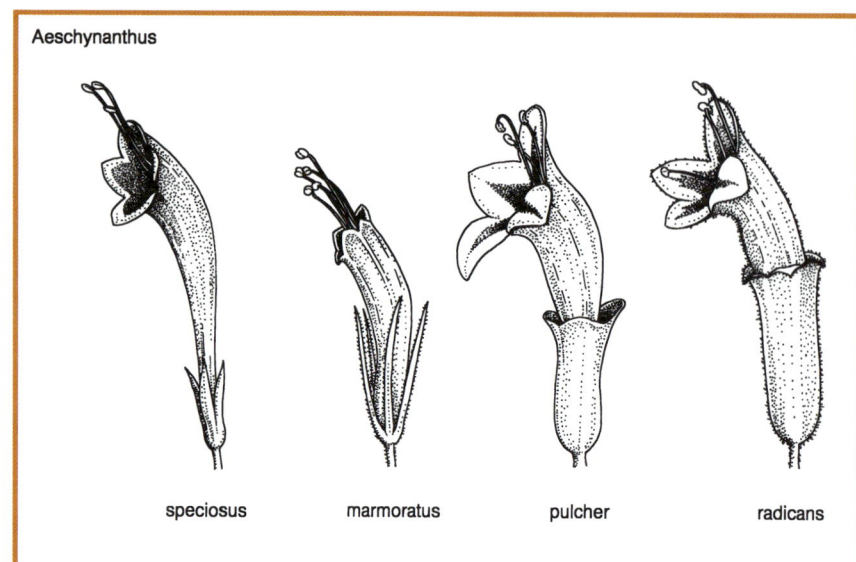

Aeschynanthus

speciosus   marmoratus   pulcher   radicans

Die Blüten stehen in Büscheln am Ende der Triebe.

A. radicans, der früher mit *A. lobbianus* zusammengefaßt wurde, trägt jeweils zwei Blüten in den Blattachseln. Seine tief eingeschnittene Kelchröhre ist grün bis dunkelbraun gefärbt, die Blütenröhre leuchtendrot und behaart. Ähnlich *A. lobbianus* ist *A. pulcher*, der sich nur durch unbehaarte Blüten-stiele und -krone unterscheidet und lediglich einen Haarsaum an den Kron-zipfeln besitzt. Manche zählen *A. pulcher* zu *A. lobbianus*.

Zu den meistkultivierten *Aeschynanthus* gehören *A. × splendidus*, eine Kreuzung von *A. parasiticus* mit *A. speciosus*, die an den dunkelkastanienbraunen Flecken auf der Blüte kenntlich ist, sowie weitere Hybriden. Möglicherweise handelt es sich bei den unter den Namen *A. evrardii* und *A. hildebrandii* angebotenen Pflanzen ebenfalls um Hybriden. Nicht der Blüten, sondern der Blätter wegen halten wir *A. marmoratus*. Die Blüte ist mit ihrer grünen Grundfarbe und der brau-nen Zeichnung wenig auffällig. Aber die Blätter sind oberseits hellgrün-dunkel-grün, unterseits rötlich marmoriert, wie der Name schon vermuten läßt.

Aeschynanthus speciosus bildet Büschel mit bis zu 20 kurzgestielten Blüten. Die Blütenröhre ist an der Basis gelb-orange gefärbt und geht zu den Zipfeln der Blütenkrone hin in ein kräftiges Scharlachrot über. *Aeschynanthus lobbianus* hat besonders reizvolle Blü-ten: Der lange, röhrenförmige Blüten-kelch ist dunkelpurpur, fast schwarz gefärbt und flaumig behaart. Aus ihm schiebt sich die feuerrote Blüten-röhre hervor. Die Blütenröhre endet in kurzen Kronzipfeln. Die nach unten zeigenden weisen gelbe Flecken auf.

Licht: Wie viele Tropenpflanzen benöti-gen *Aeschynanthus* viel Licht, ohne jedoch direkte Sonne zu vertragen. Sie sind zwar sehr tolerant, was schattige Plätze anbelangt, doch wird man dort oft vergeblich auf Blüten warten.
Temperatur: *Aeschynanthus* wollen ganzjährig Temperaturen über 20 °C, auch nachts. Am besten gedeihen sie zwischen 22 und 25 °C. Gleiches gilt für die Bodentemperatur. Bei niedrigen Temperaturen bleiben die Blüten aus. Nur der selten angebotene *A. parasiticus* nimmt mit etwa 15 °C vorlieb.
Substrat: Humose Substrate wie Nr. 1, 2, 5, 8 und 12 (s. Seite 39 bis 41); pH 5 bis 6,5.
Feuchtigkeit: Unter günstigen Bedingun-gen stets feucht halten; nie austrocknen lassen. Das empfohlene Substrat ist gut dräniert und verhindert stauende Nässe. Luftfeuchte nie unter 60, besser 70%. Bei Kultur auf der Fensterbank empfiehlt es sich, *Aeschynanthus* ähnlich wie andere sukkulente Pflanzen nur dann zu gießen, wenn die Erde trocken ist. Emp-findlich gegen Nässe!
Düngen: Von Frühjahr bis Sommer alle 2 bis 3 Wochen mit Blumendünger gießen, im Winter höchstens alle 6 bis 8 Wochen.
Umpflanzen: Alle 1 bis 2 Jahre im zeiti-gen Frühjahr oder nach der Blüte im Sommer.
Vermehren: Noch nicht verholzte Steck-linge – im späten Frühjahr oder Som-

Aeschynanthus 'Purple Star'

Aeschynanthus radicans

Agave filifera

mer geschnitten – bewurzeln bei Bodentemperaturen von etwa 25 °C und hoher Luftfeuchte. Legt man die hängenden Triebe über einen Topf mit feucht zu haltender Erde, dann bilden sich an den Blattknoten oft Wurzeln, was die Vermehrung erleichtert. Samen wird in Kultur nur nach künstlicher Bestäubung angesetzt.

Agave

Agaven sind keine Zimmerpflanzen von Dauer. Sie erreichen schnell Ausmaße, die ungeeignet für übliche Wohnräume sind. Im Wintergarten oder als Kübelpflanze, der man einen hellen, frostfreien Platz zum Überwintern bieten kann, erweisen sie sich als in der Pflege völlig problemlos und zunehmend dekorativ. Am häufigsten wird *Agave americana* in den Sorten 'Marginata' und 'Variegata' mit weiß-gelber Blattzeichnung angeboten. Sie erreichen leicht einen Durchmesser von 1, ja sogar 3 m und bilden im Alter einen imposanten Blütenstand von 8 m Höhe. Blühende Exemplare trifft man häufig in subtropischen Gärten an. Nach der Blüte stirbt die Agave ab.

Weniger gewaltig sind *A. victoriae-reginae* und *A. filifera* besonders in der kleinbleibenden Sorte 'Compacta'. Sie lassen sich leicht einige Jahre im Zimmer an hellen, im Winter nicht zu warmen Plätzen pflegen. Für den Garten sind weitgehend winterharte Arten wie *A. megalacantha* zu empfehlen.

Licht: Vollsonniger Standort. Auch im Winter so hell wie möglich. Luftiger Platz; Freilandaufenthalt im Sommer.
Temperatur: Zimmertemperatur oder wärmer. Im Winter kühl; nur wenige Grade über 0 °C reichen aus. Nicht über 15 °C.

Substrat: Kräftige, aber durchlässige Erde. Am besten Mischung aus grobem Sand, Fertigerden wie Nr. 1 oder 5 (s. Seite 39) und 1/3 feinkrümeligem Lehm; pH 6 bis 7.
Feuchtigkeit: Während des Wachstums immer dann gießen, wenn die Erde weitgehend abgetrocknet ist. Im Winter je nach Temperatur nur sporadische Wassergaben. Trockene Luft wird gut vertragen.
Düngen: Von Mai bis September alle 2 Wochen mit Kakteendünger gießen.
Umpflanzen: Jungpflanzen jährlich, ältere Exemplare in größeren Abständen, wenn der Topf zu klein geworden ist.
Vermehren: Abtrennen von Kindeln, die sich meist in reicher Zahl an den Mutterpflanzen bilden.
Besonderheiten: Die Blätter mancher Arten wie *A. americana* enden in einem kräftigen Stachel, der erhebliche Verletzungen verursachen kann. Um dies zu verhindern, spießt man einen Korken oder ein Stück Styropor darauf.

Aglaonema, Kolbenfaden

Erst die zunehmende Bedeutung der Hydrokultur hat dem Kolbenfaden wieder zu einem angemessenen Platz im Topfpflanzensortiment verholfen. Dies heißt aber keinesfalls, daß die *Aglaonema*-Arten und -Sorten nicht gut in Erde gedeihen. Im Gewächshaus lassen sie sich sehr leicht »in Hydro« heranziehen, so daß sie den Gärtnern für diesen Zweck gerade recht waren. Außerdem sollen sie sich als Hydropflanzen im Zimmer durch besonders hohe Lebenserwartung auszeichnen.

Über 20 Arten dieses Aronstabgewächses (Araceae) sind aus dem tropischen Asien bekannt. Hinzu kommen – besonders aus den USA – einige Sorten. Im Handel dominieren Typen von *A. commutatum*. Die reine Art ist im Vergleich zu den Kulturformen nicht übermäßig attraktiv. Sie bildet aufrechte Stämmchen, die

Agave victoriae-reginae

bei uns nicht allzu hoch werden, in ihrer Heimat auf den Philippinen aber um 2 m Höhe erreichen. Die gestielten, maximal 30 cm langen und 10 cm breiten Blätter sind nur wenig silbergrau gezeichnet. Bild Seite 66.

Um die Intensivierung dieser Blattzeichnung haben sich die Gärtner erfolgreich bemüht. Schon deutlich stärker ist sie bei der Sorte 'Treubii', die daneben ein deutlich schlankeres Blatt aufweist. Noch stärker graugrün und weiß panaschiert ist 'Pseudobracteatum'. Trotz der schönblättrigen Sorten ist die Art *A. commutatum* immer noch kulturwürdig. Sie hat den Vorzug, regelmäßig zu blühen und zu fruchten. Und die leuchtendroten Beeren sind lange Zeit eine Zierde.

Neben dieser Art mit ihren Sorten hat *Aglaonema* noch viel zu bieten. Bei der sehr schönen, doch noch seltenen *A. pictum* 'Tricolor' verschmilzt die Punktierung zu größeren Flächen. *Aglaonema nitidum* 'Curtisii' gefällt mit ihren von den Blattadern schräg zur Spitze mit weißen Streifen verzierten Blättern. Bei den Sorten 'Silver King' und 'Silver Queen' ist die Blattfläche silbergrau und nur wenig grün gesprenkelt. Größer wird *A. crispum*, beim Gärtner meist unter dem Namen *A. roebelinii* zu finden. Es erinnert sehr an die verwandten Dieffenbachien. Die wohl härteste Art, *A. modestum*, ist leider völlig grün, ohne Zeichnung und wird recht groß.

Ganz anders *A. costatum*: Es bleibt niedrig, bildet keinen Stamm, hat Blätter ähnlich der Dieffenbachie und ist außerordentlich wärmebedürftig. Auf der Fen-

sterbank bleibt es nicht lange am Leben. Das geschlossene Blumenfenster und die Vitrine eignen sich besser. Auf jeden Fall müssen die Temperaturen immer über 20 °C liegen. Alle anderen beschriebenen Arten und Sorten sind wie Dieffenbachien zu behandeln (s. Seite 262).

Allamanda

»Goldtrompete« ist der treffende Name, den die Amerikaner der mächtigen Schlingpflanze *Allamanda cathartica* aus der Familie der Hundsgiftgewächse (Apocynaceae) gegeben haben (Bild Seite 116). Die – je nach Typ – 8 bis über 12 cm Durchmesser erreichenden leuchtendgelben Blüten sind eine Pracht. Bis zu zwölf stehen in einer meist endständigen Scheindolde und blühen nacheinander auf. Leider hat die *Allamanda* einen Nachteil, der sie nicht zur idealen Zimmerpflanze werden läßt: Die kräftig wachsenden Triebe dieses Schlingers aus dem tropischen Amerika erreichen mehrere Meter Länge und sind kaum zu bändigen. Nur unter dem Dach eines großen Gewächshauses entlanggezogen, entfaltet die Pflanze ihre ganze Schönheit. Dennoch wird sie immer wieder als Topfpflanze angeboten. Die Gärtner bremsen sie durch Behandlung mit Hemmstoffen. Der Zimmerpflanzenfreund hat diese Möglichkeit meist nicht, so daß bald das ungehemmte Längenwachstum einsetzt. Muß man dann aus Platzgründen mehrmals im Jahr zurückschneiden, darf man nicht allzu viele Blüten erwarten.

Licht: Volle Sonne. Die Pflanzen entwickeln sich besonders gut direkt hinter der Scheibe.
Temperatur: Zimmertemperatur und wärmer. Im Winter tagsüber nicht unter 18 °C, nachts nicht weniger als 15 °C. Die Bodentemperatur sollte nie unter 18 °C absinken.
Substrat: Kräftige, humose Erde, zum Beispiel Nr. 1, 5, 6 oder 9 (s. Seite 39 bis 40); pH um 6.
Feuchtigkeit: Pflanzen verbrauchen besonders bei sonnigem Wetter viel Wasser. Entsprechend häufig und kräftig gießen.
Gegen trockene Zimmerluft sind die Pflanzen nicht sonderlich empfindlich, dennoch sollte die Luftfeuchte nicht unter 50% absinken.
Düngen: Kräftig wachsende Pflanzen haben einen hohen Nährstoffbedarf. Während der Hauptwachstumszeit von Frühjahr bis Herbst mindestens wöchentlich mit Blumendünger gießen. Zeigen gelbe Blätter an, daß dies nicht ausreicht, noch häufiger düngen. Im Winter reichen Gaben alle 3 Wochen.
Umpflanzen: Jährlich im Frühjahr.
Pflanzenschutz: Bei trocken-warmer Zimmerluft sehr anfällig für Spinnmilben.
Vermehren: Nicht zu weiche Stecklinge im Frühjahr oder Herbst schneiden und bei Bodentemperaturen um 25 °C bewurzeln. Durch Folie oder Glas für gespannte Luft sorgen.
Besonderheiten: Kräftiger Rückschnitt im Frühjahr vor dem Neutrieb. Auch langsamer wachsende Typen werden zu groß, wenn man nicht mit Hemmstoffen gießt. Vorsicht, Pflanzen sind giftig! (Bild s. Seite 116)

Aglaonema crispum

Aglaonema commutatum

Ein Beispiel für die Attraktivität von Blattpflanzen: in der Bildmitte Alocasia sanderiana, davor

Anthurium crystallinum, im Hintergrund verschiedene Dieffenbachien

ALOË

183

Alocasia

Etwas Besonderes für große geschlossene Blumenfenster, Vitrinen und besonders Kleingewächshäuser sind Alocasien, eine rund 70 Arten umfassende Gattung der Aronstabgewächse (Araceae). Die Regenwälder des tropischen Asien sind ihre Heimat, dort, wo Temperatur und Luftfeuchte ganzjährig hoch liegen. Für die Kultur auf der Fensterbank eignen sich Alocasien nicht. Aus diesem Grund sind sie bei uns bis heute eine Rarität geblieben, obwohl die herrlich geformten und gefärbten Blätter sie in den Kreis der attraktivsten Blattpflanzen einreihen. Größere Bedeutung haben sie in den USA erlangt, wo neben den Arten eine Vielzahl schönblättriger Hybriden angeboten wird.

Die Alocasien bilden ein meist kurzes oberirdisches Stämmchen oder ein unterirdisches knollenähnliches Rhizom. Daraus hervor kommen die langgestielten Blätter. Die ovalen bis pfeilförmigen Blätter sind entweder einfarbig grün bis metallisch oder mit weißer Nervatur gezeichnet und unterseits purpurviolett. Die Blattränder sind ganzrandig oder

gebuchtet bis gelappt. Es gibt eine Vielzahl von Variationsmöglichkeiten.

Einige Alocasien erreichen eine solche Größe, daß sie selbst für das Gewächshaus problematisch werden. Über 1 m Höhe sind bei *Alocasia odora* keine Seltenheit, und von *A. macrorrhiza* soll es Typen geben, die sogar 8 m erreichen. Von *A. macrorrhiza*, bekannt auch als *A. indica*, wurden Nutzformen selektiert, deren Blätter als Gemüse und deren Rhizom als Stärkelieferant dienen. Allerdings scheint es blausäurehaltige Typen zu geben, so daß sich ein Versuch in der Küche nicht empfiehlt.

Licht: Halbschattig bis schattig.
Temperatur: Immer über 22, besser 25 °C. Im Winter kann die Temperatur niedriger liegen, doch nicht unter 18 °C. Nur einzelne Arten wie *A. macrorrhiza* und *A. odora* nehmen noch mit 16, minimal 14 °C vorlieb.
Substrat: Nahrhafte, durchlässige Substrate wie Nr. 12, auch Nr. 1, 4 oder 5 (s. Seite 39 und 41), vorteilhaft mit bis zu $^1/_3$ mit Korkschrot oder Styromull gemischt; pH um 5,5.
Feuchtigkeit: Stets feucht halten. Im Winter machen die Pflanzen eine Ruhezeit durch, während der sie nur sparsam

gegossen werden. Die kühler zu haltenden Arten kommen mit noch weniger Wasser aus, jedoch nicht völlig trocken. Ab März Wassergaben langsam steigern. Luftfeuchte 70% und mehr.
Düngen: Von April bis September alle 2 Wochen mit Blumendünger gießen.
Umpflanzen: Alle 1 bis 2 Jahre mit Triebbeginn im Frühjahr.
Vermehren: Durch Teilen der Rhizome oder durch Brutknöllchen. Hohe Temperaturen erforderlich.
Pflanzenschutz: Besonders unter ungünstigen Bedingungen kommt es zum Faulen der Rhizome. Da sowohl Bakterien als auch verschiedene Pilze dafür verantwortlich sein können, kann man nur probieren, welches Fungizid die Infektion bremst.

Aloë

Von der über 300 Arten umfassenden Gattung *Aloë* aus der Familie der Liliengewächse (auch unter der eigenen Familie der Aloegewächse zusammengefaßt) sind einige seit alters her beliebte Zimmerpflanzen. *Aloë arborescens* wurde sogar offizinell genutzt. Der Name »Brand-Aloe« deutet auf die ent-

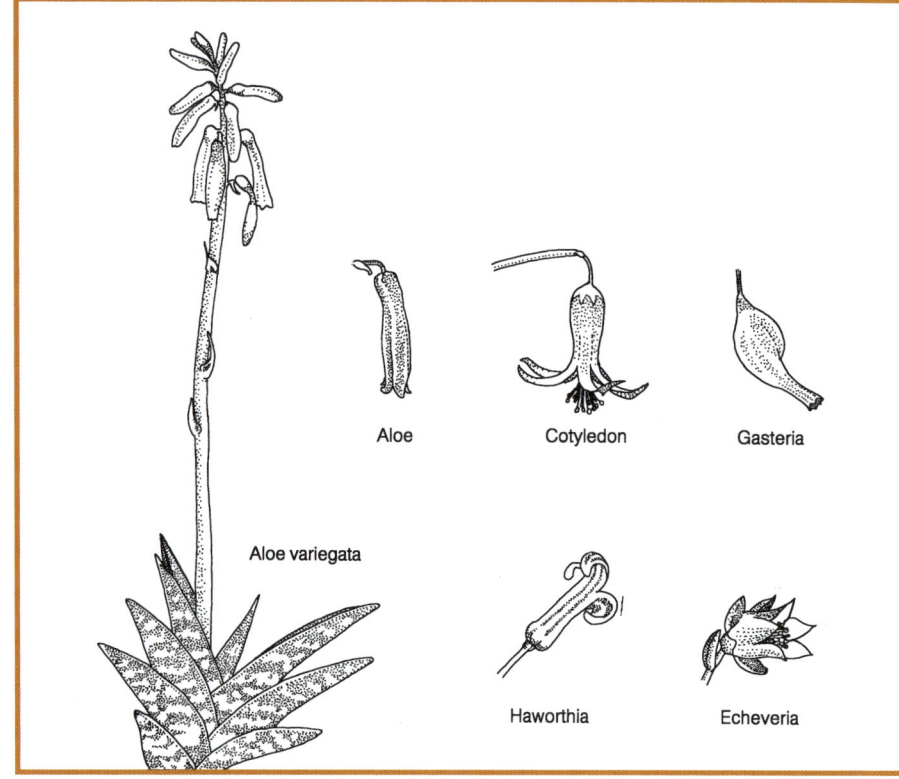

Aloe

Cotyledon

Gasteria

Aloe variegata

Haworthia

Echeveria

Typische Blütenformen wichtiger Sukkulentengattungen

zündungshemmende Wirkung des schleimigen Pflanzensaftes, die man sich bei Verbrennungen zunutze machte. Neben der am Heimatstandort in Südafrika bis 4 m hoch werdenden Art gehörte *Aloë variegata* zu den Zimmerpflanzen, die in keinem Bauernhaus fehlten. Dort findet man noch heute bis 30 cm hohe Exemplare mit ihren schönen, dachziegelartig übereinander angeordneten, dreieckigen, gelb-grünen Blättern.

Schön ist auch die stammlose, rosettige *A. aristata* mit borstig gezähnten, fleischigen Blättern. Neben diesen verbreiteten Zimmerpflanzen sind noch viele Arten für den Sukkulentensammler interessant. Blüten kann man in der Regel nur an alten Exemplaren erwarten.

Licht: Vollsonniger Standort, auch im Winter.
Temperatur: Zimmertemperatur oder wärmer. Im Winter kühl, doch nicht unter 6 °C. Es gibt Arten, die es wärmer haben wollen, so jene aus Madagaskar und dem tropischen Afrika. Im Sommer ist Freilandaufenthalt empfehlenswert.
Substrat: Humusreiche, durchlässige Mischung, zum Beispiel aus Nr. 1, 2, 3 oder 5 (s. Seite 39) mit Seramis, Sand oder Lavagrus; pH um 6,5.

Aloë arborescens

Feuchtigkeit: Nur gießen, wenn die Erde weitgehend abgetrocknet ist. Zuviel Nässe (bei Freilandaufenthalt während Regenperioden) ist gefährlich, besonders bei niedrigen Temperaturen. Während der winterlichen Ruhezeit nur sporadisch-disch gießen. Trockene Zimmerluft schadet nicht.

Düngen: Von Mai bis September alle 3 Wochen mit Kakteendünger gießen.

Umpflanzen: Alle 1 bis 2 Jahre im Frühjahr oder Sommer; alte Exemplare seltener.

Vermehren: Durch Samen, Seitensprosse oder Triebstecklinge.

Pflanzenschutz: Wurzelläuse können lästig werden

Amaryllis, Belladonnalilie

Die Belladonnalilie ist – obwohl seit dem Jahre 1712 in gärtnerischer Kultur – bis heute eine seltene Erscheinung. *Amaryllis belladonna* ist die einzige Art dieser Gattung. Alle anderen »Amaryllis« sind keine, sondern tragen heute andere Namen, wie *Hippeastrum, Zephyranthes* oder *Crinum*.

Ein riesiges Durcheinander herrschte bei den Amaryllisgewächsen (Amaryllidaceae), und es ist bis heute nicht gelungen, diese Konfusion völlig zu beseitigen. Wichtig ist, daß die »Amaryllis« des Handels in der Regel der Ritterstern ist, also der Gattung *Hippeastrum* angehört. Diese gibt es in vielen Sorten, von der Belladonnalilie nur einzelne Farbvarianten.

Auch der Wachstumsrhythmus unterscheidet sich: *Hippeastrum* überdauert den Winter trocken und unbeblättert und beginnt das neue Jahr mit der Blüte. *Amaryllis belladonna* wächst zwar im Winter langsam, ist aber beblättert und muß gegossen werden. Erst im Mai zieht das Laub zur Ruhe ein. Die Wachstumsphase setzt mit dem Blütentrieb im August und der nur kurz später erfolgenden Blattbildung ein.

Als Topfpflanze macht die Belladonnalilie einige Probleme, beginnend mit der Größe sowie dem Wunsch nach nicht allzu hoher Temperatur und viel Licht.

Licht: Hell bis sonnig. An schattigen Plätzen bleibt die Blüte aus.

Temperatur: Luftiger, nicht allzu warmer Raum während des gesamten Jahres. Steht die Pflanze im Winter zu warm, dann »vergeilt« sie. Während der blattlosen Ruhezeit im Sommer soll die Temperatur zwischen 20 und 28 °C liegen. In milden Gegenden halten *Amaryllis* mit Winterschutz auch im Freien aus.

Amaryllis belladonna

Substrat: Nr. 1, 6, 9 oder 17 (s. Seite 39 bis 42); pH um 6.

Feuchtigkeit: Während der blattlosen Ruhezeit trocken halten. Ansonsten regelmäßig gießen, jedoch – besonders im Winter – Nässe vermeiden.

Düngen: Nach dem Austrieb im Sommer und im zeitigen Frühjahr wöchentlich, im Winter nur alle 4 Wochen einmal mit Blumendünger gießen.

Umpflanzen: Für die birnengroßen Zwiebeln ist ein großer Topf erforderlich, auch deshalb, weil die Pflanzen möglichst selten umzutopfen sind. Häufiges Umsetzen und Wurzelbeschädigungen beeinträchtigen Gedeihen und Blühwilligkeit.

Vermehren: Brutzwiebeln werden regelmäßig gebildet und müssen beim Umtopfen abgetrennt werden.

Ampelopsis, Scheinrebe

Die *Ampelopsis* heißt Scheinrebe, und sie gehört auch zu den Weingewächsen (Vitaceae). Aus Nordamerika und vor allem dem östlichen Asien kommen rund 25 Arten. Ihre Benennung ging lange durcheinander. Zunächst hießen einige Scheinreben wie der echte Wein *Vitis*. Dann wurden sie zu den Jungfernreben gezählt (*Parthenocissus*). Die verschiedenen Namen haben sich leider bis heute in den Gärtnereien erhalten. Dabei gibt es ein einfaches Unterscheidungsmerkmal: Bei *Parthenocissus* verbreitern sich die dünnen Ranken an ihren Enden zu einer Haftscheibe; *Ampelopsis*-Arten haben keine derartigen Haftscheiben.

Als Topfpflanze wird in der Regel nur *Ampelopsis brevipedunculata* var. *maximowiczii* 'Elegans' kultiviert. Die Art ist in China beheimatet, ist dort ein üppig kletternder Strauch mit bis zu 12 cm großen Blättern. Zumindest an geschützten Stellen ist diese Scheinrebe bei uns winterhart. Die Sorte 'Elegans' bleibt zierlicher. Auch die unterschiedlich geformten Blätter sind kleiner und auffällig grün-weiß panaschiert, in der Jugend rosa überhaucht. Sie verbringt den Winter besser frostfrei, obwohl sie in milden Jahren auch im Freien überdauern kann. Hält man es nur wenig über 0 °C, dann verliert sie alle Blätter und treibt im Frühjahr wiederdurch. Im Zimmer hält man die Scheinrebe entweder als Ampel und läßt ihre Triebe herabhängen oder gibt ihr ein Klettergerüst.

Ampelopsis brevipedunculata var. maximowiczii 'Elegans'

Licht: Hell bis halbschattig. Nur im Sommer ist Schutz vor direkter Sonne während der Mittagsstunden nötig.
Temperatur: Stets luftiger Stand. Von Mai bis September in den Garten stellen. Überwinterung im Haus bei Temperaturen zwischen 2 und 12 °C; nicht über 15 °C.
Substrat: Übliche Fertigerden wie Nr. 1, 2, 3, 5 oder 6 (s. Seite 39 und 40); pH um 6.
Feuchtigkeit: Während des Wachstums stets feucht halten. Im Sommer an hellem Platz hoher Wasserbedarf. Im Winter umso trockener halten, je kühler die Pflanzen stehen. Stehen sie gerade frostfrei, ist auch nahezu trockene Überwinterung möglich.
Düngen: Von Frühjahr bis Herbst wöchentlich mit Blumendünger gießen.

Ananas bracteatus

Ananas comosus

Umpflanzen: Jährlich im Frühjahr mit Triebbeginn. Bei fast trocken überwinterten Pflanzen Erde ausschütteln.
Vermehren: Stecklinge im späten Frühjahr schneiden und bei Bodentemperaturen von mindestens 15 °C bewurzeln.
Besonderheiten: Kräftiger Rückschnitt vor Triebbeginn im zeitigen Frühjahr.

Ananas

Daß die Ananas ein vorzügliches Obst ist, das eine starke verdauungsfördernde Wirkung besitzt und damit bei Störungen der Bauchspeicheldrüse Hilfe verschaffen kann, ist allgemein bekannt. Daß die Ananas auch eine attraktive Topfpflanze ist, wissen nur wenige. Besonders die gelbgestreiften Sorten sind sehr auffällig. Zwei Nachteile dürfen nicht verschwiegen werden: Schon in wenigen Jahren erreicht die Pflanze stattliche Ausmaße. In ihrer südamerikanischen Heimat sind die lanzettlichen Blätter bis zu 1 m lang.

Alte Exemplare brauchen große Töpfe mit mindestens 30 cm Durchmesser. Noch besser entwickeln sie sich allerdings ausgepflanzt in einem warmen Gewächshaus. Auf der Fensterbank stören die sehr kräftig dornähnlich gezahnten Blätter. Nicht nur Vorhänge und andere Pflanzen leiden darunter, auch empfindliche Verletzungen lassen sich nicht immer vermeiden. Einige neue Sorten von Ananas comosus (syn. A. sativus) haben einen ungefährlich glatten Blattrand. Sie sind bislang noch selten im Angebot.

Von den insgesamt acht Arten der Gattung Ananas ist ansonsten nur noch A. bracteatus als Zierpflanze von

Bedeutung. Sie unterscheidet sich von A. comosus unter anderem durch die kräftig rot gefärbten Hochblätter. Auch von dieser Art gibt es eine gelbgestreifte Auslese.

Bei uns wird es nur selten gelingen, eine Ananas zur Blüte und zum Fruchten zu bringen, es sei denn, es sind große, ausgepflanzte Exemplare oder kleine, die bereits induziert angeboten wurden. Die Blütenbildung läßt sich wie auf Seite 120 beschrieben, induzieren.

Licht: Hell, aber besonders die weißgestreiften Sorten vor direkter Sonne mit Ausnahme der frühen Morgen- und Abendstunden geschützt.
Temperatur: Zimmertemperatur oder wärmer. Auch im Winter möglichst nicht unter 18 °C.
Substrat: Humusreiche Substrate wie Nr. 1, 5 oder 12, versuchsweise auch Nr. 8 (s. Seite 39 bis 41); pH um 5.
Feuchtigkeit: Stets mäßig feucht halten, doch keine Nässe aufkommen lassen. Sporadisches Trockenwerden nehmen die Pflanzen nicht übel. Gegen trockene Luft sind Ananas nicht so empfindlich wie andere Bromelien, doch sollte das Hygrometer nicht weniger als 50% anzeigen.
Düngen: Von Frühjahr bis Herbst alle 1 bis 2 Wochen mit Blumendünger gießen.
Umpflanzen: Alle 1 bis 2 Jahre von Frühjahr bis Herbst möglich.
Vermehren: Ältere, besonders ausgepflanzte Exemplare bilden Kindel, die abgetrennt werden können. Aber auch die Schöpfe auf den Früchten lassen sich bewurzeln, wenn wir sie noch frisch und grün erhalten. Sie werden abgetrennt und – nach kurzem Trocknen der Schnittfläche – bei sehr hohen Bodentemperaturen um 28 °C sowie hoher Luftfeuchte bewurzelt. Samen ist in den käuflichen Früchten nicht enthalten.

Anemia

Unter den Farnen gibt es zahlreiche kuriose Gestalten. Ungewöhnlich sind die rund 90 Arten der in der Neuen Welt verbreiteten Gattung Anemia (Familie der Spaltastfarne oder Schizaeaceae).

Die sterilen Blätter unterscheiden sich von den sporentragenden fertilen. Dies ist noch nichts Ungewöhnliches. Die fertilen ähneln in ihrem oberen Teil völlig den sterilen, dort jedoch, wo das unterste Fiederpaar am Blatt angeordnet ist, erheben sich zwei lange Stiele mit den Sporenlagern am Ende.

Ungewöhnlich wie ihr Aussehen ist auch ihr Vorkommen. Im Gegensatz zu den feuchtigkeitsliebenden Verwandten wachsen diese Farne in den tropischen Trockengebieten. Um eine zu niedrige Luftfeuchte müssen wir uns bei ihnen nicht sorgen. In den Blumengeschäften finden wir in der Regel nur eine Art: *Anemia phyllitides*. Ihre bis zu sechs oder gar acht Fiederpaare erinnern ein wenig an die von *Cyrtomium*, sind aber heller grün und nicht so derb.

Licht: Heller Platz, nur vor direkter Mittagssonne geschützt.
Temperatur: Zimmertemperatur; auch im Winter nicht unter 18 °C.
Substrat: Nr. 1 bis 4 (Seite 39), auch gemischt mit Rindenkultursubstrat und Zusatz von Perlite, um die Mischung durchlässiger zu machen; pH um 6.
Feuchtigkeit: Stets mäßig feucht halten; trotz des heimatlichen Standortes empfiehlt es sich, die Pflanzen nicht trocken zu halten. Allerdings vertragen sie keine Nässe!
Düngen: Alle zwei bis drei Wochen mit Blumendünger in halber Konzentration gießen.
Umpflanzen: Jährlich im Frühjahr.
Vermehren: Sporen in feuchtem Milieu bei Temperaturen über 20 °C keimen lassen.

Anigozanthos, Känguruhpfote

Känguruhpfoten sind beliebte Schnittblumen (Familie der Haemodoraceae), die in ihrer australischen Heimat geerntet werden und per Flugzeug zu uns kommen.

Seit es Hybriden gibt, die relativ klein bleiben, werden sie auch als reizvolle Topfpflanzen angeboten. Mit ihrem kriechenden Rhizom und dem irisähnlichen Laub erinnern sie ein wenig an *Acorus*. Die im späten Frühjahr erscheinenden ungewöhnlichen Blüten, die wie der Stiel ganz behaart sind, haben dagegen keine Ähnlichkeit. Sie sitzen zu mehreren in einer kurzen Ähre oder Traube und bilden lange Röhren mit kurzen, sich nur wenig öffnenden sechs Zipfeln.

Licht: Hell, auch sonnig.
Temperatur: Luftiger Stand mit Zimmertemperatur; im Winter nicht zu warm, am besten zwischen 12 und 15 °C.
Substrat: Durchlässige, gut durchlüftete Substrate mit einem pH-Wert zwischen 5,5 und 6, zum Beispiel Nr. 1 oder 2 (Seite 39) mit Beimischung von Seramis; auch Nr. 4 gemischt mit maximal 1/4 Torf und 10% Quarzsand.
Feuchtigkeit: Bei sonnigem Stand haben die Pflanzen einen hohen Wasserbedarf und müssen sorgfältig gegossen werden. Weder austrocknen noch Nässe aufkommen lassen.
Düngen: Von Frühjahr bis Herbst wöchentlich, im Winter alle drei Wochen mit Blumendünger in angegebener Konzentration gießen.
Umpflanzen: Jährlich im Frühjahr.
Vermehren: Bei größeren Pflanzen das kriechende Rhizom teilen.
Pflanzenschutz: Bei zu warmem Stand und geringer Luftbewegung werden die Pflanzen leicht von Spinnmilben befallen. Auch Blattläuse können lästig werden.

Anisodontea

Das hübsche Malvengewächs *Anisodontea capensis* ist keine ideale Zimmerpflanze. Es wächst rasch und wird bald zu groß für die Fensterbank. Außerdem will es luftig und während des Winters kühler stehen. Nicht zuletzt muß der Platz hell sein, sonst werden die Triebe noch länger. Damit paßt *Anisodontea capensis*, die einzige gärtnerisch bedeutungsvolle der 19 Arten umfassenden Gattung aus Südafrika, am besten in den Wintergarten, im Sommer ins Freie. Die kleinen roten oder rosafarbenen Blüten erscheinen in großer Zahl während der lichtreichen Jahreszeit.

Licht: Hell bis sonnig.
Temperatur: Luftiger Stand; von Mai an im Freien möglich. Im Winter bei Temperaturen um 10 °C hell überwintern.
Substrat: Nr. 1, 2, 3, 5, 6, 9, 17 (Seite 39 bis 42); pH um 6.
Feuchtigkeit: Bei sonnigem Stand hoher Wasserbedarf; in der Regel täglich gießen. Während kühler Überwinterung sparsamer gießen.
Düngen: Von Mai bis September wöchentlich ein- bis zweimal mt Blumendünger in angegebener Konzentration gießen.
Umpflanzen: In der Regel jährlich.

Anigozanthos-Hybride
'Pink Orange'

Anisodontea capensis

Anthurium-Andreanum-Hybride

Pflanzenschutz: Werden sehr häufig von Weißer Fliege und Blattläusen befallen. Wichtig ist ein luftiger Stand.

Vermehren: Stecklinge bewurzeln bei mindestens 18 °C Bodentemperatur und hoher Luftfeuchte. Nach dem Anwachsen mehrmals stutzen, um eine gute Verzweigung zu erreichen. Lassen sich auch sehr gut zu Hochstämmchen heranziehen.

Besonderheiten: Um Topfpflanzen kompakt zu halten, werden sie vom Gärtner mit Wuchshemmstoffen behandelt. Ungehemmte Pflanzen wachsen rasch und müssen im Laufe eines Jahres zweimal zurückgeschnitten werden.

Anthurium, Flamingoblume

Aus der über 900 Arten umfassenden Gattung *Anthurium* haben sich nur ganz wenige als Topfpflanze durchsetzen können. In erster Linie sind dies die große und die kleine Flamingoblume, *Anthurium andreanum* und *A. scherzerianum*. Seit diese beiden vor über 100 Jahren aus ihrer südamerikanischen Heimat zu uns kamen, haben sich die Gärtner ihrer sehr intensiv angenommen. Heute gibt es eine unübersehbare Zahl von Auslesen, während die ursprünglichen Arten nicht mehr zu finden sind. Lange Jahre waren als Topfpflanzen nur *Anthurium*-Scherzerianum-Hybriden, die kleinen Flamingoblumen, vertreten (Bild Seite 165). Sie besitzen lanzettlich geformte Laubblätter, die großen Flamingoblumen, die *A.*-Andreanum-Hybriden, dagegen länglichherzförmige. Als Vertreter der Aronstabgewächse (Araceae) haben sie den typischen Blütenkolben mit dem auffälligen Hoch- oder Scheidenblatt (Spatha). Es ist bei der kleinen Flamingoblume oval bis eiförmig, bei der großen herzförmig und mehr oder weniger »gehämmert«. Dies sind kleine Ausbuchtungen der Spatha, ähnlich kunsthandwerklich bearbeiteten Metallen.

In der Regel blüht die kleine Flamingoblume nur einmal im Jahr, meist zwischen Januar und Mai; bei der großen können sich während des ganzen Jahres Blüten bilden. Diese Tatsache sowie das Selektieren kleinerer Typen haben dazu geführt, daß verstärkt *A.*-Andreanum-Hybriden als Topfpflanzen Verwendung finden. Einen großen Anteil daran hat die Hydrokultur, ist doch diese Flamingoblume eine der wenigen ausdauernden Blütenpflanzen für dieses Kulturverfahren.

Botanische Gärten vermitteln einen kleinen Eindruck davon, was diese umfassende Gattung noch alles zu bieten hat. Es gibt Riesen mit über meterlangen Blättern, herrlich gefiederte oder gefärbte Blattpflanzen. Sporadisch werden Sämlinge von *Anthurium crystallinum* und der ähnlichen *A. clarinervium* angeboten. Sie besitzen schöne dunkelgrüne, samtartige, breitherzförmige Blätter mit einer kontrastreichen silbernen Aderung. Eines der schönsten Anthurien ist *A. veitchii*

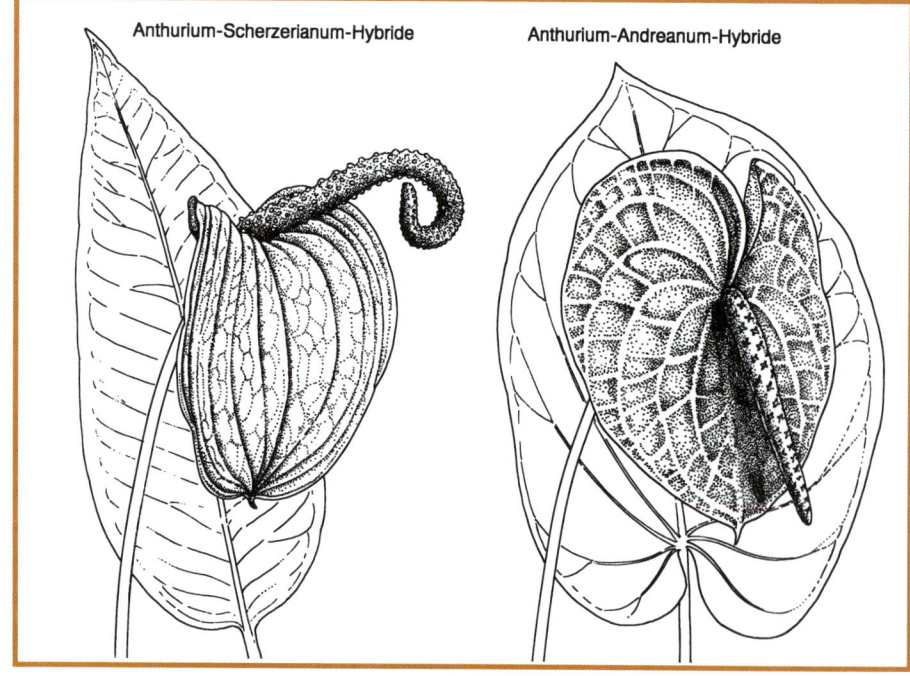

Anthurium-Scherzerianum-Hybride   Anthurium-Andreanum-Hybride

Anthurium veitchii

Aphelandra squarrosa 'Dania'

mit seinen bis meterlangen, herabhängenden, schmalen Blättern. Sie sind nur einfarbig bräunlich bis grün, doch wölbt sich die Spreite zwischen den Seitennerven regelmäßig, so daß eine bemerkenswerte Struktur entsteht. Es gibt sogar kletternde Arten wie *A. polyschistum* mit handförmig geteilten Blättern. Die genannten Blattanthurien sind wie viele andere nur für ein großes geschlossenes Blumenfenster oder ein beheizbares helles Gewächshaus geeignet.

Licht: Hell bis halbschattig, vor direkter Sonne geschützt. Die Flamingoblumen brauchen während der Wintermonate keinen Schatten.
Temperatur: Anthurien verlangen Zimmertemperatur oder wärmer, im Winter bis auf 18 °C nachts absinkend. Bodentemperatur nicht niedriger, eher um 1 bis 2 °C höher. *A.*-Scherzerianum-Hybriden im Winter für 6 bis 8 Wochen bei 15 °C halten, um die Entwicklung der Blüten auszulösen. Blattanthurien möglichst ganzjährig nicht unter 22 °C.
Substrat: Lockere, humose Mischung mit guter Dränage. Besser als Fertigsubstrate ist eine Mischung aus Nr. 1 oder 5 (s. Seite 39) mit bis 1/4 Korkschrot, Seramis oder Styromull; pH 5 bis 5,5.
Feuchtigkeit: Nie austrocknen lassen; stets feucht halten. Bei nicht optimal dräniertem Substrat darauf achten, daß keine Nässe auftritt. Kein hartes Wasser verwenden. Blattanthurien brauchen hohe Luftfeuchte von mindestens 70%.
Düngen: Vom Frühjahr bis Spätsommer alle 2 Wochen, ansonsten alle 3 bis 4 Wochen mit Blumendünger gießen.
Umpflanzen: Alle 1 bis 2 Jahre im Frühjahr.
Pflanzenschutz: Die Flamingoblumen werden besonders bei trockener Luft häufig

von Spinnmilben befallen, die nicht leicht zu bekämpfen sind. Gegen manche Pflanzenschutzmittel reagieren Anthurien empfindlich. Wenn Wurzelfäule auftritt, prüfen, ob das Substrat noch genügend locker, nicht verdichtet ist.
Vermehren: Die Anthurien bilden im Laufe der Jahre kurze Stämmchen mit Wurzelansätzen; die unteren Blätter werden abgeworfen. Solche Pflanzen kann man köpfen und bei 25 °C Bodentemperatur bewurzeln. Sicherer ist es, abzumoosen. Erhält man frischen Samen, wird er vom Fruchtfleisch gereinigt und sofort ausgesät. Nicht mit Erde bedecken, sondern mit Glasscheibe für die nötige Feuchtigkeit sorgen. Für die Keimung sind ebenfalls 25 °C Bodentemperatur erforderlich.

Aphelandra, Ganzkölbchen

Zu den schönsten Blütenpflanzen für warme, nicht zu lufttrockene Räume sind die Arten der Gattung *Aphelandra* zu zählen. Vertreter der rund 170 Arten, die aus dem tropischen Amerika stammen, haben erst spät Eingang in das Zimmerpflanzensortiment gefunden. Am wichtigsten ist *Aphelandra squarrosa* aus Brasilien. Die dicken, runden, oft rötlichen Stengel sind nicht oder nur wenig verzweigt. Die bis zu 30 cm langen Blätter sind glänzend dunkelgrün und entlang der Blattadern weiß gefärbt. Der Blütenstand dieses Akanthusgewächses (Acanthaceae) ist eine unverzweigte Ähre, die 20 cm und länger werden kann. Aus den gelben, glänzenden Deckblättern kommen die ebenfalls gelbgefärbten, röhrigen, nur kurze Zeit haltbaren Blüten hervor. Meh-

rere Sorten sind im Handel, die sich durch mehr oder weniger kompakten Wuchs unterscheiden.

Bis heute hat man sich nicht auf einen guten deutschen Namen für diese Pflanze einigen können. Neben »Ganzkölbchen« hört man auch »Glanzkölbchen«; die Übersetzung des Gattungsnamens wäre »Einfachmann«. Keiner dieser Namen ist sonderlich einprägsam.

Zwei weitere *Aphelandra*-Arten sind attraktive Topfpflanzen: die rotblühenden *A. sinclairiana* und *A. tetragona*. Erst vor wenigen Jahren entdeckte man *A. sinclairiana* in Panama. Der Sproß dieser Pflanze verzweigt sich gut. Die hellgrünen Blätter sind weich behaart. Die Farbe des verzweigten Blütenstands ist ungewöhnlich: Aus den ziegelroten Deckblättern schieben sich die lachsrosa Blüten hervor (s. Bild Seite 11).

Der Nachteil von *A. tetragona* ist das nicht oder mäßige Verzweigen des Sprosses, was einen etwas sparrigen Wuchs ergibt. Auch die Haltbarkeit des Blütenstands ist mit knapp 4 Wochen geringer als bei den beiden zuvor genannten Arten. Dafür ist der verzweigte Blütenstand von besonderer Schönheit. Die nur kleinen, bräunlichen, flaumig behaarten Deckblätter fallen weniger auf als bei den vorigen Arten. Die Blüten sind von einem kräftigen, leuchtenden Rot und öffnen sich in kurzer Folge. Wenn die Blüte im Spätherbst vorbei ist, sind die großen, einfach grünen, langgestielten Blätter keine besondere Zierde mehr.

Licht: Heller, aber vor direkter Sonne geschützter Platz.

Aphelandra tetragona

Temperatur: Von Frühjahr bis Herbst
20 °C und wärmer. *A. sinclairiana* und
A. tetragona im Winter nicht unter
18 °C. *A. squarrosa* sollte dagegen etwa
2 Monate Tag und Nacht bei rund 10 °C
stehen, um die Blütenbildung anzuregen.
Dieser Effekt ist aber nur zu erwarten,
wenn die Pflanzen genügend Licht –
während der lichtärmsten Zeit am besten
Zusatzlicht – erhalten. Anschließend
wieder wärmer (18 bis 20 °C) stellen.
Substrat: Humusreiche Substrate wie 1,
2, 3, 5 oder 6 (s. Seite 39); pH 5 bis 6.
Feuchtigkeit: Stets mäßig feucht halten.
Im Winter ist besonders bei kühlem
Stand vorsichtig zu gießen, da Nässe
rasch zu Wurzelfäule führt. Luftfeuchte
sollte nach Möglichkeit nicht unter
60% absinken. Kann dies nicht geboten
werden, empfiehlt sich ein Platz im
geschlossenen Blumenfenster.
Düngen: Von Frühjahr bis Herbst wöchentlich, im Winter nur alle 3 Wochen
mit Blumendünger gießen.
Umpflanzen: In der Regel jährlich im
Frühjahr.
Pflanzenschutz: Bei Wurzel- und Stammfäule Pflanzen trockener halten und mit
Fungizid gießen. Unangenehm können
Schildläuse werden. Am besten die
großen, ausgewachsenen Tiere abkratzen
und mehrmals mit Blattglanz sprühen.
Vermehren: Kopfstecklinge – im Frühjahr
oder Sommer geschnitten – bewurzeln
sich bei 22 bis 25 °C Bodentemperatur.

A. squarrosa und *A. sinclairiana* stutzen,
um besser aufgebaute Pflanzen zu erhalten. Da dies bei *A. tetragona* nichts bewirkt, kultiviert man sie besser eintriebig.
Wer nicht genügend Bodenwärme bieten
kann, moose zu lang gewordene Exemplare am besten ab (s. Seite 104).
Besonderheiten: Alte Pflanzen sind nicht
mehr schön, daher am besten rechtzeitig
Nachwuchs heranziehen. Ansonsten im
Frühjahr zurückschneiden. Hochwachsende *A.-squarrosa*-Sorten werden mit
Wuchshemmstoffen niedrig gehalten, beginnen jedoch mit ihrem normalen Längenwachstum, wenn die Wirkung nachläßt.

Aporocactus,
Peitschen-, Schlangenkaktus

Nur wenige Zimmerpflanzen sind nahezu
200 Jahre in Kultur. Wenn sie sich bis
heute einen Stammplatz erhalten haben,
so spricht dies für ihre Robustheit. Auf
den Peitschenkaktus, von den Amerika-
nern auch »Rattenschwanz« (rattail cac-
tus) genannt, trifft dies zweifellos zu. Bereits 1690 kam *Aporocactus flagelliformis*
nach Europa. Er bildet bis 1 m lange
Triebe, die zehn bis zwölf Rippen aufweisen. Die langen, nur 1,5 cm dicken Triebe
kriechen den Boden entlang oder hängen

über, zumal *A. flagelliformis* in seiner mexikanischen Heimat häufig auf Bäumen
oder Felsen vorkommt.

Auch in Kultur läßt man die langen
Sprosse überhängen, hält ihn also als Ampelpflanze. An den zweijährigen Trieben
erscheinen im Frühjahr die violettroten
Blüten. Neben *A. flagelliformis* gibt es
noch vier weitere Arten, die jedoch selten
gepflegt werden. Auch einige Hybriden
sind bekannt, so mit *Heliocereus speciosus*, die den Namen × *Heliaporus smithii*
führt, mit *Trichocereus* und mit Phyllokakteen (× *Aporophyllum*-Hybriden).
Besonders die letztgenannten sind empfehlenswerte Ampelpflanzen, die wie
Aporocactus zu behandeln sind.

Licht: Hell, aber im Sommer vor direkter
Sonne leicht geschützt. Im Winter scha-
det Prallsonne nicht. Von Mai bis Septem-
ber kann Freilandaufenthalt nützlich sein.
Temperatur: Luftiger Platz mit Zimmer-
temperatur. Bei Sonne auch wärmer. Im
Winter um 10 °C.
Substrat: Übliches Kakteensubstrat (Nr.
14, s. Seite 41), das jedoch einen höhe-
ren Torfanteil haben kann; pH um 6.
Feuchtigkeit: Im Sommer hoher Wasserbedarf. Immer mäßig feucht halten.
Ansonsten immer dann gießen, wenn
die Erde weitgehend abgetrocknet ist.
Auch im Winter gelegentlich gießen.
Aporocactus gedeiht besser, wenn die
Luft nicht allzu trocken ist.
Düngen: Etwa von April/Mai bis September alle 2 bis 3 Wochen mit Kakteendünger gießen.
Umpflanzen: Nicht allzu häufig. Man läßt
die Pflanze so lange wie möglich ungestört.
Pflanzenschutz: Pflanzen sind empfindlich gegen Spinnmilbenbefall, offensichtlich bevorzugt veredelte Exemplare.

Aporocactus flagelliformis

Vermehren: Im Frühjahr oder Sommer ein- oder zweijährige Triebe von etwa 5 bis 10 cm Länge abschneiden und nach dem Abtrocknen der Schnittfläche bei mäßiger Feuchtigkeit bewurzeln. Nach dem Anwachsen stutzen.
Besonderheiten: Von *Aporocactus* lassen sich auch Hochstämmchen ziehen. Dazu werden sie auf *Eriocereus jusbertii* (auch *Harrisia jusbertii* genannt) veredelt.

Araucaria,
Zimmertanne, Norfolktanne

Der architektonisch strenge Aufbau mit den kerzengeraden Stämmen und den in Etagen erscheinenden Seitenästen macht die Zimmertanne (*Araucaria heterophylla*, syn. *A. excelsa*) zu einer der schönsten Zimmerpflanzen. Man möchte fast sagen, sie ist zu schön für unsere Wohnräume, die ihren Ansprüchen so wenig entsprechen und sie bald kümmern und ihre majestätische Erscheinung verlieren lassen.

Die Araucarien sind Vertreter einer Pflanzenfamilie (Araucariaceae), die vor rund 200 Millionen Jahren weit verbreitet waren und auch in Europa vorkamen. Heute sind sie auf die südliche Halbkugel beschränkt. Nur zwei Gattungen zählen zu dieser Familie, eben *Araucaria* sowie *Agathis*.

Araucarien bilden in den Hochwäldern der Anden ganze Wälder. Die Zimmertanne ist jedoch auf den Norfolk-Inseln beheimatet, von wo sie Ende des 18. Jahrhunderts nach Europa kam.

Vor 100 Jahren hatte man sie bereits als Kübelpflanze schätzen gelernt. Sie war eine Spezialität belgischer, aber auch deutscher Gärtner. In einzelnen Dresdner Betrieben wurden noch vor dem Zweiten Weltkrieg 20 000 Stück jährlich herangezogen. In hellen, nahezu ungeheizten Räumen fühlten sich die Pflanzen wohl. In Wintergärten und Kalthäusern waren sie die besonderen Prachtstücke.

In der geheizten Wohnstube, in die das Licht nur von einer Seite eindringt, ist das symmetrische Wachstum unmöglich. Häufiges Drehen ist auch keine Lösung. Ein Eckzimmer mit Licht von zwei Seiten ist schon besser. Es reicht vollkommen, wenn es im Winter gerade frostfrei ist. Wer einen solchen Raum besitzt, sollte es sich nicht entgehen lassen, diese reizvolle Topfpflanze zu kultivieren.

Licht: Sehr hell, aber vor direkter Sonne besonders während der Mittagsstunden geschützt. Licht möglichst nicht nur von einer Seite.

Araucaria heterophylla

Temperatur: Luftiger Stand, von Mai bis September am besten im Garten an geschützter Stelle mit leicht diffusem Licht. Im Winter kühl, gerade frostfrei genügt, aber möglichst nicht über 10 °C.
Substrat: Am besten Mischungen für Kübelpflanzen (Nr. 17, s. Seite 42), Nr. 1 oder 5; pH um 5.
Feuchtigkeit: Stets mäßig feucht halten; im Winter bei kühlem Stand sparsam gießen; die Erde nie völlig austrocknen lassen.
Düngen: Von Frühjahr bis Herbst alle 1 bis 2 Wochen, im Winter alle 6 bis 8 Wochen mit Blumendünger gießen.
Umpflanzen: In der Regel alle 3 bis 4 Jahre im Frühjahr oder Sommer.
Vermehren: Samen wird nur selten angeboten. Er muß sofort ausgesät werden, denn er verliert bald seine Keimfähigkeit. Der Samen keimt bei etwa 18 bis 20 °C Bodentemperatur. Für Stecklinge kommen nur die Triebspitzen in Frage, denn Seitentriebe wachsen weiterhin in dieser Form, ohne eine Spitze zu bilden. Ein Kopfsteckling sollte einen Kranz Seitentriebe haben und kurz unter dem zweiten geschnitten werden, dessen Äste dann entfernt werden. Trotz Einsatz eines Bewurzelungshormons und Bodentemperaturen über 25 °C dauert es viele Wochen, bis die Zimmertannen in einem Torf-Sand-Gemisch bewurzeln.

Archontophoenix

Diese Gattung ansehnlicher Fiederpalmen umfaßt zwei Arten, die aufgrund ihrer Attraktivität nicht nur in ihrer australischen Heimat, sondern in allen warmen Gebieten der Welt angepflanzt werden.

Sie kommen an regenreichen Standorten vor und wachsen zu stattlichen Höhen von über 20 m heran. *Archontophoenix alexandrae*, die Alexander- oder Feuerpalme, ist recht variabel. Alle Typen zeichnen sich durch einen schlanken Stamm und ihr rasches Wachstum aus.

A. cunninghamiana besitzt ähnliche Qualitäten (s. Bilder Seite 32 und 159). Beide entwickeln im Alter Blätter bis zu 4 m Länge. Jungpflanzen dieser obusten Palmen lassen sich einige Jahre an hellen, aber nicht sonnigen Plätzen im nicht zu warmen Zimmer oder Wintergarten halten, im Winter bei Temperaturen von 10 bis 15 °C. Ansonsten sind sie wie *Chamaerops* zu behandeln.

Ardisia

Die Ardisie ist eine ebenso interessante wie attraktive Pflanze. Wer sich trotz des hohen Preises für sie entscheidet, hat lange Freude an den kräftig rot gefärbten Beeren, die den besonderen Zierwert der Pflanze ausmachen. Sie können über 1 Jahr lang schmücken, bevor sie zu runzeln beginnen und abfallen. Von den rund 250 Arten der Gattung befindet sich bei uns nur *Ardisia crenata* in Kultur. Gelegentlich wird sie auch als *A. crispa* angeboten, doch dies ist eine andere Art.

Besonders auffällig an *A. crenata* sind die ledrigen, dunkelgrünen Blätter mit dem gewellten Rand und einzelnen Knötchen. Diese beherbergen ein Bakterium. Seine Bedeutung ist nicht endgültig geklärt. Es wird über die Samen auf die Nachkommen weitergegeben. Die zu den Myrsinengewächsen (Myrsinaceae) gehörende Ardisie ist von Japan bis Indien heimisch.

Licht: Hell, aber vor direkter Sonne besonders während der Mittagsstunden schützen. Ideal ist ein Fenster, das nur die Morgensonne erreicht.
Temperatur: Übliche Zimmertemperatur, im Winter kühler (16 bis 18 °C). Die Bodentemperatur darf nicht zu sehr absinken.
Substrat: Bevorzugt lehmhaltige Humussubstrate wie Nr. 1, 10, 17 oder auch Nr. 5 (s. Seite 39 bis 42); pH um 6.
Feuchtigkeit: Stets mäßig feucht halten. Hohe Luftfeuchte über 60% ist günstig.
Düngen: Während des kräftigen Wachstums im Frühjahr und Sommer wöchentlich mit Blumendünger gießen; sonst in größeren Abständen.
Umpflanzen: Jährlich im Frühjahr.
Vermehren: Aus den Beeren lassen sich junge Pflänzchen heranziehen. Zunächst das Fruchtfleisch entfernen, und sauber gewaschene Samenkörner im Frühjahr aussäen. Sie keimen bei mindestens 20 °C Bodentemperatur. Es dauert aber mindestens drei Jahre, bis aus dem Sämling eine ansehnliche Pflanze geworden ist. Kopfstecklinge brauchen nicht so lange, doch bewurzeln sie nicht leicht (Bodentemperatur nicht unter 25 °C).
Pflanzenschutz: Auf Schild- und Wolläuse achten! In Gärtnereien, die viele Ardisien heranziehen, können sich

Ardisia crenata

Areca catechu

Pilze so stark ausbreiten, daß der Anbau dieser Pflanzen unmöglich wird.
Besonderheiten: Ardisien kommen zwar im Zimmer immer wieder zur Blüte, doch ist der Beerenansatz nur bescheiden. Dies soll seine Ursache in der im Zimmer üblichen niedrigen Luftfeuchte haben. Wer nicht für hohe Luftfeuchte sorgen kann, kaufe sich Pflanzen, die bereits Früchte angesetzt haben, und werfe sie am besten weg, wenn sie unschön werden.

Areca, Betelnußpalme, Katechupalme

Die aus Asien stammende Katechupalme (Familie Palmae) ist eine mysteriöse Nutzpflanze von zweifelhaftem Wert. Seit Jahrhunderten benutzen Millionen Menschen von Indien über Pakistan, Ceylon, den Philippinen und in ganz Afrika *Areca catechu* als Stimulans so wie wir den Kaffee. Wegen dieser alten Sitte, über die schon Marco Polo 1298 berichtete, und dem damit verbundenen Anbau läßt sich die ursprüngliche Heimat der Palme nicht mehr ermitteln.

Begehrt ist die Palme wegen ihres Samens, der – kleingeschnitten und mit Kalk und Gewürzen versehen – in Blätter des Betelpfeffers gewickelt und anschließend gekaut wird. Von diesem »Betelbissen« geht eine anregende Wirkung aus, in höheren Dosen kann es allerdings zu Herz- und Atemlähmung kommen. Langjähriger Gebrauch soll

sogar zu Krebs führen. Andererseits kräftigt das Betelkauen das Zahnfleisch und tötet Eingeweidewürmer ab. Als Nebenwirkung färbt der Betelbissen Zunge und Zahnfleisch rot und die Zähne schwarz.

Weniger alt ist die Tradition, Katechupalmen als Zimmerpflanzen zu kultivieren. Erst in jüngster Zeit haben Importeure entdeckt, daß frische Sämlinge billig sind und nett aussehen. Daß diese Palme im Zimmer meist nicht sehr alt wird, spielt eine untergeordnete Rolle. Zur Sorge, diese bis zu 30 m hohe Palme könnte zu groß werden, besteht deshalb kaum Anlaß.

Licht: Hell, aber vor direkter Sonne während der Mittagsstunden geschützt.
Temperatur: Stets warm stellen; auch im Winter möglichst nicht unter 20 °C.
Substrat: Lehmhaltige Substrate wie Nr. 1, 9 und 17 (Seite 39 bis 42); pH um 6.
Feuchtigkeit: Stets feucht halten; wer schon einmal das Gießen vergißt, sollte lieber einen Wasservorrat im Untersetzer anlegen. Hohe Luftfeuchtigkeit ist zum guten Gedeihen unumgänglich.
Düngen: Von Frühjahr bis Herbst wöchentlich, im Winter alle 2 Wochen mit Blumendünger gießen.
Umpflanzen: Nur kleine Sämlinge jährlich, ältere Exemplare in möglichst großen Abständen dann, wenn die Erde verdichtet.
Vermehren: Samen keimt nur bei hohen Bodentemperaturen über 20 °C.
Pflanzenschutz: Bei zu trockener Luft treten häufig Spinnmilben auf.

Argyroderma, Silberhaut

Dem erfahrenen Sukkulentenfreund bietet die Gattung *Argyroderma* aus der Familie der Mittagsblumengewächse (Aizoaceae) einige interessante, bei richtiger Pflege willig weiß, gelb oder violett blühende Arten. Die Pflanzen haben ein bemerkenswertes Aussehen: Der Körper ähnelt einem Ei, das senkrecht gespalten und zu einem mehr oder weniger breiten Spalt auseinander geklappt wurde. Nur am unteren Ende sind die beiden Hälften zusammengewachsen. Aus dem Spalt erscheint die kurzstielige Blüte. Nach der Ruhezeit schieben sich hieraus die beiden jungen silbrigen Blätter, während die alten einziehen. Bislang waren rund 50 im Süden Afrikas beheimatete Arten beschrieben, die inzwischen zu zehn Arten zusammengefaßt wurden.

Licht: Hell bis sonnig, nur vor Prallsonne während der Mittagsstunden leicht geschützt.
Temperatur: Luftiger Stand mit Zimmertemperatur oder wärmer. Im Winter um 10 °C.
Substrat: Nr. 14 (s. Seite 41) oder Mischung mit hohem mineralischen Anteil, etwa 3 Teile Quarzsand und 2 Teile eines Torfsubstrats wie Nr. 1 oder 2; pH um 6.
Feuchtigkeit: Das Gießen verlangt sehr viel Fingerspitzengefühl. Im Winter trocken halten. Erst im Mai mit sparsamen Wassergaben beginnen. Auch später nur soviel gießen, daß die Pflanzen nicht schrumpfen. Zu reichliche Wassergaben führen zum Platzen der Körper. Ab Oktober Gießen reduzieren.
Düngen: Nur während des Sommers sporadisch mit Kakteendünger gießen.

Argyroderma pearsonii

Umpflanzen: Nur alle 2 bis 3 Jahre noch vor Ende der Ruhezeit im Frühjahr.
Vermehren: Von Mai bis Juli ausgesät, keimen die Samen rasch bei etwa 20 °C Bodentemperatur. Der Samen wird nur ganz dünn mit feinem Quarzsand abgedeckt.

Ariocarpus

Die Kakteen der Gattung *Ariocarpus* erinnern mehr an Vertreter anderer Familien. Sie besitzen nicht den typischen kugeligen oder säulenförmigen Körper. Aus dem Namen einer Art, *A. agavoides*, wird bereits deutlich, daß sie den Agaven gleicht. Die Rippen sind in einzelne Warzen aufgelöst, die langgezogen, bei *A. kotschoubeyanus* und *A. retusus* dreieckig, blattähnlich sind. Heute unterscheidet man sechs Arten, die alle von Mexiko bis Texas ver-

Ariocarpus fissuratus

breitet sind. Sie besiedeln Schutthalden, auch kalkhaltigen Gesteins, und kommen bis in Höhen von 2000 m vor.

Früher stammten die meisten angebotenen Pflanzen vom Naturstandort. Rücksichtslos plünderte man dort die Bestände, die auf ein Minimum zusammengeschmolzen sind. In Kultur erwiesen sich die importierten *Ariocarpus* als sehr empfindlich und blieben meist nicht lange am Leben. Die Anzucht aus Samen ist langwierig. Es dauert ein paar Jahre, bis die Pflänzchen Zentimetergröße erreicht haben. Dafür haben samenvermehrte Pflanzen den Vorteil, besser an die hiesigen Bedingungen angepaßt zu sein. Trotz allem sind die Pflanzen nur dem erfahrenen Kakteenfreund zu empfehlen.

Licht: Vollsonniger Standort.
Temperatur: Von Frühjahr bis Herbst warm (über 20 °C) mit nächtlicher Abkühlung um 2 bis 4 °C. Im Winter um 10 °C.

Ariocarpus agavoides

Ariocarpus kotschoubeyanus

Asarina scandens

Substrat: Am besten haben sich Mischungen aus grobem Sand, Perlite, krümeligem Lehm und Lavagrus oder Styromull bewährt; pH 6 bis 7. Die rübenähnlichen Wurzeln faulen leicht in torfhaltigen Mischungen. Keinen reinen Lavagrus verwenden, denn beim Anschwellen der Rübenwurzel im Frühjahr entstehen durch die scharfen Kanten des Steins Verletzungen, die zu Fäulnis führen.
Feuchtigkeit: Nur mäßig gießen; immer erst das Substrat abtrocknen lassen. Im Winter völlig trocken halten.
Düngen: Nur deutlich wachsende Pflanzen alle 4 bis 6 Wochen mit Kakteendünger in halber Konzentration gießen.

× Ascocenda Arthorn

Umpflanzen: Nur in größeren Abständen, etwa alle 2 bis 3 Jahre, erforderlich. Rübenwurzler nicht zu tief in die Erde setzen, sonst erhöht dies die Fäulnisgefahr.
Vermehren: Nur durch Aussaat möglich (etwa 22 °C).

Asarina

Leider gehören die rund 16 kletternden Stauden der Gattung *Asarina* aus der Familie der Braunwurzgewächse (Scrophulariaceae) nicht zum Standardsortiment der Blumengeschäfte und Gartencenter. Aber die Mühe lohnt, nach diesen hübschen und weitgehend unproblematischen Pflanzen zu suchen. Meist muß man sie selbst aus Samen heranziehen, der zumindest in England regelmäßig angeboten wird. Häufiger als unter den Topfpflanzen findet man sie unter den einjährigen Sommerblumen. In der Regel wird man die Kletterpflanzen – obwohl ausdauernd – nur einjährig kultivieren. Die lichtarmen Monate behagen den Kräutern aus Mexiko und dem Süden der USA nicht. Das gilt auch für die europäische Art, *Asarina procumbens* aus Spanien. Am häufigsten finden sich *Asarina antirrhinifolia, A. barclaiana, A. purpusii* und *A. scandens* in Kultur, von denen es zum Teil als Sorten geführte Farbauslesen in Weiß, Blau bis zum intensiven Purpur und Violett gibt. *A. filipes* blüht dagegen gelb. Alle Arten bilden große, auffällige Blüten, meist mit einer Zeichnung im Schlund.

Licht: Sehr hell und sonnig. Da sie bei dunklem Stand nicht blühen, im Herbst am besten wegwerfen.
Temperatur: Pflanzen luftig und bei 15 bis 20 °C halten, zum Beispiel im kühlen Wintergarten. Im Sommer auch wärmer oder im Freien.
Substrat: Übliche Blumenerden, zum Beispiel Nr. 1, 2, 3, 5, 6 oder 7 (Seite 39 und 40); pH um 6.
Feuchtigkeit: Stets mäßig feucht halten. Reichblühende Pflanzen haben im Sommer einen hohen Wasserbedarf.
Düngen: Wöchentlich ein- bis zweimal mit Blumendünger gießen.
Umpflanzen: Pflanzen werden in der Regel einjährig kultiviert; deshalb überflüssig.
Vermehren: Ab Ende Februar/März aussäen; Samen keimt gut bei etwa 20 °C. Nach etwa 4 Wochen möglichst etwas kühler stellen (15 °C).
Besonderheiten: Dauerblüher, Blüten bilden sich nach einer kurzen Jugendphase bei genügend Licht in jeder neuen Blattachsel. Die langen Ranken an einem Klettergerüst befestigen.

× Ascocenda

Viele Orchideen haben für den Zimmergärtner den Nachteil, daß sie zu groß werden. Dies trifft auch auf die attraktiv blühenden *Vanda* zu. Diesen Nachteil konnte man durch Kreuzung der *Vanda*-Arten mit Orchideen aus der Gattung *Ascocentrum* überwinden. Die Ergebnisse, die × *Ascocenda*-Sorten, vereinen die Blühwilligkeit der *Ascocentrum* – zum Teil – mit der Blütengröße der *Vanda*. Die Haltbarkeit der Blüten ist sehr gut. Es gibt vorwiegend Sorten mit roten bis violetten Blüten, zum Teil auch getupft auf weißem Grund.

Für die Zimmerkultur sind × *Ascocenda* gut geeignet. Sie sind weitgehend wie *Vanda* zu behandeln, vertragen aber mehr Licht, ohne direkter Sonne ausgesetzt zu werden. Wurzeln diese Orchideen im Topf, so empfiehlt sich ein sehr lockeres Substrat wie zum Beispiel Rindenstücke.

Asparagus, Zierspargel

Die Gattung *Asparagus* aus der Familie der Liliengewächse (Liliaceae, auch Asparagaceae) bietet mit ihren schätzungsweise 300 Arten nicht nur mit *Asparagus officinalis*, dem Spargel, ein köstliches Gemüse, sondern auch einige kulturwürdige Zierpflanzen. Am bekanntesten ist *Asparagus densiflorus* 'Sprengeri' (syn. *A. sprengeri*), eine robuste Pflanze mit zu Dornen verwandelten, an langen, leicht verholzenden Stielen stehenden Blättern und blattähnlichen Seitensprossen (Phyllocladien oder Kladodien), die übrigens alle *Asparagus*-Arten besitzen. Bei der Sorte 'Meyeri' (syn. *A. meyeri, A. myersii*) stehen die Seitentriebe und Phyllocladien so dicht beieinander, daß wahre Fuchsschwänze bis nahezu Meterlänge entstehen.

Während *A. densiflorus* mit relativ niedrigen Temperaturen vorlieb nimmt, will *A. setaceus* (syn. *A. plumosus*) mehr Wärme und auch höhere Luftfeuchte. Bei ihm sind die Phyllocladien noch feiner, nadelartiger ausgebildet. »Plumosus« wird gerne als Grün zu verschiedenen Schnittblumen verwendet, hat aber in den letzten Jahren etwas an Bedeutung verloren.

Dieses Schicksal hat schon vor längerer Zeit *Asparagus asparagoides* erlitten. Noch unter dem veralteten Namen

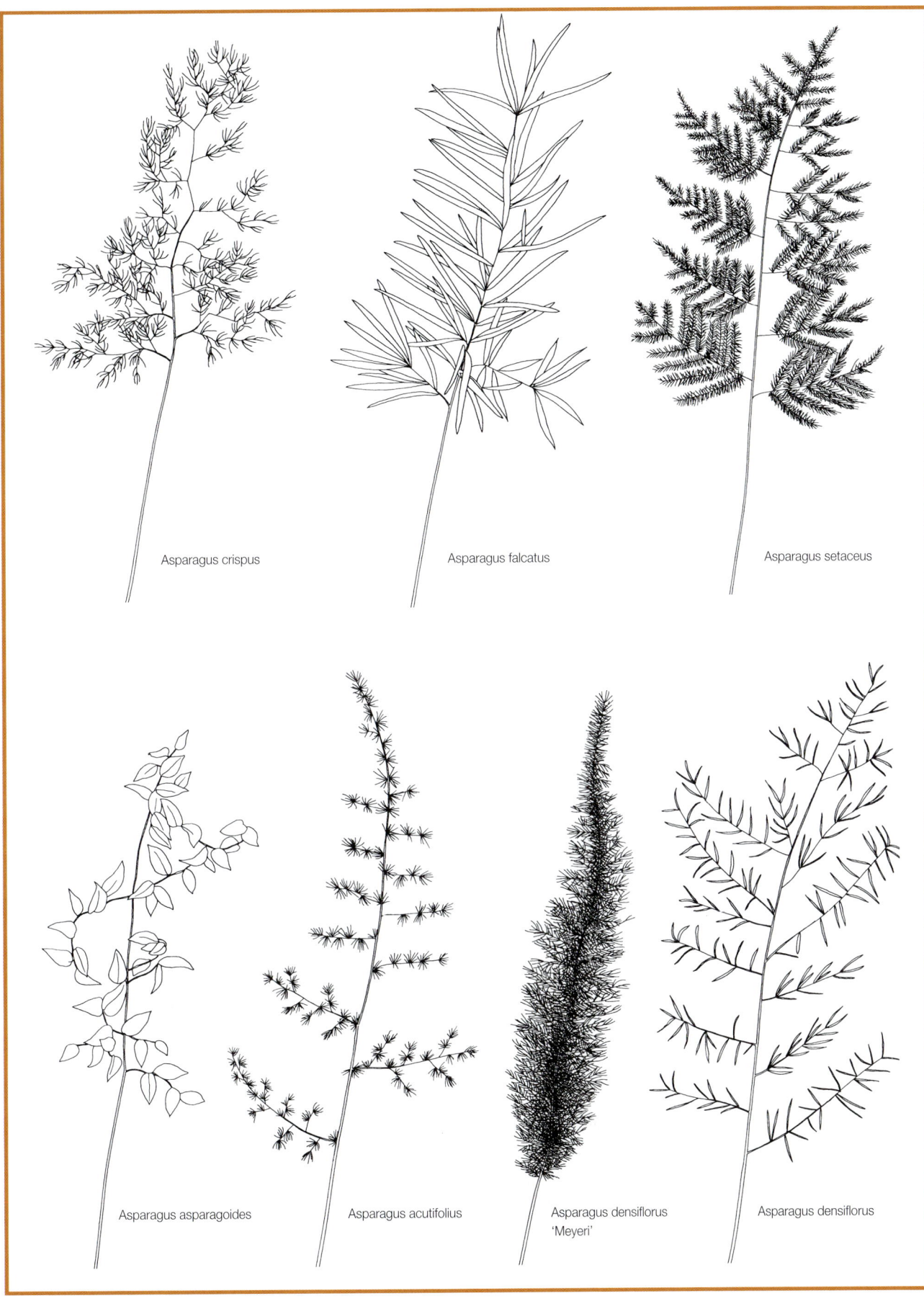

Asparagus crispus

Asparagus falcatus

Asparagus setaceus

Asparagus asparagoides

Asparagus acutifolius

Asparagus densiflorus
'Meyeri'

Asparagus densiflorus

Asparagus densiflorus 'Meyeri'

Asparagus setaceus

Medeola asparagoides war er eine geschätzte Schnittgrünpflanze zum Beispiel für Tafeldekorationen. Die einzelnen Ranken wurden in Längen bis zu 4 m geschnitten. Gelegentlich wird *A. asparagoides* als Topfpflanze angeboten. Die langen Ranken benötigen ein Klettergerüst, oder man zieht sie entlang der Wand, jedoch immer im sonnig-hellen Bereich. Die Phyllocladien sind deutlich breiter, flächiger, blattähnlicher ausgebildet.

Alle genannten *Asparagus* verlangen mit ihren herabhängenden oder kletternden Trieben mehr Platz als nur eine schmale Fensterbank. Weit stärker trifft dies auf Arten zu wie das strauchige *A. acutifolius* aus dem mediterranen Raum, das viele Meter lange kletternde Sprosse bildende *A. falcatus* aus Afrika und Ceylon oder *A. crispus*, ebenfalls aus Afrika, das eine reizvolle Hängepflanze abgibt.

Licht: Hell, *A. densiflorus* auch sonnig. Die anderen genannten Arten sollten vor intensiver direkter Einstrahlung geschützt werden.
Temperatur: Zimmertemperatur oder wärmer. Im Winter um 15 °C, *A. densiflorus*, *A. crispus* und *A. falcatus* auch 10 °C und weniger. *A. acutifolius* hält Temperaturen unter 0 °C aus.
Substrat: Humusreiche Substrate wie Nr. 1, 2, 3, 5, 6 oder 7 (s. Seite 39 bis 40), denen man bis 1/4 krümeligen Lehm beimischen kann; pH um 6.
Feuchtigkeit: Stets mäßig feucht halten.
Düngen: Von Frühjahr bis Herbst wöchentlich mit Blumendünger gießen. Im Winter genügen Gaben alle 2 bis 4 Wochen.
Umpflanzen: In der Regel jährlich, von Frühjahr bis Herbst möglich.
Vermehren: Große Pflanzen werden beim Umtopfen geteilt. Den knollenähnlich verdickten Wurzeln, die besonders bei *A. densiflorus* feste Ballen bilden, rückt man am besten mit einem Messer zu Leibe. Auch in Kultur setzt der Zierspargel gelegentlich Samen an. Die roten Beeren nimmt man im Februar ab, entfernt das Fruchtfleisch und sät in ein übliches Torfsubstrat. Die Aussaatschale wird nun mit einer lichtundurchlässigen Folie oder ähnlichem abgedeckt, die jedoch nicht direkt der Erde aufliegen darf. Auf jeden Fall darf kein Licht an die Samen gelangen, da diese sogenannte Dunkelkeimer sind. Erst wenn 1/5 oder 1/4 der Samen gekeimt hat, läßt man Licht eindringen. Die Bodentemperatur sollte zur guten Keimung nicht unter 18 °C liegen, besser bei 22 °C.
Pflanzenschutz: Zierspargel wird häufig von Blattläusen oder Spinnmilben befallen. Besonders *A. densiflorus* und *A. asparagoides* sind bei hohen Temperaturen und trockener, stehender Luft gegen Spinnmilben anfällig. Vorsicht, gegen viele Pflanzenschutzmittel ist Zierspargel empfindlich!
Besonderheiten: Bei plötzlichem Wechsel der Kulturbedingungen oder sehr unregelmäßiger Wasserversorgung können Arten wie *A. setaceus* und *A. densiflorus* ihre Phyllocladien abwerfen.

Aspidistra, Metzger-, Schusterpalme, Schildblume

Da sie im Schaufenster der Läden lange am Leben bleibt und deshalb so gern für diesen Zweck verwendet wurde, erhielt dieses Liliengewächs (Liliaceae, auch Convallariaceae) seinen deutschen Namen Metzger- oder Schusterpalme. Es gibt kaum andere Zimmerpflanzen mit Ausnahme der Sansevierie, die so dauerhaft sind. Die Anspruchslosigkeit von *Aspidistra elatior* ist sprichwörtlich. Mit Ausnahme dieser japanischen Staude sind die übrigen sieben Arten der Gattung nicht in Kultur.

A. elatior besitzt einen unterirdischen, kriechenden Sproß (Rhizom), aus dem sich die Blätter emporschieben. Das Blatt kann einschließlich Stiel rund 70 cm

Aspidistra elatior

Länge und 10 cm Breite erreichen. Es ist

Länge und 10 cm Breite erreichen. Es ist dunkelgrün, bei der etwas temperaturbedürftigeren Sorte 'Variegata' gelb gestreift. Die unscheinbaren, schmutzig violetten Blüten schieben sich nur wenig über die Erdoberfläche. Bei neuen Sorten wie 'Milky Way' ist die – in diesem Fall weiße – Blattzeichnung noch intensiver.

In der Wohnung nimmt *A. elatior* mit nahezu allen Plätzen vorlieb, ganz gleich ob sie warm oder kühl, hell oder beschattet sind. Während der winterlichen Ruhe ist jedoch ein kühler Stand zu empfehlen.

Licht: Hell bis schattig. Keine direkte Sonne.
Temperatur: Gedeiht in einem weiten Temperaturbereich. Im Winter um 10 °C, nicht unter 2 °C.
Substrat: Einheitserde oder TKS mit $1/4$ krümeligem Lehm; pH um 6.
Feuchtigkeit: Stets feucht halten, im Winter während der Ruhe nur sparsam gießen, ohne die Erde völlig austrocknen zu lassen.
Düngen: Vom Frühjahr bis Herbst wöchentlich mit Blumendünger gießen.
Umpflanzen: Alle 1 bis 2 Jahre mit Beginn des Wachstums im Frühjahr.
Vermehren: Beim Umtopfen teilen. Dazu die alte Erde ausschütteln und den unterirdischen Sproß so in Stücke schneiden, daß jedes Teil mindestens zwei bis drei Blätter hat.

Asplenium nidus, siehe auch Seite 100

Asplenium

Nestfarn

Aus dem tropischen Asien und Polynesien stammt der auf Bäumen, also epiphytisch wachsende Farn *Asplenium nidus*, der riesige Dimensionen erreichen kann. Die lanzettlichen Blätter werden über 1 m lang und bilden ähnlich den Ananasgewächsen einen Trichter, in dem der Baumbewohner abgestorbene Pflanzenteile und Wasser sammelt. Den als Topfpflanzen gehaltenen Exemplaren sieht man nicht an, daß sie später so mächtig werden. Die Haltbarkeit im Zimmer ist im Vergleich zu anderen Farnen recht gut, weshalb der Beliebtheitsgrad kräftig ansteigt.

Mehr kurios als schön ist *Asplenium nidus* 'Cristatus' mit seinen ungleichmäßig kammartig mißgebildeten Blättern. An den schmalen, bis 70 cm langen, ledrigen Blättern ist *A. antiquum* kenntlich, ein Farn, der aus Taiwan eingeführt wurde. Die Sorte 'Osaka' besitzt ungewöhnlich ondulierte Blattränder.

Licht: Heller bis halbschattiger Platz; keine direkte Sonne.
Temperatur: Übliche Zimmertemperatur von 20 bis 25 °C. Im Winter möglichst nicht unter 18 °C, minimal 16 °C. Auch die Bodentemperatur sollte nicht unter 18 °C absinken. *A. antiquum* kann etwas kühler stehen.
Substrat: Humusreiche Substrate wie Nr. 5 oder 12, versuchsweise Nr. 8 (s. Seite 39), auch Mischungen von Nr. 1 oder 2 mit Lauberde; pH um 5.
Feuchtigkeit: Immer für milde Feuchtigkeit sorgen. Eine zumindest mittlere Luftfeuchte von 60% ist empfehlenswert, doch wird auch trockenere Luft erstaunlich gut vertragen.
Düngen: Von April bis September alle 2 bis 3 Wochen mit Blumendünger gießen; sonst in größeren Abständen.
Umpflanzen: Alle 1 bis 2 Jahre während des Sommerhalbjahres.
Vermehren: Durch Sporen leicht möglich (s. Seite 100), die gut bei 22 °C keimen.
Pflanzenschutz: Blattrandschäden kommen gelegentlich durch ungünstige Bedingungen wie sehr trockene Luft, unregelmäßiges Gießen oder ungeeignete Pflanzenschutzmittel vor. Braune Verfärbungen können auch durch Blättälchen oder Nematoden hervorgerufen werden.

Befallene Pflanzen wegwerfen, da eine Bekämpfung sehr schwierig ist. Vorsicht, *Asplenium* reagieren empfindlich auf Blattglanzmittel.

Hirschzungenfarn

Unser heimischer Hirschzungenfarn (*Asplenium scolopendrium*, syn. *Phyllitis scolopendrium*) war früher eine verbreitete und beliebte Zimmerpflanze. In England – wo man ihn wie auch bei uns

Asplenium scolopendrium

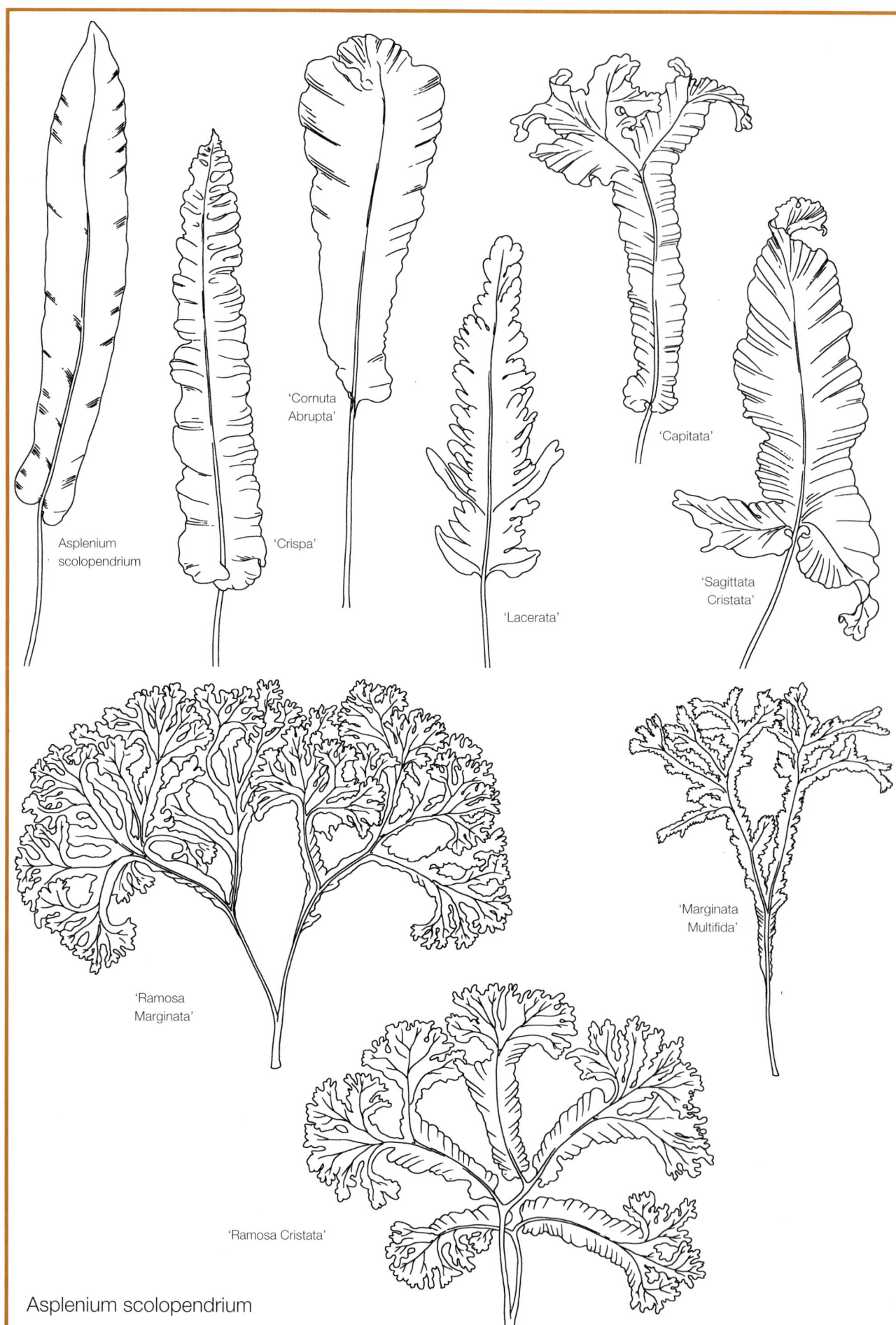

'Cornuta Abrupta'

Asplenium scolopendrium

'Crispa'

'Lacerata'

'Capitata'

'Sagittata Cristata'

'Ramosa Marginata'

'Marginata Multifida'

'Ramosa Cristata'

Asplenium scolopendrium

Astrophytum asterias

vorwiegend ins Freie setzte – gab es eine fast unvorstellbar große Zahl von Spielarten, von denen einige wieder verschwunden sind. Staudengärtner führen die Art und eine oder zwei Sorten, die für kühle Räume zu empfehlen sind. Ideal ist ein kühler Wintergarten.

Licht: Halbschattig; keine direkte Sonne.
Temperatur: Kühler, luftiger Platz. Im Winter nicht über 10 °C. Freilandaufenthalt von Frühjahr bis Herbst an halbschattigem Platz.
Substrat: Humussubstrate wie Nr. 1, 2 oder 5 (s. Seite 39); pH 5,5 bis 6.
Feuchtigkeit: Nie austrocknen lassen, sondern stets mäßig feucht halten. Keine trockene Zimmerluft.
Düngen: Von Mai bis September in Abständen von 3 bis 4 Wochen mit Blumendünger gießen.
Umpflanzen: Alle 1 bis 2 Jahre von Frühjahr bis Sommer möglich.
Vermehren: Neben der Sporenaussaat (s. Seite 100) lassen sich abgetrennte Blattstielenden bewurzeln. Dazu trennen wir zwischen Oktober und November die Blätter von den Stielen und stecken die nur wenige Zentimeter langen Stielenden in die Erde. Bei über 20 °C und stets mäßiger Feuchte bewurzeln sie sich und bilden nach 4 bis 5 Monaten kleine Pflänzchen.

Astrophytum, Bischofsmütze

Viele Kakteen werden vorwiegend wegen ihrer attraktiven Bedornung gepflegt. Mit der Bischofsmütze (*Astrophytum myriostigma*) hat sich auch ein »stacheiloser« Kaktus durchgesetzt. Er ist aus den Sammlungen nicht mehr wegzudenken. Als Ersatz für die Dornen hat er eine dichte, weiße Beflockung, die ihn unempfindlich gegen die Sonne macht. Die zunächst runden, im Alter leicht säulenförmigen Körper sind streng geometrisch aufgebaut und meist vier- oder fünfrippig. Ein weiterer Schmuck sind die gelben, mehrere Tage haltenden Blüten.

Auch *Astrophytum asterias*, der Seeigelkaktus, ist unbedornt und hat ebenfalls weiße, jedoch nur verstreute Flöckchen. Die in Zentralmexiko verbreitete Gattung, die sieben gelbblühende, davon einige mit rotem Schlund versehene Arten umfaßt, hat allerdings auch dornige Vertreter zu bieten, so *A. ornatum* und das mit wild durcheinander gehenden elastischen Dornen bedeckte *A. capricorne*. Alle Arten sind kulturwürdig und passen überall hin, wo es hell und im Winter nur mäßig warm ist.

Die Arten variieren stark, zum Beispiel in der Beflockung. Außerdem gibt es viele Hybriden (s. Bild Seite 167).

Licht: Volle Sonne, im Sommer grüne, unbeflockte Astrophyten mittags mit leichtem Schutz.
Temperatur: Warmer, luftiger Stand. Im Winter 10 bis 15 °C, *A. capricorne* auch kühler. Möglicherweise sind auch höhere Temperaturen nicht nachteilig.
Substrat: Kakteenerde (s. Seite 41) mit hohem Anteil mineralischer Bestandteile wie Lava- oder Urgesteinsgrus; pH um 6.
Feuchtigkeit: Während des Hauptwachstums im Frühjahr und Herbst mäßig feucht halten. Im Sommer wachsen die Pflanzen meist langsamer. Dann entsprechend sparsamer gießen. Im Winter völlig trocken halten.
Düngen: Bei deutlichem Wachstum alle 2 bis 3 Wochen mit Kakteendünger gießen.
Umpflanzen: Nur Jungpflanzen alle 2 Jahre im Winter. Ältere Exemplare sollte man möglichst wenig stören, da sie empfindlich reagieren. Keine zu kleinen Töpfe verwenden.
Vermehren: Im Frühjahr den relativ großen Samen aussäen und nicht mit Erde bedecken. Er keimt leicht bei etwa 20 bis 25 °C Bodentemperatur.

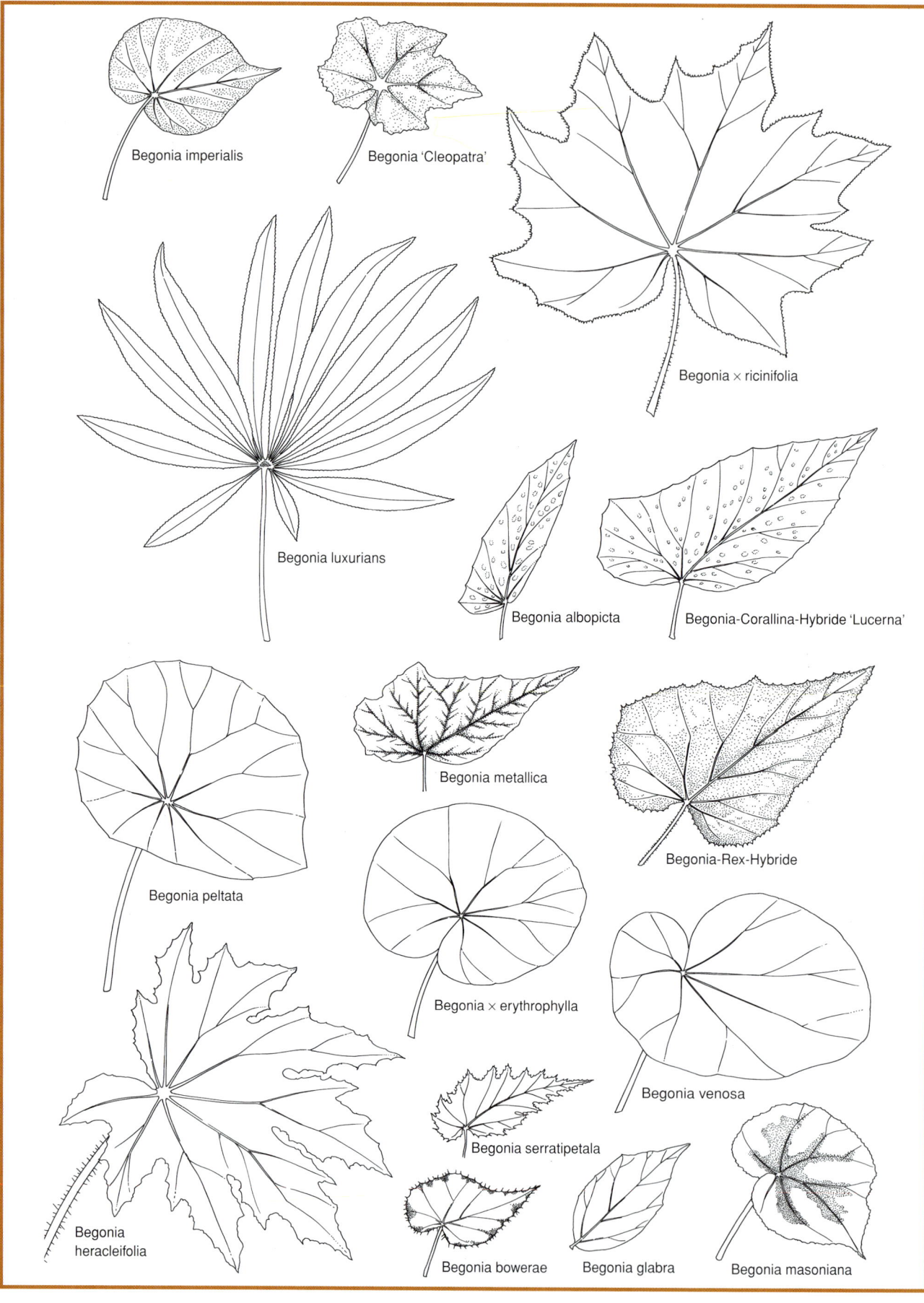

Begonia imperialis

Begonia 'Cleopatra'

Begonia × ricinifolia

Begonia luxurians

Begonia albopicta

Begonia-Corallina-Hybride 'Lucerna'

Begonia peltata

Begonia metallica

Begonia-Rex-Hybride

Begonia × erythrophylla

Begonia venosa

Begonia heracleifolia

Begonia serratipetala

Begonia bowerae

Begonia glabra

Begonia masoniana

Begonia imperialis 'Gruß an Erfurt'

Begonia listada

Begonia, Schiefblatt

Der Hobbygärtner, der vor der Vielfalt der Begonien resigniert, mag sich damit trösten, daß auch der Fachmann nicht oder nur mühsam den Überblick zumindest über die gärtnerisch wichtigen Begonien gewinnt.

**Begonia hispida
var. cucullifera**

Die nahezu 1000 Arten und 10 000 Hybriden dieser Gattung unterscheiden zu lernen, ist ein Kunststück. Die natürliche Verbreitung umfaßt die subtropischen und tropischen Gebiete mit Ausnahme Australiens. Im Jahr 1690 wurden die ersten Begonien entdeckt, 1777 sollen die ersten in Gewächshäusern gestanden haben, während man 1850 in Europa bereits 80 verschiedene kultivierte.

Heute umfassen die größten Sammlungen über 200 Arten. Die ersten Kulturhybriden entstanden um 1850. Beschränkt man die Vielfalt auf jene Arten und Sorten, die im Handel sind und sich im Zimmer bewährt haben, so wird die Gattung gleich überschaubarer. Es gibt

einige Versuche der Gärtner, Begonien nach bestimmten Merkmalen zu unterteilen, so zum Beispiel danach, ob sie faserige Wurzeln, ein Rhizom (einen im Boden kriechenden Sproß) oder eine Knolle bilden. Auch die Gruppe der Strauchbegonien eines anderen Systems läßt sich zumindest vom Laien nur schwer von den anderen abgrenzen. Hier soll nur unterschieden werden zwischen Begonien, die vorwiegend der zierenden Blätter wegen gepflegt werden – kurz Blattbegonien genannt – und jenen, bei denen zuerst die hübschen Blüten auffallen – den Blütenbegonien. Auch bei dieser Zweiteilung gibt es noch Überschneidungen.

Blattbegonien

Die klassischen Blattbegonien sind zweifellos die Königsbegonien (*Begonia*-Rex-Hybriden), die es in vielen Sorten gibt. Aber es sind nicht die Begonien, die im Zimmer am leichtesten gedeihen. Besonders im Winter zeigen sie, daß ihnen die trockene Luft nicht behagt. Eine weitere Schwierigkeit ist die Anfälligkeit vieler Sorten gegen den Mehltaupilz. Aus diesem Grund haben die Königsbegonien auch etwas an Boden verloren im Vergleich zu der aus *Begonia bowerae* hervorgegangenen 'Cleopatra' sowie der Gruppe der »Mexicross«-Begonien, die ebenfalls *B. bowerae* sowie weitere Arten wie *B. heracleifolia, B. mazae* und *B. imperialis* var. *smaragdina* als Vorfahren haben. Die noch recht neuen Sorten sind alle sehr hübsche buntblättrige Zimmerpflanzen, die warm stehen wollen.

Eine sehr vielversprechende Begonie tauchte vor einigen Jahren unter dem Namen *B. listida* auf. Der richtige Name der aus Brasilien stammenden Pflanze lautet *Begonia listada*. Sie ist ein auffal-

lend schönes Schiefblatt mit nicht allzu großen, tief dunkelgrünen, leicht behaarten Blättern, die ein gelbgrüner Mittelstreifen ziert. Bemerkenswert ist nicht nur, daß die Blattform selbst an einer Pflanze stark differiert, sondern mehr noch die gute Haltbarkeit im Zimmer.

»Beafsteak begonia« nennen die Amerikaner *B.* × *erythrophylla* (syn. *B. feastii*), die zu den härtesten Blattbegonien für das Zimmer zählt. Sie hat bis 12 cm große, oberseits glänzend dunkelgrüne, unterseits tief dunkelrote Blätter, die einem über den Boden kriechenden Sproß entspringen. Sie wird recht groß, weshalb sie die Gärtner nicht mehr allzu oft anbieten.

Etwas größere Ansprüche an Temperatur und Luftfeuchte als die »beafsteak begonia« stellen *B. masoniana* und die Sorten von *B. imperialis*. *B. masoniana* kam erst 1959 aus China in die gärtnerische Kultur und war zunächst unter dem Namen 'Iron Cross' bekannt. Das von vielen kleinen Erhebungen, die jeweils in einem Haar münden, runzelige Blatt besitzt eine dunkle Zeichnung, die einem

Begonia-Rex-Hybride

Begonia-Elatior-Hybride 'Rosalie'

Eisernen Kreuz ähnlich sieht. Runzelig ist auch das Blatt von *B. imperialis.* 'Gruß an Erfurt' heißt eine bekannte Sorte mit wunderschöner cremefarbener Blattzeichnung. Sie ist eine leider seltene Kostbarkeit, die sich für ein geschlossenes Blumenfenster, eine Vitrine oder ein Gewächshaus empfiehlt.

Nicht minder anspruchsvoll ist *B. luxurians* mit fächerförmig geteiltem Laub. Sie ist wie auch *B. hispida* var. *cucullifera* ein ungewöhnliches Schiefblatt. Letztere bildet auf der Oberseite ihrer breit eiförmigen, behaarten Blätter tütenförmige Adventivblättchen. Für Wohnräume eignen sich besser Schiefblätter wie *B. serratipetala* (dunkelgrünes, rotgepunktetes Blatt; schöne Ampelpflanze), *B. heracleifolia* (kreisrunde, tief sieben- bis neunlappige, dunkelgrüne Blätter mit helleren Zonen entlang der Nerven) und *B. × ricinifolia* (großes, ricinusähnliches Laub). Der erfahrene Zimmerpflanzengärtner kann sie mehrere Jahre erfolgreich pflegen. Neben *B. serratipetala* bieten sich als Ampelpflanzen *B. glabra* (syn. *B. scandens*), *B.* 'Richmondensis' und die unter Blütenbegonien noch zu erwähnende *B. radicans* an.

Alle bisher besprochenen Arten und Sorten sind als mehr oder weniger wärmeliebend zu bezeichnen. Einige Blattbegonien schätzen dagegen kühlere Räume. *B. metallica* sowie die sehr ähnlichen *B.* 'Credneri' und *B. scharffiana* mit ihren schief herzförmigen, oberseits grünen, unterseits roten, behaarten Blättern sind stattliche und sehr haltbare Grünpflanzen. Die noch kleinblumigen Vorfahren der Knollenbegonien – *B. boliviensis, B. cinnabarina, B. davisii, B. dregei, B. pearcei* und *B. veitchii* – sind allesamt brauchbare Pflanzen für kühle Räume,

leider nur selten zu finden. Besonders *B. boliviensis* mit den eiförmig-lanzettlichen Blättern und dem gesägten Blattrand ist attraktiv und wert, gepflegt zu werden. Sie bilden alle Knollen aus und werden wie Knollenbegonien als Knolle trocken überwintert.

Licht: Für alle Blattbegonien ist ein heller, aber vor direkter Sonne geschützter Platz richtig. Direkte Sonne führt bald zu Blattschäden. An zu schattigen Plätzen werden sie zu lang. Der Pflanzenaufbau ist am schönsten, wenn sie nicht nur von einer Seite Licht erhalten.

Temperatur: Die meisten Blattbegonien lassen sich bei Zimmertemperaturen zwischen 18 und 22 °C kultivieren. Im Sommer kann es auch wärmer sein. Eine Regel ist, daß Jungpflanzen im Winter etwas höhere Temperaturen schätzen, somit nicht unter 20 °C stehen sollten. Die für kühle Räume genannten Blattbegonien sowie *B. × weltonensis* stehen im Winter bei 12 bis 15 °C. Die Knollen der trocken zu überwinternden Arten lagern in Torf bei 5 bis 10 °C und werden im Frühjahr bei etwa 15 °C wieder angetrieben.

Substrat: Humusreiche Substrate wie Nr. 1, 2, 5 oder 12, versuchsweise Nr. 8 (s. Seite 39 bis 41); pH um 6.

Feuchtigkeit: Die Begonien wollen mit Fingerspitzengefühl gegossen werden. Nässe führt rasch zum Faulen der Wurzeln und meist zum Verlust der Pflanzen. Austrocknen wird von den meisten Begonien ebenfalls übelgenommen. Blatt- und Blütenfall sind die Folge. Arten mit Trockenruhe ab September weniger gießen.

Düngen: Alle 1 bis 2 Wochen mit üblichen Blumendüngern gießen, im Winter in größeren Abständen. Arten mit Ruhezeit ab Anfang September nicht mehr düngen.

Umpflanzen: Alle 1 bis 2 Jahre im Frühjahr oder Sommer.

Vermehren: Begonien verfügen über ein starkes Regenerationsvermögen. Aus Stücken des kriechenden Sprosses (Rhizoms), Kopfstecklingen, Blättern oder gar Blattstücken entstehen wieder vollständige Pflanzen. Auf diese Weise lassen sich auch zu groß gewordene Pflanzen verjüngen. Am besten TKS I und desinfizierte Töpfe oder Schalen verwenden. Für etwa 25 °C Bodentemperatur und feuchte Luft sorgen.

Pflanzenschutz: Manche Blattbegonien, besonders Sorten der Königsbegonien (*B.*-Rex-Hybriden), sind gegen Echten Mehltau empfindlich. Durch luftigen Stand wird die Gefahr des Pilzbefalls verringert. Tritt Mehltau dennoch auf, so läßt er sich nur im Anfangsstadium bekämpfen. Das Spritzen beispielsweise mit lecithinhaltigen Präparaten muß erfolgen, wenn die ersten mehlartig weißen Beläge sichtbar werden. Am häufigsten kommt es bei Blattbegonien zu Wurzelfäulnis durch übermäßiges Gießen und verdichtete Substrate. Niedrige Bodentemperaturen begünstigen die Schäden.

Blütenbegonien

Unter den Blütenbegonien dominieren heute eindeutig die Elatiorbegonien, auch *Begonia × hiemalis* genannt. Es sind hübsche Blütenpflanzen, die den Knollenbegonien sehr ähneln. Tatsächlich sind auch Knollenbegonien an der Entstehung der Elatiorhybriden beteiligt gewesen. Ihren Durchbruch erlangte diese Gruppe mit neuen Sorten, die nach ihrem Züchter auch unter dem Begriff Rieger-Begonien zusammengefaßt werden. Sie verdrängten fast völlig die bis dahin vorherrschenden Lorrainebegonien. Die Elatiorbegonien bilden – im Gegensatz zu den Lorrainebegonien – je nach Sorte und Wachstumsbedingungen unterschiedlich starke Knollen. Die Blüten sind weiß, rosa, orange oder rot gefärbt, einfach oder gefüllt. Die Haltbarkeit ist im Zimmer ganz gut, wenn nicht Mehltau die Blätter nach und nach zum Absterben bringt. Nach der Blüte wirft man Elatiorbegonien am besten weg.

Wer einen kühlen Raum bieten kann, hat jahrelang Freude an der Immerblühenden Begonie (*B.*-Semperflorens-Hybriden). Sie werden jährlich in großer Stückzahl für Freilandbeete und Gräber herangezogen. Besonders einige höherwachsende Sorten sind auch wertvolle Topfpflanzen. Nach landläufiger Meinung handelt es sich um einjährige Pflanzen, was aber nicht zutrifft. Sie vertragen sogar einen vorsichtigen Rückschnitt. Die »Semperflorens«, wie man sie kurz nennt, sind in den Farben Weiß bis Rot mit gefüllten oder einfachen Blüten und grünem oder rötlichem Laub zu haben.

Eine der hübschesten Blütenbegonien ist *B. radicans* (syn. *B. limmingheiana*, *B. glaucophylla*). Sie entwickelt lange, überhängende Triebe mit hellgrünen, bis etwa 10 cm langen Blättern, die sehr an *B. glabra* erinnern. Wie diese hält man sie als Ampelpflanze. Bemerkenswert sind die vielblütigen, hell- bis korallenroten Blütenstände, die sich nur nach einer Periode mit niedrigen Temperaturen bilden.

An der Grenze zwischen Blatt- und Blütenbegonien sind die *B.*-Corallina-Hybriden einzuordnen. Wer wollte entscheiden, ob das mit silbrigweißen Flecken verzierte Blatt oder die rosaroten Blüten zu favorisieren sind? *B.*-Corallina-Hybriden gehören zu den haltbarsten Begonien für das Zimmer, erreichen aber fast 2 m Höhe. Sie müssen zurückgeschnitten oder von Zeit zu Zeit durch Kopfstecklinge verjüngt werden. Die Blütenstände erscheinen fast das ganze Jahr über.

Die langen Triebe werden gelegentlich als Kronenbäumchen gezogen. Dazu läßt man nur einen kräftigen Sproß stehen und köpft ihn in der gewünschten Höhe, damit er sich dort verzweigt. Wird diese Pflanze nicht mit bestimmten Chemikalien behandelt, treibt sie immer wieder neue Bodentriebe. Eine Begonie ist eben kein »Bäumchen«, auch wenn sie in dieser unnatürlichen Form angeboten wird. Die Kronenbäumchen mit den langen, überhängenden Blütenständen sehen wirklich hübsch aus und halten eine begrenzte Zeit im Zimmer. Doch als Staude ist sie auf die Verjüngung durch neue Triebe angewiesen. Diese Grundtriebe erreichen bei guter Ernährung oder in Hydrokultur Daumendicke.

Licht: Hell, aber besonders im Sommerhalbjahr vor direkter Sonne geschützt.
Temperatur: Alle genannten Blütenbegonien gedeihen bei üblichen Zimmertemperaturen zwischen 20 und 22 °C. *B.*-Semperflorens-Hybriden schätzen einen luftigen Platz und im Winter nicht mehr als 15 bis 18 °C. Bei Elatiorbegonien darf das Thermometer nicht unter 18 °C absinken. Lorrainebegonien sind noch mit 12 °C zufrieden.
Substrat: Humusreiche Substrate wie Nr. 1, 2, 3, 5 oder 6 (s. Seite 39 bis 40); pH 5,5 bis 6.
Feuchtigkeit: Stets mäßig feucht halten. Keine Nässe, aber auch nicht austrocknen lassen.
Düngen: Je nach Wachstumsintensität alle 1 bis 2 Wochen mit Blumendünger gießen.
Umpflanzen: Jährlich im Frühjahr oder Sommer.
Vermehren: Alle Blütenbegonien lassen sich leicht durch Kopfstecklinge vermehren. Der richtige Zeitpunkt ist April oder Mai. Für die Bewurzelung empfehlen sich 20 bis 22 °C Bodentemperatur. Der beste Zeitpunkt ist April oder Mai, doch gelingt es auch während anderer Monate.

Pflanzenschutz: Wie bei einigen Blattbegonien, ist Echter Mehltau das Hauptübel.
Besonderheiten: Auf Standortwechsel reagieren *Begonia*-Corallina-Hybriden und andere mit dem Abwurf von Blüten und Knospen.

Begonia radicans

Begonia-Corallina-Hybride als Kronenbäumchen gezogen

Bertolonia

Eine Besonderheit für die Besitzer feuchtwarmer Blumenfenster, Vitrinen oder Gewächshäuser sind die zu den Schwarzmundgewächsen (Melastomataceae) zählenden *Bertolonia*-Arten und -Hybriden. Diese kleinbleibenden, über den Boden kriechenden Kräuter zeichnen sich durch eine meist recht auffällige Belaubung aus. Etwa 14 Arten sind aus Brasilien bekannt. Vor etwa hundert Jahren entstanden in Belgien einige sehr schöne Hybriden, darunter auch Kreuzungen mit anderen Gattungen. Von dieser Vielfalt ist nichts übrig geblieben bis auf eine Hybride, die unter dem Namen × *Bertonerila houtteana* bekannt ist. Aber dieser »Edelstein« unter den buntblättrigen Pflanzen mit seinem auffällig rot gezeichneten Laub ist nur etwas für Erfahrene, außerdem so selten wie eine Blaue Mauritius.

Auch die *Bertolonia*-Arten sind nicht im Blumengeschäft erhältlich. Dafür sind sie zu empfindlich. Nur wenige Spezialitätengärtnereien führen sie im Sortiment, zum Beispiel die sehr ähnlichen *B. maculata* und *B. marmorata* sowie *B. pubescens*, die richtig *Triolena pustulata* heißen muß. Sie eignen sich alle nicht für die Pflege auf der Fenster-

bank. Auch in der Vitrine oder im geschlossenen Blumenfenster bedürfen sie unserer ganzen Aufmerksamkeit. Wer Erfahrungen mit heiklen Warmhauspflanzen hat, kann einen Versuch mit einem größeren Flaschengarten wagen. Doch ist dort häufiger ein Eingriff nötig, um faulende Pflanzenteile abzusammeln. Auch jährliches Neupflanzen ist unumgänglich. Es hat sich gezeigt, daß man Bertolonien nur dann über längere Zeit erfolgreich kultivieren kann, wenn man möglichst jährlich Nachwuchs heranzieht und die rasch vergreisenden »Alten« wegwirft.
Dies gilt auch für die nahe verwandten *Sonerila* (s. Seite 439).

Bertolonien blühen in Kultur regelmäßig. Die Blütchen sind nur klein, erscheinen aber über längere Zeit an den seltsam gedrehten, langgezogenen Blütenständen. Den größten Schmuckwert haben jedoch die weiß oder rötlich gezeichneten Blätter.

Licht: Hell bis halbschattig, keine direkte Sonne. Starker Schatten ist besonders im Winter falsch. Die größere Empfindlichkeit im Winter zeigt, daß die Lichtmenge nicht ausreicht.
Temperatur: Ganzjährig über 20 °C, im Sommer auch 25 °C und mehr. Die Bodentemperatur darf ebenfalls nicht unter 20 °C absinken.

Substrat: Mischungen aus humusreichen Substraten wie Nr. 1, 2, 5 oder 12 (s. Seite 39 und 41) mit maximal $1/3$ Styromull oder Seramis; pH um 5,5.
Feuchtigkeit: Immer feucht halten. Um keine Nässe aufkommen zu lassen, nur die genannten durchlässigen Substrate verwenden. Hohe Luftfeuchte von mindestens 70% ist empfehlenswert. Die mehr oder weniger behaarten Blätter nicht ansprühen. Kein hartes Wasser verwenden.
Düngen: Vom Frühjahr bis Spätsommer alle 2 bis 3 Wochen mit Blumendünger gießen, im Herbst und Winter nur alle 6 bis 8 Wochen.
Umpflanzen: Bei jährlicher Anzucht von Jungpflanzen braucht man diese nur aus dem kleinen Vermehrungstopf in den endgültigen Kulturtopf zu setzen. Ansonsten jährlich umtopfen ab etwa Februar.
Vermehren: Bertolonien setzen in Kultur häufig Samen an. Die Aussaat (ab Januar) ist nur zu empfehlen, wenn den Sämlingen zunächst Zusatzbelichtung geboten wird. Den feinen Samen nicht abdecken, sondern durch aufgelegte Folie oder Glasscheibe für stetige Feuchtigkeit sorgen. Zur Keimung sind Bodentemperaturen über 20 °C erforderlich. Kulturformen und auch *Sonerila* lassen sich nur durch Stecklinge vermehren. Beste Zeit ist das Frühjahr und der Sommer; bei *Sonerila* ist auch der Winter zu empfehlen, wenn zusätzlich belichtet wird. Zur Bewurzelung sollte die Bodentemperatur 25 °C betragen und die Luftfeuchte hoch sein.

x Bertonerila houtteana

Bifrenaria

Ein wenig in Vergessenheit geraten ist *Bifrenaria harrisoniae*, eine aus Brasilien stammende Orchidee mit eiförmigen, vierkantigen, bis 8 cm hoch werdenden Pseudobulben und den daraus entspringenden, bis 30 cm langen, ledrigen Blättern. Früher hielten sie die Orchideengärtner häufiger. Für den Pflanzenfreund ist sie wegen der hübschen gelben bis cremefarbenen Blüten mit rötlichen Spitzen und der roten, gezeichneten Lippe auch heute noch empfehlenswert. Sie gedeiht bei etwas Geschick auch auf der Fensterbank, erweist sich leider gelegentlich als blühunwillig. Die anderen der rund 25 Arten der Gattung *Bifrenaria* sind ähnlich zu kultivieren, werden aber nur selten angeboten.

Licht: Heller Fensterplatz, doch vor direkter Sonne besonders während der Mittagsstunden geschützt.
Temperatur: Zimmertemperatur oder

Bertolonia marmorata var. marmorata

Bifrenaria harrisoniae 'Cornelia'

wärmer (bis etwa 28 °C). Im Winter kann tagsüber ebenfalls Zimmertemperatur herrschen, doch soll es nachts nicht wärmer als 16 bis 18 °C sein. Die Temperatur kann bis 10 °C absinken.
Substrat: Durchlässige Orchideensubstrate aus Rindenstücken oder Meranti und Perlite; pH um 5,5.
Feuchtigkeit: Während der Wachstumszeit reichlich gießen. Im Herbst schließt das Triebwachstum ab. Dann Wassergaben reduzieren. Während des Winters nur soviel gießen, daß Pseudobulben nicht schrumpfen. Luftfeuchte sollte auch im Winter nicht unter 50% absinken. Kein hartes Wasser verwenden.
Düngen: Während des Wachstums mit Blumendünger in halber Konzentration gießen.
Umpflanzen: Nur dann, wenn die Pflanzen nicht mehr genügend Platz finden, im zeitigen Frühjahr mit Beginn des Sproßwachstums umpflanzen. Pflanzen nehmen dies übel, darum auf ein Minimum reduzieren.
Vermehren: Beim Umpflanzen Rückbulben abtrennen.

Billbergia, Zimmerhafer

Kein Ananasgewächs ist in Wohnstuben so weit verbreitet wie der Zimmerhafer (*Billbergia nutans*). Es dürfte auch kein Ananasgewächs geben, das so haltbar und leicht zu pflegen ist. Selbst bei unsachgemäßer Behandlung erweist er sich als tolerant. Die Blüte

läßt nur an dunklen Plätzen und bei hungriger Kultur ungebührlich lange auf sich warten.

Der Blütenstand gab dieser Pflanze ihre deutsche Bezeichnung. Er hängt über und erinnert entfernt an Hafer. Den größten Zierwert haben die rotgefärbten Hochblätter. Auch die Einzelblüte erweist sich bei näherer Betrachtung mit ihren grünen, blaugerandeten Blütenblättern als recht reizvoll. Jede Blattrosette blüht nur einmal. Leider ist die Haltbarkeit nicht allzu groß. Die ursprüngliche Art weist relativ schmale, bis 50 cm lange, am Rand stachelspitzige Blätter auf und einen nur wenig überhängenden Blütenstand. Heute sind vorwiegend Auslesen verbreitet, die dünnere, aber breitere Blätter besitzen. Hinzu kommen einige Kreuzungen mit anderen Arten wie *B. decora*.

Insgesamt gibt es über 50 Arten, die von Mexiko bis Argentinien mit Schwerpunkt in Brasilien verbreitet sind. Im Handel sind nur sporadisch einzelne zu finden. Nicht alle sind so robust wie *B. nutans*, sondern stellen etwas größere Ansprüche wie etwa *Vriesea*.

Licht: Hell bis halbschattig; keine direkte Sonne mit Ausnahme der Morgen- und Abendstunden.
Temperatur: Zimmertemperatur oder wärmer; im Winter um 15 °C. *Billbergia nutans* nimmt es nicht übel, wenn die Temperatur höher ist oder auch einmal bis 10 °C absinkt.
Substrat: Übliche Blumenerden wie

Nr. 1, 2, 3, 5, 6 oder 8 (s. Seite 39 bis 40); pH 5 bis 6.
Feuchtigkeit: Substrat ständig feucht halten. Bei *B. nutans* ist es nicht erforderlich, Wasser auch in den Trichter zu gießen.
Düngen: Von Frühjahr bis Herbst alle 2 Wochen, im Winter alle 4 bis 6 Wochen mit Blumendünger gießen.
Umpflanzen: Alle 1 bis 2 Jahre von Frühjahr bis Herbst möglich. Dabei abgeblühte Pflanzen herausschneiden.
Vermehren: Billbergien bilden in reicher Zahl Kindel, die beim Umtopfen abzutrennen sind. Größere Gruppen müssen sogar geteilt werden, damit die einzelnen Pflanzen sich gut entwickeln und blühen können. Beeren entwickeln sich in der Regel nur nach künstlicher Bestäubung.

Billbergia nutans

Bismarckia nobilis

Bismarckia, Bismarckpalme

Obwohl Bismarck zu Ehren benannt, kennt man *Bismarckia nobilis* (syn. *Medemia nobilis*) in Deutschland kaum. Die einstämmige Fächerpalme aus Madagaskar soll in ihrer Heimat 60 m Höhe erreichen und wächst auch in Kultur sehr flott. So sprengt sie nach wenigen Jahren den ihr zugedachten Raum. Die blaugrün bereiften, steifen Fächerblätter weisen im ausgewachsenen Zustand einen Durchmesser von rund 3 m auf. Doch diese gewaltigen Dimensionen sind – zumal im Kübel – nicht zu befürchten.

Bismarckia erweist sich in Kultur als robust, verlangt einen sonnig-warmen Standort mit Temperaturen auch im Winter nicht unter 18 °C. Auf das Umpflanzen reagiert sie sehr empfindlich, so daß dies auf ein Minimum zu beschränken ist. Am besten steht sie ausgepflanzt. Die Pflege ähnelt ansonsten der von *Phoenix*.

Blechnum, Rippenfarn

Daß Farne nicht nur niedrige Kräuter sein müssen, beweist der aus Südamerika stammende *Blechnum gibbum* (Familie der Blechnaceae), dessen stammähnliches Rhizom 1 m Höhe erreicht. Freilich wird man im Topf nur junge Exemplare erhalten, die noch keinen »Stamm« ausgebildet haben. Durch die Anordnung der Wedel erinnert der Rippenfarn an eine Palme. Als Zimmerpflanze ist er nicht unproblematisch, dennoch der einzige für diesen Zweck empfehlenswerte Baumfarn.

Licht: Heller, aber absonniger bis halbschattiger Platz.
Temperatur: Im Sommer kann die Temperatur über 25 °C ansteigen. Im Winter sollen nicht weniger als 18 °C herrschen. Gefährlich sind kalte, zugige Fenstersimse. Dort gedeiht er nur mit Bodenheizung.

Blechnum gibbum

Substrat: Humusreiche Substrate mit nicht zu hohem Nährstoffgehalt wie Nr. 4 (s. Seite 39), auch Mischungen aus Nr. 1, 2, 12 oder 13 mit Lauberde; pH um 5.

Feuchtigkeit: Am besten gedeiht *Blechnum gibbum* im geschlossenen Blumenfenster, weil dort neben der ausgeglichenen Temperatur stets hohe Luftfeuchte herrscht. Auch die Erde kann dort nicht so schnell austrocknen. Gegen Austrocknen ist der Farn sehr empfindlich.

Düngen: Nur während der Zeit zwischen Mai und September sind Gaben mit üblichen Blumendüngern in halber Konzentration und in etwa dreiwöchigen Abständen erforderlich.

Umpflanzen: In der Regel jährlich, von Frühjahr bis Sommer. Alte Exemplare, die ausgepflanzt am besten gedeihen, nur sporadisch.

Vermehren: Durch Sporen (s. Seite 100).

Blossfeldia

Eine nicht leicht zu kultivierende Besonderheit aus der Familie der Kakteen ist *Blossfeldia liliputana*. Sie ist mit Kugeln von nur 1 cm Durchmesser wohl die kleinste Kaktee. Die Pflanzenkörper tragen graufilzige Areolpolster, aber keine Dornen. Erst im Alter beginnen sie zu sprossen und bilden dann dichte Kugelpolster. Die weiteren, ebenfalls in Argentinien und Bolivien in Höhen bis zu 1500 m beheimateten Arten werden heute meist als Varietäten von *B. liliputana* aufgefaßt.

In ihrer Heimat kommen die Pflanzen an felsigen Steilwänden vor und müssen eine stark schwankende Wasserversorgung ertragen. In Kultur lassen sich die Besonderheiten des Standorts kaum schaffen. Die Pflanzen sind deshalb

meist kurzlebig. Bessere Erfolge erzielt man durch Veredlung auf schwachwachsende Unterlagen wie *Trichocereus pasacana* (syn. *Echinopsis pasacana*). Häufig werden *Blossfeldia* auf den ungeeigneten schnellwachsenden *Hylocereus* angeboten. Ihre Lebenserwartung ist dann nur gering. Veredelte Pflanzen verlieren ihr typisches Aussehen. Aber sie sprossen stärker und bilden leichter ihre bis 10 cm großen, weißen Blüten. Dennoch sind *Blossfeldia* nur dem erfahrenen Kakteenfreund zu empfehlen.

Licht: Heller, sonniger Standort. Im Sommer kann leicht diffuses Licht während der Mittagsstunden vorteilhaft sein.

Temperatur: Zimmertemperatur oder wärmer bis 25 °C mit leichter nächtlicher Abkühlung. Im Winter um 10 °C.

Substrat: Wer *Blossfeldia* wurzelecht kultivieren will, versuche es mit einem mineralischen Substrat aus Lava- oder Urgesteinsgrus, dessen pH-Wert man auf einen Wert unter 7, am besten um 6 bringt.

Feuchtigkeit: Das Gießen dieser Pflanze verlangt Fingerspitzengefühl. Nässe ist tödlich, aber zu große Trockenheit hat zu unbefriedigenden Kulturergebnissen geführt. Während des Wachstums immer dann gießen, wenn das Substrat weitgehend abgetrocknet ist. Im Winter bei kühlem Stand die Pflanzen völlig trocken halten.

Düngen: Bei deutlichem Wachstum alle 4 bis 6 Wochen mit Kakteendünger in halber Konzentration gießen, veredelte Pflanzen auch in üblicher Dosierung düngen.

Umpflanzen: Etwa alle 2 Jahre im Frühjahr oder Sommer.

Vermehren: Von sprossenden Polstern einzelne »Kügelchen« abtrennen und nach dem Abtrocknen der Wunde bewurzeln. Beim Veredeln wird die noch feuchte, plane Schnittfläche der Unterlage aufgesetzt.

Blossfeldia liliputana

Boronia heterophylla

Boronia, Korallenraute

Australien ist die Heimat der rund 70 bis 90 *Boronia*-Arten aus der Familie der Krappgewächse (Rutaceae). Die kleinen Sträucher mit den meist nadelförmig wirkenden Blättern und den roten, gelben oder braunen Blüten sind nur etwas für den erfahrenen Pflanzenkultivateur. Sie verlangen viel Fingerspitzengefühl beim Gießen, da sie sowohl gegen Nässe als auch gegen Trockenheit empfindlich sind. In den Blumengeschäften findet man nur wenige Arten, am häufigsten *Boronia heterophylla* mit kleinen roten Blütenglöckchen. Die Pflege entspricht weitgehend der von *Leptospermum*.

Bougainvillea

Die etwa 14 *Bougainvillea*-Arten aus der Familie der Wunderblumengewächse (Nyctaginaceae) sind kletternde Sträucher oder kleine Bäume mit bewehrten Sprossen. Ihre Blätter stehen wechselständig. Die Blüten fallen nur wenig auf. Die Schauwirkung übernehmen drei kräftig gefärbte Hochblätter (Brakteen).

Als Zimmerpflanze eignen sich die Bougainvilleen meist nur bedingt, da sie zu stark wachsen. Für den Topf kommen vorwiegend Abkömmlinge von *B. glabra* sowie schwächerwachsende Hybriden in Frage. *B. glabra* besitzt kurze, dünne, an der Spitze gekrümmte Dornen. Die Blätter sind elliptisch, am breitesten in der Mitte und flaumig behaart. Für Wintergärten und ähnlich weiträumige Plätze bietet sich *B. spectabilis* an. Die holzigen, kräftigen, behaarten, manchmal gekrümmten Dornen sind größer als die von *B. glabra*. Das Blatt ist eiförmig bis abgerundet, die Oberseite glänzend, die Unterseite behaart.

Bougainvillea-Spectabilis-Hybride, siehe auch Seite 161

Brachychiton rupestris

Immer wichtiger auch als Topfpflanzen werden die Hybriden *B. × buttiana* (*B. glabra × B. peruviana*) und *B. × spectoglabra* (*B. spectabilis × B. glabra*). Sie tragen in der Mehrzahl große, attraktiv gefärbte Hochblätter von Weiß über Rosa und Purpur bis zu Gelb und Hellorange. Unter ungünstigen Lichtverhältnissen blühen sie nur wenig, und die Farbe bleibt blaß.

Licht: Vollsonnig, nur an solchen Plätzen wachsen sie gut und blühen so reich, wie dies aus subtropischen Gärten bekannt ist. Auch im Winter hell aufstellen. Im Sommer kann es den Bougainvilleen kaum zu warm werden. Sie gedeihen besonders gut, wenn wir sie während der warmen Jahreszeit an einem sonnigen, geschützten Platz im Freien aufstellen, etwa vor einer Hauswand. In kühlen, regnerischen Sommern gefällt ihnen der Freilandaufenthalt nicht, so daß die Kultur schon einmal mißlingt. Keinesfalls dürfen die Töpfe beim ersten Sonnenstrahl heraus und nach einem kühlen Tag wieder hereingeräumt werden und so fort. Dies würden die Pflanzen übelnehmen.

Temperatur: Im Winter will *B. glabra* einen luftigen, hellen Platz mit Temperaturen um 10 °C, keinesfalls unter 5 °C. *B. spectabilis* soll etwas wärmer stehen (um 12 bis 14 °C), ebenfalls die Hybriden. Während der Wachstumszeit gedeihen die Pflanzen optimal bei Bodentemperaturen von 20 °C. Bei Zimmeraufenthalt ist für eine ausreichende Belüftung zu sorgen.

Substrat: Keine reinen Humussubstrate. Besser sind Nr. 1, 9 oder 17 (s. Seite 39 bis 42), auch gemischt mit feinkrümeligem Lehm und ein wenig grobem Sand, um keine stauende Nässe aufkommen zu lassen. Ein pH-Wert um 6,5 scheint günstig zu sein.

Feuchtigkeit: An einem sonnigen, warmen Platz haben Bougainvilleen einen hohen Wasserbedarf, so daß es in kleinen Töpfen sogar notwendig werden kann, sie zweimal täglich zu gießen. Im Winter dagegen machen die Pflanzen eine Ruhezeit durch, während der sie nur sporadisch zu gießen sind. *B. spectabilis* schätzt diese strenge Ruhe nicht und wird häufiger mit Wasser versorgt; sie soll auch ihr Laub nicht völlig verlieren. In südlichen Gärten empfiehlt man auch während der Wachstumszeit einen bestimmten Gießrhythmus, um die Blühbereitschaft der stärkerwachsenden Bougainvilleen zu fördern. Sie werden nach der Blüte zurückgeschnitten. Nach wenigen Wochen ist ein kräftiger Neutrieb vorhanden. Nun wird für ebenfalls nur wenige Wochen das Gießen soweit eingeschränkt, daß gerade ein Schlappen der Blätter verhindert wird. Mit der Entwicklung der Knospen steigen die Wassergaben wieder an.

Düngen: Hoher Nährstoffbedarf. Während der Hauptwachstumszeit sind Düngergaben mindestens einmal pro Woche erforderlich. Gute Erfolge hat man auch mit wöchentlichen Blattdüngungen erzielt (Hydrodünger in halber Konzentration sprühen; nicht bei Sonne, sondern am besten abends). Sind die neuen Blätter gelblich, kann ein Eisenpräparat beigemischt werden. Im Herbst das Düngen einschränken; im Winter keine Nährstoffgaben mehr.

Umpflanzen: Am besten im Frühjahr am Ende der Ruhezeit.

Pflanzenschutz: Nur gelegentlich können Blattläuse auftreten, die mit den üblichen Insektenbekämpfungsmitteln leicht zu beseitigen sind.

Vermehren: Nicht einfach, da Bodentemperatur von mindestens 25 °C für die Wurzelbildung der Stecklinge erforderlich ist. Kopfstecklinge ab spätem Frühjahr schneiden; sie sollen halbhart sein, also nicht mehr ganz krautig weich, aber noch nicht völlig verholzt. Nach dem Schneiden für 2 Stunden in ein Glas mit Wasser stellen; anschließend in ein Bewurzelungshormon tauchen und in üblichen Vermehrungssubstraten bei hoher Luftfeuchte bewurzeln. Bougainvilleen lassen sich auch durch Absenker vermehren oder durch Abmoosen.

Besonderheiten: Bougainvilleen müssen jährlich kräftig zurückgeschnitten werden. Im Süden geschieht dies bei starkwachsenden Sorten sogar mehrmals im Jahr. Dabei auf einen guten Pflanzenaufbau achten, also mit dem Schnitt gleichzeitig formieren.

Wenn Bougainvilleen nicht blühen wollen, kann dies an fehlender Sonne, am Nichteinhalten der Ruhezeit, dem fehlenden Rückschnitt oder einer nicht ausreichenden Nährstoffversorgung liegen. Verändert man bei knospigen oder blühenden Bougainvilleen den Standort, so kann es zum Abwerfen der Blüte kommen. Die Gefahr besteht besonders, wenn Pflanzen aus dem luftigen, hellen Gewächshaus ins nur wenig belüftete Zimmer gelangen.

Brachychiton, Flaschenbaum

Die Mehrzahl der etwa elf Arten der Gattung *Brachychiton* aus der Familie der Sterkuliengewächse (Sterculiaceae) ist in Australien beheimatet. Dort wachsen sie auf meist trockenen Standorten zu mehr oder weniger großen Bäumen heran. Bei uns sind in der Regel nur zwei Arten in Kultur: *Brachychiton rupestris* und *B. populneus*. Beide erreichen in ihrer Heimat eine Höhe von etwa 20 m. Bemerkenswert ist ihr flaschenförmiger Stamm, der sich zur Basis und zur Krone hin verjüngt, bei alten Exemplaren von *B. rupestris* bis zu 5 m dick sein kann und als Wasserspeicher dient.

Erst durch die Mode der Zimmer-Bonsai fanden die Flaschenbäume verstärkt Eingang in unsere Wohnstuben. Beide Arten bilden nämlich eine lange Pfahlwurzel aus, die sich in kleinen Gefäßen über die Erdoberfläche hinausschiebt und der Pflanze ein eigenartiges Aussehen verleiht. Die Blätter beider Arten variieren nicht nur von Individuum zu Individuum, sondern auch auf einer Pflanze. Bei *B. rupestris* sind sie gefingert mit feinen Abschnitten, die sich erst an der Basis vereinigen. *B. populneus* hat – wie der Name sagt – pappelähnliches Laub. Solche ungeteilten ovalen Blätter findet man aber erst auf älteren Exemplaren. Die der jungen sind sehr variabel gelappt. Gelegentlich können die immergrünen Pflanzen ihr Laub abwerfen, besonders zu Blüte.

Für die Zimmerkultur eignen sich nur Sämlinge. Bilden sie den typischen Stamm aus, werden sie bald zu groß. Von geschäftstüchtigen Händlern wird *B. rupestris* als »Glücksbaum« angeboten.

Licht: Sonnig.
Temperatur: Zimmertemperatur, im Winter genügen 10 °C. Kurzfristig werden auch niedrigere Temperaturen vertragen, in der Heimat sogar leichte Frostgrade. Stets luftiger Stand.
Substrat: Durchlässige Mischungen zum Beispiel aus Nr. 1, 10 oder 17 (Seite 39 bis 42) mit Sand oder Seramis gemischt; pH um 6.
Feuchtigkeit: Stets nur gießen, wenn die Erde abgetrocknet ist. Nässe wird schlecht vertragen. Im Winter bei kühlem Stand noch sparsamer gießen. Trockenheit schadet nicht.
Düngen: Von Frühjahr bis Herbst alle 2 bis 3 Wochen mit Blumendünger.
Umpflanzen: Spätestens dann, wenn die Pfahlwurzel die Pflanze zu weit aus der Erde drückt.
Vermehren: Samen keimt bei Bodentemperaturen von etwa 25 °C. Vor der Aussaat die Samenschale anritzen oder mit Schmirgelpapier beschädigen.
Besonderheiten: *Brachychiton*-Topfpflanzen werden häufig mit Wuchshemmstoff behandelt. Läßt die Wirkung nach, muß von Zeit zu Zeit ein Rückschnitt der langen Triebe erfolgen.

Brahea, Hesperidenpalme

Die Gattung *Brahea* umfaßt etwa zwölf mittelgroße Fächerpalmen, die zum Teil noch unter dem Namen *Erythea* bekannt sind. *Brahea armata* mit auffällig silberblauen Blättern und *B. edulis* mit dunkelgrünem, fast kreisrundem Laub schätzen sonnig-warme Plätze, im Winter möglichst nicht wärmer als 10 °C. Als Bewohner trockener Standorte in Mexiko und auf der Kalifornischen Halbinsel sind sie zurückhaltend zu gießen. Mehr Feuchtigkeit verträgt *Brahea brandegeei*, die nicht allzu flott wächst und in Wintergärten und an hellen Fensterplätzen zu halten ist. Ansonsten entspricht die Pflege der von *Phoenix*. *Brahea* sollte selten und dann mit größter Vorsicht verpflanzt werden. Der pH-Wert sollte nicht weit unter 7 absinken, da sie in sauren Böden schlecht gedeihen.

Brassavola

Es ist schade, daß diese Orchideengattung meist nur bei Orchideenkennern vertreten ist, verdient sie doch eine größere Verbreitung. Besonders eine der rund 15 in Mittel- und Südamerika verbreiteten Arten hat sich in Zimmerkultur bestens bewährt: *Brassavola nodosa*. Wie die meisten Vertreter dieser Gattung zeichnet sie sich aus durch schlanke, bis 15 cm lange Pseudobulben mit je einem derben, lanzettlichen, bis 30 cm langen Blatt. Dieses Blatt zeigt, daß *Brassavola* weniger empfindlich auf direkte Sonneneinstrahlung reagiert als viele andere Orchideen.

Charakteristisch sind die bis zu sechs an einem Stiel meist im Herbst erscheinenden Blüten mit den sehr schlanken, grünlichen Blütenblättern und der an der Basis röhrigen, zur Spitze hin verbreiterten

Brahea armata

weißen Lippe. Viele Hybriden haben das »Blut« dieser Gattung in sich, so Kreuzungen mit *Cattleya* (× *Brassocattleya*) und anderen. Sie sind meist leichter zu pflegen als *Brassavola*.

Licht: Heller bis sonniger Standort, nur vor direkter Mittagssonne geschützt. Im Winter so hell wie möglich.
Temperatur: Zimmertemperatur; im Winter tagsüber nicht unter 18 °C, nachts bis auf 14 °C absinkend.
Substrat: Übliche Orchideensubstrate (s. Seite 41); pH 5 bis 5,5.
Feuchtigkeit: Bei starker Besonnung während der Sommermonate hoher Wasserbedarf, doch keine stauende Nässe aufkommen lassen. Im Winter nur mäßig gießen, da die Wurzeln sonst leicht faulen. Wegen dieser Empfindlichkeit werden *Brassavola* gerne auf Rindenstücken kultiviert. Kein hartes Wasser verwenden. Luftfeuchte nicht unter 50, besser 60%.
Düngen: Von Frühjahr bis Herbst alle 3 Wochen mit Blumendünger in halber Konzentration gießen.
Umpflanzen: Nicht zu oft; beste Zeit mit Wachstumsbeginn im Frühjahr.
Vermehren: Je zwei bis drei Rückbulben beim Umpflanzen abtrennen.

Brassavola nodosa

Brassia

Zu den leicht gedeihenden Orchideen, die auch dem Anfänger zu empfehlen sind, zählt *Brassia verrucosa* aus Mittelamerika. Leider riecht ihre Blüte nicht gerade angenehm. Sie gehört einer im tropischen Amerika beheimateten Gattung mit rund 25, im allgemeinen sehr wüchsigen und blühwilligen Arten mit bizarren Blüten an. *Brassia verrucosa* kommt in Höhen bis 1600 m vor. Sie will es deshalb im Winter nicht zu warm haben. Aber auch im Sommer schätzt sie einen luftigen Stand mit deutlicher nächtlicher Abkühlung. Die bis 10 cm langen, flachen Pseudobulben tragen zwei lanzettliche, bis 40 cm lange Blätter. Die grünlichen, braungefleckten Blüten mit der weißen, ebenfalls gefleckten Lippe erscheinen im späten Frühjahr zu vielen am rund 50 cm langen Stiel.

Sehr empfehlenswerte Pflanzen gehören der Hybridengruppe *Brassia* (Rex) an. Sie haben den Vorteil, nicht durch unangenehmen Geruch aufzufallen. Mit vielen anderen Orchideengattungen sind *Brassia*-Arten Kreuzungen eingegangen, zum Beispiel mit *Miltonia* (× *Miltassia*) und *Oncidium* (× *Brassidium*).

Licht: Heller Standort, der Schutz vor direkter Sonne besonders während der Mittagsstunden bietet. Besonders die fei-

Brassia verrucosa

nen Wurzeln sind sehr sonnenempfindlich. Auf den Blättern können Brennflecke entstehen.

Temperatur: Zimmertemperatur oder wärmer mit deutlicher nächtlicher Abkühlung. Im Winter nicht unter 16 bis 18 °C, nachts 14 °C. Luftiger Stand. Manche *Brassia*-Arten und -Sorten blühen nur nach einer winterlichen Ruhezeit mit niedrigen Temperaturen.

Substrat: Übliche Orchideenmischung (s. Seite 41); pH um 5,5.

Feuchtigkeit: Während des Wachstums von Frühjahr bis Herbst immer mäßig feucht halten. Im Winter weniger gießen, aber nicht völlig austrocknen lassen. Kein hartes Wasser verwenden. Luftfeuchte möglichst über 60%.

Düngen: Vom Frühjahr bis Herbst alle 2 bis 3 Wochen mit Blumendünger in halber Konzentration gießen.

Umtopfen: Etwa alle 2 Jahre mit Beginn des Wachstums im Frühjahr.

Vermehren: Beim Umtopfen je zwei bis drei Rückbulben abtrennen und eintopfen (s. Seite 51).

× Brassocattleya, × Brassolaeliocattleya, × Laeliocattleya

Im Zusammenhang sind diese aus mehreren Gattungen entstandenen Hybriden zu betrachten, an denen *Cattleya* beteiligt waren. Die × *Brassocattleya* entstanden, wie der Name bereits kennzeichnet, durch Kreuzung von *Brassavola*- mit *Cattleya*-Arten. Die erste Kreuzung erfolgte bereits vor der Jahrhundertwende. Das Ergebnis sind wüchsige Pflanzen mit einzelstehenden Blüten, die eine gefranste Lippe tragen.

An × *Brassolaeliocattleya* waren gleich drei Gattungen beteiligt, nämlich

Hybride aus x Brassolaeliocattleya und x Sophrolaeliocattleya

x Laeliocattleya (Amber Glow) 'Herbstgold'

Brassavola, Cattleya und *Laelia*. Das Kennzeichen dieser Hybriden sind mehrere, aber große Blüten mit einer offenen Lippe.

Die härtesten Sorten sind × *Laeliocattleya* zuzurechnen, die aus *Cattleya* und *Laelia* hervorging. Im Gegensatz zur vorigen Gruppe tragen ihre Blüten eine geschlossene, also zur Basis hin zusammengerollte Lippe.

Was bei den genannten Hybriden zunächst auffällt, ist die enorme Farbenvielfalt. Die Variationsmöglichkeiten der Zeichnung sind nicht zu beschreiben. Aber auch von ihren Ansprüchen her sind sie für den Orchideenfreund interessant. Zwar ist die Kultur auf der Fensterbank nicht ohne Probleme, da die Pflanzen leicht zu groß werden, aber wer genügend Raum zur Verfügung hat, sollte es mit ihnen versuchen. Die Sorten haben die Eigenarten ihrer Eltern ein wenig verloren. Sie verlangen keine strenge Ruhezeit im Winter mit relativer Trockenheit. Sonne vertragen sie deutlich mehr als die Eltern. Allerdings sollten sie die Scheibe nicht direkt berühren.

Die Pflege entspricht weitgehend der von *Laelia* oder *Cattleya*. Die Temperatur kann im Winter nachts bis etwa 15 °C absinken, allerdings sind sie dann trockener zu halten.

Breynia, Schneebusch

In den USA ist dieses Wolfsmilchgewächs (Euphorbiaceae) eine beliebte, bei uns noch seltene Topf- oder Kübelpflanze: *Breynia nivosa* (syn. *B. disticha*) von den Pazifischen Inseln. Sie wächst zu einem kleinen, locker aufgebauten Baum von etwa 2 m Höhe heran. Ihre besondere Zierde sind die roten Stengel und die weißgefleckten, bei der Sorte 'Roseapicta' rötlich gezeichneten Blätter. Der Schnee-

Breynia nivosa 'Roseapicta'

busch verlangt hohe Temperaturen und keine trockene Luft. Im Zimmer ist er nicht ganz leicht zu halten, wird auch bald für die Fensterbank zu groß.

Licht: Hell, aber keine direkte Sonne. An zu dunklen Plätzen sind die Blätter nur schwach gefärbt.
Temperatur: Ganzjährig über 20 °C.
Substrat: Nr. 1, 2, 3, 5 oder 15 (Seite 39 und 41); pH 5 bis 6.
Feuchtigkeit: Stets feucht, aber nicht naß halten. Die Luftfeuchte sollte nicht zu niedrig liegen.
Düngen: Von Frühjahr bis Herbst wöchentlich, im Winter alle 3 bis 4 Wochen mit Blumendünger in angegebener Konzentration gießen.
Umpflanzen: Jungpflanzen jährlich, ältere Exemplare in größeren Abständen im Frühjahr oder Sommer.
Vermehren: Stecklinge, die nicht mehr weich, aber noch nicht verholzt sein sollten, bewurzeln nicht leicht. Die besten Erfolge lassen sich bei Verwendung von Bewurzelungshormonen und hohen Bodentemperaturen über 22 °C sowie hoher Luftfeuchte (unter Folie) erzielen.

Browallia

Vom Sommer bis in den Winter bieten Gärtner und Blumenhändler kleine krautige Topfpflanzen an mit schönen, kräftig blau oder auch weiß gefärbten Blüten. Es ist ein Nachtschattengewächs (Solanaceae) mit Namen *Browallia speciosa*. Die Gattung *Browallia* umfaßt drei Arten ein- oder mehrjähriger Kräuter aus dem tropischen Amerika. Einige Arten wie *B. americana* (syn. *B. grandiflora*) finden gelegentlich als Sommerblumen Verwendung. Am wichtigsten ist aber die mehrjährige *B. speciosa* als dankbare Topfpflanze. In ihrer kolumbianischen Heimat erreicht sie über 1 m Höhe. Da wir sie meist ein-

Browallia speciosa

jährig kultivieren und jährlich neu aus Samen oder Stecklingen heranziehen, die Gärtner sie außerdem mit Hemmstoffen behandeln, bleiben sie kurz und kompakt. Es gibt auch einige Auslesen, die niedriger bleiben als die Art und keiner Wuchshemmer bedürfen. Auch bei der Zimmerkultur lohnt sich die Überwinterung alter Pflanzen nicht, und wer den Jungpflanzen nicht den erforderlichen temperierten Raum bieten kann, ziehe sie am besten im zeitigen Frühjahr neu aus Samen heran.

Licht: Hell, nur während der Sommermonate vor direkter Sonne, besonders während der Mittagsstunden, geschützt.
Temperatur: Luftiger Platz; Zimmertemperatur bis 24 °C. Nachts um einige Grade kühler. Im Winter um 17 °C, nachts 15 °C.
Substrat: Übliche Blumenerde wie Nr. 1, 2, 3, 5, 6 oder 7 (s. Seite 39 bis 40); pH 5,5 bis 6,5.
Feuchtigkeit: Stets mäßig feucht halten. Im Winter nur sparsam gießen, da es sonst leicht zu Fäulnis kommt.
Düngen: Von Frühjahr bis Herbst alle 1 bis 2 Wochen mit einem nicht zu stickstoffbetonten Dünger, zum Beispiel Kakteendünger, gießen. Im Winter nur alle 6 bis 8 Wochen düngen.
Umpflanzen: Erübrigt sich bei jährlicher Nachzucht; sonst im Frühjahr.
Vermehren: Den sehr feinen Samen ab Februar aussäen und nicht mit Erde abdecken. Bei Bodentemperaturen von 20 bis 22 °C keimt er innerhalb von 2 Wochen. Stecklinge werden am besten im Sommer geschnitten und bei etwa 20 °C Bodentemperatur bewurzelt. Nach dem Anwachsen einmal oder auch mehrmals zur besseren Verzweigung stutzen.

Browningia

Browningia hertlingiana (syn. *Azureocereus hertlingianus*) ist einer der schönsten blaubereiften Kakteen mit einem intensiv hellblauen säulenförmigen Körper, der in seiner peruanischen Heimat eine Höhe von über 5 m erreicht. In Kultur verzweigen sich die Säulen kaum. Dies erfolgt erst mit zunehmendem Alter.

Die in Kultur befindlichen Jungpflanzen sind kräftig bedornt. Am Heimatstandort findet man die blühfähigen Seitentriebe mit deutlich schwächeren Dornen. Zur Blüte kommt *B. hertlingiana* bei uns kaum.

Licht: Sonniger Platz; an beschatteten Standorten verliert sich der blaue Schimmer.
Temperatur: Zimmertemperatur oder wärmer; im Winter 10 bis 15 °C.

Browningia hertlingiana

Substrat: Übliche Kakteenerde (s. Seite 41); pH um 6.
Feuchtigkeit: Nur mäßig gießen. Im Winter völlig trocken halten. Pflanzen nicht besprühen, da dies auf der blauen Bereifung Flecken hinterläßt.
Düngen: Während des Wachstums alle 3 bis 4 Wochen mit Kakteendünger gießen.
Umpflanzen: In der Regel alle 2 bis 3 Jahre im Sommer.
Vermehren: Die käuflichen Samen ab März aussäen. Nicht mit Erde bedecken. Gute Keimung bei etwa 22 °C Bodentemperatur.

Brunfelsia

Zimmerpflanzen, die im Winter oder im zeitigen Frühjahr mit blauen Blüten erfreuen, sind selten. Kaum eine ist so schön wie *Brunfelsia pauciflora* var. *calycina* aus Brasilien. Das Nachtschattengewächs (Solanaceae) wächst dort zu einem nahezu 3 m hohen Strauch heran. Bei uns findet sich nur selten ein größeres Exemplar, denn die Ansprüche dieser Pflanze sind nicht gerade gering und auch nicht leicht zu erfüllen. Voraussetzungen für gutes Gedeihen ist ein heller, im Winter kühler Platz mit nicht allzu trockener Luft sowie eine aufmerksame Pflege mit »gefühlvollem« Gießen und zuträglichem Düngen. Wer einen solchen Platz besitzt und Geschick beim Gießen beweist, sollte sich die Schönheit dieser Pflanze nicht entgehen lassen.

Die derben, ledrigen Blätter erreichen bis 10 cm Länge. Bis zu 10 Einzelblüten mit einem Durchmesser bis zu 5 cm stehen in Trugdolden. Für eine reiche Blüte sind im Winter niedrige Temperaturen und während dieser Kühlperiode eine kräftige Ernährung die Voraussetzung. Der Blüten wegen nimmt man gerne in Kauf, daß der Wuchs etwas sparrig ist und gelegentlich einen Rückschnitt verlangt.

Von *Brunfelsia pauciflora* var. *calycina* gibt es verschiedene Sorten, die sich nicht allzu sehr unterscheiden. Andere der rund 40 Arten umfassenden Gattung sind bei uns nicht in Kultur.

Licht: Hell, aber während der Mittagsstunden in der lichtreichen Jahreszeit vor direkter Sonne geschützt. Zuviel Sonne führt zu Blattaufhellungen, die nicht mehr zu beheben sind. Ein schattiger Platz bewirkt andererseits nur mäßigen Blütenansatz oder Knospenfall.
Temperatur: Von Frühjahr bis Herbst um 20 bis 22 °C. Keine großen Temperaturschwankungen. Für die Blütenbildung unerläßlich ist ab Oktober/November ein etwa 8 Wochen andauernder Stand bei 9 bis 14 °C. Länger als 10 bis 12 Wochen sollte die Kühlbehandlung nicht andauern.
Substrat: Humusreiche Substrate mit guter Struktur, wie Nr. 1, 2 oder 6 (s. Seite 39 bis 40); pH 5 bis 6.
Feuchtigkeit: Stets mäßig feucht halten. Nie austrocknen lassen, weil dies zu Knospenfall führt, aber auch nie Nässe aufkommen lassen. Sie würde rasch Wurzelfäule bewirken, besonders bei niedrigen Temperaturen.
Düngen: Von Frühjahr bis Spätsommer alle 2 Wochen mit Blumendünger gießen. Sehr wichtig ist eine ausreichende Stickstoffernährung während der Kühlperiode. Ideal ist es, zehnmal im Abstand von 3 Tagen mit 1,6 g Ammoniumnitrat je Liter Wasser zu gießen. 1 l dieser Lösung reicht jeweils für etwa elf Pflanzen. Wem dies zu umständlich ist, verwende Hydrodünger. Blattaufhellungen, die nicht durch zuviel Sonne verursacht wurden, deuten auf zu kalkhaltige Erde, also einen zu hohen pH-Wert hin oder aber auf Eisenmangel, der durch Gießen einer Lösung eines Eisenchelats wie Gabi Mikro-Fe zu beseitigen ist.
Umpflanzen: Alle 1 bis 2 Jahre nach der Blüte.
Vermehren: Kopfstecklinge bewurzeln bei Bodentemperaturen über 25 °C. Die Triebe sollten nicht

Brunfelsia
pauciflora var.
calycina

zu weich, sondern müssen schon leicht verholzt sein, sonst faulen sie. Nach dem Bewurzeln mehrmals stutzen, um die Verzweigung zu verbessern.

Bucida, Schwarze Olive

Derzeit ist *Bucida buceras*, die in den USA Black Olive genannt wird, noch eine Kostbarkeit für große Wintergärten. Aber sie gilt bereits als eine interessante Alternative zu den bisher üblichen kleinblättrigen Gummibäumen wie *Ficus benjamina*. Direkt mit ihnen ist sie allerdings aufgrund ihrer besonderen, für die Familie der Combretaceae oder Langfadengewächse typischen armförmigen Verzweigung nicht zu vergleichen.

Die Schwarze Olive stammt aus Florida, Mexiko bis Panama und von den Westindischen Inseln. Dort wächst sie zu einem über 15 m hohen Baum heran, der an seinen Zweigen bis 2,5 cm lange Dornen ausbildet. Die Blätter sind bis 8 cm lang und verkehrteiförmig bis elliptisch und tragen an der Basis ein Paar Drüsen. Die nicht sehr auffälligen grünlichgelben Blüten stehen in 10 cm langen Ähren.

Von diesem Baum haben die Gärtner in den tropischen Ländern verschiedene Typen mit unterschiedlich großem Laub ausgelesen. Das ist für die Verwendung sehr interessant, denn als eine Schwäche von *Bucida buceras* gilt, daß sie im Winter in größerem Umfang Blätter fallen läßt. Das ist bei einem eigentlich immergrünen Gehölz nicht erwünscht und möglicherweise auf Unregelmäßigkeiten in der Wasserversorgung zurückzuführen. Kleinblättrige Typen scheinen diese negative Eigenschaft nicht oder zumindest nur in abgeschwächter Form zu besitzen. Ansonsten ist die Schwarze Olive weitgehend unempfindlich gegen Krankheiten und Schädlinge.

Die größte Schwierigkeit ist derzeit, eine der wenigen aus Florida importierten Pflanzen zu erhalten. Kleine Exemplare kommen gar nicht nach Deutschland, und die großen eignen sich nur für entsprechend dimensionierte Wintergärten oder Gewächshausanlagen und sind außerordentlich teuer. Der jährliche Zuwachs liegt je nach Bedingungen bei 15 bis 30 cm. Regelmäßiger Schnitt, um sie kleiner zu halten, ist bei dem charakteristischen Wuchs schwierig.

Butia capitata

Licht: Hell, auch im Winter. Allerdings kann es bei direkter Sonne und trockener Luft zu Blattschäden kommen.
Temperatur: Warm; im Winter kann die Temperatur nachts bis auf etwa 15 °C absinken.
Substrat: Durchlässige Mischung mit hohem mineralischem Anteil ist empfehlenswert, beispielsweise Nr. 17 (Seite 42) oder Mischungen mit mineralischen Dachgartensubstraten; pH 5,5 bis 6,5.
Feuchtigkeit: Pflanzen haben im Sommer einen hohen Wasserbedarf. Bei sehr durchlässigem mineralischen Substrat mit geringer Wasserkapazität muß entsprechend häufig gegossen werden.
Düngen: Vorzugsweise mit Langzeitdünger wie Osmocote oder Plantacote maximal in der angegebenen Konzentration versorgen.
Umpflanzen: Pflanzen wachsen am besten ausgepflanzt. Im Kübel möglichst nur in größeren Abständen umtopfen und dann ein lange haltbares Substrat verwenden.
Vermehren: Pflanzen werden derzeit nur in den tropischen Heimatländern herangezogen.

Butia

Von der zwölf Arten umfassenden Gattung *Butia* findet sich in der Regel nur *Butia capitata* in Kultur. Die Fiederpalme ist nicht allzu groß und damit gut für die Pflege im Kübel oder ausgepflanzt im Wintergarten zu empfehlen. Allerdings ist sie als variabel bekannt. Neben Typen von 6 m Höhe existieren 1 bis 2 m hohe Zwerge, beispielsweise die Varietät *odorata*.

Butia capitata stammt aus Südamerika und ist nicht allzu anspruchsvoll. Sie bevorzugt sonnige Plätze und im Winter Temperaturen von 10 bis 15 °C. Die Pflege entspricht ansonsten der von *Chamaerops*.

Caladium-Bicolor-Hybride 'Postman Joyner'

Caladium

Dieser Gattung aus der großen Aron-stabfamilie (Araceae) gehören einige der schönsten Blattpflanzen an. Nur wenige andere erreichen die imponierende Far-bigkeit und Leuchtkraft der Caladien. Trotz dieser Superlative sind Caladien nicht auf jeder Fensterbank zu finden. Als Bewohner tropisch-feuchter Gebiete Amerikas sind sie sehr empfindlich. Bei der Kultur dieser Pflanzen ist das Kunst-stück fertigzubringen, eine sehr hohe Luftfeuchte zu schaffen, aber die Blätter möglichst nicht zu benetzen sowie für größtmögliche Helligkeit zu sorgen, ohne die empfindlichen Blätter der direkten

Sonne zumindest über Mittag auszuset-zen. Als Standort kommen nur das geschlossene Blumenfenster, die Vitrine oder das Gewächshaus in Frage. Im Zim-mer wird besonders die hohe Luftfeuchte nur schwer zu erzielen sein.

Die angebotenen Caladien gehören vor-wiegend zu den Bicolor-Hybriden und variieren in Farbe und Zeichnung. Sie sind genau so wie die selten kultivierten Arten zu pflegen. Caladien besitzen eine kräftige Wurzelknolle. Im Winter ziehen die Blätter ein; die Pflanze ruht ähnlich wie Gladiolen.

Eine der schönsten Blattpflanzen darf in diesem Buch nicht fehlen, auch wenn sie rar und nur im geschlossenen Blumen-

fenster, der Vitrine oder dem Gewächs-haus erfolgreich zu kultivieren ist: *Cala-dium lindenii* (syn. *Xanthosoma lindenii*). Die Pflanzen sind im tropi-schen Amerika verbreitet; Blätter sowie die knollenähnlichen Rhizome werden trotz der Calciumoxalatkristalle von den Eingeborenen als Nahrungsmittel genutzt. Einzelne Selektionen sind arm an diesem unerwünschten Inhaltsstoff.

C. lindenii besitzt große pfeilförmige Blätter mit einer hübschen weißen Ade-rung, die bei der vorwiegend kultivierten Sorte 'Magnificum' noch stärker ausge-prägt ist. *C. lindenii* pflegen wir wie Alo-casien, das heißt, daß sie ihr Laub behal-ten und nicht einziehen sollen. Im Win-ter genügen ihnen 16 bis 18 °C.

Licht: Sehr hell, aber direkte Sonne wird nur in den frühen Morgen- und späten Nachmittagsstunden vertragen.

Temperatur: Nicht unter 20 °C halten, besser bei 22° bis 25 °C. Dies gilt auch für die Bodentemperatur. Die Knollen bei etwa 20 °C überwintern.

Substrat: Nährstoffreiche Humussubstrate wie Nr. 1, 2, 3, 5 oder 6 (s. Seite 39 bis 40); pH um 6.

Feuchtigkeit: Die großen Blätter verdunsten viel Wasser, weshalb während der Wachstumszeit kräftig zu gießen ist. Ab September Wassergaben reduzieren. Nach dem Einziehen völlig trocken halten. Nach dem Umtopfen im Frühjahr zunächst sparsam gießen. Stets nur zimmerwarmes Wasser verwenden. Caladien lassen sich nur dann erfolgreich kultivieren, wenn eine hohe Luftfeuchte von mindestens 70% zu schaffen ist.

Düngen: Während des Wachstums bis August wöchentlich mit Blumendünger in angegebener Konzentration gießen.

Umpflanzen: Die ruhenden Knollen läßt man bis zum Frühjahr im Topf oder lagert sie in trockenem Torf. Ab Ende Februar wird in frische Erde umgepflanzt.

Vermehren: Üblich ist die Vermehrung durch Teilen großer Knollen vor dem Austrieb in Stücke mit mindestens einem, besser zwei Augen. Schnittstellen mit Holzkohlepulver einstäuben. Empfehlenswert ist diese Vermehrungsmethode nur, wenn die Pflanzen optimal hell stehen, sonst baut die Knolle ab. Auch Brutknöllchen wachsen nur, wenn die Pflänzchen genügend Licht erhalten. Notfalls Zusatzbelichtung.

Calathea leopardina ganz links, in der Mitte unten Ctenanthe burle-marxii, darüber

C. picturata 'Argentea', rechts C. zebrina

Caladium lindenii

Calathea

Rund 300 Arten dieser prächtigen Blattpflanzen sind im tropischen Amerika beheimatet. Sie kommen dort im warmfeuchten Regenwald vor. Daraus läßt sich entnehmen, daß sie am besten im geschlossenen Blumenfenster oder in der Vitrine gedeihen. Die ganze Schönheit und Vielfalt dieser Marantengewächse (Marantaceae) offenbart sich erst in größeren Sammlungen, wie sie in botanischen Gärten anzutreffen sind. Dort bilden *Calathea* gemeinsam mit den nahe verwandten *Maranta*, *Stromanthe* und *Ctenanthe* exotisch anmutende Gruppen. Dem Botaniker wird diese Vielfalt zur Plage: Die teils sehr ähnlichen Arten sind nicht leicht auseinander zu halten. Hinzu kommt eine ganze Anzahl von Hybriden. Das Angebot der Gärtnereien nimmt sich dagegen bescheiden aus. Regelmäßig zu finden ist wohl nur *Calathea makoyana*, eine Art mit breitlänglichen, stumpfen, in der Grundfarbe cremeweißen, unregelmäßig braun-oliv gefleckten, grün gerandeten Blättern. Sie gehört zu den wenigen *Calathea*-Arten, die mit einiger Aussicht auf Erfolg auch im Zimmer zu kultivieren sind.

Noch zwei weitere sind zu nennen: *C. lancifolia* und *C. crocata*. *C. lancifolia* (syn. *C. insignis*) trägt auf bis zu 30 cm langen Stielen ebenso lange linearlanzettliche, gewellte Blätter. Die oberseits hellgrünen Blätter sind dunkelgrün gefleckt. Die Blattunterseite kontrastiert in kräftigem Rotbraun. *Calathea crocata* kam bereits 1875 aus ihrer Heimat Brasilien nach Europa. Ihre Blätter sind zwar mit der einfarbig dunkelgrünen Ober- und der kräftig braunroten Unterseite weniger auffällig als die intensiv gezeichneten der Verwandten, aber sie kommt regelmäßig zur Blüte, was man von anderen Arten dieser Gattung nicht behaupten kann. Die leuchtend safrangelben Blütenstände erscheinen meist im Januar oder Februar. Allerdings ist mit dieser Pracht nur dann

Calathea crocata

Calathea makoyana

zu rechnen, wenn die Pflanzen im Herbst bei etwa 18 °C stehen und sie möglichst nicht mehr als 10 Stunden Licht pro Tag erhalten. Wer des schönen Anblicks wegen abends noch lange das Licht im Blumenfenster brennen läßt, verhindert damit die Blütenbildung dieser Art.

Licht: Wie bei vielen Urwaldbewohnern keine direkte Sonne; optimale Entwicklung aber erst bei nicht geringer Helligkeit. Nehmen mit schattigem Platz vorlieb.
Temperatur: Tagsüber 22 bis 30 °C, nachts kaum kühler. Im Winter – auch nachts – nicht unter 18, aber auch nicht über 25 °C. Sehr wichtig ist eine Bodentemperatur von 18 bis 20 °C, im Sommer auch wärmer. »Kalter Fuß« führt zu Verlusten.
Substrat: Humose, durchlässige Mischung, zum Beispiel von Nr. 1, 2, 5 oder 12, auch 8 (s. Seite 39 und 41), mit 1/4 Styromull; pH 5 bis 6.
Feuchtigkeit: Stets feucht halten. Keine trockene Zimmerluft. Die Luftfeuchte sollte über 60, besser 70% liegen. Bester Platz ist das geschlossene Blumenfenster oder die Vitrine.
Düngen: Vom Frühjahr bis Herbst alle zwei Wochen, im Winter alle fünf bis sechs Wochen mit Blumendünger gießen.
Umpflanzen: Jährlich im späten Frühjahr oder Sommer.

Vermehren: Die stammlosen *Calathea* bilden Rhizome oder Knöllchen. Die Pflanzen verzweigen sich in der Regel mit zunehmendem Alter und können dann beim Umtopfen geteilt werden.
Pflanzenschutz: Regelmäßig auf Befall mit Spinnmilben kontrollieren.

Calceolaria, Pantoffelblume

Mit etwa 300 Arten ist die Gattung *Calceolaria* von Mexiko bis Argentinien verbreitet. Ein Blick auf die Blüten zeigt, woher diese Rachenblütler (Scrophulariaceae) ihren deutschen Namen haben: die Blütenunterlippe ist zu einem schuhähnlichen Gebilde blasig aufgetrieben. Calceolarien sind einjährige, staudige oder strauchartige Gewächse. Einige staudige Arten erfreuen sich bei einem kleinen Kreis von Freunden der Alpinengärtnerei großer Beliebtheit. Sie sind, wie zum Beispiel die kleine *C. darwinii*, wahre Schätze für erfahrene Kultivateure.

Als Topfpflanzen haben sich nur wenige gehalten. Für Balkonkasten, Trog und Sommerblumenbeet schätzen wir *C. integrifolia*, häufig als *C. rugosa* angeboten. Sie will einen luftigen Platz im Freien und ist nicht fürs Zimmer geeignet. Obwohl es eine mehrjährige, verholzende Pflanze ist, wird sie – da nicht winterhart – jährlich neu aus Stecklingen im Gewächshaus herangezogen.

Als Topfpflanze haben nur die einjährigen *Calceolaria*-Hybriden Bedeutung. Sie wurden früher als *C. × herbeohybrida* geführt. Es läßt sich nicht mehr genau rekonstruieren, aus welchen Arten diese Gruppe entstand. *C. arachnoidea*, *C. corymbosa* und *C. crenatiflora* werden als Eltern genannt. Die Blüten der Hybriden sind mehrere Zentimeter groß und entweder einfarbig gelb, orange oder rot oder hübsch getupft oder getigert.

Zunächst wachsen die Pflänzchen rosettig und bilden erst mit der Blütenentwicklung kurze Stiele. Die Anzucht ist nur im kühlen, hellen Gewächshaus oder Kasten empfehlenswert, so daß wir sie besser den Gärtnern überlassen.

Licht: Hell bis sonnig. Nur an sehr exponiertem Stand ist leichter Schatten erforderlich.
Temperatur: In der Regel wird man blühende oder knospige Pflanzen erwerben. Um möglichst lange an ihnen Freude zu haben, sollten sie möglichst nicht wärmer als 15 °C stehen. Sämlinge stehen bei 16 bis 18 °C, zur Blütenbildung im Winter um 8, maximal 13 °C,

zur Blütenentwicklung optimal 12 bis 15 °C. Luftiger Stand.
Substrat: Für größere Pflanzen humusreiche Blumenerde wie Nr. 1, 2, 3 oder 5 (s. Seite 39); für Sämlinge und zur Aussaat zur Hälfte mit einem Torf-Sand-Gemisch strecken; pH um 5,5.
Feuchtigkeit: Die Pflanzen haben zwar besonders im Sommer einen hohen Wasserbedarf, aber dennoch ist vorsichtig zu gießen, denn stauende Nässe führt zu Wurzelschäden und in deren Folge zu weiß-gelb gefärbten (chlorotischen) Blättern.
Düngen: Im Winter alle 14 Tage, ansonsten wöchentlich mit Blumendünger gießen.
Umpflanzen: Nur im Zusammenhang mit der Anzucht.
Vermehren: Nur zu empfehlen, wenn heller, kühler Winterplatz vorhanden. Aussaat im Juli/August. Den staubfeinen Samen nicht mit Erde bedecken. Zur Keimung genügen 18 °C.
Pflanzenschutz: Sind erworbene Pflanzen von der Mottenschildlaus oder Weißen Fliege befallen, am besten gleich wegwerfen, um eine Infektion der anderen Zimmerpflanzen zu verhindern.

Callisia

Nicht ohne Grund sieht man *Callisia elegans* aus Mexiko viel seltener in Wohnräumen als die sehr ähnlichen Tradescantien. Während Tradescantien nahezu als Unkraut selbst unter ungünstigsten Bedingungen wuchern, will *Callisia elegans* etwas sorgfältiger behandelt werden. Sie schätzt auch im Winter keine Temperaturen unter 16 bis 18 °C, keine großen Temperaturschwankungen und keine niedrige Luftfeuchte. Aus diesem Grund empfiehlt sie sich als hübscher Bodendecker für geschlossene Blumenfenster, auch als Ampelpflanze und nicht zuletzt für die Bepflanzung von Flaschengärten.

Calceolaria-Hybride

Callisia navicularis

Callisia elegans

Callistemon citrinus

Von Tradescantien unterscheidet *Callisia elegans* ein fleischiger, kräftiger Stengel. Das grüne Blatt ist fein weiß längsgestreift. Die weißen Blütchen sind nur unscheinbar.

Eine Besonderheit sei noch erwähnt: *C. navicularis* (syn. *Tradescantia navicularis*), eine sukkulente Pflanze mit kahnförmigen, fleischigen Blättern. Die Blättchen sind bei sonnigem Stand außen kräftig rot gesprenkelt. Leider hat diese wohl interessanteste Tradescantie einen Nachteil. Schön sind nur die Kurztriebe mit dachziegelartig übereinanderliegenden Blättern. Regelmäßig entstehen aber die häßlichen, in weitem Abstand beblätterten Langtriebe, die die nähere und weitere Umgebung erreichen und dort gleich einwurzeln.

C. navicularis verlangt im Gegensatz zu *C. elegans* volle Sonne und wird besonders im Winter sparsamer gegossen. Ansonsten entspricht die Pflege der Callisien der von Tradescantien.

Callistemon, Zylinderputzer

Zylinderputzer findet man nur selten in Blumengeschäften, dagegen bei den Anbietern von Kübelpflanzen. Diese Myrtengewächse (Myrtaceae) sind ausgesprochen hübsch und auffällig. Ihren Namen verdanken sie ihren Blütenständen, die tatsächlich wie Flaschenbürsten aussehen. Die Blütenblätter sind unauffällig, aber die langen Staubfäden stehen dicht beieinander und sind lebhaft

gefärbt – deshalb der Name *Callistemon* = mit schönen Staubblättern.

Von den rund 25 in Australien verbreiteten Arten hat nur *C. citrinus* einige Be-

deutung, blüht er doch schon als kleine Pflanze. Die Staubfäden dieser Art sind scharlachrot gefärbt. Die breitlanzettlichen Blätter sind ledrig. Am heimatlichen Standort wird er über 7 m hoch.

Nur die Kurztriebe von Callisia navicularis sind reizvoll.

Bildet die Pflanze Langtriebe, so verliert sie an Attraktivität.

Durch Stutzen und Rückschnitt läßt sich der Zylinderputzer niedriger halten, aber er ist doch eher eine Kübelpflanze wie Oleander und hat kein »Fensterbankformat«. Weitere hübsche Arten, die allerdings nur selten angeboten werden, sind *Callistemon salignus* und *C. speciosus*.

Licht: Volle Sonne.
Temperatur: Kühler, luftiger Platz. Im Winter um 5 °C, möglichst nicht über 10 °C.
Substrat: Mischungen beispielsweise aus Nr. 1 oder 17 (s. Seite 39 und 42) mit 1/4 Sand oder Lauberde mit 1/3 Torf und 1/3 Sand; pH um 5.
Feuchtigkeit: Stets mäßig feucht halten. Im Winter sparsamer gießen, doch nie völlig austrocknen lassen.
Düngen: Von Frühjahr bis Herbst wöchentlich, im Winter alle 5 bis 6 Wochen mit Blumendünger gießen.
Umpflanzen: Jungpflanzen alle 1 bis 2 Jahre, größere Exemplare alle 3 bis 4 Jahre im Frühjahr oder nach der Blüte im Sommer.
Vermehren: Kopfstecklinge bewurzeln auch bei Bodentemperaturen über 20 °C und Verwendung eines Bewurzelungshormons in einem Torf-Sand-Gemisch erst nach einigen Wochen. Nach dem Anwachsen stutzen, um eine bessere Verzweigung zu erzielen. Auch die Aussaat ist möglich, sofern man Samen erhält. Die Fruchtstände in einer Tüte aufbewahren, bis die Samen ausfallen.
Besonderheiten: Nach der Blüte Pflanzen etwas zurückschneiden.

Camellia, Kamelie

Beim Anblick alter, meterhoher, vollblühender Kamelien in subtropischen Gärten in Meeresnähe kann man neidisch werden. Diese Pracht läßt sich hier nicht leicht erzielen, ja, es verlangt sogar außerordentliches Geschick und Einfühlungsvermögen, Kamelien am Stubenfenster über viele Jahre erfolgreich zu pflegen. *Camellia japonica*, wie der botanische Name lautet, kommt in Japan, Korea und Taiwan in küstennahen lichten Wäldern vor. Das Klima ist mild, weist keine extrem hohen oder niedrigen Temperaturen auf. Das Thermometer sinkt aber durchaus unter 0 °C ab. Die Luftfeuchte ist stets hoch.

Diese Bedingungen des heimatlichen Standorts beschreiben genau, worauf es bei der Pflege der Kamelien ankommt: kühle, luftige Plätze mit nicht zu trockner Luft sowie Schutz vor Prallsonne. Ein frostfreier Winterplatz genügt; selbst wenige Grade unter 0 °C über kurze Zeit schaden nicht.

Deshalb können sogar in England Kamelien ohne Schwierigkeiten im Freien wachsen.

In Mitteleuropa ist dies nur mit besonders winterharten Sorten möglich, zum Beispiel die der Gärtnerei Duncan & Davis in Neuseeland. Sie hat sich seit Jahren mit der Züchtung von frostharten Kamelien befaßt, die Temperaturen bis

−18 °C aushalten sollen. Die Jungpflanzen aus Neuseeland kommen meist über England zu uns, wo sie sich an die europäischen Klimabedingungen anpassen können. Eine dieser Kamelien, die sich bei uns im Freien gut bewährten, ist 'Ballet Queen'. In den nächsten Jahren ist damit zu rechnen, daß die Züchtung noch weitaus frosthärtere Sorten hervorbringt.

Selbst wenn diese Sträucher in einem strengen Winter einmal ihr Laub verlieren, so treiben sie doch stets wieder durch und erholen sich schnell.

Insgesamt mag die Zahl der Kameliensorten 10 000 bereits überschritten haben. Neben der bei uns früher ausschließlich kultivierten *Camellia japonica* erfreuen sich Kamelienliebhaber an Sorten von *C. reticulata*, *C. sasanqua* sowie zahlreichen Hybriden. Die große Palette macht es möglich, von September (*C. sasanqua*), bis in den Mai (*C. japonica* und einige Hybriden) blühende Kamelien zu haben.

Leckerbissen für Sammler sind duftende Kamelien wie 'Ack-Scent', doch um solche Raritäten muß man sich in Spezialbetrieben bemühen. Das Angebot der Blumengeschäfte im Hinblick auf Kamelien ist in der Regel sehr bescheiden.

Wer seinen Kamelien keinen idealen Platz bieten kann, wird am ehesten mit *Camellia sasanqua* und ihren Nachkommen Erfolg haben.

einfache Blüte   unregelmäßig gefüllt   dachziegelartig gefüllt

Verschiedene Blütenformen der Kamelie, Camellia japonica.

Camellia japonica 'Chandleri Elegans'

Camellia japonica 'Bob Hope'

Mehr interessant als empfehlenswert ist *C. sinensis*, der Teestrauch, der in vielen Auslesen zur Gewinnung des Schwarzen Tees angebaut wird. Die cremeweißen Blüten sind nur rund 2,5 cm groß. Als Topfpflanze ist *C. sinensis* nur sehr schwer am Leben zu erhalten.

Licht: Hell, aber mit Ausnahme der Wintermonate und der frühen Morgen- und Abendstunden vor direkter Sonne schützen.

Temperatur: Luftiger Platz. Überwinterung am besten bei 3 bis 5 °C, nicht über 12 °C. Mit zunehmendem Licht wärmer stellen, doch bis zur Blütenentfaltung darf die Temperatur nicht über 15 °C ansteigen, sonst besteht die Gefahr des Knospenfalls. Erst mit zunehmender Tageslänge ab März verlangen Kamelien höhere Temperaturen, um Blüten für den nächsten Winter zu bilden. Im Sommer empfiehlt sich der Aufenthalt im Garten an einem halbschattigen Platz.

Substrat: Am besten hat sich eine Mischung aus $1/3$ Torf, $1/3$ Nr. 1 oder 2 (s. Seite 39) sowie $1/3$ Sand bewährt; pH 4,5 bis 5,5. Auch Nr. 11 mit $1/3$ Sand ist brauchbar. Sind Laub- oder Nadelerde erhältlich, können diese ebenfalls als Mischungskomponenten Verwendung finden. Dabei ist die richtige Bodenreaktion zu beachten. *C. sasanqua* und ihre Nachkommen reagieren weniger empfindlich auf einen höheren pH-Wert.

Feuchtigkeit: Stets mäßig feucht halten. Bei niedrigen Temperaturen, also besonders während der Überwinterung, nur sparsam gießen, doch sollte die Erde nie völlig austrocknen. Nässe begünstigt die Ausbreitung gefährlicher Fäulniserreger in Wurzeln und Stamm. Hartes Wasser entsalzen. Die Luftfeuchte sollte nach Möglichkeit besonders zur Blütezeit nicht unter 60% absinken.

Düngen: Am besten Hydrokulturdünger verwenden, die von Frühjahr bis Herbst wöchentlich, im Winter alle 4 bis 6 Wochen gegossen werden. Kamelien sind salzempfindlich, also lieber häufiger, dafür aber in geringerer Konzentration düngen.

Umpflanzen: In der Regel alle 2 bis 3 Jahre, alte Kübelpflanzen nur in großen Abständen, am besten nach der Blüte.

Vermehren: Stecklinge am besten im Sommer schneiden und bei mindestens 25 °C Bodentemperatur und hoher Luftfeuchte in einem Torf-Sand-Gemisch bewurzeln. Das Eintauchen der Schnittfläche vor dem Stecken in ein Bewurzelungshormon ist vorteilhaft. Nur empfindliche Sorten werden auf robustere Unterlagen wie die Sorte 'Lady Campbell' oder *C. sasanqua* veredelt. Durch Abmoosen im Frühjahr ist mit einer guten Wurzelbildung bis zum Herbst zu rechnen.

Pflanzenschutz: Bei Wurzel- und Stammfäule sollte man die Kulturbedingungen überprüfen und eventuell sparsamer gießen. Die Bekämpfung ist schwierig; häufig sind die Sträucher nicht mehr zu retten.

Besonderheiten: Nach der Blüte vorsichtig zurückschneiden, jedoch nicht oder nur in mehrjährigen Abständen bis ins alte Holz. Der gefürchtete Knospenfall kann verschiedene Ursachen haben: zu warme Überwinterung, Austrocknen der Erde, stauende Nässe, Wurzelfäule durch zu hohen Kalkgehalt der Erde (hartes Gießwasser) oder zu hohe Salzkonzentration.

Camellia sinensis

Camellia sasanqua 'Hiryu'

Campanula pyramidalis 'Aida' aus dem Anzucht-
betrieb Haeberli in Neukirch-Egnach, Schweiz

Campanula isophylla 'Starlight Dark Blue'

Campanula, Glockenblume

Einen Garten ohne Glockenblumen – das kann man sich nur schwer vorstellen. Die hohen Stauden wie *Campanula glomerata* oder *C. persicifolia* sowie die niedrigen Polster von *C. carpatica, C. portenschlagiana* und vielen anderen sind nicht mehr wegzudenken. Eine ähnliche Bedeutung haben die mit über 200 Arten in der nördlichen Hemisphäre verbreiteten Glockenblumen als Topfpflanze nicht erreicht. Nur eine Art, die aus dem Nordwesten Italiens stammende *C. isophylla*, wird in ihrer blauen Auslese 'Mayi' und der weißen 'Alba' sowie neuen Sorten regelmäßig angeboten. Die lang überhängenden, reich mit Blüten besetzten Triebe machen *C. isophylla* zu einer der hübschesten Ampelpflanzen. Als Pflanzen der Ligurischen Alpen nehmen sie mit niedrigen Temperaturen vorlieb; im warmen Zimmer mit geringer Luftbewegung führen Schädlinge oft zu Ausfällen.

Nach Jahren der Vergessenheit findet sich *Campanula pyramidalis* wieder im Angebot. Sie kommt aus Südeuropa und wächst dort auf steinigen Standorten zunächst rosettig, schiebt dann aber meist im zweiten Jahr einen bis zu 2 m langen, imponierenden Blütenstand hervor. Auf der Fensterbank macht dies einige Schwierigkeiten. Die Gärtner helfen sich, indem sie den mehr oder weniger fleischigen Sten-

gel im Kreis um ein Klettergerüst ziehen oder halten sie wie eine Kübelpflanze an einem halbschattigen Platz im Freien.

Licht: Hell bis sonnig, vor direkter Mittagssonne leicht geschützt.
Temperatur: Luftiger Stand, während der frostfreien Jahreszeit am besten im Garten. Im Winter genügt ein luftiger, gerade frostfreier Raum. Die Temperatur sollte zu dieser Jahreszeit nicht über 12 °C, höchstens 15 °C ansteigen, *C. pyramidalis* maximal 6 bis 8 °C, sonst blühen sie nicht im folgenden Jahr.
Substrat: Übliche Blumenerde wie Nr. 1, 2, 3, 5 oder 6; pH um 6.
Feuchtigkeit: Stets mäßig feucht halten. Im Winter bei kühlem Stand sehr sparsam gießen – immer erst dann, wenn die Erde abgetrocknet ist.
Düngen: Von Frühjahr bis Herbst wöchentlich mit Blumendünger gießen.
Umpflanzen: Bei *C. isophylla* schneidet man bei älteren Pflanzen im Frühjahr die Triebe zurück und topft dann um. *Campanula pyramidalis* sollte man nur überwintern, wenn man ihr einen kühlen Platz bieten kann. Nach dem Rückschnitt auf etwa 10 cm Höhe entwickeln sich mehrere Seitentriebe. Solche mehrtriebigen Pflanzen sind weniger imposant als die aus Samen oder Stecklingen gezogenen eintriebigen. *C. pyramidalis* verlangt einen großen Topf oder Kübel.
Vermehren: Stecklinge bewurzeln leicht bei etwa 18 °C Bodentemperatur im

üblichen Torf-Sand-Gemisch. Den Saftfluß nach dem Stecklingsschnitt in etwa 40 °C warmem Wasser stoppen. Bei *C. pyramidalis* erscheinen an der Basis des Stengels Seitentriebe ohne Blüten, die als Stecklinge zu verwenden sind. Ansonsten Aussaat im Frühjahr bei 20 °C; Samen nicht abdecken. *C. isophylla* setzt auch in Kultur regelmäßig Samen an, die bei 18 °C optimal keimen.
Pflanzenschutz: Bei warmem Winterstand, aber auch bei nicht ausreichend luftigem Sommeraufenthalt – selbst im Freien – leiden *C. isophylla* stark unter Spinnmilben. Regelmäßig kontrollieren.

Capsicum, Zierpaprika

Die Gattung *Capsicum* aus der Familie der Nachtschattengewächse (*Solanaceae*) bietet nicht nur ein schmackhaftes Gemüse und ein feuriges Gewürz, sondern auch eine hübsche Topfpflanze mit lange haltbaren Früchten. Sowohl der Gemüse- als auch der Zierpaprika sind *Capsicum annuum* zuzurechnen, woraus schon die Vielgestaltigkeit dieser Art deutlich wird. Insgesamt kennt man heute rund zehn *Capsicum*-Arten, die im südlichen Nordamerika sowie in Mittel- und Südamerika beheimatet, zumindest einige davon aber weltweit verbreitet sind. Die

Spanier, die einen direkten Schiffsweg nach Indien suchten, um den damals sehr begehrten Pfeffer zu bekommen, brachten zu Beginn des 16. Jahrhunderts *Capsicum annuum* aus Amerika mit, das bald als »Spanischer Pfeffer« bekannt wurde. Noch heute trifft man auf diese irreführende Bezeichnung, obwohl der Pfeffer (*Piper nigrum*) mit dem *Capsicum* nichts zu tun hat.

In der Regel wird man fruchtende Zierpaprika erwerben. Wenn die Früchte zu schrumpfen beginnen, wirft man die Pflanze weg. Keinesfalls sollte man sich dazu verleiten lassen, eine der kleinen Früchte zu essen. Sie sind außerordentlich scharf, und das Brennen ist noch lange zu spüren. Es wird von dem Inhaltsstoff Capsaicin verursacht, der dem »süßen Paprika« fehlt. Von Zierpaprika gibt es viele Sorten mit unterschiedlich geformten und gefärbten Früchten.

Licht: Hell bis sonnig. In der Regel wird man ohne Schattierung auskommen. An schattigen Plätzen entstehen nur wenige Blüten.
Temperatur: Luftiger Zimmerplatz, an dem die Temperatur nicht allzu weit über 20 °C ansteigen sollte. In der lichtarmen Jahreszeit hält man die Pflanzen bei 12 bis 15 °C.
Substrat: Übliche Fertigsubstrate wie Nr. 1, 2, 3, 5, 6 oder 7 (s. Seite 39 bis 40); pH 5,5 bis 6,5.
Feuchtigkeit: Stets feucht halten. An warmen, sonnigen Tagen haben die Pflanzen einen hohen Wasserbedarf. Trockenheit führt zum Blütenfall beziehungsweise Schrumpfen der Früchte.
Düngen: Während der Hauptwachstumszeit wöchentlich, ansonsten alle 2 bis 3 Wochen mit Blumendünger gießen.

Carex brunnea 'Variegata'

Umpflanzen: Erübrigt sich wegen der jährlichen Nachzuchten.
Vermehren: Die reifen Früchte kann man ernten, den Samen vom Fleisch trennen und ab Februar aussäen. Er keimt bei etwa 18 bis 20 °C Bodentemperatur. Die Sämlinge müssen sehr hell stehen, da sonst nur wenige Blüten entstehen. Erfahrungsgemäß ist der Fruchtansatz im Zimmer unbefriedigend. Darum stellt man blühende Pflanzen im Sommer an einen warmen, geschützten Platz vor dem Fenster oder auf der Terrasse. Die üblicherweise kultivierten Sorten sind in der Regel F_1-Hybriden. Ihre Samen fallen nicht sortenecht.
Pflanzenschutz: Zierpaprika wird häufig von Blattläusen und Spinnmilben befallen.

Carex

Unter den über 2000 Sauergräsern (Cyperaceae) dieser Gattung befindet sich auch eine Art, die als Zimmerpflanze gezogen wird. Die Gärtner bieten sie noch häufig als *Carex elegantissima* an, ein dem Äußeren der Pflanze sicher entsprechender Name, denn mit den

langen, sehr schmalen, grüngelben Blättern sieht sie elegant aus. Der gültige Name ist *Carex brunnea* 'Variegata'.

Dieses Sauergras ist eine recht leicht zu pflegende, aus Japan stammende Pflanze für luftige, im Winter nicht allzu warme Räume wie zum Beispiel Wintergärten. Dort gibt sie hübsch anzusehende Bodendecker ab.

Licht: Hell, aber keine direkte Mittagssonne. Verträgt auch halbschattigen Stand.
Temperatur: Luftig und nicht zu warm, im Winter genügen 8 bis 10 °C.
Substrat: Gedeiht in nahezu jeder handelsüblichen Blumenerde, zum Beispiel Nr. 1, 2, 3, 5 oder 6 (s. Seite 39 bis 40).
Feuchtigkeit: Nie austrocknen lassen, sonst werden die Blätter braun. Möchte aber nicht im Wasser stehen wie das Cypergras.
Düngen: Von Frühjahr bis Herbst alle 2 bis 3 Wochen mit Blumendünger gießen.
Umpflanzen: Alle 1 bis 2 Jahre von Frühjahr bis Herbst möglich.
Vermehren: Beim Umpflanzen teilen. Sämlinge sind rein grün.

Capsicum annuum

Carnegiea

So bekannt dieser riesige Säulenkaktus auch ist – die mächtigen Kandelaber sind in jedem Wildwestfilm zu sehen –, so selten ist er in Kultur. Wer die bis 15 m hohen Exemplare von *Carnegiea gigantea* – die einzige Art der Gattung – in der Wüste von Arizona gesehen hat, vermutet, daß wir es mit einer ungestüm wachsenden Kaktee zu tun haben. Doch die Sämlinge verhalten sich gerade gegensätzlich. Es dauert fast 10 Jahre, bis sie endlich 10 cm Höhe erreicht haben, und bis sie ins blühfähige Alter gelangen, vergeht nahezu ein dreiviertel Jahrhundert.

Die Pflege empfiehlt sich nur erfahrenen Kakteengärtnern, die sie ähnlich wie *Cereus* behandeln, das heißt sonnig stellen und im Winter kühl halten.

Caryota, Fischschwanzpalme

Eine der interessantesten und schönsten Palmen zählt leider bis heute zu den Raritäten im Topfpflanzensortiment: *Caryota mitis*, die Fischschwanzpalme. Der deutsche Name ist sehr treffend. *Caryota mitis* besitzt als einzige Palme doppelt gefiederte Blätter. Die einzelnen Fiederblättchen sehen wie grob abgerissen aus, ähnlich wie die Schwanzflossen eines Fisches. In ihrer südostasiatischen Heimat bildet *Caryota mitis* durch Sprossung stets mehrstämmige Exemplare. Dies ist für die Pflanze nützlich, denn jeder Stamm stirbt nach dem Blühen und Fruchten ab. Bei der einstämmigen *Caryota urens* ist die ganze Pflanze damit verloren.

In Kultur sind in der Regel nur junge, noch einstämmige Exemplare von

C. mitis. Aber schon als kleine Pflanze sind sie wegen der ungewöhnlichen Fiederblättchen hübsch anzuschauen. Erst im Alter werden sie zu groß. Bei der Kultur im Zimmer haben sie sich recht gut bewährt, so daß man sich ihrer mehr erinnern sollte.
Bild s. Seite 94

Licht: Heller Platz, der nur vor direkter Mittagssonne leichten Schutz bieten sollte.
Temperatur: Luftiger Stand bei Zimmertemperatur oder etwas wärmer. Im Winter auch nachts nicht unter 16 °C.
Substrat: Lehmhaltiges, nahrhaftes Substrat mit möglichst langhaltender Struktur, zum Beispiel Nr. 1, 9 oder 17 (s. Seite 39 bis 42), gegebenenfalls mineralsche Bestandteile zur Stabilisierung beimischen (Lavagrus, Seramis); pH 5,5 bis 7.
Feuchtigkeit: Stets feucht halten; die Pflanzen sollten nie austrocknen. Trockene Zimmerluft wird zwar vertra-

Carnegiea gigantea

Catharanthus roseus

gen, doch sollte die Luftfeuchte nie unter 50% absinken, da sonst leicht Spinnmilben auftreten.

Düngen: Von Frühjahr bis Herbst alle 1 bis 2 Wochen mit Blumendünger gießen, im Winter alle 3 bis 4 Wochen.

Umpflanzen: Mit Ausnahme von Sämlingen nur dann, wenn der Topf sichtbar zu klein geworden ist. Sämlinge alle 1 bis 2 Jahre im Frühjahr oder Sommer umtopfen. Hohe Töpfe (Palmentöpfe) verwenden. Wurzeln möglichst wenig beschädigen.

Vermehren: Nur ältere Pflanzen sprossen. Von ihnen lassen sich leicht Seitentriebe abtrennen. Ansonsten Anzucht aus Samen (s. Seite 159).

Castanospermum, Bohnenbaum

Der australische Bohnenbaum (*Castanospermum australe*) aus der Familie der Hülsenfrüchtler (Leguminosae oder Fagaceae) ist ein mächtiges Gehölz von rund 20 m Höhe. Das mit jeweils fünf bis sieben Blättchen unpaarig gefiederte Laub ist ebenso charakteristisch wie die gelben, sich später orange bis rot färbenden Blüten und die daraus entstehenden 30 cm langen Hülsenfrüchte. Die großen schwarzen »Bohnen« gaben dem Gehölz seinen Namen.

Die reiche Verfügbarkeit der Samen, die leichte Keimung und das flotte Wachs-

tum verführen dazu, *Castanospermum australe* als Topfpflanze zu versuchen. Die Sämlinge mit den netten Fiederblättchen nutzen noch monatelang die Nährstoffe aus der Bohne, die auf der Bodenoberfläche zu sehen ist. Der Bohnenbaum läßt sich für einige Zeit im Zimmer halten.

Licht: Hell, aber vor direkter Sonne geschützt, bis leicht beschattet.

Temperatur: Übliche Zimmertemperatur.

Feuchtigkeit: Stets mäßig feucht, aber nicht naß halten. Kurzfristige Trockenheit schadet nicht. Trockene Zimmerluft jedoch begünstigt den Schädlingsbefall.

Düngen: Von März bis Oktober wöchentlich, im Winter alle 4 Wochen mit Blumendünger in angegebener Konzentration gießen.

Vermehren: Bohnen zur Hälfte in Substrat einbetten und bei Temperaturen über 20 °C keimen lassen.

Pflanzenschutz: Regelmäßig auf Befall mit Spinnmilben kontrollieren. Keine trockene Luft.

Catharanthus

Catharanthus ist eine Topfpflanze, die man zwar seit Mitte des vorigen Jahrhunderts kennt, deren besondere Qualitäten man aber offensichtlich vergessen hat.

Anders ist es nicht zu erklären, daß sie nicht häufiger zu finden ist. Außerdem hält man dieses Hundsgiftgewächs (Apocynaceae) einjährig, ohne zu wissen, wie schön mehrjährige Exemplare sind. In England wußte man vor der Jahrhundertwende die phloxähnlich weiß oder rot von Juni bis Oktober ununterbrochen blühenden Pflanzen mehr zu schätzen. Bilder überliefern, welch herrliche vieljährige Exemplare man kultivierte, die 80 cm Höhe und mehr erreichten und über und über mit Blüten bedeckt waren.

Man versuche deshalb, *Catharanthus roseus* – oder wie die Gärtner noch immer sagen: *Vinca rosea* – gut durch den Winter zu bringen. Dies ist nicht allzu schwer, wenn der Raum ausreichend hell und nur mäßig warm ist. Nach dem Rückschnitt im zeitigen Frühjahr wächst *Catharanthus* rasch zu einer reich garnierten Pflanze heran. Der Bewohner tropischer Gebiete zwischen Madagaskar und Indien läßt sich im Sommer erfolgreich im Garten an einer geschützten Stelle mit leicht diffusem Licht halten. Bei schlechtem Wetter holt man ihn aber besser ins Haus. Wie die meisten Vertreter der Familie ist *Catharanthus roseus* giftig. Aus dem Laub wird eine Droge gewonnen.

Licht: Hell, nur vor allzu intensiver Sonneneinstrahlung leicht geschützt.

Temperatur: Zimmertemperatur oder wärmer; im Winter um 15 °C, doch nicht unter 12 °C. Sinkt die Bodentemperatur unter die Lufttemperatur ab, so kann es

Castanospermum australe

besonders bei niedrigen Werten zu Wurzelfäulnis kommen.

Substrat: Übliche Topfsubstrate wie Nr. 1, 2, 3, 5 oder 6 (s. Seite 39 bis 40).

Feuchtigkeit: Während der warmen Jahreszeit hoher Wasserbedarf. Reichlich gießen. Bei niedrigen Temperaturen besonders im Winter nur mäßig feucht halten. Schon bei 15 °C wächst die Pflanze kaum noch.

Düngen: Von Frühjahr bis Herbst wöchentlich mit Blumendünger gießen.

Umpflanzen: Jährlich im Frühjahr mit Beginn des Wachstums; junge Pflanzen häufiger.

Vermehren: Ab März/April können Kopfstecklinge von den neuen Trieben gemacht werden. Sie bewurzeln leicht bei Bodentemperaturen von mindestens 20 °C. Nach dem Anwachsen ein- bis zweimal stutzen. Erhält man Samen, wird dieser ab Februar ausgesät und bei Temperaturen von 20 bis 24 °C gehalten.

Cattleya

Cattleyen – besonders die Hybriden – sind so, wie der Laie sich Orchideen vorstellt: Große, bizarr geformte, oft lebhafte gefärbte Blüten machen sie zu auffälligen, den Betrachter begeisternden Pflanzen. Rund 45 Arten gibt es im tropischen Südamerika. Die Zahl der Züchtungen ist riesig, darunter auch viele Kreuzungen mit Vertretern anderer Gat-

Cattleya aurantiaca

tungen. Cattleyen gehören nicht zu den Zimmerpflanzen, die man einem gärtnerischen Neuling bedenkenlos anvertrauen könnte. Aber sie sind auch nicht so schwierig zu pflegen, daß jeder Versuch zum Scheitern verurteilt wäre. Wer nur ein Fenster zur Verfügung hat, der achte darauf, kleinbleibende Pflanzen zu erhalten, denn manche Cattleyen erreichen stattliche Maße. Die Cattleyen besitzen zylindrische Pseudobulben, die bis 50 cm Länge erreichen können. Man unterscheidet zwischen Pflanzen, die zwei Blätter pro Pseudobulbe entwickeln (bifoliate Gruppe) und solchen mit nur einem (unifoliate oder labiate Gruppe). Die zweite Gruppe umfaßt die Pflanzen, die jeweils nur wenige, aber auffällige große Blüten tragen. Die Blüten werden gebildet, wenn die Pseudobulben halb oder völlig entwickelt sind. Demnach gibt es Cattleyen, die vor und solche, die nach der Ruhezeit blühen. In jedem Fall ist das Wachstum der Pseudobulben Voraussetzung für die Blütenbildung.

Einige bifoliate Cattleyen wie *Cattleya bowringiana* gedeihen ausgezeichnet auf der Fensterbank. Andere zweiblättrige wie *C. aurantiaca* sowie unifoliate einschließlich der meisten Hybriden wachsen, wenn für ausreichende Luftfeuchte sowie nicht zu hohe Wintertemperaturen gesorgt wird.

Licht: Hell, aber vor zu starker Sonne geschützt. Ideal sind Plätze, die am frühen Morgen für 1 bis 2 Stunden von der Sonne beschienen werden. Im Winter ist Schattierung meist überflüssig.

Temperatur: Zimmertemperatur oder bei Sonne auch wärmer bis etwa 28 °C. Im Winter sind für die meisten Cattleyen Temperaturen von 16 bis 18 °C, nachts 13 bis 15 °C zuträglich; manche überstehen auch geringere Wärmegrade. Einige Cattleyen blühen nur, wenn sie während des Winters für 2 bis 3 Monate bei etwa 13 °C stehen.

Substrat: Durchlässige Mischung, zum Beispiel aus Torf und Styromull oder Rindenstücken bzw. Meranti; Nr. 13 (s. Seite 41); pH um 5,5. Cattleyen gedeihen auch gut, wenn sie an Epiphytenstämmen oder Substratblöcken aufgebunden werden.

Feuchtigkeit: Während des Wachstums nie ganz austrocknen lassen, aber nur nach oberflächigem Abtrocknen gießen. Im Winter erst bei völlig trockenem Substrat soviel gießen – oder noch besser sprühen –, daß die Pseudobulben nicht schrumpfen. Kein hartes Wasser verwenden (nicht über 8 °d). Die Luftfeuchtigkeit kann im Winter geringer sein als zu übrigen Jahreszeiten, sollte aber nicht unter 50% absinken.

Düngen: Während des Wachstums alle 2 bis 3 Wochen mit Blumendünger in halber Konzentration gießen.

Umpflanzen: Nicht zu oft, meist nur alle 2 bis 3 Jahre erforderlich. Beste Zeit für Frühjahrs- und Sommerblüher ist nach der Blüte, für Herbst- und Winterblüher im Frühjahr. Eine Regel sagt, daß umzutopfen ist, bevor die Wurzeln des Neutriebs das Substrat erreichen.

Vermehren: Schon einige Zeit vor dem Umtopfen den Erdsproß durchtrennen. Die einzelnen Stücke sollten aus mindestens drei, besser vier bis fünf Pseudobulben bestehen. Beim Umpflanzen lassen sich dann die einzelnen Stücke leicht voneinander lösen.

Cephalocereus, Greisenhaupt

Das Greisenhaupt (*Cephalocereus senilis*) ist ein beliebter, häufig gepflegter Kaktus. Die in Kultur befindlichen Jungpflanzen tragen lange, weiße Borstenhaare, die den Haarschopf umgeben (Bild Seite 233).

Der Name *Cephalocereus* weist auf ein Cephalium hin. Darunter versteht man eine dicht mit Borsten besetzte Blühzone an den Spitzen der Pflanzen. Nur aus diesem Bereich können sich Blüten entwickeln. Bei *C. senilis* entstehen solche Blühzonen zunächst auf einer Seite ab 6 bis 8 m Höhe. *C. senilis* kommt in Mexiko auf groben Schieferböden vor. Gelegentlich wird auch *C. columna-trajani* (syn. *C. hoppenstedtii*) angeboten.

Licht: Sonniger Standort.

Temperatur: Warm, auch im Winter um 15 °C.

Substrat: Durchlässige Mischung aus Lava- oder Urgesteinsgrus; pH 6 bis 7.

Feuchtigkeit: Das Hauptwachstum erfolgt im Herbst und Frühjahr. Während dieser Zeit sollte das Substrat nie völlig austrocknen. Die Kakteen sind jedoch empfindlich gegen zuviel Feuchtigkeit. Im Sommer weniger gießen. Im Winter völlig trocken halten oder nur sporadisch das Substrat oberflächlich anfeuchten. *C. senilis* gedeiht am besten, wenn die Luftfeuchte nicht unter Werte von etwa 50% absinkt.

Düngen: Im Frühjahr und Herbst alle 2 bis 3 Wochen mit Kakteendünger gießen.

Umpflanzen: Jungpflanzen jährlich, ältere in größeren Abständen am besten im Sommer.

Vermehren: Die Anzucht aus Samen braucht Geduld, da die Pflanzen langsam wachsen. Der nicht abgedeckte Samen keimt bei Bodentemperaturen von 20 bis 25 °C.

Cereus uruguayanus var. monstrosus

Ceropegia dichotoma

Cereus, Säulen-, Felsenkaktus

In den meisten Kakteensammlungen finden sich als Prunkstücke einige Säulen aus der Gattung *Cereus*. Als kräftig wachsende Kakteen erreichen sie leicht über 1 m Höhe. Die Säulen sind auch am Heimatstandort – vorwiegend im nördlichen Mittelamerika – nicht oder erst im Alter kandelaberartig verzweigt. Oft sind die Säulen tief gerippt. Die verbreitetste Art ist *C. uruguayanus*, besser bekannt als *C. peruvianus*, die bereits in der ersten Hälfte des 17. Jahrhunderts in Kultur war und sich besonders in der Varietät *monstrosus* großer Beliebtheit erfreut. Wie der Name bereits andeutet, sind bei dieser monströsen Form Rippen und Areolen unregelmäßig ausgebildet, so daß ungeordnet »wilde« Formen entstehen. *C. uruguayanus* erreicht bis 6 m Höhe. Als *C. peruvianus* var. *monstrosus* 'Nana' ist eine kleinbleibende Auslese bekannt, die heute am meisten angeboten wird.

Eine weitere bekannte Art ist der blaue, unverzweigte Säulen bildende *C. azureus*. Die blaue Bereifung ist am Neutrieb besonders intensiv und verliert sich mit zunehmendem Alter. Während man *C. uruguayanus* in Kultur nur schwer zur Blüte bringt, können von *C. azureus* schon 1 m hohe Exemplare ihre weißen Blüten entwickeln. Sie sind im Gegensatz zu den anderen Arten der Gattung am

Tag geöffnet. Weitere Arten sind gelegentlich anzutreffen. Sie erfahren die gleiche Behandlung.

Licht: Sonniger Standort. Im Winter bei kühlem Stand auch halbschattig.
Temperatur: Zimmertemperatur oder wärmer. Im Sommer auch Freilandaufenthalt an regengeschützten, sonnig-warmen Plätzen möglich. Im Winter 8 bis 12 °C; besonders blaubereifte nicht unter 10 °C.
Substrat: Übliches Kakteensubstrat (Nr. 14, s. Seite 42); pH um 6.
Feuchtigkeit: Während des Wachstums Substrat nie völlig austrocknen lassen, jedoch so gießen, daß keine Nässe aufkommt. Im Winter völlig trocken halten.

Blüte von Ceropegia linearis ssp. woodii

Düngen: Während des Wachstums alle 2 bis 3 Wochen mit Kakteendünger gießen.
Umpflanzen: In der Regel alle 2 Jahre im Winter. Große Exemplare in weiteren Abständen.
Vermehren: Stecklinge, deren Schnittfläche zuvor abgetrocknet ist, bewurzeln bei mäßiger Feuchte und Bodentemperaturen über 20 °C.
Besonderheiten: Bei ungeeignetem Stand verlieren die Pflanzen bald ihre Schönheit. Fehlende Sonne führt zu dünnen, vergeilten Säulen. Besonders häßlich sind die braunen Flecken, deren Ursachen Pilze sein mögen, aber nicht genau bekannt sind. Sie werden durch falsche Überwinterung begünstigt.

Ceropegia, Leuchterblume

Diese Pflanzen aus der Familie der Asclepiadaceae (Seidenpflanzengewächse) kann man nicht als besonders auffällig bezeichnen, dennoch werden sie immer wieder gerne gepflegt. Der Grund dafür liegt in den überaus reizvollen Blüten. Es lohnt sich, die nur kleinen Blüten einmal aus der Nähe zu betrachten. Die am Grunde bauchige Blütenröhre mündet in fünf dünne Zipfel, die an der Spitze zusammengewachsen sind und ein kleines Schirmchen bilden.

Der Anspruchslosigkeit wegen ist von den rund 200 Arten *Ceropegia linearis* ssp. *woodii* am häufigsten zu finden. Sie bildet an dünnen, langen Stielen herzförmige, fleischige, auf der Oberseite weiß gefleckte Blätter. Noch auffälliger sind die Blüten anderer Arten, zum Beispiel *C. elegans* oder *C. sandersonii*. Insgesamt umfaßt die Gattung rund 150 meist im tropischen Afrika, Asien und Madagaskar beheimatete Arten. Die meisten hält man an Klettergerüsten; die zierliche *C. linearis* ssp. *woodii* ist eine dankbare Ampelpflanze.

Eine Besonderheit sind die stammsukkulenten Arten, also jene, die sich nicht durch fleischige Blätter, sondern wasserspeichernde Sprosse auszeichnen. Beispiele sind die auf den Kanarischen Inseln verbreiteten *C. dichotoma* und *C. fusca*. Die gegliederten Stämme wirken blattlos, da die schmal-linealischen Blätter bald abfallen. Diese beiden Arten werden recht groß – in ihrer Heimat bis 1 m hoch – und sind dann für das Zimmer kaum noch geeignet.

Licht: Heller, vollsonniger Standort, auch im Winter.
Temperatur: Übliche Zimmertemperatur oder wärmer; im Winter 8 bis 12 °C, *Ceropegia linearis* ssp. *woodii* auch 15 bis maximal 20 °C. Kanarische und wärmebedürftige Arten wie *C. elegans* möglichst bei 18 °C.

Substrat: Eine durchlässige, aber nahrhafte Mischung eignet sich, zum Beispiel Nr. 1, 5, 9, 10 oder 17 (s. Seite 39 bis 42), auch gemischt mit wenig Sand; pH 5,5 bis 6,5.
Feuchtigkeit: Während des Wachstums für eine milde Feuchtigkeit sorgen. Im Winter nur sporadisch gießen je nach Temperatur; kanarische Arten weitgehend trocken halten.
Düngen: Von April bis September alle zwei Wochen mit Kakteendünger gießen. Läßt man die kanarischen Arten eine Sommerruhe durchmachen, was nicht zu empfehlen ist, wird schon mehrere Wochen vorher das Düngen eingestellt.
Umpflanzen: Alle 1 bis 2 Jahre im Frühjahr.
Vermehren: Kanarische Arten durch Sproßglieder. *Ceropegia linearis* ssp. *woodii* läßt sich am leichtesten durch die in den Blattachseln entstehenden Knöllchen vermehren. Die übrigen Arten haben meist kräftigere Sprosse; Stecklinge, deren Schnittfläche man zunächst abtrocknen läßt, bewurzeln sich bei Bodentemperaturen von möglichst 18 bis 22 °C.
Besonderheiten: Die dünnen Triebe von *C. linearis* ssp. *woodii* entspringen einer im Laufe der Zeit recht kräftig werdenden Knolle. Auf diese Knollen lassen sich empfindliche Arten – auch aus anderen Gattungen der Familie wie *Stapelia* und *Hoodia* – veredeln.

Cestrum, Hammerstrauch

Die Nachtschattengewächse (Solanaceae) aus der Gattung *Cestrum* sind in rund 175 Arten im subtropischen und tropischen Amerika beheimatet. *Cestrum elegans* (syn. *C. purpureum*) ist eine beliebte, weil reichblühende Kübelpflanze. Im Zimmer kann man den in der Heimat bis 3,5 m hohen Strauch mit seinen elegant überhängenden Zweigen kaum halten. Besser steht er im luftigen Wintergarten.

Dort oder im Sommer an einem leicht vor direkter Mittagssonne geschützten Platz präsentiert er sich mit prächtigen leuchtendroten, in endständigen Rispen stehenden Blüten.

Am schwierigsten ist der Winter. Dann nämlich verlangt der Strauch niedrige Temperaturen von 5 bis maximal 10 °C, um in der kommenden Saison reich zu blühen. Unter 5 °C wirft der Strauch die Blätter ab und kann dann auch dunkel stehen. Regelmäßig sind die Sträucher durch Entfernen der alten Triebe zu verjüngen. Kronenbäumchen sehen zwar hübsch aus, sind wegen der fehlenden Verjüngung aber nicht langlebig.

Ähnlich zu behandeln ist das gelbblühende *Cestrum aurantiacum*. Die Pflege entspricht ansonsten etwa der von Oleander (*Nerium oleander*). Die Vermehrung erfolgt durch Stecklinge, die bei etwa 20 °C wurzeln.

Chamaedorea, Bergpalme

Zu den beliebtesten Zimmerpalmen gehört *Chamaedorea elegans*, auch bekannt unter den Namen *Collinia elegans* und *Neanthe bella*. Es ist eine einstämmig wachsende, nicht zu groß werdende Palme, die schon in jungen Jahren zu blühen beginnt. Allerdings ist nicht mit einem Samenansatz zu rechnen, denn Chamaedoreen sind zweihäusig, das heißt, es gibt sowohl männliche als auch weibliche Pflanzen. *Chamaedorea elegans* hat hübsch gefiederte Blätter. Fiederblättrig ist auch *C. seifrizii*, die insgesamt größer und kräftiger ist und eine Höhe von 2 m oder – je nach Typ – mehr erreicht. Es gibt daneben Arten, deren Blätter ungeteilt sind und in zwei Zipfeln enden. Beispiele hierfür sind *C. ernesti-augusti*, die sehr zierliche *C. geonomiformis*, die langsamwüchsige, nie mehr als 1 m hohe *C. metallica* (früher oft fälschlich als

Chamaedorea elegans

C. tenella angeboten) mit graugrünen, glänzenden Blättern. Insgesamt sind über 100 Arten bekannt, die ihre Heimat vorwiegend in Mittelamerika haben. Neben Arten mit nur einem Stamm gibt es aufgrund von Ausläufern gruppenbildende, wie die fiederblättrige *C. microspadix*, deren Stämme bis zu 3 m Höhe erreichen.

Ihren besonderen Wert als Zimmerpflanze erhalten die Bergpalmen nicht nur durch ihre bescheidene Größe – *C. elegans* erreicht am heimatlichen Standort nicht mehr als 2 m Höhe, bleibt in Kultur aber deutlich kleiner –, sondern auch durch ihre Schattenverträglichkeit. Auch auf nicht allzu hellen Fensterbänken entwickeln sie sich noch zufriedenstellend. Am schönsten sieht es aus, wenn wir von Bergpalmen mit gefiederten Blättern gleich mehrere zusammen in einen Topf setzen. Die ungefiederten dagegen entfalten ihr Laub am besten einzeln stehend.

Licht: Hell bis halbschattig; keine direkte Sonne.
Temperatur: Zimmertemperatur oder wärmer. Im Winter 12 bis 18 °C.
Substrat: Wachsen gut in Substraten wie Nr. 9, 10 oder 17 (s. Seite 40 bis 42); pH 5 bis 6,5.
Feuchtigkeit: Stets mäßig feucht halten, aber keine Nässe aufkommen lassen. Zumindest mittlere Luftfeuchte von etwa 50% ist empfehlenswert, da sich sonst Spinnmilben entwickeln und Schäden verursachen.
Düngen: Von Frühjahr bis Herbst wöchentlich, im Winter alle 3 bis 4 Wochen mit Blumendünger gießen.
Umpflanzen: Nicht allzu häufig. In der Regel nur dann, wenn die Wurzeln den Topf völlig ausgefüllt haben.
Vermehren: Durch Samen (s. Seite 159).

Chamaerops, Zwergpalme

Bevor man 1976 die Dattelpalme *Phoenix theophrasti* als eigenständige, auf Kreta heimische Art erkannte, galt die Zwergpalme (*Chamaerops humilis*) als der einzige europäische Vertreter dieser Pflanzenfamilie. *Chamaerops humilis* ist im westlichen Mittelmeerraum verbreitet, wurde inzwischen darüber hinaus in vielen subtropischen Gärten angepflanzt.

Die Zwergpalme variiert so stark, daß man früher verschiedene Arten unterschied. Heute faßt man alle Typen unter *C. humilis* zusammen. Es gibt Zwergpalmen, die stets mehrstämmig wachsen und nicht höher als 1 bis 2 m

Chamaedorea ernesti-augusti

Chamaerops humilis

werden. Andere bleiben einstämmig, werden aber über 5 m hoch (die Varietät *arborescens*). Selbst die kleine Form ist auf Dauer keine Topfpflanze für die Fensterbank, wenn sie auch eine der kleinsten Palmen ist. Wer einen kühlen, luftigen Wintergarten hat, findet an sonniger Stelle den idealen Platz für die Zwergpalme. Ansonsten wird man sie ähnlich wie Oleander behandeln, also in einen Kübel pflanzen, der im Sommer im Freien steht und im Winter in einen luftigen, frostfreien Raum kommt.

Typisch für Zwergpalmen sind die fächerförmigen, tiefgeschlitzten, aber nicht gefiederten Blätter. Die je nach Typ unterschiedlich langen Blattstiele sind auf der Oberseite gewölbt und kräftig weißlich bestachelt, was den Kontakt mit dieser Palme etwas unangenehm gestalten kann. Blatt und Blattstiel sind wichtige Unterscheidungsmerkmale. Bei den ähnlichen Hanfpalmen (*Trachycarpus*, s. Seite 458) sind die Blattstiele oberseits flach und an den Rändern gezahnt. Bei den Livistonien ist der gewölbte Blattstiel an den Rändern mit mehr oder weniger kräftigen Stacheln versehen. Das Fächerblatt der Hanfpalme ist nahezu bis zur Basis eingeschnitten, bei Livistonien nur etwa zur Hälfte.

Licht: Sonnig; im Winter ist ein heller Platz ideal, doch nimmt die Zwergpalme zu dieser Jahreszeit auch mit weniger Licht vorlieb.
Temperatur: Luftiger Platz, am besten von Mai bis September/Oktober im Freien. Im Winter um 5 °C, möglichst nicht über 10 °C. Gut abgehärtete Pflanzen nehmen es nicht übel, wenn einmal nachts die Temperatur unwesentlich unter 0 °C absinkt.
Substrat: Am besten Nr. 9, 10 oder 17 (s. Seite 40 bis 42); pH 6 bis 7. Bei wenig wasserdurchlässigen Substraten Lavagrus oder Seramis beimischen.
Feuchtigkeit: Von Frühjahr bis Herbst stets feucht halten, doch keine Nässe aufkommen lassen. Der Wasserbedarf kann im Sommer sehr hoch sein. Im Winter sparsam gießen, doch sollte die Erde nie völlig austrocknen.
Düngen: Von Frühjahr bis Herbst wöchentlich mit Blumendünger gießen. Im Winter nur bei hellem Stand alle 4 bis 6 Wochen düngen.
Umpflanzen: Mit Ausnahme von Sämlingen nur in größeren Abständen erforderlich. Beste Zeit ist das Frühjahr oder der Sommer.
Vermehren: Größere Pflanzen der »Buschform« bilden Kindel, die man beim Umtopfen unter größtmöglicher Schonung der Wurzeln ablösen kann. Vermehrung aus Samen ab März (s. Seite 159).

Chambeyronia

Aus Neukaledonien stammen die beiden Palmenarten der Gattung *Chambeyronia*. Eine, *C. macrocarpa*, ist in Kultur hochgeschätzt, leider noch recht selten. Die Fiederpalme erreicht in ihrer Heimat fast 20 m Höhe, bleibt im Kübel aber moderater, so daß man sie einige Jahre halten kann. Das Besondere ist der Austrieb: Die jungen Blätter besitzen zunächst kein Blattgrün, sind orangefarben und durchsichtig, verfärben sich dann dunkelrot, bevor sie endgültig Grün annehmen. Ausgewachsene Exemplare tragen 2 m lange Blätter.

Chambeyronia macrocarpa ist eine prächtige Palme für nicht zu kleine Wintergärten, verlangt Schutz vor direkter Sonne und im Winter Temperaturen um 15 bis 18 °C. Die Pflege entspricht ansonsten der von *Chamaedorea*.

Chlorophytum,
Grünlilie, Fliegender Holländer

Es dürfte nur wenige Wohnungen und Büros geben, in denen keine Grünlilie steht. In der Regel ist es die gelbgestreifte Sorte 'Variegatum', während die rein grüne Art *Chlorophytum comosum* heute seltener geworden ist.

Dieses Liliengewächs aus dem Süden Afrikas ist eine dankbare Zimmerpflanze. Die linealisch-lanzettlichen Blätter stehen in einer Rosette. Aus ihr erhebt sich der bis 1 m lange Blütenstengel. Neben den kleinen weißen Blütchen sitzen an ihm mehrere junge Pflänzchen. Dies gab *Chlorophytum comosum* den Namen »Fliegender Holländer«. Die Wurzeln sind dick und fleischig wie eine Knolle. In Hydrokultur entwickelt sie sich oft gar zu üppig. Die Ansprüche der Pflanzen sind sehr bescheiden. Braune Blattspitzen weisen allerdings nicht selten darauf hin, daß die Luft gar zu trocken ist.

Licht: Hell bis halbschattig.
Temperatur: Ganzjährig bei Zimmertemperatur.
Substrat: Übliche Blumenerden wie Nr. 1, 2, 3, 5, 6 oder 7 (s. Seite 39 bis 40); pH um 6.
Feuchtigkeit: Stets mäßig feucht halten. Nässe führt zum Faulen der fleischigen Wurzeln. Trockene Luft oder unregelmäßiges Gießen ruft braune Blattspitzen hervor.
Düngen: Von Frühjahr bis Herbst wöchentlich, ansonsten alle drei Wochen mit Blumendünger gießen.
Umpflanzen: In der Regel jährlich von Frühjahr bis Herbst möglich.
Vermehren: Nicht zu kleine Pflänzchen von den Blütenstengeln abtrennen und in Erde oder im Wasserglas bewurzeln.

Chrysalidocarpus,
Goldfruchtpalme

Daß die Goldfruchtpalme (*Chrysalidocarpus lutescens*, syn. *Areca lutescens*, Bild Seite 36) zu den häufigen Vertretern des Topfpflanzensortiments gehört, hat sie vor allem der Hydrokultur zu verdanken. Obwohl sie mit gut 10 m eine stattliche Höhe erreicht, eignet sie sich gut für die Zimmerkultur, da sie in den ersten Jahren relativ langsam wächst. Außerdem schätzt sie ein feuchtes Substrat, so daß es nahe lag, sie in Hydrokultur heranzuziehen. Die schlanken Stämme sprossen und stehen somit meist in Gruppen beieinander. Bei ausgewachsenen Exemplaren setzen sich die überhängenden Wedel aus bis zu 120 Fiederblättchen zusammen, die auf einer gelblichen, dunkel gepunkteten Spindel sitzen. In Madagaskar, wo die Goldfruchtpalme zu Hause ist, sind insgesamt um 20 *Chrysalidocarpus*-Arten bekannt.

Licht: Hell, aber keine direkte Sonne.
Temperatur: Junge Palmen nicht unter 20 °C, ältere Exemplare im Winter auch kühler bis minimal 15 °C.

Chlorophytum comosum

Chrysothemis friedrichsthaliana

Chrysothemis pulchella

Substrat: Vorzugsweise Hydrokultur. Ansonsten Nr. 9 oder 17 (s. Seite 40 und 42); pH um 6.
Feuchtigkeit: Nie völlig austrocknen lassen. Bei jungen Palmen kann man Wasser in den Untersetzer füllen.
Düngen: Bei herkömmlicher Kultur von Frühjahr bis Herbst wöchentlich, im Winter alle drei Wochen mit Blumendünger gießen.
Umpflanzen: Nur kleine Palmen jährlich. Größere Exemplare nur dann, wenn die Wurzeln den Topf ganz ausfüllen. Beste Zeit ist das Frühjahr und der Sommer.
Vermehren: An älteren Exemplaren Sprosse abtrennen.

Chrysothemis

Die Gattung *Chrysothemis* gehört zu den Gesneriengewächsen (Gesneriaceae) und zählt rund sieben Arten von krautigen Pflanzen mit gegenständigen Blättern, die im tropischen Amerika beheimatet sind. Gute Erfahrungen hat man mit *Chrysothemis pulchella* aus Mittel- und dem nördlichen Südamerika gemacht. Sie ist eine Pflanze mit kräftigem, vierkantigem Stengel und gut 10 cm langen, gezähnten und mit rötlichen Haaren bedeckten Blättern. In den Blattachseln erscheinen im Frühsommer die zahlreichen Blüten mit rotem Kelch

und gelber, rotgezeichneter Krone. Die sehr ähnliche *C. friedrichsthaliana* ist an dem gelben oder grünen Kelch leicht kenntlich.

Im Herbst reicht das Licht bei uns nicht aus. Die Pflanzen gehen dann in einen Ruhezustand über, um schließlich abzusterben. Zuvor entstehen in den Blattachseln kleine Knöllchen, aus denen sich im Frühjahr neue Pflanzen heranziehen lassen.

Licht: Hell, aber vor direkter Sonne geschützt.
Temperatur: Zimmertemperatur; nicht unter 16 °C.
Substrat: Übliche Fertigerden, wie Nr. 1, 2 oder 5 (s. Seite 39); pH um 6.
Feuchtigkeit: Stets mäßig feucht halten. Wenn die Pflanzen im Herbst abzusterben beginnen, Wassergaben reduzieren.
Düngen: Im Wachstum befindliche Pflanzen bis August alle 1 bis 2 Wochen mit Blumendünger gießen.
Vermehren: Die größten Knöllchen trocken und frostfrei überwintern. Im Februar eintopfen und bei 16 bis 20 °C halten, wobei das Substrat zunächst nur mäßig feucht sein darf. *Chrysothemis* läßt sich auch im Frühjahr und Frühsommer durch Stecklinge vermehren, die bei 20 °C Bodentemperatur bewurzeln. Werden Ausläufer gebildet, so lassen sich diese abtrennen.

Cissus

Russischer Wein, Känguruhklimme, Königswein

Die beliebtesten Kletterpflanzen für das Zimmer sind zu Recht die *Cissus*-Arten. Der »Russische Wein«, besser Känguruhwein oder -klimme (*Cissus antarctica*) genannt, und der Königswein (*C. rhombifolia,* syn. *Rhoicissus rhomboidea*) sind auch besonders dankbare Pfleglinge. Sie gedeihen bei den üblichen Zimmertemperaturen und sind selbst mit einem schattigen Platz zufrieden. Am anspruchslosesten dürfte der Königswein sein, dessen aus Dänemark eingeführte Sorte 'Ellen Danica' mit den fiederteiligen Blättchen besonders attraktiv ist und sich in kurzer Zeit durchgesetzt hat.

Neben diesen beiden hat die zu den Weinrebengewächsen (Vitaceae) zählende Gattung *Cissus* mit ihren rund 350 Arten noch mehr zu bieten. Allerdings sind die nachfolgend beschriebenen im Handel nur selten zu finden und stellen weit höhere Ansprüche. Der besonders schönblättrige *Cissus discolor* darf nie kühler als 20 bis 22 °C stehen. Es ist nicht leicht, ihm die nötige hohe Luftfeuchte zu bieten. Viel besser haben es die Besitzer eines Kleingewächshauses. Unter die Stellagen gepflanzt, kann man *Cissus discolor* fast

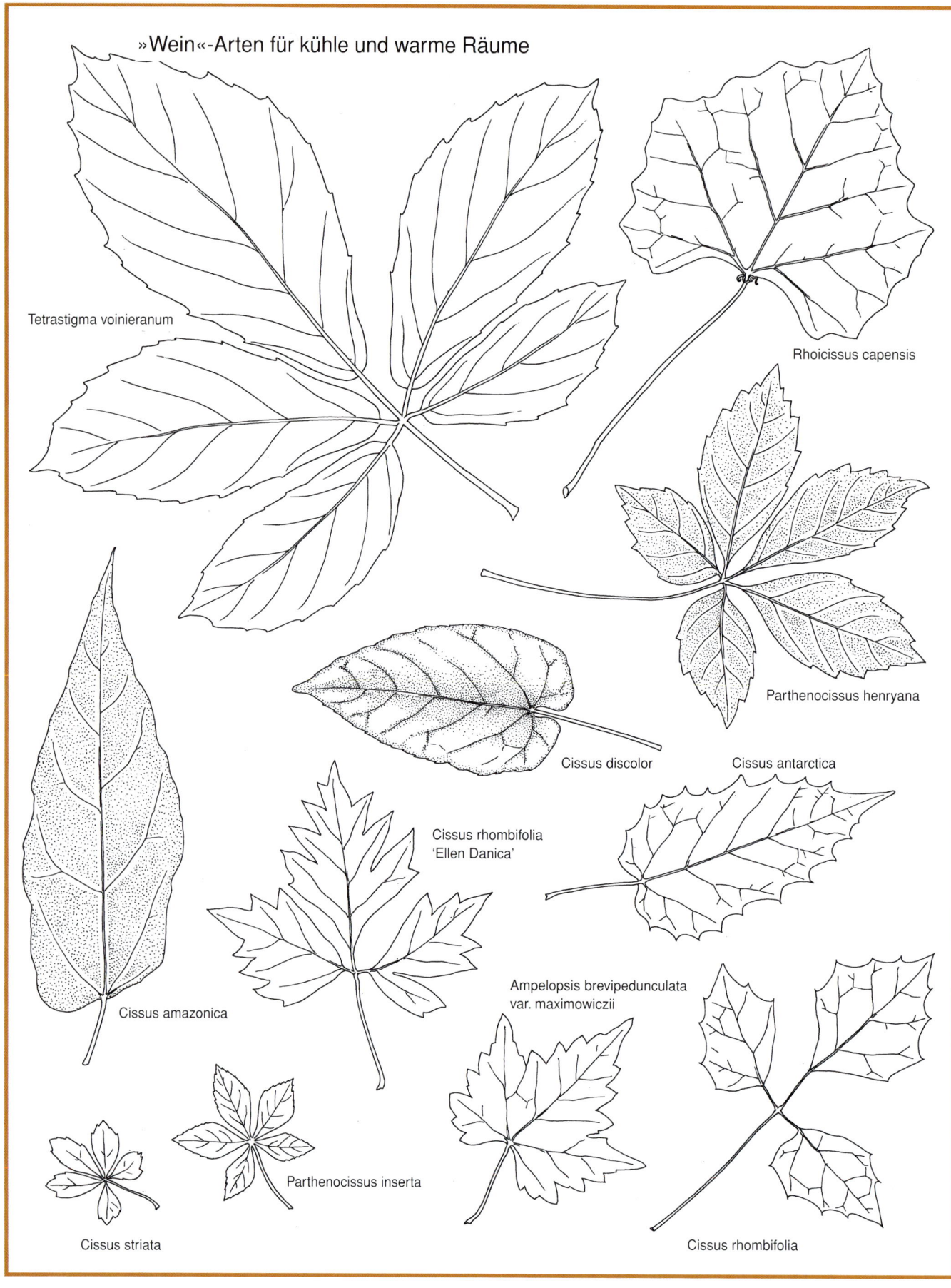

»Wein«-Arten für kühle und warme Räume

Tetrastigma voinieranum

Rhoicissus capensis

Parthenocissus henryana

Cissus discolor

Cissus antarctica

Cissus rhombifolia
'Ellen Danica'

Cissus amazonica

Ampelopsis brevipedunculata
var. maximowiczii

Cissus striata

Parthenocissus inserta

Cissus rhombifolia

Cissus discolor

Cyphostemma juttae, syn. Cissus juttae

Cissus rhombifolia

vergessen, nur beim Gießen nicht. Dort entwickeln sich die olivgrünen Blätter mit der silbrigen Zeichnung und der dunkel purpurvioletten Unterseite besonders schön. Die gleiche Pflege wie *C. discolor* fordert *C. amazonica*, die in der Jugend sehr schmale, kleine, im Alter große, ovale Blätter mit einer silbrigen Zeichnung entlang der Nerven trägt.

Bei gleichen Temperaturen, aber etwas mehr Licht gedeiht *C. adenopoda*, eine kräftig wachsende Ranke mit dreizähligen, dicht behaarten, dunkel olivgrünen Blättern, die meist violett überhaucht sind. Selten ist *Cissus striata* geworden, obwohl sie ähnlich unproblematisch zu halten ist wie der Königswein und die Känguruhklimme; *C. striata* nimmt sogar mit noch niedrigeren Temperaturen im Winter vorlieb. In den USA ist diese Art in hübschen Sorten im Handel. In England übersteht sie in milden Gegenden sogar den Winter im Freien.

Licht: Hell bis halbschattig, vor direkter Sonne weitgehend geschützt. Dunkle Ecken weitab eines Fensters sind aber keinesfalls ohne zusätzliche Belichtung geeignet.
Temperatur: Übliche Zimmertemperatur für *C. antarctica* und *C. rhombifolia*. Im Winter 18 bis 20 °C. Bei kühlem Stand kommt es zu Blattflecken und -verlust.

C. striata verträgt auch niedrigere Temperaturen. *C. discolor*, *C. amazonica* und *C. adenopoda* ganzjährig über 20 °C, im Sommer auch über 24 °C.
Substrat: Humusreiche Substrate wie Nr. 1, 2, 3, 5 oder 9 (s. Seite 39 bis 40); pH um 6.
Feuchtigkeit: Stets mäßig feucht halten; nicht austrocknen lassen. Die wärmebedürftigen Arten schätzen eine höhere Luftfeuchte.
Düngen: Im Frühjahr und Sommer alle 1 bis 2 Wochen mit Blumendünger gießen, sonst in größeren Abständen.
Umpflanzen: Jährlich im Frühjahr oder Sommer. Große Pflanzen, die ganze Wände überziehen, lassen sich nur schwer umtopfen. Man hält sie vorteilhaft in Hydrokultur, wodurch diese jährliche Aktion entfällt.
Vermehren: Stecklinge wachsen leicht bei Bodentemperaturen über 20 °C. Stutzen nicht vergessen, damit die Pflanzen sich verzweigen!
Pflanzenschutz: Bei *C. antarctica* kommt es nicht selten zu eckigen braunen Blattflecken. Sie scheinen durch zu niedrige Temperaturen und das Gießen mit kaltem Wasser verursacht zu werden. Gelegentlich treten Blattläuse und Spinnmilben auf. Mit Pflanzenschutzmitteln muß man sehr vorsichtig sein, da *Cissus*-Arten gegen viele Präparate empfindlich sind.

Sukkulente Arten

Neben den beliebten Zimmerweinen gibt es einige sukkulente Arten aus dieser Gattung, die sich für die Pflege im Zimmer anbieten. Am bekanntesten ist *Cissus juttae* – heute in der Regel in die Gattung *Cyphostemma* gestellt. Es sind merkwürdig aussehende Pflanzen mit einem wasserspeichernden, keulenförmigen Stamm, der in der Heimat in Südwestafrika mehrere Meter Höhe erreicht. Für das Zimmer eignen sich nur Jungpflanzen, die aber schon nach wenigen Jahren zur Blüte kommen können. Die

Cissus rhombifolia

großen, etwa 15 cm langen, gezähnten Blätter sind fleischig und mit einer Wachsschicht überzogen.

Ganz anders sehen *Cissus cactiformis* und *C. quadrangularis* aus, die lange, gegliederte, kantige Sprosse bilden. Mit diesen ranken sie sich in ihrer Heimat durch die Baumkronen. In Kultur benötigen sie somit ein stabiles Klettergerüst. Dies braucht man auch für *C. rotundifolia*, eine Art mit runden, fleischigen, am Rande gezähnten Blättern, die den Zierwert dieser Pflanze ausmachen.

Licht: Heller, sonniger Standort, auch im Winter.
Temperatur: Zimmertemperatur oder wärmer; im Winter 12 bis 15 °C, *C. juttae* auch bis 12 °C.
Substrat: Durchlässige Substrate, zum Beispiel Mischungen aus Urgesteins-, Lavagrus oder Seramis mit Nr. 1, 9, 10 oder 17 (s. Seite 39 bis 42); pH um 6.
Feuchtigkeit: Während der Wachstumszeit immer schwach feucht halten. Im Winter nur sporadisch gießen. *Cissus juttae* verliert alle Blätter und wird von November/Dezember bis Februar ganz trocken gehalten; 4 Wochen davor und danach nur sporadisch gießen.
Düngen: Von Mai bis September alle 3 bis 4 Wochen mit Kakteendünger gießen.
Umpflanzen: Sämlinge zunächst jährlich; ältere Pflanzen brauchen große Töpfe – sie werden dann nur alle 2 bis 3 Jahre umgesetzt.
Vermehrung: Durch Samen, wird jedoch nur selten angeboten. Alle Arten, die lange Sprosse bilden, auch durch Stecklinge.

Citrus
Zitrusbäumchen, Calamondin

Aus Orangen- oder Zitronenkernen Pflänzchen heranzuziehen, ist keine Schwierigkeit. Die Samen keimen leicht. In reifen Zitronen hat die Keimung oft schon begonnen, wenn wir die Frucht aufschneiden. Das Ergebnis ist wenig erfreulich: Aus Kernen herangezogene Pflanzen haben einen sparrigen Wuchs, vertragen das Klima unserer Wohnräume schlecht und werden bald von Schädlingen befallen. Früchte sind kaum zu erwarten. Einmal dauert es lange, bis sie ihre Blühreife erreicht haben, zum anderen sind Insekten für die Bestäubung der Blüten erforderlich. Orangen und Zitronen sind also nicht fürs Zimmer geeignet, sondern Kübelpflanzen, die während der frostfreien Jahreszeit im Freien ste-

x *Citrofortunella microcarpa,* siehe auch Seite 41

hen und den Winter hell, luftig und kühl bei etwa 5 °C überdauern. Die Orangerien waren dazu bestens geeignet.

Wer ein Zitrusbäumchen im Zimmer halten will, wähle lieber die als »Calamondin« bekannten Zwergorangen. Sie werden als *Citrus mitis* oder *C. microcarpa* geführt, doch handelt es sich vermutlich um einen Gattungsbastard zwischen *Citrus* und dem Kumquat (*Fortunella*), der den Namen × *Citrofortunella microcarpa* oder × *C. mitis* tragen müßte. Aber die Abgrenzung der Citrusgewächse bereitet große Schwierigkeiten, handelt es sich doch um uralte Kulturpflanzen, deren Domestikation vermutlich schon vor 4000 Jahren in Ostasien begann. Unter *Fortunella* hat man extrem kleinfrüchtige Zitrusgewächse zusammengefaßt, die kaum höher als 2 m werden. In China hält man sie zum Beispiel noch heute wegen ihres dekorativen Aussehens gerne in Töpfen.

Die Kleinfrüchtigkeit haben die Kumquat in den Gattungsbastard mit eingebracht. Die Früchte, die sich ohne Bestäubung das ganze Jahr über entwickeln, haben einen Durchmesser von nur etwa 3 cm, können sich aber 3 Monate an den Pflanzen halten. Genießbar sind sie nicht, sondern wie die Kumquat außerordentlich sauer. An den Trieben entstehen gleichzeitig Blüten und Früchte.

Calamondin können Temperaturen um den Gefrierpunkt ertragen. Sie schätzen somit kühle Überwinterung, obwohl sie auf Wärme weniger empfindlich reagieren als die meisten *Citrus*. Die angebotenen Calamondin stammen vorwiegend aus Florida und Honduras, wo sie in größeren Mengen herangezogen werden.

Licht: Hell bis sonnig.
Temperatur: Luftiger Stand, von Mai bis September am besten im Garten. Im Winter genügen 5 bis 10 °C. Temperaturen über 15 °C sind auch für den toleranteren Calamondin nachteilig.
Substrat: Saure, aber lehmhaltige und doch durchlässige Mischung, beispielsweise Nr. 1, 9 oder 17 (s. Seite 39 bis 42) gemischt mit ⅓ Azaleenerde, wenn der pH-Wert zu hoch ist; pH 4 bis 5,5.
Feuchtigkeit: Von Frühjahr bis Herbst stets mäßig feucht halten. Bei luftigem, sonnigem Stand hoher Wasserbedarf. Nässe führt aber rasch zur Wurzelfäule. Im Winter – besonders bei kühlem Stand – sparsam gießen.
Düngen: Von Frühjahr bis Herbst wöchentlich ein- bis zweimal, im Winter je nach Temperatur alle 4 bis 8 Wochen mit Blumendünger gießen.
Umpflanzen: In der Regel alle 2 Jahre, größere Kübelpflanzen seltener. Beste Zeit ist das Frühjahr. Keine zu großen Töpfe wählen.
Vermehren: Anzucht aus Samen ist nicht zu empfehlen. Die Kulturformen werden alle durch Stecklinge – die bei Bodentemperaturen über 25 °C wurzeln – beziehungsweise Abmoosen oder Veredelung zum Beispiel auf *Poncirus trifoliata* vermehrt. Dies ist nur dem Fachmann vornehmlich in wärmeren Gefilden zu empfehlen.
Pflanzenschutz: Besonders bei warmem Stand und fehlender Belüftung können Spinnmilben und Schildläuse lästig werden.
Besonderheiten: *Citrus* vertragen in größeren Abständen einen leichten Rückschnitt. Bei Calamondin ist dies meist überflüssig, doch kann man sporadisch den Pflanzenaufbau mit einem überlegten Schnitt korrigieren.

Cleistocactus, Silberkerze

Die Cleistocacteen sind dicht bedornte, schlanke, säulenbildende, sich nur mäßig an der Basis verzweigende südamerikanische Pflanzen. Einige zeichnen sich durch dichte, lange weiße Borstenhaare aus, was ihnen den deutschen Namen Silberkerze eingebracht hat. Die bekannteste unter diesen weißhaarigen und die bekannteste der 30 bis 50 Arten der Gattung ist *Cleistocactus straussii* aus Argentinien und Bolivien. Er wächst in seiner Heimat zu maximal 3 m hohen Säulen heran. Bereits ab 80 cm bis 1 m kommt er auch in Kultur zur Blüte. Die karminroten Blüten stehen wie bei allen Cleistocacteen ähnlich einem Finger ab; die Blütenblätter bleiben dicht zusammen und spreizen sich nur wenig. Diese Blüten werden durch Kolibris bestäubt.

Neben *C. strausii* sind noch viele weitere Arten in Kultur, so der ähnliche *C. hyalacanthus* (syn. *C. jujuensis*), der sich durch gelblichbraune Dornen vom weißbedornten *C. strausii* unterscheidet, sowie die unbehaarten, aber hübsch bedornten *C. baumannii* und *C. smaragdiflorus*.

Licht: Hell und sonnig, doch empfiehlt es sich besonders in der lichtreichen Jahreszeit, während der Mittagsstunden für leichten Schutz vor direkter Sonneneinstrahlung zu sorgen.
Temperatur: Zimmertemperatur oder wärmer bis 35 °C. Im Winter um 10 °C.
Substrat: Übliche Kakteenerde (s. Seite 41); pH um 6.
Feuchtigkeit: Während des besonders im Frühjahr und Herbst erfolgenden Wachstums stets mäßig feucht halten. Auch bei Wachstumsstillstand das Gießen nicht völlig einstellen. Keinesfalls dürfen die Pflanzen im Winter schrumpfen. Während der Wachstumsperiode soll es vorteilhaft sein, die Pflanzen in den frühen Morgenstunden fein einzusprühen.
Düngen: Während des Wachstums alle 2 bis 3 Wochen mit Kakteendünger gießen.
Umpflanzen: In der Regel alle 1 bis 2 Jahre, ältere Exemplare auch in größeren Abständen jeweils im Frühjahr oder Sommer.
Vermehren: Der regelmäßig angebotene Samen keimt – im Frühjahr ausgesät und nicht mit Erde bedeckt – bei Bodentemperaturen von 20 bis 25 °C. Stecklinge bewurzeln bei gleichen Temperaturen.

Die bekanntesten weißhaarigen Kakteen: Cleistocactus strausii (links und hinten rechts), Espostoa melanostele (Mitte) und Cephalocereus senilis (rechts).

Clerodendrum, Losbaum

In den Tropen und Subtropen der Welt sind über 400 Arten der Gattung *Clerodendrum* als Kletterpflanzen und Sträucher verbreitet. Aus der Fülle dieser Eisenkraut- oder Verbenengewächse (Verbenaceae) hat nur eine Art Bedeutung in unserem Topfpflanzensortiment erreicht: *Clerodendrum thomsoniae*. Diese im westlichen Afrika beheimatete Kletterpflanze hat so attraktive Blüten, daß sie inzwischen überall in den Tropen als Zierpflanze kultiviert wird. Während der Regenzeit, in Europa im Frühjahr oder Sommer, erscheinen in den Achseln der gegenständigen Blätter und am Ende der Triebe vielblütige Rispen. Die Kelchblätter sind groß und reinweiß. Aus ihnen schauen die fünfteiligen, kräftig dunkelroten Blüten hervor. Den Farbkontrast vervollständigen die grünen Staubfäden, die weit aus der Blüte herausragen.

Cleistocactus tupizensis

Clerodendrum speciosissimum

Diese Pracht hat schon manchen Blumenfreund verleitet, *C. thomsoniae* in seine Wohnstube zu holen. Die Erfahrungen sind dann alle identisch: Innerhalb weniger Tage werden nahezu alle Blüten und Knospen abgeworfen. Trockene Zimmerluft behagt dem Losbaum nicht. Darum sollte sich nur der an die Pflege jener attraktiven Kletterpflanzen heranwagen, der über ein geschlossenes Blumenfenster oder Kleingewächshaus verfügt. Und für genügenden Platz muß man auch sorgen, denn *C. thomsoniae* klettert hinauf bis in eine Höhe von 6 m. Diesem für eine Topfpflanze unerwünschten Längenwachstum versuchen die Gärtner mit Wuchshemmstoffen zu begegnen, die jedoch nur eine bestimmte Zeit wirken und nach der Erfahrung einzelner Gärtner die Neigung zum Blütenabwurf fördern können.

Die anderen, nur sporadisch angebotenen Arten wie *C. splendens* mit einfarbig roten Blüten oder das strauchige, in ungewöhnlichem Granatrot blühende *C. speciosissimum* (syn. *C. fallax*) eignen sich noch weniger für die Zimmerkultur. Lediglich das früher gern gepflegte *C. philippinum* (syn. *C. fragrans*) ist einen Versuch wert. Es wächst strauchig und läßt sich durch Stutzen in vertretbarer Größe halten. Die weißen, nur selten rosafarbenen Blüten duften angenehm. Nur eine gefülltblühende Sorte ist in Kultur. *C. philippinum* nimmt mit niedrigeren Temperaturen vorlieb, schätzt aber ebenfalls keine trockene Luft.

Noch nicht lange im Sortiment ist *C. ugandense* aus Ostafrika, ein kräftigwachsender, 3 m hoher Strauch, der lange Triebe und hübsche blaue Blüten bildet, die in einem lockeren Blütenstand stehen. Ohne den Einsatz von Wuchshemmstoffen läßt sich *C. ugandense* kaum als Topfpflanze halten. Die Erfahrungen mit der Zimmerkultur sind bisher nicht gut. Häufig werden dort schon nach kurzer Zeit die Blüten abgeworfen.

C. wallichii (syn. *C. nutans*) mit bis 25 cm langen Blütenständen und zahlreichen reinweißen Blüten verhält sich weniger mimosenhaft, wird aber ebenfalls groß und braucht eine Stütze.

Licht: Hell, nur von Frühjahr bis Herbst vor direkter Sonne mit Ausnahme der Morgen- und Abendstunden geschützt. Zur Blütenbildung sind Kurztage nicht unbedingt erforderlich.
Temperatur: Warm, auch nachts nicht unter 18 °C. »Kalte Füße« sind gefährlich! Darum sollte die Bodentemperatur nie unter die Lufttemperatur absinken. Im Winter kann man die Pflanzen für etwa 2 Monate bei etwa 12 °C ruhen lassen. *C. philippinum* nimmt während der gesamten lichtarmen Jahreszeit mit Temperaturen von 10 bis 15 °C vorlieb. *C. ugandense* auch im Winter bei 18 °C halten.
Substrat: Humussubstrate wie Nr. 1, 2 oder 5 (s. Seite 39); pH 5 bis 6,5.
Feuchtigkeit: Stets mäßig feucht halten, aber keine Nässe aufkommen lassen. Besondere Vorsicht ist während der winterlichen Ruhezeit erforderlich. Wenig und stets nur dann gießen, wenn die Erde ausgetrocknet ist. *Clerodendrum thomsoniae* kann ohne Bedenken und offensichtlich ohne nachteilige Auswirkung auf die Blütenbildung während des Winters bei 18 bis 20 °C durchkultiviert und dann auch feuchter gehalten werden. Die Luftfeuchte sollte nicht unter 60% sinken.
Düngen: Von Frühjahr bis Herbst wöchentlich mit Blumendünger gießen.
Umpflanzen: Alle 1 bis 2 Jahre am Ende der Ruhezeit.
Vermehren: Etwa ab Mai geschnittene, nicht zu weiche Stecklinge bewurzeln sich bei hoher Luftfeuchte und Bodentemperaturen über 22 °C. Nach dem Anwachsen mehrmals stutzen, um eine gute Verzweigung zu erzielen.
Besonderheiten: Im Frühjahr zurückschneiden, unabhängig davon, ob Ruhe-

zeit eingehalten wird oder nicht. Nach dem neuen Austrieb gießen die Gärtner ihre Pflanzen mit Hemmstoffen. Der Zimmerpflanzengärtner muß versuchen, durch Stutzen einigermaßen kompakte Pflanzen zu erhalten.

Cleyera

Etwa 17 Arten dieses Teegewächses (Theaceae) kommen in Südamerika, nur eine in Asien vor. Jene asiatische Art ist nicht nur für Zimmergärtnerei interessant. *Cleyera japonica* schätzt man als immergrünen Strauch für subtropische Gärten, der auch in milden Gebieten Englands winterhart ist. In Kultur befindet sich vornehmlich die grün-gelb panaschierte Sorte 'Tricolor'. Daß *Cleyera* am heimatlichen Standort über 3 m Höhe erreichen kann, braucht nicht zu schrecken. Als Topfpflanze erweist sie sich vielmehr als langsamwüchsig. Sie benötigt 2 bis 3 Jahre, um vom Steckling zu einem ansehnlichen Exemplar heranzuwachsen. Allerdings wird nur der *Cleyera* erfolgreich pflegen können, der einen kühlen, luftigen Raum anbieten kann. Sie haben damit ähnliche Ansprüche wie die verwandten Kamelien (*Camellia*). Die unscheinbaren weißen Blüten darf man erst an älteren Exemplaren erwarten.

Licht: Hell bis halbschattig; mit Ausnahme der frühen Morgen- und Abendstunden keine direkte Sonne.
Temperatur: Luftiger Platz, von Mai bis September am besten im Garten an halbschattigem Standort. Im Winter 7 bis 12 °C, nicht unter 5 °C.
Substrat: Übliche Humussubstrate wie Nr. 1, 2 oder 5 (s. Seite 39), ggf. mit Nr. 11 oder reinem Torf und Sand gemischt, um die Bodenreaktion abzusenken und die Durchlässigkeit zu verbessern; pH 5 bis 6.
Feuchtigkeit: Stets mäßig feucht halten. Im Winter sparsamer gießen, doch nicht völlig austrocknen lassen. Hartes Gießwasser entsalzen. Trockene Zimmerluft unter 50% Luftfeuchte bewirkt Blattschäden.
Düngen: Von Frühjahr bis Herbst wöchentlich am besten mit einem Hydrokulturdünger gießen, im Winter nur alle 4 bis 6 Wochen.
Umpflanzen: In der Regel alle 2 Jahre im Frühjahr, ältere Exemplare in größeren Abständen.
Vermehren: Im Frühsommer geschnittene Stecklinge bewurzeln sich im üblichen Torf-Sand-Gemisch bei etwa 22 bis 25 °C Bodentemperatur und hoher Luftfeuchte. Nach dem Anwachsen mehrmals stutzen.

Clerodendrum thomsoniae

Cleyera japonica 'Tricolor',

Clivia, Riemenblatt

Clivien gehören zu Recht seit vielen Jahren zu den beliebtesten Topfpflanzen. Sie sind ausgesprochen robust, kaum krankheitsanfällig, wegen der dichten Belaubung auch in nichtblühendem Zustand attraktiv, zur Blüte aber eine bemerkenswerte Augenweide. Der Name Riemenblatt weist auf die im Vergleich zu anderen Amaryllisgewächsen wie *Hippeastrum* breiteren – bis 6 cm – Blätter hin.

Die aus Natal stammende und erstmals 1854 in England in Kultur genommene *Clivia miniata* besitzt keine Zwiebel wie etwa der Ritterstern (*Hippeastrum*). Aber die Verwandtschaft ist doch deutlich, denn am Grund bilden Blattscheiden einen sogenannten Zwiebelstamm. Die Gärtner haben im Laufe der Jahre einige Sorten ausgelesen, darunter auch eine mit gelb-grün panaschierten Blättern ('Striata'). Ungewöhnlich, aber sehr selten ist eine Sorte mit gelben Blüten ('Aurea', auch als *Clivia miniata* var. *flava* oder var. *citrina* geführt). Diese sowie einige weitere Sorten sind meist nur nach längerer Suche aufzutreiben.

Etwas kleinere, aber sehr reizvolle hängende rote Blüten besitzt *Clivia nobilis*. Aus *C. miniata* und *C. nobilis* entstand die *C. × cyrtanthiflora* genannte Hybride.

Clivien erreichen nach einigen Jahren eine beachtliche Größe und lassen sich dann kaum noch auf der Fensterbank unterbringen. Die fleischigen Wurzeln verlangen einen immer größeren Topf. Nicht selten drücken sie die ganze Pflanze aus dem Gefäß empor. Das sollte nicht dazu verleiten, den Wurzeln mit Messer oder Schere zu Leibe zu rücken. Verletzungen nehmen sie leicht übel. So können nur regelmäßig Kindel abgetrennt werden.

Es gibt noch eine größere Schwierigkeit bei der Zimmerkultur der Clivien: Viele Blumenfreunde klagen über ausbleibende oder auf halber Höhe im Laub sitzenbleibende Blüten. Die Ursache ist ein ganzjährig warmer Stand. Clivien brauchen im Winter einen kühlen Platz. Erst danach entwickeln sich die menningroten Blüten auf den innen nicht hohlen Schäften. Clivien bilden ihre Blütenanlagen bereits im Vorjahr, aber diese können sich nur nach Einwirkung einer Kühlperiode entwickeln. Ein Hausrezept ist das Gießen der Clivien mit 40 °C warmem Wasser, wenn die Blüten sich unten im Laub schon zu öffnen beginnen. Aber das ist nur eine Verzweiflungstat, wenn zuvor bei der Pflege Fehler begangen wurden.

Clivia miniata

Licht: Hell; direkte Sonne nur am frühen Morgen oder späten Nachmittag.
Temperatur: Luftiger Platz mit Zimmertemperatur um 20 °C. Im Winter für mindestens zwei Monate unter 15 °C, besser noch unter 10 °C halten. Anschließend wieder Zimmertemperatur möglich. Von Mai bis September Aufenthalt im Garten empfehlenswert, doch nicht in die direkte Sonne stellen.
Substrat: Möglichst nahrhafte, lehmhaltige, strukturstabile Substrate wie Nr. 1, 9, 10 oder 17 (s. Seite 39 bis 42); pH um 6.
Feuchtigkeit: Nie austrocknen lassen. Trockenheit kann zu häßlichen braunen Blattspitzen führen. Während der Kühlperiode sehr vorsichtig gießen. Keine Nässe aufkommen lassen, die leicht zu Fäulnis führen könnte.
Düngen: Von März bis Oktober alle 1 bis 2 Wochen mit Blumendünger gießen.
Umtopfen: Alle 2 bis 3 Jahre, wenn der Topf zu klein geworden ist, am besten nach der Blüte. Wurzeln nicht beschädigen.
Vermehren: Beim Umpflanzen die nicht zu kleinen Kindel abtrennen.

Clusia, Balsamapfel

Leicht mit dem Gummibaum (*Ficus elastica*) ist *Clusia major* (syn. *C. rosea*) zu verwechseln, ein Guttibaumgewächs (*Guttiferae*) aus dem südlichen Nordamerika sowie Mittelamerika. Sie ist ein Strauch, in der Heimat auch kleiner Baum bis zu 15 m Höhe. Die Blätter ähneln sehr dem Gummibaum, sind aber weicher. Im Gegensatz zum Gummibaum trägt der Balsamapfel, wie diese Pflanze auch genannt wird, kleine, aber ganz ansehnliche eingeschlechtliche oder zwittrige Blüten von cremeweißer oder zartrosa Farbe. Leider blühen nur ältere Exemplare. Die Verzweigung, durch Stutzen gefördert, ist besser als beim Gummibaum, so daß die Topfpflanzen auch ohne Blüten ansehnlich sind.

Aufgrund des weicheren Laubes ist *Clusia major* empfindlicher gegen Schädlinge wie Spinnmilben als der Gummibaum, so daß man auf einen nicht zu warmen, vor allem luftigen Platz achten sollte. Direkte Sonne wird nicht vertragen. Die Pflege entspricht ansonsten der des Gummibaums.

Clusia major

Coccoloba uvifera

Coccoloba

Unter den großblättrigen Zimmerpflanzen haben einige Arten der Knöterichgewächse (Polygonaceae) aus der Gattung *Coccoloba* eine – allerdings bescheidene – Bedeutung erlangt. *Coccoloba* stammen aus dem tropischen und subtropischen Amerika. Unter den rund 150 Arten gibt es Bäume. Sträucher und auch Kletterpflanzen. In Kultur befinden sich bei uns ausschließlich *C. uvifera* mit rund 20 cm langen, rundlichen, glatten Blättern und

C. pubescens mit bis zu 1 m großem, rostbraun behaartem Laub. *C. uvifera* bleibt mit rund 6 bis 10 m Höhe in erträglichen Grenzen und ist damit für die Pflege im Haus besser geeignet, während *C. pubescens* – maximal 25 m erreichend – bald den zugedachten Raum zu sprengen droht. Allerdings ist ihre Belaubung um vieles reizvoller. Wegen ihrer Größe sind beide Arten kaum für die Fensterbankkultur geeignet. Beide verlangen bald große Töpfe oder Kübel und entwickeln sich ausgepflanzt in einem nicht zu kühlen Wintergarten am besten.

Licht: Hell, aber vor direkter Sonne geschützt.
Temperatur: Warmer Platz. Auch im Winter nicht unter 15 °C.
Substrat: Standarderden wie Nr. 1, 5, 6, 9, 10 oder 17 (s. Seite 39 bis 42); pH um 6,5.
Feuchtigkeit: Stets mäßig feucht halten. Im Sommer haben große Pflanzen einen hohen Wasserbedarf.
Düngen: Von Frühjahr bis Herbst wöchentlich, im Winter alle 4 Wochen mit Blumendünger gießen.
Umpflanzen: Junge Pflanzen jährlich, ältere Exemplare in großen Gefäßen bei Bedarf in größeren Abständen im Frühjahr oder Sommer.
Vermehren: Stecklinge bewurzeln auch bei hohen Bodentemperaturen über 25 °C nur schwer. Daher ist das Abmoosen die sicherste Methode.

Coccothrinax

Wer einen warmen Wintergarten bieten kann, sollte einmal die Fächerpalmen aus der Gattung *Coccothrinax* versuchen. Zwei Arten finden sich gelegentlich im Angebot: *C. alta*, eine gut 8 m hohe Palme mit schlankem Stamm und überhängenden, unterseits silbrigen Blattfächern. Sie stammt aus Puerto Rico. Niedriger bleibt die kubanische *C. crinita*, deren besondere Zierde der in einen dichten Bast eingehüllte Stamm ist. Beide wollen einen sonnigen, warmen, luftfeuchten Platz, an dem auch im Winter die Temperatur nicht unter 18 °C absinkt. Ansonsten entspricht die Pflege der von *Chamaedorea*. Der pH-Wert sollte nicht viel unter 7 absinken.

Cocos, Kokospalme

Für 400 Millionen Menschen sind die Eiweiß und Fett liefernden Kokosnüsse die wichtigste Nutzpflanze. Auch in Europa schätzt man diese Steinfrüchte, doch sie spielen für die Ernährung keine Rolle. Wer die 30 m hohen Kokospalmen (*Cocos nucifera*) an tropischen Stränden gesehen hat, mag den Wunsch verspüren, dieses Sinnbild tropischer Üppigkeit auch hier zu halten. Aber es bedarf einer intensiven Pflege, damit sich diese Palme auch zufriedenstellend entwickelt. Es ist bezeichnend, daß die Kokospalme ihren Verbreitungsschwerpunkt in der Äquatorialzone hat und nur selten über den nördlichen und südlichen Wendekreis hinauskommt. Dies zeigt, welch hohes Lichtbedürfnis sie hat. Die kurzen Wintertage auf unserer nördlichen Halbkugel übersteht sie auf Dauer nur mit einer zusätzlichen Lichtquelle.

Die Kokospalmen variieren sehr stark. Große Bedeutung erlangte eine Zwergform, die im ostasiatischen Raum entstand ('Malayan Dwarf') und nur 8 m hoch wird. Sie wird inzwischen in vielen Ländern angebaut. Inzwischen gibt es weitere kleinbleibende Sorten. Wer einen Kulturversuch wagen will, sollte zuvor die nicht geringen Ansprüche der Kokospalme bedenken. Zunächst sind die Blätter der Sämlinge – wie bei allen Palmen – ungeteilt. Erst ältere sind typisch gefiedert.

Licht: Sonnig, auch im Winter viel Licht. Zusatzbelichtung scheint während der winterlichen Kurztage unentbehrlich zu sein. Die Lampen sollten den natürlichen Tag verlängern.

Coccothrinax crinita

Temperatur: Warm, aber luftig. Im Winter um 15 °C.

Substrat: Palmenerde oder ähnliche Mischungen, wie Nr. 9, 10 oder 17 (s. Seite 40 bis 42); pH um 6. Um einen guten Wasserabzug zu gewährleisten, erhält die Mischung etwa 1/4 groben Sand. Kokospalmen wachsen nahezu ausschließlich in Meeresnähe und vertragen hohe Salzgehalte. Einer Substratmischung (aus ungedüngten Komponenten) kann man je Liter 5 g eines Volldüngers beimischen.

Feuchtigkeit: Stets feucht halten, keinesfalls austrocknen lassen. Die Luftfeuchte sollte möglichst nicht unter 60% liegen.

Düngen: Von Frühjahr bis Herbst wöchentlich, im Winter alle 2 Wochen mit Blumendünger gießen.

Umpflanzen: Möglichst selten; nur dann, wenn Wurzeln den Topf weitgehend ausfüllen. Möglichst tiefe Palmentöpfe verwenden. Die Wurzeln nicht beschädigen.

Vermehren: Nüsse ohne Basthülle bis zur Hälfte in Wasser oder feuchten Torf legen. Die Wasser- oder Bodentemperatur sollte etwa 30 °C betragen. Bis zur Keimung vergehen vier oder mehr Monate. Am sichersten ist es, solche Nüsse zu verwenden, die bereits zu keimen begonnen haben.

Pflanzenschutz: Regelmäßig auf Befall mit Spinnmilben kontrollieren. Auch Schildläuse können lästig werden. Für hohe Luftfeuchte sorgen, um Blattschäden und Spinnmilben zu verhindern.

Cocos nucifera 'Malayan Dwarf'

Codiaeum, Kroton, Wunderstrauch

Der Kroton – wie er nach einem veralteten Namen immer noch bezeichnet wird – ist zwar eine beliebte und verbreitete Topfpflanze, aber doch ein Sorgenkind der Stubengärtner. Allzu oft sieht man nahezu kahle Exemplare. Wer nun glaubt, der Wunderstrauch aus der Familie der Wolfsmilchgewächse (Euphorbiaceae) sei eine schwierig zu kultivierende Pflanze, hat einen falschen Schluß gezogen. Kroton wachsen sehr willig, wenn nur einige Grundvoraussetzungen gegeben sind. Dazu zählen Wärme, Luftfeuchtigkeit und angemessenes Gießen.

Von den sechs Arten der Gattung *Codiaeum* hat nur *C. variegatum* in der Varietät *pictum* Verbreitung gefunden. Aber sie allein ist ungewöhnlich variabel, sowohl in der Blattform als auch in der Farbe. Alle sind wenig verzweigte Sträucher mit farbenfrohen Blättern in Grün, Gelb und Rot und erreichen im Alter nahezu 2 m Höhe. Bei manchen Sorten ändert sich die Blattfarbe mit zunehmendem Alter. Bild s. Seite 68.

Im Sortiment des Wunderstrauches finden sich die unterschiedlichsten Blattformen.

Siehe auch Bild Seite 68.

Licht: Hell, aber vor direkter Sonne geschützt (mit Ausnahme der Wintermonate).

Temperatur: Warm, auch im Winter nicht unter 18 °C. Die Bodentemperatur sollte nicht unter die Lufttemperatur absinken, sonst es leicht zu Wurzelfäule und in deren Folge zu Blattfall kommt.

Substrat: Humusreiche Substrate wie Nr. 1, 2, 5, 6, auch 9 oder 17 (s. Seite 39 bis 42); pH um 5,5.

Feuchtigkeit: Stets mäßig feucht halten, doch keine Nässe aufkommen lassen. Die Luftfeuchte sollte möglichst nicht unter 60% absinken.

Düngen: Von Frühjahr bis Herbst alle 1 bis 2 Wochen, im Winter alle 3 bis 4 Wochen mit Blumendünger gießen.

Umpflanzen: Alle 1 bis 2 Jahre im Frühjahr oder Sommer.

Vermehren: Stecklinge bewurzeln nicht leicht und nur bei hohen Temperaturen um 25 bis 30 °C. Außerdem empfiehlt es sich, Bewurzelungshormone einzusetzen. Einfacher und sicherer ist das Abmoosen (s. Seite 103). Samen wird kaum angeboten. Er zählt zu den Lichtkeimern und darf nicht mit Erde abgedeckt werden. Deshalb mit einer Glasscheibe oder Folie für konstante Feuchtigkeit sorgen.

Pflanzenschutz: Regelmäßig auf Befall mit Spinnmilben und Thripsen kontrollieren. Sie treten besonders häufig bei warmem, lufttrockenem Stand auf (Heizungsnähe!).

Coelogyne cristata

Codonanthe

Sehr viel Ähnlichkeit mit Columneen, noch mehr mit *Aeschynanthus* haben Pflanzen, die unter dem Namen *Codonanthe* angeboten werden. Diese Gattung aus der Familie der Gesneriengewächse (Gesneriaceae) umfaßt etwa 20 Arten, die im tropischen Amerika verbreitet sind. Sie haben wie *Aeschynanthus* überhängende, verholzende, rötlich gefärbte Stiele und gegenständige, glänzende Blätter. Gelegentlich im Angebot findet man *Codonanthe crassifolia* und *C. gracilis*, doch ist die Benennung unsicher. Die cremeweißen, im Schlund bräunlich bis rötlich gezeichneten Blüten dieser Arten erscheinen in den Blattachseln. Unter dem Namen × *Codonatanthus* sind Hybriden zwischen *Codonanthe* und *Nematanthus* im Handel. Es gibt verschiedene Auslesen, darunter Sorten mit rundlichen Blättern und solche mit rosa Blüten.

Codonanthe und × *Codonatanthus* haben die gleichen Ansprüche wie *Aeschynanthus*. Zur Blütenbildung scheint eine Kühlbehandlung wie bei einigen Columneen nicht erforderlich zu sein. Zumindest ist ein mehrwöchiger kühler Aufenthalt bei Temperaturen um 15 °C nicht schädlich.

Coelogyne

Eine der bekanntesten Zimmerorchideen dürfte *Coelogyne cristata* sein. Diese in Nepal in Höhen zwischen 1500 und 2500 m vorkommende Art besitzt bis 6 cm lange, rundliche Pseudobulben mit jeweils zwei bis 30 cm langen, schmalen Blättern. Im Winter oder zeitigen Frühjahr erscheint der prächtige Blütenstand mit zahlreichen reinweißen Blüten, die gelbe Kämme auf der Lippe tragen. Die Blüten der Varietät *hololeuca* sind reinweiß.

Diese Orchidee ist wirklich leicht zu pflegen, wenn man ihr während des Winters einen nicht allzu sehr geheizten Raum bieten kann. Im stets trockenwarmen Zimmer nutzt die beste Pflege nichts. Ideal ist dagegen ein luftiger Platz, an dem nachts die Temperatur immer um einige Grade absinkt. Das entspricht genau den heimatlichen Bedingungen dieser Gebirgspflanze. Im Sommer fühlt sie sich im Garten am wohlsten.

Wer keinen kühlen Raum zu bieten hat, versuche es lieber mit *Coelogyne massangeana* (Bild Seite 164). Sie schätzt zwar auch das überheizte Zimmer im Winter nicht, erträgt es aber bes-

Codonanthe crassifolia

Codonanthe gracilis

ser. Ihr im Frühjahr oder später erscheinender Blütenstand wird bis $^1/_2$ m lang und hängt. Die cremefarbenen Blüten gefallen wegen der braun gezeichneten Lippe. Wegen der hängenden Blütentrauben können die beiden genannten Arten – zumindest während der Blütezeit – nur als Ampelpflanze gehalten werden. Am besten setzt man sie in Körbchen oder flache Schalen.

Licht: Halbschattiger Platz. *C. cristata* verträgt aber auch, besonders während der Wintermonate, direkte Sonne. Freilandaufenthalt im Sommer an halbschattigem Platz.
Temperatur: Zimmertemperatur, im Sommer tagsüber auch wärmer. *C. cristata* im Winter 12 bis 16 °C, nach der Blüte auch kühler. *C. massangeana* 15 bis 20 °C. Reichlich belüften; nachts stets Temperatur absenken.
Substrat: Mischungen mit groben Bestandteilen wie Rindenstücken oder Styromull (s. Seite 40); pH um 5.
Feuchtigkeit: *C. massangeana* hat keine Ruhezeit und wird deshalb das ganze Jahr über stets dann gegossen, wenn das Substrat leicht abgetrocknet ist. *C. cristata* steht ab Oktober trockener, und man befeuchtet das Substrat nur soviel, daß die Pseudobulben nicht schrumpfen. Mit Triebbeginn im Frühjahr wird wieder häufiger gegossen. Kein hartes Wasser verwenden. Luftfeuchte nicht unter 50%.
Düngen: Im Frühjahr und Sommer alle 2 bis 3 Wochen mit Blumendünger in halber Konzentration gießen.
Umpflanzen: Möglichst selten, wenn nötig, im Frühjahr mit Triebbeginn. Dabei die Wurzeln weitgehend schonen. Vorsichtig teilen. Bei Verwendung von Torf ist häufiger umzutopfen.
Vermehren: Teilen beim Umtopfen.

Coffea, Kaffeebaum

Kaffee ist eine verhältnismäßig junge Nutzpflanze. Während die Chinesen Tee bereits 2700 Jahre vor der Zeitrechnung schätzten, begann man »erst« vor rund 1000 Jahren, Kaffee auf der Arabischen Halbinsel anzubauen. Obwohl die wichtigste der etwa 60 *Coffea*-Arten, *C. arabica*, aus Äthiopien stammt, ist die Geschichte des Kaffees eng mit der arabischen Welt verbunden. Dort wurde der Kaffeegenuß zuerst populär und allen islamischen Völkern vertraut, da sie ihn bei ihren Pilgerzügen nach Mekka kennenlernten.

Auf dem amerikanischen Kontinent, der heute über 70% der Weltkaffee-Ernte liefert, ist keine der rund 40 *Coffea*-Arten (Familie der Krappgewächse, Rubiaceae)

beheimatet. Erst über Indonesien und Europa gelangte zu Beginn des 18. Jahrhunderts *C. arabica* nach Südamerika. Die asiatischen Arten haben als Nutzpflanze keine Bedeutung. Bei knapp $^3/_4$ der Welternte handelt es sich um Sorten von *C. arabica* (»Arabica-Kaffee«); $^1/_4$ liefert *C. canephora*, syn. *C. robusta* (»Robusta-Kaffee«).

Als Zierpflanze wurden Kaffeesträucher schon bald in botanischen Gärten kultiviert. Erst in jüngster Zeit wird Samen häufig auch dem Blumenfreund angeboten. In der Regel ist es Samen von *C. arabica*. Daraus entwickeln sich kleine, zunächst unverzweigte Bäumchen. Auf der Fensterbank ist es kaum möglich, blühende und fruchtende Kaffeepflanzen zu erzielen. Werden sie gut gepflegt, erreichen sie meist im vierten Jahr ihre Blühreife. Dann sind sie oft schon zu groß geworden.

Samenansatz gelingt – wenn man mit einem feinen Haarpinsel ein wenig nachhilft – nur bei *C. arabica*, der einzigen selbstfertilen Art. Die kirschenähnlichen Früchte sind die eigentliche Zierde der Pflanze, denn ansonsten sind

Kaffeebäumchen mehr interessant als attraktiv.

Licht: Hell, aber – mit Ausnahme der Morgen- und Abendstunden sowie der Wintermonate – vor direkter Sonne geschützt.
Temperatur: Warm, auch im Winter nicht unter 15 °C. Die Bodentemperatur sollte nicht unter die Lufttemperatur absinken.
Substrat: Einheitserde oder TKS, auch gemischt mit sandiger Kompost- oder Gartenerde; pH 5,5 bis 6,5.
Feuchtigkeit: Stets mäßig feucht halten. Trockene Zimmerluft unter 50% Luftfeuchte führt zum Einrollen der Blätter und begünstigt den Befall mit Schädlingen wie Spinnmilben.
Düngen: Von Frühjahr bis Herbst wöchentlich, im Winter alle 4 bis 6 Wochen mit Blumendünger gießen.
Umpflanzen: Alle 1 bis 2 Jahre, ältere Exemplare in größeren Abständen.
Vermehren: Vom roten Fruchtfleisch befreite Kaffeebohnen sofort aussäen, da sie bald ihre Keimfähigkeit verlieren. Geröstete Bohnen sind natürlich nicht mehr keimfähig. Keimtemperatur um 25 °C.
Pflanzenschutz: Auf Spinnmilben- und Schildlausbefall achten.

Coffea arabica, Zweig mit Blüten

× Colmanara

Wem die Blüten der *Oncidium*-
Orchideen zu klein sind, dem seien die
× *Colmanara*-Hybriden empfohlen.
Sie entstanden durch Kreuzung von
Vertretern der Gattungen *Miltonia,
Odontoglossum* und *Oncidium*. Sie
erinnern an Oncidien, haben wie diese
eine lange Blütenrispe, aber größere Ein-
zelblüten und auch eine größere Lippe.
Zu pflegen sind sie wie Oncidien; wie
diese passen sie auch wegen der langen
Blütenstände kaum auf die Fensterbank.

Colocasia, Taro

Colocasia esculenta

Taro zählt zu den ältesten Nahrungsmit-
teln der Menschheit und steht seit mehr
als 2000 Jahren im Anbau. Das Aronstabgewächs (Araceae) mit den gewaltigen Blättern – allein die Spreite kann
eine Länge von 1 m erreichen – produziert in der Erde eine mehrere Kilo-
gramm schwere Knolle, die nach entsprechender Zubereitung als Stärkelieferant fungiert. Es existieren zahlreiche
Selektionen, deren Knollen die giftigen
Calciumoxalatnadeln (Rhaphiden) in
geringerer Konzentration enthalten und

somit verträglicher sind. 84 Sorten
dieser variablen Art wurden 1939 allein
auf Hawaii beschrieben.

Aufgrund der eindrucksvollen Blätter
werden *Colocasia esculenta* und seltener
auch andere der sechs Arten dieser
Gattung im Kübel angeboten. Auf
Dauer lassen sich die – obwohl weitgehend stammlosen – riesigen Stauden
jedoch nur in einem großen Gewächshaus halten. Colocasien sind nahe
verwandt mit den Gattungen *Alocasia*

und *Xanthosoma* (die inzwischen zu
Caladium zählen), was gelegentlich
zu Verwechslungen mit deren grünlaubigen Arten führt.

Colocasia-Arten wollen warm und hell
stehen. Die Knollen können trocken bei
etwa 15 °C überwintert werden und
treiben Anfang des Jahres wieder aus,
ähnlich wie bei *Caladium* beschrieben
(Seite 214). Oder man hält sie wie
Alocasia (Seite 183) auch während des
Winters nicht völlig trocken. Während
der warmen Jahreszeit verlangen
Colocasien viel Wasser. In den Tropen
werden sie deshalb gemeinsam mit Reis
im flachen Wasser stehend angebaut.

Columnea

Columneen gehören zu den schönsten
Ampelpflanzen. Die langen, überhängenden Triebe können über und über mit
Blüten besetzt sein. Wer solche Exemplare gesehen hat, wird auch den
Wunsch haben, Columneen zu Hause zu
pflegen. Doch dort erweist sich bald, daß
diese wunderschönen Blütenpflanzen
recht anspruchsvoll sind. Nur wenige halten im Wohnraum aus. Für die meisten
sind die Wärme und die Luftfeuchte
des geschlossenen Blumenfensters, einer
Vitrine oder des Gewächshauses unabdingbare Voraussetzungen.

Bei Pflanzen, die aus dem tropischen
Amerika stammen, sind solche Ansprüche
nicht verwunderlich. Rund 160 Arten
dieser Gesneriengewächse sind bekannt.
Hinzu kommen einige Hybriden. In
ihrer Heimat kommen Columneen meist
als Epiphyten vor. Sie wachsen auf Bäumen im Mulm, der sich in Ritzen und
Löchern ansammelt.

Columnea oerstediana

Columnea sanguinea

Columnea schiedeana

Nicht alle besitzen lange, überhängende Triebe, *Columnea sanguinea* zum Beispiel wächst aufrecht und wird über 1 m hoch. Das Bemerkenswerte an diesem Strauch sind weniger die gelben Blüten. Die großen, bis 30 cm langen Blätter tragen einen kräftigen roten Fleck. Wie bei anderen Gesneriengewächsen wie *Nematanthus*, sind die beiden Blätter eines Paars unterschiedlich groß. Doch *C. sanguinea* hat gärtnerisch keine Bedeutung.

Im Blumenhandel werden nur wenige Columneen angeboten. Am häufigsten sind *C. gloriosa* und *C. microphylla* sowie die Hybriden *C. × kewensis* (*C. glabra* × *C. schiedeana*), *C. × banksii* (*C. schiedeana* × *C. oerstediana*) und *C. × vedrariensis* (*C. magnifica* × *C. schiedeana*). Immer öfter finden sich Sorten nicht klar definierbarer Herkunft wie 'Stavanger' und deren Abkömmlinge. Sie zu unterscheiden, ist fast unmöglich, und so ist auch die Benennung angebotener Pflanzen unsicher und oft fehlerhaft.

Licht: Hell, aber vor direkter Sonne geschützt.
Temperatur: In der Regel nicht unter 20 °C. Im Sommer schaden selbst 30 °C nicht. Auch im Winter gelten 20 °C als Richtwert. Von *C. × kewensis* weiß man, daß sie mindestens 1 Monat bei etwa 15 °C stehen muß, um Blüten anzusetzen. Anschließend soll die Temperatur wieder rund 18 bis 20 °C betragen. Viele andere Columneen vertragen diese Kühlbehandlung nicht und reagieren auf niedrige Temperaturen mit Blattfall. Wer eine unbestimmte *Columnea* besitzt, sollte zunächst versuchen, ob sie bei Wintertemperaturen um 18 °C Blüten ansetzt. Steigen die Temperaturen, bevor die Blütenknospen 5 mm groß sind, besteht die Gefahr, daß sie abgeworfen werden.

Substrat: Humusreiche Substrate wie Nr. 1, 2, 3, 5 oder 12 (s. Seite 39 und 41); pH 5,5 bis 6,5.
Feuchtigkeit: Stets mäßig feucht halten, aber Nässe – besonders während niedriger Temperaturen – vermeiden. Die Luftfeuchte sollte nicht unter 60% liegen. Die meisten Columneen gedeihen am besten im geschlossenen Blumenfenster. Im Zimmer trockener halten. Nicht mit kaltem Wasser gießen.

Düngen: Von Frühjahr bis Herbst alle 1 bis 2 Wochen mit Blumendünger in angegebener Konzentration gießen. Im Winter genügen Nährstoffgaben in Abständen von etwa 4 bis 5 Wochen.
Umpflanzen: Alle 1 bis 2 Jahre nach der Blüte.
Vermehren: Stecklinge von etwa 5 cm Länge schneiden und bei 22 bis 25 °C Bodentemperatur bewurzeln. Mehrere in einen Topf setzen.

Columnea hirta

Copiapoa hypogaea

Copiapoa cinerea

Conophytum

Zu den reizvollsten Vertretern der Mittagsblumengewächse (Aizoaceae) gehört die artenreiche Gattung *Conophytum*. Die rund 300 beschriebenen Arten dürften einer kritischen Überprüfung nicht standhalten, weshalb einige Botaniker nur noch von etwa 80 ausgehen. Auf jeden Fall reichen die weiß-, gelb-, orange- oder violett-blühenden Bewohner Südafrikas und Namibias aus, um eine Sammelleidenschaft auf Jahre hinaus nicht ruhen zu lassen.

Im Gegensatz zu den meist einzelstehenden Körpern von *Argyroderma* bilden *Conophytum* große, dicht beieinander stehende Gruppen. Man unterscheidet zwischen den »biloben« und den »kugeligen« Arten. Bei den biloben sind zwei Blätter deutlich erkennbar, ähnlich *Argyroderma*. Bei den kugeligen dagegen sind die beiden Blätter bis auf einen schmalen Spalt an der Spitze zusammengewachsen.

Conophytum-Arten empfehlen sich dem Pflanzenfreund, der bereits Erfahrungen mit sukkulenten Pflanzen sammeln konnte. Besonders zu beachten ist der Wachstumsrhythmus, der deutlich von anderen sukkulenten Pflanzen abweicht. Während der Ruhezeit schrumpfen die Körper zu dünnen Häuten zusammen, in deren Innerem bereits die neuen Blattanlagen entstehen.

Licht: Heller Platz, nur vor direkter Mittagssonne im Sommer leicht geschützt.
Temperatur: Luftiger Platz mit Zimmertemperatur oder wärmer. Im Winter um 14 °C.
Substrat: Mischungen aus Humussubstraten wie Nr. 1, 9 oder 10 (s. Seite 39 bis 41) und grobem Quarzsand zu gleichen Teilen; pH um 6.
Feuchtigkeit: Das Wachstum der biloben Arten beginnt ab Juni/Juli, das der kugeligen erst ab Juli/August. Bis zu diesem Zeitpunkt trocken halten und dann zunächst vorsichtig gießen. Immer erst gießen, wenn die Erde völlig trocken ist. Ab Februar Wassergaben reduzieren und nach weiteren 4 bis 8 Wochen ganz einstellen.
Düngen: Nur von September bis November sporadisch mit Kakteendünger gießen.
Umpflanzen: Nur in größeren Abständen vor Beginn der Wachstumsperiode.
Vermehren: Größere Gruppen können beim Umtopfen vorsichtig geteilt werden. Aussaat ist wie bei *Argyroderma* möglich.

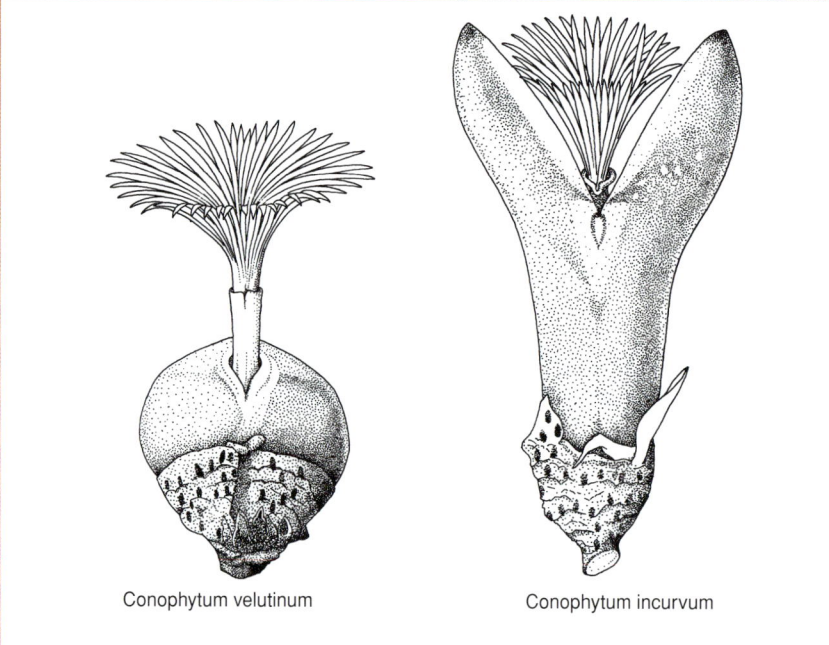

Conophytum velutinum

Conophytum incurvum

Bei Conophytum unterscheidet man zwischen Arten mit deutlich ausgebildeten Blättern (bilobe Arten) und den kugeligen.

Copiapoa

Die Gattung *Copiapoa* umfaßt rund 20 Arten von Kakteen, die sich durch charakteristische weiße (beispielsweise *Copiapoa cinerea*) oder braune (*C. humilis*) Pflanzenkörper auszeichnen. Allerdings entwickelt sich diese sonnenabweisende Oberfläche nur bei Pflanzen, die in sonnigen Gefilden heranwuchsen. Sämlinge, die bei uns standen, bleiben weitgehend grün. Doch auch dann lohnt sich die Pflege, denn die nicht sehr großen Kakteen sind auffällig bedornt und kommen zudem in Kultur sicher zur Blüte.

Alte Pflanzen zu importieren, ist nicht unbedingt zu empfehlen, auch wenn

Cordyline terminalis 'Bella'

Cordyline indivisa

diese aus Kultur stammen. Sie haben erhebliche Schwierigkeiten mit der Akklimatisation. Jungpflanzen tun sich deutlich leichter, und ohne Probleme werden sich die Kakteen eingewöhnen, die im hiesigen Klima heranwuchsen.

Einige *Copiapoa*-Arten bilden eine kräftige Rübenwurzel, was bei der Wahl des Substrats und der Wasserversorgung zu beachten ist.

Licht: In Kultur hat es sich bewährt, *Copiapoa*-Arten im Sommer vor direkter Sonne leicht zu schützen. Ansonsten so hell und sonnig wie möglich.
Temperatur: Warm, mit deutlicher nächtlicher Abkühlung. Im Winter um 10 °C.
Substrat: Übliche Kakteensubstrate (s. Seite 41 und 42) mit einem hohen Anteil mineralischer Bestandteile wie Urgesteinsgrus oder Seramis (besonders für Arten mit Rübenwurzeln wie *C. hypogaea*); pH um 6.

Feuchtigkeit: Auch während des – meist langsamen – Wachstums vorsichtig erst dann gießen, wenn die Erde weitgehend abgetrocknet ist. Im Sommer läßt das Wachstum nach; dann wird nur sporadisch gewässert. Im Winter völlig trocken halten.
Düngen: Nur während deutlichen Wachstums alle 4 bis 6 Wochen mit Kakteendünger gießen.
Umpflanzen: In der Regel nur alle 2 bis 3 Jahre – am besten im Winter – erforderlich.
Vermehren: Soweit Samen erhältlich, diesen am besten sofort aussäen (im Winter mit Zusatzlicht) und nicht mit Erde bedecken. Er keimt bei 20 bis 25 °C.

Coprosma

Australien, Neuseeland und Polynesien sind das Hauptverbreitungsgebiet der Gattung *Coprosma* aus der Familie der Krappgewächse (*Rubiaceae*). Sie umfaßt kriechende oder aufrechte Sträucher und kleine Bäume. Rund 90 Arten sind bekannt und nicht immer leicht zu unterscheiden, da sie variieren und sich miteinander kreuzen.

Im Angebot der Gärtner finden sich bei uns nur wenige. Meist sind es buntlaubige Pflanzen, die mehr in die Breite als in die Höhe wachsen. In der Regel handelt es sich um *Coprosma* × *kirkii*, eine Hybride aus

Coprosma x kirkii 'Variegata'

C. acerosa und *C. repens*. Ihre Zierde sind die glänzenden, dunkelgrünen Blätter mit dem gelben Fleck in der Mitte.

C. × *kirkii* und ihre Verwandten gedeihen ohne Probleme in einem nicht zu warmen Zimmer.

Licht: Hell, aber keine direkte Sonne während der Mittagsstunden.
Temperatur: Zimmertemperatur; im Winter möglichst nicht über 10 bis 15 °C. Luftiger Stand.
Substrat: Nr. 1, 10, 17 (Seite 39 bis 42) oder 5 und 6, eventuell mit etwas Lehm gemischt; pH 5,5 bis 6,5.
Feuchtigkeit: Stets gießen, wenn die Erde abgetrocknet ist.
Düngen: Wöchentlich, im Winter alle drei Wochen mit Blumendünger gießen.
Umpflanzen: Jährlich, größere Pflanzen in weiteren Abständen im Frühjahr oder Sommer.
Vermehren: Nicht mehr weiche Kopfstecklinge bewurzeln bei Temperaturen über 20 °C und hoher Luftfeuchte. Bewurzelungshormone sind empfehlenswert. Mehrere bewurzelte Stecklinge in einen Topf setzen.

Cordyline, Keulenlilie

Keulenlilien sind feste Bestandteile des Topfpflanzensortiments, obwohl keine ihrer rund 15 in Australien, Indien und in Amerika verbreiteten Arten aus der Familie der Agavengewächse sowie die vielen Kulturformen ideale Pflanzen für die gewöhnliche Wohnstube sind. Am häufigsten ziehen Gärtner die Sorten von *Cordyline terminalis* (syn. *C. fruticosa*).

Correa rubra

Diese Auslesen haben rot- oder rotweiß gestreifte Blätter, die eine Länge von 50 cm erreichen können und langgestielt sind. An Bedeutung gewinnen kompakte Sorten mit kleinerem, kurzgestieltem Laub. Alle Sorten von *C. terminalis* wollen warm und nicht lufttrocken stehen. Der beste Platz ist ein geschlossenes Blumenfenster oder Gewächshaus. Ganz anders die übrigen gärtnerisch interessanten Arten. Sie wollen kühle, luftige Räume und stehen im Sommer am besten im Garten. Schon vor über 100 Jahren waren *C. indivisa* und *C. australis* (Bild Seite 170) mit ihren ungestielten, derben Blättern geschätzte Kübelpflanzen. Besonders Sämlinge von *C. indivisa* finden sich heute noch im Angebot, meist als »*Dracaena indivisa*«. Die beiden Gattungen sehen sich tatsächlich sehr ähnlich, so daß eine Verwechslung verständlich ist. Wer keine blühenden Pflanzen hat, kann durch einen Blick auf die Wurzeln alle Zweifel beseitigen: Cordylinen haben weiße, knollige Wurzeln, bei Dracaenen sind sie orange gefärbt. *C. australis, C. indivisa* sowie *C. stricta* (syn. *C. congesta*) empfehlen sich nur für kühle, luftige Räume. Im Alter werden es mehrere Meter hohe Bäume, die nur in hohen Gewächshäusern Platz finden.

Licht: Hell, doch vor direkter Sonne während der Mittagsstunden geschützt. *C. terminalis* verträgt weniger Sonne als die derbblättrigen Arten.
Temperatur: *C. terminalis* ganzjährig warm und auch im Winter nicht unter 18 °C. Die übrigen genannten Arten stehen im Winter kühl bei 5 bis 10 °C,

nur Sämlinge nicht kühler als 10 °C. Ab Mai kommen sie am besten in den Garten, wobei sie zunächst Schatten benötigen und auch nach Eingewöhnung nicht in der Prallsonne stehen sollten.
Substrat: Humusreiche Substrate wie Nr. 1, 2, 5 oder 6, die derbblättrigen besser 9 oder 17 (s. Seite 39 bis 42); pH um 6.
Feuchtigkeit: Besonders *C. terminalis* darf nie austrocknen. Sie verlangt eine Luftfeuchte möglichst über 60%. Alle Cordylinen sind empfindlich gegen stauende Nässe.
Düngen: Von Frühjahr bis Herbst wöchentlich, im Winter *C. terminalis* alle 3 bis 4 Wochen mit Blumendünger gießen.
Umpflanzen: Alle 1 bis 2 Jahre im Frühjahr, große Kübelpflanzen in weiteren Abständen.
Vermehren: Arten wie *C. terminalis* im Frühjahr aussäen (Keimtemperatur um 20 °C). Ansonsten Kopf- oder Stammstecklinge bewurzeln. *C. terminalis* benötigt dazu hohe Bodentemperaturen über 25 °C. Leichter geht es, diese Art abzumoosen.

Corokia, Zickzackstrauch

In Neuseeland sind die drei Arten der Gattung *Corokia* aus der Familie der Hartriegelgewächse (Cornaceae) beheimatet. Mit *C. cotoneaster*, dem Zickzackstrauch, liefert die Gattung eine ungewöhnliche, leider wenig verbreitete Topfpflanze. Die Zweige des niedrigen, am heimatlichen Standort 1 bis maximal 2 m hoch werdenden Strauchs ändern nach jedem Knoten die Richtung. Sie sind dunkel gefärbt, in der Jugend flaumig behaart. Die kleinen spatelförmigen Blätter weisen auf der Unterseite eine weiße Behaarung auf. Im Winterhalbjahr schmückt sich der Strauch mit vielen kleinen gelben Blüten.

Licht: Hell, nur vor direkter Mittagssonne geschützt.
Temperatur: Kühler, luftiger Stand. Im Winter genügen 5 bis 10 °C. Steht am besten im kühlen Wintergarten.
Substrat: Humussubstrate wie Nr. 1, 5, 9 oder 17 (s. Seite 39 bis 42), auch gemischt mit wenig grobem Sand; pH um 6.
Feuchtigkeit: Stets mäßig feucht, nie naß halten. Im Winter sparsam gießen.
Düngen: Von Frühjahr bis Herbst alle 2, im Winter alle 4 Wochen mit Blumendünger gießen.
Umpflanzen: Alle 1 bis 2 Jahre im Frühjahr oder Sommer.
Vermehren: Noch nicht zu stark verholzte Stecklinge bewurzeln bei Temperaturen über 15 °C.

Correa

Die elf Arten der Gattung *Correa* sind alle in Australien beheimatet. Dort gibt es von diesen immergrünen Krappgewächsen (Rutaceae) schon viele Sorten, von denen einige nun auch bei uns in Kultur genommen wurden. Die kleinen Sträucher mit den aromatisch duftenden gegenständigen Blättern tragen kleine, zumeist hängende röhrenförmige Blüten in Gelb, Grün oder Rot.

Kleine Pflanzen lassen sich im Topf in einem kühlen, aber hellen Raum halten. Größere Exemplare wird man besser wie Kübelpflanzen behandeln.

Licht: Hell bis sonnig.
Temperatur: Luftiger Stand; von Mai bis September auch im Freien. Im Winter genügen Temperaturen zwischen 10 und 15 °C.
Substrat: Saure, durchlässige Mischung mit einem pH-Wert um 5, zum Beispiel aus 45% Nr. 1, 2, 3, 4 (Seite 39), 45% Torf und 10% Quarzsand, auch Nr. 11 mit 10% Sand. Kalkbedürftige Arten wie *Correa pulchella* und *C. reflexa* pH 6 bis 7, zum Beispiel Nr. 6, 9 oder 17 mit 10% Sand.
Feuchtigkeit: Mäßig feucht halten; Trockenheit und übermäßige Nässe vermeiden. Im Winter bei kühlem Stand sparsamer gießen.
Düngen: Von Frühjahr bis Herbst wöchentlich mit Blumendünger in halber Konzentration gießen, im Winter nur sporadisch.
Umpflanzen: Etwa alle zwei Jahre, große Kübelpflanzen in größeren Abständen im Frühjahr.
Vermehren: Stecklingsbewurzelung schwierig und nur bei Verwendung von Bewurzelungshormonen und hoher Bodentemperatur von etwa 22 °C sowie hoher Luftfeuchte erfolgversprechend. In Australien werden einige Sorten auch veredelt.

Corynocarpus, Karakabaum

Bei der Suche nach einem Ersatz für den etwas steif wirkenden Gummibaum stießen die Gärtner auch auf den neuseeländischen Karakabaum (*Corynocarpus laevigatus*). Er gehört zu einer kleinen Familie, den Karakabaumgewächsen (Corynocarpaceae), die nur aus dieser einen Gattung mit drei oder vier Arten besteht. Im Gegensatz zu *Ficus elastica* verzweigt sich *Corynocarpus laevigatus* – in der Regel auch ohne Stutzen – vom Grunde an. Die Form der immergrünen, gegenständigen Blätter ähnelt der des Gummibaums, sie bleiben aber etwas

Coryphantha elephantidens

kleiner und weicher und sind nicht so ledrig. Leider ist *Corynocarpus* besser für den kühlen Wintergarten geeignet als für die warme Wohnstube. Somit kann der Karakabaum den Gummibaum leider nicht ersetzen.

In den Wäldern der wärmeren Küstenregionen Neuseelands erreicht *Corynocarpus laevigatus* 15 bis 50 m Höhe. Aus den Blüten entwickeln sich die kräftig orangefarbenen großen Früchte, die das giftige Glykosid Karakin enthalten. An den jungen Topf- oder Kübelpflanzen wird man mit diesen zierenden, aber gefährlichen Früchten nicht rechnen können.

Sehr attraktiv ist eine neue Sorte mit gelbgrün gefleckten Blättern, die unter dem Namen 'Algarve Sun' angeboten wird.

Licht: Hell, aber vor direkter Sonne besonders während der Mittagsstunden geschützt.
Temperatur: Luftiger, nicht zu warmer Stand. Im Winter genügen 5 °C; nicht über 15 °C.
Substrat: Nr. 1, 2, 5, 6, 9 oder 15 (Seite 39 bis 42); pH um 6.
Feuchtigkeit: Stets mäßig feucht halten; große Pflanzen haben einen hohen Wasserbedarf.
Düngen: Von Frühjahr bis Herbst wöchentlich, im Winter alle 3 Wochen mit Blumendünger in der angegebenen Konzentration düngen.
Umpflanzen: Jährlich im Frühjahr oder Sommer, ältere Exemplare in größeren Abständen.
Vermehren: Nicht zu weiche Stecklinge bewurzeln bei etwa 20 °C Bodentemperatur und hoher Luftfeuchte.

Pflanzenschutz: Der Karakabaum bleibt nur bei luftigem, nicht zu warmem Stand gesund. Ansonsten wird er häufig von Spinnmilben befallen.

Coryphantha

Eine den beliebten Mammillarien nahe verwandte Kakteengattung trägt den Namen *Coryphantha*. Wie die Mammillarien sind es meist kugelige, zum Teil auch zu kleinen Säulen verlängerte Pflanzen, die vom südlichen Kanada bis Mexiko verbreitet sind. Rund 45 Arten sind bekannt, von denen einige wegen der großen Blüten gerne gepflegt werden. Auch die derbe Bedornung ist sehenswert. Manchmal entsteht ein hübscher Kontrast zwischen der weißen Wolle, den weißen Randdornen und dem gekrümmten schwarzen Mitteldorn. Allerdings unterscheiden sich Sämlinge oft deutlich von älteren Pflanzen und bilden erst vom 3. oder 4. Jahr an Mitteldornen.

Die Warzen oder Mamillen sind oft kräftig ausgebildet. Auf ihrer Oberseite ist eine deutliche Furche erkennbar, die in die Achsel hineinführt. Das unterscheidet sie von den ähnlichen Mammillarien. Aus dieser Furche entwickeln sich in der Scheitelregion der Pflanzen die ansehnlichen Blüten (s. Seite 168).

Bei der Pflege der *Coryphantha* muß der jeweilige Heimatstandort beachtet werden. Es gibt Arten, die in extremen Wüstengebieten vorkommen, wie *C. compacta*. Sie sind meist kräftiger bedornt und besitzen weniger ausgeprägte War-

zen. Die im grasigen Gelände vorkommenden Arten sind in der Regel fleischiger mit kräftigen Warzen, aber nur schwach bedornt. Die Graslandbewohner wie *C. pycnacantha* (syn. *C. andreae*), *C. octacantha* (syn. *C. clava*) und *C. elephantidens* verlangen etwas mehr Feuchtigkeit und sind leichter zu pflegen.

Licht: Sonniger Standort.
Temperatur: Warm; im Winter 5 bis 10 °C.
Substrat: Übliche Kakteensubstrate (Nr. 14, s. Seite 42 und 43). Bei den Wüstenbewohnern wird der mineralische Anteil (Urgesteinsgrus oder Seramis) erhöht, bei den Graslandbewohnern kann ein höherer Anteil Torf beigemischt werden; pH um 6.
Feuchtigkeit: Wüstenbewohner nur mäßig gießen. Die anderen benötigen etwas mehr Wasser. Im Winter stehen alle Arten trocken.
Düngen: Bei deutlichem Wachstum alle 3 bis 4 Wochen mit Kakteendünger gießen.
Umpflanzen: In der Regel alle 2 Jahre im Winter. Die Töpfe sollten relativ groß sein, denn Coryphanthen bilden ein umfangreiches System dicker Rübenwurzeln aus. In zu kleinen Töpfen blühen sie schlecht.
Vermehren: Soweit erhältlich aus Samen, der ohne Erdabdeckung bei 20 bis 25 °C keimt. Sprossende Arten wie *C. elephantidens* lassen sich leicht durch abgetrennte Kindel vermehren.

Cotyledon

Rund zehn Arten umfaßt diese aus der Familie der Dickblattgewächse (Crassulaceae) stammende Gattung, die vorwiegend im südlichen Afrika beheimatet ist. Einzelne Arten wie *Cotyledon undulata* mit weißbereiften Blättern und welligen Blatträndern, *C. orbiculata*, die bis 1 m hohe, verzweigte Stämmchen mit ebenfalls weißbereiften, gelegentlich rotge-

Corynocarpus laevigatus

Cotyledon orbiculata

wärmer, doch luftig. Im Winter kühler; nicht unter 10 °C.
Substrat: Mischung aus Humussubstraten wie Nr. 1, 2 oder 5 (s. Seite 39) mit Sand oder handelsübliche Kakteenerde; pH um 6,5.
Feuchtigkeit: Immer erst gießen, wenn die Erde weitgehend – nicht völlig – abgetrocknet ist. Im Winter nur sporadisch gießen, besonders laubabwerfende Arten weitgehend trocken halten. Geringe Luftfeuchte schadet nicht.
Düngen: Von Mai bis September in Abständen von 3 bis 4 Wochen mit Kakteendünger gießen.
Umpflanzen: Alle 1 bis 2 Jahre von Frühjahr bis Sommer möglich.
Vermehren: Durch Stamm- oder Blattstecklinge, die man nach dem Antrocknen der Wunde flach in die Erde steckt.

randeten fleischigen Blättern bildet, oder gar die sehr giftige *C. wallichii* (inzwischen zur Gattung *Tylecodon* gezählt) mit den fleischigen, verzweigten Stämmchen und den zylindrischen, jährlich im Herbst abfallenden Blättern werden gelegentlich angeboten. Es sind dankbare, anspruchslose Zimmerpflanzen, die auch ohne Blüte dekorativ sind. Entwickeln sich die Blütenstände mit den glockigen, grün oder rötlich gefärbten Blüten, so sind sie eine weitere Zierde. Die Pflanzen sind giftig!

Licht: Heller, sonniger Standort.
Temperatur: Zimmertemperatur oder

Coussapoa

Der Hydrokultur hat es diese Pflanze zu verdanken, daß sie aus botanischen Sammlungen heraus den Weg ins Topfpflanzensortiment gefunden hat. Nun findet man *Coussapoa microcarpa* (syn. *C. schottii*) in größeren Hydrokulturanlagen, wo sie ähnlich wie der Kleinblättrige Gummibaum (*Ficus benjamina*) im Laufe der Jahre mehr als 2 m hoch werden kann. Überhaupt hat *C. microcarpa* viel Ähnlichkeit mit *Ficus benjamina* und wird auch häufig als *Ficus* angeboten. Auch als *Brosimum alicastrum* ist

die Pflanze in Sammlungen noch zu finden. Erst in den vierziger Jahren konnte sie als *Coussapoa*, eine rund 35 Arten umfassende Gattung der Cecropiaceae identifiziert werden. Diese Familie steht den Maulbeerbaumgewächsen (Moraceae) sehr nahe, zu denen die Gummibäume zählen.

Wie diese bildet *Coussapoa* auch lange Luftwurzeln – besonders bei optimaler Ernährung in Hydrokultur –, die sich an allem Erreichbaren festhalten und kaum mehr von Holzflächen oder Tapeten zu entfernen sind. Die verholzenden Triebe sind in der Jugend weich behaart. Bei dunklem Stand und unzureichender Ernährung verliert die Pflanze von unten her ihre wechselständigen Blätter und sieht dann nicht mehr schön aus. Am besten schneidet man dann einen Kopfsteckling, der bei Bodentemperaturen über 20 °C leicht wurzelt. Auch Abmoosen ist ähnlich wie bei *Ficus* möglich. Die Jungpflanzen verzweigen sich ganz gut. Das Stutzen bringt meist keine Vorteile. Ansonsten entspricht die Behandlung der von *Ficus benjamina* und ähnlicher Gummibäume. Feine weiße Ausscheidungen auf der Blattunterseite sind üblich und kein Grund zur Besorgnis.

Crassula, Dickblatt

Die über 300 Arten umfassende Gattung aus der Familie der Dickblattgewächse (Crassulaceae), die weitgehend in Südafrika beheimatet ist, enthält bekannte Zimmerpflanzen wie *Crassula ovata*, die auch unter einigen anderen botanischen Namen wie *C. portulacea*, *C. obliqua* und mehreren deutschen Namen wie Geldbaum und sogar »Deutsche Eiche« bekannt ist. Das auch durch die große Variabilität hervorgerufene Durcheinander in der Namensgebung ist noch nicht beendet; die Botaniker vertreten konträre Auffassungen. Viel wichtiger jedoch ist, daß die Pflanze hervorragend im Zimmer gedeiht. Nicht selten findet man uralte Exemplare, die sogar schon die weißen Blütenstände bilden.

Regelmäßig zur Blüte kommen *Crassula schmidtii* und *C. perfoliata* var. *falcata*. *C. schmidtii* wird nicht höher als 10 cm. Dicht mit dunkelkarminroten Blütenständen besetzte Pflanzen in kleinen Töpfen werden im späten Frühjahr und Sommer angeboten. Viel größer wird *C. perfoliata* var. *falcata* mit ihren dickfleischigen, sichelförmigen Blättern und den großen karminroten Blütenständen, die ebenfalls im Sommer erscheinen. Ähnlich ist *C. perfoliata*, doch stehen die Blätter mehr waagrecht, während sie sich bei *C. perfo-*

Coussapoa microcarpa

liata var. *falcata* fast senkrecht von der Pflanze wegstrecken, und sind stärker zugespitzt. Häufig in Flaschengärten ist *C. muscosa* (syn. *C. lycopodioides*) zu finden. Sie ist eine kurze, dicht beblätterte, zierliche stengelbildende Pflanze, die – wie der Artname »lycopodioides« schon sagt – Ähnlichkeit mit einem Bärlappgewächs aufweist. Nur selten findet man in Blumengeschäften weitere Arten wie *C. justi-corderoyi* und *C. perforata*. *C. justi-corderoyi* erinnert zunächst ein wenig an *C. schmidtii*. Sie wird höher, und die oberseits flachen, unten runden Blätter sind mit punktartigen Vertiefungen bedeckt und am Rand bewimpert.

C. perforata hat dickfleischige, rotgerandete, gegenständige Blätter, die an der Basis miteinander verwachsen. Sie sehen aus, als ob die Stiele durch sie hindurchwachsen. Die einzelnen Triebe werden schnell lang, so daß *C. perforata* als Ampelpflanze verwendet werden muß. Allerdings läßt sich nur mit mehreren Pflanzen je Topf die gewünschte Wirkung erzielen.

Im Mai/Juni findet man in Blumengeschäften hübsche Topfpflanzen mit mehreren meist unverzweigten, 10 bis 20 cm langen Trieben, die dicht mit festen, kreuzgegenständigen Blättern besetzt sind. Das auffälligste aber sind die leuchtenden, scharlachroten Blüten, die an der Spitze der Triebe erscheinen. Es handelt sich um *Crassula coccinea* (syn. *Rochea coccinea*) aus Südafrika. Seit vielen Jahren ist diese Pflanze, die früher unter dem Namen *Crassula rubicunda* verbreitet war, eine beliebte, attraktive, leicht zu pflegende Zimmerpflanze.

Licht: Heller, sonniger Platz, auch im Winter vor direkter Sonne geschützt.
Temperatur: Übliche Zimmertemperatur,

Crassula ovata

Crassula perfoliata var. falcata

im Sommer auch wärmer. Im Winter ist dagegen ein kühler Platz erforderlich, an dem Temperaturen zwischen 5 und 15 °C herrschen. Von *C. coccinea* und *C. perfoliata* var. *falcata* weiß man, daß sie keine Blüten bildet, wenn die Wintertemperatur wesentlich über 10 bis 12 °C ansteigt. Für *C. coccinea* sind Temperaturen von 7 bis 8 °C optimal.
Substrat: Durchlässige, nahrhafte Erde, zum Beispiel Nr. 1, 5, 9 oder 17 (s. Seite 39 bis 42) mit $1/4$ Sand, Seramis oder Lavagrus; pH 5,5 bis 7.
Feuchtigkeit: Während des Wachstums nicht völlig austrocknen lassen, aber – besonders an kühlen Tagen – keine Nässe aufkommen lassen. Im Winter nur sporadisch gießen.
Düngen: Von April bis September/Oktober alle 2 Wochen mit Kakteendünger gießen.
Umpflanzen: Im Frühjahr und Sommer jederzeit möglich.
Vermehren: Von *C. coccinea*, *C. perfoliata* var. *falcata*, *C. perfoliata*, *C. ovata*, *C. perforata*, *C. schmidtii*, *C. justi-corderoyi* und *C. muscosa* Kopfstecklinge schneiden, die sich bei Bodentemperaturen von 20 °C leicht bewurzeln. Nach der Wurzelbildung *C. coccinea* stutzen, damit mindestens vier Triebe entstehen. Von den meisten Arten bewurzeln sich auch Blätter, die flach auf die Erde gelegt werden. Es dauert aber länger, bis daraus stattliche Pflanzen herangewachsen sind. Von

C. perfoliata empfiehlt es sich, nach der Blüte aus Blattstecklingen neue Pflanzen heranzuziehen. Von *C. coccinea* bewurzeln Stecklinge von April bis August bei 20 °C. Sie blühen oft erst im zweiten Jahr.
Pflanzenschutz: Besonders bei sehr trockener Kultur können Wurzelläuse unangenehm werden, die nur schwer zu bekämpfen sind. Wer nicht lieber auf befallene Pflanzen verzichten will, sollte die Töpfe für wenige Stunden in eine Insektizidlösung stellen.

Crassula coccinea

Crinum, Hakenlilie

Die Amaryllisgewächse (Amaryllidaceae) aus der Gattung *Crinum* sind allesamt keine Pflanzen für warme Wohnräume. Den Sommer über verbringen die mehrheitlich aus tropischen Regionen stammenden Stauden bevorzugt im Garten oder auf der Terrasse in voller Sonne. Im Winter nehmen sie mit einem kühlen, frostfreien Überwinterungsraum vorlieb. Die verbreitetste Hakenlilie ist *Crinum × powellii*, eine Hybride aus *C. bulbispermum × C. moorei*. Sie ist an milden, begünstigten Plätzen mit etwas Schutz vor Winternässe nahezu winterhart. Aber das ist stets ein Risiko.

Ideal sind die Hakenlilien für den kühlen Wintergarten. Dort beanspruchen die Pflanzen mit den stattlichen, langhalsigen Zwiebeln und dem großen Blattschopf viel Platz und reichlich Wassergaben, denn sie wollen – da sie meist von feuchten Standorten stammen – nicht trocken stehen. Die großen, meist rosafarbenen oder weißen Blüten der rund 130 Arten sowie der Hybriden stehen auf kräftigen Schäften. Am besten entwickeln sie sich ausgepflanzt, gedeihen aber auch in einem großen Kübel. Im Winter gibt man soviel Wasser, daß die Pflanzen ihre Blätter nicht völlig verlieren.

Licht: Vollsonnig.
Temperatur: Im Winter genügen 5 bis maximal 10 °C; während der Wachstumszeit warm.

Substrat: Nahrhafte Mischungen für Kübelpflanzen, zum Beispiel Nr. 17 oder 10 (Seite 41 bis 42); pH um 6.
Feuchtigkeit: Von Spätherbst bis Frühjahr je nach Temperatur weitgehend trocken halten, aber soviel gießen, daß das Laub erhalten bleibt. Im Frühjahr zunächst Wassergaben vorsichtig steigern. Innerhalb der Vegetationsperiode haben die Pflanzen einen hohen Wasserbedarf, lieben aber keine Nässe.
Düngen: Von Mai/Juni bis September ein- bis zweimal pro Woche mit Blumendünger gießen.
Umpflanzen: Alle 2 bis 3 Jahre vor Wachstumsbeginn im Frühjahr.
Vermehren: Tochterzwiebeln beim Umpflanzen abtrennen.

Crossandra

Aus Indien und Ceylon stammt die attraktive *Crossandra infundibuliformis*, die zu einer rund 50 Arten umfassenden Gattung aus der Familie der Akanthusgewächse (Acanthaceae) gehört. In ihrer Heimat erreicht sie 1 m Höhe; die am häufigsten angebaute Sorte 'Mona Wallhed' bleibt dagegen viel kleiner. Die unbehaarten, wie gelackt glänzenden gegenständigen Blätter fühlen sich ledrig an.

Das Bemerkenswerteste ist die lange, vom Frühjahr bis in den Herbst reichende Blütezeit. Aus der endständigen Ähre mit den grünen, behaarten Deckblättern schieben sich zunächst die unteren, später die oberen großen, orange- bis lachsfarbenen Blüten. Nur selten sind gelbblühende Sorten im Angebot. Nach der Blüte muß zurückgeschnitten werden, und es dauert wieder einige Zeit, bis die Pflanze ansehnlich geworden ist. Am besten ist es, immer wieder rechtzeitig für Nachwuchs zu sorgen.

Licht: Hell, aber vor direkter Sonne geschützt.
Temperatur: Zimmertemperatur um 20 °C. Im Winter um 18, aber nicht unter 16 °C. Keine »kalten Füße«.
Substrat: Humusreiche Substrate wie Nr. 1, 2, 3 oder 5 (s. Seite 39); pH 5 bis 6.
Feuchtigkeit: Stets mäßig feucht halten. Die Luftfeuchte sollte mindestens 50, besser 60% betragen. Kann dies im Zimmer nicht geboten werden, besser ins geschlossene Blumenfenster stellen.
Düngen: Von Frühjahr bis Herbst alle 1 bis 2 Wochen, im Winter nur alle 4 Wochen mit Blumendünger gießen.
Umpflanzen: Jährlich im Frühjahr.
Vermehren: Ab Februar geschnittene Kopfstecklinge bewurzeln sich bei Temperaturen von 20 bis 22 °C. Nach der Bewurzelung einmal stutzen. Die Anzucht von *Crossandra* aus Samen ist dem Zimmergärtner nicht zu empfehlen.
Pflanzenschutz: Besonders an weniger günstigen Standorten ist *Crossandra* anfällig. Nicht selten beginnen die Blätter abzufallen. Die Blattstiele verfärben sich zunächst bräunlich. Pflanzen dann trockener halten. Auf Befall mit Blattläusen und Spinnmilben achten!
Besonderheiten: Die Gärtner behandeln die Pflanzen oft mit Wuchshemmstoffen. Die Wirkung läßt nach einiger Zeit nach, und das Längenwachstum nimmt zu.

Crinum x powellii 'Album'

Crossandra infundibuliformis

Cryptanthus fosterianus

Ctenanthe lubbersiana

Cryptanthus

Viele Ananasgewächse (Bromeliaceae) scheiden trotz ihrer schönen Blätter und Blüten als Zimmerpflanzen aus, weil sie zu groß werden. Ganz anders die *Cryptanthus*, denen schon aus diesem Grund eine besondere Bedeutung zukommt. Es sind Pflanzen aus den Trockenwäldern Ostbrasiliens. Sie können den Boden über mehrere Quadratmeter bedecken, sind demnach starksprossende Bodenbewohner oder Geophyten. Sie unterscheiden sich damit von den epiphytisch, also auf Bäumen wachsenden Verwandten.

Dennoch müssen sie auch Trockenheit ertragen. Mit ihren derben, schuppigen Blättern haben sie sich diesen Bedingungen angepaßt. Obwohl die Cryptanthen kaum höher als 20 cm werden und sich damit geradezu zur Bepflanzung von Epiphytenstämmen anbieten, sei davon abgeraten. Aufgebunden entwickeln sie sich unbefriedigend. Am besten gedeihen sie ausgepflanzt. Sie können sich dann auch wie am heimatlichen Standort durch Kindel ausbreiten. Cryptanthen sind geradezu ideale Pflanzen für Flaschengärten.

Rund 20 Arten sind bekannt. In Kultur befinden sich vorwiegend Auslesen, von denen es eine große Anzahl gibt. Die weißen Blütchen der Pflanzen sind unscheinbar und sitzen im Inneren der Rosette

(*Cryptanthus* = im Verborgenen blühend). Zierend sind ausschließlich die vielfältig gefärbten und gezeichneten Blätter.

Licht: Hell bis halbschattig; nur während der Wintermonate direkte Sonne.
Temperatur: Warm, auch im Winter nicht unter 18 °C. Die Bodentemperatur sollte nicht unter die Lufttemperatur absinken.
Substrat: Humusreiche Substrate wie Nr. 1, 2, 5 oder 12, versuchsweise 6 (s. Seite 39 bis 41), auch gemischt mit lockernden Bestandteilen wie Styromull oder Seramis; pH 6.
Feuchtigkeit: Ganzjährig mäßig feucht halten, obwohl sporadisches Austrocknen den Pflanzen nicht schadet. Trockene Luft wird ebenfalls toleriert, aber das hervorragende Wachstum in geschlossenen Blu-

Ctenanthe burle-marxii

Ctenanthe oppenheimiana 'Tricolor'

menfenstern und Flaschengärten zeigt, daß die Entwicklung bei zumindest mittleren Werten von 50 bis 60% besser ist.

Düngen: Von Frühjahr bis Herbst alle 1 bis 2 Wochen mit Blumendünger in halber Konzentration gießen, im Winter nur alle 4 bis 6 Wochen.

Umpflanzen: In der Regel alle 1 bis 2 Jahre; ausgepflanzt nur selten erforderlich.

Vermehren: Kindel beim Umtopfen abtrennen. Sie bewurzeln leicht bei Bodentemperaturen über 20 °C. Einige *Cryptanthus* haben die Besonderheit aufzuweisen, zwischen den rosettig stehenden Blättern Seitentriebe zu entwickeln, die sich ab einer bestimmten Größe leicht ablösen lassen oder von selbst abfallen. Sie werden wie Kindel behandelt.

Ctenanthe

Sehr viel Ähnlichkeit mit den *Calathea*-Arten haben die nahe verwandten *Ctenanthe*. Nur der Fachmann kann diese beiden Gattungen der Marantengewächse auseinanderhalten. Die 15 *Ctenanthe*-Arten, alle Bewohner feuchtwarmer Urwälder, gedeihen am besten im geschlossenen Blumenfenster, vorausgesetzt, es ist groß genug. Die *Ctenanthe*-Arten werden nämlich über halbmeterhoch, *Ctenanthe oppenheimiana* sogar fast 1 m. Am häufigsten wird *C. lubbersiana* angeboten, eine Art mit unterseits hellgrünen, oberseits gelb-grün marmorierten Blättern. *Ctenanthe oppenheimiana* hat dagegen unterseits rote, oberseits grüne Blätter, die je nach Belichtung unterschiedlich

stark silbrig gezeichnet sind. Noch auffälliger ist die Sorte 'Tricolor': Den Blättern fehlt auf verschieden großen und geformten Flächen jede Farbe – sie sind dort reinweiß.

Die beiden genannten Arten haben sich in Kultur als die härtesten erwiesen. Dennoch ist die Pflege im Zimmer problematisch. Sie entspricht der von *Calathea*. Eine besondere Vermehrungsform ist bei *C. lubbersiana* noch zu erwähnen. Die Blätter stehen am Ende der Stiele zu mehreren dicht beieinander. Solche Blattschöpfe lassen sich abtrennen und bei hoher Luft- und Bodentemperatur (nicht unter 25 °C) sowie hoher Luftfeuchte bewurzeln.

Sehr attraktiv ist *Ctenanthe burle-marxii* (syn. *Calathea amabilis*, *Calathea* 'Burle Marx', *Stromanthe amabilis*). Sie trägt Blätter mit silberner Oberseite, die entlang den Adern dunkelgrün gestreift sind, und purpurner Unterseite. Auch diese wunderschöne Blattpflanze gedeiht besser im geschlossenen Blumenfenster oder Gewächshaus.

Cuphea,
Köcher-, Zigarettenblume

Aus der großen, rund 250 Arten umfassenden Gattung *Cuphea* haben sich nur wenige als Zimmerpflanzen bewährt. Das Zigarettenblümchen (*Cuphea ignea*) ist eine beliebte Sommerblume, deren

rote Blütenröhre mit dem schwarz und weiß gerandeten Saum tatsächlich einer brennenden Zigarette ähnelt. Nur im Winter holen wir die nicht frostharte, aus Mexiko stammende *C. ignea* ins Haus, es sei denn, wir ziehen jährlich neue Pflanzen aus Samen heran.

C. hyssopifolia eignet sich besser für ganzjährigen Zimmeraufenthalt. Es ist ein kleiner Halbstrauch mit myrtenähnlicher Belaubung und Blüten, die je nach Sorte weiß oder rotviolett sind. Doch auch diese Art verlangt einen kühlen, luftigen Stand, besonders im Winter. Beliebt ist *C. hyssopifolia* wegen der langen Blütezeit auch zur sommerlichen Grabbepflanzung.

Licht: Hell bis sonnig. Nur vor direkter Sonne während der Mittagsstunden leicht geschützt.

Temperatur: Zimmertemperatur, im Winter 5 bis 12 °C.

Substrat: Übliche Blumenerden wie Nr. 1, 2, 3, 5, 6 oder 7 (s. Seite 39 und 40); pH um 6.

Feuchtigkeit: Mäßig feucht halten. Im Winter sparsam gießen.

Düngen: Von Frühjahr bis Herbst wöchentlich mit Blumendünger gießen.

Umpflanzen: In der Regel jährlich im Frühjahr oder Sommer, wenn nicht jährlich neu aus Samen herangezogen wird.

Vermehren: Nicht zu sehr verholzte Stecklinge bewurzeln bei Bodentemperaturen von mindestens 20 °C. Gleich mehrere in einen Topf stecken und nach dem Anwachsen mehrmals stutzen. Keine Probleme bereitet die Aussaat. Die

Cuphea ignea

Cuphea hyssopifolia 'Ruby Glow'

Samen, die nicht mit Erde abgedeckt werden (Lichtkeimer), keimen am besten bei 18 bis 22 °C. Aussaattermin ist März oder April.

Cupressus, Goldzypresse

Eine häufige, nichtsdestoweniger für Wohnräume absolut ungeeignete Topfpflanze ist *Cupressus macrocarpa* 'Goldcrest', wegen ihrer gelbgrünen Benadelung auch Goldzypresse genannt. Sie bildet pyramidenförmige Bäumchen, läßt sich aber auch als Hochstamm ziehen. Obwohl sie ausgesprochen hübsch aussieht, sollte man sich zum Kauf nur dann entschließen, wenn ein ausreichend kühler und luftiger Raum zur Verfügung steht. Das beheizte Wohnzimmer bekommt ihr im Winter auf Dauer nicht. Besser hält man dieses Zypressengewächs (Cupressaceae) aus Kalifornien während der frostfreien Jahreszeit im Freien und stellt es während der Wintermonate frostfrei, aber hell auf. Neben 'Goldcrest' existieren zahlreiche andere Sorten, die jedoch nur selten auf dem deutschen Markt auftauchen.

Licht: Hell bis sonnig.
Temperatur: Kühl und luftig, im Winter Temperaturen um 10 °C; nicht unter 3 °C. In England sollen abgehärtete Pflanzen Fröste von mehr als –10 °C ausgehalten haben.
Substrat: Nr. 1, 5, 6, 9 oder 17 (Seite 39 bis 42); pH um 6.
Feuchtigkeit: Mäßig feucht halten, aber ohne Nässe. Bei kühlem Winterstand nur dann gießen, wenn die Erde völlig trocken ist.
Düngen: Von Frühjahr bis Herbst wöchentlich, im Winter je nach Temperatur nur alle 3 bis 5 Wochen mit Blumendünger in angegebener Konzentration gießen.
Umpflanzen: Jungpflanzen jährlich, ältere Exemplare nur dann, wenn die Erde dies erfordert. Beste Jahreszeit ist das Frühjahr.
Vermehren: Stecklinge bewurzeln nicht leicht. Die Verwendung eines Bewurzelungshormons, Bodentemperaturen von etwa 18 °C und hohe Luftfeuchte sind Voraussetzungen.

Curcuma

Die Ingwergewächse (Zingiberaceae) bieten ausdauernde Stauden mit auffälligen, ungewöhnlichen Blüten. Für den Garten eignen sich die weitgehend winterharten *Roscoea cautleoides*, *R. humeana* und *R. purpurea* sowie *Alpinia gracilis*, als Kübelpflanze ist *Hedychium gardnerianum*

Cupressus macrocarpa 'Goldcrest' mit Becherprimeln, Primula obconica

an Attraktivität kaum zu überbieten. Als Topfpflanzen tauchen nur wenige und diese zudem unregelmäßig im Angebot auf. Dazu zählt die hübsche *Curcuma alismatifolia* (früher fälschlich *C. zedoaria* genannt), die große gestielte, aufrechtstehende Blätter bildet. Auf einem bis 80 cm langen Stiel erhebt sich der Blütenstand mit dachziegelartig übereinander angeordneten, sich nach oben verbreitenden und von Grün in ein leuchtendes Purpur übergehenden Hochblättern. Die kleinen weißen Blüten sind dagegen unscheinbar.

Curcuma roscoeana mit dem orangeroten Hochblattschopf bleibt niedriger und wirkt zarter und empfindlicher. Sie ist in der Regel nur in botanischen Sammlungen zu finden. Dagegen tauchten in den letzten Jahren gelegentlich Ingwergewächse aus anderen Gattungen auf: *Globba winitii*. Sie entwickeln bis 1 m hohe beblätterte Stengel mit überhängenden, lockeren Blütentrauben, die aus magentaroten Hochblättern und langgestielten kleinen gelben Blüten bestehen.

Diese Ingwergewächse wollen warm und bei hoher Luftfeuchte stehen. Trockene, stehende, warme Luft etwa im Bereich eines Heizkörpers führt unweigerlich zum Befall mit Spinnmilben. Im Winter ziehen die Pflanzen ein.

Licht: Hell, aber vor direkter Sonne geschützt.
Temperatur: 20 °C und wärmer; im Winter Knollen trocken bei etwa 15 °C lagern.
Substrat: Gut durchlüftete, nahrhafte Blumenerden wie Nr. 1, 5 oder 9 (siehe Seite 39 bis 40); pH 5,5 bis 6,5.

Feuchtigkeit: Stets mäßig feucht halten; im Herbst Wassergaben reduzieren, bis die Blätter einziehen. Dann Knollen trocken überwintern. Luftfeuchte nicht unter 60%.
Düngen: Während des Wachstums wöchentlich mit Blumendünger gießen.
Umpflanzen: Vor Austrieb der Knollen im Frühjahr in ein frisches Substrat setzen.
Vermehren: Brutknollen abtrennen.
Pflanzenschutz: Sehr empfindlich gegen Spinnmilben, daher keine stehende, trockene Luft.

Cyanotis

Aus den Tropen der Alten Welt stammen die rund 30 mehr oder weniger sukkulenten Stauden aus der Gattung *Cyanotis*, die der Familie der Comellinengewächse angehören. Für die Zimmerkultur verdienen zwei Arten Interesse: *Cyanotis kewensis* und *C. somaliensis*. Mit ihren etwas fleischigen, rosettig stehenden Blättern an den leicht überhängenden, gestauchten Trieben geben sie schmucke Ampelpflanzen ab. *C. kewensis* besitzt sitzende Blätter mit rötlichbraun behaarten Blattknoten und Blattscheiden, *C. somaliensis* eine weiche, lange, weiße Behaarung auf beiden Seiten der Blattspreite. Die im zeitigen Frühjahr erscheinenden, bei *C. kewensis* hell purpurrosa gefärbten, bei *C. somaliensis* zart fliederfarbenen Blüten sind klein und nicht die wirkungsvollste Zierde der Pflanzen. Sehr zu empfehlen sind *Cyanotis* als Bodendecker in Sukkulentenhäusern.

Licht: Sehr hell und sonnig.
Temperatur: Zimmertemperatur oder wärmer; im Winter *C. kewensis* um 12 °C, *C. somaliensis* um 15 °C.

Curcuma alismatifolia

Cyanotis somaliensis

Cyanotis kewensis

Substrat: Durchlässige Mischung, zum Beispiel Nr. 1, 5, 9, 10 oder 17 (s. Seite 39 bis 42) mit 1/4 grobem Sand oder Seramis; pH um 6.
Feuchtigkeit: Empfindlich gegen Nässe, deshalb nur gießen, wenn die Erde abge-

Fruchtblatt einer weiblichen Cycas revoluta

trocknet ist. Im Winter Wassergaben reduzieren.
Düngen: Während der Hauptwachstumszeit im Frühjahr bis in den Spätsommer alle 1 bis 2 Wochen mit Kakteendünger gießen.
Umpflanzen: Ist in der Regel nicht erforderlich, da man alle 2 Jahre neue Pflanzen heranziehen sollte.
Vermehren: Mehrere Kopfstecklinge in einen Topf stecken und bei mindestens 18 °C Bodentemperatur bewurzeln.

Cycas, Palmfarn, Sagopalme

Nahezu 200 Millionen Jahre zurück, bis ins Erdmittelalter oder Mesozoikum, reicht die Geschichte der Palmfarngewächse (Cycadaceae). Mit den Palmen verbindet sie nur ihr Aussehen, ihre dicken Stämme mit dem Schopf großer Wedel. Allerdings sind die Fiederblätter ledrig, oft dick und mit einer scharfen Spitze versehen. Die Verwandtschaft zu den Farnen ist offenkundig: Wie diese besitzen sie bewegliche männliche Geschlechtszellen (Spermatozoiden), die bei der Keimung des Blütenstaubs frei werden. Jede Pflanze

trägt nur männliche oder nur weibliche Blüten.

Auch als Topfpflanze – besser gesagt: Kübelpflanze – haben sie eine alte Tradition. Schon vor über 100 Jahren schätzte man ihre attraktive Erscheinung besonders bei der Gestaltung temperierter Wintergärten. Eine besondere Bedeutung erlangten sie in der Trauerfloristik. In wertvollen Grabgebinden durften Wedel von *Cycas revoluta*, der gärtnerisch wichtigsten Art, nicht fehlen. Noch heute prangen stilisierte Wedel auf Grabsteinen und an Trauerhallen.

Cycas revoluta werden in stattlicher Zahl in warmen Gebieten herangezogen und als mehrjährige Sämlinge importiert. Andere Arten finden sich weniger häufig im Angebot. In den ersten Jahren wachsen die Pflanzen nur langsam. Erst später entwickelt sich der kurze Stamm. Ähnlich zu behandelnde Palmfarne stammen aus den Gattungen *Bowenia, Ceratozamia, Dioon, Lepidozamia, Macrozamia* und *Stangeria*. Wer sie im Handel findet, sollte zugreifen. Voraussetzung ist allerdings ein geeigneter Platz. *Cycas revoluta* erreicht im Alter immerhin eine Höhe von über 2 m und der Wedelschopf einen beachtlichen Durchmesser. Außerdem

Cycas revoluta

sollte man ein wenig Erfahrung mit der Pflege von Zimmerpflanzen besitzen. Für einen dunklen Platz und unaufmerksame Pflege sind diese Zeugen einer vergangenen Zeit zu schade.

Licht: Sehr hell, doch vor direkter Sonne besonders während der Mittagsstunden geschützt.
Temperatur: Warmer, aber luftiger Stand mit Zimmertemperatur oder wärmer. Im Winter auch nachts nicht unter 15 °C.
Substrat: Durchlässige Mischungen aus Nr. 1, 5, 9, 10 oder 17 (s. Seite 39 bis 42) mit bis 1/4 mineralischen Bestandteilen wie grobem Sand oder Seramis; pH um 6.
Feuchtigkeit: Stets nur dann gießen, wenn die Erde weitgehend abgetrocknet ist, im Winter sparsam. Gegen Nässe sind sie zu jeder Jahreszeit sehr empfindlich.
Düngen: Von Frühjahr bis Herbst wöchentlich ein- bis zweimal mit Guano flüssig oder ähnlichem gießen. Mineralische Dünger scheinen sie weniger gut zu vertragen.
Umpflanzen: Nur in großen Abständen. Die Töpfe oder Kübel können relativ klein sein.
Vermehren: In der Regel nur durch Aussaat. Samen keimt oft erst nach mehreren Monaten, auch bei Bodentemperaturen um 30 °C. Sämlinge zunächst wärmer halten; auch im Winter über 22 °C. Ältere Pflanzen bilden Stammknollen, die sich abtrennen und bei mindestens 20 °C bewurzeln lassen.
Besonderheiten: Neue Wedel erscheinen bei allen Palmfarnen schubweise nur zu bestimmten Zeiten. Deshalb die langlebigen alten Blätter schonen. Alle Palmfarne stehen unter strengem Schutz, so daß nur Pflanzen aus gärtnerischer Kultur angeboten werden dürfen.

Cyclamen, Alpenveilchen

Das Alpenveilchen (*Cyclamen persicum*) steht in der Gunst des Bundesbürgers weit oben. Jährlich werden weit über 20 Millionen produziert und verkauft, und jährlich segnen nicht viel weniger das Zeitliche. Alpenveilchen sind zu einer »Wegwerfpflanze« geworden. Die im Handel angebotenen Pflanzen sind kein Jahr alt. Der Blumenfreund weiß gar nicht mehr, wie schön ein älteres, mehrjähriges Exemplar des Alpenveilchens ist. Der Blütenreichtum einer mehrjährigen Pflanze ist überwältigend. Wer den Alpenveilchen einigermaßen zusagende Bedingungen bieten kann, sollte es unbedingt einmal versuchen, die Pflanzen nach dem Abblühen weiter zu pflegen. Beheimatet ist dieses Primelgewächs im Mittelmeerraum. Der Name »Alpenveil-

chen« trifft damit genau genommen nur auf den kleineren Verwandten *Cyclamen purpurascens* (syn. *C. europaeum*) zu.

An den Standorten am Mittelmeer ist es im Sommer ziemlich trocken. Die Erde ist verdichtet und stark kalkhaltig. Würde man dies imitieren, wäre der Erfolg gering.

Das Alpenveilchen ist damit das Paradebeispiel, daß die Gärtner sich in ihrem Bemühen um optimales Wachstum der Pflanzen nicht ausschließlich von den Bedingungen des heimatlichen Standorts leiten lassen dürfen. Das Alpenveilchen wird ganzjährig gegossen; auch im Sommer bleiben die Pflanzen nicht trocken. Und das ideale Substrat ist nicht alkalisch, sondern neutral. Das Wichtigste aber ist ein ganzjährig nicht zu warmer Platz. Es gibt eine Vielzahl von Sorten im Handel, die sich in ihren Ansprüchen nicht wesentlich unterscheiden. Immer beliebter werden die verschiedenen Miniatursorten. In ihren winzigen Töpfchen sind sie auf Dauer kaum lebensfähig, da eine zuträgliche Wasserversorgung schwierig ist. Wer längere Zeit an diesen Pflanzen Freude haben möchte, sollte mehrere zusammen in eine größere Schale setzen.

Licht: Hell, aber vor greller Mittagssonne geschützt. Die warme Jahreszeit über gedeihen *Cyclamen* gut im Freien an einem halbschattigen Platz.

Rokoko-Cyclamen tragen gewellte und gefranste Blüten

Temperatur: Ein warmes, lufttrockenes Zimmer im Winter ist meist der sichere Tod der Pflanzen. Am besten sind Temperaturen um 15 °C, nicht mehr als 18 °C, aber auch nicht unter 10 °C. Im Sommer ist ein luftiger, keinesfalls heißer Standort richtig. 20 °C genügen. Höhere Temperaturen verzögern die Blüte.
Substrat: Wachsen gut in lehmhaltigen Humuserden wie Nr. 1, 9, 10 oder 17 (s. Seite 39 bis 42); pH um 6. Bei höheren pH-Werten um 7 scheinen die Pflan-

Cyclamen-Persicum-Hybride

zen unempfindlicher gegen bestimmte Pilzkrankheiten zu sein.

Feuchtigkeit: Stets für schwache Feuchtigkeit sorgen. Das Gießen verlangt Fingerspitzengefühl. Die Erde darf nicht austrocknen, aber gegen Nässe sind *Cyclamen* noch empfindlicher. Im Winter noch vorsichtiger gießen. Wird nach Ende der Blüte im Mai/Juni wenig gegossen, verlieren die Pflanzen nahezu alle Blätter. Ab September wird dann wieder kräftiger gegossen. Diese strenge Ruhezeit ist aber nicht notwendig. Besser ist es, die Pflanzen auch nach der Blüte nicht völlig trocken zu halten. Diese ganzjährig belaubten Pflanzen wachsen besser, während die völlig entblätterten sich nicht selten schwer tun, wieder »in Schwung« zu kommen. Ob von oben oder in den Untersetzer gegossen wird, ist unerheblich. Keinesfalls sollte das Wasser mitten auf die Knolle geschüttet werden. Die Luftfeuchte sollte für Alpenveilchen nicht zu niedrig sein. Sie wachsen deshalb im maritimen Klima besser als im kontinentalen. Gegebenenfalls mehrmals täglich besprühen.

Düngen: In der Regel wöchentlich mit Blumendünger gießen. Kräftig wachsende Pflanzen bis zu zweimal wöchentlich. Wird Sommerruhe eingehalten, Düngen bereits eine Zeit vorher einstellen.

Umpflanzen: Alle 1 bis 2 Jahre im August/September. Verbrauchte Erde ausschütteln. Knolle nicht zu tief eintopfen. Sie soll zu $^1/_3$ bis $^2/_3$ herausragen. Nur junge Sämlinge dürfen tiefer in die Erde.

Vermehren: Anzucht aus Samen gelingt nur, wenn Licht- und Temperaturansprüche ganzjährig erfüllt werden können. Aussaat im August/September. Samen keimen bei 20 °C am besten. Alpenveilchen sind Dunkelkeimer; der Samen muß 2 bis 3 cm tief im Substrat liegen.

Pflanzenschutz: Leider werden Alpenveilchen von einer Vielzahl von Krankheiten und Schädlingen befallen. Wichtig für die Gesunderhaltung ist richtiges Gießen und luftiger Stand. Stets alte Blätter und Blüten vollständig entfernen: mit einem kräftigen, kurzen Ruck herausziehen. Bei zusagendem Standort sind Pflanzenschutzmaßnahmen in der Regel entbehrlich. Häufig zeigen neugekaufte Pflanzen schon bald gelbe Blätter. Sie haben den Standortwechsel nicht unbeschadet überstanden und wurden von Pilzen befallen. Diese Pflanzen sind in der Regel nicht mehr zu retten. Zu Kulturbeginn können »pflanzenstärkende« organische Präparate, die eine biologische Besiedelung des Substrats begünstigen, die Gefahr reduzieren.

Cymbidium

Orchideen aus der Gattung *Cymbidium* haben als Schnittblumen große Bedeutung. Die Blüten werden vorwiegend einzeln in kleinen Väschen angeboten; noch eindrucksvoller ist eine vollständige Blütentraube, oft fälschlich als Rispe bezeichnet. Als Topfpflanzen sind Cymbidien erst in den vergangenen Jahren interessant geworden. Es sind weniger Wildarten, von denen es rund 60 in Asien und Australien gibt, sondern Kreuzungen, die sich in kaum überschaubarer Fülle für diesen Zweck anbieten.

Im Gegensatz zu manch anderen Orchideen lassen sich Cymbidien recht leicht kultivieren. Nur ihre Ausmaße stehen bisher einer größeren Verbreitung im Weg. Zwar gibt es die sogenannten Mini-Cymbidien, die etwas kleiner bleiben und aus *C. ensifolium* und *C. floribundum* (syn. *C. pumilum*) hervorgegangen sind, aber auch sie haben kein Fensterbankformat, sondern die Blätter erreichen durchaus über 50 oder gar 70 cm Höhe. Allerdings arbeiten die Züchter daran, kleinbleibende Formen zu erzielen, so daß für die Zukunft zimmergemäße Cymbidien zu erwarten sind. Als »Topf« braucht man dann keinen 10-l-Eimer mehr.

Da viele Cymbidien zu den terrestrischen Orchideen zählen, also im Boden wurzeln und nicht auf Bäumen sitzen, stellen sie geringere Ansprüche an das Substrat. Dennoch empfiehlt es sich, durch das Beimischen dauerhaft strukturstabiler Komponenten für eine gute Belüftung zu sorgen.

Licht: Sehr lichtbedürftig. Cymbidien werden nur an sehr sonnenexponierten Plätzen während der Sommermonate leicht schattiert. Von etwa Mai bis September empfiehlt sich bei den großwerdenden Hybriden der Aufenthalt im Freien an einem Platz mit diffusem Licht.

Temperatur: Mini-Cymbidien ganzjährig im Raum halten. Im Sommer 20 bis 28 °C – nachts deutlich kühler –, im Winter nachts nicht unter 15 °C, tagsüber bis 20 °C. Die größeren Hybriden nehmen im Winter mit Nachttemperaturen von 10 °C vorlieb; tagsüber kann das Thermometer bei Sonne bis 18 °C ansteigen. Wenn ab Spätsommer die nächtliche Abkühlung und die volle Sonne fehlen, kann die Blüte ausbleiben. Jungpflanzen etwas wärmer halten. Zu hohe Temperaturen führen zu Knospenfall. Stets luftiger Platz.

Substrat: Cymbidien gedeihen sogar in üblichen Torfsubstraten, wie Nr. 1, 4 oder 5 (s. Seite 39), doch empfiehlt es sich, jeweils $^1/_3$ Orchideenrinde und Styromull beizumischen; pH 5 bis 6.

Cymbidium (Showgirl)

Cyperus alternifolius

Feuchtigkeit: Im Frühjahr und Sommer wachsen Cymbidien kräftig. Das Substrat darf dann nie austrocknen. Im Winter ist der Wasserbedarf geringer, doch sollte auch dann völlige Trockenheit vermieden werden, da Cymbidien keine strenge Ruhe durchmachen. Hartes Wasser enthärten. Die Luftfeuchte sollte auch im Winter nicht unter 50% absinken, besser sind wenigstens 60%.
Düngen: Von April bis September alle 2 bis 3 Wochen mit Blumendünger in halber Konzentration gießen.
Umpflanzen: In der Regel alle 2 Jahre erforderlich. Bester Zeitpunkt ist das Frühjahr nach der Blüte. Einige Hybriden blühen erst im Sommer, manche beginnen bereits im Oktober. Auch sie werden im Frühjahr umgetopft. Beim Umtopfen Pflanzen teilen und alte sowie faule Bulben entfernen. In zu großen Töpfen sind Cymbidien oft blühfaul.
Vermehren: Beim Umpflanzen in Stücke mit etwa vier bis fünf Pseudobulben teilen. Auch Rückbulben lassen sich bei 20 °C zum Austrieb bringen.
Pflanzenschutz: Cymbidien sind für Spinnmilben besonders attraktiv. Regelmäßig kontrollieren. Spinnmilben sind ein Zeichen für zu warmen und zu trockenen Stand.
Besonderheiten: Cymbidienblüten werden gerne von Hummeln besucht und welken dann vorzeitig.

Cyperus, Cypergras

Mit rund 600 Arten ist die in den Tropen und Subtropen der Welt verbreitete Gattung *Cyperus* sehr stattlich. Der bekannteste Vertreter ist die Papyrusstaude (*Cyperus papyrus*), deren Mark den Ägyptern bereits 3000 Jahre vor unserer Zeitrechnung zur Herstellung von »Papier« diente. Als Zierpflanze findet man sie fast nur in botanischen Gärten. Mit ihren nahezu 5 m hohen Stengeln und dem Schopf langer fadenförmiger Blätter sind sie sehr attraktiv, aber zu groß für die gewöhnlichen Wohnräume. Dort haben sich andere Arten besser bewährt.

Eindeutiger Favorit ist *C. alternifolius*, die wohl verbreitetste Zimmerpflanze aus nassen, sumpfigen Standorten, nicht viel höher als 1 m werdend mit etwa 1 cm breiten, aber bis 25 cm langen Blättchen. Für Sumpfgärtchen ist *C. alternifolius* sehr wertvoll. Die bei allen Arten üblichen Rhizome sorgen für eine ständige Verbreiterung des Stocks, so daß man gelegentlich eingreifen muß.

Ähnlich, aber zierlicher als *C. alternifolius* ist die unter dem Namen *Cyperus gracilis* angebotene Pflanze, die nur etwa 40 cm Höhe erreicht und eine Auslese der vori-

gen Art sein soll: *C. alternifolius* 'Gracilis'. Die Blättchen der Sorte 'Variegatus' sind weißgestreift und -gepunktet, vergrünen aber mit zunehmendem Alter.

Ebenfalls für nasse Standorte empfiehlt sich *C. haspan*. Er sieht aus wie eine kleine Papyrusstaude, wird aber maximal 50 cm hoch und hat einen Schopf fadenförmiger, starr abstehender Blätter, die wie mit der Schere gestutzt aussehen.

Die breitesten Blättchen der kultivierten Arten hat *Cyperus albostriatus*, meist fälschlich als *C. diffusus* angeboten. Er wird nicht viel höher als 30 cm. Ihn hält man wie eine »gewöhnliche« Topfpflanze, er darf also nicht im Sumpf oder gar Wasser stehen.

Als *C. sumula* oder *C. zumula* angebotene Pflanzen gehören korrekterweise zu *C. cyperoides*, einer etwa 30 bis 70 cm hohen Staude, die in Afrika weit verbreitet ist. Die gehandelten Pflanzen sehen aus wie ein kompakter *C. alternifolius* und unterscheiden sich vorwiegend durch die im Zentrum des Blattquirls dicht beieinander stehenden, relativ großen, gestielten, länglichkugeligen Blütenstände.

Licht: Hell bis sonnig.
Temperatur: Warmer, aber luftiger Stand. Im Sommer werden Temperaturen bis 30 °C und mehr (bei hoher Luftfeuchte) vertragen. Im Winter genügen um 14 °C, für *C. haspan* um 18 °C.
Substrat: Am besten Mischungen aus zwei Teilen Nr. 1, 2, 9 oder 17 (s. Seite 39 bis 42) und einem Teil grobem Sand; pH 5 bis 6,5. Steht der Topf untergetaucht, wird die Erde mit einer Schicht Sand abgedeckt.
Feuchtigkeit: *Cyperus* sollten immer in einer Schale mit Wasser stehen, die Erde kann sogar etwa 5 cm vom Wasser überflutet sein. Lediglich *C. albostriatus* wird

Cyperus albostriatus

stets mäßig feucht wie andere Topfpflanzen gehalten. Trockene Zimmerluft begünstigt den Befall mit Spinnmilben und fördert die häßlichen braunen Blattspitzen.

Düngen: Frühjahr bis Herbst alle 1 bis 2 Wochen, im Winter nur bei warmem, hellem Stand alle 5 bis 6 Wochen mit Blumendünger gießen.

Umpflanzen: Alle 1 bis 2 Jahre im Frühjahr.

Vermehren: Durch Teilung älterer Pflanzen beim Umtopfen. Auch Aussaat in stets nasse Erde ist möglich, wenn die Pflanzen Samen angesetzt haben. Von *C. alternifolius* lassen sich die Blatschöpfe mit kurzem Stielansatz abtrennen, die Blätter einkürzen und den Schopf ins Wasser legen, wo er sich bald bewurzelt. Schon kurz darauf kann man ihn in feuchte Erde setzen (s. Abb. Seite 108).

Pflanzenschutz: Besonders bei *C. alternifolius* regelmäßig auf Spinnmilbenbefall kontrollieren.

Besonderheiten: Nehmen braune Blattspitzen zu, ohne daß Schädlingsbefall erkennbar ist, empfiehlt es sich, in frische Erde umzutopfen. Bei im Wasser stehenden Pflanzen können bestimmte Nährstoffe gebunden werden, so daß sie nicht mehr pflanzenverfügbar sind.

Cyrtanthus

Im Süden Afrikas ist eine Pflanze beheimatet, die nicht selten als »Amaryllis« gepflegt wird. Sie gehört zwar zu den Amaryllisgewächsen (Amaryllidaceae), nicht aber zu den Gattungen *Amaryllis* oder *Hippeastrum*. Gemeint ist *Cyrtanthus elatus* (syn. *Vallota speciosa, V. purpurea*), eine besonders liebenswerte und leicht zu kultivierende Topfpflanze. Sie läßt sich recht leicht von *Hippeastrum* unterscheiden: Die Blüten von *Cyrtanthus* sind scharlachrot und kleiner als die von *Hippeastrum*. Drei bis zehn stehen weitgehend senkrecht auf dem Schaft, während sich die Blüten von *Hippeastrum* beim Aufblühen abwinkeln. Ansonsten ist die Ähnlichkeit wirklich recht groß.

Ihre Robustheit ist sprichwörtlich. Die Pflanze gedeiht noch leichter als *Hippeastrum*, will jedoch im Winter nicht völlig trocken stehen. Mit sporadischen Wassergaben sorgen wir dafür, daß sie ihre Blätter nicht verliert. Sie ist aber so widerstandsfähig, daß auch eine völlige Trockenperiode im Winter nicht schaden kann. Dies kommt gelegentlich vor, eben weil sie mit der »Amaryllis« verwechselt wird. Neben der roten *Cyrtanthus elatus* gibt es eine weiß- und sogar eine gelbblühende Sorte.

Licht: Hell bis sonnig, auch im Winter.

Temperatur: Übliche Zimmertemperatur. Im Winter genügen 4 bis 6 °C, doch wirken sich auch höhere Temperaturen offensichtlich nicht nachteilig aus.

Substrat: Nahrhafte Humussubstrate wie Nr. 1, 5, 6 oder 9 (s. Seite 39 bis 42); pH um 6.

Feuchtigkeit: Während der Wachstumsperiode ständig feucht, aber nicht naß halten. Auch im Winter gelegentlich gießen. Die Häufigkeit der Wassergaben ist von der Temperatur abhängig: je kühler sie steht, um so weniger Wasser wird benötigt. Ab März wieder häufiger gießen.

Düngen: Von März bis Oktober wöchentlich mit Blumendünger gießen.

Umpflanzen: Nur dann, wenn die Erde erneuert werden muß oder der Topf zu klein ist, keinesfalls jährlich. Entweder nach der Blüte im Sommer oder vor Wachstumsbeginn im Frühjahr. Wurzeln weitgehend schonen. Mindestens der Zwiebelhals muß aus der Erde herausschauen.

Vermehren: Beim Umpflanzen Nebenzwiebeln abtrennen.

Cyrtomium

Farne stehen im Ruf, empfindlich zu sein. Auf *Cyrtomium* trifft dies sicher nicht zu. Von den rund 20 Arten der Gattung wird in der Regel nur *C. falcatum* gepflegt, eine Art, die in Asien, Südafrika und Polynesien zu Hause ist. Die bis 50 cm langen, einfach gefiederten Blätter sind ledrig derb. Bei der verbreiteten Sorte 'Rochfordianum' sind die einzelnen Fiederblätter tief eingeschnitten und gezähnt. *Cyrtomium falcatum* – für ihn gibt es keinen gängigen deutschen Namen – gedeiht gut in jedem nicht zu warmen Raum. Es ist eine ideale Pflanze für Wintergärten.

Licht: Schattig bis hell, aber ohne direkte Sonne.

Temperatur: Übliche Zimmertemperatur, aber luftiger Platz, im Winter mög-

Cyrtanthus elatus

Cyrtomium falcatum

lichst nicht über 15 °C (ideal sind um 10 °C).

Wenn die Temperatur für kurze Zeit auf 2 °C absinkt, schadet dies nicht. In sehr milden Gegenden kann man in direkter Hausnähe sogar die Freilandkultur wagen. Dann ist unbedingt Winterschutz erforderlich.

Substrat: Humussubstrate wie Nr. 1, 5, 8 oder 15 (s. Seite 39 bis 41) sowie Mischungen mit Lauberde; pH um 5,5.

Feuchtigkeit: Während des ganzen Jahres stets für mäßig feuchtes Substrat sorgen. Zumindest mittlere Luftfeuchte zwischen 50 und 60% anstreben.

Düngen: Von Frühjahr bis Herbst reichen Gaben im Abstand von 3 bis 4 Wochen aus. Üblichen Blumendünger verwenden.

Umpflanzen: Alle 1 bis 2 Jahre im Frühjahr.

Vermehren: Beim Umpflanzen größerer Exemplare kann das kurze, aufrechte Rhizom geteilt werden. Ansonsten Sporenaussaat (s. Seite 100) bei 18 bis 20 °C.

Cyrtostachys

Eine seltene, aber empfehlenswerte Fiederpalme stammt aus Borneo und von der Malaiischen Halbinsel: *Cyrtostachys lakka* (syn. *C. renda*). Sie bildet durch kurze Ausläufer Gruppen, dennoch kann jeder Stamm – zumindest in der Heimat – bis 10 m Höhe erreichen.

Auffällig sind der sehr kurze Blattstiel und die rotgefärbte Basis. Diese Palme beansprucht einen sonnigen Stand und hohe Temperaturen, auch im Winter über 20 °C. Für gutes Gedeihen ist weiterhin eine hohe Luftfeuchte unabdingbar. Da sie in ihrer Heimat an feuchten Standorten vorkommt, sollte das Substrat nie völlig austrocknen. Die Pflege entspricht weitgehend der von *Licuala*, doch darf *Cyrtostachys lakka* nicht in einem wassergefüllten Untersatz stehen. Bild Seite 258.

Cytisus, Geißklee

Jährlich im Frühjahr finden sich die hübschen gelbblühenden Geißklee im Angebot des Blumenhandels. Der Gärtner kennt sie unter den Namen *Cytisus* × *racemosus* und *C.* × *spachianus*.

Bis heute herrscht keine einheitliche Meinung darüber, ob diese Pflanzen aus der Familie der Hülsenfrüchtler (Leguminosae) als *Cytisus*, also Geißklee,

Cytisus x spachianus

oder *Genista*, somit Ginster, einzustufen sind.

Auch die Abstammung ist nicht ganz sicher. Vermutlich handelt es sich um Nachkommen des Kanarischen Ginsters (*C. canariensis*), der früher ebenfalls als Kalthauspflanze verbreitet war. Der zweite Elternteil ist *C. maderensis* von der Insel Madeira oder *C. stenopetalus* von den Kanaren.

Die Hybride, *Genista* × *spachiana* oder *Cytisus* × *spachianus*, ist schon über 100 Jahre bekannt und eine seit langer Zeit geschätzte Topfpflanze. Die bis 10 cm langen Trauben mit den leuchtendgelben Blüten machen den Geißklee zu einem wertvollen Frühjahrsblüher. Anschließend erscheinen die Hülsenfrüchte.

Den Geißklee kann man nicht für warme Wohnstuben empfehlen. Er schätzt einen kühlen, sonnigen Platz. Dort ist er eine leicht zu pflegende, anspruchslose Pflanze, die viele Jahre alt und dann auch meterhoch und höher werden kann.

Licht: Hell bis sonnig, auch im Winter.
Temperatur: Luftiger Stand. Während der frostfreien Jahreszeit am besten in den Garten stellen. Im Winter 5 bis 10 °C.

Substrat: Vorzugsweise lehmhaltige Substrate wie Nr. 1, 9, 10 oder 17 (s. Seite 39 bis 42); pH 5,5 bis 7.

Feuchtigkeit: Stets feucht halten, ohne Nässe aufkommen zu lassen. Im Winter sparsamer gießen.

Düngen: Von Frühjahr bis Herbst wöchentlich, im Winter je nach Wachstumsintensität alle 2 bis 4 Wochen mit Blumendünger gießen.

Umpflanzen: Alle 1 bis 2 Jahre, ältere Kübelpflanzen in größeren Abständen.

Vermehren: Im Juni oder Juli noch nicht zu sehr verholzte Stecklinge schneiden und bei etwa 18 °C in einem Torf-Sand-Gemisch bewurzeln. Bis zum Anwachsen vergehen rund 5 Wochen. Mit Bewurzelungshormonen läßt sich dies etwas beschleunigen. Jungpflanzen mehrmals stutzen, um eine gute Verzweigung zu erzielen, es sei denn, man will einen Hochstamm heranziehen.

Besonderheiten: Pflanzen jährlich nach der Blüte zurückschneiden, damit sie kompakter bleiben und – besonders ältere Exemplare – nicht von unten verkahlen.

Cyrtostachys lakka

Darlingtonia californica

D. bullata, D. canariensis, D. pyxidata und D. trichomanoides luftig und im Winter bei 12 bis 15 °C stehen wollen.
Substrat: Mischungen wie Nr. 12 (s. Seite 40 und 41), versuchsweise auch Nr. 8 oder 13; pH um 5.
Feuchtigkeit: Stets feucht halten; nie austrocknen lassen. Luftfeuchte nicht unter 70%.
Düngen: In der Regel nicht nötig; nur bei kräftigem Wachstum können sporadische Blumendüngergaben in halber Konzentration sinnvoll sein.
Umpflanzen: Die Rhizome der Davallien werden nicht in das Substrat gesteckt, sondern nur mit Hilfe von Draht auf der Oberfläche fixiert. Das Umsetzen ist somit nur nötig, wenn sich das Substrat weitgehend zersetzt hat oder man die Pflanzen teilen will.
Vermehren: Im Frühjahr oder Sommer Rhizome teilen und bei Temperaturen von 25 °C auf stets feuchtem Substrat anwachsen lassen.

Darlingtonia, Kobrapflanze

Darlingtonia californica, die einzige Art der Gattung aus der Familie der Schlauchpflanzengewächse (Sarraceniaceae), zählt zu den ungewöhnlichsten insektenfangenden Pflanzen. Die direkt aus dem Wurzelstock hervorkommenden schlauchförmigen Blätter sind an ihrer Spitze gewölbt und wie ein Spazierstock umgebogen. An der nach unten zeigenden Öffnung findet sich ein einfaches, zweigeteiltes oder fischschwanzartiges Anhängsel. Das Bemerkenswerteste sind die im durchscheinenden Licht besonders eindrucksvollen weißlichen bis silbrigen Fensterflecken. Die aus den Gebirgen Kaliforniens und Oregons stammenden Darlingtonien hält man ähnlich wie Sarracenien, doch ist bei intensiver Sonne leicht zu schattieren.

Davallia mariesii

Davallia

Wer Farne mag, dem sei die rund 40 Arten umfassende Gattung *Davallia* empfohlen. Es sind reizvolle, doch im Handel rare Vertreter der Familie der Davalliaceae. Typisch für diese Gattung ist das lange, je nach Art bis fingerdicke, kriechende Rhizom, das dicht mit haarähnlichen Schuppen besetzt ist. Aus dem Rhizom schieben sich in mehr oder weniger großen Abständen die filigranen Wedel empor. Davallien leben epiphytisch, also auf Bäumen oder auf Felsen. Ähnlich sollten wir diesen Farn kultivieren: entweder auf eine Astgabel, ein Rindenstück aufgebunden oder im Orchideenkörbchen. Die Ansprüche sind nicht allzu hoch und doch im Wohnraum nur schwer zu erfüllen. Die erforderliche hohe Luftfeuchte ist leichter im geschlossenen Blumenfenster, in der Vitrine oder im Gewächshaus zu schaffen. Obwohl die meisten Arten in den Tropen beheimatet sind, verlangen nicht alle hohe Temperaturen. Nur eine Art, *Davallia canariensis*, ist auf dem europäischen Kontinent zu Hause. Aus dem tropischen Asien stammt die bei uns populärste Art, *D. bullata*, die auch als Form unter der Bezeichnung f. *barbarta* zu *D. trichomanoides* gerechnet wird.

Licht: Hell bis halbschattig. Keine direkte Sonne.
Temperatur: Ganzjährig über 20 °C verlangen Arten wie *D. divaricata*, *D. fejeensis*, *D. mariesii* und *D. pallida* (jetzt *Leucostegia pallida*), während

Delosperma lineare, eine auch im Freien gedeihende, harte Art.

Delosperma

Die rund 150 Arten umfassende Gattung *Delosperma* aus der Familie der Mittagsblumengewächse (Aizoaceae) enthält zwar neben strauchigen Arten auch zweijährige sowie ausdauernde Kräuter mit dickfleischigen Blättern. In Kultur findet man jedoch fast ausschließlich die Zwergsträucher mit ihren verholzenden Stengeln. Ein Beispiel dafür ist die beliebte *Delosperma cooperi* mit 5 cm großen, purpurroten Blüten. Das Hauptwachstum findet im Sommer statt. Während dieser Zeit können die Pflanzen vorteilhaft im Freien stehen, am besten im Regenschatten. Ihre Verwendung und Pflege ähnelt

Dendranthema indicum 'Confetti'

damit weitgehend *Lampranthus*. In milden Gegenden haben sich Arten wie *D. cooperi* und *D. lineare* als winterhart erwiesen. Dann ist unbedingt für einen relativ trockenen Standort während des Winters zu sorgen. Die Identität der Pflanzen ist unsicher. Bei der unter dem Namen *D. lineare* verbreiteten Art könnte es sich um *D. nubigenum* handeln.

Dendranthema, Chrysanthemen

Nur kurz seien die Chrysanthemen (*Dendranthema indicum*, syn. *Chrysanthemum indicum*) erwähnt, denn für einen längeren Zimmeraufenthalt sind sie nicht geeignet. Lediglich in kühlen Räumen oder hellen Wintergärten wird man einige Zeit Freude an ihnen haben. Sie sind aber nur zur Blüte eine Zierde, so daß man sie nach dem Abblühen wieder wegräumt.

Man kann sie anschließend in den Garten setzen und – sofern man Zweifel an der Winterhärte hat – zurückschneiden und relativ trocken bei 3 bis 5 °C überwintern. Aus den Wurzelstöcken kommen im Frühjahr neue Triebe, denen Stecklinge abgenommen werden können. Die jungen

Pflanzen stellt man ab Mai wieder ins Freie. Viele Sorten werden erst dann zur Blüte kommen, wenn bereits Frostgefahr besteht. Deshalb ab September/Oktober in einen hellen, kühlen Raum stellen.

Dendrobium

Hätten die Orchideen nur diese Gattung zu bieten, sie wären kaum weniger populär geworden. Diese Gattung ist allein so vielfältig und die Blüten der Arten und Sorten sind so attraktiv, daß sie fast keine Wünsche offen lassen. Wieviele Arten es gibt, ist nicht ganz klar. Die Schätzungen schwanken zwischen 900 und 1400; hinzu kommen die durch züchterische Arbeit entstandenen Sorten. Die Verbreitung reicht von Japan und Korea über Indonesien bis Australien, Polynesien und Neuseeland.

Das Angebot ist weit weniger umfangreich. Und reduziert man die Vielfalt auf jene, die im Wohnraum ohne Schwierigkeiten gedeihen, so bleiben nur ganz wenige übrig, denn nur mit Mühe läßt sich die gewünschte hohe Luftfeuchtigkeit schaffen. Viele Dendrobien erfreuen nur dann mit ihrer Blütenfülle, wenn sie im Winter niedrige Temperaturen besonders

während der Nacht erhalten. Der Wuchs mancher Dendrobien – sie bilden über 50 cm lange, überhängende Sprosse aus verdickten Stengelgliedern – erfordert die Kultur im Orchideenkörbchen, was ebenfalls für die Fensterbank problematisch ist. Beispiele für diese Gruppe sind *D. anosmum*, *D. aphyllum* (syn. *D. pierardii*), *D. loddigesii*, *D. parishii* und *D. primulinum*. Andere wie *D. fimbriatum* bilden bis 1,50 m lange Stämmchen, werden also zu groß.

Das bekannteste *Dendrobium* ist sicherlich *D. phalaenopsis*, das heute korrekt *D. bigibbum* heißt und in verschiedenen Kulturformen eine verbreitete Schnittblume ist. Diese Art wird nicht zu groß, stellt aber ganzjährig hohe Ansprüche an die Temperatur.

Zu den beliebtesten Topfpflanzen aus dieser Gattung zählen die Hybriden von *D. nobile*. Ihre zylindrischen, mehrblättrigen Pseudobulben erreichen 60 cm Höhe und bringen viele lebhaft gefärbte Blüten hervor. Für sie sind hohe Luftfeuchte und niedrige Nachttemperaturen im Winter unerläßlich. Sie verlangen grundsätzlich viel Luft und stehen am besten während des Sommers im Freien.

Die am Zimmerfenster vielleicht haltbarste Dendrobie ist *D. kingianum* aus Australien. Sie bleibt im Vergleich zu anderen Arten kleiner, bildet dicht beieinanderstehende, bis 25 cm lange Pseudobulben und einen aus etwa sechs blaßrosa Blüten bestehenden Blütenstand. Auch bei ihm wie bei den beiden nachfolgenden dürfen kühle Nachttemperaturen im Herbst und Winter nicht fehlen. *D. thyrsiflorum* aus Nepal und Burma ist wegen der herrlichen Blütentrauben zu Recht sehr beliebt. Die drei Blätter tragenden zylindrischen, etwa 50 cm langen Pseudobulben wurzeln allerdings besser im Körbchen als im Topf. Dies gilt auch für das sehr ähnliche *D. densiflorum*.

Licht: Die meisten Dendrobien haben ein hohes Lichtbedürfnis, wenn sie auch im

Dendrobium amethystoglossum

Dendrobium-Nobile-Hybriden

Dichorisandra

Aus Peru stammt *Dichorisandra reginae*, eine bis 1 m hohe Staude aus der Familie der Comellinengewächse. Sie ist mit ihren bis 20 cm langen Blütenständen mit den dunkelblauen Blüten wohl die attraktivste der rund 25 Arten umfassenden Gattung.

Als Topfpflanze ist sie stets eine Rarität geblieben, zumal sie sich nicht leicht vermehren und kultivieren läßt. Im Zimmer ist sie auf Dauer kaum am Leben zu halten. Im geschlossenen Blumenfenster oder im warmen Wintergarten können sie sich zu wahren Prachtexemplaren entwickeln.

Licht: Hell, aber vor direkter Sonne geschützt.
Temperatur: Während der Wachstumszeit stets mindestens 18 °C, während der Ruhezeit im Winter 15 bis 18 °C.
Substrat: Mischungen wie Nr. 1, 2 oder 17 (Seite 39 und 42); pH 5,5 bis 6,5.
Feuchtigkeit: Stets mäßig feucht halten. Im Winter vergilbt das Laub, und die Pflanze macht eine Ruhezeit durch. Während dieser Zeit völlig trocken halten. Mit beginnendem Austrieb im Frühjahr zunächst vorsichtig mit dem Gießen beginnen.
Düngen: Nach dem Austrieb etwa alle 2 Wochen bis Ende September mit Blumendünger in angegebener Konzentration gießen.
Umpflanzen: Etwa alle drei Jahre im Frühjahr oder Sommer; große Pflanzen dabei teilen.
Vermehren: In der Regel nur durch Teilen.

Frühjahr und Sommer vor direkter Sonne, besonders während der Mittagsstunden, zu schützen sind, sonst kommt es zu Verbrennungen. *D. nobile, D. kingianum* und *D. thyrsiflorum* schätzen volle Sonne zum Ausreifen der Triebe ab September. Im Winter ist es am Fenster oft zu dunkel, so daß zum guten Gedeihen eine Zusatzbeleuchtung erforderlich ist.
Temperatur: Je nach Arten sehr unterschiedlich. Grundregel: Pflanzen mit rundlichen Pseudobulben und immergrünem Laub kühl, Pflanzen mit schlanken Sprossen und jährlich oder alle zwei Jahre abfallenden Blättern temperiert sowie Pflanzen mit aufrechten Sprossen und ledrigen, immergrünen Blättern warm halten.
D. kingianum, D. nobile und Hybriden ab Herbst unter 12 °C Nachttemperatur, tagsüber bei Sonne wärmer. *D. thyrsiflorum* im Winter nachts um 15 °C. Solche kühlen Nachttemperaturen im Herbst erzielt man leicht durch Freilandaufenthalt an geschützter sonniger Stelle. *D. bigibbum* steht ganzjährig warm, im Sommer über 24 °C. Bei ihm entstehen Blüten, wenn die Nachttemperatur für einige Zeit auf 16 °C absinken kann.

Substrat: Für alle Arten empfehlen sich Mischungen aus groben Bestandteilen (s. Seite 41 und 43); pH 5 bis 5,5.

Feuchtigkeit: Ab Herbst mit dem Ausreifen der Triebe oder Pseudobulben Wassergaben reduzieren und nur soviel gießen, daß die Pflanzen nicht schrumpfen. Bei laubabwerfenden Arten mit deutlicher Winterruhe dann wieder mit Wassergaben beginnen, wenn die Knospen im zeitigen Frühjahr deutlich sichtbar sind. Während der Vegetationsperiode nie austrocknen lassen, aber so vorsichtig gießen, daß keine stauende Nässe entsteht. Kein hartes Wasser. Ganzjährig hohe Luftfeuchte, im Winter 50%, besser mehr, sonst 70%.
Düngen: Während der Wachstumszeit alle 2 bis 3 Wochen mit Blumendünger in halber Konzentration gießen.
Umpflanzen: In der Regel nach der Blüte oder mit Beginn des Wurzelwachstums. Relativ kleine Gefäße verwenden. Bei großen Pflanzen mit Steinen beschweren. Meist nicht häufiger als alle 2 Jahre erforderlich.
Vermehren: Bei Arten mit Pseudobulben jeweils 3 bis 4 Rückbulben abtrennen. Dabei aber bedenken, daß Dendrobien häufig noch aus älteren Bulben Blüten entwickeln. Manche Arten bilden lange Sprosse, an denen mit mehr oder weniger Wurzeln versehene Kindel entstehen. Sie werden abgetrennt, eingetopft, zunächst schattig gehalten und sehr vorsichtig gegossen.

Dichorisandra reginae

Didymochlaena truncatula

auch sehr gut für die Bepflanzung von Flaschengärten eignen. Im tropischen Regenwald bildet der Farn im Alter einen 40 cm hohen Stamm und einen Schopf von 1,20 m langen Wedeln.

Licht: Keine direkte Sonne; halbschattig.
Temperatur: Gedeiht gut bei üblicher Zimmertemperatur um 20 °C. Im Winter nicht zu warm, 16 bis 18 °C genügen.
Substrat: Nicht zu nährstoffreiche Humussubstrate, zum Beispiel Nr. 12 oder 4 (s. Seite 39 und 41); pH um 6.
Feuchtigkeit: Während des ganzen Jahres immer feucht, aber nicht naß halten.
Düngen: Von Frühjahr bis Herbst alle 14 Tage bis 3 Wochen mit Blumendünger gießen.
Umpflanzen: Jährlich im Frühjahr.
Vermehren: Durch Sporen (s. Seite 100); sie keimen bei einer Temperatur von etwa 22 bis 24 °C.

Didymochlaena

Der hübsche terrestrische Farn mit dem Namen *Didymochlaena truncatula* gehörte schon vor hundert Jahren zu den gärtnerischen Kulturpflanzen, und vor rund 50 Jahren war er ziemlich weit verbreitet. Seit dieser Zeit taucht *Didymochlaena truncatula* immer wieder einmal in den Gärtnerein auf, leider nicht regelmäßig. Dabei ist dieser Farn der haltbarste für die Topfkultur in Wohnräumen.

Der in den Tropen der Welt verbreitete Farn aus der Familie der Dryopteridaceae besitzt ungleichseitige, fast ledrige Fiederblätter, die je nach Typ in ihrer Form variieren und an Wedeln stehen, die in Kultur über 70 cm Länge erreichen. In der Regel werden jüngere und damit kleinere Pflanzen gehalten, die sich

Dieffenbachia

Bei vielen Pflanzenarten ist darauf hinzuweisen, daß sie sich nur dann zur Zufriedenheit entwickeln, wenn sie im Winter kühl stehen. Oft ist guter Rat teuer, denn der einzige kühle Raum ist der Keller, und da ist es zu dunkel. Dieffenbachien sind eine Pflanzengattung, der es nahezu nicht warm genug sein kann, selbst im lichtarmen Winter.

Rund 25 Arten dieses Aronstabgewächses (Araceae) mag es im tropischen Amerika geben. Sie alle spielen gärtnerisch keine Rolle und sind selbst in botanischen Gärten nicht häufig. Ab der Mitte des vorigen Jahrhunderts kamen

die ersten zunächst nach England und Belgien. Nur wenige Jahre später begann man, sich züchterisch mit ihnen zu beschäftigen. *Dieffenbachia maculata* und *D. seguine* wurden bevorzugt als Kreuzungspartner verwendet. Die Zahl der Sorten ist groß, und vielfach bereitet es Schwierigkeiten, sie auseinanderzuhalten oder einer bestimmten Art zuzuordnen beziehungsweise sie als Hybride zu identifizieren. Da sie alle weitgehend der gleichen Pflege bedürfen, ist die genaue Identifizierung nicht so wichtig. Die Sorten unterscheiden sich ein wenig in ihrer Wachstumsintensität.

Das gute Wachstum und die leichte Vermehrbarkeit in Nährlösung haben *Dieffenbachia* zu einer Standardpflanze für die Hydrokultur gemacht. Ein großes Plus sind auch die geringeren Lichtansprüche. Allerdings sollte das nicht dazu verleiten, Dieffenbachien weitab eines Fensters mitten im Raum aufzustellen, nur weil das »dekorativ« ist. Ein Mindestmaß an Licht fordern auch die genügsamen Dieffenbachien.

Licht: Hell bis schattig. Keine direkte Sonne, aber nicht zu dunkel.
Temperatur: Ganzjährig im warmen Zimmer. Die Temperatur sollte nach Möglichkeit nicht unter 20 °C absinken. Dies kann zum Welken der Blätter oder gar zum Absterben der Pflanzen führen. Im Sommer nicht über 30 °C. Bodentemperatur möglichst nicht unter der Lufttemperatur; optimal sind 22 °C.
Substrat: Humusreiche Substrate wie Nr. 1, 5, 9, versuchsweise auch Nr. 8 (s. Seite 39 bis 40); pH um 5,5.
Feuchtigkeit: Ganzjährig stets feucht halten, im Winter dem geringeren Bedarf

Dieffenbachia amoena

Dieffenbachia seguine

anpassen. Nie Nässe aufkommen lassen, denn dies führt schnell zu Fäulnis. Luftfeuchte über 60%.

Düngen: Von Frühjahr bis Herbst wöchentlich, im Winter alle 2 bis 3 Wochen mit Blumendünger gießen.

Umpflanzen: Alle 1 bis 2 Jahre von Frühjahr bis Herbst möglich.

Vermehren: Nur dem zu empfehlen, der eine hohe Bodenwärme anbieten kann. Kopfstecklinge bewurzeln bei Temperaturen über 22 °C. Die Stämme lassen sich auch in Stücke von etwa 5 cm Länge schneiden, die man dann waagrecht auf das über 24 °C warm zu haltende Substrat legt. Hohe Luftfeuchte ist in jedem Fall erforderlich.

Pflanzenschutz: Pflanzen, deren Wurzeln faulen, trockener halten. Geht die Fäule dennoch weiter, die Pflanzen am besten wegwerfen. Besonders bei trockener Luft können Spinnmilben auftreten.

Besonderheiten: Dieffenbachien verzweigen sich in der Regel auch nach dem Stutzen nicht. Im lufttrockenen Zimmer oder bei Temperaturen unter 18 °C verlieren sie von unten her die Blätter. Solche kahlen Pflanzen kann man bedenkenlos – am besten im späten Frühjahr – weit zurückschneiden. Vorsicht vor dem schleimhautreizenden, giftigen Pflanzensaft!

Dionaea muscipula, siehe auch Seite 111

Dionaea, Venusfliegenfalle

Die Venusfliegenfalle ist eine der interessantesten Erscheinungen des Pflanzenreichs, von Linné als »miraculum naturae«, als Wunder der Natur bezeichnet. Viele große Botaniker hat dieser fallenstellende Zwerg beschäftigt. Nur knapp 10 bis 20 cm im Durchmesser erreicht die Rosette mit den mehr oder weniger dem Boden anliegenden Blättern. Der Stiel ist spreitenähnlich verbreitert. Die Blattspreite selbst ist zu einer zweiklappigen, mit steifen Wimpern versehenen Falle umgebildet. Jede Klappe trägt auf der Innenseite mehrere Borsten. Berührt ein Insekt eines dieser Sinneshaare, so klappt die Falle zu. Mit einem Bleistift lassen sich die Sinneshaare reizen, um den Mechanismus auszulösen. Jedes Blatt kann diese Bewegung nur wenige Male vollbringen und bleibt schließlich geschlossen.

Die zu den Sonnentaugewächsen (Droseraceae) zählende *Dionaea muscipula*, die einzige Art dieser Gattung, kommt in Carolina in feuchten Sphagnum-Mooren vor, wo der lebensnotwendige Stickstoff nicht allzu reichlich ist. Die Insekten sind da ein willkommenes Zubrot, doch keinesfalls – besonders in Kultur – lebensnotwendig. Die Fallenblätter werden in der Regel nur von Frühjahr bis Herbst gebildet. In der lichtarmen Jahreszeit ent-

stehen nur die verbreiterten Stiele ohne die Spreiten. Die Venusfliegenfalle ist zwar nicht zu einer Modepflanze geworden, wir finden sie dennoch regelmäßig im Angebot. Dabei ist sie nur bedingt für die Pflege auf der Fensterbank zu empfehlen. Die meisten Pflanzen überleben nur kurze Zeit, weil sie zu warm und in zu trockener Luft stehen. Ein kühler Raum und hohe Luftfeuchte garantieren eine höhere Lebenserwartung.

Licht: Heller Platz. Nur während praller Mittagssonne ist leichter Schatten erforderlich. An einem halbschattigen Platz wachsen *Dionaea* zwar auch, aber die Ausfärbung der Blätter ist schlecht.

Temperatur: Genügend abgehärtet, übersteht *Dionaea* sogar leichten Frost. Aber es empfiehlt sich, sie im Winter bei mindestens 5 °C, nicht mehr als 10 bis 12 °C und auch im Sommer nicht allzu warm zu halten.

Substrat: Torf oder Mischungen von Torf mit Sand und Sphagnum; pH um 5,5.

Feuchtigkeit: Als Pflanze mooriger Standorte nie austrocknen lassen. Während der Ruhezeit im Winter vorsichtig gießen, um Fäulnis zu vermeiden. Kein hartes Wasser verwenden. Hohe Luftfeuchte von 70% oder mehr erforderlich, daher vorteilhaft in Flaschengärten oder ähnlichem zu kultivieren.

Düngen: Von Frühjahr bis Herbst alle 4 bis 6 Wochen mit Blumendünger in halber Konzentration gießen.

Umpflanzen: Jährlich, im Frühjahr nach dem Ende der Ruhezeit. Die Pflanzen werden häufig in zu kleinen Töpfen angeboten. 10-cm-Töpfe, besser Schalen sind empfehlenswert.

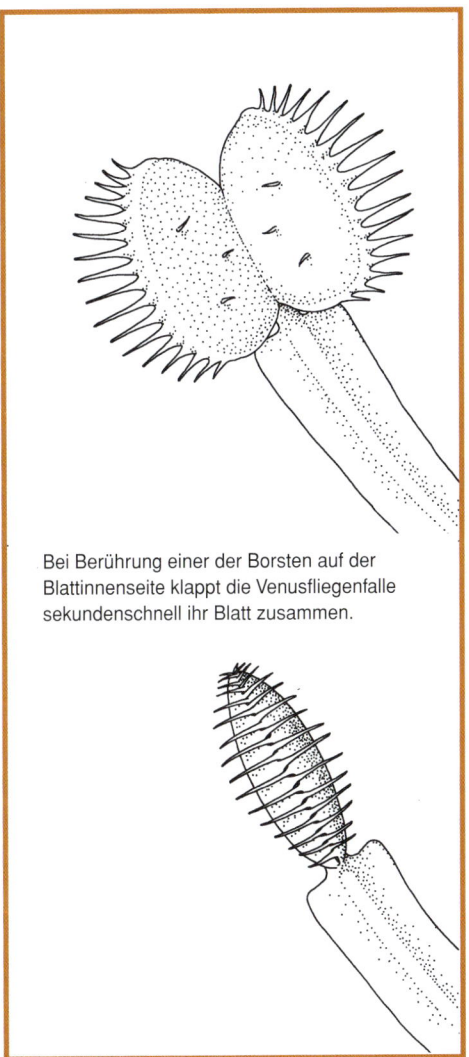

Bei Berührung einer der Borsten auf der Blattinnenseite klappt die Venusfliegenfalle sekundenschnell ihr Blatt zusammen.

Dioscorea discolor

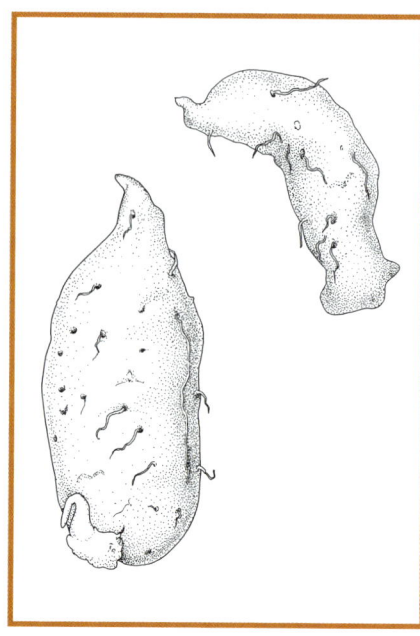

Die Luftkartoffeln, Dioscorea discolor,
überdauern den Winter als Knollen.

Vermehren: Am besten Jungpflanzen kaufen. Der nur kurze Zeit keimfähige Samen wird nur selten angeboten. Er muß sofort auf Torf oder gehacktes Sphagnum ausgesät werden.

Auch Blattstecklinge lassen sich bewurzeln. Am besten die im Frühjahr neu gebildeten, gerade ausgewachsenen Blätter schneiden und in Sphagnum stecken. Bodentemperatur über 20 °C und hohe Luftfeuchte sind erforderlich. Die Bewurzelung erfolgt erst nach einigen Wochen.

Dioscorea,
Luftkartoffel, Yamswurz

In den Tropen der Welt haben die rund 600 *Dioscorea*-Arten große Bedeutung als Nahrungspflanze. Manche Arten bilden unterirdisch Knollen, die bis 50 kg schwer sind. Die meisten *Dioscorea*-Arten sind Lianen. Die windenden Stengel erreichen oft beachtliche Längen. Bei *D. mangenotiana* wurden 30 m gemessen. In botanischen Gärten finden wir *D. bulbifera*, die in den Blattachseln beachtlich große kartoffelähnliche Knollen entwickeln. Rar ist die sukkulente *D. elephantipes*, die auch zu *Testudinaria* gerechnet wird. *D. elephantipes*, der Elefantenfuß, ist eine ungewöhnliche, faszinierende Pflanze. Sie bildet einen kugeligen, fleischigen Stamm (Caudex), dem die meterlangen, dünnen, beblätterten Triebe entspringen. Der Stamm ist völlig mit korkartigen, mehreckigen Warzen bedeckt und erreicht im Alter bis 1 m Dicke. Die Pflanzen werden luftig (etwa 10 °C im Winter) und auch während der sommerlichen Ruhe nicht völlig trocken gehalten. Die Anzucht aus Samen ist leicht möglich, so daß man nur Sämlinge kaufen sollte.

Für die Topfkultur empfiehlt sich die schwächer wachsende *D. discolor*, die möglicherweise *D. vittata* beziehungsweise *D. dodecaneura* zuzurechnen ist. Ihre sehr zarten, herzförmigen Blätter tragen eine farbenfrohe Zeichnung silbriger und dunkelroter Flecken auf dunkelgrünem Grund. Die Blattunterseite ist dunkelkaminrot gefärbt. Luftknollen bil-

Dioscorea elephantipes

det sie nicht. Die Ranken werden so lang, daß wir ihnen ein Klettergerüst anbieten müssen.

Licht: Zimmertemperatur oder wärmer. Im Winter ziehen die Knollen ein und werden im geheizten Wohnraum bei 15 bis 18 °C gelagert. Beim Antreiben der Knollen im Frühjahr – etwa März/April – sollte die Bodentemperatur nicht unter 20 °C liegen.
Substrat: Humusreiche Mischungen wie Nr. 1, 2, 5, 6 oder 15 (s. Seite 39 bis 41); pH um 6.
Feuchtigkeit: Während der Wachstumsperiode stets mäßig feucht halten. Im Spätherbst/Winter Wassergaben reduzieren, bis alles Laub abgestorben ist. In Gewächshäusern und ähnlich luftfeuchten Räumen lagern wir die Knollen bis zum Antreiben völlig trocken. Im trockenen Wohnraum kann der Substanzverlust kleinerer Knollen so hoch sein, daß sie den Winter nicht überleben. Hilfreich ist es, während der Ruhezeit in größeren Abständen die Erde nur oberflächlich leicht zu benetzen. Beim Antreiben wird zunächst nur sehr vorsichtig gegossen, da die Knollen erst neue Wurzeln entwickeln müssen. Die Luftfeuchte sollte möglichst nicht unter 50% liegen.
Düngen: 2 bis 3 Wochen nach dem Antreiben beginnend – bei Verwendung der gedüngten Torfsubstrate 6 Wochen später –, wöchentlich mit Blumendünger gießen. Ende September alle Nährstoffgaben einstellen.
Umpflanzen: Am Ende der Ruhezeit vor Triebbeginn Knollen in frische Erde umtopfen. Am besten 2 bis 3 Knollen in einen mindestens 16 cm großen Topf tief in die Erde stecken.
Vermehren: An den Knollen bilden sich kleine Brutknöllchen, die abgetrennt werden können.

Dischidia

Erst seit 1987 ist eine ganz ungewöhnliche Topfpflanze im Sortiment: *Dischidia pectenoides*. Dieses Seidenpflanzengewächs (Asclepiadaceae) von den Philippinen bildet sehr lange Triebe aus, mit denen es in seiner Heimat bis in die Kronen der Bäume hineinklettert. Dabei hält sie sich mit ihren Luftwurzeln an ihrer Unterlage fest.

Das Besondere an dieser Pflanze sind aber die unterschiedlichen Blätter. Neben den ganz gewöhnlichen Laubblättern bildet *Dischidia pectenoides* große, wie aufgeblasen wirkende Urnenblätter, die oben eine Öffnung besitzen. In diese Öffnung kann es hineinregnen, und da Luftwurzeln durch die Öffnung in das Urnenblatt hineinwachsen, kann die Pflanze dieses Reservoir gut nutzen. Bei zu dunklem Stand entstehen nur Laubblätter.

Die kleinen, aber hübschen roten Blütchen werden an ungünstigen Standorten schnell abgeworfen.

Licht: Hell, aber keine direkte Sonne.
Temperatur: Zimmertemperatur oder wärmer; nicht unter 18 °C.
Substrat: Lockeres Torfsubstrat, zum Beispiel Nr. 2, 3, 4, 12 oder 15 mit ⅓ Perlite gemischt; pH 4 bis 5.
Feuchtigkeit: Stets regelmäßig feucht halten; nicht austrocknen lassen, aber keine Nässe aufkommen lassen. Luftfeuchte sollte nicht zu niedrig liegen, da sonst die Blüten abgestoßen werden.
Düngen: Von Frühjahr bis Herbst alle 2 Wochen, im Winter nur alle 4 Wochen mit Blumendünger in halber Konzentration gießen.

Umpflanzen: Alle 1 bis 2 Jahre im Frühjahr; auf jeden Fall dann, wenn die Erde nicht mehr gut durchlüftet ist.
Vermehren: Stecklinge bewurzeln bei Bodentemperaturen über 20 °C und hoher Luftfeuchte.
Besonderheiten: *Dischidia pectenoides* benötigt für ihre Langtriebe ein kleines Klettergerüst. Neu erworbene Pflanzen sind besonders empfindlich und werfen meist alle Blüten ab.

Doritis, x Doritaenopsis

Die Orchideenarten der Gattung *Doritis* haben viel Ähnlichkeit mit den populäreren *Phalaenopsis*. Die Pflanzen bleiben insgesamt kleiner, blühen jedoch sehr reich mit etwas zierlicheren Einzelblüten. Die Haltbarkeit der Blüten ist hervorzuheben. *Doritis* sind ähnlich wie *Phalaenopsis* zu behandeln, wollen jedoch nicht unter 16 °C stehen. Allerdings bilden sie an den Stielen keine Kindel (Keikis). Dafür neigen sie stärker dazu, an der Basis Seitentriebe auszubilden.

Doritis wurden mit den nahe verwandten *Phalaenopsis* gekreuzt. Das Ergebnis – × *Doritaenopsis* genannt – sind Pflanzen, die von den *Phalaenopsis* die Blütengröße mitbekamen, von *Doritis* die gute Haltbarkeit. Hinzu kommt eine sehr intensive Blütenfarbe. Die Blüten erscheinen im Sommer. Zu pflegen sind sie wie *Phalaenopsis*-Hybriden. Nur eine Besonderheit ist zu nennen: der Blütenstiel kann eine zu große Länge erreichen. Dann kneift man ihn einfach oben ab und erreicht so, daß er sich weiter unten verzweigt. Nach dem Abblühen treibt der Stiel leider nur selten wieder durch, so wie dies bei *Phalaenopsis* der Fall ist.

Dischidia pectenoides

x Doritaenopsis 'Wössner Surprise'

Dracaena, Drachenbaum

Die Tropen der Alten Welt sind die Heimat von rund 40 Arten der Gattung *Dracaena*. Nur eine – *Dracaena americana* – ist neuweltlichen Ursprungs. Seit vielen Jahren haben sich einige bestens als Zimmerpflanzen bewährt. Bereits vor über 100 Jahren rühmte man die Schönheit und Haltbarkeit dieser schönblättrigen Agavengewächse. Besonders zwei Arten zeichnen sich durch ihr gutes Gedeihen in üblichen geheizten Wohnräumen aus: *Dracaena deremensis* und *D. fragrans*. Noch vor wenigen Jahren waren die Sorten von *D. deremensis* am weitesten verbreitet. Es sind bis zu 5 m hoch werdende Pflanzen mit schmallanzettlichen Blättern. Die nahezu ausschließlich kultivierten buntlaubigen Sorten besitzen weiß- oder gelb-grün gestreiftes Laub. Auch in Kultur erreicht *D. deremensis* in wenigen Jahren Meterhöhe, ohne sich zu verzweigen. Ein radikaler Rückschnitt löst das Platzproblem.

Nach niederländischen Untersuchungen lassen sich *D. deremensis* und *D. fragrans* nicht eindeutig unterscheiden. Deshalb wird empfohlen, *D. deremensis* und alle Sorten zu *D. fragrans* zu rechnen. Das bedarf noch einer endgültigen Klärung.

Die heute wichtigste Art ist *D. fragrans*, ebenfalls in buntlaubigen Sorten. Die Blätter dieser Art sind deutlich breiter und – vorwiegend am Rand – leicht gewellt. *D. fragrans* eroberte mit dem Aufkommen der »Ti-plant«-Mode die Gunst des Publikums. Als Ti-plants bezeichnet man abgesägte Stämme mit einem oder mehreren Austrieben an der Spitze. Wegen dieses Blattschopfes gelten sie bei vielen Laien als Palmen, obwohl sie als Gattung der Agavengewächse (Agavacea oder Dracaenaceae) nicht viel mit Palmen verbindet. Die Gärtner importieren die Stämme in beliebig langen Stücken und bewurzeln sie. Gelegentlich finden sich auch unbewurzelte Stammstücke im Angebot. Sie sollten eine Markierung besitzen, aus der hervorgeht, was oben und unten ist.

Neben diesen robusten Arten gibt es Dracaenen mit höheren Ansprüchen. Bei nicht allzu trockener Luft und genügend Wärme kann man einen Versuch mit *D. sanderiana* und *D. reflexa* (besser bekannt als *Pleomele reflexa*) wagen.

D. sanderiana ist eine schlanke, niedrigbleibende Pflanze mit breitlanzettlichen, weiß gestreiften Blättern, von der man zur besseren Wirkung am besten drei oder mehrere in einen Topf setzt. In ähnlicher Gestalt kennt man *D. reflexa* – meist in der gelbgerandeten Sorte 'Song of India' –, obwohl sie an ihren heimatlichen Standorten auf Madagaskar und Mauritius zu einem nahezu 20 m hohen Baum heranwächst. Rund 3 m Höhe erreicht *D. marginata*, die wir in Kultur fast nur als schlanke, langsamwüchsige Art kennen. Sehr hübsch sind die schmallanzettlichen, grünen, rotgerandeten Blätter, die eine kräftige Spitze tragen. Unter dem Namen »Dracaena latifolia« bieten Gärtner Sämlinge von *D. hookeriana* 'Latifolia' an, einer stammbildenden Dracaene mit derbledrigen, schwertförmigen Blättern mit hell durchscheinendem Rand. Die als »Dracaena indivisa« gehandelte Pflanze gehört der Gattung *Cordyline* an (die Unterschiede zwischen beiden Gattungen sind dort beschrieben).

Mit einigem Geschick gelingt es, *D. surculosa* (syn. *D. godseffiana*) erfolgreich im Zimmer zu pflegen. Ihr kräftig grünes Laub ist hübsch weiß gefleckt. Gelegentlich findet man auch die Sorte 'Punctata' im Blumenhandel. Sie trägt Blätter, die nur andeutungsweise hell gepunktet sind. Der Wuchs unterscheidet *D. surculosa* von den zuvor genannten Arten: Die strauchähnlichen, reich verzweigten Pflanzen bilden gelegentlich Langtriebe, die nur an der Spitze mit Blättern besetzt sind.

Eine der schönsten Arten, *D. goldieana*, gedeiht nur im geschlossenen Blumenfenster, in der Vitrine oder im Gewächshaus. Sie hat weißliche, grüngebänderte, fast waagrecht abstehende Blätter.

Sowohl für das beheizte Zimmer wie den kühlen Wintergarten eignet sich der berühmte Drachenbaum (*D. draco*) von den Kanarischen Inseln. Obwohl nur grün beblättert, ist er eine ansehnliche, empfehlenswerte Pflanze, die allerdings mit den Jahren für die Fensterbank zu groß wird.

Licht: Hell, aber vor direkter Sonne geschützt.
Temperatur: Warm, auch im Winter nicht unter 16 bis 18 °C (*D. fragrans*, *D. deremensis*, *D. hookeriana*), *D. goldieana* nicht unter 20 °C. Sie mögen keine »kalten Füße«. *D. draco* nimmt im Winter mit 10 °C vorlieb, kann bei sonnigem Stand aber höhere Temperaturen vertragen.
Substrat: Nahrhafte, strukturstabile Humussubstrate wie Nr. 1, 5, 9, 10 oder 17, versuchsweise Nr. 6 oder 8 (s. Seite 39 bis 42); pH um 6.

Dracaena deremensis 'Surprise'

Dracaena draco

Dracula wallichii 'Fredensborg'

Feuchtigkeit: Stets feucht halten; nie austrocknen lassen. Nässe führt, besonders in Verbindung mit niedrigen Bodentemperaturen, bald zu Wurzelfäulnis. Luftfeuchte möglichst nicht unter 50%, bei empfindlicheren Arten über 60%.

Düngen: Von Frühjahr bis Herbst alle 2 Wochen, im Winter alle 4 Wochen mit Blumendünger gießen.
Umpflanzen: In der Regel alle 1 bis 2 Jahre im Frühjahr oder Sommer.

Vermehren: Kopfstecklinge und Stammstücke bei mindestens 25 °C Bodentemperatur und hoher Luftfeuchte bewurzeln. Ist Samen erhältlich, läßt man diesen – leicht mit Erde bedeckt – bei gleichen Temperaturen keimen. Die großen Samenkörner von *D. draco* keimen rasch bei etwa 25 °C Bodentemperatur.
Besonderheiten: Einige Dracaenen reagieren empfindlich auf Blattglanzmittel.

Dracaena fragrans
'Lindenii'

Dracula

Die rund 60 Arten der Orchideengattung *Dracula* (= kleiner Drache) sind nahe mit *Masdevallia* verwandt und wie diese bevorzugt in einem Körbchen zu kultivieren. Luftiger, vor direkter Sonne geschützter Stand ist Voraussetzung für die erfolgreiche Pflege (s. unter *Masdevallia*).

Drosera, Sonnentau

Die drei heimischen Sonnentau-Arten (*Drosera anglica, D. longifolia, D. rotundifolia*) zählen zu den bemerkenswertesten Vertretern unserer Flora. Die kleinen, sich nur wenig über den Boden erhebenden Blätter sind mit Hilfe der eine klebrige Flüssigkeit aussondernden Ten-

Drosera spathulata

Drosera capensis

takeln in der Lage, selbst größere Insekten wie Schmetterlinge zu fangen und zu verdauen. Den erfahrenen Zimmergärtner mag es reizen, solch ungewöhnliche Gewächse ins Haus zu holen. Besser als die einheimischen Arten, die man wegen der starken Gefährdung ohnehin nicht am Standort ausgraben darf, eignen sich *Drosera* aus Australien, Neuseeland und Südafrika. Sie werden in botanischen Gärten seit alters her erfolgreich kultiviert. Verbreitet sind die kleinrosettigen *Drosera aliciae* und *D. spathulata*, *D. capensis* mit einem Stamm, der mit vertrockneten Blattresten bedeckt ist, und *D. binata* mit einfach oder doppelt gegabelter, sich wie ein Farn aufrollender Blattspreite. Die Tentakel sind bei einigen Arten kräftig rot gefärbt, was besonders im Kontrast zu den kleinen weißen Blüten hübsch aussieht.

Licht: Hell und sonnig.
Temperatur: Luftiger Stand mit Zimmertemperatur. Im Winter 5 bis 10 °C.
Substrat: Früher kultiviere man ausschließlich in lebendem Torfmoos (Sphagnum). Ähnlich gut eignet sich ungedüngter Torf; pH 4 bis 5.
Feuchtigkeit: Stets feucht halten. Das Substrat darf keinesfalls trocken werden. Kein hartes Wasser verwenden, möglichst sauberes Regenwasser oder entsalztes Wasser.
Düngen: In der Regel entbehrlich oder nur in größeren Abständen mit Hydrokulturdünger in 1/4 der angegebenen Konzentration.
Umpflanzen: Jährlich im Frühjahr oder Sommer.
Vermehren: Aussaat auf nicht zu grobem Torf. Nicht mit Torf abdecken, aber mit einer Glasscheibe oder ähnlichem für gleichmäßige Feuchtigkeit sorgen. Die beste Temperatur liegt bei 18 bis 20 °C. Aussaatgefäß am besten in eine Schale mit Wasser stellen. Auch Blattstecklinge lassen sich bewurzeln bei etwa 20 °C Bodentemperatur und hoher Luftfeuchte.

Duchesnea indica

Duchesnea, Scheinerdbeere

Die aus Indien stammende Scheinerdbeere (*Duchesnea indica*) sieht den echten Erdbeeren zum Verwechseln ähnlich.
Die Früchte sind allerdings klein, ähnlich
denen der Walderdbeere. Kostet man die
Früchte, so wird die Täuschung offenkundig. Im Gegensatz zu den aromatischen Erdbeeren schmecken *Duchesnea*-
Früchte fade. Im Garten überzieht
diese winterharte Staude an warmen,
geschützten Plätzen mit ihren langen
Ausläufern große Flächen. Doch auch im
Haus sollten wir uns ihrer häufiger erinnern. Voraussetzung ist ein kühler
Raum. Als Bodendecker in Wintergärten
nimmt sie es mit populären Arten auf.
Im Topf braucht sie ein Klettergerüst
oder kann als Ampelpflanze mit ihren
langen Ausläufern überhängen. Am
schönsten sind Pflanzen, die wir jährlich
aus Stecklingen heranziehen. Ansonsten
entspricht die Pflege der von *Saxifraga
stolonifera*.

Dyckia

Ananasgewächse (Bromeliaceae) gelten
als wärme- und feuchtigkeitsbedürftig.
Es gibt jedoch einige Gattungen, die
gemeinsam mit Kakteen und anderen
trockenheitsresistenten Pflanzen vorkommen. Dazu zählen die rund
100 Arten der Gattung *Dyckia*, die in
Brasilien, Paraguay und Argentinien
beheimatet sind. Eine dichte weißschup-
pige Oberfläche macht sie unempfindlich
gegen die unbarmherzig brennende
Sonne. Die Blätter enden ähnlich wie
Agaven und *Yucca* in einem kräftigen
Stachel.

Dyckien sind als Zimmerpflanzen bislang ziemlich unbekannt. Wegen ihrer
Anspruchslosigkeit sollte man aber
einen Versuch wagen. Einzige Voraussetzung ist, ähnlich wie bei vielen Kakteen, ein vollsonniger und im Winter
kühler Platz. Trockene Zimmerluft
kann ihnen nichts anhaben. Ananasgewächse für Kakteensammler sind auch
die zweihäusigen *Hechtia*- sowie die
starre Polster bildenden *Abromeitiella*-
Arten, die wie Dyckien zu behandeln
sind. Die Blüten dieser trockenheitsverträglichen Bromelien sind klein und
wenig auffällig.

Licht: Volle Sonne.
Temperatur: Luftiger Standort, nach den
Eisheiligen bis Ende September im Garten an einem sonnigen Platz. Im Winter
5 bis 10 °C.

Abromeitiella brevifolia

Substrat: Durchlässige Kakteenerde, der
bis zu ¼ krümeliger Lehm beigemischt
werden kann; pH 6 bis 7.
Feuchtigkeit: Stets nur dann gießen,
wenn die Erde weitgehend abgetrocknet
ist. Im Winter das Substrat nur sporadisch leicht befeuchten.
Düngen: Von Frühjahr bis Herbst alle

2 bis 3 Wochen mit Blumendünger in
halber Konzentration gießen.
Umpflanzen: Alle 2 Jahre oder in größeren
Abständen im Frühjahr oder Sommer.
Vermehren: Die Pflanzen bilden je
nach Art mehr oder weniger Kindel aus,
die sich beim Umtopfen abtrennen
lassen.

Dyckia marnier-lapostollei

Echeveria pulidonis

Echeveria

Die Vielfalt der zu den Dickblattgewächsen (Crassulaceae) gehörenden
Echeverien ist kaum zu überblicken.
Von Texas bis Argentinien kommen rund
150 verschiedene Arten vor. Darüber
hinaus gibt es eine Vielzahl von Sorten,
denn gerade deutsche Gärtner haben
sich dieser Pflanzengattung intensiv
angenommen. Im Handel sind vorwiegend die Kulturformen erhältlich. Alle
Echeverien sind überaus leicht zu pflegende und dankbare Zimmerpflanzen,
wenn sie nicht zu viel gegossen werden
und im Winter einen kühlen Platz erhalten. Da sie während der frostfreien Jahreszeit gut im Freien aushalten, sind
Echeverien auch beliebte Pflanzen für
ornamentale Teppichbeete gemeinsam
mit Beet- und Gruppenpflanzen. Bei
allen bisher untersuchten Echeverien ist

die Blütenbildung von der Tageslänge
abhängig, jedoch reagieren die einzelnen
Arten recht unterschiedlich. Auch in der
Blütezeit gibt es Unterschiede. Viele
brauchen im Winter niedrige Temperaturen von nicht mehr als 15 °C, um Blüten
bilden zu können. Die ersten beginnen
schon im Winter, andere öffnen erst im
Sommer ihre Blüten. Die meisten Arten
und Hybriden wachsen rosettig, nur
wenige, wie *Echeveria harmsii*, bilden
einen kurzen Stamm.

Licht: Während des ganzen Jahres hell-
sonniger Stand.
Temperatur: Übliche Zimmertemperaturen; im Winter unbedingt kühler, am besten zwischen 5 und 10 °C. Freilandaufenthalt im Sommer vertragen Echeverien
gut, doch sollte eine Dränage übermäßige
Bodennässe bei Regenwetter verhindern.
Substrat: Kräftige, aber durchlässige
Erde, zum Beispiel Mischungen aus
Nr. 1, 9, 10 oder 17 (s. Seite 39 bis 42)
mit $1/4$ Sand; pH 5,5 bis 7.
Feuchtigkeit: In der Wachstumszeit
mäßige Feuchtigkeit, aber nie naß. Im
Winter je nach Temperatur nur sporadisch gießen. Behaarte Arten sparsamer
wässern als alle kahlen. Trockene Luft
vertragen Echeverien gut.
Düngen: Von April bis September alle
2 Wochen mit Kakteendünger gießen.
Umpflanzen: Alle 1 bis 2 Jahre im Frühjahr bis Sommer möglich.
Vermehren: Leicht durch Blattstecklinge
möglich, die – abgerissen und die Wunde
kurz abgetrocknet – in ein Torf-Sand-
Gemisch gesteckt werden. Sie bewurzeln
leicht bei 18 bis 20 °C. Aus Seitenroset-
ten lassen sich schneller kräftige Pflanzen heranziehen. Samen keimt gut schon
bei 18 °C, allerdings bilden manche Sorten keinen fertilen Samen.
Pflanzenschutz: Fäulnis ist in der Regel
die Folge eines zu nassen Standes, in diesem Fall sofort trockener halten.

Echeveria laui

Opuntia tunicata (hinten) mit Echinocactus grusonii

Echinocactus, Schwiegermuttersessel

Der Schwiegermuttersessel (*Echinocactus grusonii*) zählt wohl zu den bekanntesten Kakteen. Seine kugelrunden, nahezu 1 m im Durchmesser erreichenden Pflanzenkörper mit den eindrucksvollen gelben Dornen führten zu dem scherzhaften Namen. Die Pflanzen gefielen so, daß sie in ihrer mexikanischen Heimat nahezu ausgerottet wurden. Inzwischen stehen sie unter strengem Schutz. Das Räubern aus der Natur ist bei *E. grusonii* auch gar nicht notwendig. Die Pflanzen lassen sich leicht aus Samen heranziehen und wachsen rasch zu verkaufsfähigen Pflanzen heran. Große Exemplare sind allerdings nicht billig.

Der Schwiegermuttersessel wäre einer der besten Zimmerkakteen, würde nicht seine Größe mit zunehmendem Alter der Verwendung natürliche Grenzen setzen. Aber *E. grusonii* hat den Vorzug, den Winter bei relativ hohen Temperaturen zu überdauern. Allerdings ist ein sonniger Platz Voraussetzung für gutes Gedeihen. Die anderen Arten der recht kleinen Gattung haben keine große gärtnerische Bedeutung. Nur *E. platyacanthus* (syn. *E. ingens*) und *E. polycephalus* werden regelmäßig angeboten. *E. platyacanthus* ist mit seinen gelbwolligen Areolen schon als Jungpflanze sehr apart.

Licht: Vollsonnig.
Temperatur: Warm, aber luftig mit deutlicher nächtlicher Abkühlung. Im Winter um 12 bis 15 °C.
Substrat: Übliche Kakteenerde (Nr. 14, s. Seite 41); pH um 6.
Feuchtigkeit: Während des Wachstums hoher Wasserbedarf. Die Erde nie ganz austrocknen lassen. Auch im Winter nie völlig trocken halten, sondern Substrat gelegentlich leicht anfeuchten.
Düngen: Während des Wachstums alle 2 Wochen mit Kakteendünger gießen.
Umpflanzen: Jährlich, größere Pflanzen in längeren Abständen, im Winter.
Vermehren: Anzucht ausschließlich aus Samen, der bei Temperaturen um 25 °C keimt.

Echinocereus

Obwohl im Namen dieser Kakteengattung ». . . cereus« auftaucht, darf man keine großen Säulen erwarten. Vielmehr handelt es sich bei den kultivierten Arten meist um reichsprossende, fingerlange »Säulchen« ähnlich *Lobivia silvestrii* oder aber mehr runde Körper, die an Mammilarien erinnern. Sie werden nicht allzu groß und erfreuen mit auffälligen, mehrere Tage haltenden Blüten, so daß es nicht verwundert, daß *Echinocereus*-Arten in Sammlungen zunehmend stärker vertreten sind.

Insgesamt mag es rund 45 Arten zuzüglich einiger Varietäten geben, die von den südlichen Staaten der USA bis nach Mexiko verbreitet sind. Viele davon lassen sich leicht pflegen und kommen immer wieder zur Blüte. Für die Behandlung dieser Pflanzen gibt es eine Grundregel: Arten, die grüne Körper ohne eine dichte, weiße Bedornung ausbilden, zum Beispiel *E. papillosus, E. pentalophus, E. pulchellus* und *E. scheeri* sind robust und können im Sommer im Garten stehen.

Die dicht bedornten, wie *E. adustus, E. delaetii, E. laui, E. reichenbachii* var. *baileyi* und *E. pectinatus* var. *dasyacanthus* sind sparsamer zu gießen und stehen ganzjährig unter Glas.

Echinocereus pectinatus var. dasyacanthus

Eine besondere Gruppe bilden die Pectinaten. Das sind alle jene Arten mit kammartig angeordneten, mehr oder weniger flach anliegenden Dornen. Auch sie sind wie die dicht bedornten zu behandeln. Hierzu zählen unter anderem *E. pectinatus, E. reichenbachii* mit der Varietät *fitchii* (syn. *E. fitchii*) sowie *E. rigidissimus*.

Schließlich sind noch die winterharten *Echinocereus* zu erwähnen. Es sind Arten, die ähnlich einigen Opuntien an regengeschützten, trockenen Standorten – meist in Hausnähe – übliche Winter überdauern.

Am bekanntesten ist *E. triglochidiatus*, der gut im Freien aushält, aber auch *E. viridiflorus* und *E. chloranthus* haben sich bewährt. Voraussetzung für eine erfolgreiche Überwinterung im Freien ist jeweils ein trockener, geschützter Platz.

Echinocereus triglochidiatus

Echinocereus pectinatus

Licht: Hell und sonnig.
Temperatur: Warmer, luftiger Standort; »grüne« Echinocereen im Sommer ins Freie stellen. Nächtliche Abkühlung ist bei allen vorteilhaft. Im Winter lassen sich alle bei Temperaturen um 5 bis 8 °C halten.
Substrat: Übliche Kakteenerde (Nr. 14, s. Seite 41); pH um 6. Die Pectinaten sind empfindlich gegen humushaltige Substrate und faulen leicht. Für sie sind mineralische Bestandteile zu wählen.
Feuchtigkeit: Während des Wachstums stets dann gießen, wenn die Erde weitgehend abgetrocknet ist. Im Frühjahr nicht zu früh mit dem Gießen beginnen – am besten erst dann, wenn die Blüten durch den Dornenmantel gebrochen sind. Dicht bedornte Arten etwas vorsichtiger gießen. Während der »Sommerfrische« genügen in der Regel die natürlichen Niederschläge. Im Winter völlig trocken halten.
Düngen: Während des Wachstums alle 3 Wochen mit Kakteendünger gießen.
Umpflanzen: In der Regel alle 1 bis 2 Jahre im späten Frühjahr oder Sommer.
Vermehren: Von den meist reichsprossenden oder ausläuferbildenden Pflanzen Kindel abtrennen und bewurzeln. Die wurzelempfindlichen Pectinaten können auf *Trichocereus* veredelt werden.

Echinofossulocactus, Lamellenkaktus

Die in Mexiko verbreiteten Kugelkakteen der Gattung *Echinofossulocactus* bieten sich für die Zimmerkultur geradezu an. Sie sind nicht allzu groß, müssen im Winter nicht sehr kühl stehen und sehen interessant aus. Das Besondere an ihnen sind die bei vielen Arten sehr dünnen und gewellten Rippen – daher der Name Lamellenkaktus. Bei Sämlingen ist dieses Merkmal erst schwach ausgeprägt. Auch die Bedornung ist bei vielen Arten sehenswert. Besonders die abgeflachten Mitteldornen fallen auf. Im Scheitel erscheinen die nicht sehr großen Blüten.

Die Benennung dieser Kakteen ist strittig; besonders in angelsächsischen Ländern sind die Pflanzen häufig unter dem Gattungsnamen *Stenocactus* zu finden. Außerdem ist die Abgrenzung der Arten schwierig.

Licht: Hell und sonnig; nur vor direkter Mittagssonne empfiehlt sich besonders während des Sommers leichter Schutz. Im Winter stellt man die Pflanzen so hell wie möglich auf, wie dies bei den im zeitigen Frühjahr blühenden Kakteen üblich ist.
Temperatur: Warmer, aber luftiger Platz. Im Winter 8 bis 12 °C.
Substrat: Übliche Kakteenerde (Nr. 14, s. Seite 41) mit hohem mineralischem Anteil, die etwas mehr Kalk enthalten kann; pH 6 bis 7,5.
Feuchtigkeit: Stets gießen, wenn die Erde weitgehend abgetrocknet ist. Auch im Winter sporadisch gießen.
Düngen: Von Frühjahr bis Herbst alle 2 bis 4 Wochen mit Kakteendünger gießen.
Umpflanzen: In der Regel alle 2 Jahre am besten im Sommer.
Vermehren: Soweit erhältlich aus Samen, der bei Temperaturen von 20 bis 25 °C keimt.

Echinopsis

Als »Bauernkakteen« sind *Echinopsis* weit verbreitet und beliebt. Das deutet darauf hin, daß es sich um nicht allzu schwer zu pflegende, dankbare Zimmerpflanzen handelt. Die Gattung beinhaltet kugelige, im Alter säulig verlängerte Pflanzen. In den Sammlungen herrschen Hybriden vor, die in nicht zu überblickender Zahl existieren. Die Bauernkakteen entstanden aus *E. eyriesii, E. oxygona* und *E. tubiflora*. Arten und Sorten der ursprünglichen *Echinopsis*, der heutigen Untergattung *Echinopsis*, öffnen am Abend ihre Blüten und verblühen am Mittag des nächsten Tages. Vertreter der Untergattung *Pseudolobivia* dagegen erblühen in den frühen Morgenstunden, und bereits abends geht die Pracht zu Ende. Ob Trichocereen (s. Seite 460) eine eigene Gattung darstellen oder ebenfalls zu *Echinopsis* zu rechnen sind, ist strittig.

Die Blüten der alten Bauernkakteen waren – entsprechend ihren Eltern – in der Regel weiß oder zartrosa gefärbt. Erst durch Einkreuzen von *Pseudolobivia*, aber auch anderer Gattungen wie *Aporocactus, Cleistocactus, Lobivia* und *Trichocereus* entstanden viele Sorten mit kräftigen, leuchtenden Blüten.

Interessante Sorten sind aus den USA unter dem Namen Paramount-Hybriden bekannt geworden. Viele neue Kreuzungen basieren auf diesen Hybriden. Leider sind in Kultur noch immer einige Sorten, die durch ihre Blühfaulheit unangenehm auffallen, jedoch ständig verbreitet werden, da sie stark sprossen. Auf sie sollte man lieber verzichten. Blüten kann man allerdings nur dann erwarten, wenn *Echinopsis* kühl überwintert werden. In den ungeheizten Bauernstuben standen sie ideal.

Echinofossulocactus albatus

Licht: Hell, aber während der lichtreichen Jahreszeit, zumindest während der Mittagsstunden, vor direkter Sonne geschützt. Bei kühler Überwinterung schaden auch schattige Plätze nicht.

Temperatur: Warmer, aber luftiger Stand mit deutlicher nächtlicher Abkühlung. Im Sommer ist Freilandaufenthalt vorteilhaft. Im Winter kühl bei 5 bis 10 °C. Arten und Hybriden der Untergattung *Echinopsis* etwas wärmer (nicht unter 7 °C).

Substrat: Übliche Kakteenerde, die bis zur Hälfte Torfsubstrate enthalten darf (s. Seite 41); pH um 6.

Feuchtigkeit: Während des Wachstums stets mäßig feucht halten. Ansonsten nur dann gießen, wenn das Substrat abgetrocknet ist. Im Winter Pseudolobivien völlig trocken halten, *Echinopsis* sporadisch leicht befeuchten. Man beginnt erst dann mit kräftigen Wassergaben, wenn die Knospen schon groß sind.

Düngen: Bei deutlichem Wachstum alle 2 bis 3 Wochen mit Kakteendünger gießen.

Umpflanzen: In der Regel alle 2 Jahre im Winter.

Vermehren: Von sprossenden Arten und Sorten unproblematisch, jedoch keine blühfaulen Typen vermehren. Man kann die Pflanzen auch köpfen, die Spitze nach dem Abtrocknen der Wunde bewurzeln und warten, bis der Stumpf neu austreibt. Sind die Neutriebe etwas herangewachsen, trennt man sie ab und läßt sie im mäßig feuchten Substrat Wurzeln bilden. Samen keimt bei etwa 20 bis 25 °C Bodentemperatur.

Echinopsis-oxygona-Hybride

Encephalartos, Palmfarn

Die rund 25 Arten dieser Gattung der Palmfarne aus der Familie der Zamiaceae stammen vom afrikanischen Kontinent. Einige erreichen im Alter eine stattliche Höhe. Sie kommen in relativ trockenen Gebieten vor und halten deshalb in Wohnräumen gut aus, wo die geringe Luftfeuchte manche anderen Pflanzen stark strapaziert. Allerdings brauchen die Palmfarne mit zunehmendem Alter viel Platz und stets viel Licht.

Am bekanntesten ist *Encephalartos altensteinii* mit glänzenden Wedeln, die bei alten Exemplaren über 3 m Länge erreichen. Die Pflanzen wachsen jedoch sehr langsam und sind als fünfjährige Sämlinge nicht höher als 25 cm. Sehr viel Sonne beansprucht *E. horridus*, dessen ganzer Körper attraktiv bereift ist und stachelige Fiedern besitzt. Diese Art wächst am besten in einem Kakteenhaus. Die Pflege der *Encephalartos*-Arten entspricht ansonsten der von *Cycas revoluta*.

Encephalartos altensteinii

Encephalartos horridus

nicht sonnigen Platz mit hoher Luftfeuchte und Temperaturen im Winter von – je nach Art – 10 bis 15 °C als nächtliches Minimum. Wichtig ist die trockene Ruheperiode nach der vollständigen Entwicklung der Pseudobulben. Empfehlenswerte Arten sind *Encyclia ambigua, E. brassavolae, E. cochleata, E. mariae* und *E. radiata.*

Ensete, Zierbanane

Gelegentlich stehen in den Regalen der Gartencenter Tütchen mit »Bananensamen«, versehen mit unterschiedlichen botanischen Bezeichnungen. In nahezu allen Fällen dürfte es sich um die großen Samenkörner von *Ensete ventricosum* (syn. *Musa ensete, M. ventricosa*) handeln, ein Bananengewächs (Musaceae), das mit den »echten« Bananen der Gattung *Musa* nahe verwandt ist. Zwar bildet *Ensete* keine genießbaren Früchte, aber der aus Blattscheiden entstehende Scheinstamm dient in seiner afrikanischen Heimat, den Gebirgen Äthiopiens, als Stärkelieferant. Somit ist *Ensete ventricosum* mehr als nur eine »Zier«-Banane.

E. ventricosum entwickelt Scheinstämme von über 10 m Höhe – verständlich, daß nur Jungpflanzen im Zimmer oder Wintergarten Verwendung finden können. Diese lassen sich aber problemlos und rasch aus Samen heranziehen.

Typisch für die sieben Arten umfassende Gattung ist, daß der Scheinstamm keine Ausläufer bildet und unterirdische Seiten-

Encyclia

Die Orchideengattung *Encyclia* ist eng mit *Epidendrum* verwandt und wurde zeitweilig als deren Untergattung betrachtet. Die rund 150 *Encyclia*-Arten stammen aus dem tropischen Südamerika. Während die Mehrzahl der Epidendren dünne Stämmchen bildet, entwickeln *Encyclia* birnenförmige Pseudobulben. Interessant ist, daß die Blüten einiger Arten so aussehen, als stünden sie verkehrt herum. Ihre Lippe zeigt nicht nach unten, sondern nach oben.

Die Pflege von *Encyclia* entspricht weitgehend der von Epidendren mit Pseudobulben: Sie wollen einen hellen, aber

Encyclia mariae

Encyclia cochleata

triebe erst dann entstehen, wenn die
»Mutter« nach der Fruchtbildung abstirbt.
Außerdem sind die Blätter – besonders
der Sorte 'Maurelii' – bei hellem Stand
attraktiv dunkelpurpurn gefärbt.

Licht: Heller, sonniger Platz.
Temperatur: Kühl und luftig, ab Mai im
Freien. Im Winter überlebt eine Zier-
banane zeitweilige Temperaturen bis
nahe an den Gefrierpunkt. Ideal ist ein
Winterquartier mit 5 bis maximal 10 °C.
Substrat: Übliche Blumenerden wie
Nr. 1, 3, 5, 6 oder 9 (siehe Seite 39 und
40); pH um 6.
Feuchtigkeit: Große Pflanzen haben bei
sonnigem Stand einen hohen Wasserbedarf. Dennoch reagieren Zierbananen
auf Nässe schnell mit Wurzelfäule. Im
Winter bei kühlem Stand ziemlich
trocken halten.
Düngen: Von Frühjahr bis Herbst ein- bis
zweimal pro Woche mit Blumendünger
gießen.
Umpflanzen: Erübrigt sich bei regelmäßiger Anzucht von Jungpflanzen. Im Wintergarten möglichst nicht auspflanzen,
weil sie dann noch schneller wachsen.
Vermehren: Im zeitigen Frühjahr keimen
frische Samen leicht bei Bodentemperaturen über 20 °C.

Epacris, Australische Heide

Bis zum Ende des 19. Jahrhunderts
waren zahlreiche der rund 35 Arten der
Gattung *Epacris* (Familie Epacridaceae)
aus Neuseeland, Tasmanien und Australien nach England eingeführt worden
und hatten dort eine solche Begeisterung
ausgelöst, daß sich die Züchter eifrig um
attraktive Sorten bemühten. Von den
damals existierenden 70 sind die meisten
wieder verschwunden.

Epacris sehen ähnlich wie Eriken aus
und tragen im Winter und zeitigen Frühjahr relativ große weiße, rosa oder rote
Blüten. Daß sich die Pflanzen dennoch
nicht auf Dauer durchsetzen konnten,
liegt an den nicht geringen Ansprüchen.
Sie wollen ähnlich wie Eriken behandelt
werden (s. Seite 278), reagieren aber
noch empfindlicher auf zu hohe Feuchtigkeit oder Trockenheit sowie auf Ver-
dichtungen des Substrats.

Immer wieder einmal werden Versuche
unternommen, *Epacris*-Arten wie
E. impressa sowie diverse Kulturformen
anzubieten. Ein Versuch sei denen empfohlen, die im Winter einen hellen, aber
kühlen Platz von etwa 5 bis 10 °C bieten
und mit kalkfreiem Wasser gießen können. Den Sommer verbringt die Australische Heide am besten im Freien.

Ensete ventricosum

Epacris-Hybride

Epidendrum ciliare

Epipremnum pinnatum 'Aureum'

Epidendrum

Schon der Name dieser Orchideengattung besagt, daß es sich vorwiegend um »auf Bäumen« – also epiphytisch –, aber auch lithophytisch (auf Felsen) lebende Orchideen handelt. Über 500 verschiedene Arten sind im tropischen und subtropischen Amerika verbreitet. Epidendren bilden meist schlanke, teilweise verzweigte beblätterte Sprosse, nur wenige Arten Pseudobulben (z. B. *E. ciliare*, *E. secundum*). Die Stämmchen können Meterlänge erreichen; bei anderen bleiben sie weniger als 10 cm hoch. Einige sind gute Zimmerpflanzen, die sich bei vielen Pflanzenfreunden bewährt haben. Zu nennen sind *E. parkinsonianum* mit der Varietät *falcatum* sowie *E. ciliare*.

Die Pflege der *Epidendrum* ähnelt der der nahe verwandten Gattung *Cattleya*. Die genannten Arten stellen keine allzu hohen Anforderungen an die Luftfeuchte, sind aber empfindlich gegen zu reichliches Gießen.

Licht: Heller bis halbschattiger Platz, vor direkter Sonne besonders während der Mittagsstunden geschützt.
Temperatur: Zimmertemperatur oder wärmer. Im Winter tagsüber um 18/20 °C, nachts bis auf 15 °C absinkend.
Substrat: Mischungen aus Osmunda, Mexifarn oder Rinde; pH um 5.
Feuchtigkeit: Während der Wachstumsperiode, die mit dem Neutrieb meist im Frühjahr beginnt, jeweils gießen, wenn das Substrat weitgehend abgetrocknet ist. Nach dem Ausreifen der Triebe im

Herbst Wassergaben etwas einschränken, doch soviel gießen, daß die Pflanzen nicht schrumpfen. Arten mit Pseudobulben verlangen eine Ruheperiode mit Trockenheit, wenn die Pseudobulben ausgewachsen sind. Kein hartes Wasser. Luftfeuchte nicht unter 50%, besser 60%, aber auch nicht darüber.
Düngen: Nach Triebbeginn bis zum Herbst alle 2 bis 3 Wochen mit Blumendünger in halber Konzentration gießen.
Umpflanzen: Nur wenn nötig, mit Triebbeginn im Frühjahr. Epidendren mit Stämmchen lassen sich auch gut aufgebunden auf Ästen oder Korkstücken kul-

Epidendrum parkinsonianum

tivieren. Pflanzen mit Pseudobulben hält man besser im Topf.
Vermehren: Beim Umpflanzen größerer Exemplare jeweils 2 bis 3 Rückbulben abtrennen, die nach 2 bis 3 Jahren zu blühfähigen Pflanzen heranwachsen.

Epipremnum, Efeutute

Unsere altbekannte Efeutute gehört zu den Pflanzen, deren botanischer Name kaum einer kennt. Obwohl die wissenschaftliche Bezeichnung zur eindeutigen Definition beitragen soll, stiftet sie in diesem Fall nur Verwirrung, da sie in jüngster Zeit mehrfach wechselte. Innerhalb der Familie der Aronstabgewächse (Araceae) gehörte diese liebenswerte Pflanze ehemals den Gattungen *Pothos*, *Raphidophora* (oder *Rhaphidophora*) und *Scindapsus* an, um nun hoffentlich endgültig *Epipremnum* zugerechnet zu werden. Diese letztgenannte, aus Asien stammende Gattung umfaßt etwa zehn Arten, von denen nur *E. pinnatum* 'Aureum' (syn. *E. aureum*) Bedeutung als Zimmerpflanze erlangte. Ihr Vorzug sind die bescheidenen Lichtansprüche. Empfindlich reagiert sie nur auf niedrige Temperaturen, besonders in Verbindung mit zuviel Gießwasser.

Kultiviert wird nur die Jugendform dieser Ampelpflanze, die mit ihren meterlangen Trieben ganze Wände überziehen kann. Die hübschen, je nach Sorte gelbgrün oder weiß-grün panaschierten Blätter erreichen kaum einmal 20 cm Länge. Die Altersform dagegen klettert bis in 10 m Höhe und bildet Blätter von über

75 cm Länge. Da im Zimmer nur die Jugendform gehalten wird, ist mit einer Blüte nicht zu rechnen. Die selten angebotene weiß-grün gezeichnete Sorte 'Marble Queen' wächst nur langsam und ist anspruchsvoller.

Licht: Keine direkte Sonne; heller bis halbschattiger Platz, doch darf man die Triebe nicht bis in die finstersten Zimmerecken ziehen.
Temperatur: Am besten sind Werte um 20 bis 25 °C, auch im Winter. Keinesfalls soll die Temperatur unter 15 °C absinken, sonst bekommen die Blätter dunkle Flecken. Die ideale Bodentemperatur ist 22 °C.
Substrat: Humose, lockere Erde, zum Beispiel Nr. 1, 2, 3, 5, 6 oder 9 (s. Seite 39 und 40); pH um 6.
Feuchtigkeit: Stets für milde Feuchte sorgen; stauende Nässe führt in Verbindung mit niedrigen Temperaturen rasch zu Wurzelfäule. Gegen trockene Zimmerluft ist die Efeutute nicht empfindlich.
Düngen: Während der Hauptwachstumszeit im Sommerhalbjahr alle 1 bis 2 Wochen mit Blumendünger gießen. Im Winter genügen Gaben alle 3 bis 4 Wochen.
Umpflanzen: Alle 1 bis 2 Jahre im Frühjahr oder Sommer. Günstig ist Hydrokultur, weil das bei großen Pflanzen umständliche Umtopfen entfällt.
Vermehren: Stecklinge bewurzeln leicht bei einer Bodentemperatur über 20 °C und »gespannter« Luft.
Besonderheiten: Wenn an langen Ranken einzelne ältere Blätter gelb werden und abfallen, so ist dies ganz normal. Ist der Blattfall aber ähnlich stark wie der Zuwachs, dann erhalten die Pflanzen zu wenig Dünger oder der Platz ist zu dunkel.

Episcia

In jedem botanischen Garten finden sich Episcien in mehreren Arten und Sorten, in privaten Sammlungen dagegen sind sie rar. Dies muß bei so attraktiven Pflanzen einen Grund haben. Tatsächlich sind alle bisherigen Versuche, Episcien im Zimmer zu halten, bei uns nicht sehr erfolgreich verlaufen. Da sie allesamt hoher Temperaturen und feuchter Luft bedürfen, sind das geschlossene Blumenfenster, die Vitrine oder das Kleingewächshaus der geeignete Platz.

Rund sechs *Episcia*-Arten sind im tropischen Amerika verbreitet. Sie zählen zu den Gesneriengewächsen (Gesneriaceae) und zeichnen sich durch gegenständige, meist behaarte, oft schön gefärbte Blätter aus. Zu den auffälligen Blättern kommen die hübschen, rot, weiß oder gelb gefärbten Blüten. Am häufigsten findet man Sorten von *E. cupreata* und *E. reptans*, aber auch *E. lilacina* und – weniger häufig – *E. dianthiflora*, die nun *Alsobia dianthiflora* heißt. Am leichtesten ist *Alsobia dianthiflora* mit ihren weißen, stark gefransten Blüten zu identifizieren. *Episcia lilacina* erkennen wir an den blaßblauen, im Schlund mit einem gelben Fleck versehenen Blüten.

Nur schwer lassen sich die rotblühenden *E. cupreata* und *E. reptans* auseinanderhalten. Die an der Basis röhrige Blüte ist bei *E. cupreata* innen meist gelb und rötlich gefleckt, bei *E. reptans* rosa und ungefleckt. Allerdings gibt es auch davon abweichende Sorten, zum Beispiel *E. cupreata* 'Tropical' und 'Topaz' mit reingelben Blüten. Die Blätter eignen sich zur Unterscheidung der Arten kaum, da sie von Sorte zu Sorte sehr variieren.

Regelmäßig bilden Episcien beblätterte Ausläufer, so daß man sie am besten in Ampeln hält. Am heimatlichen Standort finden sich Episcien als Bodendecker. Deshalb entwickeln sie sich auch in Kultur ausgepflanzt am schönsten, doch ist dies in der Regel nur im Gewächshaus mit Bodenheizung möglich.

Licht: Hell, aber vor direkter Sonne geschützt. Auch halbschattige Plätze sind geeignet, doch bieten sie besonders im Winter zu wenig Licht, um ein optimales Wachstum zu gestatten. Außerdem sind Episcien an halbschattigen Plätzen blühfaul.

Temperatur: Tagsüber um 22 °C, nachts nur 2 bis 3 °C weniger. Auch im Winter sollte die Nachttemperatur nicht unter 18 °C absinken, die Bodentemperatur möglichst 20 °C betragen.
Substrat: Humusreiche Substrate wie Nr. 1, 2, 5 oder 12, versuchsweise Nr. 8 (s. Seite 39 bis 41), auch gemischt mit maximal 1/4 Styromull; pH um 5,5.
Feuchtigkeit: Stets mäßig feucht halten, doch keine Nässe aufkommen lassen. Luftfeuchte möglichst 60%.
Düngen: Von Frühjahr bis Herbst wöchentlich, im Winter alle 5 bis 6 Wochen mit Blumendünger gießen.
Umpflanzen: Alle 1 bis 2 Jahre im Frühjahr oder Sommer. Am besten Schalen verwenden.
Vermehren: Ausläufer abtrennen und bei mindestens 25 °C Bodentemperatur bewurzeln.

Epithelantha

In Texas und Mexiko wächst der zwergige Kugelkaktus *Epithelantha micromeris* in unterschiedlicher Gestalt. Je nach Varietät ist der 2 bis 5 cm dicke Körper fast exakt rund, am Scheitel stark eingebuchtet oder langgestreckt. Ebenfalls variabel sind die stets sehr schöne, dichte, weiße Bedornung und die Intensität des Sprossens. Meistens entstehen im Lauf der Jahre größere Gruppen. Am Scheitel erscheinen die weißen bis zartrosa Blüten, aus denen sich schlanke rote Beeren entwickeln.

Episcia cupreata 'Musaica'; Episcia 'Star of Bethlehem' s. Seite 5

Epithelantha micromeris

Die Pflege entspricht weitgehend der von *Sulcorebutia*, doch sollte das Substrat einen höheren pH-Wert von etwa 7 aufweisen; am besten feinen Kalksplitt beimischen. Pfropfung ist nicht zu empfehlen, zumal sich aus Samen leicht – wenn auch mit etwas Geduld – Pflanzen heranziehen lassen. Sprosse bewurzeln sich oft nur schwer.

Erica, Kapheide

Wer sich mit unserer verbreiteten Erika bescheidet – gemeint sind die Sorten von *Erica gracilis* – und diese im Herbst in den Balkonkasten pflanzt oder auf den Friedhof trägt, kann sich kaum vorstellen, welche Bedeutung diese Gattung vor rund 150 Jahren besaß. Damals existierten in England, Österreich und Deutschland Sammlungen von 200, 300, ja sogar 400 Arten und Kulturformen. Von der damaligen Pracht und Vielfalt ist nicht mehr viel übriggeblieben. Nur wenige Sammler verfügen über die notwendigen hellen, luftigen, im Winter kühlen Gewächshäuser. Für das geheizte Wohnzimmer eignen sich die Kapheiden nicht. Im Freien aber überdauern diese Bewohner Südafrikas unsere Winter nicht. Das Kalthaus ist somit unabdingbare Voraussetzung für die Erikenkultur. Eine Ausnahme machen europäische Arten wie *E. carnea*, die Schneeheide, die als winterblühendes Zwerggehölz aus dem Garten bekannt ist.

Die Mehrzahl der über 700 *Erica*-Arten ist im südlichen Afrika zu finden. Die Blüten mancher Arten und Sorten sind 3 cm und länger, also nicht vergleichbar mit *Erica gracilis*. Sie gefällt, weil sie über und über mit Blüten bedeckt ist, dabei aber recht kleine Einzelblüten besitzt. Die großblütigen Eriken, die im Frühjahr im Blumengeschäft angeboten werden, zählen zu den *Erica*-Hybriden, deren Eltern nicht exakt zu ermitteln sind. Gelegentlich bieten Gärtner jetzt auch Kulturformen von *E. ventricosa* an, die als Jungpflanzen noch niedrig sind und erst im Alter die stattliche Größe der *Erica*-Hybriden erreichen. Schon Exemplare von kaum 15 cm Höhe blühen überreich. Die vielen anderen Kapheiden sind nicht leicht erhältlich. In der Regel muß man sie selbst aus Samen heranziehen, den man sich in Südafrika besorgt.

Licht: Hell bis sonnig.
Temperatur: Luftiger Stand, im Sommer am besten im Freien. Im Winter um 8 °C.
Substrat: Bewährt haben sich Mischungen aus 3 Teilen Nadelerde, 1 Teil Moorerde, 1 Teil Torf und 1/2 Teil grobem Sand. Sind diese Komponenten nicht erhältlich, lassen sich gute Erfolge auch mit Azaleenerde (Nr. 11, s. Seite 41) und 1/4 Quarzsand erzielen; pH um 4.
Feuchtigkeit: Eriken haben, besonders bei sonnigem, luftigem Stand, einen sehr hohen Wasserbedarf. Die Erde sollte niemals austrocknen. Bei kühlem Winterstand jedoch sparsam gießen und nie Nässe aufkommen lassen. Hartes Wasser entsalzen.
Düngen: Von Frühjahr bis Herbst wöchentlich ein- bis zweimal mit Blumendünger in halber Konzentration gießen. Im Winter nur sporadische Gaben. Niemals in hohen Konzentrationen düngen. Mischt man ein Substrat aus ungedüngten Komponenten, etwa 1 g Volldünger je Liter Erde beifügen.
Umpflanzen: Alle 1 bis 2 Jahre im Frühjahr, jedoch nicht während der Blüte. Alte Exemplare in größeren Abständen.
Vermehren: Nicht zu sehr verholzte Stecklinge bewurzeln bei etwa 20 °C Bodentemperatur und hoher Luftfeuchte in einem üblichen Torf-Sand-Gemisch. Nach dem Anwachsen mehrmals stutzen. Für die Aussaat, die am besten im Frühjahr erfolgt, gilt die gleiche Temperatur. Bis zur Blüte vergehen rund 3 Jahre.
Pflanzenschutz: Leider stellt sich bei Eriken eine Vielzahl schädlicher Pilze ein, deren Bekämpfung nur mit speziellen Pflanzenschutzmitteln oder gar nicht möglich ist.
Zur Erkrankung kommt es jedoch nur nach Kulturfehlern wie Trockenheit (im Sommer), Nässe (vorwiegend im Winter), zu hohem Salzgehalt der Erde oder zu kalkhaltiger Erde sowie nicht ausreichend luftigem Stand. Vermeidet man diese Fehler, so bleiben die Kapheiden in der Regel gesund.

Eriocereus

Manchen Kakteenfreunden sind *Eriocereus* (von einigen Botanikern auch zur Gattung *Harrisia* gezählt) nur als Pfropfunterlagen bekannt. Vornehmlich *E. jusbertii* wird für diesen Zweck gerne eingesetzt. Allerdings sollte man *E. jusbertii* nur dann verwenden, wenn die Pflanzen im Winter in einem nicht zu kalten Zimmer stehen.

Die Blüten sind so ansehnlich, daß *Eriocereus* durchaus kulturwürdig sind. Sie erinnern an Phyllokakteen und öffnen ihre Blüten nachts. Die langen, niederliegenden bis kletternden Sprosse machen ein Gerüst erforderlich. Auf der Fensterbank nehmen sie bald zuviel Platz in Anspruch. Die Vermehrung aus Stecklingen ist einfach. Die Pflege entspricht weitgehend der unserer Phyllokakteen, doch sollte die Temperatur nicht unter 8 bis 10 °C absinken.

Erica versicolor

Eriocereus jusbertii

Escobaria

Die Kakteen der Gattung *Escobaria* sind kleine Warzenkakteen mit rundlich-eiförmigem bis langgestrecktem Körper von nur wenigen bis gut 10 cm Höhe. Obwohl nahe verwandt mit *Coryphantha*, erweisen sie sich in Kultur als empfindlicher gegen Feuchtigkeit. Sie verlangen deshalb ein stark minerali-sches Substrat (s. Seite 42) und von September an völlige Trockenheit bei niedri-gen Temperaturen nur wenig über dem Gefrierpunkt.

Espostoa

Hübsche, dicht weiß behaarte Säulen-kakteen gehören der von Peru bis Ekua-dor verbreiteten Gattung *Espostoa* an. In ihrer Heimat wachsen einige Arten zu 5 m hohen Pflanzen heran. Gepflegt werden ausschließlich junge Exemplare, was den Nachteil hat, daß sie meist nicht zur Blüte kommen. Die Blüten ent-wickeln sich ausschließlich in einer mit dichten, wolligen Haaren besetzten Blühzone (Cephalium), die erst an alten Pflanzen entsteht. Auch ohne Blüten sind *Espostoa* wegen ihrer dichten Behaarung, die an das Greisenhaupt

(*Cephalocereus senilis*) erinnert, eine wertvolle Bereicherung jeder Sammlung. Am häufigsten wird *E. lanata* kultiviert, die nicht nur viele kleine Randstacheln und eine weiße Behaarung aufweist, son-dern auch kräftige Mittelstacheln, die zentimeterlang aus der Wolle herausra-gen. *E. melanostele* s. Bild Seite 233.

Licht: Volle Sonne.
Temperatur: Warm mit deutlicher nächt-licher Abkühlung. Im Winter um 10 °C.
Substrat: Übliche Kakteenerde (s. Seite 41); pH um 6.
Feuchtigkeit: Während des Wachstums – besonders im Frühjahr und Herbst – stets mäßig feucht halten. Ansonsten sparsam gießen und im Winter völlige Trockenheit.
Düngen: Während des Wachstums alle 3 Wochen mit Kakteendünger gießen.
Umpflanzen: In der Regel alle 2 Jahre im Winter.
Vermehren: Soweit erhältlich aus Samen, der – nicht mit Erde abgedeckt – bei Temperaturen von 20 bis 25 °C keimt.

Eucalyptus, Eukalyptus

Die rund 500 Sträucher oder Bäume aus der Gattung *Eucalyptus* (Familie der Myrtengewächse) sind mehr oder wenig rasch wachsende Gehölze, die in ihrer

Escobaria henricksonii

australischen oder philippinischen Heimat Höhen von 25 m erreichen und pro Jahr um 1 bis 1,5 m zulegen können. Als Zimmerpflanzen kann man sie des-halb kaum bezeichnen. Wohl aber lassen sie sich eine Weile erfolgreich im Kübel halten. Noch besser eignen sie sich für den hohen, kühlen Wintergarten. Dort entwickeln sie sich prächtig und werden fast immer von Schädlingen verschont.

Leider gehört die am häufigsten angebo-tene Art, *Eucalyptus gunnii*, zu den raschwachsenden Arten. Besser eignen sich die mehr strauchigen oder nur zu kleinen Bäumen heranwachsenden Arten

Espostoa lanata

Eucalyptus pauciflora ssp. niphophila

wie *E. neglecta*, *E. pauciflora* ssp. *niphophila*, *E. pulverulenta* und *E. vernicosa*, doch sind diese zumindest in Deutschland nur schwer erhältlich. In England ist das Angebot größer, oder man muß sich Saatgut aus Australien schicken lassen.

Alle Eukalyptus lassen sich nur durch regelmäßigen Schnitt in erträglichen Dimensionen halten.

Licht: Hell und sonnig.
Temperatur: Luftig und nicht zu warm; im Winter 8 bis 12 °C. Warmer Stand beschleunigt das Wachstum.
Substrat: Saure Mischung, beispielsweise aus 1/2 Azaleenerde (Nr. 11) und 1/2 Kübelpflanzenerde (Nr. 17; Seite 41 und 42), gegebenenfalls mit ein wenig grobem Quarzsand; pH 5 bis 6.
Feuchtigkeit: Im Sommer hoher Wasserbedarf, deshalb stets feucht, aber nicht naß halten. Trockenheit vertragen nur ausgepflanzte Exemplare, die ihr tiefreichendes Wurzelsystem ausbilden konnten. Im Winter sparsamer gießen. Hartes Wasser entkalken.
Düngen: Von Frühjahr bis Herbst ein- bis zweimal pro Woche mit Blumendünger gießen, im Winter nur bei warmem Stand alle 2 Wochen.
Umpflanzen: Alle 1 bis 2 Jahre im Frühjahr oder Sommer.
Vermehren: In der Regel nur durch Aussaat. Saatgut keimt gut bei etwa 20 °C. Stecklinge – am besten halbreife Kopfstecklinge – wurzeln nicht leicht.
Besonderheiten: Im Frühjahr kräftig zurückschneiden; schwache Triebe ganz entfernen.

Euonymus japonicus
'Microphyllus Aureovariegatus'

Euonymus, Spindelstrauch

Von den rund 170 *Euonymus*-Arten ist nur eine als Topfpflanze interessant: *Euonymus japonicus*. Von diesem immergrünen, bis 5 m hohen Strauch aus Japan, Korea und den Riukiu-Inseln existieren viele Kulturformen, die sogar an milden Standorten im Weinbauklima winterhart sein können. Die mehr oder weniger eirunden, ledrigen Blätter erreichen bis 7 cm Länge, aber als Topfpflanze bevorzugt sind die kleinbleibenden und kleinblättrigen Sorten, die unter den Namen 'Microphyllus', 'Microphyllus Aureovariegatus' und ähnlichen bekannt sind. Sie erinnern kaum an das einheimische Pfaffenhütchen (*E. europaeus*). Besonders die buntlaubigen Formen sind hübsche Topfpflanzen, die jedoch kaum zur Blüte kommen. Voraussetzung für ein dauerhaft gesundes Wachstum ist ein luftiger, im Winter kühler Fensterplatz.

Licht: Hell, doch vor direkter Sonne mit Ausnahme der Wintermonate leicht geschützt.
Temperatur: Luftiger Stand, im Sommer am besten an halbschattigem Platz im Garten. Im Winter 5 bis 10 °C.
Substrat: Übliche Blumenerde, der man etwa 1/4 groben Sand beimischt; pH um 6.
Feuchtigkeit: Stets mäßig feucht halten. Im Winter sparsamer gießen, doch nie völlig austrocknen lassen. Von Frühjahr bis Herbst wöchentlich mit Blumendünger gießen.
Umpflanzen: Alle 2 Jahre im Frühjahr.
Vermehren: Stecklinge bewurzeln bei 20 bis 25 °C Bodentemperatur in üblichem Torf-Sand-Gemisch. Nach dem Anwachsen stutzen.

Euphorbia, Weihnachtsstern

Weihnachtsstern

Der Name Weihnachtsstern ist mit *Euphorbia pulcherrima*, auch Poinsettie genannt, fest verbunden. Den Gärtnern gefällt dies gar nicht. Sie versuchten schon vor Jahren, Poinsettien zu anderen Jahreszeiten anzubieten. Doch kein Blumenfreund wollte »Weihnachtssterne«, es sei denn zur Advents- oder Weihnachtszeit. Den Gärtnern bereitet es keine Schwierigkeiten, Poinsettien zu jeder beliebigen Jahreszeit zur Blüte zu bringen, denn Poinsettien reagieren auf die Länge der Tage. Es sind sogenannte Kurztagpflanzen, das heißt, sie kommen nur dann zur Blüte, wenn die tägliche Belichtungsdauer einen bestimmten Wert unterschreitet, der je nach Sorte bei etwa 12 Stunden liegt. Durch Belichten oder Verdunkeln

für mindestens 30 Tage läßt sich die Blatt- oder Blütenbildung steuern.

Poinsettien sind mexikanischen Ursprungs. Deshalb wollen sie hell stehen. In ihrer Heimat erreichen sie nahezu 3 m Höhe.

Um die Pflanzen in Töpfen niedrig zu halten, wurden sie früher meist mit Wuchshemmstoffen behandelt. Heute genügt es, kompaktwachsende Sorten zu wählen und durch richtige Kultursteuerung die Wuchshöhe zu begrenzen. Im Zimmer werden die Sträucher bald lang, so daß es sich kaum lohnt, sie nach der Blüte weiterzupflegen. Wer dies dennoch möchte, muß auf ein Drittel zurückschneiden und vielleicht den Neutrieb stutzen, um eine bessere Verzweigung zu erreichen.

Das Auffällige an den Poinsettien sind nicht die Blüten, sondern die lebhaft rot, rosa, gefleckt oder cremeweiß gefärbten Hochblätter (Brakteen). Die Blüten dieses Wolfsmilchgewächses (Euphorbiaceae) stehen im Zentrum. Sie sind sehr interessant gebaut – jedes »Blütchen« ist ein ganzer Blütenstand –, aber wenig attraktiv.

Licht: Hell, nur vor direkter Sonne besonders während der Mittagsstunden geschützt.
Temperatur: Warm, aber luftig. Auch im Winter nicht unter 18 °C, auch die Bodentemperatur. Einzelne Sorten sind noch mit 16 °C zufrieden. Blühende Pflanzen bleiben länger schön, wenn sie in einem nicht zu sehr geheizten Raum stehen.
Substrat: Übliche Blumenerde wie Nr. 1, 2, 3 oder 5 (s. Seite 39); pH um 6.
Feuchtigkeit: Stets feucht halten, aber keine Nässe aufkommen lassen.
Düngen: Von Frühjahr bis Herbst wöchentlich, im Winter alle 2 Wochen mit Blumendünger gießen.
Umpflanzen: In der Regel jährlich im Frühjahr oder Sommer.
Vermehren: Stecklinge bewurzeln nur bei Temperaturen über 22 °C. Es empfiehlt sich, die Schnittfläche nach dem Schneiden sofort in lauwarmes Wasser zu tauchen, bis kein Milchsaft mehr austritt. Durch Folie oder ähnliches für hohe Luftfeuchte sorgen.
Pflanzenschutz: Neben Blattläusen können besonders Weiße Fliege und Schildläuse lästig werden.

Beim Kauf ist auf die Blüten im Zentrum der Hochblätter zu achten. Sind sie bereits abgeblüht oder – durch falschen Stand im Blumenhandel verursacht – abgefallen, ist die Haltbarkeit nicht mehr allzu hoch.

Sukkulente Arten

Wenn man über die sukkulenten Euphorbien berichten will, weiß man nicht, wo man anfangen und wo man aufhören soll. Nicht nur, daß die Gattung rund 2000 Arten umfaßt. Nicht wenige sind in Kultur und erfreuen sich großer Beliebtheit, allen voran der verbreitete Christusdorn (*Euphorbia milii*, syn. *E. splendens*). Es gibt von ihm mehrere Sorten mit roten, rosa oder gelben Blüten und differierender Höhe.

Weite Verbreitung hat auch eine Art gefunden, deren Name vielfach unbekannt ist: *Euphorbia submammilaris*. Sie bleibt klein und bildet reichverzweigte, sieben- bis zehnrippige Stämmchen.

Mit der Hydrokultur ist *E. tirucalli* in Mode gekommen. Sie erreicht in ihrer afrikanischen Heimat beachtliche 10 m Höhe, doch auch in Kultur sind es keine Pflanzen für kleine Töpfe. Die nur kleinen Blättchen fallen von den 5 bis 8 mm starken, gegliederten, verzweigten Sprossen bald ab. Die bei uns angebotenen Pflanzen stammen nahezu alle aus Afrika, wo sie felderweise angebaut werden. Man stutzt sie bei uns auf etwa 30 cm Höhe oder auch mehr zurecht und bewurzelt sie. *E. tirucalli* ist wegen des stark ätzenden Milchsaftes berüchtigt.

Das Artenschutzrecht unterbindet heute den Import und Verkauf von gesammelten Euphorbien. Noch vor wenigen Jahren wurden in großer Menge Pflanzen beispielsweise von den Kanarischen Inseln eingeführt, wie *Euphorbia atropurpurea*, *E. balsamifera* und *E. canariensis*. Zum Schutz der natürlichen Bestände dürfen nur noch Pflanzen aus gärtnerischer Kultur in den Handel gelangen. Die ist relativ leicht möglich bei allen reichsprossenden säulenförmigen oder reichverzweigten strauchförmigen Arten.

Unter den säulenförmigen Euphorbien zeichnet sich *E. leuconeura* durch große, langgestielte Blätter an der Spitze des vierkantigen, mit Borsten versehenen Sprosses aus. Eine weißlich-grüne Zeichnung der meist dreikantigen Sprosse ist für *E. trigona* und *E. lactea* charakteristisch. *E. lactea* wirft aber die kleinen Blättchen bald ab, während sie bei *E. trigona* bis 5 cm groß sind, schräg nach oben stehen und länger an den Stämmchen verbleiben. Gelegentlich wird auch *E. resinifera* angeboten, die vierkantige, graugrüne Sprosse ohne Blätter bildet. Den kräftigen, bis 7 cm langen Stacheln verdankt die dreirippige Stämme hervorbringende *E. grandicornis* ihre Bewunderer.

Nur wenig Platz benötigen die kleinen, oft rundlichen Euphorbien. Viele von ihnen haben auf der Fensterbank Platz. Als Beispiel sei *E. obesa* genannt, die zunächst kugelrund wächst und sich erst im Alter in die Höhe streckt. Nicht selten wird sie – wie übrigens viele Euphorbien – für einen Kaktus gehalten.

Wohl nur in Sammlungen finden sich die seltsamen »Medusenhaupt-Euphorbien« wie *E. caput-medusae* und *E. esculenta*. Sie besitzen einen dicken, fleischigen Stamm, aus dem kreisförmig die Seitentriebe entspringen.

Erst vor wenigen Jahren entdeckte man einen Naturbastard zwischen dem Christusdorn (*Euphorbia milii*) und *E. lophogona*. Die nun als *E. × lomi* bezeichnete Hybride besitzt dunkelgrün gefärbte, größere Blätter als der Christusdorn und große, kräftig gefärbte Blüten. Auf diesem Fund aufbauend, entstanden inzwischen verschiedene schönblühende Sorten mit unterschiedlichen Wuchseigenschaften. *E. × lomi* der Sortengruppe »Somona« blühen ununterbrochen und eignen sich sehr gut für die Hydrokultur.

Licht: Heller, sonniger Standort, auch im Winter. Arten wie der Christusdorn halten auch im Halbschatten aus, doch leiden dort das Wachstum und die Blühwilligkeit.

Temperatur: Zimmertemperatur oder wärmer. Im Winter bei 12 bis 18 °C, kanarische Arten auch kühler. Je höher die Temperatur im Winter, um so heller muß der Standort sein.

Substrat: Alle Euphorbien verlangen eine durchlässige Erde mit einem pH-Wert zwischen 5,5 und 7. Bei den schnellwachsenden Arten und Sorten eignen sich übliche Fertigsubstrate wie Nr. 1, 2 und 5 (s. Seite 39). Für stark sukkulente Formen empfehlen sich fertige Kakteenerde oder Mischungen mit Lavagrus oder Seramis. Alle sukkulenten Euphorbien wachsen auch gut in reinem Seramis. Für Sorten von *E. × lomi* haben sich saure Torfsubstrate mit pH 4 bis 5 am besten bewährt. Zu kalkhaltige Erde führt zum Auftreten von Mehltaupilzen.

Feuchtigkeit: Während des Wachstums gießen, wenn die Erde weitgehend abgetrocknet ist. Während der Ruhezeit im Winter nur sporadische Wassergaben (je nach Temperatur). Manche Arten wie die von den Kanarischen Inseln machen in ihrer Heimat im Sommer eine Trockenruhe durch, während sie im Winter Feuchtigkeit zur Verfügung haben. In Kultur empfiehlt es sich nicht, eine sommerliche Trockenruhe einzuhalten, sie verlangen jedoch während des Winters häufigere Wassergaben.

Düngen: Von April bis September/Oktober alle 2 bis 4 Wochen – je nach Wachstumsintensität – mit Kakteendünger gießen.

Umpflanzen: Im Frühjahr oder Sommer jährlich oder in größeren Abständen.

Vermehren: Manche Arten wie *E. obesa* lassen sich nur durch Samen vermehren. Zu beachten ist, daß viele Euphorbien zweihäusig sind, sich also an einer Pflanze nur männliche oder weibliche Blüten befinden. Für einen Samenansatz muß man sich daher ein »Pärchen« besorgen. Von säulenbildenden oder sprossenden Euphorbien lassen sich genügend Stecklinge schneiden. Tritt Milchsaft aus, taucht man die Schnittstelle in lauwarmes Wasser oder Holzkohlepuder. Vorsicht, der Milchsaft der meisten Arten ist giftig und reizt die Haut. Mit benetzten Fingern nicht ans Auge fassen! Die Stecklinge

Euphorbia esculenta

bewurzeln bei Bodentemperaturen von 20 bis 25 °C meist recht schnell in dem üblichen Torf-Sand-Gemisch.

Besonderheiten: Beim Christusdorn wird man – von bestimmten Sorten abgesehen – nur dann Blüten erhalten, wenn die Pflanzen im Winter kühl bei etwa 15 °C stehen oder aber wenn sie im Winter weniger als 12 Stunden Licht pro Tag erhalten.

Eustoma, Schönkelch, Glockenenzian

Das Enziangewächs *Eustoma grandiflorum* (auch als *Lisianthus russelianus* bekannt) aus Texas ist als Schnittblume wie auch als Topfpflanze mit seinen großen Blüten in einem zarten Blau, Rosa oder aber in Weiß sehr attraktiv. Leider sind die Erfahrungen mit dieser Topfpflanze nicht sehr gut. Nicht selten überleben neu erworbene Pflanzen nur wenige Tage. Steht der Glockenenzian nicht hell genug, blühen die Knospen nicht auf. Besonders empfindlich reagiert er auf unregelmäßige Wasserversorgung und Nässe. Eine typische »Wegwerfpflanze«.

Licht: Hell, aber nicht direkter Sonne ausgesetzt. *Eustoma* kommt unabhängig von der Tageslänge zur Blüte, doch wird die Blütenbildung durch Langtage gefördert.
Temperatur: Zimmertemperatur, im Winter je nach Helligkeit zwischen 10 und 15 °C. Auch kühlere Überwinterung möglich.
Substrat: Nr. 1, 3 oder 5 (Seite 39); pH 5 bis 6.

Feuchtigkeit: Sehr sorgfältig gießen, die Pflanze reagiert sehr empfindlich auf Nässe, soll aber auch nicht trocken werden.
Düngen: Wöchentlich ein- bis zweimal mit Blumendünger in halber Konzentration gießen.
Umpflanzen: Erübrigt sich, da die Pflanzen nur eine kurze Lebensdauer im Zimmer haben.
Vermehren: Stecklinge von etwa 2 cm Länge bewurzeln bei etwa 20 °C Bodentemperatur. Samen keimt bei etwa 20 bis 25 °C.
Besonderheiten: *Eustoma*-Topfpflanzen sind in der Regel mit Wuchshemmstoffen behandelt. Die Wirkung läßt nach einiger Zeit nach, und das normale Längenwachstum beginnt.

Exacum, Bitterblatt

Die Familie der Enziangewächse (Gentianaceae) trägt nur mit einer Art zum hiesigen Zimmerpflanzensortiment bei: mit *Exacum affine*, dem Bitterblatt oder Blauen Lieschen. Obwohl es von der Insel Sokotra am Ausgang des Golfs von Aden stammt, haben die Amerikaner dieses hübsche Pflänzchen »German Violet« genannt, das »Deutsche Veilchen« – ein Zeichen dafür, daß *Exacum affine* bei uns gern gepflegt wird, und das seit rund 100 Jahren.

Die enzianblauen Blüten (besonders kräftig bei der Sorte 'Atrocaeruleum' – es gibt auch rosa- und weißblühende Sorten) haben mit dem Fleißigen Lieschen (*Impatiens*-Walleriana-Hybriden)

nicht viel gemein, aber vielleicht hat man *Exacum* deshalb Blaues Lieschen genannt, weil es wie *Impatiens* vom Sommer bis in den Spätherbst hinein immer wieder neue Blüten öffnet. Die fleischigen Stengel mit den kleinen, eirunden Blättchen sind vom Grund an verzweigt. Die Pflanze erreicht bei uns kaum mehr als 30 cm Höhe. In der Regel wirft man das Bitterblatt nach der Blüte weg und zieht es jährlich neu aus Samen heran. Nach kühler Überwinterung gelingt es aber auch, sie im Frühjahr durch Stecklinge zu verjüngen.

Licht: Hell, nur vor direkter Mittagssonne geschützt.
Temperatur: Luftiger Platz mit Zimmertemperatur. Im Winter genügen Werte um 15 °C. Freilandaufenthalt während des Sommers ist nicht zu empfehlen, da die Pflanzen einige Tage schlechtes Wetter übelnehmen.
Substrat: Übliche Humussubstrate wie Nr. 1, 2, 3 oder 5 (s. Seite 39); pH 5 bis 6.
Feuchtigkeit: Stets mäßig feucht, aber nicht naß halten.
Düngen: Von Frühjahr bis Herbst wöchentlich mit Blumendünger gießen.
Umpflanzen: In der Regel überflüssig, es sei denn, man pikiert Sämlinge zunächst in kleine Töpfchen.
Vermehren: Aussaat im Februar bei Temperaturen um 18 bis 20 °C. Den feinen Samen nicht mit Erde abdecken. Eine Glasscheibe oder Kunststoff-Folie sorgt dafür, daß er nicht austrocknet. Am besten setzt man nach einmaligem Pikieren drei Sämlinge in den etwa 10 cm großen Endtopf. Von überwinterten Pflanzen ab März Stecklinge schneiden und bei gleichen Temperaturen bewurzeln.

Euphorbia × lomi

Eustoma grandiflorum

Exacum affine

Fabiana imbricata

Fabiana

Fabiana imbricata aus der Familie der Nachtschattengewächse stammt aus Südamerika und wächst zu einem Strauch von maximal 2 m heran, der kleine weiße, erikaähnliche, röhrenförmige Blüten trägt. *Fabiana* wird gelegentlich als Kübelpflanze gehalten, als Topfpflanze ist sie dagegen kaum zu gebrauchen, denn sie blüht nur dann reichlich, wenn sie den Winter über unter 15 °C und luftig steht. Auch regelmäßiges Stutzen hält den Strauch nicht auf Zimmermaß; dazu bedarf es des Einsatzes von Wuchshemmstoffen. Wer einen kühlen Überwinterungsraum oder Wintergarten bieten kann, mag einen Versuch wagen. Die Pflege kann sich an der Behandlung von Eriken orientieren.

x Fatshedera lizei

Farfugium

Diese hübschen Stauden aus Ostasien haben eine etwas verwirrende Namensgebung hinter sich. Innerhalb der Familie der Korbblütler (Compositae oder Asteraceae) wurden sie abwechselnd den Gattungen *Tussilago*, *Farfugium* und *Ligularia* zugeordnet. Neben dem derzeit gültigen Namen *Farfugium japonicum* tauchen sie deshalb in Büchern und im Handel als *Ligularia tussilaginea* und *Tussilago japonica* auf. Die Namen kennzeichnen die Verwandtschaft zum heimischen Huflattich (*Tussilago farfara*), und die Blätter besitzen bei genauer Betrachtung auch durchaus Ähnlichkeit. Allerdings ist das Laub der japanischen Verwandten mit der variablen gelb-grünweißen Zeichnung wesentlich attraktiver. Die Blüten fallen dagegen weniger auf.

Mit ihrem hübschen Laub dienten sie früher als wirkungsvolle Bodendecker in kühlen Wintergärten. Wie die beliebten Gartenstauden *Hosta* werden sie auch gerne den Sommer über im Kübel auf der schattigen Terrasse gehalten. In den kühlen Stuben der alten Bauernhäuser war *Farfugium japonicum* eine gerngesehene, schönblättrige Topfpflanze. Dafür benötigt man allerdings ein nicht zu kleines Gefäß und sollte die Staude jedes zweite Jahr teilen. Die Pflege entspricht ansonsten der von *Aspidistra*.

× Fatshedera, Efeuaralie

1912 gelang in Frankreich die Kreuzung der Aralie (*Fatsia japonica*) mit dem Atlantischen Efeu (*Hedera hibernica*). Das Ergebnis, die Efeuaralie (× *Fatshedera lizei*), gehört seit vielen Jahren zum Standard-Zimmerpflanzensortiment. Ihr Aussehen weist sie als wahres Kind ihrer Eltern aus: Die drei- bis fünflappigen Blätter haben viel Ähnlichkeit mit der Aralie, sind aber kleiner. Der aufrechte Stengel ist in der Jugend rötlich überhaucht wie bei manchen Efeusorten, wird aber bis 4 m hoch.

Als Topfpflanze muß man die Efeuaralie mehrfach stutzen, damit sie sich besser verzweigt. Durch Kopfstecklinge und Abmoosen läßt sich für Nachkommen sorgen. Wie bei den beiden Eltern soll die Temperatur im Winter nicht zu hoch sein, da sonst von unten die Blätter gelb werden. Die Efeuaralie ist wie *Fatsia* zu behandeln. In milden Gegenden Deutschlands können abgehärtete Pflanzen an geschützten Stellen auch im Freien den Winter überleben.

Farfugium japonicum

Fatsia, Aralie

Wie der botanische Name *Fatsia japonica* zeigt, ist die Zimmeraralie in Japan beheimatet. Gelegentlich taucht dieses Efeu- oder Araliengewächs (Araliaceae) noch unter dem veralteten Namen *Aralia sieboldii* auf. Am heimatlichen Standort erreicht dieser Strauch 5 m Höhe. An zusagenden, das heißt im Winter nicht allzu warmen Plätzen entwickelt sich aus dem Sämling rasch ein stattliches Exemplar. Auch die Blätter können sich sehen lassen: mit sieben bis neun Lappen sind Blattspreiten von 40 cm bei älteren Aralien keine Seltenheit.

Wie bereits erwähnt, ist im Winter ein kühler Platz erforderlich. In den USA hat man sie in die Zone 8 eingeordnet. Dort findet man Pflanzen, die Minimaltemperaturen von –6 bis –12 °C aushalten. Die Aralie muß dazu allerdings ausreichend abgehärtet sein. Bei uns ist in milden Lagen eine Freilandüberwinterung erfolgreich, sofern der Winter nicht ungewöhnlich streng ist. Viel sicherer ist es, die Aralie im Winter frostfrei zu halten. Die gelegentlich angebotene Sorte mit gelb-grün panaschiertem Laub sollte etwas wärmer stehen, ist also nicht fürs Freie geeignet. Blüten sind erst bei älteren, über meterhohen Exemplaren zu erwarten. Sie stehen in weißen Dolden, die wiederum Rispen bilden.

Licht: Hell bis schattig; vor direkter Sonne geschützt.
Temperatur: Im Sommer ist der Garten der beste Platz. Allerdings ist Schutz vor Wind und Sonne erforderlich. Bei Zimmeraufenthalt ist für luftigen, nicht zu warmen Stand zu sorgen. Im Winter kühl um 10 °C halten, möglichst nicht über 15 °C.
Substrat: Übliche Blumenerden wie Nr. 1,

2, 3, 5 oder 6 (s. Seite 39 bis 40); pH um 6.

Feuchtigkeit: Wegen der großen Blätter ist der Wasserbedarf sehr hoch. Allerdings nicht »auf Vorrat« gießen und die Erde übernässen. Im Sommer lieber zweimal pro Tag gießen.

Düngen: Von Frühjahr bis Herbst wöchentlich, im Winter je nach Temperatur nur alle 3 bis 4 Wochen mit Blumendünger gießen.

Umpflanzen: Anfangs jährlich im Frühjahr; ältere Pflanzen in größeren Abständen.

Vermehren: Sofern frischer Samen erhältlich, sofort aussäen und bei 18 °C Luft- und Bodentemperatur keimen lassen. Ältere Pflanzen lassen sich leicht abmoosen. Stecklinge wurzeln bei mindestens 20 °C Bodentemperatur.

Pflanzenschutz: Wie bei Efeu (*Hedera*) können Spinnmilben besonders bei ganzjährigem Aufenthalt im Zimmer lästig werden.

Faucaria, Tigerrachen

Wer Erfahrungen mit den hochsukkulenten Mittagsblumengewächsen (Aizoaceae) sammeln will, sollte mit den relativ robusten *Faucaria*-Arten beginnen. Sie sind meist stammlose oder sehr kurzstämmige Pflanzen mit kreuzweise gegenständigen, in der Aufsicht dreieckigen Blättern, deren Ränder oder gesamte Oberseite mit mehr oder weniger kräftigen »Zähnen« versehen sind. Sie erinnern damit an einen aufgerissenen Tigerrachen, was

ihnen ihren Namen eingebracht hat. Die meist gelben, im Spätsommer erscheinenden Blüten sind eine weitere Zierde. Das Hauptwachstum der rund 33 *Faucaria*-Arten erfolgt im Sommer. Im Laufe der Jahre entstehen größere Gruppen, die sehr reich blühen können.

Licht: Sonnig.

Temperatur: Luftiger Stand mit Zimmertemperatur oder wärmer. Im Sommer vorteilhaft an regengeschütztem Platz im Freien. Im Winter 5 bis 15 °C.

Substrat: Mischungen aus einem Humussubstrat wie Nr. 1, 2 oder 5 (s. Seite 39) mit maximal 1/2 Sand oder Seramis; pH um 6.

Feuchtigkeit: Etwa ab April/Mai wird zunächst vorsichtig mit dem Gießen begonnen. Im Oktober reduziert man die Wassergaben. Im Winter stehen die Pflanzen völlig trocken oder werden bei relativ warmem, lufttrockenem Stand nur sporadisch leicht gegossen.

Düngen: Von Mai bis September gelegentlich mit Kakteendünger gießen.

Umpflanzen: Nur alle 2 bis 3 Jahre vor dem Ende der Ruhezeit erforderlich.

Vermehren: Aus Samen (wie *Argyroderma*).

Fenestraria, Fensterblatt

Die beiden *Fenestraria*-Arten, *F. aurantiaca* und *F. rhopalophylla*, sind ein bemerkenswertes Beispiel dafür, mit welchem Erfindungsreichtum sich Pflanzen

extremen Standorten anpassen können. Diese Mittagsblumengewächse (Aizoaceae) bilden Rosetten mit aufrechtstehenden, keulenförmigen, fleischigen Blättern. In ihrer südwestafrikanischen Heimat stehen die Pflanzen tief im sandigen Boden verborgen. Nur die abgerundeten Blattspitzen schauen heraus. Dies schützt sie vor übermäßiger Verdunstung.

Nun braucht aber *Fenestraria* Licht wie jede andere Pflanze auch, um existieren zu können. Die Lichtmenge, die auf die Blattspitzen fällt, würde dazu üblicherweise nicht ausreichen. Daß dies dennoch genügt, verdankt *Fenestraria* einer Besonderheit: die äußeren Gewebeschichten eines Blattes bestehen im allgemeinen aus Chloroplasten führenden Zellen. Die Chloroplasten sind die »Organe«, die mit Hilfe des Blattgrüns (Chlorophyll) das Licht aufzunehmen und in verwertbare Energie umzuwandeln vermögen. Die inneren Gewebe sukkulenter Blätter bestehen dagegen aus wasserspeichernden, farblosen Zellen. Dieses Wassergewebe reicht bei den *Fenestraria*-Arten bis an die Oberfläche der Blattspitze heran.

Es bewirkt das gleiche wie ein Fenster, und so sieht es auch aus: das Licht kann ungehindert von Chloroplasten ins Innere des Blattes eindringen und damit die unterirdischen blattgrünführenden Gewebe mit Sonnenenergie versorgen.

In Kultur dürfen die Blätter nicht wie am heimatlichen Standort bis an die

Faucaria lupina

Fatsia japonica, siehe auch Seite 128

Fenestraria aurantiaca

Ferocactus latispinus var. spiralis

Fenster eingegraben werden. Dies führt unweigerlich zu Fäulnis. Es verlangt ohnehin viel Fingerspitzengefühl, um nicht mehr als die zuträgliche Wassermenge zu verabreichen. Dann erscheinen regelmäßig im Sommer oder Herbst die gelben (*F. aurantiaca*) oder weißen Blüten (*F. rhopalophylla*).

Licht: Sonnig bis hell.
Temperatur: Zimmertemperatur oder wärmer. Im Winter um 10 °C.
Substrat: Ideal ist eine Mischung aus 2 bis 3 Teilen grobem Quarzsand und 1 Teil alter, abgelagerter Rasenerde, doch ist letztere nicht käuflich. Man müßte sie sich durch Kompostieren von Rasensoden selbst herstellen. Als Ersatz nimmt

man abgelagerten Kompost oder Gartenerde; pH um 6.
Feuchtigkeit: Ab März/April zunächst Substrat nur oberflächlich leicht befeuchten. Wenn das Wachstum im Sommer verstärkt einsetzt, immer dann gießen, wenn die Erde völlig abgetrocknet ist. Im Winter völlig trocken halten.
Düngen: Nur im Sommer sporadisch mit Kakteendünger in halber Konzentration gießen.
Umpflanzen: Nur in größeren Abständen erforderlich, am besten vor Ende der Ruhezeit im Frühjahr.
Vermehren: Größere Gruppen beim Umtopfen vorsichtig teilen. Auch Aussaat (s. *Argyroderma*).

Ferocactus, Teufelszunge

In ihrer Heimat von den südlichen Staaten der USA bis nach Mexiko erreichen einige der rund 23 Arten der Gattung *Ferocactus* ein Alter von mehr als 100 Jahren und sind dann nahezu meterdick und mehrere Meter hoch. Zunächst sind es gefährlich aussehende Kugeln, die sich erst im Alter zu strecken beginnen.

Der Name *Ferocactus* ist sehr treffend: ferus = wild charakterisiert bestens die auffällige Bedornung. Arten wie *F. latispinus* besitzen einen zungenartig verbreiterten Mitteldorn, was ihm den

Ferocactus glaucescens

Ferocactus gracilis

Namen Teufelszunge eingebracht hat. Aber auch alle anderen Arten sind kulturwürdig. Ein sonniger Standort ist unumgänglich und bewirkt eine gute und farbige Bedornung. Die Pflege entspricht der von *Echinocactus grusonii*, dem Schwiegermuttersessel. Keinesfalls dürfen die Pflanzen im Winter unter 12 °C stehen

Ficus, Gummibaum, Feige

Aus der Fülle der über 800 Arten der Gattung *Ficus* sind nur wenige allgemein bekannt geworden. Die Feige (*Ficus carica*) begegnet uns vorwiegend in subtropischen Gebieten als Nutzpflanze. Aber auch bei uns kann sie an klimatisch begünstigten Plätzen den Winter im Freien überstehen. Zu den verbreitetsten Zimmerpflanzen zählt *Ficus elastica* in den breitblättrigen Auslesen 'Decora', 'Robusta' und ähnlichen. Sie gelten als »der Gummibaum«. Dabei sind noch andere regelmäßig im Blumenhandel zu finden. Noch beliebter ist die kleinblättrige *F. benjamina*, die Birkenfeige, einer der empfehlenswertesten Gummibäume für Wohnräume (als Bonsai siehe Bild Seite 131). Sie ist nicht so steif wie *F. elastica*, sondern wirkt mit ihren verzweigten, leicht überhängenden Trieben viel eleganter. Von ihr existieren zahlreiche Sorten mit unterschiedlichen Blattformen und -zeichnungen. Weitere empfehlenswerte, der Birkenfeige ähnliche Gummibäume sind *F. microcarpa* (meist fälschlich als *F. nitida*) und *F. stricta*. Viel Ähnlichkeit mit *F. elastica* 'Decora' hat *F. macrophylla*. Die Pflanzen verzweigen sich stärker, die Blätter sind dünner, oft leicht gewellt. Der deutlichste Unterschied sind die Nebenblätter, die jedes neue Blatt umgeben: Sie sind bei *F. elastica* zu einer Tüte verwachsen; bei *F. macrophylla* kann man die beiden nicht verwachsenen Nebenblätter gut erkennen.

Als ein elegant wirkender, im Zimmer gut haltbarer Gummibaum erwies sich *Ficus binnendykii* (syn. *F. binnendijkii*), ein Strauch mit schmalen, lineallanzettlichen Blättern von rund 25 cm Länge. Er ist ähnlich wie *F. benjamina* zu verwenden und in allen erhältlichen Sorten empfehlenswert.

Unter den kletternden Arten kommt *F. pumila* (syn. *F. repens*, *F. stipulata*) die größte Bedeutung zu. In Gewächshäusern, in England sogar im Freien, lassen sich ganze Wände mit diesem Gummibaum beranken. Vermehrt werden ausschließlich die jungen, kriechenden Triebe mit den nur 2,5 cm großen eiförmigen Blättern. In ihrer ostasiatischen Heimat kriechen die fruchtenden Triebe nicht, sondern stehen aufrecht und tragen bis zu 7,5 cm lange, elliptische Blätter. Die Sorte 'Sonny' mit weißgerandeten Blättern ist weit verbreitet und zu Recht sehr beliebt.

Ein weiterer kletternder Gummibaum ist noch zu nennen: *F. sagittata* (syn. *F. radicans*) mit lanzettlichen, lang zugespitzten Blättern, die bei der Jugendform nicht länger als 5 cm werden. Diese Art ist besonders schön in der buntlaubigen Form 'Variegata'.

Durch die Hydrokultur hat *F. rubiginosa* (syn. *F. australis*) an Bedeutung gewonnen. Sie ist an den zunächst behaarten, bis 12 cm langen, breitelliptischen Blättern zu erkennen. Während die buntlaubige Form 'Variegata' bei Zimmertemperatur stehen will, ist die grünblättrige Art mit einem kühlen Raum zufrieden. Nur für größere Räume eignet sich der Leierblättrige Gummibaum (*F. lyrata*). Allein seine ledrigen Blätter erreichen über 30 cm Länge. In seiner Heimat im tropischen Afrika wächst *F. lyrata* zu einem Baum von über 25 m Höhe heran. Aber auch andere Arten, die im Zimmer nicht so mächtig werden wie *F. lyrata*, sind am heimatlichen Standort hohe Bäume. Inzwischen gibt es von *F. lyrata* eine Auslese mit kleineren, dichtstehenden Blättern, die deutlich kompakter bleibt.

Was *F. lyrata* reizvoll macht, sind neben den eindrucksvollen Blättern die Früchte, die auch an jungen Pflanzen regelmäßig erscheinen. Sie erinnern mehr an Walnüsse als an Feigen. Nicht alle *Ficus*-Arten bilden in Kultur Feigen. Bei *F. elastica* wartet man vergeblich. An *F. benjamina* findet man gelegentlich Früchte, aber dann handelt es sich um abgemooste Triebe größerer, fruchtender Exemplare aus wärmeren Gefilden.

Schon als kleine Pflanze fruchtet *F. cyathistipula*, eine Art mit über 10 cm langen, länglich verkehrt eiförmigen Blättern. Auch die strauchige *F. deltoidea* (syn. *F. diversifolia*) erfreut regelmäßig mit sich orange färbenden erbsengroßen Feigen. Mancher Pflanzenfreund hat schon vergeblich nach den Blüten dieser Maulbeergewächse (Moraceae) Ausschau gehalten und sich gewundert, Feigen vorzufinden, ohne daß ihm zuvor

Ficus elastica 'Schrijveriana'

Ficus benjamina

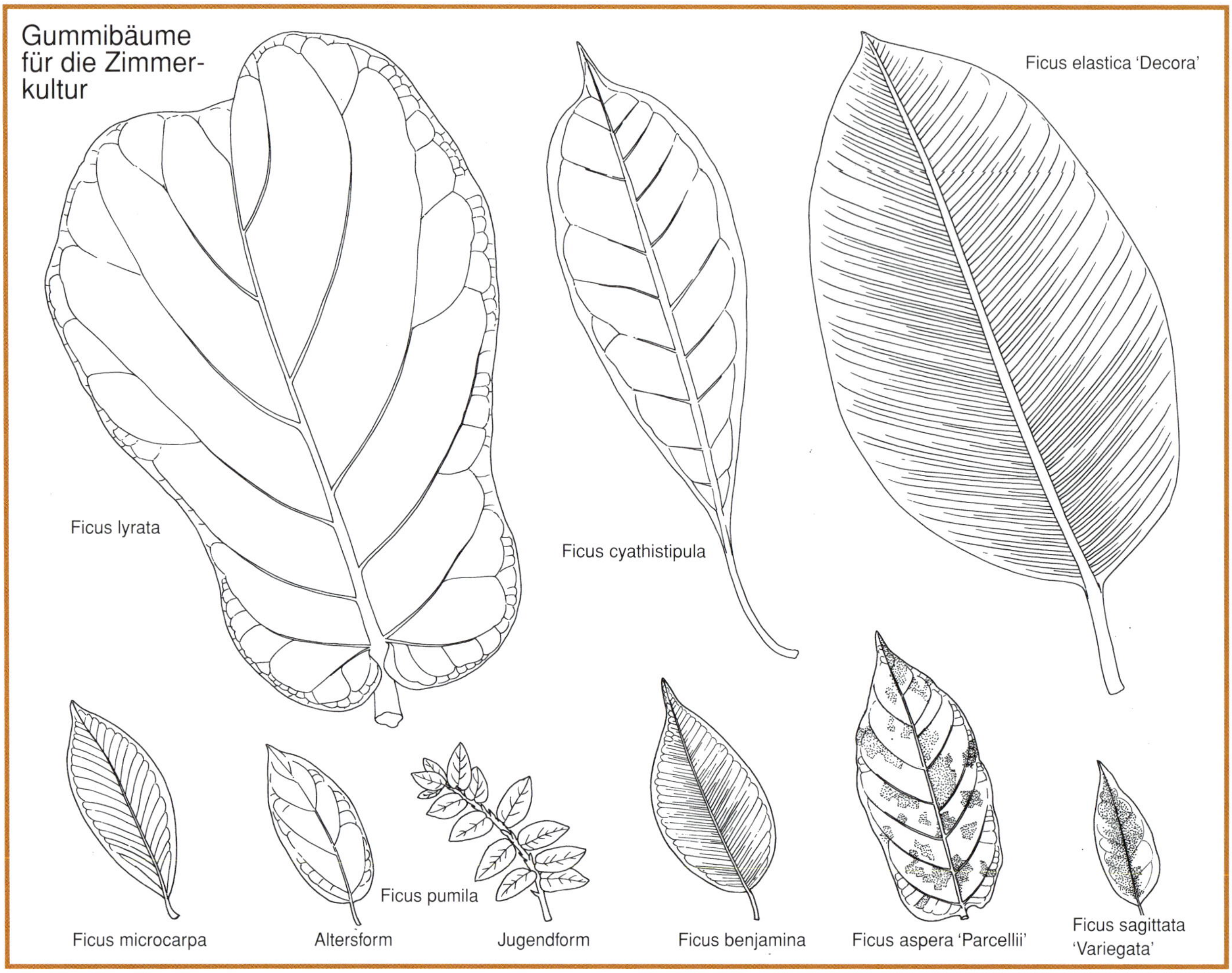

Gummibäume für die Zimmerkultur

Ficus lyrata

Ficus cyathistipula

Ficus elastica 'Decora'

Ficus microcarpa

Ficus pumila
Altersform

Jugendform

Ficus benjamina

Ficus aspera 'Parcellii'

Ficus sagittata 'Variegata'

Ficus binnendykii 'Ali'

Ficus pumila 'Sonny'

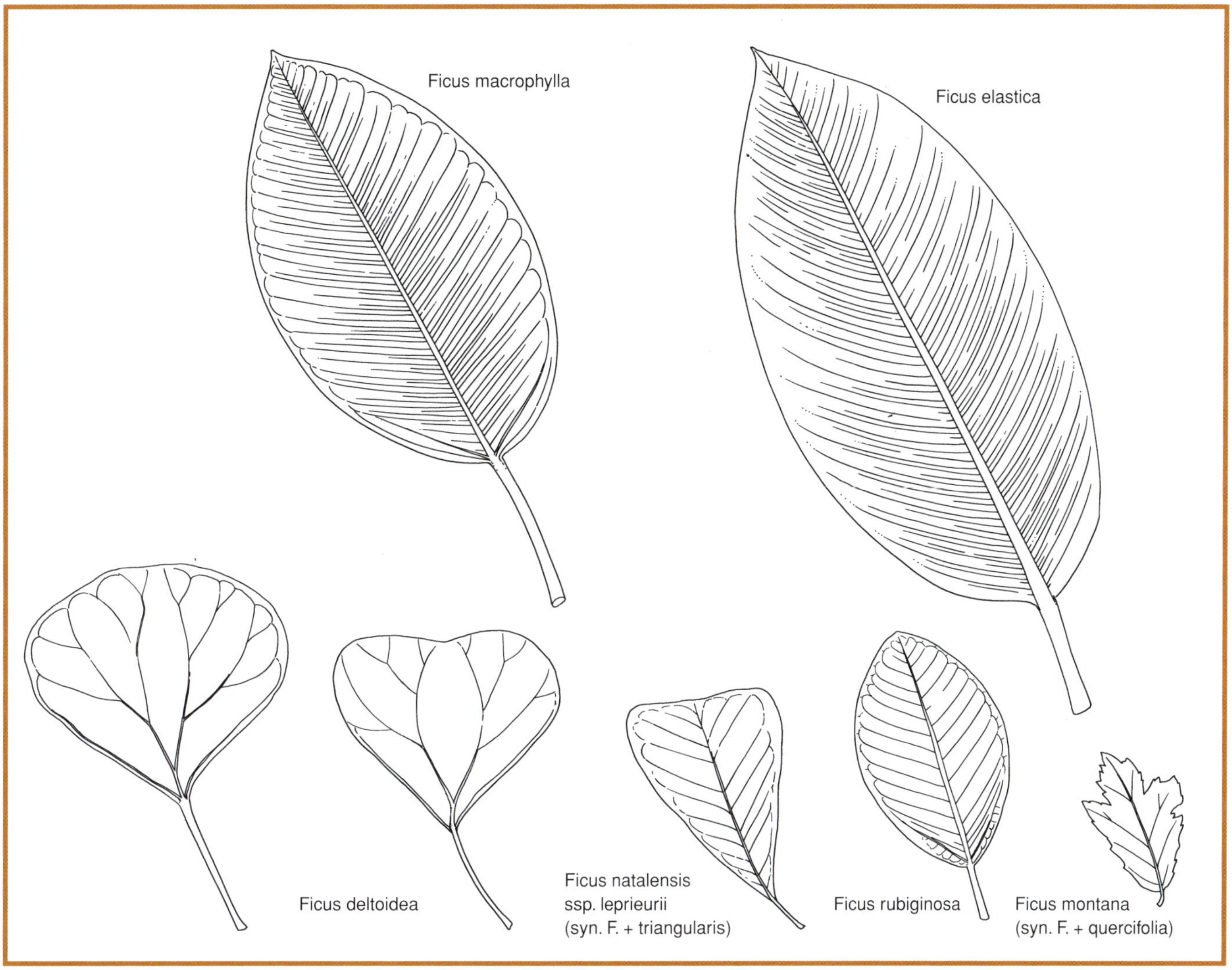

Ficus macrophylla

Ficus elastica

Ficus deltoidea

Ficus natalensis
ssp. leprieurii
(syn. F. + triangularis)

Ficus rubiginosa

Ficus montana
(syn. F. + quercifolia)

Blüten aufgefallen wären. Gummibäume bilden Blütenstände aus, die schon wie kleine Feigen aussehen. Es sind gallenähnliche, krugförmige Gebilde mit einer nur kleinen Öffnung. Zur Bestäubung der in ihnen sitzenden Blüten sind nur bestimmte Insekten wie Gallwespen befähigt. Somit darf man bei uns keinen Samenansatz erwarten, zumal es bei manchen *Ficus* männliche und weibliche Pflanzen gibt. Einer der schönsten Vertreter der Gattung ist zweifellos *F. aspera* in der buntlaubigen Form 'Parcellii'. Die dünnen, unterseits behaarten, bis 20 cm langen, länglichen Blätter sind lebhaft weiß, hell- und dunkelgrün gezeichnet. Schon an jungen Pflanzen erscheinen die relativ großen Feigen. Diese von den Südpazifischen Inseln zu uns gekommene Art stellt etwas höhere Ansprüche an Temperatur und Luftfeuchte als die robusten Verwandten mit ledrigen Blättern. Es gilt übrigens für nahezu alle buntlaubigen Formen, daß sie anspruchsvoller sind als die grüne Art. Ein weiterer buntlaubiger Gummibaum sei noch erwähnt: *F. natalensis* ssp. *leprieurii*

(syn. *F. triangularis*) 'Variegata'. Die strauchige Art hat waagrecht abstehende bis leicht hängende Seitenäste mit nahezu dreieckigem Laub.

Licht: Hell, aber vor direkter Sonne besonders während der Mittagsstunden geschützt.
Temperatur: Die meisten Arten wollen warm stehen bei Zimmertemperatur bis maximal 27 °C. Im Winter sollte die Temperatur nicht unter 18 °C absinken. Günstig ist es, wenn die Bodentemperatur nicht niedriger, sondern am besten noch um etwa 2 °C höher liegt. Dies gilt besonders für die empfindlichen Arten. Kühler stehen dürfen *F. benjamina* und *F. microcarpa* (bis 15, minimal 12 °C), *F. pumila* (1 °C), *F. macrophylla* (um 10 °C) und *F. rubiginosa* (8 bis 10 °C), jedoch nur die grünblättrigen.
Substrat: Übliche Humussubstrate wie Nr. 1, 2, 5, 6 oder 9 (s. Seite 39 bis 40); pH um 6.
Feuchtigkeit: Stets mäßig feucht halten. Blattverluste haben meist ihre Ursache in Wurzelschäden als Folge zu reichlichen

Gießens. Andererseits darf die Erde nie völlig austrocknen. Die Luftfeuchte sollte nicht unter 50%, bei empfindlichen Arten wie *F. aspera* und *F. sagittata* nicht unter 60% absinken.
Düngen: Der Wachstumsgeschwindigkeit angepaßt, alle 1 bis 3 Wochen mit Blumendünger gießen.

Ficus benghalensis

Fittonia verschaffeltii 'Argyroneura' (links), rechts die kleinblättrige Sorte 'Minima'.

Umpflanzen: Jährlich, ältere Exemplare in größeren Abständen im Frühjahr oder Sommer.

Vermehren: In der Regel durch Stecklinge. Hierzu sind aber hohe Temperaturen von über 25 °C in Luft und Boden nötig sowie eine hohe Luftfeuchte. Sicherer ist das Abmoosen (s. Seite 103).

Pflanzenschutz: Bei Zimmerkultur werden bei warmem Stand Thripse, Spinnmilben oder Schildläuse lästig. Regelmäßig kontrollieren!

Fittonia gigantea

Fittonia

Die schönsten Fittonien konnte man einmal bei einem Gärtner sehen, der sie einfach in den Boden unter seine Gewächshaustische gepflanzt hatte. Gelegentlich hielt er beim Gießen und Düngen den Schlauch unter den Tisch. Ansonsten ließ er ihnen keine besondere Pflege angedeihen. Und dennoch – *Fittonia verschaffeltii* 'Argyroneura' mit ihren gegenständigen, grünen, weißgeaderten Blättern sowie die rotgeaderte Sorte 'Pearcei' überzogen üppig den Boden, und das herzförmige Laub erreichte eine ungewöhnliche Größe. Dabei kam nur ganz wenig Licht unter die Tische! In dieser Hinsicht ist das Acanthusgewächs aus dem Süden Amerikas von Kolumbien bis Peru nicht anspruchsvoll.

Wenn man Fittonien im Topf kultiviert, kann sich dieser Bodendecker nicht so üppig entwickeln. Ausgepflanzt bewurzeln sich die langen, über den Boden kriechenden Triebe und tragen so zur Nährstoffversorgung bei. Eine Pflanzwanne im Blumenfenster oder in der Vitrine, ein warmes Grundbeet im Gewächshaus, das sind ideale Plätze. Wer dies nicht bieten kann,

sollte dennoch nicht auf Fittonien verzichten, kleinere Pflanzen im Topf oder in der Schale sind immer noch besser als gar keine. Allzu trocken darf die Zimmerluft jedoch nicht sein.

Selbst für kleinste Plätze hat diese Gattung etwas zu bieten: *Fittonia verschaffeltii* 'Minima' sieht aus wie 'Argyroneura', hat also ein grünes, weißgeadertes Blatt, aber sie bleibt viel kleiner, wird nur wenige Zentimeter groß. Diese kleinbleibende Fittonie ist wie geschaffen für Flaschengärten und ähnliche Anlagen. Der mehr aufrecht wachsenden 'Pearcei' ähnelt *Fittonia gigantea*, die in Kultur nur selten anzutreffen ist. Die kleinen, in Ähren stehenden Blütchen der Fittonien haben keinen großen Schmuckwert.

Licht: Halbschattiger bis schattiger Platz.
Temperatur: Zimmertemperatur oder wärmer, im Winter absinkend bis 18 °C, nachts bis 16 °C.
Substrat: Übliche Blumenerden wie Nr. 1, 2, 3 oder 5 (s. Seite 39); pH 5 bis 6,5.
Feuchtigkeit: Stets mäßig feucht halten. Stauende Nässe führt aber bald zu Wurzelfäulnis. Luftfeuchte sollte mindestens 50, besser 60% betragen.
Düngen: Von Frühjahr bis Herbst alle 2, im Winter alle 4 Wochen mit Blumendünger gießen.
Umpflanzen: Erübrigt sich, wenn Fittonien ausgepflanzt sind, sonst jährlich umtopfen.
Vermehren: Kopfstecklinge wurzeln leicht bei etwa 22 °C Bodentemperatur.

Frailea

Zur Gattung *Frailea* gehören sehr kleine Kakteen mit rundlich abgeflachter oder länglicher Gestalt von nur wenigen Zentimetern Größe. Da sie wenig Platz beanspruchen, erfreuen sie sich wachsender Beliebtheit. Ein Nachteil einiger *Frailea* sei allerdings nicht verschwiegen: Die relativ großen, im Scheitel erscheinenden Blüten brauchen keinen Bestäuber, um Samen anzusetzen. Die Befruchtung erledigen sie selbst in der geschlossenen Blüte (was man als Kleistogamie bezeichnet). Deshalb haben sie es auch nicht nötig, ihre Blüte vollständig zu entfalten. In den Genuß völlig geöffneter Blüten kommt der Gärtner nur, wenn besonders warmes, sonniges Wetter herrscht.

Allerdings, in der Sonne braten wollen *Frailea* nicht, da sie in ihrer südamerikanischen Heimat in der Regel im

Frailea schilinzkyana

lichten Schatten höherwüchsiger
Pflanzen vorkommen. Entsprechende
Bedingungen, ein mineralisches Substrat
(siehe Seite 41) sowie eine winterliche
kühle Ruhezeit sorgen für gutes
Gedeihen. Es wird empfohlen, die völlig
trockene Phase nicht wesentlich über
drei Monate auszudehnen und im Frühjahr wieder gelegentlich zu gießen.
Ansonsten orientiere man sich an der
Pflege der verwandten *Parodia*.

Fuchsia, Fuchsie

Nur wer einen kühlen Wintergarten besitzt, kann Fuchsien als Zimmerpflanzen
halten, sonst gehören sie ins kühle Gewächshaus und im Sommer auf den Balkon oder in den Garten. Im warmen Zimmer halten sie sich auf Dauer nicht. Im
Handel finden sich von diesem Nachtker-
zengewächs (Onagraceae) Hybriden mit
aufrechtem oder hängendem Wuchs. Sie
zeichnen sich durch große, hängende Blüten aus, deren Reiz im Farbkontrast zwischen den meist hochgeschlagenen Kelchblättern und den vier oder – bei gefüllten
Sorten – mehreren Blütenblättern liegt.

Etwas für den botanischen Feinschmecker
sind die Wildarten, von denen es rund
100 gibt. Die manchmal zierlichen Blüten
erweisen sich bei näherer Betrachtung als
nicht weniger hübsch. *Fuchsia magellanica* und ihre Sorten sind wohl die einzigen Vertreter dieser in Mittel- und Südamerika, Tahiti und Neuseeland verbreiteten Gattung, die an geschützter Stelle den
Winter im Freien überdauern können.
Alle anderen Arten und Sorten holt man
im Herbst ins Haus und stellt sie erst
nach den Eisheiligen wieder ins Freie.

Licht: Heller bis schattiger Platz ohne
direkte Sonne. Die *F.*-Triphylla-Hybriden
sind etwas sonnenverträglicher.
Temperatur: Während der frostfreien Jahreszeit im Freien an leicht schattigem
Platz aufstellen. Im Winter luftiger, heller

Standort mit Temperaturen um 5 bis
10 °C.
Substrat: Übliche Blumenerden wie
Nr. 1, 2, 3, 5, 6 oder 7 (s. Seite 39 und
40); pH um 6.
Feuchtigkeit: Stets mäßig feucht halten.
Im Winter sparsam gießen. Vor neuen
Wassergaben muß die Erde völlig ausge-
trocknet sein.
Düngen: Von Frühjahr bis Herbst
wöchentlich mit Blumendünger gießen.
Umpflanzen: In der Regel jährlich am
Ende der Ruhezeit.
Vermehren: Stecklinge lassen sich vom
Spätwinter bis zum Spätsommer bewurzeln – am einfachsten in einem Glas mit
Wasser. Die Temperatur des Wassers oder
Vermehrungssubstrats sollte bei 18 bis
22 °C liegen. Stehen die Stecklinge sowie
die Mutterpflanzen im Winter nicht an
einem sehr hellen Platz, sind die Ausfälle
hoch. Wer keinen optimalen Platz hat,
schneide die Stecklinge besser erst ab
Februar. Will man Hochstämmchen heranziehen, muß man alle Seitentriebe ausbrechen und den Sproß an einem Stab
festbinden. Erst nach dem Erreichen der
gewünschten Höhe wird die weiche
Spitze ausgeknipst. Für Hochstämmchen
eignen sich nur aufrecht und starkwachsende Sorten. Die anderen muß man veredeln.
Pflanzenschutz: Besonders lästig können –
auch während der Überwinterung – Mot-
tenschildläuse oder Weiße Fliege werden.
Wer die Fuchsien sehr kühl, das heißt gerade frostfrei, überwintert, kann die Pflanzen vor dem Einräumen entblättern, um
so die Schädlingsgefahr zu reduzieren.

Fuchsia magellanica 'Variegata'

Fuchsia-Triphylla-Hybride 'Gartenmeister Bonstedt'

Gardenia augusta 'Fortuniana'

Gasteria

Diese rund 15 Arten umfassenden Vertreter der Liliengewächse sind in ihrer Anspruchslosigkeit mit Sansevierien zu vergleichen. In Südafrika wachsen die sukkulenten Pflanzen an warmen, sonnigen Standorten. In Wohnzimmern und Büros stehen sie an dunklen Plätzen und sind trotzdem nicht umzubringen, es sei denn, sie werden zu reichlich gegossen. Die dickfleischigen, je nach Art mehr oder weniger langen, meist spitz endenden Blätter stehen zweizeilig, im Alter auch spiralig. Auf die Blattform weist der englische Name »Mother-in-law's-tongue« (Schwiegermutterzunge) hin. Der botanische Gattungsname nimmt auf die bauchigen Blüten Bezug (s. Seite 184).

Von den vielen Arten sind nur einige wenige wie *Gasteria carinata* var. *verrucosa* seit alters her in Kultur. Es gibt eine ganze Reihe variierender Typen. Charakteristisch ist die weißwarzige Oberfläche der fleischigen, gelegentlich über 20 cm langen Blätter. Die Pflanzen brauchen im Alter viel Platz und passen kaum noch auf eine Fensterbank. Der Blütenstand erreicht über 40 cm Länge.

Ein Kontrast dazu ist die Art *G. bicolor* var. *liliputana*, die kaum über 6 cm lange Blätter bildet. Da Gasterien stark variieren, mit anderen Arten kreuzen und auch Jugendformen vom Alter stark abweichen, ist die Benennung der Pflanzen schwierig und somit oft falsch. Alle erweisen sich jedoch als leichtwachsende, anspruchslose Stubengenossen.

Licht: Vollsonnig, auch im Winter.
Temperatur: Zimmertemperatur oder wärmer, im Winter um 10 °C, doch schaden auch 15 °C nicht. Freilandaufenthalt im Sommer möglich.
Substrat: Jede durchlässige Erde; pH 5,5 bis 7. Kakteenerde eignet sich gut.
Feuchtigkeit: Im Winter je nach Temperatur nur sporadisch gießen, ansonsten für milde Feuchtigkeit sorgen.
Düngen: Von Mai bis September alle 2 bis 3 Wochen mit einem Kakteendünger gießen.
Umpflanzen: Alle 1 bis 2 Jahre von Frühjahr bis Sommer möglich.
Vermehren: An den Pflanzen bilden sich je nach Art in mehr oder minder großer Zahl Kindel, die abgetrennt und in Töpfe oder Schalen gesetzt werden. Bei stark kindelnden Gasterien empfiehlt sich häufiges Abtrennen, damit die Mutterpflanze zu einem kräftigen Exemplar heranwachsen kann.

Gardenia

Wer an seinen Zimmerpflanzen nicht nur Blatt- und Blütenformen und -farben schätzt, sondern auch etwas für den Duft übrig hat, wird nichts Besseres finden als die Gardenie. Den intensiven, sehr angenehmen Duft der reinweißen Gardenienblüten wußte man um die Jahrhundertwende zu nutzen: Wer auf sich hielt, trug bei feierlichen Anlässen eine Gardenienblüte im Knopfloch. Gardenien wurden dazu besonders in Frankreich und in den USA in großer Zahl in Gewächshäusern kultiviert.

Als Topfpflanze ist das aus China stammende Krappgewächs (Rubiaceae) mit dem Namen *Gardenia augusta* (syn. *G. jasminoides*) bis heute etwas Exklusives geblieben, wenn sie auch immer wieder im Blumengeschäft in den üblichen gefülltblühenden Sorten angeboten wird. Die Pflege ist nicht ohne Schwierigkeiten. Wer die Ansprüche erfüllt, kann sich an einer reichen Anzahl der wachsähnlichen, duftenden Blüten erfreuen.

Licht: Hell und sonnig. Nur an Südfenstern kann während der Mittagsstunden Sonnenschutz notwendig werden.
Temperatur: Normale Zimmertemperatur. In milden Gegenden im Sommer auch Freilandaufenthalt möglich. In subtropischen Gebieten hält man die Gardenie auch als herrliche Heckenpflanze. Im Winter möglichst kühl bei 10 bis 16 °C; an hellen Plätzen nimmt sie auch 18 °C nicht übel. Keine »kalten Füße«; dies

führt unweigerlich zu Wurzelfäule und Blattfall.
Substrat: Entscheidend für den Kulturerfolg ist die Bodenreaktion. Gardenien wachsen nur in einem sauren Boden mit einem pH-Wert um 5. Daher am besten Mischungen von Nr. 1, 2 oder 5 mit Azaleenerde (Nr. 11, s. Seite 39 bis 41) verwenden.
Feuchtigkeit: Nicht mit hartem Wasser gießen. Wo solches aus der Leitung fließt, muß es zuvor enthärtet werden. Stets für milde Feuchte, aber keine Nässe sorgen. Auch im Winter nicht austrocknen lassen.
Düngen: Während des Hauptwachstums wöchentlich mit einem sauer reagierenden Dünger, zum Beispiel Hydrodünger, gießen. Als sehr nützlich haben sich mehrmals im Jahr schwache Gaben (0,5 g/Liter Wasser) des Stickstoffdüngers Ammoniumsulfat (Schwefelsaures Ammoniak) erwiesen. Damit läßt sich auch das Gelbwerden der Blätter und das anschließende Verkahlen der Pflanzen eindämmen. Ammoniumsulfat bieten einige Gartenfachgeschäfte in Kilopackungen an.
Umpflanzen: Alle 1 bis 2 Jahre im Frühjahr.
Vermehren: Kopfstecklinge bewurzeln bei etwa 25 °C Bodentemperatur und hoher Luftfeuchte. Nach dem Anwachsen stutzen, um eine gute Verzweigung zu bewirken.
Besonderheiten: Nur bei verkahlten Pflanzen empfiehlt sich kräftiger Rückschnitt im Frühjahr. Zu Knospenfall kann es an lichtarmen Plätzen bei zu hoher Temperatur kommen.

Gasteria bicolor var. liliputana

Geogenanthus poeppigii

Geogenanthus

Eine gute Zimmerpflanze soll unter anderem auszeichnen, daß sie nicht allzu groß wird, sprengt sie doch ansonsten schnell die räumlichen Möglichkeiten. Diese Anforderung erfüllt in idealer Weise *Geogenanthus poeppigii* (syn. *G. undatus*), ein Commelinengewächs, das wohl zu den schönsten Zimmerpflanzen zählt. Mit seinen violetten Stielen, den gleichfarbigen Blattunterseiten sowie den mit weißen Längsstreifen verzierten Blattoberseiten ist er eine ungewöhnlich attraktive Erscheinung. Hinzu kommt, daß die gesamte Blattfläche auffällig gewellt ist.

Auch in der südamerikanischen Heimat erreicht die Pflanze kaum mehr als 25 cm Höhe. Voraussetzung für eine erfolgreiche Pflege sind ganzjährig warme und nicht zu lufttrockene Räume. Wer kein geschlossenes Blumenfenster zur Verfügung hat, kann *Geogenanthus poeppigii* in Flaschengärten setzen. Hierfür ist er eine der wertvollsten Pflanzen.

Licht: Hell bis halbschattig, keine direkte Sonne.
Temperatur: Ganzjährig nicht unter 18 °C; im Sommer kann an sonnigen Tagen die Temperatur über 24 °C ansteigen.
Substrat: Humussubstrate wie Nr. 1, 5, versuchsweise auch 8 (s. Seite 40); pH 5,5 bis 6,5.
Feuchtigkeit: Stets mäßig feucht halten. Die Luftfeuchte sollte nicht unter 60% absinken.
Düngen: Vom Frühjahr bis Herbst alle 2,

im Winter alle 4 bis 5 Wochen mit Blumendünger gießen.
Umpflanzen: Jährlich im Frühjahr oder Sommer.
Vermehren: Stecklinge bewurzeln sich leicht bei Bodentemperaturen über 18 °C. Die Pflanzen verzweigen sich auch nach dem Stutzen kaum, so daß sie besser eintriebig gezogen werden. Gegebenenfalls mehrere in einen Topf setzen.

Gerbera

Gerbera sind nicht nur beliebte Schnittblumen, die kompakten Sorten haben auch eine beachtliche Karriere als Topfpflanze gemacht. Allerdings halten sie kaum das ganze Jahr in warmen Wohnräumen aus, obwohl diese Korbblütler

Gerbera jamesonii Miniatur-Hybriden

aus dem warmen Süd- und Zentralafrika stammen. Deswegen werden die jährlich im Frühjahr angebotenen Pflanzen meist in Balkonkästen gepflanzt. In einem luftigen, nicht zu warmen und vor allen Dingen sehr hellen Raum, am besten einem Wintergarten, blühen die Pflanzen prächtig und sind langlebig, wenn sie nicht von Schädlingen befallen werden.

Licht: Sehr hell; nur im Sommer leichter Schutz vor direkter Mittagssonne.
Temperatur: Luftig und nicht zu warm; im Winter möglichst zwischen 8 und 12 °C.
Substrat: Humussubstrate wie Nr. 1, 2 oder 5; pH um 5.
Feuchtigkeit: Stets mäßig feucht halten. Im Sommer hoher Wasserbedarf. Bei kühler Überwinterung nur sparsam gießen. Keine Nässe.
Düngen: Von Frühjahr bis Herbst wöchentlich mit Blumendünger in angegebener Konzentration gießen.
Umpflanzen: Getopfte Pflanzen jährlich, im Wintergarten ausgepflanzte Exemplare in größeren Abständen in frische Erde setzen.
Vermehren: Im zeitigen Frühjahr ausgesätes Saatgut keimt leicht bei 20 bis 22 °C. Die Samen nicht mit Erde bedecken, mit Folie oder Scheibe dafür sorgen, daß die Samenkörner nicht austrocknen.
Pflanzenschutz: Nässe und verdichtete Substrate haben schnell Pilzerkrankungen zur Folge. Befallene Pflanzen wegwerfen. Besonders bei zu warmem Stand treten häufig Schädlinge wie Spinnmilben, Thripse und Weiße Fliege auf.
Besonderheiten: Einige Sorten werden vom Gärtner mit Wuchshemmstoffen behandelt. Nach einigen Wochen läßt die Wirkung nach, und das normale Wachstum beginnt.

Gloriosa, Ruhmeskrone

Als Schnittblume ist die Gloriose allgemein bekannt. Nur wenige werden sie als Topfpflanze erprobt haben. Früher unterschied man fünf bis sechs Arten dieser im tropischen Afrika beheimateten Pflanzen. Heute fassen die Botaniker alle unter *Gloriosa superba* zusammen. Die Gärtner kultivieren fast ausschließlich *Gloriosa superba* 'Rothschildiana'.

Gloriosen besitzen seltsam aussehende walzenförmige, gerade oder gekrümmte Knollen, die das giftige Colchicin enthalten. An ihrem Ende erkennt man eine kleine Vegetationsspitze (Knospe). Geht man nicht behutsam mit den Knollen um, dann brechen die winzigen Spitzen ab, und die Knolle ist wertlos. Aus diesen Speicherorganen entwickelt sich ein üppiger Kletterer, dessen 2 m und länger werdende Triebe an einem Gestell mit Bast oder Draht befestigt werden. Die großen Blüten klappen die roten, zur Basis gelben, am Rand gewellten Blütenblätter nach oben. Staubblätter und Griffel stehen waagrecht ab.

Die wärmebedürftige Gloriose kann während des Sommers in den Garten gestellt werden, wenn der Platz warm und sonnig ist. Wer diesen attraktiv blühenden Kletterer kultivieren will, muß bedenken, daß er viel Platz benötigt. Dies beginnt bereits mit der Größe eines Topfes. Grob gerechnet, braucht man je nach Knollengröße einen Inhalt von etwa 5 Liter pro Stück.

Licht: Hell und sonnig.
Temperatur: 20 °C und wärmer, auch nachts nicht unter 18 °C. Gleiches gilt für die Bodentemperatur. Ruhende Knollen werden am besten bei 17 °C und hoher Luftfeuchte (70 %) aufbewahrt.
Substrat: Vorzugsweise lehmhaltige Mischungen wie Nr. 1, 9 oder 17, auch Nr. 5 (s. Seite 39 bis 42); pH um 6.
Feuchtigkeit: Während des Wachstums nie austrocknen lassen, doch stauende Nässe vermeiden. Im Herbst Wassergaben reduzieren und völlig einstellen, wenn die Pflanzen einziehen. Hohe Luftfeuchte von mindestens 60 % ist vorteilhaft.
Düngen: Wenn der Sproß erscheint, wöchentlich mit Blumendünger gießen. Im Herbst einstellen.
Umpflanzen: Im Winter vertrocknet das Laub, die Pflanze zieht ein. Während die letztjährigen Knollen vertrocknen, haben sich bis zu diesem Zeitpunkt neue gebildet. Im März nimmt man die Knollen aus der Erde, trennt die vorjährigen, vertrockneten ab und legt die neuen waagrecht so in die Erde, daß sich die Knospen 3 bis 5 cm unter der Oberfläche befinden.
Vermehren: Die zwei Knollen je Pflanze lassen sich teilen, doch sollte jede einzelne nicht weniger als 10 g wiegen.
Pflanzenschutz: Bei trockener Luft sind *Gloriosa* anfällig gegen Spinnmilben. Pilze oder Bakterien können zum Faulen der Knollen führen. Eine Bekämpfung ist schwierig. Besser befallene Knollen wegwerfen, um Ansteckung gesunder zu vermeiden.

Gloriosa superba 'Rothschildiana'

Glottiphyllum fragrans

Gloxinia sylvatica

Glottiphyllum, Zungenblatt

Die rund 50 Arten der Gattung *Glotti-phyllum* erhielten ihren Namen wegen ihrer Blätter. Sie sind – besonders ausge-prägt bei der bekannten *G. linguiforme* – dickfleischig und zungenförmig ausge-bildet. Die Blätter stehen an kurzen Stämmchen gegenständig oder kreuz-weise gegenständig. Im Gegensatz zu manchen anderen Mittagsblumenge-wächsen (Aizoaceae) sind die *Glottiphyl-lum*-Arten recht wüchsig und gedeihen gut, wenn nicht zu viel gegossen wird. Sie blühen vorwiegend im Sommer, manche Arten aber erst im Spätherbst/ Winter. Bei letzteren wird direkt nach dem Abblühen das Gießen eingestellt.

Die Pflege entspricht weitgehend der von *Faucaria*-Arten. Allerdings lassen sie sich leicht durch im Sommer geschnit-tene Stecklinge vermehren. Auch Aus-saat ist möglich, doch erhält man Samen nur nach Fremdbestäubung.

Gloxinia

Gloxinia sylvatica ist dem Pflanzenken-ner noch besser unter dem alten Namen *Seemannia latifolia* bekannt. Davon lei-tet sich der wenig glückliche deutsche Name Seemannsglöckchen ab. Auch mit »Biene-Maja-Blume« hat man es einmal versucht, um den Absatz der Pflanzen mit Hilfe der populären Fernsehserie anzukurbeln. Wer *Gloxinia* hört, denkt

zunächst an die »Gloxinie«, die in die-sem Buch unter dem richtigen Namen *Sinningia* zu finden ist. Beide Pflanzen gehören der gleichen Familie an, den Gesneriengewächsen.

Gloxinia sylvatica ist eine ausdauernde, staudige Pflanze, die bis 60 cm hoch

Goethea strictiflora

wird und elliptische, behaarte Blätter trägt. Im Sommer erscheinen in den Blattachseln einzeln oder zu zweit die gelb bis orangerot gefärbten Blüten.

Licht: Hell, aber keine direkte Sonne.
Temperatur: Zimmertemperatur, im Win-ter um 15 °C. Bei höheren Temperaturen werden die Pflanzen zu lang.
Substrat: Nr. 1, 2, 3, 5 oder 15 (s. Seite 39 bis 41); pH um 6.
Feuchtigkeit: Erde nie austrocknen las-sen, da sich sonst die Blattspitzen braun verfärben. Auch die Luftfeuchte sollte nicht zu niedrig liegen (möglichst über 70%).
Düngen: Von Frühjahr bis Herbst wöchentlich mit Blumendünger in halber Konzentration gießen, im Winter nur alle vier Wochen.
Umpflanzen: Jährlich im Frühjahr.
Vermehren: Stecklinge bewurzeln sich bei Bodentemperaturen über 20 °C und hoher Luftfeuchte. Nach dem Anwach-sen stutzen.

Goethea

Nach Johann Wolfgang von Goethe wurde eine Pflanzengattung aus der Familie der Malvengewächse benannt. *Goethea* um-faßt nur zwei Arten, die beide aus Bra-silien stammen. Bei uns findet sich nur – leider allzu selten – *G. strictiflora* (syn. *G. cauliflora*) in Kultur. Als Cauliflorie bezeichnen die Botaniker die Stamm-blütigkeit, das heißt die Fähigkeit, Blüten nicht nur an jungen Zweigen und Ästen zu bilden, sondern auch am verholzten

Stamm. Ganze Büschel brechen aus dem Stamm dieses etwa 4 m hoch werdenden immergrünen Strauchs hervor. Die größte Schauwirkung haben nicht die roten Blütenblätter, sondern die ebenfalls leuchtendrot gefärbten Kelchblätter. Vom Sommer bis in den Herbst erfreut *Goethea* mit ihren hübschen Blüten. Die Pflege entspricht der von *Pavonia*.

Gomphrena, Kugelamarant

In den Tropen der Welt ist der Kugelamarant weit verbreitet. Von wo aus er seine Weltreise antrat, ist umstritten. Die ursprüngliche Heimat vermutet man unter anderem in Indien oder im tropischen Amerika. *Gomphrena globosa*, wie der botanische Name dieses Amaranthusgewächses lautet, ist eine einjährige Pflanze, von der es mehrere rot-, violett- oder auch weißblühende Sorten gibt.

Will man *G. globosa* als Topfpflanze im Zimmer halten, so sind niedrige Sorten, die kaum über 15 cm hinauswachsen, zu wählen. Für den Garten sind die 30 cm hohen Auslesen wirkungsvoller. Von ihnen lassen sich auch Blüten schneiden, die sich hängend trocknen lassen. Noch im Winter erfreut der Kugelamarant – dann als Trockenblume.

Im Garten versagt *G. globosa* bei anhaltend kühlem, regnerischem Wetter. Im

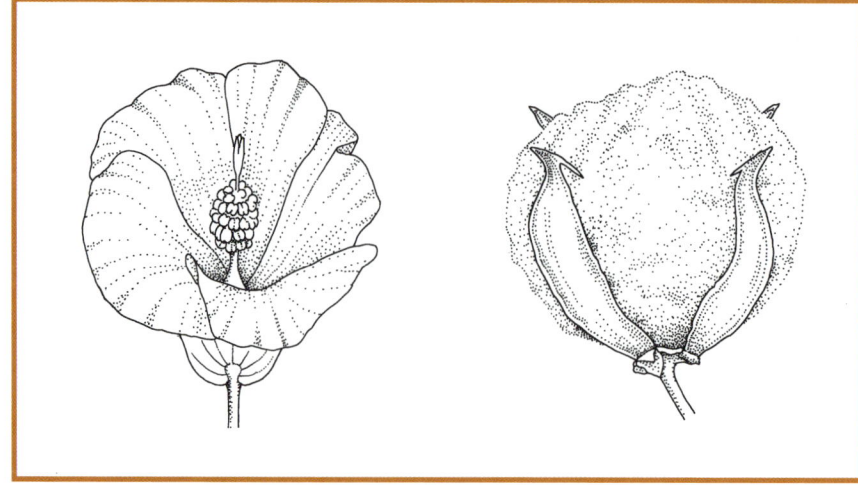

Die Blüte und besonders die Samenkapsel der Baumwolle machen die Pflanze

Zimmer dagegen ist nur für einen luftigen Platz zu sorgen und regelmäßiges Gießen und Düngen sicherzustellen.

Licht: Hell bis sonnig.
Temperatur: Luftiger Platz mit Zimmertemperatur.
Substrat: Jede übliche Blumenerde; pH um 6.
Feuchtigkeit: Stets feucht, aber nicht naß halten.
Düngen: Wöchentlich mit Blumendünger gießen.
Umpflanzen: Erübrigt sich, wenn die pikierten Sämlinge gleich in den Endtopf von etwa 10 cm gesetzt werden.
Vermehren: Aussaat im zeitigen Frühjahr.

interessant für die Pflege im Haus, doch verlangt sie einen luftigen Standort.

Eine Portion Samen genügt, da 1 g rund 200 Korn enthält. Die Keimung erfolgt bei etwa 18 °C in 10 bis 14 Tagen.

Gossypium, Baumwolle

Wird Baumwollsamen angeboten, so findet er immer seine begeisterten Abnehmer, reizt es doch, Pflanzen mit den weißhaarigen, bei der Reife aus den Kapseln hervorquellenden Samen auf der Fensterbank stehen zu haben. Doch die Erfahrungen mit der Baumwolle sind oft wenig erfreulich. Die Aussaat erfolgt

Gomphrena globosa

Gossypium herbaceum

häufig zu spät, und die Anfälligkeit gegen Krankheiten und Schädlinge ist so hoch, daß die Ernte ausbleibt oder die Pflanzen vorher auf dem Kompost landen. Dies verwundert nicht, erweist sich Baumwolle doch auch beim feldmäßigen Anbau als sehr empfindlich. Man schätzt, daß jährlich rund 50% der Ernte den Schadorganismen zum Opfer fallen.

Bei den zur Topfkultur angebotenen Samen oder Pflanzen handelt es sich meist um *Gossypium herbaceum*, eine mehrjährige, hier einjährig gezogene Pflanze. Sie stammt vorwiegend aus dem Süden Afrikas und muß am heimatlichen Standort auch Trockenheit ertragen. Im Topf halten wir dieses Malvengewächs stets feucht und stellen es luftig auf, damit es möglichst lange gesund bleibt. Die Wolle der im Topf kultivierten *G. herbaceum* ist übrigens so kurz, daß sie sich nicht verwerten läßt.

Licht: Hell bis sonnig.
Temperatur: Saaten und Sämlinge warm bei etwa 20 °C halten. Mit zunehmender Größe abhärten und an gut gelüftetem Platz aufstellen.
Substrat: Humusreiche, nahrhafte Substrate wie Nr. 1, 2, 5, 9 oder 17 (s. Seite 39 bis 42); pH um 6.
Feuchtigkeit: Stets feucht halten. Im Sommer haben die Pflanzen einen hohen Wasserbedarf.
Düngen: Wöchentlich, größere Pflanzen auch zweimal pro Woche mit Blumendünger gießen.
Umpflanzen: Mit dem Wachstum bei Bedarf in größere Töpfe setzen. Die bis 1 m hohen Pflanzen verlangen sehr große Töpfe.
Vermehren: Aussaat möglichst früh im Januar oder Februar. Dazu ist ein sehr heller Platz oder Zusatzlicht erforderlich!
Pflanzenschutz: An ungünstigem Standort werden besonders Spinnmilben lästig, die bei fortgeschrittenem Befall nur schwer zu bekämpfen sind und zum Verlust der Pflanze führen.

Graptophyllum

In früheren Jahren zählte *Graptophyllum pictum* zu den geschätzten Pflanzen für Warmhäuser. Heute ist dieses Acanthusgewächs rar geworden, und sieht man es einmal, dann hat man es nicht selten mit den ähnlichen *Pseuderanthemum* verwechselt. Von den rund zehn *Graptophyllum*-Arten gehört nur *G. pictum* mit grün-weiß panaschierten Blättern zum gärtnerischen Sortiment. Die Pflege entspricht der von *Xantheranthemum*.

Graptophyllum pictum 'Variegatum'

Grevillea, Australische Silbereiche

Wer diese Topfpflanze sieht, mag sich über den deutschen Namen wundern. Silbrig überhaucht sind die Blätter dieses Australiers zwar, aber mit Eichen kann man nur wenig Ähnlichkeit entdecken. Das Blatt ist fein doppelt gefiedert und erinnert an einen Farn. Den Namen versteht man besser, wenn man nicht nur die mehr oder weniger großen Sämlinge in Töpfen, sondern ausgewachsene Exemplare beispiels-weise als Alleebäume gesehen hat. Sie rechtfertigen durchaus den Namen »Silbereiche«. Als Topfpflanze kann dieses Protheusgewächs zwar auch 1 m und mehr erreichen, doch dazu bedarf es mehrerer Jahre. Die 35 m Höhe wie in der Heimat traut man ihm kaum zu.

Für eine erfolgreiche Pflege braucht man einen kühlen Raum. Ansonsten ist *Grevillea robusta*, die einzige Art, die der Blumenhandel anbietet, nicht anspruchsvoll. Im Topf erreichen sie wohl kaum ihre Blühreife. Wer sich an den für Protheusgewächse typischen Blüten erfreuen will, bemühe

sich um *G. thelemanniana*, die auch als kleiner Strauch ihre eigenartig geformten Blüten hervorbringt und eine Zierde für jeden kühlen Wintergarten ist.

Licht: Hell, aber vor starker Sonne geschützt.
Temperatur: Luftiger, nicht zu warmer Platz. Im Sommer auch im Freien an leicht beschattetem Standort. Im Winter 6 bis 15 °C.
Substrat: Vorzugsweise lehmhaltige, saure Humussubstrate, beispielsweise Nr. 1, 9, 10 oder 17 (s. Seite 39 bis 43);

Im Topf halten wir die Jugendform von Grevillea robusta mit ihrem zierlichen Laub (siehe auch Zeichnung auf der nächsten Seite). Die Blätter ausgewachsener Bäume sind gröber gefiedert. Die attraktiven orangefarbenen Blüten darf man nur bei alten Exemplaren erwarten (rechts). Solche blühenden Bäume findet man in der australischen Heimat und in vielen Ländern mit mildem oder warmem Klima, wo Grevillea robusta als Park- und Alleebaum dient.

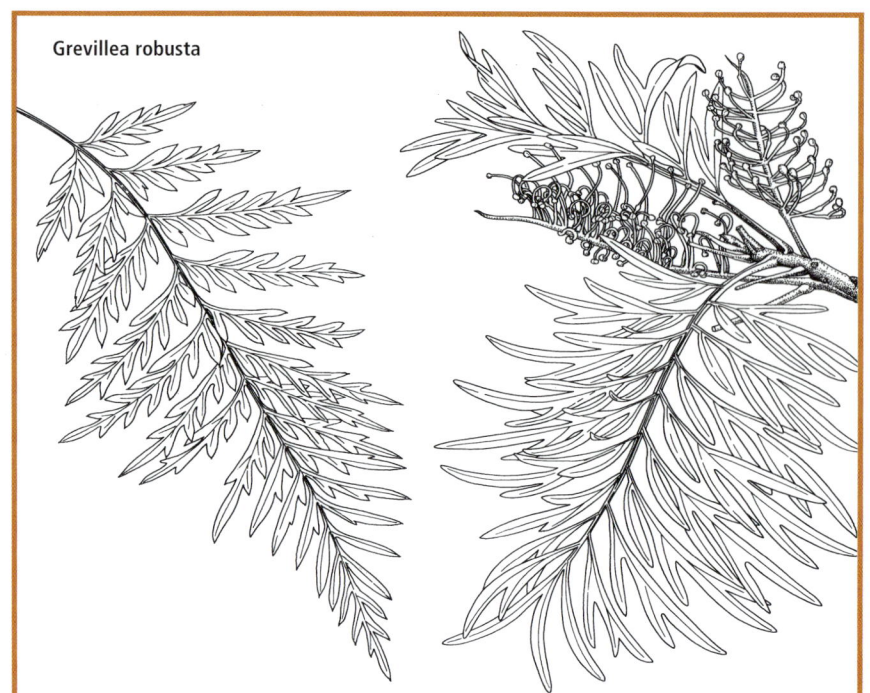

Grevillea robusta

Sorten von *Guzmania lingulata* sowie *G. monostachya*. Insgesamt umfaßt diese Gattung, die im nordwestlichen Südamerika zu Hause ist, rund 125 Arten. In den tropischen Regenwäldern leben sie vorwiegend epiphytisch; nur wenige wurzeln im Boden.

Die beiden genannten Arten sind Epiphyten, lassen sich deshalb gut zur Bepflanzung von Stämmen im Blumenfenster verwenden (Bild Seite 165). Sie besitzen weiche, hellgrüne Blätter mit glattem Rand, die zu einer Rosette zusammenstehen.

Ohne Blüten sind die Pflanzen nicht sonderlich attraktiv. Bei *G. lingulata* mit den Varietäten *cardinalis*, *minor* und *splendens* fallen besonders die rot oder orange gefärbten Hochblätter des Blütenstands auf, die wesentlich länger halten als die Blüten.

Nicht sehr groß, aber sehr reizvoll gefärbt ist der Blütenstand von *G. monostachya*. Die Deck- oder Hochblätter des Blütenstands sind auf grünlichem Grund rotbraun gezeichnet, gehen aber zur Spitze des Blütenstands hin in ein leuchtendes Rot über. Dazwischen kommen die reinweißen Blütchen hervor.

pH 5 bis maximal 6. Bei zu hohem pH-Wert verfärben sich die Blätter gelb.
Feuchtigkeit: Nie austrocknen lassen, aber im Winter sparsam gießen.
Düngen: Von Frühjahr bis Herbst wöchentlich mit Blumendünger gießen. Im Winter nicht düngen.
Umpflanzen: Bei Bedarf im Frühjahr oder Sommer.
Vermehren: Samen keimt leicht bei Temperaturen etwa zwischen 20 und 25 °C. Stecklinge dagegen bewurzeln nur schwer. Pflanzen nicht stutzen.

Guzmania

Die Gattung *Guzmania* aus der Familie der Ananasgewächse (Bromeliaceae) bietet das, was andere Familienmitglieder nicht aufweisen können: Attraktivität verbunden mit moderaten Maßen. Deshalb spielten sie innerhalb des Bromeliensortiments stets eine nicht unwesentliche Rolle. Am häufigsten kultiviert werden Varietäten und

Licht: Hell bis halbschattig; keine direkte Sonne.
Temperatur: Warm, aber auch im Winter nicht unter 18 °C. Die Bodentemperatur sollte nicht unter die Lufttemperatur absinken.
Substrat: Humussubstrate wie Nr. 1, 2, 5 oder versuchsweise 8 (s. Seite 40), denen noch bis zu 1/4 Styromull beige-

Guzmania lingulata 'Magnifica'

Guzmania-Hybride 'Cherry'

Gymnocalycium andreae

Gymnocalycium baldianum

mischt werden kann, oder spezielle Bromeliensubstrate (Nr. 12); pH um 6.

Feuchtigkeit: Stets feucht halten, nie völlig austrocknen lassen. Stauende Nässe führt jedoch zur Wurzelfäule. Die Luftfeuchte sollte mindestens 50, besser 60% betragen.

Düngen: Von Frühjahr bis Herbst alle 1 bis 2 Wochen mit Blumendünger in halber Konzentration gießen, im Winter nur alle 4 bis 6 Wochen.

Umpflanzen: In der Regel jährlich im Frühjahr oder Sommer.

Vermehren: Die Nachzucht der Guzmanien bleibt dem Gärtner vorbehalten, denn von der Aussaat der mit Flughaaren versehenen Samen (bei etwa 25 °C Bodentemperatur) braucht es eine dreijährige Pflege (bei etwa 22 °C und feuchter Luft), bis die Pflanzen blühreif sind. Leider bilden viele Guzmanien nur selten Kindel aus.

Aber die Gattung *Gymnocalycium* hat mehr als nur solche Absonderlichkeiten zu bieten. Über 50 Arten sind über ein weites Gebiet von Brasilien bis Argentinien verbreitet. Meist sind es kleinbleibende, nur schwach bedornte, flache Kugelkakteen. Viele Arten gedeihen problemlos und blühen auch in Kultur willig. Die Blüten weisen eine Besonderheit auf. Ihr basaler, röhriger Teil, die Blütenachse (Pericarpell), ist mit »nackten« Schuppenblättern besetzt und hat keine mit Haaren oder Dornen versehenen Areolen (*Gymnocalycium* = nacktkelchig).

Licht: Heller Platz, der – mit Ausnahme der Morgen- und Abendstunden – leichten Schutz vor direkter Sonne bietet. Bei der Überwinterung genügt ein halbschattiger Platz.

Temperatur: Warmer, aber luftiger Stand

mit deutlicher nächtlicher Abkühlung. Im Winter um 10 °C, argentinische Arten wie *G. baldianum*, *G. castellanosii*, *G. gibbosum*, *G. horridispinum*, *G. multiflorum*, *G. spegazzinii* und *G. vatteri* auch kühler (bis 5 °C), Veredlungen auf *Hylocereus* um 15 °C.

Substrat: Übliche Kakteenerde (s. Seite 41); pH um 6.

Feuchtigkeit: Während des Wachstums gießen, wenn die Erde weitgehend abgetrocknet ist. Im Winter völlig trocken halten. Nur Veredlungen auf *Hylocereus* brauchen auch im Winter sporadische Wassergaben.

Düngen: Bei deutlichem Wachstum alle 3 Wochen mit Kakteendünger gießen.

Umpflanzen: Alle 2 Jahre im Winter oder nach der Blüte.

Vermehren: Sprossende Arten wie *G. andreae* durch Kindel. Sonst nur durch Aussaat (20 bis 25 °C).

Gymnocalycium

Nur wenige Kakteen werden jährlich in solchen Mengen herangezogen wie die Arten und Kulturformen der Gattung *Gymnocalycium*. Meist sind es aus verschiedenen Arten hervorgegangene Hybriden oder einige absonderliche Auslesen von *Gymnocalycium mihanovichii*. Es handelt sich um die blattgrünfreien roten (*G. mihanovichii* var. *friedrichii* 'Rubra') und gelben ('Aurea') Typen, die ohne Chlorophyll nur mit einer Amme, der Unterlage, existieren können. Sie traten spontan 1941 beziehungsweise 1970 in einer japanischen Gärtnerei auf. Aus Japan werden auch die meisten Veredlungen importiert. Die Pflanzen sind mehr kurios als schön und auf den meist verwendeten dreikantigen *Hylocereus*-Unterlagen nur kurzlebig. Wer diese Pflanzen längere Zeit behalten möchte, veredle zum Beispiel auf *Trichocereus* oder *Eriocereus*.

Gymnocalycium mazanense

Gynura aurantiaca

Gynura aurantiaca 'Purple Passion'

Gynura

Dieser Strauch hätte das Zeug zu einer der besten Ampelpflanzen, besäße er nicht zwei negative Eigenschaften: die Blüten stinken, und Blattläuse haben ebenfalls ihren Gefallen an diesem Korbblütler (Compositae oder Asteraceae) aus Java gefunden. Sein Name *Gynura aurantiaca* 'Purple Passion' war lange unsicher, weshalb er noch unter verschiedenen Synonymen wie *Gynura scandens* oder *G. sarmentosa* angeboten wird. Das Besondere der Sorte 'Purple Passion' sind der mehr kriechende Wuchs und die rotviolette Behaarung der Blätter, Stengel und Blütenstiele. Die orangegelben Blütenköpfchen erscheinen in den Wintermonaten und sind nichts für empfindliche Nasen. *G. aurantiaca* wächst aufrecht und erreicht über 2 m Höhe.

Licht: Heller, auch sonniger Platz. Schutz ist nur vor direkter Mittagssonne angebracht. An dunklen Plätzen ist die violette Behaarung weniger intensiv.
Temperatur: Im Frühjahr und Sommer über 20 °C, sonst um 18 °C und luftig.
Substrat: Übliche Blumenerden wie Nr. 1, 2, 3, 5 oder 6 (s. Seite 39 bis 42); pH um 6.
Feuchtigkeit: Stets schwach feucht halten.
Düngen: Während des Frühjahrs und Sommers wöchentlich, in der lichtarmen Jahreszeit in größeren Abständen mit Blumendünger gießen.
Umpflanzen: Ist nur erforderlich, wenn die Pflanzen nicht ständig verjüngt werden. Dann ganzjährig möglich.

Vermehren: Da alte Pflanzen nicht mehr schön sind, zieht man besser jährlich aus Stecklingen Nachwuchs heran. Dazu im Laufe des Sommers noch nicht verholzte, aber nicht mehr weiche Kopfstecklinge schneiden und bei mindestens 20 °C Bodentemperatur bewurzeln.
Pflanzenschutz: Für Blattläuse sind *Gynura* besonders attraktiv. Für luftigen, nicht zu warmen Stand sorgen.

Haemanthus albiflos

Habranthus

Bei nahezu allen unter diesem Namen angebotenen Zwiebelchen handelt es sich um *Zephyranthes*, die Zephirblume, die allerdings *Habranthus* zum Verwechseln ähnelt. Bei *Habranthus* stehen die geöffneten Blüten in einem Winkel zum Blütenschaft. Die Blüten von *Zephyranthes* dagegen setzen die Senkrechte des Stiels mehr oder weniger fort, sind also nicht oder nur undeutlich abgewinkelt.

Außerdem sind bei *Zephyranthes* die Staubfäden gleichmäßig angeordnet, während sie sich bei *Habranthus* zur Blütenunterseite hin gruppieren.

Am bekanntesten ist *Habranthus robustus* aus Argentinien und Brasilien, inzwischen in weiten Bereichen der Tropen verbreitet. Die hübschen rosa Blüten dieses Amaryllisgewächses stehen einzeln auf den bis 25 cm langen Schäften. Es ist eine dankbare Topfpflanze für kühle, aber frostfreie Bedingungen.

Licht: Heller Fensterplatz.
Temperatur: Übliche Zimmertemperatur. Während der winterlichen Ruhezeit genügen 6 °C.
Substrat: Blumenerden wie Nr. 1, 2 oder 5 (s. Seite 39), auch mit Beimischung von Sand; pH um 6.
Feuchtigkeit: Von Frühjahr bis Herbst/Winter stets feucht halten. Während des Winters je nach Temperatur weitgehend oder völlig trocken halten.
Düngen: Während des Wachstums alle 1 bis 2 Wochen mit Blumendünger in angegebener Konzentration gießen.
Umpflanzen: Am besten jährlich vor Beginn der Wachstumsperiode in frische Erde setzen. Zwiebeln so weit in die Erde stecken, daß nur die Spitzen herausschauen.
Vermehren: Leicht möglich, da Nebenzwiebeln in reicher Zahl entstehen und sich leicht abtrennen lassen.

Haemanthus, Elefantenohr

In vielen Wohnungen hat das Elefantenohr (*Haemanthus albiflos*) einen Stammplatz am Fenster. Es gehört zu den nahezu nicht umzubringenden Zimmerhelden. Ob es warm oder kühl ist, oder der Platz sonnig oder halbschattig, beeindruckt das Elefantenohr nur wenig. Allerdings bleiben an sonnenabgewandten Fenstern die weißen Blüten dieses Amaryllisgewächses aus Südafrika rar. Die fleischigen, breiten Blätter – sie gaben der Pflanze ihren Namen – und die zusammengedrückte

Zwiebel speichern so viel Wasser, daß sie es nicht übelnimmt, wenn einmal das Gießen vergessen wird. Dennoch wird man nur dann sehenswerte Exemplare heranziehen, wenn sie nicht zu knapp gehalten werden und auch im Winter nicht trocken stehen, denn das Elefantenohr ist im Gegensatz zu den verwandten *Scadoxus* immergrün. Ein mager gehaltenes Elefantenohr sieht ein wenig langweilig aus. Es kann bei weitem nicht konkurrieren mit den attraktiven Verwandten.

Licht: Hell und sonnig.
Temperatur: Zimmertemperatur oder wärmer, im Winter möglichst kühl halten (um 10 °C).
Substrat: Blumenerden wie Nr. 1, 2, 3, 5 oder 9 (s. Seite 39 und 40) mit $^1/_4$ Sand und vielleicht auch mit $^1/_4$ krümeligem Lehm gemischt; pH um 6.
Feuchtigkeit: Mäßig feucht halten. Austrocknen wird vertragen, ist aber zur Blütezeit zu vermeiden.
Düngen: Von Frühjahr bis Herbst alle 1 bis 2 Wochen mit Blumendünger, auch abwechselnd mit Kakteendünger, gießen.
Umpflanzen: Alle 2 bis 3 Jahre oder dann, wenn der Topf zu klein geworden ist.
Vermehren: Brutpflanzen beim Eintopfen abtrennen.

Haemanthus albiflos, Blüte

Harpephyllum, Kaffernpflaume

Von Südafrika bis nach Rhodesien und Mosambik reicht die Heimat der Kaffernpflaume (*Harpephyllum caffrum*), eines bis 15 m hohen Baums aus der Familie der Sumachgewächse (Anacardiaceae), der wegen seiner großen gefiederten, immergrünen Blätter gelegentlich als Topf- oder Kübelpflanze gehalten wird.

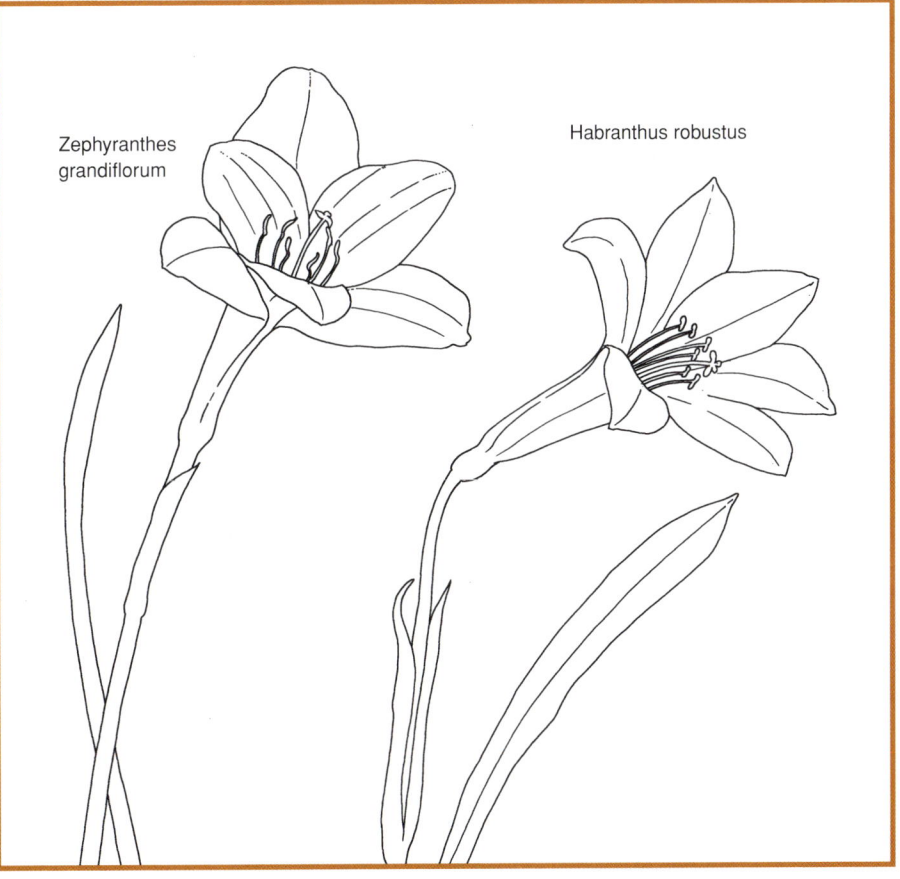

Zephyranthes grandiflorum

Habranthus robustus

Blütenmerkmale von Habranthus und Zephyranthes

Harpephyllum caffrum

Hatiora salicornioides

Bis zu 17 Fiedern bilden ein Blatt. Die Fiedern sind im Austrieb rötlich, färben sich dann aber dunkelgrün, sind etwas ledrig und glänzen. Leider verzweigen sich die Sämlinge nicht. Auch Stutzen bringt keine ansehnliche Verzweigung. So kann man die Kaffernpflaume nur halten, bis sie zu groß geworden ist.

Die eßbaren, 2,5 cm langen Früchte von pflaumenähnlichem Aussehen sind in Topfkultur leider nicht zu erwarten. Die Kaffernpflaume muß erst eine bestimmte Größe erreichen, bevor sie blühreif wird. Zum Fruchtansatz sind ein »Männchen« und ein »Weibchen« erforderlich, denn *Harpephyllum* ist zweihäusig.

Licht: Heller, auch sonniger Stand. An weniger günstigen Standorten werden die Internodien zu lang und die Pflanzen unansehnlich.

Temperatur: Zimmertemperatur, im Winter auch kühler bis zu etwa 15 °C. Im Sommer ist Aufenthalt an einem geschützten, warmen Platz im Freien möglich, nicht in der direkten Sonne.

Substrat: Nr. 1, 5, 6, 9 oder 15 (s. Seite 39 bis 41); pH um 6.

Feuchtigkeit: Stets gießen, wenn die Erde abgetrocknet ist.

Düngen: Von Frühjahr bis Herbst wöchentlich, im Winter alle 3 bis 4 Wochen mit Blumendünger gießen.

Umpflanzen: Jungpflanzen jährlich, ältere Exemplare in größeren Abständen am besten im Frühjahr.

Vermehren: Die großen Samen keimen bei Bodentemperaturen über 20 °C. Ob das Vorquellen der Samen in Wasser für einige Stunden oder das Anritzen der harten Schale die Keimung fördert, ist nicht sicher erprobt.

1 Haworthia fasciata, 2 H. cymbiformis,
3 H. truncata, 4 H. bolusii, 5 H. venosa,
6 H. cymbiformis, 7 H. attenuata,
8 H. coarctata, 9 H. comptoniana,
10 H. maughanii.

Hatiora

Nur zwei Arten hübscher, in Kultur meist kleinbleibender epiphytischer Kakteen umfaßt die Gattung *Hatiora*. Früher waren sie verbreitet, gerieten aber ein wenig in Vergessenheit. In Kultur findet man am häufigsten *Hatiora salicornioides* mit ihren keulenförmigen Sproßgliedern. Man vermutet kaum, sieht man die kleinen Pflänzchen, daß sie am heimatlichen Standort in Brasilien mehr als 1 m Höhe erreichen. Sie eignen sich kaum für die Pflege auf der Fensterbank, da sie eine hohe Luftfeuchte benötigen. Sehr schön wachsen sie in Flaschengärten und im geschlossenen Blumenfenster. Besonders in Flaschengärten ist darauf zu achten, daß es im Gefäß nicht zu naß ist, denn sonst werden alle Sproßglieder abgeworfen. Die Pflege entspricht der von *Rhipsalis*-Arten.

Haworthia

Diese zu den »anderen Sukkulenten« gehörende Gattung aus der Familie der Liliengewächse (Liliaceae, auch Aloeaceae) umfaßt rund 70 vorwiegend in Südafrika beheimatete Arten, doch sind davon nur wenige als Zimmerpflanzen verbreitet.

In vielen Wohnungen findet sich *Haworthia glabrata*, ohne daß der Pfleger weiß, wen er beherbergt. Es ist eine rosettig wachsende Pflanze, deren fleischige, spitz zulaufende Blätter dicht mit grünen oder weißlichen Wärzchen bedeckt sind. Die Blätter großer Exemplare erreichen bis 15 cm Länge. Sie sind damit auch unterschieden von den sehr ähnlichen *H. attenuata* und *H. radula*, deren Blätter kaum länger als 8 cm werden. Letztere besitzt kleinere, dafür zahlreichere weiße Wärzchen. Allerdings sind die Pflanzen variabel und nicht leicht zu unterscheiden.

Sehr hübsch ist noch *H. fasciata*, deren weiße Warzen sich zu Querbändern vereinigt haben. Variabel ist auch die hochwachsende oder dem Boden aufliegende, dicht beblätterte *H. reinwardtii*. Noch einige weitere Arten finden sich gelegentlich in Blumengeschäften und Kakteengärtnereien. Sie alle unterscheiden sich in ihren Ansprüchen kaum.

Licht: Hell, aber vor direkter Sonne geschützt.
Temperatur: Zimmertemperatur oder wärmer. Im Winter genügen 8 bis 12 °C, doch schaden auch 15 bis 18 °C nicht.
Substrat: Blumenerden wie Nr. 1, 2, 3, 5 oder 9 (s. Seite 39 bis 40) mit 1/4 Sand oder Seramis und, wenn verfügbar, mit 1/4 krümeligem Lehm mischen; pH 6 bis 7.
Feuchtigkeit: Erst gießen, wenn die Erde weitgehend abgetrocknet ist, im Winter je nach Temperatur nur sporadisch. Pflanzen sind empfindlich gegen zuviel Wasser, besonders während der Ruhezeit.
Düngen: Von April bis September alle 3 bis 4 Wochen mit Kakteendünger gießen.
Umpflanzen: Alle 1 bis 2 Jahre im Frühjahr oder Sommer.

Vermehren: Die meisten genannten Arten bilden reichlich Kindel, die abgetrennt und nach dem Abtrocknen der Wunde eingetopft werden können. Bei einigen Arten wachsen auch Blattstecklinge.

Hebe, Strauchveronika

Unter dem Namen *Veronica* finden wir in der Regel im Herbst im Angebot des Blumenhandels blau-, seltener weißblühende strauchige Pflanzen mit ein wenig fleischigen, häufig grünweiß panaschierten Blättern. Oft wissen es Gärtner und Floristen nicht, daß sie keine *Veronica* anbieten, sondern Pflanzen, die der Gattung *Hebe* zuzuordnen sind. Allerdings sind diese Braunwurzgewächse (Scrophulariaceae) eng mit *Veronica* verwandt.

Rund 75 verschiedene *Hebe*-Arten mag es geben, die von Südamerika bis Australien und Neuguinea verbreitet sind. Neuseeland beherbergt die Mehrzahl. Es sind verholzende Sträucher mit gegenständigen immergrünen Blättern, auf denen nur die Mittelrippe sichtbar ist.

Hebe-Andersonii-Hybride 'Hobby'

Bei manchen Arten sind die Blätter schuppenähnlich und stehen wie bei einigen Nadelgehölzen dachziegelartig übereinander. Beispiele sind *Hebe lycopodioides* und *H. salicornioides*. Auch *H. ochracea* zählt hierzu, ein winterhartes, nadelbaumähnliches, niedriges Gehölz, das die Baumschulen meist fälschlich als *H. armstrongii* anbieten.

Hebe buxifolia

Hedera helix 'Marginata Elegantissima'

Die als Topfpflanzen verbreiteten Strauchveronica sind nicht winterhart und sollten nur während der frostfreien Jahreszeit im Garten stehen. Sie sind fast ausschließlich Hybriden, die unter dem Namen *Hebe*-Andersonii-Hybriden zusammengefaßt werden. Es gibt viele verschiedene Sorten, auch mit panaschierten Blättern. Mit ihren weißen, violetten oder roten Blütenähren sind sie recht dekorativ, doch hält die Pracht nicht lange an, wenn wir die Pflanzen in ein warmes Zimmer stellen.

Gelegentlich finden wir noch *H. buxifolia* im Angebot der Blumenläden, eine auch im nichtblühenden Zustand zierende Art mit kleinen, kreuzweise gegenständigen Blättchen.

Licht: Hell und sonnig.
Temperatur: Von Frühjahr bis Herbst in den Garten stellen. Im Winter genügt es, die Pflanzen bei Temperaturen um 5 °C, nicht über 10 °C zu halten.
Substrat: Humussubstrate wie Nr. 1, 5, 6, 9, 10 oder 17 (s. Seite 39 bis 41), denen man bis zu 1/4 Seramis beimischen kann; pH 5 bis 6.
Feuchtigkeit: Stets mäßig feucht halten.
Düngen: Wöchentlich mit Blumendünger gießen. Nach dem Abblühen für etwa 4 bis 6 Wochen aussetzen.
Umpflanzen: Alle 1 bis 2 Jahre im Frühjahr.
Vermehren: Im Frühjahr Stecklinge schneiden und bei etwa 20 °C Bodentemperatur bewurzeln. Nach dem Anwachsen mehrmals stutzen, um eine gute Verzweigung zu erzielen.
Pflanzenschutz: Das Laub sollte nie lange feucht bleiben, sonst breiten sich Blattkrankheiten aus (*Septoria*).

Hedera, Efeu

Wer die unzähligen Sorten des Efeus kennt, wird ihn nicht mehr für eine Allerweltspflanze halten, nur weil uns *Hedera helix* so vertraut ist. Doch selbst unser heimischer Efeu präsentiert sich erstaunlich vielfältig. In Buchen- und Mischwäldern kriecht er über den Boden, in Parkanlagen sind es Bodendecker im Schatten, die mit Hilfe ihrer Haftwurzeln in bemerkenswerte Höhen klettern. Immer wieder verblüffen die unterschiedlichen Blattformen an einer Pflanze, bis sie schließlich die ganzrandige, eirunde, mit ausgezogener Spitze versehene Altersform erreichen.

Unser heimischer Efeu eignet sich nicht als Topfpflanze. Er wächst zu stark. Die Haftwurzeln halten sich an Tapeten oder Fenstern fest und lassen sich nicht ohne Schäden am Inventar wieder lösen. Ganz anders die vielen Kulturformen. Sie kommen noch an schattigen Plätzen gut voran, gedeihen im kühlen und im beheizten Zimmer.

Neben *Hedera helix* gibt es noch rund zehn weitere Arten, von denen Typen von *H. canariensis* im Handel erhältlich sind. Einige Botaniker betrachten diesen Efeu als eine Unterart von *H. helix*. Die Sorte 'Gloire de Marengo' mit dem kontrastreich panaschierten Blatt ist sehr beliebt. Sie stellt aber etwas höhere Temperaturansprüche.

Nicht alle Sorten der zu den Aralien- oder Efeugewächsen (Araliaceae) zählenden Gattung *Hedera* sind ausreichend winterhart. Besonders bei den buntlaubigen Sorten ist Vorsicht angebracht. Läßt die Blattgröße und -form viel »Blut« von *Hedera canariensis* oder *H. colchica* vermuten, so gilt gleiches. Je mehr die Sorte unserem heimischen Efeu ähnelt, um so weniger Bedenken braucht man gegen den ganzjährigen Freilandaufenthalt zu haben. In strengen Wintern bleiben dennoch Verluste nicht aus. Blüten sind in Topfkultur übrigens nicht zu erwarten, da immer nur die Jugendform gehalten wird.

Licht: Hell bis schattig; keine direkte Sonne von Frühjahr bis zum Ende des Sommers.
Temperatur: Zimmertemperatur; großblättrige und buntlaubige Sorten im Winter nicht unter 16 °C, andere nicht unter 10 °C.
Substrat: Übliche Fertigsubstrate; pH um 6.
Feuchtigkeit: Stets mäßig feucht halten, nicht austrocknen lassen.
Düngen: Von Frühjahr bis Herbst wöchentlich, im Winter alle 2 bis 3 Wochen mit Blumendünger gießen.

Umpflanzen: Jährlich.
Vermehren: Nicht zu sehr verholzte Stecklinge bewurzeln bei 18 bis 20 °C Luft- und Bodentemperatur.
Pflanzenschutz: Besonders an warmen, lufttrockenen Plätzen können Spinnmilben sehr lästig werden. An 'Gloire de Marengo' treten nicht selten Schildläuse auf.
Besonderheiten: Efeu läßt sich auf Stämmchen von × *Fatshedera* veredeln. Dies geschieht am besten im Frühjahr. Entweder köpft man das Stämmchen von × *Fatshedera* und bringt an zwei oder drei gegenüberliegenden Rändern einen kurzen, flachen Schnitt an, in den spitz zugeschnittene Efeustiele hineinzusetzen sind. Oder man beläßt den Stamm und bringt an den Seiten ein bis drei T-förmige Schnitte an, ähnlich wie beim Okulieren der Rosen. Die Veredlungsstelle wird anschließend mit einem Kautschukband oder ähnlichem umwickelt. Zum Anwachsen sind eine hohe Luftfeuchte und nicht zu niedrige Temperaturen erforderlich. Schlappen die Efeublätter, dann erholt er sich nicht mehr. Ansonsten ist er bereits nach 2 Wochen angewachsen und bildet dann zunächst ungewöhnlich große Blätter.

Hemigraphis

Als Bodendecker für beheizte Blumenfenster oder Vitrinen, aber auch als hübsch überhängende Ampelpflanze bieten sich zwei Akanthusgewächse der Gattung *Hemigraphis* an: *Hemigraphis alternata* (syn. *H. colorata*) und *H. repanda*.

Die eiförmigen, an der Basis herzförmig eingebuchteten gegenständigen Blätter von *H. alternata* sind unterseits rötlich gefärbt, haben oberseits aber eine unge-

Hemigraphis repanda

wöhnliche silbrige Tönung. Die Triebe kriechen über den Boden oder hängen herab. Die endständigen Ähren tragen nur kleine weiße Blütchen. Der Zierwert liegt wie auch bei *H. repanda* im Laub. Diese Art der rund 90 Arten umfassenden Gattung hat lanzettliche, tief gesägte Blätter mit einem auffälligen Farbenspiel. Zum roten Stiel und den roten Blattadern changiert die Blattspreite in verschiedenen Grüntönen und ist teilweise rötlich überhaucht.

Diese beiden südostasiatischen Pflanzen sind dann wirkungsvolle Blattpflanzen, wenn sie zu mehreren im Topf oder ausgepflanzt vieltriebige Bestände bilden. Im lufttrockenen Zimmer wird die Pflege wenig erfolgreich sein. Ansonsten sind sie wie *Xantheranthemum* zu behandeln, vertragen aber etwas mehr Licht.

Heterocentron

Die Familie der Schwarzmundgewächse (Melastomataceae) gibt dem Fachmann noch zahlreiche Rätsel auf. Die Familienverhältnisse sind innerhalb der rund 215 Gattungen nicht immer ganz durchschaubar. Deshalb lassen sich Pflanzen oft nur schwer oder nicht eindeutig identifizieren. Schwarzmundgewächse kommen in den Tropen unter anderem in Regenwäldern oder in der auf sie folgenden Sekundärvegetation als Stauden, Sträucher oder Bäume vor und besitzen nicht selten so ansehnliche Blüten, daß sie als Zierpflanzen Verwendung finden.

Auch die Identität der Ampelpflanze aus dieser Familie, die seit 1989 verbreitet wird, ist nicht zweifelsfrei geklärt. Nach derzeitiger Auffassung gehört sie der Gattung *Heterocentron* an und könnte eine Hybride aus *H. elegans* und *H. macrostachyum* sein. Jedenfalls erhielt sie den Namen 'Cascade' (früher auch fälschlich als *Centradenia inaequilateralis* 'Cascade' bezeichnet).

Die verholzenden Triebe der halbstrauchigen Pflanze hängen mit zunehmender Länge über. Die Blätter zeigen die für Schwarzmundgewächse typischen von der Basis der Blattspreite bis zur Spitze in einem Bogen führenden Hauptadern. Von Mai bis Juli schmücken sich die Pflanzen mit zahlreichen relativ großen rosafarbenen Blüten.

'Cascade' hält den Sommer über im Freien aus und wird auch für die Balkonbepflanzung angeboten. Allerdings leidet sie in einem kühlen, regnerischen Sommer, so daß man die Pflanzen besser in

Heterocentron 'Cascade'

sonnigen, luftigen Räumen hält. Sie eignet sich sowohl für die Wohnstube wie für den Wintergarten.

Licht: Hell, nur während der Mittagsstunden vor direkter Sonne geschützt.
Temperatur: Zimmertemperatur; im Sommer auch im Freien. Im Winter fördern Temperaturen von 12 bis 16 °C für vier bis sechs Wochen die Blütenbildung. Sie scheint aber auch ohne Kühlbehandlung möglich zu sein – wenn auch nicht so reichhaltig. 'Cascade' darf aber nicht kühler stehen. Bereits bei 10 °C kommt es zu Blattschäden.
Substrat: Humose, aber durchlässige Substrate, beispielsweise Nr. 1, 2 oder 5 (Seite 39), gegebenenfalls gemischt mit etwas grobem Sand; pH 5,5 bis 6,5.
Feuchtigkeit: Sorgfältig gießen, nicht längere Zeit trocken stehen lassen; die Pflanze reagiert sehr empfindlich auf Nässe.
Düngen: Von Frühjahr bis Herbst alle 2 Wochen mit Blumendünger in der angegebenen Konzentration gießen, im Winter nur sporadisch.
Umpflanzen: Jährlich im Frühjahr.
Vermehren: Stecklinge bewurzeln bei

Temperaturen über 20 °C und hoher Luftfeuchte. Nach dem Bewurzeln stutzen und mehrere Pflanzen in einen Topf setzen. Nicht zu spät vermehren, denn bei Beginn der Kühlbehandlung sollte jede Pflanze mindestens vier Blattpaare besitzen. 'Cascade' ist steril, bildet also keinen Samen.

Hibiscus, Roseneibisch

Unser altbekannter Roseneibisch (*Hibiscus rosa-sinensis*) ist der Vertreter einer rund 250 Arten umfassenden Gattung der Malvengewächse. Die Herkunft des in vielen Kulturformen weltweit verbreiteten Roseneibischs läßt sich heute nicht mehr eindeutig bestimmen. Sie ist irgendwo im tropischen Asien zu suchen. Die hübschen, auffälligen, leuchtendrot gefärbten Blüten haben für die weite Verbreitung gesorgt.

Die Gärtner bieten *Hibiscus*-Sorten mit weißen, gelben, orangefarbenen oder roten, einfachen oder gefüllten Blüten und unterschiedlich geformten Blättern

Hibiscus rosa-sinensis

an. Selten ist 'Cooperi' mit relativ kleinen roten Blüten, aber wirkungsvollen weiß-grünen Blättern, die oft noch rot überhaucht sind. 'Cooperi' stellt höhere Ansprüche an Temperatur und Luftfeuchte.

Eine leider selten angebotene Pflanze ist *Hibiscus schizopetalus* mit seinen wild gefransten roten Blüten. Er ist ähnlich anspruchsvoll wie 'Cooperi'.

Reisende in wärmere Gefielde berichten oft begeistert von *Hibiscus* mit über kindskopfgroßen Blüten. Sie stammen in der Regel von *H.-moscheutos*-Sorten, die nicht für die Topfkultur in Frage kommen. Sie werden bei uns inzwischen als Freilandpflanzen angeboten, entwickeln sich aber nur an besonders milden Plätzen zufriedenstellend und auch dort nicht annähernd so schön wie im Süden. Für den Gar-

ten sind Sorten von *H. syriacus* besser geeignet.

Licht: Wer dem Roseneibisch keinen sehr hellen Platz bieten kann, wird wenig Freude an ihm haben. Die Pflanzen blühen nicht oder nur sporadisch. Ideal ist ein sonniges Fenster, das nur im Sommer ein wenig Schutz vor der intensiven Mittagssonne bieten soll.
Temperatur: Gutes Wachstum bei Temperaturen über 20 °C – ein heller Platz vorausgesetzt. Im Winter reichen 16 bis 18 °C, doch sind auch 20 °C nicht nachteilig. Unter 14 °C sollte die Temperatur nicht absinken.
Substrat: Humussubstrate wie Nr. 1, 2, 3, 5 oder 6 (s. Seite 39 bis 40); pH um 6.
Feuchtigkeit: In kräftigem Wachstum befindliche Pflanzen haben einen hohen Wasserverbrauch. Täglich kontrollieren und bei Bedarf durchdringend gießen. Das Austrocknen hat Knospenfall zur Folge. Trockene Luft führt zu verstärktem Schädlingsbefall.
Düngen: Gut wachsende Pflanzen brauchen wöchentlich mindestens eine Flüssigdüngung mit üblichen Blumendüngern. Im Winter genügen Gaben in Abständen von 2 bis 3 Wochen.
Umpflanzen: Jährlich im Frühjahr und Sommer möglich.
Vermehren: Noch nicht verholzte Kopfstecklinge bewurzeln sich bei Bodentemperaturen über 22 °C in üblichen Vermehrungssubstraten.

Hibiscus schizopetalus

Hibiscus rosa-sinensis 'Cooperi'

Pflanzenschutz: Neben den meist leicht zu bekämpfenden Blattläusen werden besonders Spinnmilben lästig.

Besonderheiten: Berüchtigt ist der Knospenfall bei *Hibiscus*. Viele neuerworbene Pflanzen haben innerhalb weniger Tage alle Knospen verloren. Die Ursachen hierfür sind nicht genau bekannt. Änderungen der Umweltbedingungen können den Knospenfall auslösen. Auch das Austrocknen des Wurzelballens bewirkt gleiches. Darum allen neuen Pflanzen einen hellen, aber luftigen Platz geben und exakt gießen, auch nicht vernässen. Gärtner behandeln *Hibiscus* mit Hemmstoffen, um das Längenwachstum zu bremsen. Läßt die Wirkung nach, so setzt das übliche Längenwachstum wieder ein. Dem Zimmergärtner bleibt in der Regel nur die Möglichkeit, die Pflanzen jeweils im Frühjahr kräftig zurückzuschneiden.

Hippeastrum, »Amaryllis«, Ritterstern

Preiswerte Zwiebeln, zuverlässig erscheinende und eindrucksvolle Blüten haben dem Ritterstern zu einer weiten Verbreitung verholfen. Als »Amaryllis« kennt sie jeder, obwohl sie nicht mehr der nur eine Art umfassenden Gattung *Amaryllis* angehören. Doch wer weiß schon, daß sie nun *Hippeastrum* heißen? Rund 80 *Hippeastrum*-Arten sind im tropischen Amerika beheimatet, während *Amaryllis* in Südafrika zu finden ist. Im Handel dominieren großblumige Sorten mit riesigem Blütendurchmesser und leuchtenden Farben. Die Blüten stehen zu zweit bis zu sechst auf einem hohlen Schaft.

Der Ritterstern macht eine Ruhezeit durch, während der er alle Blätter verliert und völlig trocken zu halten ist. Wann die Ruhezeit beendet ist, zeigen die austreibenden Blätter an. Sollen die Zwiebeln schon früher blühen, etwa zu Weihnachten, dann muß auch die Ruhezeit früher eingeleitet werden. Auf solche »präparierten« Zwiebeln muß man achten, legt man auf eine frühe Blüte wert. Im nächsten Jahr sind auch die präparierten wie übliche Zwiebeln zu behandeln.

Eine andere Pflege verlangen die schönblühende *Hippeastrum papilio* aus Brasilien mit ihren herrlich gezeichneten Blütenblättern sowie *H. reticulatum* 'Striatifolium' mit dem weiß-gelben Streifen in der Mitte des langen Blattes. Sie schätzen zwar weniger Wasser im Winter, wollen jedoch immer so reichlich versorgt sein, daß die Blätter nicht einziehen. Dasselbe gilt auch für die Hybride zwischen *Hippeastrum* und *Sprekelia*, × *Hippearelia* genannt. Sie ähnelt einem üblichen Ritterstern, weist aber die intensive Rotfärbung der *Sprekelia* auf.

Licht: Hell bis sonnig. Ruhende, unbeblätterte Zwiebeln lassen sich dunkel aufbewahren.

Temperatur: Während des Wachstums Zimmertemperatur bis 25 °C. Ruhende Zwiebeln bei etwa 17 °C aufbewahren, nicht unter 15 °C. Zum Antreiben empfiehlt sich ein Fensterplatz über der Heizung, wo eine Bodentemperatur von 20 °C zu erzielen ist.

Substrat: Übliche Humussubstrate wie Nr. 1, 2, 3, 5, 6 oder 7 (s. Seite 39 bis 40); pH um 6.

Feuchtigkeit: Während der Ruhezeit ab September/Oktober trocken halten. Mit dem Gießen beginnen, wenn der Blütenschaft schon einige Zentimeter hoch ist. Voll beblätterte Pflanzen stets feucht halten, aber nicht naß. Mit dem Gelbwerden der Blätter im Herbst Wassergaben reduzieren. *H. papilio*, *H. reticulatum* 'Striatifolium' und × *Hippearelia* ganzjährig gießen. Gegen trockene Luft sind *Hippeastrum* nur an sehr sonnigen Plätzen empfindlich.

Düngen: Belaubte Pflanzen wöchentlich mit Blumendünger gießen. Ende August einstellen.

Umpflanzen: Jährlich vor dem Austrieb in frische Erde setzen. Zwiebel muß etwa 1/3 aus der Erde herausschauen.

Vermehren: Durch Samen möglich. Da viele Rittersterne selbststeril sind, benötigt man mehrere Pflanzen. Mit Pinsel Blütenstaub auf die Narbe bringen, wenn diese klebrig geworden ist. Der Samen ist nach etwa 8 Wochen reif und wird sofort ausgesät (24 °C Bodentemperatur). Sämlinge 2 bis 3 Jahre ohne Ruhezeit durchkultivieren.
Eine weitere Möglichkeit sind die sich allerdings nur sporadisch bildenden Brutzwiebeln, die beim Umpflanzen abgetrennt und wie die Mutterzwiebeln behandelt werden.

Pflanzenschutz: Ein Pilz, der Rote Brenner, ruft besonders bei hohen Temperaturen auf der Zwiebel und auf Blättern rote punkt- oder strichförmige Flecken hervor. Um der Ausbreitung des Pilzes vorzubeugen, oberirdische Pflanzenteile nicht mit Wasser benetzen. Eine Bekämpfung des Pilzes ist schwierig. Am besten die Zwiebeln vor dem Antreiben 15 Minuten in eine 0,75%ige Grünkupferlösung (Kupferoxichlorid) tauchen und vor dem Einpflanzen abtrocknen lassen. Temperaturen unter 20 °C hemmen das Pilzwachstum, sind aber auch für den Ritterstern nicht optimal. Belaubte Pflanzen kann man mit 0,4%iger Grünkupferlösung spritzen. Der Befall läßt sich mit diesen Maßnahmen nur begrenzen, nicht völlig beseitigen.

Besonderheiten: Nach dem Abblühen Blütenschaft abschneiden, sofern man keinen Samen gewinnen will.

Hippeastrum-Hybride

Hoffmannia bullata

H. ghiesbreghtii in der Sorte 'Variegata' ist zweifellos die schönste: Sie trägt unterseits purpurrote, oberseits grün-weiß gefleckte Blätter, die bis 30 cm lang werden. Die Pflanze erreicht über 1,50 m Höhe, ist also nichts für beschränkte Verhältnisse.

Mit kaum mehr als 50 cm bleibt *H. bullata* deutlich niedriger. Sie hat tief geaderte Blätter, die unterseits weinrot, oberseits bräunlichgrün gefärbt sind. Die Pflege entspricht weitgehend der von *Calathea*, doch erfolgt die Vermehrung in der Regel durch Kopfstecklinge, die bei mindestens 25 °C Bodentemperatur wurzeln.

Hohenbergia

Hohenbergia stellata ist ein prächtiges Ananasgewächs (Bromelie), dessen Blätter eine stattliche Länge erreichen können. Sie ist deshalb aus der Mode gekommen, denn große Pflanzen sind teuer und passen schlecht auf die Fensterbank. Außerdem tragen die Ränder der rosettig stehenden Blätter Stacheln. Der Blütenstand ist umso attraktiver: Auf dem hohen Schaft erscheinen die blauen Blüten zwischen den leuchtendroten Hochblättern. Die Pflege dieser schönen Bromelie entspricht der von *Aechmea fasciata*. Bild s. Seite 6.

Hoffmannia

Diese vorwiegend in Mexiko beheimateten Krappgewächse (Rubiaceae) sind ein wenig in Vergessenheit geraten. Zwar verlangen sie hohe Temperaturen und Luftfeuchte, aber wer dies zum Beispiel im geschlossenen Blumenfenster bieten kann, sollte Arten wie *Hoffmannia ghiesbreghtii* und *H. bullata* (syn. *H. refulgens*) nicht vergessen.

Hoffmannia ghiesbreghtii 'Variegata'

Homalocladium platycladium

Homalocladium, Bandbusch

Einer der ungewöhnlichsten Sträucher ist der Bandbusch (*Homalocladium platycladium*) von den Salomon-Inseln. Dieses Knöterichgewächs (Polygonaceae) setzt sich aus Zweigen zusammen, die ausschauen, als seien sie unter eine Dampfwalze geraten: sie sind breit, flach und in kurze Abschnitte geteilt. Blätter entstehen nur gelegentlich und leben dann nur kurze Zeit. Der Strauch braucht kein Laub, denn die Zweige übernehmen deren Aufgaben.

Der Strauch wächst rasch bis mehr als Meterhöhe und schmückt sich am Rand der Triebe mit kleinen weißen Blütchen, aus denen rote Früchte entstehen.

Der Bandbusch stellt keine großen Ansprüche, ist ausgesprochen robust und attraktiv. Seine Pflege ist nur zu empfehlen.

Licht: Hell, wenn die Pflanzen daran gewöhnt sind auch sonnig.
Temperatur: Zimmertemperatur, im Winter genügen selbst 5 °C. Während der Sommermonate ist der Aufenthalt im Freien zu empfehlen.
Substrat: Nr. 1, 2, 3, 5, 6, 8, 9 oder 15 (Seite 39 bis 41); pH um 6.
Feuchtigkeit: Stets gießen, wenn die Erde abgetrocknet ist. Bei kühlem Stand im Winter sparsam gießen.
Düngen: Von Frühjahr bis Herbst wöchentlich mit Blumendünger gießen.
Umpflanzen: Jungpflanzen jährlich im Frühjahr oder Sommer, ältere Exemplare in größeren Abständen.
Vermehren: Nicht zu harte Stecklinge bewurzeln bei Bodentemperaturen über 20 °C. Mehrere bewurzelte Stecklinge in einen Topf setzen, um schneller ansehnliche Exemplare zu erhalten.
Besonderheiten: Wird der Bandbusch zu hoch, läßt er sich ohne Bedenken zurückschneiden.

Homalomena

Die Aronstabgewächse (Araceae) der Gattung *Homalomena* stammen vorwiegend aus dem tropischen Asien und Südamerika. Den Dieffenbachien sehr ähnlich, werden sie weitaus seltener angeboten als diese. Das hat zwei Gründe: zum ersten werden die in Kultur bekannten *Homalomena*-Arten größer als Dieffenbachien und beanspruchen mehr Platz.

Außerdem stellen sie höhere Ansprüche an die Temperatur und die Luftfeuchte. Unter 20 °C wollen sie nie stehen. Somit passen Arten wie *Homalomena lindenii*,

H. rubescens oder *H. wallisii* besser in einen warmen Wintergarten oder ein Gewächshaus, wo sie sich – ausgepflanzt und sehr hell stehend – optimal entwickeln. Ansonsten entspricht die Pflege der von Dieffenbachien.

Howea, »Kentia«

Wer die Qualitäten dieser Palmen kennengelernt hat, wundert sich nicht, daß sie die beliebteste und begehrteste Gattung dieser Familie wurden. Als »Kentia« bietet der Blumenhandel sie an. In Wohnräumen sind Kentien ausgesprochen haltbar und widerstandsfähig. Sie reagieren weniger empfindlich auf trockene Luft und müssen nicht direkt am Sonnenfenster stehen. Die wichtigere der beiden *Howea*-Arten ist *H. forsteriana* (Bild s. Seite 310). Sie stammt wie *H. belmoreana* aus Australien.

Die Unterscheidung der in Kultur befindlichen Jungpflanzen verlangt ein wenig Übung. Der mit kürzeren Stielen versehene Blattwedel von *H. belmoreana* steht steil nach oben und hängt stark über. Der länger gestielte Wedel von *H. forsteriana* bildet einen weniger spitzen Winkel zum Stamm oder steht waagrecht und hängt nicht über, es sei denn,

es ist ein großes, schweres Blatt oder die Pflanze stand an zu dunklem Platz und ist vergeilt. Die Blätter beider Arten setzen sich aus vielen Fiederblättchen zusammen. Sie sind bei *H. forsteriana* unterseits mit sehr kleinen punktartigen Schuppen versehen. In der Natur wachsen beide Palmen einstämmig. Die Gärtner setzen aber meist mehrere Jungpflanzen zusammen in einen Topf, um eine bessere Wirkung zu erzielen.

Licht: Hell, aber vor Prallsonne geschützt. Gedeihen auch noch an halbschattigem Platz.
Temperatur: Luftiger Platz mit Zimmertemperatur. Auch im Winter um 18 °C. Nur ältere Exemplare können kühler stehen.
Substrat: Vorzugsweise Nr. 9, 10 oder 17 (s. Seite 40 bis 42); pH um 6.
Feuchtigkeit: Stets feucht halten, ohne Nässe aufkommen zu lassen. Nie austrocknen lassen. Trockene Luft begünstigt Schädlingsbefall.
Düngen: Von Frühjahr bis Sommer wöchentlich, im Winter alle 2 bis 3 Wochen mit Blumendünger gießen.
Umpflanzen: Jungpflanzen alle 2 bis 3 Jahre, ältere Exemplare in größeren Abständen im Frühjahr oder Sommer.
Vermehren: Nur durch Samen.
Pflanzenschutz: Besonders Schildläuse, aber auch Spinnmilben können lästig werden.

Homalomena speariae, eine in Kultur seltene Art aus Kolumbien

Howea forsteriana

Hoya, Wachsblume

Zu Recht gehören die Wachsblumen zu den beliebtesten Zimmerpflanzen. Die Gattung umfaßt über 200 Arten, die von Indien und China bis nach Australien verbreitet sind. Der Name dieser Seidenpflanzengewächse (Asclepiadaceae) muß nicht erklärt werden; wer die Blüte anschaut, weiß, warum die Pflanzen Wachsblumen heißen.

Im Zimmer finden vorwiegend zwei Arten Verwendung: *Hoya carnosa* und *H. lanceolata* ssp. *bella* (syn. *H. bella*). Davon ist *H. carnosa* weit verbreitet und »die« Wachsblume. Sie bildet meterlange, verholzende Triebe mit fleischigen, glänzenden, gegenständigen Blättern. Der Blütenstand, eine Scheindolde, steht an einem Kurztrieb, den man nach dem Abblühen nicht entfernen darf. Hieran erscheinen nach einiger Zeit erneut Blüten. Offene Blüten verströmen besonders gegen Abend einen betörenden, süßlichen Duft, der den ganzen Raum erfüllt. Der klebrige Nektartropfen hat einen süßlich-bitteren Geschmack und kann gelegentlich etwas unangenehm werden, da er Fenster oder auch Tapete verschmiert. Buntlaubige Sorten wie 'Exotica', 'Picta' und 'Tricolor' sind etwas anspruchsvoller und reagieren empfindlich auf direkte Sonne.

Die Pflanzen erreichen im Laufe der Jahre beachtliche Dimensionen, so daß nur ein Rückschnitt übrig bleibt, obwohl damit auch die blütentragenden Kurztriebe entfernt werden. Besonders nach dem Umpflanzen treibt die *Hoya* kräftig an der Basis aus, so daß man einige alte Ranken am besten ganz abschneidet. Arten wie *H. australis* und *H. imperialis* klettern über 5 m hoch und wachsen am besten im Gewächshaus.

Für die meisten Wohnräume ist die viel kleiner bleibende *Hoya lanceolata* ssp. *bella* besser geeignet (Bild Seite 160). Die ebenfalls stark duftenden Blüten sind wunderschön, doch fällt bei dieser Art der Stiel des Blütenstandes nach dem Verblühen ab. Die Ranken von *Hoya carnosa* schlingt man um ein Klettergerüst, während man *H. lanceolata* ssp. *bella* besser als Ampelpflanze ungestört herabhängen läßt. Weitere Arten sind durchaus einen Versuch wert, wenn man das Glück hat, ein Exemplar aufzutreiben. Die hübsche *Hoya multiflora*, die gelegentlich angeboten wird, bildet allerdings so intensiv ihren honigartigen Nektar, daß eine Vorsorge für den Teppichboden und andere Gegenstände im »Tropfbereich« zu treffen ist.

Hoya multiflora

Hoya lanceolata ssp. bella   Hoya carnosa

Bei Hoya carnosa entstehen die Blüten an Kurztrieben, die nach dem Abblühen stehen bleiben.

Hoya carnosa

H. lanceolata ssp. *bella* nicht unter 15 °C; besonders niedrige Bodentemperaturen sind gefährlich.

Substrat: Nährstoffreiche, durchlässige Erde, zum Beispiel Nr. 1, 5, 9, 10 oder 17 (s. Seite 39 bis 42), mit etwa $1/5$ Seramis gemischt; pH 5,5 bis 7.

Feuchtigkeit: Während der Wachstumszeit von April bis September nie ganz austrocknen lassen. Im Winter je nach Temperatur sparsamer gießen. Nässe führt besonders bei *Hoya lanceolata* ssp. *bella* schnell zu Wurzelschäden. Trockene Zimmerluft wird gut vertragen, auch von *H. lanceolata* ssp. *bella*, doch sollte man für diese zumindest einen mittleren Wert von 50% anstreben.

Düngen: Von April bis September alle 1 bis 2 Wochen mit Blumendünger gießen.

Umpflanzen: Alle 1 bis 2 Jahre von Frühjahr bis Sommer möglich; ältere Exemplare auch in größeren Abständen.

Vermehren: Im Frühjahr leicht durch Stecklinge möglich, die bei Bodentemperaturen über 20 °C gut bewurzeln.

Pflanzenschutz: Schädlinge treten nur selten auf. Woll- und Schildläuse am besten durch Abwaschen entfernen.

Besonderheiten: Das nicht seltene Abwerfen der Blüten wird durch Kulturfehler wie unregelmäßiges Gießen oder Temperaturschwankungen hervorgerufen. Auch zu dunkler Stand ist nachteilig.

Licht: Heller, sonniger Platz, doch vor allzu intensiver Mittagssonne geschützt. Zu stark der Sonne ausgesetzte Pflanzen bekommen gelbgrüne Blätter. Bleiben die Blüten aus, ist zu dunkler Stand oft die Ursache.

Temperatur: Übliche Zimmertemperatur oder wärmer; im Winter 10 bis 15 °C, doch werden auch höhere Temperaturen ohne wesentliche Nachteile vertragen. Allerdings sollen Temperaturen über 20 °C den Blütenansatz reduzieren.

Huernia

Sehr nahe mit den Aasblumen (*Stapelia*) verwandt ist die zur gleichen Familie wie *Hoya* (Seidenpflanzengewächse oder Asclepiadaceae) gehörende Gattung *Huernia*. Sie kommt in rund 70 Arten fast ausschließlich in Afrika vor. Die Blüten ähneln denen von Stapelien, doch während diese fünf Zipfel aufweisen, besitzen die Huernien nochmals fünf kleine Zipfelchen in den Buchten.

Huernien sind meist nur in Sammlungen vertreten, doch gibt es einige recht leicht gedeihende und sicher blühende Arten, so daß sie von weniger erfahrenen Pflanzenfreunden vielleicht den Stapelien vorzuziehen sind. Die Blüten einiger Arten weisen wie Aasblumen einen deutlichen Geruch nach Fäkalien auf, was die Freude an ihnen ein wenig trübt. Die Pflege entspricht weitgehend der von Stapelien, doch sollte die Überwinterungstemperatur mit 15 bis 20 °C etwas höher liegen. Durch gelegentliche Wassergaben verhindern wir das Schrumpfen der Sprosse im Winter. Die populärste Art der Gattung ist *Huernia zebrina* mit relativ großen Blüten mit einem hochglänzenden schokoladenbraunen Ring, in dem sich die gestreiften Zipfel spiegeln.

Huernia zebrina

Hydrangea, Hortensien

Aus dem Osten Asiens stammen die Vorfahren unserer Zimmerhortensien (*Hydrangea macrophylla*). Aus Japan wurden am Ende des 18. Jahrhunderts bereits Kulturformen zunächst nach England eingeführt. Seit dieser Zeit haben viele Züchter an diesem Steinbrechgewächs (Saxifragaceae) gearbeitet und viele Sorten herausgebracht.

Die Mehrzahl der Hortensien besitzt Doldenrispen mit ausschließlich Schaublüten. Diese sind steril, verkümmert, während sich die Kelchblätter vergrößert haben und oft lebhaft gefärbt sind, also die Funktion der Blütenblätter übernehmen. Natürlicher wirken die Tellerhortensien, die nur am Rand der Dolde große Schaublüten tragen. Eine Besonderheit stellen die »fliederblütigen« Sorten dar. Sie tragen keine oder wenige Schaublüten, und die Einzelblüten öffnen sich nicht vollständig. Sie bleiben in einer halbgeöffneten, rundlichen Form und ähneln damit einer Fliederblüte.

Als Zimmerpflanzen sind sie wenig geeignet – nicht nur wegen ihrer Größe. Sie wollen einen luftigen, nicht zu warmen Platz, müssen knapp frostfrei den Winter überdauern und gehen bald ein, wenn sie ständig mit kalkhaltigem Wasser gegossen werden. Nach dem Verblühen landen viele Hortensien im Garten. Dort fristen sie oft ein kümmerliches Dasein und blühen fast nie, weil die Blütenknospen erfrieren. Nur wenige Sorten wie 'Bodensee' eignen sich für den ganzjährigen Freilandaufenthalt an geschützter Stelle, vorausgesetzt, man kann einen sauren, also kalkarmen Boden bieten.

Eine Besonderheit der Hortensien sei noch erwähnt: Durch besondere Maßnahmen lassen sich die rosa Blüten mancher Sorten in blaue verwandeln. Dazu muß die Erde besonders sauer sein und pflanzenverfügbares Aluminium enthalten.

Licht: Heller Platz, während der Mittagsstunden vor Sonne geschützt. Nach dem Blattabwurf Überwinterung auch im Dunkeln.
Temperatur: Möglichst nicht über 20 °C. Im Winter mindestens für 8 Wochen bei 5 bis 8 °C halten. Ab Januar/Februar wieder wärmer stellen, doch möglichst nicht über 18 bis 20 °C. Nun entwickeln sich die Blätter und Blüten.
Substrat: Saure Erde, zum Beispiel Azaleenerde (Nr. 11, s. Seite 41); pH um 5,5. Für blaue Sorten pH 3,5 bis 4,5.
Feuchtigkeit: Hortensien brauchen viel Wasser, so daß man im Sommer manchmal zweimal täglich gießen muß. Kein kalkhaltiges Wasser, sondern nur Regenwasser oder enthärtetes Leitungswasser verwenden. Auch überwinternde Pflanzen gelegentlich gießen, so daß die Erde nie völlig austrocknet.
Düngen: Nach dem Überwintern ein- bis zweimal wöchentlich mit Dünger – am besten Hydrodünger – gießen. Im September einstellen.
Umpflanzen: Alle 1 bis 2 Jahre im Frühjahr.
Vermehren: Im Februar/März geschnittene Kopfstecklinge bewurzeln leicht schon bei 16 bis 18 °C Bodentemperatur. Nach dem Anwachsen stutzen.
Pflanzenschutz: Besonders die Knospen sind bei feuchter Überwinterung anfällig gegen Grauschimmel (*Botrytis*). Deshalb für luftigen Stand sorgen!
Besonderheiten: Bei blau zu färbenden Sorten der Erde 4 g Kalialaun/l beimischen. Kalialaun enthält das notwendige Aluminium und ist im Gartenfachhandel erhältlich. Später müssen Pflanzen noch zweimal je 2 bis 3 g Alaun je Topf erhalten. Zum Blaufärben eignen sich nur bestimmte rosablühende Sorten.

Hymenocallis, »Ismene«, Schönhäutchen

Ein regelmäßig angebotenes Zwiebelgewächs, das sich sowohl für die Topf- als auch die Freilandkultur im Garten anbietet, ist *Hymenocallis narcissiflora*. Gelegentlich taucht sie noch unter dem alten Namen *Ismene calathina* auf. Dieses in den Andenregionen Perus und Boliviens beheimatete Amaryllisgewächs gelangte bereits 1794 in die gärtnerische Kultur, hat aber nie Bedeutung erlangen können. Dabei sind die weißen, duftenden Blüten überaus reizvoll. Die Zwiebel wird ähnlich groß wie die des Rittersterns (*Hippeastrum*) und beansprucht einen großen Topf von etwa 15 cm. Nach der Blüte pflanzt man das Schönhäutchen am besten in den Garten aus, da die amaryllisähnlichen Blätter keinen großen Zierwert besitzen.

Während *Hymenocallis narcissiflora* im Winter ruht, will *H. speciosa* ganzjährig gegossen und warm gehalten werden. Leider findet man nur selten Zwiebeln

Hydrangea macrophylla 'Blue Sky'

Hydrangea macrophylla

Hymenocallis narcissiflora

Hypoestes phyllostachya 'Luna'

dieses Bewohners Westindiens, der ebenfalls wegen seiner weißen, stark nach Vanille duftenden Blüten gefällt.

Licht: Sehr hell, auch sonnig.
Temperatur: Die Zwiebeln von *H. narcissiflora* bei 10 bis 15 °C trocken aufbewahren. Ab Februar eintopfen und bei nicht allzu hohen Temperaturen antreiben. Keinesfalls über 18 °C, weil die Pflanze sonst – besonders am weniger hellen Standort – lang und häßlich wird. Nach der Blüte im Juni in den Garten pflanzen, im Oktober Zwiebeln ernten. *H. speciosa* steht dagegen ganzjährig nicht unter 20 °C.
Substrat: Übliche Humussubstrate wie Nr. 1, 2, 3, 5 oder 6 (s. Seite 39 und 40); pH um 6.
Feuchtigkeit: *Hymenocallis narcissiflora* von Oktober bis Februar trocken aufbewahren. Ansonsten ständig feucht halten.
Düngen: Von Frühjahr bis Herbst wöchentlich mit Blumendünger gießen; im Winter nur alle 4 Wochen mit Ausnahme der Arten, die eine Trockenruhe halten.
Umpflanzen: *H. speciosa* gedeiht am besten ausgepflanzt in einem größeren Trog. Sie braucht dann nur alle 2 bis 3 Jahre umgepflanzt zu werden.
Vermehren: Beim Umpflanzen Nebenzwiebeln abtrennen.
Pflanzenschutz: Es empfiehlt sich, die Zwiebeln von *H. narcissiflora* genau wie *Hippeastrum* vor dem Eintopfen in eine Grünkupferlösung zu tauchen.

Hyophorbe

Die fünf Arten der Gattung *Hyophorbe* stammen von den Maskarenen-Inseln im Indischen Ozean. Das besondere Merkmal dieser attraktiven einstämmigen Fiederpalmen ist der – je nach Art unterschiedlich stark – flaschenförmig angeschwollene Stamm. Die Stiele der großen Fiederblätter sind kurz, so daß der Blattschopf in akzeptablen Dimensionen bleibt. *H. lagenicaulis* erreicht bis 6 m Höhe und besitzt einen sehr deutlich ausgeprägten Flaschenstamm. *H. verschaffeltii* (häufig als *Mascarena verschaffeltii* angeboten) bleibt niedriger. Die Palmen wachsen in ihrer Heimat am Strand oder – in höheren Lagen – auf Lavagestein, also stets auf einer durchlässigen Unterlage. Ein ähnlich durchlässiges Substrat verlangen sie auch in Kultur, dazu Temperaturen auch im Winter über 18 °C und einen hellen bis leicht beschatteten Platz. Gegen niedrige Luftfeuchte scheinen sie weniger empfindlich zu sein. Die Pflege entspricht ansonsten der von *Chamaedorea*.

Hyophorbe lagenicaulis

Hypoestes

Eine Topfpflanze mit bemerkenswerter Blattzeichnung wird mit dem fürchterlichen deutschen Namen »Buntfleckige Hüllenklaue« belegt. Wen wundert es, daß dieser Name so unbekannt ist wie die botanische Bezeichnung *Hypoestes phyllostachya*? Viel charmanter klingen da die amerikanischen Bezeichnungen »Pink-Dot« (Rosa Pünktchen) oder »Freckle-Face« (Sommersprossengesicht). In den USA ist *Hypoestes* auch viel populärer als bei uns.

Alle Namen lassen Rückschlüsse auf das Aussehen zu: Die gegenständigen Blätter dieses bis 1 m hoch werdenden Halbstrauchs sind auf dunkelgrünem Grund mit rosafarbenen Tupfen bedeckt. Bei einigen neuen Sorten sind die Tupfen so ausgebreitet, daß sie fast die gesamte Blattfläche bedecken. In Kultur läßt man die Pflanzen nicht so groß werden. Sie sehen dann nicht mehr so

schön aus, wirken sperrig, die Blattfärbung verliert an Intensität. Darum ist es am besten, möglichst jährlich Jungpflanzen heranzuziehen. Die kleinen, einzeln in den Blattachseln erscheinenden blaßblauen Blütchen sind keine besondere Zierde.

Obwohl die Gattung *Hypoestes* mehr als 40 Arten umfaßt, findet man nur die madegassische *H. phyllostachya* in Kultur. Allerdings wird sie häufig falsch bezeichnet, nämlich als *H. sanguinolenta* und *H. taeniata*. Das sind andere, nicht kultivierte Arten.

Will man dieses hübsche Akanthusgewächs erfolgreich pflegen, sind nicht zu niedrige Temperaturen und eine hohe Luftfeuchte unerläßlich. Die besten Ergebnisse wird man im geschlossenen Blumenfenster und in der Vitrine erzielen. Auch größere Flaschengärten sind geeignete Kulturräume. In milden Gebieten der Bundesrepublik lassen sich *Hypoestes phyllostachya* wie die Sommerblumen während der warmen

Jahreszeit erfolgreich im Freien halten. In ungünstigen Jahren schlägt der Versuch fehl.

Licht: Hell bis halbschattig. Keine direkte Sonne. An zu schattigen Plätzen verblaßt die Blattfärbung.
Temperatur: Zimmertemperatur oder wärmer; auch im Winter nicht unter 18 °C. »Kalte Füße« bewirken Wurzelfäule und Blattfall.
Substrat: Humussubstrate wie Nr. 1, 2, 5, versuchsweise Nr. 8 (s. Seite 39 und 40); pH 5 bis 6.
Feuchtigkeit: Stets mäßig feucht halten. Luftfeuchte möglichst nicht unter 60%.
Düngen: Von Frühjahr bis Herbst wöchentlich, im Winter alle 2 bis 3 Wochen mit Blumendünger gießen.
Umpflanzen: In der Regel jährlich. Bei jährlichen Nachzuchten erübrigt es sich.
Vermehren: Kopfstecklinge bewurzeln bei Bodentemperaturen über 20 °C. Nach dem Bewurzeln zur besseren Verzweigung stutzen. Frischer Samen keimt rasch bei Temperaturen von mindestens 20 °C. Samen nicht mit Erde bedecken.

Impatiens, Fleißiges Lieschen

Wer kennt es nicht, das Fleißige Lieschen? Seitdem es Ende des vorigen Jahrhunderts aus dem tropischen Afrika eingeführt wurde, hat es einen bemerkenswerten Siegeszug angetreten. Schon bald gehörte es zu den beliebtesten und dankbarsten Zimmerpflanzen. In den letzten Jahren entstanden robuste niedrigbleibende Sorten, die Impatiens bald zu einer der wichtigsten Beetpflanzen für Garten und Park machten. Kaum eine andere Pflanze dürfte es dem Fleißigen Lieschen gleichtun. Aber mit *Impatiens walleriana* (syn. *I. holstii, I. sultani*) kennen wir nur eine Art von über 800 dieser Gattung.

Die Gruppenbezeichnung Neu-Guinea-Hybriden kennzeichnet eine Fülle von Sorten mit einem kräftigen Stiel ähnlich der Balsamine und – bei zahlreichen Sorten – einer attraktiven Blattzeichnung. Sie sollen aus *Impatiens hawkeri* hervorgegangen sein. Neu-Guinea-Hybriden empfehlen sich für den Balkon, das Sommerblumenbeet und den Wintergarten, wachsen aber auch am hellen Fenster in nicht zu warmen Räumen.

Vorwiegend als Sommerblume begegnet uns heute die höher werdende Balsamine (*I. balsamina*). Sie erreicht allerdings nicht die gleiche Höhe wie *I. sodenii* (syn. *I. olivieri*), nämlich 3 m. Diese Kalthauspflanze mit den zartvioletten Blüten finden wir leider nur in botanischen Gärten.

Impatiens Neuguinea-Hybride 'Dark Fire'

Genauso hoch wird *I. glandulifera*, eine bemerkenswerte Pflanze aus dem Himalaya, die inzwischen in vielen anderen Ländern, so auch in Deutschland und den USA heimisch wurde. Wer sie zum ersten Mal in der Natur antrifft, ist von diesem gewaltigen, rosablühenden Springkraut überrascht. Es paßt allerdings mehr in den Garten als ins Wohnzimmer.

Impatiens walleriana 'Pink Ice'

Impatiens niamniamensis

Ganz anders *I. repens*, eine kriechende oder überhängende Art mit roten Stengeln, kleinen rundlichen Blättchen und gelben Blüten. Sie verlangt während des ganzen Jahres einen warmen Raum. Das gleiche gilt auch für einige seltene, aber besonders schöne Arten wie *I. niamniamensis*. Mit ihren großen, gelb-rot kontrastierenden Blüten ist sie eine sehr auffällige Erscheinung.

Licht: Hell, nur vor Prallsonne geschützt.
Temperatur: *I. walleriana* gedeiht am besten an einem luftigen, nicht zu warmen Standort. Im Winter genügen 12 bis 15 °C. Auch andere Arten wie *I. olivieri* wollen es nicht wärmer haben. *I. repens* und *I. niamniamensis* sollten dagegen nicht unter 18 °C, die Neu-Guinea-Hybriden nicht unter 14, besser 16 °C stehen.
Substrat: Humussubstrate wie Nr. 1, 2, 5, 6 oder 7 (s. Seite 39 bis 40); pH um 6.
Feuchtigkeit: Stets mäßig feucht halten.
Düngen: Wöchentlich mit Blumendünger gießen.
Umpflanzen: In der Regel jährlich im Frühjahr oder Sommer.
Vermehren: Die Pflanzen sind am schönsten, wenn man sie alle 1 bis 2 Jahre neu aus Stecklingen heranzieht. Kopfstecklinge bewurzeln bei Temperaturen um 15 bis 20 °C. Je nach Art oder Sorte kann sich das ein- oder mehrmalige Stutzen nach dem Bewurzeln empfehlen. Auch die Anzucht aus Samen ist möglich. Von *I. walleriana* gibt es viele F1-Hybriden, die »echt« aus Samen fallen.
Wer Samen ernten will, muß bedenken, daß die Pflanzen meist nur nach künstlicher Bestäubung Samen ansetzen. Außerdem muß so früh geerntet oder aber es müssen Vorkehrungen getroffen werden, daß der Samen nicht weggeschleudert wird (»Springkraut«).

Iresine

Häufig sieht man an den Fenstern von Büros oder Werkstätten Töpfe mit kleinen, kräftig rot gefärbten Kräutern, die zunächst aufrecht wachsen, bis der dünne Stengel die Last nicht mehr tragen kann und überhängt oder über die Fensterbank kriecht. Es handelt sich um *Iresine herbstii*, ein Amaranthusgewächs aus Südamerika. Die Art kommt in verschiedenen Sorten vor, die sich in Blattform und -zeichnung unterscheiden. Andere der rund 70 Arten dieser Gattung werden kaum einmal kultiviert. Die Tatsache, daß man *Iresine herbstii* am Arbeitsplatz hält, zeigt, wie robust und anspruchslos diese Pflanze ist. Sie wird auch zur Einfassung bunter Sommerblumenbeete in Garten und Park verwendet.

Iresine herbstii

Licht: Hell bis sonnig. Zwar verträgt *Iresine* schattige Plätze, doch verliert sich dort die intensiv rote Blattfärbung.
Temperatur: Luftiger Stand mit Zimmertemperatur, die im Winter bis etwa 15 °C absinken kann.
Substrat: Jede übliche Blumenerde.
Feuchtigkeit: Stets mäßig feucht halten. Nur grobe Gießfehler wie völlige Trockenheit oder stauende Nässe über längere Zeit können der Pflanze etwas anhaben.
Düngen: Von Frühjahr bis Herbst wöchentlich, im Winter alle 3 Wochen mit Blumendünger gießen.

Isotoma fluviatilis

Umpflanzen: Erübrigt sich in der Regel, da man am besten jährlich junge Exemplare aus Stecklingen heranzieht, die gleich zu mehreren in den Endtopf kommen.
Vermehren: Stecklinge bewurzeln leicht bei üblicher Zimmertemperatur. Mehrmals stutzen, um die Verzweigung zu fördern.

Isotoma

Der Bubikopf (*Soleirolia soleirolii*) bildet grüne Polster aus dünnen Stengeln mit unzähligen kleinen Blättchen und ist immer hübsch anzusehen, wenn er von Zeit zu Zeit geschnitten wird (s. Seite 438). Nicht viel größer wird das Laub von *Isotoma fluviatilis*, einer niedrigen australischen Staude, die dem Bubikopf ähnelt. Wenn sie sich aber im Sommer mit zahlreichen zartblauen Sternblütchen schmückt, erweist sie sich als Glockenblumengewächs (Campanulaceae). Sie wird, wie auch die anderen Arten dieser fast vorwiegend in Australien beheimateten Gattung, bei uns bisher nur selten kultiviert, aber dies könnte sich ändern, denn die Ansprüche sind nicht allzu hoch.

Alle Arten der Gattung *Isotoma* gelten als giftig. Man sollte sich davor hüten, den milchigen Pflanzensaft in die Augen zu bekommen.

Licht: Hell bis sonnig.
Temperatur: Luftiger Stand, im Winter etwa 10 bis 15 °C.
Substrat: Nr. 1, 2, 3, 5 oder 6; pH um 6.
Feuchtigkeit: Die Pflanzen sollen stets mäßig feucht stehen und nie austrocknen.
Düngen: Von Frühjahr bis Herbst wöchentlich mit Blumendünger in der halben Konzentration gießen, im Winter nur alle 4 Wochen.
Umpflanzen: Ist in der Regel nur erforderlich, wenn man die Pflanzen teilen will, um sie zu verjüngen oder zu vermehren.
Vermehren: Teilen oder Stecklinge schneiden, die bei mindestens 18 °C Bodentemperatur leicht wurzeln. Vorsicht vor dem Pflanzensaft! Je drei Stecklinge in einen Topf setzen.
Pflanzenschutz: Bei zu warmem Stand treten häufig Spinnmilben und Blattläuse auf.
Besonderheiten: Pflanzen im Frühjahr und nach der Blüte kräftig zurückschneiden. Giftig!

Ixora

Nicht für jeden Wohnraum können *Ixora*-Arten empfohlen werden. Es sind typische Warmhauspflanzen, die nicht kühl und nicht bei trockener Luft stehen wollen. Wer diese Anforderungen erfüllen kann – am leichtesten im Blumenfenster oder in der Vitrine –, hat einen wunderschönen und reichblühenden Strauch, der alle Mühen lohnt.

Von den rund 400 Arten dieses Krappgewächses (Rubiaceae) haben sich nur *Ixora coccinea* aus Indien und daraus hervorgegangene Hybriden als Topfpflanze durchgesetzt. Im nichtblühenden Zustand erinnert der Strauch an ein Zitrusbäumchen. Wenn sich aber im Sommer die herrlichen Blütenstände entwickeln, ist jeder Zweifel ausgeschlossen. Der Blütenstand setzt sich aus vielen leuchtendroten Blütchen zusammen. Im Handel findet man auch einige Sorten mit lachsroten oder orangefarbenen bis fast gelben Blüten.

Änderungen der Pflegebedingungen führen nicht selten zum Abwurf der Blü-ten. Auch der Pflanzenaufbau befriedigt nicht immer. Werden Ixoren sparrig, so muß mit der Schere korrigierend eingegriffen werden. Keinesfalls darf man ständig an den Pflanzen herumschneiden, denn Blüten entstehen nur am Ende der Sprosse.

Eine Rarität ist *Ixora borbonica*, eine der schönsten Blattpflanzen überhaupt, mit gelbgrün und dunkelgrün geflecktem Laub und orangeroter Mittelrippe. Sie will ganzjährig Wärme und hohe Luftfeuchte und ist nur erfahrenen Zimmergärtnern zu empfehlen, zumal man meist auch Jahre nach einem Exemplar »fahnden« muß.

Licht: Hell, doch vor direkter Sonne mit Ausnahme der Wintermonate geschützt.
Temperatur: Zimmertemperatur und wärmer; nicht unter 18 °C. Im Winter 15 bis 18 °C. *I. borbonica* sollte immer über 18 °C stehen. Die Bodentemperatur darf nicht unter die Lufttemperatur absinken.
Substrat: Gedeiht gut in Humussubstraten wie Nr. 1 und 5, auch Nr. 9 und 17 (s. Seite 39 bis 42); pH um 5,5.
Feuchtigkeit: Stets mäßig feucht halten. Im Winter sparsamer gießen, doch nicht völlig austrocknen lassen. Die Luftfeuchte sollte nicht unter 50, besser 60% absinken.
Düngen: Von Frühjahr bis Herbst wöchentlich – *I. borbonica* nur alle 2 bis 3 Wochen –, im Winter alle 3 bis 4 Wochen mit Blumendünger gießen.
Umpflanzen: Etwa alle 2 Jahre im Frühjahr oder Sommer.
Vermehren: Kopfstecklinge bewurzeln nur bei hohen Bodentemperaturen über 25 °C und hoher Luftfeuchte. *I. coccinea* und Hybriden ein- bis zweimal stutzen, um eine bessere Verzweigung zu erzielen.
Pflanzenschutz: Auf Befall mit Schildläusen und Spinnmilben achten!

Jacaranda, Palisander, »Rosenholzbaum«

Welcher Reisende in subtropische oder tropische Gebiete stand im Frühjahr nicht schon vor den herrlich blau bis blauviolett blühenden Bäumen mit der überreichen Zahl glockenförmiger Blüten und einem Laub, das wegen seiner feinen Fiederblättchen an Farne erinnert? Auf den Kanarischen Inseln zum Beispiel ist *Jacaranda* ein geschätzter Zierbaum. In der Regel handelt es sich um *J. mimosifolia*, deren Name bereits die Ähnlichkeit des – allerdings doppelt gefiederten – Laubs mit dem der Sinnes-

Ixora-Hybride 'Super King'

pflanze (*Mimosa pudica*) erkennen läßt. Ursprünglich in den weniger feuchten Gebieten Argentiniens beheimatet, ist *J. mimosifolia* nahezu über alle Länder mit wärmerem Klima verbreitet. Das Holz von *J. mimosifolia* wird wie das von *J. brasiliensis* zu Möbeln verarbeitet, wobei seine dunkle, rötlichbraune Farbe typisch ist. Wer von diesem Nutzholz liefernden, über 15 m hoch werdenden Baum hört, kann sich kaum vorstellen, daß er eine Zimmerpflanze abgeben könnte. Tatsächlich sind es auch nur die Sämlinge, die man so lange halten kann, bis sie zu groß werden. Wegen ihrer hübschen Belaubung sind sie schon als kleine Exemplare attraktiv. Ein Nachteil ist, daß sie im Winter – wohl wegen der niedrigen Lichtintensität – meist Blätter abwerfen und verkahlen. Selbst völlig entlaubte Bäumchen treiben jedoch im Frühjahr wieder aus.

Durch Aussaat – im Februar bei etwa 20 bis 25 °C Bodentemperatur – ist für Nachwuchs zu sorgen. Die Pflege entspricht in etwa *Grevillea robusta*, doch sollten sie im Winter nicht unter 15 °C stehen. Zu groß gewordene Pflanzen kann man zurückschneiden.

Jasminum, Jasmin

Mit dem Jasmin hat man seine Schwierigkeiten: Was im Garten als »Jasmin« verbreitet ist, trägt richtig den Namen Falscher Jasmin und gehört der Gattung *Philadelphus* an. Es sind mannshohe Sträucher mit weißen Blüten. Der einzige wirkliche Jasmin unserer Gärten ist *J. nudiflorum*, der Nacktblütige Jasmin, der im Winter seine Blüten öffnet. Die meterlangen, grünen Triebe hängen über Mauern oder werden an Gerüsten festgebunden. Die Blüten sind bei flüchtiger Betrachtung mit Forsythien zu verwechseln.

Das gleiche Schicksal widerfährt unserem Topfjasmin. Nur wenige, die ihn betrachten, identifizieren ihn, obwohl sein herrlicher Duft ein deutlicher Hinweis ist. Fast immer handelt es sich um *J. officinale*, einen kletternden Strauch mit im Winter abfallenden Fiederblättchen und weißen Blüten, die in einer Scheindolde stehen. Die gegen den Uhrzeigersinn windenden Sprosse ziehen wir an einem Klettergerüst. Ab Juni finden wir blühende Exemplare in den Blumenläden.

Andere Arten sind dagegen selten im Handel, obwohl die rund 200 verschiedene Arten umfassende Gattung noch

Jacaranda mimosifolia

Jasminum polyanthum

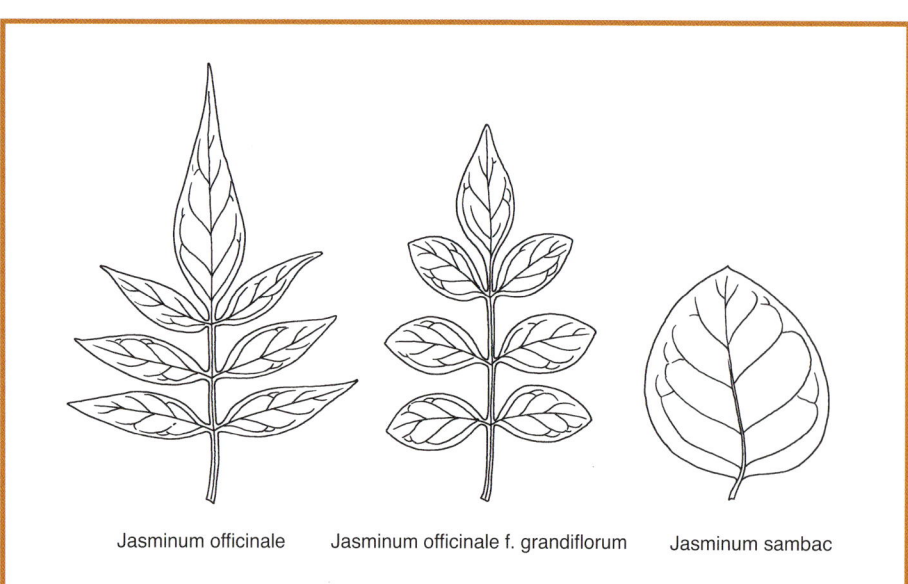

Jasminum officinale   Jasminum officinale f. grandiflorum   Jasminum sambac

Blattformen verschiedener Jasmin-Arten

Jatropha berlandieri, eine aus Mexiko stammende sukkulente Pflanze

manch Interessantes zu bieten hätte. Lohnend wären auch andere in China beheimatete wie *J. polyanthum*, das ebenfalls weiße Blüten, aber rosa Knospen trägt und nicht immer das Laub verliert. Reizvoll wären darüber hinaus *J. officinale* f. *grandiflorum*, das sehr *J. officinale* ähnelt, oder *J. beesianum* mit rosa Blüten. Sie alle werden ähnlich wie *J. officinale* behandelt. Eine Ausnahme macht das immergrüne *J. sambac*, ein weißblühender, kräftig wachsender Strauch, der ganzjährig warm stehen will. Je nach Wachstumsintensität empfiehlt sich gelegentlich ein Rückschnitt, am besten nach der Blüte. Die Blütenbildung von *J. sambac* wird durch Langtage und hohe Lichtintensität zumindest begünstigt.

Licht: Hell, doch vor Prallsonne geschützt.
Temperatur: Luftiger Stand; während der warmen Jahreszeit auch ein geschützter Platz im Garten. Im Winter genügen Temperaturen um 5 bis 10 °C (*J. sambac* 18 bis 22 °C).
Substrat: Humussubstrate wie Nr. 1, 5, 9, 10 oder 17 (s. Seite 39 bis 42); pH um 6.
Feuchtigkeit: Stets mäßig feucht halten; bei kühler Überwinterung mäßig und nur dann gießen, wenn die Erde abgetrocknet ist.
Düngen: Von Frühjahr bis Herbst alle 1 bis 2 Wochen mit Blumendünger gießen.
Umpflanzen: Alle 1 bis 2 Jahre im Frühjahr.
Vermehren: Am besten im späten Frühjahr halbweiche Stecklinge schneiden und bei etwa 20 °C Bodentemperatur und hoher Luftfeuchte bewurzeln. Nach dem Anwachsen stutzen.

Jatropha

Einige Gärtner kamen auf die nicht sinnvolle Idee, *Jatropha podagrica* in Hydrotöpfen anzubieten. Diese sukkulente Pflanze aus der Familie der Wolfsmilchgewächse (Euphorbiaceae) ist zwar für Sukkulentenfreunde recht interessant, aber für die Hydrokultur – zumindest für den mit Sukkulenten nicht vertrauten – kaum geeignet. *Jatropha podagrica* stammt aus Guatemala und Panama und besitzt einen dicken, flaschenförmigen Stamm und drei- bis fünflappige, große Blätter, die während der winterlichen Ruhezeit abgeworfen werden. Die Blütenstände sind reich verzweigt und auffällig rot gefärbt.

Nur selten im Angebot sind andere der rund 170 Arten. Sporadisch findet man *Jatropha multifida*, einen Strauch oder kleinen Baum bis 7 m Höhe aus dem tropischen Amerika. Die Blätter sind handförmig in sieben bis elf Abschnitte geteilt und erreichen bis 30 cm Durchmesser. Obwohl die scharlachroten Blütenstände ganz ansehnlich sind, ist der sparrig wachsende Strauch keine ideale Kübelpflanze. Für den Topf wird er ohnehin zu groß. Alle Arten sind giftig!

Licht: Heller Stand; vor direkter Sonne während der Mittagsstunden geschützt.
Temperatur: Zimmertemperatur oder wärmer; im Winter 10 bis 15 °C, *J. multifida* und *J. berlandieri* mindestens 15 °C.
Substrat: Für *J. podagrica* durchlässige Mischung, wie Nr. 1, 5 oder 9 mit $^1/_3$ Seramis oder Lavagrus, *J. multifida* Nr. 9 oder 17 (s. Seite 39 bis 41); pH 6 bis 7.
Feuchtigkeit: Während des Wachstums milde Feuchte des Substrats; erst nach weitgehendem Abtrocknen gießen. Im Winter *J. podagrica* trocken halten.
Düngen: Von Mai bis September alle 3 Wochen mit Kakteendünger gießen.
Umpflanzen: Alle 1 bis 2 Jahre im Frühjahr oder Sommer.
Vermehren: Von verzweigten Pflanzen lassen sich Stecklinge schneiden und bei mindestens 20 °C Bodentemperatur bewurzeln. Ansonsten durch Samen, der bei 20 bis 22 °C gut keimt, vorausgesetzt, er ist nicht zu alt und wird mit Erde abgedeckt (von *J. podagrica* weiß man, daß sie ein Dunkelkeimer ist).

Jubaea, Honigpalme

In Chile ist die Honigpalme (*Jubaea chilensis*, syn. *J. spectabils*) selten geworden. Viele Jahre wurden die mächtigen, über 25 m hohen Stämme abgeschlagen, um auf diese Weise den süßen »Palmhonig« zu gewinnen, der für einige Monate aus dem Stumpf quoll. Heute steht die Honigpalme unter Schutz.

In Kultur erweist sich diese Fiederpalme als eine empfehlenswerte Art für die Pflege im Kübel oder kühlen Wintergarten. Im mediterranen Raum gedeiht *Jubaea chilensis* im Freien und hat dort selbst Temperaturen von –12 °C überstanden, so daß sie zu Recht als die härteste Fiederpalme gilt. In unserem Klima überwintern wir die Honigpalme hell und luftig bei etwa 5, maximal 10 °C. Von Mai bis Oktober stehen die Pflanzen vorzugsweise an einem sonnigen Platz im Garten. Obwohl *J. chilensis* sehr hoch wird, läßt sie sich lange im Kübel kultivieren, da sie in der Jugend sehr langsam wächst. Die Pflege entspricht ansonsten weitgehend der von *Chamaerops*.

Jubaea chilensis

Justicia, Jakobinie, Zimmerhopfen

Zu den schönsten blühenden Akanthusgewächsen gehören die »Jakobinien« (nach dem früheren Gattungsnamen *Jacobinia*), die heute zur Gattung *Justicia* zählen. Von Zeit zu Zeit findet sich im Angebot *Justicia carnea* (syn. *Jacobinia magnifica*, *J. pohliana*) aus Brasilien. Dort wird sie nahezu 2 m hoch. Als Topfpflanze schneiden wir sie immer wieder zurück oder ziehen jährlich Jungpflanzen nach, die das »Fensterbankformat« nicht überschreiten.

Die gegenständigen, fein behaarten Blätter sind länglich eiförmig und erreichen über 20 cm Länge. Sehr eindrucksvoll ist die endständige Blütenähre mit den grünen Deckblättern und den klebrigbehaarten, fleischfarbenen bis purpurnen Blüten. Leider ist die Haltbarkeit der im Sommer erscheinenden Blüten mit 2 bis 3 Wochen nicht allzu groß. Da die Blütchen auch leicht abfallen, also transportempfindlich sind, haben die Pflanzen trotz ihrer Schönheit nie eine größere Bedeutung erlangen können.

Anders ist es mit *Justicia rizzinii* (syn. *Jacobinia pauciflora*, *Libonia floribunda*).

Justicia carnea

Sie erfreute sich schon vor hundert Jahren als Kalthauspflanze großer Beliebtheit. Im Gegensatz zur wärmeliebenden *J. carnea* läßt sie sich aufgrund ihrer geringen Temperaturansprüche ohne großen Aufwand pflegen. *J. rizzinii* ist ein kleiner, kaum höher als 50 cm werdender, reichverzweigter Strauch, der sich im Winter mit vielen in den Blattachseln einzeln erscheinenden Blütchen schmückt. Die nur gut 2 cm lange röhrige Blüte ist rot, zur Spitze hin gelb

gefärbt. Die niedrigen Temperaturansprüche gestatten einen Sommeraufenthalt im Freien.

Zimmerhopfen oder Spornbüchschen sind Namen für ein aus Mexiko stammendes Akanthusgewächs (Acanthaceae), das erst seit rund 50 Jahren bekannt ist. Als *Beloperone guttata* kennen es die Gärtner. Nachdem die Gattung *Beloperone* mit *Justicia* zusammengefaßt wurde, heißt es nun *Justicia brandegeana* (Bild s. Seite 8/9). Es sind kleine, reichverzweigte Sträucher mit weichen, behaarten Blättern. Am Ende der überhängenden Triebe erscheinen bei hellem Stand nahezu das ganze Jahr über die mehr als 10 cm langen Ähren. Auffällig sind weniger die nicht lange haltbaren weißen Blüten mit den kleinen roten Flecken, sondern die rotbraun gefärbten Deckblätter. Neben der Art gibt es inzwischen einige Auslesen mit noch besser ausgefärbten Deckblättern, auch eine mit gelben. Für eine gute Ausfärbung ist ein heller, nicht zu warmer Stand erforderlich. Ansonsten sind die Pflanzen wenig anspruchsvoll und leicht zu pflegen.

Licht: *J. carnea* hell, jedoch vor direkter Sonne während der lichtreichen Jahreszeit geschützt. *J. rizzinii* verträgt mehr Sonne und hält im Sommer einen vollsonnigen Freilandplatz aus. An schattigen Plätzen verliert sie den hübschen buschigen Wuchs. *J. brandegeana* verlangt leichten Schutz nur vor der intensiven Mittagssonne, sollte aber ganzjährig im Zimmer stehen.

Temperatur: *J. carnea* gedeiht bei Zimmertemperatur bis etwa 25 °C. Im Winter genügen 16 bis 18 °C. *J. rizzinii* steht luftiger und nimmt im Winter mit 10 bis 15 °C vorlieb, *J. brandegeana* mit 12 bis 18 °C.

Substrat: Humussubstrate wie Nr. 1, 5, 9, 10 oder 17 (s. Seite 39 bis 42); pH 5,5 bis 6,5.

Feuchtigkeit: Stets mäßig feucht halten; auch im Winter nicht austrocknen lassen, sonst sind Blüten- und Blattfall die Folge. Im Sommer haben besonders *J. rizzinii* und *J. brandegeana* an sonnigem Platz einen hohen Wasserbedarf. Gegen trockene Luft sind Jakobinien empfindlich. Die Luftfeuchte sollte möglichst nicht unter 60% absinken.

Düngen: Während der Hauptwachstumszeit wöchentlich, ansonsten alle 2 bis 4 Wochen mit Blumendünger gießen.

Umpflanzen: Alle 1 bis 2 Jahre im Frühjahr, *J. pauciflora* nach der Blüte im Januar/Februar.

Vermehren: Kopfstecklinge, die bei *J. rizzinii* nicht zu stark verholzt sein sollten, werden ab Februar/März geschnitten und bei etwa 22 °C Bodentemperatur bewurzelt. *J. carnea* und *J. brandegeana* müssen nach der Bewurzelung mindestens ein- bis zweimal gestutzt werden. *J. rizzinii* verzweigt sich auch von selbst sehr gut.

Besonderheiten: Gärtner behandeln *J. carnea*, *J. brandegeana* und *J. rizzinii* gelegentlich mit Wuchshemmstoffen, um kompakte Pflanzen zu erzielen. Nach einiger Zeit setzt das normale Wachstum wieder ein.

Justicia rizzinii 'Rutilans'

Hybride aus Kalanchoë daigremontiana und K. delagonensis

Kalanchoë,
Flammendes Käthchen, Brutblatt

Eine für den Zimmerpflanzenfreund wichtige Gattung aus der Familie der Dickblattgewächse (Crassulaceae), die rund 125 Arten umfaßt, trägt den Namen *Kalanchoë*. Sie ist vorwiegend in Afrika und auf Madagaskar beheimatet; einige Arten stammen aus Asien. Das Flammende Käthchen (*Kalanchoë blossfeldiana* und von ihr ausgehende Kulturformen) ist eine beliebte Topfpflanze, die jährlich vom Herbst bis zum Frühjahr in verschiedenen Sorten angeboten wird. Neben dem Signalrot gibt es violette und cremeweiße Blütenfarben. Großer Beliebtheit erfreuen sich auch die verschiedenen Brutblattarten, die früher der eigenen Gattung *Bryophyllum* angehörten, heute aber zu *Kalanchoë* zählen. Sie bilden an den Blättern kleine Brutpflanzen, die sich schon dort bewurzeln, später zu Boden fallen und gleich anwachsen. Am verbreitetsten ist *Kalanchoë daigremontiana* mit annähernd dreieckigen Blättern. Zu empfehlen ist auch *Kalanchoë delagonensis* (syn. *K. tubiflora*) mit im Querschnitt fast kreisrundem, braun geflecktem Laub.

Sehr hübsch ist *Kalanchoë tomentosa*, ein kleiner Halbstrauch mit fleischigen, filzigrau behaarten Blättern. Zur Spitze hin ist der Blattrand bräunlich behaart, was der Pflanze auch den Namen »Katzenohren« gegeben hat. Daneben

werden gelegentlich noch weitere sukkulente Arten angeboten, zum Beispiel *K. marmorata*, *K. miniata* oder auch die für die Fensterbank zu gewaltige *K. beharensis*. Sie alle sind recht leicht zu pflegende Topfpflanzen, die nicht naß und im Winter nicht zu warm stehen wollen.

Als »Madagaskarglöckchen« wurde eine Pflanze eingeführt mit fleischigen Blättern und relativ großen glockenförmigen Blüten, die rotviolett gefärbt sind, vier gelbe Zipfel aufweisen und zu mehreren in einem Blütenstand im Frühjahr erscheinen. Es handelt sich um *K. porphyrocalyx*, die leider den Nachteil besitzt, nur mit Hilfe von Hemmstoffen wie Alar 85 kompakt zu wachsen. Im Zimmer empfiehlt es sich, sie jährlich im Sommer aus Stecklingen neu heranzuziehen.

Sehr hübsch sind die in Holland erzielten Hybriden aus *Kalanchoë miniata* und *K. porphyrocalyx* wie 'Wendy' und 'Tessa' mit auffälligen Blütenglöckchen. 'Wendy' bildet kräftigere Stiele und wächst deshalb zunächst aufrecht, während 'Tessa' ähnlich wie die zierliche *K. pumila* eine reizvolle Ampelpflanze ist. Alternativ läßt sich 'Tessa' auf nicht zu starke Stämmchen von *Kalanchoë beharensis* veredeln. Dies verursacht allerdings ein kräftigeres Wachstum und verlangt einen regelmäßigen Rückschnitt.

Licht: Volle Sonne; auch im Winter so hell wie möglich. Für viele *Kalanchoë*-

Arten ist die Dauer der täglichen Belichtung entscheidend für die Blütenbildung. Bei *K. blossfeldiana* und ihren Hybriden darf für rund 1 Monat die Tageslänge 10 Stunden nicht überschreiten; optimal sind 9 Stunden. Auch die Brutblätter verlangen Kurztage, doch müssen zuvor lange Tage über 12 Stunden eingewirkt haben. *K. porphyrocalyx* setzt Blüten an, wenn im Winter für etwa 45 Tage die Tageslänge nicht mehr als 10 Stunden beträgt, wobei die Temperatur etwa bei 14 °C liegen sollte.

Temperatur: Übliche Zimmertemperatur oder wärmer. Im Winter 10 bis 14 °C, *K. blossfeldiana* und ihre Abkömmlinge nicht unter 15 °C.

Substrat: Übliche Fertigsubstrate, bei den stärker sukkulenten Arten mit grobem Sand oder Seramis gemischt; pH 5,5 bis 6,5.

Feuchtigkeit: Mäßig feucht halten. Auch im Winter nicht gänzlich trocken. Winterblüher wie *K. blossfeldiana* unvermindert weitergießen.

Düngen: Während der Wachstumszeit bis einmal wöchentlich mit Kakteendünger gießen; stark sukkulente, langsamwachsende Arten in größeren Zeitabständen.

Umpflanzen: Jährlich von Frühjahr bis Sommer möglich.

Vermehren: Durch Brutpflanzen oder Kopfstecklinge, Arten mit dickfleischigen Blättern auch durch Blattstecklinge, die bei Bodentemperaturen über 20 °C leicht wurzeln. Samen, der nach der Aussaat nicht mit Erde abgedeckt wird, keimt bei 20 bis 25 °C.

Kalanchoë-Hybride 'Tessa'

Kalanchoë blossfeldiana

Kohleria-Hybride 'Princess'

Kohleria

Ein wenig in Vergessenheit geraten sind die Gesneriengewächse der Gattung *Kohleria*. Von der Mitte bis zum Ende des vorigen Jahrhunderts waren sie sehr populär. Und da sie sich wie viele Gesneriengewächse leicht kreuzen lassen, entstanden unzählige Hybriden. Findet man heute Kohlerien, so handelt es sich fast ausschließlich um solche Kulturformen. Die über 50 Arten sind dagegen in unseren Sammlungen rar. Kohlerien haben viel Ähnlichkeit mit dem Schiefteller (*Achimenes*) und Episcien. An Episcien erinnern die Blüten, doch sind sie größer und auf den Kronzipfeln meist sehr schön gezeichnet. Außerdem blühen sie viel reicher. Die grünen Blätter sind wie der Stengel dicht weich behaart. Die Wuchsform ist mit der des Schieftellers zu vergleichen. Die Sprosse wachsen aufrecht, hängen aber bei vielen Sorten leicht über, weshalb sie besonders schön als Ampeln sind.

Als Bewohner von Höhenlagen in Mittel- und Südamerika haben sie keine so hohen Temperaturansprüche wie etwa Episcien. Ihr unterirdischer schuppiger Sproß sieht genau wie bei *Achimenes* wie ein kleiner Fichtenzapfen aus. Als Unterschied zu *Achimenes* ziehen *Kohleria* im Winter nicht ein.

Durch Züchtung entstanden interessante Hybriden mit nahe verwandten Gattungen wie *Gloxinia* und *Smithiantha*. Sie könnten zu wertvollen Topfpflanzen werden, sind aber nur selten im Angebot.

Licht: Hell bis halbschattig; vor direkter Sonne geschützt.
Temperatur: Zimmertemperatur oder wärmer, nachts bis auf 18 °C absinkend. Im Winter kann das Thermometer bis etwa 15 °C fallen. Die Bodentemperatur sollte nicht niedriger als die Lufttemperatur liegen.
Substrat: Humussubstrate wie Nr. 1, 2 oder 5, versuchsweise Nr. 8 (s. Seite 39 und 40); pH um 5,5.
Feuchtigkeit: Mäßig feucht halten. Im Winter machen die Pflanzen eine leichte Ruhezeit durch, während der sie jedoch nicht einziehen dürfen. Wir gießen sie deshalb gelegentlich. Die Luftfeuchte sollte nicht unter 60% absinken.
Düngen: Von Frühjahr bis Herbst alle 2 Wochen mit Blumendünger gießen.
Umpflanzen: Alle 1 bis 2 Jahre am Ende der Ruhezeit im Februar.
Vermehren: Beim Umpflanzen lassen sich die schuppigen Rhizome trennen. Sie treiben in mindestens 20 bis 22 °C warmem Substrat bald aus. Auch Stecklinge – im Sommer geschnitten – lassen sich bei etwa 20 °C Bodentemperatur und feuchter Luft bewurzeln.
Besonderheiten: Am Ende der Ruhezeit im Februar ist ein leichter Rückschnitt möglich.

Lachenalia aloides

Lachenalia

Sieht man gelegentlich einmal Lachenalien, dann kommen sie nahezu immer aus Holland. Dort wird dieses Liliengewächs noch angebaut, während man es bei uns offensichtlich vergessen hat. Vor dem zweiten Weltkrieg war dies noch anders. Lachenalien sind es wert, nicht völlig in der Versenkung zu verschwinden. Die rund 90 Arten dieser Gattung stammen aus dem Süden Afrikas. Sie bilden kleine Zwiebelchen, aus denen die lanzettlichen oder riemenförmigen Blätter sowie der bis 25 cm lange Blütenstiel entspringen. Die Blütentrauben erinnern ein wenig an Hyazinthen, sind aber lockerer besetzt, und es dominieren wärmere Farben. Blütenstiel und auch Blätter sind bei einigen Arten wie *L. bulbifera* braunviolett gefleckt. Diese Art wächst leicht überhängend, empfiehlt sich somit als Ampelpflanze.

Die wichtigste Art ist *L. aloides*, meist noch als *L. tricolor* angeboten. Sie ist ein Elternteil vieler Sorten, die vornehmlich in England, in jüngerer Zeit auch in Holland entstanden. Einen Nachteil weisen Lachenalien auf: Sie wollen kühle Plätze und eignen sich weniger für den geheizten Wohnraum. Außerdem sind sie als Afrikaner »Sonnenanbeter«. Nach einer sommerlichen Ruhezeit beginnt ihr Wachstum im Herbst. Die Blüten erscheinen in den ersten Monaten des Jahres.

Licht: Vollsonnig.
Temperatur: Nach dem Eintopfen im August/September stehen die Pflanzen am besten bis Mitte Oktober an einem luftigen Gartenplatz. Danach kommen sie in einen nur schwach geheizten Raum. Im Winter nachts 8 bis 10 °C, keinesfalls über 12 °C; auch tagsüber nicht viel wärmer. Etwa ab Januar ist mit der Blüte zu rechnen. Wenn im späten Frühjahr oder Sommer die Blätter einzuziehen beginnen, schaden höhere Temperaturen nicht. Zwiebeln nicht zu warm lagern.
Substrat: Lehmhaltige, durchlässige Erde, wie Nr. 1, 9 oder 17 (s. Seite 39 bis 42), auch mit etwas Quarzsand gemischt; pH um 6.
Feuchtigkeit: Während der Wachstumsphase stets mäßig feucht halten. Im Sommer zieht das Laub ein; die Pflanzen werden dann völlig trocken gehalten. Am Ende der Ruhezeit nach dem Eintopfen zunächst vorsichtig mit den Wassergaben beginnen.
Düngen: Vom Blattaustrieb bis zum zeitigen Frühjahr alle 2 Wochen mit Blumen- oder Kakteendünger gießen.
Umpflanzen: Nach dem Einziehen der Blätter oder am Ende der Ruhezeit aus dem Topf nehmen und jeweils 5 bis 8 Stück in einen 10- bis 12-cm-Topf stecken.
Vermehren: Brutzwiebeln beim Umpflanzen abtrennen. Sie blühen meist schon im zweiten Jahr.

Laelia purpurata

Laelia

Die in Mittel- und Südamerika beheimatete Orchideengattung *Laelia* ist weit weniger bekannt als die nahe verwandte Gattung *Cattleya*. Dabei haben sie soviel Ähnlichkeit, daß sie nur der Fachmann zu unterscheiden vermag. Die Pflege der Laelien entspricht auch weitgehend der der populären Cattleyen. Mit Cattleyen und Vertretern einiger anderer Orchideengattungen wurden Laelien gekreuzt, so daß viele Gattungsbastarde existieren.

Von den rund 70 *Laelia*-Arten eignen sich einige für die Pflege im Zimmer, vorausgesetzt, daß die Luftfeuchte nicht allzu niedrig ist, sondern mindestens 60% aufweist. Arten wie *Laelia anceps*, *L. autumnalis* und *L. perrini* blühen im Herbst oder Winter, zu einer Zeit, in der Sproß und Wurzeln das Wachstum eingestellt haben. *L. pumila*, *L. purpurata* und andere blühen dagegen bereits im Sommer, also noch vor Beginn der Ruhezeit. Alle genannten Arten sind einen Versuch auf der Fensterbank wert. Andere wie *L. crispa* und *L. speciosa* brauchen zum guten Gedeihen ein Gewächshaus oder eine Vitrine. Die vielen Hybriden sind recht leicht zu pflegen, doch werden viele zu groß für die Fensterbank.

Licht: Hell, aber keine direkte Sonne.
Temperatur: Während der Wachstumszeit vom Frühjahr bis Herbst Zimmertemperatur bis etwa 25 °C. Während der Ruhezeit bei 18 (tagsüber) bis 14 °C (nachts) aufstellen.
Substrat: Durchlässige Mischung aus groben Bestandteilen (s. Seite 41); pH 5 bis 5,5.

Feuchtigkeit: Mit dem Beginn des Wachstums der Wurzeln stets für milde Feuchte sorgen. Ab Herbst weniger gießen, es aber nicht zum Schrumpfen der Pseudobulben kommen lassen. Kein hartes Wasser. Luftfeuchte mindestens 60%.
Düngen: Im Frühjahr und Sommer alle 2 bis 3 Wochen mit Blumendünger in halber Konzentration gießen; manche Arten vertragen auch normale Dosierung.
Umpflanzen: Mit Beginn der Wurzelbildung im Frühjahr, möglichst in größeren Abständen.
Vermehren: Beim Umtopfen Rückstücke mit mindestens drei Pseudobulben abtrennen.

Lampranthus, Eiskraut

Einige Mittagsblumengewächse sind in den Gärten des Mittelmeerraums weit verbreitet und rufen immer wieder die Bewunderung der Touristen hervor. Neben den großblütigen *Carpobrotus*-Arten, die sich ihrer Größe wegen nicht für die Topfkultur anbieten, sind dies vorwiegend Arten der Gattung *Lampranthus*. Bis heute wurden rund 180 dieser im Süden Afrikas beheimateten Gattung beschrieben, doch mag die tatsächliche Zahl nur 1/3 davon betragen.

Als »Eiskraut« oder »Eisblume« war *Lampranthus conspicuus*, früher *Mesembryanthemum conspicuum*, weit verbreitet. Die im Winter nur mäßig geheizten Räume bekamen dieser Pflanze hervorragend. Daneben wird *Lampranthus conspicuus* für die Balkonbepflanzung angeboten. Dafür ist er gut geeignet, doch lohnt auch die Zimmerkultur. Es sind am Grunde verholzende Pflanzen

Lampranthus conspicuus

Ledebouria socialis

mit sukkulenten, im Querschnitt dreieckigen Blättern. Die dunkelrosa bis
kräftigroten Blüten werden von einer
Vielzahl feiner Strahlen gebildet. Sie öffnen sich nur bei Sonne. Viele in Kultur
verbreitete *Lampranthus* sind Hybriden,
die sich nur schwer einer bestimmten
Art zuordnen lassen.

Licht: Heller, vollsonniger Platz; auch im
Winter viel Licht nötig.
Temperatur: Im Winter kühl halten, etwa
bei 5 bis 15 °C. Während dieser Zeit
führt Nässe häufig zu Wurzelfäule,
besonders dann, wenn die Bodentemperatur unter die Lufttemperatur absinkt.
Im Frühjahr und Sommer übliche Zimmertemperatur. Freilandaufenthalt im
Sommer empfehlenswert.
Substrat: Durchlässige, aber nahrhafte

Erde, zum Beispiel Nr. 1, 9 oder 10
(s. Seite 39 und 40) mit 1/4 Sand;
pH um 6.
Feuchtigkeit: Während des Wachstums
stets für milde Feuchtigkeit sorgen.
Im Freiland während Regenperioden vor
Nässe schützen. Im Winter bei kühlem
Stand vorsichtig gießen, doch Blätter
nicht eintrocknen lassen.
Düngen: Von Mai bis September alle
14 Tage mit Blumendünger gießen.
Umpflanzen: Jährlich im Frühjahr.
Vermehren: Im Spätsommer Stecklinge
schneiden. Noch nicht verholzte, aber
nicht mehr weiche Triebe bewurzeln
leicht in den gebräuchlichen Vermehrungssubstraten wie Torf mit Sand.
Die bewurzelten Stecklinge lassen sich
oft leichter überwintern als die Mutterpflanzen.

Latania

Die drei Fächerpalmen der Gattung
Latania stammen von den Maskarenen
im Indischen Ozean. Von ihnen findet
sich vorwiegend *Latania loddigesii* in
Kultur, eine einstämmig wachsende
Palme von 10 m Höhe mit attraktivem
blaugrünem Laub. Sie ist allerdings sehr
anspruchsvoll und nicht leicht zu pflegen. Sie verlangt ganzjährig Wärme von
mindestens 20 °C, durchlässiges Substrat
mit ständiger Feuchtigkeit und eine nicht
zu geringe Luftfeuchte. Die Pflege entspricht ansonsten der von *Licuala*.

Ledebouria

Eine kleine, aber sehr reizvolle Blattpflanze ist das Liliengewächs *Ledebouria
socialis*, noch bekannter unter dem früheren Namen *Scilla violacea*. Die Pflänzchen werden kaum höher als 15 cm und
besitzen oberirdische Zwiebeln, aus
denen sich die Blätter emporschieben.
Die Zwiebeln sprossen stark, so daß
man bald eine ganze Gruppe zusammen
hat. Die lanzettlichen Blätter sind auffällig gefärbt. Die Oberseite ist grün-silbrig
gefleckt, die Unterseite kräftig violett
oder – bei der früher als *Scilla pauciflora*
geführten Form – grün. Die grünlich-
weißen, in Trauben stehenden Blütchen
fallen nur wenig auf.

Das Bemerkenswerteste an dieser kleinen Blattpflanze ist die Anspruchslosigkeit: *Ledebouria socialis* gedeiht sowohl
im kühlen als auch im warmen Zimmer.
Ob das Thermometer im Winter auf 10
oder 20 °C steht, ist unerheblich. Nur
das Gießen muß darauf abgestimmt sein.
Am beschatteten Fensterplatz verliert
diese südafrikanische Pflanze ihre
Schönheit und wird lang.

Latania loddigesii

Licht: Hell bis sonnig. Sonnenschutz ist in der Regel nicht oder nur während den Mittagsstunden im Sommer erforderlich.
Temperatur: Zimmertemperatur, im Winter bis 10 °C absinkend.
Substrat: Durchlässige Mischungen wie 1/2 Nr. 1, 9 oder 10 (s. Seite 39 bis 41) mit 1/2 Kakteenerde oder ähnliches; pH um 6. Damit keine stauende Nässe aufkommen kann, auch reine Sukkulentensubstrate verwenden.
Feuchtigkeit: Mäßig feucht halten, nie Nässe aufkommen lassen, die besonders bei kühlem Winterstand gefährlich ist. Gelegentliches Austrocknen schadet dagegen nicht.
Düngen: Von Frühjahr bis Herbst alle 4 Wochen mit Kakteendünger gießen.
Umpflanzen: In der Regel jährlich im Frühjahr oder Sommer.
Vermehren: Beim Umtopfen Brutzwiebeln abtrennen.

Leea

Die Familie der Leeagewächse besteht nur aus einer Gattung, *Leea*, mit etwa 70 Arten, die vorwiegend in den tropischen Gebieten Asiens verbreitet sind. Eine Art ist bei uns regelmäßig in Kultur, die als *Leea coccinea* bekannt ist und vorwiegend in Hydrokultur Verwendung findet. Sie ist ein über 2 m hoch werdender, nur wenig verzweigter Strauch mit großen doppelt gefiederten Blättern, die sich aus 5 bis 10 cm langen Fiederblättchen zusammensetzen. Die Blüten sind sehr klein, stehen aber zu vielen in einem

Leea coccinea

Leonotis leonurus

oben flachen Blütenstand. Die Einzelblüte ist zartrosa und nicht sonderlich auffällig. Hübsch ist dagegen der Kontrast zu den intensiv rot gefärbten Knospen. Schon kleine Pflanzen von nur 30 cm Höhe können blühen.

Licht: Heller, aber vor direkter Sonne geschützter Platz.
Temperatur: Zimmertemperatur oder wärmer, im Winter nicht unter 15 °C.
Substrat: Nr. 1, 2, 5 oder 15 (s. Seite 39 und 41); pH 5 bis 6.
Feuchtigkeit: Stets mäßig feucht halten.
Düngen: Von Frühjahr bis Herbst wöchentlich mit Blumendünger in der angegebenen Konzentration gießen, im Winter alle 2 bis 3 Wochen. In Hydrokultur häufiger die Nährlösung wechseln, da sich bei nicht exakter Nährstoffversorgung die Blätter schnell gelb färben.
Umpflanzen: Jährlich im Frühjahr.
Vermehren: Nur mäßig verholzte Stecklinge bewurzeln sich bei Verwendung von Bewurzelungshormonen und hoher Bodentemperatur über 20 °C.
Besonderheiten: Die Pflanzen verzweigen sich auch nach dem Stutzen kaum; deshalb mehrere in einen Topf setzen. Wenn sie zu hoch werden, lassen sie sich bedenkenlos zurückschneiden.

Leonotis, Löwenohr

Vor rund 100 Jahren schrieb Carl Salomon, daß das Löwenohr (*Leonotis leonuris*) zu den »fast verschollenen Pflanzen« gehört, die »vor vielen Jahren in keinem Garten fehlten«. Wiederbelebungsversuche waren nur begrenzt er-

folgreich. Zwar ist es mit Hilfe der Wuchshemmstoffe gelungen, aus dem afrikanischen Strauch, der bis 2 m Höhe erreicht, eine ansehnliche Topfpflanze zu schaffen. Allerdings ist das Löwenohr nichts für geheizte Räume. Aus der Beschreibung Salomons geht hervor, daß man früher *Leonotis* im Garten hielt.

Während der frostfreien Jahreszeit stellen wir das Löwenohr am besten an einen geschützten Platz im Freien. Schwieriger wird es im Winter, wenn ein luftiger, kühler und sonniger Stand nötig ist. Ein Wintergarten ist dann gerade richtig. Seinen Namen hat das Löwenohr von den weich behaarten, lanzettlichen, gegenständigen Blättern. Ab September erscheinen an den Triebspitzen in mehreren Scheinquirlen die orangefarbenen, röhrigen Lippenblüten.

Licht: Vollsonnig. Wenn die Pflanzen ins Freie gestellt werden, müssen wir sie zunächst leicht schattieren und an die Sonne gewöhnen.
Temperatur: Von Mai bis September im Garten. Im Winter etwa 5 bis 10 °C.
Substrat: Vorzugsweise Nr. 9, 10 oder 17 (s. Seite 40 bis 42); pH um 6.
Feuchtigkeit: Stets feucht, doch nicht naß halten. Im Winter sparsamer gießen.
Düngen: Von Frühjahr bis Herbst wöchentlich, im Winter alle 3 bis 4 Wochen mit Blumendünger gießen.
Umpflanzen: Jährlich im Frühjahr.
Vermehren: Im Frühjahr oder Sommer noch nicht zu sehr verholzte Kopfstecklinge schneiden und bei mindestens 22 °C Bodentemperatur bewurzeln. Nach dem Anwachsen stutzen, um eine gute Verzweigung zu erzielen.

Besonderheiten: Die Gärtner gießen Jungpflanzen mit einer Hemmstofflösung, um
das Längenwachstum zu bremsen. Die
Wirkung läßt nach einiger Zeit nach, und
die Pflanzen beginnen wieder, normal zu
wachsen. Bislang ist es noch nicht völlig
geklärt, ob für einen reichen Blütenansatz
Kurztage erforderlich sind und die Pflanzen ähnlich wie *Kalanchoë* verdunkelt
werden müssen.

Leptospermum, Teebaum

Von den rund 70 *Leptospermum*-Arten
haben nur wenige den Weg von Australien zu uns gefunden. Die Sträucher
oder kleinen Bäume erfreuen sich in
ihrer Heimat großer Beliebtheit als Zier-
gehölze. Bei uns taucht in den Blumengeschäften in der Regel nur eine Art im
Frühjahr auf: *Leptospermum scoparium*.
Die Sträucher mit den graugrünen nadel-
artigen Blättern haben sich zu diesem
Zeitpunkt mit weißen, rosafarbenen oder
kräftigroten Blüten reich geschmückt.

Im Grunde sind die Gehölze recht
robust; im Zimmer wird man nur dann
Freude mit ihnen haben, wenn sie sehr
hell und im Winter kühl stehen. Und wie
viele Myrtengewächse (Myrtaceae) verlangt auch *Leptospermum* ein saures
Substrat und sorgfältiges Gießen. Wegen
des lockeren, etwas sparrigen Wuchses
ist während der Anzucht, aber auch bei
größeren Exemplaren ein regelmäßiges
Stutzen und Formieren empfehlenswert.

Licht: Sehr hell, nur im Sommer während
der Mittagsstunden keine direkte Sonne.
Temperatur: Kühl und luftig, im Sommer
am besten im Freien. Im Winter optimal
bei 5 bis 10 °C.

Leuchtenbergia principis

Substrat: Durchlässig und locker, zum
Beispiel Mischungen aus Nr. 1, 2 oder 11
(s. Seite 39 und 40) mit 10% Perlite;
pH 4,5 bis 6.
Feuchtigkeit: Die Erde sollte stets mäßig
feucht sein. Nie stauende Nässe aufkommen, aber auch nicht trocken stehen
lassen. Eine tägliche Kontrolle empfiehlt
sich. Hartes Wasser vorher entkalken.
Düngen: Von März bis September wöchentlich mit Blumendünger in der angegebenen Konzentration gießen, im
Winter je nach Temperatur nur alle 3 bis
4 Wochen.
Umpflanzen: Größere Pflanzen alle 2 bis
3 Jahre – grundsätzlich immer dann,
wenn das Substrat zu verdichten droht.
Beste Zeit ist nach der Blüte.

Vermehren: Im Sommer oder Herbst
geschnittene Stecklinge bewurzeln in
einem Torf-Sand-Gemisch bei etwa
18 bis 20 °C Bodentemperatur und hoher
Luftfeuchte (unter Folie). Nach der Bewurzelung mehrmals stutzen, um eine
gute Verzweigung zu erzielen.
Pflanzenschutz: Werden nur von wenigen
Schädlingen befallen, allerdings können
Schmier- oder Wolläuse sehr lästig werden.
Besonderheiten: Nach der Blüte sollten
die Pflanzen kräftig zurückgeschnitten
und dabei in eine ansprechende Form
gebracht werden. Auch Hochstämmchen
lassen sich heranziehen. Früher formte
man aus dem Strauch sogar Säulen und
Pyramiden.

Leptospermum scoparium

Lewisia-cotyledon-Hybride 'Pinkie'

Leuchtenbergia

Leuchtenbergia principis ist ein eher kurioser als attraktiver Kaktus. Die Pflanzen tragen langgezogene dünne Warzen, die wie Blätter aussehen und ihnen ein agavenähnliches Aussehen verleihen. Da jedoch auf den Spitzen der vermeintlichen Blätter lange papierartige Dornen sitzen, erkennen wir, daß es sich um Warzen handeln muß. Zudem entwickeln sich die gelben, duftenden Blüten aus den Spitzen junger Warzen – auch dazu wären Blätter nicht in der Lage. Mit zunehmendem Alter bildet *Leuchtenbergia* einen bis 50 cm hohen Stamm.

Die Pflanzen verlangen ein mineralisches Substrat (s. Seite 42), werden ansonsten ähnlich wie *Echinofossulocactus* (s. Seite 272) behandelt, stehen im Winter aber völlig trocken.

Lewisia, Bitterwurz

Einige der rund 19 Arten der Bitterwurz aus der Familie der Portulakgewächse sind beliebte Stauden für Steingärten und Alpinenhäuser. *Lewisia-cotyledon*-Hybriden werden gelegentlich auch als Topfpflanze angeboten, was keine gute Idee ist. Zwar sehen die rosettig aufgebauten Pflanzen mit ihren langen, spatelförmigen sukkulenten Blättern und den relativ großen rosa-weiß gezeichneten oder weißen, orange oder zartvioletten Blüten sehr attraktiv aus. Im warmen Zimmer bei eingeschränktem Lichtgenuß ist die Lebenserwartung jedoch gering. Lewisien verlangen einen sonnigen, luftig-kühlen Platz. Und ohne die winterli-

che Kälteeinwirkung ist mit Blüten nicht zu rechnen. Deshalb sind die Stauden – wenn sie nicht im Freien wachsen sollen – am ehesten in einem Alpinenhaus unterzubringen.

Licht: Sehr hell und sonnig.
Temperatur: Luftig und kühl. Im Winter sind für mindestens 4 Wochen Temperaturen zwischen 2 und 10 °C für einen reichen Blütenansatz unerläßlich. Auch nach dieser Kühlperiode empfehlen sich keine Temperaturen über 15 °C. Im Sommer vorzugsweise im Freien.
Substrat: Durchlässige Mischung mit mineralischen Bestandteilen, beispielsweise Nr. 1, 5 oder 9 (Seite 39 und 40) mit 1/3 grobem Quarzsand, Lavagrus oder Seramis; pH 5 bis 6.
Feuchtigkeit: Empfindlich gegen Nässe. Stets vorsichtig gießen, besonders im Winter.
Düngen: Von April bis September alle 2 bis 3 Wochen mit Blumendünger gießen.
Umpflanzen: Etwa alle 2 Jahre am besten nach der Blüte im späten Frühjahr oder Frühsommer.
Vermehren: Sproßstecklinge und auch Blattstecklinge bewurzeln bei etwa 18 °C Bodentemperatur. Samen in feuchtem Sand quellen lassen und für einige Wochen bei etwa 2 bis 5 °C aufbewahren (Kühlschrank). Danach keimt das Saatgut bei 15 bis 18 °C.

Licuala

Wer einen warmen, nicht zu lufttrockenen Raum, ein großes geschlossenes Blumenfenster oder ein Gewächshaus besitzt, sollte es mit der Palme *Licuala grandis* versuchen. Sie ist bislang viel zu wenig bekannt. Dabei hat sie den Vor-

zug, langsam zu wachsen, selbst im Alter kaum über 2 m Höhe zu erreichen. Die Blätter machen sie zu einem Schmuckstück jeder Sammlung: Sie sind sehr groß, bei alten Exemplaren nahezu 1 m im Durchmesser, annähernd rund und, abgesehen von ganz kurzen Einschnitten, ungeteilt. Der schlanke Stamm bildet keine Ausläufer. Ihre Heimat sind die Neuen Hebriden, eine Inselgruppe der Südsee. Andere dieser gut 100 Arten umfassenden Gattung haben bislang als Topfpflanze keine Bedeutung erlangt.

Licht: Sonnig, doch auch leichten Schatten ertragend.
Temperatur: Warm; auch im Winter um 20 °C.
Substrat: Vorzugsweise Nr. 9, 10 oder 17 (s. Seite 40 und 42); pH 6 bis 7.
Feuchtigkeit: Nie austrocknen lassen. Die Pflanzen sollten ständig in einem wassergefüllten Untersetzer stehen. Die Luftfeuchte sollte nicht unter 50% absinken, sondern möglichst höher liegen.
Düngen: Von Frühjahr bis Herbst wöchentlich, im Winter alle 3 bis 4 Wochen mit Blumendünger gießen.
Umpflanzen: In der Regel alle 2 bis 4 Jahre im Frühjahr oder Sommer.
Vermehren: Aus Samen.
Pflanzenschutz: Regelmäßig auf Spinnmilbenbefall kontrollieren; sie sind bei zu trockener Luft besonders lästig.

Liriope

Über die Verwendung der Liliengewächse aus der Gattung *Liriope* ist das Wichtigste bei *Ophiopogon* gesagt. Die Sorten von *Liriope muscari* geben ganz attraktive Topfpflanzen ab mit ihren gelb-grün oder weiß-grün gezeichneten

Licuala grandis

Liriope muscari

Lithops pseudotruncatella ssp. archerae

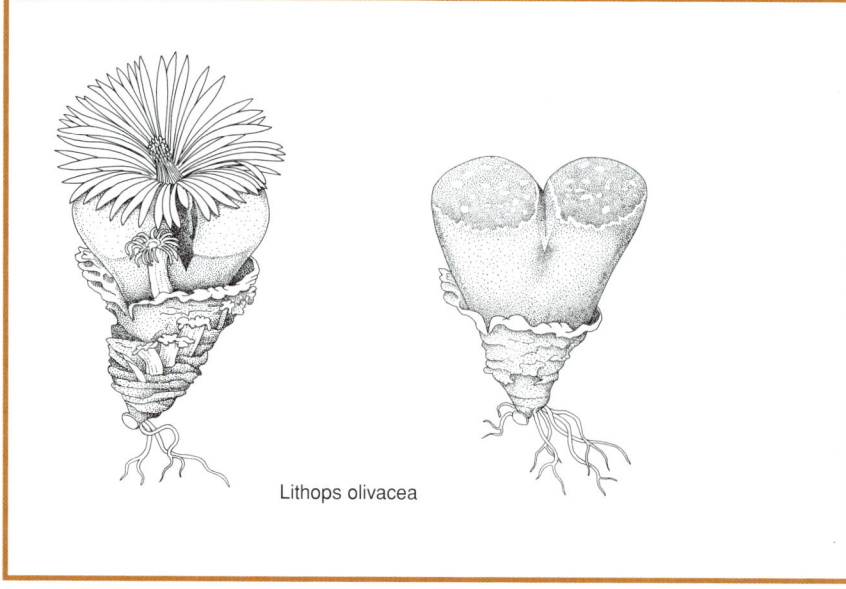

Lithops olivacea

Jährlich bilden die Lebenden Steine neue fleischige Blätter, während die vorjährigen vertrocknen.

Blättern. Hinzu kommt der über das Laub herausragende Blütenstand mit den violetten Blütchen. Neben dieser zweifellos wichtigsten Art findet man noch gelegentlich *Liriope spicata*, die sich im Gegensatz zu *L. muscari* stark durch Ausläufer ausbreitet. Außerdem haben die Blätter einen fein gezähnten Blattrand. Insgesamt rechnet man heute etwa fünf Arten zur Gattung *Liriope*, die in Japan, China und Vietnam zu finden sind.

Besonders *L. spicata* ist auch für geschützte Gartenplätze zu empfehlen. Ansonsten sind *Liriope* wie *Ophiopogon* zu behandeln, nur daß *L. muscari* etwas höhere Temperaturen verträgt.

Lithops, Lebende Steine

Wie die *Fenestraria*-Arten sind die Lebenden Steine ein hervorragendes Beispiel dafür, wie sich Pflanzen ihren Standorten anpassen können. Ihre Körper stecken wie die der Fensterblätter weitgehend im Boden, nur die abgeflachten Blattenden schauen hervor. Farbe und Zeichnung ähneln so sehr dem umgebenden Sand und Gestein, daß sie leicht zu übersehen sind. Die zwei Blätter eines Körpers sind bis auf einen Spalt zusammengewachsen, aus dem sich im Sommer oder Herbst die weiße oder gelbe Blüte hervorschiebt.

Eine besondere Zierde ist die Musterung der abgeflachten Blattenden. Sie dient auch zur Unterscheidung der Arten. Allerdings unterschätzte man früher die Variabilität und kam so zu hundert und

mehr Arten, während man heute weniger als 40 unterscheidet. Die leichte Anzucht aus Samen hat dazu geführt, daß heute *Lithops*-Samen gemeinsam mit Torfquelltöpfen angeboten werden. In diesem Torftöpfchen keimen sie zwar willig, ihre Lebenserwartung ist jedoch nur beschränkt. Torfquelltöpfe sind ein ausgezeichnetes Hilfsmittel zur Pflanzenvermehrung, für hochsukkulente Arten aber nicht zu empfehlen.

Licht: Sonnig bis hell.
Temperatur: Zimmertemperatur oder wärmer. Im Winter um 5 bis 12 °C.
Substrat: Wie *Fenestraria*.

Feuchtigkeit: Ab April vorsichtig mit dem Gießen beginnen und dem Wachstum anpassen. Immer erst dann gießen, wenn die Erde völlig abgetrocknet ist. Im November/Dezember Wassergaben zunächst stufenweise einstellen. Zu hohe Wassergaben führen zum Platzen der Körper. Wird während der winterlichen Ruhezeit gegossen, kommt es zu Fäulnis, oder die Blätter schrumpfen nicht, was sie müssen, um den sich neu bildenden Platz zu machen.
Düngen: Nur während deutlichen Wachstums im späten Frühjahr und Sommer gelegentlich mit Kakteendünger in halber Konzentration gießen.

Livistona australis

Umpflanzen: In größeren Abständen, am besten vor Ende der Ruhezeit. Keine zu kleinen Töpfe verwenden, die aber nicht sehr tief sein müssen.

Vermehren: Aussaat in Torf-Sand-Gemisch; etwa 20 °C Bodentemperatur einhalten. Nur dünn mit Quarzsand abdecken.

Livistona

Nicht allzu oft findet man Palmen aus der Gattung *Livistonia* außerhalb botanischer Gärten. Dabei sind es sehr attraktive Pflanzen für Wintergärten oder auch große, helle Wohnräume, in denen während des Winters nicht allzu sehr geheizt wird. Rund 30 Arten sind aus dem tropischen Asien, Indonesien und Australien bekannt.

Livistona australis finden wir in Kultur am häufigsten. Diese einstämmige Palme erreicht zwar bis 25 m Höhe, doch kann man Sämlinge über einige Jahre hinweg im Zimmer halten. Ihre großen fächerförmigen Blätter sind recht hübsch und können bei alten Exemplaren 2 m im Durchmesser erreichen. In welcher Weise sie sich von den ähnlichen *Chamaerops* und *Trachycarpus* unterscheiden, ist auf Seite 228 beschrieben. *Livistona chinensis*: Bild s. Seite 159.

Als einstämmige, nicht sprossende Palme kann sie nur durch Samen vermehrt werden. Im Winter sind Temperaturen um 10 °C angebracht. Ab Mai stellen wir sie an einen geschützten Platz im Garten, doch sollte sie nicht gleich der prallen Sonne ausgesetzt sein. Ansonsten pflegen wir sie wie die Zwergpalme (*Chamaerops*).

Lobivia

Die Schwierigkeiten der Klassifizierung von Kakteen verdeutlicht die Gattung *Lobivia*. Sie läßt sich bis heute nicht klar von ihren nächsten Verwandten abgrenzen. Deshalb werden, je nach Auffassung, unterschiedliche Namen verwendet und Arten zwischen verschiedenen Gattungen hin- und hergeschoben, Gattungsnamen wie *Trichocereus*, *Lobivia*, *Helianthocereus* und *Pseudolobivia* für ungültig erklärt, später wieder aus der Versenkung geholt. Ob nun die Lobivien besser *Echinopsis* heißen sollten, spielt für den Kakteenfreund keine Rolle. Er muß nur versuchen, sich in dem Wirrwarr zurechtzufinden.

Das Anagramm *Lobivia* macht deutlich, woher die Pflanzen vorwiegend stam-

Lobivia jajoiana

men: aus Bolivien. Lobivien sind kugelige bis zylindrische oder kleine Säulen bildende Kakteen mit sehr unterschiedlichem Aussehen und häufig sehr großen, auffälligen Blüten, die sich am Morgen öffnen (Bild s. Seite 118).

Die Mehrzahl der Pflanzen verlangt einen sonnigen, aber luftig-kühlen Stand, der sich auf der Fensterbank nur schlecht realisieren läßt. Arten mit einer Rübenwurzel, wie *Lobivia chrysantha*, *L. densispina*, *L. famatimensis*, *L. jajoiana*, *L. marsoneri* und *L. sanguiniflora*, sind besonders empfindlich gegen zuviel Nässe.

Vorteilhaft ist es, Lobivien den Sommer über im Freien – mit Regenschutz – zu halten. Der intensive Lichtgenuß und die Temperaturschwankungen zwischen Tag und Nacht kommen ihnen sehr zugute. Dies äußert sich unter anderem in einer schönen, kräftigen Bedornung.

Dichte Rasen aus fingerlangen und -dicken Säulen bildet *Lobivia silvestrii*, besser bekannt als *Chamaecereus silvestrii*, auch als *Echinopsis chamaecereus* bezeichnet. Auf den sechs bis neun Rippen stehen die Areolen so dicht beieinander, daß sie fast ein Band bilden. Dieser reich sprossende, in den Anden Argentiniens beheimatete Kaktus erfreut sich wegen seiner Blühwilligkeit und seiner großen, auffälligen Blüten großer Beliebtheit. Allerdings ist im Frühjahr nur dann mit einem reichen Flor zu rechnen, wenn die Pflanzen im Winter kühl stehen.

Die Züchter haben sich der *L. silvestrii* schon vor einiger Zeit angenommen. Es gibt viele großblumige Auslesen und auch Hybriden. Bei der Auslese stand

viel zu oft nur die Blütengröße im Blickpunkt. Dadurch haben Typen Verbreitung gefunden, die nur schlecht bedornt sind und so empfindliche Wurzeln haben, daß sie gepfropft werden müssen. Durch das Pfropfen auf starkwachsende Unterlagen werden die Sprosse mastig und anfällig gegen Schädlingsbefall.

Nicht verzichten kann man auf die Unterlage bei der chlorophyllfreien Sorte 'Aureus'. Sie ist mehr kurios als schön und wird von Versandfirmen unter dem Phantasienamen »Bananenkaktus« als Besonderheit offeriert.

Wer *L. silvestrii* veredeln will, sollte Unterlagen auswählen, die im Winter die gleichen niedrigen Temperaturen vertragen wie der Pfröpfling, zum Beispiel *Echinopsis*-Arten.

Licht: Vollsonnig. *L. silvestrii* vor Mittagssonne geschützt.

Lobivia silvestrii, besser bekannt als Chamaecereus silvestrii

Lophophora williamsii

Lotus maculatus

Lotus berthelotii

Temperatur: Luftiger Platz mit deutlicher nächtlicher Abkühlung. Im Winter um 5 °C.
Substrat: Übliche Kakteenerde mit einem hohen Anteil grober mineralischer Bestandteile wie Urgesteinsgrus oder Seramis, besonders für Arten mit rübenähnlicher Wurzel; pH um 6.
Feuchtigkeit: Das Wachstum beginnt im Frühjahr, ist im Sommer nur mäßig, am stärksten im Herbst. Entsprechend sind die Wassergaben auszurichten. Kräftig wachsende Pflanzen sind stets mäßig feucht zu halten. Ansonsten immer dann gießen, wenn die Erde abgetrocknet ist. Im Winter etwa ab November völlig trocken halten.

Düngen: Während des Wachstums alle 2 bis 3 Wochen mit Kakteendünger gießen.
Umpflanzen: In der Regel alle 2 Jahre im Winter oder nach der Blüte im Sommer.
Vermehren: Bei sprossenden Arten wie *L. pentlandii* lassen sich kleine »Kügelchen« abtrennen. Ansonsten im späten Frühjahr Samen aussäen, der – ohne mit Erde abgedeckt zu werden – bei 20 bis 25 °C keimt.
Pflanzenschutz: *L. silvestrii* wird bei zu warmem Stand häufig von Spinnmilben befallen. Luftigen Platz wählen.

Lophophora, Schnapskopfkaktus

Der Schnapskopf (*Lophophora williamsii*), von den Indianern Peyote oder Peyotl genannt, ist nicht gerade der attraktivste Kaktus mit seinem weichfleischigen, flachen, nicht mit Dornen, sondern nur mit feinen Härchen besetzten Körper. Auch die weißen bis rosafarbenen Blüten sind im Vergleich zu anderen Kakteen klein.

Was ihn so interessant macht, daß er immer wieder gepflegt wird, sind seine Inhaltsstoffe: Wie der Name Schnapskopf schon andeutet, enthält *Lophophora* berauschende Substanzen, vornehmlich das Mescalin, das ähnlich wie LSD wirkt. Die Indianer Mexikos wußten diese Droge zu nutzen. Sie trennten den flachen Körper von der Rübenwurzel ab, aus der sich der Kaktus regenerieren kann. Wer bei uns auf die haluzinogene Wirkung der Pflanze spekuliert, wird enttäuscht, denn die Konzentration der Wirkstoffe ist in unseren lichtarmen Breiten nur gering.

Licht: Vollsonnig.
Temperatur: Warmer, luftiger Platz; im Winter um 10 °C.
Substrat: Kakteenerde mit vielen groben mineralischen Bestandteilen wie Lava- oder Urgesteinsgrus.

Feuchtigkeit: Immer erst gießen, wenn die Erde völlig abgetrocknet ist. Im Winter ganz trocken halten.
Düngen: Bei deutlichem Wachstum alle 2 bis 3 Wochen mit Kakteendünger gießen.
Umpflanzen: Alle 2 bis 3 Jahre im Frühjahr oder Sommer.
Vermehren: Durch Aussaat, soweit Samen erhältlich ist. In der Regel beginnen erst ältere Pflanzen zu sprossen, so daß die Anzucht aus Kindeln unergiebig ist. Außerdem lassen sich die Kindel nicht leicht abtrennen.

Lotus, Hornklee

Die beiden kanarischen Hornkleearten *Lotus berthelotii* und *L. maculatus* aus der Familie der Leguminosen oder Papilionaceae zählen zu den prächtigsten Ampelpflanzen. Ihre meterlangen Triebe mit dem feinen graugrünen Laub schmücken sich im späten Frühjahr und Sommer über und über mit roten beziehungsweise orangegelben Blüten. *L. berthelotii* ist an den nadelartig feinen Blättern und den scharlachroten Blüten leicht zu identifizieren. Erst 1970 wurde *L. maculatus* entdeckt und zunächst fälschlich als Sorte ('Gold Flash') gehandelt. Seine goldgelben Blüten gehen an den Spitzen in Rot über. Aus beiden entstanden Hybriden mit intermediären Merkmalen.

Die prächtigen *Lotus* werden vorrangig als Schmuckstücke für den Balkon und die sommerliche Blumenampel angeboten. Viel schöner noch sind sie in einem luftigen Kalthaus oder Wintergarten. In warmen Wohnräumen halten sie auf Dauer nicht aus und setzen auch im folgenden Jahr keine Blüten an.

Licht: Sehr hell und sonnig.
Temperatur: Luftiger Stand. Im Winter mindestens 4 Wochen bei 6 bis 12 °C

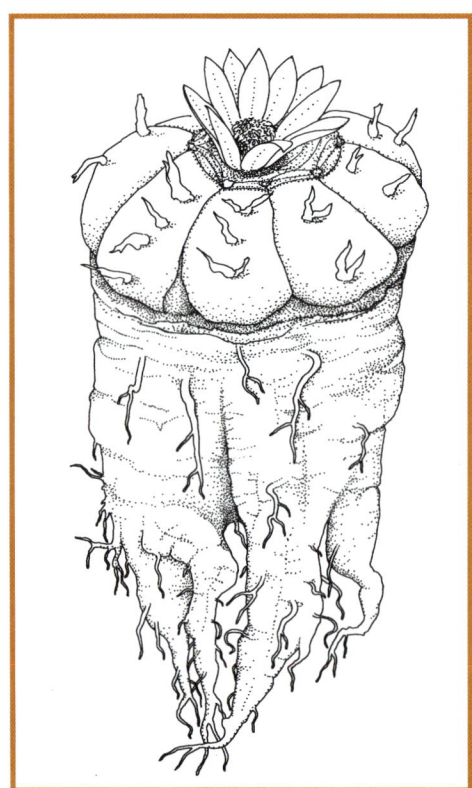

Lophophora williamsii, der Schnapskopfkaktus

halten, sonst setzen die Pflanzen keine Blüten an. Danach kann die Temperatur wieder ansteigen.

Substrat: Übliche Humussubstrate wie Nr. 1, 5, 9 oder 17 (Seite 39 bis 42); pH um 6.

Feuchtigkeit: Stets mäßig feucht halten. Trockenheit führt zu gelben Blättern und Blattfall. Auch Nässe wird schlecht vertragen, deshalb – besonders im Winter – sorgfältig gießen.

Düngen: Von Frühjahr bis Herbst wöchentlich mit Blumendünger gießen.

Umpflanzen: Jährlich im Herbst oder zeitigen Frühjahr.

Vermehren: Im späten Sommer oder Herbst geschnittene Stecklinge wurzeln bei etwa 20 bis 25 °C. Nach dem Anwachsen ein- bis zweimal stutzen.

Besonderheiten: Rückschnitt der langen Ranken zur Verjüngung am besten im frühen Herbst.

Ludisia, Blutstendel

Jährlich im Frühjahr bietet der Blumenhandel kleine Orchideen an, die der Pflanzenfreund meist nicht als Mitglied dieser großen Familie identifiziert. Die bis 25 cm hohen Pflanzen mit dem Namen *Ludisia discolor* (syn. *Haemaria discolor*) tragen samtig-grünschwarze, elliptische Blätter mit einer auffälligen silbrigen oder rötlichen Aderung. Endständig erscheint die Blütentraube mit den rötlichen Hochblättern und den zahlreichen weißen, duftenden Blütchen. Die Pflanzen, die das ganze Jahr keine Ruhezeit be-

Ludisia discolor

nötigen, können sogar mehrmals blühen. Die Pflege erfordert neben einem geeigneten Platz Sorgfalt und ein wenig Erfahrung.

Licht: Hell, aber mit Ausnahme der Morgen- und Abendstunden keine direkte Sonne.

Temperatur: Zimmertemperatur, auch im Winter nicht unter 20 °C.

Substrat: Üblicher Orchideenpflanzstoff (Nr. 13, s. Seite 41), der gut durchlässig sein sollte, auch Mischungen mit Holzfasern (Nr. 8).

Feuchtigkeit: Nie austrocknen lassen, aber auch stauende Nässe ist für den Blutstendel tödlich. Hohe Luftfeuchte ist erforderlich.

Düngen: Von Frühjahr bis Herbst etwa alle drei bis vier Wochen mit Blumendünger in halber Konzentration gießen.

Umpflanzen: Etwa alle zwei Jahre nach der Blüte im Frühjahr.

Vermehren: Die Orchideen bilden mit ihren langen Rhizomen im Laufe der Zeit Gruppen, die man beim Umpflanzen teilen kann.

Lycaste

Die Arten der nach der Tochter des Königs Priamus benannten Gattung *Lycaste* gehören zu den recht leicht zu pflegenden Orchideen, wenn ihre Forderung nach luftigem, kühlem Stand erfüllt werden kann. Da aber beginnen in üblichen Wohnräumen die Probleme. Viele der rund 35 *Lycaste*-Arten kommen in Lagen zwischen 1000 und 2000 m in Mittel- und Südamerika vor. In dieser Höhe ist es nicht so heiß, wie man es gemeinhin in diesem Teil der Erde erwartet.

Die verbreiteten Arten wie *Lycaste aromatica*, *L. cruenta* und *L. skinneri* (syn. *L. virginalis*) besitzen annähernd eiförmige Pseudobulben mit zwei bis drei Blättern, die zur Ruhezeit im Winter abgeworfen werden. Von ihnen hat *L. skinneri* die größten Blüten; sie sind bis 12 cm breit und zartpurpur gefärbt mit dunklerer Lippe. Um die Hälfte kleiner sind die gelben Blüten der beiden anderen Arten, die sich ihrerseits gut aufgrund der orangerot gezeichneten Lippe von *L. cruenta* unterscheiden lassen. 30 und mehr Blüten sind bei *L. aromatica* keine Seltenheit, und solche blühenden Pflanzen verströmen einen betörend starken zimtartigen Duft.

Licht: Hell, aber vor direkter Sonne geschützt.

Temperatur: Stets luftiger Stand mit Temperaturen, die auch im Sommer möglichst nicht über 25 °C ansteigen sollten. Im Winter genügen tagsüber 15, nachts 12 °C. Sommeraufenthalt im Freien ist an einem halbschattigen Platz empfehlenswert, wenn vor übermäßigen Niederschlägen und sehr kühlen Nächten Schutz geboten wird.

Substrat: Übliche Orchideenerde (Nr. 13, s. Seite 41); pH 5 bis 5,5. Wird – wie gelegentlich empfohlen – Lauberde beigemischt, so muß vorsichtiger gegossen und auf häufigeres Umpflanzen geachtet werden. Gute Dränage auf dem Topfgrund.

Feuchtigkeit: Mit Wachstumsbeginn im Frühjahr stets für milde Feuchte sorgen. Etwa ab Oktober trockener halten. In der Regel zeigt der Blattabwurf die richtige Zeit an. *L. aromatica* hält man im Januar etwa 2 bis 3 Wochen ganz trocken, wenn die Luftfeuchte hoch genug ist. Bei allen *Lycaste*-Arten sollte sie 70%, besser mehr betragen. Besprühen in den frühen Morgenstunden kann günstig sein. Kein hartes Wasser verwenden.

Düngen: Während des Wachstums alle 2 Wochen, bei Verwendung von Lauberde alle 3 Wochen mit Blumendünger in halber Konzentration gießen.

Umpflanzen: In der Regel alle 2 bis 3 Jahre, am besten nach Abschluß der Blütezeit. Flache Schalen oder Körbchen verwenden.

Vermehren: Beim Umtopfen unbeblätterte Rückbulben abtrennen, dabei die Wurzeln weitgehend schonen.

Lycaste cruenta

Lygodium
japonicum

Lygodium, Kletterfarn

Ein Farn als Kletterpflanze ist schon etwas Ungewöhnliches. Die Gattung *Lygodium* hat davon gleich mehrere parat. Allerdings gehören die rund 40 Arten aus der Familie der Spaltastfarne oder Schizaeaceae nicht zum Standardsortiment der Topfpflanzengärtner. Lediglich *Lygodium japonicum* taucht immer wieder einmal in den Blumengeschäften auf. Wer Farne mag und das Besondere schätzt, sollte dann gleich zugreifen.

Lygodium japonicum stammt aus Japan und China, wurde aber schon vor Jahren im Südosten der USA als Unkraut eingeschleppt. Es wächst dort im Saum der Wälder, dringt aber auch in Kokos- und Bananenplantagen ein und kann dort lästig werden. Mit seinen bis 4 m langen, windenden Blattspindeln, die einem kurzen Rhizom entspringen, klettert es in Sträucher und Bäume. Auf der Blattspindel stehen wechselständig »Seitentriebe«, die sich nochmals teilen und drei bis fünf Fiederblätter tragen.

Fertile Fiedern bleiben etwas kleiner und sind an den randständigen, langen Sporenlagern leicht zu erkennen.

Der ungewöhnliche Farn verlangt ein haltbares Klettergerüst und einen nicht

zu kleinen Topf, damit er lange ungestört bleiben kann. Ein idealer Platz ist der Wintergarten.

Licht: Hell, aber mit Ausnahme der frühen Morgen- und Abendstunden ohne direkte Sonne.
Temperatur: Luftiger Stand bei Zimmertemperatur oder kühler. Im Winter genügen etwa 10 °C.
Substrat: Durchlässiges, gut durchlüftetes Substrat, beispielsweise Nr. 1, 2, 5 (s. Seite 39), dem Perlite und Kokosfasern oder ein Orchideenpflanzstoff beigemischt wurde; pH etwa 5 bis 6.
Feuchtigkeit: Stets mäßig feucht halten. Nie für längere Zeit austrocknen lassen. Stehende Nässe ist ebenfalls sehr schädlich.
Düngen: Von Frühjahr bis Herbst alle 2 bis 3 Wochen mit Blumendünger in halber Konzentration gießen.
Umpflanzen: Nur in größeren Abständen, wenn das Substrat nicht mehr gut durchlüftet ist oder einen zu hohen Salzgehalt aufweist. Nur Jungpflanzen häufiger.
Vermehren: Sporen aussäen.
Pflanzenschutz: Schmier- oder Wolläuse können lästig werden; die Tiere lassen sich nur sehr schwer bekämpfen, ohne den Farn zu schädigen.

Lysimachia, Pfennigkraut

Einheimische Pflanzen sind in der Zimmerkultur selten. Man muß vorsichtig mit Empfehlungen sein, denn mancher Pflanzenfreund ist enttäuscht, wenn sein Pflegling nicht zu jeder Jahreszeit gleich schön

aussieht. Trotz allem sei hier das Pfennigkraut (*Lysimachia nummularia*) genannt. Es ist ein Primelgewächs, das mit dünnen Stengeln flach über den Boden kriecht. Die kleinen, gegenständigen Blättchen sind nur kurz gestielt und rundlich bis eiförmig. Ab Mai schmückt sich das Pfennigkraut mit kleinen dottergelben Blüten.

Wir finden das Pfennigkraut an Gräben, Ufern, in feuchten Wiesen und Feldern. Dies kennzeichnet die Verwendung: *Lysimachia nummularia* ist eine ideale Pflanze für Sumpfgärtchen im kühlen Zimmer. Dort, wo sie wächst, ist immer hohe Feuchtigkeit. Ansonsten sind die Ansprüche gering. Eine kühle Überwinterung ist aber unumgänglich. Selbst während des Winters verliert das Pfennigkraut sein Laub nicht, es sei denn, man setzt es Frosttemperaturen aus.

Licht: Halbschattig bis hell, doch keine direkte Sonne.
Temperatur: Luftiger Stand; im Winter möglichst nicht über 5 bis 8 °C.
Substrat: Keine besonderen Ansprüche; wächst in jeder Erde.
Feuchtigkeit: Stets feuchte Erde erforderlich. Das Substrat darf nie austrocknen.
Düngen: Von Frühjahr bis Herbst alle 2 bis 4 Wochen mit Blumendünger gießen.
Umpflanzen: In der Regel nur bei der Neugestaltung des Sumpfgärtchens erforderlich.
Vermehren: Die langen Stiele lassen sich im Frühjahr oder Sommer abtrennen und wurzeln leicht in stets feuchter Erde.
Besonderheiten: In Gegenden mit hoher Luftfeuchte ist *Lysimachia* auch einen Versuch als Balkon- oder Trogpflanze wert.

Lysimachia nummularia

Malvaviscus arboreus var. mexicanus

Licht: Hell und sonnig, auch im Winter. Bei zu dunklem und zu kühlem Stand erfolgt kein guter Blütenansatz.
Temperatur: Während der warmen Jahreszeit stets über 18, besser 20 °C; kann auch im Freien an einem günstigen Platz, beispielsweise vor einer Mauer, stehen. Im Winter 10 bis 15 °C.
Substrat: Übliche Blumenerde wie Nr. 1, 2, 5, 6, 9 oder 17 (s. Seite 39 bis 42); pH 5,5 bis 6,5.
Feuchtigkeit: Im Sommer hoher Wasserbedarf; im Winter dem reduzierten Verbrauch entsprechend weniger gießen.
Düngen: Von April bis Oktober zweimal pro Woche mit Blumendünger gießen, im Winter nur alle 2 bis 3 Wochen.
Umpflanzen: Alle 1 bis 2 Jahre im Frühjahr.
Vermehren: Nicht zu harte Stecklinge bewurzeln bei Bodentemperaturen um 25 °C und hoher Luftfeuchte. Zur besseren Verzweigung mehrmals stutzen.
Pflanzenschutz: Empfindlich gegen Befall mit Weißer Fliege und Spinnmilben.
Besonderheiten: Gärtner behandeln *Malvaviscus arboreus* meist mit Wuchshemmstoffen. Deren Wirkung läßt nach einiger Zeit nach, und das normale Wachstum setzt ein.

Mammillaria

Gäbe es nur diese Gattung, Kakteen wären kaum weniger populär geworden. Bei einer Fülle von über 200 Arten ist dies verständlich. Von Kalifornien bis Kolumbien einschließlich der Mittelamerika vorgelagerten Inseln erstreckt sich ihr Verbreitungsgebiet mit Schwerpunkt in Mexiko. Ein Merkmal gab diesen Pflanzen ihren Namen: Die Rippen sind in einzelne Wärzchen = Mamillen aufgelöst. Bei der Erstbeschreibung rutschte fälschlich ein drittes »m« in den Namen, so daß wir heute bei *Mammillaria* bleiben müssen.

Maihuenia poeppigii

Maihuenia

Maihuenia poeppigii ist ein außergewöhnlicher Kaktus. Er entwickelt 5 bis 7 cm lange, rundliche Sproßglieder ähnlich einer Opuntie, auf denen dauerhaft die bis 1 cm langen, pfriemlichen sukkulenten Blättchen sitzen. Zwischen dem Blättergewirr sprießen die bis 2 cm langen, kräftigen Mitteldornen hervor. Die blaßgelben Blüten sind ein eher bescheidener Schmuck.

Obwohl noch nicht allzu weit verbreitet – was auf das langsame Wachstum zurückzuführen ist –, steigt die Popularität. Der Grund dafür ist, daß *M. poeppigii* einer der wenigen bei uns winterharten Kakteen ist. Voraussetzung ist allerdings ein vor winterlichen Niederschlägen geschützter Platz mit steinig-durchlässigem Boden. Besser steht er in einem ungeheizten oder kühlen Quartier, wie Alpinenhaus oder Wintergarten.

Die Pflanzen bevorzugen im Sommer keine direkte Sonne. Die Pflege entspricht weitgehend der von *Echinocereus*.

Malvaviscus, Beerenmalve

Der Gattungsname dieses Malvengewächses ist aus den Begriffen *Malvus* und *Hibiscus* entstanden. Die Ähnlichkeit mit diesen beiden Gattungen ist auch nicht zu übersehen. *Malvaviscus arboreus*, die einzige der drei Arten, die regelmäßig in Kultur zu finden ist, sieht bei oberflächlicher Betrachtung aus wie ein abgeblühter Roseneibisch (*Hibiscus rosa-sinensis*). Abgeblüht deshalb, weil die gedrehten Blütenblätter in dieser Haltung verharren und sich nicht öffnen. Nur die Säule ragt aus der Röhre hervor. Damit sind die Blüten zwar unauffälliger als eine voll entfaltete *Hibiscus*-Blüte, aber das intensive Rot sorgt doch dafür, daß sie nicht zu übersehen sind. Der Strauch wächst kräftiger als der Roseneibisch und erreicht in seiner Heimat in Mittel- und Südamerika eine Höhe von 4 m. Dieses intensive Wachstum führt rasch zu sparrigen, wenig attraktiven Gestalten, so daß es sich empfiehlt, durch Stecklinge regelmäßig für Jungpflanzen zu sorgen.

Mammillaria zeilmanniana

Mammillarien hätten nicht diese Beliebtheit erreicht, wenn sie nicht schön und leicht zu pflegen wären. Sie werden nicht allzu groß, so daß man auch auf beschränktem Raum eine stattliche Sammlung aufbauen kann. Die Pflanzenkörper sind meist kugelrund, bei manchen Arten auch zu kleinen Säulen verlängert. Die Dornen geben wichtige Hinweise auf die Pflege: Sind die Körper nur unvollkommen mit Dornen bedeckt, so daß viel von der grünen Oberhaut zu sehen ist, dann schätzen die Pflanzen keine direkte Sonneneinstrahlung, vor allem nicht während der Mittagsstunden. Pflanzen, die mit einem dichten Dornen- oder Wollkleid bedeckt sind, wollen dagegen in der vollen Sonne stehen. Diese dicht und oft sehr schön

Mammillaria perbella

regelmäßig bedornten Mammillarien sind auch im nichtblühenden Zustand reizvoll.

Die Blüten der Mammillarien sind nicht allzu groß, erscheinen aber in reicher Zahl in einem Kranz rings um die Pflanze. Sie entstehen nicht auf den Areolen, sondern in den Axillen genannten Furchen zwischen den Wärzchen.

Es gibt einige Arten, die nur wenige, aber große Blüten ausbilden. Dies ist in der Regel ein Indiz dafür, daß es sich um etwas empfindlichere, wärmebedürftige Arten handelt. Ein Beispiel dafür ist *M. guelzowiana* mit ihren bis zu 80 Randdornen je Areole. Die Herkunft der Pflanzen gibt uns ähnliche Hinweise. Als wärmebedürftig gelten Mammillarien aus Niederkalifornien, zum Beispiel *M. armillata*, *M. baxteriana* (syn. *M. dawsonii*), *M. goodridgei*, *M. louisae* und *M. schumannii*, sowie aus der Sonora-Wüste, wie *M. boolii*, *M. goldii* und *M. milleri* (syn. *M. microcarpa*). Anspruchsvoll sind auch Mammillarien mit kammartiger Bedornung wie *M. pectinifera*. Doch diese Pflanzen sind nur in Sammlungen und Spezialitätenbetrieben, nicht aber im Blumeneinzelhandel vertreten. Die dort erhältlichen Mammillarien zählen stets zu den robusten.

Blühende Mammillarien kann man nahezu das ganze Jahr über haben. Die meisten blühen vom Frühjahr bis zum Herbst, aber noch im Winter öffnen einzelne ihre Blüten. Solche Pflanzen sollte man nicht völlig trocken halten,

obwohl ihnen das offensichtlich nicht schadet.

Die verbreitetste Art, *M. zeilmanniana*, blüht nahezu pünktlich zum Muttertag, was ihr den Namen Muttertagskaktus eingetragen hat. Während die Blüten bald vergehen, halten die Früchte mancher Arten wie *M. parkinsonii* und *M. prolifera* lange an der Pflanze und wirken sehr zierend.

Eine Besonderheit der Mammillarien sei noch erwähnt: Der kugelige Körper einiger Arten, wie *M. crucigera*, *M. parkinsonii*, *M. perbella*, *M. pseudoperbella* und *M. rhodantha*, beginnt sich plötzlich am Scheitel zu teilen. Die Pflanze wächst fortan mit zwei »Köpfen« und kann sich sogar noch weiter teilen. Man spricht von einem dichotomen Wuchs. Dies ist keine krankhafte Entwicklung, sondern die Normalität bei diesen Arten.

Licht: Dicht bedornte und wollige Mammillarien vollsonnig, die »grünen« bei intensiver Einstrahlung leicht schattieren. Der helle, sonnige Winterstand hat wesentlichen Einfluß auf die Blühwilligkeit der Frühjahrsblüher wie *M. bombycina*, ist weniger wichtig bei Sommer- und Herbstblühern wie *M. albicans*, *M. polythele* (syn. *M. hidalgensis*, *M. obconella*) und *M. rhodantha*.
Temperatur: Warmer aber luftiger Stand. Im Winter 8 bis 12 °C, wärmebedürftige Arten um 15 °C.
Substrat: Übliche Kakteenerde mit hohem mineralischen Anteil besonders für die Rübenwurzler wie *M. napina*, *M. pennispinosa*, *M. schiedeana* und *M. theresae*; pH um 6.
Feuchtigkeit: Während des Wachstums, in der Regel von März/April bis September/Oktober, mäßig feucht halten. Dicht bedornte und wollige Arten sind in der Regel sparsamer zu gießen, zumal sie oft im Sommer eine Wachstumsruhe einlegen. Im Winter völlig trocken halten mit Ausnahme der Pflanzen, die zu blühen beginnen. Diese nur wenig gießen.
Umpflanzen: In der Regel alle 2 Jahre im Winter, Frühjahr oder Sommer, jedoch nicht während der Blüte.
Vermehren: Sprossende Arten wie *M. zeilmanniana* lassen sich leicht durch Kindel vermehren. Bei den anderen Aussaat (20 bis 25 °C), soweit Samen erhältlich. Eine Besonderheit gibt es bei den Arten mit großen, langen Mamillen wie *M. longimamma*. Die einzelnen Warzen können mit einer Rasierklinge oder einem scharfen Messer abgetrennt und nach dem Antrocknen der Schnittfläche bei Bodentemperaturen über 20 °C bewurzelt werden. Empfindliche Arten wie *M. theresae* werden häufig gepfropft.

Mandevilla, »Dipladenie«

Früher waren diese Pflanzen unter dem Namen *Dipladenia* verbreitet, doch rechnet man sie heute zur Gattung *Mandevilla*. Sie gehören zu den Hundsgiftgewächsen (Apocynaceae). Die Gattung umfaßt rund 120 im tropischen Amerika beheimatete Arten. Die Herkunft läßt schon vermuten, daß es keine unproblematischen Zimmerpflanzen sind. Sie stellen hohe Ansprüche beson-ders an die Luftfeuchtigkeit, so daß sie nur für das geschlossene Blumenfenster, die Vitrine oder das Kleingewächshaus zu empfehlen sind.

Im Zimmer kann man sich nur kurz an blühend erworbenen Pflanzen erfreuen. Ein weiteres kommt hinzu: Alle kultivierten Arten und Sorten sind Lianen, die recht lange Triebe entwickeln und ein stattliches Klettergerüst beanspruchen. Die Gärtner behandeln die Pflanzen mit Hemmstoffen, um das Längenwachstum zu bremsen. Die Wirkung läßt aber nach einem halben bis dreiviertel Jahr nach.

Am häufigsten angeboten wird *Mandevilla sanderi* 'Rosea', ein hübscher Schlinger mit hell- oder dunkelrosa Blüten (es gibt zwei Typen), die um 8 cm Durchmesser erreichen, einen gelben Schlund aufweisen und in einer kurzen Traube stehen. Daneben findet man gelegentlich andere Sorten oder Hybriden wie *M. × amabilis* und *M × amoena*, die derberes Laub tragen und in verschiedenen Rosatönen bis zum hellen Karmin blühen.

Mandevilla x amabilis

Mit weißen Blüten warten *M. boliviensis* und *M. laxa* auf. Letztgenannte ist besonders robust und hält – entsprechend abgehärtet – Temperaturen bis etwa –5 °C aus. Deshalb ist sie in milden Gegenden der Schweiz und in Südeuropa eine geschätzte Gartenpflanze.

Licht: Alle wollen einen hellen, aber vor direkter Sonne geschützten Platz.
Temperatur: Sie gedeihen bei üblicher Zimmertemperatur um 21 °C. Im Winter ist eine geringere Wärme zwischen 13 und 18 °C angebracht. Die niedrige Temperatur empfiehlt sich nur, wenn die Bodentemperatur gleich hoch, besser um etwa 2 °C höher liegt. Der sommerliche Aufenthalt im Freien hat in kühl-feuchten Jahren Ausfälle zur Folge.
Substrat: Humusreiche Substrate wie Nr. 1, 2 und 5, zur pH-Absenkung ggf. gemischt mit Azaleenerde (Nr. 11, s. Seite 39 und 41). Wichtig ist eine saure Bodenreaktion zwischen pH 4 und 5,5.
Feuchtigkeit: Während des Wachstums kontinuierlich für Feuchtigkeit, jedoch nicht für Nässe sorgen. Im Winter weniger gießen, aber nie völlig austrocknen lassen. Hohe Luftfeuchte zwischen 60 und 70% ist wichtig.
Düngen: Von März bis September/Oktober alle 2 Wochen mit Blumendünger gießen.
Umpflanzen: Alle 1 bis 2 Jahre im Frühjahr.
Vermehren: Noch nicht verholzte Stecklinge mit mindestens einem Blattpaar schneiden und bei 22, besser 25 °C Bodentemperatur und »gespannter« Luft bewurzeln.

Manettia luteorubra

Mandevilla sanderi 'Rosea'

Besonderheiten: Lianen am Ende der Ruhezeit zurückschneiden. Um das Längenwachstum zu bremsen, verwenden die Gärtner Wuchshemmstoffe. Aus dem warmen, feuchten Gewächshaus kommende Pflanzen gewöhnen sich nur schwer an die Bedingungen in einem üblichen Wohnraum. Die Freude an solchen Pflanzen währt meist nur kurz.

Manettia

Die Manettie ist eine altbekannte Topfpflanze, dennoch nicht häufig anzutreffen. Von den rund 80 Arten aus der Familie der Krappgewächse (Rubiaceae) ist bei uns meist nur eine in Kultur: *Manettia luteorubra* (syn. *Manettia bicolor, M. inflata*). Die zuerst strauchig wachsenden, dann kletternden Pflanzen aus Südamerika zieren sich mit auffälligen achselständigen Blüten mit einer roten, an der Spitze gelben, langgezogenen Blütenröhre. Dieser Kontrast zwischen dem kräftigen Rot und dem leuchtenden Gelb, dazu die frisch-grünen Blätter, machen den Reiz dieser Pflanzen aus.

Ihre Kultur ist nicht einfach, der Erfolg von einem geeigneten Standort abhängig.

Der warme Wintergarten oder ein Gewächshaus sind vorteilhaft.

Licht: Hell, aber vor direkter Sonne geschützt. Für eine reiche Blütenbildung sind Kurztage von etwa 8 Stunden förderlich.
Temperatur: Stets luftiger Stand mit Zimmertemperatur oder wärmer; im Winter nicht unter 15 bis 18 °C. Ausreichende Belüftung behindert den Schädlingsbefall.
Substrat: Nr. 1, 5, 6, 10 oder 15 (s. Seite 39 bis 41), gegebenenfalls mit Azaleenerde (Nr. 11) gemischt, um die gewünschte Bodenreaktion zu erzielen, die zwischen pH 5 und 5,5 liegen sollte.
Feuchtigkeit: Stets mäßig feucht halten. Große Pflanzen haben während der Sommermonate einen hohen Wasserbedarf. Wasser über 10 °d enthärten. Luftfeuchte über 60%.
Düngen: Von Frühjahr bis Herbst wöchentlich mit Blumendünger gießen.
Umpflanzen: Nur erforderlich, wenn nicht regelmäßig durch Stecklinge »verjüngt« wird.
Vermehren: Am reichsten blühen Jungpflanzen, während ältere Exemplare von unten her verkahlen. Deshalb am besten alle ein bis zwei Jahre mit Hilfe von Stecklingen für blühwilligen Nachwuchs sorgen. Stecklinge bewurzeln bei Bodentemperaturen über 25 °C und hoher Luftfeuchte.

Pflanzenschutz: Auf Befall mit Weißer Fliege achten. Bekämpfung an größeren Exemplaren ist schwierig; im Wintergarten am besten auf biologische Weise durch Nützlingseinsatz (s. Seite 137 und 140). Schäden an Blatträndern und -spitzen sind meist die Folge eines falschen pH-Werts, hervorgerufen durch ein falsches Substrat oder regelmäßiges Gießen mit hartem Wasser.
Besonderheiten: Größere Pflanzen brauchen ein stabiles Klettergerüst. Sie werden am besten in einem Gewächshaus oder Wintergarten ausgepflanzt.

Maranta

Wie die nahe verwandten *Calathea* kommen die *Maranta*-Arten im tropischen Amerika vor. Etwa 30 Arten sind bis heute bekannt, hinzu kommen einige Auslesen. Eine nicht unbedeutende Nutzpflanze ist *Maranta arundinacea*, deren ursprüngliche Heimat vermutlich auf den Antillen zu suchen ist. Die Knollen liefern ein heute besonders in der Kinderdiät geschätztes Stärkemehl (»Sago of St. Vincent«). Ihr Name »Pfeilwurz« deutet auf eine weitere Verwendung hin: *Maranta arundinacea* diente als Mittel gegen die gefürchteten Vergiftungen durch Indianerpfeile.

Auch die als Topfpflanzen genutzten *Maranta* bilden kleine Knöllchen aus, die jedoch nicht zur Bereicherung des Speisezettels zu gebrauchen sind. In der Regel findet man nur eine Art in Kultur, nämlich *M. leuconeura* mit ihren Sorten

'Erythroneura' und 'Kerchoviana'. Für die Pflege im Zimmer empfiehlt sich nur 'Kerchoviana'. Die breitelliptischen Blätter sind smaragdgrün mit dunklen, bräunlichen Flecken. Junge Blätter sind tütenartig zusammengerollt und stehen oft kerzengerade in die Höhe.

Attraktiver, leider auch empfindlicher ist 'Erythroneura'. Das Blatt ist bräunlicholiv mit hellgrünen Aufhellungen entlang der Mittelrippe. Hinzu kommen leuchtendrote Blattadern. Bei dieser Sorte läßt sich gut die Verdickung zwischen Blattstiel und Blattspreite beobachten, an dem – gleich einem Gelenk – die flächige Spreite in jeweils verschiedenem Winkel abknickt. 'Erythroneura' steht – wie auch die hier nicht erwähnten Maranten – am besten im geschlossenen Blumenfenster oder in der Vitrine. 'Erythroneura' ähnelt *M. leuconeura* 'Fascinator' (syn. *M. tricolor*).

Die Pflege der Maranten entspricht der von *Calathea*, allerdings können sie im Winter etwas sparsamer gegossen werden, ohne daß die Erde auch nur einmal austrocknen sollte.

Masdevallia

Immer wieder wird versucht, Masdevallien im Zimmer zu halten, doch fast immer scheitert das Experiment mit diesen überaus attraktiven Orchideen. So sehr auch die ungewöhnlichen Blüten dazu verleiten mögen, von der Pflege auf der Fensterbank sei dem Anfänger abgera-

ten. Die rund 300 Arten dieser Gattung sind Bewohner feuchter, kühler Bergregionen in Mittel- und Südamerika. Meist kommen sie in Höhen über 1000 m, manche sogar in 4000 m Höhe vor. Die Ansprüche solcher Hochgebirgspflanzen sind im Zimmer kaum zu erfüllen. Am ehesten wird man noch mit Arten Erfolg haben, die nicht so weit hinauf klettern, wie *M. strobelii* sowie den wärmeverträglicheren Arten *M. erinacea*, *M. floribunda* und *M. infracta*. Wer die wärmeempfindlichen Masdevallien kultivieren will, kann dies zum Beispiel erfolgreich in einem kühlen Kellerraum mit Kunstlicht tun.

Allen Masdevallien ist der für Orchideen atypische Bau der Blüten gemein. Die Blütenkrone ist fast völlig reduziert, während der Blütenhals zu einem auffälligen Gebilde mit meist langen Zipfeln verwachsen ist. Masdevallien besitzen keine Pseudobulben, aber einen fleischigen Wurzelstock. Sie bilden an ihrem heimatlichen Standort oft dichte Rasen und wollen auch im Topf in Gruppen wachsen. Sehr nahe verwandt mit *Masdevallia* ist die 60 Arten umfassende Gattung *Dracula* (Bild s. Seite 267). Für sie gelten dieselben Einschränkungen wie für *Masdevallia*. Am erfolgversprechendsten sind – steht kein entsprechend zu klimatisierendes Gewächshaus zur Verfügung – Versuche mit Arten wie *Dracula chimaera* und *D. erythochaeta*, beide noch besser unter dem Gattungsnamen *Masdevallia* bekannt.

Licht: Heller bis halbschattiger Platz; keine direkte Sonne.

339

Maranta leuconeura 'Fascinator'

Masdevallia floribunda 'Mariechen'

Matucana myriacantha

Temperatur: Ganzjährig luftiger, kühler Standort. Auch im Sommer nicht mehr als 20 °C, wärmeverträgliche Arten bei guter Belüftung bis 25 °C. Im Winter tagsüber 10 bis 14 °C, nachts 8 bis 10 °C. Werden Pflanzen mit ihren Töpfen in mit Perlite gefüllte Schalen gestellt, so sorgt die Verdunstung des stets feucht zu haltenden Perlites für Abkühlung und Luftfeuchte (s. Seite 24).
Substrat: Übliches durchlässiges Orchideensubstrat (Nr. 13, s. Seite 41); pH 5 bis 6.
Feuchtigkeit: Keine stauende Nässe. Ganzjährig feucht halten, da keine Ruhezeit, dennoch im Winter sparsamer gießen. Hohe Luftfeuchte über 70% erforderlich.
Düngen: Im Frühjahr und Sommer alle 2 bis 3 Wochen mit Blumendünger in 1/4 der üblichen Konzentration.
Umpflanzen: In der Regel erforderlich, wenn sich das Substrat zu stark verdichtet. Beste Zeit ist das Frühjahr.
Vermehren: Beim Umtopfen vorsichtig teilen; dabei nicht stark zerlegen, sondern noch große Gruppen belassen.

Matucana

Auf Peru beschränkt sich das Vorkommen der Kakteengattung *Matucana*. Es sind kugelige oder kurzsäulige Pflanzen, die an recht unterschiedlichen Standorten vorkommen. In großen Höhen von über 2000 m bis über 3500 m wachsen Arten wie *Matucana aureiflora*, *M. haynei*, *M. myriacantha* und *M. oreodoxa*, die sich durch eine mehr oder weniger dichte Bedornung auszeichnen. Aus tieferen Lagen, wo es wärmer und feuchter ist, stammen die schwach bedornten oder fast kahlen

Arten wie *M. madisoniorum*. Die Blüten der *Matucana*-Arten erscheinen in der Regel am Scheitel und besitzen eine kahle bis wollige Röhre. Bislang sind die Pflanzen in Sammlungen weniger häufig vertreten als populäre Gattungen. Besondere Arten, die in großer Höhe vorkommen, erweisen sich nicht selten als blühfaul, so daß man *Matucana* nur dem erfahrenen Kakteenfreund empfehlen kann.

Licht: Kräftig bedornte Arten vollsonnig, die »grünen« verlangen leichten Schutz vor direkter Mittagssonne während der lichtreichen Jahreszeit.
Temperatur: Luftiger Platz. Im Winter »grüne« Arten 10 bis 15 °C, kräftig bedornte 5 bis 10 °C.
Substrat: Kakteensubstrate (Nr. 14, s. Seite 41) mit hohem mineralischen Anteil; pH um 6.
Feuchtigkeit: Dem Wachstum entsprechend von Frühjahr bis Spätherbst gießen, wenn die Erde weitgehend abgetrocknet ist. Im Winter trocken halten.
Düngen: Wenn die Pflanzen deutlich wachsen, alle 2 bis 3 Wochen mit Kakteendünger gießen.
Umpflanzen: In der Regel alle 2 bis 3 Jahre im Winter; Sämlinge häufiger.
Vermehren: Von sprossenden Arten Kindel abtrennen. Ansonsten Aussaat; Samen keimt gut bei Bodentemperatur über 20 °C.

Medinilla

Innerhalb der Familie der Schwarzmundgewächse (Melastomataceae) haben wir mit *Medinilla magnifica* wohl die prächtigste Topfpflanze. Die aus vielen rosafarbenen Einzelblüten bestehenden Rispen hängen über und erreichen bis zu 30 cm Länge. Entwickeln sich an einer Pflanze – was nicht selten der Fall ist – gleichzeitig mehrere Blütenrispen, so ist dies ein herrlicher Anblick. Wer im Frühjahr oder Sommer ein blühendes Exemplar im Blumengeschäft erwerben will, muß für diese Schönheit einen stattlichen Preis zahlen. Doch es lohnt sich.

Nur gilt es zu bedenken, daß *Medinilla magnifica* auf den Philippinen zu Hause ist. Wir werden nur dann lange Freude an ihr haben, wenn sie einen warmen Platz und nicht zu trockene Luft vorfindet. Gefällt es ihr, dann müssen wir ihr von Zeit zu Zeit mit der Gartenschere zu Leibe rücken und bis ins alte Holz (oberhalb eines Knotens) zurückschneiden.

Der holzige Stengel ist ähnlich dem Pfaffenhütchen (*Euonymus*) deutlich vierflügelig, hat also an den vier Kanten »Flügel« abstehen. Die Blätter werden bis 30 cm lang und sind derb und ledrig. In ihrer Heimat wächst *Medinilla magnifica* zu einem über 3 m hohen Strauch heran. Aus Holland kommen verschiedene Auslesen, die kompakter bleiben und breitere, kürzere Blätter bilden. Aber die Nachfrage ist noch größer als das Angebot, lassen sich doch Medinillen nicht in großen Mengen schnell heranziehen.

Neben *M. magnifica* haben andere Arten keine große Bedeutung, obwohl die Gattung rund 150 zählt. Nur in botanischen Gärten trifft man auf weitere, ebenfalls hübsche Vertreter. Einige wachsen im Orchideenkörbchen, sind sie doch von

Matucana aureiflora

Medinilla magnifica

zu Hause aus Epiphyten. Für die »bodenständigen«, strauchförmigen Medinillen wie *M. magnifica* ist das nicht vonnöten.

Eine nette Ampelpflanze mit kleinen rundlichen Blättchen wird unter dem Namen *Medinilla sedifolia* angeboten. Sie schmückt sich mit rotvioletten Blüten und stellt ähnliche Ansprüche an Licht und Temperatur wie *M. magnifica*, ist aber unempfindlich gegen trockene Zimmerluft.

Licht: Heller, aber vor direkter Sonne geschützter Platz.

Temperatur: Warm, von Frühjahr bis Herbst möglichst über 20 °C, bei sonnigem Wetter auch bis 30 °C. Im Winter sollte *Medinilla magnifica* für mindestens 8 Wochen bei 12 bis 15 °C stehen, um sicher zur Blüte zu kommen. Anschließend kann die Temperatur zunächst wieder auf 18 °C ansteigen. Die Bodentemperatur darf nie unter der Lufttemperatur liegen.

Substrat: Humussubstrate wie Nr. 1, 2, 5 oder 9, versuchsweise Nr. 8 (s. Seite 39 bis 40), auch gemischt mit maximal $1/4$ Styromull; pH um 5,5.

Feuchtigkeit: Stets feucht halten, aber keine Nässe aufkommen lassen. Während der Kühlperiode im Winter nur mäßig gießen, mit Triebbeginn und ansteigender Temperatur häufiger. Luftfeuchte nicht unter 60%. Kann dies im Zimmer nicht geboten werden, ist die Pflege im geschlossenen Blumenfenster oder im Wintergarten zu empfehlen.

Düngen: Von Triebbeginn im Frühjahr bis Herbst wöchentlich mit Blumendünger gießen.

Umpflanzen: In der Regel jährlich nach der Blüte.

Vermehren: Stecklinge von noch nicht zu sehr verholzten Trieben schneiden. Wenn möglich, Schnittfläche mit Bewurzelungshormon einstäuben. Die Bewurzelung erfolgt in etwa 5 Wochen bei Bodentemperaturen von 25 bis 30 °C und hoher Luftfeuchte.

Melaleuca, Myrtenheide

Von den rund 150 vorwiegend in Australien und Tasmanien beheimateten Arten der Gattung *Melaleuca* lassen sich einige gut im Kübel oder kühlen Wintergarten halten. Für die Topfkultur kommen sie nur begrenzt in Frage. Die immergrünen Sträucher und Bäume werden bald zu groß und vertragen auch keinen harten Rückschnitt. Die weißen, rosafarbenen oder roten Blüten stehen in kugeligen oder zylindrischen Blütenständen, die die Verwandtschaft zum Zylinderputzer (*Callistemon*) erkennen lassen.
Entscheidend für den Kulturerfolg ist ein kühler, luftiger Raum im Winter mit Temperaturen um 10 °C sowie das Gießen mit kalkarmem Wasser. Die Pflege entspricht ansonsten weitgehend der von *Leptospermum.*

Melocactus

Die rund 30 Arten der Gattung *Melocactus* zählen aufgrund ihrer Attraktivität zu den bei Kennern beliebtesten Kakteen. Je nach Art erreichen die kugeligen, bei Arten wie *M. azureus* blaubereiften Körper einen Durchmesser von 10, 15 oder mehr Zentimetern, tragen kräftige Rippen und auf dem Scheitel ein halbrundes, später säulenförmig verlängertes weiß- oder braunwolliges Cephalium (eine »Blühzone«), aus der

Metrosideros excelsa

die nur zentimetergroßen, meist rosa gefärbten Blüten erscheinen. Allerdings entwickeln die Kakteen ihr Cephalium erst im Alter von mehreren Jahren. Doch auch ohne Cephalium sind die Pflanzen aufgrund ihrer stattlichen, gleichmäßigen Bedornung sehr wirkungsvoll. Die Sämlinge wachsen sehr langsam, was sich durch Pfropfung beschleunigen läßt.

Licht: Sonnig.
Temperatur: Warm, auch im Winter nicht unter 12 bis 15 °C.
Substrat: Rein mineralisches Kakteensubstrat (s. Seite 42); pH um 6.
Feuchtigkeit: Während des Wachstums von Frühjahr bis Herbst regelmäßig gießen, aber keine Nässe aufkommen lassen. Die Pflanzen verlangen zum guten Gedeihen eine hohe Luftfeuchte, besonders während der warmen Jahreszeit. Im Winter völlig trocken halten.
Düngen: Während der Wachstumszeit alle 3 Wochen mit Kakteendünger gießen.
Umpflanzen: Nur im Abstand von mehreren Jahren erforderlich.
Vermehren: Nur durch Aussaat, die jedoch Erfahrung und viel Geduld erfordert.

Metrosideros, Eisenholzbaum

Von der Gattung *Metrosideros* sind rund 60 Arten bekannt, die vorwiegend in Australien, Neuseeland und Polynesien verbreitet sind. Nur wenige dieser Myrtengewächse sind bei uns in Kultur. Als Topfpflanze findet man gelegentlich *Metrosideros excelsa*, den Eisenholz-

Melaleuca armillaris

Melocactus azureus, M. neryi siehe Bild Seite 40

Microcoelum weddelianum

baum aus Neuseeland, der sich dort als Weihnachtsbaum großer Beliebtheit erfreut, weil er zu dieser Jahreszeit seine prächtigen Blüten entfaltet. Seine Zierde sind nicht die Blütenblätter, sondern die 5 bis 8 cm langen feuerroten Staubfäden, die in dichten Büscheln beieinander stehen. In unseren Breiten liegt die Blütezeit etwa im April.

Während der Eisenholzbaum in seiner Heimat über 15 m Höhe erreicht, läßt er sich bei uns als ausgesprochen robuste Pflanze einige Zeit im Topf oder besser im Kübel halten. Der beste Platz ist ein luftiger, kühler Wintergarten, wo er auch außerhalb der Blütezeit wegen seiner ledrigen, dunkelgrünen, unterseits weißfilzigen Blätter recht ansehnlich ist.

Licht: Heller bis sonniger Platz. Hält auch einige Zeit im lichten Schatten aus, entwickelt sich dort aber weniger schön.
Temperatur: Kühl und luftig, im Sommer auch im Freien. Im Winter genügen 5 bis 10 °C, möglichst nicht wärmer. Ob die niedrige Wintertemperatur für die Blütenbildung und -entwicklung von Bedeutung ist, ist noch ungeklärt.
Substrat: Nr. 1, 2, 5 oder 15 (s. Seite 39 und 41); pH 5,5 bis 6,5.
Feuchtigkeit: Anspruchslos; während des Wachstums und besonders der Blüte regelmäßig gießen. Kann aber auch einmal trocken stehen. Keine Nässe aufkommen lassen.
Düngen: Von Frühjahr bis Herbst wöchentlich mit Blumendünger in angegebener Konzentration.
Umpflanzen: Nur als Jungpflanze jährlich; ältere Exemplare in größeren Abständen.

Vermehren: Aus Stecklingen, die nicht zu weich sein dürfen und bei Bodentemperaturen über 20 °C wurzeln, wachsen in 2 bis 3 Jahren blühfähige Pflanzen heran. Sämlinge brauchen sehr viel länger.
Besonderheiten: Der Eisenholzbaum verzweigt sich auch ohne Stutzen sehr gut. Er kann, wenn er außer Form geraten oder zu groß geworden ist, zurückgeschnitten werden.

Miconia

Die Familie der Schwarzmundgewächse (Melastomataceae) bietet ungewöhnlich schöne, leider auch etwas empfindliche Topfpflanzen. In großen Blumenfenstern und Kleingewächshäusern darf *Miconia calvescens* (syn. *M. magnifica*) nicht fehlen. Dieser rund 4 m hoch werdende Strauch aus den Tropen des amerikanischen Kontinents ist eine stattliche Erscheinung. Die bis 60 cm langen Blätter müssen jeden Betrachter begeistern: sie sind samtartig dunkelgrün, von weißlichen Adern durchzogen.

Wie bei vielen Vertretern dieser Familie ist der Verlauf der Adern interessant. Neben der Mittelrippe ziehen sich zwei Nebenrippen parallel zum Blattrand längs durch das Blatt. Rechtwinklig dazu stehen die feinen Seitenadern.

Da junge Pflanzen am schönsten sind, wird regelmäßig durch Kopfstecklinge

für Nachwuchs gesorgt. Allerdings ist dies nicht jährlich nötig wie bei *Bertolonia* oder *Sonerila*, sondern nur alle 2 bis 3 Jahre. Voraussetzung für die Bewurzelung sind hohe Bodentemperaturen über 25 °C und hohe Luftfeuchte. Nicht wesentlich unterscheiden sich davon die Ansprüche der etablierten Miconien, doch darf die Temperatur bis 20 °C absinken. Somit ist das Zimmer ein ungeeigneter Kulturraum. Die Behandlung der Pflanzen entspricht ansonsten der von Bertolonien.

Microcoelum

Die grazile Gestalt und die geringe Größe haben die *Microcoelum*- oder »Cocospälmchen« zu beliebten Zimmerpalmen werden lassen. Dabei sind sie gar nicht so leicht zu pflegen. Nur in seltenen Fällen gelingt es, Cocospälmchen über viele Jahre hinweg am Leben zu halten. Selbst in den Gewächshäusern botanischer Gärten findet man nicht allzu häufig größere Exemplare. Bei der Pflege im Zimmer macht die zu geringe Luftfeuchte am meisten zu schaffen. Im allgemeinen sollte man zufrieden sein, wenn die Cocospälmchen einige Jahre wachsen und gedeihen.

Mit den Kokospalmen haben *Microcoelum*-Arten nichts zu tun, wenn sie auch einige Zeit zur Gattung *Cocos* gerechnet wurden. In Kultur findet man bei uns nur *M. weddelianum* (syn. *M. martianum, Cocos weddeliana, Syagrus cocoides, S. weddelianum, Lytocaryum w.*). Es ist eine einstämmig wachsende, nur selten 2,50 m Höhe erreichende Art

Miconia calvescens

Miltonia (Celle) 'Wasserfall'

typische Wuchs der Miltonien weitgehend verlorengegangen. Die Sorten bleiben kleiner als viele *Brassia*; ihre Größe ähnelt mehr den Miltonien, weshalb sie gut auf der Fensterbank unterzubringen sind. Die Pflege entspricht weitgehend den *Brassia*-Arten. Aber ein wenig Erfahrung in der Orchideenkultur empfiehlt sich schon, denn × *Miltassia* erweisen sich als etwas sensibler als die doch recht wüchsigen *Brassia*. Während des Winters verlangen sie keine ausgesprochene Ruhezeit.

Aus der Verbindung der Miltonien mit den Oncidien gingen die × *Miltonidium*-Hybriden hervor. Bei ihnen hat sich die Wuchsform der Oncidien mehr durchgesetzt. Die Blütenrispe ist lang und sparrig, hat also keine »Fensterbank-Maße«. Die Einzelblüte tendiert zu den Oncidien, und wie diese sind × *Miltonidium* auch zu pflegen.

Miltonia, Miltoniopsis

Die Orchideen der Gattung *Miltonia* sind ein wenig als »Stiefmütterchen-Orchideen« (»Pansy-Orchids«) verschrien. Ganz besonders die vielen Hybriden lassen tatsächlich die Grazilität vieler anderer Orchideen vermissen. Die Blüten sind zwar oft lebhaft gefärbt und gezeichnet, aber flach und nahezu rund und erreichen fast die Ausmaße eines kleinen Tellers. Damit ist ein Vergleich mit unseren modernen Stiefmütterchen schon zulässig. Aber daß die Blüten wirkungsvoll sind, das kann ihnen nicht abgesprochen werden. Sie finden immer ihre Bewunderer.

Wildarten, von denen es rund 20 gibt, sind zum Teil zierlicher gebaut, etwa *Miltonia flavescens*. Auf kurzen kriechenden Rhizomen entwickeln Miltonien kräftige Pseudobulben mit zwei Blättern. Die Arten, deren Pseudobulben nur ein Blatt tragen, werden von vielen Botanikern einer eigenen Gattung zugeordnet: *Miltoniopsis*. Die Ansprüche unterscheiden sich nicht wesentlich. Neue Hybriden werden immer robuster, ertragen zum Teil höhere Temperaturen und blühen sogar zweimal im Jahr.

Licht: Miltonien nehmen mit einem halbschattigen Platz vorlieb.
Temperatur: Im Sommer wollen *Miltonia* und *Miltoniopsis* nicht zu warm stehen; günstig sind 22 °C, möglichst nicht über 25 °C, und deutlich kühlere Nächte. Im Winter tagsüber 15 bis 18 °C, nachts 12 bis 15 °C.
Substrat: Übliches Orchideensubstrat mit groben Bestandteilen (Nr. 13, s. Seite 41); pH um 5,5.

aus dem tropischen Brasilien. Die maximal 1 m langen Wedel sind sehr fein gefiedert. Die zahlreichen dünnen Fiederblättchen machen die Palme zu einer grazilen Erscheinung. In der Regel werden Sämlinge angeboten, die nicht älter als 1 Jahr sind. Um eine bessere Wirkung zu erzielen, setzt man mehrere zusammen in einen Topf. Dies sieht aus, als wäre *M. weddelianum* eine ausläuferbildende Palme, was aber nicht zutrifft.

x Miltassia (Elviera Heintze) 'Landgraaf'

Licht: Hell, aber vor direkter Sonne, besonders während der Mittagsstunden, geschützt.
Temperatur: Warm; auch im Winter um 20 °C.
Substrat: Vorzugsweise Nr. 1, 9 oder 17 (s. Seite 39 bis 42), auch gemischt mit 1/4 Styromull oder Seramis; pH 5 bis 6.
Feuchtigkeit: Erde nie austrocknen lassen. Die Luftfeuchte sollte über 60% liegen. Wer regelmäßige Wasserversorgung und hohe Luftfeuchte nicht gewährleisten kann, stelle den Topf in einen mit Wasser gefüllten Untersatz.
Düngen: Von Frühjahr bis Herbst alle 3 Wochen, im Winter alle 6 bis 8 Wochen mit Blumendünger gießen.
Umpflanzen: In der Regel alle 2 Jahre im Frühjahr oder Sommer.
Vermehren: Aussaat (s. Seite 159) ist nur zu empfehlen, wenn eine hohe Bodentemperatur von mindestens 30 °C sichergestellt ist. Der Samen verliert bald seine Keimfähigkeit.

× Miltassia, × Miltonidium

Aus den Gattungsnamen der Eltern *Brassia* und *Miltonia* entstand die Bezeichnung × *Miltassia* für diese Orchideenhybriden. Durch die Verbindung ist der

Mimosa pudica

behandeln wir sie deshalb wie eine einjährige.

Licht: Hell, bei hoher Luftfeuchte auch sonnig. Schattige Plätze behagen ihr nicht.
Temperatur: Über 20 °C, nachts bis auf 18 °C absinkend. Auch die Bodentemperatur sollte über 18 °C liegen, sonst kommt es leicht zu Wurzelschäden und Chlorose.
Substrat: Übliche Humussubstrate wie Nr. 1, 2, 3, 5 oder 6 (s. Seite 39 und 40); pH um 6.
Feuchtigkeit: Stets feucht halten. Die Luftfeuchte sollte nie unter 50, besser 60% absinken.
Düngen: Wöchentlich mit Blumendünger gießen.
Umpflanzen: Erübrigt sich in der Regel bei einjähriger Kultur.
Vermehren: Aussaat etwa ab Anfang März. Die großen Samenkörner keimen leicht bei Bodentemperaturen über 20 °C. Drei oder mehr Sämlinge in einen Endtopf setzen, da *Mimosa pudica* eintriebig wächst und sich – auch nach dem Stutzen – kaum verzweigt.

Monadenium

Viele der im östlichen Afrika verbreiteten rund 50 Arten erinnern an die sukkulenten Euphorbien. Wie diese gehören sie auch zu den Wolfsmilchgewächsen (Euphorbiaceae). Sie bilden fleischige Stämmchen mit meist kleinen, ebenfalls fleischigen Blättern. Es gibt auch Arten mit dicken, rübenförmigen Wurzeln, denen mehrere dünne Stämme entspringen. Arten mit strauchförmigem Wuchs sind für die Zimmerkultur weniger geeignet.

Monadenium coccineum

Feuchtigkeit: Miltonien machen keine strenge Ruhe durch, so daß ganzjährig das Substrat nie völlig austrocknen darf. Dennoch ist im Winter sparsamer zu gießen. Kein hartes Wasser verwenden. Luftfeuchte über 50, besser 60%.
Düngen: Im Frühjahr und Sommer alle 2 Wochen mit Blumendünger in halber Konzentration gießen.
Umpflanzen: In möglichst großen Abständen, zum Beispiel wenn das Substrat verdichtet ist. Beste Zeit ist das Frühjahr nach der Blüte oder der Herbst. Nach dem Umpflanzen sehr vorsichtig gießen, damit die feinen Wurzeln nicht faulen.
Vermehren: Teilen beim Umtopfen in nicht zu kleine Gruppen.

Mimosa, Sinnpflanze

Mimosen sind so interessant, daß man sie einmal – zumindest für einige Zeit – im Zimmer halten sollte. Es gibt nicht allzu viele Gewächse, die es ihr gleichtun und sich bewegen können. Das langgestielte Blatt teilt sich in vier Blättchen, von denen jedes wiederum fein gefiedert ist. Reizen wir die Mimose, so klappen zunächst die Fiederchen zusammen. Schließlich knickt der Blattstiel am Sproß nach unten ab. Erst nach 10 bis

30 Minuten erholt sich die Mimose von ihrem »Schreck« und kehrt in die Ausgangsstellung zurück.

Verschiedene Reize lösen die Reaktion aus. Schon eine heftige Erschütterung, etwa durch den Wind, reicht aus. Heftiges Berühren oder Kneifen mit einer Pinzette, ja sogar das Ansengen mit einer Flamme hat die gleiche Wirkung. Nicht nur das malträtierte Blatt klappt zusammen, sondern der Reiz pflanzt sich am Sproß fort. Diese Pflanze konnte keinen passenderen Namen als *Mimosa pudica* (pudicus = schamhaft) beziehungsweise Sinnpflanze erhalten. Im Sommer schmückt sie sich mit ihren kugeligen, rosafarbenen Blütenständen. Die Gattung *Mimosa* aus der Familie der Hülsenfrüchtler (Leguminosae oder Mimosoideae) umfaßt rund 500 Arten, doch nur eine hat als Topfpflanze Verbreitung gefunden.

Als Bewohner tropischer Gebiete in Amerika verlangt *Mimosa pudica* hohe Temperaturen und eine hohe Luftfeuchtigkeit. Im Wohnraum hält sie deshalb nur beschränkte Zeit aus. Besonders das Überwintern ist schwierig. Außerdem treiben Mimosen nach dem Rückschnitt im Frühjahr nicht leicht wieder durch. Obwohl sie eine verholzende, ausdauernde Pflanze ist,

Licht: Heller Stand, auch im Winter.
Temperatur: Zimmertemperatur oder wärmer; im Winter 10 bis 15 °C.
Substrat: Humose, durchlässige Erde, zum Beispiel Nr. 1, 9 oder 17 (s. Seite 39 bis 42) gemischt mit Sand, Seramis oder Lavagrus. Rübenwurzler am besten in reinem Lavagrus kultivieren.
Feuchtigkeit: Stets vorsichtig gießen, im Winter nur sporadisch. Arten, die im Winter ihr Laub verlieren, brauchen während dieser Zeit kaum Wasser.
Düngen: Während der Hauptwachstumszeit von Frühjahr bis Herbst alle 1 bis 3 Wochen mit Kakteendünger gießen.
Umpflanzen: Alle 1 bis 2 Jahre im Frühjahr oder Sommer.
Vermehren: Gelegentlich wird Samen angeboten. Ansonsten Stecklinge schneiden.

Monstera, »Zimmerphilodendron«, »Fensterblatt«

Neben Gummibaum und Sansevierie ist das Fensterblatt wohl die häufigste Zimmerpflanze. Das verdankt es zweifellos seiner sprichwörtlichen Robustheit. Man muß sich schon recht ungeschickt anstellen, um ein Fensterblatt umzubringen. Es überlebt in einem weiten Temperaturbereich bis hinunter zu 10 °C, doch ist dann mit einer optimalen Entwicklung nicht zu rechnen. Das gilt auch für die Lichtverhältnisse: Noch in dunklen Zimmerecken halten sich *Monstera* jahrelang, wenn sie auch keine Augenweide mehr sind.

Wir sollten bemüht sein, schöne, kräftige Exemplare zu erzielen. Dazu braucht dieser Urwaldbewohner zunächst genügend Wärme, aber auch Helligkeit. Bei unserem verbreiteten Fensterblatt handelt es sich um *Monstera deliciosa* aus Mexiko, früher bekannt als *Philodendron pertusum*. Der Name *Philodendron* oder Baumfreund hat sich bis heute erhalten, obwohl ihn eine andere, allerdings nahe verwandte Gattung beansprucht.

Von den Aronstabgewächsen (Araceae) der Gattung *Monstera* sind uns rund 22 Arten bekannt, die alle im tropischen Amerika beheimatet sind. Einige werden dort recht groß und schlingen sich an den Bäumen empor. Auch bei der Zimmerkultur müssen wir den *Monstera* ein Gerüst bieten, an das sie sich anlehnen können. Von ihren sich meterhoch erhebenden Stämmen schicken sie Luftwurzeln herab, um an das Wasser im Boden zu gelangen. Alte Exemplare bilden ganze Vorhänge mit Luftwurzeln (s. Einband-Innenseite). Auch die Topfpflanze verzichtet nicht auf solche Luftwurzeln. Keinesfalls dürfen wir sie abschneiden – obwohl wir damit keinen Schaden anrichten würden –, denn sie gehören zum Charakter dieser Urwaldpflanze. Trifft eine Luftwurzel auf die Erde, bildet sie Saugwurzeln und dient der Ernährung. Von *Monstera deliciosa* pflegen wir in der Regel die Sorte 'Borsigiana'. Ihre Blätter bleiben schmaler und sind weniger mit »Fenstern« versehen. Übrigens besitzen Sämlinge noch ganzrandige, nicht durchlöcherte oder fiedergelappte Blätter. Doch bereits nach dem vierten oder fünften Blatt können sich die ersten Löcher zeigen. Auch bei dunklem Stand sind Blätter nicht oder nur wenig perforiert.

Wärmebedürftiger als die Art ist die weißgrün panaschierte Sorte 'Variegata'. Sie wächst deutlich langsamer. Nur für das geschlossene Blumenfenster oder die Vitrine sind Pflanzen zu empfehlen, die unter den Namen *M. friedrichsthalii* (möglicherweise nur eine Form von *M. deliciosa*) und *M. obliqua* im Handel sind. Ihre Blätter sind wie bei *Monstera deliciosa* perforiert, weisen jedoch immer einen zusammenhängenden Blattrand, also keine Einschnitte auf. Das Blatt bleibt insgesamt kleiner, wird in Kultur kaum länger als 20 cm, während Blätter von ausgewachsenen *M. deliciosa* an 1 m heranreichen.

Auch bei Topfkultur gelingt es, ältere *Monstera deliciosa* zur Blüte zu bringen. Wie bei nahezu allen Aronstabgewächsen ist das Hüll- oder Scheidenblatt das Auffälligste. Es ist reinweiß und bis 20 cm lang. Am Kolben erscheinen nach der Bestäubung violette Beeren, die zwar genießbar sind, jedoch wegen des Gehalts an Calciumoxalatnadeln (Rhaphiden) ein starkes Brennen der Rachenschleimhaut verursachen. Es soll allerdings Auslesen geben, die frei von Rhaphiden und somit eßbar sind. Noch ein Wort zum Namen Fensterblatt. Aus der Beschreibung der Blätter wurde deutlich, wie dieser Begriff entstand. Doch genau wie der Begriff Zimmerphilodendron ist auch Fensterblatt nicht eindeutig, denn den gleichen Namen tragen Arten der Gattung *Fenestraria*.

Licht: Das Fensterblatt will zwar keine direkte Sonne, entwickelt sich aber nur an hellen Plätzen zur vollen Schönheit.

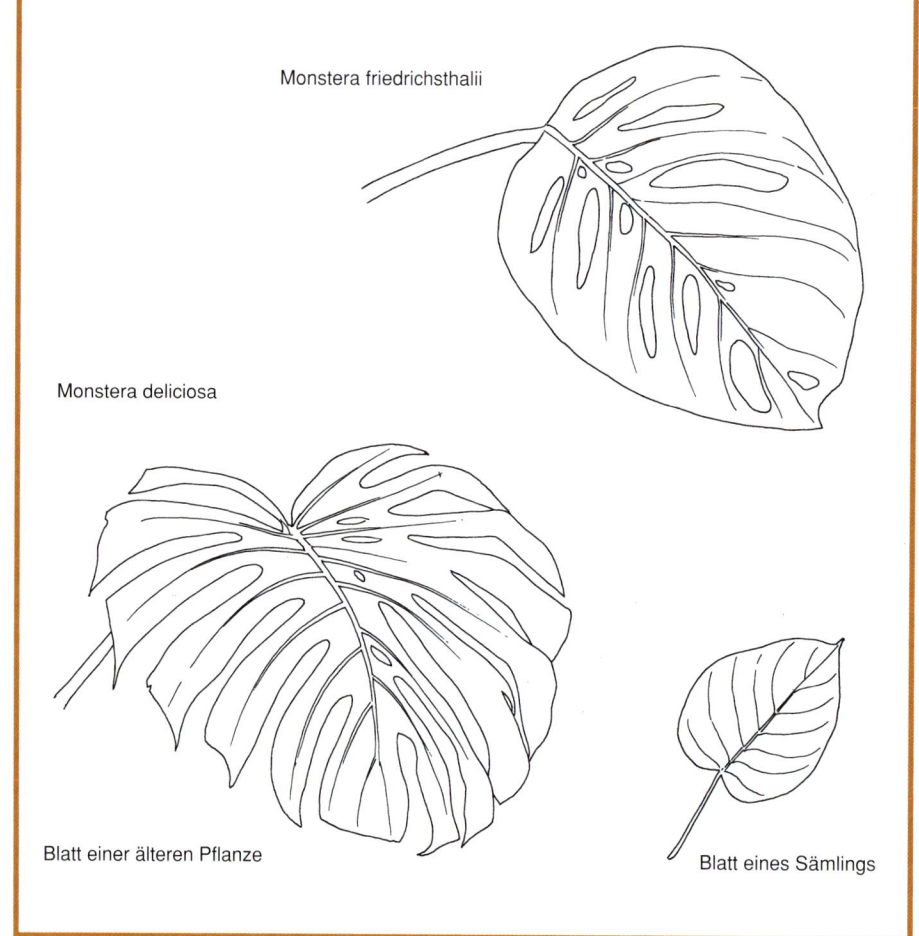

Monstera friedrichsthalii

Monstera deliciosa

Blatt einer älteren Pflanze

Blatt eines Sämlings

Besonders im Winter ist darauf zu achten, daß genügend Licht auf die Pflanzen trifft. Am schönsten werden sie, wenn Licht nicht von mehreren Seiten kommt.

Temperatur: M. deliciosa entwickelt sich in der hellen Jahreszeit am besten bei Temperaturen über 21 °C. Im Winter genügen 18 bis 21 °C, doch schaden auch 16 oder kurzfristig gar 12 °C nicht. Allerdings wächst sie bei Werten um 15 °C kaum noch, bei 12 °C gar nicht mehr. Die Bodentemperatur sollte bei so niedrigen Werten auf jeden Fall höher als die Lufttemperatur liegen, M. obliqua und M. friedrichsthalii immer über 20 °C.

Substrat: Am besten strukturstabile Humussubstrate wie Nr. 1, 2, 5, 6 oder 9 (s. Seite 39 und 40); pH um 6.

Feuchtigkeit: Stets feucht, aber nicht naß halten. Möglichst nicht unter 60% Luftfeuchte.

Düngen: Im allgemeinen genügen Gaben eines Blumendüngers alle 1 bis 2 Wochen, im Winter auch in größeren Abständen.

Umpflanzen: Alle 1 bis 2 Jahre, alte Pflanzen auch seltener im Frühjahr oder Sommer.

Vermehren: Am besten durch Kopfstecklinge. So abschneiden, daß der Steckling möglichst Luftwurzeln enthält. In die Erde gesteckt, können sie schon bald die Wasserversorgung übernehmen. Die Luftwurzeln dürfen nicht allzu lang sein, denn abknicken soll man sie nicht. Zum Anwachsen empfehlen sich Bodentemperaturen über 22 °C. Auch Abmoosen ist möglich. Frischer Samen keimt bei Bodentemperaturen um 24 °C.

Pflanzenschutz: Die immer wieder zu beobachtenden schwarzwerdenden Blattränder sind oft auf Wurzelfäulnis, verursacht durch übermäßiges Gießen, zurückzuführen. Pflanzen trockener halten, bei starken Schäden umtopfen und dabei alle faulen Wurzeln abschneiden oder Kopfstecklinge bewurzeln.

Muehlenbeckia, Polsterknöterich, Frauenhaarwein

Der deutsche Name ist mißverständlich. Die Pflanzen zählen nicht zu den echten Knöterichen aus der Gattung Polygonum, mit diesen gemeinsam aber zur Familie der Knöterichgewächse (Polygonaceae). Polsterknöterich heißt auch nur eine der rund 15 Muehlenbeckia-Arten, nämlich M. axillaris, die aus haarfeinen Trieben mit nur 0,5 cm großen wechselständigen Blättchen ein grünes Polster bildet, das sich mit Hilfe kurzer unterirdischer Ausläufer stets ausbreitet. Sie ist eine ideale bodendeckende Staude für kühle Wintergärten, kann sogar als einigermaßen winterhart zur Grabbepflanzung Verwendung finden.

Regelmäßig angeboten wird Muehlenbeckia complexa. Der Name Frauenhaarwein ist ebenfalls unsinnig, denn mit dem Wein hat die Pflanze nichts außer der Eigenschaft gemein, windende Triebe zu bilden, allerdings – wie der Polsterknöterich – sehr dünne. Die Gärtner ziehen die Triebe über mehr oder weniger kunstvoll geformte Klettergerüste, um die Töpfe attraktiv zu machen.

Die Pflanzen selbst sind recht unscheinbar, und die winzigen weißen Blütchen fallen kaum auf. Die windenden Triebe lassen sich mit der Schere beliebig formen. Muehlenbeckia complexa 'Nana', eine kleinbleibende, kompaktere Form, windet nicht.

Licht: Hell und sonnig.

Temperatur: Kühl und luftig; im Winter genügen Temperaturen um 10 °C.

Substrat: Übliche Blumenerden wie Nr. 1, 3, 5, 6 oder 7 (s. Seite 39 bis 43); pH 5 bis 6,5.

Feuchtigkeit: Stets mäßig feucht halten.

Düngen: Von Frühjahr bis Herbst alle 1 bis 2 Wochen mit Blumendünger in angegebener Konzentration gießen.

Umpflanzen: In der Regel nicht erforderlich, da man besser neue Pflanzen heranzieht.

Vermehren: Bei Muehlenbeckia complexa bis zu zehn Stecklinge, bei M. axillaris etwa drei in einen Topf stecken und bei 20 bis 25 °C und hoher Luftfeuchte bewurzeln. Nach dem Bewurzeln für eine bessere Verzweigung mehrmals stutzen.

Besonderheiten: M. complexa braucht eine Kletterhilfe, an der man sie regelmäßig aufbinden muß. Bei Bedarf zurückschneiden.

Muehlenbeckia complexa 'Top Secret'

Musa, Banane

Obwohl Bananen schnell Dimensionen erreichen, die eine Pflege im Haus unmöglich machen, erfreuen sie sich wegen ihres eindrucksvollen, tropischüppigen Blattwerks großer Beliebtheit. Ähnlich wie Palmen entwickeln sie einen »Stamm« mit einem endständigen Blattschopf. Doch der Anschein trügt. Bananen sind keine verholzenden Pflanzen mit Stamm und Krone, sondern Stauden wie der Rittersporn und die Gräser im Garten. Der »Stamm« ist in Wirklichkeit ein Gebilde, das sich aus gedrehten Blattscheiden zusammensetzt. Die Scheinstämme der Bananen bilden unterirdische Ausläufer. Sie wachsen somit meist in mehrstämmigen Gruppen und stellen somit baumähnliche Stauden dar.

Mit Musa ingens soll die Gattung sogar die höchstwüchsige Staude überhaupt enthalten. Diese Banane mit 5 m langen Blättern soll 15 m Höhe erreichen.

Als Fruchtlieferanten erlangten Sorten Bedeutung, die sich nicht immer eindeutig den rund 40 Arten oder bestimmten Hybridgruppen zuordnen lassen. Nach der krankheitsanfälligen Musa × paradisiaca haben sich die weniger krankheitsanfälligen M.-acuminata-Nachkommen durchsetzen können, wie die sogenannten Cavendish-Sorten (früher rechnete man diese Sorten zu Musa cavendishii). Wichtig ist, daß es von Musa acuminata Zwergformen gibt wie 'Dwarf Cavendish', 'Valery' oder die großfrüchtige 'Enano Gigante'. Aber auch diese erreichen im Kübel 1,50 m, ausgepflanzt sogar über 2 m Höhe.

Größere Exemplare können in Kultur zur Blüten- und Fruchtbildung kommen. Die Pflanzen sind selbstfertil, benötigen also keinen fremden Bestäuber. Sollen sich die Früchte jedoch richtig entwickeln, dürfen die Bananen im Winter nicht unter 18 °C stehen – viel Licht und Sonne vorausgesetzt.

Musa basjoo, die in Kultur bis 4 m erreicht, stammt aus Japan und nimmt mit niedrigeren Temperaturen vorlieb, kann sogar im Weinbauklima milde Winter im Freien überleben. Wir behandeln sie ähnlich wie Ensete.

Licht: Hell und sonnig.
Temperatur: Warme Plätze, ab Mai bis in den Herbst auch im Freien. Im Winter nicht unter 20 °C, fruchtende Pflanzen nicht unter 18 °C.
Substrat: Übliche Blumenerden wie Nr. 1, 5, 6 oder 9 (s. Seite 39 bis 40); pH um 6.
Feuchtigkeit: Dem Verbrauch entsprechend gießen, nie naß halten. Im Winter bei relativ kühlem Stand wenig gießen. Hohe Luftfeuchtigkeit ist vorteilhaft.

Düngen: Von Frühjahr bis Herbst wöchentlich ein- bis zweimal mit Blumendünger gießen.
Umpflanzen: Etwa alle 2 Jahre im Frühjahr oder Sommer.
Vermehren: Die verzweigten Rhizome lassen sich beim Umtopfen teilen.
Pflanzenschutz: Bei warmem, lufttrockenem Stand stellen sich häufig Spinnmilben oder Thripse ein. Für luftigen, nicht lufttrockenen Stand sorgen. Mit Raubmilben bekämpfen (s. Seite 140).

Myrtus, Gemeine Myrte, Brautmyrte

Zu den ältesten Zimmerpflanzen zählt wohl die Myrte (*Myrtus communis*). Zunächst hielt man sie in ihrer Heimat in den Ländern um das Mittelmeer wegen ihrer aromatischen Inhaltsstoffe. Einer arabischen Legende nach entstammt sie dem Paradies. Die Griechen weihten sie

Musa-acuminata-Hybride

der Aphrodite. Sie galt als Symbol der Jugend und Schönheit. Bereits Griechen und Römer schmückten die jungfräuliche Braut mit einem Myrtenkranz. Mit dem 16. Jahrhundert wurde dies auch in Deutschland Sitte. Vermutlich fand auf diese Weise die Myrte den Zugang in viele Stuben, denn es war Brauch, aus dem Brautkranz einen Zweig zu bewurzeln und zu pflegen.

Die Zimmerkultur fiel früher in den kaum geheizten Räumen leichter. In der ständig warmen Wohnstube gedeiht die Myrte nicht. Für die Überwinterung suchen wir deshalb den kühlsten, aber frostfreien, hellsten Raum.

Von der Gattung *Myrtus* aus der Familie der Myrtengewächse hat sich nur *M. communis* als Topfpflanze durchsetzen können. Es gibt verschiedene Auslesen, die sich in Blattstellung und Blühwilligkeit unterscheiden. Leider werden sie nicht unter diesen Sortennamen angeboten. Bei der Pflege der Myrten muß man sich entscheiden, ob man reichverzweigte, kompakte Pflanzen oder aber blühende, locker gewachsene Exemplare vorzieht. Myrten lassen sich nämlich ähnlich wie Buchsbäume kräftig und häufig schneiden. Leider bleibt dann die Blüte aus. Als Kompromiß formiert man die Myrten erst eine Zeit, bevor man sie für mindestens 1 Jahr ungestört wachsen und blühen läßt. Auch zu Hochstämmchen lassen sie sich heranziehen, wenn die Seitentriebe bis zur gewünschten Höhe ausgebrochen werden.

Licht: Hell und sonnig.
Temperatur: Luftiger Platz; ab Mai bis September/Oktober am besten in den Garten stellen. Im Winter um 5 °C.
Substrat: Mischungen aus Nr. 1, 2, 5 oder 9 mit je 1/4 Azaleenerde (Nr. 11 s. Seite 39 bis 40) und grobem Quarzsand; pH 5 bis 6.
Feuchtigkeit: Bei sonnigem, luftigem Stand braucht die Myrte viel Wasser. Trotz allem ist darauf zu achten, daß keine Nässe aufkommt. Während der kühlen Überwinterung ist besonders vorsichtig zu gießen, denn sonst ist bald mit Wurzelschäden und in deren Folge mit Blattfall zu rechnen.
Düngen: Von Frühjahr bis Herbst wöchentlich mit Blumendünger gießen.
Umpflanzen: Alle 1 bis 2 Jahre – alte Exemplare in größeren Abständen – im Frühjahr.
Vermehren: Ab Mai nicht zu harte Kopfstecklinge schneiden und bei etwa 18 bis 20 °C Bodentemperatur bewurzeln. Nach dem Anwachsen mehrmals stutzen.
Pflanzenschutz: Auf den Befall mit Schildläusen und Weißer Fliege achten. Stets luftiger Stand.

Musa basjoo

Myrtus communis

Nandina domestica

Nautilocalyx lynchii

Nandina, Himmelsbambus

Obwohl schon rund 100 Jahre bei uns in Kultur, ist *Nandina domestica* bis heute eine wenig populäre Topfpflanze geblieben. Allerdings wird sie in den letzten Jahren etwas häufiger kultiviert. *Nandina domestica* ist ein kleiner, von Indien bis nach Ostasien beheimateter Strauch, der bis etwa 3 m Höhe erreichen kann. Er zählt zur Familie der Sauerdorngewächse (Berberidaceae) und ist die einzige Art seiner Gattung.

Die besondere Zierde dieser Verwandten unserer Berberitze sind die attraktiven, bis 40 cm langen, dreifach gefiederten Blätter, die dem Strauch ein bambusähnliches Aussehen verleihen. Die bis zu 27 Fiederblättchen erreichen etwa 5 cm Länge. Junge Stengel und Blätter sind zunächst auffällig rotbraun verfärbt und vergrünen später. Inzwischen gibt es einige Auslesen mit rotem Laub, die diese Farbe behalten, sowie kleinblättrige und panaschierte Sorten. *Nandina* ist zwar immergrün, doch lebt das Blatt nicht unbegrenzt, sondern wird nach etwa 3 Jahren abgeworfen. Leider verzweigt sich der Strauch auch nach dem Stutzen nur wenig, so daß es sich empfiehlt, mehrere in einen Topf zu setzen. Zu lang gewordene oder verkahlte Pflanzen lassen sich kräftig zurückschneiden.

Licht: Hell, aber mit Ausnahme der Wintermonate ohne direkte Sonne.

Temperatur: Luftiger, nicht zu warmer Stand. Im Winter bis 10, maximal 15 °C. Während der frostfreien Jahreszeit steht *Nandina* vorteilhaft im Freien an einem halbschattigen Platz. Bei uns ist sie in der Regel nicht winterhart.
Substrat: Nr. 1, 2, 3, 5, 6, 9, 10 oder 15 (s. Seite 39 bis 41); pH 5 bis 6.
Feuchtigkeit: Stets mäßig feucht halten. Nicht zu trockene Luft scheint günstig zu sein. Im Winter bei kühlem Stand nur sparsam gießen, aber das Laub nicht vertrocknen lassen.
Düngen: Von Frühjahr bis September wöchentlich mit Blumendünger in angegebener Konzentration gießen. Im Winter bei kühlem Stand nicht düngen.
Umpflanzen: Jungpflanzen jährlich, ältere in größeren Abständen im Frühjahr.
Vermehren: Nicht sehr verholzte Stecklinge bewurzeln sich nach dem Eintauchen der Schnittstelle in ein Bewurzelungshormon bei hohen Bodentemperaturen über 20 °C und gespannter Luft erst nach mehreren Wochen. Saatgut ist bei uns nur selten erhältlich.

Nautilocalyx

In der Regel sind die Gesneriengewächse der Gattung *Nautilocalyx* nur in botanischen Sammlungen vertreten. Gelegentlich findet man *Nautilocalyx forgetii* und *N. lynchii* im Blumenhandel. Es sind nicht oder nur wenig

verzweigte Pflanzen, die bis 60 cm Höhe erreichen. Der Stengel ist kräftig behaart. Die gewellten Blätter besitzen entlang der Blattadern eine meist rötliche Zeichnung auf hellgrünem Grund. Nur wenig fallen die in Büscheln stehenden, gelblichen, ebenfalls behaarten Blüten auf.

N. forgetii kam aus Peru, *N. lynchii* aus Kolumbien zu uns. Insgesamt sind bis heute zwölf Arten bekannt geworden, die alle im tropischen Amerika beheimatet sind. Als Topfpflanze für warme Räume sind sie eine Ergänzung des übrigen Sortiments. Bei allzu trockener Zimmerluft gedeihen sie nicht gut, gegebenenfalls läßt man ihnen einen Platz im geschlossenen Blumenfenster zukommen.

Licht: Hell bis halbschattig. Keine direkte Sonne.
Temperatur: Zimmertemperatur oder wärmer. Im Winter nicht unter 18 °C.
Substrat: Übliche Humussubstrate wie Nr. 1, 5 oder versuchsweise Nr. 8 (s. Seite 39 und 40); pH um 6.
Feuchtigkeit: Stets mäßig feucht halten.
Düngen: Von Frühjahr bis Herbst alle 1 bis 2 Wochen mit Blumendünger gießen, im Winter nur alle 5 bis 6 Wochen.
Umpflanzen: Jährlich im Frühjahr oder Sommer.
Vermehren: Im Frühjahr oder Sommer Kopfstecklinge bei mindestens 20 °C Bodentemperatur bewurzeln. Jungpflanzen stutzen, um eine bessere Verzweigung zu erreichen.

Nematanthus,
Bauchblume, Kußmäulchen

»Kußmäulchen« ist der Name für eine Pflanze, die dem Gärtner als *Hypocyrta glabra* gekannt ist. Die Gattung *Hypocyrta* wurde inzwischen mit den sehr ähnlichen *Nematanthus* zusammengefaßt und trägt nun diesen Namen. Bauchblume klingt weniger freundlich, charakterisiert aber sehr gut die Blüten: Aus dem tief fünfteiligen Kelch schiebt sich eine Blütenröhre hervor, die sich plötzlich zu einem Beutel oder Bauch erweitert. Die Blütenröhre verengt sich dann wieder sehr stark zu einer kleinen Öffnung. Das ähnelt einem gespitzten Mund, und deshalb trifft »Kußmäulchen« genauso gut zu.

Nematanthus glabra ist im Zimmer ausgesprochen leicht zu pflegen. Lediglich im Winter dürfen sie nicht zu warm stehen, um einen reichen Blütenansatz zu erzielen. Während der übrigen Jahreszeit schadet dieser in Brasilien beheimateten Pflanze Wärme nicht. Obwohl die Gattung über 30 Arten enthält, wird neben *N. glabra* nur selten eine andere angeboten. Einige Hybriden gingen unter anderem aus *Nematanthus*

hirtellus (syn. *N. perianthomegus*) hervor; sie tragen ansehnliche, hübsch gezeichnete Blüten.

Neben den bauchigen Blüten sei noch auf eine weitere Eigenart dieser Gattung hingewiesen: Die fleischig-ledrigen Blätter sind gegenständig; sie stehen sich als Paar am Stengel gegenüber. Bei manchen Arten ist jeweils ein Blatt dieses Paars kleiner als das andere. Die Stengel wachsen mehr oder weniger aufrecht und hängen mit zunehmender Länge über. Arten wie *N. glabra* sind deshalb auch gut in einer Ampel zu halten.

Licht: Hell, aber vor direkter Sonne geschützt. In den Wintermonaten auch sonniger Stand. An dunklen Plätzen werden die Stiele lang und häßlich und die Blühfreudigkeit läßt nach. Wie wichtig genügend Licht für die Blütenbildung ist, zeigt sich daran, daß ins Zimmer reichende Zweige keine Blüten tragen.
Temperatur: Zimmertemperatur oder wärmer. Im Winter kühler, etwa 12 bis 15 °C.
Substrat: Übliche Humussubstrate wie Nr. 1, 2, 5, 6 oder 9 (s. Seite 39 und 40); pH um 5 bis 6,5.
Feuchtigkeit: Stets mäßig feucht halten. Auch im Winter nicht austrocknen las-

Nematanthus glabra

sen, jedoch sparsamer gießen. Trockene Zimmerluft schadet ihnen in der Regel nicht.
Düngen: Von Frühjahr bis Herbst alle 1 bis 2 Wochen mit Blumendünger gießen. Im Winter genügen Gaben alle 4 bis 6 Wochen.
Umpflanzen: Alle 1 bis 2 Jahre im Frühjahr oder Sommer.
Vermehren: *Nematanthus* bilden oft schon Wurzelansätze an den Knoten des noch unverholzten Stengels. Aber auch ohne solche Adventivwurzeln wachsen noch nicht so harte Stecklinge leicht an, wenn die Bodentemperatur nicht unter 20 °C liegt. Beste Zeit dafür ist im Frühjahr. Zur besseren Verzweigung Stiele ein- bis zweimal stutzen.
Besonderheiten: Zieht man nicht regelmäßig durch Stecklinge junge Pflanzen heran, wird nach der Blüte zurückgeschnitten.

Neodypsis

Da das Saatgut sicher keimt und die Sämlinge flott wachsen, werden regelmäßig Jungpflanzen der Fiederpalme *Neodypsis decaryi* angeboten. Die einzelnstehenden Stämme erreichen in der madegassischen Heimat eine Höhe von rund 10 m. Die bis 2,5 m langen graugrünen Blätter fallen wegen der dreizeilig stehenden Fiederblätter auf. Nach den bisherigen Erfahrungen ist *Neodypsis decaryi* eine wenig empfindliche Zimmerpalme, die schlank bleibt und deshalb nicht allzu viel Platz beansprucht. Sie will hell und im Winter nicht kühler als 12 bis 15 °C stehen. Die Pflege entspricht ansonsten der von einstämmigen *Chamaedorea.*

Neodypsis decaryi

Neoregelia carolinae 'Tricolor'

Neoregelia

Neoregelien sind der Beweis dafür, daß eine Pflanze ihren Blütenstand nicht über das Laub erheben muß, um aufzufallen. Diese Ananasgewächse (Bromeliaceae) bilden eine Rosette aus derben Blättern, die häufig so angeordnet sind, daß sie einen mehr oder weniger flachen Teller darstellen. Im Zentrum der Rosette stehen die kleineren, oft lebhaft gefärbten Herzblätter. Sie umgeben den flachen, scheibenförmigen Blütenstand.

Mit Neoregelien nahe verwandt ist die Gattung *Nidularium*. Die Pflanzen haben annähernd die gleiche Gestalt und lassen sich nicht leicht unterscheiden. Aber es gibt doch einige Kennzeichen: Neoregelien bilden den bereits beschriebenen einfachen, flachen Blütenstand. Auch manche Nidularien haben diesen flachen, sich nicht übers Laub erhebenden Blütenstand, aber er ist nicht einfach, sondern zusammengesetzt. Das heißt, er ist verzweigt, was wir an den einzelnen Hoch- oder Herzblättern zwischen den

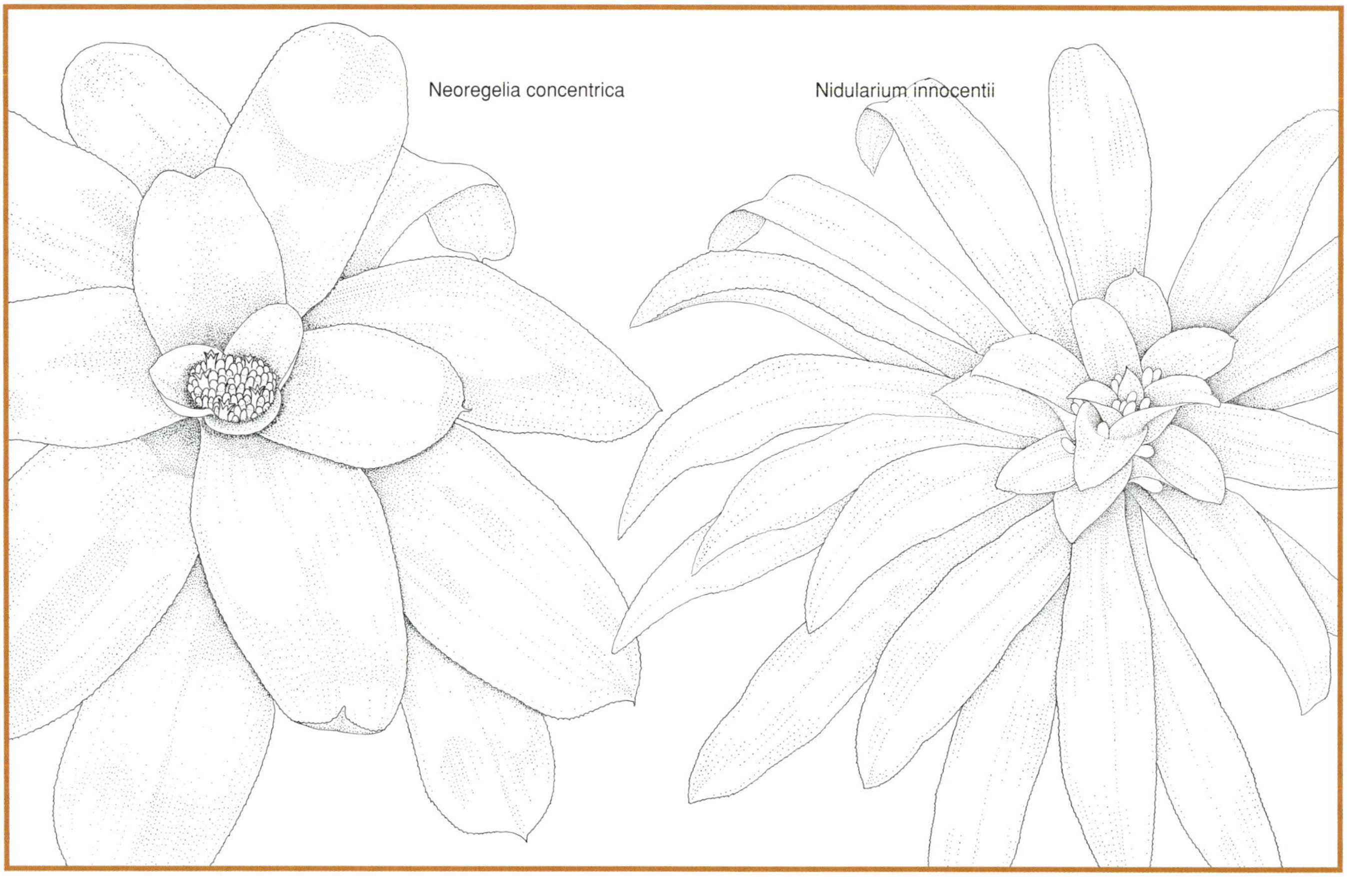

Neoregelia concentrica

Nidularium innocentii

Am Blütenstand lassen sich Neoregelien von Nidularien unterscheiden: Er ist

bei Neoregelien einfach, bei Nidularien zusammengesetzt, was an den Hochblättern

zwischen den einzelnen Blüten deutlich wird.

Blüten erkennen können. Bei nicht blühenden Pflanzen ist die Unterscheidung schon schwerer. Am besten schaut man sich die Blattenden an: sie sind bei Neoregelien meist abgerundet und gehen plötzlich in eine kurze, wie aufgesetzt aussehende Spitze über. Bei Nidularien dagegen verjüngt sich das Blatt langsam und gleichmäßig zur Spitze. Leider ist dieses Merkmal nicht bei allen eindeutig.

Am häufigsten in Kultur ist *Neoregelia carolinae* mit den feuerroten Herzblättern. Bei der Sorte 'Tricolor' ist das Laub gelblich-weiß-grün gestreift. Die Einzelblüten sind blauviolett gefärbt. Daneben findet man nur selten einige andere Arten wie *N. concentrica* mit ihrer unwirklich anmutenden blauvioletten Tönung der Herzblätter oder *N. spectabilis* mit rotvioletten Blattspitzen. *N. marmorata* besitzt auffällig dunkelrot gefleckte Blätter. Dieses Merkmal wurde durch Kreuzung auf zahlreiche Sorten übertragen. Alle Neoregelien verlangen eine zumindest mittlere Luftfeuchte, empfehlen sich damit vorwiegend für das geschlossene Blumenfenster oder Gewächshaus. Auf großen Epiphytenstämmen kommen sie besonders gut zur Wirkung.

Licht: Hell, aber mit Ausnahme der Morgen- und Abendstunden sowie der Wintermonate keine direkte Sonne. An zu schattigen Plätzen färben sich die Blätter nur unbefriedigend.
Temperatur: Warm; im Winter absinkend bis etwa 18 °C, doch schadet es nicht, wenn das Thermometer für kurze Zeit bis auf 16 °C fällt. Keine »kalten Füße«.
Substrat: Spezielle Bromelienerde (Nr. 12) oder durchlässige Mischung aus Humussubstraten wie Nr. 1, 4, 5 oder versuchsweise Nr. 8 (s. Seite 39 und 40) mit Styromull. Auch Nadelerde kann beigemischt werden, sofern sie erhältlich ist; pH um 5,5.
Feuchtigkeit: Substrat stets feucht halten, ohne Nässe aufkommen zu lassen. In der Blattrosette sollte immer Wasser stehen. Die Luftfeuchte darf nicht unter 60% absinken.
Düngen: Von Frühjahr bis Herbst alle 1 bis 2 Wochen, im Winter nur alle 4 bis 6 Wochen mit Blumendünger in halber Konzentration gießen.
Umpflanzen: Alle 1 bis 2 Jahre im Frühjahr oder Sommer.
Vermehren: In Kultur setzen die Pflanzen nur nach künstlicher Bestäubung Beeren an. Vom Fruchtfleisch befreite Samen umgehend aussäen. Zur Keimung sind 25 °C Bodentemperatur optimal. Neoregelien bilden – wenn auch nicht in reicher Zahl – Kindel, die beim Umtopfen abzutrennen sind, sobald sie ein wenig herangewachsen sind.

Nepenthes, Kannenpflanze

Wer über ein großes, ausgebautes Blumenfenster, eine Vitrine oder ein Gewächshaus verfügt, sollte einmal die Kultur der interessanten Kannenpflanzen versuchen. Diese insektenfangenden Pflanzen (Insectivore, auch Carnivore genannt; Familie Nepenthaceae) sind mit rund 70 Arten in feuchtwarmen Gebieten des südlichen Asien, Australiens und des indomalaiischen Raums, ja sogar auf Madagaskar verbreitet. Es sind eigentümliche ausdauernde Gewächse, die im Boden wurzeln oder epiphytisch leben. Das Bemerkenswerte an ihnen sind die zu Fallen umgebauten Blätter. Der Blattstiel ist zu einer langen Ranke geworden, an deren Ende sich die aus der Blattspreite entstandene Kanne befindet. Ein Deckel verhindert, daß es in die Kanne hineinregnet und den Verdauungssaft verdünnt. Die normale Funktion eines Blattes, die Assimilation, übernimmt der spreitenartig verbreiterte Blattgrund.

Viele Leute warten vergeblich darauf, daß der Kannendeckel herunterklappt, um einem vorwitzigen Insekt den Rückweg abzuschneiden. Doch dazu sind Kannenpflanzen nicht in der Lage. Der Deckel ist zwar bei noch jungen Blättern geschlossen, nach dem Öffnen bleibt er immer in dieser Position. Die Kanne ist so konstruiert, daß dem Insekt ein Entwischen nahezu unmöglich ist.

In Kultur befinden sich neben den Wildarten auch viele Hybriden. Von den teilweise bereits um 1860 entstandenen Sorten sind schon viele wieder verschwunden. Da Kannenpflanzen außergewöhnlich teuer sind, sollte vor dem Kauf genau geprüft werden, ob die erforderlichen Bedingungen geboten werden können. In erster Linie sind hohe Luftfeuchte und Wärme zu nennen. Größere Pflanzen können sogar zur Blüte kommen. Die langen Blütenstände der zweihäusigen Pflanzen – auf einer Pflanze kommen entweder nur männliche oder nur weibliche Blüten vor – können einen höchst unangenehmen Duft verströmen. »Füttern« muß man die Kannenpflanzen übrigens nicht. Fällt einmal ein Insekt in die Falle, so ist es eine zusätzliche, aber nicht lebensnotwendige Stickstoffquelle.

Licht: Hell, aber vor direkter Sonne geschützt. Helligkeit auch im Winter ist wichtig. An halbschattigen Plätzen entstehen nur wenige Kannen.
Temperatur: Zimmertemperatur oder wärmer bis 30 °C. Im Winter tagsüber um 20 bis 25 °C, nachts abkühlend bis auf 18 °C.
Substrat: Mischungen ähnlich einem Orchideen- oder Bromeliensubstrat (Nr. 12 oder 13, s. Seite 41), versuchsweise auch Nr. 8; pH 5 bis 5,5.
Feuchtigkeit: Stets feucht halten. Austrocknen führt zu erheblichen Schäden! Unbedingt zimmerwarmes Wasser verwenden. Hartes Wasser entsalzen. Hohe Luftfeuchte von mindestens 70% erforderlich.
Düngen: Von Frühjahr bis Herbst alle 1 bis 2 Wochen mit Blumendünger in halber Konzentration gießen.
Umpflanzen: In der Regel jährlich im späten Frühjahr. Sehr gut wachsen *Nepenthes*

Nepenthes-Hybride 'Mizuho'

in Orchideenkörbchen – besser als in Töpfen, die mindestens 14 cm Durchmesser haben müssen.

Vermehren: In der Regel durch 15 bis 20 cm lange Kopfstecklinge (mit zwei bis drei Augen), die ab Januar geschnitten werden können. Die Bewurzelung erfolgt nur bei hohen Luft- und Bodentemperaturen über 25 °C oder 30 °C. Die Verwendung eines Bewurzelungshormons empfiehlt sich. Als Vermehrungssubstrat hat sich frisches Sphagnum bewährt. Schon vor vielen Jahren stülpten die Gärtner die Töpfe um, steckten den Stiel des Stecklings durch das Abzugsloch, stopften den Oberteil des Topfes voll Sphagnum – aber nur so weit, daß die Schnittfläche des Stiels noch unbedeckt war – und stellten alles auf stets feucht zu haltendes Sphagnum. Doch lassen sich auch in reinem Torf, in den man wie sonst üblich steckt, gute Bewurzelungsergebnisse erzielen.

Besonderheiten: Im Frühjahr werden ältere Pflanzen auf wenige Augen zurückgeschnitten, um frische Austriebe mit schönen Kannen zu erhalten. Die schönsten erzielt man jedoch an jungen Pflanzen.

Nephrolepis, Schwertfarn, Nierenschuppenfarn

Die tropische *Nephrolepis exaltata* gehört in ihren verschiedenen Kulturformen zu den am häufigsten angebauten Farnen. Die Fiederblätter sind bei den einzelnen Sorten recht unterschiedlich ausgebildet, oft gewellt oder nochmals gefiedert. Die etwa 80 cm Länge erreichenden, bei anderen Sorten auch kürzeren Wedel sind mehr oder weniger schlank und hängen leicht über. *N. exaltata* bildet lange Ausläufer, die sich auf feuchtem Substrat bewurzeln und neue Pflänzchen bilden können. Die zweite in Kultur verbreitete Art, *N. cordifolia*, unterscheidet sich vorwiegend durch die kleinen schuppigen Knöllchen an den Ausläufern.

Insgesamt zählen rund 30 Arten zu dieser Gattung aus der Familie der Oeandraceae. Der Schwertfarn verträgt mehr Licht als die meisten anderen Farne und stellt auch nur mittlere Ansprüche an die Luftfeuchtigkeit.

Licht: Hell, aber besonders während der Mittagsstunden keine direkte Sonne.
Temperatur: Übliche Zimmertemperatur; auch im Winter sollte das Thermometer nicht für längere Zeit unter 18 °C absinken. Die optimale Bodentemperatur liegt bei 19 °C.
Substrat: Humussubstrate wie Nr. 1 oder 5, versuchsweise Nr. 8 (s. Seite 39 und 40); pH um 5,5.
Feuchtigkeit: Immer für mäßige Feuchtigkeit sorgen. Nässe führt zu Schäden. *Nephrolepis* reagiert nicht so empfindlich auf gelegentliches Austrocknen wie andere Farne, doch sollte es möglichst vermieden werden. Zumindest mittlere Luftfeuchte um 50 bis 60% sollte herrschen.
Düngen: Während des Hauptwachstums kräftige Düngergaben, zum Beispiel wöchentlich mit Blumendünger gießen. Zur

Nerium oleander

übrigen Zeit weniger, im Winter gar nicht düngen.
Umpflanzen: Jährlich im Frühjahr und Sommer möglich.
Vermehren: Der Schwertfarn bildet besonders bei Temperaturen von etwa 20 °C lange fadenförmige, behaarte Ausläufer, die sich bewurzeln, sobald sie auf Erde treffen. Es entstehen dann neue Pflänzchen, die abgetrennt und eingetopft werden können. Einige Sorten setzen Sporen an, die man wie auf Seite 100 beschrieben aussät. Sie entwickeln sich gut bei 20 bis 24 °C.

Nerium, Oleander

Nur während des Winters gehört der Oleander (*Nerium oleander*) ins Haus, und auch dann nicht in die warme Stube. Während der frostfreien Jahreszeit schätzt dieses im Mittelmeer beheimatete Hundsgiftgewächs (Apocynaceae) einen geschützten, vollsonnigen Platz auf der Terrasse oder im Garten. Unter günstigen Bedingungen wächst der Oleander im Laufe der Jahre zu einem mannshohen Strauch heran. In seiner Heimat erreicht er immerhin 5 m Höhe. Als Kübelpflanze schafft er dies – zum Glück – kaum. Wird er zu hoch, dann nimmt er selbst einen kräftigen Rückschnitt bis ins alte Holz nicht übel, doch sollte dies frühestens in Abständen von drei Jahren erfolgen.

Oleander überlebt zwar einen relativ dunklen Winterplatz, aber er braucht doch einige Zeit, bis er diese Roßkur überwunden hat. Prachtexemplare wird man auf diese Weise nicht erzielen. Daß es weiß- und rotblühende Oleander gibt, beschreibt schon der berühmte »Hortus

Nephrolepis cordifolia

Eystettensis« aus dem Jahre 1713. Inzwischen sind viele Farbschattierungen bis zu einem blassen Gelb hinzugekommen.

Licht: Sonnig; auch im Winter so hell wie möglich.
Temperatur: Luftiger Platz; nach den Eisheiligen bis zur Gefahr der ersten Nachtfröste in den Garten stellen. Im Winter 4 bis 8 °C.
Substrat: Vorzugsweise lehmhaltige Mischungen wie Nr. 9 oder 17 (s. Seite 40 und 42); pH um 6.
Feuchtigkeit: Stets feucht halten. Im Winter nur dann mäßig gießen, wenn die Erde völlig abgetrocknet ist.
Düngen: Von Mai bis September ein- bis zweimal wöchentlich mit Blumendünger gießen.
Umpflanzen: Junge Exemplare alle 1 bis 2 Jahre, größere Kübelpflanzen nur in weiten Abständen am Ende der Ruhezeit.
Vermehren: Stecklinge bewurzeln leicht bei üblichen Zimmertemperaturen.
Pflanzenschutz: Gegen Schildläuse hilft nur mehrmaliges Spritzen mit ölhaltigen Präparaten. Schwarzbraun verfärbte Blätter und Blüten sowie gallenartige Wucherungen deuten auf den von Bakterien verursachten »Oleanderkrebs« hin. Da eine Bekämpfung derzeit nicht möglich ist, befallene Pflanzen wegwerfen und auch keine Stecklinge davon schneiden.
Besonderheiten: Vorsicht, alle Pflanzenteile sind hochgiftig!

Nertera, Korallenmoos

Jährlich im Sommer finden wir in Blumengeschäften kleine Töpfe mit Pflanzen, die lockere Polster aus dünnen Stielchen mit kleinen runden, gegenständigen Blättern bilden und von roten Beeren wie mit Perlen übersät sind. Korallenmoos ist ein treffender Name. Es zählt zu den Krappgewächsen (Rubiaceae) und ist in Mittel- und Südamerika, aber auch in Australien und Neuseeland beheimatet. Im Frühjahr erscheinen die grünlichen, unscheinbaren Blütchen. *Nertera granadensis* (syn. *N. depressa*), wie der botanische Name lautet, läßt sich im Zimmer nicht leicht über längere Zeit am Leben erhalten. Sie will es luftig und nicht allzu warm, ganz besonders im Winter. Wer nur ein geheiztes Zimmer zur Überwinterung anbieten kann, werfe das Korallenmoos weg, wenn die Beeren ihre Schönheit verlieren.

Licht: Halbschattiger Platz. Nur während der Blüte etwas sonniger.
Temperatur: Luftig und nicht zu warm. Im Winter 10 bis 12 °C.
Substrat: Humussubstrate wie Nr. 1, 2, 3 oder 5, auch Azaleenerde (Nr. 11, s. Seite 39 und 41); pH um 5.

Nertera granadensis

Feuchtigkeit: Stets feucht halten. Während der Blüte nicht spritzen und so gießen, daß die Pflanzen nicht benetzt werden.
Düngen: Nur wenig düngen, damit die Blätter den Beerenschmuck nicht überwuchern. Etwa alle 3 bis 4 Wochen mit Blumendünger gießen, im Winter alle 8 Wochen.
Umpflanzen: Im zeitigen Frühjahr vor der Blüte oder im Spätsommer nach dem Schrumpfen oder Abwurf der Beeren. Dabei wird die Pflanze gleichzeitig geteilt.
Vermehren: Aussaat im Frühjahr möglich, doch ergibt das Teilen bessere Ergebnisse.
Besonderheiten: Über den Blüten- und Beerenansatz ist noch nicht allzu viel bekannt. Nach bisherigen Erfahrungen ist der Fruchtschmuck am reichsten, wenn die Pflanzen während der Blüte im Frühjahr heller, luftiger und weniger feucht stehen. Man sollte sie während dieser Zeit auch nicht besprühen.

Nidularium, Nestrosette

Von den über 20 Arten der Gattung *Nidularium* finden wir nur wenige im Sortiment der Gärtner, obwohl diese Ananasgewächse durchaus zu gefallen wissen. Allerdings sind sie nicht ganz anspruchslos. Auf die große Ähnlichkeit mit *Neoregelia* sowie die Unterschiede wurde bereits bei dieser Gattung hingewiesen (s. Seite 352).

Nidularium innocentii

Eine bescheidene Bedeutung als Topfpflanze haben vorwiegend *Nidularium innocentii* mit einigen Varietäten wie der hübsch gelb gestreiften *N. i.* var. *lineatum*. Sie alle besitzen kräftig rot gefärbte Herzblätter, ähnlich wie die mit etwas derben Blattrandstacheln versehene *N. fulgens*. Intensiv gelb färben sich dagegen die Herzblätter von *N. billbergioides*, obwohl es auch von ihr rote Auslesen gibt.

In Pflege und Verwendung entsprechen die Nidularien weitgehend den Neoregelien, allerdings vertragen sie weniger Sonne – sie wollen es immer leicht beschattet – und sollten im Winter nicht unter 18 °C stehen.

Nolina

Das Agavengewächs *Nolina recurvata*, meist noch unter dem nicht mehr gültigen Namen *Beaucarnea recurvata* angeboten, ist nicht nur eine sehr attraktive Pflanze für große Wohnräume und Wintergärten, sondern auch eine sehr robuste, die sich leicht pflegen läßt. Sie stammt aus Mexiko, wo leider noch immer alte Exemplare abgehackt und per Schiff zu uns transportiert werden. Da sie einen kugeligen, korkig-rissigen Stamm bilden, der nach dem Abschlagen wieder austreibt,

überleben die Pflanzen diese Roßkur. Nach dem Austrieb sehen sie zwar bizarr aus, haben aber nicht mehr den typischen symmetrischen Aufbau.

Um die natürlichen Bestände zu schützen, sollten wir nur aus Samen gezogene Pflanzen erwerben, die mit ihrer runden, kugeligen Basis und den bis zu 1 m langen, gleichmäßig um den Stamm verteilten Blättern leicht zu erkennen sind. Da sie schnell wachsen, ist die Anzucht aus Samen völlig unproblematisch. Ältere Pflanzen passen kaum mehr in ein übliches Wohnzimmer.

Zur Blüte kommen die Pflanzen erst im Alter. Die großen Blütenstände wird man deshalb nur in großen Palmenhäusern erwarten dürfen.

Licht: Heller, sonniger Stand.
Temperatur: Zimmertemperatur oder wärmer. Im Sommer ist auch der Aufenthalt auf der Terrasse möglich. Im Winter können sie kühler stehen bis etwa 10 °C; sie vertragen aber bei genügend hellem Stand auch höhere Temperaturen.
Substrat: Nr. 1, 2, 5, 8, 9, 17 (Seite 39 bis 42); pH um 6.
Feuchtigkeit: Jeweils gießen, wenn die Erde abgetrocknet ist. Kurzfristige Trockenheit schadet nicht.
Düngen: Alle 1 bis 2 Wochen mit Blumendünger in angegebener Konzentra-

tion gießen; im Winter je nach Temperatur alle 3 bis 4 Wochen.
Umpflanzen: Jungpflanzen jährlich, ältere Exemplare dagegen in größeren Abständen.
Vermehren: Nur durch Saatgut möglich, das gelegentlich angeboten wird. Die Samen keimen leicht bei Bodentemperaturen über 20 °C.
Pflanzenschutz: Sehr widerstandsfähig, lediglich Woll- oder Schmierläuse können lästig werden. Gegebenenfalls mit Blattglanzmitteln übersprühen.

Notocactus

Beliebte, auch für den Anfänger geeignete Kakteen stammen aus der in Südamerika von Brasilien bis Argentinien verbreiteten Gattung *Notocactus*, die nahe mit *Parodia* verwandt ist und von einigen Botanikern dieser einverleibt wird. Entscheidet man sich für die Beibehaltung der Gattung *Notocactus*, so gehören *Brasilicactus, Eriocactus, Neonotocactus* und *Wigginsia* (syn. *Malacocarpus*) dazu. Das klingt verwirrend, aber man sollte es wissen, um einen Kaktus aus diesem Formenkreis zu erkennen.

Die Notokakteen sind kugelige bis kurzsäulige Pflanzen, deren Rippen durch Querrinnen unterbrochen sind. Bemerkenswert sind die sehr großen, vorwiegend gelben Blüten, die schon an kleinen Exemplaren meist im Sommer erscheinen. Typisch sind die oft roten Narben. Zum Standardkakteensortiment zählen Arten wie *N. leninghausii* mit seinem dichten, selten weiß, in der Regel goldgelb gefärbten Dornenkleid, *N. mammulosus* mit den kleinen Rand-, aber kräftigen Mitteldornen sowie die etwas heiklere Art *N. scopa* mit ebenfalls dichtborstiger Bedornung, die je nach Varietät unterschiedlich gefärbt ist.

Die verbreitetste Art dürfte *N. ottonis* sein, deren meist dunkelgrüne Körper nur wenig von den kurzen Randdornen bedeckt werden. Die bis zu vier bräunlichen Mitteldornen werden mit maximal 2,5 cm etwas länger.

Die Pflege der Pflanzen gibt keine großen Rätsel auf. Da sie im Winter keine allzu niedrigen Temperaturen verlangen, ist die Fensterbankkultur empfehlenswert.

Licht: Hell, aber besonders während der Mittagsstunden leicht schattiert. Arten mit dichtem Dornenkleid vertragen mehr Sonne.
Temperatur: Warmer, aber luftiger Platz mit nächtlicher Abkühlung. Im Winter um 10 °C.

Nolina recurvata

Notocactus leninghausii

Notocactus ottonis

Substrat: Übliche Kakteenerde (Nr. 14, s. Seite 41); pH um 6.
Feuchtigkeit: Während des Wachstums mäßig feucht halten. Im Winter nur bei kühlem Stand völlig trocken halten. Ansonsten das Substrat sporadisch leicht anfeuchten.
Düngen: Bei deutlichem Wachstum alle 3 Wochen mit Kakteendünger gießen.
Umpflanzen: In der Regel alle 2 Jahre im Frühjahr.
Vermehren: Anzucht aus Samen, die ohne Erdabdeckung bei Bodentemperaturen zwischen 20 und 25 °C keimen.

× Odontioda

Die Orchideenhybriden × *Odontioda* sind nichts anderes als der Versuch der Züchter, durch Einkreuzen von roten *Cochlioda* diese Farbe mit den *Odontoglossum*-Blüten zu verbinden. In ihrer Form sind × *Odontioda* nicht von *Odontoglossum* zu unterscheiden. Sie erweisen sich jedoch als weniger empfindlich gegen hohe Temperaturen als *Odontoglossum*.

Vor Sonne sind die Pflanzen mit Ausnahme der Wintermonate zu schützen. Eine strenge Ruhezeit machen sie nicht durch, sind also das ganze Jahr über entsprechend zu gießen, bei kühlem Winterstand aber etwas weniger. Im Sommer sollte die Temperatur tagsüber nicht über 25 °C ansteigen und nachts deutlich absinken, im Winter sind tagsüber 18 bis 20, nachts 14 bis 16 °C empfehlenswert (Bild s. Seite 154).

× Odontocidium

Bei der Pflege der Orchideen aus der Gattung *Odontoglossum* bereitet es meist einige Schwierigkeiten, die gewünschten niedrigen Temperaturen zu schaffen. Die aus Kreuzung mit *Oncidium* hervorgegangenen × *Odontocidium* sind etwas weniger anspruchsvoll und darum auch leichter zu pflegen. Auch die Ansprüche an die Luftfeuchte bleiben niedriger. Sie gedeihen auch leichter als die *Oncidium*-Arten und -sorten, da sie mehr Wuchskraft mitbringen. Allerdings wird die Blütenrispe besonders bei starken Pflanzen sehr groß. Sie machen keine ausgesprochene Ruhe-

zeit durch, sind sonst weitgehend wie Oncidien zu pflegen. Die Temperaturen sollten auch im Sommer nicht weit über Zimmer-

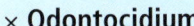

× Odontocidium
(Elles Triumph)

temperatur hinausgehen und nachts deutlich absinken. Im Winter genügen tagsüber um 18 °C, nachts um 14 °C.

Kommt zu den × Odontocidium-Eltern noch als dritte Gattung Cochlioda hinzu, so sind wir bei den × Wilsonara-Hybriden, die sich von × Odontocidium fast nicht unterscheiden lassen.

Odontoglossum

Wer Orchideen der Gattung Odontoglossum pflegen will, hat die gleichen Schwierigkeiten zu überwinden wie bei der Kultur anderer Gebirgspflanzen. Die üblichen Zimmertemperaturen sind besonders im Winter zu hoch. Viele der rund 100 im tropischen Amerika beheimateten Arten kommen in Höhenlagen zwischen 1500 und 3000 m vor. Die Temperatur steigt auch am Tag nicht auf »tropische« Werte, und nachts kühlt es deutlich ab. Gerade letzteres läßt sich bei der Zimmerkultur nur schwer bewerkstelligen. So sind Orchideen dieser Gattung auch nicht dem Anfänger, sondern dem fortgeschrittenen Pflanzenfreund zu empfehlen, der bemüht ist, den Pflanzen gemäße Bedingungen zu schaffen.

Ging man früher davon aus, daß sich die Gattung Odontoglossum aus rund 250 Arten zusammensetzt, so hat sich inzwischen die Meinung durchgesetzt, daß einige davon als neue Gattungen abzutrennen sind. Das Ergebnis ist eine große Konfusion, denn viele vertraute Pflanzen begegnen uns nun unter unbekannten Namen wie

Cuitlauzina, Gomesa, Lemboglossum, Miltonioides, Osmoglossum, Rossioglossum und Ticoglossum. Sie werden der Übersichtlichkeit halber in diesem Buch zusammen unter Odontoglossum besprochen, zumal die Pflege keine wesentlichen Unterschiede aufweist.

Eine der verbreitetsten Arten ist Lembo-glossum bictonense, obwohl der reichbesetzte Blütenstand eine Höhe von 1 m erreicht und damit »Fensterbank-Maße« sprengt. Aber diese Art hat sich wie Lemboglossum maculatum und die ebenfalls recht großen Odontoglossum harryanum, O. cariniferum und Miltonioides laeve ganz gut im Zimmer bewährt. Ein Nachteil mancher Odontoglossum und Verwandter sei nicht verschwiegen: Die langen Blütenstände von rund 1 m müssen an Stäben befestigt werden, um nicht abzubrechen, oder hängen nach unten und machen es auch bei der Fensterbankkultur erforderlich, den Pflanzen einen erhöhten Standplatz zuzuordnen.

Die schönen goldgelb-braun gefleckten Blüten von Rossioglossum grande haben dieser Orchidee viele Freunde beschert. Sie will, wie auch Cuitlauzina pendulum, Osmoglossum pulchellum und Lemboglossum rossii, kühle Winter mit fast völliger Trockenheit.

Licht: Heller bis halbschattiger Platz ohne direkte Sonne während der Mittagsstunden sowie der Sommermonate.
Temperatur: Im Sommer möglichst nicht viel über 20 °C, dabei nachts deutlich kühler (wenn möglich etwa 16 bis 15 °C). Im Winter Odontoglossum crispum 18 °C, nachts 14 °C; die übrigen um 16 °C tagsüber und 12 °C nachts, Arten wie

Rossioglossum grande und Cuitlauzina pendulum auch kühler (um 10 °C).
Substrat: Übliche Orchideensubstrate aus groben Bestandteilen (Nr. 13, siehe Seite 41); pH um 5.
Feuchtigkeit: Während des Wachstums Substrat nie austrocknen lassen. Im Winter die meisten Arten nur wenig gießen. Völlige Trockenheit bei Arten wie Rossioglossum grande und Cuitlauzina pendulum nur bei sehr hoher Luftfeuchte zu empfehlen; ansonsten gelegentlich besprühen und dabei Substrat leicht anfeuchten. Luftfeuchte möglichst über 70%.
Düngen: Im Frühsommer und Sommer alle 2 bis 3 Wochen mit Blumendünger in halber Konzentration gießen.
Umpflanzen: Alle 2 bis 3 Jahre im Frühjahr oder Herbst.
Vermehren: Rückbulben beim Umtopfen abtrennen. Im allgemeinen gibt man sie zunächst mit feuchtem Perlite zusammen in eine Plastiktüte, bis die ersten Wurzelspitzen sichtbar sind.

× Odontorettia

Im Reigen der Orchideenhybriden unter Beteiligung der Gattung Odontoglossum sei auch auf × Odontorettia hingewiesen, die Sorten mit roten oder violetten Blüten von einer bestechenden Farbintensität vorzuweisen hat. Auch dieser Gattungsbastard hat nicht das ausgeprägte Kältebedürfnis wie die Odontoglossum-Arten. Vom anderen Elternteil, der Gattung Comparettia, stammt eine andere Schwierigkeit, nämlich die Neigung, sich nahezu totzublühen. Man sollte deshalb hin und

Lemboglossum rossii

Rossioglossum grande

x Odontorettia (Mandarine) 'Maja'

wieder – so schwer es einem fallen mag – einen Blütentrieb abschneiden, um die Pflanze zu schonen. Insgesamt bleiben × *Odontorettia* kleiner als *Odontoglossum*. Die Pflege entspricht × *Vuylstekeara*.

Oncidium

Diese große Orchideengattung aus dem tropischen Amerika gehört zu den artenreichsten der Familie. Rund 450 mögen es nach neueren Angaben sein. Oncidien kommen im Flachland und in Höhenlagen bis über 2500 m vor. Entsprechend unterschiedlich sind die Ansprüche. Für die Pflege auf der Fensterbank kommen die meisten nur bedingt in Frage.

Einige Oncidien werden inzwischen anderen Gattungen zugerechnet, wie *Cuitlauzina, Leochilus, Odontoglossum* und *Psychopsis*. Sie werden hier weiterhin unter *Oncidium* besprochen, zumal die Namensgebung für die Pflege keine Rolle spielt.

Von den Pflegeansprüchen her unterscheidet man verschiedene Gruppen. Zur ersten zählen Oncidien, die kühle Standorte verlangen. Hierzu gehören Arten wie *O. flexuosum, O. incurvum, O. ornithorhynchum* und *O. tigrinum*. Sie eignen sich – auch wenn sie ein wenig groß werden – für die Zimmerkultur, wenn genügend gelüftet und besonders im Winter ein kühler Platz geboten werden kann.

Wer Erfahrungen mit diesen Orchideen sammeln will, dem sei besonders *O. ornithorhynchum*, das Vogelschnabel-*Oncidium*, empfohlen. Die zweite, die umfangreichste Gruppe, beansprucht zumindest »gemäßigte« Wärme; der Gärtner würde sie als Orchideen fürs temperierte

oder Warmhaus bezeichnen. Sie sind ähnlich wie Cattleyen zu behandeln und können gut mit diesen gemeinsam kultiviert werden. Sie sind jedoch empfindlicher, zum Beispiel gegen zuviel Sonne. Auch die zarten Wurzeln verdeutlichen, daß sie sorgsam behandelt werden wollen. Gerade die attraktivsten und populärsten dieser Gruppe, etwa *Psychopsis papilio* und *P. kramerianum*, lassen sich kaum längere Zeit erfolgreich auf der Fensterbank pflegen. Sie gedeihen besser im geschlossenen Blumenfester, in der Vitrine oder im Kleingewächshaus.

Innerhalb dieser großen Orchideengruppe gibt es Arten mit Pseudobulben wie *Oncidium forbesii, O. gardneri* und die »Schmetterlingsorchideen« *Psychopsis kramerianum* und *P. papilio*. Arten mit Pseudobulben sind in der Regel robuster. Viele Oncidien haben aber die Pseudobulben bis auf kleine Reste reduziert, oder sie fehlen völlig. Dafür haben die Blätter die Speicherfunktion übernommen und sind fleischig, sukkulent geworden. Beispiele hierfür sind *Oncidium bicallosum, O. carthagenense, O. cavendishianum, O. cebolleta, O. luridum* (syn. *O. guttata*), *O. lanceanum, O. splendidum* und *O. triquetrum*. Diese Arten ohne oder mit stark zurückgebildeten Pseudobulben tolerieren meist höhere Temperaturen. Das sehr kleine, zarte und empfindliche *O. triquetrum* gehört zu einer

Gruppe von Arten, die unter Orchideenfreunden als »Variegata-Oncidien« – nach *O. variegatum* – bekannt sind. Es sind von den Karibischen Inseln stammende Pflanzen, die zwar klein bleiben, es aber wärmer haben wollen und mit Fingerspitzengefühl zu gießen sind. Auf Hawaii entstanden Hybriden aus verschiedenen Variegata-Oncidien, die von berückender Farbigkeit und Zeichnung sind und nicht sehr groß werden, allerdings nur dem erfahrenen Orchideenkultivateur zu empfehlen sind.

Auch bei den Blüten gibt es Unterschiede. Sie stehen entweder einzeln oder zu wenigen am Stiel und erreichen bei *Psychopsis kramerianum* und *P. papilio* rund 10 cm. Meist finden sie sich jedoch in großer Zahl in langstieligen Trauben oder Rispen und erreichen nur wenige Zentimeter Größe.

Licht: Heller bis halbschattiger Platz, keine direkte Sonne. Arten mit dickfleischigen Blättern sind sonnenverträglicher.
Temperatur: Arten für kühle Standorte im Winter bei 12 bis 15 °C nachts, tagsüber je nach Sonneneinstrahlung um 18 bis 22 °C. Im Sommer bis 25 °C an hellen Tagen. Nachts lüften und deutlich abkühlen lassen. Wärmebedürftige Arten im Winter nachts bei 16 bis 18 °C, tagsüber um 22 bis 24 °C, im Sommer auch darüber.
Substrat: Gute Dränage bei Topfkultur wichtig, da es sonst leicht zu Wurzelfäul-

Oncidium ornithorhynchum 'Renate'

nis kommt. Orchideensubstrate mit groben Bestandteilen (Nr. 13, s. Seite 41); pH um 5 bis 5,5. Für Variegata-Oncidien haben sich Mischungen aus Orchideenrinde oder Merantiholz, Korkstückchen und Holzkohle bewährt.

Feuchtigkeit: Während des Winters, wenn das Wachstum abgeschlossen ist, machen viele Oncidien eine Ruhe durch, während der nur soviel gegossen wird, daß Pseudobulben oder die sukkulenten Blätter nicht eintrocknen. Mit Triebbeginn im Frühjahr wird häufiger gegossen, doch stets Nässe vermieden. Der Wachstumsrhythmus kann sich etwas verschieben. Dem muß beim Gießen Rechnung getragen werden. Arten, die im Winter ihren Blütenstand entwickeln, erhalten mehr Feuchtigkeit. Kein hartes Wasser verwenden. Grundsätzlich Luftfeuchte mindestens bei 60%, doch nur vorsichtig oder nicht sprühen, damit die Neutriebe nicht faulen. Wer die Wasser- und Nährstoffversorgung bei empfindlichen Oncidien über das Sprühen sicherstellt, muß auf eine ausreichende Luftbewegung achten.

Düngen: Während des Wachstums alle 2 bis 3 Wochen mit Blumendünger in halber Konzentration. Empfindliche Arten wie die Variegata-Oncidien werden am besten mit schwachen Düngerlösungen (etwa 0,1%ig) besprüht.

Umpflanzen: Bei Bedarf am Ende der Ruhezeit.

Vermehren: Beim Umtopfen in nicht zu kleine Gruppen teilen.

Besonderheiten: Arten wie *Psychopsis kramerianum*, *P. papilio* und deren Hybride *P.* (Kalihi) können am selben Stiel mehrere Jahre hintereinander blühen, darum nicht abschneiden.

Ophiopogon, Schlangenbart

Die sehr bescheidenen Ansprüche an Licht und Temperatur machen den Schlangenbart zu einer wertvollen Zimmerpflanze. Besonders für Wintergärten oder schattige Plätze in mäßig geheizten Räumen ist er geradezu unentbehrlich. Ausgepflanzt in Trögen oder Wintergärten ist der Schlangenbart ein hervorragender Bodendecker. Als besonders auffällige Schönheit kann man ihn allerdings nicht bezeichnen. Sein Laub ist grasähnlich, etwa bei *Ophiopogon japonicus*, bei anderen Arten und Sorten nur wenig breiter, so bei *O. jaburan* und seinen Sorten.

Von letzterem gibt es einige mit gelbgrün gestreiftem Laub, die kaum auseinanderzuhalten sind.

Überhaupt ist die Konfusion recht groß, denn die nahe verwandte Gattung *Liriope* läßt sich nur schwer vom Schlangenbart unterscheiden. Bei vielen als *Liriope muscari* im Handel auftauchenden Pflanzen handelt es sich um *Ophiopogon-jaburan*-Sorten. Nur die Blüte kann über die Zugehörigkeit Aufschluß geben: der Fruchtknoten ist bei *Ophiopogon* halbunterständig, bei *Liriope* oberständig. Doch für die Pflege ist das nicht entscheidend; beide Gattungen sind gleich zu behandeln.

Zum Schlangenbart, wie *Liripoe* ein Liliengewächs (Liliaceae oder Convalla-

riaceae), zählen vier Arten, die von Indien bis Korea und in Japan verbreitet sind. Als Bodendecker bietet sich besonders *O. japonicus* wegen der starken Ausläuferbildung an. Beide Gattungen sind auch hübsche bodendeckende Stauden für den Garten, jedoch nur für warme, geschützte Plätze. Doch selbst dort sind Ausfälle im strengen Winter unvermeidlich.

Licht: Hell bis schattig; keine direkte Sonne. Buntlaubige Sorten nicht völlig schattig aufstellen.

Temperatur: Kühl; im Winter genügt es, wenn das Zimmer oder Gewächshaus gerade frostfrei ist. Möglichst nicht über 10 bis 15 °C, besonders nachts. Im Sommer Zimmertemperatur. Luftig, nachts abkühlend.

Substrat: Übliche Blumenerden; pH um 6.

Feuchtigkeit: Stets mäßig feucht halten.

Düngen: Von Frühjahr bis Herbst alle 2 Wochen mit Blumendünger gießen. Im Winter alle 4 Wochen, wenn die Pflanzen hell stehen.

Umpflanzen: Alle 1 bis 2 Jahre von Frühjahr bis Herbst möglich.

Vermehren: Beim Umtopfen teilen; Samen werden kaum angeboten.

Oplismenus, Stachelspelze

Aus der Familie der Gräser (Gramineae) haben sich nicht allzu viele Gattungen und Arten als Zimmerpflanzen durchgesetzt. Auch von der Stachelspelze kann man dies nicht behaupten. Von den sechs Arten der Gattung *Oplismenus* treffen wir nur gelegentlich *O. hirtellus* aus Mittel- und Südamerika. Daß er nicht weiter verbreitet ist, liegt an seinen hohen Ansprüchen in bezug auf Temperatur und Luftfeuchte. Ist beides vorhanden, wächst und gedeiht er leicht.

Von *O. hirtellus* vermehren wir ausschließlich die attraktiveren buntlaubigen Formen, die entweder grün-weiß panaschiert sind oder noch zusätzlich eine rötliche Tönung aufweisen. Die Halme wachsen zunächst aufrecht, legen sich aber mit zunehmender Länge dem Boden an oder – in Ampeln gehalten – hängen über.

Um besonders reich garnierte Pflanzen zu erhalten, stecken wir gleich zehn oder mehr Kopfstecklinge in einen Topf und stellen ihn bei etwa 25 °C zur Bewurzelung auf. Die Pflege der Stachelspelze ist ansonsten mit der von *Episcia* zu vergleichen.

Ophiopogon jaburan 'Vittatus'

Oplismenus hirtellus 'Variegatus', dahinter Dieffenbachia maculata 'Rudolph Roehrs'

Opuntia

In einer Sammlung sukkulenter Pflanzen dürfen Opuntien nicht fehlen. Zu den kugeligen oder säulenförmigen Gestalten anderer Kakteen bilden sie eine hübsche Ergänzung. Der Feigenkaktus zeigt deutlich das typische Merkmal dieser Gattung: die flachen Sproßglieder. Typisch ist dies jedoch nur für die Untergattung *Platyopuntia*. Daneben unterscheidet man Untergattungen (früher selbständige Gattungen) mit im Querschnitt rundlichen Sproßgliedern: *Austrocylindropuntia, Cylindropuntia* und *Tephrocactus*.

Platyopuntia, Feigenkaktus

Immer wieder bringen Reisende aus dem Mittelmeergebiet Sproßglieder der dort verbreiteten Feigenkakteen (*Opuntia ficus-indica*) mit, doch sollte man das lieber bleiben lassen. Die über 5 m hohen Feigenkakteen mit ihren 40 cm und länger werdenden Sproßgliedern sind für die Zimmerkultur ungeeignet. Ausgepflanzt in einem hohen Gewächshaus können sich die Feigenkakteen besser entfalten und kommen dann auch zur Wirkung.

Die bekannteste und verbreitetste Zimmerpflanze unter den Opuntien ist die kleinbleibende *O. microdasys*. Sie besitzt keine Mitteldornen, aber man sollte sich doch hüten, die Pflanzen anzufassen! Was wie eine weichwollige Areole aussieht, ist ein Polster mit winzigen Dornen, sogenannte Glochidien. Diese Glochidien sind typisch für Opuntien. Die so kleinen und harmlos aussehenden »Dörnchen« entpuppen sich bei starker Vergrößerung als spitze Pfeile mit hinterlistigen Widerhaken (s. Seite 31).

Wer einmal mit Glochidien in Berührung kam, weiß, daß sie kaum aus der Haut zu entfernen sind. Aber die Glochidienpolster sind die besondere Zierde dieser Pflanzen und können je nach Varietät weiß, gelblich oder rötlichbraun gefärbt sein. Eine glochidienfreie, dicht »weißhaarige« Abart, die Varietät *albata*, ist bislang im Handel selten.

So hübsch diese Opuntie ist, so hat sie doch den Nachteil, daß sie in Kultur nur selten zur Blüte kommt. Dies muß man leider bei vielen Opuntien in Kauf nehmen, doch sind sie auch ohne Blüten attraktiv genug. Besonders schön bedornte Opuntien sind *O. erinacea* (syn. *O. hystricina*), *O. leucotricha*, *O. pycnantha* und andere.

Austrocylindropuntia

Es gibt nahezu kein Kakteensortiment im Blumenhandel, in dem nicht ein säulenförmiger Kaktus vorkommt, der runde, fleischige, zugespitzte, an größeren Pflanzen bis zu 10 cm lange pfriemliche Blätter besitzt. Von unten her werden nach und nach die Blätter abgeworfen, so daß stets nur die Spitze belaubt ist. Bei diesem ungewöhnlichen Kaktus handelt es sich um *Opuntia subulata*, früher zur Gattung *Austrocylindropuntia* gerechnet. Heute stellt *Austrocylindropuntia* eine 15 Arten umfassende Untergattung innerhalb der großen Gattung *Opuntia* dar. *O. subulata* ist ein in Südamerika weitverbreiteter, dort bis zu 4 m hoch werdender Strauch. Was hier zum Kauf angeboten wird, sind die gerade bewurzelten Spitzen der sich im Alter reich verzweigenden runden, nicht gerippten Sprosse. Sie wachsen zunächst in die Länge und sehen nicht besonders attraktiv aus. Das ändert sich erst bei größeren Exemplaren, wenn sie sich zu verzweigen beginnen. Die orangefarbenen Blüten sind erst bei größeren Exemplaren zu erwarten. Kulturwürdiger ist eine monströse Form ('Crispa'), die jedoch immer wieder in die ursprüngliche zurückschlägt.

Opuntia microdasys

Opuntia clavarioides

Neben *O. subulata* werden gelegentlich weitere, noch schönere Arten wie die dicht weiß behaarten *O. vestita* angeboten sowie *O. cylindrica*. Interessant ist die als »Negerfinger« bekannte *O. clavarioides* mit kleinen bräunlichen, an der Spitze oft geweih- oder handartig geteilten Trieben.

Die robuste und leichtwachsende *O. subulata* ist eine geschätzte Pfropfunterlage für schwächerwachsende Arten dieser Gattung.

Cylindropuntia

Dem aufmerksamen Reisenden durch mediterrane Länder wird neben dem allgegenwärtigen Feigenkaktus vielleicht ein weiterer Kaktus auffallen, der zwar ähnlich aufgebaut ist, jedoch nicht flache, sonder zylindrische Glieder besitzt. Entsprechend wurden diese Pflanzen auch als *Cylindropuntia* bezeichnet – inzwischen eine Untergattung von *Opuntia*. Bei der im Mittelmeerraum verbreiteten Pflanze handelt es sich um *Opuntia tunicata*, die man früher als Stacheldrahtersatz auf Mauern setzte, heute wegen der eindrucksvollen Bedornung in subtropischen Gärten anpflanzt.

Bei uns kultivierte Pflanzen zeigen eine weitaus geringere Bedornung, dennoch vermögen sie Kakteensammlungen zu bereichern. Opuntien aus dieser Untergattung werden auch als Hosendornen-Opuntien bezeichnet, da ihre Dornen von einer abgestorbenen Hülle überzogen sind, die sich erst im Alter löst. Neben *O. tunicata* sind noch weitere

Arten wie *O. imbricata* mit etagenweise angeordneten Seitensprossen sowie *O. bigelowii* in Kultur.

Tephrocactus

Die vierte Gruppe in der großen Kakteengattung *Opuntia* stellt die Untergattung *Tephrocactus* dar, deren Arten zylindrische, meist kurze Sproßglieder besitzen und aufgrund ihrer reichen Verzweigung im Alter fast polsterförmige Gruppen bilden. Sie kommen vorwie-

Opuntia articulata ‘Papyracantha’

gend in den Höhenlagen der Anden vor und vertragen während der winterlichen Ruhezeit sehr niedrige Temperaturen – vorausgesetzt, sie stehen völlig trocken.

Die bekannteste Art ist der »Papierschnipselkaktus« *Opuntia articulata* ‘Papyracantha’, deren Dornen in dünne holzspanartige Gebilde umgewandelt sind.

Licht: Helle bis sonnige Standorte; an direkte Einstrahlung gewöhnte Pflanzen nehmen auch Prallsonne nicht übel.
Temperatur: Warmer, aber luftiger Platz mit nächtlicher Abkühlung. Im Winter um 10 °C. Es gibt auch winterharte Arten, die an einem trockenen Platz im Garten den Winter überdauern, wie zum Beispiel *O. phaeacantha*, *O. polyacantha*, *O. erinacea* var. *utahensis* (syn. *O. rhodantha*), *O. fragilis* und *O. vulgaris*. Aufgrund ihrer Herkunft nehmen die meisten Tephrokakteen im Winter mit niedrigen Temperaturen von 3 bis 10 °C vorlieb. Kakteen aus den Untergattungen *Austrocylindropuntia* und *Cylindropuntia* können etwas wärmer überwintert werden als die der Untergattung *Platyopuntia*, doch nicht über 15 °C.
Substrat: Übliche Kakteenerde (Nr. 14, s. Seite 41); pH um 6.
Feuchtigkeit: Von Frühjahr bis Herbst wachsen die Pflanzen, manche mit einer kleinen Pause im Sommer. Während des Wachstums mäßig feucht halten. Ansonsten gießen, wenn die Erde abgetrocknet ist. Im Winter völlig trocken halten.
Düngen: Bei deutlichem Wachstum alle 2 bis 4 Wochen mit Kakteendünger

gießen. Wird häufig gedüngt, werden die Opuntien bald zu groß.

Umpflanzen: In der Regel alle 2 Jahre, große Exemplare auch in längeren Abständen. Je größer man den Topf wählt, umso schneller erreichen die raschwachsenden Arten die räumlichen Grenzen ihrer Umgebung. Achtung, Kontakt mit den Glochidien vermeiden!

Vermehren: Leicht möglich durch einzelne Sproßglieder, die man nach dem Abtrocknen der Wunde in mäßig feuchtem Substrat bei etwa 20 °C Bodenwärme bewurzelt.

Oxalis, Sauerklee, »Glücksklee«

Was uns die rund 800 Arten umfassende Gattung *Oxalis* aus der Familie der Sauerkleegewächse (Oxalidaceae) an interessanten Topfpflanzen zu bieten hat, ist bei weitem nicht ausgeschöpft. Einzig der »Glücksklee« (*Oxalis tetraphylla*, syn. *O. deppei*) findet vorzugsweise zum Jahreswechsel viele Interessenten. Dabei ist er gar keine ideale Zimmerpflanze. Die meisten Pflänzchen verlieren im Zimmer schon nach kurzer Zeit ihr hübsches Aussehen; sie bilden lange, gewundene Stiele, da sie zu warm und zu dunkel stehen. Kann man aber zwischen Zimmer- und Gartenaufenthalt abwechseln, dann hat man viel Freude an ihnen.

Der Glücksklee besitzt kleine Zwiebelchen, keine Knollen, wie noch überall zu lesen ist. Will man zu Weihnachten oder Neujahr Glückskleepflänzchen, dann eignen sich die Zwiebelchen aus dem Garten nur wenig. Sie müßten bereits ab Oktober getopft werden, sind zu diesem Zeitpunkt aber noch nicht ausgereift. Die zu den Feiertagen käuflichen Pflänzchen stammen aus letztjährigen Zwiebeln, die längere Zeit im Kühlhaus bei 1 °C zugebracht haben. Im Garten geerntete Zwiebeln kommen erst ab Anfang April in den Topf. Ab Mai ist der Garten der beste Aufenthaltsort, wo sie bis Oktober stehen bleiben.

Oxalis adenophylla, eine reizvolle Staude aus Argentinien mit graugrünem Laub aus dicht beieinander stehenden Teilblättchen und großen blaurosa Blüten, wird gelegentlich im Topf angeboten. Die Pflanzen überleben im warmen Zimmer nicht lange, sind dagegen ein wahrer Schatz für das kühle Alpinenhaus.

O. articulata mit frischem, hellgrünem Laub ähnlich dem heimischen Weißklee stammt aus Paraguay und erträgt etwas höhere Temperaturen, sollte aber dennoch luftig und im Winter möglichst nicht über 15 °C stehen. Es gibt verschie-

Oxalis tetraphylla 'Iron Cross'

Oxalis triangularis

Oxalis ortgiesii

len hohe Wärme und Luftfeuchte, sind außerdem empfindlich gegen übernäßtes Substrat. Für die Fensterbank sind beide nicht geeignet.

Licht: *Oxalis tetraphylla* volle Sonne, *O. adenophylla* und *O. triangularis* sehr hell, aber im Sommer vor direkter Mittagssonne geschützt, die beiden genannten Warmhausarten ohne direkte Sonne.
Temperatur: Glücksklee, *O. adenophylla* und *O. articulata* kühl halten, im Zimmer möglichst nicht über 15 °C. Zwiebeln kühl lagern, gerade frostfrei. Warmhausarten nicht unter 20 °C.
Substrat: Humussubstrate wie Nr. 1, 2 oder 5 (s. Seite 39); pH um 6.
Feuchtigkeit: Zwiebeln ab Oktober bis April trocken lagern. Ansonsten wenig anspruchsvoll. *O. articulata* will keine Ruhezeit. Warmhausarten nicht unter

60% Luftfeuchte; ganzjährig vorsichtig gießen, aber nie austrocknen lassen.
Düngen: Alle 2 bis 3 Wochen von Frühjahr bis Herbst mit Blumendünger in angegebener Konzentration gießen.
Umtopfen: Warmhausarten jährlich im Frühjahr oder Sommer. Von den Glücksklee-Zwiebeln beim Ernten im Herbst die ganze alte Erde abschütteln. Zwiebeln ab April mindestens zu fünft etwa 1 cm tief einpflanzen.

Vermehren: Warmhausarten durch Kopfstecklinge im Frühjahr, die sich aber nur bei gespannter Luft und mindestens 25 °C Bodentemperatur bewurzeln. Der Glücksklee bildet kleine Brutzwiebeln. Die Aufzucht lohnt kaum, da ausgewachsene Zwiebeln jährlich billig angeboten werden. *O. articulata* besitzt kräftige Rhizome, die sich in Teilstücke zerschneiden lassen.

dene Auslesen mit Blüten in hellem oder kräftigem Rosa oder in Weiß, die im Frühjahr erscheinen.

Große, tief purpurrote Blätter machen Selektionen von *O. triangularis* aus Brasilien zu einer sehr attraktiven Erscheinung. Die Stauden breiten sich mit schuppigen Rhizomen aus. Die sehr lichtbedürftigen Pflanzen leiden im Winter, so daß eine Ruhezeit empfehlenswert zu sein scheint.

Die Blätter von *Oxalis tetraphylla* und vieler anderer Sauerklee-Arten klappen nachts mehr oder weniger zusammen. Diese Schlafbewegung ist ganz natürlich.

Die Gattung *Oxalis* weist auch eine unerwünschte Topfpflanze auf: *Oxalis corniculata*, den Horn-Sauerklee. Dieses inzwischen nahezu weltweit verbreitete Unkraut ist für manche Gärtner zu einer wahren Plage geworden. In Kakteen- und Orchideengärtnereien läßt sich der Klee kaum mehr ausrotten. Die Samen werden weit weg geschleudert, weshalb dieses Unkraut an den entlegensten, sogar höher gelegenen Plätzen auftaucht. Mit Topfpflanzen schleppt man gelegentlich den Horn-Sauerklee mit ein. Soll er sich nicht in einer Sammlung ausbreiten, dann hilft nur konsequentes Entfernen, auch wenn man ihn zunächst ganz hübsch findet.

Für die Besitzer von Vitrinen oder Kleingewächshäusern seien noch zwei Leckerbissen genannt: die wärmebedürftigen *Oxalis ortgiesii* mit bräunlichen Blättern und die grazile, herrlich leuchtendrote Blätter hervorbringende *Oxalis hedysaroides* 'Rubra'. Beide sind für die Fensterbank nicht geeignet, wol-

Pachypodium lamerei

Pachyphytum oviferum

Pachypodium lamerei

Pachyphytum, Dickblatt

Gelegentlich sieht man im Angebot der Blumengeschäfte eine kleine sukkulente Pflanze mit nahezu eirunden, weißbereiften Blättern. Die Engländer nennen diese Pflanze »Moonstones« (Mondsteine), der botanische Name lautet *Pachyphytum oviferum*. Sie ist in Mexiko beheimatet und wohl die einzige von zwölf Arten der Gattung, die sich größerer Beliebtheit erfreut. Die dicken Blätter sitzen dicht nebeneinander an dem kurzen Stämmchen. Zusätzlich erfreut im Frühjahr ein kurzer Blütenstiel mit glockigen, rot-gelblichen Blüten, die in einer Wickeltraube stehen.

Zwischen *Pachyphytum*- und *Echeveria*-Arten gibt es eine Reihe von Hybriden (× *Pachyveria*), die ganz hübsch sind, aber keine größere Verbreitung gefunden haben.

Licht: Sonniger Standort, auch im Winter.
Temperatur: Übliche Zimmertemperatur; im Winter kühler, luftiger Platz mit etwa 5 bis 10 °C.
Substrat: Kakteenerde (Nr. 14, s. Seite 41) oder andere durchlässige Mischung; pH 5,5 bis 7.
Feuchtigkeit: Immer erst gießen, wenn das Substrat weitgehend abgetrocknet ist. Im Winter je nach Temperatur nur sporadisch gießen. Nicht die Pflanze benetzen.
Düngen: Von Mai bis September alle 3 bis 4 Wochen mit Kakteendünger gießen.
Umpflanzen: Alle 2 Jahre im Frühjahr; Jungpflanzen auch häufiger. Blätter mög-

lichst wenig berühren, damit die zierende Bereifung nicht abgegriffen wird.
Vermehren: Durch Blattstecklinge im Frühjahr. Blätter nach kurzem Abtrocknen der Bruchstelle flach auf die Erde legen oder mit der Bruchstelle ein wenig in die Erde hineindrücken.

Pachypodium, Madagaskarpalme

Vor wenigen Jahren waren die mit dem phantasievollen Namen Madagaskarpalme belegten Hundsgiftgewächse (Apocynaceae) der Gattung *Pachypodium* bei uns noch völlig unbekannt. Inzwischen sind es richtige Modepflanzen geworden. Sie sind attraktiv für alle Zimmergärtner, die eine Alternative zu Kakteen suchen, da sie im Winter keinen kalten Raum bieten können. Zwei Arten sind im Handel: *Pachypodium geayi* mit graugrünen, auf der Unterseite meist rötlich überhauchten, schmallinearen Blättern und *P. lamerei* mit frischgrünem, etwas breiterem Laub. Es gibt von ihnen allerdings verschiedene Typen, die nicht eindeutig einzuordnen sind.

Licht: Vollsonnig.
Temperatur: Im Sommer auch über 30 °C; im Winter nicht unter 15 °C, *P. lamerei* nicht unter 8 °C.
Substrat: Durchlässige, aber nahrhafte Erde, zum Beispiel aus Torf oder Einheitserde, Sand und ein wenig Lehm; pH 5 bis 7. Obwohl die in Kultur verbreiteten Pachypodien am Heimatstandort auf Kalk vorkommen, gedeihen sie in mäßig sauren Substraten gut.

Feuchtigkeit: Stets mäßig feucht halten; im Winter nur sporadisch gießen, um das Absterben der Wurzeln zu verhindern.
Düngen: Von Frühjahr bis Sommer alle 2 Wochen mit Kakteendünger gießen.
Umpflanzen: Alle 1 bis 2 Jahre im Frühjahr.
Pflanzenschutz: Das Schwarzwerden und Absterben der Blätter wird durch Nässe im Winter in Verbindung mit zu niedrigen Bodentemperaturen hervorgerufen. Auch zu hoher Salzgehalt ist schädlich. Darum umtopfen oder Erde mit Wasser auswaschen. Normal ist dagegen das Abwerfen der Blätter bei trockener Überwinterung.
Vermehren: Aussaat bei Temperaturen über 20 °C, doch wird nur selten Samen in Kleinpackungen angeboten.
Besonderheiten: Vorsicht, alle Pachypodien sind mehr oder weniger giftig!

Pachystachys

Es ist selten, daß sich eine bislang nahezu unbekannte Pflanze innerhalb kurzer Zeit einen bemerkenswerten Platz innerhalb des Topfpflanzensortimentes erobert. *Pachystachys lutea*, der »Gelben Dickähre«, ist dies in wenigen Jahren gelungen. Als Akanthusgewächs mit *Beloperone* (jetzt *Justicia*) verwandt, boten sie Gärtner zunächst als *Beloperone* 'Super Goldy' an. Doch *Pachystachys* ist eine eigenständige Gattung mit zwölf aus dem tropischen Amerika stammenden Arten. Mexiko oder Peru ist die Heimat von *Pachystachys lutea*. Dort wächst sie zu

Pachystachys lutea

einem meterhohen Strauch heran. Endständig entwickeln sich die Blütenähren
mit den gelben Hoch- oder Deckblättern,
die an *Aphelandra* erinnern, und den kurzlebigen weißen, bis 5 cm langen Blüten.
Der etwas sparrige Wuchs paßt nicht gut
in das Bild, das wir uns heute von einer
optimalen Topfpflanze machen. Darum
helfen die Gärtner der Schönheit ein
wenig mit Wuchshemmstoffen nach. Ein
kompakter, gefälliger Aufbau ist das
Ergebnis. Leider hält die Wirkung nur
begrenzte Zeit an.

Sie als Balkonpflanze zu verwenden, wie
einige Gärtner empfehlen, ist nicht sinnvoll. Dies kann zwar im warmen Sommer an geschütztem Platz gelingen, doch
schon weniger gutes Wetter stellt den
Kulturerfolg infrage.

Pachystachys coccinea wächst ähnlich
wie *P. lutea*, erreicht aber 2 m Höhe.
Aus grünen Hochblättern schiebt sie
scharlachrote Blüten hervor.

Licht: Heller Platz. Nur im Sommer ist
Schutz vor allzu greller Sonne erforder-
lich.
Temperatur: Zimmertemperatur bis
25 °C. Auch im Winter sollte die Tempe-
ratur nicht unter 18 bis 20 °C absinken.
Bereits Bodentemperaturen unter 18 °C
können zu Schäden führen.
Substrat: Humussubstrate wie Nr. 1, 2
oder 5 (s. Seite 39); pH 5 bis 6.
Feuchtigkeit: Stets mäßig feucht halten.
Erde auch im Winter nie austrocknen las-

sen. Ballentrockenheit führt zum Abwurf
von Blüten und Blättern. Die Luftfeuchte
sollte nicht unter 50% absinken.
Düngen: Von Frühjahr bis Herbst alle
1 bis 2 Wochen, im Winter alle 4 bis
6 Wochen mit Blumendünger gießen.
Umpflanzen: In der Regel jährlich in der
Zeit von Frühjahr bis Herbst möglich,
doch nicht, wenn die Pflanze Blüten zeigt.
Vermehren: Im Frühjahr geschnittene
Kopfstecklinge bewurzeln sich bei Bodentemperaturen von mindestens 24 °C.
Nach der Bewurzelung einmal stutzen,
um eine bessere Verzweigung zu erzielen.
Besonderheiten: Selbst herangezogene
Jungpflanzen sind nicht so kompakt wie
die Exemplare vom Gärtner. Er gießt oder
spritzt sie mit Wuchshemmstoffen.

Palisota

Mit *Palisota bracteosa*, in Kultur fälschlich
P. pynertii 'Elizabethae' genannt, versuchte
man, eine botanischen Gärtnern wohl-
bekannte Staude als Topfpflanze populär
zu machen. In Sammlungen ist dieses
Commelinengewächs aus dem tropischen
Afrika in Warmhäusern ausgepflanzt sehr
ausdauernd. Im Topf wird man mehr
Mühe haben, sie erfolgreich zu pflegen.
Hohe Temperaturen sind unerläßlich.

Die Blätter von *P. bracteosa* erreichen bis
80 cm Länge, sind gut 20 cm breit und
weisen einen cremefarbenen Streifen ent-

lang der Blattrippe auf. Das leicht wellige
Laub steht so dicht an dem sehr kurzen
Sproß, daß eine Blattrosette vorgetäuscht
wird. Die vielen kleinen, weißen Blüten
bilden einen kolbenähnlichen Blütenstand. Insgesamt gibt es rund 18 *Palisota*-
Arten, die alle aus dem tropischen Afrika
stammen. Sie enthalten wie alle Aronstabgewächse Calciumoxalat-Kristalle
(Rhaphiden).

Licht: Hell, aber vor direkter Sonne
geschützt.
Temperatur: Warm; auch im Winter nicht
unter 18 °C.
Substrat: Humussubstrate wie Nr. 1,
2, 5, 6 oder 9 (s. Seite 39 bis 40); pH
um 6.
Feuchtigkeit: Stets mäßig feucht halten.
Die Luftfeuchte sollte möglichst nicht
unter 50% absinken.
Düngen: Von Frühjahr bis Herbst
wöchentlich, im Winter alle 3 Wochen
mit Blumendünger gießen.
Umpflanzen: Gedeiht am besten im
Grundbeet ausgepflanzt. Umtopfen und
die damit verbundene »Störung« bleiben
auf größere Zeitabstände beschränkt.
Entsprechend keine zu kleinen Töpfe
verwenden, doch muß dann sehr vorsichtig gegossen werden.
Vermehren: Größere Exemplare lassen
sich beim Umtopfen teilen.

Pandanus, Schraubenbaum

Aus der rund 600 Arten umfassenden
Gattung *Pandanus* sind nur wenige ins
Zimmerpflanzensortiment vorgedrun-
gen. Dies mag daran liegen, daß manche
einfach zu groß werden. Sie erreichen
10 oder gar 20 m Höhe. Die wenigen bei
uns verbreiteten Schraubenbäume haben
sich allerdings bestens bewährt.

Der Name Schraubenbaum leitet sich
von der Stellung der Blätter um den kurzen Stamm ab; sie entwickeln sich
schraubenförmig um diese Achse. Sehr
deutlich kann man dies zum Beispiel bei
Pandanus utilis, einer ebenfalls sehr
hoch werdenden Art aus Madagaskar mit
bis zu 10 cm breiten und über meterlangen Blättern sehen. In botanischen Gärten können wir dieses interessante
Schraubenbaumgewächs (Pandanaceae)
bewundern.

Dort offenbart sich auch eine zweite
Eigenschaft dieser Pflanze: Aus dem
Stamm schieben sich viele sehr kräftige,
verholzende Luftwurzeln, die im Boden
festwachsen und somit den Stamm
stützen. Nur ausgepflanzte Exemplare
können ihre Stelzwurzeln, wie diese mit
Stützfunktion bedachten Wurzeln ge-

Palisota bracteosa

nannt werden, normal entwickeln. Eingetopfte Pflanzen vermögen dies nicht und verlieren deshalb mit zunehmendem Alter an Standfestigkeit. Ein Bambusstab als Stütze ist unerläßlich. Dies gilt auch für den wichtigsten Schraubenbaum im gärtnerischen Sortiment, *P. veitchii*.

Diese Art wird nur wenig mehr als 2 m hoch, erreicht aber mit ihren bis 60 cm langen, weißgerandeten Blättern einen solchen Durchmesser, daß man sie aus Platzgründen aus der Wohnstube verbannen muß. Ansonsten ist dieser polynesische Schraubenbaum eine ideale Zimmerpflanze, kann ihm doch trockene Luft nicht allzu viel anhaben.

Von den Abmessungen empfehlen sich *P. pygmaeus* aus Madagaskar und *P. caricosus* aus Java. Sie werden nicht höher als etwa 60 cm und beanspruchen auch mit 30, höchstens 40 cm langen Blättern weit weniger Platz. Wie bei den zuvor genannten Arten sind die Blattränder bestachelt, was den Gardinen nicht gut bekommt. Leider findet sich *P. pygmaeus*, manchmal fälschlich als *P. gramineus* bezeichnet, nur selten im Blumenhandel, ähnlich wie die groß werdenden *P. sanderi* und *P. dubius* in seiner Jugendform (»*P. pacificus*« genannt). Die richtige Benennung der Schraubenbäume ist oft schwierig, da diese zweihäusigen Sträucher oder Bäume in Kultur nicht blühen und somit nicht exakt zu bestimmen sind.

Licht: Hell, nur vor greller Mittagssonne geschützt.
Temperatur: Zimmertemperatur oder wärmer. Im Winter am besten um 18 °C,

Pandanus veitchii

obwohl Arten wie *P. pygmaeus* und *P. utilis* für kurze Zeit auch niedrigere Werte vertragen.
Substrat: Vorzugsweise lehmhaltige Humussubstrate wie Nr. 1, 9, 10 oder 17 (s. Seite 39 bis 42); pH um 6.
Feuchtigkeit: Stets mäßig feucht, aber nie naß halten.
Düngen: Von Frühjahr bis Herbst wöchentlich, im Winter nur alle 4 bis 6 Wochen mit Blumendünger gießen.
Umpflanzen: Jungpflanzen jährlich, ältere Exemplare nur alle 2 bis 3 Jahre.
Vermehren: An den Pflanzen entstehen regelmäßig Kindel, die – möglichst mit Wurzelansätzen – abgetrennt werden und bei Bodentemperaturen nicht unter 20 °C anwachsen. Importierter Samen wird nur selten angeboten. Man sät ihn sofort aus (mindestens 25 °C Bodentemperatur).

Paphiopedilum, Frauenschuh

Frauenschuhe sind die neben *Phalaenopsis* im Blumengeschäft am häufigsten erhältlichen Orchideen, gelegentlich unter dem nicht mehr zutreffenden Namen *Cypripedium*, der zum Beispiel unserem einheimischen Frauenschuh (*Cypripedium calceolus*) vorbehalten ist. Die deutsche Bezeichnung Frauenschuh kennzeichnet also nicht eindeutig eine Gattung, sondern weist auf solche Orchideen hin, deren Lippe pantoffelförmig ausgebildet ist. Die als Topfpflanze und auch als Schnittblume lange Zeit wichtigste Gattung *Paphiopedilum* ist mit rund 60 Arten im südostasiatischen Raum verbreitet. Das amerikanische Pendant trägt den ähnlich klingenden Namen *Phragmipedium*.

Die *Paphiopedilum*-Arten, von den Orchideenfreunden fast liebevoll »Paphis« genannt, sind vorwiegend terrestrische Orchideen, wachsen also im Boden in grobem organischem Material, zum Beispiel unvollständig zersetztem Fallaub oder Moos, einige Arten auch in sandigem Boden. Manche Arten kommen in einer dünnen Humusschicht direkt über Kalkgestein vor. Ihr Substrat reagiert zwar sauer, enthält aber mehr Calcium als das anderer Orchideen. Als kalkbedürftig gelten besonders Arten wie *Paphiopedilum bellatulum*, *P. concolor*, *P. delenatii*, *P. fairieanum* und *P. niveum*. Grundsätzlich empfiehlt es sich, dem Pflanzstoff etwas Kalk beizumischen.

Pandanus pygmaeus

Paphiopedilum rothschildianum 'Hamburg'

Paphiopedilum venustum

Paphiopedilum insigne

Die Temperaturansprüche der *Paphiopedilum* unterscheiden sich nach ihrer Herkunft. Man kann sie je nach ihren Ansprüchen in drei oder vier Temperaturgruppen einordnen, doch ist dies für die Zimmerkultur wenig nützlich. Hilfreicher ist die Grundregel, daß Frauenschuhe mit grünen Blättern kühler, solche mit gefleckten Blättern etwas wärmer stehen wollen. Die meisten Arten und Hybriden gedeihen bei mäßiger Wärme, die wir im Zimmer leicht bieten können.

Seitdem der Import von am Standort geräuberten Pflanzen verboten ist, ging das Angebot von *P. callosum* zurück. Es war früher der dominierende Frauenschuh.

Besser für die Kultur auf der Fensterbank sind die meisten Hybriden geeignet oder Arten wie *P. sukhakulii, P. hirsutissimum* und *P. venustum*. Frauenschuhe mit einer ausgeprägten rundlichen, leicht gefalteten Lippe (Untergattung *Parvisepalum*) fanden in den letzten Jahren die besondere Aufmerksamkeit der Orchideenliebhaber. Eine wahre Kostbarkeit ist das schwefelgelbe *P. armeniacum*, das inzwischen in Kultur nicht mehr ganz so selten ist und die Züchtung beflügelte. Es ist wie auch *P. malipoense* wüchsig und blühwillig, während das rosalippige *P. delenatii* höhere Ansprüche stellt und nur erfahrenen Orchideenkultivateuren zu empfehlen ist.

Licht: Halbschattiger Platz ohne direkte Sonneneinstrahlung. In den Wintermonaten schadet während der Morgen- oder Nachmittagsstunden direkte Sonne nicht. Bei zu dunklem Stand scheint die Blühfreudigkeit zu leiden. Mehrblütige Arten wie *P. philippinense* und *P. rothschildianum* bevorzugen einen hellen Standort.
Temperatur: Die meisten Arten und Hybriden bei Zimmertemperatur oder

wärmer bis 30 °C im Sommer, im Winter nachts nicht unter 17 bis 18 °C. Kühler wollen es *P. fairieanum, P. insigne, P. spicerianum, P. venustum* und *P. villosum* mit Temperaturen auch im Sommer möglichst nicht weit über 20 °C und im Winter nachts bis auf 13 bis 15 °C absinkend. Die Bodentemperatur darf nie unter die Lufttemperatur absinken; also nicht auf einer kühlen, zugigen Fensterbank aufstellen.
Substrat: Üblicher Orchideenpflanzstoff, der Torf enthalten sollte (s. Seite 41). Das Substrat soll sauer reagieren, doch mischt man etwa 2 bis 3 g kohlensauren Kalk je Liter Pflanzstoff bei, um Calciummangel auszuschließen; pH 5,5 bis 6,5. Viele Orchideenfreunde ziehen es vor, dem Substrat kleine Kalksteinchen beizumischen.
Feuchtigkeit: Stets für mäßige Feuchtigkeit sorgen. Erst gießen, wenn die Erde etwas abgetrocknet ist. Selbst im Winter nie austrocknen lassen, wenn auch sparsamer gegossen wird. Nicht ins »Herz« gießen. Abends noch nasse Pflanzen faulen leicht. Luftfeuchte nicht unter 50, besser 60%.
Düngen: Von April bis September alle 2 bis 3 Wochen mit Blumendünger in $^1/_4$ der üblichen Konzentration gießen. Ist das Substrat zu kalkarm, kann es notwendig werden, zwei- bis dreimal jährlich das trockene Substrat auf der Topfoberfläche fein mit kohlensaurem Kalk zu bestäuben und einzuspülen.
Umpflanzen: Je nach Beschaffenheit des Pflanzstoffs alle 2 bis 3 Jahre nach der Blüte. Auch schlecht bewurzelte Pflanzen nicht tiefer als zuvor setzen.
Vermehren: Wenn es auch auf den ersten Blick nicht den Anschein hat, so weisen *Paphiopedilum* doch ein sympodiales Wachstum auf. Sie sind deshalb stets reich verzweigt und lassen sich beim Umtopfen leicht teilen. Vor dem Einpflanzen alle beschädigten oder faulen Wurzeln abtrennen.

Besonderheiten: Die Bildung sehr vieler kleiner Triebe ist nichts Erfreuliches. Diese Nottriebe weisen auf falsches Gießen, schlechtes Wasser oder verdichtetes Substrat hin.

Parodia

Zur Gattung *Parodia* zählen rund 25 Arten von Kugelkakteen aus dem Hochland von Argentinien und Bolivien. Die Pflanzen werden nicht groß und blühen leicht mit auffällig großen Blüten. Von den Mammillarien unterscheiden sie die mehr oder weniger deutlichen Rippen, die jedoch bei einigen Arten mit sehr kräftigen Warzen versehen sind. Die Blüten kommen aus der Scheitelnähe und haben eine so kurze Röhre, daß sie aussehen, als habe man sie auf die stacheligen Kugeln gedrückt.

Die meisten Parodien sind sehr auffällig leuchtendgelb oder rot bedornt; sie sind meist mit gebogenen oder hakenförmigen Mitteldornen versehen. Sehr attraktiv ist beispielsweise *P. chrysacanthion*, die von einem dichten, stechenden, goldgelben Dornenkleid umgeben ist. Davon heben sich die wolligen weißen Areolen ab. Die kleinen gelben Blüten zieren dagegen weniger.

Für die Zimmerkultur sind sie allein ihrer geringen Größe wegen gut geeignet, sie benötigen aber einen kühlen Winterplatz. Haben sie das Sämlingsstadium überwunden, dann gedeihen sie recht problemlos. Bis dahin muß man sie sehr aufmerksam pflegen, zumal sie recht langsam wachsen.

Die hakenförmigen Mitteldornen bleiben leicht im Finger oder an der Gardine hängen.

Parodia mairanana

Licht: Hell bis sonnig; nur vor allzu greller Einstrahlung während der Mittagsstunden geschützt.
Temperatur: Warmer, aber luftiger Stand mit nächtlicher Abkühlung. Im Winter um 5 bis 10 °C.
Substrat: Übliche Kakteenerde (Nr. 14, s. Seite 41); pH um 6.
Feuchtigkeit: Während des Wachstums

Grüne Bodendecke im Wintergarten: handförmig geteilte Blätter von Parthenocissus henryana, dazwischen das erdbeerähnliche Laub von Duchesnea indica und Saxifraga stolonifera.

von Frühjahr bis Herbst mäßig feucht halten. Im Winter bei kühlem Stand nicht gießen.
Düngen: Bei deutlichem Wachstum alle 2 bis 3 Wochen mit Kakteendünger gießen.
Umpflanzen: In der Regel alle 2 Jahre im Winter.
Vermehren: Sprossende Arten lassen sich leicht aus Kindeln heranziehen. Bei den anderen ist nur die nicht ganz einfache Aussaat möglich. Den staubfeinen Samen sofort aussäen, da die Keimfähigkeit offensichtlich rasch verloren geht. Den Samen fein mit Erde abdecken, da er zu den Dunkelkeimern gehören soll. Er keimt bei Temperaturen um 25 °C. Die Sämlinge wachsen nur langsam. Arten mit gröberem Samen sind für den Anfänger unproblematischer.

Parthenocissus, Jungfernrebe

Die Jungfernreben sind als »Wilder Wein« weit verbreitet zum Beranken ganzer Hauswände. Meist handelt es sich um Parthenocissus tricuspidata in seiner Sorte 'Veitchii'. Solche starkwüchsigen Kletterer sind für die Topfkultur völlig ungeeignet. Die rund zehn Arten um-

fassende Gattung der Weingewächse (Vitaceae) hat aber auch einige schwachwüchsige Vertreter zu bieten.

Seit nun schon bald 100 Jahren ist Parthenocissus henryana aus China eine geschätzte Pflanze für kühle Räume und Wintergärten. Sie hat stets fünfzählige, dunkelgrüne, weißgeaderte, unterseits und im Austrieb rötliche Blätter. Leider verliert P. henryana wie die meisten anderen Arten der Gattung im Winter das Laub. Sie nimmt dann mit niedrigen Temperaturen vorlieb. Als kräftig wachsende Ampelpflanze oder zum Begrünen von Rankgerüsten verdient sie unsere Wertschätzung.

Auf die Unterschiede zu den sehr ähnlichen Scheinreben ist bei Ampelopsis hingewiesen. Zu den immergrünen Arten zählt P. inserta, die einfarbig grünes Laub besitzt. Sie verlangt im Winter etwas höhere Temperaturen.

Licht: Hell bis halbschattig, mit Ausnahme früher Morgen- und später Nachmittagsstunden vor direkter Sonne geschützt.
Temperatur: Kühler, luftiger Stand. Im Sommer nur an geschützten, milden Plätzen auch im Freien. Im Winter im Haus bei Temperaturen um 5 °C überwintern; P. inserta um 15 °C.
Substrat: Übliche Fertigsubstrate; pH um 6.
Feuchtigkeit: Während des Wachstums stets feucht halten. Im Winter nur sporadisch das Substrat leicht anfeuchten.
Düngen: Während des Wachstums wöchentlich mit Blumendünger gießen.
Umpflanzen: Jährlich im Frühjahr vor dem Austrieb.
Vermehren: Stecklinge ab Mai schneiden und bei etwa 15 °C Bodentemperatur bewurzeln. Jeweils drei Jungpflanzen in einen Topf setzen.
Besonderheiten: Rückschnitt im Frühjahr vor Triebbeginn bei P. henryana.

Passiflora, Passionsblume, Grenadille

Es liegt wohl nicht nur an der absonderlichen Schönheit der Blüten, daß sich Passionsblumen solcher Beliebtheit erfreuen. Der Grund ist auch darin zu suchen, daß die Blüten als Symbol der Passion Christi gelten. Es gibt verschiedene Legenden, die beschreiben, wie es zu dieser Versinnbildlichung kam. Bereits Ende des 16. Jahrhunderts war der Name Passionsblume gebräuchlich. Sehr anschaulich beschreibt der Italiener Ferrari 1633 die Bedeutung der Blütenorgane:

»Der äußere Kelch verlängert sich in Dornen und erinnert an die Dornenkrone; die Unschuld des Erlösers zeigt sich in der weißen Farbe der Blütenblätter; die geschlitzte Nektarkrone erinnert an seine zerrissenen Kleider; die in der Mitte der Blume befindliche Säule ist diejenige, an welche der Herr gebunden wurde; der darauf stehende Fruchtknoten ist der in Galle getränkte Schwamm; die drei Narben sind die drei Nägel, die fünf Randfäden die fünf Wunden, die Ranken die Geißeln; nur das Kreuz fehlt, weil die sanfte und milde Natur die Darstellung des Gipfels der Schmerzen nicht zuließ«.

Weniger phantasievolle und weniger religiöse Blumenfreunde mögen die Blüte der Passionsblumen anders beschreiben. Auf jeden Fall sind sie so schön, daß sie bei keinem Zimmergärtner fehlen sollten. Bekannt sind derzeit rund 500 Arten aus der Alten und Neuen Welt; die Mehrzahl ist in den Tropen Südamerikas zu finden. Das Angebot in den Blumengeschäften ist bescheiden; mehr Arten und Sorten findet man bei den Spezialisten für Kübelpflanzen und exotischen Raritäten.

Nicht alle Passionsblumen empfehlen sich für das Zimmer. Die schönblättrige *P. trifasciata* läßt sich nur im warmen und luftfeuchten Blumenfenster halten. Andere werden so groß, daß sie nur für das Gewächshaus empfohlen werden können. Hierzu zählt leider mit *P. quadrangularis*, der Riesengrenadille, auch eine der prächtigsten. Sie entwickelt kräftige, vierkantige, mehrere Meter lange Sprosse mit eiförmigen, bis 20 cm langen Blättern. Die großen, hängenden Blüten haben einen Durchmesser bis 8 cm. Die eirunden, zur Reife gelben bis rötlichen Früchte können mehrere Pfund schwer sein. *P. quadrangularis* zählt damit zu den Arten, die ihrer Früchte wegen angebaut werden. Allerdings haben andere wie *P. edulis* und *P. alata* ein kräftigeres Aroma. Auch wir können den köstlichen Geschmack der Passionsblumen genießen, denn Säfte, Liköre und sogar frisches Obst wird regelmäßig angeboten, in der Regel unter dem Eingeborenennamen Maracuja.

Für die Zimmerkultur kommen neben *P. caerulea* und deren Sorten 'Kaiserin Eugenie' (große, rosa bis zartviolette Kelch- und Blütenblätter, aber nicht so reichblühend; möglicherweise eine Hybride mit *P. alata: P. × alato-caerulea*) sowie 'Constance Eliott' (cremeweiß) noch *P. amethystina, P. coriacea, P. morifolia, P. rubra, P. sanguinolenta* sowie die etwas anspruchsvollere *P. × violacea* (mit violetten Blüten)

in Frage. Immer größer wird die Zahl der Hybriden, darunter auch für die Zimmerkultur interessante. Diese neueren Sorten sind noch nicht sehr verbreitet. Man muß versuchen, sie aus spezialisierten Gärtnereien zu beziehen.

Besser im Gewächshaus oder großen Blumenfenster stehen *P. racemosa* und *P. coccinea* mit leuchtendroten Blüten, die bereits angesprochene *P. quadrangularis* und deren Hybriden sowie – bei genügend Platz – die wegen ihrer schö-

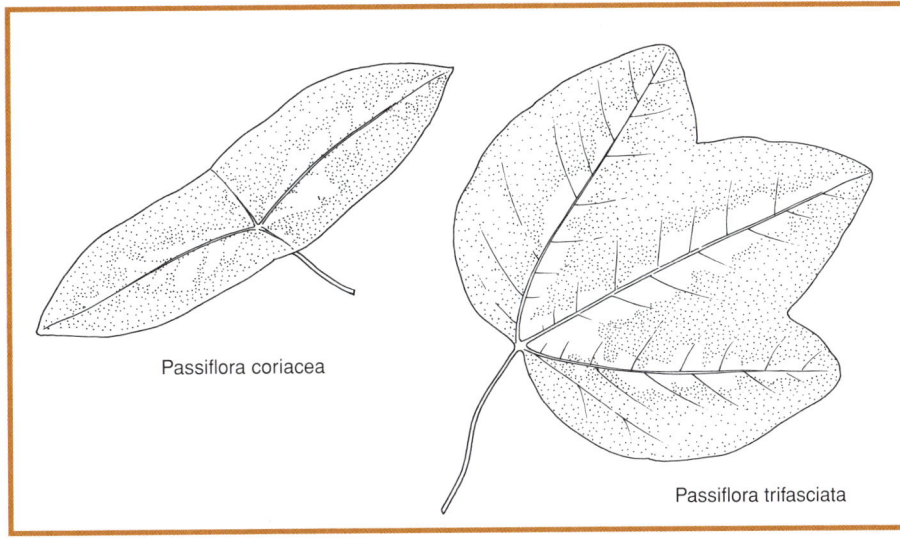

Einige Passionsblumen fallen weniger durch die Blüten als durch das attraktive Laub auf.

Passiflora coriacea

Passiflora trifasciata

Passiflora x violacea, früher unter dem Namen P. x caerulea-racemosa bekannt.

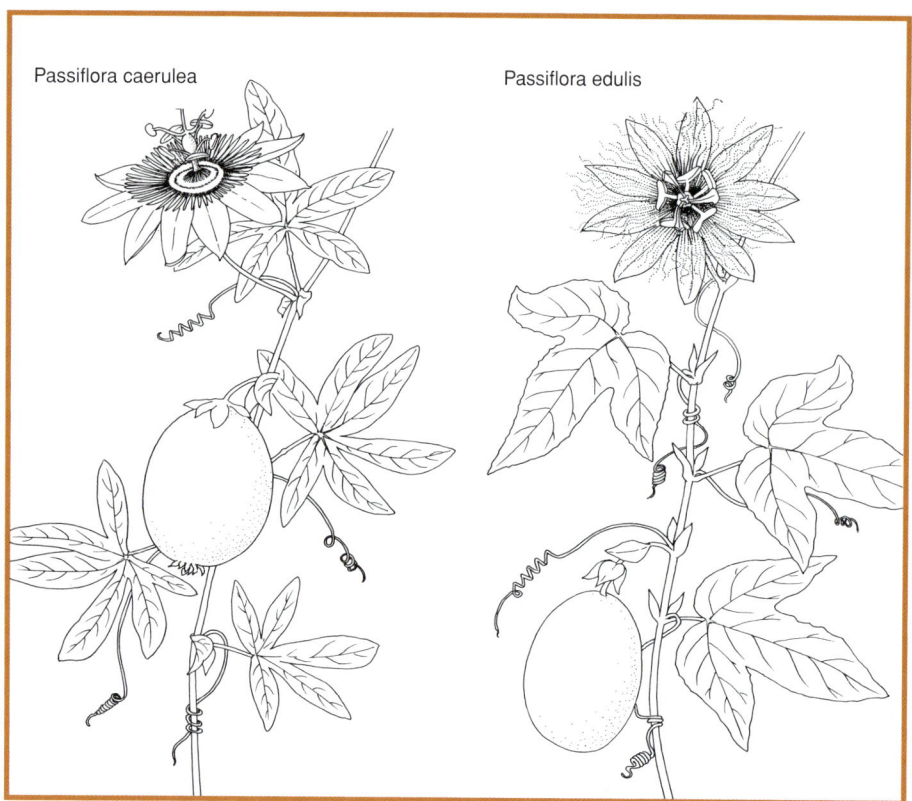

Passiflora caerulea

Passiflora edulis

Pavonia multiflora

Wohlschmeckende Früchte zeichnen Passiflora edulis aus. Auch die als Zimmerpflanze verbreitete P. caerulea kann bei uns unter günstigen Bedingungen Früchte ansetzen.

nen Blätter gepflegten *P. organensis* (syn. *P. maculifolia*) und *P. trifasciata*. Mit der Winterhärte der Passionsblumen ist es nicht allzu gut bestellt. Man hört zwar immer wieder von erfolgreichen Überwinterungsversuchen in milden Gegenden an geschützten Stellen, zum Beispiel mit *P. caerulea* und deren Sorte 'Constance Elliott' sowie *P. incarnata*, aber diese Erfolge sind nicht von Dauer. In einem Jahr ist der Witterungsverlauf so ungünstig, daß selbst mehrjährige Exemplare erfrieren. Nur die Überwinterung im Haus ist sicher.

Licht: Hell bis sonnig. An schattigen Plätzen leidet der Blütenreichtum. Empfindliche Arten wie *P. trifasciata* bei starker Sonneneinstrahlung leicht schattieren.
Temperatur: Luftiger Stand. Im Winter 8 bis 15 °C für »harte« Arten wie *P. caerulea* mit Sorten, *P. edulis* und *P. incarnata*, über 15 °C für *P. × violacea*, die wärmebedürftigen wie *P. racemosa*, *P. quadrangularis*, *P. trifasciata* und *P. maculifolia* um 18 °C. Die »harten« Passionsblumen stehen während der frostfreien Jahreszeit vorteilhaft an einem geschützten Platz im Freien.

Substrat: Humussubstrate wie Nr. 1, 5, 9, auch 17 (s. Seite 39 bis 42); pH um 6.
Feuchtigkeit: Stets feucht, aber nicht naß halten. Im Winter sparsamer gießen, besonders bei kühler Überwinterung, wenn Arten wie *P. incarnata* und *P. caerulea* ihr Laub weitgehend abwerfen. Besser ist es jedoch, wenn sie nicht so stark zur Ruhe kommen, da sie sich sonst erst sehr spät wieder davon erholen. Die Passionsblumen für das Gewächshaus oder Blumenfenster benötigen mindestens 60% Luftfeuchte.
Düngen: Von Frühjahr bis Herbst wöchentlich mit Blumendünger gießen.
Umpflanzen: In der Regel jährlich mit Beginn des Neutriebs.
Vermehren: Nicht zu weiche Stecklinge bewurzeln leicht bei Bodentemperaturen um 20 °C.
Pflanzenschutz: Für luftigen Stand sorgen, da sonst Blasenfüße und Spinnmilben lästig werden können.

Pavonia

Immer wieder wird der Versuch unternommen, eine seit vielen Jahren bekannte Pflanze in den Handel einzuführen: *Pavonia multiflora* (syn. *Triplochlamys multiflora*). Sie ist ein knapp 2 m hoher Strauch aus Brasilien, der zu

Passiflora alata

den Malvengewächsen zählt. Er verzweigt sich nur mäßig.

Die langgestielten Blätter haben eine schmaleiförmige Spreite. Aus den Achseln der oberen Blätter erscheinen ab Herbst einzeln die auffälligen Blüten.

Die zu einem Korb zusammenstehenden Kelchblätter sind kräftig rot gefärbt. Sie sind wirkungsvoller als die purpurvioletten Blütenblätter, die röhrenähnlich zusammengerollt bleiben.

Die Pflege von *Pavonia multiflora* ist nicht einfach und verlangt ein wenig Fingerspitzengefühl.

Licht: Hell, doch vor direkter Sonne besonders während der Mittagsstunden geschützt.
Temperatur: Zimmertemperatur bis etwa 28 °C. Im Winter nicht unter 18 °C. Auch die Bodentemperatur darf nicht niedriger liegen.
Substrat: Humussubstrate wie Nr. 1, 5 oder 9 (s. Seite 39 und 40); pH um 6.
Feuchtigkeit: Stets mäßig feucht halten. Die Luftfeuchte sollte nicht unter 50% absinken. Trockene Luft begünstigt den Schädlingsbefall.
Düngen: Von Frühjahr bis Herbst wöchentlich, während des Hauptwachstums auch zweimal wöchentlich mit Blumendünger gießen. Im Winter genügen Gaben in Abständen von 4 bis 6 Wochen.
Umpflanzen: Alle 1 bis 2 Jahre im Frühjahr oder Sommer.
Vermehren: Nicht zu weiche Kopfstecklinge wurzeln nur bei hohen Bodentemperaturen von etwa 25 °C und hoher Luftfeuchte. Bewurzelungshormone sind hilfreich. Es empfiehlt sich, nach dem Anwachsen bald zu stutzen, wenn die Sprosse noch nicht verholzt sind, da die Pflanzen später nur schwer und unregelmäßig austreiben.
Besonderheiten: Die Pflanzen verzweigen sich kaum und bilden leicht »Bohnenstangen«, weshalb die Gärtner sie mit Hemmstoffen behandeln. Die Wirkung läßt nach einiger Zeit nach, und das normale Längenwachstum setzt wieder ein. Bei plötzlichen Änderungen der Wachstumsbedingungen kommt es rasch zum Blütenfall. Lang gewordene Pflanzen zurückschneiden.

Pedilanthus

Von den rund 14 Arten der im tropischen Amerika beheimateten Gattung *Pedilanthus* ist in der Regel nur *P. tithymaloides* in seiner zierlich bleibenden Unterart *smalii* in Kultur. Man sieht es diesem in seiner Heimat bis 1,50 m hoch werden-

den Strauch nicht auf den ersten Blick an, daß er zu den Wolfsmilchgewächsen (Euphorbiaceae) zählt. Bei Verletzungen tritt aber der typische weiße Milchsaft aus, der wie bei vielen Wolfsmilchgewächsen giftig ist. Er soll früher zum Abätzen von Warzen gedient haben.

Typisch für diese Pflanze ist auch das zickzackartige Wachstum des Stengels. Die wechselständigen, eiförmigen, bis 8 cm langen, leicht fleischigen Blätter der Sorte 'Variegatus' sind hübsch hellgrün-dunkelgrün gefleckt und weißgerandet. Bei einigen Auslesen weisen sie rötlich überhauchte Ränder auf. In ihrer Heimat werfen sie während der Ruhezeit die Blätter ab.

Pedilanthus bedeutet »Schuhblüte«. Dies bezieht sich auf die Form der kleinen Blütenstände (Cyathien), die mit ihren leuchtendroten Hochblättern (Brakteen) ein geschlossenes, schuhähnliches Gebilde formen.

Pedilanthus sind nicht ganz leicht zu pflegen. Im hellen Zimmer halten sie nur durch, wenn es ganzjährig warm ist und eine zumindest mittlere Luftfeuchte herrscht.

Licht: Hell, aber vor direkter Sonne leicht geschützt.
Temperatur: Zimmertemperatur oder wärmer; im Winter um 18 °C, keinesfalls unter 15 °C, wobei die Bodentemperatur 18 °C nicht unterschreiten sollte.
Substrat: Humussubstrate wie Nr. 1 oder 9 (s. Seite 39 und 40) mit maximal $1/3$ grobem Sand oder Seramis; pH um 6.
Feuchtigkeit: Mäßig feucht halten. Im Winter nur gießen, wenn die Erde fast völlig abgetrocknet ist. Trockene Luft wird auf die Dauer schlecht vertragen, doch ist auch eine zu hohe Luftfeuchte (etwa über 70%) nachteilig, weil sie den Befall mit Mehltaupilzen begünstigt. Am besten sind Werte um 50 bis 60%.
Düngen: Von Frühjahr bis Herbst alle 1 bis 2 Wochen mit Blumendünger gießen.
Umpflanzen: Alle 1 bis 2 Jahre im Frühjahr oder Sommer.
Vermehren: Stecklinge, im Frühjahr oder Sommer geschnitten, wobei die Hände vor dem Milchsaft zu schützen sind, bewurzeln leicht bei etwa 22 bis 25 °C Bodentemperatur. Am besten zwei bis drei Pflanzen in einen Topf setzen, da sie sich kaum verzweigen.

Pedilanthus tithymaloides 'Pink Flamy'

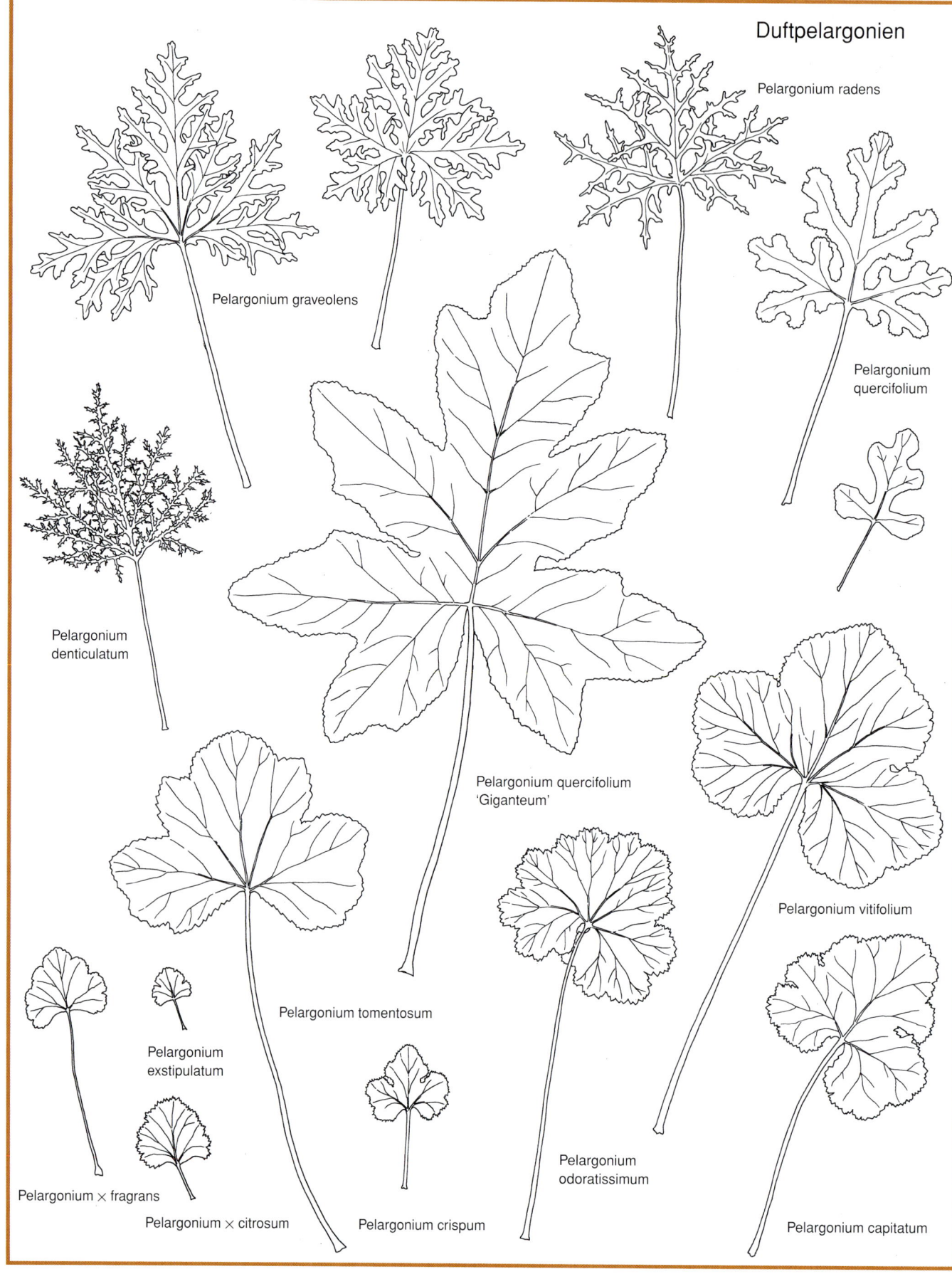

Duftpelargonien

Pelargonium radens

Pelargonium graveolens

Pelargonium quercifolium

Pelargonium denticulatum

Pelargonium quercifolium 'Giganteum'

Pelargonium vitifolium

Pelargonium tomentosum

Pelargonium exstipulatum

Pelargonium × fragrans

Pelargonium × citrosum

Pelargonium crispum

Pelargonium odoratissimum

Pelargonium capitatum

Pelargonium tomentosum

Pelargonium-Zonale-Hybride 'Dolly Varden'

Pelargonium, »Geranien«

Die als Balkonpflanzen verbreiteten »Geranien« (*Pelargonium*-Peltatum- und -Zonale-Hybriden) sind keine Zimmerpflanzen. Sie werden im Haus nur an einem hellen Platz bei Temperaturen von 8 bis 10 °C überwintert. Noch besser ist es, jährlich im August Stecklinge zu schneiden und diese zu überwintern. In England ist es dagegen verbreitet, niedrigbleibende, kleinblättrige P.-Zonale-Hybriden ganzjährig im Zimmer zu pflegen. Ein kühler, luftiger Platz ist Voraussetzung.

Die Englischen oder Edelpelargonien sind nur kurzfristige Gäste des Hauses und nicht für längere Aufenthalte gedacht. Am besten ist es, eine knospige Pflanze zu erwerben. Leider ist die Blüte recht bald vorbei und neue folgen nicht, das heißt, man hat sich bis heute vergeblich um remontierende (immer wieder neue Blüten hervorbringende) Edelpelargonien bemüht. Im Sommer stehen sie hell, aber vor direkter Sonne leicht geschützt bei Temperaturen um 21 °C. Im Winter benötigen sie etwa 60 Tage lang Temperaturen um 12 °C bei einer gleichzeitigen täglichen Belichtungsdauer unter 12 Stunden. Die Blüten entwickeln sich erst, wenn anschließend Langtage über 12 Stunden herrschen. Etwa im Mai blühen die Pflanzen, leider aber nur für wenige Wochen.

Sehr interessant, jedoch in Kultur nicht übermäßig attraktiv sind einige stark sukkulente Pelargonien, die luftigen Stand und sehr viel Sonne brauchen. Wir überwintern sie bei etwa 10 °C. Während der Ruhezeit erhalten blattabwerfende Arten nur sporadisch Wasser. Diese sukkulenten Arten empfehlen sich nur für den erfahrenen Pfleger.

Damit ist das Potential der rund 250 Arten umfassenden Gattung aus Stauden, Einjährigen und Halbsträuchern noch lange nicht erschöpft. Die wichtigsten und im Zimmer verbreitetsten Pelargonien sind die »Duftgeranien«, jene Arten, deren Blätter beim Berühren einen intensiven Duft verströmen. Dieser Duft kann so stark sein, daß er empfindlichen Nasen schon unangenehm ist. Die deutschen Namen beschreiben den jeweiligen Duft einer Art: Rosengeranien (*P. capitatum, P. graveolens, P. radens*), Zitronengeranien (*P. crispum, P. × citrosum*) und Pfefferminzgeranien (*P. tomentosum, P. exstipulatum*). An Phantasie sollte man es beim Nachprüfen nicht fehlen lassen. Weitere empfehlenswerte Duftgeranien sind *P. × fragrans, P. denticulatum, P. odoratissimum, P. quercifolium* mit der großblättrigen Sorte 'Giganteum' ('Giant Oak') sowie *P. vitifolium*.

Im Handel fast nie zu finden ist *P. graveolens*; sie wird – da Stecklinge leicht wurzeln – von Blumenfreund zu Blumenfreund weitergegeben und ist sicher die häufigste Pelargonie dieser Gruppe. Allerdings handelt es sich meist um Kulturformen und Hybriden mit *P. radens*. *P. graveolens* kann nahezu 1 m Höhe erreichen und verzweigt sich gut. Es stellt, wie auch die anderen Duftgeranien, nur geringe Ansprüche.

Licht: Heller bis sonniger Stand.
Temperatur: Luftiger Platz mit Zimmertemperatur. Von Mai bis September/ Oktober Freilandaufenthalt empfehlenswert. Im Winter um 10 °C.

Substrat: Übliche Fertigerden; pH um 6. Für die hochsukkulenten Arten empfehlen sich durchlässige, sandig-lehmige Mischungen, wie Nr. 14, auch 17 gemischt mit Sand (s. Seite 41 und 42).
Feuchtigkeit: Stets mäßig feucht halten. Im Sommer hoher Wasserbedarf. Im Winter je nach Temperatur sparsamer gießen. Hochsukkulente Arten erfordern eine besondere Pflege.
Düngen: Mit Ausnahme der hochsukkulenten Arten wöchentlich mit Blumendünger gießen, im Winter alle 3 bis 4 Wochen. Laubabwerfende Arten nur von Frühjahr bis Sommer alle 2 bis 3 Wochen mit Kakteendünger gießen.
Umpflanzen: In der Regel alle 1 bis 2 Jahre im Frühjahr oder Sommer.
Vermehren: Duftgeranien lassen sich leicht aus Stecklingen heranziehen, die man nach dem Anwachsen einmal stutzt. Bei den raren laubabwerfenden Arten ist man meist darauf angewiesen, daß Samen angeboten wird.

Pelargonium-Grandiflorum-Hybride 'Osterfreude'

Pellaea

Von den rund 80 Arten der Farngattung *Pellaea* aus der Familie der Adiantaceae findet sich meist nur *P. rotundifolia* aus Neuseeland im Handel. Die bis 20 cm langen, einfach gefiederten Blätter tragen fast kreisrunde, kurzgestielte, ledrige Fiederblättchen. Die Wedel erheben sich nur wenig oder liegen gar dem Boden auf. Dieser Kleinfarn verträgt auch hellere Plätze und entwickelt sich gut im nicht zu warmen Zimmer.

Ab und zu bieten die Gärtner *P. viridis* aus Afrika an, die bis zu 60 cm lange Wedel besitzt mit schwarzem Stiel und frischgrünen Blättchen. Sie schätzt etwas höhere Temperaturen. Ebenso groß wird *P. paradoxa* aus Australien: Ihre Wedel erinnern an die von *Cyrtomium falcatum*, unterscheiden sich aber deutlich durch die am Rand der Fiedern in »Linien« konzentrierten Sporenlager – was für *Pellaea*-Arten grundsätzlich gilt. Bei *Cyrtomium* sind die Sporenlager punktförmig auf der Unterseite der Fiedern verteilt.

Die aus Nordamerika stammende, mit hübschen bräunlichen bis purpurnen Wedeln versehene *P. atropurpurea* verträgt sogar leichten Frost.

Licht: Hell; nur vor direkter Sonne besonders während der Mittagsstunden schützen.
Temperatur: Übliche Zimmertemperatur; *P. rotundifolia* im Winter um 15 °C. Die Temperatur kann auch kurzfristig auf 8 °C absinken.
Substrat: Humussubstrate wie Nr. 1, 5, 6, versuchsweise auch Nr. 8 (s. Seite 39); pH um 6.
Feuchtigkeit: Empfindlich gegen Nässe, besonders im Winter. Stets mäßige Feuchtigkeit ist angemessen.
Düngen: Von April bis September alle 3 bis 4 Wochen mit Blumendünger gießen.
Umpflanzen: Jährlich von Frühjahr bis Sommer möglich.
Vermehren: Durch Sporen (s. Seite 100).

Pellionia pulchra

Pellionia

Manchen Pflanzen gelingt es nicht, trotz ihrer Schönheit und vielfältigen Verwendbarkeit einen festen Platz im Topfpflanzensortiment zu erobern. Dazu gehören auch die Pellionien, für die hier ein wenig Werbung gemacht werden soll. Was sie brauchen, ist ein Platz mit nicht zu geringer Luftfeuchte und Temperaturen, die auch im Winter nicht unter 16 °C, besser 18 °C absinken. Ideal ist ein geschlossenes Blumenfenster oder eine Vitrine. Für diese Standorte gibt es kaum einen schöneren Bodendecker. Aber auch als Ampelpflanze bieten sie sich an.

Aus der Verwendung wird deutlich, daß wir es bei diesen Nesselgewächsen (Urticaceae) mit kriechenden Kräutern zu tun haben. Rund 50 Arten sind aus Asien und von den Pazifischen Inseln bekannt. Darunter sind auch Sträucher. In Kultur befinden sich nur die niederliegenden *Pellionia pulchra* und *P. repens* (Bild s. Seite 88). Die schönste ist wohl *P. pulchra* mit ihren rötlich gefärbten Stielen und den wechselständigen Blättern, die auf silbergrauer Grundfarbe entlang den Adern dunkeloliv getönt sind. Sie wächst langsamer als *P. repens* und ist daher auch sehr für Flaschengärten zu empfehlen. *P. repens* begegnet uns auch unter dem Namen *P. daveauana*. Die Blattoberseite weist einen dunklen Bronzeton auf, der mit zunehmendem Alter in ein Olivgrün übergeht. Die Blattmitte hat einen großen hellgrünen Fleck, der je nach Typ nahezu die gesamte Blattfläche einnehmen kann.

Unter den Namen *P. repens* 'Argentea' und *P. repens* var. *viridis* ist eine Pflanze in Kultur, die im Gegensatz zur Art völlig silbriggrüne Blätter ohne Zeichnung besitzt.

Licht: Hell bis halbschattig; keine direkte Sonne.
Temperatur: Zimmertemperatur oder wärmer. Auch im Winter sollte die Temperatur möglichst nicht unter 18 °C liegen, obwohl Pellionien auch kurzfristig niedrigere Temperaturen bis nahe 10 °C aushalten. Wichtig ist, daß bei solch niedrigen Lufttemperaturen der Boden immer noch ein wenig wärmer bleibt. »Kalte Füße« führen zu Verlusten.

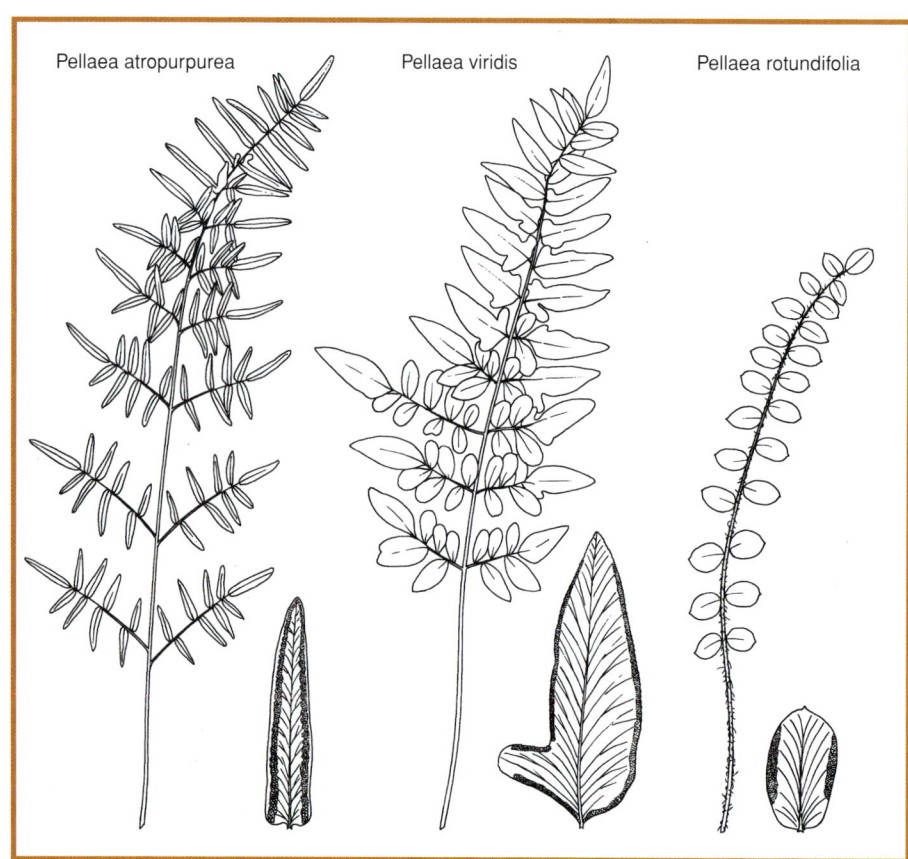

Pellaea atropurpurea   Pellaea viridis   Pellaea rotundifolia

Substrat: Humussubstrate wie Nr. 1, 5, versuchsweise auch Nr. 8 (s. Seite 39 und 40), auch gemischt mit bis zu $^1/4$ Styromull; pH 5 bis 6.

Feuchtigkeit: Stets feucht halten, nie austrocknen lassen. Besonders bei niedrigen Temperaturen keine Nässe aufkommen lassen. Luftfeuchte immer über 50%.

Düngen: Alle 2 bis 3 Wochen, im Winter alle 5 bis 6 Wochen mit Blumendünger gießen.

Umpflanzen: Alle 1 bis 2 Jahre, wenn die Pellionien nicht ausgepflanzt sind.

Vermehren: Ab März Stecklinge schneiden und bei Bodentemperaturen über 22 °C bewurzeln. Fünf oder mehr Pflanzen pro Topf setzen.

Pentas

Pentas lanceolata, ein afrikanisches Krappgewächs (Rubiaceae), wird sowohl als Schnittblume als auch als Topfpflanze angeboten. Die langröhrigen, weißen, rosa bis violetten Blüten stehen zu vielen in kugeligen Trugdolden. Die käuflichen Topfpflanzen werden trotz kompakter bleibender Auslesen in der Regel mit Hilfe von Wuchshemmstoffen kurz gehalten. Früher haben die Gärtner diesen bis 2 m hohen Halbstrauch mehrfach gestutzt. Neue Züchtungen wie die »New-Look«-Sorten bleiben auch ohne Hemmstoffe ziemlich niedrig. Je nach Kultur beginnt die Blüte im Sommer und reicht bis in den Winter.

Licht: Sonniger Platz erforderlich, da die Pflanzen sonst lang werden und die Standfestigkeit verlieren.

Temperatur: Zimmertemperatur, im Winter 10 bis 15 °C. Im Sommer auch geschützter, warmer Platz auf der Terrasse.

Substrat: Humussubstrate wie Nr. 1, 5, 6, 9 oder 10 (s. Seite 39 bis 41); pH um 6.

Feuchtigkeit: Stets mäßig feucht halten. Im Sommer haben die Pflanzen einen hohen Wasserbedarf. Im Winter machen sie wegen der ungünstigen Lichtverhältnisse eine leichte Ruhe durch, während der sie sparsam zu gießen sind.

Düngen: Von Frühjahr bis in den Spätherbst wöchentlich mit Blumendünger gießen. Nährstoffbedürftig, aber salzempfindlich, deshalb häufiger, aber schwachdosiert düngen. Wenn das Laub hell wird, mit einem Eisen- oder Citrusdünger gießen.

Umpflanzen: In der Regel mehrmals während der Kulturzeit.

Vermehren: Am besten zieht man jährlich ab März neue Pflanzen aus Stecklingen heran. Sie bewurzeln leicht bei Boden-

temperaturen um 22 °C und hoher Luftfeuchte. Nach der Bewurzelung mehrmals stutzen, um buschige Pflanzen zu erzielen. Samenvermehrbare Sorten ab Januar aussäen. Sie keimen bei etwa 23 bis 25 °C in 2 bis 3 Wochen. Den feinen Samen nicht mit Erde bedecken. Sämlinge hell bei etwa 20 °C aufstellen.

Besonderheiten: Gärtner gießen die Pflanzen mehrmals mit Wuchshemmstoffen. Die Wirkung läßt nach einiger Zeit nach, und das ungebremste Wachstum setzt ein.

Peperomia, Zwergpfeffer

Die Zahl der Peperomien-Arten wird auf rund 1000 geschätzt. Wen wundert es da, daß die exakte Benennung der Pflanzen nicht selten Schwierigkeiten bereitet? Auch in Kultur befinden sich viele Arten und Auslesen. Das gärtnerische Handelssortiment nimmt sich dagegen recht bescheiden aus. Nur fünf bis sechs verschiedene Peperomien finden sich regelmäßig. Aber immer wieder tauchen weitere auf, so daß es sich lohnt aufzupassen.

Alle Peperomien sind krautige Pflanzen mit mehr oder weniger fleischigen Blättern. In tropischen und subtropischen Gebieten vornehmlich des amerikanischen Kontinents ist die Heimat zu suchen. Sie gehören zwar den

Peperomia caperata 'Lilian'

Pfeffergewächsen (Piperaceae) an und wurden früher mit dem Pfeffer zur Gattung *Piper* gerechnet, sind aber nun als *Peperomia* eigenständig. Vom Pfeffer leitet sich der botanische und der deutsche Name ab. Peperomien wachsen dann leicht, wenn sie es warm genug haben und vorsichtig gegossen werden. Das zu häufige Gießen ist in vielen Fällen die Ursache des Faulens von Wurzeln und Stammgrund. Peperomien kommen sehr häufig als Epiphyten vor, wachsen also im Mulm der

Pentas lanceolata

Bäume. Dort ist es zwar nie längere Zeit trocken, aber es herrscht stets nur eine milde Feuchtigkeit, da das überschüssige Wasser abläuft. Entsprechend sind die Peperomien auch in Kultur zu behandeln. Nässe ist Gift für sie.

Die im Handel verbreitetste Peperomie ist *P. obtusifolia* in verschiedenen gelbgrün panaschierten Auslesen. Sie trägt steife, verkehrt eiförmige bis elliptische, kurzgestielte Blätter. Im Zimmer verträgt sie – genügend Wärme vorausgesetzt – selbst relativ trockene Luft. Auch in Hydrokultur hat sie sich gut bewährt. Genauso robust sind zwei mit zunehmender Trieblänge überhängende, sich sehr ähnelnde Arten: *P. serpens* und *P. glabella*, ebenfalls in buntlaubigen Formen.

Während diese Zwergpfeffer deutliche Stämmchen bilden, gibt es auch einige Arten, deren Sproß so kurz bleibt, daß die Blätter rosettenähnlich beieinanderstehen. Am bekanntesten ist *P. argyreia*. Das mit langen roten Stielen versehene Blatt ist schildförmig, das heißt, der Stiel mündet nicht am Rand in die Blattspreite, sondern auf der Blattunterseite innerhalb der Spreite. Die dunkelgrüne Blattfläche weist zwischen den Adern große weiße Streifen auf. Eine weitere rosettig wachsende Art ist *P. caperata*, die an ihrem stark runzeligen Blatt leicht

kenntlich ist. Sie ist – besonders in der grün-weißen oder der rotblättrigen Auslese – empfindlicher und stellt höhere Ansprüche. *P. caperata* hat im Vergleich zu den vorigen Arten den Vorteil, regelmäßig zu blühen. Allerdings sind die langen Stiele mit dem weißen, ebenfalls langen Blütenstand, der nur wenig dicker ist als der Stiel, nicht sonderlich attraktiv, auch wenn es davon auffälligere verbänderte Sorten gibt.

Will man eine Peperomie der Blüten wegen halten, so empfiehlt sich *P. fraseri* (syn. *P. resediflora*) mit ihren weißen, angenehm duftenden Blütenkugeln. Die Blüten entstehen nur unter Kurztagbedingungen. Gelegentlich finden wir noch *P. griseoargentea* im Angebot, eine mehr oder weniger rosettig wachsende Art mit glattem, oberseits silbrigem Laub.

Lange Sprosse bilden alle Peperomien mit wirtelig stehendem Laub aus. Ihre Benennung ist besonders unsicher, weshalb viele unter dem Sammelbegriff *P. verticillata* zusammengefaßt werden. Insgesamt bietet die Gattung eine solche Fülle schöner Arten, daß wir sie nicht annähernd ausschöpfen können. Sie reicht von Pflanzen mit großen, rotgerandeten Blättern wie *P. clusiifolia* bis hin zu kriechenden Arten mit winzigen Blättern wie *P. reptilis*.

Licht: Hell bis halbschattig; keine direkte Sonne.
Temperatur: Warm; auch im Winter nicht unter 18 °C. Die Bodentemperatur sollte nicht unter den genannten Wert absinken.
Substrat: Übliche Topfsubstrate wie Einheitserde oder TKS; pH um 6.
Feuchtigkeit: Stets mäßig feucht, aber nie naß halten. Die Luftfeuchte sollte nicht unter 50%, bei empfindlichen Arten nicht unter 60% absinken.
Düngen: Von Frühjahr bis Herbst alle 2 Wochen, im Winter alle 4 Wochen mit Blumendünger gießen.
Umpflanzen: In der Regel jährlich im Frühjahr oder Sommer.
Vermehren: Kopf- oder Triebstecklinge, bei rosettig wachsenden Arten Blattstecklinge mit einem Stielrest nicht über 1 cm, bewurzeln bei Bodentemperaturen über 20 °C. Die beste Zeit ist im Frühjahr oder Sommer.
Pflanzenschutz: Verschiedene Pilze verursachen Stengel- und Blattfäulen. Sie können sich aber nur ausbreiten, wenn zu hohe Feuchtigkeit im Boden herrscht, ganz besonders in Verbindung mit niedrigen Temperaturen.

Pereskia

Die blütenlosen Pflanzen sind weniger attraktiv als kurios – Kakteen mit Blättern sind schon etwas Ungewöhnliches. Bei den *Pereskia*-Arten sind es sogar richtige Blätter, nicht wie bei den Blatt- oder Phyllokakteen blattähnliche Sprosse. Mit ihrem verzweigten Stamm und den beblätterten Zweigen sehen sie einem »üblichen« Kugel- oder Säulenkaktus nicht ähnlich. Man nimmt an, daß so wie *Pereskia* die ursprünglichen Vertreter dieser Familie ausgesehen haben.

Die rund 16 Arten dieser früher auch *Peireskia* genannten Gattung kommen im tropischen Amerika in regengrünen Wäldern vor. Auch sie werfen meist jährlich ihre fleischigen Blätter ab. Die Blätter und die Beeren werden in ihrer Heimat gerne verzehrt. Die Pflanzen wachsen zu 10 m hohen Bäumen heran oder klimmen mit ihren meterlangen Sprossen auf andere Gehölze hinauf. Zu der letztgenannten Gruppe zählt die in Kultur verbreitetste Art, *Pereskia aculeata*. Sie wird wegen ihrer 4 cm großen, duftenden, weißlichen Blüten, die im Sommer erscheinen, gerne gepflegt. Besonders attraktiv ist die Varietät *godseffiana* mit gelblicher Blattober- und rötlicher Blattunterseite.Die Pflege unterscheidet sich deutlich von der anderer Kakteen. Peres-

Drei Beispiele aus der Vielfalt des Peperomien-Sortiments: Peperomia clusiifolia mit rotgerandetem Laub, P. obtusifolia mit den auffällig gelb-grün panaschierten Blättern und die schönblühende P. fraseri.

Pereskia aculeata var. godseffiana

kien wollen mehr Feuchtigkeit und im Winter auch mehr Wärme als die meisten anderen.

Licht: Hell bis leicht schattig, vor direkter Sonne mit Ausnahme der Morgen- und Abendstunden geschützt.
Temperatur: Warm, auch im Winter nicht unter 15 °C.
Substrat: Kakteenerde, die bis zu 50% Torf enthalten kann (s. Seite 41); pH 5,5 bis 7.
Feuchtigkeit: Pereskien können keine längere Trockenzeit unbeschadet überdauern. Sie wollen regelmäßig gegossen werden, ohne daß Nässe aufkommen darf. Im Winter sparsam gießen, doch die Erde nie völlig austrocknen lassen. Pereskien werfen dann ihre Blätter nicht ab, was sich als besser erwiesen hat.
Düngen: Von Frühjahr bis Herbst alle 2 Wochen mit Blumendünger gießen.
Umpflanzen: In der Regel alle 1 bis 2 Jahre im Frühjahr oder Sommer.
Vermehren: Stecklinge von etwa 5 bis 10 cm Länge bewurzeln leicht bei etwa 25 °C Bodentemperatur und feuchter Luft. Beste Zeit ist das Frühjahr.
Besonderheiten: Wer von Weihnachtskakteen Hochstämmchen heranziehen will, kann P. aculeata als Pfropfunterlage verwenden.

Pericallis-Hybriden, Aschenblumen, »Läuseblumen«, Cinerarien

Während es für manche Topfpflanzen gar keinen deutschen Namen gibt, hat die »Cinerarie« gleich mehrere. Dies deutet auf ihre Popularität und Beliebtheit hin. Schon im vorigen Jahrhundert kultivierte man diese auffallend blühenden Stauden in mehreren Sorten. Alle heute angebauten Sorten sind Hybriden. Eine der elterlichen Arten ist *Pericallis cruenta* (syn. *Senecio cruentus*) von den Kanarischen Inseln. Weitere Arten wie *P. lanata* und weitere wurden eingekreuzt. Von Weiß über Gelb, Rot und Blau sind heute alle Farben im Sortiment vertreten. Die neueren Sorten wachsen kompakter und passen besser auf die Fensterbank. Alle haben große Blätter und damit einen bemerkenswerten Wasserverbrauch. Nicht zu Unrecht bezeichnen wir Cinerarien als Läuseblumen. Sie werden im Zimmer häufig von Blattläusen befallen und erfordern dann eine Behandlung mit einem geeigneten Mittel. Obwohl es sich um Stauden handelt, ziehen wir Cinerarien ausschließlich einjährig. Die Sämlinge wachsen so schnell heran, daß eine Überwinterung nicht

lohnt. Gelegentlich pflanzt man Cinerarien in Balkonkästen oder in Sommerblumenbeete. In einem verregneten, kalten Sommer entwickeln sie sich dort nicht zu unserer Zufriedenheit. Bild Seite 10.

Licht: Heller Fensterplatz.
Temperatur: Nicht zu warmer, luftiger Standort. Pflanzen entwickeln sich am besten, wenn sie nicht wärmer als 16 bis 18 °C stehen. Sämlinge sollten im Winter etwa 6 Wochen bei 10 bis 14 °C stehen, um eine reiche Blüte anzusetzen. Wer bereits blühende Pflanzen kauft, kann diese auch wärmer stellen, doch verblühen sie dann rascher. Eine Bodentemperatur von etwa 15 °C ist optimal.
Substrat: Jedes Fertigsubstrat mit pH 6 bis 7 ist geeignet.
Feuchtigkeit: Immer feucht halten. Große Pflanzen brauchen im Sommer viel Wasser. Sämlinge sind allerdings bei stauender Nässe empfindlich gegen Wurzelpilze.
Düngen: Im Winter alle 14 Tage, ansonsten wöchentlich mit Blumendünger gießen.
Umpflanzen: Nur bei der Anzucht bei Bedarf, da abgeblühte Pflanzen am besten weggeworfen werden.
Vermehren: Aussaat im Juli (18 °C Bodentemperatur). Eine Portion Samen reicht, da 1 g 4000 Korn enthält. Wer

Peristrophe speciosa

keine entsprechend kühlen Räume zur Verfügung hat, sollte lieber knospige oder blühende Pflanzen kaufen.
Pflanzenschutz: Auf Befall mit Blattläusen achten.

Peristrophe

Die Stauden, Halbsträucher oder Sträucher aus der Gattung *Peristrophe* sind nicht sehr bekannt. Nur wenige der 15 Arten aus der Familie der Acanthusgewächse finden sich in botanischen Sammlungen. *Peristrophe speciosa* versucht man auch als Topfpflanze heranzuziehen. Der Halbstrauch erreicht in seiner indischen Heimat rund 1 m Höhe. Er trägt kreuzgegenständige, eiförmige bis elliptische, 15 bis 20 cm lange Blätter und schmückt sich im Winter mit purpurvioletten Blüten. Für die Blütenbildung sind offensichtlich Kurztage unter 8 Stunden Tageslänge erforderlich.

Der Halbstrauch verlangt auch im Winter Temperaturen von mindestens 15 °C. Die Pflege entspricht weitgehend der der verwandten *Aphelandra*. Ein jährlicher Rückschnitt hält die Pflanzen einigermaßen in erträglichen Dimensionen. Dennoch empfiehlt es sich, regelmäßig durch Stecklinge für junge Exemplare zu sorgen, die sich nach mehrmaligem Stutzen gut verzweigen.

Persea, Avocado

Liebhaber tropischer Früchte holen sich gerne die birnenähnlichen Avocados aus Feinkostgeschäften. Das sehr nahrhafte, wohlschmeckende Fruchtfleisch umschließt einen großen Kern. Aus ihm läßt sich ohne Mühe eine kleine Avocadopflanze heranziehen. Allerdings sollte man nicht allzuviel erwarten. Die Sämlinge zieren nicht sonderlich. Der Stiel bis zu den ersten Laubblättern ist lang, und es dauert meist lange, bevor er sich

Avocado, Persea americana

Avocados bilden endständige Blütentrauben mit kleinen, grünlichen Blüten

verzweigt. Stutzen nutzt nicht viel; es entstehen bestenfalls zwei Neutriebe. Ab etwa 1 m Höhe beginnt ohne unser Zutun die Verzweigung, doch paßt die Pflanze kaum mehr auf die Fensterbank. Die rund 150 Arten umfassende Gattung *Persea* zählt zur Familie der Lauraceae, ist somit mit dem Lorbeer verwandt. Die aus Mittel- und Südamerika stammende *P. americana* ist inzwischen in den Tropen weltweit verbreitet.

Licht: Hell, nur vor direkter Mittagssonne leicht geschützt.
Temperatur: Zimmertemperatur. Ältere Exemplare im Kübel können während des Winters kühl stehen bis minimal 10 °C.
Substrat: Vorzugsweise lehmhaltige Humussubstrate wie Nr. 1, 9 oder 10, auch Nr. 17 (s. Seite 39 bis 42); pH 6,5 bis 7.
Feuchtigkeit: Große, reich beblätterte Kübelpflanzen haben besonders im

Sommer einen hohen Wasserbedarf. Im Winter je nach Standort sparsamer gießen.
Düngen: Von Frühjahr bis Herbst wöchentlich, im Winter je nach Temperatur nur alle 3 bis 8 Wochen mit Blumendünger gießen.
Umpflanzen: Junge Pflänzchen jährlich, ältere Exemplare im Kübel nur in großen Abständen.
Vermehren: Vom Fruchtfleisch getrennte Kerne in Erde stecken oder so über einem Glas befestigen, daß das Wasser bis an die Unterkante heranreicht. Temperatur nicht unter 20 °C.

Phalaenopsis, Malayenblume

Wenn Orchideen heute nicht mehr als heikel gelten, sondern nicht schwieriger zu pflegen sind als viele andere Topfpflanzen, so haben sie dies den *Phalaenopsis* zu verdanken. Die Malayenblume ist die verbreitetste Orchideentopfpflanze und läßt sich ohne Schwierigkeit über Jahre auf der Fensterbank pflegen und immer wieder zur Blüte bringen.

Bei diesen populären Orchideen handelt es sich ausnahmslos um Hybriden. Die rund 40 Arten der Gattung spielen eine untergeordnete Rolle und finden sich nur in Sammlungen und bei Orchideenspezialisten. Die Mehrzahl der Arten gedeiht weniger gut auf der Fensterbank oder gar nicht. Deshalb sollten sich nur Besitzer geschlossener Blumenfenster, warmer Wintergärten oder Gewächshäuser mit den Wildarten beschäftigen.

Für alle anderen bleibt genügend übrig, denn die Vielfalt der Hybriden läßt keine Wünsche offen. Am einfachsten zu pflegen sind die einfarbig weißen oder rosafarbenen bis zartvioletten Sorten mit großen Blüten an stattlichen Blütenständen. Sie stammen vorwiegend von *P. amabilis* (weiße), *P. sanderiana* und *P. schilleriana* (rosafarbene) ab und finden auch als Schnittblumen Verwendung.

Zu den einfarbigen Sorten kamen später Hybriden mit den unterschiedlichsten interessanten Blütenzeichnungen hinzu. Die letzten großen Errungenschaften sind reingelbe und gelbgrundige mit Zeichnung sowie intensiv purpurrote oder purpurviolette *Phalaenopsis*. Diese sind häufig kleinwüchsiger und passen somit besser auf die Fensterbank, wollen aber etwas aufmerksamer gepflegt werden.

Die Anzucht von Orchideen aus Samen oder durch Gewebekultur ist eine langwierige und damit kostspielige Angelegenheit. Hochwertige Pflanzen sind deshalb auch heute noch teuer. Vorsicht ist angebracht bei Billigangeboten im Supermarkt

Phalaenopsis (Midlip) 'Lightfoot'

Phalaenopsis (Yellow Queen) 'Long Fong'

oder Gartencenter. Die Pflanzen wurden rasch mit relativ viel Dünger und hohen Temperaturen auf Verkaufsreife getrimmt. Sie tragen nicht selten nur zwei sehr kleine Blätter und blühen trotzdem. Diese Pflanzen haben mehr Mühe mit der Akklimatisation im Wohnzimmer und überleben häufig diesen Streß nicht. Diese jungen, kleinblättrigen Exemplare meist einfarbiger Hybriden dürfen allerdings nicht mit den von Natur aus kleinwüchsigen und -blättrigen Arten und Kreuzungen verwechselt werden. Zum Vergleich: Blätter von *Phalaenopsis schil-leriana* erreichen bis 45 cm Länge und ihre Hybriden nicht viel weniger, *P. modesta* und *P. parishii* dagegen nur wenig mehr als 10 cm.

Phalaenopsis-Orchideen dienten auch zur Kreuzung mit anderen Arten. Sehr wertvoll sind × *Doritaenopsis* (*Phalaenopsis* × *Doritis*, siehe dort), leider zu selten im Angebot. × *Asconopsis*, die Hybriden zwischen *Ascocentrum* und *Phalaenopsis*, verlangen die selbe Pflege wie die Kulturformen der Malayenblume. Alle anderen Hybriden sind noch sehr selten.

Licht: Hell bis halbschattig; keine direkte Sonne.

Temperatur: Der kritische Punkt für einfarbig weiß- und rosablühende Sorten liegt bei 16 °C. In der Regel sollte die Temperatur nicht unter diesen Wert absinken, auch nicht im Winter während der Nacht. Zur sicheren Blütenbildung läßt man aber im Winter für 3 bis 4 Wochen die Nachttemperatur auf 13 bis 17 °C absinken. Gelbe sowie farbig gezeichnete Sorten wollen wärmer stehen, das heißt nicht unter 18 °C. Im Sommer ist es nachts mit 20 °C kühl

Phalaenopsis (Lipperose), eine ältere, einfarbig blühende Hybride mit langem Blütenstand

genug. Tagsüber kann das Thermometer im Winter auf 22, im Sommer bis auf 28 °C ansteigen.

Substrat: Für *Phalaenopsis* haben sich die verschiedenen Orchideenrinden in Mischung mit feineren Bestandteilen durchgesetzt. Sie gewährleisten den fleischigen Wurzeln eine optimale Belüftung (s. Seite 41).

Feuchtigkeit: Ganzjährig mäßig feucht halten. Immer erst dann gießen, wenn das Substrat etwas abgetrocknet ist. Nicht völlig austrocknen lassen. Hartes Wasser entsalzen. Die Luftfeuchte ist in Wohnräumen häufig zu niedrig. Sie sollte mindestens 60, besser 70% betragen. Viele moderne Hybriden nehmen mit weniger feuchter Luft vorlieb.

Düngen: Während des deutlichen Wachstums alle 2 Wochen mit Blumendünger in halber Konzentration gießen.

Umpflanzen: Alle 2 bis 3 Jahre im Frühjahr oder auch jeweils nach der Blüte. Dabei alte, vertrocknete und faule Wurzeln sorgfältig herausschneiden, gesunde Wurzeln nicht kürzen.

Vermehren: *Phalaenopsis* sind monopodial wachsende Orchideen, bilden also eine durchgehende Sproßachse und verzweigen sich nur ganz selten. Sie bilden aber gelegentlich kleine Pflänzchen an den Blütenstielen (Keikis), die nach kräftiger Wurzelbildung einzutopfen sind. Mit Wuchsstoffpasten läßt sich diese Art der Kindelbildung provozieren. Hybriden mit viel *P.-lueddemanniana*-Blut bilden regelmäßig Kindel.

Besonderheiten: Abgeblühte Blütenstiele nicht völlig abschneiden, da *Phalaenopsis* daran mehrmals Blüten entwickeln und sich dort auch – wie erwähnt – Jungpflanzen bilden. Nur auf zwei Augen zurückschneiden, gelbe und farbig gezeichnete Sorten nicht schneiden.

Philodendron rugosum

Philodendron, Baumfreund

Wenn wir an einen undurchdringlichen Urwald denken, dann gehören auch *Philodendron* zu diesem Bild. Sie klettern an Bäumen empor und senden ihre langen Luftwurzeln bis zum Boden herab. Diese Vorstellung trifft nur auf einen Teil der rund 350 Arten zu. Neben diesen kletternden *Philodendron* gibt es aufrecht wachsende, mehr oder weniger hohe Stämme bildende. Manche Arten wachsen zu riesigen Exemplaren mit meterlangen Blättern heran. Das Laub kann ganzrandig oder eingeschnitten bis gefiedert sein. Mit Beginn des 19. Jahrhunderts entdeckte man sie in zunehmender Zahl als attraktive Blattpflanzen. Heute gibt es neben den vielzähligen Arten noch manche Kulturformen.

Das Interesse an Baumfreunden hat seinen Grund nicht nur in den attraktiven Blättern, sondern auch in der meist guten Haltbarkeit im Zimmer. Trotz allem ist die Gattung »schwierig«, aber weniger für den Kultivateur, sondern für den Botaniker, der sich um eine exakte Unterscheidung bemüht. Ihm stellen *Philodendron* manche noch ungelöste Fragen. *Philodendron* haben zum Beispiel die Eigenschaft, in der Jugend andere Blattformen zu bilden als im Alter. Dies kennen wir auch von unserem Efeu.

Die Blätter können aber auch durch verschiedene Kulturbedingungen modifiziert sein. Ein Beispiel dafür ist das schöne, nahezu schwarzblättrige *Philodendron melanochrysum*. Es hat eirunde bis herzförmige Blätter. Daneben unterschied man bislang *P. andreanum* mit nahezu pfeilförmigem Laub. Erst

jetzt hat man erkannt, daß *P. andreanum* die Altersform von *P. melanochrysum* ist.

Die bei uns unter dem Namen *P. selloum* gehandelte Pflanze muß, wie in den USA, richtig *P. bipinnatifidum* heißen. Wenn wir nun noch daran denken, daß unser »Zimmerphilodendron« nicht dieser Gattung, sondern *Monstera* zugerechnet wird, dann ist die Verwirrung perfekt. Wir dürfen uns also nicht wundern, wenn gleich aussehende Pflanzen unter verschiedenem Namen gehandelt werden.

Die Pflege der meisten *Philodendron* unterscheidet sich zum Glück nicht. Nur wenige sind bekannt dafür, daß sie besser im geschlossenen Blumenfenster oder im Gewächshaus gedeihen, zum Beispiel *P. cannifolium* (syn. *P. martia-*

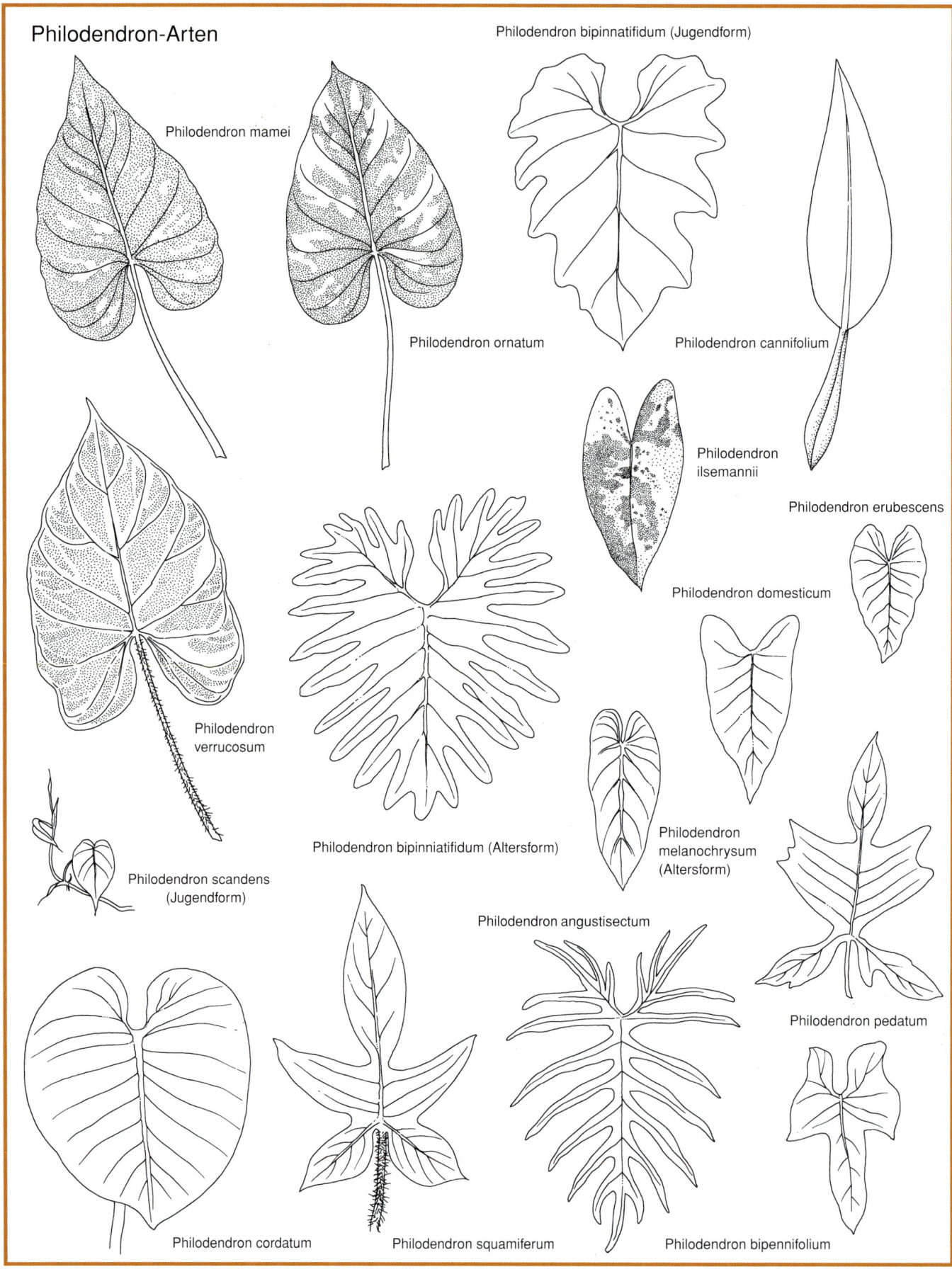

Philodendron-Arten

Philodendron bipinnatifidum (Jugendform)

Philodendron mamei

Philodendron ornatum

Philodendron cannifolium

Philodendron ilsemannii

Philodendron erubescens

Philodendron domesticum

Philodendron verrucosum

Philodendron scandens (Jugendform)

Philodendron bipinniatifidum (Altersform)

Philodendron melanochrysum (Altersform)

Philodendron angustisectum

Philodendron pedatum

Philodendron cordatum

Philodendron squamiferum

Philodendron bipennifolium

Philodendron bipinnatifidum

num), *P. melanochrysum* und *P. verruco-sum*. *P. cannifolium* fällt wegen der bis 4 cm dicken, wie aufgeblasen wirkenden Blattstiele auf. Die großen, herzförmigen Blätter von *P. verrucosum* changieren in verschiedenen Grün- und Brauntönen. Die Blattstiele sind dicht mit grünen Borsten besetzt. Auf die dunkelgrünen, fast schwarzen Blätter von *P. melanochrysum* (syn. *P. andreanum*) wurde bereits hinge-wiesen. Das verbreitetste *Philodendron*

ist das – in der ausschließlich kulti-vierten Jugendform – kleinblättrige *P. scandens*, eine Ampel- oder Hänge-pflanze ähnlich *Epipremnum pinnatum* 'Aureum'. Wegen des guten Wachstums und der leichten Vermehrbarkeit hat *P. erubescens* mit seinen bis 35 cm lan-gen, länglich-pfeilförmigen Blättern verstärkt Eingang in die gärtnerische Produktion gefunden. Von ihm gibt es Sorten wie die rotlaubige 'Burgundy'.

Sein »Blut« mag auch in nicht exakt einzuordnenden Hybriden wie der ebenfalls rotlaubigen 'Mandaianum' stecken. Eine ähnliche Blattform haben *P. domesticum* und *P. hastatum*. Unter den geschlitztblättrigen Arten dominieren *P. bipinnatifidum* sowie *P. angustisectum* (syn. *P. elegans*).

Sehr attraktiv ist das Blatt einer erst 1983 beschriebenen Art *Philodendron*

Phlebodium aureum

rugosum aus Ecuador. Die Oberfläche ist stark runzelig, die Blattunterseite weiß. Der Blattrand weist einen breiten transparenten Streifen auf. Leider wird diese schöne Art nur unregelmäßig angeboten. Die Vermehrung durch Stecklinge geht sehr langsam vonstatten. Viele *Philodendron* werden dort, wo sie sich wohlfühlen, sehr groß und müssen von Zeit zu Zeit zurückgeschnitten werden. Ab einer bestimmten Länge brauchen sie eine Stütze. Blüten darf man nur bei älteren Exemplaren erwarten, nicht bei den Arten, die bei uns nur in Jugendformen vertreten sind. Leicht zur Blüte kommt dagegen *P. erubescens*. Es sind typische Aronstab-Blütenstände mit einem Kolben und dem mehr oder weniger auffälligen Hochblatt (Spatha).

Licht: Helle, aber vor direkter Sonne geschützte Standorte. Auch halbschattige Plätze werden noch toleriert, besonders von *P. scandens*.
Temperatur: Zimmertemperatur, bei hellem Stand im Sommer bis 30 °C. Im Winter nachts bis auf 16 °C absinkend. Empfindlichere Arten wie *P. cannifolium*, *P. melanochrysum*, *P. rugosum* und *P. verrucosum* nicht unter 18 °C. Bodentemperatur nicht unter Lufttemperatur.
Substrat: Humussubstrate wie Nr. 1, 2, 3, 5 oder 6 (s. Seite 39 bis 40); pH 5 bis 6,5.
Feuchtigkeit: Stets mäßig feucht halten. Empfindliche Arten nicht unter 60% Luftfeuchte. Die meisten ertragen jedoch auch trockene Zimmerluft gut.
Düngen: Von Frühjahr bis Herbst alle 1 bis 2 Wochen, im Winter alle 4 bis 6 Wochen mit Blumendünger gießen.
Umpflanzen: Alle 1 bis 2 Jahre von Frühjahr bis Herbst möglich.
Vermehren: Viele Arten bilden bereits Wurzelansätze an den Sproßknoten aus. Die Stecklinge werden unterhalb dieser Stellen geschnitten und bei Bodentemperaturen über 25 °C sowie gespannter Luft in kurzer Zeit bewurzelt. Stammbildende Arten lassen sich am sichersten vermehren und verjüngen, indem man abmoost.
Pflanzenschutz: Bei längerem Stand in nasser Erde oder zu niedrigen Substrattemperaturen oder, bei Hydrokultur, Nährlösungstemperaturen tritt Wurzelfäule auf. Pflanzen trockener und im Wurzelbereich wärmer halten. Vorsicht, einige *Philodendron* sind empfindlich gegen Blattglanzmittel!

Phlebodium, Goldtüpfelfarn

Aus dem tropischen Südamerika stammt dieser interessante Farn mit seinen großen, bei alten Exemplaren meterlangen, tief fiederspaltigen blaubereiften Blättern, der den zunächst verwirrenden Namen *Phlebodium aureum* trägt. »Aureus« heißt goldgelb, und dies vermag der Betrachter anfangs nicht mit den bläulich bereiften Blättern in Verbindung zu bringen. Erst wenn auf der Blattunterseite die großen Sporenhäufchen erscheinen, versteht man die Namensgebung. Die Sporenlager sind kräftig gelb gefärbt und stehen so in reiz-
vollem Kontrast zum blaugrünen Blatt. Das Laub entspringt dem flach über den Boden kriechenden, gelblichbraun behaarten Rhizom, das eine weitere Zierde dieser Pflanze ausmacht. Wer Platz genug hat, sollte auf diesen hübschen und haltbaren Zimmerfarn nicht verzichten.

Meist findet man die etwas schwächer wachsende Sorte 'Glaucum' oder die größere 'Mandaianum' mit gekrausten, unregelmäßigen Blattspitzen.

Licht: Hell, nur vor direkter Sonne während der Mittagsstunden geschützt. Will heller stehen als die meisten anderen Farne.
Temperatur: Gedeiht bei üblicher Zimmertemperatur; im Winter kühler, aber nicht unter 12 °C
Substrat: Wächst gut in Humussubstraten wie Nr. 1 oder 5, versuchsweise Nr. 8 (s. Seite 39 und 40); pH um 5,5.
Feuchtigkeit: Erde nie austrocknen lassen; immer für schwache Feuchtigkeit sorgen. Trockene Luft verträgt *P. aureum* besser als andere Farne, dennoch sollte ein mittlerer Wert von mindestens 50% angestrebt werden.
Düngen: Während der Hauptwachstumszeit alle 2 Wochen mit Blumendünger gießen. Kräftiges Wachstum ist gut erkennbar an der Rhizomspitze: Die frischen »Haare« sind hell gefärbt; im Winter dagegen findet man nur die älteren bräunlichen Rhizomschuppen. In der übrigen Zeit nur sporadisch düngen.
Umpflanzen: Jährlich im Frühjahr. Das behaarte Rhizom nicht mit Erde bedecken, sondern anfangs gegebenenfalls mit Draht befestigen.
Vermehren: Sporenaussaat (s. Seite 100) oder Teilung von Rhizomen mit mehreren Spitzen beim Umpflanzen. Selbst Rhizomstücke von nur 2 cm treiben bei mindestens 20 °C Bodentemperatur wieder aus. In feuchtwarmer Umgebung sorgen die Sporen häufig für eine unfreiwillige Vermehrung des Farns.

Phlebodium aureum

Phoenix canariensis

Phoenix roebelinii

Phoenix, Dattelpalme

Eine echte Dattelpalme (*Phoenix dactylifera*) läßt sich leicht aus den großen Kernen heranziehen. Die Früchte bietet jedes Feinkostgeschäft an. Es macht Spaß zu beobachten, wie sich die Sämlinge entwickeln. Allerdings ist es nicht einfach, Dattelpalmen über längere Zeit im Zimmer bei guter Gesundheit zu halten.

Weit besser gedeiht die von den Kanarischen Inseln stammende Verwandte, *Phoenix canariensis*. Die Arten lassen sich in dem für die Topfkultur einzig geeigneten jugendlichen Stadium nicht leicht unterscheiden. *P. canariensis* ist in der Regel kompakter, die Fiederblättchen sind etwas breiter, weniger gefaltet als die von *P. dactylifera* und dunkelgrün. *P. dactylifera* wirkt dagegen mehr graugrün und lockerer im Aufbau.

In den Blumengeschäften finden wir nahezu ausschließlich *P. canariensis*. Selten ist die grazilste der drei als Topfpflanzen gebräuchlichen *Phoenix*-Arten geworden, *P. roebelinii*. Die Wedel mit den feinen Fiederblättchen hängen stärker über. *P. roebelinii* bleibt insgesamt kleiner. Leider ist diese Art etwas anspruchsvoller.

Unter optimalen Bedingungen können *Phoenix*-Arten alt und dann auch recht groß werden. *P. canariensis* erreicht am heimatlichen Standort immerhin 20 m, *P. dactylifera* gar 30 m. *P. roebelinii* bleibt mit rund 2 m noch bescheiden und wäre damit die ideale Art, verhielte sie sich ähnlich robust wie ihre Verwandten von den Kanarischen Inseln. *P. canariensis* ist aus diesem Grund der Vorzug zu geben.

Licht: Sonnig, auch im Winter.
Temperatur: Luftiger Stand; ab Mai bis September ist mit Ausnahme von *P. roebelinii* ein Aufenthalt im Garten zu empfehlen. Im Winter um 10 °C, *P. roebelinii* um 15 °C.
Substrat: Am besten spezielle Palmenerde, die Lehm oder Ton enthält (Nr. 9); geeignet sind auch Nr. 10 oder 17 (s. Seite 40 bis 42); pH um 6.
Feuchtigkeit: Stets feucht halten. Nie austrocknen, aber auch keine Nässe aufkommen lassen. Die Luftfeuchte sollte nicht zu niedrig sein (nicht unter 50%), da sonst leicht Spinnmilben auftreten.
Düngen: Von Frühjahr bis Herbst wöchentlich, im Winter alle 2 bis 3 Wochen mit Blumendünger gießen.
Umpflanzen: Jungpflanzen alle 2 bis 3 Jahre; ältere Exemplare nur dann, wenn die Wurzeln das Topfvolumen völlig ausfüllen. Soweit erhältlich, hohe Palmentöpfe verwenden. Wurzeln nicht beschädigen.
Vermehren: Samen 2 Tage in warmes Wasser (35 °C) legen. Die Keimung erfolgt dann bei mindestens 22 °C in einem Torf-Sand-Gemisch.
Pflanzenschutz: Regelmäßig auf Befall mit Spinnmilben kontrollieren.

Phormium, Neuseeländer Flachs

Bei der Überwinterung der Kübelpflanzen wurde der Neuseeländer Flachs bereits erwähnt. Als Topfpflanze sind diese Agavengewächse noch wenig bekannt.

Phormium tenax, das bis 2,5 m hoch und auch sehr umfangreich wird, besitzt keine »Topfmaße«. *Phormium colensoi* (syn. *P. cookianum*) bleibt etwas kleiner. Von beiden gibt es eine Reihe kleinbleibender Sorten, die kaum 30 cm Höhe

Phormium colensoi

erreichen oder noch weniger. Sie zeichnen sich teilweise durch bronzefarbenes oder weißgestreiftes Laub aus. Bei einigen Sorten ist der straff aufrechte Wuchs verlorengegangen. Die Blätter hängen leicht über. Für kühle, luftige Plätze sind solche – bislang vorwiegend in England verbreitete – Sorten bestens geeignet. Sie sind leicht zu pflegen, anspruchslos und attraktiv. Passen sie in einen 18- oder 20-cm-Topf nicht mehr hinein, werden sie geteilt.

Licht: Hell, nur vor direkter Mittagssonne geschützt. Bei hoher Luftfeuchte auch vollsonnig. Am heimatlichen Standort kommt *Phormium* direkt an Teichen in voller Sonne vor.
Temperatur: Luftiger Stand. Im Winter genügen 6 bis 8 °C, jedoch nicht mehr als 15 °C.
Substrat: Vorzugsweise lehmhaltige Mischungen wie Nr. 1, 9, 10 oder 17 (s. Seite 39 bis 42); pH um 6.
Feuchtigkeit: Stets feucht halten; im Winter nur sparsam gießen.
Düngen: Während kräftigen Wachstums wöchentlich mit Blumendünger gießen.

Phragmipedium
besseae
'Leuchtfeuer'

Umpflanzen: Alle 1 bis 2 Jahre im Frühjahr oder Sommer.
Vermehren: Teilen beim Umtopfen meist erforderlich, da sie kräftig in die Breite wachsen.

Phragmipedium
caudatum

Phragmipedium, Frauenschuh

Im Vergleich zu den Frauenschuh-orchideen der Gattung *Paphiopedilum* sind die 20 Arten der verwandten *Phragmipedium* ziemlich unbekannt. Während *Paphiopedilum* auf dem asiatischen Kontinent zu Hause sind, stammen *Phragmipedium* aus Mittelamerika. Wie die asiatischen Verwandten wachsen *Phragmipedium* im Boden (terrestrisch) und nicht auf Bäumen (epiphytisch), einige jedoch in Humusnestern auf Felsen (lithophytisch). Nur wenige Arten wie *Phragmipedium sargentianum* (grünliche Blüte mit bräunlichpurpurner Zeichnung) und *P. schlimii* (magenta-rosa) ähneln den *Paphiopedilum*, die anderen weisen ganz typische mehr oder weniger lange gedrehte seitliche Blütenblätter (Sepalen) auf. Bekannte Vertreter dieses Typs sind *Phragmipedium caudatum* und *P. lindenii*. Eine Besonderheit ist das intensiv karmin rote *Phragmipedium besseae*, dessen Farbe an die Leuchtkraft der *Sophronitis* erinnert.

Inzwischen entstanden aus den amerikanischen Frauenschuhen einige interessante Hybriden, und es gibt bereits Kreuzungen zwischen *Phragmipedium* und *Paphiopedilum*. Alle diese Hybriden sind noch nicht häufig im Angebot.

Phragmipedien gedeihen im Gewächshaus oder Wintergarten und empfehlen sich weniger für die Fensterbank.

Licht: Hell bis halbschattig; keine direkte Sonne.
Temperatur: Im Sommer bis 25 °C und mehr, nachts abkühlend auf 15 bis 18 °C; im Winter um 18 °C, nachts absinkend bis 10 °C, luftig.
Substrat: Durchlässiges Orchideensubstrat aus groben Bestandteilen (s. Seite 41 und 43); pH 5 bis 6. Phragmipedien wachsen auf Granitgestein und haben nicht das hohe Kalkbedürfnis wie *Paphiopedilum*.
Feuchtigkeit: Stets mäßig feucht halten und nie völlig austrocknen lassen. Im Winter sparsamer gießen. Kein hartes Wasser verwenden (nicht über 8 °d). Die Luftfeuchte sollte über 60% liegen.
Düngen: Bei gutem Wachstum kann alle 2 bis 3 Wochen mit Blumendünger in halber Konzentration gegossen werden.
Umpflanzen: Etwa alle 3 bis 4 Jahre mit beginnendem Wachstum.
Vermehren: Pflanzen beim Umtopfen in nicht zu kleine Gruppen teilen.

Phyllocactus

Die beliebten Phyllokakteen sind den Blumenfreunden auch unter Namen wie *Epiphyllum*-Hybriden oder Blattkakteen bekannt. Es ist eine Gruppe schönblühender Pflanzen, die durch Kreuzung verschiedener Arten aus Gattungen wie *Aporocactus*, *Disocactus*, *Epiphyllum*, *Heliocereus*, *Nopalxochia* und *Selenicereus* entstanden. Sie werden häufig unter dem Gattungsnamen *Epiphyllum* geführt, was aber nicht korrekt ist. Eine botanisch zutreffende Benennung ist nur möglich, wenn sich die Herkunft genau rekonstruieren läßt. Da dies bei den meisten Sorten kaum möglich ist, empfiehlt sich weiterhin die Verwendung der Sammelbezeichnung *Phyllocactus*. Es gibt unzählige Sorten, die in Deutschland, in Belgien, England und in den USA entstanden. Die Farben reichen von Weiß über Gelb, Orange bis Dunkelrot. Neben neuen Hybriden mit einem Blütendurchmesser bis 30 cm sind altbewährte in den Sortimenten zu finden, wie zum Beispiel 'Pfersdorfii'.

Bei den Eltern der Phyllokakteen handelt es sich um epiphytische, also auf Bäumen lebende oder vom Boden aus auf Bäume hinaufkletternde Pflanzen. Sie kommen in regengrünen Laubwäldern oder den immergrünen Regenwäldern vor. Die Niederschlagsmengen sind besonders an den letztgenannten Standorten erheblich. Wir müssen diese Kakteen deshalb in Kultur viel häufiger gießen als etwa Arten, die aus Trockengebieten stammen.

Ein Problem gibt es bei den Phyllokakteen: Die einzelnen Sorten sind Klone, also aus Stecklingen herangezogene Nachkommen jeweils einer Pflanze. Die ständige vegetative Vermehrung hat dazu geführt, daß Krankheitserreger wie Pilze und Viren verbreitet werden und die Bestände heute in hohem Prozentsatz infiziert sind. Abhilfe kann nur die strenge Auswahl von Mutterpflanzen oder die Anzucht aus Samen bringen. Leider läßt sich bei der etwas langwierigen Samenvermehrung nicht vorhersagen, ob man eine hübsche oder minderwertige Pflanze erhält. Reingezüchtete Sorten, die »echt« aus Samen fallen, gibt es bislang nicht.

Licht: Hell, aber mit Ausnahme der Wintermonate vor direkter Mittagssonne geschützt. Sonne in den Morgen- und Abendstunden schadet nicht.
Temperatur: Warm; auch im Winter soll im allgemeinen die Temperatur nicht unter 10 bis 15 °C absinken. Aber es handelt sich bei den Phyllokakteen um eine sehr komplexe Gruppe mit – je nach Eltern – unterschiedlichen Ansprüchen.

Es gibt auch Pflanzen, denen selbst Temperaturen um 0 °C nichts ausmachen. Man sollte selbst ausprobieren, was den jeweiligen Phyllokakteen am besten bekommt. Robuste Sorten verbringen den Sommer vorzugsweise an einem lichtschattigen Platz im Garten.
Substrat: Kakteenerde mit hohem Torfanteil (Nr. 14, s. Seite 41) oder Torfsubstrate wie Einheitserde, denen man etwa 1/3 groben Sand beimischt; pH 5 bis 6.
Feuchtigkeit: Stets mäßig feucht halten. Auch im Winter immer dann gießen, wenn die Erde abgetrocknet ist. Bei sehr kühler Überwinterung völlig trocken.
Düngen: Von März bis September alle 2 Wochen mit Kakteendünger gießen.
Umpflanzen: Alle 1 bis 2 Jahre nach der Blüte. Große Exemplare teilen.
Vermehren: Pflanzen teilen oder Stecklinge von etwa 10 bis 20 cm Länge schneiden und nach dem Abtrocknen der Schnittfläche in mäßig feuchter Erde bei Bodentemperaturen von mindestens 20 °C bewurzeln. Stecklinge nur von gesund aussehenden Mutterpflanzen schneiden. Messer jeweils nach dem Schnitt über einer Kerze oder besser einer Spiritusflamme abflammen. Die Aussaat wird man vorwiegend wählen, um gesunde Pflanzen aus infizierten Beständen oder neue Sorten zu gewinnen. Der – vom Fruchtfleisch getrennte – Samen keimt auch bei optimalen Bodentemperaturen von 20 bis 25 °C unregelmäßig, ein Teil erst nach längerer Zeit. Die Sämlinge brauchen auch unter günstigen Wachstumsbedingungen etwa 4 bis 5 Jahre bis zur Blüte.
Besonderheiten: Zwischen den breiten, blattähnlichen Sprossen entstehen gelegentlich dünne, meist dreikantige »Spieße«. Sie werden am besten herausgeschnitten, da an ihnen keine oder nur wenige Blüten entstehen. Auch alte Sprosse schneidet man weg, da sie »abgeblüht« sind.
Pflanzenschutz: Häufig entstehen an den Pflanzen ringförmige, sich ausbreitende korkähnliche Flecken. Verschiedene Ursachen können dafür infrage kommen, zum Beispiel eine Pilzinfektion (*Fusarium* und andere). In den Gärtnereien werden die Pflanzen zwar mit Fungiziden gespritzt, eine sichere Bekämpfung ist aber bislang nicht möglich.

Phyllocactus-Hybride 'Acapulco Sunset'

Pilea serpyllacea

Pilea involucrata in einer grünlaubigen Form

Pilea, Kanonierblume

Mit rund 600 Arten ist die Gattung *Pilea* in tropischen und gemäßigten Zonen der Welt verbreitet. Sie gehört zu den Nesselgewächsen (Urticaceae). Die militärisch klingende deutsche Bezeichnung Kanonierblume verdanken sie einer besonderen Eigenschaft: Die windblütigen Blumen schleudern unter bestimmten Bedingungen ihren Blütenstaub fort, so daß er als feine Wolke über der Pflanze zu erkennen ist.

Einige Arten und Sorten eignen sich als Topfpflanzen für warme und temperierte Räume. Die wichtigste Art, *Pilea cadierei*, fand man erst 1938 in Vietnam. Die zwischen den Adern leicht blasig aufgetriebenen gegenständigen Blätter weisen auf grünem Grund in vier Reihen angeordnete weiße Flecken auf. *P. cadierei* ist eine der härtesten Arten und hat nicht so hohe Ansprüche an die Temperatur wie andere Pileen. Zu den harten *Pilea* zählt auch *P. microphylla* (syn. *P. muscosa*). Sie hat winzigkleine Blättchen an einem fleischigen, mehr oder weniger waagrecht wachsenden Stengel. Sie ist so anspruchslos, daß sie während der frostfreien Zeit als Einfassungspflanze auf Sommerblumenbeeten dient. Andererseits schadet auch das warme Zimmer nicht.

Nicht unter 18 °C sollte dagegen *P. involucrata* stehen, eine Art mit bronzefarbenen, behaarten, runden Blättern. Sie wird oft als *P. spruceana* angeboten, eine Art, die wahrscheinlich nicht in Kultur

ist. Die Sorte 'Norfolk' weist zwei weiße Längsstreifen auf. Wärme und hohe Luftfeuchte verlangt auch eine Kanonierblume, die einiges Kopfzerbrechen bereitet. In den USA bot man sie unter dem Handelsnamen 'Moon Valley' an. Fälschlich nannte man sie dann *P. mollis* und *P. repens*. Nun scheint hoffentlich mit *P. crassifolia* die Identifizierung gelungen zu sein. Sie ist eine der schönsten Kanonierblumen, hat behaarte, eirunde, spitz auslaufende Blätter mit gesägtem Rand. Die frischgrüne Blattfläche ist im Zentrum dunkelrotbraun gefärbt. Das gesamte Blatt ist runzlig.

Neben den genannten gibt es noch einige Sorten wie 'Silver Tree', 'Nana Bronce' und andere, die nicht exakt einzuordnen sind. In Größe und Wuchs entsprechen sie *P. cadierei*, lieben aber etwas höhere Temperaturen.

Als Kanonierblume konnte 1984 eine Topfpflanze identifiziert werden, deren Aussehen mehr einer Peperomie entspricht. Die chinesische Pflanze aus der Provinz Yunnan trägt somit den Namen *Pilea peperomioides*, die Peperomienähnliche Kanonierblume, zu Recht. Erst die kleinen Blüten lassen erkennen, daß sie zu den Nesselgewächsen gehört. Die kreisförmigen, glänzenden, langgestielten Blätter sind die eigentliche Zierde, die diese Staude zu einer beliebten Topfpflanze in Norwegen, England und zunehmend auch bei uns werden läßt. Hinzu kommt die Unempfindlichkeit gegen Austrocknen und niedrige Temperaturen. Sie soll sogar Kälte bis zum Gefrierpunkt vertragen. *Pilea peperomioides* bildet zahlreiche Aus-

läufer, die sich leicht zur Vermehrung nutzen lassen.

Pilea libanensis 'Enchantment' läßt sich als robuste Ampelpflanze bei üblicher Zimmertemperatur halten. Die Staude bildet lange braune Triebe mit gegenständigen, bis 1 cm großen, oberseits silbriggrünen, unterseits grünen eirunden Blättchen. Aus mehreren Stecklingen pro Topf entwickelt sich eine hübsch begrünte Ampel.

Licht: Hell bis halbschattig, vor direkter Sonne geschützt.
Temperatur: Zimmertemperatur oder wärmer bis zu 25 °C. Die wärmeliebenden Arten im Winter nicht unter 18 °C, *Pilea cadierei* und *P. microphylla* nicht unter 10 °C. *P. peperomioides* kann kühler, bis 5 °C stehen.
Substrat: Humussubstrate wie Nr. 1, 2, 3, 5, 6 oder versuchsweise Nr. 8 (s. Seite 39 und 40); pH 5,5 bis 6,5.
Feuchtigkeit: Stets mäßig feucht halten. Im Winter dem geringeren Bedarf angepaßt weniger gießen. Luftfeuchte bei den wärmeliebenden Arten nicht unter 60%. Sie gedeihen am besten im geschlossenen Blumenfenster oder in der Vitrine.
Düngen: Alle 2 Wochen, im Winter alle 4 bis 5 Wochen mit Blumendünger gießen.
Umpflanzen: Jährlich im Frühjahr oder Sommer.
Vermehren: In der Regel durch Stecklinge, die bei Bodentemperaturen über 18 °C, bei *P. microphylla* auch darunter leicht wurzeln. Manche Arten setzen regelmäßig Samen an und säen sich sogar selbst aus, zum Beispiel *P. involucrata*.

Pilosocereus leucocephalus

Pilosocereus

Die Säulenkakteen der Gattung *Pilosocereus* wachsen in ihrer Heimat in Mittel- und Südamerika zu verzweigten Bäumen von 2 bis 8 m Höhe heran. In Kultur dauert es rund 10 Jahre, bis ein Sämling die Höhe von 1 m erreicht. Mit ihren flachstreichenden Wurzeln entwickeln sie sich ausgepflanzt besser als in einem Topf, wobei der Boden im Winter allerdings nicht zu kalt werden darf. Überhaupt sollten die Temperaturen im Winter relativ hoch, das heißt nicht unter 10, besser 12 °C liegen. Ansonsten kann sich die Pflege an der von *Cleistocactus* orientieren.

Pimelea, Glanzstrauch

Vor rund 100 Jahren stellte man bedauernd fest, daß die Gärtner nicht mehr so gut mit dem Glanzstrauch umgehen konnten wie früher. Nach der Einfuhr dieser immergrünen Sträucher aus Australien und Neuseeland im Jahr 1793 hatten sie sich schnell großer Beliebtheit und weiter Verbreitung in den Kalthäusern und Wintergärten erfreut. Von den rund 80 Arten dieses Seidelbastgewächses (Thymelaeaceae) waren zahlreiche zuerst nach England gekommen, wo man sich auch mit der Züchtung befaßte.

Von dieser Popularität ist nichts mehr übriggeblieben. Immer wieder versucht man, den robusten Arten wie *Pimelea*

ferruginea oder *P. linifolia* zu einem Comeback zu verhelfen – bislang ohne Erfolg. Dabei sind die Pflanzen durchaus attraktiv. Zumindest einige Arten und Sorten werden nicht allzu hoch und sind gut verzweigt. Sie tragen kleine kreuzgegenständige Blättchen und im Frühjahr endständig einen kugeligen Blütenstand mit bis zu 50 weißen, creme- oder rosafarbenen langröhrigen Blüten. Die Schwierigkeit ist, ihnen einen hellen, im Winter kühlen Raum zur Verfügung zu stellen und ein wenig Fingerspitzengefühl beim Gießen zu haben.

Licht: Hell, auch sonnig.
Temperatur: Von Mai bis September im Freien aufstellen; im Winter kühl bei 5 bis 10 °C, Jungpflanzen bis 15 °C.
Substrat: Am besten Azaleenerde (Nr. 11; Seite 41), der man – wenn vorhanden – etwas nicht zu kalkhaltigen Lehm, Lauberde und bis zu $1/4$ gewaschenen Quarzsand beimischen sollte; pH 4,5 bis 5.
Feuchtigkeit: Empfindlich gegen zuviel Feuchtigkeit, die Pflanzen sollten aber auch nicht längere Zeit trocken stehen. Im Winter sparsam gießen. Kein hartes Wasser verwenden.

Düngen: Von Mai bis September wöchentlich mit Blumendünger in angegebener Konzentration gießen.
Umpflanzen: Alle 1 bis 2 Jahre am besten nach der Blüte.
Vermehren: Stecklinge lassen sich bei etwa 20 °C Bodentemperatur und feuchter Luft bewurzeln. Der Einsatz von Bewurzelungshormonen ist hilfreich.
Besonderheiten: Sträucher nach der Blüte zurückschneiden.

Piper, Pfeffer

Pfeffer ist zwar auch heute noch ein in der Küche unentbehrliches Gewürz, aber seine Bedeutung hat doch im Vergleich zum Mittelalter stark abgenommen. Während wir ihn ausschließlich verwenden, um den Geschmack einer Speise zu verbessern, haben ihn früher seine konservierenden Eigenschaften so begehrt gemacht. Aus dieser Tatsache ist zu verstehen, daß sich das starke Würzen der Speisen vornehmlich in wärmeren Ländern durchsetzte, wo die Haltbarkeit der Lebensmittel besonders kurz ist.

Pimelea ferruginea

Schwarzer Pfeffer, Piper nigrum

Das Gewürz Pfeffer stammt von *P. nigrum*, einer Liane, die bis 10 m hoch in die Bäume klettert. Ein besonderer Zierwert kommt seinen grünen, alternierenden Blättern nicht zu. Dies gilt auch für den Betelpfeffer (*P. betle*), eine Art, die wie die vorige im tropischen Asien weit verbreitet ist. Die Blätter des Betelpfeffers werden gerne gekaut, was ein Gefühl des Wohlbefindens verbunden mit einer verstärkten Herztätigkeit hervorruft.

Viel schöner als diese grünblättrigen Pfeffer sind einige buntlaubige aus dieser rund 700 bis 1000 Arten umfassenden Gattung der Pfeffergewächse (Piperaceae). An erster Stelle ist eine Pflanze zu nennen, die bisher unter dem Namen *Piper crocatum* in Kultur war. Es handelt sich aber offensichtlich um einen schöngefärbten, etwas kleinblättrigen Typ von *P. ornatum*, und er heißt deshalb jetzt *P. ornatum* 'Crocatum'. Die Liane trägt hübsche Blätter, die entlang den Adern rosa bis weißlich gefärbt sind. Etwas breitere Blätter mit einer feineren, weniger intensiven Zeichnung charakterisieren *P. ornatum*, *P. porphyrophyllum* ist nur entlang der Hauptadern fein weiß gefleckt. Ganz anders *P. sylvaticum*, bei dem die Adern grün bleiben, während sich die Felder dazwischen weißlich aufhellen.

Eine besonders schöne, wenn auch seltene Art sei noch genannt: *P. magnificum*. Sie klettert nicht, sondern bildet aufrechte, kantige, geflügelte Sprosse mit bis 20 cm langen Blättern, die oberseits grün, unterseits leuchtend dunkelrot gefärbt sind. Alle *Piper* erweisen sich auf der Fensterbank als wenig haltbar. Es fehlt ihnen vor allem die nötige hohe Luftfeuchte. Mehr Erfolg ist beschieden, wenn uns ein geschlossenes Blumenfenster oder eine Vitrine zur Verfügung steht.

Licht: Hell bis halbschattig, keine direkte Sonne.
Temperatur: Warm, buntblättrige Arten im Winter nicht unter 18, grünblättrige nicht unter 15 °C. Gleiches gilt für die Bodentemperatur.
Substrat: Humussubstrate wie Nr. 1, 5 oder versuchsweise Nr. 8 (s. Seite 39 und 40); pH um 6.
Feuchtigkeit: Stets mäßig feucht halten. Die Luftfeuchte sollte möglichst nicht unter 60% absinken.
Düngen: Von Frühjahr bis Herbst alle 1 bis 2 Wochen mit Blumendünger gießen. Im Winter genügen Gaben alle 4 bis 5 Wochen.
Umpflanzen: Alle 1 bis 2 Jahre im Frühjahr oder Sommer.
Vermehren: Stecklinge bewurzeln nur bei hohen Bodentemperaturen von etwa 25 °C und hoher Luftfeuchte. Gleich mehrere in einen Topf setzen.
Besonderheiten: Auf der Blattunterseite einiger Arten wie *P. ornatum* 'Crocatum' lassen sich stets kleine weiße Ausscheidungen beobachten, die keine krankhafte Ursache haben.

Piper ornatum 'Crocatum'

Pisonia

Eine hübsche Blattpflanze wird immer wieder – besonders in Hydrokultur – angeboten: *Pisonia umbellifera* 'Variegata' (syn. *P. brunoniana* 'Variegata'). Dieses Wunderblumengewächs (Nyctagynaceae) aus Neuseeland trug zeitweilig auch den Namen *Heimerliodendron*.

P. umbellifera ist ein kleiner Baum von etwa 6 m Höhe. Die jungen Triebe sind fleischig und frischgrün, bis sie verholzen und sich mit einer feinen grauen Borke überziehen. Als Topfpflanze wird *Pisonia* nicht unerwünscht hoch; sie läßt sich auch bei Bedarf bis ins alte Holz zurückschneiden. Die Schönheit der Pflanze machen die dunkelgrün-hellgrün-cremeweiß panaschierten, gegenständigen Blätter aus, die nur an alten Exemplaren eine Länge bis 40 cm erreichen.

Nur selten kommt in Kultur ein Exemplar zur Blüte. Die Blüten selbst sind unscheinbar. Interessant ist jedoch der Fruchtstand, der eine klebrige Substanz ausscheidet. Insekten bleiben daran hängen, ja selbst kleine Vögel sollen sich nicht mehr befreien können, weshalb *Pisonia* den Namen »Bird-Catching-Tree« erhielt.

Pitcairnia 'Jungle Grass'

1 bis 2 Wochen, im Winter alle 3 bis 4 Wochen mit Blumendünger gießen.
Umpflanzen: Alle 1 bis 2 Jahre im Frühjahr oder Sommer möglich.
Vermehren: Nicht zu weiche Kopfstecklinge bewurzeln bei mindestens 25 °C Bodentemperatur und hoher Luftfeuchte.
Pflanzenschutz: Regelmäßig auf Befall mit Schildläusen kontrollieren. Auch Blattläuse treten häufig auf.

Pitcairnia

Obwohl die Gattung *Pitcairnia* neben den Tillandsien mit rund 260 Arten die größte innerhalb der Ananasgewächse (Bromeliaceae) darstellt, ist sie in Kultur wenig populär. Die Ursache mag darin liegen, daß die Blütenstände bei vielen

Pisonia umbellifera 'Variegata'

Licht: Hell, doch vor direkter Sonne leicht geschützt.
Temperatur: Warm; auch im Winter nicht unter 18 °C. Niedrige Bodentemperaturen führen rasch zum Faulen der empfindlichen Wurzeln. Dies ist auch bei der Hydrokultur zu beachten.
Substrat: Strukturstabile Humussubstrate wie Nr. 1, 9, 10 oder 17 (s. Seite 39 bis 42); pH um 6.
Feuchtigkeit: Stets mäßig feucht halten, doch keine Nässe aufkommen lassen. Trockene Luft unter 50 bis 60% Luftfeuchte wird nur schlecht vertragen.
Düngen: Von Frühjahr bis Herbst alle

Am klebrigen Blütenstand der Pisonia umbellifera bleiben Insekten hängen, ja sogar kleine Vögel sollen sich nicht mehr befreien können.

Platycerium bifurcatum

Arten weniger auffällig sind als die anderer Bromelien. Da sie reichlich sprossen, also zahlreiche Kindel bilden, lassen sie sich leicht vermehren. Dies geschieht am besten alle ein bis zwei Jahre, wenn man die »abgeblühten« Rosetten abtrennt. (Wie bei allen Bromelien blüht jede nur einmal).

Unter dem Namen 'Jungle Grass' wird eine nicht näher bestimmte *Pitcairnia* angeboten, die Ähnlichkeit mit der weitverbreiteten *Billbergia nutans* besitzt. Die langstieligen, überhängenden Blütenstände tragen unauffällige weiße Blüten. Größeren Zierwert besitzen die roten Hochblätter. Die Pflege entspricht weitgehend der von *Billbergia*.

Platycerium, Geweihfarn

Von den 17 Geweihfarn-Arten hat nur *Platycerium bifurcatum*, oft fälschlich als *P. alcicorne* bezeichnet, allgemeine Verbreitung gefunden. Es ist ein aus Australien und Polynesien stammender und dort epiphytisch, also in Bäumen wachsender, sehr dekorativer Farn. Seinen besonderen Reiz machen die unterschiedlichen Blattformen aus. Neben den »normalen« Blättern gibt es Nischenblätter, die dem Sammeln von Humus und Feuchtigkeit dienen. Die älteren Nischenblätter sterben – selbst wieder humusbildend – ab, während neue sich darüberschieben. Diese besonderen Wuchseigenschaften machen die Pflege im Topf zumindest über längere Zeit schwierig, da die Nischenblätter den ganzen Topf überdecken können und der Farn sich einseitig entwickelt. Am besten ist zweifellos die Kultur am Epiphytenstamm. Häufig wird der Geweihfarn auch in Orchideenkörbchen gehalten.

Licht: Absonnig, aber hell, keinen dunklen Zimmerplatz.
Temperatur: Über 20 °C; im Winter nicht unter 15 °C.

Substrat: Nr. 12 oder versuchsweise Nr. 8 (s. Seite 40 und 41); alternativ Torf und Lauberde, auch mit Nr. 8 gemischt; pH um 5.
Feuchtigkeit: Stets feucht halten. Das Gießen großer Exemplare ist wegen der Nischenblätter etwas schwierig. Am besten zwischen die bereits abgestorbenen alten Nischenblätter gießen. Die Feuchtigkeit des Substrates ist nur schwer zu erkennen; mit ein wenig Erfahrung läßt sich dies am leichtesten am Gewicht abschätzen. Gute Erfahrungen wurden auch gemacht, wenn die Pflanzen in Abständen von etwa einer Woche in ein Wasserbad getaucht werden. Das Wachstum des Geweihfarns ist am besten bei einer zumindest mittleren Luftfeuchte von 50 bis 60%.
Düngen: Früher streute man getrockneten Kuhdung oder gedüngten Torf hinter die trockenen Nischenblätter. Schwache Düngerlösungen – Blumendünger in halber Konzentration – von Mai bis September alle 3 Wochen erfüllen den gleichen Zweck. Jungpflanzen häufiger düngen.
Umpflanzen: Etwa alle 2 Jahre im Frühjahr; Jungpflanzen häufiger.
Vermehren: An den Nischenblättern entstehen gelegentlich aus Adventivknospen kleine Pflänzchen, die abgetrennt werden können. Vermehrung durch Sporen langwierig (Seite 100).
Pflanzenschutz: Sehr lästig können Schildläuse werden, die hartnäckig gegenüber vielen Pflanzenschutzmitteln sind. Andererseits verträgt der Geweihfarn nicht alle Präparate. Die Wirksamkeit und Verträglichkeit von Insektiziden sollte zunächst an einzelnen Blättern erprobt werden.

Plectranthus, Mottenkönig

Ob der Mottenkönig (*Plectranthus fruticosus*) tatsächlich Motten vertreibt, wie sein Name verspricht, ist nicht sicher erwiesen. Immerhin hielt man die Pflanze schon vor über 150 Jahren, weil man von jener Wirkung überzeugt war. Außerdem schätzte man *Plectranthus fruticosus* als Hausmittel gegen »Wechselfieber«. Heute findet man den Mottenkönig nur noch selten, vorwiegend in Bauernhäusern.

Die Pflanzen schauen ähnlich wie Buntnesseln (*Solenostemon scutellarioides*) aus, tragen aber reingrüne, weichhaarige Blätter. Reibt man Blätter oder Stengel, so verströmt der Mottenkönig einen nicht unangenehmen Duft. Die Blütenrispe setzt sich aus unscheinbaren, blaßblauen Lippenblüten zusammen.

Von den rund 250 Arten dieser in den subtropischen und tropischen Gebieten der Alten Welt verbreiteten Gattung sind neben dem Mottenkönig nur noch wenige als Topfpflanze in Kultur. Einer der schönsten ist *P. coleoides* in der Sorte 'Marginatus' mit weißgerandetem Laub.

P. oertendahlii, eine Art mit niederliegenden oder über den Topf hängenden Trieben und kleinen runden bis ovalen, weißgeaderten Blättern ist sehr zu empfehlen. Die weißlichen, in einer Traube stehenden Blüten fallen nur wenig auf. Als Bodendecker in Wintergärten und Vitrinen oder in größeren Flaschengärten ist *P. oertendahlii* besonders wertvoll.

Plectranthus verticillatus (syn. *P. nummularius*) hat lange, überhängende Triebe mit fleischigen, spärlich behaarten grünen Blättern. Er ist eine anspruchslose Ampelpflanze, die kräftiger wächst als *P. oertendahlii*. Die Blätter können häßliche orangerote Flecken an Tapete oder Vorhängen hinterlassen.

Weite Verbreitung als Balkon- oder Kübelpflanze fand *P. forsteri* 'Marginatus', meist fälschlich als *P. coleoides* 'Marginatus' bezeichnet. Während *P. coleoides* ähnlich *P. fruticosus* aufrecht wächst, entwickelt *P. forsteri* überhängende Triebe von mehr als 1,50 m Länge. Die Wuchsstärke dieser Pflanze ist fast beängstigend. Sie gehört zu den robustesten Balkonpflanzen, ist für die ganzjährige Zimmerkultur jedoch nicht geeignet.

Licht: Hell, doch – mit Ausnahme der Wintermonate – vor direkter Sonne leicht geschützt.
Temperatur: Luftiger Stand; im Winter *P. fruticosus*, *P. forsteri* und *P. verticillatus* um 10 °C, *P. coleoides* und *P. oertendahlii* um 15 °C.
Substrat: Übliche Humussubstrate wie Nr. 1, 2, 3, 5 oder 6 (s. Seite 39 bis 40); pH um 6.
Feuchtigkeit: Stets feucht halten, jedoch besonders bei kühlem Winterstand Nässe vermeiden.
Düngen: Von Frühjahr bis Herbst wöchentlich, im Winter alle 4 Wochen mit Blumendünger gießen.
Umpflanzen: Jährlich im Frühjahr oder Sommer. *P. forsteri* am besten jährlich neu aus Stecklingen heranziehen.

Plectranthus fruticosus

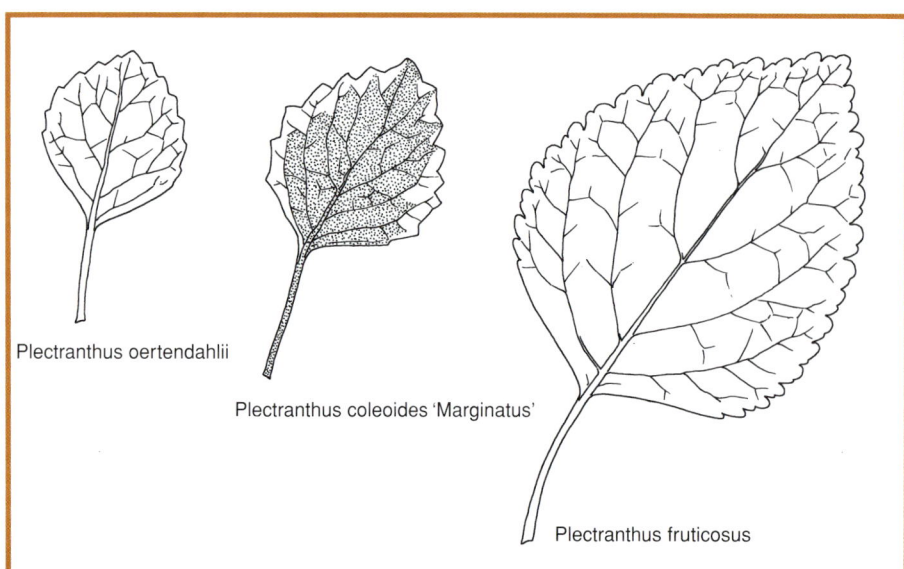

Plectranthus oertendahlii

Plectranthus coleoides 'Marginatus'

Plectranthus fruticosus

Vermehren: *P. fruticosus* beginnt mit zunehmendem Alter von unten her zu verholzen und verkahlt leicht. Es empfiehlt sich, von Zeit zu Zeit aus Kopfstecklingen Nachwuchs heranzuziehen. Zur Bewurzelung von Kopf- und Teilstecklingen sind neben der obligatorisch hohen Luftfeuchte Bodentemperaturen um 20 °C erforderlich. Auch die anderen genannten Arten lassen sich leicht durch Stecklinge vermehren. Ansonsten im Frühjahr kräftig zurückschneiden.

Pleione, Tibetorchidee

Wer bislang keine Erfahrungen mit Orchideen sammeln konnte, hat mit den Tibetorchideen die richtigen Pflanzen für erste Versuche. Sie sind zumindest in einigen Arten ohne Schwierigkeiten erhältlich, blühen regelmäßig und stellen keine schwer erfüllbaren Anforderungen. Unter den Fachleuten herrscht keine Einigkeit darüber, wie viele Pleionen zu unterscheiden sind. Einige benennen nur neun Arten und fassen die gärtnerisch wichtigsten unter *P. bulbocodioides* zusammen, obwohl sie sich im Aussehen und auch im Verhalten deutlich unterscheiden. Die anderen belassen es bei 20 Arten und separieren *P. limprichtii*, *P. formosana* und *P. bulbocodioides* (syn. *P. pogonioides*). Das ist zur klaren Kennzeichnung besser. Am robustesten ist *P. formosana*, die an ihren hellrosa Blüten mit dem cremefarbenen Schlund und den gelben und rötlichen Flecken kenntlich ist. Kräftiger lilarosa ist *P. limprichtii* mit hellerem Schlund und bräunlichen Flecken.

Beide sind Frühjahrsblüher. Das heißt, aus der letztjährigen Pseudobulbe treiben im zeitigen Frühjahr bis zu zwei Knospen. Erst dann entwickelt sich das einzige, maiglockenähnliche Laubblatt. Dabei stirbt die Pseudobulbe ab, während das Blatt die Nahrung für eine neue liefert. Im Herbst färbt sich das Blatt gelb, fällt ab, und die Tibetorchidee geht in eine völlige Ruhe über.

Neben diesen Frühjahrsblühern gibt es Arten, die im Sommer (*P. humilis*) oder Herbst (*P. maculata, P. praecox*) blühen. In der Regel läßt sich schon an der knollenförmigen Pseudobulbe erkennen, womit wir es zu tun haben: Die Pseudobulben der Frühjahrsblüher sind grün und nur bei einigen mehr oder weniger rot überhaucht, bei den im Sommer oder Herbst blühenden weisen sie Warzen oder bräunliche Flecken auf. Herbstblühende Tibetorchideen besitzen darüber hinaus zwei Blätter pro

Plectranthus coleoides 'Marginatus'

Pseudobulbe. Als einzige Ausnahme trägt nur die frühjahrsblühende *Pleione scopulorum* ebenfalls zwei Blätter.

In Kultur finden sich inzwischen zahlreiche Klone, die vornehmlich aus frühjahrsblühenden Arten oder Kreuzungen selektiert wurden. Ein Nachteil der Tibetorchideen soll nicht verschwiegen werden: Attraktiv sind sie nur während der – recht kurzen – Blütezeit. Anschließend machen sie nicht viel Staat, so daß es sich empfiehlt, sie während dieser Zeit in den Garten zu stellen.

Licht: Hell bis halbschattig. Bei starker Mittgssonne für Schatten sorgen.
Temperatur: Während der Wachstumszeit übliche Zimmertemperatur. Wenn das Blatt im Herbst einzieht, kühler stellen. Überwinterung der ruhenden Pseudobulben am besten im Keller bei nur wenigen Grad. Temperaturen unter 0 °C schaden während der Ruhezeit nicht. *P. limprichtii* soll bis –10 °C aushalten, *P. formosanum* ist weniger hart. Diese Orchideen sind daher auch für einen Gartenplatz geeignet, wenn es dort im Winter trocken ist. Etwa ab Februar, wenn die Knospen sich zu strecken beginnen, aus dem Winterquartier holen und ans Fenster stellen.
Substrat: Lockere Erde aus Torf und Lehm zu gleichen Teilen, Sand sowie Styromull oder Seramis; versuchsweise auch Mischungen mit Holzfasern (Nr. 8, s. Seite 40). Die Mischung sollte sauer sein (pH 4 bis 5), die Pflanzen gedeihen offensichtlich aber auch in neutraler Erde. Gute Dränage erforderlich.
Feuchtigkeit: Während der Wachstumszeit stets feucht halten. Wassergaben einschränken, wenn das Blatt einzieht. Ruhende Pseudobulben ganz trocken halten.
Düngen: Nach der Blattbildung bis August mit üblichen Blumendüngern im Abstand von 14 Tagen bis 3 Wochen gießen.
Umpflanzen: Jährlich, mindestens im Abstand von 2 Jahren in frische Erde setzen. Bester Zeitpunkt ist Dezember/Januar vor dem Wachstumsbeginn. Vorsicht, Blütenknospen nicht abbrechen! Pseudobulben nur etwa bis zur Hälfte mit Erde bedecken. Kleine Schalen sind besser geeignet als tiefe Töpfe.
Vermehren: Jährlich werden einige kleine Pseudobulben (Bulbillen) gebildet, die je nach Größe in einem bis mehreren Jahren blühen.
Pflanzenschutz: Im Garten vor Schnecken schützen.
Besonderheiten: Durch Wachstumsstockungen, etwa durch Beschädigungen der Wurzeln beim Umpflanzen, kann es zum Einrollen des Blattes kommen, wodurch die Assimilationsleistung und damit die Nährstoffeinlagerung in die Pseudobulbe beeinträchtigt wird.

Pleione formosana 'Oriental Grace'

Plumbago, Bleiwurz

Die Bleiwurz (*Plumbago auriculata,* syn. *P. capensis;* Familie Plumbaginaceae) ist eine beliebte Kübelpflanze, für die Haltung im Zimmer dagegen nicht geeignet. Sie will im Winter kühl stehen, außerdem wächst sie kräftig und ein wenig »ungeordnet«-struppig, daß sie ganz einfach nicht in ein gepflegtes Interieur paßt. Lediglich wenn sie mit Wuchshemmstoffen im Zaum gehalten wird, gibt sie sich etwas zahmer. Das ändert allerdings nichts an den Temperaturansprüchen.

Besser für die Topfkultur eignet sich eine rosarot blühende Verwandte:

Plumbago auriculata

Podranea ricasoniana

Plumbago indica aus Südostasien. Der aufrecht bis überhängend-kriechend wachsende Halbstrauch trägt nicht die für *P. auriculata* typischen dichten Scheindolden, sondern lange, wenig verzweigte, deutlich über dem Laub stehende grazile Ähren. Nach und nach öffnen sich von unten die bis 2,5 cm großen Einzelblüten.

Die Erfahrungen mit dieser Pflanze sind noch nicht sehr groß. Es scheint vorteilhaft zu sein, sie möglichst jährlich neu aus Stecklingen heranzuziehen, da Jungpflanzen attraktiver sind.

Licht: Hell, nur vor direkter Mittagssonne geschützt. Die Blütenbildung erfordert zumindest bei bestimmten Temperaturen einen Kurztag mit etwa 8 Stunden Licht.
Temperatur: Zimmertemperatur oder wärmer. Je wärmer *P. indica* steht, um so früher kommt sie in jedem Jahr zur Blüte. Im Winter kühler bis minimal 15 °C.
Substrat: Gut belüftete Humussubstrate wie Nr. 1 oder 5, versuchsweise 8 (Seite 39 und 40); pH 5,5 bis 6,0.
Feuchtigkeit: Stets mäßig feucht halten, aber Nässe besonders im Winter vermeiden.
Düngen: Von Frühjahr bis Herbst wöchentlich mit Blumendünger gießen.
Umpflanzen: Jährlich im Frühjahr, wenn nicht durch Stecklinge neue Pflanzen herangezogen werden.
Vermehren: Stecklinge, im Frühjahr von nichtblühenden Pflanzen geschnitten, bewurzeln bei hohen Bodentemperaturen von etwa 24 °C und hoher Luftfeuchte. Nach dem Bewurzeln stutzen, um eine bessere Verzweigung zu erzielen, und etwa drei Pflanzen in einen Topf setzen.
Besonderheiten: Rückschnitt des Blütenstands nach dem Abblühen bringt in der Regel einen zweiten Flor.

Podranea

Der »Pink Trumpet Vine«, wie *Podranea ricasoniana* in England genannt wird, ist keine Zimmerpflanze. Der kletternde Strauch aus der Familie der Bignoniengewächse entwickelt meterlange Triebe. Als Bewohner Südafrikas überlebt er unsere Winter nicht im Garten. Wir müssen ihn deshalb in einem Kübel halten und frostfrei überwintern oder aber gleich in einen Wintergarten setzen. Erst dort kann er zeigen, was in ihm steckt. *Podranea ricasoniana* blüht dann von Juli bis in den Winter.

Die immergrünen, unpaarig gefiederten Blätter setzen sich aus sieben bis elf Blättchen zusammen. Die glockenförmigen, mit roten Streifen versehenen Blüten von 5 cm Durchmesser stehen in endständigen traubigen Blütenständen.

Podranea ricasoniana ist neben der sehr ähnlichen und vergleichbar zu pflegenden *Pandorea jasminoides* eine der wenigen empfehlenswerten blühenden Kletterpflanzen für den Kübel. Sie verlangt jedoch regelmäßig Rückschnitt und einen hellen, kühlen Platz im Winter.

Licht: Sehr hell, aber vor direkter Sonne leicht geschützt. Auch im Winter so hell wie möglich.
Temperatur: Während der warmen Jahreszeit im Freien; im Winter genügen 5 bis 10 °C.
Substrat: Mischungen wie Nr. 19 oder 9 (s. Seite 39 bis 40); pH um 6.
Feuchtigkeit: Im Sommer hoher Wasserbedarf, aber die Erde darf nie längere Zeit naß sein. Bei kühler Überwinterung sparsam gießen.
Düngen: Von April bis Oktober ein- bis zweimal pro Woche mit Blumendünger gießen.
Umpflanzen: Etwa alle 2 bis 3 Jahre im Frühjahr; besser stehen die Sträucher in einem kühlen Wintergarten ausgepflanzt.
Vermehren: Halbweiche Stecklinge im zeitigen Frühjahr bei mindestens 20 °C Bodentemperatur bewurzeln. Der Einsatz von Bewurzelungshormonen ist empfehlenswert. Auch Veredlung auf *Campsis radicans* ist möglich.
Pflanzenschutz: Besonders bei zu warmem Stand können Weiße Fliege und Blattläuse lästig werden.

Pogonatherum paniceum

Polyscias guilfoyley 'Variegata'

Polyscias guilfoylei 'Victoriae'

Pogonatherum, Katzengras

Nur wenige Gräser haben als Topfpflanzen Verbreitung gefunden. Dazu zählt das bambusähnliche *Pogonatherum paniceum* aus Indien, Burma, Ceylon und China. Es bildet bambusähnliche Halme, die bis 50 cm Länge erreichen können und sehr elegant aussehen. Katzen scheint dieses Gras besonders gut zu schmecken, so daß man diese Pflanze in sicherer Entfernung halten sollte. Immerhin hat diese Vorliebe der Tiere dem Gras seinen deutschen Namen eingebracht.

Das Katzengras wird häufig als »Zimmerbambus« bezeichnet, was aber nicht korrekt ist, da seine Halme nicht verholzen. Es existieren Auslesen mit kompakterem Wuchs sowie gelbgrün gezeichneten Blättern.

Pogonatherum paniceum bestockt sich kräftig und braucht dann einen großen Topf, wenn man nicht regelmäßig teilen will.

Empfindlich ist das Katzengras gegen unregelmäßige Wasserversorgung. Sowohl Trockenheit als auch übermäßige Nässe haben Wurzelfäule und trockene Halme zur Folge, die sich nur mühsam aus dem Horst entfernen lassen. Deshalb hat es sich ganz gut bewährt, *Pogonatherum paniceum* in Hydrokultur zu halten, wo

eine regelmäßige Wasserversorgung gewährleistet ist und das Gras sich prächtig entwickelt. Es empfiehlt sich, gleich einen großen Topf zu wählen, denn das Wurzelwerk wächst kräftig, und die Bestockung ist besonders intensiv. Eine schmale Fensterbank ist dann bald zu klein.

Licht: Hell, nur während der Sommermonate vor direkter Sonneneinstrahlung geschützt.
Temperatur: Übliche Zimmertemperatur; im Winter nicht unter 15 °C.
Substrat: Nr. 1, 5 oder 15 (Seite 39 und 41), pH 5 bis 6.
Feuchtigkeit: Sehr sorgfältig gießen; nie austrocknen lassen, aber auch keine stauende Nässe (obwohl *Pogonatherum* als Ungras in Reisfeldern vorkommen soll). Hydrokultur ist vorteilhaft.
Düngen: Von Frühjahr bis Herbst wöchentlich mit Blumendünger in der angegebenen Konzentration gießen, im Winter alle 3 bis 4 Wochen.
Umpflanzen: Junge Exemplare jährlich, ältere in größeren Abständen. Beim Teilen großer Horste Wurzeln weitgehend schonen, sonst sind braune Blätter die Folge.
Vermehren: Größere Horste teilen. Von den Halmen lassen sich etwa 10 cm lange Stecklinge schneiden und bei etwa 20 °C Bodenwärme und feuchter Luft bewurzeln. Das Katzengras sät sich selbst aus, wenn die feinen Samen auf einen feuchten Untergrund fallen.

Polyscias, Fiederaralie

Fieder- und Fingeraralie, zwei ähnlich klingende, leicht zu verwechselnde Namen für Araliengewächse (Araliaceae), deren Pflege ebenfalls viele Ähnlichkeiten aufweist.

Nur auf einige Arten und Sorten der Gattung *Polyscias* trifft »Fiederaralie« zu, auf *P. filicifolia*, auf *P. fruticosa* und in beschränktem Umfang noch auf *P.-guilfoylei*-Sorten. Ihre Blätter sind mehr oder weniger unregelmäßig, oft mehrfach gefiedert oder zumindest eingeschnitten. Der wohl schönste Vertreter der Art ist *P. scutellaria* 'Balfourii', bisher bekannt unter dem Namen *P. balfouriana*, mit runden, ungefiederten Blättern oder mit nur in wenige runde Blättchen geteiltem Laub. Einige ähnliche Auslesen gefallen mit weißen Blatträndern oder gelb-grüner Panaschierung. Leider sind sie etwas empfindlicher als die zuvor genannten Arten und reagieren auf falsche Behandlung schnell mit Blattfall.

Von der Gattung *Polyscias* mag es rund 100 Arten geben, die in Polynesien und im tropischen Asien beheimatet sind. Wir ersehen hieraus, daß es wärmebedürftige Pflanzen sind. Da sie auch eine hohe Luftfeuchte verlangen, ist ihr bester Platz im geschlossenen Blumen-

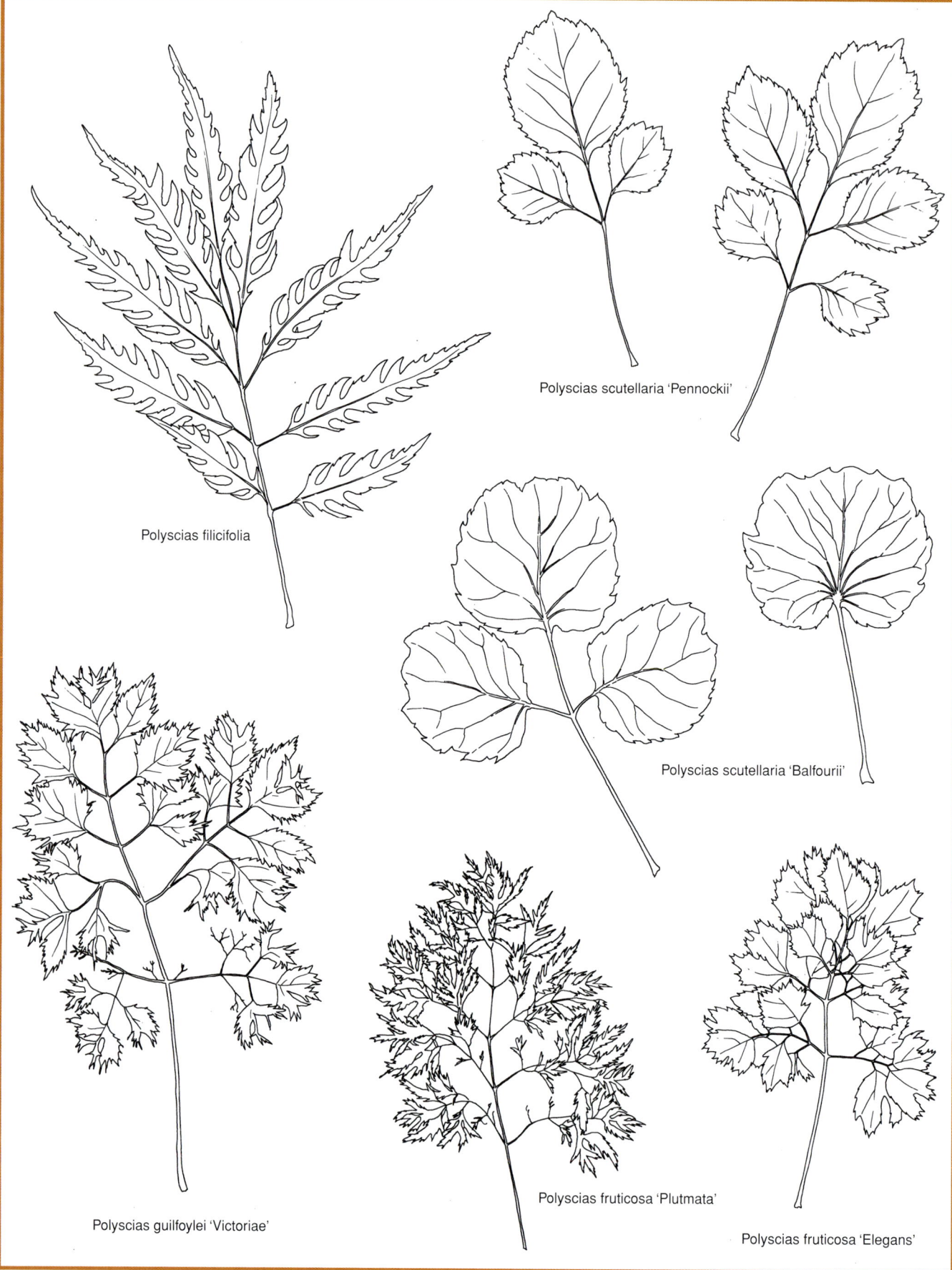

Polyscias filicifolia

Polyscias scutellaria 'Pennockii'

Polyscias scutellaria 'Balfourii'

Polyscias guilfoylei 'Victoriae'

Polyscias fruticosa 'Plutmata'

Polyscias fruticosa 'Elegans'

fenster oder in der Vitrine, wo sie noch mit Schatten vorlieb nehmen.

Licht: Hell, bis schattig; keine direkte Sonne mit Ausnahme der frühen Morgen- und späten Nachmittags-stunden.
Temperatur: Immer über 20, besser 22 °C, nachts nicht unter 18 °C. Boden-temperatur nicht niedriger.
Substrat: Gut belüftete Humussubstrate wie Nr. 1, 5, 9 oder 17 (s. Seite 39 bis 42), ggf. mit $1/4$ Seramis gemischt, versuchsweise auch Nr. 8; pH um 6.
Feuchtigkeit: Stets mäßig feucht halten, nie austrocknen lassen. Nässe führt schnell zu Wurzelfäulnis. Luftfeuchte über 60% ist vorteilhaft.
Düngen: Alle 2 Wochen, im Winter alle 4 Wochen mit Blumendünger gießen.
Umpflanzen: Alle 1 bis 2 Jahre im Früh-jahr oder Sommer.
Vermehren: Stecklinge bewurzeln nur bei Bodentemperaturen von mindestens 25 °C und hoher Luftfeuchte. Ein Bewur-zelungshormon scheint vorteilhaft zu sein.
Pflanzenschutz: Für Blattläuse ist *Polyscias* offensichtlich ein wahrer Leckerbissen. Bekämpfung gemeinsam mit den eben-falls schädlich werdenden Spinnmilben und Schildläusen

Porphyrocoma, Purpurschopf

Obwohl seit über 100 Jahren bei uns in Kultur, ist dieses Acanthusgewächs aus Brasilien nicht häufig. Dabei ver-dient die attraktivste Art, *Porphyrocoma pohliana* (syn. *Orthotactus pohlianus*), einen Ehrenplatz, an dem sie ihre Schön-heit ins rechte Licht rücken kann. 'Kar-neval' heißt eine besonders attraktive Auslese. Schon die glänzenden, dunkel-grünen, gegenständigen, lanzettlichen, zugespitzten Blätter mit der silbrigen Aderung sind eine Zierde, erst recht die endständigen Blütenähren mit den leuchtendroten Hochblättern und den in auffälligem Kontrast dazu stehenden blauvioletten Blüten. Jede einzelne Blüte hält nur ein bis zwei Tage, da jedoch jeder Blütenstand zahlreiche hervor-bringt, dauert die Pracht eine ganze Weile.

Licht: Hell, aber keine direkte Sonne. An zu dunklen Plätzen kommen die Pflanzen nicht zur Blüte.
Temperatur: Zimmertemperatur, auch im Winter nicht unter 18 °C.
Substrat: Nr. 1, 2, 3, 5 oder 15 (Seite 39 und 41); pH um 6.
Feuchtigkeit: Stets mäßig feucht halten. Trockene Luft wird schlecht vertragen.
Düngen: Wöchentlich, im Herbst und Winter alle drei Wochen mit Blumendün-ger gießen.

Polyscias scutellaria 'Balfourii'

Umpflanzen: Jährlich möglichst im Früh-jahr.
Vermehren: Samen keimt bei Tempera-turen von 22 bis 24 °C innerhalb von etwa zehn Tagen. Stecklinge, im Früh-jahr oder Sommer geschnitten, bewur-zeln bei Bodentemperaturen über 20 °C und hoher Luftfeuchte.

Portulacaria, Elefantenbusch, Speckbaum

Aus Südafrika stammt die robuste, beliebte sukkulente Pflanze, die sowohl bei den Sammlern von Kakteen und

Porphyrocoma pohliana

x Potinara (Caroussel) 'Crimson Triumph'

anderen Sukkulenten sowie bei Bonsai-freunden beliebt ist. *Portulacaria afra*, so ihr wissenschaftlicher Name, wächst in ihrer Heimat im Unterwuchs von Trockenwäldern und wird über 1 m hoch. In Kultur erreicht dieses Portulak-gewächs (Portulacaceae) ähnliche Höhen, doch dauert dies ein paar Jahre.

Im Handel finden sich meist nur kleine Exemplare, vorwiegend als Zimmer-bonsai angeboten. Die rundlichen, direkt an den fleischigen Stämmchen sitzenden Blätter können bis 5 cm erreichen, bleiben aber meist kleiner und sind ober-seits flach, unterseits leicht gewölbt. Die Sorte 'Variegata' trägt gelbgeflecktes Laub.

In Kultur kommt der Speckbaum, wie ihn die Afrikaner nennen, nur selten zur Blüte. So bleibt meist unbekannt, ob eine Pflanze ein Männchen oder Weibchen ist (*Portulacaria afra* ist eine zweihäusige Pflanze, deren eingeschlechtige Blüten auf getrennten Exemplaren sitzen). Die Pflege ist unproblematisch.

Licht: Sonnig.
Temperatur: Zimmertemperatur, im Win-ter genügen zwischen 5 ('Variegata' 8) und 10 °C, doch schaden auch 15 °C nicht.
Substrat: Übliche Kakteenerde (Nr. 14, Seite 41); wichtig ist die gute Wasser-durchlässigkeit; pH etwa 6 bis 7.
Feuchtigkeit: Sparsam gießen, besonders während der Wintermonate.
Düngen: Zwischen Frühjahr und Herbst mehrmals mit Kakteendünger gießen.
Umpflanzen: Nur in größeren Abständen nötig, wenn der Topf völlig durchwurzelt ist und die Pflanzen zu hungern begin-nen. Zwischen Frühjahr und Herbst.
Vermehren: Stecklinge im Frühjahr oder Sommer schneiden. Sie bewurzeln leicht in einem durchlässigen Substrat bei mäßigen Wassergaben.
Besonderheiten: Die Pflanzen vertragen einen kräftigen Rückschnitt. Durch regelmäßiges Stutzen lassen sie sich kompakt halten.

× Potinara

Mit × *Potinara* haben wir eine Orchideen-hybride, die gleich auf Eltern aus vier Gat-tungen zurückblicken kann: *Brassavola, Cattleya, Laelia* und *Sophronitis*. Bei die-ser Kreuzung versuchte man, das gera-dezu sagenhafte Rot der *Sophronitis* mit den auffälligeren Blütenformen der ande-ren zu vereinen. Das Ergebnis ist eine attraktive, aber etwas kleinere und meist nicht so gut haltbare Blüte. Ansprüche und Pflege entsprechen weitgehend *Sophronitis*, doch nehmen × *Potinara* mit einer etwas geringeren Luftfeuchte vor-lieb.

Primula, Primeln

Die Topfprimeln haben in den vergange-nen Jahren gegenüber anderen Zimmer-pflanzen oder ihren Verwandten im Gar-ten deutlich an Boden verloren. Eine Ausnahme macht die Stengellose Primel (*Primula vulgaris*) und deren Kreuzun-gen mit *P. elatior* und *P. veris*. Sie sind in unzähligen Sorten mit cremeweißen, gel-ben, roten oder blauen Blüten auf dem Markt. Jährlich werden sie in großer Stückzahl herangezogen und bevölkern bald nach dem Jahreswechsel nicht nur den traditionellen Blumenhandel.

Ähnlich rasch, wie sie im Frühjahr erscheinen, verschwinden sie auch wie-der, da sie für geheizte Räume denk-bar ungeeignet sind. Kühl heran-gezogen, sollten wir sie in ein ähnlich kühles Zimmer stellen, sonst müssen wir in Kauf nehmen, daß sie nicht länger als ein Blumenstrauß am Leben bleiben.

Die europäische *P. vulgaris* trug frü-her den Namen *P. acaulis*, was stengel-los bedeutet. Bilden die angebotenen Primeln einen mehr oder weniger hohen Stengel, so deutet dies häufig auf eine geringere Winterhärte hin. Sie ste-hen im Winter möglichst frostfrei bei 2 bis 5 °C, aber nicht wärmer. Im Garten erleiden sie in strengen Wintern Scha-den.

Portulacaria afra

Primula-Vulgaris-Hybride

Primula malacoides

Auch die anderen Topfprimeln verlangen kühle Standplätze. Am meisten Wärme verträgt *P. obconica*, die Becherprimel, die bei uns gärtnerisch so wichtig wurde, daß man sie im englischsprachigen Raum »German Primrose« nennt, obwohl sie in China beheimatet ist. Tatsächlich hat die Züchtung dieser Pflanze bei uns eine lange Tradition. Auf die priminarmen Sorten wurde auf Seite 29 hingewiesen.

Auch bei *P. malacoides*, der Fliederprimel aus China, gelang es, Sorten mit größeren rosafarbenen oder weißen Einzelblüten zu erzielen, ohne daß der etagige Blütenstand an Grazilität verlor. Bei *P. sinensis* (syn. *P. praenitens*), der Chinesenprimel, erheben sich die meist roten oder cremeweißen Blüten nur wenig über das beiderseits fein behaarte Blatt. Chinesenprimeln eignen sich auch für die Gestaltung von Sommerblumenbeeten. Bemerkenswert ist, daß *P. sinensis* zu Beginn des vorigen Jahrhunderts in einem chinesischen Garten entdeckt, ein natürlicher Standort aber bis heute nicht gefunden wurde. Neben den genannten gibt es noch eine ganze Reihe nicht winterharter Primeln – bei einer Gattung mit rund 400 Arten wäre dies auch verwunderlich –, aber sie haben sich bislang nicht durchsetzen können. So sind hübsche Primeln wie die gelbe *P. floribunda* bis heute Raritäten.

Licht: Hell, doch vor allzu greller Sonne besonders während der Mittagsstunden geschützt.

Temperatur: Luftiger Stand; auch im Sommer möglichst nicht viel über 20 °C. Im Winter die meisten Arten, wie zum Beispiel *P. malacoides* und *P. sinensis*, um 10 °C, *P. obconica* bis 15 °C. Die Bodentemperatur sollte nicht niedriger, besser um 2 bis 3 °C höher liegen.

Substrat: Nicht zu nährstoffreiche Humussubstrate wie Nr. 4 (s. Seite 39), ansonsten kann man übliche Blumenerden mit Aussaaterden abmagern; pH um 6.

Feuchtigkeit: Stets mäßig feucht, aber nie naß halten. Besonders im Winter nehmen die Pflanzen Nässe

Primula obconica

schnell übel. *P. vulgaris* und deren Hybriden, die im Frühjahr ins trocken-warme Zimmer kommen, werden meist zu wenig gegossen.

Düngen: Vom Frühjahr bis Herbst alle 2, im Winter alle 3 bis 4 Wochen am besten mit Hydrodünger gießen. *P. vulgaris* verträgt auch größere Düngermengen.

Umpflanzen: Alle genannten Primeln sind entweder einjährig (*P. malacoides*) oder werden – mit Ausnahme von *P. vulgaris* – einjährig kultiviert. Das Umtopfen erübrigt sich.

Vermehren: Die Aussaat ist nur dem erfahrenen Gärtner zu empfehlen, der über einen kühlen, hellen Raum verfügt. Der Samen ist fein – eine Portion genügt. Die Aussaat erfolgt in der Regel im Sommer. Der Samen, den wir nicht mit Erde abdecken, keimt rasch bei etwa 20 °C.

Pflanzenschutz: Verfärben sich die Blätter gelb, was besonders bei *P. malacoides* häufig geschieht, so kann dies verschiedene Ursachen haben. Nässe und in deren Folge Wurzelschäden stehen an erster Stelle, gefolgt von zu niedrigen Bodentemperaturen. Völliges Austrocknen der Erde hat ähnliche Folgen, ebenso ein zu hoher Kalkgehalt in der Erde (Gießen mit sehr hartem Wasser). Grauschimmel oder Blattfleckenkrankheiten treten häufig bei Pflanzen auf, die aus einem kühlen Gewächshaus ins warme Zimmer kommen. Befallene Blätter sofort entfernen und luftiger halten. Stark befallene Pflanzen sind nicht mehr zu retten.

Pritchardia

Die Palmengattung *Pritchardia* ist mit 37 Arten auf den Pazifischen Inseln beheimatet. Sie sind alle attraktive einstämmige Fächerpalmen von mittlerem bis hohem Wuchs. In Kultur finden wir in der Regel nur *Pritchardia pacifica*, eine über 10 m hohe Art mit fast runden, nicht sehr tief eingeschnittenen Blättern bis zu 2 m Länge. Junge Exemplare lassen sich einige Jahre im Wintergarten halten, wo es im Winter nicht kühler als 18 °C werden und ausreichend feucht sein sollte. Die Pflege entspricht der von einstämmigen *Chamaedorea*.

Pritchardia pacifica

Pseuderanthemum

Rund 60 Arten umfaßt diese Gattung der Akanthusgewächse, die in den Tropen der Welt verbreitet sind. Verschiedene Arten und Auslesen sind geschätzte buntblättrige Warmhauspflanzen. Viele von ihnen waren bislang nicht exakt zu bestimmen. Manche mögen der sehr nahe verwandten Gattung *Eranthemum* angehören. Im Blumenhandel taucht in der Regel nur *Pseuderanthemum atropurpureum* in der buntlaubigen Sorte 'Tricolor' auf. Der in den Tropen über 1 m hohe Strauch wird bei uns durch Stutzen und Nachzucht von Jungpflanzen immer niedrig gehalten. Junge Exemplare haben auch die schönsten Blattfärbungen. Das Laub ist mit weißen und purpurroten Flecken bedeckt oder ganz purpurrot.

Variabel ist die Blattform von *P. reticulatum*. Es gibt sowohl Typen mit schmalen lanzettlichen als auch mit breiteiförmigen Blättern. Die grünen Blättchen sind mit einer hübschen goldgelben Aderung überzogen. Bild s. Seite 425.

P. argutum ist der sicher nicht exakte Name einer hübschen Pflanze mit grünsilbrigweiß panaschiertem Laub.

Alle *Pseuderanthemum* werden wie *Xantheranthemum* behandelt. Sie werden allerdings viel höher und sind damit nur für große Flaschengärten zu empfehlen; besser ist das geschlossene Blumenfenster. Die größer werdenden Arten und Auslesen stutzt man nicht, sondern zieht sie eintriebig.

Pseuderanthemum atropurpureum 'Tricolor'

Pteris, Saumfarn

Vielleicht der schönste Farn überhaupt ist *Pteris argyraea* (syn. *P. quadriaurita* 'Argyraea'), doch ist dieser Tropenbewohner gleichzeitig einer der empfindlichsten und gedeiht nur im geschlossenen Blumenfenster und in der Vitrine. Die großen Wedel mit den feinen dunkelgrünen Fiederblättern weisen einen attraktiven silbernen Mittelstreifen auf. Ebenfalls panaschiert sind die Blättchen des viel kleiner bleibenden *Pteris ensiformis*, der in den Sorten 'Victoriae' und 'Evergemiensis' angeboten wird. Er hält besser im Zimmer aus und ist ein herrlicher Kleinfarn für Flaschengärten. Nur wenn die langen sporentragenden fertilen Wedel erscheinen, büßt er an Schönheit ein.

Zu den häufig kultivierten Farnen gehören die Sorten von *Pteris cretica*, einer Art, die im Mittelmeerraum vorkommt, was bereits auf geringere Temperaturansprüche hinweist. Auch *Pteris tremula* aus Neuseeland und Australien ist relativ bescheiden, doch wächst dieser Farn so kräftig, daß er mit seinen fein gefiederten Wedeln

Pteris cretica 'Mayi'

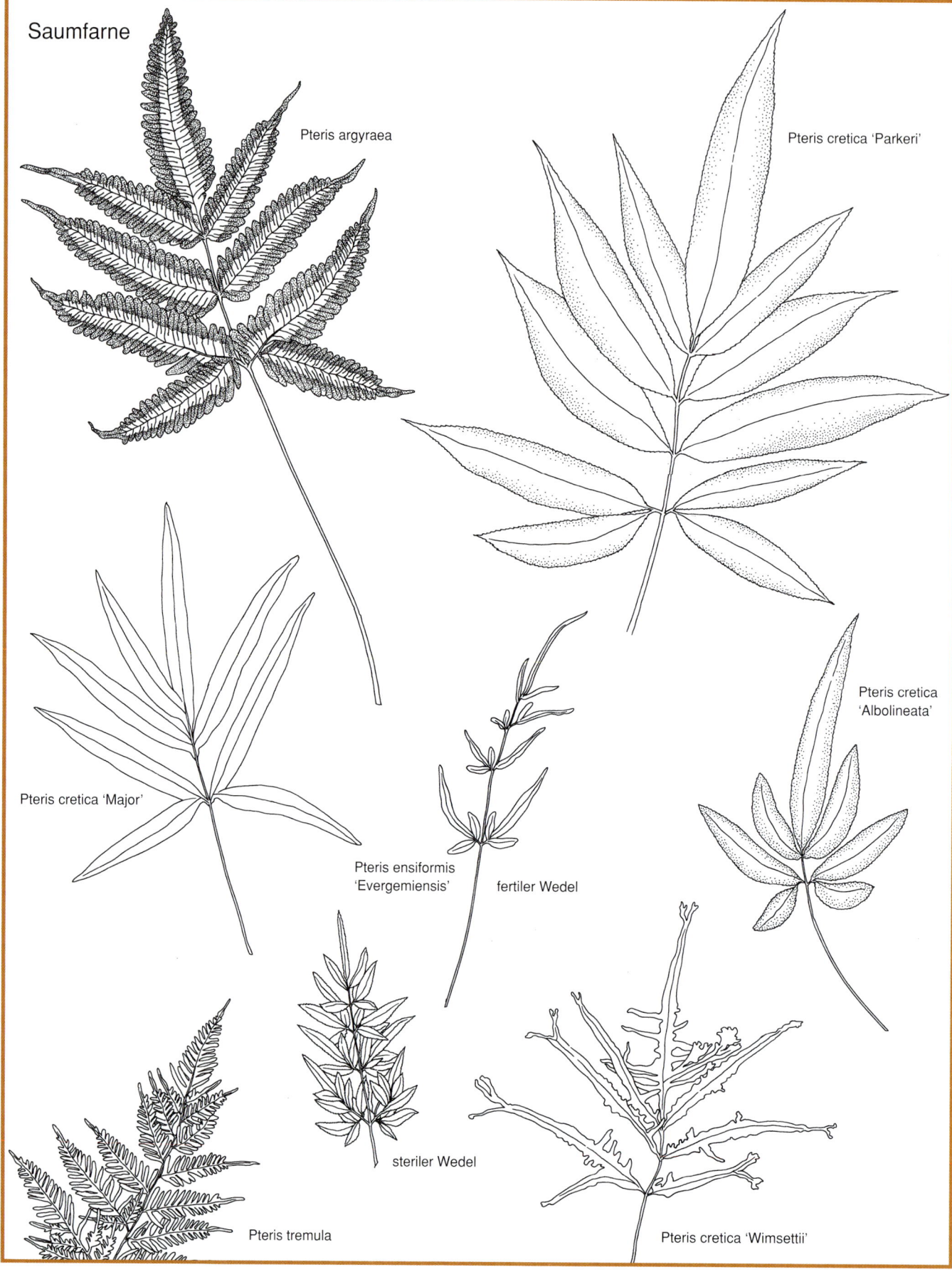

Saumfarne

Pteris argyraea

Pteris cretica 'Parkeri'

Pteris cretica 'Major'

Pteris ensiformis 'Evergemiensis'

fertiler Wedel

Pteris cretica 'Albolineata'

steriler Wedel

Pteris tremula

Pteris cretica 'Wimsettii'

1 m Höhe erreicht und damit die Dimensionen einer Zimmerpflanze sprengt.

Licht: Absonnig und hell bis halbschattig. Keine direkte Sonne!
Temperatur: *Pteris argyraea* nicht unter 20 °C, *P.-ensiformis*-Sorten nicht unter 18 °C. *Pteris cretica* verträgt auch 10 bis 12 °C im Winter, *P. tremula* 16 bis 18 °C. Während der übrigen Jahreszeiten übliche Zimmertemperatur.
Substrat: Humussubstrate wie Nr. 4 oder 1, 5 oder 15 gemischt mit Nr. 12 (s. Seite 39 bis 41), wenn vorhanden auch Mischungen mit Lauberde; pH 5,5 bis 6.
Feuchtigkeit: Niemals austrocknen lassen, stets für schwache Feuchtigkeit sorgen.
Düngen: Von April bis September alle 2 Wochen mit Blumendünger in halber Konzentration gießen, die kräftig wachsenden mit angegebenen Konzentrationen. Während der übrigen Jahreszeit nur sporadisch düngen.
Umpflanzen: In der Regel jährlich im Frühjahr.
Vermehren: Durch Sporen (s. S. 100), die bei Temperaturen um 22 °C gut keimen.

Ptilotus, Australischer Federbusch

Seit einigen Jahren versucht man, *Ptilotus exaltatus* als Topfpflanze heranzuziehen. Das australische Amaranthusgewächs erhielt auch gleich einen wirkungsvollen deutschen Namen: Australischer Federbusch. Der Name paßt gut, denn die großen zylindrischen Blütenstände wirken aufgrund der haarigen Einzelblüten wie mit Flaumfedern verziert. Die Farbe ist ein elegantes Zartviolett. Die meist einjährige Pflanze wächst zunächst mit ihren fleischigen Blättern fast rosettig, um dann einen kräftigen Trieb zu entwickeln, der 1 bis 1,5 m erreichen kann. Diesen Haupttrieb muß man rechtzeitig stutzen, damit der Australische Federbusch nicht zu hoch wird, sondern sich verzweigt. Dennoch ist die Gestalt nicht gerade ideal für eine Topfpflanze. Den weißblühenden *Ptilotus macrocephalus* kann man – zu mehreren in einen Topf gesetzt und gestutzt – zu einer attraktiven Ampelpflanze erziehen. Nach der Blüte im Sommer muß man *Ptilotus* wegwerfen. Trotz der attraktiven Blüten dürfte *Ptilotus* keine sehr populäre Topfpflanze werden.

Licht: Hell und sonnig.
Temperatur: Jungpflanzen bei 16 bis 20 °C, später 14 bis 18 °C. Kühler, luftiger Stand hält die Pflanzen etwas kompakter.
Substrat: Mischungen wie Nr. 1, 3 und 6 (Seite 39 und 40); pH 5,5 bis 6,5.
Feuchtigkeit: Stets mäßig feucht halten.
Düngen: Wöchentlich mit Blumendünger in angegebener Konzentration gießen.

Pteris cretica 'Albolineata'

Umpflanzen: Erübrigt sich bei dieser einjährigen Pflanze.
Vermehren: Möglichst früh im Jahr Samen aussäen und nur dünn mit Erde abdecken. Er keimt auch bei optimaler Temperatur von etwa 20 °C nur spärlich. Zeitweilige Kühllagerung bei etwa 5 °C oder Behandlung mit Gibberellinsäure verbessert die Keimrate. Die Aussaat empfiehlt sich dem Hobbygärtner nicht.
Besonderheiten: Pflanzen werden in der Gärtnerei mit Wuchshemmstoffen behandelt. Verblühte Pflanzen wegwerfen.

Ptilotus macrocephalus

Punica, Granatapfel

Ursprünglich als Obstgehölz angepflanzt, finden wir den Granatapfel (*Punica granatum*) heute im Mittelmeerraum vorwiegend als Zierstrauch, der, dicht verzweigt, bis zu 4 m Höhe erreicht. Die Wildformen stammen aus dem Gebiet von Persien bis Afghanistan, aber man fand wohl schon früh Geschmack an den »Äpfeln«, so daß der Granatapfel bald rings um das Mittelmeer kultiviert wurde. Heute ist er in allen tropischen und subtropischen Gebieten zu finden.

Die frühe Domestikation führte zu Auslesen unterschiedlicher Typen, darunter auch kleinbleibender, die unter dem Sortennamen 'Nana' bekannt sind. Er ist in allen Teilen kleiner und damit die ideale Kübelpflanze. Neben den roten Blüten zieren die orangefarbenen Scheinbeeren. Außer 'Nana' gibt es gelb- und weißblühende Sorten sowie gefülltblühende, doch werden sie nicht häufig angeboten. Gegessen wird übrigens die fleischig-

Granatapfel, Punica granatum

wäßrige Umhüllung der Samenkörner, aus der man fruchtig-herbe Säfte oder delikate Desserts herstellt. Die Schale ist ledrig-hart. Die Frucht und auch die Rinde der Sträucher enthalten viel Gerb-

stoff, was man früher zur Bandwurmbekämpfung nutzte.

Licht: Vollsonnig. Im Winter verlieren die Pflanzen ihr Laub. Dennoch scheint es günstiger zu sein, ihnen auch im Winter einen hellen Platz zuzugestehen.
Temperatur: Nach den Eisheiligen in den Garten stellen, bis im Herbst die Gefahr der ersten Nachtfröste droht. Im Winter luftig bei ewa 5 bis 10 °C aufstellen. An begünstigten Standorten, etwa im Rheintal oder in der Pfalz, können Granatäpfel milde Winter im Freien überstehen, aber das ist ein Risiko.
Substrat: Lehmhaltige Humuserden wie Nr. 9, 10 oder 17 (s. Seite 40 bis 42), auch gemischt mit maximal 1/4 grobem Quarzsand; pH um 6.
Feuchtigkeit: Mäßig feucht halten. Im blattlosen Zustand weitgehend trocken halten.
Düngen: Nach Austriebsbeginn bis Ende Juli wöchentlich mit Blumendünger gießen.
Umpflanzen: Etwa alle 2 Jahre zum Ende der Ruhezeit.
Vermehren: Am einfachsten ist es, nur leicht verholzte Stecklinge im Mai bei etwa 20 °C Bodentemperatur zu bewurzeln. Auch verholzte Stecklinge wachsen unter Verwendung eines Bewurzelungshormons an. Aussaat ist ebenfalls möglich. Die Samen keimen leicht bei üblicher Zimmertemperatur. Sämlinge zur besseren Verzweigung mehrmals stutzen. Die Sämlinge können schon im ersten Jahr blühen.
Besonderheiten: Granatäpfel schneidet man in der Regel nicht zurück, sondern »putzt« sie nur durch. Das heißt, es werden nur schwache oder zu dicht beieinander stehende Zweige am besten im Frühsommer entfernt

Punica granatum 'Nana'

Radermachera

Radermachera sinica ist bei uns noch nicht lange bekannt. Dieser kleine Baum aus Ostasien wurde 1983 in Europa in Kultur genommen und erfreut sich nicht zuletzt wegen seines raschen Wachstums zunehmender Beliebtheit. Allerdings ist er dann besonders ansehnlich, wenn er mit Wuchshemmstoffen kompakt gehalten wird.

Obwohl er als Bignoniengewächs hübsche gelbe Trompetenblüten bildet, ist seine einzige Zierde die Belaubung, da er im Topf wohl kaum zur Blüte kommt. Die zweifach gefiederten glänzenden, bis 90 cm langen Blätter sind bei den Sämlingen noch deutlich kleiner.

Radermachera sinica verlangt eine sorgsame Pflege, damit die empfindlichen Fiederblätter nicht abgeworfen werden.

Licht: Hell, aber vor direkter Sonne geschützt. Wegen des gleichmäßigen Pflanzenaufbaus ist Licht von mehreren Seiten vorteilhaft.
Temperatur: Übliche Zimmertemperatur; im Winter nicht unter 18 °C.
Substrat: Nr. 1, 2, 3, 5, 6, 7, 8 oder 15 (Seite 39 bis 41); pH 5 bis 6.
Feuchtigkeit: Mäßig feucht halten; nicht austrocknen lassen.
Düngen: Wöchentlich, im Winter nur alle 3 bis 4 Wochen mit Blumendünger in angegebener Konzentration gießen.
Umpflanzen: Jährlich, ältere Exemplare in größeren Abständen am besten im Frühjahr.
Vermehren: Importierter Samen bei etwa 20 °C Bodentemperatur keimen lassen. Auch Kopfstecklinge bewurzeln bei diesen Temperaturen.
Besonderheiten: Für einen kompakten Aufbau ist die Behandlung mit Wuchshemmstoffen erforderlich. Die Wirkung läßt nach einiger Zeit nach, und das normale

Radermachera sinica

Längenwachstum setzt ein. Bei niedrigen Temperaturen und hoher Luftfeuchte scheiden die Pflanzen auf den Blattunterseiten Zuckerkristalle aus.

Rebutia

Wer im Winter einen kühlen, hellen Platz zur Verfügung hat, dem seien die Rebutien empfohlen. Es sind kleinbleibende Kakteen mit flachkugeligen bis schlanken, kurzsäuligen Körpern. Ähnlich wie bei den Mammillarien sind die Rippen zu einzelnen Warzen aufgelöst, bei einigen Arten aber noch erkennbar. Die Dornen sind dünn und niemals hakenförmig, aber häufig kammartig (pectinat) ausgebildet und liegen flach dem Körper an. Im Gegensatz zu Mammillarien enthalten sie niemals Milchsaft. In Kultur sind selbst kleine Pflanzen überaus blühwillig. Die bei manchen Arten großen Blüten erscheinen nicht im Scheitel, sondern weit unten an der Basis oder seitlich an der Pflanze.

Eine genaue Abgrenzung der Gattung *Rebutia* ist noch nicht möglich. Im allgemeinen zählt man heute die früher selbständigen Gattungen *Aylostera*, *Digitorebutia*, *Cylindrorebutia* sowie *Mediolobivia* hinzu. Ob auch *Sulcorebutia* dieser Gattung zugeschlagen werden soll, ist strittig.

Rebutien kommen in ihrer Heimat in Höhen zwischen 1500 und 4000 m vor. Entsprechend »hart« sollten sie auch gehalten werden. Neben den rund 30 Arten gibt es unzählige Hybriden.

Licht: Hell, doch vor intensiver Sonneneinstrahlung während der Mittagsstunden geschützt.
Temperatur: Warmer, aber luftiger Platz mit deutlicher nächtlicher Abkühlung. Im Winter um 5 °C.
Substrat: Übliche Kakteenerde (Nr. 14, s. Seite 41) mit hohem mineralischem Anteil; pH um 6.
Feuchtigkeit: Immer erst dann gießen, wenn die Erde weitgehend abgetrocknet ist. Im Winter trocken halten. Rebutien sind sehr empfindlich gegen Nässe.
Düngen: Bei deutlichem Wachstum alle 3 Wochen mit Kakteendünger gießen.
Umpflanzen: In der Regel alle 2 bis 3 Jahre am besten im Sommer nach der Blüte.
Vermehren: Viele Rebutien sprossen besonders im Alter sehr stark, so daß sie

Rebutia aureiflora

Rebutia marsoneri

sich leicht aus Kindeln vermehren lassen. Sonst im Frühjahr Samen aussäen, nicht mit Erde bedecken und bei 15 bis 20 °C keimen lassen.

Pflanzenschutz: Bei zu warmem, lufttrockenem Stand, besonders im Winter, werden die Pflanzen leicht von Spinnmilben befallen, die man chemisch oder biologisch bekämpfen muß (mehr hierzu auf den Seiten 137 und 140).

(mehr hierzu auf den Seiten 137 und 140)

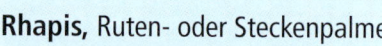

Rebutia wessneriana

Rhaphidophyllum

Diese Palmengattung umfaßt nur eine Art: *Rhaphidophyllum hystrix*. Die Fächerpalme aus dem Südosten der USA verdient unser Interesse, da sie niedrige Temperaturen bis zu – 25 °C aushalten soll. Das gilt natürlich nur für ausge-

pflanzte, gut etablierte Exemplare. Dennoch sind in milden Gegenden (Weinbauklima) durchaus Versuche mit der Freilandkultur denkbar, wobei die Pflanzen zumindest in den ersten Jahren Winterschutz benötigen. Im kühlen Wintergarten stehen sie auf jeden Fall sicherer, und da sie langsam wachsen, können sie dort auch über viele Jahre stehen bleiben. Der Stamm wird nicht sehr hoch und wächst meist eher kriechend als aufrecht. Aufgrund der starken Ausläuferbildung entstehen Gruppen. Leider ist *Rhaphidophyllum hystrix* eine Rarität und nicht leicht erhältlich. Das liegt daran, daß die Keimung und das Sämlingswachstum sehr langsam erfolgen. Die Pflege entspricht weitgehend der von *Chamaerops*.

Rhapis, Ruten- oder Steckenpalme

Früher waren die Steckenpalmen häufig in Wintergärten, Eingangshallen oder Treppenhäusern zu finden. Heute sind sie zu Unrecht selten geworden. Sie sind dankbare Palmen, die mit weniger hellen Plätzen als die meisten anderen Vertreter dieser Familie vorlieb nehmen. Allerdings – am völlig schattigen Platz vergeilen sie und sind dann keine Augenweide.

Rhapis-Arten bilden viele Ausläufer. Es entstehen so immer vielstämmige, strauchähnliche Gruppen. Ein einzelnes der dünnen Stämmchen ist weniger attraktiv. Auch in Kultur sollten wir mehrere in einen Topf oder Kübel setzen. Angeboten werden in der Regel *Rhapis excelsa* (syn. *R. flabelliformis*) und *R. humilis*, die meist nicht mehr als

4 m Höhe erreichen und aus China zu uns kamen. Sie sind variabel und nicht immer leicht voneinander zu unterscheiden. Außerdem soll es Hybriden geben. Die fächerigen, tief eingeschnittenen Blätter bestehen bei *R. excelsa* aus drei bis sieben, aber auch bis zu zehn Segmenten, die an der Spitze breitabgestumpft sind. Bei *R. humilis* laufen die meist neun oder mehr Segmente spitz zu. Den Winter verbringen Steckenpalmen in einem – nach Möglichkeit – hellen Raum bei 5 bis 10 °C. Ab Mai kommen sie an einen geschützten Gartenplatz, sollten aber nicht in der Sonne stehen. Ansonsten pflegen wir sie wie *Chamaerops*.

Rhipsalidopsis, Osterkakteen

Im Frühjahr um die Osterzeit öffnen die *Rhipsalidopsis* oder »Schein-Rhipsalis« ihre Blüten. Dies unterscheidet sie aber nicht zweifelsfrei von den Weihnachtskakteen (*Schlumbergera*), die außer Weihnachten auch noch zu anderen Jahreszeiten, nicht selten mit den *Rhipsalidopsis* zusammen, blühen können. Am sichersten kann man die Osterkakteen an den Sproßgliedern erkennen. Sie sind nie gezähnt, sondern abgerundet und in der Regel rötlich gerandet. Einige Botaniker rechnen *Rhipsalidopsis* zur Gattung *Hatiora*.

Rhipsalidopsis rosea

Im Handel dominiert *R. × graeseri*, eine Kreuzung zwischen *R. gaertneri* und *R. rosea*, von der es rosa und ziegelrote Auslesen gibt. Die rote *R. gaertneri* wird gelegentlich, die rosablühende *R. rosea* und die gelbe *R. epiphylloides* (syn. *Pseudozygocactus epiphylloides*) nur selten angeboten. Wie die Weihnachtskakteen stammen die *Rhipsalidopsis*-Arten aus den küstennahen Gebirgen Brasiliens, wo sie in den Bergwäldern vornehmlich epiphytisch vorkommen. Die Pflege entspricht weitgehend der unserer Weihnachtskakteen. Für die Blütenbildung der Osterkakteen sind ab Herbst für etwa 2 Monate niedrige Temperaturen um 10 °C erforderlich. Anschließend können sie wieder wärmer stehen.

Wegen der Gefahr der Wurzelfäule werden *Rhipsalidopsis* oft wie Weihnachtskakteen veredelt. Wurzelfäule wird nicht selten durch hartes Gießwasser hervorgerufen, das den pH-Wert der Erde über den Neutralpunkt angehoben hat.

Rhipsalis

Mit den Kakteen verbinden wir die Vorstellung von dornenbewehrten Bewohnern trockener Standorte. Wer schon Weihnachts- oder Osterkakteen gepflegt hat, weiß, daß es auch Vertreter dieser Familie gibt, die ein höheres Feuchtigkeitsbedürfnis haben und nicht in der Lage sind, längere Trockenperioden zu überdauern. Es sind oft epiphytische Pflanzen, die im Mulm der Bäume geeignete Lebensbedingungen finden. Zu diesen epiphytischen Kakteen zählt auch die Gattung *Rhipsalis* aus dem tropischen Amerika, West- und Ostafrika, Madagaskar und Sri Lanka. Diese Kakteen können sehr verschiedenartig aussehen. Es gibt Pflanzen mit dünnen, röhrigen Sproßgliedern, mit blattähnlich breiten wie bei den Phyllokakteen und mit kantigen ähnlich den

Rhapis excelsa als Bonsai gezogen.

瑞晃錦

Rhipsalis paradoxa und R. paradoxa ssp. septentrionalis (links)   **Lepismium bolivianum**

Hylocereen, denen wir als Unterlage der bunten *Gymnocalycium* häufig begegnen. Als Zimmerpflanzen sind nicht alle geeignet. Sie verlangen eine hohe Luftfeuchte, die wir nur in der Vitrine, dem geschlossenen Blumenfenster oder Gewächshaus bieten können. Einige Arten wie *R. baccifera* (syn. *R. cassutha*), *R. cereoides*, *R. crispata*, *R. hadrosoma* (syn. *R. grandiflora*), *R. mesembryanthemoides* und *R. paradoxa* nehmen mit etwas trockenerer Luft vorlieb. Am besten gedeihen sie, wenn wir sie auf einen Epiphytenstamm aufbinden oder in Orchideenkörbchen setzen. Meist hängen die langen Triebe über, so daß sie ohnehin einen erhöhten Standort verlangen. Für Topfkultur kommen am ehesten *R. crispata*, *R. hadrosoma* und *R. mesembryanthemoides* in Frage. Im Winter kann Zusatzbelichtung erforderlich werden, denn *Rhipsalis* beanspruchen viel Licht, ohne direkter Sonneneinstrahlung ausgesetzt zu sein. Arten der Gattung *Lepismium* ähneln *Rhipsalis* sehr und sind auch genauso zu pflegen.

Licht: Hell, aber keine direkte Sonne. Intensivem Licht ausgesetzte Pflanzen können sich rötlich färben, was nicht nachteilig ist.

Temperatur: Luftiger, aber nicht zugiger Platz mit Zimmertemperatur bis 25 °C. Im Winter genügen 10 bis 15 °C.
Substrat: Humose, aber gut durchlüftete Mischungen, wie Nr. 12 oder 13, auch 4 (s. Seite 39 und 41), auch gemischt mit Styromull; pH um 5,5.
Feuchtigkeit: Stets feucht halten, aber keine Nässe aufkommen lassen. Im Winter erst gießen, wenn das Substrat abgetrocknet ist. Die Sprosse sollten nicht welken. Beginnen sie trotz Feuchtigkeit zu welken, sind faulende Wurzeln die Ursache. Dann etwas trockener halten. Die Luftfeuchte darf nicht unter 60% absinken. Wasser über 8 °d entsalzen.
Düngen: Von Mai bis etwa September gut bewurzelte Pflanzen alle 3 bis 4 Wochen mit Blumendünger in halber Konzentration gießen.
Umpflanzen: Wird in der Regel alle 2 Jahre erforderlich, wenn sich das Substrat verdichtet hat. Die beste Zeit ist im späten Frühjahr.
Vermehren: Sproßglieder oder Stecklinge bewurzeln leicht bei Bodentemperaturen um 25 °C und hoher Luftfeuchte. Häufig bilden sich schon Luftwurzeln, besonders dann, wenn die Sprosse dem Substrat aufliegen. In Kultur setzen die

Pflanzen häufig Samen an. Sie werden im Frühjahr vom Fruchtfleisch befreit und in eine Mischung von 2/3 Torf und 1/3 Sand ausgesät. Er keimt bei 20 bis 25 °C Bodentemperatur.

Rhodochiton

Die mehrere Meter hoch kletternde Pflanze *Rhodochiton atrosanguineum* (syn. *R. volubile*) kann nur für kurze Zeit als Topfpflanze das Zimmer zieren, dann wird sie entweder zu groß oder ist mit den Bedingungen unzufrieden und verabschiedet sich. Da die Blüten dieses Braunwurzgewächses (Scrophulariaceae) aus Mexiko aber ganz ungewöhnlich attraktiv sind, sollte man sich trotzdem um sie bemühen. Einen warmen, sonnigen und luftigen Stand vorausgesetzt, bilden sich an zahlreichen langen Trieben viele Blüten, die einen auffälligen hellpurpurnen Kelch tragen, aus denen die langen dunkelpurpurvioletten, trompetenförmigen Blüten ragen. Selbst wenn die Blüten abgefallen sind, ziert der hübsche Kelch noch eine Weile.

Rhodochiton atrosanguineum

Rhododendron-Simsii-Hybride 'Lara'

Im Sommer kann man das Zimmer mit einem Platz auf dem sonnigen Balkon oder der Terrasse vertauschen.

Licht: Heller, sonniger Platz.
Temperatur: Warmer, aber luftiger Platz, im Winter nicht unter 15 °C.
Substrat: Nr. 1, 2, 3, 5, 6, 9, 15 oder 17 (s. Seite 39 bis 42); pH um 6.
Feuchtigkeit: Stets mäßig feucht, aber nicht naß halten. Bei sonnigem Stand haben große Pflanzen einen hohen Wasserbedarf.
Düngen: Wöchentlich mit Blumendünger in angegebener Konzentration gießen.
Umpflanzen: Erübrigt sich, da Topfpflanzen in der Regel jährlich neu aus Samen gezogen werden.
Vermehren: Aussaat am besten im Februar oder März. Samen keimt bei 15 °C innerhalb von 2 bis 4 Wochen.
Besonderheiten: Die Pflanzen benötigen eine Kletterhilfe, zum Beispiel einen Stab oder – noch besser – ein Klettergerüst, an dem die Triebe regelmäßig zu befestigen sind. Entwickeln sich aus den Blüten die Beeren mit den schwarzen Samen, dann kann man diese kühl (möglichst nicht über 15 °C) bis zur Aussaat aufbewahren.

Rhododendron, Azaleen

Zu den schönsten winterblühenden Topfpflanzen gehören die Azaleen oder – um sie von anderen Gruppen aus der 800 Arten umfassenden Gattung *Rhododendron* abzugrenzen – »Indischen Azaleen«. Botanisch werden sie als *Rhododendron*-Simsii-Hybriden geführt. *R. simsii* ist eine in China und Taiwan beheimatete Art. Als 1808 der Ahne unserer Azaleen zunächst nach England, später nach Deutschland eingeführt wurde, handelte es sich bereits um eine Hybride, die aus einem japanischen Garten stammte. Welche Eltern außer *R. simsii* sie zu verantworten haben, ist nicht bekannt.

In der ersten Hälfte des vorigen Jahrhunderts begannen vorwiegend belgische und deutsche Gärtner, Azaleen zu kreuzen und auszulesen. Viele Zuchtziele wurden erreicht, aber eines steht noch als großer Ansporn in den Sternen: eine gelbblühende Azalee. Die weißen, rosa oder roten Azaleen unterscheiden sich in ihrer Blütenform und -zeit. Die frühesten beginnen bereits im Herbst zu blühen,

die spätesten erst im Mai. Neben den »Indischen Azaleen« werden zunehmend auch »Japanische« als Topfpflanzen angeboten, die bislang nur als Freilandpflanzen bekannt waren. Ihre einfachen Blüten wirken ursprünglicher, wildnishafter. Dies kommt der Tendenz, keine ebenmäßig runden, zurechtgestutzten Sträucher, sondern locker gewachsene heranzuziehen, sehr entgegen.

Gerade diese natürlich gewachsenen Azaleen wie auch die Pflanzen mit Stämmchen und formierter Krone lohnt es weiterzupflegen und nicht nach der Blüte wegzuwerfen. Nur wenige korrigierende Eingriffe sind nötig, um sie zu Prachtexemplaren heranwachsen zu lassen. Allerdings stellen diese Heidekrautgewächse (Ericaceae) einige Anforderungen, die unbedingt zu erfüllen sind. Wie auch viele andere Vertreter dieser Familie sind sie empfindlich gegen viel Kalk. Auch warme Wohnräume sind während des Winters ungeeignet. Nicht zuletzt verlangt das Gießen ein wenig Fingerspitzengefühl.

Für Azaleen ist die Umstellung vom luftig-kühlen Gewächshaus ins Zimmer sehr stressig. Wer Pflanzen mit noch grünen Knospen kauft, muß damit rechnen, daß sie im Zimmer nicht aufblühen. Die Knospen sollten schon Farbe zeigen und beginnen, sich zu entfalten. Außerdem sollte man keine Azaleen kaufen, die deutlich erkennbar beginnen, Blätter abzuwerfen. Sie haben im Handel gelitten; Pilzkrankheiten breiten sich aus und führen häufig zum Absterben der Pflanzen.

Licht: Hell, aber vor direkter Sonne geschützt.
Temperatur: Luftiger Stand; von Mai bis September an einen luftigen, halbschattigen Platz in den Garten stellen. Nach dem Einräumen sollten sie möglichst kühl bei 5 bis 12 °C stehen, um die Knospen ausreifen zu lassen. Mit dem Anschwellen der Knospen können die Temperaturen bis auf etwa 18 °C ansteigen.
Substrat: Nachdem Nadel- oder Heideerde kaum mehr zu haben ist, verwendet man meist reinen Weißtorf (»Düngetorf«), dem man je Liter 0,5 bis 1 g eines Volldüngers wie Hakaphos perfekt, Poly-Crescal oder Mairol beimischt. In Gegenden mit sehr weichem Wasser gibt man noch die gleiche Menge Kohlensauren Kalk hinzu, um Kalkmangel vorzubeugen. Allerdings darf der pH-Wert nicht über den optimalen Bereich von 3,5 bis 4,5 ansteigen. Einfacher ist es, die fertige Azaleenerde (Nr. 11, s. Seite 41) zu verwenden.
Feuchtigkeit: Stets feucht halten. Besonders während der Blüte ist der Wasserbedarf sehr hoch. Allerdings darf es nie zu Nässe kommen, denn hierauf reagieren Azaleen rasch mit Wurzel- und Stamm-

grundfäule. Hartes Wasser entsalzen. Die Luftfeuchte sollte möglichst nicht unter 50% absinken. Gelegentliches Sprühen – auch im Freien – ist vorteilhaft.

Düngen: Wenn Azaleen kräftig wachsen, erhalten sie wöchentlich, ansonsten alle 2 bis 3 Wochen eine Gabe am besten eines Hydrokulturdüngers. Jährlich mindestens einmal die Erde durchspülen (s. Seite 60).

Umpflanzen: Alle 1 bis 2 Jahre nach der Blüte.

Vermehren: Dies bleibt in der Regel dem Gärtner vorbehalten. Sorten, die langsam wachsen oder empfindliche Wurzeln besitzen, veredelt man durch Kopulation auf eine Auslese von *R. concinnum* am besten im Sommer. Die Temperaturen sollten bei etwa 18 °C liegen; die Luftfeuchte muß hoch sein.

Andere Sorten werden durch Stecklinge vermehrt, die bei etwa 20 °C Bodentemperatur Wurzeln bilden. Nach dem Anwachsen ist mehrmaliges Stutzen erforderlich. Bis zur Blüte vergehen rund eineinhalb Jahre.

Besonderheiten: Nach der Blüte die Samenansätze ausbrechen. Auch Stutzen oder Formieren kann erforderlich sein, um schön gewachsene Pflanzen zu erhalten. Das Stutzen sollte möglichst frühzeitig erfolgen, damit es nicht bis ins alte Holz nötig ist.

Pflanzenschutz: Blattfall, Stengel- und Wurzelfäule treten immer als Folge falscher Pflege auf. Neu gekaufte Pflanzen nicht ins warme Zimmer stellen und sorgfältig gießen. Schädlingen wie Milben rücken wir mit den üblichen Sprühdosen zu Leibe.

Rhoicissus capensis

Rhoicissus, Sumachwein, Kapwein

Wenn wir den Namen *Rhoicissus* hören, so denken wir noch immer an den Königswein (*Cissus rhombifolia*), den man früher fälschlich als *Rhoicissus rhomboidea* bezeichnete. Von den zwölf echten *Rhoicissus*-Arten ist nur eine in Kultur und dies auch erst seit 1960: *R. capensis*. Sie ist eine anspruchslose Kletterpflanze, der wir nur genügend Platz zugestehen müssen.

Wie dem Namen zu entnehmen ist, stammt dieser kräftige Schlinger aus Südafrika. In subtropischen Gärten nutzt man seine Wuchskraft, um Wände zu beranken. Allerdings darf sich das Thermometer nicht allzu dicht dem Gefrierpunkt nähern. Als Zimmerpflanze nimmt *R. capensis* mit Temperaturen bis hinab zu 5 °C vorlieb. Ein heller Standort ist vorteilhaft, obwohl sie auch bei Halbschatten gedeiht. Der fast ungestümen Wuchskraft müssen wir ein kräftiges Klettergerüst zur Verfügung stellen. Die bis 20 cm breiten, ungeteilten Blätter sind oberseits glatt und zunächst hell-, später dunkelgrün, unterseits dicht rötlich behaart. Auch die jungen Triebe weisen dieses Haarkleid auf. Bemerkenswert ist noch, daß *R. capensis* eine dicke Knolle ausbildet, so daß wir – mit zunehmendem Alter des Sumachweins – große Töpfe benötigen. Ansonsten entspricht die Pflege der von *C. rhombifolia*.

Rosa, Rose

Rosen sind auf Dauer keine Zimmerpflanzen, so reizvoll dies für manchen Rosenfreund auch wäre. Wir können sie zwar über Monate des Jahres im Zimmer halten, wer hieraus aber einen Dauerzustand machen will, muß dies mit einem unangemessen hohen Aufwand oder Mißerfolgen bezahlen. Daß sich ohnehin nur kleinbleibende Sorten für die Zimmerkultur anbieten, liegt auf der Hand.

Am bekanntesten ist die »kleinste Rose der Welt«, die rotblühende *Rosa chinensis* 'Minima', auch *Rosa roulettii* oder 'Pompon de Paris' genannt. Sie ist wohl seit 1823 in Kultur und wird bis heute gerne vermehrt, obwohl ihr andere Rosen den ersten Rang unter den Topfrosen streitig gemacht haben. *R. chinensis* 'Minima' bleibt ausgesprochen niedrig – etwa 15 bis 25 cm, sofern sie wurzelecht, also auf keiner Unterlage steht. In den vergangenen Jahren brachten Züchter wie Meilland einige hübsche Zwergrosen in den Han-

Rosa chinensis 'Romeo Meilove', eine sehr kleine, gut für die Topfkultur geeignete Rosensorte.

Rosmarinus officinalis

del, die aber alle größer werden als *Rosa chinensis* 'Minima'. Auch samenvermehrbare Zwergrosen wie 'Kissy' brauchen bald einen größeren Topf. Am meisten Freude mit Topfrosen wird man haben, wenn man sie, ihrem natürlichen Wachstumsrhythmus entsprechend, während des Winters bei niedrigen Temperaturen ruhen läßt. Den Austrieb zögern wir durch kühlen Stand so weit hinaus, bis die Lichtverhältnisse günstiger sind. Erst dann gewöhnen wir die Rosen langsam an höhere Temperaturen. Nach dem ersten Flor ist es vorteilhaft, die Pflanzen ins Freie zu stellen. Sie kräftigen sich dann bis zum Herbst, so daß sie die Überwinterung gut überstehen.

Licht: Hell bis sonnig, nur vor Prallsonne leicht geschützt.
Temperatur: Luftiger Stand. Im Winter um 5 °C. Etwa ab März langsam an Zimmertemperatur gewöhnen.
Substrat: Vorzugsweise lehmhaltige Humuserde wie Nr. 1, 9 oder 17 (s. Seite 39 bis 42), auch gemischt mit 1/3 ausgereiftem Kompost oder guter Gartenerde; pH um 6.
Feuchtigkeit: Stets mäßig feucht halten. Während der blattlosen Ruhezeit nur sporadisch Erde anfeuchten. Während des Zimmeraufenthalts sollte die Luftfeuchte nicht zu niedrig sein, da sonst Spinnmilben lästig werden.
Düngen: Von Wachstumsbeginn bis Ende August wöchentlich mit Blumendünger gießen.
Umpflanzen: In der Regel alle 2 Jahre vor Triebbeginn.
Vermehren: Die Veredlung – meist auf *Rosa multiflora* – bleibt dem Gärtner vorbehalten. Leichter ist die Stecklingsvermehrung, die sich besonders bei

R. chinensis 'Minima' anbietet. Im Frühsommer geschnittene mittelharte Stecklinge bewurzeln sich in 4 bis 6 Wochen, wenn wir sie zuvor in ein Bewurzelungshormon tauchen. Natürlich muß für ausreichende Luftfeuchte und Schatten gesorgt werden. Samenvermehrbare Sorten ab März aussäen. 20 bis 22 °C genügen zur Keimung. Bei guter Pflege können sie bereits nach vier Monaten blühen.

Pflanzenschutz: Bei Zimmerkultur werden besonders Spinnmilben lästig. Regelmäßig kontrollieren und bei Befall mehrmals mit Sprühdosen behandeln. Es gibt Präparate, die speziell für Rosen ausgewiesen sind.
Besonderheiten: Wie Freilandrosen werden auch die Topfrosen im Winter zurückgeschnitten. Abgeblühte Blüten entfernen und die Pflanzen dabei formieren.

Rosmarinus, Rosmarin

Rosmarin, eine unserer ältesten Topfpflanzen, ist heute nicht mehr so häufig anzutreffen. Die warmen Räume behagen ihm nicht sehr. Viel wohler fühlte er sich in den ungeheizten Bauernstuben, die gerade frostfrei blieben. Aber wir sollten den Rosmarin nicht ganz vergessen. Bei Reisen an das Mittelmeer finden wir Rosmarin (*Rosmarinus officinalis*) als reichblühenden, trockenheitsverträglichen, bis 1,50 m hoch werdenden Strauch. Mit seinen schmalen, dunkelgrünen, unterseits grauen, die Ränder nach unten eingerollten Blättern ist er leicht zu identifizieren.

Der aromatische Duft ist besonders stark bei intensiver Sonneneinstrahlung. Wegen dieser ätherischen Öle ist Rosmarin seit langer Zeit als Gewürz und Einreibmittel begehrt. Der weiße oder zartblaue Flor weist ihn als Lippenblütler (Labiatae) aus. Er ist so vielgestaltig, daß manche Botaniker mehrere Arten unterscheiden. Es gibt verschiedene Auslesen, darunter auch welche mit größerer Winterhärte, die zumindest im Weinbauklima den Winter im Freien überstehen. Die Sorten 'Arp' und 'Salem' sollen in den USA bis –22 °C ertragen haben. Das gilt jedoch nur für gut eingewachsene, akklimatisierte Pflanzen in einem gut durchlässigen Boden. In strengen Wintern sind dennoch Schäden nicht auszuschließen.

Licht: Vollsonnig.
Temperatur: Luftiger Stand. Von Mai bis Oktober am besten im Garten. Im Winter luftig und kühl, möglichst nicht über 15 °C. Nur an sehr geschützten Orten kann man einen Versuch wagen, Rosmarin im Freien zu überwintern. Im allgemeinen hält man ihn frostfrei, zum Beispiel in einem Treppenaufgang.
Substrat: Durchlässige Humussubstrate wie Nr. 1, 9, 10 oder 17 (s. Seite 39 bis 42) mit etwa 1/4 grobem Quarzsand; pH um 6.
Feuchtigkeit: Als Strauch der Macchia kann Rosmarin Trockenheit ertragen, besser als Nässe. Dennoch sollten wir die Erde, besonders während des Wachstums von Frühjahr bis Herbst, immer mäßig feucht halten.
Düngen: Von Frühjahr bis Herbst wöchentlich mit Blumendünger gießen.
Umpflanzen: Alle 2 bis 3 Jahre im Frühjahr oder Sommer.

Vermehren: Die Pflanzen werden mit zunehmendem Alter oft sparrig und verkahlen von unten. Dann empfiehlt sich die Nachzucht aus nur mäßig verholzten Kopfstecklingen im Sommer. Sie bewurzeln bei Bodentemperaturen von mindestens 18 °C.

Besonderheiten: Von Pflanzen, die im Freien überwintern sollen, ab Spätsommer keine Zweige mehr abschneiden, um sie nicht zum Durchtrieb zu veranlassen. Solche jungen Triebe sind empfindlicher.

Rubus, Chinabrombeere

Eine hübsche, leider selten angebotene Zimmerpflanze für warme Räume ist *Rubus reflexus*, die Chinabrombeere. Dieses Rosengewächs treibt lange, nur wenig bestachelte Ranken mit bis 20 cm langen, drei- bis fünflappigen Blättern. Das rauhhaarige Blatt der Jugendform ziert oberseits entlang der Adern ein mehr oder weniger ausgeprägter brauner Streifen. Die Unterseite ist cremeweiß. Die weißen Blüten sind in Kultur nur selten zu beobachten.

Die kräftigwachsenden Pflanzen brauchen viel Platz und sind auf Dauer nur in einem großen warmen Wintergarten zu halten. Auch dort empfiehlt es sich, von Zeit zu Zeit Jungpflanzen heranzuziehen und gegen die alten Exemplare auszutauschen.

Licht: Hell bis sonnig; nur in der lichtreichen Jahreszeit während der Mittagsstunden gewährt man leichten Sonnenschutz.

Temperatur: Warm; auch im Winter möglichst nicht unter 15 °C, obwohl auch niedrigere Werte ertragen werden.

Substrat: Humussubstrate wie Nr. 1, 2, 5 oder 9 (s. Seite 39 bis 40); pH 5 bis 6.

Feuchtigkeit: Stets mäßig feucht halten.

Düngen: Von Frühjahr bis Herbst wöchentlich, im Winter alle 3 Wochen mit Blumendünger gießen.

Umpflanzen: Jährlich, Frühjahr oder Sommer. Mehrere Pflanzen in einen Topf setzen.

Vermehren: Noch nicht zu sehr verholzte Stecklinge bewurzeln nur bei Bodentemperaturen um 25 °C und hoher Luftfeuchtigkeit.

Ruellia

Einige schönblättrige, bodendeckende, niedrige Stauden oder Halbsträucher wachsen in warmen Wintergärten oder Gewächshäusern und sind dem Gärtner

Rubus reflexus

unter dem Namen *Dipteracanthus* bekannt. Die Zuordnung ist strittig und wechselt zwischen dieser Gattung und *Ruellia*. Was letztlich gültig ist, ist unerheblich. Nur wenige Arten werden gelegentlich angeboten: *Ruellia devosiana*, *R. graecizans*, *R. makoyana* und *R. portellae*. Die Mehrzahl der Arten zeichnet

Ruellia graecizans

sich durch gegenständige, dunkelgrüne Blätter mit einer weißen Aderung aus. Diese Belaubung macht den Zierwert der Pflanzen aus. Die im Spätherbst einzeln in den Blattachseln erscheinenden blaßblauen bis rosafarbenen Blütchen halten nicht lange.

Im kühlen, lufttrockenen Zimmer wird man nur wenig Freude mit diesen Pflanzen haben. Die Behandlung entspricht der von *Xanteranthemum*, jedoch ertragen sie im Winter – bei entsprechend sparsamem Gießen – Temperaturen bis herab zu 15 °C.

Niedrige Temperaturen von 14 bis 16 °C scheinen in Verbindung mit hoher Lichtintensität für die Blütenbildung notwendig zu sein. Dies hat man zumindest für eine relativ großblütige Art, *Ruellia macrantha*, festgestellt, einem bis 2 m hohen Halbstrauch aus Brasilien. Wegen der Wuchshöhe und der langen Internodien behandeln die Gärtner *R. macrantha* mit Wuchshemmstoffen. Dennoch wird man regelmäßig durch Stecklinge, die bei Temperaturen um 25 °C wurzeln, für die attraktiveren Jungpflanzen sorgen müssen. Nach der Bewurzelung ein- bis zweimal stutzen.

Russelia

Ein ungewöhnliches Braunwurzgewächs (Scrophulariaceae) ist *Russelia equisetiformis*. Der Name »equisetiformis« (schachtelhalmförmig) weist darauf hin, daß diese Pflanze eher einer Binse oder einem Schachtelhalm ähnelt als den anderen Vertretern ihrer Familie. Die Blätter sind bis auf schuppenförmige Gebilde reduziert. Die zahlreichen langen Ruten hängen wie beim Ginster über, so daß man *Russelia equisetiformis* entweder in einem Wintergarten auspflanzen sollte – am besten dort, wo die Triebe herabhängen können – oder man hält sie als Ampelpflanze. Allerdings muß man bedenken, daß *Russelia* mit zunehmendem Alter recht groß und dann auch schwer wird. Für das Zimmer ist sie somit weniger gut geeignet, zumal auch die Temperaturen nicht allzu hoch liegen sollten.

Stellt man die Pflanzen während der warmen Jahreszeit im Freien auf, muß man darauf achten, daß die kleinen roten Blütchen, die in reicher Zahl besonders an den jungen Ruten erscheinen, keinen Schaden leiden.

Licht: Hell und sonnig, auch im Winter.
Temperatur: Luftiger Stand, von Mai bis September auch im Freien. Im Winter 10 bis 15 °C.
Substrat: Nr. 1, 5, 9 oder 17 (Seite 39 bis 42); pH um 6.
Feuchtigkeit: Stets nur gießen, wenn die Erde weitgehend abgetrocknet ist. Im Winter bei kühlem Stand sparsam gießen.
Düngen: Von Frühjahr bis September wöchentlich mit Blumendünger in angegebener Konzentration gießen.
Umpflanzen: Wachsen am besten ausgepflanzt in einem Grundbeet. Ampelpflanzen etwa alle 2 Jahre umtopfen.
Vermehren: Stecklinge von etwa 8 cm Länge scheinen bei etwa 20 °C Bodentemperatur und hoher Luftfeuchte (unter Folie) bevorzugt zu wurzeln, wenn sie nicht senkrecht gesteckt, sondern weitgehend waagrecht ausgelegt werden.
Besonderheiten: Größere Pflanzen gelegentlich auslichten, indem einzelne alte Triebe ganz herausgeschnitten werden.

Russelia equisetiformis

Sabal

Die Sabalpalmen sind – obwohl immer wieder angeboten – keine idealen Topf- und Kübelpflanzen. Ihre Wurzeln reagieren empfindlich auf jegliche Störung durch Umpflanzen. Wohler fühlen sich die Pflanzen im temperierten Wintergarten, wo sie sich unter zusagenden Bedingungen sogar als robust und ausdauernd erweisen. Von den 14 Arten bleibt *Sabal minor* mit ihrem teils unterirdischen Stamm am kleinsten, wird selten einmal 2 m hoch. Dagegen erreichen in ihrer Heimat im südlichen Nord- und in Mittelamerika *S. mexicana* 18 m und *S. palmetto* 30 m Höhe.

So attraktiv die ausgewachsenen Fächerpalmen sind, als Sämlinge wirken sie eher bescheiden. Außerdem sehen sich die verschiedenen Arten in der Jugend so ähnlich, daß sie kaum zu unterscheiden sind.

Obwohl einige Sabalpalmen auch kurzfristig niedrige Temperaturen vertragen, scheinen sie sich im Winter bei Temperaturen nicht unter 15 °C am wohlsten zu fühlen. Die Pflege entspricht ansonsten der von *Phoenix*. Der pH-Wert des Substrats sollte nicht viel unter 7 absinken.

Sabal minor

Saintpaulia, Usambaraveilchen

Mit den Veilchen hat diese hübsche Topfpflanze nichts zu tun, wenn auch ihr Aussehen ein wenig an sie erinnert. Die Saintpaulie (*Saintpaulia ionantha*) stammt aus dem Osten Afrikas, wo rund 21 Arten dieser Gattung beheimatet sind. Als Gesneriengewächs ist sie mit der Gloxinie (*Sinningia*), dem Schiefteller (*Achimenes*) und der Drehfrucht (*Streptocarpus*) verwandt. Besonders in den USA gibt es vom Usambaraveilchen, dem »African Violet«, eine Vielzahl hübscher Sorten von Weiß über das bekannte Blauviolett bis zu Rosa sowie mehrfarbig. Die Blüten sind einfach oder gefüllt, glatt oder gefranst, einfarbig oder gerandet. Sehr beliebt sind kleinblättrige Sorten, die in kleinen Töpfen als Miniaturpflanzen angeboten werden. Auf Dauer ist es nicht einfach, sie in den Töpfen richtig zu gießen. Deshalb sollte man besser einen etwas größeren Topf wählen, auch wenn das vielleicht nicht so attraktiv aussieht.

Die dickfleischigen, behaarten Blätter lassen schon erkennen, daß die Saintpaulie nicht mit jedem Zimmerplatz vorlieb nimmt wie etwa der robuste Bogenhanf (*Sansevieria*). Es gibt Orte, die ihr gar nicht behagen, etwa kühle Räume oder sonnige Fensterplätze. Aber allzu anspruchsvoll ist sie auch nicht, sonst hätte sie nicht die weite Verbreitung gefunden. Inzwischen sucht man nach Typen, die mit geringerer Wärme vorlieb nehmen.

Licht: Keine direkte Sonne. Die Blätter verblassen sonst und bekommen schließlich braune Flecken. Dies heißt aber nicht, daß die Saintpaulie in einer finsteren Ecke stehen will. Hell muß es sein.
Temperatur: Ganzjährig warm mit Temperaturen um 22 °C, im Winter nicht unter 18 °C. »Kalte Füße« sind gefährlich, darum darauf achten, daß auch die Bodentemperatur etwa 19 bis 20 °C beträgt. Temperaturen um 25 °C im Sommer bewirken eine reiche Blütenbildung.
Substrat: Übliche Humussubstrate wie Nr. 1, 2, 3 oder 5 (s. Seite 39); pH 5,5 bis 6,5
Feuchtigkeit: Usambaraveilchen nehmen Nässe sehr schnell übel und faulen. Darum immer für mäßige Feuchtigkeit sorgen, aber mit Fingerspitzengefühl gießen. Keinesfalls Wasser im Untersetzer stehen lassen. Andererseits sollte die Erde auch nicht austrocknen. Kein kaltes Wasser verwenden. Einmal senkt es die Bodentemperatur, andererseits bewirken Tropfen kalten Wassers auf sonnenbeschienenen Blättern die berüchtigten gelben Flecken.
Düngen: Während des kräftigen Wachstums alle 1 bis 2 Wochen mit Blumendünger gießen, im Winterhalbjahr in größeren Abständen.

Saintpaulia-Ionantha-Hybride

Sanchezia speciosa

Umpflanzen: Jährlich im Frühjahr oder Sommer möglich.

Vermehren: Blätter lassen sich auch vom Pflanzenfreund im Zimmer bewurzeln und zu jungen Pflanzen heranziehen. Man trennt voll ausgewachsene, aber noch junge Blätter ab. Den Blattstiel auf etwa 1 cm einkürzen. Längere Stiele verzögern das Anwachsen. In üblichem Vermehrungssubstrat bewurzeln die Blattstecklinge bei 20 bis 25 °C. Durch übergestülptes Glas oder Folie für feuchte Luft sorgen. Beim Umpflanzen in einzelne Rosetten teilen.

Pflanzenschutz: Usambaraveilchen werden von einer Vielzahl von Schadorganismen befallen. Im Zimmer treten meist nur Blattläuse auf. Der empfindlichen Blätter wegen am besten Mittel einsetzen, die über die Wurzeln wirken.

Temperatur: Zimmertemperatur oder wärmer. Im Winter zwischen 18 und 15 °C.

Substrat: Humussubstrate wie Nr. 1, 2, 5 oder versuchsweise Nr. 8 (s. Seite 39 und 40); pH 5 bis 6.

Feuchtigkeit: Stets mäßig feucht halten. Die Luftfeuchte sollte nicht unter 60% absinken, sonst besser ins geschlossene Blumenfenster oder ähnliches stellen.

Düngen: Von Frühjahr bis Herbst alle 1 bis 2 Wochen, im Winter alle 4 bis 5 Wochen mit Blumendünger gießen.

Umpflanzen: In der Regel jährlich im Frühjahr oder Sommer.

Vermehren: Kopfstecklinge bei mindestens 20 °C Bodentemperatur bewurzeln. Nach dem Anwachsen zur besseren Verzweigung stutzen.

Sanchezia

Diese leider wenig bekannte Gattung der Akanthusgewächse umfaßt rund 20 in Mittel- und Südamerika verbreitete aufrechte oder kletternde Kräuter und Sträucher. In Sammlungen findet man in der Regel nur *Sanchezia speziosa*, meist fälschlich als *S. nobilis* bezeichnet. Blumenfreunde verwechseln nicht selten *Sanchezia speziosa* mit dem Ganzkölbchen (*Aphelandra squarrosa*). Tatsächlich sieht sie ihr ein wenig ähnlich. Das Blatt ist dunkelgrün und entlang den Adern gelb gefärbt, was einen schönen Kontrast ergibt. Im Gegensatz zum Ganzkölbchen ist das Blatt nicht wellig aufgeblasen, sondern plan.

Die heute üblichen *Aphelandra*-Auslesen sind kompakt, meist unverzweigt und wirken ein wenig plump. Ganz anders *Sanchezia speziosa*. Die Pflanzen werden hoch, in ihrer südamerikanischen Heimat nahezu 2 m, und wirken trotz der fast 30 cm langen Blätter fast grazil. Die Blätter machen den besonderen Schmuckwert aus. Aber auch die gelben, rötlich überhauchten, den Deckblättern entspringenden Blüten zieren. Unter zusagenden Bedingungen wächst sie so kräftig, daß man jährlich zurückschneiden oder noch besser Nachwuchs heranziehen sollte. Wer einen warmen, nicht zu lufttrockenen Raum bieten kann, sollte sich nach dieser schönen Blatt- und Blütenpflanze umsehen, die eine größere Verbreitung verdient. Im beheizten Wintergarten oder Gewächshaus entwickelt sie sich am besten.

Licht: Hell bis halbschattig. Keine direkte Sonne mit Ausnahme der Wintermonate. An zu schattigen Plätzen wird die Pflanze lang, unansehnlich und blüht kaum.

Sansevieria, Bogenhanf

Wir neigen ein wenig dazu, an dem Alltäglichen, dem Unproblematischen das Interesse zu verlieren. Das Rare, Anforderungen Stellende übt einen viel größeren Reiz aus. Somit behandeln wir oft

auch Sansevierien recht stiefmütterlich. Sie sind – völlig zu Unrecht – ein besseres Unkraut. Dabei ist schon die gewöhnliche *Sansevieria trifasciata*, der Bogenhanf, eine stattliche Erscheinung. Die Blätter erreichen über 1 m Höhe und sind hübsch quergebändert. Schöner ist die gelbgerandete *S. trifasciata* 'Laurentii', von der man inzwischen vermutet, daß es keine Kulturform, sondern eine natürliche Varietät ist. Weniger verbreitet sind Sorten mit silbrigen, nicht gebänderten Blättern wie 'Silver Cloud'. Wem diese Pflanzen zu groß werden, dem bieten sich die fast rosettenartig wachsenden *S. trifasciata* 'Hahnii' sowie die gelbgestreifte 'Golden Hahnii' und die silbrige 'Silver Hahnii' an. Nicht zu vergessen sind die Blütenstände mit den weißen, sehr intensiv duftenden Blüten. Sie erscheinen bei *Sansevieria trifasciata* nur bei großen Exemplaren. Leider werden andere *Sansevieria*-Arten nur selten angeboten. Den bemerkenswertesten Blütenstand hat wohl *S. kirkii* aufzuweisen. Interessant sind auch Arten mit im Querschnitt fast eirunden Blättern wie *S. cylindrica*. Die Blätter rundblättriger Sansevierien enden häufig in einem kräftigen Dorn, so daß wir ein wenig

Sansevieria trifasciata 'Golden Hahnii'

vorsichtig im Umgang mit diesen Pflanzen sein sollten.

Sansevierien entwickeln starke Rhizome, die den Topf fast völlig auszufüllen und zu sprengen vermögen. Insgesamt gibt es rund 70 Arten, die im tropischen Afrika, in Indien und auf den Inseln des Indischen Ozeans verbreitet sind. Botaniker rechnen sie heute den Agavengewächsen zu.

Licht: Heller bis sonniger Standort; *Sansevieria trifasciata* verträgt aber auch halbschattige Plätze.
Temperatur: Zimmertemperatur oder wärmer; im Winter etwas kühler, aber nicht unter 15 °C.
Substrat: Durchlässige, aber nahrhafte Erde, zum Beispiel Nr. 9, 10 oder 17 mit $1/4$ grobem Sand; pH um 6.
Feuchtigkeit: Jeweils gießen, wenn die Erde oberflächlich abgetrocknet ist. Schäden sind fast nur durch übermäßiges, zur Vernässung führendes Gießen möglich. Auch im Winter regelmäßig, wenn auch ein wenig sparsamer wässern. Keine strenge Ruhezeit.
Düngen: Von März bis Oktober alle 2 Wochen mit Blumen- oder Kakteendünger gießen.
Umpflanzen: Jährlich im Frühjahr oder Sommer. Soweit erhältlich, flache Töpfe, dafür mit größerem Durchmesser

Sansevieria trifasciata 'Laurentii'

Sarracenia purpurea

verwenden. Beim Umpflanzen teilen oder alte Pflanzen herausschneiden.
Vermehren: Meist reichlich durch an den Rhizomen entstehende »Ableger«. Auch Blattstecklinge bewurzeln. Dazu Blätter quer in etwa 6 bis 10 cm lange Stücke schneiden und in einem Torf-Sand-Gemisch bei 20 bis 22 °C Bodentemperatur bewurzeln. Aus Blattstecklingen der gelbgestreiften Sorten erhält man nur die grüne Form.
Pflanzenschutz: Verkorkende Flecken auf den Blättern werden in der Regel durch zu häufiges Gießen in Verbindung mit dunklem Stand und niedrigen Temperaturen hervorgerufen. Nur selten sind Pilze dafür verantwortlich.

Sarracenia, Schlauchpflanze

Wer die attraktiven und interessanten Schlauchpflanzen pflegen möchte, braucht entweder einen sehr hellen, luftigen Platz in einem im Winter ungeheizten Raum, am besten jedoch einen Frühbeetkasten im Garten oder auf der Terrasse. Die acht *Sarracenia*-Arten stammen aus den südlichen atlantischen

Moorgebieten Nordamerikas und nehmen im Winter mit Temperaturen knapp über dem Gefrierpunkt vorlieb. Das Frühbeet läßt sich durch Abdecken mit Laub oder ähnlichem frostfrei halten. Daß ihr niedrige Temperaturen nichts anhaben können, hat *S. purpurea* bewiesen: Zunächst in Gärten ausgepflanzt, ist sie in der Westschweiz und in Irland verwildert.

Keine der neun *Sarracenia*-Arten bilden einen Stengel; die insektenfangenden, schlauchförmigen Blätter entspringen direkt dem Wurzelstock. Ungewöhnlich sind die langgestielten, meist kräftig rot oder violett gefärbten lampionähnlichen Blüten. Der Fruchtknoten setzt sich in einem schirmförmigen Griffel fort, der die Staubblätter völlig bedeckt.

Licht: Hell und sonnig. Im Winter schaden während der Ruhezeit einige Wochen völlige Dunkelheit nicht.
Temperatur: Luftiger Stand; im Winter frostfrei. Nur Sämlinge hält man wärmer bei 10 bis 15 °C.
Substrat: Ungedüngter Weißtorf mit $1/3$ Perlite und wenig gewaschenem Quarzsand; pH 4 bis 5.
Feuchtigkeit: Sarracenien müssen als Moorbewohner immer feucht stehen.

Am besten stellt man die Kulturgefäße auf eine Verdunstungsschale, wie dies bei Orchideen üblich ist (s. Seite 28). Hartes Wasser entsalzen. Luftfeuchte möglichst über 60%.

Düngen: Nur sehr sporadisch von Mai bis August mit Hydrokulturdünger in $^1/4$ der angegebenen Konzentration.

Umpflanzen: Jährlich mit Vegetationsbeginn.

Vermehren: Größere Pflanzen lassen sich beim Umtopfen teilen. Auch Aussaat ist wie bei *Drosera* beschrieben möglich, doch setzen die Pflanzen in Kultur nur nach künstlicher Bestäubung Samen an. Samen vor der Aussaat mindestens 6 bis 8 Wochen im Kühlschrank bei etwa 4 °C lagern.

Sauromatum, Eidechsenwurz, »Wunderknolle«

Es ist tatsächlich etwas wunderlich bestellt um diese Pflanze, die den treffenden Namen Eidechsenwurz trägt. Im seriösen Fachhandel erhält man sie höchst selten. Aber es gibt Jahre, da überschwemmt uns der mit Sensationsangeboten aufwartende Versandhandel mit der »Wunderknolle«, die auch ohne Erde ihre Blüten entwickelt. Dieses in Indien beheimatete Aronstabgewächs (Araceae) trägt den Namen *Sauromatum venosum*, ist aber vorwiegend unter Bezeichnungen wie *Sauromatum guttatum*, *Arum guttatum* oder *Arum cornutum* zu finden. Der Blütenstand besteht aus dem typischen Aronstabkolben und dem Hochblatt (Spatha), das außen rötlichbraun gefärbt, innen auffällig gelb-braun gefleckt ist. Leider stinkt die Blüte ganz erbärmlich. Man muß die Pflanze deshalb während der Blüte trotz der interessanten Erscheinung aus der guten Stube verbannen. Bewundernswert ist es, daß sich die Blüte aus der Knolle hervorschiebt, unabhängig davon, ob diese in Erde sitzt oder völlig trocken auf einem Teller liegt. Im allgemeinen setzt man die Eidechsenwurz nach der Blüte in den Garten. Dort entwickelt sie ihr auf einem Stiel stehendes, exotisch anmutendes, fingerförmig geteiltes Blatt. Selbst in der Blumenrabatte ist dann die Eidechsenwurz eine wundersame Erscheinung.

Anstelle von *Sauromatum* findet man in Kultur gelegentlich die sehr ähnlichen *Amorphophallus*, die genauso zu behandeln sind.

Licht: Hell bis sonnig. Die Knollen sind zur Entwicklung des Blütenstandes nicht auf hohe Lichtintensitäten angewiesen.

Temperatur: Der Blütenstand schiebt sich in einem warmen Wohnraum hervor. Anschließend am besten in den Garten an einen sonnigen Platz auspflanzen. Nach dem Einziehen des Blattes im Herbst die Knolle ausgraben und trocken bei 8 bis 12 °C aufbewahren. Ab Januar ins warme Zimmer bringen. An geschützten, warmen Stellen überdauert die Eidechsenwurz den Winter auch im Freien, doch ist die Blüte unsicher. Die Überwinterung im Freien gelingt allerdings nicht immer; man muß mit Ausfällen rechnen.

Substrat: Gedeiht in jedem üblichen Gartenboden. Zum Antreiben kann man sie in eine übliche Blumenerde oder ein Vermehrungssubstrat setzen.

Feuchtigkeit: Während des Wachstums feucht halten. Geerntete Knollen trocken aufbewahren.

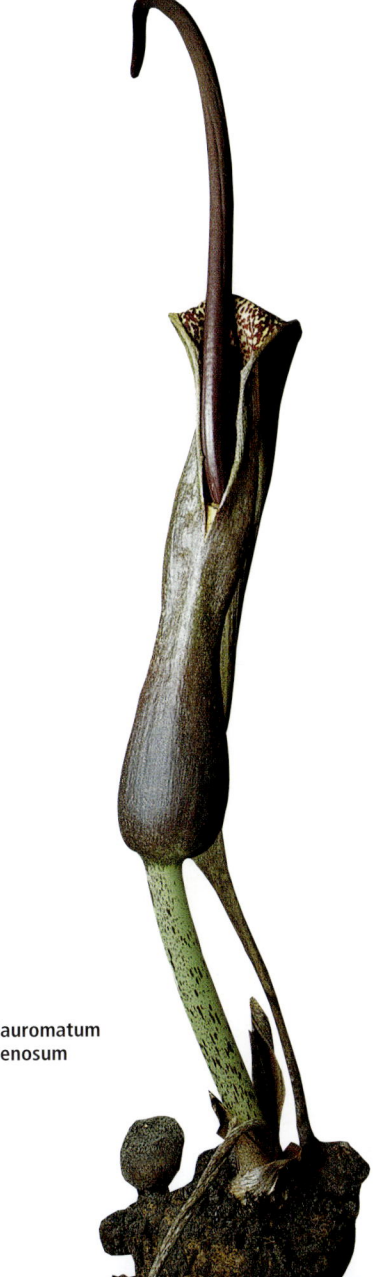

Sauromatum
venosum

Düngen: Im Garten erhält die Eidechsenwurz gemeinsam mit den umgebenden Stauden oder Sommerblumen gelegentlich Nährstoffgaben.

Vermehren: Brutknollen abtrennen und wie die großen Knollen behandeln.

Besonderheiten: Die ganze Pflanze ist giftig.

Saxifraga, Judenbart

Eine der dankbarsten Ampelpflanzen ist der Judenbart (*Saxifraga stolonifera*, syn. *S. sarmentosa*), auch Hängender Steinbrech genannt. Seit langem ist diese aus Ostasien zu uns gekommene Staude eine beliebte Pflanze für kühle, luftige Räume. *S. stolonifera* wächst rosettig, bildet aber mit zunehmendem Alter kurze Stengel. Die langgestielten Blätter sind rund bis nierenförmig und unterseits tiefviolett, oberseits dunkelgrün gefärbt. Das ganze Blatt ist behaart. Aus der Rosette schieben sich die fadenförmigen Ausläufer, die einen halben Meter Länge erreichen können. An ihrem Ende entwickeln sich kleine Pflänzchen, die Wurzelansätze haben und zur Vermehrung zu verwenden sind. Im Sommer ist die große Rispe mit den vielen weißen Blüten eine zusätzliche Zierde.

Wegen der langen Ausläufer müssen wir den Judenbart erhöht aufhängen oder als Bodendecker im Wintergarten verwenden. Dort verträgt er auch Schatten, kommt unter solchen Bedingungen aber kaum zur Blüte.

Besonders schön ist die Sorte 'Tricolor'. Zu der grünen Blattoberseite und der violetten Unterseite kommt ein cremeweißer breiter Blattrand hinzu. 'Tricolor' ist etwas wärmebedürftiger und verträgt weniger Sonne.

Licht: Hell bis halbschattig; vor direkter Sonne zumindest während der Mittagsstunden geschützt.

Temperatur: Luftiger Stand. Im Winter genügen 5 °C, doch schaden auch höhere Temperaturen nicht. 'Tricolor' nicht unter 15 °C halten. Dagegen überlebt die grünblättrige Art einen milden Winter auch an geschützter Stelle im Freien. Ein Gartenaufenthalt im Sommer ist an halbschattigem Platz anzuraten.

Substrat: Übliche Humussubstrate wie Nr. 1, 2, 3, 5, 6 oder 15 (s. Seite 39 bis 41), die man auch zur besseren Belüftung mit maximal $^1/4$ Seramis mischen kann; pH um 6.

Feuchtigkeit: Das Gießen verlangt ein wenig Fingerspitzengefühl. Besonders bei kühlem Winterstand ist Nässe und

Saxifraga stolonifera

daraus resultierend Wurzelfäule die häufigste Ursache für Ausfälle. Austrocknen wird schon besser vertragen, aber die beste Entwicklung erfolgt bei ausgeglichener mäßiger Bodenfeuchte. Ausgepflanzte Judenbärte sind deshalb meist am schönsten.

Düngen: Wöchentlich, im Winter nur alle 4 bis 6 Wochen mit Blumendünger gießen.

Umpflanzen: In der Regel jährlich im Frühjahr oder Sommer.

Vermehren: Kindel von den Ausläufern abtrennen und nur wenig in feuchte Erde eindrücken. Noch einfacher ist es, den Ausläufer auf die Erde zu legen und erst nach dem Anwachsen von der Mutterpflanze abzutrennen.

Pflanzenschutz: Bei Zimmerkultur werden in der Regel nur Blattläuse lästig, besonders bei zu warmem Stand. Regelmäßig kontrollieren und gegebenenfalls mit Insektizidstäbchen oder ähnlichem behandeln.

Scadoxus, Blutblume

Früher zählten die als Blutblumen bekannten Amaryllisgewächse zur Gattung *Haemanthus*. 1984 wurde dies kritisch überprüft und festgestellt, daß die Blutblumen Unterschiede aufweisen, abzutrennen und unter dem Namen *Scadoxus* zu führen sind.

Neun Arten bilden diese Gattung der Amaryllisgewächse, die im tropischen Afrika mit Schwerpunkt Südafrika und Arabien beheimatet sind.

Im Gegensatz zum verbreiteten Elefantenohr (*Haemanthus albiflos*) machen die Blutblumen eine Ruhezeit durch, während der sie nur sporadisch Wasser erhalten und an deren Ende sie ihr Laub verlieren. Die namengebenden leuchtenden Blütenkugeln, ein doldiger Blütenstand auf einem kräftigen Schaft, erreichen bei *Scadoxus multiflorus* (syn. *Haemanthus multiflorus*) 15 cm Durchmesser, bei *S. multiflorus* ssp. *katharinae* (syn. *Haemanthus katharinae*) gar 25 cm. Die Staubfäden ragen wie bei den *Haemanthus* weit aus der Blüte heraus.

Häufiger als die Arten ist eine *Scadoxus* 'König Albert' genannte Hybride aus *S. multiflorus* ssp. *katharinae* × *S. puniceus* mit einer besonders auffälligen, großen, purpurroten Blütenkugel.

Licht: Hell und sonnig.

Temperatur: Zimmertemperatur oder wärmer. Zwiebeln im Winter bei 12 bis 15 °C.

Scadoxus multiflorus ssp. katharinae

Substrat: Humusreiche Substrate wie Nr. 1, 5, 9, 10 oder 17 (Seite 39 bis 42), denen man bis zu ¼ groben Sand beimischen kann; pH um 6.

Feuchtigkeit: Mäßig feucht halten. Ab September Wassergaben reduzieren und nur noch sporadisch gießen. Spätestens mit dem neuen Blütentrieb im Frühjahr verlieren die Pflanzen ihr Laub. Neue, nicht eingewurzelte Zwiebeln bis zum Frühjahr trocken halten.

Düngen: Vom Frühjahr bis in den August wöchentlich mit Blumendünger gießen.

Umpflanzen: Besser als jährliches Umtopfen ist, vor dem Neutrieb im Frühjahr das obere Drittel der Erde auszuwechseln. Nur in mehrjährigen Abständen Erde ganz austauschen.

Vermehren: Brutzwiebeln beim Umtopfen abtrennen.

Schefflera

Schefflera actinophylla und Schefflera arboricola

Noch vor wenigen Jahren war *Schefflera actinophylla* (syn. *Brassaia actinophylla*) die verbreitetste Art. Sie wächst zu einem kleinen Baum von etwa 12 m Höhe heran und trägt große Blätter, die sich aus zahlreichen Blättchen, an alten Pflanzen bis zu 16, von bis zu 30 cm Länge zusammensetzen.

Dann wurde *Schefflera arboricola* (syn. *Heptapleurum arboricola*) aus Taiwan bekannt, eine Liane mit deutlich kleineren Blättern. Sie hat moderatere Zimmermaße, wenn man ihr auch gelegentlich, wenn sie zu hoch geworden ist, den Kopf stutzen muß. Außerdem ist es eine recht variable Art, denn es existieren zahlreiche Auslesen mit unterschiedlichen Blattformen, darunter auch Pflanzen mit geschlitzten Blättchen ('Renate') sowie mit gelbgrün ('Gold Capella', 'Diane', 'Beauty' und andere) beziehungsweise weißgrün panaschierten Blättchen. So war es nicht verwunderlich, daß sie *Schefflera actinophylla* schnell den Rang streitig machte. *S. arboricola* wurde zu einer sowohl in Erd- wie auch in Hydrokultur weit verbreiteten Topfpflanze.

Da sie sich kaum verzweigt – was man ja auch von einer Liane kaum erwarten darf –, sollte man stets mehrere Jungpflanzen oder Stecklinge in einen Topf setzen.

Schefflera venulosa, eine weitere aus Vorderindien stammende Art, ist bei uns nicht in Kultur. Pflanzen, die unter diesem Namen angeboten werden, gehören in der Regel zu *S. arboricola*.

Licht: Hell bis halbschattig; Schutz ist nur vor direkter Sonne während der Mittagsstunden erforderlich. Im Winter, besonders bei warmem Stand, so hell wie möglich.

Temperatur: Zimmertemperatur, bei sehr sonnigem Wetter im Sommer (dann für diffuses Licht sorgen) auch wärmer. Luftig, nachts abkühlend. Kühle Überwinterung bei 15 (tagsüber) bis 10 °C (nachts), *Schefflera actinophylla* bis 5 °C. Niedrigere Temperaturen können zu Blattverlust, zu hohe Temperaturen zum Vergeilen führen. Bodentemperaturen nicht niedriger als die Lufttemperaturen.

Substrat: Übliche Humussubstrate wie Nr. 1, 2, 3, 5, 6 oder 15 (s. Seite 39 bis 41); pH um 6.

Feuchtigkeit: Stets mäßig feucht halten. Keine Nässe aufkommen lassen, weil dies rasch zu Wurzelfäule führt.

Düngen: Wöchentlich, im Winter alle 4 Wochen mit Blumendünger gießen.

Umpflanzen: Jährlich, ältere Pflanzen in größeren Abständen. Von *Schefflera arboricola* mehrere Pflanzen pro Topf.

Vermehren: Nicht verholzte Stecklinge bewurzeln leicht bei Boden- und Lufttemperaturen über 18 °C. Große *S. actinophylla* kann man abmoosen.

Schefflera elegantissima und Pseuderanthemum reticulatum (rechts vorn)

Schefflera arboricola

Fingeraralie

Die feingliedrigen gefiederten Blätter gaben der Fingeraralie (*Schefflera elegantissima*) ihren Namen. Wir kultivieren bei uns ausschließlich die Jugendform dieses Araliengewächses. In tropischen Gärten zeigen ältere Pflanzen die deutlich breiteren, gröberen Blätter der Altersform. Dieses variable Aussehen erschwerte die Bestimmung. Der Handel bietet die Pflanze als *Dizygotheca elegantissima* oder unter dem noch älteren Namen *Aralia elegantissima* an.

Voraussetzung für gutes Gedeihen sind nicht zu niedrige Temperaturen und eine zumindest mittlere Luftfeuchte. Besondere Aufmerksamkeit ist dem Gießen zu schenken, denn gegen Nässe ist die Fingeraralie empfindlich. Dies dürfte neben einer kühlen Fensterbank der Hauptgrund für Mißerfolge sein. Es liegt darum nahe, die Hydrokultur zu versuchen. Sie führt dann zum Erfolg, wenn Temperatur (auch der Nährlösung) und Luftfeuchte stimmen.

Bemerkenswert ist, daß abgehärtete Pflanzen in subtropischem Klima in Gärten ausgepflanzt Temperaturen bis nahe 0 °C vertragen. Auf die Pflege der Jungpflanzen im Topf ist das keinesfalls übertragbar.

Licht: Hell bis halbschattig; keine direkte Sonne.
Temperatur: Zimmertemperatur oder wärmer. Besonders auf die Bodentemperatur achten, die auch im Winter nicht unter 18 °C liegen sollte. Dann kann die Lufttemperatur nachts um 2 bis 4 °C niedriger sein. Tödlich ist eine zugige, kühle Fensterbank.
Substrat: Übliche Humussubstrate wie Nr. 1, 2, 5, 6 oder 9 (s. Seite 39 bis 40); pH um 6.
Feuchtigkeit: Nie austrocknen, aber auch keine Nässe aufkommen lassen. Stets mäßig feucht halten. Kein hartes Wasser verwenden. Luftfeuchte möglichst nicht unter 50%. Der beste Platz ist im geschlossenen Blumenfenster oder in der Vitrine.
Düngen: Von Frühjahr bis Herbst alle 2 Wochen mit Blumendünger gießen, im Winter nur alle 4 Wochen.
Umpflanzen: Alle 1 bis 2 Jahre, Sämlinge öfter, ältere Pflanzen auch seltener.
Vermehren: Schwierig – gelingt selbst dem Gärtner nicht immer. Kopfstecklinge bewurzeln nur bei Verwendung von Bewurzelungshormonen, hoher Bodentemperatur über 22 °C und hoher Luftfeuchte. Ist frischer Samen erhältlich, sofort bei 22 bis 25 °C Temperatur aussäen. Er keimt nach 5 bis 8 Wochen. Weniger günstige Temperaturen verzögern die Keimung wesentlich. Die Veredlung auf *Meryta denhamii* ist heute nicht mehr üblich.
Pflanzenschutz: Nicht selten sind Spinnmilben und besonders Schildläuse. Beide Schädlinge lassen sich nicht leicht bekämpfen.

Schizanthus, Spaltblume

Meist zum Muttertag bieten Gärtner die Spaltblume (*Schizanthus*-Wisetonensis-Hybriden), die als Sommerblume für bunte Rabatten bekannt ist, auch als Topfpflanze an. Das Nachtschattengewächs (Solanaceae), dessen Vorfahren aus Chile stammen, gefällt mit seinem feinen, fiederschnittigen, farnähnlichen Laub und besonders den farbenfrohen, weiß, gelb und in den verschiedensten Rottönen gefärbten Blüten.

Die Spaltblumen, die auf Freilandbeeten nicht immer mit Wärme verwöhnt werden, schätzen es im Zimmer kühl. Beim Gärtner werden sie bei maximal 15 °C herangezogen, und wenn sie von dort in das warme Zimmer kommen, dann besiegelt dies bald ihr Schicksal. Deshalb hat man nur dann einige Wochen Freude an diesen einjährigen Pflanzen, wenn man ihnen einen kühlen, luftigen Platz anbieten kann.

Licht: Hell, aber vor direkter Sonne geschützt.
Temperatur: In den Wintermonaten und im Frühjahr kühl, am besten zwischen 10 und 15 °C. Luftiger Platz.
Substrat: Nr. 1, 2, 3, 5, 6, 7 oder 8 (s. Seite 39 bis 40); pH um 6.
Feuchtigkeit: Stets feucht, aber nicht naß halten. Hoher Wasserbedarf.
Düngen: Wöchentlich mit Blumendünger in der angegebenen Konzentration gießen.
Umpflanzen: Erübrigt sich, da die Pflanzen nach dem Verblühen weggeworfen werden.
Vermehren: Ab Januar aussäen. Die Samen keimen optimal bei 16 bis 18 °C Bodentemperatur.
Besonderheiten: Kompakte Topfpflanzen werden in der Regel mit Hilfe von Wuchshemmstoffen erzielt, sonst werden die Pflanzen trotz Stutzen zu lang und sind weniger attraktiv.

Schizanthus-Wisetonensis-Hybride 'Shimoda'

Schlumbergera-Hybride, Weihnachtskaktus

Schlumbergera, Weihnachtskakteen

Obwohl sie Weihnachtskakteen heißen, blühen sie nicht nur während dieser Festtage. Sie können uns auch ein zweites oder gar drittes Mal in einem Jahr mit ihren Blüten erfreuen und werden dann ihrem Namen nicht mehr gerecht. Ob sie zur Blüte kommen und wie oft, ist vom Licht und der Temperatur, aber auch von der jeweiligen Sorte abhängig. Bei den üblicherweise angebotenen Weihnachtskakteen handelt es sich um gärtnerische Auslesen, die in ihren Reaktionen abweichen können. Früher wurden meist Kreuzungen von *Schlumbergera russelliana* mit *S. truncata* angeboten, wie die berühmte, 1880 in Belgien entstande *S. × buckleyi* 'Le Vesuve'. Heute sind vornehmlich Auslesen von *S. truncata* im Handel, die wir an den stark gezähnten Sproßgliedern erkennen. Die weiteren Arten *S. orssichiana* (lilarosa, nicht umgeschlagene, aber etwas »unordentlich« angeordnete Blütenblätter) sowie *S. obtusangula* und *S. opuntioides* mit rundlich-dicken Sproßgliedern sind in Kultur selten. Allerdings existieren Hybriden, die mit ihrer Beteiligung entstanden sind (*S. × exotica* = *S. truncata* × *S. opuntioides*, *S. × reginae* = *S. truncata* × *S. orssichiana*). Die Weihnachtskakteen tauchen häufig noch unter den veralteten Namen *Epiphyllum* und *Zygocactus* auf.

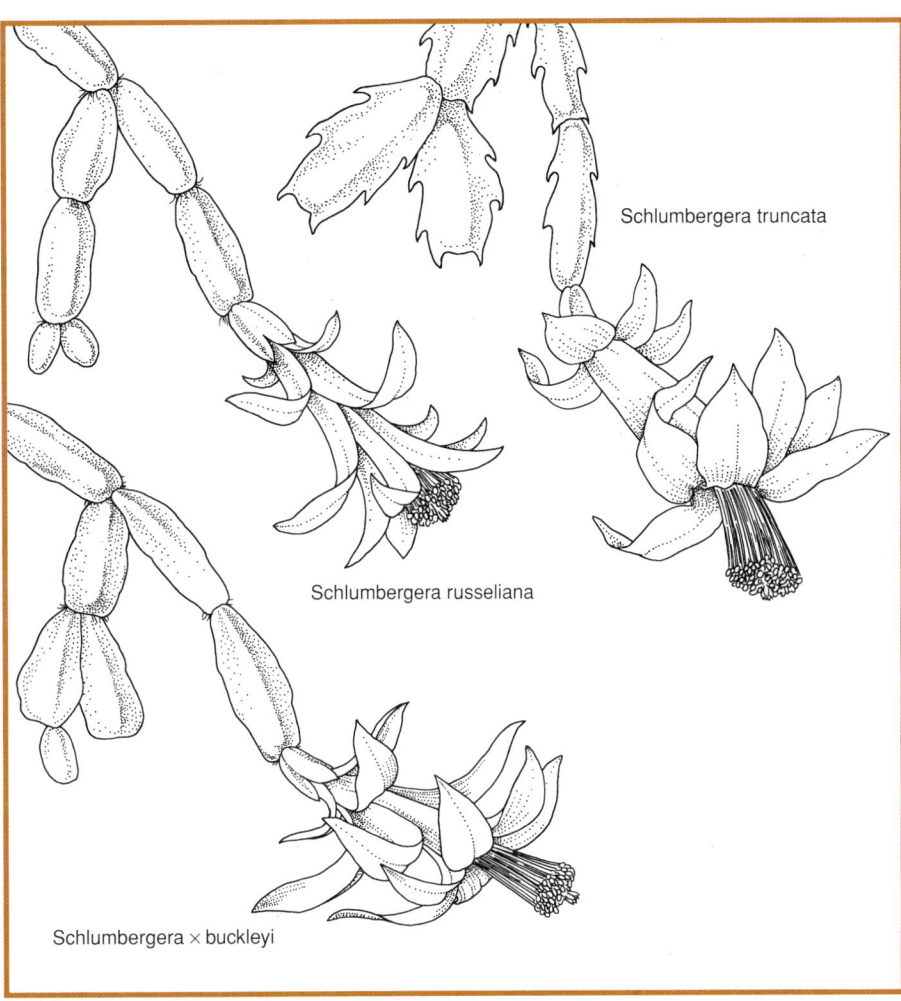

Schlumbergera truncata

Schlumbergera russeliana

Schlumbergera × buckleyi

Von Sorten wie 'Le Vesuve' weiß man, daß sie bei Temperaturen von 10 bis 15 °C zur Blüte kommen, bei höheren Temperaturen nur in Verbindung mit Kurztagen von weniger als 10 Stunden Licht. Wer im Herbst oder Winter einen nur mäßig warmen Raum zur Verfügung hat, braucht sich um Blüten keine Sorgen zu machen. Allerdings können sie nur an ausgewachsenen Sproßgliedern entstehen. Die Eltern der Weihnachtskakteen kommen in Brasilien in küstennahen Gebirgen in Höhenlagen von 900 bis 2800 m vor, wo sie im Boden oder epiphytisch wachsen und weitgehend regelmäßig mit Feuchtigkeit versorgt werden. Ihre Pflege entspricht daher mehr den Phyllokakteen und weniger den hochsukkulenten Vertretern dieser Familie.

Licht: Hell, aber vor direkter Sonne – mit Ausnahme der Morgen- und Abendstunden – geschützt.
Temperatur: Zimmertemperatur oder wärmer; im Herbst und Winter um 10 bis 15 °C. Die Bodentemperatur sollte nicht unter die Lufttemperatur absinken, um Wurzelfäule zu vermeiden.

Substrat: Humussubstrate wie Nr. 1, 2 oder 5 (s. Seite 39), denen man bis zu 1/3 groben Sand oder Seramis beimischen kann, um stauende Nässe zu vermeiden; pH etwa 5 bis 6.
Feuchtigkeit: Das Gießen verlangt ein wenig Fingerspitzengefühl, denn auf Nässe reagieren die Weihnachtskakteen schnell mit Wurzelfäule und dem Abwerfen der Sproßglieder. Andererseits sollte die Erde nie völlig austrocknen. Im Winter bei mäßig warmem Stand sparsam gießen. Hartes Wasser entsalzen.
Düngen: Je nach Wachstum alle 2 bis 4 Wochen mit Blumendünger gießen.
Umpflanzen: Alle 1 bis 2 Jahre im Frühjahr nach der Blüte.
Vermehren: Im Frühjahr oder Sommer mehrgliedrige Sproßstücke abtrennen und bei Bodentemperaturen von mindestens 20 °C und mäßiger Feuchtigkeit bewurzeln. Besonders die empfindlichen Arten – aber auch zur Erzielung von Hochstämmchen – kann man auf *Pereskia aculeata*, *Selenicereus* oder *Hylocereus* veredeln.
Besonderheiten: Häufig verfärben sich die Sproßglieder rot. Dies deutet auf einen zu sonnigen Standort hin. Pflanzen besonders während der Mittagsstunden leicht schattieren. Beginnen die Sproßglieder zu schrumpfen, haben in der Regel wegen zu häufigen Gießens die Wurzeln zu faulen begonnen; dann ist sparsamer zu gießen. Oft sind die Pflanzen schon so stark geschädigt, daß sie nicht mehr zu retten sind.

Scindapsus

Bei den meisten als »Scindapsus« angebotenen Pflanzen handelt es sich um *Epipremnum pinnatum* 'Aureum'. Daß man echte *Scindapsus* so selten sieht, hat seinen Grund: Während *Epipremnum pinnatum* 'Aureum' im Zimmer noch an weniger hellen Plätzen gedeiht, stellt *Scindapsus* hohe Ansprüche an Temperatur und Luftfeuchte. Im üblichen Wohnraum kann man sie nicht leicht erfüllen. Darum ist *Scindapsus* nur für das geschlossene Blumenfenster zu empfehlen. Häufiger ist *Scindapsus pictus* in Hydrokulturen zu finden, wo er sich – entsprechende Wärme auch der Nährlösung vorausgesetzt – prächtig entwickelt.

Scindapsus pictus

Licht: Hell bis schattig; keine direkte Sonne.
Temperatur: Ganzjährig über 20 °C Wärme in Luft und Boden.
Substrat: Humussubstrate wie Nr. 1, 2, 5 oder 15 (s. Seite 39 und 41); pH um 6.
Feuchtigkeit: Stets mäßig feucht halten, nie austrocknen lassen. Luftfeuchte über 60%.
Düngen: Von Frühjahr bis Herbst alle 1 bis 2, im Winter alle 3 Wochen mit Blumendünger gießen.
Umpflanzen: Jährlich, ältere Exemplare alle 2 Jahre im Frühjahr oder Sommer.
Vermehren: Stecklinge bewurzeln bei Bodentemperaturen um 25 °C und hoher Luftfeuchte.

Von den rund 40 Arten dieses vorwiegend im Malaiisschen Archipel verbreiteten Aronstabgewächses (Araceae) ist ausschließlich *Scindapsus pictus* in der Sorte 'Argyraeus' in Kultur. Die Art erreicht mit ihrem kletternden Stämmchen Höhen über 10 m. Wir pflegen ausschließlich eine Jugendform mit hängenden Stielen und Blättern, die meist nicht größer als 10 cm sind. Die Sorte 'Argyraeus' gefällt wegen des tief dunkelgrün gefärbten Blattes mit den silbrigen Sprenkeln und dem silbrigen Rand.

Scirpus, Frauenhaar

Aus der Familie der Riedgräser (Cyperaceae) sind nicht nur die Cypergräser geschätzte Zimmerpflanzen. Dem Frauenhaar (*Scirpus cernuus*, syn. *S. gracilis*, *S. savii*, *Isolepis cernua*) kommt nicht mindere Bedeutung zu. Es ist eine grasähnliche Pflanze mit langen, dünnen, runden Halmen, die zunächst aufrecht stehen, später jedoch überhängen. Deshalb wird das Frauenhaar als Hänge- oder Ampelpflanze charakterisiert, obwohl dies nur beschränkt zutrifft.

Wie lang die Halme werden, ist abhängig von der Lichtintensität. Im Mittelmeergebiet, wo *Scirpus cernuus* wie in vielen anderen subtropischen und tropischen Gebieten der Erde zu finden ist, bleiben in vollem Licht stehende Pflanzen kompakt und machen keinerlei Anstalt, überzuhängen. Nimmt man solche Pflanzen mit nach Hause, so ändert sich das Bild bald. Unter den lufttrockenen Bedingungen der Zimmerkultur müssen wir dem Frauenhaar mehr Schatten zukommen lassen, worauf sich die Halme bald zu strecken beginnen.

Am natürlichen Standort steht das Frauenhaar im sumpfigen, ständig feuchten, aber nicht überfluteten Gelände. Genau so ist es auch in Kultur zu behandeln. In keinem Sumpfgärtchen sollte *Scirpus cernuus* fehlen, wo wir ihm aber einen erhöhten Platz zubilligen, damit er Platz für seine Halme findet. Ob es sich bei der in Kultur befindlichen Pflanze wirklich um *Scirpus cernuus* oder eine ähnliche Art handelt, ist bislang nicht eindeutig geklärt.

Licht: Hell, doch vor starker direkter Sonne geschützt.
Temperatur: Zimmertemperatur. Im Winter nicht unter 10 °C; höhere Temperaturen schaden offensichtlich nicht.
Substrat: Lehmhaltige Humussubstrate

Scirpus cernuus

wie Nr. 1, 5, 9, 10 oder 17 (s. Seite 39 bis 42), die man mit maximal 1/4 grobem Sand mischen kann; pH um 6.
Feuchtigkeit: Stets feucht halten, zum Beispiel in einen ständig mit Wasser gefüllten Untersetzer stellen. Nie austrocknen lassen. Je höher die Luftfeuchte ist, desto besser entwickeln sich die Pflanzen.
Düngen: Von Frühjahr bis Herbst alle 2 bis 3 Wochen, im Winter nur alle 5 bis 6 Wochen mit Blumendünger gießen.
Umpflanzen: In der Regel jährlich im Frühjahr oder Sommer.
Vermehren: Jährlich, zumindest alle 2 Jahre teilt man die Büschel, zumal sie dazu neigen, von innen her gelb zu werden.
Pflanzenschutz: Für Blattläuse scheint das Frauenhaar besonders attraktiv zu sein. Vorsicht, viele Pflanzenschutzmittel sind unverträglich!

Scutellaria costaricana

Scutellaria, Helmkraut

Staudenfreunde kennen das Helmkraut als wertvollen Sommerblüher für das Alpinum. Diese über 300 Arten umfassende Gattung der Lippenblütler (Labiatae) bietet auch einige sehr attraktive Topfpflanzen. Am wichtigsten ist *Scutellaria costaricana* (syn. *S. mociniana*), eine nur mäßig verholzende, knapp 1 m hoch werdende Pflanze aus Costa Rica. Im Frühsommer entwickelt sie endständige Ähren mit leuchtendrot gefärbten, langröhrigen, kurzlippigen Blüten.

In ihrer Heimat kommt sie in Höhenlagen über 2000 m vor. Dies gibt uns den Hinweis, daß sie nicht kontinuierlich hohe Temperaturen verlangen. Der etwas sparrige Wuchs steht der größeren Verbreitung als Topfpflanze entgegen. Die Behandlung mit Wuchshemmstoffen korrigiert diesen Nachteil. Selten sind Arten wie *S. incana* und *S. ventenatii*.

Licht: Hell, aber vor direkter Sonne geschützt.
Temperatur: Um 20 °C, im Winter genügen 15 °C. Die Bodentemperatur sollte nicht unter die Lufttemperatur absinken.
Substrat: Humussubstrate wie Nr. 1, 2, 5, 9, 10 oder 15 (s. Seite 39 bis 42); pH um 5,5.
Feuchtigkeit: Stets mäßig feucht halten. Die Luftfeuchte sollte nicht unter 50% absinken.
Düngen: Von Frühjahr bis Herbst wöchentlich, im Winter alle 3 Wochen mit Blumendünger gießen.
Umpflanzen: Alle 1 bis 2 Jahre im Frühjahr oder Sommer.
Vermehren: Im Frühjahr oder Sommer geschnittene Stecklinge bewurzeln bei Temperaturen über 22 °C und hoher Luftfeuchte. Nach dem Anwachsen ein-

mal stutzen. Man kann gleich 2 bis 4 Stecklinge in einen Topf setzen.
Besonderheiten: Gärtner spritzen Scutellarien mit Wuchshemmstoffen. Die Wirkung läßt nach einiger Zeit nach, und das übliche Längenwachstum setzt ein.

Sedum, Fetthenne

Nahezu über die ganze Welt sind die rund 600 Arten der Gattung *Sedum* verbreitet. Sie bilden damit innerhalb der Familie der Dickblattgewächse (Crassulaceae) die umfangreichste Gattung. Einige Botaniker haben verschiedene Arten von *Sedum* abgespalten und neuen Gattungen zugeordnet. *Sedum* umfaßt dann nur noch 300 Arten. Die neuen Gattungen heißen *Aizopsis*, *Asterosedum*, *Hylotelephium*, *Oreosedum*, *Petrosedum* und *Prometheum*. Diese Auffassung hat bisher noch keine allgemeine Anerkennung gefunden, so daß in diesem Buch *Sedum* beibehalten wurde. Auch bei uns sind einige Arten beheimatet wie der Mauerpfeffer (*Sedum acre*) oder die Große Fetthenne (*S. maximum*). Sie alle eignen sich nicht als Zimmerpflanzen.

Dazu bieten sich vielmehr Fetthennen aus Mexiko, aber auch aus Japan an, wie *Sedum sieboldii*, die auch als hübsche überhängende Pflanze für den Steingarten oder für Mauerfugen bekannt ist. Im Freien ist sie in der Regel hart und erfriert nur selten einmal in besonders harten Wintern.

Erstaunlicherweise überleben auch mexikanische Arten unsere Winter, wenn sie an einem geschützten, gut dränierten

Platz sitzen. *Sedum rubrotinctum*, zum Beispiel, gedieh über mehrere Jahre aufs beste in einem Alpinum, bis ein harter Winter dieser Pracht ein Ende setzte.

Sedum sieboldii ist eine für kühle Räume empfehlenswerte Ampelpflanze. Nach der Blüte im Oktober sterben die Triebe ab, vorausgesetzt, wir halten die Pflanze kühl genug. Erst im April erfolgt ein neuer Austrieb. Stehen die Pflanzen während des Winters zu warm, dann bleiben zwar die alten Sprosse erhalten, aber die neuen Sproßansätze vertrocknen und treiben nicht aus.

Immergrün ist *S. morganianum*, eine wegen der langen, dicht mit fleischigen, weißbereiften Blättern besetzten Triebe

Sedum morganianum

Sedum nussbaumerianum

Sedum rubrotinctum

höchst attraktive Ampelpflanze. In gleicher Weise verwendet man auch Arten wie S. rubrotinctum, S. stahlii und S. pachyphyllum. Weniger überhängend wachsen Sedum nussbaumerianum und S. adolphi, die darum einen Standplatz beanspruchen können. Ähnlichkeit mit Echeverien hat S. weinbergii, die nicht mehr zu Sedum gerechnet wird und den Namen Graptopetalum paraguayense führt.

Bei vielen Sedum-Arten brechen die fleischigen Blätter bei der leichtesten Berührung ab. Wir müssen uns ihnen daher mit größter Vorsicht nähern, wollen wir nicht eine Perlenschnur ohne Perlen haben. Sedum stahlii mit seinen fein behaarten Blättchen ist berüchtigt, auch S. rubrotinctum und S. morganianum sind nicht viel besser. Von letzterer gibt es eine aus den USA stammende Sorte mit dem Namen 'Baby Burrow-Tail', die kompakte, nicht zugespitzte Blättchen bildet, die fester an den Stengeln sitzen.

Licht: Hell und sonnig, auch im Winter. Erst bei sonnigem Stand färben sich die Blätter, zum Beispiel von S. rubrotinctum und S. pachyphyllum, intensiv.
Temperatur: Übliche Zimmertemperatur; im Sommer auch Freilandaufenthalt möglich. Im Winter 5 bis 12 °C, S. sieboldii auch kühler. (Überwinterung an geschütztem Platz auch im Freien.)
Substrat: Durchlässige Erde mit nicht zu hohem Nährstoffgehalt, zum Beispiel handelsübliche Kakteenerde oder Mischungen aus Torf, grobem Sand und ein wenig krümeligem Lehm; pH 5,5 bis 7.
Feuchtigkeit: Während der Wachstumszeit stets für mäßige Feuchtigkeit sorgen.

Bei Freilandaufenthalt vor Nässe während Regenperioden schützen. Im Winter je nach Temperatur nur sporadisch gießen. Sedum-Arten vertragen trockene Zimmerluft hervorragend.
Düngen: Je nach Wachstumsintensität alle 2 bis 4 Wochen mit Kakteendünger gießen. Zu häufiges Düngen verhindert neben dunklem Stand eine intensive Ausfärbung. Im Winter nicht düngen.
Umpflanzen: Alle 1 bis 2 Jahre im Frühjahr oder Sommer.
Vermehren: Geschieht oft schon unbeabsichtigt durch abfallende Blätter. Auch abgetrennte Stengel bewurzeln sich ohne Schwierigkeiten.

Selaginella, Moosfarn, Mooskraut

Die Entwicklungsgeschichte der Moosfarngewächse läßt sich mehrere hundert Millionen Jahre zurückverfolgen. Nur eine Gattung, eben Selaginella mit rund 700 Arten, existiert noch heute. Es sind vorwiegend in den Tropen verbreitete Kräuter, aber auch im weniger wirtlichen Europa sind einige Arten zu finden. Bei uns kommen zwei vor, nämlich der Dornige Moosfarn (S. selaginoides) zum Beispiel im Schwarzwald und in den Alpen sowie der Schweizer Moosfarn (S. helvetica), dessen Verbreitungsgebiet sich vom Bodensee bis zum Bayerischen Wald und in die Alpen erstreckt.

Für die Zimmerkultur sind die exotischen Mooskräuter interessanter. Dabei muß gleich eine Einschränkung gemacht werden: Im Zimmer gedeihen die Mooskräuter in der Regel nicht, da ihnen dort die Wärme, zumindest aber die hohe Luftfeuchte fehlt. Die erforderliche feuchte Umgebung finden sie zum Beispiel im geschlossenen Blumenfenster, in der Vitrine, im Kleingewächshaus, aber auch in Flaschengärten. Dort ist sichergestellt, daß die grazilen Epiphyten oder Humusbesiedler nicht austrocknen. So variabel wie die Temperaturansprüche sind, ist auch das Aussehen. Es gibt hochwachsende Arten wie S. grandis, S. martensii und S. umbrosa, es gibt rasenbildende wie S. apoda und S. kraussiana und letztlich sogar klimmende Mooskräuter wie S. willldenowii. Mit niedrigen Temperaturen geben sich S. apoda aus Nordamerika, S. martensii aus Mexiko und S. kraussinana aus Südafrika zufrieden. S. apoda wird besonders in der kleinbleibenden Varietät minor in Töpfchen ähnlich wie der Bubikopf (Soleirolia soleirolii) angeboten. Selaginella martensii und auch S. kraussiana erfreuen sich als Unterpflanzung in Wintergärten großer Beliebtheit, wo sie dichte Rasen bilden. Die anderen Moosfarne wollen warm stehen.

Winterharte Arten fürs Freiland sind, neben den genannten S. helvetica und S. selaginoides, S. douglasii und S. rupestris aus Nordamerika sowie S. sibirica und S. involvens aus Asien.

Ein ungewöhnlicher Moosfarn sei noch erwähnt: Selaginella lepidophylla, auch bekannt als »Auferstehungspflanze« oder »Rose von Jericho«. Sie stammt aus Gebieten Mittelamerikas, in denen über längere Zeit Trockenheit herrscht.

Die Blätter dieser Rosettenpflanze rollen sich dann zusammen, um bei den nächsten Regenfällen wieder in die ursprüngliche Lage zurückzukehren. Der sehr ölhaltige Zellsaft verhindert das Austrocknen. Trockene *Selaginella*-Kugeln werden häufig angeboten, allerdings sind es bereits abgestorbene Exemplare, die sich jedoch noch beliebig oft auf- und zusammenrollen können. Zum Leben kehren sie aber nicht mehr zurück. Nur am Rande sei erwähnt, daß auch *Asteriscus pygmaeus* und *Anastatica hierochuntica* als »Rose von Jericho« bezeichnet werden.

Licht: Halbschatten; niemals direkte Sonne.
Temperatur: Weniger anspruchsvolle Arten stehen bei Zimmertemperatur, im Winter absinkend bis 10 °C. Wärmebedürftige benötigen ganzjährig über 20 °C.
Substrat: Humussubstrate wie Nr. 1, 2 oder 5 (s. Seite 39), denen man $^1/_3$ eines Torf-Sand-Gemischs beifügt –, auch Nr. 12 oder versuchsweise Nr. 8; pH 5 bis 6.
Feuchtigkeit: Stets feucht, aber nie naß halten. Luftfeuchte über 60%. Nie austrocknen lassen.
Düngen: In der Regel nur alle 2 bis 4 Wochen mit Blumendünger gießen.
Umpflanzen: Alle 1 bis 2 Jahre von Frühjahr bis Herbst möglich.
Vermehren: Größere Gruppen beim Umpflanzen vorsichtig teilen. Ausläuferbildende Arten wurzeln von selbst; man kann auch durch Umbiegen der Triebe ein wenig nachhelfen. Arten wie *S. martensii* und *S. kraussiana* lassen sich auch aus Stecklingen heranziehen, die jedoch hohe Luftfeuchte verlangen. Das Anwachsen macht bei allen Arten keine Schwierigkeit, die an ihren Trieben regelmäßig Luftwurzeln ausbilden.

Selenicereus, Königin der Nacht

Auch wer nicht viel von Pflanzen versteht, kennt die »Königin der Nacht«, jenen sagenhaften Kaktus, der nur zu nächtlicher Stunde seine Blüten öffnet. Leider ist die nicht blühende Pflanze keine Schönheit. Wegen seiner Gestalt hat *Selenicereus grandiflorus*, wie der botanische Name lautet, nur in sehr beschränktem Umfang Eingang in unsere Stuben gefunden. Die Pflanze entwickelt 2 cm dicke, aber mehrere Meter lange Triebe, die in ihrer Heimat auf den Westindischen Inseln auf hohe Bäume hinaufklettern. Im Zimmer oder Gewächshaus müssen wir ein entsprechend dimensioniertes Klettergerüst zur Verfügung stellen und, wenn es gar nicht mehr geht, auch einmal zurückschneiden.

Die Triebe sind mit bescheidenen weißen Borsten verziert. Nur die Blüte ist eine auffällige Schönheit. Sie wird bis 30 cm lang, annähernd so breit und duftet intensiv nach Vanille. Gegen 22 Uhr beginnt sie sich zu öffnen und ist um Mitternacht voll erblüht. Bereits gegen 3 Uhr ist die Pracht vorbei. Die Blütenblätter sind cremeweiß, die äußeren bräunlichgelb gefärbt. Vom Sommer bis in den Herbst können sich an großen Exemplaren mehrere Blüten öffnen. Große Pflanzen entwickeln sich am besten ausgepflanzt in einem Gewächshaus. Im Zimmer brauchen sie einen

Die abgestorbene Auferstehungspflanze (Selaginella lepidophylla) zieht sich im trockenen Zustand zusammen. Ins Wasser getaucht, strecken sich die Blätter.

Selaginella martensii 'Variegata'

Königin der Nacht, Selenicereus grandiflorus

und 40), denen man bis zu ¹/4 Sand oder Seramis beimischen kann; pH um 6.

Feuchtigkeit: Von Frühjahr bis Herbst stets mäßig feucht halten. Auch im Winter nicht völlig austrocknen lassen, sondern, je nach Temperatur, alle 3 bis 5 Wochen einmal gießen. Die Luft sollte nicht allzu trocken sein (nicht unter 50%).

Düngen: Etwa ab April je nach Wachstumsintensität alle 3 Wochen bis wöchentlich mit Blumen- oder Kakteendünger gießen.

Umpflanzen: Ist bei älteren Exemplaren in großen Gefäßen nur alle 3 bis 5 Jahre erforderlich.

Vermehren: Stecklinge von 5 bis 10 cm Länge bewurzeln leicht bei etwa 25 °C Bodentemperatur.

großen Topf oder noch besser einen Blumenkübel. Als »Prinzessin der Nacht« ist *S. pteranthus* bekannt geworden. Er ähnelt *S. grandiflorus*, doch sind die Triebe mit bis zu 5 cm Durchmesser kräftiger und die Dornen bis 6 cm lang, während sie bei der »Königin« feiner und nadelartig sind.

Ähnliche Blüten wie die »Königin der Nacht« entwickeln die rund 15 kletternden Arten der Gattung *Hylocereus*. Sie beanspruchen die gleiche Pflege wie *Selenicereus*.

Licht: Hell, aber, mit Ausnahme der Wintermonate, vor direkter Sonne geschützt.

Temperatur: 22 °C oder wärmer. Auch im Winter nicht unter 15 °C.

Substrat: Humusreiche, strukturstabile Substrate wie Nr. 1 oder 6 (s. Seite 39

Senecio

Die rund 1000 Arten umfassende Gattung *Senecio* bietet eine ganze Reihe interessanter Zimmerpflanzen. Meist sind es sukkulente Arten, also solche mit wasserspeichernden Geweben. Häufig in Bauernhäusern findet man den »Sommerefeu« (*Delairea odorata*, syn. *Senecio mikanioides*), der kein Efeu ist, aber efeuähnliche Blätter besitzt. Wie der botanische Name zeigt, zählt der Sommerefeu nach aktueller Auffassung nicht mehr zur Gattung *Senecio*. Er ist besonders als Ampelpflanze zu empfehlen. In seiner Heimat – er stammt aus Südafrika, ist aber auch in Nordamerika verwildert – klettert er bis in 5 m Höhe.

Ähnlich zu verwenden, doch noch schöner am Klettergerüst ist der Kapefeu (*Senecio macroglossus*), der vorwiegend in der grünweiß panaschierten Sorte 'Variegatus' zu finden ist.

Zwei reizende Ampelpflanzen sind *Senecio herreianus* und *S. rowleyanus*. Sie sehen aus wie dünne, mit Perlen besetzte Schnüre. Die »Perlen-Blätter« sind rund, an den beiden Enden zugespitzt. Auf dem Blatt von *S. herreianus* erkennen wir feine, durchscheinende Linien. *S. rowleyanus* dagegen ist an dem einzelnen »Fenster« – einem schmalen, langen, durchscheinenden Streifen – zu identifizieren. Ähnlich geformte Blätter hat noch *S. citriformis*, doch wachsen die Triebe mehr aufrecht.

Beliebt ist *Senecio stapeliiformis* var. *minor* (syn. *Kleinia stapeliiformis* var. *minor*), die sich besser als die Art für die Zimmerkultur eignet. Sie entwickelt bis fingerdicke, lange, gegliederte Sprosse, die hübsche weiße Längsstreifen aufweisen. Die winzigen Blättchen fallen bald ab. Die leuchtendroten Blütenköpfe stehen einzeln auf langen Stielen.

Aus der Vielfalt sei eine weitere Art genannt: *Senecio scaposus*. Die auf kurzen Stämmchen sitzenden, bis 7 cm langen, im Querschnitt fast kreisrunden Blätter haben in der Jugend eine dichte weißfilzige Behaarung. Mit zunehmendem Wachstum wird dieses Kleid zu eng und platzt auf, so daß der weiße Filz in Fetzen herunterhängt. Dies sieht recht nett aus, doch empfiehlt sich diese Art nur dem erfahrenen Zimmerpflanzengärtner.

Weniger anspruchsvoll ist der von den Kanarischen Inseln stammende und dort fast 1 m hoch werdende *Senecio kleinia*, auch bekannt als *Kleinia neriifolius*. (Derzeit läßt sich nicht abschließend entscheiden, ob *Kleinia* eine eigene Gattung ist oder zu *Senecio* gezählt werden muß).

Die Stämme bilden an der Spitze bis 12 cm lange und nur 1 cm breite graugrüne Blät-

Senecio rowleyanus

Delairea odorata

ter, die während der Ruhezeit im Sommer alle abgeworfen werden. Diese Besonderheit ist bei der Pflege der Art zu berücksichtigen.

Licht: Heller Fensterplatz, auch im Winter. Die meisten Arten wollen nur vor allzu starker Mittagssonne geschützt werden. *Delairea odorata* nimmt auch mit weniger Licht vorlieb.
Temperatur: Zimmertemperatur. Im Winter sind die meisten Arten mit 10 bis 15 °C zufrieden, auch geringfügig höhere Temperaturen schaden offensichtlich nicht. Ohne diese niedrigen Temperaturen für mindestens 4 bis 5 Wochen kommt *Delairea odorata* nicht zur Blüte.
Substrat: Für fast alle Arten sind durchlässige, aber nahrhafte Erdmischungen geeignet. *Delairea odorata* und *Senecio macroglossus* gedeihen in Nr. 1, 2 oder 5 (s. Seite 39) mit Sand, ebenfalls *S. herreianus*, *S. rowleyanus* und *S. citriformis*. Bei stärker sukkulenten Arten sind Mischungen mit Lavagrus oder Seramis, bei *S. scaposus* reinen Lavagrus oder Seramis zu bevorzugen; pH um 6.
Feuchtigkeit: Alle sind gegen zu viel Wasser empfindlich. Selbst bei *Delairea odorata* kommt es dann zu Fäulnis. Darum erst dann gießen, wenn das Substrat weitgehend, doch nicht völlig abgetrocknet ist. Im Winter sparsamer gießen. *S. scaposus* und *S. stapeliiformis* weitgehend trocken halten. *S. kleinia* hat eine Ruhezeit im Spätsommer bis Frühherbst. Während dieser Zeit wird nicht gegossen.
Düngen: Während der Vegetationszeit schnellwachsende Arten alle 2 Wochen, langsamwachsende in größeren Abständen mit Blumen- oder Kakteendünger gießen.
Umpflanzen: Je nach Art alle 1 bis 2 Jahre im Frühjahr.
Vermehren: Alle genannten Arten lassen sich im Frühjahr durch Stecklinge heranziehen.
Besonderheiten: Vorsicht, offensichtlich alle *Senecio*-Arten enthalten in unterschiedlicher Konzentration giftige Alkaloide. Sicherstellen, daß Pflanzenteile nicht von Kindern verzehrt werden! Auch Tiere sind empfindlich.

Serenoa

Zu dieser Palmengattung gehört nur eine Art, *Serenoa repens*. Sie ist vorwiegend im Südosten der USA verbreitet und kommt dort in Gebüschen gemeinsam mit *Sabal minor* vor. Wie diese bildet sie einen teils unterirdisch wachsenden Stamm, der sich kaum mehr als 2 m über den Boden erhebt. Der Blattschopf bleibt relativ klein, aber durch Ausläufer

Senecio macroglossus 'Variegatus'

entstehen kleinere oder größere Gruppen. Die Blätter dieser Fächerpalme erreichen in Kultur kaum mehr als 50 cm Durchmesser. Sie wächst ausgesprochen langsam.

Im Sommer steht sie bevorzugt warm und sonnig; im Winter genügen ihr die Bedingungen in einem kühlen Wintergarten, in dem die Temperatur bis auf 10 °C fallen kann. Die Pflege entspricht ansonsten der von *Chamaerops*.

Setaria, Palmengras

Der Name Palmengras klingt vielversprechend. Dieses Gras verdient ihn wirklich, denn es trägt stattliche Blätter, die bis 10 cm Breite erreichen und fein gefaltet sind, deshalb auch ein wenig an Palmen erinnern. In ihrer asiatischen Heimat erreicht *Setaria palmifolia*, wie der botanische Name lautet, mehr als 2 m Höhe, im

Serenoa repens

Setaria palmifolia

Siderasis fuscata

Topf bleibt sie deutlich kleiner und wächst nur unter besonders günstigen Bedingungen höher als 1 m.

Da *Setaria palmifolia* das wohl prächtigste Gras für die Zimmerkultur ist, kann man kaum verstehen, weshalb es nicht häufiger angeboten wird. Es will zwar nicht kühl stehen, hat aber ansonsten keine allzu großen Ansprüche. Verwandt ist es mit der im Mittelmeerraum verbreiteten Borstenhirse (*S. italica*) und der asiatischen Rispen- oder Vogelhirse (*S. miliaceum*). *Setaria palmifolia* ist inzwischen über die Tropen und Subtropen der ganzen Welt als attraktives Ziergras verbreitet. Weitere der rund 150 Arten sind bei uns kaum in Kultur.

Licht: Heller bis sonniger Platz.
Temperatur: Zimmertemperatur oder wärmer; im Winter um 15 °C bis etwa 20 °C. Bei zu hohen Temperaturen und dunklem Stand im Winter wird das Gras zu hoch und verliert seine Standfestigkeit.
Substrat: Nr. 1, 5, 9 oder 15 (Seite 39 bis 41); pH um 6.
Feuchtigkeit: Stets mäßig feucht halten; zu große Nässe führt zu Wurzelfäule.
Düngen: Von Frühjahr bis Herbst wöchentlich mit Blumendünger in halber Konzentration gießen, im Winter nur alle vier Wochen.
Umpflanzen: Jährlich im Frühjahr oder Sommer.
Vermehren: Saatgut keimt bei Bodentemperaturen von möglichst 25 °C. Die Vermehrung ist durch das Abtrennen von Seitentrieben beim Umtopfen größerer Pflanzen leicht.
Pflanzenschutz: Bei trockener, stehender Luft treten häufig Spinnmilben auf. Sie haben sich als das größte Problem bei der Kultur der Pflanze erwiesen

Siderasis

Nicht sehr bekannt ist das Commelinengewächs mit dem Namen *Siderasis fuscata* aus den feuchtwarmen Gebieten Brasiliens. Das Bedürfnis nach Wärme und Luftfeuchte steht einer größeren Verbreitung entgegen. Auf der Fensterbank gedeiht *Siderasis* kaum; dazu bedarf es eines geschlossenen Blumenfensters oder einer Vitrine. Dort gehört *Siderasis fuscata* zu den auffälligsten Pflanzen. Die Blätter stehen ohne sichtbaren Stengel zu einer Rosette zusammen. Dicht ist das Laub mit fuchsroten Haaren überzogen. Als niedrigbleibende Bodenpflanze wächst *Siderasis* im Schatten hochwachsender Kräuter und Sträucher und muß nur gelegentlich geteilt werden. Die Pflege entspricht der von *Calathea*.

Sinningia cardinalis

Sinningia, Gloxinie

In der Tabelle der beliebtesten blühenden Topfpflanzen nimmt die Gloxinie einen Platz in der Spitzengruppe ein. Bereits in der ersten Hälfte des vorigen Jahrhunderts fand diese kurz zuvor aus Südamerika eingeführte Pflanze das Interesse der Gärtner. In die variable Art *Sinningia speciosa* kreuzten sie weitere ein wie *S. guttata*, *S. helleri*, *S. velotina* und *S. villosa*. Die Ergebnisse jahrzehntelanger Züchtungsbemühungen fassen wir heute als *Sinningia*-Hybriden zusammen. Früher rechnete man *Sinningia speciosa* und die daraus hervorgegangenen Hybriden zur sehr nahe verwandten Gattung *Gloxinia*. Diese Bezeichnung hat sich als »deutscher Name« für diese Pflanze bis heute erhalten.

Zu *Sinningia* zählen rund 40 in Süd- und Mittelamerika verbreitete Arten. Bis auf wenige Ausnahmen bilden die Arten der Gattung *Sinningia* Knollen aus. Von diesen Gesneriengewächsen sind neben den Gloxinien nur wenige wie *Sinningia cardinalis* und *S. canescens* in Kultur. In botanischen Gärten findet man die winzige, fast in einem Fingerhut zu kultivierende *Sinningia pusilla*.

Die Zahl der Hybriden ist kaum feststellbar. Es gibt Gloxinien mit roten, weißen und blauvioletten Blüten, es gibt weißgerandete und auch gefüllte Blumen. Moderne Sorten zeichnen sich durch kleinere, weichere Blätter aus, denn die großen, wie Glas brechenden Blätter überstanden oft den Weg vom Gärtner bis zum Pflanzeneinkäufer nicht ohne Schäden. Es existieren sogar wieder Pflanzen mit den an *Sinningia speciosa* erinnernden kleinen, leicht hängenden, nicht radiärsymmetrischen Blüten. Aber gegen die protzig-wirkungsvollen großblumigen Sorten haben sie keine Chance. Bei der Anzucht der Gloxinien in der Gärtnerei hat sich viel geändert. Blühende Pflanzen werden nicht mehr aus Knollen, sondern aus Samen oder

Gewebekultur herangezogen. Früher waren zwei Kulturjahre erforderlich, heute sind es kaum mehr als 6 Monate. Da ist es für den Pflanzenfreund kaum mehr sinnvoll, abgeblühte Pflanzen aufzubewahren. Die Knollen dieser schnell großgezogenen Gloxinien sind so klein, daß sie oft die Trockenperiode bis zum nächsten Frühjahr nicht überleben.

Zwar ist es möglich, die Pflanzen ohne Ruhezeit durchzukultivieren, doch ist das nur an einem sehr hellen Platz und mit Einsatz von Zusatzlicht zu empfehlen. Bei der Anzucht hat sich zum Beispiel eine Verlängerung des Tages um etwa 8 Stunden durch Leuchten von mindestens 100 Watt je m² zu beleuchtende Fläche bewährt. Die Kosten dafür sind erheblich, so daß sich dieser Aufwand kaum lohnt.

Die Gattung *Rechsteineria* aus der Familie der Gesneriengewächse weist so viele Ähnlichkeiten mit *Sinningia* auf, daß sie inzwischen zusammengefaßt werden. Von den ehemaligen Rechsteinerien hat nur *Sinningia cardinalis* (syn. *Rechsteineria cardinalis*) eine bescheidene Bedeutung. Genau wie Gloxinien bildet *S. cardinalis* eine Knolle. Der Sproß trägt weich behaarte, bis 15 cm lange Blattpaare. Aus den Blattachseln schieben sich die gestielten, leuchtendroten, röhrigen Blüten hervor. Sie tragen

Die Blüten von Sinningia speciosa waren kleiner und weniger zahlreich, jedoch eleganter und ausdrucksstärker.

nur eine kurze Unterlippe, jedoch eine länger ausgezogene, helmförmige Oberlippe. Sie wird ähnlich wie Gloxinien behandelt.

Während man *Sinningia cardinalis* ganz gut im Zimmer halten kann, empfiehlt sich für *S. canescens* (syn. *R. leucotricha*) ein geschlossenes Blumenfenster, eine

Sinningia canescens

Skimmia japonica

Smithiantha-Hybride

Vitrine oder ein warmer Wintergarten. Sie wird bei uns deshalb nur von wenigen Spezialfirmen, nicht aber im Blumeneinzelhandel angeboten. In den USA ist *S. canescens* eine als »Brazilian Edelweiß« verbreitete Topfpflanze. Dieser Name paßt sehr gut zu *S. canescens*, deren Blätter über und über mit einem dichten weißen Haarfilz bedeckt sind. Bei Zimmerkultur vermißt sie die hohe Luftfeuchtigkeit des heimatlichen Standorts. Sie soll in Brasilien nur an den Felswänden eines Wasserfalls vorkommen. Wer genügend Licht sowie die nötige Luftfeuchte mit der entsprechenden Wärme bieten kann, hat mit *S. leucotricha* ein wahres Pflanzenjuwel, das jeden Betrachter in Begeisterung versetzt.

Licht: Hell, aber vor direkter Sonne geschützt. In den Wintermonaten für möglichst hellen Stand sorgen, bei Jungpflanzen und anspruchsvollen Arten wie *S. canescens* zusätzlich belichten. Zu überwinternde Knollen können dunkel lagern.
Temperatur: Möglichst über 20 °C; optimal sind Werte um 25 °C. Nur bei der Anzucht können Gloxinien-Jungpflanzen für etwa 1 Monat bei 18 bis 20 °C stehen. Dies wirkt sich auf den Blütenreichtum positiv aus. Bodentemperatur nicht unter der Lufttemperatur. Große Knollen trocken bei etwa 12 bis 15 °C lagern. Ab Februar bei 25 °C Bodentemperatur antreiben.
Substrat: Übliche Fertigsubstrate; pH 5,5 bis 6,5.

Feuchtigkeit: Stets mäßig feucht halten. Große Pflanzen haben an einem hellen Platz einen hohen Wasserbedarf. Unbedingt zimmerwarmes Wasser verwenden. Blätter nicht benetzen. Luftfeuchte möglichst nicht unter 50%, *S. canescens* nicht unter 70%. Nach der Blüte Wassergaben reduzieren und wenn die Blätter gelb werden, ganz einstellen. Nach dem Umtopfen im Februar behutsam mit dem Gießen beginnen. *S. pusilla* ohne Ruhezeit durchkultivieren.
Düngen: Während des Wachstums wöchentlich mit Blumendünger gießen, *S. pusilla* und *S. canescens* alle 2 bis 3 Wochen.
Umpflanzen: Jährlich Knollen vor dem Antreiben ab Februar in frische Erde setzen.
Vermehren: Bleibt in der Regel dem Gärtner vorbehalten. Den staubfeinen Samen sät er zwischen Oktober und Februar aus. Er keimt innerhalb von 14 Tagen bei 25 °C Bodentemperatur. Die Sämlinge benötigen während der Wintermonate Zusatzlicht. Auch die Vermehrung durch Teilen der Knollen oder Blattstecklinge verlangt einen ähnlich hohen Aufwand und ist nicht ratsam.
Besonderheiten: Viele Überwinterungsversuche von *Sinningia*-Jungpflanzen schlagen fehl, weil die Knollen zu viel Substanz während der Lagerung in trockener Zimmerluft verlieren. Jungpflanzen sollte man deshalb besser den Winter durchkultivieren, somit regelmäßig gießen und nicht einziehen lassen.

Allerdings reicht bei uns das natürliche Tageslicht nicht aus, so daß wir mit künstlicher Beleuchtung nachhelfen müssen (s. oben).

Skimmia

Von den vier Arten der aus Ostasien stammenden Gattung *Skimmia* waren früher einige als hübsche Kalthauspflanzen beliebt. Leider sind sie ein wenig in Vergessenheit geraten. Zwei Arten dieser Rautengewächse (Rutaceae) finden sich bei uns in Kultur: *Skimmia japonica* und *S. reevesiana* (syn. *S. japonica* var. *reevesiana*, *S. fortunei*) sowie deren meist unfreiwillig entstehende Hybriden. Die Arten ähneln sich sehr, so daß sie selbst der Gärtner häufig verwechselt. An geschützten Standorten sind die beiden bei uns winterhart. Wir finden sie aus diesem Grund vorrangig in Baumschulen.

In Töpfe, später Kübel gesetzt, noch besser aber in ein Grundbeet im Wintergarten ausgepflanzt, entwickeln sich die herrlichen immergrünen Pflanzen mit lorbeerähnlichen Blättern am besten. Sie erreichen 80 cm (*S. reevesiana*) beziehungsweise gut 1 m Höhe und erfreuen uns im Frühjahr mit duftenden, in Rispen stehenden weißlichen Blüten. Aus ihnen entstehen rote Beeren, die lange an der Pflanze haften. Früchte darf man bei *Skimmia japonica* allerdings nur dann erwarten, wenn wir eine männliche und eine weibliche Pflanze beisammen haben, da diese Art zweihäusig ist. *S. reevesiana* dagegen trägt zwittrige Blüten.

Licht: Hell, aber keine direkte Sonne.
Temperatur: Stets luftiger Stand; im Winter nicht über 10 °C.
Substrat: Lehmhaltige Humussubstrate wie Nr. 1, 9, 10 oder 17 (s. Seite 39 bis 42), auch mit wenig Sand gemischt; pH 5 bis 6.
Feuchtigkeit: Stets mäßig feucht halten. Im Winter sparsamer gießen.
Düngen: Von Frühjahr bis Herbst alle 2 Wochen mit Blumendünger gießen.
Umpflanzen: Alle 2 Jahre, alte Exemplare auch in größeren Abständen am besten im Frühjahr umpflanzen.
Vermehren: Im Sommer nicht zu sehr verholzte Stecklinge schneiden, in Bewurzelungshormon tauchen und bei Bodentemperaturen von mindestens 18 °C bewurzeln. Samen keimen nur, wenn sie während des Winters für einige Zeit niedrigen Temperaturen ausgesetzt waren.

Smithiantha

Ähnlich wie *Kohleria* befinden sich *Smithiantha* in der Gunst von Gärtnern und Pflanzenfreunden derzeit in einem Tief. Dies ist verwunderlich, haben wir es doch mit Pflanzen zu tun, die sowohl mit auffallenden Blüten als auch hübschen Blättern zieren. Noch vor 50 Jahren waren sie verbreitet, damals noch unter dem Gattungsnamen *Naegelia*. Vier Arten dieses Gesneriengewächses sind aus den Höhenlagen Mexikos bekannt. Der Pflanzenaufbau ähnelt dem von *Kohleria*, doch sind die Blüten mehr glockenförmig und nicht deutlich unterschieden in Röhre und Kronabschnitte. Die Blüten stehen zu vielen in einer endständigen pyramidalen Traube. In Kultur befinden sich fast ausschließlich Hybriden, doch sind auch *S. cinnabarina* und *S. zebrina* kulturwürdig.

Die Blätter sind bis 15 cm lang, behaart und auf hellerem Grund dunkelgrün, bräunlich oder purpurn entlang der Adern gezeichnet. Wie *Kohleria* und *Achimenes* besitzen sie unterirdische schuppige Rhizome. Diese Speicherorgane kann man wie bei den beiden genannten Gattungen

zur Vermehrung nutzen. Daneben ist auch die Vermehrung durch Kopf- und Blattstecklinge möglich. Wir behandeln *Smithiantha* genau wie *Achimenes*. Es genügt aber, nur drei bis vier Rhizome pro Topf auszulegen.

Solanum, Korallenstrauch

Dankbare Topfpflanzen für kühle Räume sind die als Korallenstrauch bekannten *Solanum capsicastrum* und *S. pseudocapsicum* aus Brasilien beziehungsweise der Atlantikinsel Madeira. Am häufigsten ist *S. pseudocapsicum* zu finden, die sich im wesentlichen durch die kahlen jungen Sprosse von *S. capsicastrum* unterscheidet, die behaarte besitzt. Die kugelrunden roten, bei einigen Sorten auch gelb gefärbten, bis 2,5 cm im Durchmesser großen Früchte gaben ihnen den Namen Korallenstrauch.

Ab Mai/Juni finden wir fruchtende Pflanzen im Angebot des Blumenhandels. Die Früchte halten sich bis in den Winter hinein. Danach werfen wir den Korallenstrauch meist weg, obwohl es sich um mehrjährige Sträucher handelt. Wer einen kühlen Winterplatz besitzt, kann sich mehrere Jahre an einem Korallen-

strauch erfreuen. Dann ist ein kräftiger Rückschnitt im Frühjahr ab März zu empfehlen.

Eine klein- und weißfrüchtige Verwandte der Aubergine, die Eierpflanze oder Zieraubergine (*Solanum melongena* 'Easter Eggs'), erreicht im Topf rund 50 cm Höhe und bevorzugt einen luftigen, aber nicht kühlen Stand, um gesund zu bleiben. Die Früchte sind eßbar.

Nur für große Wintergärten empfehlen sich die schlingenden *S. crispum*, *S. jasminoides* sowie die anspruchsvolleren *S. seaforthianum* und *S. wendlandii*, die alle prächtige weiße oder blaue Blüten entwickeln. Eine beliebte Kübelpflanze ist *S. rantonnetii*, der Blaue Kartoffelstrauch. Dieses rund 2 m Höhe erreichende Gehölz ist auch unter dem Namen *Lycianthes* zu finden.

Licht: Hell bis sonnig, nur vor allzu starker Mittagssonne im Sommer geschützt, *S. jasminoides* auch halbschattig.
Temperatur: Luftiger Platz, im Sommer am besten an geschützter, warmer Stelle auf Balkon oder Terrasse. Dort ist bei *S. capsicastrum*, *S. pseudocapsicum* und *S. melongena* der Fruchtansatz besser

Solanum pseudo-capsicum

als im Zimmer. Im Winter 10 bis 15 °C, *S. rantonnetii* nicht unter 5 °C, *S. seaforthianum* und *S. wendlandii* bis 18 °C.

Substrat: Bevorzugt lehmhaltige Humussubstrate wie Nr. 1, 9, 10 oder 17 (s. Seite 39 bis 42); pH 5,5 bis 6,5.

Feuchtigkeit: Stets feucht halten. Im Sommer ist der Wasserverbrauch hoch. Im Winter sparsam gießen, aber nicht völlig austrocknen lassen. Trockenheit im Sommer führt zum Abwerfen der Blüten.

Düngen: Von Frühjahr bis Herbst wöchentlich, im Winter alle 4 bis 6 Wochen mit Blumendünger gießen.

Umpflanzen: Jährlich im Frühjahr beim Rückschnitt.

Vermehren: Samen ab März aussäen. Er keimt gut bei etwa 18 °C Bodentemperatur. Sämlinge ein- bis zweimal stutzen, um eine bessere Verzweigung zu erzielen. Die schlingenden Arten und die größeren Sträucher werden aus Stecklingen herangezogen, die bei Bodentemperaturen über 20 °C und hoher Luftfeuchte wurzeln.

Pflanzenschutz: *Solanum*-Arten sind bekannt dafür, daß sie häufig von Schädlingen wie Blattläusen und Weißer Fliege befallen werden. Luftiger, nicht zu warmer Stand reduziert die Gefahr. Regelmäßig kontrollieren. Im Wintergarten empfiehlt sich der Einsatz von Nützlingen wie Schlupfwespen.

Soleirolia, Bubiköpfchen

Seit Anfang dieses Jahrhunderts erfreut uns diese zierliche, anspruchslose Zimmerpflanze. Wer seinen Urlaub auf Korsika, den Balearen oder in Sardinien verbrachte, hat vielleicht dieses kleine Kraut mit den glänzendgrünen, herznierenförmigen, wechselständigen Blättchen in schattigen Mauerfugen oder an Felsen gesehen. Bei uns gedeiht das Bubiköpfchen, dessen ungültiger Name *Helxine soleirolii* bekannter ist als der nun zutreffende *Soleirolia soleirolii*, in nicht zu warmen Räumen. In Wintergärten ist es ein hervorragender Bodendecker. Auch in Terrarien und Flaschengärten gedeiht das Bubiköpfchen sehr gut. Selbst im Freien überdauert es an geschützten Plätzen milde Winter.

Die Blüten dieses Nesselgewächses (Urticaceae) sind nur klein und unscheinbar. Die Zierde stellen die zierlichen, einen dichten Rasen bildenden Blättchen dar. Die Gärtner bieten neben dem frischgrünen Typ Sorten mit silbriggrauen oder gelbgrünen Blättchen an.

Licht: Hell oder halbschattig; nur vor allzu starker Mittagssonne schützen.

Temperatur: Übliche Zimmertemperatur; den Winter überdauert es sowohl bei 20 °C als auch in einem ungeheizten Raum, der gerade frostfrei ist.

Substrat: Gedeiht in jeder handelsüblichen Blumenerde; pH 5 bis 7.

Feuchtigkeit: Stets für milde Feuchte sorgen; bei kühlem Stand im Winter sparsam gießen. Nicht austrocknen lassen!

Düngen: Alle 2 bis 3 Wochen mit Blumendünger gießen. Im Winter je nach Stand nur sporadisch düngen.

Umpflanzen: Von Frühjahr bis Herbst bei Bedarf. In der Regel erübrigt es sich, da man besser jährlich Jungpflanzen heranzieht.

Vermehren: Teilen beim Umpflanzen. Auch Stecklinge der zarten Triebe bewurzeln sich bei Zimmertemperaturen leicht. Gleich mehrere in einen Topf stecken.

Solenostemon, Buntnessel

Mit ihren farbenfrohen Blättern zählen die Buntnesseln zu den auffälligsten Zimmerpflanzen. Kaum eine andere Gattung erreicht das Farbenspiel der Buntnesseln. Von Cremeweiß über Gelb, Grün bis Rot fehlt keine Schattierung. Die in Rispen erscheinenden Lippenblütchen sind dagegen unscheinbar. In den Gärtnereien sind sie unter dem Namen *Coleus*-Blumei-Hybriden oder *C. × hybridus* bekannt. Botaniker haben die Familie der Lippenblütler (Labiatae) neu bearbeitet und gaben ihr nun den Namen *Solenostemon scutellarioides*. Rund 60 halbstrauchige und strauchige Sorten sind aus den tropischen Gebieten Afrikas und Asiens bekannt. Auch die kleinblättrigen Formen, die man bisher der Art *Coleus pumilus* zurechnete, zählen nun zu *Solenostemon scutellarioides*. Es sind meist kriechende, im Topf überhängende Pflanzen mit kleineren, grüngerandeten Blättern.

Die Pflege der Buntnesseln ist denkbar einfach. Wichtig ist nur ein sonniger, luftiger Stand und eine regelmäßige Wasserversorgung, denn Buntnesseln sind stets durstig.

Licht: Vollsonnig. An schattigen Plätzen verliert sich die intensive Blattfärbung.

Temperatur: Luftiger Stand. Im Winter nicht unter 8 °C, aber nur dann über 15 °C, wenn die Pflanzen volles Licht erhalten.

Substrat: Jede übliche Blumenerde; pH um 6.

Feuchtigkeit: Stets feucht halten. Buntnesseln haben besonders im Sommer einen hohen Wasserbedarf. Im Winter bei kühlem Stand sparsamer gießen und keine Nässe aufkommen lassen, da sonst die Wurzeln zu faulen beginnen.

Soleirolia
soleirolii

Solenostemon scutellarioides 'Fairway Ruby'

nur für geschlossene Blumenfenster und ähnliches zu empfehlen. Die Kultur ist ausführlich bei *Bertolonia* beschrieben.

Sophora, Schnurbaum

Der Schnurbaum (*Sophora japonica*) ist als eindrucksvoller, 25 m hoher, nicht überall sicher winterharter Parkbaum bekannt. Besonders reizvoll ist die Hänge-form. Als Sträucher für Kalthäuser und größere Wintergärten finden *Sophora tetraptera* und *S. microphylla* Verwendung. Sie verlangen Sonne und kühlen, luftigen Stand. Erst ab einer Größe von 1,50 bis 2 m beginnen sie, ihre hübschen großen Schmetterlingsblüten zu bilden.

Als Topfpflanze wird gelegentlich *Sophora prostrata* 'Little Baby' angeboten. Sie ist die Zwergform eines kleinen, kriechenden Strauchs, der wie die beiden zuvor genannten Arten aus Neuseeland stammt. Die dünnen Zweige wachsen schlangenförmig gewunden. Daran sitzen wechselständig die kleinen unpaarig gefiederten Blätter. Die Fiederblätt-chen messen gerade 0,5 cm. Dieses sehr zarte, im Austrieb hellgrüne, später dunkelgrüne Laub macht die eigentliche Zierde des Strauchs aus. Die bräunlich-gelben Blüten erscheinen im Frühjahr.

Licht: Sehr hell und sonnig.
Temperatur: Sehr luftig und besonders im Winter kühl. Möglichst nicht über 5 bis 10 °C. Erträgt abgehärtet auch Temperaturen knapp unter dem Gefrierpunkt, ist aber nicht winterhart.
Substrat: Humusreiche, aber durchlässige Mischung, zum Beispiel Nr. 1, 5, 9, 10 oder 17 (Seite 39 bis 42), der man ein wenig Sand beifügen kann; pH um 6.
Feuchtigkeit: Stets mäßig feucht halten;

Düngen: Ein- bis zweimal pro Woche, im Winter bei kühlem Stand alle 2 Wochen mit Blumendünger gießen.
Umpflanzen: In der Regel nur bei der Anzucht erforderlich, wenn der Topf für Sämlinge oder bewurzelte Stecklinge zu klein geworden ist.
Vermehren: Am besten ist es, jährlich neue Pflanzen heranzuziehen, da Jung-pflanzen am schönsten sind und alte Exemplare unten verkahlen. Stecklinge bewurzeln leicht, auch im Wasser. Nach Möglichkeit von nichtblühenden Pflanzen schneiden. Bewurzelte Stecklinge zumindest einmal stutzen, um eine gute Verzweigung zu erreichen. Reizvoll ist es, *Solenostemon* aus Samen heranzuzie-hen, weil die Sämlinge die unterschied-lichste Blattzeichnung und -färbung auf-weisen. Beste Zeit für die Aussaat ist der März. Bei 18 bis 20 °C keimen die Samen innerhalb von 2 Wochen. Säm-linge ebenfalls stutzen.
Besonderheiten: *Solenostemon* kann man wie Sommerblumen ab Mai im Freien halten, doch entwickeln sie sich bei naß-kaltem Wetter weniger gut.

Sonerila

Das asiatische Pendant zu den südameri-kanischen Bertolonien stellt die Gattung *Sonerila* dar, die in etwa 100 Arten in feuchtwarmen Gebieten verbreitet ist. Die kleinen Blüten dieser Schwarzmund-gewächse (Melastomataceae) haben nur drei Blütenblätter, die von *Bertolonia*-Arten stets mehr. Als einzige Art hat sich *Sonerila margaritacea* als Topfpflanze durchgesetzt, bei uns nahezu ausschließ-lich in der Sorte 'Argentea'. Noch einige weitere Auslesen sind vorwiegend in den USA anzutreffen. *Sonerila margaritacea* stammt aus Java und Burma. Sie wird bis 30 cm hoch und verzweigt sich stark. Die Seitentriebe liegen häufig dem Boden auf. Die oberseits grünen Blätter sind weiß gepunktet, unterseits rötlich überhaucht. Bei der Sorte 'Argentea' ist nahezu das ganze Blatt silbrigweiß gefärbt.

Wegen ihrer hohen Ansprüche an Tempe-ratur und Luftfeuchte sind alle *Sonerila*

Sonerila margaritacea 'Argentea'

x Sophrolaeliocattleya (Kathrin Röllke)

x Sophrolaelia (Crawfish Pie)

im Winter bei niedrigen Temperaturen nur wenig gießen. Nässe verträgt die aus trockenen Gebieten stammende Pflanze nicht.

Düngen: Von Frühjahr bis Herbst wöchentlich mit Blumendünger gießen.

Umpflanzen: Etwa alle 2 Jahre im Frühjahr oder Sommer.

Vermehren: Noch wenig verholzte Triebspitzen mit Schnittflächen in ein Bewurzelungshormon tauchen und bei etwa 18 bis 20 °C Bodentemperatur bewurzeln.

Besonderheiten: Pflanzen jährlich im Frühjahr zurückschneiden und dabei »in Form« bringen. Bei dunklem, zu warmem Stand im Winter sterben zahlreiche Triebe ab.

× Sophrocattleya, × Sophrolaelia, × Sophrolaeliocattleya

Diese Orchideenhybriden unter der Beteiligung der Gattungen *Sophronitis*, *Laelia* und *Cattleya* bieten interessante Alternativen zu den Eltern. Die Pflanzen sind mittelgroß oder klein und tragen in der Regel große, auffällig gefärbte Blüten. Sie sind so wüchsig, daß erfahrenen Orchideenfreunden sogar ein Kulturversuch auf der Fensterbank empfohlen sei.

Die Orchideen wollen hell, aber ohne direkte Sonne stehen bei Temperaturen von 20 bis 25 °C, nachts abkühlend auf 18 °C. Im Winter sollte 3 bis 4 Wochen lang die Temperatur nachts auf 10 °C fallen, um die Blütenbildung einzuleiten. Die Luftfeuchte sollte möglichst nicht unter 60 % liegen. Ansonsten entspricht die Pflege etwa der von Cattleyen.

Sophronitis

Die sieben Arten der Orchideengattung *Sophronitis* sind bis heute botanische Leckerbissen geblieben. Dennoch gilt die wohl auffälligste und unter Orchideenfreunden verbreitetste Art, *Sophronitis coccinea*, nahezu als Modepflanze. Von ihrer Gestalt her wären diese Brasilianer ideale Zimmerpflanzen: Sie bleiben klein und bilden leuchtendrote oder violette, ansehnliche Blüten. Doch selbst unter erfahrenen Orchideengärtnern gelten *Sophronitis* als kurzlebig. Das bedeutet, daß ihre Ansprüche nur schwer zu erfüllen sind. Besonders schwierig ist die Kultur auf der Fensterbank, so daß hiervon abzuraten ist. Am ehesten wird man die Pflanzen an Rindenstücken aufgebunden am Leben erhalten. Dort kommen die kaum mehr als 10 cm hohe, dicht stehende Pseudobulben mit fleischigen Blättern bildenden Orchideen auch gut zur Wirkung. Besonders wichtig ist ein kühler, luftiger Platz, da *Sophronitis* im Gebirge in 1500 m Höhe beheimatet sind. *Sophronitis*-Hybriden sind in der Regel einfacher zu halten, großblütig und blühen auch mehrmals im Jahr, wenn sie hell genug stehen.

Licht: Halbschattiger bis heller Standort ohne direkte Sonne.

Temperatur: Im Sommer Zimmertemperatur, nachts möglichst abkühlend. Im Winter tagsüber 17 bis 18 °C, nachts um 14 °C. Luftiger Platz.

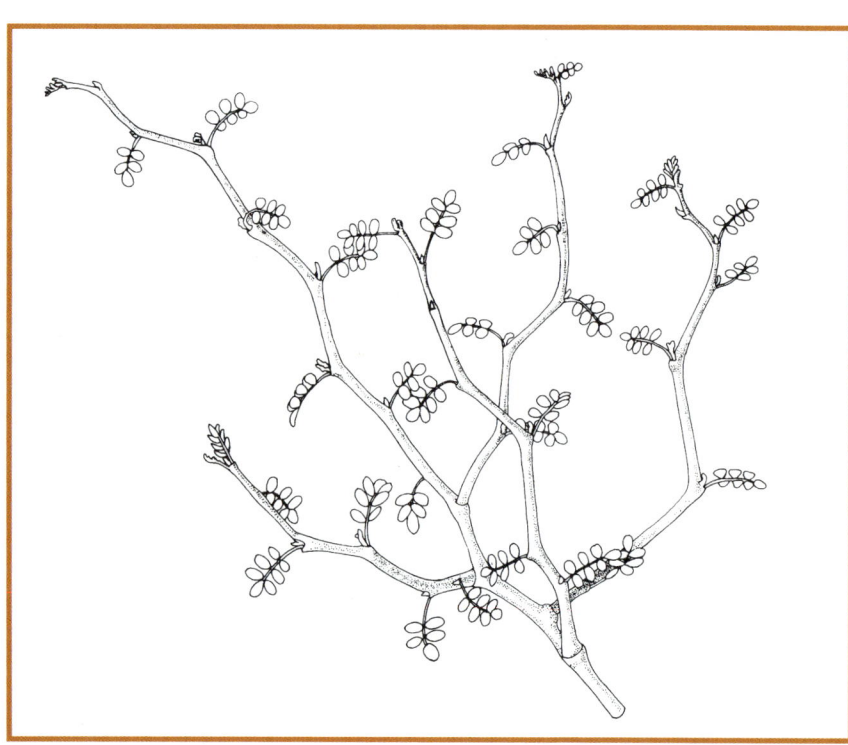

Sophora prostrata

Substrat: Am besten an Kork- oder Rindenstücken aufbinden.

Feuchtigkeit: Ganzjährig für mäßige Feuchte sorgen. Stauende Nässe, die besonders bei Kultur im Topf vorkommen kann, führt rasch zu Ausfällen. Pflanzen aber auch nicht austrocknen lassen. Hartes Wasser entsalzen. Luftfeuchtigkeit möglichst 70% oder mehr.

Düngen: Alle 1 bis 2 Monate mit Blumendünger in halber Konzentration gießen. Bei Blockkultur die gleiche Düngermenge auf mehrere Gaben verteilen.

Umpflanzen: Nur bei Bedarf in größeren Abständen, am besten im Frühjahr. Durch das Aufbinden erübrigt sich das Umpflanzen weitgehend.

Vermehren: Größere Exemplare lassen sich beim Umpflanzen vorsichtig teilen, aber möglichst große Gruppen belassen.

Sparmannia, Zimmerlinde

Eine Linde ist sie zwar nicht, aber sie zählt zu den Lindengewächsen (Tiliaceae). Somit hat der Name Zimmerlinde für *Sparmannia africana* durchaus seine Berechtigung. In der südafrikanischen Heimat erreicht die Zimmerlinde 6 m Höhe. Auch bei uns ist ein Gardemaß üblich. Weder ihre Größe noch ihre Temperaturansprüche machen *S. africana* zu einer idealen Zimmerpflanze. Dennoch hat sie nun schon rund 200 Jahre immer wieder Freunde gefunden. Zufrieden wird man nur dann mit ihr sein, wenn ein heller, luftiger, im Winter kühler Platz zur Verfügung steht. Im dunklen, ständig warmen Zimmer versagt sie. Während der warmen Jahreszeit stehen die Pflanzen am besten sonnengeschützt im Freien.

Der helle Stand wird zum Problem, wenn die Zimmerlinde allzu sehr in die Breite geht und dann immer weiter vom Fenster zurückweichen muß. Die großen, über 15 cm langen Blätter, die beidseitig weiche Haare tragen, verlangen viel Platz. Schieben wir sie zu weit vom Fenster weg, dann bleiben die hübschen Blüten aus. Die langgestielten, vielblütigen Dolden tragen reinweiße Blüten mit einem Büschel gelber Staubfäden. Sie erscheinen meist noch im Winter. Die gefülltblühende Sorte 'Plena' ist nicht weit verbreitet.

Im dunklen, warmen Zimmer, aber auch bei mangelnder Nährstoffversorgung wirft die Zimmerlinde von unten viele Blätter ab. Die langen Stengel mit den wenigen Blättern an der Spitze sind dann keine Zierde mehr. Ein Rückschnitt bis ins alte Holz ist zwar in größeren zeitlichen Abständen möglich, doch keine Lösung. Suchen wir besser nach einem passenderen Platz, etwa im hellen Treppenhaus.

Sophronitis coccinea

Licht: Hell bis sonnig; nur vor allzu kräftiger Mittagssonne empfiehlt sich leichter Schatten.

Temperatur: Luftiger Platz; im Winter 5 bis 10 °C.

Substrat: Lehmhaltige Humussubstrate wie Nr. 1, 9, 10 oder 17 (s. Seite 39 bis 42); pH um 6.

Feuchtigkeit: Stets feucht halten. Bei luftigem Stand verbrauchen die großen Blätter viel Wasser. Im Winter sparsamer gießen, keine Nässe aufkommen lassen.

Düngen: Von Frühjahr bis Herbst wöchentlich, während des Hauptwachstums auch zweimal pro Woche, im Winter alle 3 Wochen mit Blumendünger gießen.

Umpflanzen: Etwa alle 2 Jahre von Frühjahr bis Herbst möglich.

Vermehren: Nicht zu harte Stecklinge im Sommer schneiden und bei rund 20 °C Bodentemperatur sowie hoher Luftfeuchte bewurzeln. Es empfiehlt sich, Stecklinge nur von Pflanzen zu schneiden, die bereits geblüht haben, da es offensichtlich blühfaule Typen gibt. Keine schwachen Triebe von der Basis verwenden.

Sparmannia africana

Spathiphyllum

Sehr dankbare Topfpflanzen gehören der Gattung *Spathiphyllum* an. Es gab verschiedene Versuche, deutsche Namen für sie zu finden, zum Beispiel Blattfahne, Einblatt oder Scheidenblatt, aber keiner konnte sich durchsetzen. Im Handel dominieren zahlreiche meist durch Gewebekultur vermehrte Hybriden. Sie entstanden aus Kreuzungen zwischen *Spathiphyllum cannifolium* und *S. patinii*, aber auch andere Arten wie *S. floribundum* wurden eingekreuzt. Einige dieser Hybriden erreichen eine beachtliche Größe.

Alle *Spathiphyllum* bilden zwar nur ein kurzes, nicht oder kaum zu erkennendes Stämmchen aus, dennoch erreichen sie Höhen von 60, 80 cm, ja sogar mehr. Noch nicht mit eingerechnet ist der langgestielte Blütenstand, der sich noch um einiges über das Laub erheben kann. Die Blattspreite ist 20 cm lang oder länger, der Blattstiel steht nicht nach. Der Blütenkolben macht wie bei den meisten anderen Vertretern der Familie der Aronstabgewächse (Araceae) nicht den Zierwert aus, sondern das bei *Spathiphyllum* meist reinweiß gefärbte Hochblatt, die Blütenscheide oder Spatha. Die Blüten mancher *Spathiphyllum* verströmen zu bestimmten Tageszeiten einen sehr angenehmen Duft.

Neben den Sorten findet sich bei uns *S. wallisii* im Angebot. Sie bleibt kleiner, bildet häufiger Kindel, so daß dichte,

umfangreiche Gruppen entstehen. Leider ist auch die Blütenscheide etwas kleiner.

Alle *Spathiphyllum* werden besonders für die Hydrokultur geschätzt, der es ansonsten an langlebigen Blütenpflanzen mangelt. *Spathiphyllum* kommen außerdem mit recht niedrigen Lichtintensitäten zurecht.

Licht: Halbschattig bis schattig, auch hell ohne direkte Sonne.
Temperatur: Zimmertemperatur oder wärmer bis etwa 26 °C. Im Winter können die Pflanzen kühler stehen, doch nicht unter 18, minimal 16 °C.
Substrat: Humussubstrate wie Nr. 1, 2, 5 oder 9, versuchsweise Nr. 8 (s. Seite 39 bis 40); pH 5 bis 6,5.
Feuchtigkeit: Stets mäßig feucht halten; im Winter sparsamer gießen, doch nicht austrocknen lassen.
Düngen: Von Frühjahr bis Herbst wöchentlich, im Winter alle 2 bis 3 Wochen mit Blumendünger gießen.
Umpflanzen: Alle 1 bis 2 Jahre im Frühjahr oder Sommer.
Vermehren: Größere Pflanzen beim Umtopfen vorsichtig teilen. Dabei Wurzeln weitgehend schonen.

Sprekelia, Jakobslilie

Ein so schönblühendes Zwiebelgewächs wie die Jakobslilie verdient viele Bewunderer, doch hat sich der Reiz dieser ungewöhnlich geformten Blüten noch

nicht herumgesprochen. Sie ist mit dem populären Ritterstern, der »Amaryllis« (richtig *Hippeastrum*) verwandt, zählt somit zu den Amaryllisgewächsen. Ein Nachteil sei nicht verschwiegen: Die ganze Pracht hält nur wenige Tage. Die schmalen Blätter allein haben dann keinen großen Zierwert mehr. Der Erhaltung dieser Blätter muß unsere Sorgfalt dienen, denn nur gut und möglichst lange beblätterte Pflanzen blühen auch im folgenden Jahr. Das weniger attraktive Stadium kann die Jakobslilie ab Mai bis zum Herbst im Garten an geschütztem, sonnigem Platz verbringen.

Mexiko und Guatemala sind die Heimat der Jakobslilie (*Sprekelia formosissima*), der einzigen Art der Gattung. Bereits 1593 kam sie nach Europa, blieb aber bisher den Kennern vorbehalten.

Licht: Hell bis sonnig. Die unbeblätterten Zwiebeln können im Dunkeln aufbewahrt werden.
Temperatur: Während der Wachstumszeit Zimmertemperatur. Nach dem Einziehen der Blätter Zwiebeln bei Temperaturen zwischen 10 und 18 °C lagern. Ab März/April wärmer stellen.
Substrat: Humussubstrate wie Nr. 1, 2, 3, 5 oder 6 (s. Seite 39 bis 40); pH um 6.
Feuchtigkeit: Während der Ruhezeit von November bis März nicht gießen. Mit beginnendem Austrieb zunächst vorsichtig wässern, da die Wurzeln noch nicht voll funktionsfähig sind. Anschließend immer mäßig feucht halten. Im späten Herbst Wassergaben mit dem Einziehen der Blätter reduzieren.

Spathiphyllum-Hybride

Sprekelia formosissima

Stapelia leendertziae

Düngen: Belaubte Pflanzen bis Ende August wöchentlich mit Blumendünger gießen.

Umpflanzen: Jährlich vor dem Austrieb in frische Erde setzen. Der Zwiebelhals sollte noch aus der Erde herausschauen.

Vermehren: Die *Sprekelia* bildet regelmäßig eine oder mehrere Tochterzwiebeln aus, die beim Umpflanzen abzutrennen sind. Samen erhält man selten. Man sät ihn sofort aus, da er nicht lange seine Keimfähigkeit behält (über 20 °C Bodentemperatur). Sämlinge ohne Ruhezeit durchkultivieren.

Pflanzenschutz: Wie *Hippeastrum* wird auch die Sprekelie vom Roten Brenner befallen. Die dort beschriebene Behandlung mit Grünkupfer empfiehlt sich auch für die Jakobslilie.

Stapelia, Aasblume

Aus dem Süden und Südwesten Afrikas stammt diese Gattung aus der Familie der Seidenpflanzengewächse (Asclepiadaceae). Es sind Pflanzen mit meist kurzen, fleischigen, ganz fein filzig behaarten Stämmchen, die sich rasenartig ausbreiten. Das schönste an den Stapelien sind die oft riesengroßen, in Brauntönen lebhaft gefärbten, behaarten Blüten, die nur den Nachteil aufweisen, daß sie bei einigen Arten penetrant nach Fäkalien duften. Die Stapelien bastardieren sowohl am heimatlichen Standort als auch in Kultur so stark, daß man in der Regel keine reinrassigen Arten erhält. Am verbreitetsten ist die sehr variable *Stapelia variegata* mit hellgelber, braunrot gefleckter Blüte, die bis 8 cm Durchmesser erreicht. Sie zählt allerdings nicht mehr zu den Stapelien, sondern wird der 20 Arten umfassenden Gattung *Orbea* zugerechnet.

Die Pflege der Stapelien ist nicht einfach und erfordert schon ein wenig Erfahrung im Umgang mit sukkulenten Pflanzen.

Licht: Hell; besonders im Winter ist genügend Licht für die Vitalität der Pflanzen wichtig. In den Sommermonaten dagegen vor direkter Sonne leicht schützen.

Temperatur: Zimmertemperatur oder wärmer. Im Winter 10 bis 18 °C. Die Überwinterungstemperatur beeinflußt wesentlich den Gießrhythmus. Je wärmer es ist, um so häufiger muß auch Wasser verabreicht werden.

Substrat: Durchlässiges Substrat ist unumgänglich, zum Beispiel Mischungen aus Urgesteinsgrus mit wenig Torf oder Lavagrus mit Torf, versuchsweise auch reines Seramis; pH 5,5 bis 7. Besonders eine hohe Kaliversorgung scheint einen günstigen Einfluß zu haben. Je Liter Substrat 1 bis 2 g Kalimagnesia beimischen, rein mineralische Substrate mit 0,05%iger Lösung gießen.

Feuchtigkeit: Immer erst gießen, wenn das Substrat weitgehend abgetrocknet ist. Ab Oktober Wassergaben reduzieren. Im Winter nur sporadisch – bei sonnigem Wetter, damit die Erdoberfläche schnell wieder abtrocknet – gießen, um stärkeres Schrumpfen zu verhindern.

Düngen: Während der Wachstumsperiode alle 2 bis 3 Wochen mit Kakteendünger gießen. Bei »normal« gedüngten Erden zwei- bis dreimal im Jahr mit 0,5 bis 1 g Kalimagnesia je Liter Wasser gießen. Auch mit Kaliumsulfat (0,2%ig) wurden schon gute Ergebnisse erzielt.

Umpflanzen: Im Frühjahr nach Ende der Ruhezeit. Flache Schalen verwenden. Danach mindestens 1 Woche trocken halten, bis Verletzungen abgetrocknet sind. Bei älteren Pflanzen trennt man die ältesten Sprosse im Zentrum ab, da sie kaum Blüten bringen.

Stephanotis floribunda

Vermehren: Samen wird ständig angeboten. Er keimt leicht bei 20 bis 25 °C, doch gibt es anschließend häufig Ausfälle wegen Pilzinfektionen. Sproßstecklinge nach dem Abtrocknen der Schnittfläche stecken; sie bewurzeln leicht bei Bodentemperaturen von mindestens 20 °C. Empfindliche Arten kann man auf Knollen von *Ceropegia linearis* ssp. *woodii* pfropfen (s. Seite 115).

Pflanzenschutz: Gefürchtet ist der »Schwarze Tod«, eine Pilzkrankheit, die während der Wintermonate zu schwarzen Flecken besonders an der Sproßbasis und zum Absterben der Triebe führt. Vorwiegend langsamwachsende Arten sind gefährdet. Befallene Sprosse sind nicht mehr zu retten. Eine gezielte Bekämpfung ist bisher nicht möglich. Durch möglichst hellen Stand während der Wintermonate Schwächung der Pflanzen verhindern. Das bereits beschriebene Düngen mit Kalium soll die Widerstandskraft erhöhen.

Stenocarpus

Stenocarpus sinuatus

Die Proteusgewächse der Gattung *Stenocarpus* sind Bäume oder Sträucher, die in Neukaledonien, Australien und auf Neuguinea beheimatet sind. Bei uns werden ein oder zwei Arten zwar regelmäßig, aber doch in geringen Mengen kultiviert, so daß man mit ein wenig Glück Pflanzen oder Samen erhält. Allerdings wird man den größten Schmuck der Bäume, ihre prächtigen Blüten, bei den Topfpflanzen kaum erleben. *Stenocarpus sinuatus*, die bei uns häufigste Art, trägt in Australien den Namen Feuerradbaum. Er verweist auf die leuchtendroten Blüten, die an die der verwandten Grevilleen erinnern.

Bei uns muß man sich mit den ledrigen, glänzenden, dunkelgrünen, gebuchteten bis fiederspaltigen Blättern begnügen. Sind die Pflanzen mit der Pflege zufrieden, können sie im Laufe der Jahre meterhoch werden.

Licht: Hell, vor direkter Sonne nur während der Mittagsstunden geschützt.
Temperatur: Luftiger Stand mit Zimmertemperatur, im Winter etwas kühler, 10 bis 18 °C.
Substrat: Die Erde sollte man ähnlich wie bei Grevilleen sorgfältig auswählen. Ton- oder lehmhaltige Torfsubstrate wie Nr. 1, auch 2 oder 6 (Seite 39 und 40) gegebenenfalls mit Beimischung von etwas Lehm eignen sich am besten; pH um 6.

Feuchtigkeit: Mäßig feucht halten; Nässe, aber auch längere Trockenheit wird schlecht vertragen.

Düngen: Von Frühjahr bis Herbst wöchentlich mit Blumendünger in angegebener Konzentration gießen, im Winter je nach Temperatur etwa alle 3 Wochen.

Umpflanzen: Jährlich im Frühjahr, ältere Exemplare in größeren Abständen.

Vermehren: Saatgut keimt nur bei hohen Temperaturen von etwa 25 °C zufriedenstellend.

Stephanotis, Kranzschlinge

Die Kranzschlinge wird gelegentlich mit der zur gleichen Familie der Seidenpflanzengewächse (Asclepiadaceae) gehörenden Wachsblume verwechselt. *Stephanotis* hat aber im Gegensatz zu *Hoya carnosa* weniger fleischige, sondern mehr ledrige, dunkelgrüne Blätter und reinweiße Blüten, die kurzgestielt in Scheindolden stehen. Von den rund 15 Arten der Gattung hat nur die in Madagaskar beheimatete *Stephanotis floribunda* Bedeutung als Topfpflanze erlangt. Sie ist etwas anspruchsvoller als die Wachsblume, aber bei ein wenig Aufmerksamkeit doch ein dankbares Zimmergewächs. Wie die Wachsblume braucht sie ein Gerüst, an dem wir die Ranken befestigen. Wenn die Pflanzen zu groß werden oder wegen irgendwelcher Kulturfehler einzelne Triebe verkahlen, ist ein Rückschnitt empfehlenswert.

Licht: Heller Platz ist für einen reichen Blütenansatz unumgänglich. Dennoch muß die Kranzschlinge vor direkter Sonneneinstrahlung besonders während der Mittagsstunden bewahrt werden.

Temperatur: Übliche Zimmertemperatur; im Winter um 12 bis 16 °C.

Substrat: Bevorzugt lehmhaltige Humussubstrate wie Nr. 1, 5, 9 oder 10 (s. Seite 39 und 40); pH 5,5 bis 6,5.

Feuchtigkeit: Während der Wachstumszeit von März bis September/Oktober immer für milde Feuchtigkeit sorgen; nie austrocknen lassen, auch während der Ruhezeit im Winter regelmäßig gießen, doch keine Nässe aufkommen lassen.

Düngen: Von April bis September alle 1 bis 2 Wochen mit Blumendünger gießen.

Umpflanzen: Alle 1 bis 2 Jahre im Frühjahr.

Vermehren: Triebstecklinge mit mindestens zwei Blättern bewurzeln bei Bodentemperaturen von rund 25 °C in etwa 5 Wochen. Die Verwendung von

Strelitzia reginae

Bewurzelungshormonen ist empfehlenswert.

Pflanzenschutz: Blattläuse sind recht einfach zu bekämpfen. Viel unangenehmer sind Spinnmilben, die in vielen Fällen nicht oder zu spät erkannt werden. Auf punktartige Vertiefungen und silbrige Aufhellungen achten! Für luftigen, nicht zu warmen Stand sorgen.

Strelitzia, Paradiesvogelblume

Die Paradiesvogelblume *Strelitzia reginae* steht in jedem Blumengeschäft zum Kauf bereit. Charakteristisch ist das auf einem bis 2 m hohen, kräftigen Stengel sitzende kahnförmige, grün, blau und rot gefärbte Hochblatt, aus dem sich die orangefarbenen Blütenblätter wie die Federkrone auf dem Schopf eines Kranichs erheben. Die langgestielten, bananenähnlichen, ledrigen Blätter bleiben nur wenig kürzer.

Die Paradiesvogelblume ist eine herrliche Staude für den großen Wintergarten. Steht sie dort hell genug und luftig, erscheinen vor allem im Sommer und Herbst regelmäßig neue Blüten. Das tropisch-üppige Laub ziert nicht weniger.

Strelitzia reginae läßt sich auch im großen Kübel halten – besser als die stammbildenden Verwandten wie *Strelitzia nicolai* mit grünem Hochblatt und weißen und blauen Blüten. *S. nicolai* bildet im Lauf der Jahre wie eine Banane einen Stamm, der in der Heimat der Pflanzen bis 10 m hoch wird. Alle vier Arten der Gattung stammen aus Südafrika und bilden nach aktueller Auffassung eine eigene, mit den Bananengewächsen (Musaceae) verwandte Familie: Strelitziaceae.

Licht: Sehr hell und sonnig, auch im Winter. Stehen die Pflanzen zu dunkel, bleiben die Blüten aus.

Temperatur: Warmer Standort. Steht ein günstiger Platz, beispielsweise vor einer Hauswand, zur Verfügung, dann während der Sommermonate auch im Freien. Im Winter 10 bis 15 °C.

Substrat: Humoses, nahrhaftes Substrat wie Nr. 1, 5, 9 oder 17 (siehe Seite 39 bis 42); pH 6 bis 6,5.
Feuchtigkeit: Bei sonnig-warmem Stand hoher Wasserbedarf, aber keine Nässe aufkommen lassen. Im Winter sparsam gießen.

Düngen: Von April bis Oktober wöchentlich ein- bis zweimal mit Blumendünger in angegebener Konzentration gießen.
Umpflanzen: Stehen am besten im Wintergarten ausgepflanzt. Exemplare im Kübel alle 3 Jahre im Frühjahr in frisches Substrat setzen.

Vermehren: Beim Umpflanzen vorsichtig teilen. Schnittstellen mit Holzkohlepulver oder Medalgan-Puder einstäuben.
Pflanzenschutz: Bei Nässe tritt rasch Rhizomfäule auf. Stehende, trockenwarme Luft hat Befall mit Spinnmilben zur Folge. Bei Blattfleckenbefall (*Septoria*) Laub abschneiden und Pflanzen beim Gießen nicht benetzen.

Streptocarpus-Hybride 'Freya'

Streptocarpus, Drehfrucht

Gegenüber den Gloxinien haben die ebenfalls zu den Gesneriengewächsen (Gesneriaceae) zählenden *Streptocarpus* in den letzten Jahren deutlich Boden gutgemacht. Neue, haltbare Sorten mit vielen großen Blüten steigerten das Interesse an diesen Pflanzen. Hinzu kommt, daß sie weniger sparrige Blätter als Gloxinien besitzen. Für den Gärtner und Einzelhändler hat dies den Vorteil der geringeren Transportempfindlichkeit, für den Blumenfreund den des besseren »Fensterbank-Formats«.

Bisher war ausschließlich von den Hybriden die Rede, jene Vielzahl an Sorten, die seit dem Ende des vorigen Jahrhunderts durch Kreuzung verschiedener Arten entstanden. Auch ohne diese Produkte gärtnerischer Kunst hat die Gattung *Streptocarpus* viel zu bieten. Über 130 Arten sind bekannt, die vorwiegend in Süd- und Ostafrika, aber auch auf Madagaskar und in Asien beheimatet sind. In Afrika kommen die Pflanzen stets in nicht zu trockenen Gebieten, einige Arten in Höhenlagen bis über 2000 m vor. Typisch ist der gedrehte Fruchtstand. Die Hybriden zählen zu den *Streptocarpus* mit rosettenförmigem Wuchs. Es gibt Arten, die aufrechte, beblätterte Sprosse bilden, zum Beispiel *S. caulescens* und *S. kirkii*.

Die ungewöhnlichsten dürften jene Arten sein, die nur ein einziges, riesiges Blatt entwickeln. Es sind seltsame Gestalten, die sich nicht für die Zimmerkultur eignen, nur für ein großes geschlossenes Blumenfenster oder Gewächshaus. Arten wie *S. grandis* und *S. wendlandii* bilden ein nahezu meterlanges Blatt. Obwohl man dies in Kultur kaum erreicht, ist der Platzbedarf doch groß. Außerdem darf das Blatt der Erde nicht aufliegen, da es sonst fault. Überhaupt muß es sehr sorgfältig behandelt werden, denn außer diesem Blatt hat die Pflanze keine Assimilationsfläche mehr zu bieten.

Wer sich für diese einblättrigen *Streptocarpus* interessiert, wird lange suchen müssen, bis er eine solche Pflanze erhält. Aber auch Arten aus anderen Gruppen sind selten käuflich zu erwerben. Am ehesten wird man *S. rexii* finden, eine rosettig wachsende Art, die viele lange Stiele bildet, die jeweils mit einigen blauen Blüten besetzt sind. Mit ihren überhängenden Trieben sowie den zartlilablauen Blüten läßt sich *Streptocarpus saxorum* als attraktive Ampelpflanze halten.

Licht: Hell, aber vor direkter Sonne geschützt.
Temperatur: Hybriden bei Zimmertemperatur bis etwa 25 °C. Großblumige Sorten im Winter um 20 °C, kleinblumige Sorten auch kühler, jedoch nicht unter 15 °C. Arten wie die einblättrigen *Streptocarpus* nicht unter 20 °C.
Substrat: Humussubstrate wie Nr. 1, 2, 3 oder 5 (s. Seite 39); pH 5,5 bis 6,5.
Feuchtigkeit: Stets mäßig feucht halten. Im Winter besonders bei kühlem Stand weniger gießen, jedoch Erde nicht völlig austrocknen lassen. Luftfeuchte nicht unter 50%, besser höher. Die Arten stehen am besten im geschlossenen Blumenfenster.
Düngen: Von Frühjahr bis Herbst wöchentlich mit Blumendünger gießen. Bei schwachem Wachstum nur halbe Konzentration wählen. *Streptocarpus* vertragen nur niedrige Salzkonzentrationen. Im Winter genügen Nährstoffgaben im Abstand von 4 bis 6 Wochen.
Umpflanzen: Jährlich im Frühjahr oder Sommer.
Vermehren: Der staubfeine Samen wird im zeitigen Frühjahr ausgesät und nicht mit Erde abgedeckt. Eine Glasscheibe sorgt für die erforderliche konstante Feuchte. Die Bodentemperatur sollte bei etwa 22 °C liegen.
Besonders interessant ist die Vermehrung durch Blattstecklinge. Einzelne Blätter – am besten junge, gerade ausgewachsene – lassen sich in Abschnitte zerteilen und bewurzeln. Steht keine Beleuchtung zur Verfügung, ist die beste Zeit im Frühjahr. Die Blätter teilt man entweder längs der Adern in zwei Hälften, wobei die Hauptader selbst abgetrennt wird. Mit der Schnittfläche kommen die Blatthälften schräg in ein übliches Vermehrungssubstrat und werden bei Temperaturen um 20 °C gehalten (s. Seite 109 und 110).
Eine andere Methode sieht das Zerteilen des Blattes quer zur Hauptader in etwa 3 cm breite Abschnitte vor. Man verwendet nur die Abschnitte aus dem mittleren Teil des Blattes. Die Behandlung ist ansonsten wie bei der zuvor beschriebenen Methode. Sowohl bei der Anzucht aus Samen als auch der aus Stecklingen dauert es rund 7 Monate, bis man blühfähige Pflanzen erhält.

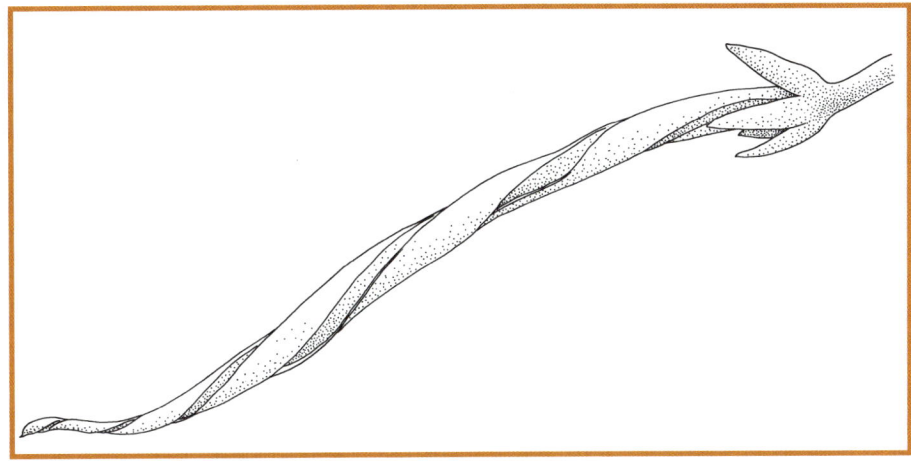

Geöffnete Samenkapsel der Drehfrucht (Streptocarpus).

Strobilanthes

Ein Akanthusgewächs, das ausschließlich wegen seiner hübschen Blätter gezogen wird, ist *Strobilanthes dyerianus* aus Burma, auch unter dem Namen *Perilepta dyeriana* angeboten. Die bis 20 cm langen Blätter mit dem gesägten Rand leuchten auf der Oberseite metallisch blauviolett und sind unterseits rot gefärbt. Leider wächst die Pflanze besonders bei hohen Temperaturen recht schnell in die Höhe und verliert dabei an Schönheit, so daß es sich empfiehlt, regelmäßig durch Stecklinge für Nachwuchs zu sorgen. Die kleinen blauvioletten, in einer Ähre stehenden Blüten erscheinen nur, wenn die Temperatur nicht zu hoch liegt.

Licht: Halbschattiger Platz; keine direkte Sonne.
Temperatur: Zimmertemperatur; wer Blüten möchte, sollte die Pflanzen im

Strobilanthes dyerianus

Stromanthe sanguinea

Sulcorebutia steinbachii

Winter bei Temperaturen von nicht mehr als 18 °C aufstellen. Unter 16 °C findet kein Wachstum mehr statt.

Substrat: Nr. 1, 2, 3, 5, 6, 7 oder 8 (s. Seite 39 und 40); pH 5 bis 6.

Feuchtigkeit: Stets mäßig feucht halten.

Düngen: Von Frühjahr bis Herbst wöchentlich, im Winter alle 3 bis 4 Wochen mit Blumendünger in angegebener Konzentration gießen.

Umpflanzen: Erübrigt sich, da die Pflanzen in der Regel jährlich aus Stecklingen neu herangezogen werden.

Vermehren: Kopfstecklinge wachsen bei hoher Bodentemperatur über 20 °C und hoher Luftfeuchte. Die Pflanzen verzweigen sich auch nach dem Stutzen nur wenig.

Besonderheiten: Die Gärtner halten die Pflanzen häufig mit Hilfe von Wuchshemmstoffen kompakt. Dadurch bilden sie auch bei höheren Temperaturen Blüten.

Stromanthe

Nach den bereits erwähnten *Calathea*, *Maranta* und *Ctenanthe* verbirgt sich hinter dem Gattungsnamen *Stromanthe* ein weiteres Marantengewächs. Rund 15 Arten sind aus feuchtwarmen Gebieten Südamerikas bekannt. Für die Pflege im Zimmer sind sie allesamt nicht geeignet. Aber im Blumenfenster oder in der Vitrine lohnt sich ein Versuch.

Die Pflanzen können über 1 m Höhe erreichen und dann den ihnen zugedachten Rahmen sprengen. Dies trifft sowohl auf *Stromanthe porteana* zu, eine Art mit grünen, silbern gezeichneten Blättern, als auch auf *S. sanguinea*, deren Blätter oberseits einfarbig grün, unterseits aber blutrot sind. Die Pflege der *Stromanthe*-Arten entspricht der von *Calathea*.

Sulcorebutia

Aus den Hochlagen Boliviens von 2000 bis 3000 m stammen die Arten der Kakteengattung *Sulcorebutia*, die von einigen Botanikern zur Gattung *Rebutia* gezählt werden. Sulcorebutien sind ähnlich wie Rebutien nicht zu groß werdende Kugelkakteen, die jedoch derber, kräftiger bedornt sind. Typisch sind die langovalen Areolen. Die relativ großen Blüten haben leuchtend gelbe oder rote Farbtöne.

Als Rübenwurzler sind sie etwas empfindlich gegen falsches Gießen. Es verlangt einiges Fingerspitzengefühl, um die Pflanzen wurzelecht bei guter Gesundheit zu erhalten. Aus diesem Grund werden sie meist gepfropft angeboten. Sitzen sie auf ungeeigneten Unterlagen, werden sie mastig und verlieren ihr charakteristisches Aussehen. Am besten eignen sich noch *Trichocereus*-Arten.

Licht: Heller, sonniger Platz, auch im Winter.

Temperatur: Luftiger Stand mit nächtlicher Abkühlung. Im Winter etwa 7 bis 12 °C.

Substrat: Durchlässige Kakteenerde mit groben mineralischen Bestandteilen (s. Seite 41); pH um 5 bis 6.

Feuchtigkeit: Während der Wachstumszeit nur gießen, wenn die Erde fast völlig abgetrocknet ist. Im Winter trocken halten.

Düngen: Bei deutlichem Wachstum alle 3 bis 4 Wochen mit Kakteendünger gießen.

Umpflanzen: In der Regel alle 2 Jahre im Winter.

Vermehren: Sulcorebutien sprossen meist reichlich, so daß Kindel abgetrennt und bewurzelt werden können.

Syagrus

Syagrus romanzoffiana ist ein Newcomer im Palmensortiment. Die einzelstämmige Fächerpalme erreicht in ihrer brasilianischen Heimat eine Höhe bis 20 m und erweist sich auch in jungen Jahren im Kübel als raschwüchsig. Sie läßt sich somit rasch heranziehen, was sie für den Gärtner interessant und für den Pflanzenkäufer vergleichsweise preisgünstig macht. Allerdings erreicht sie auch schnell Dimensionen, die den Platz in einem üblichen Wintergarten sprengen. Nach bisherigen Erfahrungen bevorzugt sie einen warm-sonnigen Stand, im Winter bei etwa 10 bis 15 °C. Die Pflege entspricht ansonsten der von einstämmigen *Chamaedorea*.

Sulcorebutia arenacea

Synadenium grantii 'Rubrum'

Syagrus romanzoffiana

Synadenium,
Afrikanischer Milchbusch

Etwa 19 Arten umfaßt diese Gattung in Afrika beheimateter kleiner Bäume oder Sträucher aus der Familie der Wolfsmilchgewächse (Euphorbiaceae). Eine Art, *Synadenium grantii*, ist als Jungpflanze für helle, luftige Räume geeignet. Mit ihren großen, bis 17 cm langen Blättern sieht sie recht hübsch aus, besonders die rotgefärbte oder gefleckte Sorte 'Rubrum'. Im Alter werden die Pflanzen mit bis zu 3 m Höhe zu groß für das Blumenfenster.

Licht: Heller, vollsonniger Platz, auch im Winter.
Temperatur: Übliche Zimmertemperatur; im Winter 8 bis 10 °.
Substrat: Vorzugsweise Substrate für Kübelpflanzen (Nr. 17) oder Nr. 1, 9 oder 10 (s. Seite 39 bis 42), auch gemischt mit maximal 1/5 Seramis; pH um 6.
Feuchtigkeit: Während des Wachstums für milde Feuchtigkeit sorgen. Im Winter nur gießen, wenn das Substrat völlig abgetrocknet ist. Mit Wurzelfäule und Blattfall reagiert *Synadenium* auf Staunässe.
Düngen: Von April bis September alle 2 Wochen mit Kakteendünger gießen.
Umpflanzen: Jährlich, größere Exemplare in weiteren Abständen. Wer ein Kleingewächshaus hat, kann *Synadenium* ins Beet auspflanzen und erhält besonders gut wachsende Exemplare.

Vermehren: Stecklinge im Frühjahr oder Sommer bewurzeln sich bei Bodentemperaturen von mindestens 22 °C.
Pflanzenschutz: Unangenehm kann die Weiße Fliege werden, deshalb regelmäßig kontrollieren.

Syngonium

Eine erstaunliche Wandlung machen die Blätter dieses Aronstabgewächses durch. In der Jugend sind sie pfeilförmig. Nachdem sie das Jugendstadium überwunden haben, teilen sich die Blätter je nach Art bis zu elffach. Als Topfpflanze pfle-

gen wir meist die Jugendformen, so daß man das ausgewachsene Exemplar eines *Syngonium* nicht als die gleiche Art identifizieren würde, sondern für etwas ganz anderes hielte.

Die über 30 im tropischen Amerika beheimateten *Syngonium*-Arten sind kriechende oder kletternde Pflanzen. Wir halten sie daher am besten als Ampel oder schlingen den Stengel um einen Stamm oder ein Klettergerüst im Blumenfenster. Eine ganze Reihe Sorten mit unterschiedlich gefärbten Blättern ist im Handel. Sie gehören meist *Syngonium podophyllum* oder *S. wendlandii* an. Aber es gibt auch Kreuzungen mit anderen Arten. Einige moderne Sorten wachsen kompakt und

weitgehend horstig; sie scheinen das Klettern aufgegeben zu haben. Die Pflege der *Syngonium*-Arten und -Sorten entspricht weitgehend der von *Epipremnum* und *Philodendron*. Wir sollten nur darauf achten, daß die Temperatur nicht unter 20, minimal 18 °C absinkt und die Luftfeuchte nicht weniger als 60% beträgt.

Syzygium, Kirschmyrte

Wer mit dem kleinblättrigen Gummibaum *Ficus benjamina* keine guten Erfahrungen sammeln konnte, sollte einmal

Überraschend ist die Vielfalt der Blattformen von Syngonium podophyllum. Sie reicht vom ungeteilten spießförmigen bis zum gelappten und geteilten Blatt.

den Versuch mit der Kirschmyrte wagen. Das gilt besonders für Plätze, an denen es für den Gummibaum ohnehin zu kühl ist.

Syzygium ist eine große, rund 500 Arten von Bäumen und Sträuchern umfassende Gattung der Myrtengewächse (Myrtaceae). Am bekanntesten ist *Syzygium jambos*, der Rosenapfel, dessen Heimat von Südostasien bis Australien reicht, inzwischen aber weltweit in den Tropen wegen seiner genießbaren, duftenden Früchte Beliebtheit genießt.

Als Kübelpflanze, aber auch für Wintergärten und helle Fensterplätze empfehlen sich *Syzygium oleosum* und *S. paniculatum*. Die beiden raschwüchsigen Bäume erreichen in ihrer australischen Heimat über 10 m Höhe. Ihr Zierwert beruht nicht auf den Blüten – es sind kleine, ähnlich wie bei *Eucalyptus* aussehende, cremeweiße »Pinsel« –, sondern dem stabilen, 7 cm (*S. paniculatum*) oder 10 cm (*S. oleosum*) langen Laub. Während des Austriebs ist es zudem (je nach Standort) mehr oder weniger kräftig rot gefärbt.

Wichtig ist, daß man die Pflanze kräftig schneiden und somit in akzeptablen Dimensionen halten kann. So lassen sich ähnlich wie aus Lorbeerbüschen hübsch formierte Exemplare erzielen. *Syzygium* sind besonders an einem luftigen Standort sehr unempfindlich gegen Schädlingsbefall.

Licht: Hell und sonnig.
Temperatur: Luftiger Platz, während der warmen Jahreszeit auch im Freien. Im Winter genügen 10 °C, doch werden bei hellem Standort auch höhere Temperaturen akzeptiert.
Substrat: Nahrhafte Mischungen wie Nr. 1, 9 oder 17 (siehe Seite 39 bis 42); pH 5,5 bis 6,5.
Feuchtigkeit: Bei sonnigem Stand im Sommer hoher Wasserbedarf; im Winter sparsam gießen.
Düngen: Von Mai bis Oktober ein- bis zweimal pro Woche mit Blumendünger in angegebener Konzentration gießen.
Umpflanzen: Alle 2 bis 3 Jahre im Frühjahr oder Sommer.
Vermehren: Nicht mehr weiche, aber noch nicht ausgereifte (harte) Kopfstecklinge bewurzeln bei Bodentemperaturen über 18 °C und hoher Luftfeuchte. Bewurzelungshormone sind hilfreich.
Besonderheiten: Besonders junge Pflanzen mehrmals jährlich stutzen und formieren. Ältere Exemplare jährlich – auch kräftig, wenn der zur Verfügung stehende Platz dies erfordert – zurückschneiden. Durch regelmäßigen Schnitt lassen sich Formbäumchen erziehen.

Syzygium jambos

Syngonium podophyllum 'Albolineatum'

Tacitus bellus

Tacitus

1972 entdeckte man zufällig in einem unzugänglichen Gebiet Mexikos eine Pflanze, die bald zu einer kleinen Sensation wurde. Zu ihrem rosettigen, hauswurzähnlichen Wuchs schienen die großen, in einer Scheindolde stehenden roten Blüten nicht zu passen. Zunächst vertrat man die Ansicht, daß es sich um eine neue Gattung aus der Familie der Dickblattgewächse (Crassulaceae) handelt. Sie erhielt den Namen *Tacitus bellus*, was man als »stille Schönheit« übersetzen könnte. Inzwischen wird die Eigenständigkeit angezweifelt. Einige Botaniker haben sie in die Gattung *Graptopetalum* einbezogen. 1976 gelangten die ersten Pflanzen nach Deutschland. Es verwundert nicht, daß sie gleich begeisterte Pfleger fand.

Licht: Sonniger Platz.
Temperatur: Luftiger Standort mit Zimmertemperatur oder wärmer. Im Winter um 10 °C; bei zu warmem Stand bleibt die Blüte aus.
Substrat: Übliche Erde für sukkulente Pflanzen, zum Beispiel $2/3$ eines Torfsubstrats mit $1/3$ grobem Sand oder eine sehr sandige Komposterde.
Feuchtigkeit: Mäßig, nur während des Hauptwachstums und der Blüte stärker gießen. Im Winter nur so viel gießen, daß die Blätter nicht schrumpfen. Zu viel Wasser besonders während dieser Zeit führt rasch zu Fäulnis.
Düngen: Von Frühjahr bis Herbst alle 2 Wochen mit Blumen- oder Kakteendünger gießen.

Umpflanzen: In der Regel alle 1 bis 2 Jahre im zeitigen Frühjahr oder im Sommer nach der Blüte.
Vermehren: Die Pflanzen bilden Kindel aus, die abgetrennt werden können. Sehr leicht bewurzeln Blattstecklinge, aus denen jeweils mehrere Rosetten entstehen.
Pflanzenschutz: Larven der Trauermücken können schädlich sein.

Tetrastigma, Kastanienwein

So schön dieses Weingewächs (Vitaceae) auch ist, man muß vor ihm warnen! Schon mancher hat sich dazu verleiten lassen, ein junges Pflänzchen im Topf zu erwerben und hat anschließend eine Überraschung erlebt: innerhalb nur eines Jahres hat der Kastanienwein Ranken gebildet, die länger als 5 m waren. Die Freude über den schönblättrigen Gesellen wich der Ratlosigkeit, was nun mit diesem Ungetüm anzufangen sei. Ist kein Platz vorhanden, muß man sich notgedrungen wieder von ihm trennen. Wer über einen großen, nicht zu kühlen Wintergarten oder besser ein Gewächshaus verfügt, der hat mit dem Kastanienwein eine überaus dankbare, wüchsige Pflanze. Auch im Zimmer, Platz vorausgesetzt, muß die Pflege nicht erfolglos sein. Weder die trockene Zimmerluft noch die geringere Lichtintensität scheinen den Kastanienwein zu stören.

Von den rund 90 im subtropischen und tropischen Asien verbreiteten Arten wird in der Regel nur *Tetrastigma voinieranum* kultiviert. Es hat an Kastanien erinnernde, langgestreckte, fünfzählige Blätter, die unterseits dicht mit einem braunen Haarfilz bedeckt sind.

Wer die Möglichkeit hat, pflanze den Kastanienwein in ein Grundbeet aus, denn bei Topfkultur hat man Mühe, den Wasser- und Nährstoffbedarf zu decken. Von Zeit zu Zeit ist ein kräftiger Rückschnitt unumgänglich.

Licht: Hell bis halbschattig, von Frühjahr bis Herbst vor direkter Sonne während der Mittagsstunden geschützt.
Temperatur: Zimmertemperatur oder wärmer. Im Winter genügen 10 °C.
Substrat: Lehmhaltige Humussubstrate wie Nr. 1, 9, 10 oder 17 (s. Seite 39 bis 42); pH um 6.

Tetrastigma voinieranum

Thelocactus hexaedrophorus

Thelocactus bicolor

Feuchtigkeit: Besonders im Sommer hoher Wasserbedarf. Im Winter Wassergaben dem geringeren Verbrauch anpassen.
Düngen: Von Frühjahr bis Herbst ein- bis zweimal pro Woche mit Blumendünger gießen.
Umpflanzen: Bei Topfkultur jährlich; ausgepflanzte Exemplare können viele Jahre am gleichen Platz sitzen.
Vermehren: Die im späten Frühjahr oder Sommer geschnittenen, nicht zu harten Stecklinge bewurzeln bei Bodentemperaturen über 25 °C.
Pflanzenschutz: An bestimmten Standorten kann der Kastanienwein stark von Thripsen befallen werden, offensichtlich begünstigt von trockener Luft.

Thelocactus

Zu dieser Gattung gehören sehr empfehlenswerte Kugelkakteen mittlerer Größe. Sie tragen meist stattliche Dornen auf kräftigen Rippen oder Warzen. Die Areolen setzen sich mit einer deutlichen Rinne fort – ein wichtiges Merkmal dieser Gattung. In der Höhe des Scheitels schieben sich aus dieser Rinne die großen Blüten hervor.

Kakteengärtner bieten vorwiegend folgende Arten an: *T. bicolor* mit hellpurpurnen Blüten, *T. hexaedrophorus* mit weißen, *T. rinconensis* (syn. *T. lophothele*) mit weißen oder zartrosa sowie *T. setispinus* (meist unter dem Synonym *Hamatocactus setispinus*) mit hellgelben Blüten, die im Zentrum rot

gefärbt sind. Die Pflanzen gedeihen leicht, wenn ein sonniger Platz und ein kühles Winterquartier mit 8 bis 12 °C zur Verfügung stehen. Die Pflege kann sich an der von Trichocereen orientieren, doch sollte das Substrat weitgehend aus groben mineralischen Bestandteilen bestehen.

Thrinax

Von dieser sieben Arten umfassenden Palmengattung findet man in Kultur meist nur *Thrinax morrisii* (syn. *T. microcarpa*). Allerdings existieren unterschiedliche Typen dieser aus Mittelamerika stammenden Fächerpalme: einer kaum höher als 1 m, die anderen mit Stämmen bis 10 m Höhe. Für die Kultur

Thunbergia alata

im Kübel oder Wintergarten sind die kleineren besser geeignet. Allerdings wächst *Thrinax morrisii* nicht allzu schnell.

Nach bisherigen Erfahrungen verlangt die Palme ein gut durchlässiges Substrat mit einem pH-Wert kaum unter 7. Spezielle Palmen- oder Kübelpflanzenerden sind geeignet; ist der pH-Wert zu niedrig, muß man kohlensauren Kalk beimischen (s. Seite 42). Die Temperaturen können im Sommer in die Höhe steigen, sollten im Winter nicht unter 15 °C fallen. Als Standort empfiehlt sich ein heller, aber vor Mittagssonne geschützter Platz. Die Pflege entspricht ansonsten der von *Chamaedorea*.

Thunbergia,
Schwarzäugige Susanne

Obwohl die Gattung *Thunbergia* mehr als 100 Arten von kletternden oder aufrechten Kräutern und Sträuchern umfaßt, hat doch nur eine Art Bedeutung als Topfpflanze erlangen können: *Thunbergia alata*, die Schwarzäugige Susanne. Sie ist eine so schöne und dankbare Pflanze, daß man sie gar nicht warm genug empfehlen kann. Genau so schön wie auf der Fensterbank ist sie als blühende Kletterpflanze von Mai bis in den späten Herbst auf dem Balkon, der Terrasse und im Garten.

Ganz gleich wo sie kultiviert wird, für die meterlang windenden Triebe braucht sie ein Klettergerüst. Ununterbrochen erfreut sie uns mit ihren reizvollen Blüten. Da stört es nicht, daß die Einzelblüte nicht allzu lange hält.

Der deutsche Name kennzeichnet die Blüte dieses Akanthusgewächses (Acanthaceae) treffend: Die gelben oder orangen bis bräunlichen Blüten mit ihren fünf runden Kronzipfeln weisen in der Mitte einen tiefschwarzen Schlund, ein »Auge« auf. Interessant sind auch die geflügelten Blattstiele.

Obwohl *Thunbergia alata* ein mehrjähriges Kraut ist, empfiehlt es sich nicht, sie zu überwintern. Dies gelingt zwar, und nach kräftigem Rückschnitt im Frühjahr treibt sie willig durch. Aber im Winter sind unsere Wohnräume ein wenig geeigneter Standort. Häufig ist es zu warm, in jedem Fall sind die Lichtverhältnisse für diese aus dem tropischen Afrika zu uns gekommene Pflanze unzureichend. Sie wächst zwar unentwegt mit den – allerdings dünn werdenden – Trieben weiter. Blüten erscheinen nur noch in geringer Anzahl. Täglich kann man viele abgeworfene Blätter aufsammeln. Da ist es schon besser, sie aus den regelmäßig angebotenen Samen jährlich neu heranzuziehen, zumal sie am günstigen Standort schon nach 10 Wochen zu blühen beginnt.

Ähnlich wie *T. alata* ist *T. gregorii* (syn. *T. gibsonii*) jährlich aus Samen heranzuziehen, läßt sich jedoch auch überwintern. Die großblütige Art stellt höhere Ansprüche an die Temperatur. Da sie in einem kühlen Sommer im Freien versagt, ist ein geschützter Platz im Wintergarten der bessere Ort.

Die strauchige *T. grandiflora* mit ihren besonders prächtigen leuchtendblauen Blüten empfiehlt sich wegen ihrer Größe nur als Kübelpflanze oder – noch besser – ausgepflanzt im Gewächshaus.

Licht: Hell, auch sonnig.
Temperatur: Luftig, nicht zu warm. Die Tagestemperatur kann bis 15, die Nachttemperatur bis 12 °C absinken. Auch im Winter nicht unter 10 °C. Bei zu warmem Stand während der Wintermonate setzt *Thunbergia grandiflora* keine Blüten an.
Substrat: Übliche Fertigerden; pH um 6.
Feuchtigkeit: Stets für ausreichende Feuchtigkeit sorgen. Große Pflanzen haben bei sonnigem Stand einen hohen Wasserbedarf.
Düngen: Sämlinge wöchentlich, größere Pflanzen auch zweimal pro Woche mit Blumendünger gießen.
Umpflanzen: Erübrigt sich bei den einjährig gezogenen Arten, da gleich mehrere Sämlinge in einen zumindest 11

Thunbergia grandiflora

oder 12 cm großen Endtopf gesetzt werden.
Vermehren: Jährlich ab Februar aussäen. Die Samen keimen bei Temperaturen zwischen 10 und 22 °C. *T. grandiflora* durch Stecklinge vermehren, die bei Temperaturen über 20 °C und hoher Luftfeuchte wurzeln.
Pflanzenschutz: Der Befall durch Mehltaupilze scheint durch zu warmen Stand und Trockenheit begünstigt zu werden.

Tibouchina

Die rund 350 Arten umfassende Gattung *Tibouchina* stammt aus dem tropischen Amerika. Nur *T. urvilleana* (syn. *T. semidecandra*) hat als Topfpflanze Bedeutung. Ihre großen, ins Violett spielenden Blüten sind unvergleichlich.

Obwohl dieses Schwarzmundgewächs (Melastomataceae) in seiner brasilianischen Heimat zu einem rund 5 m hohen Strauch heranwächst, läßt es sich gut im Topf kultivieren. Am schönsten sind jedoch große, im Kübel stehende Exemplare, wie man sie in botanischen Gärten findet. Sie sind überaus reichblühend, und da mehrere Pflanzen in einem Kübel Platz finden, fällt die nur mäßige Verzweigung nicht auf. Bei kleineren Pflanzen mag dies bisweilen stören. *T. urvilleana* wächst ständig in die Höhe, ohne sich zu verzweigen. Auch Stutzen hilft da wenig. Die Gärtner versuchen, mit Hemmstoffen das Längenwachstum zu stoppen, um so einen besseren Pflanzenaufbau zu erreichen. Aber diese Wachstumsregler wirken nur begrenzte Zeit und fördern den Blütenblattfall. So müssen wir einen etwas sparrigen Wuchs in Kauf nehmen, wollen wir uns an der ansonsten reizvol-

Thunbergia gregorii

len *Tibouchina* erfreuen. Im Gegensatz
zu den anderen erwähnten Schwarzmundgewächsen ist *Tibouchina* nicht für
warme Räume geeignet. Ein kühler Platz
im Winter verhindert, daß die Pflanzen
noch mehr ins Kraut schießen.

Licht: Heller, aber vor direkter Sonne
besonders während der Mittagsstunden
geschützter Platz.
Temperatur: Stets luftiger, nicht zu warmer Platz. Im Sommer Aufenthalt im
Freien an geschütztem Ort. Im Winter
8 bis 12 °C, nur bei genügend Licht auch
bis 18 °C.
Substrat: Saure, durchlässige Humussubstrate wie Nr. 1, 5 oder 17 (s. Seite 39
und 42), gegebenenfalls mit Azaleenerde
gemischt, um die gewünschte Bodenreaktion zu erreichen, und mit 1/5 Seramis,
um Durchlässigkeit und Belüftung zu
verbessern; pH 4,5 bis 5,5.
Feuchtigkeit: Stets mäßig feucht halten;
auch im Winter nicht austrocknen lassen, doch weniger gießen. Nässe führt zu
Wurzelschäden. *Tibouchina* ist nicht so
empfindlich gegen trockene Luft wie die
Verwandten, aber die Luftfeuchte sollte
doch nicht weniger als 50% betragen.
Düngen: Von Frühjahr bis Herbst alle
1 bis 2 Wochen mit Blumendünger gießen. Im Winter nur alle 5 bis 6 Wochen
erforderlich.
Umpflanzen: Alle 1 bis 2 Jahre im Frühjahr oder Sommer.
Vermehren: Noch nicht zu stark verholzte
Stecklinge im Frühjahr oder Sommer
schneiden. Sie bewurzeln nur bei hoher
Bodentemperatur über 25 °C und hoher
Luftfeuchte, benötigen dazu aber fast
4 Wochen.
Besonderheiten: Im Frühjahr zurückschneiden.

Tillandsia

Nur wenige Ananasgewächse (Bromeliaceae) bieten sich so zum Sammeln an
wie die Tillandsien. Besonders die sogenannten grauen Tillandsien erfreuen
sich großer Beliebtheit. Sie sind attraktive Stauden mit reizvollen, wenn auch
häufig nicht allzu großen Blüten. Die
ganze Pflanze bleibt im Vergleich zu
manchen anderen Ananasgewächsen
relativ klein – eine wichtige Voraussetzung für die Sammelei.

Die Zahl der Tillandsienarten mag um
400 liegen. Somit können Liebhaber
grauer Tillandsien lange »auf Jagd«
gehen, ohne je ein komplettes Sortiment zu besitzen. Allerdings sind die
Tillandsien nur bedingt für die Zimmerkultur geeignet. Sie verlangen viel Luft,
Licht und Sonne und keine zu niedrige

Tibouchina urvilleana

Luftfeuchte. Außerdem können die
grauen Tillandsien nicht in einen Blumentopf gesetzt werden, zumal einige von
ihnen keine Wurzeln ausbilden oder nur
wenige, die der Verankerung dienen.
Man bindet sie vielmehr an ein Ast- oder
Korkstück. Das ist die pflanzengemäßere
Methode. Im kommerziellen Pflanzenhandel hat es sich leider eingebürgert,

graue Tillandsien mit Heißkleber auf
Steinen zu befestigen. Wasser und Nährstoffe erhalten sie, indem sie regelmäßig
besprüht werden. Die weißen Saugschuppen nehmen das lebensnotwendige
Naß sofort auf. Im Sommer hängen
die grauen Tillandsien am besten im
Garten. In der übrigen Zeit ist ein helles
Gewächshaus der beste Aufenthaltsort.

Tillandsia cyanea

Tillandsia usneoides (rechts) mit Vriesea carinata

Wer ein sehr sonniges Blumenfenster hat und die Pflanzen regelmäßig besprüht, kann mit etwas Geschick erfolgreich sein. Für die »grünen Tillandsien«, also alle Arten ohne weißes Schuppenkleid, empfiehlt sich wegen der erforderlichen hohen Luftfeuchte zumindest ein geschlossenes Blumenfenster. Die grünen Tillandsien wollen im Gegensatz zu den grauen auch im Winter warm stehen. Unter den grünen gibt es viele Arten, die recht groß werden. Entsprechend eindrucksvoll sind auch die Blütenstände.

Leider findet man im Handel nur selten grüne Tillandsien. Einzig *T. lindenii* und *T. cyanea* werden, häufig unter dem Namen *T. lindeniana*, gelegentlich angeboten. Es sind nicht zu große, rosettige, reich- und schmalblättrige Arten mit einem großen Blütenstand aus grünlichen bis roten, dachziegelartig übereinander angeordneten Hochblättern, aus denen die kurzlebigen blauen Blüten hervorkommen. Diese Tillandsien sind zwar nicht ganz so anspruchsvoll wie manche andere grüne Tillandsie, sie schätzen aber ebenfalls Wärme und nicht zu trockene Luft. Alle grünen Tillandsien können,

sofern sie nicht zu groß werden, auf Epiphytenstämme gebunden werden.

Aufgrund ihrer Ansprüche lassen sich graue Tillandsien gut gemeinsam mit Kakteen, grüne dagegen mit wärmebedürftigen Orchideen sowie anderen Ananasgewächsen halten.

Licht: Graue Tillandsien vollsonnig, grüne hell, aber mit Ausnahme der Wintermonate vor direkter Sonne geschützt.
Temperatur: Graue Tillandsien warm, aber luftig; im Winter 10 bis 15 °C. Nach den Eisheiligen bis Ende September im Garten an sonnigen Plätzen aufhängen. Grüne Arten ganzjährig warm, auch im Winter nicht unter 18 °C. Lediglich einige robustere Arten wie *T. lindenii* und *T. cyanea* halten noch Temperaturen um 15 °C aus.
Substrat: Graue Tillandsien auf Äste oder ähnliches aufbinden. Grüne Arten in durchlässige, humose Mischung wie Nr. 12 oder 5, versuchsweise auch 8 (s. Seite 39 bis 41); pH um 5,5.
Feuchtigkeit: Grüne Tillandsien stets feucht halten. Nässe führt jedoch rasch zu Fäulnis. Graue Tillandsien von Frühjahr bis Spätsommer ein- bis zweimal

täglich fein übersprühen. Bei schlechtem, trübem Wetter reduzieren. Im Winter je nach Luftfeuchte nur alle 2 bis 3 Wochen einmal. Veralgen die Pflanzen, was an einem grünen Belag ersichtlich ist, dann werden sie zu häufig eingenebelt. Kein hartes Wasser verwenden. Bei Freilandaufenthalt ist während längerer Regenperioden Schutz erforderlich.
Düngen: Grüne Tillandsien von Frühjahr bis Herbst alle 2 bis 3 Wochen mit Blumendünger in halber Konzentration gießen, im Winter nur alle 4 bis 6 Wochen. Graue Tillandsien von April/Mai bis September wöchentlich mit Hydrokulturdünger in etwa $1/4$ der üblichen Konzentration besprühen.
Umpflanzen: Getopfte Tillandsien alle 1 bis 2 Jahre im Frühjahr oder Herbst. Bei aufgebundenen Tillandsien erübrigen sich solche Maßnahmen, es sei denn, man will größere Exemplare teilen oder neu befestigen.
Vermehren: In der Regel nur durch Kindel, die je nach Art in unterschiedlicher Zahl und Häufigkeit erscheinen. Von grauen Tillandsien abgetrennte Seitentriebe werden gleich aufgebunden und wie die Mutterpflanzen behandelt.

Tolmiea, »Henne und Küken«

In Bauernstuben gehörte *Tolmiea menziesii* zum üblichen Inventar, war dann aber lange außer Mode gekommen. Der deutsche Name »Henne und Küken« kennzeichnet ihre Methode, für Nachwuchs zu sorgen, recht gut. In den Ausbuchtungen der Blätter, dort, wo der Stiel in die Spreite übergeht, entwickeln sich kleine Pflänzchen, die somit dem »Mutterblatt« geradezu aufsitzen. In ihrer nordamerikanischen Heimat wächst *Tolmiea menziesii* als Bodendecker in küstennahen Wäldern. Auch bei uns findet *Tolmiea* als Bodendecker in schattigen Gartenpartien Verwendung. Sie ist weitgehend winterhart; nur in einem Ausnahmewinter ist mit Verlusten zu rechnen. Als Topfpflanze ist Henne und Küken nun wieder häufiger in Blumengeschäften zu finden in Form der buntlaubigen Sorte 'Taff's Gold' (syn. 'Maculata', 'Variegata'). Sie besitzt hübsche gelbgrün gefleckte Blätter, ist jedoch deutlich anspruchsvoller als die Art. Sie verlangt Sorgfalt beim Gießen, reagiert empfindlich auf Nässe und ein verdichtetes Substrat. Beginnt das Laub zu vergilben, empfiehlt es sich, möglichst rasch in frische Blumenerde umzutopfen. Außerdem sollte sie im Winter wärmer stehen bei Temperaturen um 15 °C.

Als Bodendecker kann sich *Tolmiea menziesii* durch Ausläufer ausbreiten. Die Vermehrung ist daher unproblematisch. Auch aus den »Küken« läßt sich für Nachwuchs sorgen; am einfachsten stellen wir einen Topf mit feucht zu haltender Erde so unter ein Blatt, daß es mit einer Spreite flach darauf zu liegen kommt. Das Brutpflänzchen wurzelt bald ein und wird anschließend abgetrennt.

Besonders wertvoll ist Henne und Küken als Bodendecker in Wintergärten. Sie nimmt noch mit sehr schattigen Partien vorlieb. Allerdings darf es im Winter nicht allzu warm sein. Das Thermometer sollte nicht weit über 10 °C ansteigen. Die Pflege entspricht ansonsten weitgehend der von *Saxifraga stolonifera*, dem Judenbart.

Torenia

Das etwas sparrig wachsende einjährige, ab Sommer blühende Braunwurzgewächs (Scrophulariaceae) mit dem Namen *Torenia fournieri* ist nicht allzu häufig zu sehen, obwohl man es schon vor 100 Jahren als Topfpflanze schätzte. Die röhrige blaue Blüte mit dem dunkelblau und gelb gefleckten Saum ist recht hübsch. Neben der blaublühenden Art existieren weiße und rosa Sorten. Da die Pflanzen über längere Zeit blühen, verdient es *Torenia fournieri*, viel häufiger kultiviert zu werden. Sie stammt aus Vietnam.

Andere der insgesamt rund 40 Arten findet man bei uns selten als Topfpflanzen. Gelegentlich wird *T. flava* angeboten, eine Pflanze mit gelber Blütenröhre und purpurrotem oberem Saum sowie gelbem, rotgeflecktem unterem. Es gibt einige weitere hübsche Vertreter, deren überhängende Triebe mit den reizvollen Blüten sie als Ampelpflanze interessant erscheinen ließen. Erforderlich ist ein warmer Raum, denn kühle Temperaturen vertragen Torenien nicht.

Licht: Hell, aber vor direkter Mittagssonne geschützt.
Temperatur: Zimmertemperatur; nicht unter 16 bis 18 °C absinkend.
Substrat: Übliche Blumenerden wie Nr. 1, 2, 3, 5 oder 6 (s. Seite 39 bis 40); pH um 6.
Feuchtigkeit: Stets feucht, aber nicht naß halten. Die Luftfeuchte sollte möglichst über 50% liegen.
Düngen: Jungpflanzen bis in den Herbst wöchentlich mit Blumendünger gießen.
Umpflanzen: Erübrigt sich bei diesen Einjährigen. Nach dem Abblühen im Spätherbst wirft man die Pflanzen weg.
Vermehren: Die sehr feinen Samen werden ab Ende Februar/Anfang März ausgesät und nicht mit Erde bedeckt. Sie keimen bald bei Temperaturen über 20 °C. Die Aussaatschale mit Glas oder Folie abdecken, damit die Samen nicht austrocknen. Von den Sämlingen pikiert man gleich zwei bis drei in einen 10-cm-Endtopf und stutzt sie für eine bessere Verzweigung.
Besonderheiten: Die Triebe der meisten Torenien werden lang und sehen dann nicht mehr gut aus. Deshalb werden sie in der Regel mit Wuchshemmstoffen behandelt, deren Wirkung jedoch nach einiger Zeit nachläßt. Neue Sorten sollen kompakter bleiben.

Tolmiea menziesii

Torenia fournieri

Trachelium

Trachelium caeruleum ist eine sehr vielseitig verwendbare Pflanze. Als Sommerblume schmückt sie bunte Rabatten. Als Schnittblume erfreut sie einige Tage in der Vase. Als Topfpflanze findet sie nun immer mehr Freunde. Mit ihren großen Blütenständen, eine Doldentraube mit zahlreichen blauvioletten Blütchen, ist sie auch sehr attraktiv. Die Stengel und die Blattstiele färben sich rötlich. Das Blatt selbst ist elliptisch, am Rande gesägt und grün.

Der Blüte sieht man kaum an, daß diese Pflanze mit den Glockenblumen verwandt ist. Aber sie zählt doch zu den Glockenblumengewächsen (Campanulaceae) und stammt aus Südeuropa.

Wer sie als Topfpflanze halten will, muß für einen kühlen Raum sorgen, denn im warmen Zimmer bleibt sie nicht lange am Leben. Wer dagegen einen luftigen Wintergarten anbietet, kann mehrere Jahre Freude an dieser Staude haben. Sonst wirft man die Pflanze besser nach der Blüte weg.

Licht: Heller Standort; vor direkter Sonne nur während der Mittagsstunden geschützt.

Temperatur: Luftig, zum Überwintern genügen 5 bis 10 °C, möglichst nicht über 15 °C.

Substrat: Nr. 1, 2, 3, 5, 6 oder 7 (s. Seite 39 bis 40); pH um 6.

Feuchtigkeit: Nicht austrocknen lassen, aber auch keine Nässe. Im Sommer haben die Pflanzen mit ihren weichen Blättern einen hohen Wasserbedarf.

Düngen: Von Frühjahr bis Herbst wöchentlich mit Blumendünger in der angegebenen Konzentration gießen, im Winter je nach Temperatur nicht oder nur sporadisch.

Umpflanzen: Überwinterte Pflanzen im Frühjahr.

Vermehren: Am besten durch Aussaat ab Januar bei etwa 20 °C. Sämlinge stutzen, damit sie sich besser verzweigen, und je nach Lichtverhältnissen bei 15 bis 18 °C halten.

Besonderheiten: Um die Pflanzen kompakt zu halten, gießt der Gärtner sie mit Wuchshemmstoffen. Die Wirkung verliert sich nach einiger Zeit, und die Pflanzen beginnen ihr normales Längenwachstum. Überwinterte *Trachelium* werden deshalb trotz Rückschnitt länger.

Trachelium caeruleum

Trachycarpus, Hanfpalme

Als Zimmerpflanze kann man die Hanfpalme nicht empfehlen. Sie wird im Laufe der Jahre viel zu groß. Aber für den Wintergarten oder als Kübelpflanze ähnlich Oleander ist sie wegen ihres attraktiven Aussehens und ihrer Robustheit wertvoll. Von den etwa sechs bekannten Arten hat *Trachycarpus fortunei* die größte Bedeutung. Sie stammt aus Burma und China. In vielen subtropischen Gärten finden sich große Exemplare. Sie bildet einen einzelnen, schlanken Stamm. Auf die Unterscheidungsmerkmale zu *Chamaerops* und *Livistona* wird auf Seite 459 hingewiesen.

T. fortunei, auch unter den Synonymen *Chamaerops excelsa* und *Trachycarpus excelsa* bekannt, kommt an heimatlichen Standorten in Höhen bis 2000 m vor. Dort fällt gelegentlich Schnee, und das Thermometer kann unter 0 °C absinken. Entsprechend hart ist diese Palme. Im Weinbauklima kann sie an geschützter Stelle durchaus einen »üblichen« Winter im Freien überstehen. Im allgemeinen überwintert man sie luftig und frostfrei bei etwa 5 bis maximal 10 °C. Die Pflege entspricht der von *Chamaerops*, allerdings läßt sich *Trachycarpus* nur aus Samen vermehren, da die Stämme nicht sprossen.

Häufig in Kultur ist ferner *Trachycarpus wagnerianus*, die ein wenig schlanker bleibt als *T. fortunei*. *T. wagnerianus* ist nur aus Kultur in Japan und China bekannt und wird häufig fälschlich als *T. takil* angeboten. *T. wagnerianus* bleibt mit maximal 7 m Höhe deutlich niedriger als *T. fortunei* und die ähnliche (echte) *T. takil*.

Trachycarpus fortunei

Die verbreitesten Palmen für kühle Räume

Chamaerops humilis

Livistonia australis

Trachycarpus fortunei

Tradescantia

Nur wenige Pflanzen lassen sich abschneiden, in ein Väschen mit Wasser stellen und gedeihen dort monate- oder gar jahrelang. Sporadisch etwas Dünger ist die einzige Notwendigkeit. Tradescantien lassen diese Roßkur über sich ergehen, zumindest einige Arten. Schon rund 100 Jahre weiß man um die Qualitäten dieser Pflanzen, die seit dieser Zeit viele volkstümliche Namen erhielten, wie Ampelkraut, Ampelhexe oder Judenkraut.

Als anspruchslose Ampelpflanzen sind sie kaum zu überbieten, besonders *Tradescantia fluminensis* und *T. cerinthoides*

(syn. *T. blossfeldiana*). Diese beiden Arten sind am häufigsten zu finden. Eine weitere ist unter dem Namen *T. albiflora* in Kultur, die gleichmäßig grüne Blättchen trägt, während *T. fluminensis* bei hellem Stand sich durch rötlich überhauchte Blattunterseiten auszeichnet. Außerdem entwickeln sich bei *T. fluminensis* regelmäßig die kleinen weißen Blütchen, während *T. albiflora* nur selten zur Blüte kommt. *T. albiflora* ist jedoch keine eigene Art, sondern scheint zu *T. fluminensis* zu gehören oder hybriden Ursprungs zu sein. Es gibt darüber hinaus verschiedene buntlaubige Sorten, die etwas anspruchsvoller sind.

T. cerinthoides besitzt rotgefärbte Sprosse und Blätter, die unterseits – wie auch die Stengel – weiß behaart sind. Bei hellem

Tradescantia cerinthoides

Tradescantia spathacea

Stand erfreuen regelmäßig die zartrosa Blütchen. Der Wuchs von *T. cerinthoides* ist zunächst aufrecht, bis die Triebe mit zunehmender Länge überhängen.

Insgesamt gehören dieser Gattung aus der Familie der Comellinengewächse rund 70 Arten an. Einige davon sind besser unter anderen Bezeichnungen bekannt, beispielsweise das Zebrakraut

Tradescantia fluminensis 'Variegata'

(*T. zebrina*, syn. *Zebrina pendula*). Wie die zuvor genannten Tradescantien ist sie eine weitverbreitete Ampelpflanze und trägt dunkelgrüne Blätter, die zwei silberne Längsstreifen zieren. Bei der Sorte 'Quadricolor' hat eine Blatthälfte eine weiße Grundfarbe mit rötlichen Stellen.

Tradescantia pallida 'Purple Heart' (syn. *Setcreasea purpurea*, *S. pallida* 'Purpurea', *S. pallida* 'Purple Heart') sieht aus wie ein etwas groß geratenes Ampelkraut und besticht mit ihren tief dunkelviolett gefärbten Stengeln und Blättern. Wer diese Pflanzen im Winter an einen ziemlich schattigen Platz stellt, kann allerdings erleben, wie aus der kräftig getönten Pflanze ein langweilig grünes Exemplar wird. Helligkeit ist also unerläßlich, auch wenn *T. pallida* 'Purple Heart' während der lichtreichen Jahreszeit Schutz besonders vor der Mittagssonne verlangt. Bei dunklem Stand bleiben die rosa- bis lavendelfarbenen Blütchen aus.

Ein etwas anderes Aussehen als die mehr oder weniger überhängend wachsenden Tradescantien kennzeichnet die folgende Art, die noch besser unter dem Namen

Rhoeo discolor oder *Rhoeo spathacea* bekannt ist. *Tradescantia spathacea*, wie sie nun heißt, trägt bis zu 30 cm lange, schmallanzettliche Blätter, die oberseits dunkelgrün, unterseits dunkelviolett gefärbt sind. Die Sorte 'Variegata' (syn. 'Vittata') zeichnet sich zusätzlich durch gelbe Längsstreifen aus. Die schräg nach oben zeigenden Blätter stehen gedrängt an einem kurzen Sproß und erinnern somit mehr an das Aussehen von zisternenbildenden Bromelien. Die weißen Blüten lassen aber sofort erkennen, daß es sich nicht um eine Bromelie handeln kann: Sie stehen in einem kurzgestielten, von zwei muschelförmigen Hochblättern eingefaßten Blütenstand an der Basis des Sprosses.

Licht: Hell, aber zumindest in der lichtreichen Jahreszeit vor direkter Sonne geschützt.
Temperatur: Zimmertemperatur, im Winter absinkend bis 10 °C, *T. zebrina* 12 bis 15 °C, buntlaubige Sorten von *T. fluminensis*, *T. pallida* 'Purple Heart' sowie *T. spathacea* nicht unter 16 °C.
Substrat: Übliche Humussubstrate wie Nr. 1, 2, 3 oder 5 (s. Seite 39); pH 5,5 bis 6,5.
Feuchtigkeit: Stets mäßig feucht halten. *T. spathacea* bevorzugt eine nicht zu geringe Luftfeuchte über 50%, da es sonst zu häßlichen braunen Blattspitzen kommen kann.
Düngen: Wöchentlich, im Winter alle 3 Wochen mit Blumendünger in angegebener Konzentration gießen.
Umpflanzen: In der Regel jährlich von Frühjahr bis Herbst möglich. Ampelkräuter am besten jährlich neu aus Stecklingen heranziehen.
Vermehren: Die überhängenden Triebe lassen sich abtrennen und wurzeln leicht bei Bodentemperaturen über 18 °C. Von Ampelkräutern mehrere in einen Topf stecken. Von *T. spathacea* lassen sich auch Seitentriebe abtrennen. Außerdem sät sich diese Art häufig selbst aus.

Trichocereus

Die Arten *Trichocereus pachanoi*, *T. pasacana*, *T. spachianus* und andere sind uns als die wohl wertvollsten Veredlungsunterlagen für Kakteen bekannt, die im Vergleich zu anderen »Ammen« die Gestalt des Pfröpflings wenig verändern. Die Gattung *Trichocereus* bietet noch weit mehr. Es sind säulenförmige Kakteen, die zu Bäumen von 10 m Höhe oder Sträuchern heranwachsen. Andere bilden auf dem Boden liegende Gruppen.

Trichocereus terscheckii

Trichodiadema densum

Alle besitzen große Blüten mit einer schlanken, dicht wolligen Röhre. Die ursprünglichen Arten dieser umstrittenen, oft mit *Echinopsis* vereinigten Gattung öffnen nachts ihre unter 14 cm großen Blüten. Heute zählt man unter anderem auch die früheren *Helianthocereus* mit ihren über 14 cm großen Tagblüten hinzu. Die Helianthocereen sind bei der Pflege im Zimmer blühwilliger und erreichen schon in jüngeren Jahren die Blühreife als die ursprünglichen Trichocereen.

Die reinen Arten pflegen wir, wenn nicht als Unterlage, besonders wegen der schönen Bedornung, zum Beispiel *T. candicans*, *T. chilensis*, *T. tarijensis* (syn. *T. poco*) und *T. terscheckii*. Wer die Blüten schätzt, wählt bevorzugt die aus *T. grandiflorus* hervorgegangenen »Vatter«-Hybriden oder eine der Kreuzungen zwischen verschiedenen Trichocereen oder *Trichocereus* mit *Echinopsis*.

Licht: Vollsonnig; auch im Winter so hell wie möglich.
Temperatur: Luftiger Platz; im Winter 5 bis 10 °C.
Substrat: Übliche Kakteenerde (s. Seite 41), die bis zu $^1/_4$ krümeligen Lehm enthalten kann; pH um 6.
Feuchtigkeit: Während des Wachstums von Frühjahr bis Herbst stets gießen, wenn die Erde weitgehend abgetrocknet ist. Im Winter völlig trocken halten.
Düngen: Während des Wachstums alle 2 bis 3 Wochen mit Kakteendünger gießen.
Umpflanzen: Etwa alle 2 Jahre, ältere Exemplare auch in größeren Abständen im Winter.
Vermehren: Kindel abtrennen oder Säulen köpfen und nach dem Abtrocknen

der Schnittfläche in mäßig feuchter Kakteenerde bewurzeln. Der Stumpf treibt willig durch. Aussaat empfiehlt sich nur für den Züchter.

Trichodiadema

Nicht zu Unrecht hat diese Gattung der Mittagsblumengewächse (Aizoaceae) in jüngster Zeit neben den bekannteren wie *Lithops* oder *Faucaria* viele Freunde gefunden. Es sind nur 10 bis 20 cm hoch werdende Zwergsträucher, deren fleischige, meist zylindrische Blätter auf

Trichodiadema-Arten tragen Borstenhaare auf den Blättern, wie hier T. perii.

der Spitze einen Schopf feiner Borstenhaare tragen. Der Haarschopf dient der Wasseraufnahme, denn am Morgen kondensiert dort die Feuchtigkeit der Luft.

Die rund 36 *Trichodiadema*-Arten sind damit ganz unverkennbare Bewohner trockener Standorte, die viel Ähnlichkeit mit manchen Kakteen haben. Als verzweigte Sträuchlein lassen sie sich gut durch Stecklinge vermehren. Sie sind nicht sonderlich empfindlich und blühen je nach Art meist im Sommer oder Herbst. In Kultur sind *T. barbatum* mit dunkelroten und *T. densum* mit karminroten Blüten am häufigsten zu finden. Die Pflege entspricht der von *Faucaria*-Arten.

Trichopilia

Diese rund 30 Arten umfassende Orchideengattung erfreut sich noch nicht allgemeiner Beliebtheit wie manche andere. Wer aber einen nicht zu warmen Raum mit hoher Luftfeuchte bieten kann, hat mit den *Trichopilia*-Arten dankbar wachsende und blühende Orchideen. Diese Bedingungen herrschen in ihrer Heimat im bergigen Nebelwald des tropischen Mittel- und Südamerika.

Die bei vielen Arten wohlriechenden Blüten erinnern an *Cattleya*. Sie erscheinen am Grund der seitlich abgeflachten, länglichen Pseudobulben, die jeweils ein ledriges Blatt tragen. Die verbreitetsten Arten sind *Trichopilia fragrans*, *T. marginata*, *T. suavis* und *T. tortilis*. Blätter und Blüten hängen

Trichopilia fragrans 'Wössen'

dem Neutrieb im Frühjahr Wassergaben steigern. Kein hartes Wasser verwenden. Entscheidend für den Kulturerfolg ist die hohe Luftfeuchte über 70%, auch im Winter.

Düngen: Mit Beginn des Austriebs alle 2 Wochen mit Blumendünger in halber Konzentration bis zum Spätsommer gießen.

Umpflanzen: Jährlich, spätestens alle 2 Jahre erforderlich, da aus einer Pseudobulbe gleich zwei neue entstehen können und es so rasch größere Gruppen gibt. Beste Zeit ist mit Beginn des Sproßwachstums im Frühjahr.

Vermehren: Teilen beim Umpflanzen.

Turbinicarpus

Die Kakteen der Gattung *Turbinicarpus* sind in ihrer mexikanischen Heimat stark gefährdet und stehen deshalb unter strengem Schutz. Da sie sich jedoch leicht aus Samen heranziehen lassen, bieten Kakteengärtnereien Jungpflanzen verschiedener Arten an. Die grünen oder graugrünen kugeligen Körper werden selten breiter als 4 bis 5 cm; einige Arten strecken sich bis zur doppelten Höhe.

Turbinicarpen sind nur erfahrenen Kakteenfreunden zu empfehlen. Die Pflanzen verlangen einen sonnigen, aber luftigen Stand, ein durchlässiges mineralisches Substrat (siehe Seite 41), wegen ihrer Rübenwurzeln vorsichtige Wassergaben mit völliger Trockenheit im Winter und 5 bis 10 °C. Die Blüten erscheinen schon im zeitigen Frühjahr.

meist über, so daß sie als Ampeln zu halten sind.

Licht: Halbschattiger Platz ist ausreichend; keine direkte Sonne.

Temperatur: Luftiger Platz, an dem es auch im Sommer nicht wärmer als im Wohnraum wird. Nachts soll es bis auf 17, minimal 15 °C abkühlen. Freilandaufenthalt ist besonders in Gegenden mit wenig ausgeprägtem Kontinentalklima erfolgreich, also dort, wo es nicht so warm und die Luft nicht so trocken wird.

Substrat: Übliche Orchideensubstrate (s. Seite 41); pH 5 bis 5,5.

Feuchtigkeit: Ganzjährig feucht halten, doch im Winter mäßiger gießen. Mit

Trichopilia suavis 'Grane'

Turbinicarpus schmiedickeanus

Uebelmannia pectinifera var. horrida

Uebelmannia

Die fünf Arten der Kakteengattung *Uebelmannia* stehen unter strengem Schutz. Früher wurden große Exemplare aus Brasilien importiert, die jedoch keine große Lebenserwartung besaßen. Nur erfahrene Kakteenpfleger sollten einen Versuch mit kultivierten Jungpflanzen wagen. Auch diese besser akklimatisierten Exemplare werden meist nicht alt, es sei denn, sie wurden veredelt. Mit den fremden Wurzeln, beispielsweise von *Eriocereus jusbertii,* erhöhen sich die Chancen. Dennoch sind auch dann ein sehr durchlässiges mineralisches Substrat mit einem pH-Wert nicht über 6, ein sonniger, luftiger Stand mit Temperaturen im Winter von 12 bis 15 °C und eine Luftfeuchte möglichst über 50, besser 60% erforderlich. Wurzelechte Pflanzen sollen mit haltbaren organischen Bestandteilen im Substrat besser wachsen.

Vanda

Mit den 1 m lang werdenden, beblätterten Stämmchen sind die Orchideen der Gattung *Vanda* wohl keine idealen Zimmerpflanzen, aber die bemerkenswerten Blüten sorgen für einen nicht geringen Freundeskreis. Mit der Blauen Vanda, *Vanda coerulea,* enthält diese Gattung eine der auffälligsten und berühmtesten Orchideen. Die blaue Farbe der Blüten

kann so unwirklich sein, daß selbst Schöpfer künstlicher Blumen es kaum wagen dürften, diese Farbe zu verwenden. Das kräftige Blauviolett ist allerdings sehr rar. Die geschätzte Schachbrettzeichnung ist nur selten ausgeprägt und das Charakteristikum von *Vanda* (Rothschildiana), eine Hybride aus *Vanda coerulea × Euanthe sanderiana* (syn. *Vanda sanderiana*). Meist sind die Blüten mehr rosa oder hellblau gefärbt.

Mit insgesamt etwa 35 Arten hat diese Gattung aber noch mehr als nur die Blaue Vanda zu bieten. Nahezu alle zeichnen sich durch auffällige Blüten aus, wenn sie auch nicht immer so bemerkenswert farbig sind. Aus dem Hinweis auf die Länge der Triebe wurde schon deutlich, daß es sich bei *Vanda* um monopodial wachsende Orchideen handelt, also Pflanzen, die eine durchgehende Sproßachse aufweisen. In ihrer Heimat im tropischen Asien und auf den Malayischen Inseln sitzen sie auf lichten Bäumen und schicken ihre langen, im Verhältnis zum Sproß ungewöhnlich dicken Luftwurzeln zum Boden. Nahezu alle *Vanda* gedeihen in einem besonders im Winter nicht allzu warmen Raum mit hoher Luftfeuchte.

Neben den reinen Arten gibt es inzwischen viele mehr oder weniger blühwillige Hybriden, auch mit anderen Gattungen. Für die Fensterbank empfehlenswert sind Kreuzungen mit Vertretern der Gattung *Ascocentrum* (× *Ascocenda*). Die meisten *Vanda* und ihre Hybriden werden aus Ostasien importiert. Diese Pflanzen lassen sich nicht leicht akklimatisieren.

Licht: Heller Standort, der nur vor direkter Sonne besonders während der Mittagsstunden Schutz bietet. An halbschattigen Plätzen blühen sie nur wenig.
Temperatur: Im Sommer Zimmertemperatur oder etwas wärmer bis etwa 25 °C, nachts auf 20 bis 18 °C abkühlend. Im Winter tagsüber 18 bis 20, nachts 15 bis 18 °C.
Substrat: Sehr durchlässiges, grobes Orchideensubstrat mit Rindenstücken (s. Seite 41); pH um 5,5. Heute wird vielfach in reiner Holzkohle kultiviert. Ein interessantes Verfahren ist es, die Pflanzen in ein Körbchen zu setzen und dieses über einen großen Topf zu stellen, so daß die herauswachsenden Luftwurzeln in den Topf ragen, in dem sich eine höhere Luftfeuchtigkeit einstellt.

Vanda (Rothschildiana), rechts eine Vanda-Hybride

Wie empfindlich die Wurzeln der *Vanda* sind, zeigt sich daran, daß selbst in einem gut durchlüfteten Substrat die Wurzeln nicht so gesund aussehen wie jene, die aus dem Gefäß herauswachsen.

Feuchtigkeit: *Vanda* machen keine strenge Ruhe durch, müssen also ganzjährig gegossen werden, wenn auch im Winter mäßiger. Das Substrat nie völlig austrocknen lassen. Hartes Wasser entsalzen. Luftfeuchte über 60%.

Düngen: Vom späten Frühjahr bis Herbst alle 2 bis 3 Wochen mit Blumendünger in halber Konzentration gießen.

Umpflanzen: Alle 2 bis 3 Jahre mit Beginn des Wachstums im Frühjahr.

Vermehren: Teilen ist bei den monopodial wachsenden *Vanda* nicht möglich. Die langen Sprosse verkahlen aber meist von unten, so daß es sich empfiehlt, die Pflanzen zu verjüngen. Man schneidet sie unterhalb einer kräftigen Luftwurzel ab. Man kann auch 1 Jahr vor dem Verjüngen durch Abmoosen das Wachstum der Luftwurzel fördern. Das »enthauptete« Unterteil treibt wieder durch, und nach einigen Jahren kann der Neuaustrieb genau so behandelt werden.

Veltheimia

Eine recht umstrittene Gattung aus der Familie der Liliengewächse ist *Veltheimia* aus Südafrika. Obwohl nur wenige Arten umfassend, hat sich die Konfusion bis heute nicht lösen lassen. Es scheint sich nun die Auffassung durchzusetzen, daß die Gattung zwei Arten umfaßt, und zwar *V. bracteata* (syn. *V. viridifolia*) und *V. capensis* (syn. *V. glauca, V. roodeae, Aledris capensis*). Beide bilden kräftige Zwiebeln. Die Blätter sind bei *V. bracteata* beidseitig glänzend grün, etwa 8 cm breit und bis 35 cm lang, bei *V. capensis* grau bereift, 30 cm lang und nur 2,5 cm breit. Der Blütenschaft, der bei beiden violett gefärbt und gelb bis grün gesprenkelt ist, erreicht 45 cm Höhe. An seiner Spitze stehen in einer dichten, kurzen Traube die rosaroten, hängenden Blüten, die bei *V. bracteata* 3 bis 4 cm, bei *V. capensis* selten länger als 2 cm sind. Die Blütenfarbe ist kein Indiz, zumal es bei beiden Arten einige Farbvarianten gibt.

Die Unterscheidung der beiden Arten ist nicht nur von theoretischem Interesse, denn *V. capensis* beansprucht eine strenge Sommerruhe, während sie bei *V. bracteata* offensichtlich entbehrlich ist.

Licht: Hell bis sonnig, auch während der Ruhezeit.

Temperatur: Luftiger Platz; im Winter möglichst nicht wärmer als 10 °C. Im Sommer und Herbst wirkt sich eine deutliche nächtliche Abkühlung günstig aus.

Substrat: Durchlässige Mischung, zum Beispiel Nr. 1, 2 oder 10 (s. Seite 39 und 41) mit $^1/_4$ Sand; pH um 6.

Feuchtigkeit: Wenn im Mai/Juni das Laub abzusterben beginnt, Wassergaben einstellen. *V. bracteata* verlangt offensichtlich nicht unbedingt eine sommerliche Ruhe. Auch während der Wachstumsperiode, die bei *V. capensis* im September/Oktober wieder beginnt, nur mäßig feucht halten.

Düngen: Von Oktober bis März alle 2 bis 4 Wochen mit Blumendünger gießen.

Umpflanzen: Jährlich vor Beginn der Wachstumsperiode. Die Zwiebeln dürfen nur so tief in die Erde glangen, daß etwa $^1/_3$ noch herausschaut.

Vermehren: Beim Umtopfen Brutzwiebeln abtrennen.

Viburnum, Schneeball, Laurustinus

In den kühlen, ungeheizten Stuben waren Gewächse aus dem Mittelmeergebiet beliebte Zierpflanzen. Mit dem Aufkommen der Zentralheizungen fanden sie keine guten Bedingungen mehr. Kühle Wintergärten und Überwinterungsräume sorgen nun für bessere Kulturmöglichkeiten. Zu den deshalb wieder beliebten mediterranen Pflanzen zählen auch einige Arten der Gattung *Viburnum*, die am besten unter dem deutschen Namen Schneeball bekannt sind. Mehr als 150 Arten sind aus den gemäßigten und subtropischen Gebieten der Erde bekannt. An unseren heimischen Waldrändern begegnen uns der Wollige (*Viburnum lantana*) und der Gewöhnliche Schneeball (*V. opulus*). In unseren Gärten finden sich viele winterharte Arten, zum Beispiel aus Japan und China, aber auch zahlreiche Kulturformen.

Die Zahl der gärtnerisch interessanten frostempfindlichen *Viburnum*-Arten

Veltheimia bracteata 'Lemon Flame'

Viburnum tinus

nimmt sich dagegen sehr bescheiden aus. Die wichtigste Art ist der Laurustinus (Lorbeerschneeball, *Viburnum tinus*). Dieser bis 2,5 m hohe, immergrüne Strauch besiedelte früher in großer Zahl die Länder rings um das Mittelmeer. Er ist eine charakteristische Pflanze des Steineichenwaldes, der nur noch an wenigen, meist unzugänglichen Stellen erhalten ist, ansonsten gerodet und so zur berühmten Macchie wurde.

Viburnum tinus findet immer häufiger als niedriger Strauch im Garten Verwendung, und es überrascht, daß er sich in unseren Wintern doch weitgehend behauptet. Allerdings erfrieren meist die im Winter erscheinenden Blüten. Nach strengen Wintern sind Blätter und Triebe weitgehend abgestorben, aber der Strauch treibt von der Basis neu aus. Wer sich an den hübschen Blüten erfreuen will, kommt um eine frostfreie Überwinterung nicht herum.

Von Indien bis Japan ist eine Art verbreitet, die als Kübelpflanze einige Bedeutung hatte: *Viburnum odoratissimum*. Seine angenehm duftenden Blüten sind reinweiß, während die von *V. tinus* mehr oder weniger rosa überhaucht erscheinen. Beide verlangen einen mit zunehmendem Alter großen Kübel und stehen während der frostfreien Jahreszeit am besten im Freien.

Von *Viburnum tinus* existieren einige Sorten, unter anderem mit intensiver rosa gefärbten Blüten. Außerdem läßt sich der Strauch zu Hochstämmchen heranziehen.

Licht: Hell bis sonnig, doch vor allzu greller Mittagssonne geschützt. Auch im Winter hell.
Temperatur: Luftiger Stand, während der frostfreien Jahreszeit im Freien. Während des Winters 3 bis 10 °C.
Substrat: Vorzugsweise Kübelpflanzenerde (Nr. 17), aber auch Nr. 1 oder 9 (s. Seite 39 bis 42); pH um 6.
Feuchtigkeit: Hauptwachstum und Blüte sind im Frühjahr. Während dieser Zeit kräftig gießen. Auch sonst nie völlig austrocknen lassen, selbst im Winter nicht.
Düngen: Im Frühjahr und Herbst wöchentlich mit Blumendünger gießen, im Sommer alle 2 Wochen.
Umpflanzen: Nur in größeren Abständen im Sommer.
Vermehren: Von den im Frühjahr nach der Blüte sich entwickelnden Trieben lassen sich »halbreife« Stecklinge schneiden und in ein Bewurzelungshormon tauchen. Sie bewurzeln bei Temperaturen von mindestens 20 °C.
Besonderheiten: Nach der Blüte bei Bedarf zurückschneiden und formieren.

Vriesea gigantea

Vriesea

Von der Vielfalt der fast 250 vorwiegend brasilianische Arten umfassenden Gattung *Vriesea* ist – schauen wir uns das Topfpflanzensortiment an – nicht allzu viel zu bemerken. Regelmäßig wird *Vriesea splendens* angeboten, die ein schönes bräunlich-grün gezeichnetes Blatt und den auffälligen, schwertähnlichen, rotgefärbten Blütenstand besitzt. Intensität der Färbung sowie Länge und gerade Form des Blütenstands sind Qualitätskriterien. Leider bringt man mit bestimmten Tricks schon recht junge Pflanzen zur Blüte, die diese Merkmale dann nicht in Vollendung aufweisen können.

Neben dem »Flammenden Schwert«, wie *Vriesea splendens* nach einer Auslese auch genannt wird, finden wir im Angebot vorwiegend Hybriden wie 'Poelmannii' (auch *V. × poelmannii* genannt, Bild Seite 55) mit reingrünem Laub und dunkelrotem, meist verzweigtem Blütenstand. Die unscheinbaren Blütchen können es mit den kräftig gefärbten Hochblättern des Blütenstands nicht aufnehmen, zumal jede einzelne Blüte nur sehr kurzlebig ist. Sehr schön und auch nicht sehr groß wird die ebenfalls grünlaubige *V. psittacina*. Die Blüten stehen mehr oder weniger dicht am Stengel und sind recht bunt in den Farben Gelb, Grün und Rot gefärbt. Der Name psittacina (= papageienfarbig) ist sehr treffend. *V. psittacina* ist nur selten in

Kultur. Häufiger sind Hybriden beispielsweise zwischen *V. carinata* und *V. psittacina* oder *V. carinata* und *V. barillettii*. (*Vriesea carinata* s. Bild Seite 456)

Neben *Vriesea*, die wegen ihrer auffälligen Blüten gepflegt werden, gibt es einige Arten, die auch ohne Blüte ungewöhnlich attraktiv sind. Sie haben wunderschön gezeichnete Blätter. Beispiele hierfür sind *V. fenestralis*, *V. gigantea* und *V. hieroglyphica*. Sie verlangen allerdings hohe Luftfeuchte und Wärme und werden recht groß, so daß sie sich nicht für die Kultur auf der Fensterbank anbieten. Wahre Raritäten sind Pflanzen einer weiteren Gruppe: ihr Körper ist, zum Beispiel bei *V. espinosae*, dicht beschuppt; sie ähneln mehr den Tillandsien als anderen Vrieseen. Sie sind auch wie Tillandsien zu pflegen.

Licht: Heller, aber mit Ausnahme des Winters vor direkter Sonne geschützter Platz.
Temperatur: Warm; auch im Winter nicht unter 18 °C. Die Bodentemperatur sollte nicht unter die Lufttemperatur absinken.
Substrat: Robustere Arten wie *V. splendens* wachsen gut in üblicher Einheitserde (Nr. 1), für die anderen empfehlen sich spezielle gut durchlüftete Substrate wie Nr. 12, versuchsweise auch Nr. 8 (s. Seite 40 und 41); pH 5,5 bis 6,5.
Feuchtigkeit: Stets feucht halten, doch keine Nässe aufkommen lassen. Erde nie völlig austrocknen lassen. Wasser auch in den Trichter gießen. Die Luftfeuchte sollte nicht unter 60% absinken.

Vriesea splendens

in Blumengeschäften zu finden war. Sie gedeiht bei einigem Geschick auch auf der Fensterbank, wenn die Luftfeuchte nicht zu niedrig ist. Allerdings ist sie nicht gerade klein und beansprucht einigen Platz. Allein der Blütenstand kann eine Länge von einem dreiviertel Meter erreichen. Die Wüchsigkeit ist bemerkenswert, sie blühen auch sehr willig, ohne dabei eine feste Jahreszeit einzuhalten. Daß sie so sehr an Bedeutung gewannen, liegt nicht zuletzt daran, daß sie sich mittels Gewebekultur leicht vermehren lassen. Neben der dunkelpurpurroten 'Plush' gibt es eine gelbe „Cambria".

Wegen ihrer geringen Größe eignet sich die rotblühende × *Vuylstekeara* (Edna) 'Stamperland' besser für die Fensterbank. Sie ist jedoch eine Modepflanze, die von Zeit zu Zeit in größerer Zahl vermehrt, dann wieder auf dem Markt nicht erhältlich ist. Weitere züchterische Verbesserungen sind zu erwarten.

Licht: Heller bis halbschattiger Platz ohne Sonne.
Temperatur: Im Sommer luftiger Standort mit Zimmertemperatur möglichst nicht über 25 °C und nächtlicher Abkühlung um einige Grad. Im Winter

Düngen: Von Frühjahr bis Herbst alle 1 bis 2 Wochen mit Blumendünger in halber Konzentration gießen, im Winter nur alle 4 bis 6 Wochen.
Umpflanzen: Alle 1 bis 2 Jahre im Frühjahr oder Herbst. Abgeblühte Pflanzen herausschneiden.
Vermehren: Die meisten Vrieseen bilden im Alter in geringer Zahl Kindel aus, die ab etwa 15 cm Höhe abgetrennt werden können. Sie wurzeln bei etwa 25 °C Bodentemperatur. Anzucht aus den behaarten Samen ist langwierig und nur bei hohen Temperaturen und Luftfeuchte erfolgreich. Vrieseen sind Lichtkeimer, deshalb die Samen nicht mit Erde abdecken.

× Vuylstekeara

Aus dem Jahre 1912 datiert eine Orchideenhybride mit dem schier unaussprechlichen Namen × *Vuylstekeara*. Sie entstand durch Kreuzung verschiedener Orchideen aus den Gattungen *Cochlioda*, *Miltonia* und *Odontoglossum*. Ihren Namen erhielt sie zu Ehren des Belgiers Vuylsteke, dem es als erstem gelungen sein soll, einen Dreigattungsbastard zu erzielen.

× *Vuylstekeara* (Cambria) 'Plush' ist die bekannteste Sorte, die zeitweilig häufig

x Vuylstekeara (Edna) 'Stamperland'

Washingtonia filifera

tagsüber um 18, nachts absinkend bis auf 13 °C.
Substrat: Übliches Orchideensubstrat (s. Seite 41); pH um 5,5.
Feuchtigkeit: Ganzjährig mäßig feucht halten. Auch im Winter nie austrocknen lassen, doch mäßiger gießen. Hartes Wasser entsalzen. Luftfeuchte möglichst 60% oder mehr.
Düngen: Von Frühjahr bis Herbst alle 2 bis 3 Wochen mit Blumendünger in halber Konzentration gießen.
Umpflanzen: Alle 2 Jahre im Frühjahr mit Beginn des Neutriebs. Die Pflanze kommt so in den Topf, daß der Neutrieb etwa zwei Finger breit vom Topfrand entfernt sitzt.
Vermehren: Beim Umtopfen in Stücke mit etwa drei Pseudobulben trennen.

Washingtonia

Nur zwei Arten umfaßt die Palmengattung *Washingtonia*: *W. filifera* aus den Südstaaten Nordamerikas und *W. robusta* aus Mexiko. Seit ihrer Erstbeschreibung 1879 haben sie auf dem amerikanischen Kontinent einen wahren Siegeszug angetreten. Sie zählen zu den beliebtesten Alleebäumen. Charakteristisch für beide Arten ist, daß die abgestorbenen, nach unten geneigten Wedel lange am Stamm hängen bleiben und ihn mit einem dichten Mantel umgeben – vorausgesetzt, sie werden nicht abgeschnitten. In unseren Breiten wird man diese Besonderheit nur selten beobachten können, da wir in der

Regel junge Pflanzen im Kübel halten. Sie zeigen aber schon ein weiteres Merkmal: die mehr oder weniger dicht mit Bastfäden umgebenen Blätter. Die beiden Arten lassen sich – zumindest im fortgeschrittenen Alter – leicht auseinanderhalten: *W. filifera* besitzt graugrüne, *W. robusta* bräunliche Blattstiele. Als Kübelpflanze dominiert *W. filifera*. Beide werden nach wenigen Jahren zu groß. *W. filifera* erreicht in ihrer Heimat im südlichen Nord- und Mittelamerika 15 m Höhe, *W. robusta* gar 25 m.

Die Pflege unterscheidet sich kaum von der der populären Zwergpalme (*Chamaerops*). Da *Washingtonia* nicht sprosst, ist die Vermehrung nur durch Aussaat möglich.

Whitfieldia elongata

× Wilsonara

Aus dem Jahre 1916 datiert die Registrierung eines interessanten Orchideenbastards. An seiner Entstehung waren gleich drei verschiedene Gattungen beteiligt: *Cochlioda*, *Odontoglossum* und *Oncidium*. Das Ergebnis erhielt den neuen Namen × *Wilsonara*. Bis heute ist eine ganze Reihe von × *Wilsonara*-Hybriden bekannt, die sich durch kräftiges Wachstum und Blütenreichtum auszeichnen. Wer für die nicht gerade kleinen Pflanzen Platz hat und die Kulturansprüche der × *Wilsonara* erfüllen kann, hat dankbare Pflanzen mit kräftigen Blütenständen. Die Pflege entspricht weitgehend der von × *Vuylstekeara*.

Xantheranthemum

Aus den Anden Perus stammt ein Akanthusgewächs, das unter dem Namen *Chameranthemum igneum* bekannt ist, nun aber den Namen *Xantheranthemum igneum* trägt. Ungültig sind ferner *Eranthemum igneum* und *Aphelandra goodspeedii*. Unbeeindruckt vom Namensstreit der Botaniker ist festzustellen, daß es sich um eine wertvolle kleinbleibende Pflanze für gut geheizte Räume handelt. Sie bildet nur kurze, kaum 10 cm hohe Stiele. Die gegenständigen, kurz behaarten Blätter sind oberseits dunkelgrün und weisen eine kräftige gelbe Zeichnung entlang der Blattadern auf. Die Blattunterseite ist rötlich überhaucht. Endständig entwickelt sich die Blütenähre mit den dichtsitzenden Deckblättern und den kleinen gelben Blüten.

Der beste Platz ist im geschlossenen Blumenfenster oder in der Vitrine. Der niedrige Wuchs prädestiniert diese hübsche Pflanze für Flaschengärten und ähnliches. Im Wohnraum gedeiht sie nur, wenn die Temperatur stets hoch bleibt und die Luft nicht zu trocken wird.

Licht: Hell bis halbschattig. Keine direkte Sonne.
Temperatur: Zimmertemperatur oder wärmer. Auch im Winter nicht unter 18 °C. Keine »kalten Füße«.
Substrat: Humussubstrate wie Nr. 1, 2, 5, versuchsweie auch 8 (s. Seite 39 bis 40); pH 5,5 bis 6,5.
Feuchtigkeit: Stets mäßig feucht halten. Die Luftfeuchte sollte nicht unter 50, besser nicht unter 60% absinken.
Düngen: Von Frühjahr bis Herbst alle 2 Wochen mit Blumendünger gießen, im Winter alle 5 bis 6 Wochen.

Whitfieldia

Die Gattung *Whitfieldia* aus der Familie der Akanthusgewächse ist im tropischen Afrika zu Hause. Sie umfaßt immergrüne Sträucher, die bislang keine gärtnerische Bedeutung besaßen. Lediglich *Whitfieldia elongata* aus Westafrika wird gelegentlich als Topfpflanze kultiviert. Ihre Zierde sind die langen Blütenähren mit den weißen Hochblättern, aus denen die langröhrigen weißen Blüten weit herausragen. Die glänzenden, dunkelgrünen Blätter erreichen bis 10 cm Länge.

Licht: Sehr hell, aber vor direkter Sonne geschützt.
Temperatur: Zimmertemperatur oder wärmer, im Winter nicht unter 18 °C.
Substrat: Nr. 1, 2, 3, 5, 9 oder 15 (Seite 39 bis 41); pH um 7.
Feuchtigkeit: Stets mäßig feucht, aber nicht naß halten.
Düngen: Von Frühjahr bis Herbst wöchentlich mit Blumendünger in der angegebenen Konzentration gießen, im Winter nur alle 3 bis 4 Wochen.

Umpflanzen: Jährlich im Frühjahr.
Vermehren: Stecklinge bewurzeln auch bei Bodentemperaturen über 20 °C und hoher Luftfeuchte nur schwer; deshalb ein Bewurzelungshormon verwenden. Bewurzelte Stecklinge mehrmals stutzen, um eine gute Verzweigung zu erreichen.

x Wilsonara (Franz Wichmann) 'Alusru'

Xantheranthemum igneum

Substrat: Nahrhafte, aber durchlässige Erde, zum Beispiel Nr. 1 oder 9 (s. Seite 39 und 40) mit maximal $1/4$ grobem Sand; pH 6 bis 7.
Feuchtigkeit: Während der Wachstumsperiode immer nur schwach feucht, aber nie naß halten. Während der Überwinterung nur alle 1 bis 3 Wochen (je nach Kübelgröße und Temperatur) gießen.
Düngen: Von Mai bis September alle 2 Wochen mit Blumendünger gießen.
Umpflanzen: Größere Pflanzen alle 2 bis 3 Jahre in möglichst tiefe Gefäße.
Vermehren: Seitentriebe oder Stammstücke bewurzeln sich nur bei Bodentemperaturen von mindestens 25 °C und hoher Luftfeuchte. Stammstücke mit dem richtigen, also dem unteren Ende in die Erde stecken!

Zamia furfuracea

Umpflanzen: Jährlich im Frühjahr. Besser als die üblichen Blumentöpfe sind flache Schalen.
Vermehren: Im Frühjahr geschnittene Kopfstecklinge bei mindestens 22 °C Bodentemperatur bewurzeln. Nach der Wurzelbildung zur besseren Verzweigung einmal stutzen. Drei bis vier Pflanzen in einen Topf setzen.

Zamia, Palmfarn

Die mit *Cycas* nahe verwandte Gattung *Zamia* wird heute meist einer eigenen Familie zugerechnet, den Zamiaceae. Rund 30 auf dem amerikanischen Kontinent beheimatete Arten lassen sich unterscheiden, von denen nur wenige regelmäßig im Pflanzenhandel angeboten werden. *Zamia furfuracea* aus Mexiko ist der neben *Cycas revoluta* wohl am häufigsten kultivierte Palmfarn. Die verkehrteiförmigen bis rundlichen Blattfiedern sind groß und wie das ganze Blatt dick und ledrig – ein Charakteristikum dieser Art. Aussaat und Pflege entsprechen *Cycas revoluta*.

Yucca, Palmlilie

Seitdem die unbewurzelten Stämme der Palmlilie importiert werden, sind *Yucca* als größere Topf-, besser Kübelpflanzen wieder modern geworden. Der Gärtner steckt die Stämme in die Erde und bietet sie zum Kauf an, wenn sich Wurzeln und ein Austrieb gebildet haben. Der Pflanzenfreund hält die Palmlilie am besten während der frostfreien Zeit im Freien und holt die Kübel nur zur Überwinterung herein.

Meist handelt es sich um *Yucca aloifolia*, die in ihrer Heimat in Nordamerika und Mexiko über 8 m lange Stämme entwickelt und somit zum »Zersägen« besonders geeignet ist. Eine sehr schöne Kübelpflanze ist auch *Yucca gloriosa*, die aber einen nur kurzen Stamm besitzt. Erst im Alter wird sie über 1 m hoch. Von beiden Arten gibt es buntblättrige Kulturformen, die sehr hübsch sind.

Licht: Heller, vollsonniger Standort. Sie brauchen zur Überwinterung einen hellen Platz.
Temperatur: Während der frostfreien Jahreszeit am besten an einem sonnigen, warmen Gartenplatz aufstellen. Bei Zimmerkultur muß es während dieser Zeit sonnig und luftig sein. Im Winter bei 5 bis 7 °C halten, möglichst nicht viel wärmer.

Yucca gloriosa

Zamioculcas

Eines der ungewöhnlichsten Aronstabgewächse (Araceae) ist *Zamioculcas zamiifolia* (syn. *Z. loddigesii*) aus dem Südosten Afrikas. Aus einem kriechenden Rhizom entwickelt es 40 bis 60 cm lange Blätter, die – was für Angehörige dieser Pflanzenfamilie sehr selten ist – in 8 bis 12 Blattfiedern geteilt sind. Die Blattachse (Rhachis) ist dickfleischig und dient der Pflanze als Wasserspeicher. Die Fiedern sind ledrig-fest. Das ganze Blatt ähnelt einem Palmfarn aus der Gattung *Zamia*, was sich auch im Namen ausdrückt.

In Trockenzeiten kann *Zamioculcas* den oberen gefiederten Teil des Blattes als Verdunstungsschutz abwerfen, während der Stiel als Wasserreservoir zurückbleibt. Die für Aronstabgewächse typischen Blütenstände tragen nur ein kleines, grünliches Hochblatt, stehen auf kurzem Stengel und sind unauffällig.

Diese kuriose Pflanze ist für experimentierfreudige Pflanzenfreunde zu empfehlen, die einen hellen Platz bieten können.

Licht: Hell, aber keine direkte Sonne.
Temperatur: Zimmertemperatur oder wärmer; im Winter genügen um 15 °C,
verträgt aber auch niedrigere Temperaturen. Luftiger Stand.
Substrat: Humusreiche, aber durchlässige Mischung, zum Beispiel Nr. 1, 2, 5, 9, 10 oder 17 (Seite 39 bis 42) mit $1/4$ Seramis oder grobem Quarzsand; pH um 6.
Feuchtigkeit: Mäßig feucht halten; nie Nässe aufkommen lassen. Im Winter sparsam gießen. Werden die Pflanzen zu trocken gehalten, werfen sie die Oberteile der Blätter ab. Sehr trockene Luft scheint *Zamioculcas* nicht zu behagen.
Düngen: Von April bis September mit Blumendünger gießen.
Umpflanzen: Etwa alle 2 Jahre im Frühjahr oder Sommer.
Vermehren: Beim Umtopfen teilen. Fiederblätter lassen sich wie Stecklinge bei über 20 °C bewurzeln. An der Basis der abgefallenen Blätter können sich Knöllchen bilden, die ebenfalls zur Vermehrung zu verwenden sind.

Zantedeschia, Zimmercalla

Die Zimmercalla gehört zweifellos zu den verbreitetsten Zimmerpflanzen. Das Aronstabgewächs (Araceae) kommt im südlichen Afrika auf sumpfigen Wiesen vor, die im Sommer austrocknen. Sie übersteht selbst ungeschickte Pflege und ist ähnlich wie die Sansevierie kaum
umzubringen. Die attraktiven Blüten erscheinen aber nur, wenn ihre bescheidenen Ansprüche einigermaßen erfüllt werden. Das Blattwerk allein ist nicht sonderlich dekorativ. Verbreitet ist die Auffassung, für die Blüte sei eine sommerliche Trockenruhe entscheidend. Dies trifft nicht zu, die Pflanze entwickelt sich vielmehr besser, wenn sie im Sommer zwar weniger, jedoch sporadisch gegossen wird, so daß die Blätter erhalten bleiben.

Alle diese Hinweise treffen nur auf die »gewöhnliche« Zimmercalla (*Zantedeschia aethiopica*) zu. Die gelbblühende *Z. elliottiana* mit dem hübsch gefleckten Laub und die schlanke, schmalblättrige, rosablühende *Z. rehmannii* haben andere Ansprüche. Ihre Ruhezeit liegt im Winter. Während dieser Zeit werden die Knollen ähnlich wie Gladiolen behandelt, also trocken gelagert. *Z. aethiopica* besitzt keine Knollen, sondern eine rübenähnliche, dicke Wurzel. Werden die unterschiedlichen Ansprüche der drei Arten berücksichtigt, so gehören sie zu den dankbarsten Zimmerpflanzen. Inzwischen existieren zahlreiche Hybriden in den verschiedensten Blütenfarben. Sie haben in der Regel viel »Blut« von *Z. rehmannii* und sind wie diese zu pflegen.

Licht: Heller Standort, nur vor direkter Mittagssonne schützen.
Temperatur: *Z. aethiopica* darf im Winter nicht zu warm stehen. Bis Anfang Dezember 10 °C, anschließend 12 bis 15 °C. Ansonsten übliche Zimmertemperatur. Von Juni bis September auch im Freien. *Z. elliottiana* im Winter bei 15 bis 18 °C halten; *Z. rehmannii* um 15 °C.
Substrat: Humussubstrate wie Nr. 1, 5 oder 9 (s. Seite 39 und 40); auch gemischt mit etwas Sand; pH um 6.
Feuchtigkeit: *Z. aethiopica* hat von Mai bis Juni Ruhezeit, dann nur wenig gießen. *Z. rehmannii* und *Z. elliottiana* haben ihre Ruhe im Winter; etwa von Oktober bis Februar/März. Knollen trocken aufbewahren. Während der Wachstumszeit wollen alle Arten hohe Feuchtigkeit (Sumpfpflanze).
Düngen: Während der Wachstumsperiode wöchentlich mit üblichen Blumendüngern in angegebener Konzentration gießen.
Vermehren: Bei *Z. aethiopica* Kindel abtrennen; die beiden anderen Arten durch Knollenteilung mit einem scharfen Messer.
Besonderheiten: Nicht selten gehen neu erworbene Knollen von *Zantedeschia elliottiana* und *Z. rehmannii* nach dem Eintopfen in Fäulnis über, ohne auszutreiben. Dem begegnet man mit ausreichend hoher Bodentemperatur, die besonders am Anfang nicht unter 20 °C liegen sollte. Das Substrat darf bis zur Wurzelbildung nur mäßig feucht sein.

Zamioculcas zamiifolia

Zantedeschia-Hybride 'Pacific Pink'

Zantedeschia aethiopica

Zephyranthes, Zephirblume

Viele Blumenfreunde pflegen diese dankbare Topfpflanze, ohne genau zu wissen, um welchen Gast es sich hierbei handelt. Auch wenn sie gelegentlich unter dem Namen „Wasserlilie" angeboten wird, mit Liliengewächsen hat sie nichts zu tun. Man sieht den kleinen, nach oben hin verlängerten Zwiebelchen aber an, daß sie mit dem Ritterstern (*Hippeastrum*) verwandt sind, somit zu den Amaryllisgewächsen (Amaryllidaceae) zählen. Von den rund 70 in warmen Gebieten der westlichen Hemisphäre verbreiteten Arten befindet sich nur selten *Zephyranthes grandiflora* in Kultur, meist handelt es sich um Hybriden, die unter den Namen *Z. roseus*, *Habranthus roseus* oder *H. robustus* angeboten werden. Wie sich die Zephirblume von *Habranthus* unterscheidet, ist auf Seite 301 beschrieben.

In mäßig geheizten, luftigen Räumen erweist sich die Zephirblume als unproblematischer Pflegling. Reiche Brutzwiebelbildung sorgt für ständige Verbreitung. Die rosa Blüten erscheinen allerdings an dunklen Standorten nur allzu selten. Die dort sehr lang werdenden, linealischen Blätter sind keine Zierde. Noch schmaler ist das Laub von *Z. candida*, einer robusten weißblühenden Art, die in englischen Gärten sogar winterhart ist.

Licht: Heller Platz.
Temperatur: Zimmertemperatur; im Winter genügen um 10 °C.
Substrat: Übliche Fertigsubstrate, denen man auch etwas Sand beimischen kann. Auch Nr. 6 (s. Seite 40) mit etwa 1/5 Sand oder Seramis hat sich bewährt; pH um 6.
Feuchtigkeit: Während des Wachstums stets feucht halten, aber keine Nässe aufkommen lassen. Für den Winter wird meist sporadisches Gießen empfohlen, erfahrungsgemäß ist es aber besser, sie trocken zu halten und ganz einziehen zu lassen. Die im Winter bestehende Fäulnisgefahr ist für die Zwiebel damit ausgeschaltet. Ab Februar zunächst vorsichtig mit dem Gießen beginnen. *Z. candida* auch im Winter sporadisch gießen, damit die Pflanzen ihr Laub behalten.

Zephyranthes candida

Zygopetalum intermedium 'Aachen'

Düngen: Von Frühjahr bis Herbst alle
1 bis 2 Wochen mit Blumendünger
gießen.
Umpflanzen: Jährlich am Ende der Ruhezeit. Zwiebeln so weit in die Erde
stecken, daß nur die Spitzen herausschauen.
Vermehren: Beim Umpflanzen die sich
reichlich bildenden Nebenzwiebeln
abtrennen.

Zygopetalum

Sehr unterschiedlich anmutende Orchideen sind in der rund 20 Arten umfassenden, in Mittel- und Südamerika
beheimateten Gattung *Zygopetalum*
zusammengefaßt. Einige von ihnen sind
seit der Mitte des vorigen Jahrhunderts
geschätzte Topfpflanzen, zum Beispiel

Zygopetalum crinitum. Es ist mit den
beiden sehr ähnlichen *Z. intermedium*
und *Z. mackaii* heute am häufigsten
in Sammlungen zu finden. Es sind
Pflanzen mit rund 7 cm groß werdenden,
eiförmigen Pseudobulben, die zwei
bis drei oder (bei *Z. intermedium*) drei
bis fünf lanzettliche Blätter tragen.
Z. crinitum ähnelt *Z. mackaii* so sehr,
daß manche Botaniker sie zu einer Art
vereinigen.

Der Blütenstand erscheint meist im Winter aus der Basis junger Pseudobulben
und erreicht an die 60 cm Höhe. Diese
Winterblüte weist schon darauf hin, daß
sie keine strenge Ruhe mit wenig Wasser
durchmachen. Andererseits lassen sich
diese *Zygopetalum*-Arten im Zimmer nur
dann erfolgreich pflegen, wenn sie einen
luftigen Platz mit im Winter nicht zu
hohen Temperaturen erhalten. Bei der
Kultur auf der Fensterbank macht auch

zu schaffen, daß die Pflanzen insgesamt
recht groß werden und viele Blätter ausbilden.

Licht: Hell bis halbschattig; keine direkte
Sonne.
Temperatur: Zimmertemperatur oder
wärmer. Im Winter tagsüber luftiger
Platz mit Zimmertemperatur, nachts auf
15 bis maximal 18 °C abkühlend.
Substrat: Übliche Orchideensubstrate (s.
Seite 41); pH um 5,5.
Feuchtigkeit: Ganzjährig für milde
Feuchte des Substrats sorgen. Kein har-
tes Wasser verwenden. Luftfeuchte nicht
unter 60%.
Düngen: Von Frühjahr bis Herbst alle 2
bis 3 Wochen mit Blumendünger in hal-
ber Konzentration gießen.
Umpflanzen: Etwa alle 2 Jahre nach der
Blüte im Frühjahr.
Vermehren: Beim Umtopfen Rückbulben
abtrennen und zu mehreren eintopfen.

Weiterführende Literatur

Eine Auswahl wichtiger Standardwerke und spezieller Titel zu bestimmten Pflanzengruppen. Einige sind vergriffen und nur noch über Bibliotheken einsehbar.

Backeberg, Curt: Das Kakteenlexikon. Gustav Fischer Verlag, Stuttgart, 1979.

Bailey, L. H.: Hortus Third. Mac Publishing Co., New York, Collier Mac Millan Publishers, London, 1977.

Baumjohann, Dorothea, Peter Baumjohann: Biologischer Pflanzenschutz für Haus, Wintergarten und Balkon. Ulmer Taschenbuch. Verlag Eugen Ulmer, Stuttgart 1997.

Bechtel, Helmut, Phillip Cribb und Edmund Launert: Orchideenatlas. Verlag Eugen Ulmer, Stuttgart, 3. Aufl. 1993.

Blomberg, Alec, Tony Rodd: Palms. Angus & Robertson Publishers, Sydney, 1982.

Bockemühl, Leonore: Odontoglossum. Brücke-Verlag Kurt Schmersow, Hildesheim, 1989.

Braem, Guido J.: Paphiopedilum. Brücke-Verlag Kurt Schmersow, Hildesheim, 1988.

Buddensiek, Volker: Sukkulente Euphorbien. Verlag Eugen Ulmer, Stuttgart 1998.

Carruthers, L., R. Ginns: Echeverias. John Bartholomew & Son, Edinburgh, 1973.

Court, Doreen: Succulent Flora of Southern Africa. A. A. Balkema, Rotterdam, 1981.

Cribb, Philip, Ian Butterfield: The Genus Pleione. Timber Press, Portland, 1988.

Eggli, Urs: Sukkulenten. Verlag Eugen Ulmer, Stuttgart, 1994.

Encke, Fritz, Günther Buchheim, Siegmund Seybold: Zander-Handwörterbuch der Pflanzennamen. Verlag Eugen Ulmer, Stuttgart, 15. Aufl. 1994.

Encke, Fritz: Die schönsten Kalt- und Warmhauspflanzen. Verlag Eugen Ulmer, Stuttgart, 1968.

Encke, Fritz: Pareys Blumengärtnerei. 2 Bände und Registerband. Verlag Paul Parey, Berlin und Hamburg, 1958 – 1961.

Erhardt, Walter, Anne Erhardt: PPP-Index. Pflanzeneinkaufsführer für Europa. Verlag Eugen Ulmer, Stuttgart, 3. Aufl. 1997.

Erhardt, Walter: Schöne Usambaraveilchen und andere Gesnerien. Verlag Eugen Ulmer, Stuttgart, 1993.

Fast, Gertrud: Orchideenkultur. Verlag Eugen Ulmer, Stuttgart, 1995.

Götz, Erich, Gerhard Gröner: Kakteen. Verlag Eugen Ulmer, Stuttgart, 1996.

Goudey, Christopher J.: Maidenhair Ferns. Lothian Publishing Company, Sydney, 1985.

Griffith, Mark, u.a.: The New RHS Dictyonary of Gardening. Band 1–4. The Macmillan Press, 1992.

Gross, Elvira: Schöne Tillandsien. Verlag Eugen Ulmer, Stuttgart, 1992.

Gruß, Olaf, Manfred Wolf: Phalaenopsis. Verlag Eugen Ulmer, Stuttgart, 1995.

Hassan, Sherif A., Reinhard Albert, W. Martin Rost: Pflanzenschutz mit Nützlingen. Im Freiland und unter Glas. (Ulmer Fachbuch), Verlag Eugen Ulmer, Stuttgart 1993.

Kasselmann, Christel: Aquarienpflanzen. Verlag Eugen Ulmer, Stuttgart 1995.

Kawollek, Wolfgang: Das Zimmerbonsai-Buch. Verlag Eugen Ulmer, Stuttgart, 1991.

Kawollek, Wolfgang: Kübelpflanzen. Verlag Eugen Ulmer, Stuttgart, 2. Aufl. 1997.

Köchel, Christoph, Maria Köchel: Kübelpflanzen – Der Traum vom Süden. BLV, München, 1994.

Köchel, Christoph, Maria Köchel: Wintergarten – Vom Traum zur Wirklichkeit. BLV, München, 1995.

Köhlein, Fritz: Pflanzen vermehren. Verlag Eugen Ulmer, Stuttgart, 9. Aufl. 1998.

Lötschert, Wilhelm: Palmen. Verlag Eugen Ulmer, Stuttgart, 2. Aufl. 1995.

Macoboy, Sterling: Camellias. Lansdowne Press, Sydney, 1991.

Müller, Renate: Hydrokultur. Verlag Eugen Ulmer, Stuttgart, 1996.

Pilbeam, John: Haworthia and Astroloba. Batsford, London, 1983.

Rauh, Werner, Elvira Gross: Bromelien. Tillandsien und andere kulturwürdige Bromelien. Verlag Eugen Ulmer, Stuttgart, 3. Aufl. 1990.

Röllke, Lutz: Das praktische Orchideenbuch. Verlag Eugen Ulmer, Stuttgart, 2. Aufl. 1998.

Röth, Jürgen, Wilhelm Weber: Tillandsien. Verlag Eugen Ulmer, Stuttgart, 1991.

Schumann, Eva, Gerhard Milicka: Das Kleingewächshaus. Verlag Eugen Ulmer, Stuttgart 1996.

Slack, Adrian: Karnivoren. Verlag Eugen Ulmer, Stuttgart, 1991.

Stahl, Marianne, Harry Umgelter, Gunter Jörg, Friedrich Merz, Jürgen Richter: Pflanzenschutz im Zierpflanzenbau. Verlag Eugen Ulmer, 3. Auflage 1993.

Stephenson, Ray: Sedum: Timber Press, Portland, 1994.

Thompson, Mildred L., Edward J. Thompson: Begonias. Times Book, New York, 1981.

Ulmer, Bettina, Torsten Ulmer: Passionsblumen – eine faszinierende Gattung. Eigenverlag, 1997.

Urban, Helga, Klaus Urban: Schöne Kamelien. Verlag Eugen Ulmer, Stuttgart. 2. Aufl. 1997.

Vanderplank, John: Passion Flowers. The MIT Press, Cambridge, 1991.

Wit, Hendrik C. de: Aquarienpflanzen. Verlag Eugen Ulmer, Stuttgart, 2. Aufl. 1990.

Bildquellen

Zeichnungen

Vom Autor: Seite 54, 168, 184.
Alle übrigen Zeichnungen von Kornelia Erlewein nach Vorlagen des Verfassers oder aus der Literatur.

Alte Darstellungen und Abbildungen aus der Literatur

Betten, Robert: Praktische Blumenzucht und Blumenpflege im Zimmer. 6. Aufl. Trowitzsch & Sohn, Frankfurt a.d. Oder 1911: Seite 17.
Davies, P. K., aus: The Plantsman 15/1 (1993): Seite 440 unten.
The Floral World, Groombridge and Sons, London 1877: Seite 72.
Lebe, M.:Die Zimmer-, Fenster-, und Balkongärtnerei. Nach F.W. Burbidge, Domestic Floriculture. Schweizerbartsche Verlagshandlung, Stuttgart 1878: Seite 44 rechts, 70 unten, 77, 121 unten, 124 unten links.
Lowe, E.J.: Ferns - British and Exotic. Vol. 8. London 1872: Seite 187.
Schubert, Margot: Das vollkommene Blumenfenster, BLV Verlagsgesellschaft, München, 1959: Seite 25, 44 links, 70 oben, 75, 85 (Sammlung Hanna Kronberger-Frentzen, Mannheim).
Sprunger, Samuel (Hrsg.): Orchideentafeln aus Curtis's Botanical Magazine. Verlag Eugen Ulmer, Stuttgart 1986: Seite 333 links.

Farbfotos

Apel,J., Baden-Baden: Seite 190 unten, 343 oben, 439 unten.
Bärtels, A., Waake: Seite 267 oben links, 274 oben, 280, 303 unten, 313 links, 449 unten.
Bambach, G., Geisenheim: Seite 125 (2).
Barthlott, Prof. Dr. W., Bonn: Seite 302 oben rechts, 412 (2).
Baumjohann, D., Hameln: Seite 139 oben links.
Blumenbüro Holland, Düsseldorf: Seite 334 oben, 347, 373.
Botanisches Institut der Universität Stuttgart-Hohenheim: Seite 31 unten, 166.
Deutsche Orchideengesellschaft, Schloß Holte-Stukenbrock: Seite 205 oben rechts, 211 oben, 267 oben rechts, 339 rechts, 344 unten, 359 (2), 368 unten rechts, 388 oben, 462 oben und unten links, 472.
Dopp, H., Empfingen: Seite 278 unten rechts, 432 oben.
Effem GmbH., Mogendorf: Seite 41.
Eggli, Dr. U., Zürich, Schweiz: Seite 207 unten, 222, 242 links, 271 unten links, 281, 286 oben rechts, unten rechts, 330 oben, 362 unten links, 461 links, 463 oben.
Felbinger, A., Leinfelden-Echterdingen: Seite 86 unten.
Fessler, Prof. A., München: 295 unten, 372 oben.
Flora-Dania Marketing AsP., Mundelstrup, Dänemark: Seite 223 unten, 243 unten links.
Gröner, Prof. Dr. G., Stuttgart: Seite 118, 233 unten links, 242 rechts, 271 unten rechts, 278 oben, 299 oben (2), 331 oben, 336 oben, 357 oben links, 410 oben links.
Grüneberg, Dr. H., Berlin: Seite 380.
Gruß, O., Grassau: Seite 194 unten, 265 rechts, 369 (2), 381 Mitte und unten, 440 oben (2).
Häberli AG., Neukirch-Egnach, Schweiz: Seite 220 links.

Haugg, E., Altmühldorf: Seite 43, 167, 199, 210 (2), 212 oben, 270 unten links, 271 oben, 272, 274 unten (2), 276 oben links, unten, 279 oben und unten links, 286 unten links, 299 unten, 312 unten, 320, 325, 328 oben, 332 links, 333 rechts, 336 unten, 340 unten, 342 unten rechts, 357 oben rechts, 370 oben, 410 oben rechts und unten, 411 oben, 441 oben, 448 rechts, 449 oben links, 453 oben rechts, 462 unten rechts, 463 unten.
Hentig, Prof. Dr. W. U. von, Geisenheim: 407 unten.
Herbel, D., München: Seite 179 oben, 193 unten, 216 unten rechts, 245 oben, 253 oben, 254, 291 oben, 293 oben links, 326 oben links, 331 unten, 340 oben, 344 oben, 362 oben links, 421, 429 unten, 430 links, 432 unten links, 453 oben links, 461 rechts.
Institut für Bodenkunde und Pflanzenernährung., FH Weihenstephan: Seite 145 Mitte rechts, unten rechts.
Kawollek, W., Kassel: Seite 130, 134, 397 unten.
Koch, Dr. H., Kuerten-Oberboersch: Seite 100 unten.
Köhlein, Dr. F., Bindlach: Seite 127, 184, 247 unten rechts, 250 links, 251 oben, 255 oben, 273 unten, 296 links, 314 oben, 337, 389, 396, 422 unten, 458 oben.
Krahn, W., Stuttgart: Seite 335 unten.
Landesanstalt für Pflanzenschutz., Stuttgart: Seite 139 unten rechts.
LENI, Gebr. Lenz GmbH., Bergneustadt: Seite 62, 65.
Morell, D., Dreieich: Titelbild, Rückseitenfoto, Seite 36, 55, 171 oben, 173 Mitte und unten, 179 Mitte, 188 links, 189 links, 196 unten, 197 (2), 209, 211 unten links, 212 unten, 214, 215 unten rechts, 216 unten links, 219 (4), 224, 225 oben rechts und unten, 228, 229 rechts, 233 unten rechts, 235 (2), 236 unten, 237, 240 unten, 249 oben rechts, unten rechts, 260 unten, 276 oben rechts, 282 rechts, 284 unten, 290, 291 unten links, 294, 298 rechts, 303 oben, 306 unten links, 312 oben, 316 oben, unten rechts, 319 oben, 323 links, 324 unten, 328 unten rechts, 329 links, 332 Mitte und rechts, 338 oben, 339 links, 356, 364 oben, 366, 368 unten links, 375 unten, 387 oben rechts, 392, 397 oben, 402 unten, 405 oben, 409, 414, 424 unten, 425 unten, 431, 435 unten, 436 links, 439 oben, 445, 453 unten, 457 (2), 464 rechts, 469 oben rechts.
Pahler, A., Aichtal: Seite 208 rechts.
Philips Licht. Professional Lighting I.Dinter., Velbert: Seite 18.
Preißel, U., Garbsen: Seite 94, 286 oben links, 321, 428 unten, 433 unten, 446, 455 unten.
Rauh, Prof. Dr. W., Heidelberg: 381 oben.
Rücker, K., Stuttgart: Einband Innenseiten, Seite 2, 6, 10, 11, 15, 27, 30, 33, 37, 40, 66, 79, 80, 81 82,83,84, 86 oben, 88, 89, 92, 96, 101, 107, 110, 111, 112, 128, 149 2.Reihe rechts, 154, 156, 160, 165, 172 links, 173 oben, 174, 178 (2), 181 unten, 182 links, 183, 186 unten, 187 unten, 188 rechts, 189 rechts, 201 oben (2) und unten, 203 oben, 204, 215 oben, 216 unten, 225 oben links, 227 oben, 233 oben, 238 (3), 241 oben (2). 246 (2), 247 oben, 259 unten rechts, 261 (2), 264 oben, 268 unten, 270 unten rechts, 282 links, 284 oben rechts, 292, 297 oben, 300 oben (2), 304 unten, 306 oben, unten rechts, 308 oben, 310, 311, 314 unten, 322 oben, unten rechts,

326 oben rechts, 327 unten, 329 rechts, 330 unten, 341, 352, 355 unten, 361, 362 oben rechts, 367, 370 unten, 375 oben (2), 376, 378, 379, 382, 383, 385, 386 (2), 390 (2), 399 (2), 401 unten, 402 oben, 403 oben rechts, 411 unten, 425 oben, 428 oben, 432 unten rechts, 433 oben, 434 unten, 436 rechts, 442 links, 443, 447, 449 oben rechts, 452 oben, 455 oben, 456, 465, 466 (2), 468 unten, 469 oben links.
Schwerdt, O., Fellbach: Seite 63.
Seibold, H., München: Seite 31 oben
Seidl, S., Altdorf-Eugendorf: Seite 26, 68, 113, 121, 159 links, 172 rechts, 175 rechts, 179 unten, 181 links, 185, 189 rechts, 192 unten, 193 oben (2), 196 oben rechts, 201 Mitte, 203 unten, 205 oben links und unten, 213 unten, 215 unten links, 217 (2), 221 unten, 226, 231 oben links und unten, 239, 244, 245 unten, 247 unten links, 248 (2), 249 oben links, unten links, 250 rechts, 253 unten, 256 rechts, 263, 264 unten, 268 oben rechts, 275 (2), 284 oben links, 285 links, 295 oben (2), 297 unten, 298 links, 301 oben, 302 unten, 313 rechts, 319 unten, 322 unten links, 323 rechts, 327 unten, 328 unten links, 338 unten, 343 unten, 345 oben, 348, 350 links, 351 oben, 353, 354 (2), 357 unten, 358 (2), 360, 364unten, 365 rechts, 368 oben, 377 unten, 387 oben links, 388 unten, 395, 398 oben, 404, 405 unten, 407 oben, 415, 416 rechts, 424 oben, 437, 441 unten, 442 rechts, 444 oben, 451 (2), 452 unten, 458 unten, 471 unten.
Smit, D., Haarlem, Niederlande: Seite 5, 8, 32, 59, 76, 100 oben (2), 108, 116, 131, 159 rechts, 161, 170, 171 unten, 175 links, 177, 180, 181 oben rechts, 182 rechts, 186 oben (2), 190 oben, 191, 192 oben, 194 oben, 196 oben links, 202, 206, 207 oben (2), 208 links, 211 unten rechts, 213 oben, 220, 221 oben, 223 oben, 227 unten, 229 links, 232, 234 (2), 236 oben, 240 oben, 241 unten, 243 oben, unten rechts, 251 unten, 252 (3), 255 unten, 256 links, 257, 258, 259 oben, unten links, 260 oben, 262 (3), 265 links, 266, 267 unten, 268 oben links, 269 (2), 270 oben, 273 unten, 277, 278 unten links, 279 unten rechts, 283, 285 rechts, 287 (2), 288 (2), 289, 291 unten rechts, 293 oben rechts, unten, 296 rechts, 300 unten, 302 oben links, 304 oben, 305, 306, 308 oben (2), 309, 315, 316 unten links, 317 (2), 318, 324 oben, 326 unten, 334 unten, 335 oben, 342 oben, unten links, 345 unten, 349 (2), 350 rechts, 351 unten, 355 oben, 363 (2), 365 links, 377 oben, 387 unten, 391 (2), 393, 394, 398 unten, 401 oben, 403 oben links und unten, 413, 417 unten, 418, 419 (2), 420, 422 oben, 423, 426 links, 429 oben, 430 rechts, 434 oben, 435 unten, 438, 444 unten, 448 links, 454 (2), 459, 460 (2), 464 links, 467,468 oben, 469 unten, 470, 471 oben (2).
Strauß, F., Au/Hallertau: Seite 426 rechts.
Strobel, K.-J., Pinneberg: 416 links.
Vanderplank, J., GB-Clevedon/Avon: Seite 371, 372 unten.
Weber, Prof. Dr. A., Wien: 231 oben rechts, 417 oben.
Zunke, Dr. U., Hamburg: Seite 139 oben rechts und unten links, 145 oben (3), Mitte links, unten links, 149, 1. Reihe (2), 2. Reihe links, 3. Reihe (2), 4. Reihe (2).

Register